国家卫生健康委员会
全国高等学校药学类专业研究生规划教材
供药学类专业用

药物递送系统设计理论与实践

主　编　方　亮
副主编　毛世瑞

编　　者（以姓氏笔画为序）

毛世瑞　沈阳药科大学
方　亮　沈阳药科大学
刘　超　沈阳药科大学
李禄超　美国雅培公司
张　宇　沈阳药科大学
侯雪梅　丽珠医药集团股份有限公司
姜虎林　中国药科大学
顾景凯　吉林大学生命科学学院
寇　翔　默沙东研发（中国）有限公司
蔡　挺　中国药科大学
翟光喜　山东大学药学院

人民卫生出版社
·北京·

图书在版编目（CIP）数据

药物递送系统设计理论与实践/方亮主编． -- 北京 ：
人民卫生出版社，2025. 5. --（全国高等学校药学类专
业研究生规划教材）． -- ISBN 978-7-117-37384-5

I. TQ460.1

中国国家版本馆 CIP 数据核字第 2025UJ6155 号

人卫智网	www.ipmph.com	医学教育、学术、考试、健康，购书智慧智能综合服务平台
人卫官网	www.pmph.com	人卫官方资讯发布平台

药物递送系统设计理论与实践

Yaowu Disong Xitong Sheji Lilun yu Shijian

主　　编：方　亮
出版发行：人民卫生出版社（中继线 010-59780011）
地　　址：北京市朝阳区潘家园南里 19 号
邮　　编：100021
E - mail：pmph @ pmph.com
购书热线：010-59787592　010-59787584　010-65264830
印　　刷：人卫印务（北京）有限公司
经　　销：新华书店
开　　本：850×1168　1/16　　印张：38
字　　数：963 千字
版　　次：2025 年 5 月第 1 版
印　　次：2025 年 6 月第 1 次印刷
标准书号：ISBN 978-7-117-37384-5
定　　价：159.00 元

打击盗版举报电话：010-59787491　E-mail：WQ @ pmph.com
质量问题联系电话：010-59787234　E-mail：zhiliang @ pmph.com
数字融合服务电话：4001118166　E-mail：zengzhi @ pmph.com

出版说明

　　研究生教育是高等教育体系的重要组成部分,承担着我国高层次拔尖创新人才培养的艰巨使命,代表着国家科学研究潜力的发展水平,对于实现创新驱动发展、促进经济提质增效具有重大意义。我国的研究生教育经历了从无到有、从小到大、高速规模化发展的时期,正在逐渐步入"内涵式发展,以提高质量为主线"的全新阶段。为深入贯彻党的二十大精神,落实习近平总书记关于教育的重要论述和研究生教育工作的重要指示精神,充分发挥教材在医药人才培养过程中的载体作用,更好地满足学术与实践创新发展需要,人民卫生出版社和全国药学专业学位研究生教育指导委员会在充分调研和论证的基础上,共同启动了全国高等学校药学类专业研究生规划教材的编写出版工作。

　　针对当前药学类专业研究生教育概况,特别是研究生课程设置与教学情况,本套教材重点突出如下特点:

　　1. 以思政教育为核心,促进人才全面发展　本套教材以习近平新时代中国特色社会主义思想为指导,落实立德树人的根本任务,遵循学位与研究生教育的内在规律与分类发展要求,将专业知识与思政教育有机融合,增强研究生使命感、责任感,全面提升研究生知识创新和实践创新能力,旨在培养国家战略人才和急需紧缺人才。

　　2. 以科学性为基石,引领学科前沿探索　科学性不仅是教材编写的首要原则,更是其作为知识传播与教学实施核心载体的根本要求。因此,本套教材在内容选择上,严格遵循科学严谨的标准,原则上不纳入存在较大学术争议或尚未形成定论的知识点,以确保知识的准确性和可靠性。同时,作为新时代培养高层次药学创新型人才的重要工具,本套教材紧密跟踪学科发展动态,充分吸纳并展现药学领域的最新研究成果与科研进展,旨在通过前沿知识的传递,激发研究生的科研热情,启迪其学术创新思维,为实施高质量的研究性教学提供有力支撑。

　　3. 以问题为导向,合理规划教材内容　相较于本科生教育,研究生阶段更加注重培养学生运用专业知识分析解决实际问题的能力,以及挖掘其职业发展潜力。本套教材在内容组织上,坚持以问题为导向,从实际科研与行业需求出发,围绕关键问题构建知识体系,强调对理论知识的深入剖析与批判性思考。通过引入丰富多样的案例分析,引导学生在解决实际问题中深化理解,培养其分析、综合、概括、质疑、发现与创新的思维模式,从而有效提升学生的问题解决能力和职业发展潜力。

　　4. 以适用性为基准,避免教材"本科化"　本套教材在设计与编写过程中,高度重视其适用性和针对性,确保教材内容符合研究生教育的层次定位。在知识内容的选择与组织上,既注重与本科教材的衔接与过渡,又适当提升理论内容的深度与广度,突出理论前沿性,拓宽学术视野。同时,本套教材还强化了科学方法的训练及学术素养的提升,旨在为学生创新性思维的培养提供坚实的基础知识与基本技能,有效避免"本科化"倾向,确保研究生教育的独特性和高级性。

5. 以实践性为纽带,培养创新型人才   鉴于药学始终以解决实际健康问题为导向,使其具有极强的实践性和社会服务功能,本套教材在内容设计上,特别注重理论与实践的有机结合。通过强化能力培养类内容,实现从"知识传授为主"向"能力培养为主"的转变,强调基础课程与行业实践课程的深度融合,旨在培养具有较强实践能力和职业素养,能够创造性地从事实际科研与产业工作的创新型人才,满足新时代药学领域对高端人才的需求。

6. 以信息平台为依托,升级教材使用模式   为适应新时期教学模式数字化、信息化的需要,本套教材倡导以纸质教材内容为核心,借用二维码的方式,突破传统纸质教材的容量限制与内容表现形式的单一,从广度和深度上拓展教材内容,增加相关的数字资源,以满足读者多元化的使用需求。

作为药学类专业研究生规划教材,编写过程中必然会存在诸多难点与困惑,来自全国相关院校、科研院所、企事业单位的众多学术水平一流、教学经验丰富的专家教授,以高度负责的科学精神、开拓进取的创新思维、求真务实的治学态度积极参与了本套教材的编写工作,从而使教材得以高质量地如期付梓,在此对有关单位和专家教授表示诚挚的感谢!教材出版后,各位老师、学生和其他广大读者在使用过程中,如发现问题请反馈给我们(renweiyaoxue2019@163.com),以便及时更正和修订完善。

人民卫生出版社

2024 年 11 月

主编简介

　　方亮,日本药学博士,教授(二级岗),博士生导师,从教三十余年,主讲药剂学和生物药剂学与药物动力学课程。享受国务院政府特殊津贴,荣获全国教材建设先进个人、辽宁省普通高校教学名师等荣誉称号。担任国家级资源共享课药剂学负责人、辽宁省高校黄大年式教师团队负责人,全国高等医药教材建设研究会"十三五"规划教材《药剂学》(第 8 版)、国家卫生健康委员会"十四五"规划教材《药剂学》(第 9 版)等多部教材的主编;兼任教育部高等学校药学类专业教学指导委员会(大)药学分委会副主任委员、辽宁省经皮黏膜递药系统与功能辅料工程研究中心主任、世界中医药学会联合会经皮给药专业委员会副会长、中国化学制药工业协会外用药制剂专业委员会副主任、中国药学会药剂专业委员会委员、中国药学会工业药剂学专业委员会委员、《中国药剂学杂志》副主编、*International Journal of Pharmaceutical Sciences* 编委、*Asian Journal of Pharmaceutical Sciences* 编委。主要研究方向为经皮药物递送系统,先后主持了国家自然科学基金、国家"十三五"重大新药创制大平台子项目等国家级课题 11 项。在国内外核心刊物上发表了 183 篇学术论文,其中 SCI 收载 130 篇,专利授权 14 项。

前　言

　　培养具有创新精神、较高水平的学术能力及综合素质的高级人才是药学研究生教育的目标,但国内尚缺少具有前沿性、权威性、学术性、实用性的研究生药剂学教材。随着科学技术的进步,特别是分子药剂学、分子生物学和细胞生物学、高分子材料学及系统工程学等学科的发展,以及纳米技术等新技术的不断涌现,药剂学研究已进入药物递送系统(drug delivery system,DDS)新时代。药物递送系统已成为全球制药行业关注的热点,也是我国生物医药产业发展的主要方向之一。为便于药剂学及相关专业的研究生掌握药物递送系统设计理论与产业化策略,编写团队组织编写《药物递送系统设计理论与实践》一书,以供广大药剂学及相关专业的研究生使用。

　　本书内容分为十五章,第一章是药物递送系统概述;第二章介绍药物固态化学基础;第三章介绍处方前研究;第四章介绍纳米药物递送系统的药代动力学;第五章介绍前药设计原理及其在药物递送系统中的应用;第六章介绍药物与辅料的物理化学相互作用;第七章介绍质量源于设计理念在药物研发与生产中的应用;第八章介绍口服缓控释药物递送系统的设计;第九章介绍靶向给药系统的设计;第十章介绍透皮给药系统——贴剂的设计;第十一章介绍黏膜药物递送系统的设计;第十二章介绍长效注射药物递送系统的设计;第十三章介绍生物大分子药物递送系统的设计;第十四章介绍药品制造过程的规模化生产;第十五章介绍药品生产的质量体系。

　　本书内容具有很强的新颖性和实用性,适用于药剂学及相关专业的研究生学习,同时可作为从事药物递送系统开发和生产的科技人员参考书。

　　由于本书涉及的基础知识及技术跨越的领域范围广,而编者的水平有限,难免有疏漏、不妥和错误的地方,敬请广大读者批评指正。

编者

2025 年 2 月

目 录

第一章 药物递送系统概述   1

    一、药物递送系统的概念与发展历程   1

    二、药物递送系统的分类   5

    三、展望   6

第二章 药物固态化学基础   9

    第一节 药物晶型   9

        一、晶体结构基础   9

        二、多晶型热力学   14

        三、多晶型药物相转变   19

        四、多晶型药物的结构   23

        五、多晶型药物的性质   30

        六、多晶型药物筛选   33

    第二节 药物盐型、溶剂化物及药物共晶   37

        一、药物盐型   37

        二、溶剂化物   43

        三、药物共晶   47

    第三节 无定型态药物   51

        一、无定型态物质原理   51

        二、无定型态药物的制备   52

        三、无定型态药物的结晶行为   53

        四、无定型态药物的物理稳定性   54

        五、无定型态药物的溶出及其影响因素   57

    第四节 药物的固态表征技术和方法   60

        一、显微技术   60

        二、X 射线衍射技术   62

        三、热分析技术   64

        四、振动光谱技术   66

        五、固态核磁共振技术   68

　　　　　六、水分吸附法　　　　　　　　　　　　70

　　　　　七、介电弛豫法　　　　　　　　　　　　70

第三章　处方前研究　　　　　　　　　　　　　73

第一节　药物研发过程概述　　　　　　　　　73

第二节　处方前理化性质研究　　　　　　　　77

　　　　　一、酸解离常数 pK_a　　　　　　　　　78

　　　　　二、脂水分配系数的对数值 $\log P/\log D$　78

　　　　　三、固态相及其分析工具　　　　　　　79

　　　　　四、形态　　　　　　　　　　　　　　89

　　　　　五、粒径　　　　　　　　　　　　　　90

　　　　　六、吸湿性　　　　　　　　　　　　　91

　　　　　七、溶解度　　　　　　　　　　　　　92

　　　　　八、化学稳定性　　　　　　　　　　　95

第三节　处方前辅料相容性研究　　　　　　　96

第四节　新药开发过程中处方前与生物药剂学
　　　　　之间的互动　　　　　　　　　　　　98

　　　　　一、体外溶解度测量的质量的重要性　　98

　　　　　二、了解活性药物成分（API）的物理属性的
　　　　　重要性　　　　　　　　　　　　　　99

　　　　　三、API-API 和 API- 辅料相互作用在固定
　　　　　剂量组合中对生物性能的影响　　　　99

　　　　　四、案例研究　　　　　　　　　　　100

第四章　纳米药物递送系统的药代动力学　　　109

第一节　纳米药物载体的系统药代动力学研究方法　109

　　　　　一、荧光标记法　　　　　　　　　　109

　　　　　二、正电子发射断层成像法　　　　　112

　　　　　三、核磁共振成像法　　　　　　　　113

　　　　　四、计算机断层扫描法　　　　　　　115

第二节　纳米药物载体的细胞药代动力学　　115

　　　　　一、细胞摄取的途径　　　　　　　　116

　　　　　二、纳米颗粒的理化性质对细胞摄取过程
　　　　　的影响　　　　　　　　　　　　　119

　　　　　三、纳米颗粒在细胞内的迁移　　　　120

　　　　　四、纳米颗粒与细胞的相互作用　　　122

第三节　纳米药物载体高分子材料的药代动力学　126

　　　　　一、聚乳酸　　　　　　　　　　　　126

　　　　　二、聚乳酸 - 羟基乙酸共聚物　　　　126

　　　　　三、聚乙二醇　　　　　　　　　　　126

四、泊洛沙姆　127

五、壳聚糖　128

六、透明质酸　128

七、聚维酮　129

八、聚乙烯醇　129

九、环糊精　130

第四节　纳米药物中活性药物成分的药代动力学　130

一、脂质体　130

二、胶束　132

三、白蛋白纳米给药系统　134

第五章　前药设计原理及其在药物递送系统中的应用　138

第一节　概述　138

一、前药的基本概念　138

二、前药的特征　138

三、前药的设计目的　138

四、前药的设计原则　139

第二节　前药设计方法　139

一、基于酯键的前药设计方法　139

二、基于酰胺键的前药设计方法　141

三、基于成盐的前药设计方法　143

四、其他前药设计方法　145

第三节　前药的体内激活机制　145

一、水解　145

二、氧化　148

三、非氧化性光解　148

四、外消旋化降解　148

第四节　人体黏膜中的药物代谢酶　149

一、细胞色素 P450　149

二、葡萄糖醛酸基转移酶　149

三、磺基转移酶　150

四、其他酶类　150

第五节　前药的给药途径　150

一、口服给药　150

二、眼部给药　155

三、皮肤给药　156

四、鼻黏膜给药　156

五、注射给药　156

第六节　前药作为药物递送系统的应用进展　158

一、抗体导向酶促前药治疗　158

二、基因导向酶促前药治疗和病毒导向酶促
前药治疗　158

三、大分子导向酶促前药治疗　158

四、凝集素引导酶活化前药治疗　159

五、结合树枝状大分子的前药治疗　159

第六章　药物与辅料的物理化学相互作用　161

第一节　物理化学相互作用的类型　161

一、离子参与的相互作用　162

二、氢键　162

三、范德瓦耳斯力　163

四、疏水相互作用　164

五、π-π 相互作用　165

第二节　药物与辅料的相互作用及其在药剂学中的应用　166

一、药物与溶剂分子的相互作用　166

二、药物与小分子辅料的相互作用　168

三、药物与高分子辅料的相互作用　171

第三节　药物与辅料相互作用的表征方法　176

一、红外光谱法　176

二、拉曼光谱法　177

三、核磁共振波谱法　179

四、X 射线光电子能谱法　180

五、差示扫描量热法　180

六、理论计算法　181

七、其他直接和间接表征手段　183

第七章　质量源于设计理念在药物研发与生产中的应用　185

第一节　质量源于设计在制药业的应用历史　185

第二节　质量源于设计在药物研发中的应用　186

一、目标产品质量概况　186

二、关键质量属性　187

三、风险评估与工艺理解　188

四、设计空间　192

五、控制策略　194

六、产品生命周期管理与持续改进　196

第三节　质量源于设计案例研究　198

一、制剂案例　198

二、原料药案例　205

第四节　质量源于设计理念相关的易错观念　213

第五节　展望　215

第八章　口服缓控释药物递送系统的设计　　　220

第一节　概述　　220
第二节　口服缓控释制剂的转运与吸收　　223
　　一、胃肠道的生理学　　223
　　二、口服缓控释制剂在胃肠道的转运　　225
　　三、口服缓控释制剂在胃肠道的吸收障碍　　227
第三节　口服缓控释制剂设计原则　　233
　　一、药物的理化性质与制剂设计　　233
　　二、生物因素与制剂设计　　234
　　三、口服缓控释制剂设计要求　　235
第四节　口服缓控释制剂评价　　236
　　一、体外释药行为评价　　236
　　二、体内释药行为评价　　243
　　三、体内 - 体外相关性评价　　246
第五节　口服缓控释给药技术及给药系统　　249
　　一、常见的口服缓控释制剂　　249
　　二、其他口服缓控释制剂　　257
　　三、口服缓控释制剂常用辅料　　262
　　四、口服缓控释制剂设计步骤　　265

第九章　靶向给药系统的设计　　　279

第一节　概述　　279
　　一、靶向给药系统的定义　　279
　　二、靶向给药系统的意义　　279
　　三、靶向给药系统应满足的要求　　279
第二节　设计靶向给药系统的要素与案例　　280
　　一、靶向给药系统的分类　　280
　　二、靶向给药系统的载体　　281
　　三、靶向给药系统的配体　　282
　　四、靶向给药系统的设计案例　　283
第三节　靶向给药系统的设计理论　　285
　　一、药物递送载体的物理化学参数　　285
　　二、靶向给药系统的药物动力学　　287
　　三、靶向给药系统的内化　　288
　　四、靶向给药系统的药物释放　　288
　　五、免疫原性　　289
第四节　靶向给药系统的评价　　289
　　一、理化质量评价　　289
　　二、生物学质量评价　　290

第十章　透皮给药系统——贴剂的设计　294

第一节　透皮给药系统的发展简史　294

第二节　药物透皮吸收　296

一、皮肤的构造及药物透皮吸收途径　296

二、影响药物透皮吸收的因素　302

三、药物透皮吸收的数学考量　304

四、药物透皮吸收的促进方法　306

第三节　设计透皮吸收贴剂的要素与案例　307

一、选择药物的原则　307

二、贴剂的种类　308

三、贴剂的辅助材料　310

四、贴剂设计方法　314

五、贴剂设计案例　316

第四节　贴剂的生产工艺及设备　317

一、含药胶液的制备　318

二、涂布、干燥和覆膜　319

三、分切　321

四、冲切与分装　321

第五节　贴剂的质量控制　323

一、贴剂质量控制现状　323

二、各国药典及指导原则对贴剂的质量要求　324

三、关键质量属性表征　324

四、贴剂的质量要求　330

第十一章　黏膜药物递送系统的设计　332

第一节　肺黏膜药物递送系统　332

一、简介　332

二、呼吸系统的解剖结构及生理特点　332

三、药物的肺部沉积机制及其影响因素　335

四、肺部清除机制的克服与药物的缓慢释放　336

五、肺黏膜药物递送系统设计及其处方组成　338

六、肺部吸入制剂人体生物等效性研究的
评价方法　350

第二节　鼻黏膜药物递送系统　350

一、简介　350

二、鼻腔的生理特点及鼻脑通路　351

三、鼻黏膜药物递送屏障及其影响因素　352

四、鼻黏膜药物递送系统设计及其处方组成　353

五、常用鼻腔给药装置　355

六、鼻用制剂的质量评价 356

七、鼻黏膜药物递送系统设计案例 357

第三节 眼黏膜药物递送系统 357

一、简介 357

二、眼部的解剖结构及药物吸收途径 358

三、眼黏膜药物递送屏障 359

四、眼黏膜药物递送系统设计及其处方组成 360

五、眼用制剂的体内外评价 364

第四节 口腔黏膜药物递送系统 365

一、简介 365

二、口腔的解剖结构及生理特点 365

三、口腔黏膜递送药物的生理屏障 366

四、口腔黏膜药物递送系统设计 367

五、口腔黏膜制剂的体内外评价 368

六、口腔黏膜药物递送系统设计案例 370

第五节 阴道黏膜药物递送系统 370

一、简介 370

二、阴道的解剖结构及生理特点 371

三、药物阴道吸收途径及其影响因素 371

四、阴道黏膜药物递送系统设计 372

五、阴道黏膜制剂的体内外评价 373

六、阴道黏膜药物递送系统设计案例 374

第十二章 长效注射药物递送系统的设计 376

第一节 概述 376

第二节 长效可注射微囊化技术 377

一、简介 377

二、给药方式、给药部位的解剖结构和吸收
机制 378

三、长效可注射微囊化制剂的工艺开发 379

四、微囊化制剂的产业化 407

五、质量评价 411

第三节 植入剂 413

一、简介 413

二、植入剂产品的开发 415

三、产业化及上市产品介绍 417

四、植入剂的质量评价 421

第四节 脂质体 421

一、简介 421

二、脂质体的结构特点与分类 423

三、脂质体的组成成分　425

四、脂质体的制备方法　428

五、产业化放大及案例分析　433

六、脂质体的质量评价　436

七、存在的问题及发展前景　438

第五节　纳米晶体　439

一、简介　439

二、纳米晶体的制备方法　439

三、长效纳米晶体注射剂产品　441

四、纳米晶体的质量控制和评价　443

五、存在的问题及发展前景　443

第六节　原位凝胶　444

一、简介　444

二、原位凝胶的制备技术　444

三、上市产品和技术介绍　448

四、原位凝胶的质量控制和评价　449

第七节　长效蛋白质制剂　451

一、简介　451

二、聚乙二醇修饰蛋白质的制备方法　452

三、上市产品介绍　456

四、质量控制　456

第八节　长效注射剂商业化生产中的质量控制　459

一、简介　459

二、长效注射剂生产中原料、辅料和制剂的
质量控制　459

三、长效注射剂生产中的原辅料相容性和
包材相容性研究　461

四、长效注射剂质量控制方法的研究及确认
和验证　462

五、长效注射剂质量标准的确立过程和考虑
因素　463

六、长效注射剂药物的体内 - 体外相关性研究　464

第十三章　生物大分子药物递送系统的设计　474

第一节　生物大分子药物概述　474

第二节　蛋白质类和多肽类药物递送系统的设计　475

一、蛋白质类和多肽类药物的特点与递送
难点　475

二、不同蛋白质类和多肽类药物递送系统
的设计　475

第三节 基因药物递送系统的设计 480
一、基因治疗的基本概念 480
二、基因治疗的基本途径 482
三、基因治疗递送载体的分类 482
四、基因递送载体新技术探讨与展望 492

第十四章 药品制造过程的规模化生产 496

第一节 引言 496
第二节 量产原理 497
一、几何相似性 497
二、机械相似性 498
三、热量相似性 498
四、化学相似性 498
五、量纲分析与无量纲数 498
六、系统属性与规模的相互关系 499
第三节 过程分析技术的应用 500
一、过程分析技术在制药工艺开发、量产和
商业化生产中的应用 500
二、过程分析技术的工具及方法 500
第四节 固体剂型的生产 509
一、粉体混合 509
二、高剪切制粒 511
三、流化床干燥 515
四、流化床制粒 518
五、滚压制粒 520
六、压片 524
七、片剂薄膜包衣 527
八、小丸流化床包衣 531
第五节 液体和半固体剂型的生产 535
一、混合 536
二、降低粒径 541
三、传热 545
四、物料传递 547
五、过滤 549

第十五章 药品生产的质量体系 555

第一节 概述 555
第二节 质量体系文件的层级结构 556
一、第一层级文件——质量手册 556
二、第二层级文件——公司质量政策 556

三、第三层级文件——标准操作规程　　　557

四、第四层级文件　　　557

第三节　质量子体系　　　557

一、质量保证子体系　　　558

二、建筑物、公用设施体系与设备子体系　　　562

三、制造子体系　　　565

四、标签与包装子体系　　　569

五、原物料控制子体系　　　570

六、实验室管理子体系　　　573

第四节　质量保证与质量控制　　　577

一、部门组织　　　577

二、资源需求　　　578

三、工作职责　　　578

中英文对照索引　　　580

第一章 药物递送系统概述

一、药物递送系统的概念与发展历程

(一) 药物递送系统的概念

药物通常是通过与作用部位的特定受体发生相互作用产生生物学效应,从而达到治疗疾病的目的。因此,只有当药物以一定的速度和浓度递送到靶部位时,才能使疗效最大而副作用最小。然而,在药物递送和靶向分布过程中常存在许多天然屏障,导致原本有应用前景的药物无效或失效。药物剂型可以提高服药依从性并可以改善药物递送,但大多数传统剂型包括注射剂、口服制剂以及局部外用制剂均无法满足以下所有要求:将药物有效地输送到靶部位;避免药物的非特异性分布(可产生副作用)及提前代谢和排泄,以及所服用的药物符合剂量要求。因此,改变给药途径或应用新型药物递送系统就成为提高药效的有效手段。

新型药物递送系统旨在通过提高药物的生物利用度和治疗指数,降低副作用以及提高患者依从性来克服传统剂型的不足。前三个因素固然重要,患者依从性问题同样也不可忽视。据报道,全世界每年因患者错误服药而导致入院治疗的有近 10 亿人。要提高患者依从性,可以通过开发患者服用方便且给药次数少的剂型。

随着科学技术的进步,特别是分子药理学、分子细胞生物学、分子药物动力学、药物递送学及系统工程学等科学的发展以及纳米技术等新技术的不断涌现,药物剂型和制剂研究已进入药物递送系统新时代。

药物递送系统(drug delivery system,DDS)是指在空间、时间及剂量上全面调控药物在生物体内分布的技术体系。其目标是在恰当的时机将适量的药物递送到准确的位置,从而增加药物的利用效率,提高疗效,降低成本,减少毒副作用。药物递送系统是药学、医学及工学(材料、机械、电子)的融合学科,其研究对象既包括药物本身,也包括搭载药物的载体材料、装置,还包括对药物或载体等进行物理化学改性、修饰的相关技术。

运用 DDS 技术,将已有药物的药效发挥到最好、副作用减到最小,不仅可以提高患者的生活质量、提高经济效益,也对企业延长药物生命周期起到积极作用。加上基于 DDS 技术的生物技术药物制剂的产业化,各种疑难病的治疗有了更多的可能。DDS 的开发不仅符合我国医药产业发展的需求,符合我国作为发展中国家的实际情况(投入少、见效快、成功率高、附加值高、更环保、可延长产品生命周期等),新型药物递送系统还可以助力产生重大品种。目前国内已有多个新型药物递送系统(如注射用紫杉醇脂质体、注射用前列地尔、尼莫地平缓释片、氟比洛芬凝胶贴膏等)的年销售额超过 10 亿,新型药物递送系统技术对我国医药行业的贡献越来越大。

(二)药物递送系统的特点

一般认为药物递送系统的优势主要体现在临床与研发两个方面。

1. 药物递送系统的临床优势

(1)有助于提高药物疗效。例如醋酸曲安奈德微球关节腔给药1次疗效可维持3个月,并能显著提高治疗效果。

(2)减少给药次数,增强患者依从性。例如相较于传统剂型的布比卡因需要每日多次给药,布比卡因多囊脂质体只需要每3日给药1次,能显著改善患者的依从性。

(3)降低副作用,提高安全性。例如顺铂脂质体吸入剂用于小细胞肺癌的治疗,能有效避免顺铂全身给药导致的强烈毒副作用。

2. 药物递送系统的研发优势

(1)与创新药相比,药物递送系统的研发风险低于小分子创新药和生物创新药。据统计,药物递送系统的研发成功率约为小分子创新药的3.6倍、生物创新药的2倍。

(2)与创新药相比,药物递送系统的投入资金和时间少。一个创新药的平均研发费用达12亿美元,历时10~15年,而药物递送系统可以参考已经批准的药物或已经发表的文献,大大减少研发费用和缩短研发时间,平均耗资仅为0.5亿美元,历时也仅为3~4年。

(3)与仿制药相比,药物递送系统的技术或专利壁垒高,生命周期长,回报率高。

(三)药物递送系统的发展历程

自20世纪50年代起,一些可以持续释药的新型口服给药系统开始取代传统剂型。1952年,Smith Kline Beecham开发了第一款具有分时溶解长效胶囊技术的缓释胶囊,其内容物为含药的包衣小丸,被认为是第一个新型药物递送系统。到20世纪60年代,聚合物材料开始应用于药物递送系统,同时科学家们开始在产品开发方面采用更为系统的方法,涉及药物动力学、生物界面上的过程及生物相容性等相关知识进行药物递送系统的设计。自20世纪70年代起,纳米粒被引入药物递送系统;20世纪80年代开始出现透皮给药系统(即经皮药物递送系统);20世纪90年代出现如脂质体、生物可降解性聚乳酸-羟基乙酸共聚物(PLGA)微球、纳米颗粒和吸入胰岛素;2009年美国食品药品管理局(Food and Drug Administration,FDA)批准第一个抗体偶联药物(antibody-drug conjugate,ADC)。

药物递送系统中的里程碑产品如表1-1所示。

近年来,医药行业受到的关注度持续走高,在一定程度上促进了药品行业的创新发展。在1类创新药快速产出的背景下,其"近亲"2类改良型新药也迎来一小波研发高潮,尤其是国内药企在这一领域的研发资源投入显著增高。

通过查询公开数据[国家药品监督管理局药品审评中心(药品审评中心英文为Center For Drug Evaluation,可简写为CDE)于2024年2月发布的《2023年度药品审评报告》],2019—2023年近5年的时间内2类化学药品改良型新药的注册受理走势整体呈上升趋势。总受理号承办数量自2019年的178条上升到2023年的482条,年增长率近54%;其中,注册新药(investigational new drug,IND)承办数量由2019年的141条上升到2023年的410条,年增长率近58%;但新药申请(new drug application,NDA)承办数量变化不大。

表 1-1　药物递送系统中的里程碑产品

年份 / 年	药物递送系统	年份 / 年	药物递送系统
1952	连续释放药物技术(分时溶解长效胶囊)	2005	纳米粒(紫杉醇)
1956	加压计量吸入剂	2006	植物药物(茶多酚)
1969	干粉吸入剂	2015	3D 打印药物(左乙拉西坦)
1979	透皮贴剂(东莨菪碱)	2017	基因治疗药物(替沙仑赛,英文通用名为 tisagenlecleucel)
1982	重组人胰岛素		
1984	可降解微球(纳曲酮)		数字化药物(阿立哌唑)
1986	注射微球(曲普瑞林)	2018	RNA 制剂(帕替司兰,英文通用名为 patisiran)
1989	推拉式渗透泵药物(硝苯地平)	2019	口服 GLP-1 药物(索马鲁肽)
1995	脂质体(阿霉素)	2019	鼻用胰高血糖素制剂

注:3D 全写为 three dimensional,表示三维的;RNA 全写为 ribonucleic acid,表示核糖核酸;GLP-1 全写为 glucagon-like peptide-1,表示胰高血糖素样肽-1。

根据 CDE 的定义,改良型新药(中药除外)是在已知活性成分的基础上,对其结构、剂型、处方工艺、给药途径、适应证等进行优化,且具有明显临床优势的药品。其在国内发展的历史,是从 2016 年化学药品注册分类改革后,才真正提出改良型新药。

由于国外药企拥有改良型新药的市场独占权、法规延续性较强,所以在相当长的一段时间内,药企对改良型新药(中药除外)的研发积极性较高,甚至从 21 世纪初开始,FDA 批准的改良型新药品种数量一直超过创新药,成为美国新药市场的主力军。

2020 年 12 月 30 日,CDE 发布《化学药品改良型新药临床试验技术指导原则》,为改良型新药政策的落地以及鼓励我国改良型新药的临床开发提供了指导原则方面的依据,也为改良型新药在中国的发展带来了巨大的机遇。2024 年 1 月,CDE 发布了《化学药改良型新药临床药理学研究技术指导原则(试行)》,为明确化学药改良型新药的临床药理学特征、临床药理学方面的总体考虑等,指导企业规范开展相关研究,进一步提供了依据。

2016 年我国化学药品分类注册重新定义 2 类新药:在已知活性成分的基础上,对其结构、剂型、处方工艺、给药途径、适应证等进行优化,且具有明显临床优势的药品。改良型新药是对已上市药品的改进,强调"临床优势",与美国 505(b)(2)新药的定义基本一致。临床优势即患者未被满足的临床需求。在目标适应证中,对比已有的标准治疗,新药或新的治疗手段可显著提高疗效;或在不降低疗效的同时,显著降低当前用药患者的不良反应,或显著提高患者的用药依从性。

随着"4+7"带量采购政策的推行,国内仿制药高利润时代基本宣告结束。在全球新药研发投入产出比逐年降低、新靶点开发越来越难的情况下,对于无法在集中采购中突围的仿制药企业和难以承受创新药研发较高失败率风险的创业公司,改良型新药或许是一个最优选择。改良型新药是在原有药物的基础上进行优化,其低风险、低投入、高回报的特性必将吸引众多药企的布局。

利培酮(risperidone)是常用的急性和慢性精神分裂症治疗药物,对利培酮的改良之路可谓 505(b)(2)优化的模范案例(表 1-2):利培酮常规制剂(普通片剂)—利培酮速释制剂(口崩片、口服液)—利培酮长效注射剂(注射用利培酮微球)—代谢产物缓释制剂(帕利哌酮缓释片)—代谢产物前药长效注射剂(棕榈酸帕利哌酮注射液)—代谢产物前药超长效制剂[棕榈酸帕利哌酮酯注射液(3M)]。在利培酮常规制剂的"专利悬崖"后,陆续推出的改良型利培酮系列产品的市场规模迎来了突飞猛进的增长,2015年注射用利培酮微球、帕利哌酮缓释片和棕榈酸帕利哌酮注射液3个产品仅在美国的市场销售额就逼近25亿美金。通过对利培酮递送系统的改良升级,在临床及市场上都取得了巨大的成功,也充分体现了505(b)(2)改良型新药"收益高、生命周期长"的特点。

表 1-2　利培酮的改良概况

药品	上市时间与国家或组织	用药周期	剂型	备注
利培酮片	1992 年 12 月,英国 1993 年 12 月,美国 1999 年 6 月,中国	1~2 日	普通片剂	常规制剂
利培酮口服液	1996 年 6 月,美国 2002 年 8 月,中国	2 日	口服溶液	速释制剂
利培酮口崩片	2003 年 5 月,美国 2006 年 5 月,中国 2007 年 3 月,日本	1~2 日	口崩片	速释制剂
注射用利培酮微球	2002 年 8 月,德国 2003 年 12 月,美国 2005 年 3 月,中国 2009 年 6 月,日本	2 周	注射剂(注射用微球)	长效制剂
帕利哌酮缓释片	2006 年 12 月,美国 2009 年 2 月,中国	每日	渗透泵缓释片	代谢产物 + 缓释
棕榈酸帕利哌酮注射液	2009 年 12 月,美国 2011 年 3 月,英国 2012 年 10 月,中国 2013 年 11 月,日本	每月	纳米晶体注射用混悬液	代谢产物 + 长效
棕榈酸帕利哌酮酯注射液(3M)	2015 年 6 月,美国 2016 年 5 月,欧盟 2023 年 9 月,中国	3 个月	纳米晶体注射用混悬液	代谢产物 + 超长效
棕榈酸帕利哌酮注射液(6M)	2021 年 6 月,美国	6 个月	纳米晶体注射用混悬液	代谢产物 + 超长效

　　紫杉醇(paclitaxel)是常用的化疗药物,用于卵巢癌、乳腺癌及非小细胞肺癌的一线和二线治疗,此外也用于头颈癌、食管癌、非霍奇金淋巴瘤等的治疗。由于紫杉醇的溶解度较差,需要借助制剂手段增加溶解度。全球第一个上市的紫杉醇制剂(紫杉醇注射液)于 1992 年 12 月登陆美国市场,1997 年专利到期,2000 年 9 月出现第一个仿制药,紫杉醇注射液也在 2000 年达到销售峰值(15.9 亿美元)。但是紫杉醇注射液存在一个非常明显的缺陷:溶剂中使用聚氧乙烯蓖麻油,能够刺激机体释放组胺,导致过敏反应。截至目前,FDA 共批准了 10 个紫杉醇注射液改良仿制产品。改良型新药赋予紫杉醇长久的生命力,经历了紫杉醇脂质体、白蛋白紫杉醇、紫杉醇胶束多代产品的更替,也使得紫杉醇各类产品在全球的年销售额依然保持在 10 亿美元以上(表 1-3)。

表 1-3　紫杉醇的剂型改革情况

药品	上市时间与国家	剂型	特点
紫杉醇注射液	1992 年,美国	采用增溶技术制备的注射剂	溶剂中使用聚氧乙烯蓖麻油,刺激机体释放组胺,导致过敏反应
注射用紫杉醇脂质体	2003 年,中国	脂质体的注射剂	不含聚氧乙烯蓖麻油和乙醇,降低不良反应
注射用紫杉醇(白蛋白结合型)	2005 年,美国	人源性白蛋白载体的注射剂	不使用聚氧乙烯蓖麻油,降低不良反应
注射用紫杉醇聚合物胶束	2007 年,韩国	mPEG-PDLLA[a] 胶束的注射剂	具有更高的耐受剂量,微生物及免疫风险降低
紫杉醇纳米混悬剂	2007 年,印度	纳米制剂类混悬剂	降低不良反应
紫杉醇注射液(纳米分散浓缩液)	2014 年,印度	纳米制剂类混悬剂	在有效性和安全性方面,紫杉醇注射液(纳米分散浓缩液)与注射用紫杉醇(白蛋白结合型)相比,差异无统计学意义
注射用紫杉醇(含新型辅料 XR-17[b])	2015 年,俄罗斯	胶束(XR-17)的注射剂	两亲性表面活性剂包裹紫杉醇后形成 20~60nm 的胶束,该辅料进入体内后可被机体代谢,安全性高

注:a. mPEG-PDLLA 是指甲氧基聚乙二醇 - 外消旋聚乳酸,英文全写为 methoxy polyethylene glycol-poly(D,L-lactide)。
　　b. XR-17 是一种维生素 A 类似物,为一种双亲性的表面活性剂,包裹紫杉醇后能够形成粒径在 20~60nm 的胶束,该辅料随药物进入体内后,可被机体代谢。

二、药物递送系统的分类

药物递送系统是现代科学技术进步的结晶,在临床治疗中发挥重要作用。口服缓控释药物递送系统、透皮给药系统(经皮药物递送系统)和靶向给药系统(靶向药物递送系统)是发展的主流。

(一)缓控释药物递送系统

1. 口服缓控释药物递送系统　　口服缓控释制剂大体可分为择速、择位、择时控制释药三大类。随着高分子材料和纳米技术的发展,新型药物递送系统不断问世。脂质体、微乳(自微乳)、纳米粒、胶束等相继被开发为口服给药形式,这些形式不仅可达到缓慢释放药物的目的,而且还能保护药物不被胃肠道酶降解,促进药物在胃肠道吸收,提高药物的生物利用度。

2. 注射缓控释药物递送系统　　缓控释注射剂可分为液态注射系统和微粒注射系统(微囊、脂质体、微球、毫微粒、胶束等),后者相对于前者疗效持续时间更长,可显著减少给药次数,提高患者依从性。鉴于常规注射存在给药时剧烈疼痛,且可能会诱发感染或造成交叉感染等缺陷,无针注射给药系统已引起广泛关注。

3. 原位成型药物递送系统(in situ forming drug delivery system,ISFDDS)　　是将药物和聚合物溶于适宜的溶剂中,局部注射体内或植入临床所需的给药部位,利用聚合物在生理条件下凝固、凝胶化、沉淀或交联形成固体或半固体药物贮库,从而达到缓慢释放药物的效果。ISFDDS 具有可用于特殊部位病变局部给药、延长给药周期、降低给药剂量和不良反应、工艺简单稳定等特点,且避免了植入剂给药所需的外科手术,大大提高患者依从性,从而成为国外近年来的热点研究领域。

(二)透皮给药系统

随着现代医药科技的发展,透皮给药系统成为新一代药物制剂的研究热点。但由于大多数药物难以透过皮肤达到有效治疗作用,近年来科研人员相继开发出多种新技术如药剂学手段(脂质体、微乳、传递体等)、化学手段(吸收促进剂、前药、离子对)、物理手段(离子导入、电穿孔、超声、激光、加热、微针等)以及生理手段(经络穴位给药)来促进药物吸收。目前体内给药研究较多的是实心微针透皮给药系统。

(三) 靶向给药系统

1. **脂质体**　随着载体材料的改进和修饰,相继出现多种类型的脂质体靶向制剂,如长循环脂质体、免疫脂质体、磁性脂质体、pH 敏感型脂质体和热敏脂质体等。前体脂质体可在一定程度上克服传统脂质体聚集、融合及药物渗漏等稳定性问题,且制备工艺简单,易于大生产。

2. **载药脂肪乳**　脂肪乳油相和卵磷脂组分对人体无毒,安全性好,是部分难溶性药物的有效载体,载药量较脂质体高,具有缓控释和靶向特征;粒径小,稳定性好,质量可控,易于实现工业化大生产。

3. **聚合物胶束**　随着对聚合物胶束研究的不断深入,具有特殊性质的聚合物胶束如 pH 敏感(肿瘤的 pH、核内质溶酶体的 pH)、温度敏感、超声敏感聚合物胶束等或以配体、单抗、小肽(介导跨膜)表面修饰的聚合物胶束屡见报道。聚合物胶束具有诸多优越性,已用于许多难溶性药物的增溶。

4. **靶向前体药物**　利用组织的特异性酶(如肿瘤细胞含较高浓度的磷酸酯酶和酰胺酶、结肠含葡聚糖酶和葡糖醛酸糖苷酶、肾脏含 γ- 谷氨酰转肽酶等)制备前体药物是目前研究靶向前体药物的重要思路之一。另外,将药物与单抗、配基、聚乙二醇(polyethylene glycol,PEG)、小肽交联达到主动靶向(甚至细胞核内靶向)以及抗体定向酶 - 前体药物、基因定向酶 - 前体药物已成为目前靶向给药系统的新研究思路。

(四) 智能型药物递送系统

智能型药物递送系统是依据病理变化信息,实现药物在体内的择时、择位释放,发挥治疗药物的最大疗效,最大限度地降低药物对正常组织的伤害。智能型药物递送系统代表现代剂型的重要发展方向之一。目前研究较多的是脉冲释药技术,该技术是利用外界变化因素,如磁场、光、温度、电场及特定的化学物质的变化来调节药物释放,也可利用体内外环境因素(如 pH、酶、细菌等)来控制药物释放,如葡萄糖敏感的葡聚糖 - 伴刀豆球蛋白 A 聚合物可控制胰岛素释放。

(五) 生物大分子药物递送系统

随着脂质体、微球、纳米粒等制剂新技术发展迅速并逐渐完善,国内外学者将其广泛应用于多肽类、蛋白质类药物递送系统的研究,以达到给药途径多样化[普通注射(长效)、无针注射、口服、透皮(微针技术)、鼻腔、肺部、眼部、埋植给药等]的目的。但它仍是世界性难题,很多工作还处于实验室研究、动物实验或少量制备水平,不同文献来源的结果也有差异,一些问题仍有待探究。

目前,基因治疗在多种人类重大疾病(如遗传病、肿瘤等)的治疗方面显示出良好的应用前景。基因的介导方式可分为细胞介导、病毒介导、非病毒介导三大类。非病毒载体一般不会造成永久性基因表达,无抗原性,体内应用安全,组成明确,易大量制备,且化学结构多样,使设计和研制新的更理想的靶向性载体系统成为可能,也是将现代药剂的控释与靶向技术引入基因治疗领域的切入点,因而成为当前研究的热点。

三、展望

新型药物递送系统是促进药品差异化、拓宽医药产品、延长药品生命周期的关键因素之一。在所有药物递送系统中,口服药物递送系统及注射药物递送系统在我国受到的关注度最高。缓控释技术、定位释药技术、脂质体技术、纳米技术、三维立体(3D)打印技术、人工智能(AI)技术等是业内人士共同关注的技术。其他新型药物递送技术如吸入药物递送系统、靶向给药系统、透皮给药系统、黏膜药物递送系统等也是迅速发展的高新技术。

事实证明,药物活性的充分发挥不仅取决于有效成分的含量与纯度,制剂也已成为发挥理想疗效的一个重要方面,一个老药的新型 DDS 的利用不亚于一个新化学实体(new chemical entity,NCE)。为此,研究生产 NCE 的药厂开始青睐和重视新型 DDS,与拥有药物释放技术的公司进行合作或并购,延长了药品本身的生命周期。DDS 是现代科学技术在药剂学中应用与发展的结果,DDS 的研究与开发已成为推动全球医药产业发展的原动力,成为制药行业发展最快的领域之一。

随着治疗领域的发展,给药策略和技术迅速适应,以反映不断变化的给药需求。几十年前,小分子药物是治疗的主要类别。由于小分子药物释放在很大程度上取决于其理化性质,这严重影响到药物的生物利用度,因此药物制剂工作首先集中在提高药物的溶解度、控制其释放、扩大其活性和调节其药代动力学方面。随着时间的推移,新一代治疗方法,包括利用蛋白质和肽类、单克隆抗体、核酸和活细胞治疗,已经提供了新的治疗手段。新的手段带来了额外的挑战,特别是在稳定性(蛋白质和肽)、细胞内递送要求(核酸)以及生存能力和扩增(活细胞)方面。为了应对这些挑战,药物递送策略必须不断发展。

药物递送与几代疗法一起发展,从小分子到蛋白质和肽,再到核酸,最近又到活细胞疗法。在药物递送的发展过程中,已建立的递送方法用于改善新型治疗模式的转化,例如在整个治疗范围内应用控释和缓释系统。相反,为新的治疗模式开发的递送策略和技术已用于改善旧疗法的递送。例如在用于改善小分子递送之前,聚乙二醇缀合被开发应用于蛋白质。

对现有治疗和给药方法分析发现,存在 3 个突出的挑战:具有单细胞分辨率的靶向给药、克服限制复杂治疗分子药物递送的生理屏障,以及开发响应环境线索在特定时间和浓度、特定组织中快速分泌生物分子的药物递送系统。虽然这些挑战不会阻止大多数治疗方法的实施,但科学家们相信细胞疗法可以同时解决这些问题,并产生有效的单剂量药物递送系统。事实上,细胞疗法可以提供复杂生物制剂的持续来源,克服生理屏障,并以模拟自然生物过程的方式对宿主线索作出反应。因此,细胞疗法既可以作为一个动态的递送系统,也可以作为一种治疗方法,特别适用于治疗或管理罕见的血液疾病(如血友病和镰状细胞贫血)、对治疗手段反应不良的癌症和代谢性遗传病。由于它们模仿关键的生物过程(如宿主反应性胰岛素分泌),先进的细胞疗法可以减少给药频率和某些医疗干预的需要或数量。细胞疗法将利用既定的方法来改变药物及其微环境,以控制药物的作用、疗效和毒性。

深入分析我国医药产业高质量发展的时代内涵,研判新发展阶段面临的突出问题,对当下和即将到来的"十五五"时期我国医药产业走高质量发展道路提出以下几点建议。首先是要把握国家科技创新战略机遇,加快推动"卡脖子"技术研究和基础研究工作。基础研究工作决定研发创新的深度和广度,而"卡脖子"的关键之一在于基础研究薄弱。尽管我国已经是拥有品类齐全、链条完备的制药大国,但我国的制药业仍然是以仿制跟随为主,药物研发创新能力薄弱的问题是短板。药物研发创新着眼于在全球同步的基础上追求国际领先,一方面要优化调整政策,为药物研发全球同步提供支持,国家已经在全面加强药品监管能力建设方面作出了一系列部署安排;另一方面要更加重视核心技术基础研究和应用基础研究,加大基础研究的经费投入,加强平台建设和人才储备培养,为医药产业稳步走向高质量发展提供强有力的科技支撑。

　　"十五五"时期,我国将全面迈入高质量发展新阶段。医药产业高质量发展不仅是推动我国经济发展方式转变的重要力量之一,也是满足人民日益增长的美好生活需要的重要力量。坚定走好医药产业高质量发展道路,将是医药产业为实现第二个百年奋斗目标、实现中华民族伟大复兴的中国梦贡献力量的必经之路。

（方　亮）

参考文献

［1］方亮.药剂学.9版.北京:人民卫生出版社,2023.

［2］MAHATO R I,NARANG A S. Pharmaceutical dosage forms and drug delivery. 3rd ed. New York:Taylor & Francis Group,2017.

［3］TAYLOR K M G,AULTON M E. Aulton's pharmaceutics:the design and manufacture of medicines. 5th ed. London:Elsevier Ltd. ,2017.

［4］ALLEN L V,ANSEL H C. Ansel's pharmaceutical dosage forms and drug delivery systems. 12th ed. New York:Lippincott Williams & Wilkins,2021.

［5］尾关哲也,井上胜央.最新药剂学.11版.东京:广川书店,2018.

［6］山下伸二,关俊畅,森健二,等.图解药剂学.改订6版.东京:南山堂,2018.

［7］PARK H,OTTE A,PARK K. Evolution of drug delivery systems:from 1950 to 2020 and beyond. Journal of controlled release,2022,342:53-65.

［8］VARGASON A M,ANSELMO A C,MITRAGOTRI S. The evolution of commercial drug delivery technologies. Nature biomedical engineering,2021,5(9):951-967.

［9］SADEGHI I,BYRNE J,SHAKUR R,et al. Engineered drug delivery devices to address global health challenges. Journal of controlled release,2021,331:503-514.

［10］汪钰,钟豪,陈劲,等.大数据分析1980—2019年药剂研究进展.药学进展,2020,44(1):10-17.

［11］谷友刚.国内制药企业高端制剂发展概况及挑战.中国药业,2021,30(9):4-7.

［12］ZHONG H,CHAN G,HU Y J,et al. A Comprehensive map of FDA-approved pharmaceutical products. Pharmaceutics,2018,10:263.

第二章 药物固态化学基础

第一节 药 物 晶 型

一、晶体结构基础

（一）晶体结构

晶体（crystal）是由原子、离子或分子在三维空间中周期性重复排列而构成的固体。作为基本单元的物质点（原子、离子或分子）称为结构基元（structure motif），简称基元（motif）。在研究晶体结构中各类物质点排列的规律性时，将结构基元抽象成一些几何点，这样的点称为阵点（lattice point group）或结点（node）。阵点在三维空间中周期性分布形成无限的阵列，称为空间点阵（space lattice），简称点阵（point lattice）。任一阵点的周围环境都是完全相同的，也就是说点阵具有平移不变性。所以晶体结构可以表示为：晶体结构＝基元＋点阵，如图 2-1 所示。

基元　　　　　　点阵　　　　　　　　晶体结构

图 2-1　基元＋点阵＝晶体结构示意图

一个简单的空间点阵可分解为一组平行且完全相同的平行六面体单位，如图 2-2 所示，称为单位格子。矢量 a、b、c 的长度 a、b、c 及它们之间的夹角 γ、β、α 称为点阵参数。原则上一个空间点阵有无限多种分割单位格子的方式，但基本可归结为两类：一类是平行六面体内只包含一个阵点（除了平行六面体的 8 个顶点之外，不再有其他附加阵点），称为"简单格子"或"素格子"；另一类是平行六面体中除8 个顶点外还有附加的阵点，因而阵点数目 >1，这种平行六面体称为"复格子"。空间点阵（也称为空间格子）表示单位格子在三维空间中周期性重复排列的几何图形，如图 2-2 所示，晶体的空间点阵在此情况下称为晶格（crystal lattice）。

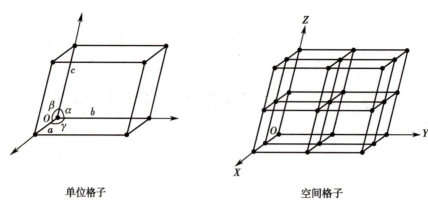

单位格子　　　　　　　　　　　　　　　　　空间格子

图 2-2　单位格子与空间格子示意图

(二) 晶体结构的对称元素

晶体的外形和内部结构都具有一定的对称性。物体经某种运动后与自身重合的性质称为对称性 (symmetry),使物体与自身重合的运动称为对称操作。对称操作要借助一定的几何元素才能进行。在进行对称操作时不动或不改变的点、线、面等几何元素称为对称元素 (symmetry element)。每个对称物体都有一组相应的对称元素,形成对称元素系。每个对称物体也具有一系列对称操作,组成对称操作群。对称元素系和对称操作群相对应。了解晶体所具有的对称元素系是对晶体进行分类及认识晶体结构和性质的重要依据。

晶体结构的对称操作和相应的对称元素有以下 7 种。

1. **旋转**　相应的对称元素为旋转轴。物体绕某一固定轴逆时针旋转一个角度后与自身重合,则称它具有旋转对称性。如果此角度为 360°/n,则称它具有 n 次旋转对称,相应的对称元素为 n 次旋转轴,简称 n 次轴。旋转轴的国际符号为 n(n=1、2、3、4 和 6)。

2. **反映**　相应的对称元素为镜面(反映面)。如果一个平面将物体分成两部分,使这两部分成镜像的关系,则称此平面为镜面。该物体具有镜面对称性。镜面的国际符号为 m。

3. **反演或倒反**　相应的对称元素为反演中心(center of inversion,对称中心)。物体上的任何点向对称中心引直线,在此直线延长线的另一端必定可以找到等距离对应点的,则该物体是中心对称的。反演中心的国际符号为 $\bar{1}$。

4. **旋转反演或旋转倒反**　相应的对称元素为旋转反演轴,也称为反轴。物体绕一固定轴逆时针旋转角度 360°/n,接着凭借轴上的一固定点进行反演操作,其位置和状态与原先一样,则该晶体具有旋转反演对称,该对称操作称为旋转反演(或旋转倒反,或倒反)。该固定轴称为旋转反演轴。旋转反演轴的国际符号为 $\bar{n}$(n=1、2、3、4 和 6)。

5. **平移**　相应的对称元素为点阵,点阵通过重复的周期表示,没有符号。每一点都随平移动作的进行而动,但在动作进行后仿佛每一点都没动。

6. **螺旋旋转**　相应的对称元素为螺旋轴,对称操作是旋转和平移组成的复合操作。螺旋轴的国际符号为 n_m,n 表示旋转操作,表示绕一直线旋转 360°/n (n=2、3、4 和 6);m 表示滑移量,滑移 $(\tau/n)m$,τ 是平行于螺旋轴方向的素向量。

7. **滑移反映**　相应的对称元素为滑移面,对称操作是反映和平移组成的复合操作。它表示经某一平面反映后沿平行于该面的某个特定方向平移 τ/n 的距离,该平面即为滑移面。滑移面的符号根据滑移方向而定。例如滑移平行于 a 轴,则滑移面的符号是 a;如果滑移平行于 b 轴或 c 轴,相应的符号就是 b 或 c。

上述对称操作可以分为两类。在进行旋转、反映、反演、旋转反演操作时物体至少有一点保持不动,称为点操作;而在进行平移、螺旋旋转、滑移反映操作时,物体中的每一点都离开原来的位置。

晶体结构最基本的特点是具有空间点阵式结构,由于受点阵结构限制,晶体实际可能存在的对称元素只有表 2-1 所列出的几种。

表 2-1　晶体中的对称元素和相应的国际符号

对称元素	国际符号	对称操作
反演中心	$\bar{1}$	倒反 I
镜面	m	反映 M
滑移面	a,b,c	反映 M+ 平移
	n	
	d	
旋转轴	1	旋转 L(360°)
	2	旋转 L(180°)
	3	旋转 L(120°)
	4	旋转 L(90°)
	6	旋转 L(60°)
螺旋轴	2_1	旋转 L+ 平移
	$3_1,3_2$	
	$4_1,4_2,4_3$	
	$6_1,6_2,6_3,6_4,6_5$	
螺旋反演轴	$\bar{3}$	旋转 L+ 倒反 I
	$\bar{4}$	
	$\bar{6}$	

(三) 晶胞和布拉菲格子

晶胞(unit cell)是晶体中周期性重复排列的基本结构单位,是平行六面体。在同一个晶体中,每个晶胞的大小和形状完全相同。晶胞有两个要素:一是晶胞的大小和形状,由晶胞参数晶棱棱长 a、b、c 及它们之间的夹角 γ、β、α 决定,如图 2-2 所示;二是晶胞内部各个原子的坐标位置,由原子坐标参数 (x,y,z) 表示。坐标参数的意义是指由晶胞原点 O 指向原子的矢量 $\boldsymbol{r}$ 用单位矢量 $\boldsymbol{a}$、$\boldsymbol{b}$、$\boldsymbol{c}$ 表达:

$$r=xa+yb+zc$$

晶胞和单位格子的区别是晶胞为晶体结构的基本单元,用于表示实际晶体结构的周期性和对称性;而单位格子为抽象的概念,其中的阵点为结构基元抽象成的几何点。

按晶体周期性规律划分晶胞的方式有多种,实际在确定晶胞时按照以下两个原则进行:①对每个晶系规定晶胞参数限制条件,7 种晶胞形状分别和 7 个晶系对应,称为该晶系的正当晶胞形状;②所划得的晶胞体积要尽可能小。表 2-2 列出 7 个晶系对应的正当晶胞形状和晶轴选择的方法。晶轴用于确定晶面各晶棱在晶体上的位置,人为地选择 3 根(或 4 根)坐标轴,一般用 a、b、c 表示。

表 2-2 晶系的划分和晶轴的选择

晶系	晶胞参数限制条件	选晶轴的方法
立方	$a=b=c$ $\alpha=\beta=\gamma$	4 条三重轴分别和立方体的 4 条对角线平行,立方体的 3 条相互垂直的边即为 a、b、c 方向。a、b、c 与三重轴的夹角为 54°44′
六方	$a=b\neq c$ $\alpha=\beta=90°$, $\gamma=120°$	c // 六重对称轴 a、b // 二重轴或 ⊥ 对称面或选 ⊥ c 的晶棱
四方	$a=b\neq c$ $\alpha=\beta=\gamma=90°$	c // 四重对称轴 a、b // 二重对称轴或 ⊥ 对称面或选 ⊥ c 的晶棱
三方	棱面体晶胞 $a=b=c$ $\alpha=\beta=\gamma<120°\neq90°$	a、b、c 是 3 条与三重轴交成等角的晶棱
		c // 三重轴 a、b // 二重轴或 ⊥ 对称面或 ⊥ c 的晶棱
正交	$a\neq b\neq c$ $\alpha=\beta=\gamma=90°$	a、b、c // 二重轴或 ⊥ 对称面
单斜	$a\neq b\neq c$ $\alpha=\gamma=90°\neq\beta$	b // 二重轴或 ⊥ 对称面 a、c 选 ⊥ b 的晶棱
三斜	$a\neq b\neq c$ $\alpha\neq\gamma\neq\beta\neq90°$	a、b、c 为 3 条不平行的晶棱

注: // 代表平行; ⊥ 代表垂直。

将点阵点在空间的分布按正当晶胞形状的规定进行划分,如果以上 7 种晶胞都只在其顶角上有格点,它们就代表其单位格子。实际上,在某些晶系的晶胞中,体心(body-centered)、面心(face-centered)或底心(based-centered)处存在格点,这些带心的晶胞具有与不带心的晶胞相同的特征对称,但代表不同的空间格子。布拉菲首先证明符合晶体对称性的空间格子有 14 种,称为布拉菲格子。表 2-3 列出 14 种布拉菲格子。布拉菲格子的符号中,P 代表初基(primitive)格子,C 代表底心(based-centered)格子,I 代表体心(body-centered)格子,F 代表面心(face-centered)格子,R 代表棱面体。

表 2-3 14 种布拉菲格子

晶系	对晶胞的限制	14 种布拉菲格子			
		初基	底心	体心	面心
三斜	无				

续表

晶系	对晶胞的限制	14 种布拉菲格子			
		初基	底心	体心	面心
单斜	$\alpha=\gamma=90°$				
正交	$\alpha=\beta=\gamma=90°$				
三方	$a=b=c$ $\alpha=\beta=\gamma\neq90°$				
四方	$a=b$ $\alpha=\beta=\gamma=90°$				
六方	$a=b$ $\alpha=\beta=90°$ $\gamma=120°$				
立方	$a=b=c$ $\alpha=\beta=\gamma=90°$				

（四）晶体学点群和空间群

对于晶体而言，对称元素往往不是单独存在的。晶体所具有的对称性取决于这些对称元素和它们的组合。描述晶体的对称元素组合常用晶体学点群（point group）和空间群（space group）。点群和空间群既反映对称操作的性质，也反映对称元素系的全部情况。不同的对称操作组合构成不同的群。由全部对称操作（点对称操作和平移对称操作）组成的群称为操作群。全部由点对称操作（至少固定一个点不动的对称操作，如旋转、反映、旋转反演）构成的群称为点群。包括点对称操作和平移对称操作（如螺旋旋转、滑移反映、平移）的对称元素全部可能的组合的群称为空间群。

晶体的对称性分为宏观对称性(外形对称性)和微观对称性(晶体结构中原子或离子排列反映的对称性)。晶体的宏观对称性是微观对称性的外在表现,而微观对称性则体现晶体的本质性质。宏观对称性体现不出平移对称操作的差异,使晶体的外形呈现连续性和均匀性。宏观对称元素只有对称中心(反演对称操作)、镜面(反映对称操作)、旋转轴(旋转对称操作)和反轴(旋转反演对称操作),与这些对称元素相应的对称操作都是点操作。当晶体含有一个以上的宏观对称元素时,该元素都会通过同一点。在宏观对称中,将晶体能存在的对称操作进行组合,共有 32 种形式,这 32 种相应的对称操作群称为 32 个晶体学点群,其表示方法如表 2-4 所示。微观对称元素有旋转轴(螺旋旋转)、滑移面(滑移反映)和点阵(平移),对应的对称操作都是平移对称操作。将 4 种宏观对称元素和 3 种微观对称元素组合,共有 230 种空间群。各种晶体归属在 230 个空间群种中的分布情况数量上相差很大,由有机分子堆积成的晶体归属于 C_{2h}^5 的最多,占已测定结构的有机晶体的 1/4 左右。

表 2-4　32 种点群

符号	符号的意义	对称类型	数目
C_n	具有 n 重旋转轴	C_1,C_2,C_3,C_4,C_6	5
C_i	对称中心(I)	$C_i(=S_2)$	1
C_s	对称面(m)	C_s	1
C_{nh}	h 代表除 n 重旋转轴外还有与轴垂直的水平对称面	$C_{2h},C_{3h},C_{4h},C_{6h}$	4
C_{nv}	ν 代表除 n 重旋转轴外还有通过该轴的铅锤对称面	$C_{2v},C_{3v},C_{4v},C_{6v}$	4
D_n	具有 n 重旋转轴及 n 个与之垂直的二重旋转轴	D_2,D_3,D_4,D_6	4
D_{nh}	h 的意义与前相同	$D_{2h},D_{3h},D_{4h},D_{6h}$	4
D_{nd}	d 表示还有一个平分两个二重旋转轴间夹角的对称面	D_{2d},D_{3d}	2
S_n	经 n 重旋转后,再经垂直该轴的平面镜像	$C_{3i}(=S_6)$ $C_{4i}(=S_4)$	2
T	代表有 4 个三重旋转轴和 3 个二重旋转轴(四面体的对称性)	T	1
T_h	h 的意义与前相同	T_h	1
T_d	d 的意义与前相同	T_d	1
O	代表 3 个互相垂直的四重旋转轴及 6 个二重、4 个三重旋转轴	O,O_h	2
共计			32

二、多晶型热力学

多晶型的形成本质上是由体系的热力学控制的。同一药物的不同晶型具有不同的吉布斯自由能(Gibbs free energy)、焓(enthalpy)和熵(entropy)。如图 2-3 所示,晶型 A 和晶型 B 的势能低于相应的无定型态和液态,因为在晶体中分子堆叠更加有序,比无定型态和液态中分子堆叠得更加高效,所以能量更低。虽然同样为晶态固体,晶型 A 和晶型 B 的势能并不相等,晶型 B 的势能更高,所以晶型 B 为介稳晶型(metastable crystal form),晶型 A 为稳定晶型(stable crystal form)。

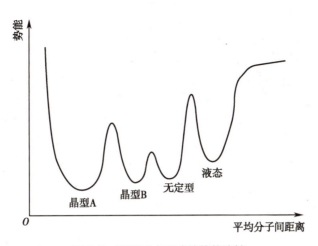

图 2-3　不同固态形式的势能比较

（一）多晶型热力学相互关系

同一化合物的多晶型的稳定性关系由自由能决定，自由能越低的晶型越稳定。自由能可由式（2-1）表示。

$$G=H-TS \qquad 式（2-1）$$

式（2-1）中，G 为吉布斯自由能；H 为焓；T 为绝对温度；S 为熵。在任意温度下，晶型 A 与晶型 B 的自由能差为：

$$\Delta G_{A \to B}=G_B-G_A=(H_B-TS_B)-(H_A-TS_A)=\Delta H_{A \to B}-T\Delta S_{A \to B} \qquad 式（2-2）$$

$$\Delta H_{A \to B}=H_B-H_A$$

$$\Delta S_{A \to B}=S_B-S_A$$

根据自由能差，在任意温度下两种晶型的关系都存在以下 3 种情况。

1. $\Delta G_{A \to B}<0$，晶型 B 的自由能更低，晶型 B 比晶型 A 更稳定，所以晶型 A 向晶型 B 的转化为自发过程。

2. $\Delta G_{A \to B}>0$，晶型 A 的自由能更低，晶型 A 比晶型 B 更稳定，所以晶型 A 向晶型 B 的转化为非自发过程，而晶型 B 向晶型 A 的转化为自发过程。

3. $\Delta G_{A \to B}=0$，晶型 A 和晶型 B 的自由能相等，没有相互转化发生。

根据式（2-2），两种晶型的自由能差与温度有关，两种晶型的自由能相等的温度点称为相变温度（transition temperature，T_t）。如果相变温度低于两种晶型的熔点（melting point，T_m），则晶型 A 和晶型 B 为互变体系（enantiotropy），如图 2-4a 所示。当温度 $T<T_t$ 时，晶型 A 的自由能更低，更加稳定；而当温度 $T>T_t$ 时，晶型 B 的自由能更低，更加稳定。如果相变温度高于两种晶型的熔点，晶型 A 和晶型 B 为单变关系（monotropy），如图 2-4b 所示，晶型 A 的自由能始终低于晶型 B，所以晶型 B 的稳定性始终高于晶型 A。以上讨论虽然是基于只有两种晶型的体系，但是得出的关于多晶型热力学关系的结论可以推广到两种以上的多晶型体系。

（二）判断多晶型热力学关系的经验规则

一些经验法则有助于快速判断多晶型的稳定性关系，具体见表 2-5。其中应用最广泛，也是最可靠的为转变热规则和熔化热规则。此外，常用的经验法则还包括：转变热规则、熔化热规则、熔化熵规则、热容规则、密度规则、溶解度规则等。

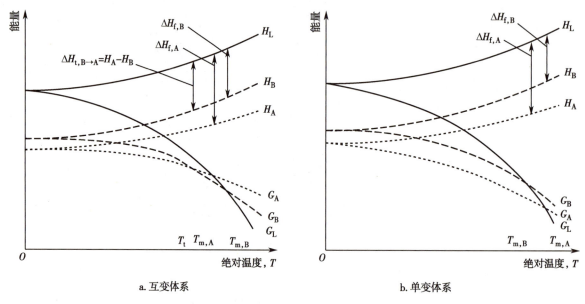

图 2-4　多晶型热力学相图

表 2-5　判断多晶型热力学关系的经验规则（晶型 B 的熔点高于晶型 A）

规则	互变体系	单变体系
转变热规则	在温度 T，$\Delta H_{t,A\rightarrow B}>0$，存在 $T_t<T$	在温度 T，$\Delta H_{t,A\rightarrow B}<0$
熔化热规则	$\Delta H_{f,A}>\Delta H_{f,B}$	$\Delta H_{f,A}<\Delta H_{f,B}$
熔化熵规则	$\Delta S_{f,A}>\Delta S_{f,B}$	$\Delta S_{f,A}<\Delta S_{f,B}$
热容规则	$C_A<C_B$	$C_A>C_B$
密度规则	$\rho_A>\rho_B$	$\rho_A<\rho_B$
溶解度规则	$T<T_t,S_B>S_A$ $T>T_t,S_A>S_B$	$S_B<S_A$

注：ΔH 代表熔化焓；ΔS 代熔化熵；C 代表热容；ρ 代表密度；S 代表溶解度。互变体系：$T<T_t$，晶型 A 比晶型 B 稳定；$T>T_t$，晶型 B 比晶型 A 稳定。单变体系：晶型 B 始终比晶型 A 稳定。

转变热规则（heat of transition rule）：如果在某温度 T 相转变为吸热过程，存在低于该温度的相变温度（$T_t<T$），即体系为互变关系；如果在某温度 T 相转变为放热过程，体系可能为单变关系，也可能是互变关系，相变温度在 T 以上（$T_t>T$）。应用转变热规则有两个前提：①两种晶型的自由能曲线相交一次；②焓变曲线不相交。第二个假设在两种晶型的分子构象存在显著性差异时可能不成立，所以转变热规则在构象多晶型中可能存在例外。

熔化热规则（heat of fusion rule）：如果高熔点晶型的熔化焓更低，则体系为互变关系；反之则为单变关系。通常晶型之间的转化速率较慢，用差示扫描量热法（differential scanning calorimetry，DSC）测量转变热较困难，此时可以通过比较两种晶型的熔化焓来判断晶型的稳定性关系。熔化热规则的假设是转变热等于两种晶型的熔化热之差。当两种晶型的焓曲线存在显著性差异或熔点差异 >30℃时，该规则可能存在例外。

熔化熵规则（entropy of fusion rule）：如果高熔点晶型的熔化熵更低，两种晶型为互变关系；反之为单变关系。

热容规则(heat capacity rule):在给定的温度下,如果高熔点晶型的热容更高,两种晶型为互变关系;反之为单变关系。因为不同晶型的热容相似,热容差测量困难,所以该规则应用受限。

密度规则(density rule):基于分子晶体最密堆积原则。对于非氢键体系,在绝对零度,因为更强的分子间范德瓦耳斯力,最稳定晶型的密度最大。所以根据此规则,最密堆积的晶体结构能量最低。

溶解度规则(solubility rule):因为固相的溶解度由自由能决定,如果一种晶型在转变点前溶解度更高,另一种晶型在转变点后溶解度更高,那么这两种晶型为互变关系;如果一种晶型的溶解度始终高于另一种晶型,那么这两种晶型为单变关系。

红外规则(infrared rule):对于氢键多晶型,键的伸缩频率更高的晶型的熵也可能更高。该规则的假设是键的伸缩振动与分子的其余部分偶合较弱。较少用。

(三) 多晶型的相变温度计算

多晶型的热力学稳定性关系可以通过计算相变温度(T_t)来确定,T_t 低于熔点,两种晶型为互变关系;反之,T_t 高于熔点,两种晶型为单变关系。下面介绍计算 T_t 的方法。

1. 熔化热法 通过熔化热数据(熔点、熔化焓)可计算。假设晶型 A 的熔点低于晶型 B,在任意温度下晶型 A 和晶型 B 的自由能差可以表示为:

$$\Delta G = \Delta H - T\Delta S \qquad\qquad 式(2\text{-}3)$$

晶型 A 和晶型 B 在熔点处的自由能之差(ΔG_0)可以通过熔化热数据获得,在其他温度下的自由能之差(ΔG)可以通过外推法获得。ΔG_0 和 $(\mathrm{d}\Delta G/\mathrm{d}T)_0$ 分别为在晶型 A 熔点($T_{m,A}$)处的自由能之差 ΔG 和自由能之差与温度的导数。

如图 2-5 所示,ΔG_0 代表的过程为过程 1:晶型 A($T_{m,A}$)→晶型 B($T_{m,A}$)。据赫斯(Hess)定律,可以将过程 1 转化成下面的赫斯循环。

多晶型转变赫斯循环各个过程的热力学量如表 2-6 所示。

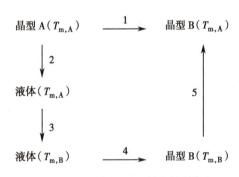

图 2-5 晶型 A 向晶型 B 转化的赫斯循环

表 2-6 多晶型转变赫斯循环各个过程的热力学量

过程	过程描述	ΔH	ΔS
1	在晶型 A 的熔点处,从 A 到 B 晶型转变	ΔH_0	ΔS_0
2	晶型 A 在熔点处熔化	$\Delta H_{m,A}$	$\dfrac{\Delta H_{m,A}}{T_{m,A}}$
3	液体由晶型 A 的熔点升温至晶型 B 的熔点	$\displaystyle\int_{T_{m,A}}^{T_{m,B}} C_{p,L}\,\mathrm{d}T$	$\displaystyle\int_{T_{m,A}}^{T_{m,B}} \dfrac{C_{p,L}}{T}\,\mathrm{d}T$
4	晶型 B 在熔点处结晶	$-\Delta H_{m,B}$	$-\dfrac{\Delta H_{m,B}}{T_{m,B}}$
5	晶型 B 由晶型 B 的熔点降温至晶型 A 的熔点	$\displaystyle\int_{T_{m,A}}^{T_{m,B}} C_{p,B}\,\mathrm{d}T$	$\displaystyle\int_{T_{m,A}}^{T_{m,B}} \dfrac{C_{p,B}}{T}\,\mathrm{d}T$

由于过程 1 与过程 2~5 的始末态相同,所以过程 1 的焓变和熵变等于 2~5 过程的焓变和熵变之和。

$$\Delta H_0 = \Delta H_{m,A} - \Delta H_{m,B} + \int_{T_{m,A}}^{T_{m,B}} dT(C_{p,L} - C_{p,B}) \qquad 式(2-4)$$

$$\Delta S_0 = \Delta H_{m,A}/T_{m,A} - \Delta H_{m,B}/T_{m,B} + \int_{T_{m,A}}^{T_{m,B}} dT(C_{p,L} - C_{p,B})/T \qquad 式(2-5)$$

式(2-4)和式(2-5)中,$\Delta H_{m,A}$ 和 $\Delta H_{m,B}$ 分别为晶型 A 和晶型 B 的熔化焓,$C_{p,L}$ 和 $C_{p,B}$ 分别为过冷液体和晶型 B 在 $T_{m,A}$ 到 $T_{m,B}$ 的热容。当 $T_{m,A}$ 与 $T_{m,B}$ 相差不太大(<20℃)时,认为($C_{p,L} - C_{p,B}$)是常数,可得:

$$\Delta H_0 = \Delta H_{m,A} - \Delta H_{m,B} + (C_{p,L} - C_{p,B})(T_{m,B} - T_{m,A}) \qquad 式(2-6)$$

$$\Delta S_0 = \Delta H_{m,A}/T_{m,A} - \Delta H_{m,B}/T_{m,B} + (C_{p,L} - C_{p,B})\ln\frac{(T_{m,B})}{(T_{m,A})} \qquad 式(2-7)$$

根据式(2-3)可得:

$$\frac{d\Delta G}{dT} = -\Delta S \qquad 式(2-8)$$

如果 ΔG 与温度呈线性关系,那么在其他温度点晶型 A 与晶型 B 的自由能之差为:

$$\Delta G(T) = \Delta G_0 - \Delta S_0(T - T_{m,A}) \qquad 式(2-9)$$

在相变温度处自由能之差为 0,所以

$$T_t = \Delta H_0 / \Delta S_0 \qquad 式(2-10)$$

根据式(2-6)和式(2-7)可得:

$$T_t = \frac{\Delta H_{m,A} - \Delta H_{m,B} + (C_{p,L} - C_{p,B})(T_{m,B} - T_{m,A})}{\Delta H_{m,A}/T_{m,A} - \Delta H_{m,B}/T_{m,B} + (C_{p,L} - C_{p,B})\ln\frac{(T_{m,B})}{(T_{m,A})}} \qquad 式(2-11)$$

2. 溶解度法   溶解度随温度的变化符合范托夫方程式(van't Hoff equation)。

$$\ln(s) = \frac{\Delta H_m}{R}\left(\frac{1}{T_m} - \frac{1}{T}\right) \qquad 式(2-12)$$

式(2-12)中,s 为理想摩尔溶解度;R 为气体常数;ΔH_m 为熔化热;T_m 为熔点;T 为任意温度。通常认为 ΔH_m 在较窄的温度区间内不随温度变化,所以 $\ln(s)$ 与 $1/T$ 呈线性关系。

在相变温度,两种晶型的溶解度相等,所以

$$\ln(s_A, T_t) - \ln(s_B, T_t) = \frac{\Delta H_{m,A}}{R}\left(\frac{1}{T_{m,A}} - \frac{1}{T_t}\right) - \frac{\Delta H_{m,B}}{R}\left(\frac{1}{T_{m,B}} - \frac{1}{T_t}\right) = 0 \qquad 式(2-13)$$

因为 $\Delta H_{m,B} - \Delta H_{m,A}$ 等于晶型 A 到晶型 B 的转变热(ΔH_t),所以式(2-13)可以化简为:

$$\ln(s_A, T_t) - \ln(s_B, T_t) = \frac{\Delta H_{m,A}}{RT_{m,A}} - \frac{\Delta H_{m,B}}{RT_{m,B}} - \frac{\Delta H_t}{RT_t} = 0 \qquad 式(2-14)$$

即

$$\frac{\Delta H_{m,A}}{RT_{m,A}} - \frac{\Delta H_{m,B}}{RT_{m,B}} = \frac{\Delta H_t}{RT_t} \qquad 式(2-15)$$

在任意温度下，

$$\ln(s_A) - \ln(s_B) = \frac{\Delta H_{m,A}}{RT_{m,A}} - \frac{\Delta H_{m,B}}{RT_{m,B}} - \frac{\Delta H_t}{RT}$$ 式(2-16)

根据式(2-15)可得：

$$\ln(s_A) - \ln(s_B) = -\frac{\Delta H_t}{RT} + \frac{\Delta H_t}{RT_t} = \frac{\Delta H_t}{R}\left(\frac{1}{T_t} - \frac{1}{T}\right)$$ 式(2-17)

可以通过 ΔH_t 来计算 T_t。

$$T_t = \left[\frac{R(\ln(s_A,T) - \ln(s_B,T))}{\Delta H_t} + \frac{1}{T}\right]^{-1}$$ 式(2-18)

三、多晶型药物相转变

上一节讨论了多晶型的热力学稳定性关系,介稳晶型有向稳定晶型转变的热力学驱动力,但是相转变也受动力学的控制。有些介稳晶型可以稳定存在数年,而有些介稳晶型短时间内就会发生转变,所以了解相转变的动力学途径和转变速率对于晶型的控制至关重要。相转变可以发生在固态也可以发生在液态中,动力学过程显著不同。

(一) 相转变途径

1. **溶剂介导相转变**(solution-mediate phase transformation,SMPT) 包含3个步骤:①介稳晶型溶解;②稳定晶型成核;③稳定晶型晶体生长。图 2-6 是典型的溶剂介导相转变过程中固体组成和液体浓度随时间变化的曲线。每个步骤都受动力学因素影响,表 2-7 是对其中一些重要因素的总结。在溶剂介导相转变过程中,每一步都可能是限速步骤。其中步骤 2 因为涉及的成核过程速度较慢,通常为限速步骤。

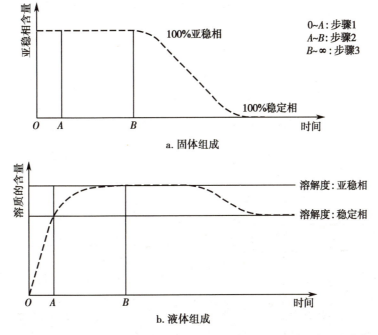

图 2-6 溶剂介导相转变过程中固体组成和液体浓度随时间变化的曲线

表 2-7   溶剂介导相转变过程的动力学影响因素

步骤	因素	步骤	因素
步骤 1	温度（影响溶解度、扩散系数、介质黏度） 搅拌（影响扩散层的厚度） 初始溶液浓度 初始粒子大小和分布（影响初始表面积） 固体 - 溶剂比 溶剂（影响溶解度和扩散系数） 溶剂中的杂质和添加物（聚合物等影响扩散系数）	步骤 3	溶出速率 晶体生长速率 温度 两相之间的溶解度比 溶解度 溶剂性质 搅拌 可供生长的位点 成核数目 二次成核
步骤 2	温度 两相之间的溶解度比 溶解度 溶剂性质 搅拌 溶剂中的杂质和添加物 接触面的性质和面积（非均相成核）		

2. **固态转晶（solid state transformation）**   比溶剂介导相转变更加复杂，关于固态转晶的动力学和机制目前还不完全清楚。与化学反应类似，固态转晶需要克服形成稳定相的激活能。影响激活能的因素包括晶体堆积、缺陷、粒径、杂质、温度和湿度。

在固态中常见的相转变方式包括：

(1) **热诱导相转变**：固态转晶在室温下通常较慢，而升温可以提高转变速率。图 2-7 显示一种具有多晶型的固体被加热时，差示扫描量热法（DSC）能观察到的所有可能的晶型转变过程。需要注意的是，并非所有多晶型体系在加热过程中都会发生转晶，表 2-8 为对这些晶型转变的详细描述。除了 EB-3 外，表 2-8 中列出的大部分晶型转变都已被观察到。另外溶剂化物的热力学性质决定了它们在较高温度时稳定性较差，在加热过程中会发生去溶剂化。

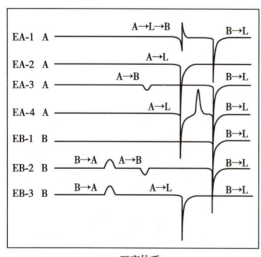

a. 互变体系   b. 单变体系

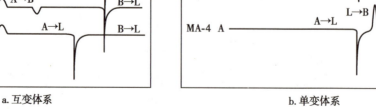

图 2-7   热诱导多晶型转变

表 2-8　热诱导多晶型相转变的详细过程

相转变过程	多晶型体系	起始晶型	转变
EA-1	互变	晶型 A	晶型 A 熔化伴随晶型 B 重结晶 晶型 B 熔化
EA-2	互变	晶型 A	晶型 A 熔化
EA-3	互变	晶型 A	晶型 A 到晶型 B 的固态转晶 晶型 B 熔化
EA-4	互变	晶型 A	晶型 A 熔化 晶型 B 从液态中重结晶 晶型 B 熔化
EB-1	互变	晶型 B	晶型 B 熔化
EB-2	互变	晶型 B	晶型 B 到晶型 A 的固态转晶 晶型 A 到晶型 B 的固态转晶 晶型 B 熔化
EB-3	互变	晶型 B	晶型 B 到晶型 A 的固态转晶 晶型 A 熔化
MA-1	单变	晶型 A	晶型 A 熔化
MB-1	单变	晶型 B	晶型 B 熔化
MA-2	单变	晶型 A	晶型 A 到晶型 B 的固态转晶 晶型 B 熔化
MA-3	单变	晶型 A	晶型 A 熔化伴随晶型 B 重结晶 晶型 B 熔化
MA-4	单变	晶型 A	晶型 A 熔化 晶型 B 从液态中重结晶 晶型 B 熔化

(2) 蒸气诱导相转变:多发生于溶剂化物。根据溶剂化物的热力学性质,当溶剂在一定环境中的蒸气压高于某临界值时,溶剂化物能保持稳定,而非溶剂化物则处于亚稳状态,并且存在非溶剂化物向溶剂化物转化的趋势;反之,如果溶剂的蒸气压低于这一临界值,则溶剂化物处于亚稳状态,存在去溶剂化向非溶剂化物转化的趋势。水合物的情况与之类似,当环境的相对湿度接近临界相对湿度时,水合物的脱水趋势较弱,脱水速度降低。在制剂开发过程中极少出现仅暴露在有机溶剂蒸气压中的情况,但是相对湿度随地点和季节不同可以发生显著变化,所以在制剂过程中应特别关注无水物/水合物的转变行为。

(3) 机械压力诱导相转变:机械压力施于固体时会产生许多固体缺陷,这些缺陷为启动固态转晶提供必要的空间和能量,如多晶型转变和固体混合物形成共晶。过度研磨通常会导致结晶度下降,转变为无定型态物质。

（二）制剂过程中相转变途径

在制剂生产工艺过程中涉及的机械力、温度和压力等因素可能会通过上述一种或几种途径引发相转变。

1. 研磨（milling）　通过机械能粉碎颗粒，降低粒径。研磨过程中产生的热能、振动能和机械能会破坏晶格，导致表面无定型化，甚至是完全无定型化。冷冻研磨会引发吲哚美辛（indomethacin）多晶型和溶剂化物的相转变，吲哚美辛的多晶型（α、β、γ）在冷冻研磨 60 分钟后变成无定型。冷冻研磨也可以获得吲哚美辛甲醇溶剂化物的无定型，该溶剂化物去溶剂化会加速无定型结晶，形成无水 γ 晶型和 α 晶型的混合物；而叔丁醇溶剂化物在研磨后依然是晶体状态。

2. 挤压（compression）　干法制粒和压片是涉及挤压的两个操作。挤压可能会导致晶体溶解在吸附的水中，或晶体颗粒在接触处熔融。压片固化的一种机制就是挤压后重结晶，所以在压缩过程中相转变可以通过溶剂介导相转变或者熔融重结晶的方式。氯磺丙脲（chlorpropamide）在重复挤压过程中发生晶型互变，30 个挤压循环后多晶型组成趋于稳定，其中无定型的含量为 30%，推测氯磺丙脲在挤压过程中的晶型转化是通过无定型中间体介导的。辅料对挤压诱导的相转变过程有一定影响，在压片时以角叉聚糖为辅料可以降低茶碱—水合物脱水和无定型吲哚美辛结晶。

3. 冷冻干燥（freezing drying）　包括冷冻、升华和再干燥 3 个阶段。冷冻溶液是冷冻干燥的第一步，往往会引起水结晶、溶质浓缩。非结晶溶质如蔗糖和海藻糖在冷冻干燥过程中可以保持无定型态，而甘露糖和甘氨酸会结晶。甘露醇冷冻干燥产物的晶型受冷冻时的溶液降温速率影响，缓慢降温时产物以 δ 晶型为主，而快速降温时主要产物为 α 晶型。溶液在冷冻过程中可能会以水合物形式结晶，所以冷冻溶液中的固态形式可能与制备冻干溶液的固态形式不一样。

4. 干燥（drying）　通常在较高温度下进行，例如喷雾干燥（spray drying）或者干燥湿法制备的颗粒。根据 Davis 的模型，"如果湿颗粒的干燥速率大于溶剂介导的介稳晶型到稳定晶型的转变速率，在干燥过程中可能产生介稳晶型。"例如 γ-甘氨酸湿颗粒在经过流化床干燥后获得稳定晶型 γ 晶型和介稳晶型 α 晶型的混合物；在 80℃快速干燥后 α 晶型所占的比例高于在 60℃干燥的产物；在更慢的盘式干燥器中 21℃干燥时，α 晶型所占的比例远低于流化床干燥产物。快速去除溶剂（如喷雾干燥）可以获得介稳晶型或者无定型，例如喷雾干燥可以获得泼尼松龙介稳晶型Ⅲ。药物或者辅料以水合物形式存在时，在干燥过程中可能会脱水，产物的固态形式将会受干燥条件影响。茶碱—水合物颗粒在 50℃常压干燥，产物为稳定的无水物，有 75% 的结晶度；而在 90℃减压干燥的产物结晶度更高，基本检测不出无定型的存在。卡马西平（carbamazepine）水合物在 44℃水蒸气压 >1.6kPa（12torr）时恒温脱水可以产生晶态无水物，而当水蒸气压 <0.68kPa（5.1torr）时产物为无定型。热风干燥过程气流的含水量决定了是否能有效干燥水合物，同时又不使其脱水。在茶碱—水合物湿颗粒流化床干燥过程中，入口空气的水分含量为 7.6g/m³，30℃时没有脱水发生，40℃以上产物中有无水物出现，无水物的组分与温度有关。50℃以下时产物主要为介稳晶型，随着温度升高，稳定晶型的含量增加。90℃干燥时仍然有 25% 的产物为亚稳无水物。当入口空气的水分含量降低（0.5g/m³）时，30℃时就可以发生脱水，但是介稳晶型与稳定晶型的比例对干燥温度的依赖关系基本不变。在冷冻干燥中，冷冻溶液在减压状态下先被加热到略低于室温进行初步干燥，在冷冻过程中可以保持无定型的溶质在加热或干燥过程中可能会发生结晶。在初步干燥时，减压去除水分可能导致冷冻过程中形成的水合物部分或完全脱水。

5. 熔融（melting）　在热熔挤出过程中,将一种或多种组分在挤出前熔融,虽然热熔挤出的目的是制备无定型态药物,但实际药物的最终形态依赖处方和过程参数。以聚维酮和蔗糖棕榈酸酯为载体,采用热熔挤出技术制备雌二醇（17β-estradiol,熔点为175℃）固体分散物,当挤出温度设置为60℃时药物依然是晶态,而当挤出温度上升至180℃时药物全部以无定型形式存在;挤出温度设置在100~160℃,药物以部分晶体、部分无定型形式存在。

四、多晶型药物的结构

化学结构相同的分子由于结晶条件（如溶剂、温度、冷却速度等）不同,结晶时形成一种以上的分子排列与晶格结构的现象称为多晶型（polymorphism）。氢键（hydrogen bond）是有机分子结晶过程中最重要的相互作用。除了被广泛研究的传统氢键 OH…O、N—H…O 和 OH…N 外,现在发现一些弱氢键如 C—H…O、C—H…N 和 N—H…π 在有机分子晶体的构建中也起到十分重要的作用。

(一) 多晶型结构

1. 构型多晶型（configuration polymorph）　也称为堆叠多晶型（packing polymorph）,刚性分子多采用此种方式形成多晶型。如图 2-8 所示,在构型多晶型中分子构象相似甚至相同,但是三维结构不同,每个晶型都有独特的堆叠基团和分子间相互作用。

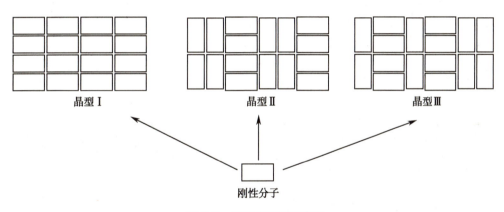

图 2-8　构型多晶型示意图

卡马西平为典型的构型多晶型,结构式如图 2-9 所示,为刚性小分子。卡马西平存在至少 4 种晶型,晶型 Ⅰ 为三斜晶系,晶型 Ⅱ 为三方晶系,晶型 Ⅲ 和晶型 Ⅳ 为单斜晶系,晶胞参数列于表 2-9 中。晶型 Ⅲ 为室温下最稳定的晶型。卡马西平多晶型的堆积单元均是酰胺与羰基形成的二聚体,各晶型中分子构象基本一致。卡马西平的多晶型来自二聚体基团的堆积差异。二聚体单元的堆积依赖弱 C—H…O 相互作用,如图 2-10 所示,两种单斜晶系的晶型 Ⅲ 和晶型 Ⅳ 中氮杂环的烯氢与羰基通过弱 C—H…O 相互作用形成无限链状结构,连接二聚体单元的 C—H…O 键的长度在晶型 Ⅲ 和晶型 Ⅳ 中分别为 2.48Å 和 2.35Å。三斜晶系和三方晶系的晶型 Ⅰ 和晶型 Ⅱ 的弱 C—H…O 相互作用与单斜晶系存在显著性差异,在这两种晶型中二聚体中的羰基氧作为受体分别与邻近的两个碳形成氢键,这两种晶型都有针状外观,氢键沿针轴方向螺旋。因此,显著的堆积方式和氢键网络的差异导致卡马西平存在有多晶型。

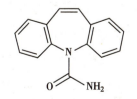

图 2-9　卡马西平的结构式

表 2-9　卡马西平多晶型的晶胞参数

晶型	空间群	a/Å	b/Å	c/Å	α/°	β/°	γ/°	晶胞内的分子数	晶胞体积/Å³	密度/(g/cm³)
晶型Ⅰ（三斜）	P$\bar{1}$	5.170 5	20.574	22.245	84.12	88.01	85.19	4	2 366.4	未报道
晶型Ⅱ（三方）	R$\bar{3}$	35.454	35.454	5.253	90	90	120	18	5 718.32	1.235
晶型Ⅲ（单斜）	P2₁/n	7.534	11.150	13.917	90	92.94	90	4	1 167.5	1.35
晶型Ⅳ（单斜）	C2/c	26.609	6.927	13.957	90	109.70	9	8	2 572.6	1.31

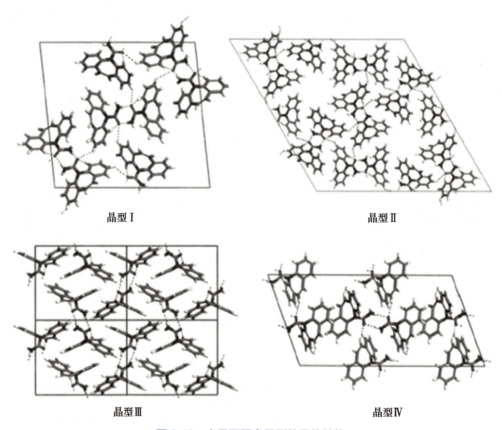

晶型Ⅰ　　　　　　　　　　　　　　晶型Ⅱ

晶型Ⅲ　　　　　　　　　　　　　　晶型Ⅳ

图 2-10　卡马西平多晶型的晶体结构

2. **构象多晶型（conformation polymorph）**　构象多晶型出现于柔性分子中，如图 2-11 所示，这些分子可以采取不同的构象，堆积形成不同的晶型。构象是指分子沿单键旋转而使单键周围的原子或基团产生不同的空间排列。分子构象变化引起的多晶型现象是多晶型中最常见和最主要的一类。药物分子通常是柔性的并且具有多种官能团，由于单键旋转，分子可能存在有多种能量相近的构象，而不同构象的分子可产生不同的分子间力，不同的分子间力又可以维持晶体中分子不同构象的稳定性。在构象多晶型中，分子间相互作用发挥重要作用。

抗精神分裂症药奥氮平的中间体 ROY（因为其多晶型具有多种颜色而得名，R 代表 red，O 代表 orange，Y 代表 yellow）为构象多晶型的典型例子，如图 2-12 所示，ROY 分子中存在可以旋转的—N—C—（用箭头标出）。ROY 在室温下存在 10 种晶型，这 10 种晶型的外观和颜色存在明显差异，如图 2-13 所示。

ROY 通过 X 射线单晶衍射（X-ray diffraction of single crystal）解析的晶体结构有 7 种，晶体结构参数列于表 2-10 中。

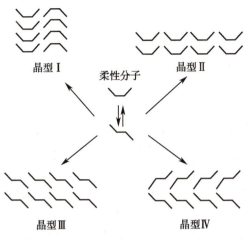

图 2-11 构象多晶型示意图

图 2-12 ROY 的结构式

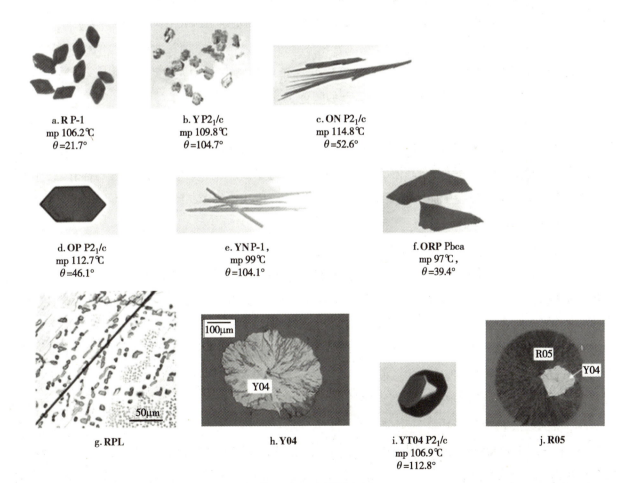

a. R P-1
mp 106.2℃
θ=21.7°

b. Y P2$_1$/c
mp 109.8℃
θ=104.7°

c. ON P2$_1$/c
mp 114.8℃
θ=52.6°

d. OP P2$_1$/c
mp 112.7℃
θ=46.1°

e. YN P-1,
mp 99℃
θ=104.1°

f. ORP Pbca
mp 97℃,
θ=39.4°

g. RPL

h. Y04

i. YT04 P2$_1$/c
mp 106.9℃
θ=112.8°

j. R05

图 2-13 多晶型 ROY
（序号代表发现的时间顺序）

表 2-10　ROY 多晶型的晶胞参数

晶型	晶系	空间群	描述	a/Å	b/Å	c/Å	α/°	β/°	γ/°	晶胞内的分子数	密度/（g/cm³）	θ_{thio}/°
Y	单斜	P21/*n*	黄色柱状	8.500 1	16.413	8.537 1	90	91.767	90	4	1.447	104.7
YT04	单斜	P21/*n*	黄色柱状	8.232 4	11.817 3	12.312 1	90	102.505	90	4	1.473	112.8
R	三斜	P$\bar{1}$	红色柱状	7.491 8	7.790 2	11.911	75.494	77.806	63.617	2	1.438	21.7
OP	单斜	P21/*n*	橘色片状	7.976 0	13.319	11.676	90	104.683	90	4	1.435	46.1
ON	单斜	P21/*c*	橘色针状	3.945 3	18.685	16.394 8	90	93.83	90	4	1.428	52.6
YN	三斜	P$\bar{1}$	黄色针状	4.591 8	11.249	12.315	71.194	89.852	88.174	2	1.431	104.1
ORP	正交	Pbca	橘色片状	13.177	8.020 9	22.801	90	90	90	8	1.429	39.4

10 种晶型中大部分晶型可以通过溶液结晶获得，Y04 和 R05 只能通过熔融结晶获得。ROY 多晶型中的构象差异主要来自 N—C（噻吩环）旋转，R 晶型中的旋转角为 21.7°，而 Y 晶型中的旋转角为 104.7°。在 Y 晶型中硝基与苯环基本在同一平面（-1.8°），在 OP 晶型中硝基偏离平面最远为 18.7°，苯环与 C—N—C 平面的夹角大小在多晶型中为 -150°~175.2°。采用基于 RHF/6-31G*水平的从头计算来计算不同 N—C（噻吩环）旋转角的构象能发现，尽管在溶液和气相中垂直构象（$\theta_{thio} \approx \pm 90°$）的构象能最低，但是实际构成晶体的分子呈能量较高的水平构象（$\theta_{thio} \approx 0°$）。ROY 多晶型颜色的差异也来自构象，邻硝基苯胺发色团与噻吩的 π 共轭程度决定各晶型的颜色。

（二）多晶型结构比较

在研究多晶型体系时通常需要比较晶体结构，首先列出各晶型的晶胞参数和空间群，但是这些参数能够提供的信息较少。另外，在晶体结构中选择一个参考平面，一般选择分子中刚性的部分（例如苯环），比较多晶型在同一参考平面中的晶体结构，该方法可以用于比较多晶型中分子所处环境以及结构内相互作用的差异。

因为氢键是多晶型中最主要的相互作用，所以这里主要讨论如何在氢键主导的多晶型中比较晶体结构。在由氢键主导的多晶型中，可以通过分析氢键结构来比较多晶型的相似或差异程度。Margaret 指出在形成氢键时不是所有氢键供体与受体的组合都是等同的，因为强氢键供体（强酸性氢）倾向于与强氢键受体（例如有电子对的原子）形成氢键，因此在形成多晶型时某些氢键形式会起到主导作用。传统上用于比较多晶型间氢键的方法是列出每个结构中每个氢键的键长和键角，有时还包括产生氢键的对称元素，但是这种方法可提供的信息很少。一个更加常用的方法是使用图集（graph set），图集法在比较氢键主导的多晶型的结构中能够提供更多的信息。

用于描述氢键的图集符号如下。

1. **标识符（designator）**　图集法用于分析氢键的最大的特点是可以将复杂的氢键结构分解成 4 个简单的氢键模式，标识符分别为 C（链，chain）、R（环，ring）、S（分子内氢键相互作用，intramolecular hydrogen-bonded pattern）和 D（有限模式，finite pattern）。图集标识符可以表示为 $G_d^a(n)$，G 是上述 4 种可能的标识符；下标 d 表示氢键供体的数目，上标 a 表示氢键受体的数目，当只有 1 个供体和受体时，上、下标可以省去;n表示参与成键的原子数,也称为氢键的度(degree)。图 2-14 为 4 种标识符的典型代表,a 是由 4 个原子形成的链状氢键,有 1 个供体和 1 个受体,可以表示为 C(4);b 是分子内氢键,可以表示为 S(6);c 是由 1 个供体与 1 个受体形成的离散(有限)氢键相互作用,可以表示为 D;d 是由 2 个羧酸形成的环状氢键,由 8 个分子组成,有 2 个供体和 2 个受体,可以表示为 $R_2^2(8)$。

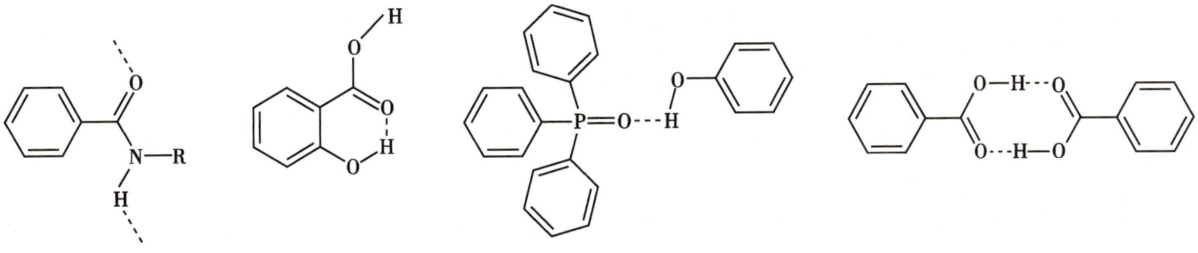

a. 链状C(4)　　　b. 分子内氢键S(6)　　　c. 离散氢键D　　　d. 环状氢键$R_2^2(8)$

图 2-14　典型的 4 种简单氢键形式

2. 基元和级(motif and level)　基元是指只包含 1 种氢键模式的氢键结构。可以将复杂的氢键结构按照上述 4 种标识符分解得到一系列基元,称为一级图集,用 N_1 表示。假设 1 个氢键结构中有 3 种不同形式的氢键,分别表示为 a、b 和 c;每 2 种氢键模式可以形成 1 个二级图集,可以分别表示为 $N_2(ab)$、$N_2(ac)$ 和 $N_2(bc)$;3 种氢键模式可以形成三级图集,表示为 $N_3(abc)$。如图 2-15 所示,该氢键结构中有 2 种氢键模式,氢键 a 为 4 个原子组成的 C(4),氢键 b 为酰胺形成的 $R_2^2(8)$,所以该氢键结构的一级图集为 $N_1=C(4)R_2^2(8)$,氢键 a 和氢键 b 组合形成二级图集 $N_2=R_4^2(8)$。

实例分析:邻氨基苯甲酸(anthranilic acid)分子在晶体结构中可以以中性或两性形式存在,如图 2-16 所示,2 种形式中均有 3 个氢原子可参与形成氢键。对于中性分子,羰基氧是最强的氢键受体,羟基氧接受氢键的能力弱一些。对于两性分子,2 个氧接受氢键的能力是相同的。

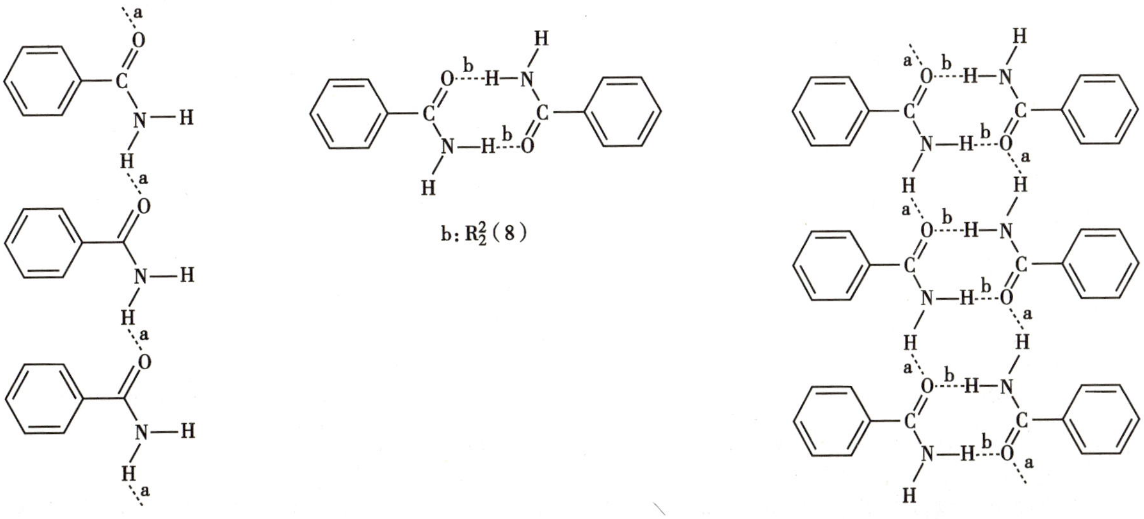

a: C(4)　　　b: $R_2^2(8)$

一级图集:$N_1=C(4)R_2^2(8)$　　　二级图集:$N_2=R_4^2(8)$

图 2-15　一级图集和二级图集举例

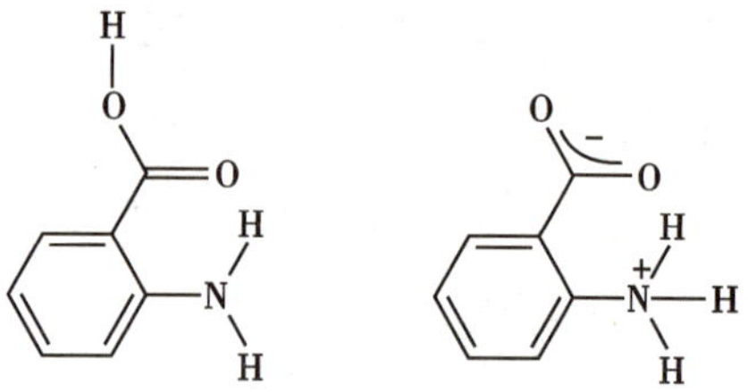

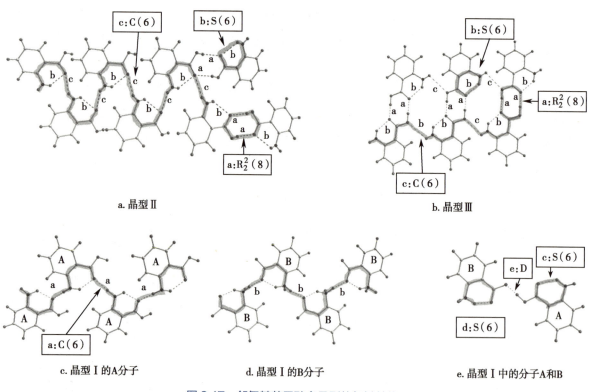

a. 中性分子　　**b. 两性分子**

图 2-16　邻氨基苯甲酸分子在晶体
结构中存在的 2 种形式

邻氨基苯甲酸有 3 种晶型,晶型Ⅱ和晶型Ⅲ的不对称单元中均只有 1 个中性分子;晶型Ⅰ的不对称单元中有 2 个分子,一个为中性分子,另一个为两性分子。晶型Ⅱ中有 3 种氢键,如图 2-17a 所示,氢键 a 为 2 个邻近分子的羧基形成的 $R_2^2(8)$,氢键 b 为氨基的一个氢与羰基氧形成的分子内氢键 S(6),氢键 c 为氨基的另一个氢与邻近分子的羧基氧形成的链 C(6),所以晶型Ⅱ的一级图集可以表示为 $N_1=C(6)S(6)R_2^2(8)$。晶型Ⅲ中也存在 3 种氢键,如图 2-17b 所示,氢键 a 为 2 个邻近分子的羧基形成的 $R_2^2(8)$,氢键 b 为氨基的一个氢与羰基氧形成的分子内氢键 S(6),氢键 c 为氨基的另一个氢与邻近分子的羟基氧形成的链 C(6),所以晶型Ⅲ的一级图集同样可以表示为 $N_1=C(6)S(6)R_2^2(8)$。晶型Ⅰ中有 5 种氢键,如图 2-17c 所示,氢键 a 为中性分子 A 通过氨基的一个氢和邻近中性分子的一个羧基氧形成的 C(6);如图 2-17d 所示,氢键 b 为两性分子 B 以同样的方式与邻近两性分子形成的 C(6);如图 2-17e 所示,氢键 c 为不对称单元中的中性分子 A 的一个氨基氢与羰基氧形成的分子内 S(6),氢键 d 为不对称单元中的两性分子 B 的一个氨基与羧基形成的分子内 S(6),氢键 e 为分子 A 和 B 之间形成的 OH…O 键(D);所以晶型Ⅰ的一级图集为 $N_1=C(6)C(6)S(6)S(6)D$。

a. 晶型Ⅱ　　　　　　　　　　　　　　　　　**b. 晶型Ⅲ**

c. 晶型Ⅰ的A分子　　　　**d. 晶型Ⅰ的B分子**　　　　**e. 晶型Ⅰ中的分子A和B**

图 2-17　邻氨基苯甲酸多晶型的氢键结构

晶型Ⅱ和晶型Ⅲ的一级图集是相同的,均可以表示为 $N_1=C(6)S(6)R_2^2(8)$,所以需要通过二级图集来区分晶型Ⅱ和晶型Ⅲ。原则上 3 种氢键有 3 种组合方式,图 2-18a 为氢键 b 与氢键 c 在晶型Ⅱ中的一种组合 $C_2^1(4)$,链状氢键中的所有氢键受体均为羰基氧;图 2-18b 为氢键 b 与氢键 c 在晶型Ⅲ中的一种组合 $C_2^2(6)$,氢键受体也是羰基氧,但是与晶型Ⅱ不同的是,每个链中有 2 个氢键受体,另外每个链有

6个原子参与形成。氢键图集通常用矩阵表（matrix table）来表示，表2-11、表2-12和表2-13分别为晶型Ⅱ、晶型Ⅲ和晶型Ⅰ的氢键图集表。

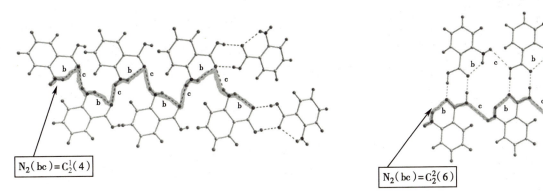

a. 晶型Ⅱ的二级图集 $C_2^1(4)$ 　　　　　　　　　　b. 晶型Ⅲ的二级图集 $C_2^2(6)$

图2-18　邻氨基苯甲酸多晶型氢键的二级图集

表2-11　邻氨基苯甲酸晶型Ⅱ的基元(对角线)和二级图集(对角线下方)矩阵表

氢键类型	a	b	c
a	$R_2^2(8)$		
b	$R_2^2(16)$	$S(6)$	
c	$C_2^1(8)$	$C_2^1(4)$	$C(6)$

注：结合图2-17和图2-18。

表2-12　邻氨基苯甲酸晶型Ⅲ的基元(对角线)和二级图集(对角线下方)矩阵表

氢键类型	a	b	c
a	$R_2^2(8)$		
b	$R_2^2(16)$	$S(6)$	
c	$C_2^2(8)$	$C_2^2(6)$	$C(6)$

注：结合图2-17和图2-18。

表2-13　邻氨基苯甲酸晶型Ⅰ的基元(对角线)和二级图集(对角线下方)矩阵表

氢键类型	a	b	c	d	e
a	$C(6)$				
b	—	$C(6)$			
c	$C_2^1(4)$	—	$S(6)$		
d	—	—	—	$S(6)$	
e	$D_3^3(11)$	—	—	—	D

注：结合图2-17。
图中空白表示内容重复，不再列出。—表示可以存在的组合，即二级图集，但是实际并未形成。

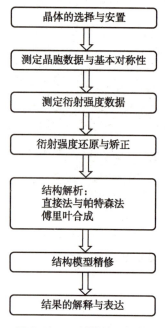

图 2-19　X 射线单晶衍射
解析晶体结构的过程

（三）多晶型结构测定

1. **晶体学方法**　用于确定晶体结构的传统单晶 X 射线衍射法（single crystal X-ray diffraction，SCXRD）需要晶体有合适的大小和质量。通常需要晶体的三维方向上的长度均大于 50μm，当存在重原子（原子数 >17）时晶体的粒径可以更小。随着同步加速辐射和中子散射技术的发展，可以用于检测的单晶晶体粒径显著缩小。目前 X 射线单晶衍射是用于确定晶体结构最可靠的方式。X 射线单晶衍射解析晶体结构的过程如图 2-19 所示。

2. **计算方法**　当无法获得合适的单晶进行 X 射线单晶衍射时，可以通过计算方法来预测晶体结构。当预测的结构与实际结构的晶胞参数相差 <±5%，分子位置相差 <±1%，分子方向 <±5° 时认为预测是准确的。计算方法包括从头计算法（ab initio method）、模拟退火（simulated annealing）和能量最小化（simulated annealing and energy minimization）、X 射线粉末衍射（X-ray diffraction of powder）、蒙特卡罗法（Monte Carlo method）、遗传算法（genetic algorithm）和最大熵方法（maximum entropy method）。

五、多晶型药物的性质

多晶型由于内部结构差异，理化性质有所不同，例如晶癖（也称为晶习）、颜色、密度、熔点、溶解度、溶出速率等，如表 2-14 所示。例如利托那韦（ritonavir）晶型 Ⅰ 的密度为 $1.28g/cm^3$，晶型 Ⅱ 的密度为 $1.25g/cm^3$；卡马西平晶型 Ⅰ、Ⅱ、Ⅲ 和 Ⅳ 的密度分别为 $1.31g/cm^3$、$1.24g/cm^3$、$1.34g/cm^3$ 和 $1.27g/cm^3$。与电

表 2-14　多晶型的理化性质差异

总性能	具体性能	总性能	具体性能
堆叠性质	摩尔体积和密度 折光率和光学性质 导电性和导热性 吸湿性	热力学性质	熔点和升华温度 内能 焓 热容 熵 自由能和化学式 热力学活性 蒸气压 溶解度
光谱学性质	电子跃迁，紫外 - 可见光谱 振动跃迁，红外光谱和拉曼光谱 转动跃迁 核磁共振化学位移	动力学性质	溶出速率 固相反应速率 稳定性
表面性质	表面自由能 界面张力 形态和晶癖	机械性能	硬度 抗张强度 可压性和压片性 流动和混合

子振动和光量子的相互作用的差异导致多晶型可能有不同的折光率。分子运动与热量子的相互作用的差异导致多晶型可能具有不同的热导率。电子在电场中的运动差异造成多晶型可能具有不同的电导率。例如磺胺(sulfanilamide)α 晶型的折光率低于 β 晶型,西咪替丁(cimetidine)晶型 A 和晶型 B 的热导率不同,在硝酸钾(potassium nitrate)晶型转变时电导率发生改变。

对于多晶型药物,理化性质的差异可能会影响药物的稳定性和生物利用度、制剂的生产和制备。

(一) 化学稳定性

虽然多晶型药物中所含的化合物是相同的,但是晶体结构的差异也会引起化学稳定性的不同。例如,非甾体抗炎药吲哚美辛的 α 晶型和 γ 晶型与氨气的反应速率存在显著性差异。α 晶型为吲哚美辛的介稳晶型,可以与氨气反应形成氨基盐微晶,反应速率是各向异性的,沿晶体的 a 轴速率最快;而稳定晶型 γ 晶型不与氨气反应。两种晶型与氨气的反应存在显著性差异,因为分子在两种晶型晶格中的排列方式不同,如图 2-20 所示。在 α 晶型中羧基暴露在 ⎨100⎬ 面,能够与氨气反应,反应沿 a 轴进行,直到反应完全;相反,在 γ 晶型中存在中心对称结构,羧基之间螯合形成二聚体结构,产生的位阻效应阻碍与氨气分子发生反应。

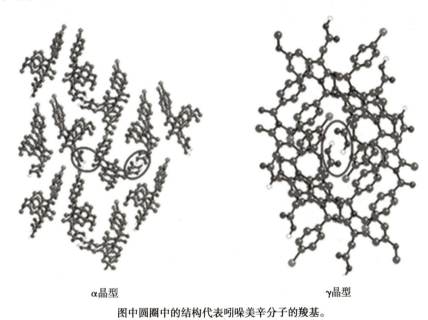

α晶型   γ晶型

图中圆圈中的结构代表吲哚美辛分子的羧基。

图 2-20 吲哚美辛 α 晶型和 γ 晶型的晶体结构

(二) 溶解度和溶出速率

多晶型的溶解度由它们的自由能决定,所以同一化合物的不同晶型在相同溶剂中的溶解度不同,并且溶解度差异与温度有关。在任一温度(T_t 除外)下,介稳晶型由于具有较高的自由能,溶解度更大。大部分多晶型药物的不同晶型之间的溶解度差异在 2 倍以内,但是其中也有晶型之间的溶解度差异比较大的药物,例如沛马沙星(premafloxacin)晶型 Ⅰ 与晶型 Ⅲ 的溶解度差异超过 20 倍。多晶型的溶解度差异与溶剂无关。

如果固体溶出仅由扩散控制,那么溶出速率与溶解度符合诺伊斯 - 惠特尼(Noyes-Whitney)方程,所以多晶型的溶解度差异可以转化为溶出速率差异。当粒径与粒径分布相似时,溶解度差异可以转化为粉末溶出速率差异。固体药物的吸收由药物在胃肠道内溶出和药物分子透过细胞膜的速率决定。在生物药剂学分类系统(biopharmaceutical classification system,BCS)中,BCS Ⅱ和Ⅳ类化合物的溶解度和溶出速率通常是吸收的限速步骤。

(三) 生物利用度

生物利用度是指活性药物吸收进入人体的速度和程度。在多晶型药物中,不同晶型的生物利用度可能存在差异。棕榈氯霉素(chloramphenicol palmitate)是多晶型对生物利用度影响的经典案例。氯霉素是广谱抗生素,本身味道非常苦,所以将其制备成无味的棕榈氯霉素混悬剂的形式。棕榈氯霉素有3种晶型,分别称为晶型 A、B 和 C,还有一种无定型。晶型 A 为稳定晶型,只有晶型 B(介稳晶型)和无定型具有生物活性。研究棕榈氯霉素的口服吸收速率时发现,服用只含有介稳晶型 B 的混悬剂后血药浓度远大于服用只含有晶型 A 的混悬剂,口服药物后的血药浓度具体如图 2-21 所示。棕榈氯霉素是氯霉素的前药,棕榈氯霉素先要被肠道内的酶降解为氯霉素才能被吸收。最初,Aguiar 等认为棕榈氯霉素多晶型的生物利用度差异来自多晶型的溶解性质差异,晶型 B 的溶出速率和溶解度大于晶型 A,所以溶解性质差异导致酯酶水解速率差异,进而影响多晶型的生物利用度。随后 Andersgaard 等在研究中发现棕榈氯霉素多晶型的生物利用度差异应该来自多晶型的固态形式差异,而非溶解性差异,因为胰脂肪酶可以直接与未溶解的固体发生相互作用。

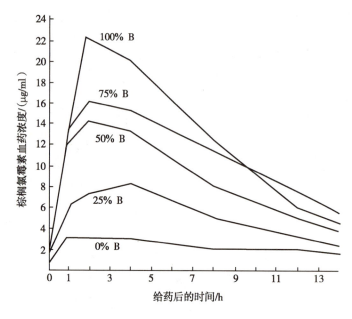

图 2-21   棕榈氯霉素的血药浓度

(四) 吸湿性

水分子与固体通过 4 种形式发生相互作用:吸附(adsorption)、吸收(absorption)、潮解(deliquescence)和进入晶格(lattice incorporation)。水分子通过与表面分子发生相互作用被吸附在固体表面。因为水分子为极性分子,且具有形成氢键的能力,固体表面的极性部分是控制水吸附的重要因素。粒径影响水分吸附的表面积。吸收是水分子与固体相互作用的一种重要形式,是指水分子渗透入固体,进入缺陷或者无定型区域,形成溶液。因为无定型有较高的自由能,它对水分子的亲和力更高,能导致更多的水分被吸收。研究表明,药物固体的水分含量主要来自吸收。潮解是指在超过临界相对湿度时,固体周围形成饱和溶液。这种形式的水分子-固体相互作用对于处在高相对湿度环境中的水溶性化合物比较重要。当水分子进入晶格中时,可以形成水合物。在这种情况下,临界水活度或相对湿度决定水合物的物理稳定性。水分摄取显著受到固体形式的影响。吸附是一种表面性质,由固体表面控制。在药物制剂中,无定型的含量或者缺陷是引起水分摄取的主要原因。

(五)机械性能

晶体的晶癖、多晶型的晶体结构差异可能会导致多晶型药物的机械性能不同,进而影响制剂的生产和片剂的物理属性,例如多晶型药物因为形态差异影响粉末流动性,针状和棒状颗粒流动性差,而立方体或者无规则球状颗粒流动性较好。结构中存在滑移平面的晶体可塑性更好,例如对乙酰氨基酚(paracetamol)稳定晶型Ⅰ的可压性较差,需要大量辅料帮助制片;而介稳晶型Ⅱ因为存在二维分子层,晶体在压力作用下可沿面滑移,所以可用于粉末直接压片。

六、多晶型药物筛选

(一)结晶方法

结晶技术是多晶型药物筛选的基础,结晶方法的选择对多晶型的产生有重要影响,可以通过使用不同的结晶方法进行晶型筛选。表2-15列出了经典的结晶方法,以及每个过程中可调节的参数。方法(Ⅰ)冷却结晶(cooling crystallization)的溶解度理想范围为10~100mg/ml,如果溶解度太低,产物会太少;如果溶解度太高,溶液的黏度可能会太大,晶体生长会太慢或者得到胶状产物而不是晶体。当单一溶剂不能符合上述规则时可以使用混合溶剂。方法(Ⅱ)蒸发结晶(evaporative crystallization)对溶解度的要求是大于10mg/ml。方法(Ⅲ)沉淀结晶(precipitation crystallization)要求良溶剂的溶解度应该大于

表 2-15 常见的结晶方法和控制参数

方法	控制参数
(Ⅰ)冷却结晶	溶剂或混合溶剂的类型、冷却过程、起始温度、结束温度、浓度
(Ⅱ)蒸发结晶	溶剂或混合溶剂的种类、浓度、挥发速率、温度、压力、环境相对湿度、蒸发面积
(Ⅲ)沉淀结晶	溶剂、抗溶剂、加入速度、混合顺序、温度
(Ⅳ)蒸气扩散结晶	溶剂、扩散速度、温度、浓度
(Ⅴ)混悬平衡法	溶剂或混合溶剂的种类、温度、溶液与固体的比例、溶解度、温度、搅拌速率、孵育时间
(Ⅵ)熔融结晶	温度程序(最高温度、最低温度、温度梯度)
(Ⅶ)热诱导转晶	温度程序
(Ⅷ)升华法	热端温度、冷端温度、温度梯度、压力、表面类型
(Ⅸ)溶剂化物去溶剂化	(a)"干法":温度、压力 (b)"湿法":见(Ⅴ)混悬平衡法
(Ⅹ)盐析法	盐的种类、添加的量和速度、温度、溶剂和混合溶剂的种类、浓度
(Ⅺ)调节pH	温度、调节速率、酸碱比、方法(酸碱作为溶液还是气体形式)
(Ⅻ)冻干法	溶剂、浓度、温度和压力程序

10mg/ml,不良溶剂的溶解度应该小于 1mg/ml,并且两种溶剂要能够互溶。方法(Ⅳ)蒸气扩散结晶(vapor diffusion crystallization)对溶剂的溶解度要求与沉淀结晶一致,另外不良溶剂的挥发性要大于良溶剂。方法(Ⅴ)混悬平衡法(suspension equilibration),也叫作悬浆老化(slurry ripening),主要用于溶剂介导的相转变,对溶解度的要求是大于 1mg/ml 但小于 100mg/ml。方法(Ⅵ)熔融结晶(melt crystallization)使用较少,与溶液结晶相比,容易受化合物热稳定性和产量限制,但是有些化合物的多晶型只在熔融结晶时产生,例如对乙酰氨基酚的晶型Ⅲ、灰黄霉素的晶型Ⅱ和晶型Ⅲ。方法(Ⅶ)热诱导转晶(heat induced transformation)与方法(Ⅵ)一样受化合物的热稳定性限制。方法(Ⅷ)升华(sublimation)法要求化合物的蒸气压 >0.1Pa。对于分子量较大的药物分子而言,其蒸气压也通常较低。方法(Ⅸ)溶剂化物去溶剂化(desolvation of solvate)只适用于溶剂化物。方法(Ⅹ)盐析(salting out)法只适用于在溶液中离子化的化合物。方法(Ⅺ)调节 pH 法(pH change)常用于弱酸弱碱药物成盐,属于反应结晶。方法(Ⅻ)冻干法(lyophilization)是药物在冷冻干燥的过程中可从溶液中结晶析出的方法。方法(Ⅰ)至方法(Ⅵ)和方法(Ⅹ)可以通过添加晶种来控制结晶过程。

下面重点介绍几种常用的结晶方法。

1. 冷却结晶(cooling crystallization) 因为具有操作容易、可重复、易放大的特点,冷却结晶成为实验室研究和工业化大生产的首选方法。溶解度是冷却结晶的关键因素,该方法适用于溶解度随温度变化较大的化合物。用于晶型筛选时过饱和度通常在 15%~20%。图 2-22 为冷却结晶的介稳区,点 A 代表未饱和溶液,随着温度降低到达溶解度曲线上的点 B 成为饱和溶液,此时还没有固体析出,继续降温,到达超溶解度曲线上的点 C 成核发生,伴随着晶体的生长,溶液浓度下降,再次达到平衡溶解度点 D。超溶解度曲线代表在一定的结晶条件下,成核开始发生的位置。超溶解度曲线与溶解度曲线中间的区域为介稳区。与溶解度不同,超溶解度依赖于结晶条件,特别是降温速率,降温速率越慢,介稳区越窄。

2. 添加晶种结晶(seeded crystallization) 添加晶种是控制结晶的常用方法,可以改善结晶的重现性,控制粒径分布,甚至可以控制晶型。图 2-23 显示了在冷却结晶中添加晶种的过程。在介稳区点 B 添加晶种使得溶液可以在中等过饱和度开始结晶,避免到达点 C 因为过饱和度过高而发生大量

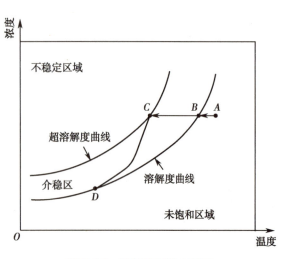

图 2-22 冷却结晶的介稳区

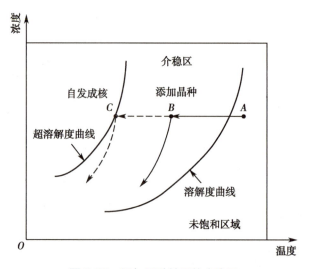

图 2-23 添加晶种结晶的介稳区

自发成核。添加晶种时溶液的浓度会影响晶种对结晶控制的效果,如果在添加晶种时溶液还未达到饱和,晶种会溶解;如果添加晶种时溶液的浓度已经超过超溶解度曲线,自发成核会发生,晶种的作用也会大大减弱。建议控制溶液的浓度在介稳区的 30%~40% 处添加晶种。添加晶种的量也会影响晶种对结晶的控制,例如在控制粒径时,添加晶种的量足够时可以避免自发成核,获得单分布粒径的产物;如果添加晶种的量太少,可能获得的产物的粒径呈双分布,一部分产物来自在晶种上的生长,另外一部分小粒径的产物来自自发成核和生长。在多晶型化合物中,晶种可以起到选择性结晶的作用。但是,通过晶种来控制晶型的方法并不总能奏效,因为晶种并不能完全取代成核过程,其他晶型可以不依赖于晶种自发成核;并且,晶种在溶液中可能会发生溶剂介导的晶型转变,晶种由介稳晶型转变为稳定晶型。通常晶种在使用前可以用少量未饱和溶液润洗,可以除去晶种表面吸附的杂质,激活晶种。

3. 蒸发结晶(evaporative crystallization)　溶解度随温度变化不大的化合物建议使用蒸发结晶,例如海水晒盐。蒸发结晶在介稳区的变化可用图 2-24 表示,点 D 处于未饱和区域,恒温蒸发,溶液体积减小、浓度增加,到达过饱和曲线上的点 C 发生成核结晶。在制药工业中蒸发结晶通常和冷却结晶联合使用,用于提高产率。蒸发结晶对于溶剂的挥发性有一定的要求,蒸发通常在部分真空条件下进行,出于经济性和环保的考虑,蒸发的溶剂需要回收。在晶型筛选中溶剂蒸发法使用较广泛,当冷却结晶或者其他结晶方法无法获得晶体时,可以通过蒸发回收固体。

4. 沉淀结晶(precipitation crystallization)　在沉淀结晶中,过饱和度通过在良溶剂中加入能互溶的不良溶剂获得。恒温沉淀结晶如图 2-25 所示,随着不良溶剂的加入,化合物的溶解度下降,沉淀析出。沉淀结晶在制药工业中使用广泛。加入抗溶剂(anti-solvent)的速度会影响介稳区的宽度,从而显著影响沉淀结晶。快速加入抗溶剂,固体立刻析出,此时的介稳区宽度是无法测量的。快速加入抗溶剂获得的沉淀可能会是无定型,也可能会是晶体,但是晶体的结晶度通常会比较差,获得的往往是大量小颗粒的聚集。缓慢加入抗溶剂可以缓慢提高过饱和度,获得一个较窄的介稳区。扩散法培养单晶即是通过不良溶剂缓慢扩散到溶液中,获得比较低的过饱和度,促进晶体生长,避免成核。不良溶剂加入的速度和混合速度是影响沉淀结晶的关键因素。沉淀结晶的抗溶剂除了使用传统溶剂外,还可以是超临界流体(例如 CO_2 在临界条件下可以作为抗溶剂),这项技术称为气体抗溶剂结晶(gas anti-solvent crystallization,GAC)。GAC 可以获得比传统的抗溶剂结晶的质量更好的晶体。

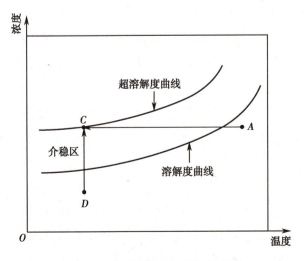

图 2-24　蒸发结晶在介稳区的变化

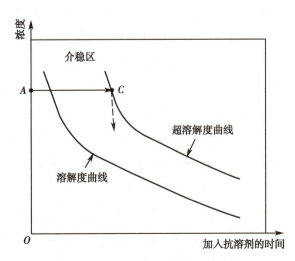

图 2-25　恒温沉淀结晶

5. **反应结晶（reactive crystallization）**　是指两种化合物在溶液中发生反应,获得的产物的溶解度低于反应物,产物从溶液中结晶析出。过饱和度通过生成溶解度更低的产物获得,过饱和度产生速度由反应速度、产物溶解度和反应条件决定。图 2-26a 为快速恒温反应,可以获得非常高的过饱和度和迅速的沉淀,这种情况与快速沉淀结晶中加入抗溶剂类似,通常获得的沉淀为无定型。图 2-26b 为反应结晶的另一种极端情况,产物的浓度低于饱和溶液的浓度,要通过冷却才能发生结晶。在制药工业常通过调节 pH 来进行反应结晶。许多药物是弱酸或者弱碱,它们的阳离子或阴离子盐在水中的溶解度更高,通过调节 pH 可以使它们以碱或酸的形式沉淀或者结晶。与 pH 调节相关的质子转移反应通常较快,类似于图 2-26a 的情况。因为成核能垒的原因,在这种情况下,通常几个小时都不会发生成核和结晶。快速的反应和延迟成核促进无定型、介稳晶型的产生。

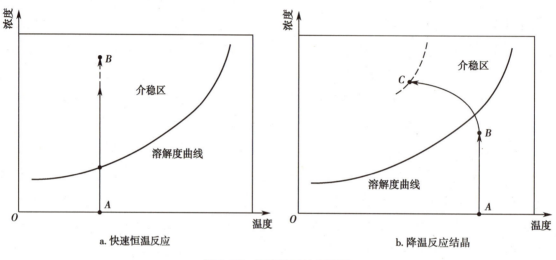

图 2-26　反应结晶的介稳区

6. **熔融结晶（melt crystallization）**　因为受化合物的热稳定性和产量的限制,熔融结晶在制药工业中使用较少。但在晶型筛选过程中,熔融结晶有时可以获得溶液结晶无法获得的晶型。例如 ROY (5-methyl-2-［(2-nitrophenyl)amino］-3-thiophenecarbonitrile) 的两种晶型 Y04 和 YT04 分别是从熔融结晶和室温下转晶得到的,但是在溶液结晶中无法获得这两种晶型。对乙酰氨基酚的晶型Ⅲ、灰黄霉素的晶型Ⅱ和晶型Ⅲ也只能通过熔融结晶获得。所以在晶型筛选时,熔融结晶可以作为溶液结晶的补充。

7. **升华（sublimation）法**　通常用于制备单晶,升华温度和升华的距离影响晶型和晶体大小。总的来说,介稳晶型倾向于出现在低温处,稳定晶型倾向于出现在高温处。根据奥斯特瓦尔德分步规则 (Ostwald's step rule),因为低温引起骤冷,晶体的结构将会接近于熔化时的结构。在高温处,冷却会慢一些,分子有更多的弛豫时间,采用更加稳定的构象。通过升华法制备的晶体可以作为晶种用于大量制备。

8. **其他**　除了传统的结晶方法外,近些年又研发出了许多用于晶型筛选的新方法,包括添加剂结晶、超声结晶、毛细管结晶、激光诱导成核等。

（二）多晶型筛选

晶型筛选主要是为了发现多晶型,也包括寻找水合物和溶剂化物。晶型筛选的关键是使用多样的溶剂和结晶方法,尽可能地获得所有的晶型。多晶型筛选需要包括以下几个要素:①作为参照,原料药需要用多种方式表征,例如 X 射线粉末衍射或 X 射线单晶衍射、差示扫描量热法(differential scanning calorimetry，DSC）、热重 - 傅里叶变换红外光谱（thermogravimetric-Fourier transform infrared spectrometer，TG-FTIR）或热重 - 质谱（thermogravimetric-mass spectrometry，TG-MS）、动态水蒸气吸附（dynamic vapor sorption，DVS）、拉曼 / 红外光谱、固态核磁共振技术、溶解度测试、显微技术和高效液相色谱法（high performance liquid chromatography，HPLC，测纯度）。②热台显微镜是一种用于制备新晶型的有效的、快速的途径。③在传统晶型筛选中，最为消耗时间的步骤是溶液结晶。在该过程中，溶剂的性质和结晶的方法要尽可能地广，用来提高发现所有晶型的概率。要选择使用具有高度多样性的溶剂，和结晶方法，包括快速（沉淀法、快速挥发法）和缓慢（缓慢冷却、混悬搅拌、扩散法）结晶法。④因为实际应用的需要，水合物在晶型筛选中十分重要。动态水蒸气吸附实验、从水溶液中结晶，包括混悬平衡法，都是产生水合物的合适方法。⑤新的晶型需要表征。

对于药物，虽然筛选和发现所有晶型是有意义的，例如因为溶解度、机械性能等原因可能会使用介稳晶型进行制剂开发，但发现最稳定的多晶型才是多晶型筛选中最重要的一项工作。有学者提出了一种基于混悬平衡法和溶剂介导的晶型转变发现稳定晶型的方法：①使用可获得的晶型进行重结晶，确保晶体完全溶解，消除原始晶型的晶种；缓慢结晶（例如缓慢降温或者缓慢挥发溶剂）；在多个温度下结晶，因为在冷却结晶中诱导时间与转晶速度和温度有关。②重结晶后在混悬液中加入少量原始晶型搅拌，定期检查固相。时间长短取决于所研究的化合物，如果其化学稳定性较好，时间越长越好。最短时间建议为 1 周。③建议使用一系列具有不同特性的溶剂，包括氢键、介电常数和溶解度。

在开发新的候选药物时，这种方法能够提高发现稳定多晶型的概率。

近年来发展起来的自动化结晶方法在多晶型筛选和晶体工程中显示出良好前景。与传统结晶相比，自动化结晶具有以下优势：①自动化仪器平行处理多项任务，因此可以快速检测各项参数；②因为速度快，自动化结晶可以更加全面地研究各项参数对结晶的影响；③自动化结晶所需的样品量少；④因为研究得更加全面，所以自动化结晶可以获得传统结晶无法获得的晶型。

药物结晶的另一个趋势是微型化，在药物开发早期因为原料药的成本高并且量很少，减少其用量是非常重要的。一些研究使用毛细管结晶，除了能减少材料的使用（5~50µl）外，有时还能获得新的晶型。能够使原料的使用量降低 10~100 倍的微流量技术已逐步应用于结晶，虽然目前还只是用于蛋白质的结晶，在小分子药物中的使用也已经开始。

第二节　药物盐型、溶剂化物及药物共晶

一、药物盐型

目前，小分子药物超过 50% 是以盐的形式上市的。在固体药物中，药物盐型是主要固体形式。近几十年来，随着高通量筛选等技术的发展，大量新的化合物被开发成候选药物。但是候选药物性质都不太理想，超过 40% 的候选药物具有低溶解度的特点。成盐是改善药物的理化性质最有效的方法之一。

成盐可以有效改善可解离型化合物的各种理化性质，包括溶解度、溶出速率、熔点、吸湿性、机械性能等。与纯物质相比，盐型药物具有不同的晶体结构。同一化合物的不同盐型具有不同的晶体结构和

性质。反离子的筛选是药物成盐中关键的一环,同一药物与不同的反离子可能形成性质差异极大的盐型。高通量筛选技术的发展使得最佳的药物盐型的筛选变得更加迅速且准确,也为后期的药物开发节省了大量的时间。

(一) 弱酸、弱碱和盐

盐是酸碱反应后的产物。反应中发生的质子转移是成盐的关键。反应的驱动力可以通过测定酸碱的解离平衡常数来评估。对一个一元酸而言,解离平衡如下:

$$HA \rightleftharpoons H^+ + A^- \qquad 式(2\text{-}19)$$

其解离平衡常数 K_a 为:

$$K_a = \frac{[H^+][A^-]}{[HA]} \qquad 式(2\text{-}20)$$

式(2-20)中,$[H^+]$ 为氢离子的浓度;$[A^-]$ 为酸根离子的浓度;$[HA]$ 为游离酸的浓度。

为了便于说明,一元碱 B 的解离平衡通过它的共轭酸 BH^+ 的解离来表示。

$$BH^+ \rightleftharpoons H^+ + B \qquad 式(2\text{-}21)$$

其解离平衡常数 K_a' 为:

$$K_a' = \frac{[H^+][B]}{[BH^+]} \qquad 式(2\text{-}22)$$

式(2-22)中,$[H^+]$ 为氢离子的浓度;$[B]$ 为游离碱的浓度;$[BH^+]$ 为共轭酸根离子的浓度。

pK_a 常常用来描述一个酸碱的强弱,pK_a 是 K_a 的负对数。

$$pK_a = -\log K_a \qquad 式(2\text{-}23)$$

式(2-23)中,pK_a 越小,酸性越强,碱性越弱;pK_a 越大,酸性越弱,碱性越强。

对式(2-20)两边取负对数,得到酸解离的亨德森 - 哈塞尔巴尔赫方程(Henderson-Hasselbalch equation)。

$$pH = pK_a + \log \frac{[A^-]}{[HA]} \qquad 式(2\text{-}24)$$

对式(2-22)两边取负对数,得到碱解离的亨德森 - 哈塞尔巴尔赫方程。

$$pH = pK_a + \log \frac{[B]}{[BH^+]} \qquad 式(2\text{-}25)$$

从式(2-24)和式(2-25)可以看出,如果知道弱酸或弱碱的解离平衡常数及其离子型和分子型的比例,可以计算出溶液 pH。

成盐的成功与否主要由药物和其反离子的 pK_a 的差值决定。合成一个稳定的盐,pK_a 的差值要大于2。对于酸 HA 和碱 B,成盐过程如式(2-26):

$$HA + B \rightleftharpoons BH^+ + A^- \rightleftharpoons BH^+A^-(结晶盐) \qquad 式(2\text{-}26)$$

第一步是酸 HA 向碱 B 的质子转移,第二步则是盐的结晶。第一步质子转移的反应平衡常数 K_1 为:

$$K_1 = \frac{[BH^+][A^-]}{[HA][B]} = \frac{K_a}{K_a'} \qquad 式(2\text{-}27)$$

结合式(2-23)和式(2-27)可以得出,如果 pK'_a 与 pK_a 的差值超过 2,K_1 就会大于 100,说明发生明显的质子转移并成盐。

根据以上理论,总结出药物盐型筛选的一些先决条件:①药物具有可解离基团(药物结构要含有酸/碱基团);②确定该药物中酸/碱基团的 pK_a 的大致范围;③根据 pK_a 选择合适的反离子。如果这个药物的酸性或者碱性太弱,则很难寻找到合适的反离子,难以成盐。一些常见的反离子的 pK_a 列于表 2-16 中。

表 2-16　药物成盐中常用的反离子

阴离子	pK_a	阳离子	pK_a
氯离子	-6.10	苯甲酸根离子	4.20
硫酸根离子	-3.00,1.96	琥珀酸根离子	4.21,5.64
甲苯磺酸根离子	-1.34	乙酸根离子	4.76
甲磺酸根离子	-1.20	钾离子	16.00
萘磺酸根离子	0.17	钠离子	14.77
苯磺酸根离子	0.70	锂离子	13.82
马来酸根离子	1.92,6.23	钙离子	12.90
磷酸根离子	2.15,7.20,12.38	镁离子	11.42
水杨酸根离子	3.00	二乙醇胺离子	9.65
酒石酸根离子	3.00	锌离子	8.96
乳酸根离子	3.10	胆碱离子	8.90
枸橼酸根离子	3.13,4.76,6.40	铝离子	5.00

(二) pH 对可解离化合物溶解度的影响

在溶液中,可解离化合物的溶解度是其游离型和离子型的浓度总和。例如一个弱碱 B 的溶解度为:

$$S_T = [B] + [BH^+] \qquad 式(2-28)$$

式(2-28)中,S_T 为化合物在溶液中的总溶解度;$[B]$ 为游离碱的浓度;$[BH^+]$ 为离子型的浓度。这两种形式在溶液中的比值是由溶液 pH 决定的。将式(2-25)变形后得到:

$$\frac{[BH^+]}{[B]} = 10^{(pK_a-pH)} \qquad 式(2-29)$$

高 pH 时,游离碱 B 在溶液中达到饱和,化合物的溶解度由 B 的溶解度 $[B]_S$ 和溶液 pH 决定。

$$S_T = [B]_S[1 + 10^{(pK_a-pH)}] \qquad 式(2-30)$$

随着 pH 逐渐降低,总溶解度逐渐提高,最终达到最大值(最大浓度对应的 pH 为 pH_{max}),此时游离型和离子型在溶液中都达到饱和。继续降低 pH,离子型 $[BH^+]$ 在溶液中已达到饱和,但游离型未饱和,总溶解度由离子型的溶解度 $[BH^+]_S$ 和溶液 pH 决定。

$$S_{\mathrm{T}} = \left[\mathrm{BH}^+\right]_{\mathrm{S}}\left[1 + 10^{(\mathrm{pH} - \mathrm{p}K_{\mathrm{a}})}\right] \qquad \text{式(2-31)}$$

游离碱达到溶解平衡后,通过分析剩余的固体发现,$\mathrm{pH} > \mathrm{pH}_{\max}$ 时,固体以游离碱的形式存在;$\mathrm{pH} < \mathrm{pH}_{\max}$ 时,固体以盐的形式存在;$\mathrm{pH} = \mathrm{pH}_{\max}$ 时,游离碱和盐共存。在过量游离碱的溶液中,加入足够强度和足够量的酸将 pH 降低到 $\mathrm{pH}_{\max}$ 以下,则固相部分会成盐;反之亦然,通过提高溶液 pH 到 $\mathrm{pH}_{\max}$ 以上,使盐转变为游离碱。

弱酸在溶液中的溶解度随 pH 的变化和弱碱的情况正好相反,它们的 pH- 溶解度曲线呈镜面对称,分别如图 2-27 和图 2-28 所示。

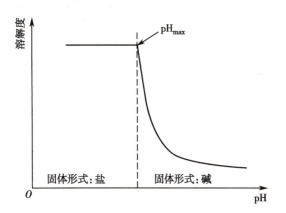

图 2-27   理想情况下弱碱的 pH- 溶解度曲线

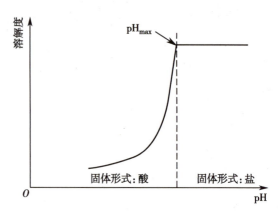

图 2-28   理想情况下弱酸的 pH- 溶解度曲线

盐 $\mathrm{BH}^+\mathrm{A}^-$ 在溶液中的溶解 - 结晶平衡如下:

$$\left(\mathrm{BH}^+\mathrm{A}^-\right)_{\text{固体}} \rightleftharpoons \left[\mathrm{BH}^+\right]_{\mathrm{S}} + \left[\mathrm{A}^-\right] \qquad \text{式(2-32)}$$

式(2-32)中,$\left[\mathrm{BH}^+\right]_{\mathrm{S}}$ 为盐的溶解度;$\left[\mathrm{A}^-\right]$ 为相应的反离子浓度。其溶度积(solubility product,SP)常数 K_{SP} 为:

$$K_{\mathrm{SP}} = \left[\mathrm{BH}^+\right]_{\mathrm{S}}\left[\mathrm{A}^-\right] \qquad \text{式(2-33)}$$

溶度积常数 K_{SP} 只与温度相关,不会随 pH、离子强度、反离子浓度的改变而改变。在没有过量反离子存在的情况下,盐的溶解度为:

$$\left[\mathrm{BH}^+\right]_{\mathrm{S}} = \sqrt{K_{\mathrm{SP}}} \qquad \text{式(2-34)}$$

然而,在过量反离子存在时,盐的溶解度会由于同离子效应而显著下降。

$$\left[\mathrm{BH}^+\right]_{\mathrm{S}} = \frac{K_{\mathrm{SP}}}{\left[\mathrm{A}^-\right]} \qquad \text{式(2-35)}$$

反离子对盐的溶解度的影响取决于 K_{SP} 的大小。根据式(2-35),$\left[\mathrm{A}^-\right]$ 变化一定值时,K_{SP} 越大(高溶解度),同离子效应越弱;K_{SP} 越小(低溶解度),同离子效应越强。例如,在高溶解度(200mg/ml 左右)的盐酸噻拉米特溶液中添加盐酸溶液,盐酸噻拉米特的水溶性几乎不随 pH(由 4.0 降到 1.6)降低而降低。因为相比于药物浓度,$\left[\mathrm{Cl}^-\right]$ 的变化基本可以忽略。直到 pH 降低到 1.0 时,盐酸噻拉米特的水溶性才下降 25%。相反,某些溶解度较差的盐(如只有几十微克 / 毫升的溶解度)则在反离子浓度增加时,具有非常明显的同离子效应并导致溶解度下降,它们仅能在一个狭窄的 pH 范围内维持最大的溶解度。图 2-29 和图 2-30 分别为高溶解度盐和低溶解度盐的 pH- 溶解度曲线。

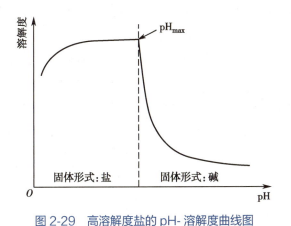

图 2-29 高溶解度盐的 pH- 溶解度曲线图

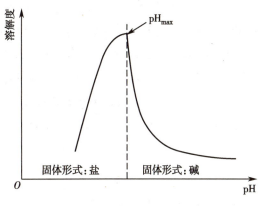

图 2-30 低溶解度盐的 pH- 溶解度曲线

(三) 影响盐的溶解度和稳定性的因素

盐的溶解度在很大程度上取决于反离子的类型。当药物与不同的反离子成盐后,不同的盐型具有不同的溶解度。如图 2-31 所示,抗组胺药特非那定的不同盐型具有不同的 pH- 溶解度曲线,这几种盐型按溶解度高低分别为乳酸盐、甲磺酸盐、盐酸盐和磷酸盐,它们的 K_{SP} 分别为 8.9×10^{-5}、2.5×10^{-5}、1.6×10^{-5} 和 2.5×10^{-6},pH_{max} 分别为 4.4、4.7、5.0 和 5.2。由于同离子效应,这几种盐型在低 pH 时溶解度都显著下降。

药物盐型的稳定性是药物开发过程中需要衡量的关键因素之一,因为其物理稳定性对药物盐型的性能、化学稳定性和可加工性至关重要。影响药物盐型稳定性的因素有以下几点:①反离子的类型。②在生产中,溶液 pH 的改变、吸湿或者辅料造成的 pH 变化都有可能造成脱盐。脱盐是指盐转变成游离碱或游离酸的行为。通常,盐型比游离酸或者游离碱的溶解度高,脱盐会降低药物的溶解度。若游离型本身稳定性较差,脱盐可能会造成更严重的影响,如化合物降解等。脱盐行为主要受体系的 pH 影响,在 pH>pH_{max} 的微环境中,碱性药物盐会脱盐转为游离碱;在 pH<pH_{max} 的微环境中,酸性药物盐会脱盐成为游离酸。pH 与 pH_{max} 相差越大,脱盐行为越容易发生。例如,伊非曲班钠在其稳定性加速试验中发生了脱盐现象,形成了游离酸,使溶解度显著降低。在药物盐型的开发中,必须充分考虑脱盐的可能性和微环境 pH 的影响,选用合适的辅料。

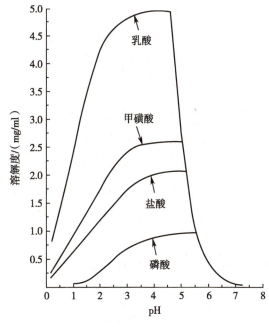

图 2-31 不同特非那定盐型的 pH- 溶解度曲线

(四) 盐型的筛选

为了确保及时完成后期的药物开发和节约资源,在前期的开发中要充分权衡各种收益和风险。因此,成盐后,需要评估药物盐型的各种理化性质。成盐的主要目的:①提高药物的溶解度和溶出速率,进而提高其生物利用度和成药性;②提高药物的物理和化学稳定性或者降低药物的溶解度(如缓控释制剂）。为了获得理想的盐型药物的理化性质，在筛选时必须充分考虑给药剂量和剂型等因素。此外，吸湿性、粉末流动性、可压性和工艺可行性等因素也是药物盐型考察的要点。

在盐型的筛选过程中，需要尝试多种具有不同 pK_a 的酸或碱与药物成盐。成盐后，对盐的各种理化性质进行考察，包括结晶度、熔点、水溶性、晶癖及物理和化学稳定性等。在评估盐型药物的理化性质时，必须根据要求有针对性地重点考察某些性质。从药物本身的性质考虑，对于难溶性药物，盐型的溶出速率是主要评估对象；对于稳定性较差的药物，盐型的稳定性是重点考察因素。从剂型考虑，对于片剂和胶囊等固体制剂，低吸湿性和高结晶度是保证制剂在制备和储存过程中不变质的条件；对于注射剂（液体形式或冻干粉形式），药物盐型吸湿性的考察可忽略不计，但对其溶解度的考察尤为重要。此外，pH 也是注射剂型的重点研究因素之一，要求在 3~8 的范围。

综上所述，药物盐型的筛选流程主要有以下四步：第一，制备所有可能的药物盐型后，测定它们的水溶性和结晶度，并从中选出符合要求的盐型；第二，评价已选定盐型的热力学性质和吸湿性，并进一步选出最优的盐型；第三，评估第二步所选盐型的物理稳定性，选出数个符合要求的盐型；第四，评估第三步所选的盐型的化学稳定性、生物利用度、可压性、制备工艺等，最终选取最优的盐型。

以 BMS-180431 为例，简要说明药物盐型的筛选过程。BMS-180431 是美国某公司开发的一种羟甲基戊二酰辅酶 A（hydroxylmethylglutaryl coenzyme A，HMG-CoA）还原酶抑制剂。在该药物口服制剂的研发过程中，盐型的主要筛选步骤如下：①药物盐型的制备，一共发现 7 种候选盐型，包括钠盐、钾盐、钙盐、镁盐、锌盐、精氨酸盐和赖氨酸盐。②在 30%~50% 的湿度条件下进行吸湿性实验，其中钠盐、钾盐、钙盐和锌盐具有很强的吸湿性，从而被排除。③剩余 3 种盐的溶解度和物理稳定性测定，发现镁盐的溶解度仅有 3.7mg/ml，并且随着湿度增加，它的晶体结构发生变化；而精氨酸盐和赖氨酸盐都具有大于 200mg/ml 的高溶解度和良好的物理稳定性。④研究人员通过对精氨酸盐和赖氨酸盐的可生产性、分析难度和可能产生的杂质等性质的评估，最终确定精氨酸盐为进一步开发的候选盐型。

药物盐型的筛选是一个需要大量耗费人力和时间的工作，因此，高通量筛选作为一个有效的方法，逐步广泛应用于药物盐型的筛选。主要对不同的条件和组分进行组合后，进行平行实验。每次实验仅使用少量样品，从而便于大规模筛选。高通量筛选可主要分为三部分：实验设计、实验执行和数据分析。为了满足高通量筛选的需求，需要足够强大的硬件和软件系统来实现实验操控、数据储存和数据处理。这种系统通常是比较灵活的，可以调控不同实验条件的组合和规模大小。

（五）盐型对药物开发的影响

药物成盐在药物开发的处方前研究阶段是极其重要的环节。药物成盐的主要优点有提高难溶性药物的溶解度、溶出速率和生物利用度；降低药物的溶解度以实现缓控释；改善药物的熔点、结晶度、吸湿性、机械性质；改善药物的化学稳定性并解决其与辅料不相容的问题；提高药物纯度、手性药物拆分，规避侵犯专利权问题。

相对于难溶性药物，多种盐型药物已被发现具有高溶解度。例如萘普生为一种溶解度仅有 0.016mg/ml 的非甾体抗炎药，成钠盐后其溶解度高达 178mg/ml，为游离酸的 11 000 倍左右；它的氨丁三醇盐的溶解度也有 11mg/ml，为游离酸的 680 倍。

药物的溶解度提高会加快其溶出速率，从而提高药物的生物利用度，这也是药物成盐的主要优势之一。例如替拉那韦为人类免疫缺陷病毒 1 亚型（human immunodeficiency virus type 1，HIV-1）蛋白酶抑制剂,是一种低溶解度(3μg/ml)和低溶出速率[<0.2μg/(cm²·s)]的弱酸,它的 pK_a 分别为 6.2 和 7.6,与钠离子分别形成单钠盐和双钠盐,这两种盐的溶出速率分别为 115μg/(cm²·s) 和 450μg/(cm²·s),为游离酸溶出速率的数百倍。尽管这两种盐在胃酸中都有析出的倾向,但其游离酸的生物利用度仍然有明显提高。替拉那韦游离酸在犬体内的生物利用度仅有 3%,而它的单钠盐和双钠盐的生物利用度分别为 15% 和 50%。替拉那韦双钠盐胶囊(剂量为 250mg)和口服液(剂量为 100mg/ml)已被开发上市。

相反,对于一些药物而言,成盐是为了降低游离药物的溶解度,从而减轻混悬剂的奥斯特瓦尔德熟化现象、掩盖味道或达到缓控释的目的。例如为了开发无味的依托红霉素混悬剂,利用成盐的方式将游离碱的溶解度降低至原来的 1/20。氯丙嗪是一种抗精神病药,在药物开发中由于其盐酸盐具有苦味,最终开发了溶解度较低的双羟萘酸盐混悬剂以此提高患者的依从性。对于一个难溶性药物而言,提高溶解度是药物开发过程中需要最优先考虑的因素;而对于高溶解度药物,盐的稳定性、用药的依从性等其他性质则是重要的评估指标。

成盐也可用于手性拆分和提高药物的稳定性。氯吡格雷是一种有效的抗血小板药,广泛用于预防高危患者的血栓。它是一种手性物质,相对于 S- 构型,R- 构型具有较差的生物活性和耐受性。氯吡格雷和手性酸 10-L- 樟脑磺酸成盐后,可将氯吡格雷的 S- 构型从外消旋混合物中分离出来。但是樟脑磺酸仅用于手性化合物的拆分,不可作为药用的反离子。氯吡格雷游离碱以油状半固体存在,其化学稳定性较差,手性中心不稳定,有可能发生外消旋化。因其 pK_a 仅有 4.55,只有强酸才有可能与之成盐。研究发现,氯吡格雷游离碱虽然与盐酸成盐,但该盐的吸湿性极强并且不稳定。针对氯吡格雷游离碱化学不稳定性和低 pK_a 的问题,选取超过 20 种反离子与之成盐,只有硫酸氢盐具有最为理想的性质,该盐具有高熔点、良好的长期稳定性、低吸湿性及高溶解度。在室温下,晶型 Ⅱ 是氯吡格雷硫酸氢盐的两种晶型中最稳定的晶型,因而也是被选为开发成产品的晶型。

尽管药物盐型有众多的优点,但同样存在许多限制和缺点。成盐的局限性主要包括:①只有药物和反离子之间的 $\Delta pK_a>2$ 才能成盐;②无解离基团或者太弱的酸和碱都难以成盐,因为没有合适的反离子。成盐后,一些潜在的缺点包括:①同离子效应导致溶解度降低,例如盐酸盐;②在胃液中易不稳定;③对微环境 pH 的要求较高,否则可能导致脱盐;④转化成原型药沉积在固体药物表面,导致溶出速率较低等。在药物盐型的开发中,一方面要根据药物开发目的进行盐型的筛选,另一方面也必须重视药物盐型的潜在问题。

二、溶剂化物

在新药研发和工业制备中,常常会伴随溶剂化物的产生。药物的结晶、沉淀、重结晶过程必然会引入大量溶剂,溶剂分子与药物分子接触后,可能进入药物分子的晶格内部并与药物分子形成一种复合物,即溶剂化物。相较于纯物质,溶剂化物含有不同的晶胞参数、分子堆积、分子间相互作用等,类似于多晶型。但是与多晶型不同,溶剂化物的物质成分发生了变化,也被称为假多晶型。

溶剂化物可能在任何有溶剂参与或表面接触到溶剂蒸气的过程中产生,包括结晶、混悬、回流、湿法制粒、包衣、贮存和溶出过程等。在早期,溶剂化物的发现大多处于偶然。但随着溶剂化物的应用,制药行业对其逐渐重视,使溶剂化物的合成和其性质研究成为热点。

水合物是溶剂化物的一种,即溶剂分子为水分子的溶剂化物。相较于其他溶剂化物,水合物的生成概率更高。Görbitz 和 Hersleth 等调研英国剑桥晶体数据库(CSD)发现,有机化合物中约有 15.1% 为溶剂化物,其中超过 50% 的溶剂化物为水合物,主要由于以下两个因素:①水的尺寸很小,便于进入晶胞内部并填充于晶体堆积的空隙中;②水同时具备氢键供体和氢键受体,可以和药物分子形成各种类型的氢键,并得到稳定的晶体结构。除了水以外,其他最容易与有机分子形成溶剂化物的溶剂依次是甲醇、苯、二氯甲烷、乙醇及丙酮。

有机溶剂化物由于安全性问题,很少作为药物上市,但可作为药物开发中的中间产物来纯化和分离药物。水是安全无毒的溶剂,水合物没有任何安全上的隐患。在药物的制备和贮存过程中,水是最容易接触到的溶剂分子。据统计,大约 30% 的药物分子可以形成水合物。鉴于水合物在药物开发中的特殊地位,本节主要对水合物进行重点介绍。

(一) 水合物的分类

1. 按照水合物是否具有明确的含水量,或水合物是否具有和无水物不同的晶体结构,水合物可分为化学计量型水合物和非化学计量型水合物两类。

(1) 化学计量型水合物:是指药物分子与水分子之间具有一个固定的比例,不随环境湿度的变化而连续变化,但可能会在某个界限发生突变,例如从一水合物转变为二水合物。水分子参与晶体结构的构建,水合物具有与无水物不同的晶体结构。

(2) 非化学计量型水合物:这类水合物的含水量会随着环境中湿度的变化而连续变化,药物分子和水分子之间没有一个明确的比例。水分子主要填充于晶胞间隙,水合物的晶体结构和无水物的晶体结构无太大区别。

2. 按照水合物的结构特点、水分子如何参与到晶胞结构中,水合物可以分为空穴型水合物、隧道型水合物和离子结合型水合物三类。

(1) 空穴型水合物:这类水合物是指水分子在晶体结构中被药物分子隔开而独立存在。在这种情况下,水分子之间没有直接作用,水分子仅仅与药物分子之间产生氢键作用或范德瓦耳斯力。这类水合物在检测时有以下特征:差示扫描量热法(DSC)图谱显示尖锐的脱水峰;红外光谱法(infrared spectrometry, IR)光谱含有尖锐的羟基吸收峰。

盐酸西拉美新(siramesine hydrochloride)一水合物就是典型的空穴型水合物,它属于单斜晶系的 $P2_1/c$ 空间群。每个水分子仅与两个相邻的氯离子产生氢键,氯离子再与西拉美新通过离子键相连。水分子通过和氯离子的氢键作用被牢牢地固定在晶格中。通过加热脱水,整个晶格都会崩塌并转变为无定型态。

(2) 隧道型水合物:这类水合物的特点是水分子存在于晶胞的隧道中,即每个晶胞中的结晶水相连,并与相邻晶胞中的结晶水相连,从而在晶格内形成一个个独立的“隧道”。在这种类型的水合物晶体结构中,水分子之间通过氢键相连,同时也可能与主体分子产生氢键作用。隧道型水合物可以进一步分为两大类,即无限延伸柱状隧道型和无限延伸平面隧道型。

茶碱一水合物就是典型的隧道型水合物,它属于单斜晶系的 $P2_1/n$ 空间群。水分之间沿 a 轴通过氢键彼此相连,形成一条条平行于 a 轴的隧道,同时也通过氢键和茶碱分子作用,形成稳定的晶体结构。

(3) 离子结合型水合物:这类水合物常常含有金属离子,其特征是水分子与金属离子形成强度远超氢键的离子键。由于金属离子与水分子之间的作用力很强,这类水合物在较高温度下才会发生脱水。很多药物都以钠盐、镁盐、钾盐等形式存在,这些药物在吸湿过程中可能与水分子形成离子结合型水合物。

(二) 水分活度

水分活度是对环境中可以参与物理化学反应的水的含量的热力学测量。水分活度可以定义为一定温度下环境中水蒸气分压和相同温度下的纯水蒸气压之比。

$$a_w = \frac{P}{P_0} \qquad\qquad 式(2\text{-}36)$$

式(2-36)中,a_w 为水分活度;P 为一定温度下环境中水蒸气分压;P_0 为相同温度下的纯水蒸气压。水分活度和环境相对湿度(relative humidity,RH)的关系如下:

$$RH = a_w \times 100\% \qquad\qquad 式(2\text{-}37)$$

在溶液中,水分活度可以通过测定溶液的蒸气压得到,它和水在溶液中的摩尔分数有关。

$$a_w = l_w \times x_w \qquad\qquad 式(2\text{-}38)$$

式(2-38)中,l_w 为活度系数;x_w 为水在溶液中的摩尔分数。不同溶液的活度系数是不同的,它既和溶液的组成有关,也和同样组成的溶液的浓度有关。活度系数随浓度改变会导致水分活度随水分摩尔分数的改变而发生非线性变化。

(三) 化学计量型水合物

化学计量型水合物的吸附特征是含水量随着水分活度或相对湿度的增加呈现出阶梯状的变化,水合/脱水反应发生在临界水分活度或临界相对湿度。在温度和总压恒定的情况下,药物 D 的水合/脱水平衡可由以下方程式表述:

$$D \cdot nH_2O_{(s)} \rightleftharpoons D_{(s)} + nH_2O \qquad\qquad 式(2\text{-}39)$$

式(2-39)中,$D \cdot nH_2O_{(s)}$ 为水合物固体;$D_{(s)}$ 为无水物固体;n 为水合反应计量数。该式的化学反应平衡常数 K_d 可由下式计算:

$$K_d = \frac{a_{D_{(s)}}\, a_{w0}{}^n}{a_{D \cdot nH_2O_{(s)}}} \qquad\qquad 式(2\text{-}40)$$

式(2-40)中,$a_{D_{(s)}}$ 和 $a_{D \cdot nH_2O_{(s)}}$ 分别为无水物和水合物的活度;a_{w0} 为临界水分活度。若水蒸气为理想气体且固体活度均为1,则上式可以简化为:

$$K_d = a_{w0}{}^n = RH_0{}^n = \left[\frac{P_0}{P_s}\right]^n \qquad\qquad 式(2\text{-}41)$$

式(2-41)中,RH_0 为临界湿度;P_0 为临界水蒸气压;P_s 为饱和水蒸气压。存在以下 3 种情况:当 $a_w < a_{w0}$、$RH < RH_0$、$P < P_0$ 时,无水物比水合物更稳定,此时水合物会自发脱水转变为无水物;当 $a_w = a_{w0}$、$RH = RH_0$、$P = P_0$ 时,无水物和水合物同样稳定,此时不会发生任何转变;当 $a_w > a_{w0}$、$RH > RH_0$、$P > P_0$ 时,水合物比无水物更稳定,此时无水物会自发转变为水合物。

具有多种水合物的系统也具有类似的稳定性关系,无水物或每种水合物都是某个活性范围内最稳定的相,超出这个范围即会发生相变而转化为另一种稳定的相。图 2-32 是具有多种化学计量型水合物的物质的等温吸附相图,当 a_w 或 RH 在 0~A 范围内时,该物质以无水物形式存在,A 是无水物转变为一水合物的临界水分活度(临界湿度);当 a_w 或 RH 在 >A~B 范围内时,该物质以一水合物形式存在,B 是一水合物转变为二水合物的临界水分活度(临界湿度);在 a_w 或 RH 为 B 以上时,该物质以二水合物形式存在;在 a_w 或 RH 提高到 C 以上时,物质发生潮解。

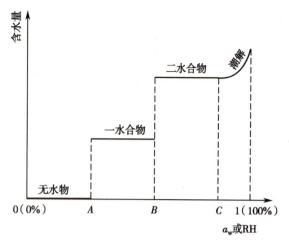

图 2-32　具有多种化学计量型水合物的
物质的等温吸附相图

如果一个物质的无水物 / 水合物或者低化学计量型水合物容易在临界湿度达到相平衡并能随着湿度变化快速发生相转变,可以直接绘制该物质的等温吸附相图,得到临界湿度和各相的稳定窗。

大部分固体物质很难通过水蒸气快速达到相平衡,需要几周或者几个月的时间。在溶液与水蒸气实现相平衡时,溶液中和蒸气相中的水分活度是相同的。因此,认为溶液中的水分活度等于蒸气相中的相对湿度,在溶液平衡得到的临界水分活度也可以等同于在蒸气相得到的临界相对湿度。通常利用溶液态的高流动性来进行研究,在较短的时间内获得平衡,并通过与水混溶的有机溶剂来调节水分活度。然后将无水物或水合物或两者的混合物混悬在不同水分活度的溶液中,达到平衡后测定固体的性质并判断最终的稳定相。通过该办法测定不同水分活度下的稳定相并绘制等温吸附相图。

当温度发生变化时,脱水 / 水合反应的反应平衡常数 K_d 也会随之变化,因此,不同温度下无水物和水合物的相对稳定性会发生变化,物质也具有不同的临界水分活度,相图相应地随之变化。Krzyzaniak 等研究了咖啡因无水物和水合物的临界相对湿度随温度的变化,发现在 10℃时临界相对湿度为 67%,25℃时为 74.5%,而 40℃时则为 86%,随着温度升高,临界相对湿度也随之升高,无水物的稳定窗逐渐增加。

(四) 非化学计量型水合物

这种类型的水合物具有和化学计量型水合物明显不同的特征。这类水合物的脱水 / 水合过程没有相变发生,晶体结构基本不会发生变化,不过如果脱水速度过快可能会导致晶体结构塌陷转变为无定型态。它的等温吸附相图与化学计量型水合物完全不同,随着水分活度或相对湿度的变化,物质含水量不呈现出阶梯状变化而是连续变化,没有临界水分活度或者临界相对湿度。水分子与晶格不同的作用类型导致非化学计量型水合物呈现不同的吸附等温线类型,和气体的吸附等温线分类一致,如图 2-33 所示。

类型Ⅰ吸附等温线类似于气体的朗缪尔吸附等温线,这种类型的吸附是单层的,随着越来越多的吸附位点被水分子占据,吸附逐渐达到饱和,吸附速度呈现出先快后慢的特征。水分子和主体分子强烈的相互作用导致含水量在初期水分活度轻微增加时急剧上升,这种类型的水合物的相互作用主要是氢键作用。盐酸塞利洛尔晶型Ⅲ的等温吸附线就属于类型Ⅰ吸附等温线。

呈现类型Ⅱ吸附等温线通常是由水分子在晶格内无序排列导致的。色甘酸钠的吸附等温线属于典型的类型Ⅱ吸附等温线,每 1mol 色甘酸钠最终大约可以吸附 9mol 水。

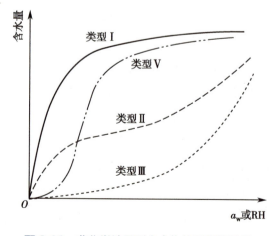

图 2-33　非化学计量型水合物的吸附等温线

类型 III 吸附等温线通常在无定型物质中出现。

类型 V 吸附等温线和类型 I 吸附等温线类似,由于吸附位点有限,在最后都会达到吸附饱和,吸附速度越来越慢。不同的是,这种类型的水合物水分子之间的作用力比水分子和主体分子之间的作用力更强。因此,在刚开始吸附时速度较慢,当有部分水分子已经填充到晶格中后,后续的水分子更容易和前面的水分子发生作用,导致吸附速度开始变快。最后,由于吸附位点饱和,吸附速度逐渐降低。

(五)溶剂化物对药物开发的影响

在药物开发中,常常会有溶剂或水的引入。药物一旦生成溶剂化物或水合物的固体形式,就可能会对药物的理化性质造成影响,包括溶解度、稳定性、机械性质等。考虑到多数有机溶剂的毒性和易挥发等特点,有机溶剂化物一般不作为药物开发的固态形式。

水合物的生成常常会导致药物的溶解度降低,例如,琥珀酰磺胺噻唑无水物的溶解度为它的水合物的 13 倍、氯硝柳胺无水物的溶解度为它的水合物的 23 倍。也有少数研究报道了水合物比起无水物具有更高的溶解度。此外,水合物有时也会导致化合物的机械性质发生改变。例如,磷酸氢钙可以以无水物或者二水合物形式存在,这两种固体形式虽然具有相似的流动性,但是却具有不同的可压性。此外,磷酸氢钙无水物还具有比水合物更快的崩解速率。对于一些不稳定的水合物,有时可作为中间产物使药物发生转晶,在脱水时还可能会使晶格塌陷生成无定型态。在上述情况中,由于水合物的生成会带来不被期望的后果,所以在开发和贮存中需要特别注意隔离水分,避免水合物的生成。

水合物在药物开发中有时也具有一定的优势。水合物虽然通常具有更低的溶解度,但是对于通过降低溶解度达到缓控释等目的的情况,水合物也可以成为一种选择。另外,有些药物具有很强的吸湿性,极其容易生成水合物。在这种情况下,为了保证药物的稳定性,如果溶出的影响不大,水合物往往是药物开发的更优选择。水合物的生成还会影响药物的晶癖及物理和化学稳定性,在这些方面可能也会比无水物具有更优越的性质。

三、药物共晶

近年来,利用共晶技术改善药物的理化性质逐渐得到了广泛的关注。关于共晶的定义仍存在一定的争议,其中 Aakeroy 和 Salmon 给出的定义被普遍认可,即共晶是包含多种有固定的化学计量比的、独立的中性分子的、均匀的晶状固体,常温下是固态。共晶中的分子是通过非共价作用力结合的,包括氢键、范德瓦耳斯力、π-π 堆积等。这个定义有效地界定了共晶、溶剂化物(结晶溶剂中的水或有机溶剂在常温下是液态而不是固态)和盐(盐组分不是中性分子)的区别。共晶与盐的本质区别是盐的结构中有完全的质子转移,而共晶没有。对于酸性和碱性的共晶形成体而言,它们之间的质子转移程度可以通过它们的 pK_a 的差值来评估,即当 pK_a 的差值 >3 时认为是盐,pK_a 的差值 <2 时认为是共晶;当 pK_a 的差值的范围在 2~3 时,在共晶或盐生成之前是无法预先判断会生成共晶还是盐的。此外,共晶形成物也可以和盐生成共晶,这种共晶称为盐 - 共晶。图 2-34 是一些常见的固体形式的图解,表示了它们结构的差异。

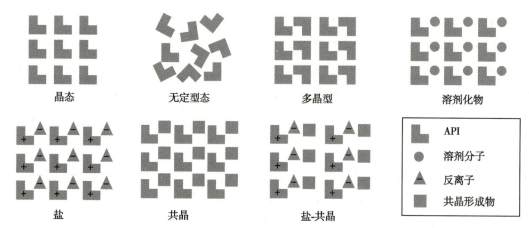

图 2-34　常见的几种不同固体形式的图解

（一）共晶的设计

形成共晶的驱动力是氢键、范德瓦耳斯力、π-π 堆积等非共价作用力，尤其以氢键为主。共晶的设计合成主要是通过超分子化学和晶体工程学实现的。超分子化学是研究超分子的化学分支。超分子是指由于分子间相互作用缔结形成的复杂而有序的具有特定功能的分子聚集体。相较于传统的共价键等强相互作用力，超分子化学专注于研究弱的分子间力，包括氢键、范德瓦耳斯力、配位作用、疏水相互作用及 π-π 堆积等。它的研究核心是通过弱的分子间相互作用的协同而实现分子识别和超分子自组装。晶体工程学将超分子化学的原理应用于晶体的设计和生长，通过分子识别和超分子自组装得到结构和性质可控的晶体。它的目的在于通过研究不同类型的分子间力的能量和性质，并根据已预设的结构和性质构建晶体。

大部分药物都具备氢键供体和受体，有利于与共晶形成物成氢键。共晶设计的核心在于预测研究活性药物成分（active pharmaceutical ingredient，API）和共晶形成物所形成的超分子结构。目前，特定的基团可以和哪些基团形成怎样的多组分氢键聚集体的研究，也就是共晶的超分子合成子的研究最受关注。所谓超分子合成子是指分子自组装成超分子结构所需的最小的结构单元。图 2-35 总结了共晶生成的一些常见的超分子合成子。

了解常见的共晶超分子合成子有助于针对不同的药物选择合适的共晶形成物。例如咖啡因，它的结构中具有吡啶环，因此选择具有羧基的共晶形成物如丁二酸、马来酸等或者具有酰胺基的共晶形成物如烟酰胺、异烟酰胺等是比较容易形成共晶的。卡马西平，具有酰胺基的小分子刚性结构，可以和超过 20 种共晶形成物形成共晶，包括具有酰胺基和吡啶环的烟酰胺及具有羧基的丁二酸等小分子化合物。除了氢键以外，π-π 堆积等作用力对共晶的形成也有很大的帮助。在设计合成共晶及选择共晶形成物时，小分子刚性化合物比大分子柔性化合物更容易生成共晶。对于药物共晶而言，在选择共晶形成物时，除了考虑共晶生成的可能性外，所选的共晶形成物必须是通过美国食品药品管理局公认安全级（generally recognized as safe，GRAS）的无毒物质。

（二）共晶的制备

制备共晶的方法包括溶剂蒸发法、混悬法、反应法以及研磨法（包括干研磨法、溶剂辅助研磨法）等。

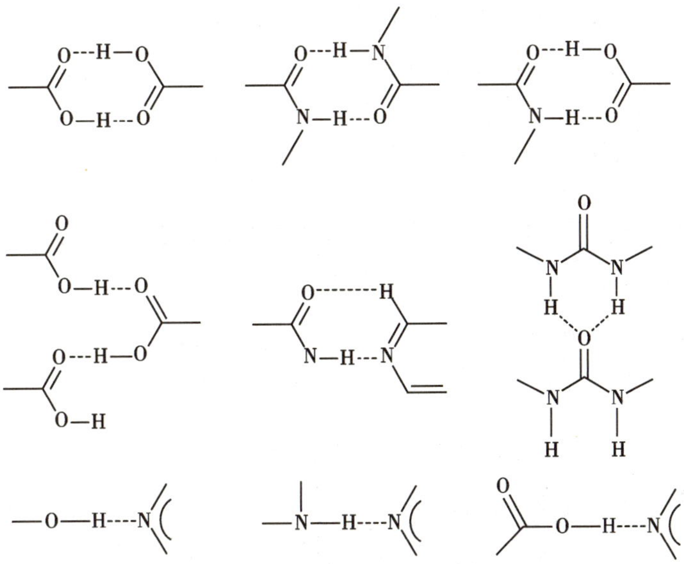

图 2-35 药物共晶中常见的超分子合成子

1. **溶剂蒸发法** 是制备共晶的最经典的方法,也是培养单晶的最常见的方法。这种方法的步骤是将 API 和共晶形成物按一定的摩尔比加入溶剂中,过滤后让溶剂缓慢挥发直至晶体析出。例如盐酸氟西汀和丁二酸的共晶(2∶1)在乙腈中通过缓慢挥发制备。

2. **混悬法** 是一种适合于大规模筛选共晶的方法。该方法是将约过量的 API 和共晶形成物按比例加入少量溶剂中形成混悬液,在室温或其他温度下搅拌足够长的时间直至共晶生成,通常在 3 日以上。

3. **反应法** 也是一种常见的制备共晶的方法。在该方法中,一定量的 API 和过量的共晶形成物投入溶剂后在一定温度下回流反应一定的时间,通过冷却析出共晶;也可以将 API 和共晶形成物分别溶于溶剂中得到过饱和溶液,再混合两种溶剂生成共晶。通过这种方法可制备 13 种加巴喷丁和羧酸形成的共晶。

4. **研磨法** 是一种效率较高和常见的共晶制备方法。这种方法的优势在于高效率和环保,因为它不使用溶剂或仅使用少量溶剂。研磨法分为干研磨法和溶剂辅助研磨法,通常溶剂辅助研磨法具有更高的效率。干研磨法是将 API 和共晶形成物按比例混匀后手动或机械研磨直至共晶生成,溶剂辅助研磨法是在干研磨法的基础上加入 1~2 滴有机溶剂后再进行研磨。但是这种方法有可能会生成无定型态,需要控制研磨时间和研磨强度。

除了以上较经典的制备方法外,近年来也有很多比较新颖的方法用于制备共晶,包括热熔挤出法、超声法、升华法、喷雾干燥法等方法。

(三) 共晶的溶解度相图

如果两种共晶形成物在溶液中不会解离或形成复合物,则共晶在溶液中的生成和溶解可以用下式表述:

$$A_aB_b(固体) \Longleftrightarrow aA(溶液) + bB(溶液) \qquad 式(2-42)$$

该反应的反应平衡常数 K_{eq} 为:

$$K_{eq} = \frac{a_A{}^a a_B{}^b}{a_{AB}} \qquad 式(2-43)$$

式(2-43)中，a_A 为物质 A 的活度；a_B 为物质 B 的活度；a_{AB} 为共晶的活度。

K_{eq} 和两种共晶形成物的活度成正比，假设固体的活度为 1，共晶形成物在溶液中的活度约等于其平衡浓度，则上式可以简化为：

$$K_{SP}=[A]^a[B]^b \qquad \text{式(2-44)}$$

式(2-44)中，[A]和[B]分别为物质 A 和物质 B 在溶液中的平衡浓度；K_{SP} 为溶度积常数，和浓度无关。当增加 A 或 B 的浓度直到 $[A]^a[B]^b>K_{SP}$ 时，会促使共晶生成；反之，当 $[A]^a[B]^b<K_{SP}$ 时，共晶会溶解。

一个 1：1 的二元共晶 AB 溶解到纯溶剂中，且两种共晶形成物在溶液中不会解离或形成复合物，则共晶的溶解度 S 可以用下式表述：

$$S=[A]\text{ 或 }S=[B] \qquad \text{式(2-45)}$$

根据式(2-44)，式(2-45)可写为：

$$S=\sqrt{K_{SP}} \qquad \text{式(2-46)}$$

这两个公式[式(2-45)和式(2-46)]仅适用于溶液中 A 和 B 的比例与共晶中 A 和 B 的比例一致的情况。若不一致，假设物质 B 比物质 A 高出的那部分浓度大小为 C，则：

$$S=[A]\text{ 且 }S=[B]-C \qquad \text{式(2-47)}$$

根据式(2-44)，得

$$K_{SP}=S(S+C) \qquad \text{式(2-48)}$$

式(2-48)中，由于 K_{SP} 是一个常数，因此 C 越大，S 越小，在溶液中某种共晶形成物量越大，则共晶的溶解度越小，这有些类似于盐的同离子效应。根据式(2-48)可以计算出共晶的溶解度为：

$$S=\frac{-C+\sqrt{C^2+4K_{SP}}}{2} \qquad \text{式(2-49)}$$

图 2-36 是共晶 AB 的溶解度相图，$[A]_T$ 和 $[B]_T$ 分别为物质 A 和物质 B 在溶液中的总浓度，S_A 为物质 A 的溶解度。该相图是基于以下假设绘制的：①物质 A 的溶解度小于物质 B；②在 A 和 B 按共晶化学计量比存在的溶液中，物质 A 的溶解度小于共晶 AB；③共晶形成物 A 和 B 在溶液中均不会解离或形成复合物；④物质 A 的溶解度和物质 B 的浓度无关。根据以上假设，图 2-36 可以划分为 4 个区域，区域 I 物质 A 处于过饱和状态，而共晶 AB 并未达到饱和，此时物质 A 会结晶析出；区域 II 物质 A 和共晶 AB 均处于饱和状态，此时会析出纯物质 A 和共晶 AB 的混合物；区域 III 物质 A 和共晶 AB 均处于未饱和状态，不会析出任何物质；区域 IV 物质 A 处于未饱和状态，而共晶 AB 处于过饱和状态，此时共晶 AB 会结晶析出。因此，区域 IV 是最理想的制备共晶的区域，这为共晶筛选提供了一个很好的指导。

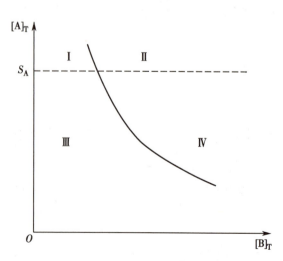

图 2-36　共晶 AB 的溶解度相图

（四）共晶对药物开发的影响

筛选药物共晶的主要目的是提高难溶性药物的溶解度、溶出速率和生物利用度。药物共晶也可用于改善药物的理化性质,包括稳定性、机械性质等。对于中性药物或弱酸性、弱碱性的药物,由于不能成盐,药物共晶为提高此类药物的溶解度提供了一个有利的途径。

卡马西平是一种抗癫痫药,其水溶性较低、口服生物利用度低,且通常不能成盐。卡马西平可以和多种共晶形成物形成共晶,有研究表明,卡马西平与糖精形成的共晶与市售的卡马西平相比,在犬模型的口服药代动力学中共晶具有更高的峰浓度(C_{max})及和市售卡马西平相近的达峰时间(t_{max})。伊曲康唑是抗真菌感染的三唑类抗菌药物,几乎不溶于水。为了达到所需的口服生物利用度,伊曲康唑的一种蔗糖包衣的胶囊剂是药物的无定型态,并用蔗糖进行表面包衣制成市售的胶囊。由于无定型态药物存在物理稳定性等方面的问题,药物共晶在同时增加难溶性药物的吸收和保持药物的稳定性上可发挥一定的优势。在体外溶出度试验中发现,伊曲康唑与 L- 苹果酸形成的共晶与市售无定型制剂表现出相似的溶出情况,浓度为晶态的伊曲康唑的 20 倍左右。从以犬为动物实验模型的体内试验中发现,伊曲康唑酒石酸共晶制剂与晶态的伊曲康唑相比具有更优的药代动力学性质,其 C_{max} 和 AUC 约为晶态的伊曲康唑的 1.8 倍。

随着药物共晶的发展,目前已经有数个药物以共晶的形式上市。2015 年 7 月 7 日沙库比曲 - 缬沙坦共晶(sacubitril/valsartan,又称为 LCZ696)——一种血管紧张素受体和脑啡肽酶双重抑制剂(ARNI)的复方新药被美国食品药品管理局(FDA)提前 6 周批准。2017 年 12 月 20 日新型糖尿病治疗药物艾托格列净 -L- 焦谷氨酸共晶(又称为艾托格列净,ertugliflozin),被 FDA 批准上市。一些以盐的形式批准上市的药物后来被发现是药物共晶,如枸橼酸 - 咖啡因共晶,它用于妊娠 28~33 周早产儿呼吸暂停的短期治疗。

第三节　无定型态药物

与晶态物质相比,无定型态物质(也称为非晶态物质)中分子的空间排列呈现长程无序而短程有序的特点。无定型态物质分布广泛、形态众多,是凝聚态物质的主体。随着新药筛选技术的飞速发展,基于新靶点的化合物结构渐趋复杂,越来越多的具有活性的候选药物分子难溶于水或几乎不溶于水。将药物分子有序排列的晶态转变为其无序排列的高能无定型态的药物固态形式的改变可有效改善难溶性药物的体外溶出速率和溶解度,从而有效地提高难溶性药物的口服生物利用度。

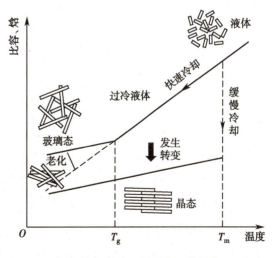

图 2-37　晶态及其对应无定型态物质的热焓与比容示意图

一、无定型态物质原理

过冷液体(supercooled liquid)、玻璃态(glass state)和玻璃化转变(glass transition)是与无定型态物质有关的几个重要概念。如图 2-37 所示,对于单一组分体系而言,熔融液体从熔点(T_m)发生快速降温时,若未发生结晶,则会形成一种黏度较高的液体状无定型态,称为过冷液体。过冷液体的初级弛豫时间(即整体分子再定位所需的时间)通常小于 100 秒,黏度通常在 $10^{-3}\sim10^{12}$ Pa·s。当过冷液体降温到某一温度点时,此时体系的比容和热熔的温度变化率会发生极大的改变,而该变化结束的温度点称为玻璃化转变温度(T_g)。除上述定义外,也可分别从黏度和分子弛豫的角度来定义 T_g,分别对应体系的黏度达到 10^{12}Pa·s和初级弛豫时间为 100 秒时所对应的温度。当温度低于 T_g 时,此时分子从动力学角度而言几乎是处于"冻结"状态的,黏度极高,称为玻璃态。由于玻璃态是非平衡态,会发生弛豫行为,向更稳定的玻璃态迁移,该过程称为玻璃态的"老化"过程。随着"老化"过程的进行,其物理性能如密度、能量、分子运动等均会随之发生改变。

无定型态物质从本质而言是复杂的原子或分子无序堆积的凝聚态物质。从宏观上看,该物质各向同性、均匀。但从微观上看,其存在有纳米和微米尺度的结构不均匀性和动力学不均一性。对于晶体来说,只有晶胞中的分子或原子局域环境才不同,但对于每个晶胞其局域环境都是一样的。而对于无定型态物质而言,存在本质的原子和纳米尺度的结构和动力学不均匀性,不同区域的差别很大。因此,从结构的角度而言,无定型态物质的本质特征是"无序"。从能量的角度来看,无定型态物质与其同成分的晶态物质相比能量更高,所以,无定型态可以看作是一种亚稳态。随着时间的推移,或者在环境发生剧烈改变的条件下(如大幅度升温或者加压等),无定型态物质会通过放热的形式向能量更低的晶态转变。

二、无定型态药物的制备

无定型态药物可以通过多种途径制备,主要可以分为溶剂辅助法和非溶剂辅助法。

1. 溶剂辅助法是指通过将药物或者药物和载体材料溶解于合适的溶剂当中,然后再通过一定的手段去除溶剂,从而获得药物的无定型态。此类方法中去除溶剂的手段较多,包括涂抹法、旋转蒸发法、冷冻干燥法、喷雾干燥法等,可根据实际情况具体选择。其中,喷雾干燥技术近年来被广泛地用于无定型态药物的工业化生产,该方法借助喷雾干燥的装置,将液料喷成雾状,使其与加热气体接触而被干燥,快速去除有机溶剂,获得药物的无定型态。喷雾干燥方法容易从小试放大到工业化生产规模,相关设备和生产方法容易达到《药品生产质量管理规范》(GMP)的要求,因此被广泛用于上市的无定型态药物制剂的制备。此外,溶剂辅助法中溶剂的选择要参考药物的理化性质,同时还需要考虑溶剂残留等问题。

2. 非溶剂辅助法是指通过不需要溶剂介入的方式来制备无定型态药物的方法。通常可通过加热或施加机械力的方式,破坏晶态药物内部有序的晶格结构,促使无定型态的生成。其中,热熔挤出法被广泛应用于制备无定型态药物,其制备设备和过程容易实现工业化,而且无须考虑工艺过程中溶剂去除和残留等问题。热熔挤出法包括热处理和机械混合两个过程,有利于获得具有更好的物理稳定性的无定型态药物制剂。近年来,有研究发现通过将晶态药物气化,降低其沉积过程中的衬底温度同样可以从气相中获得其药物的无定型态。研究表明,在合适的条件下通过该技术获取的无定型态具有极为特殊的理化性质——密度极高、能量较低且极为稳定,此时的无定型态为各向异性(通常技术制备的无定型态为各相同性)。此外,多种新兴技术如微波辐射法、电喷雾技术、静电纺丝技术、激光法、3D 打印及超音速喷雾干燥技术等近年来均广泛用于无定型态药物的制备。值得注意的是,不同方法制备获得的无定型态药物也可能具有不同的物理稳定性,这种物理稳定性的差异由不同制备方法中晶核数量的残余、无定型态药物所处的能量状态、微观的相分离尺度和比表面积等因素的不同所导致。

三、无定型态药物的结晶行为

无定型态药物的开发过程中需要避免其结晶现象的出现。一般来说,无定型态药物的结晶可分为成核和晶体生长两部分。无定型态药物的结晶能力与其相对分子质量、熔点、密度、熔化熵、黏度均密切相关。此外,药物分子本身的刚性与结构复杂程度也会对其结晶行为产生重要影响。该部分重点讨论和探究无定型态药物在固相中的成核和结晶行为,溶液中的行为将在后续的小节中阐述。

(一)无定型态药物的成核

根据经典成核理论,在成核之前,首先形成的是前体晶胚,这种前体晶胚会形成和晶体基序所匹配的短程排列。如果这些粒子和熔融态之间的负体积自由能低于新形成的晶核和它附近的过冷流体正界面自由能,前体晶胚会回到过冷流体中,导致系统整体自由能的提高。对于这些晶胚,需要生长到一定的临界尺寸才能成为真正意义上的晶核。影响成核的主要因素包括热力学驱动力、界面自由能、动能和分子识别作用。成核行为受热力学和动力学影响的因素如下式所示:

$$J = A\exp\left[-\frac{16\pi r^3}{3kT_m(\Delta H_f)^2 T_r(\Delta T_r)^2} + \frac{\Delta G'}{KT}\right] \qquad 式(2\text{-}50)$$

式(2-50)中,J 为成核速率,k 为玻尔兹曼常数,$\Delta G'$ 为成核分子运动活化能;r 为晶体表面与熔融态的交界面自由能;ΔH_f 为晶体熔化热;T_r 为降低的温度,可通过 T/T_m 计算可得;$\Delta T_r = 1 - T_r$。

从经典成核理论中可清楚地发现动力学和热力学对无定型态药物的成核发挥着截然相反的作用。简单来说,较低的温度意味着有较高的热力学驱动力(即更高的过冷度),从热力学的角度来看是有利于成核的。但从动力学的角度来看,成核更应倾向于发生在相对较高的温度区域,此时分子运动性较好。但考虑到界面能等参数较难从实验中定量获取,该成核理论的发展受到了一定的限制。近年来有研究发现,部分高分子聚合物可通过增强分子的识别作用,即加速成核所需的局部排列效应,从而加速无定型态药物的成核。相反,无定型态药物的成核可被部分具有相似分子尺寸的小分子物质抑制,推测该抑制作用可能是由于小分子配体竞争性地占据无定型态药物分子的前体晶胚,从而抑制其成核。对于无定型态药物成核的研究目前还相对较少,其成核的内在机制尚不完全清楚。

(二)无定型态药物的晶体生长

对于任何一个化合物而言,如果其在过冷液体态中一旦发生成核后,会伴随自发的晶体生长,无定型态会最终转变到其能量更低且更为稳定的晶态。在过冷液体中的生长速率通常被认为是同时受到动力学和热力学因素的影响,在过冷液体中的结晶速率 u 受到多种因素的干扰,如过冷液体和晶态的吉布斯自由能的差值 ΔG(热力学影响因素)、体系的黏度 η(动力学影响因素)等。在 T_m 和 T_g 温度区域内,晶体生长速率通常呈现钟形曲线的温度依赖性。当温度接近于 T_m 时,虽然分子运动较快,但体系过冷度较低,热力学驱动力成为结晶生长的主要的限制因素,此时晶体的生长速率随着温度的降低而不断升高。当温度远离 T_m 时,过冷度很高,此时动力学因素,即受扩散影响的分子运动成为决定结晶快慢的主要限速步骤,结晶速率随着温度的降低而不断降低。有研究发现,在该温度区域,体相分子的扩散速率 D 和结晶速率呈正相关性,并指出该温度范围内的结晶生长是由体相分子扩散所控制的结晶行为,称为体相扩散控制结晶。

根据体相扩散控制结晶生长理论,通常认为无定型态药物贮存在玻璃态是极为稳定的,因为此状态下分子的运动性极低,很难发生结晶。但近年来的研究证实,即使是分子在运动性极低的玻璃态,也依然有可能会出现较快的结晶现象。这些玻璃态中的快速结晶生长无法被传统的扩散控制结晶生长理论所预测。其中一种发生在体相及玻璃态中,是指当温度接近 T_g 时突然发生的显著结晶加速行为,称为体相中由非分子扩散导致的晶体生长(glass-to-crystal growth)。这种晶体生长行为目前只有在部分有机小分子中才会出现。此外,无定型态药物也可以在表面发生快速结晶的现象。表面快速结晶现象已经在多种小分子药物中被发现,如硝苯地平、吲哚美辛、灰黄霉素、非洛地平等。目前普遍接受的一种观点是认为药物在表面快速结晶的行为是由分子在表面较快速的扩散所导致的。

高分子聚合物的掺杂会显著影响无定型态药物的结晶生长。高分子聚合物与无定型态药物分子之间形成的相互作用、高分子聚合物本身的分子量、链段的动能、高分子聚合物与无定型态药物的运动性差异等均被证实是影响无定型态药物结晶生长的重要影响因素。此外,研究表明高分子聚合物对无定型态药物的结晶生长作用有明显的温度依赖性和浓度依赖性,如低浓度的聚维酮可有效地抑制无定型硝苯地平的晶体生长。高分子聚合物对无定型态药物的结晶速率的影响与药物晶型也密切相关。有研究发现低浓度的聚环氧乙烷可显著加速吲哚美辛 γ 晶型的晶体生长,但对其 δ 晶型则几乎没有加速效果。此外,有研究表明高分子聚合物对表面结晶速率的影响远弱于其对体相结晶速率的影响。

四、无定型态药物的物理稳定性

无定型态药物通常会分散在载体或者基质中制备成为无定型制剂上市销售。载体或基质通常是由聚合物以及一些相对"惰性"的辅料如表面活性剂组成的。根据所选择的载体性质,一般可以分为如下几类:晶态、半晶态和无定型载体。在早期研究中,最常用的无定型态药物制剂的载体通常为晶态及半晶态载体,主要包括尿素、有机酸、糖类以及聚乙二醇,其中聚乙二醇是最为常用的半晶态载体。近年来,无定型聚合物载体逐渐取代晶态和半晶态载体成为无定型态药物的主要载体。相比较而言,无定型聚合物载体具有更好的增溶作用和提高无定型态药物的物理稳定性的作用。在这一章节重点讨论和关注的是以无定型聚合物为载体的固体分散物。

对于维持无定型态药物制剂在其贮存和使用期间的物理稳定性,药物-高分子聚合物载体之间的互溶性极为重要。无定型态固体分散物的互溶性是由体系自由混合过程中的热力学所决定的。在研究互溶性时主要考量的重要参数有混合熵 ΔS_{mix}、混合焓 ΔH_{mix} 以及混合吉布斯自由能 ΔG_{mix} 等。当体系中的两个组分发生分子层面上的混溶时,必然会伴随混合吉布斯自由能的降低。在给定的温度下,吉布斯自由能可表示为:

$$\Delta G_{mix} = \Delta H_{mix} - T\Delta S_{mix}$$

式(2-51)

总体来说,不同的分子的混合通常都会导致熵值增加,无论是小分子-小分子还是小分子-高分子聚合物。因此,混合熵通常为正值。从上述公式来看,正值的混合熵有助于在一定程度上降低混合吉布斯自由能,这对小分子-高分子聚合物的混溶是有利的。但与小分子-小分子混合不同,聚合物本身的链段结构会显著增加高分子聚合物与小分子药物的接触位点,因此,相较于小分子-小分子混合,小分子-聚合物的混合的熵值明显较小。对于药物小分子-高分子聚合物的混合而言,其体系的混合熵可以通过弗洛里-哈金斯理论(Flory-Huggins theory)计算:

$$\Delta S_{mix} = -R(N_a \ln\phi_a + N_b \ln\phi_b) \qquad \text{式}(2\text{-}52)$$

式(2-52)中,下标 a 和 b 分别代表药物小分子和聚合物;N 为两者各自占据的位点数目;ϕ 为药物和聚合物在混合体系中所占的体积分数。在该模型中,每个聚合物分子所占的位点数目由聚合物与药物的分子体积比所决定。

与混合熵不同的是,混合焓既可以是正值也可以是负值。混合焓的值取决于药物 - 高分子聚合物分子间相互作用与药物 - 药物以及高分子聚合物 - 高分子聚合物相互作用的强度差异。若药物 - 高分子聚合物分子间相互作用较强则会显著降低焓值,反之则焓值升高。在考虑到分子间相互作用的条件下,混合焓可表示为:

$$\Delta H_{mix} = RT(N_a + mN_b)\chi\phi_a\phi_b \qquad \text{式}(2\text{-}53)$$

式(2-53)中,χ 为 Flory-Huggins 理论中的相互作用参数,药物 - 高分子聚合物相互作用的性质不同,焓值会有显著性差异。因此,从热力学角度而言,药物 - 聚合物体系如果形成较强的分子间相互作用(如氢键或离子键等),相互作用参数 χ 为小的正值或者负值时,有利于体系互混。但是吉布斯自由能为负值仅仅是相混溶的必要条件,而并非意味着此时药物 - 高分子聚合物体系完全互溶。同样,药物 - 高分子聚合物体系的混溶也可以从自由体积的角度进行阐述,强的相互作用会导致整体自由体积的减少,意味着体系有很好的混溶性。

(一) 多元体系的相行为

固体分散物从表面上来看是简单的两相体系,但实际上这种看似简单的两相体系可以由其成分和制备过程的差异而形成多种不同的结构和状态。这些不同的结构与状态和药物此时在高分子聚合物基质中的溶解度密切相关。当载药量明显低于药物在高分子材料中的平衡溶解度时,药物则以分子形式分散在高分子聚合物基质中,此时的体系为热力学稳定且均一。伴随体系降温,混合体系逐渐形成含有过饱和药物的药物 - 高分子聚合物体系,此时药物开始析出,形成晶体药物颗粒分散在聚合物基质中。结晶诱导的相分离需要克服相对较大的能垒这一目标得以实现。除此以外,固体分散物还会发生一种更为快速的相分离行为,称为无定型 - 无定型相分离,特指在聚合物基质中形成无定型态药物富集相的现象。在研究药物 - 高分子聚合物体系时,需要重点关注药物在高分子聚合物中的溶解度曲线。该曲线可用于指导热熔挤出时选择更低的过程温度来制备固体分散物,也可以作为研究降温以及贮存条件下药物在聚合物中的过饱和度的重要参考依据。此外,也需重点关注体系的 T_g 曲线。当体系降温至 T_g 附近时,药物 - 聚合物体系会被"冻存"进入一种特殊状态中,有助于固体分散物的贮存。通常二元体系的 T_g 遵循高登 - 泰勒(Gordon-Taylor)公式,该方程建立在体系中药物和高分子组分的自由体积具有加和性,即理想状态的混合。

$$T_{g,mix} = \frac{w_1 T_{g_1} + Kw_2 T_{g_2}}{w_1 + Kw_2} \qquad \text{式}(2\text{-}54)$$

式(2-54)中,w_1 和 w_2 分别代表各个组分的质量分数;K 为常数,是通过在 T_g 附近时两者的热容变化比值近似求算得出的。对于无定型态药物分子而言,在体系中引入玻璃化转变温度(T_g)较高的高分子聚合物会显著提高二元体系整体的 T_g,该效应通常称为反塑化作用。有研究表明,特定的药物分子 - 高分子聚合物相互作用有时可以导致实测体系的 T_g 偏离 Gordon-Taylor 公式的预测值。

固体分散物在固态中的物理稳定性与选择的高分子聚合物基质、药物 - 高分子聚合物比例、制备工艺、温度和湿度等条件密切相关。在室温条件下，多数固体分散物中的药物是远超其在聚合物中的平衡溶解度的，在实际研究中发现这些体系还是相对较为稳定的。该稳定性主要来自动力学因素，即体系在室温(多数体系在其 T_g 以下)条件下一定的时间尺度内发生相分离和结晶较难。在均匀混合互溶的药物 - 高分子聚合物二元体系中，聚合物的链段随机卷曲并互相贯通，延展至整个体系中，药物则是随机分散到高分子的链段范围中。研究表明，高分子聚合物需要在数个纳米尺寸范围实现扩散，药物才可以形成稳定的晶核。由于固体分散物在其玻璃态黏度极高，高分子聚合物扩散出无定型态药物区域极慢，体系内药物晶体的成核和生长都受此速率限制，因此体系的物理稳定性较高。但伴随体系温度升高，药物 - 高分子聚合物体系的黏度迅速降低，聚合物的扩散速率增加，此时相分离容易发生且会促进结晶。

根据高分子溶液晶格的 Flory-Huggins 理论，高分子 - 聚合物二元体系可以构建相应的相图。此时，药物分子所占的体积被认为是其单元晶格体积，药物和聚合物的混合自由能变化可表示为：

$$\frac{\Delta G}{KT} = \phi \ln\phi + \frac{(1-\phi)}{m}\ln(1-\phi) + \chi\phi(1-\phi)$$ 式(2-55)

式(2-55)中，K 为玻尔兹曼常数；ϕ 为固体分散物中药物的体积分数；m 为聚合物和药物的分子体积比；χ 为 Flory-Huggins 理论中的相互作用参数。根据 Flory-Huggins 理论，χ 只和温度有关，但最新研究表明，该值同样与药物所占的体积比密切相关。

根据 Flory-Huggins 理论中相互作用参数和温度的相关性，有研究结合固体分散物的熔点降低数据构建新的相图，其中包含药物的溶解度曲线和无定型相分离曲线。如式(2-56)所示：

$$\frac{\Delta H_{m_0}}{R}\left(\frac{1}{T_{m_0}} - \frac{1}{T_m}\right) = \ln\phi + \left(1 - \frac{1}{m}\right)(1-\phi) + \chi T_m(1-\phi)^2$$ 式(2-56)

式(2-56)中，ΔH_{m_0} 为纯药物晶体的熔化焓；T_{m_0} 为纯药物晶体的熔点；T_m 特指在药物体积比为 ϕ 时所测量的获得的晶态药物的熔点，R 是气体常数值，m 为聚合物与药物的分子体积比。此时选择的 χ 通常为常数。该公式可以用于预测在较低温度(如贮存温度)下药物的溶解度。

(二) 分子运动

研究无定型态药物的物理稳定性对于其制剂的开发而言极为重要。早期研究者重点关注无定型态药物制剂体系的热力学性质，如构象熵、构象焓以及构象吉布斯自由能等。在很多体系中构象熵可与无定型态药物的结晶建立相关性，并用于有效预测体系的物理稳定性。近年来，除了宏观的热力学性质外，更多的研究开始关注分子运动这一从本质上影响无定型态药物的物理稳定性的因素。分子运动性研究可为阐明无定型态药物的结晶机制、快速评价和早期预测无定型态药物的物理稳定性提供理论依据。

目前已有多种方法被报道可用于研究无定型态物质的分子运动，具体包括固态核磁共振法、宽频介电弛豫谱法、温度调制式差示扫描量热法、热激励去极化电流法、准弹性中子散射法、正电子湮没寿命谱法、光散射法以及力学波谱法等，其中，宽频介电弛豫谱(简称介电谱)应用最广泛。宽频介电弛豫谱可在极宽的频率、温度和压力范围内获取并研究无定型态药物的多种分子运动所对应的弛豫时间，对于整体和局部的分子运动行为均有极高的分辨率。介电谱技术会在后面的章节中详细阐述，此处主要简述介电谱技术获取的分子运动与药物结晶的内在联系。

有研究表明,体系中代表整体分子运动性的 α- 弛豫(初级弛豫)都是物理稳定性最主要的影响因素。例如无定型态药物灰黄霉素、硝苯地平的 α- 弛豫时间可与体系在过冷态的结晶行为建立极好的相关性,该结论可外推至其玻璃态。对于高分子聚合物 - 药物二元体系而言,掺杂的高分子聚合物会显著影响无定型态药物的 α- 弛豫时间,且固体分散物中的无定型态药物的 α- 弛豫时间延长也与添加的高分子聚合物浓度呈线性相关。此外,药物与聚合物体系发生的相互作用的强弱也可直观反映在 α- 弛豫时间的改变上。有学者研究聚维酮(polyvinyl pyrrolidone,PVP)、聚甲基丙烯酸羟乙酯(polyhydroxy-ethylmethacrylate,PHEMA)以及聚丙烯酸[poly(acrylic acid),PAA]3 种高分子聚合物对无定型态酮康唑分子运动性和结晶行为的影响,无定型态酮康唑与 3 种高分子材料分别形成弱的偶极相互作用、氢键相互作用以及离子键相互作用,其中,酮康唑与 PAA 形成的离子键相互作用对其 α- 弛豫时间的影响最为明显,显著降低体系的分子运动性。

但需要指出的是,药物结晶过程实际上是一个复杂的过程,在特定的无定型态药物体系中,除了 α- 弛豫时间和次级弛豫外,也需要考虑更多的其他因素。有研究比较了 3 种 T_g 比较接近的无定型态抗炎药依托考昔、罗非昔布以及塞来昔布,介电谱研究发现三者的弛豫行为在过冷流体态和玻璃态中无明显差异,但对其物理稳定性的研究表明依托考昔要明显优于另外两个化合物。研究证实依托考昔分子会发生互变异构,该无定型态药物本质上是一种互变异构体的二元混合体系且这两种互变异构体之间会形成氢键相互作用,从而显著提高其物理稳定性。

五、无定型态药物的溶出及其影响因素

药物的无定型化技术可用于改善难溶性药物的溶解度和溶出速率。与晶态药物相比,无定型态药物本身具有较高的能量,且其排列长程无序,药物分子溶解时脱离其固相表面时所需的能量明显少于晶态药物,因此其溶解速率更快、体系最终的表观溶解度更高。能量和溶解度的关系式为 $G_a - G_c = RT\ln(S_a/S_c)$,$G_a$ 为无定型态药物的吉布斯自由能,G_c 为晶态药物的吉布斯自由能,S_a 为无定型态药物的溶解度,S_c 为晶态药物的溶解度。霍夫曼(Hoffman)公式可用于计算晶态药物和无定型态药物的吉布斯自由能的差异 $\Delta G_{a\to c}$:

$$\Delta G_{a\to c} = \frac{\Delta H_f(T_m - T)T}{(T_m)^2}$$ 式(2-57)

式(2-57)中,ΔH_f 为熔化焓;T_m 为熔点;T 为所研究的温度。

无定型态药物的溶解度 S_a 可以通过 Murdande 等提供的方式进行估算,如式(2-58)所示:

$$S_a = S_c \times \exp[-I(a_2)] \times \exp\left[\frac{\Delta G_c}{RT}\right]$$ 式(2-58)

式(2-58)中,S_c 为晶态药物的平衡溶解度;$\exp[-I(a_2)]$ 为水饱和的无定型态药物的活度,该项的具体数值是通过无定型态药物的等温水吸附实验结合吉布斯 - 杜安方程(Gibbs-Duhem equation)积分计算获得的。

(一) 无定型态药物的溶解度和过饱和

在探讨无定型态药物的溶出时,需要首先明确以下几个关键的概念:特性溶解度、表观溶解度、无定型溶解度、过饱和度。特性溶解度是指化合物不含任何杂质,在溶剂中不发生解离或缔合,也不发

生相互作用所形成的饱和溶液的浓度,是化合物的重要的理化参数之一,对新化合物的开发具有重要意义。实际研究提到的溶解度一般特指表观溶解度,是指经过一段时间后溶液中化合物的浓度,但此时体系是否达到真正的平衡态难以确证。无定型溶解度(amorphous solubility)特指药物以其无定型态存在于溶液中时所获得的溶解度,研究表明该溶解度与其对应的晶态药物的溶解度、无定型与晶态的吉布斯自由能的差值以及水饱和的无定型相的活度均密切相关。过饱和(supersaturation)特指溶液中存在的固态无定型态药物明显高于此时溶液所能溶解的最大药物含量,此时溶液中的药物和残存固态无定型态药物之间存在一种动态平衡,即固态药物表面药物溶解脱离的速率与溶液中药物沉积于固态药物表面的速率相同。无定型态药物的过饱和度在胃肠道中的有效维持可显著提高药物的吸收驱动力,从而提高难溶性药物的生物利用度。但无定型态药物的过饱和溶液是处在高能态,在一定的条件下无定型态药物会自发结晶,体系中的药物浓度会逐渐降低至其晶态药物所能达到的浓度水平。

(二)"弹簧-降落伞"理论与液-液相分离现象

无定型态药物在溶解过程中,通常由于其较高的溶解度和溶出速率,会迅速形成一个药物的过饱和溶液,随后无定型态药物在溶液中会发生结晶,进而药物浓度迅速降至药物晶态的溶解度,这一现象即为"弹簧"过程(图 2-38b)。但如果药物不发生结晶,或此时溶液中存在聚合物等抑制和减缓其结晶,溶液中的药物可以较长时间地维持过饱和,溶液浓度会维持平衡后缓慢下降,这一现象即为"降落伞"过程(图 2-38c)。无定型态药物溶出时饱和状态的维持有利于体内的药物吸收。无定型态药物固体分散物的溶出行为与药物本身的理化性质、高分子的种类和浓度等因素密切相关。

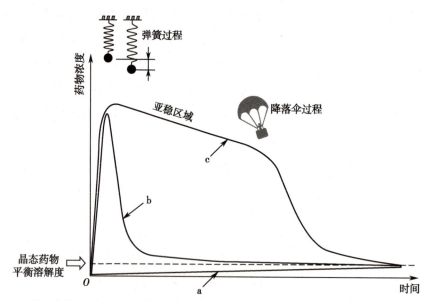

a. 晶态药物;b. 无定型态药物(弹簧过程);c. 无定型态药物(弹簧-降落伞过程)。

图 2-38　无定型态药物溶出中的弹簧-降落伞理论示意图

有研究表明,当药物浓度迅速达到较高的过饱和度且不发生结晶时,体系会形成一种液-液相分离现象,即部分无定型态药物依然以游离形式存在于溶液中,而另外一部分无定型态药物则自发聚集形成药物浓度较高的液滴相(图 2-39)。液-液相分离形成的无定型态药物富集相形成初期通常大小为100~500nm。由于这些无定型态药物富集的液滴也是热力学非稳态的,可生长或聚集为更大的尺寸以降低比表面积。部分高分子和表面活性剂可减慢或有效阻止这种药物富集液滴的聚集。此外,这些药物富集的液滴也可以成为异相成核的位点,从而诱发结晶。液 - 液相分离现象的出现和维持与多种因素有关,如药物的亲水性或疏水性、药物在溶液中的结晶趋势、结晶抑制剂的种类和含量等。液 - 液相分离通常可以通过紫外分光光度法、动态光散射技术或者加入荧光探针的手段来进行观测和研究。此外,研究表明液 - 液相分离形成的无定型态药物聚集体可在药物释放中充当"贮库"的角色。简单来说,当过饱和溶液体系中的药物通过扩散被吸收或发生结晶导致浓度下降时,由于过饱和溶液与无定型态药物液滴之间存在动态平衡,无定型态药物聚集相通过持续地释放药物保持溶液中药物的过饱和浓度,从而有助于维持药物在吸收过程中保持较高的膜转运速率。

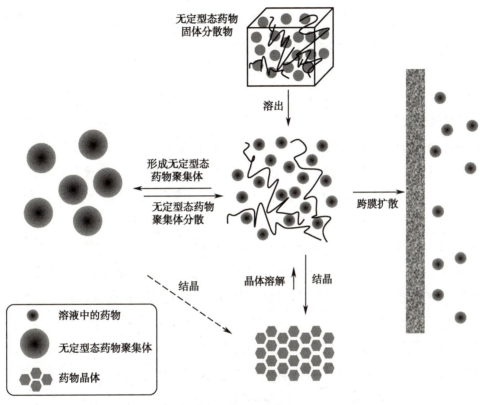

图 2-39　无定型态药物在溶液中发生液 - 液分离示意图

(三) 固体分散物的溶出及影响因素

固体分散物的溶出是一个受多种影响因素共同控制的过程。首先,固体分散物中药物本身的理化性质极为重要,不同药物的无定型态在溶液中的稳定性即存在显著性差异,如萘普生、卡马西平等药物在缓冲溶液中 5 分钟内其表面已经完全结晶,而布洛芬、吲哚美辛等药物在 1 小时内其表面依然有部分无定型态药物存在。高分子聚合物的选择对于固体分散物的溶出同样具有重要的影响。研究表明,有多种聚合物可有效抑制药物结晶并显著延长无定型态药物的过饱和状态,如羟丙甲基纤维素(hypromellose,HPMC)、醋酸羟丙甲基纤维素琥珀酸酯(Hydroxypropyl methylcellulose acetate succinate,HPMCAS)、聚维酮(PVP)、共聚维酮(PVPVA)等。通常认为该抑制作用与药物 - 聚合物分子间的相互作用密切相关,这种相互作用主要是指氢键或者疏水相互作用。在溶液中,无定型态药物的结晶同样分为成核和结晶生长两个步骤。聚合物通过与药物分子发生相互作用或者改变溶剂性质对这两个步骤均会产生影响;部分聚合物是抑制成核,而另外有部分高分子聚合物是通过吸附在已有结晶的表面来阻碍溶液中的结晶生长。聚合物本身的释放速率以及药物-聚合物混合均匀度均会影响无定型态固体分散物中的药物的释放,尤其是在体系的最初释放阶段。此外,高分子含量,高分子本身的性质包括亲脂性、刚性、构型、官能团,以及溶剂性质等同样是固体分散物的溶出行为的重要影响因素。

第四节   药物的固态表征技术和方法

根据药物分子的结构特征、排列情况和能量状态等特性,可以采用多种技术手段对其进行鉴定分析,包括显微技术、X射线衍射技术、热分析技术、振动光谱术以及固态核磁共振技术等。各种技术手段往往被联合应用来表征药物的结构和状态。

一、显微技术

(一) 偏光显微镜技术

光学显微分析利用可见光观察物体的表面形貌和内部结构,可以反映晶体的宏观形态特点以及光学特性。偏光显微镜(polarized-light microscope,PLM)是在普通的光学显微镜上增加一个或者多个偏光镜,它能用于区分结构上各向同性和各向异性的样品。偏光显微镜是分析晶态、无定型态药物常用的技术手段。晶态药物结构上各向异性,具有双折射的特性,即在偏光显微镜的起偏镜和检偏镜的正交作用下,会发生明暗交替的现象;而无定型态药物结构各向同性,无双折射的特性,在偏光显微镜下与晶态物质具有明显的差异。图2-40显示的为偏光显微镜仪器示意图以及灰黄霉素的不同晶型在偏光显微镜下的形貌,同时通过偏光显微镜的相位差板,可以让显微图片呈现背景颜色(黑色或者紫色)。

偏光显微镜还可以与冷热台联用,观测晶态药物在不同温度下熔化、分解、重结晶等过程的动态变化。例如晶态药物在去溶剂化时,尤其是溶剂化物,在受热时释放溶剂,晶体结构和形态都会发生变化,而该变化可以被偏光显微镜与热台联用技术实时检测。偏光显微镜与热台联用技术在研究重结晶和评价固体分散物制备工艺和物理稳定性方法方面也发挥着重要的作用。如图2-40所示,采用熔融冷却方法制备无定型态灰黄霉素,晶体在偏光显微镜下显示明亮的双折射现象,而无定型态无双折射现象。偏光显微镜联用热台,可以用于观察晶体在不同温度下生长呈现的形貌,同时还可研究晶体生长的结晶动力学。

(二) 扫描电子显微镜技术

扫描电子显微镜(scanning electron microscope,SEM)的分辨率可以达到纳米级,可对样品的微观形貌进行观察和分辨,提高观测的效率。扫描电子显微镜通过发射高能电子束,接收高能电子束与样品物质相互作用产生的二次电子等信号,从而获得样品表面放大的形貌信息。扫描电子显微镜在学术界和制药工业界都有非常广泛的应用,它可以表征固体药物的微观形貌,在研究微观形貌变化对固体药物理化性能的影响等方面发挥了重要的作用;同时,扫描电子显微镜在表征固体药物的粒径、颗粒表面的粗糙程度方面有广泛的应用,为固体药物制剂的工艺参数设计提供参考。

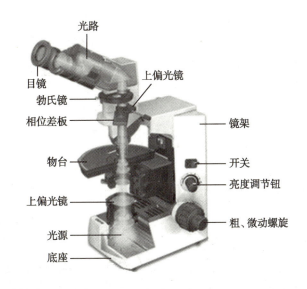

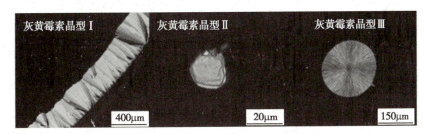

图 2-40　偏光显微镜仪器示意图以及灰黄霉素的
不同晶型在偏光显微镜下的形貌

　　不同的药物晶体通常具有不同的微观形貌,而扫描电子显微镜是最常用的表征手段之一,例如,图 2-41 显示对乙酰氨基酚的两种不同的晶型,即晶型 Ⅰ 和晶型 Ⅱ 的微观形貌。通过扫描电子显微镜对微观形貌的表征,可以清晰地分辨不同药物晶型微观形貌的差异。

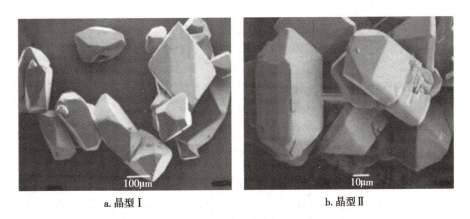

图 2-41　对乙酰氨基酚的 SEM 图片

(三) 其他显微技术

　　近年来,原子力显微镜(atomic force microscope,AFM)和扫描隧道显微镜(scanning tunnel microscope,STM)等技术也被用于研究药物的固态形式。原子力显微镜是利用纳米级的探针以及微米级弹性悬臂技术反映原子、分子间的相互作用力变化,观察物体表面微观形貌的实验技术。根据扫描样品时探针的偏离量或振动频率重建三维图像,就能间接获得样品表面的形貌或原子成分。扫描隧道显微镜的基本原理是利用量子隧道效应直接观察物体表面上的单个原子以及排列状态,并能够研究其相应的物理和化学特性。理论上,利用扫描隧道显微镜可以直接观测晶体的晶格和原子结构、晶面分子原子排列、晶面缺陷等,因此,该法用于多晶型研究具有广阔的应用前景。

二、X 射线衍射技术

X 射线衍射(X-ray diffraction)技术是目前国际公认的对晶态物质定性与定量以及确定无定型态最常用的分析技术。X 射线衍射技术分为单晶 X 射线衍射(single-crystal X-ray diffraction)技术和 X 射线粉末衍射技术,其中单晶 X 射线衍射技术主要用来分析单晶,确定晶体物质的立体结构信息,而 X 射线粉末衍射技术则以粉状物质(晶态或者无定型态)作为研究对象。所有 X 射线衍射技术的理论基础为布拉格(Bragg)方程。当波长为 λ 的 X 射线射到一族平面点阵时,每一个平面点阵都对 X 射线产生散射,如图 2-42 所示。先考虑任一平面点阵 1 对 X 射线的散射作用:X 射线射到同一点阵平面的点阵点上,如果入射的 X 射线与点阵平面的交角为 θ,而散射线在相当于平面镜反射方向上的交角也为 θ,则射到相邻两个点阵点上的入射线和散射线所经过的光程相等,即 $PP'=QQ'=RR'$。根据光干涉原理,它们相互加强,并且入射线、散射线和点阵平面的法线在同一平面上。

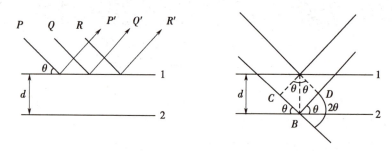

图 2-42 晶体的 Bragg 衍射

再考虑整个平面点阵族对 X 射线的作用:相邻两个平面点阵间的间距为 d,射到面 1 和面 2 上的 X 射线的光程差为 $CB+BD$,而 $CB=BD=d\sin\theta$,即相邻两个点阵平面上的光程差为 $2d\sin\theta$。根据衍射条件,光程差必须是波长 λ 的整数倍才能产生衍射,因此得到 X 射线衍射的 Bragg 方程:$2d\sin\theta=n\lambda$(其中 d 为晶面间距,θ 为衍射角或者 Bragg 角,n 为衍射级数,λ 为入射光的波长)。

单晶 X 射线衍射是测定晶体结构最有效的方法之一。当测定单晶数据时,使用一束窄 X 射线通过样品,X 射线的波长与晶格中分子的间距相似,因此样品就起到类似于衍射光栅的作用。当角度满足 Bragg 方程时,则产生衍射,所获得的数据为二维斑点模式,该模式与晶格面有关。从该数据中可以获得单位晶胞中原子的三维排列。单晶数据能提供样品的分子构象、分子排列、氢键网、通道的存在以及溶剂位置等信息。该方法是确定多晶型最可靠的方法之一。X 射线单晶衍射需要晶体的尺寸和质量满足一定的要求,以供 X 射线衍射和结构测定与优化。

X 射线粉末衍射是分析结晶固体多晶型的一种常用方法,原理和单晶 X 射线衍射相同,不同之处在于 X 射线粉末衍射的材料为粉末,衍射信号是许多晶面取向随机的微小晶体的总和。图 2-43 显示 X 射线粉末衍射的原理和仪器。

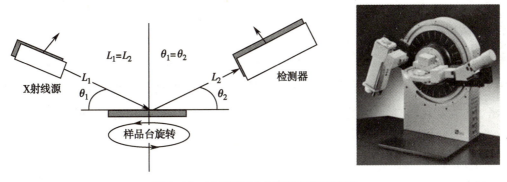

图 2-43　X 射线粉末衍射的原理和仪器

　　X 射线粉末衍射所得的图谱并非二维图谱,而是一系列不同强度的衍射环。通过衍射环强度对 2θ 作图,即获得通常所见的 X 射线粉末衍射图谱。例如图 2-44 显示的即为 X 射线粉末衍射图谱,从图中可以看出不同晶型的衍射峰位置和强度不同,实际工作中可以采用该方法对原料药或者制剂中的晶型进行鉴别。X 射线粉末衍射被认为是鉴定药物晶型的"金标准",它对药物晶体结构的细微变化非常敏感。

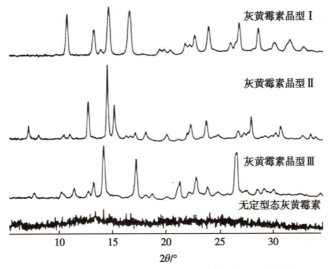

图 2-44　灰黄霉素不同晶型的 X 射线粉末衍射图谱

　　晶态药物结构上长程有序,当 X 射线入射到粉末样品上,衍射角满足 Bragg 方程时产生衍射,衍射图谱上显示为尖锐的衍射峰;而无定型态药物结构上长程无序,X 射线粉末衍射结果显示为弥散的衍射峰,如图 2-44 所示,与晶态药物尖锐的衍射峰有显著区别,因此 X 射线衍射也是区分药物晶态和无定型态最常用的技术手段。不同固态形式的 X 射线衍射图谱的差异如图 2-45 所示。

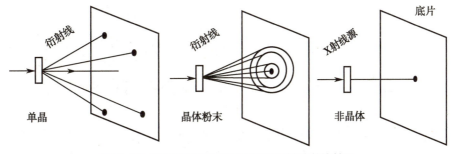

图 2-45　不同固态形式的 X 射线衍射图谱的差异

三、热分析技术

热分析(thermal analysis,TA)技术是在程序控温的条件下检测物质的理化性质随温度变化的一种分析方法,可以研究物质随温度变化过程中发生的结晶、熔融、玻璃化转变、晶型转变、升华、吸附等物理变化和脱水、分解、氧化还原等化学变化过程。热分析技术包括差示扫描量热法、恒温微量热分析法、热重分析法等。

(一)差示扫描量热法

差示扫描量热法(differential scanning calorimetry,DSC)是热分析技术中最为常用的分析手段,可用于表征结晶、熔融、玻璃化转变、晶型转变等相变过程,采用程序控制改变温度,同步测量样品与惰性参比物(常用 $\alpha\text{-Al}_2\text{O}_3$)之间的功率差,即热量差。差示扫描量热仪记录到的热量差与温度或者时间关系的曲线即为 DSC 曲线。DSC 在晶型研究中应用非常广泛,可根据样品的熔融、分解、结晶、热焓等信息区别药物的不同晶型,判断晶型之间的转变,分析是否存在混晶等。

晶态药物因为具有晶格能,在升温过程中会发生吸热熔化,在 DSC 曲线中表现为吸热峰;而无定型态药物在 DSC 曲线中显示具有玻璃化转变的台阶。图 2-46 显示了无定型态药物磺胺吡啶的 DSC 曲线,从图中可以看出,在升温的过程中,首先出现台阶式热变化,为玻璃化转变,无定型态药物从玻璃态向过冷态发生转变;然后出现一个明显的放热峰,为无定型态药物的结晶过程,无定型态比晶态具有更高的能量,因此结晶是一个放热过程;随后出现晶型转变的信号,在升温的过程中,亚稳态晶型可能会转变或者部分转变为能量低的晶型(转晶,具体原理见本章第一节);线上有两种不同晶型的熔化峰(熔融),从图中可以看出两种不同的晶型具有不同的熔点,因此 DSC 也常用于区分不同的药物晶型。DSC 也可以用来鉴别药物是否处于无定型态,同时也可用于对残存的晶态药物进行定量分析。与晶态药物相比,无定型态药物的一个重要的热力学差别是具有玻璃化转变温度。无定型态药物在玻璃化转变温度以下为玻璃态,而到玻璃化转变温度以上则为液体状的橡胶态。差示扫描量热法可以通过热焓或者热容变化测定无定型态的玻璃化转变温度。

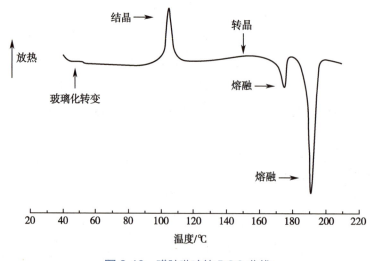

图 2-46   磺胺吡啶的 DSC 曲线

传统的差示扫描量热法在测定无定型态药物的玻璃化转变温度时,会遇到热熔或者热容变化很小的样品,此时则会采用温度调制式差示扫描量热法(temperature-modulated DSC,MDSC)。MDSC 通过施加正弦升温速率,将总热流分离成与热容成分相关的可逆热流和与动力学成分相关的不可逆热流。通常,玻璃化转变和熔融等过程出现在可逆曲线上,去溶剂化、结晶和降解过程等往往出现在不可逆的曲线上。式(2-59)为 MDSC 中热量随时间和温度的表达关系,dH/dt 表示总热流量,C_p 表示总热流量的热容成分,dT/dt 表示升温速率,$C_p·dT/dt$ 表示总热量的可逆热流成分,$f(T,t)$ 表示总热流量的动力学成分。MDSC 消除了动力学过程(熔松弛和水分挥发),所以可逆信号会更容易分析无定型态的玻璃化转变温度。相较于传统的 DSC,MDSC 可有助于归属样品在升温过程中吸、放热,实现高灵敏度和高分辨率相结合。

$$\frac{dH}{dt}=C_p\frac{dT}{dt}+f(T,t)$$　　　　　式(2-59)

(二) 热重分析法

热重分析过程中,将特定的样品放入样品盘中以特定的速度进行加热,并记录样品的质量随温度或者时间的变化情况。该技术主要用于测定溶剂的损失或者降解反应。热重分析法(thermogravimetric analysis,TGA)常与 DSC 共同使用,比较熔变和质量变化,进而对样品的理化特性进行分析,适用于在加热过程中试样有去溶剂化(脱水)、升华、蒸发、分解等量的变化。TGA 的定量性能强,能准确地测量物质的质量变化及变化的速率,适用于检查晶体中含结晶水或结晶溶剂的情况,从而可快速区分无水晶型与假多晶型。热重分析法所需的样品量少、方法简便、灵敏度高、重现性好,在药物多晶型分析中较为常用。图2-47显示了泮托拉唑钠的一水合物和倍半水合物的热重分析图谱,在热重分析过程中水分受热蒸发,样品的质量下降,图中的 a 曲线为一水合物、b 曲线为倍半水合物,可以看出 b 曲线在加热过程中的失重要大于 a 曲线,通过失重百分比可以计算出药物分子和水分子的比例。

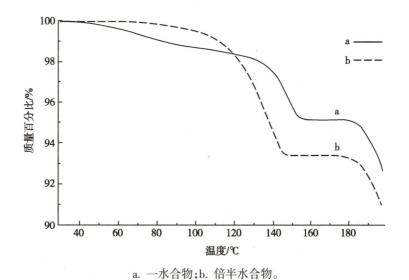

a. 一水合物;b. 倍半水合物。

图2-47　泮托拉唑钠的热重分析图谱

四、振动光谱技术

分子在振动跃迁过程中会伴随有转动能级的变化,产生光谱,通过分子振动光谱信息表征分子结构和分子状态的技术手段称为振动光谱术(vibrational spectroscopy)。振动光谱术在制药工业中广泛应用,除了作为晶态和无定型态确证的辅助手段外,同时还可以用于工业在线分析和质量控制。常用的振动光谱包括红外光谱(infrared spectrum,IR)和拉曼光谱(Raman spectrum)。

(一) 红外光谱

红外光谱是根据分子内部原子之间的相对振动和分子转动等信息确定物质分子结构和鉴别化合物的方法。根据波长不同,通常将红外光谱分为 3 个区域:近红外区,波长为 $0.78\sim<2.5\mu m$($12\,800\sim<4\,000cm^{-1}$);中红外区,波长为 $2.5\sim<50\mu m$($4\,000\sim<200cm^{-1}$);远红外区,波长为 $50\sim1\,000\mu m$($200\sim<1cm^{-1}$)。一般来说,近红外光谱是由分子的倍频、合频产生的;中红外光谱属于分子的基频振动光谱;远红外光谱则属于分子的转动光谱和某些基团的振动光谱。一般所说的红外光谱是指中红外光谱,因为此区域为研究和应用最多的区域。不同的晶态药物以及无定型态药物之间的振动能量之间具有差别,可以通过红外光谱中的峰形变化、峰位偏移以及峰强度改变等来表征。红外光谱在药物制剂开发中具有重要作用,例如可用于表征药物和辅料之间的相互作用,进而筛选合适的制剂处方。

红外光谱仪按照其发展,大体经历了 3 个阶段。第一代仪器是用棱镜作为单色器,第二代使用光栅作为单色器,两者都称为色散型光谱仪。随着计算机技术的发展,20 世纪 70 年代开始出现第三代光干涉型红外光谱仪,即傅里叶变换红外光谱仪(Fourier transform infrared spectrometer,FTIR)。由于测定快速灵敏、具有多种智能处理能力,FTIR 目前得到了普遍应用。

傅里叶变换红外光谱仪的基本结构如图 2-48 所示,其核心部件是迈克耳孙干涉仪(Michelson interferometer)。迈克耳孙干涉仪主要由定镜 M1、动镜 M2、光束分离器 BS 以及检测器 D 组成。在 M1 和 M2 间放置呈 45° 角的半透膜光束分离器 BS,BS 可使 50% 的入射光透过,其余 50% 反射。当由光源 R 发射出的光进入干涉仪后,被分裂为投射光和反射光。这两束光分别被动镜和定镜反射,两束光会合

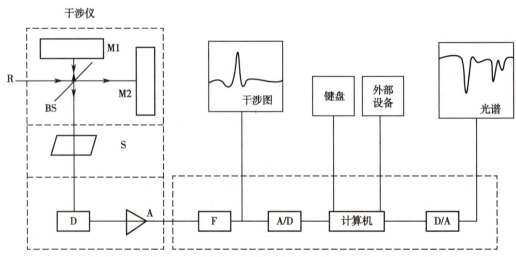

R:红外光源;M1:定镜;M2:动镜;BS:光束分离器;S:样品;D:检测器;A:放大器;
F:滤光器;A/D:模 - 数转换器;D/A:数 - 模转换器。

图 2-48 傅里叶变换红外光谱仪 (FTIR) 示意图

时,由于动镜的位置不同以及光程差异,产生干涉光束从干涉仪中输出。干涉光束进入样品区,光束中与样品特征相关波长的干涉光被选择性地吸收,最终在检测器上产生包含了样品红外吸收波长和强度特征的干涉信号。

红外光谱检测可以与热重法(thermogravimetry)联用(TG-IR),可对升温过程中的挥发性物质进行鉴定,特别是有助于直接分析溶剂化物的组成。2000年后发展的纳米红外光谱(AFM-IR)技术结合了红外光谱与原子力显微镜(AFM)的优势,可以获得高的空间分辨率,同时能进行微区定性分析,为研究制剂在不同因素影响下的微观状态变化提供了帮助。

(二)拉曼光谱

拉曼光谱得名于印度科学家 Raman,他发现当单色光作用于样品时会产生散射光,在散射光中,除了与入射光有相同频率的瑞利散射光外,还发现强度很弱(约为瑞利散射光的百万分之一)、对称地分布在瑞利散射光两侧的散射光,后来称为拉曼散射光。

拉曼光谱属于散射光谱,拉曼单色入射光与被测试分子发生相互作用时会出现弹性碰撞和非弹性碰撞两种情况。其中,弹性碰撞没有发生能量转换,光子只改变运动方向而不改变频率,此种散射过程称为瑞利散射;而非弹性碰撞发生能量交换,光子频率发生改变,这种散射过程称为拉曼散射。如图 2-49 所示,图中的 ν_0 表示入射光频率,ν_{vib} 表示化学键振动频率。大部分散射光是由入射光和样品分子之间弹性碰撞形成的,在弹性碰撞过程中,光子与样品分子之间不发生能量交换,光子仅仅改变其运动方向,散射光的频率(ν)等于入射光频率(ν_0),也即散射光能量($h\nu$)等于入射光能量($h\nu_0$),弹性碰撞产生的散射光称为瑞利散射。极少部分散射光是由非弹性碰撞产生的,其散射光频率 ν 不等于入射光频率,而为 $\nu=\nu_0 \pm \nu_{vib}$,在非弹性碰撞过程中,光子与分子之间发生能量交换,当样品分子处于分子振动基态($E_{\nu=0}$)时,入射光的一部分能量传递给样品分子,分子由振动基态($E_{\nu=0}$)跃迁到振动激发态($E_{\nu=1}$),导致散射光频率小于入射光频率,即 $\nu=\nu_0-\nu_{vib}$,该谱线称为斯托克斯线;当样品分子处于分子振动激发态($E_{\nu=1}$)时,激发态样品分子一部分能量传递给入射光,激发态分子回到基态,导致散射光频率大于入射光频率,即 $\nu=\nu_0+\nu_{vib}$,该谱线称为反斯托克斯线。一般情况下,由于玻尔兹曼分布(Boltzmann distribution),处于振动基态上的粒子数远远大于处于振动激发态上的粒子数,也就是分子绝大部分处于振动基态,产生斯托克斯线的概率远远大于反斯托克斯线,因此,斯托克斯线的强度远远大于反斯托克斯线,拉曼光谱仪一般用来记录斯托克斯线的位移。

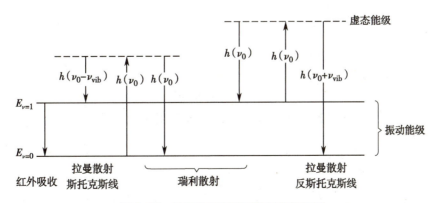

图 2-49　拉曼散射和瑞利散射的能级图

拉曼光谱仪一般由以下六个部分组成:单色光源;外光路,光色散单色器;样品池或者样品容器;光色散单色器;光子检测器,常为光电路倍增管和多通道检测器;进行仪器控制、数据收集、操作和分析的计算机。如图 2-50 所示。

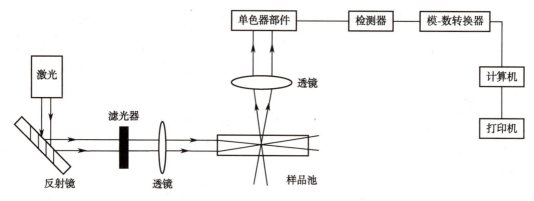

图 2-50 典型的拉曼光谱仪示意图

拉曼散射产生的光谱图的谱带数目、位移、强度和形状直接与分子振动和转动信息相关联,因此可以灵敏地分辨药物的不同晶型,同时也可以用于表征药物的无定型态。图 2-51 显示了吲哚美辛不同晶型的拉曼光谱图比较,从图中可以看出吲哚美辛 3 种不同晶型的拉曼光谱图具有不同的峰位置和峰形。由于拉曼光谱用于表征药物的固体形态具有特异性高、检测速度快、灵敏和无须制样等优势,因此其应用逐渐广泛。

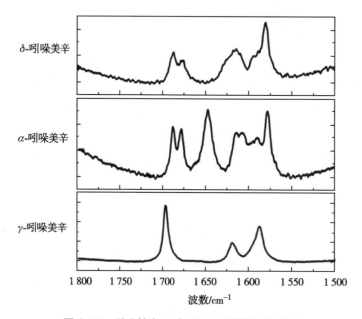

图 2-51 吲哚美辛 3 种不同晶型的拉曼光谱图

五、固态核磁共振技术

固态核磁共振(solid-state nuclear magnetic resonance,ssNMR)是研究固态药物的新方法,通过施加外磁场,分子中的原子会产生不同的响应,据此可以表征分子中原子所处的化学环境存在的细微差异。

该技术不会破坏样品,不具有侵入性,并且具有定量能力和选择性,能够研究固体内部结构的动态变化。傅里叶变换核磁共振的基本原理是采用宽射频脉冲激发原子核,然后接收所得到的信号(称为自由衰减)。该信号属于时域,因此需要傅里叶变换将数据转换为频域。由于溶液中的分子会发生快速翻转,溶液中的 NMR 数据反映的是分子的平均构象。在小分子结晶固体和小分子无定型固体的 ssNMR 中,分子处于固定构象,分子翻转运动缺乏,导致 ^{1}H-NMR 的图谱峰通常过宽,难以提供有效的化学位移信息。因此,ssNMR 更常用其他原子核,如 ^{13}C、^{15}N 和 ^{19}F。为了获得这些原子核的高分辨率 ssNMR 图谱,样品必须与静态磁场呈 54.7° 高速旋转。这个角度称为魔角,能够有效地使固体中化学位移的取向依赖性平均化。该技术称为魔角旋转技术。丰度较低的原子核(如 ^{13}C)和丰度较高的原子核之间的强偶合作用使丰度较低的原子核出现宽峰,除非同时对天然丰度较高的原子核(如 ^{1}H)高倍去偶。去偶过程和液态核磁共振大致相同,只是由于偶合强度更大,需要更高的频率。最后,通常使用交叉极化技术,即丰度较低的原子核,可利用它们与丰度较高的原子核的交叉极化作用,提高检测灵敏度。交叉极化的优点在于使信号增强,^{1}H-^{13}C 交叉极化后信号可增强 4 倍,且由于 ^{1}H 核的弛豫时间一般比 ^{13}C 短,每单位时间可以采集到更多的信号。固态核磁共振测试样品的分子快速运动受到限制,化学位移和各向异性等作用使谱线变宽,因此固态核磁共振的分辨率要低于液态核磁共振。但是,近年来通过高功率的偶极去偶、魔角旋转以及交叉极化等技术,能获得更高分辨率的固态核磁共振图谱。以克霉唑和共聚维酮为例,采用热熔挤出的方式制备固体分散物。采用 ^{13}C- 固态核磁共振技术可发现克霉唑晶态和无定型态的 ^{13}C-NMP 图谱有显著性差异,如图 2-52 所示。据此可以判定在 140℃ 条件下,螺杆转速为 100r/min 时制备的固

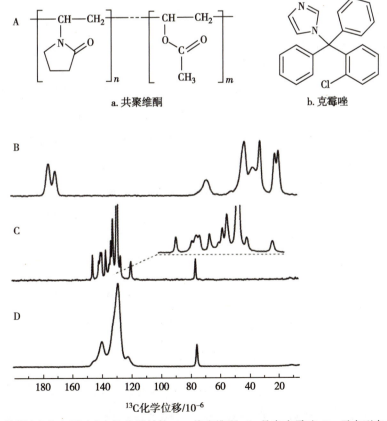

A. 共聚维酮(a)和克霉唑(b)的化学结构;B. 共聚维酮;C. 晶态克霉唑;D. 无定型态克霉唑。

图 2-52 共聚维酮和克霉唑的化学结构及二者的 ^{13}C- 固态核磁共振图谱

体分散物中克霉唑都为无定型态。固态核磁共振技术作为无定型态药物的表征技术得到越来越多的关注,但仍存在仪器使用成本较高且测定时间较长等局限性。

六、水分吸附法

不同药物或者药物的不同晶型对水分具有不同的吸附能力,同时药物对水分的吸附和解吸附是了解药物稳定性的关键。可吸附水的量是水活度的函数,水活度为一定温度下水蒸气压除以纯水蒸气压。相对湿度的定义为水活度乘以 100%。温度和湿度是测定药物吸附和解吸附过程中的含水量的两个最重要的因素。

有两种方法监测水吸附和解吸附性质。一种是将样品放置于不同相对湿度的容器中,容器中通过不同的饱和盐溶液维持特定的相对湿度,然后样品在一定的温度下达到平衡,最终采用重量分析仪或者水分分析仪测定水分含量。该方法装置简单、成本较低,但是测定时需要多次取样确定是否平衡,同时每个相对湿度下的每个样品都需要进行至少一次分析。

另外一种方法就是直接采用商品化的动态水蒸气吸附仪,能够自动监测样品重量随着相对湿度所发生的变化。动态水蒸气吸附仪具有一个控制温度和湿度的内腔,样品放入其中,通过微量天平测定重量。当重量不再改变时,样品达到平衡。动态水蒸气吸附仪可以实现对重量随着温度和相对湿度的变化进行自动化测量,在不同的温度和相对湿度条件下获得几十个至几百个数据点。

动态水蒸气吸附技术能够提供关于样品物理状态的信息,包括不同晶型的引湿性、水合物的稳定性等(参见第二章第二节相关内容)。例如,茶碱无水物在湿度升高的过程中会转变为茶碱水合物,表现为吸湿增重;而茶碱水合物在湿度降低的过程中会失水减重,重新转变为茶碱无水物。

七、介电弛豫法

通常由于外部摄动(扰动)偏离平衡的体系因内部运动回到新的平衡状态的现象称为弛豫。介电谱反映的是物质或者体系的介电常数随电场频率的变化,本质上是物质与电磁波相互作用的结果。因为介电谱讨论的是体系在时间变化外电场刺激下的滞后响应,故也称为介电弛豫谱(dielectric relaxation spectrum,DRS)。介电弛豫主要研究固态物质中的分子运动性。通过对样品施加外加的交变电场,极性分子将随电场作交变的取向运动,当取消外电场时,介质分子将恢复到平均偶极矩为 0 的紊乱取向状态,该过程称为介电弛豫。弛豫时间和物质体系本身的理化性质、物理状态以及空间结构有关。无定型态药物相较于晶态药物,具有更高的溶解度和溶出速率,利用介电谱方法研究无定型态药物玻璃化转变或者结晶过程的弛豫行为得到了越来越多的关注。

为了获取弛豫过程中的分子运动的弛豫时间,可以通过 Havriliak-Negami(HN)方程进行不同温度下的介电谱拟合。

$$\varepsilon^{*}=\varepsilon_{\infty}+\frac{\varepsilon_{s}-\varepsilon_{\infty}}{(1+iw\tau)^{(1-\alpha)\beta}} \qquad 式(2\text{-}60)$$

式(2-60)中,ε^{*} 为复合介电常数,ε_{∞} 为介质介电常数的高频极限,ε_{s} 为静电场的介电常数;i 为单位虚数,w 为交变电压的角频率,β 与损耗峰对称性相关,τ 为与温度相关的松弛时间,α 为与损耗峰宽度相关的参数。而具体的结构弛豫时间通过 HN 方程中获得的参数和以式(2-61)计算获得:

$$\tau_\alpha = \tau_{max} = \tau \left[\sin\left(\frac{\pi\alpha}{2+2\beta}\right) \right]^{-1/\alpha} \left[\sin\left(\frac{\pi\alpha\beta}{2+2\beta}\right) \right]^{1/\alpha} \qquad 式(2\text{-}61)$$

过冷液体中的结构弛豫时间的温度依赖性通常都会用 Vogel-Fulcher-Tammann(VFT)方程来描述。

$$\tau = \tau_0 \exp\left[\frac{DT_0}{(T-T_0)} \right] \qquad 式(2\text{-}62)$$

式(2-62)中,τ 为平均结构弛豫时间,τ_0 为非限制材料的弛豫时间(10^{-14}s,准晶格振动周期),T 为温度,T_0 为运动性为 0 时的温度,D 为脆度的强度参数。

在玻璃态中,结构弛豫时间极为漫长,通过介电谱实验直接测量非常困难。一个比较常用的方法是通过 Adam-Gibbs-Vogel(AGV)方程来预测在玻璃态的结构弛豫时间。

$$\tau = \tau_0 \exp\left[\frac{DT_0}{T\left(1-\frac{T_0}{T_f}\right)} \right] \qquad 式(2\text{-}63)$$

式(2-63)中,D、T_0、τ_0 等参数都源于 VFT 方程;T_f 代表虚构温度,是指在该温度时玻璃态的结构熵为稳态的值。该温度可以通过向玻璃态外推过冷液体的熵,使其与玻璃态的熵相交。该温度的变化范围可以从玻璃化转变温度一直延伸到 Kauzmann 温度 T_K(热力学理想化的玻璃化转变温度)。在玻璃态中,也需要关注代表无定型态药物分子局部运动行为的次级弛豫,同样通过 HN 方程获得其弛豫时间。对于无定型态药物分子次级弛豫来说,其弛豫过程符合阿伦尼乌斯温度依赖性:

$$\tau = A\exp\left(\frac{\Delta E}{RT}\right) \qquad 式(2\text{-}64)$$

式(2-64)中,τ 为平均结构弛豫时间,A 为指前因子,R 为气体常数,ΔE 为次级弛豫活化能,T 为温度。

通过对无定型态药物分子的介电弛豫时间的测定,可以用于表征无定型态药物的分子运动性。图2-53 显示了无定型态药物弛豫时间的温度依赖性。例如,固体分散物中的高分子聚合物会改变无定型态药物的物理稳定性。利用介电谱可表征无定型态药物的分子运动性在高分子聚合物影响下的变化,建立分子运动性和结晶速率之间的关系,快速评价和早期预测无定型态药物固体分散物的物理稳定性,为指导和开发质量稳定的无定型态药物固体分散物制剂提供理论依据。

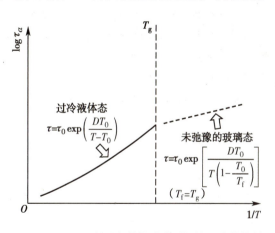

图 2-53 无定型态药物弛豫时间的温度依赖性

(蔡 挺)

参考文献

[1]平其能,屠锡德,张钧寿,等.药剂学.4 版.北京:人民卫生出版社,2013.

[2]邱怡虹,陈义生,张光中,等.固体口服制剂的研发:药学理论与实践.北京:化学工业出版社,2013.

［3］吕扬,杜冠华.晶型药物.2版.北京:人民卫生出版社,2019.

［4］施秦,蔡挺.无定形态药物结晶行为的研究进展.中国药科大学学报,2017,48(6):654-662.

［5］AGUIAR A J,KRC J JR,KINKEL A W,et al. Effect of polymorphism on the absorption of chloramphenicol from chloramphenicol palmitate. Journal of pharmaceutical sciences,1967,56(7):847-853.

［6］ANDERSGAARD H,FINHOLT P,GJERMUNDSEN R,et al. Rate studies on dissolution and enzymatic hydrolysis of chloramphenicol palmitate. Acta pharmaceutica Suecica,1974,11(3):239-248.

［7］JOEL B. Polymorphism in molecular crystals. New York:Oxford University Press,2002.

［8］BRITTAIN H G. Polymorphism in pharmaceutical solids. New York:Informa Healthcare USA,Inc.,2009.

［9］MURDANDE S B,PIKAL M J,SHANKER R M,et al. Solubility advantage of amorphous pharmaceuticals:I.A thermodynamic analysis. Journal of pharmaceutical sciences,2010,99(3):1254-1264.

［10］BYRN S R,ZOGRAFI G,CHEN X M. Solid-state properties of pharmaceutical materials. Hoboken:John Wiley & Sons,Inc.,2017.

［11］GOÈRBITZ C H,HERSLETH H P. On the inclusion of solvent molecules in the crystal structures of organic compounds. Acta Crystallographica Section B,2000,56(3):526-534.

［12］GRIESSER U J. Polymorphism in the pharmaceutical industry. Weinheim:WILEY-VCH Verlag GmbH & Co. KGaA,2006.

［13］ADEYEYE M C,BRITTAIN H G. Preformulation in solid dosage form development. New York:Informa Healthcare USA,Inc.,2008.

［14］AUTHELIN J R. Thermodynamics of non-stoichiometric pharmaceutical hydrates. International journal of pharmaceutics,2005,303(1-2):37-53.

［15］KRZYZANIAK J F,WILLIAMS G R,NI N,et al. Identification of phase boundaries in anhydrate/hydrate systems. Journal of Pharmaceutical Sciences,2007,96(5):1270-1281.

［16］NEWMAN A. Pharmaceutical amorphous solid dispersions. Hoboken:John Wiley & Sons,Inc.,2015.

［17］DAZZI A,PRAZERES R,ORTEGA J M,et al. Local infrared microspectroscopy with subwavelength spatial resolution with an atomic force microscope tip used as a photothermal sensor. Optics letters,2005,30(18):2388-2390.

［18］LIAN Y. Inferring thermodynamic stability relationship of polymorphs from melting data. Journal of pharmaceutical sciences,1995,84(8):966-974.

［19］DATTA S,GRANT D J W. Crystal structures of drugs:advances in determination,prediction and engineering. Nature reviews drug discovery,2004,3(1):42-57.

第三章　处方前研究

第一节　药物研发过程概述

研发新药的过程复杂、漫长,并且经济成本高。平均而言,新药从早期发现到能够上市需要大约 14 年,花费至少 30 亿美元。从第一次毒性研究开始,能获得上市许可的成功率约为 4.9%。化学、生产和质量控制(chemistry,manufacturing and control,CMC)贯穿于药物开发全生命周期的每个阶段,从而能够对活性分子进行临床前和临床阶段的评估。本章介绍了处方前研究的作用,它是 CMC 中关键的一项。处方前研究包括了一系列为了评估活性药物成分(active pharmaceutical ingredient,API)的物理化学性质而进行的研究,其结果用于指导后续给药途径设计。研究包括对 API 进行晶型筛选和表征,吸湿性评价,API 在不同 pH 缓冲液、生物相关介质及生产过程用到的溶剂中的溶解度测试,强制降解研究,化学和物理稳定性研究,API 与辅料相容性研究等。通过处方前研究得到的关于 API 的信息对于评估新化学实体是否有可开发性至关重要,并且为后续的开发过程中的处方设计和工艺选择奠定了基础。本章详细介绍了不同类型的处方前研究的目的以及用于进行各种实验的分析工具。虽然处方前研究在大分子生物治疗药物的开发中也起着重要的作用,但本章主要关注小分子化学药物。

不同治疗领域的药物开发进程不完全相同,但整个过程是类似的,包括早期研究、临床前研究、Ⅰ/Ⅱ/Ⅲ期临床研究、注册申请/审查及批准后试验。

(一) 第一阶段:靶点目标和验证(1~2 年)

该研究的早期阶段旨在了解生物学功能或机制的改变如何产生有治疗意义的效果。生物学家进行细胞、组织或动物水平的研究,以识别和验证可能受药物分子影响的靶点。此时通常不进行处方前研究,有时会开展非常有限的实验。目的是确保模型化合物具有适合的性质便于进行特定试验。

(二) 第二阶段:先导化合物发现和优化(1~10 年)

这一阶段研究涉及搜索会干扰已经被鉴定和验证的生物学靶点或与这样的靶点能发生相互作用的化学物质或其他治疗方案(例如疫苗、生物大分子)。这一阶段的目标是寻找具有成为药物的可能性的分子。这一阶段通常通过高通量筛选从数千种可能性中选择有希望的候选物,筛选中也会考虑未来使用的给药途径(口服、注射或吸入)。

除了对药效动力学(pharmacodynamics,PD)、药代动力学(pharmacokinetics,PK)和安全性进行考虑之外,还在此阶段考察药物分子的可开发性,以减少由后续制剂开发和体内表现的失败导致的整体项目失败的风险。可开发性评估分为不同类型,通常包括物理化学性质表征(油水分配情况(以 $logP/logD$ 表示)、溶解度、化学稳定性)和固态表征。它还包括在临床前动物模型中测试该分子评估其 PK 性质,这需要将药物制成合适的溶液或混悬液制剂以达到足够的生物利用度。例如,在先导化合物发现阶段,可用的 API(以 mg 计)和可用于实验的时间都有限,因此可开发性评估的重点是识别严重的开发缺陷,仅通过 $logP/logD$ 和溶解度筛选分子。在先导化合物优化阶段,增加化学稳定性和处方研究以进一步分析有潜力的分子。处方前研究是先导化合物优化过程的一个组成部分。从事处方前研究的科学家提供了有价值的反馈和建议,在不改变所需的药效、选择性、毒性特征的情况下,通过修饰分子的化学结构来改善分子的性质,如溶解度、亲脂性。

(三) 第三阶段:临床前开发候选药物选择(1~2 年)

这一阶段位于研究和开发之间。一种或多种先导化合物分子被合成出来,通过进行一系列体外和体内试验选择具有潜力进入下一开发阶段的分子。通常进行临床前动物研究,这些实验包括药代动力学、药效动力学研究,某些公司还进行初步剂量毒性研究以排除不合适的化合物。药效动力学描述药物对机体的作用,药效动力学研究旨在评估药物分子的药理学作用,并确定达到治疗效果的剂量范围。药代动力学描述机体对药物的处置,药物体内过程包括分子的吸收、分布、代谢和排泄(ADME)。药物的作用由在靶点存在的活性药物的量决定。动物各种属的 ADME 表征对预测药物是否能以合理的剂量和给药频率达到其治疗效果至关重要。

当前采用许多指标来筛选出适合进入下一阶段的化合物。除了体内活性的明显差异可用来确定选择哪种候选物外,还应考虑包括合成方面的其他制药因素。例如,化合物的物理化学性质和生物学特性,化学合成和生产放大的难易,原材料成本以及预期的临床和上市剂型的复杂程度也应该是决策过程的一部分。

一至几个先导化合物通常按数十克的比例放大生产以进行进一步的表征,包括 PK 研究、动物的初步毒性研究以及更广泛的开发性评估。处方前研究有助于选择进入临床前动物毒性研究的最终候选药物。小分子化合物通常可以以多种固体形式存在,包括结晶或无定型游离形式、结晶或无定型盐和共晶。结晶游离形式、结晶盐和共晶也可以以无水物、水合物或溶剂化物形式存在。不同的 API 的晶型可以表现出不同的溶解度和稳定性。在此阶段,通常进行手动或自动多晶型 / 盐 / 共晶筛选以鉴定晶型,以进一步表征其固态结构。进一步评估这些选中的化合物的物理稳定性、吸湿性、在不同 pH 介质中的溶解度、在生物相关介质中的溶解度、在溶液中和固态中的化学稳定性以及光稳定性。然后将先导化合物以选中的晶型制成溶液或混悬液制剂,并在临床前动物中给药以表征分子的生物学性质,并确保在剂量爬坡实验中可以实现充分暴露,从而为毒性研究提供所需的安全限度。用于毒性和临床制剂开发的化合物选择是一个严格的过程,需要交叉学科(涉及合成工艺、分析化学、处方前研究、生物药剂学等方面)专家的努力。在大多数情况下,这种选定的晶型也用于首次人体给药时的制剂开发,但如果稳定性有着显著的风险,会在生产前开发出一种更稳定的化合物晶型来支持临床研究。

以上研究完成后,会得到一组相当全面的数据,在此基础上决定进入下一步开发的化合物。在此阶段,基于分子的理化性质和生物学性质,预测用于首次人体临床研究的给药途径。例如,不溶性游离碱化合物可能需要制成无定型态固体分散物制剂以改善生物利用度,而能增强溶解度的盐的形式适用于粉末直接压片处方,其具有显著较低的开发复杂性和成本。

基于对时间、资源以及失败风险的考虑,对原料药和制剂的开发是分阶段进行的。处方前研究在临床前开发中的工作范围主要取决于专业知识、设备、原料药的可及性以及机构的偏好。一些机构会进行彻底的表征研究,而其他机构则倾向于尽可能快地将化合物推向临床研究阶段,因此在此阶段仅做所需的最少量的工作。两种方法都有优点和缺点,最终选取哪种方法取决于化合物分子的风险特征和临床研究的目的。

(四) 第四阶段:临床前毒性研究(1~2 年)

在候选药物进行人体试验之前,进行动物的毒理学研究以提供该分子安全性的初步评估,以确定进行临床研究是否安全。这些研究包括一般毒性研究、遗传毒性研究、生殖毒性研究、致癌性研究以及根据具体情况进行的其他毒性研究。国际人用药品注册技术协调会议(International Council for Harmonisation of Technical Requirements for Pharmaceuticals for Human Use,ICH)发布的 ICH M3(《支持药物进行临床试验和上市的非临床安全性研究指导原则》)对于如何开展非临床研究有指导建议。例如,需要对两个种属(其中一个为非啮齿动物)进行 2 周或更长时间的重复剂量毒性研究,以支持长达 2 周的临床试验;持续时间在 2 周至 6 个月的临床试验应该通过至少等效持续时间的重复剂量毒性研究来支持;周期超过 6 个月的临床试验需要 6 个月的啮齿动物研究和 9 个月的非啮齿动物研究来支持。

剂量相关毒理学研究的方案通常模拟预期的临床研究中的给药途径、治疗频率和持续时间。毒性研究的原则是:当达到最大耐受剂量(maximum tolerated dose,MTD)时,临床相关的效果可以得到充分证实。为了评估 MTD,须使得药物暴露水平远高于目标暴露水平(理想情况下高 50 倍)。

如果在候选化合物选择过程中尚未确定毒性试验中暴露量的要求,此阶段处方前研究的目标是开发能够满足毒性研究暴露要求的处方。化合物的晶型和给药载体对于毒性试验的配方都很重要。对于具有良好溶解度的化合物,水溶性载体通常足以达到所需的暴露水平。然而,对于难溶性化合物,通常需要加入可增溶的载体以达到目标暴露水平。Chaubal 对此有深入的阐述,Mansky 等开发了用于快速筛选可增强低溶解度化合物溶解性的临床前载体的方法。有时也可以利用半自动化和自动化溶解度筛选的方法为有显著制剂挑战的化合物找到合适的载体,例如 Hitchingham 和 Thomas 开发了一种半自动化系统来测定给药处方的稳定性。提高不溶性化合物的生物利用度的另一种方法是将结晶态化合物转化为其无定型态,并且在某些情况下可能需要将毒理研究的制剂配制成无定型态化合物的悬浮液。处方前研究的科学家通常对无定型态化合物固态的物理化学性质进行表征。

(五) 第五阶段: I 期临床研究(1~2 年)

I 期临床研究通常包括健康志愿者(一些肿瘤领域除外)的单次递增剂量(single ascending dose,SAD)和多次递增剂量(multiple ascending dose,MAD)研究。该研究有两个主要目标,首先是在短期的广泛的暴露范围内评估药物在人体内的安全性,其次是评估药物在人体内的药代动力学。一些 I 期临床研究还包括患者(I b 期)的药效动力学研究,以便及早了解该分子的功效。

首次人体(first-in-human,FIH) I 期临床研究的临床处方开发与动物毒性研究同时进行,以避免影响项目的进展。此阶段的处方前研究侧重于收集支持临床制剂开发所需的额外数据。虽然此时已有化合物属性数据包,但可能还需要进行其他研究。如有意或无意中发现化合物的新晶型,则需要评估这个新的化合物晶型。化合物晶型对制剂疗效的影响非常显著。例如,结晶盐或共晶的干法制粒制剂对于不溶性药物的生物利用度的提高也许与其无定型态固体分散物的效果一样。如果化合物具有物理或化学不稳定性风险,也可以进行辅料相容性研究。对于润湿性差的化合物粉末,处方前研究还可评估表面活性剂对改善润湿性的影响。如果需要液体制剂,需要确定化合物在合适的液体载体中的溶解度。此外,如果想通过无定型态制剂提高不溶性分子的生物利用度,则从事处方前研究的科学家通常还参与评估纯无定型态药物或无定型态固体分散物中间体的物理稳定性。如果选择喷雾干燥来制备无定型态固体分散物,则处方前研究还将包括在喷雾干燥溶剂中的溶解度研究。某些化合物晶型对剪切敏感,并且如果不能控制晶型转变程度一致,压片过程也会诱导晶型转变,这可能影响生物利用度。压片过程中压力对化合物物理稳定性的影响也属于处方前研究的范畴。处方前研究获得的信息可用于指导处方的组成、加工工艺和储存条件。

首次人体用制剂通常是一种符合目标的制剂(fit-for-purpose formulation,FPF),无须太多的工艺开发。它可以在临床试验基地临时进行制备,制备成简单溶液或混悬液;也可以在符合 GMP 的工厂制成胶囊或片剂。这一阶段的化合物和处方通常不是固定的,处方前研究并不止步于此。

(六) 第六、第七阶段:Ⅱ期和Ⅲ期临床研究(4~6 年)

Ⅱ期和Ⅲ期临床研究用于药物对入组患者的长期安全性和有效性进行评估。在Ⅱ期临床研究中,将接受药物治疗的患者与接受安慰剂或标准疗法的患者进行比较,以观察是否获得预期的疗效和副作用。在Ⅱ期临床研究评估不同剂量或潜在给药频率,目的是确定规模更大的Ⅲ期临床研究的最佳剂量和方案。Ⅲ期临床研究通常在全球多个试验中心招募数百至数千名患者,以获得有关药物安全性、有效性和总体收益 - 风险关系的统计学显著数据。由于Ⅲ期临床研究是药物开发过程的关键研究,因此需要在Ⅲ期临床研究之前确定制剂成分和工艺。

药物经过Ⅰb 期或Ⅱa 期临床研究概念性验证后,将开始上市制剂的开发。近年来,由于产品开发的提速和配方复杂性的增加,上市制剂的开发也相应提前,最终化合物晶型和处方的选择以及工艺规模放大要求将处方前研究嵌入制剂开发过程中。监测药物产品中化合物的物理稳定性是制剂开发的关键组成部分。生产过程、环境和不相容的辅料可能潜在地改变化合物晶型并导致药物产品的化学稳定性和生物利用度显著不同。虽然制剂产品的表征不被认为是处方前研究,但它通常由从事处方前研究的科学家完成,因为它利用类似的化合物的固态表征工具进行研究。Ⅲ期临床研究启动后的制剂开发通常涉及全面的工艺表征及上市申请准备,处方前研究在此阶段减少。当出现意外的物理或化学稳定性问题时,偶尔也会进行药物 / 辅料相容性机制研究。

(七) 第八阶段:申请上市和审核

在已经证明该药物对目标患者群体具有足够的安全性、有效性和益处之后,研究机构可以向世界各地的监管机构提交新药申请,要求批准该药物上市销售。这些申请资料中包含临床前、临床开发以及原料药和制剂开发的数据。图 3-1 显示了药物开发过程不同阶段的药物和制剂的演变。处方前研究在谋划药品开发战略中发挥着重要的作用,处方前研究数据包含在申请文件的不同部分,以证明制剂和工艺选择的决策是正确的。成功的处方开发始于对原料药特性的透彻理解。处方前研究数据为处方设计以及最终产品的工艺开发和控制策略奠定了基础。药物分子的生物药剂学分类系统(BCS)分类由其在生理 pH 范围内的溶解度决定。处方策略与所选的化合物晶型紧密结合。选择辅料时需要考虑原辅料的相容性。不同湿度条件下 API 的化学和物理稳定性影响制剂的稳定性,这也是包装材料选择的基础。

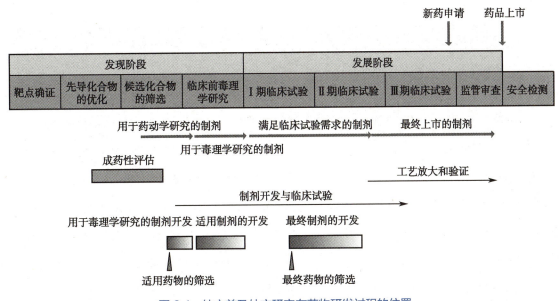

图 3-1　处方前及处方研究在药物研发过程的位置

(八) 第九阶段：上市后监控和IV期临床研究

尽管临床试验提供了有关药物疗效和安全性的重要信息，但在批准时无法获得有关药物安全性的完整信息。尽管药物开发过程中都是遵循严格的步骤，但存在局限性。因此，只要药品仍在市场上，就应对该药品的安全性进行长期的监控。制药公司可以进行IV期临床研究，以评估药物在特定患者群体中的安全性，在之前的临床研究中未包括这些患者群体，或者拓展该药物的新适应证或不同年龄组。也可以评估新药物制剂的不同递送途径或与其他药物的固定剂量组合，此时需要对药物进行额外的处方前研究以及与其他药物和新辅料的相容性，以指导在上市后的处方开发，进而扩展药物的价值。

第二节　处方前理化性质研究

对药物分子的理化性质进行处方前研究，这些性质可能直接影响制剂开发。API 性质的完整数据包对于处方工艺、处方组成的设计和优化非常关键。药物分子的化学结构由化学家通过核磁共振、质谱和元素分析等手段确定。虽然这些从物理化学的角度来看很重要，但本节不讨论这些结构鉴定分析。表 3-1 列出了处方前研究的科学家为支持原料药和制剂开发而开展的典型研究。有关特定特征研究的详细信息将在以下部分中讨论。

表 3-1　原料药和制剂的处方前研究内容与使用的仪器或方法

测试内容	仪器或方法
酸解离常数 pK_a	电位滴定法、紫外分光光度法
脂水分配系数的对数 $\log P/\log D$	摇瓶法、高效液相色谱法
晶型筛选及表征	X 射线粉末衍射、红外/拉曼光谱、差示扫描量热法、热重分析

续表

测试内容	仪器或方法
水分含量	费休氏法
吸湿性	动态水蒸气吸附
溶解度(缓冲液、生理相关介质、有机溶剂、共溶剂等)	高效液相色谱法 / 超高效液相色谱法、紫外分光光度法
强制降解(酸、碱、氧化、光照)	高效液相色谱法 / 超高效液相色谱法、质谱法
原料药的化学稳定性	高效液相色谱法 / 超高效液相色谱法
原料药在水溶液中的化学稳定性(不同 pH 条件下)	高效液相色谱法 / 超高效液相色谱法
原料药的固态表征	X 射线粉末衍射、红外 / 拉曼光谱、差示扫描量热法、热重分析
原料药的光稳定性	高效液相色谱法 / 超高效液相色谱法
原料药的表面性状	光学显微镜、扫描电子显微镜、比表面积仪
原料药的粒径及其分布	显微镜、动态激光粒径分析仪
辅料相容性研究	高效液相色谱法 / 超高效液相色谱法、差示扫描量热法、等温量热仪

一、酸解离常数 pK_a

酸解离常数(pK_a)是最常用的物理化学性质之一,引入它作为表达弱酸酸度的指标。pK_a 定义为 pK_a=-lgK_a,因此,较小的 pK_a 表示较强的酸。如果化合物难溶于水,则水溶液的 pK_a 可能难以测量。解决该问题的一种方法是在溶剂 - 水混合物中测量化合物的表观 pK_a,然后使用 Yasuda-Shedlovsky 图将数据外推回纯水介质中的 pK_a。最常用的有机溶剂是甲醇,因为它的性质与水非常接近。电位滴定是最常用的 pK_a 测定方法。如果化合物含有可随电离程度变化的紫外发色团,也可以利用紫外分光光度法,通过测量化合物的紫外光谱作为 pH 的函数来测量 pK_a,然后对光谱位移进行数学分析确定化合物的 pK_a。

二、脂水分配系数的对数值 log$P$/log$D$

有机化合物的亲脂性通常用分配系数 log$P$ 来描述,它可以定义为在平衡状态时,有机相和水相之间的非离子化合物浓度的比率。从药代动力学和药效动力学的角度来看,分配系数对药物的吸收、分布、代谢、排泄(ADME)特性有很大的影响。根据 Lipinski 的研究,log$P$<5 的化合物最适合作药物。高亲脂性分子更易滞留在膜的亲脂区域,并且极性极强的化合物由于不能穿透膜屏障而显示出较差的生物利用度。因此,log$P$ 和药物转运之间存在抛物线关系,药物分子应在这两种性质之间表现出平衡,从而表现出最佳的口服生物利用度。log$D$ 是化合物在脂质(通常是辛醇)和水相之间的分配系数的对数。对于不可电离的化合物,log$P$ 相当于 log$D$。目前已经发现许多生物现象都与分配系数(log$D$)相关联,包括溶解度、吸收和膜渗透性、血浆蛋白结合、分布以及肾和肝清除。

确定分配和分配系数最常用的技术是摇瓶法。在该方法中,将化合物用辛醇 - 水缓冲液混合物平衡 30 分钟,并将所得的乳液离心分离成两个组成相。分离后,通过高效液相色谱法(HPLC)测定各层的浓度,并计算 $\log P/\log D$。测得的分配系数受温度、相对饱和度、pH、缓冲离子及其浓度以及所用溶剂和溶质的性质等因素影响。

三、固态相及其分析工具

(一)固态相的种类

1. 多晶型 多晶现象是固体材料以多种形式或晶体结构存在的能力。晶体堆积的差异或同一分子的不同构象异构体的存在导致了多晶型现象。在晶格中,分子的排列受到分子内和分子间相互作用的影响。分子内的作用力可确定分子构象,这反过来又决定了分子在晶体中堆积的方式,在晶体中分子间力相对较弱,且它们的影响在很大程度上是短程的。短程分子间力的变化可以影响分子晶体内的分子排列,从而导致晶体的性质和性能的差异。因此,对药物晶体分子水平的理解,尤其是对驱动形成多晶型的分子间相互作用的理解,将有助于理解与制剂工艺和产品性能相关的药物形式的性质。

晶型的选择基于物理和化学稳定性、可加工性和生物药剂学性质。多晶型有不同的物理稳定性,并且两个多晶型可以是单变关系也可以是互变关系。不稳定的多晶型转化为热力学最稳定的形式通常导致溶解度和潜在生物利用度的降低。其他差异包括化学稳定性和颗粒形态,这两者都会影响处方的开发。通常,如果期望在药物产品中保持相同的晶型,则优选稳定的多晶型用于制剂开发。

2. 水合物和溶剂化物 溶剂化物是溶剂分子或水分子结合在晶格或间隙或通道中形成的固体形态。虽然与非溶剂化物相比,溶剂化物有更大的溶解度和更快的溶解速率,但是由于存在物理稳定性风险和潜在的溶剂毒性风险,溶剂化物通常不被选择用于制剂开发。

溶剂化物最常见的形式是水合物,其中水分子通过氢键结合在母体化合物的晶格中(例如药物分子的无水物)。水合物也可以表现出多晶型。水分子的存在可改变药物分子的物理化学性质,例如溶解度、吸湿性、溶解速率、熔点、稳定性。此外,它还可以影响药物在配制过程和制剂中的性能,如压片、研磨和生物利用度。水合物的相变是在原料药储存和制剂开发中观察到的典型问题。脱水步骤可在干燥、研磨、混合和压片过程中发生。此外,由于各种气候条件而在不同温度和相对湿度下储存的原料药和制剂可能发生意外的水合或脱水现象。在脱水时,结晶水合物可转化为较少水合的结晶形式或结晶无水物形式,它们甚至可能通过脱水过程变成无定型。

因此,需要通过表征和稳定性研究了解水合物的物理性质和复杂的相行为,以便开发稳定的原料药和制剂。在处方前研究中,水合物可用常用的分析方法和技术表征,如 DSC、TGA、吸附 - 解吸等温线、X 射线衍射、拉曼光谱和红外光谱。

3. 成盐 化合物如果具有电离基团,就有了成盐的可能性。原料药的盐可能具有更高的溶解度和生物利用度。成盐可以改变的性质包括溶解度、溶解速率、生物利用度、吸湿性、口感、物理和化学稳定性等。然而,盐并不是总能提高生物利用度,盐在储存、配制等过程可能有更高的稳定性风险。例如,假设一种盐相较其游离态有较高的溶解度,则这种盐可能比游离形式具有更大的吸湿性。盐吸附的过量水分为后期的处理、储存、加工和产品稳定性带来挑战。如果 API 的水分含量随批次而变化,则可导致制备的制剂的效力变化。在这种情况下,具有更大的吸湿性的盐不太有利,如果有更好的选择,通常不考虑采取成盐方式。此外,由于与制剂中不相容的辅料相互作用,特别是在加速改变温度和湿度条件下,盐会发生歧化。

4. **共晶** 也是结晶形态,其中两个或更多个中性分子通过分子间相互作用如氢键共存在晶格中。这与盐的形成机制不同,盐形成时质子从酸转移到碱。通常,一种分子是 API,其他分子是共晶配体,如枸橼酸、甘氨酸和组氨酸。共晶配体可以对共晶的结构和溶解度产生显著影响。一些共晶具有更高的溶解度,这可能潜在提高生物利用度。除了溶解度之外,与无定型(通常用作增强溶解度的另一种方法)相比,共晶的结晶状态更稳定。此外,共晶可被作为药物生产过程中的纯化步骤。共晶也可以与晶格中的溶剂或水分子形成溶剂化物或水合物形式。由于共晶是由多种组分组成的晶体结构,因此在配制过程中热或机械应力可能破坏分子间相互作用(氢键),从而引起物理稳定性的问题。储存时的高温、高湿等环境问题也会影响原料药的共晶稳定性。因此,对共晶筛选研究中的理化性质和稳定性进行全面评估对于为药物产品开发选择正确的 API 至关重要。

5. **无定型** 是缺少长程有序的分子堆积,但可以表现出一定程度的短程有序的分子堆积的非晶型材料。与其结晶对应物相比,无定型具有更高的能量,并且在药物开发中有其优点和缺点。制备无定型态材料的方法包括淬火熔融,通过添加抗溶剂从溶液中快速沉淀,冷冻干燥或喷雾干燥,结晶水合物脱水和高剪切研磨。

无定型态药物最具优势的性质是其与结晶对应物相比具有更高的溶解度。当前有越来越多的候选药物的溶解度很低,转化为无定型形式是解决这种挑战的最有希望的方法之一。然而,无定型形式是具有较高能态的固体并且倾向于重结晶,尤其是在升高的温度和相对湿度下更是如此。玻璃化转变温度(T_g)是无定型态材料的重要参数,它是从玻璃态(低于 T_g)到弹性态(高于 T_g)的临界转变的宏观表现。对于无定型态药物,T_g 用于从分子运动的角度预测结晶风险。在接近或高于 T_g 的温度下,分子迁移率显著增强以加速结晶。水是一种普遍存在的增塑剂,T_g 为 136K。当无定型态材料吸收水时,T_g 降低,这反过来又增加了结晶风险。因此,需要测量在不同的储存温度和湿度条件下的无定型态物质的 T_g。DSC 是测量 T_g 最常用的技术。图 3-2 中的 DSC 图谱显示了在 RH 为 35% 和 65% 的条件下储存的无定型态药物的 T_g,T_g 不同是由于这两种样品中的水分含量不同。由于其处于较高的能量状态,无定型态药物比其结晶物更容易发生化学降解。通常需要通过聚合物来稳定无定型态药物。采用无定型态药物 - 聚合物体系的无定型态固体分散物是开发含有无定型态药物制剂最多的方法。固体分散物中聚合物和药物之间的分子间相互作用可以使得药物结晶具有更高的能量屏障,从而稳定无定型态药物。

(二)固态表征工具

1. **X 射线粉末衍射**(X-ray powder diffraction,XRD) 可以提供晶胞的信息,作为晶体相鉴别的重要手段。X 射线粉末衍射是由激发 X 射线与晶体发生相互作用而产生的,每种晶体物质都具有特定的结构图谱,可作为结构鉴定的指纹图谱。图 3-3 显示的是化合物 A 晶型 Ⅰ(一水合物)、晶型 Ⅱ(无水物)和晶型 Ⅲ(二水合物)的 XRD 图谱。虽然这三种晶型的化学稳定性相当,但由于晶体结构中的水分含量不同而呈现出不同的 X 射线衍射图谱。在药学领域,X 射线粉末衍射是研究原料药和制剂中药物分子的多晶型及相转变的重要工具。例如在原料药的结晶过程中,溶剂比例、水活度、温度稍微发生变化就会导致最终析出的晶体不是目标晶型或者含有杂质,这时就需要用 XRD 去确认生产的晶型。

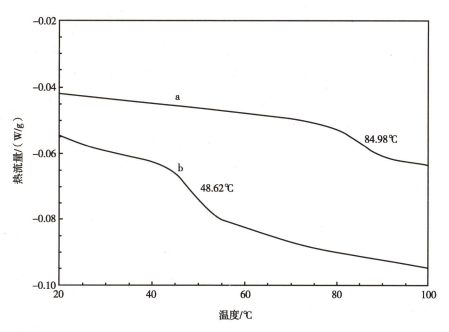

a. 在 RH 为 35% 时，T_g 约为 85℃；b. 在 RH 为 65% 时，T_g 约为 49℃。

图 3-2　无定型态药物的 T_g

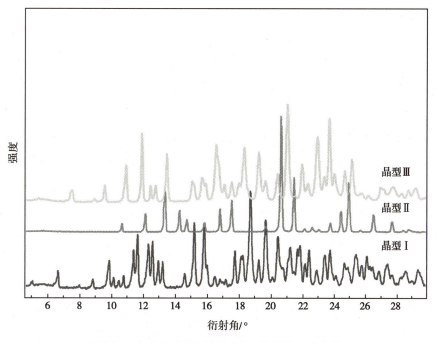

晶型Ⅰ：一水合物；晶型Ⅱ：无水物；晶型Ⅲ：二水合物。

图 3-3　化合物 A 三种晶型的 XRD 图谱

XRD 经常用于评估药物分子在固态的稳定性，通常研究其在不同温度和湿度下的相稳定状态来提示未来制剂的风险。为了能够快速检测出潜在风险，进行该研究要求 X 射线仪器配备由加热台、热传感器和温度控制元件组成的隔离样品室；也可以设计在受控的温度和湿度条件下进行实验。在隔离样品室中通过 X 射线表征对于理解药物在储存和生产的高温和湿度条件下的稳定性非常有用。例如水合物脱水在高温下储存时始终是一个问题，隔离样品室中的 X 射线表征可以提供水合物随温度变化的相变行为(脱水至半水合物或无水相)的信息,用以设计控制策略以防止药物开发过程中的相变。图3-4a 显示化合物 A 晶型Ⅰ(一水合物)的变温 XRD 研究,将 XRD 图谱叠放后,可见在 80℃条件下 15 小时在晶型Ⅰ的 2θ 角 20.56° 和晶型Ⅱ(无水物)的 2θ 角 21.38° 处出现两个典型峰,这提示在高温条件下晶型Ⅰ可能会发生脱水,在长期储存或者涉及高温的生产工艺中(例如热熔挤出)应注意温度的控制。

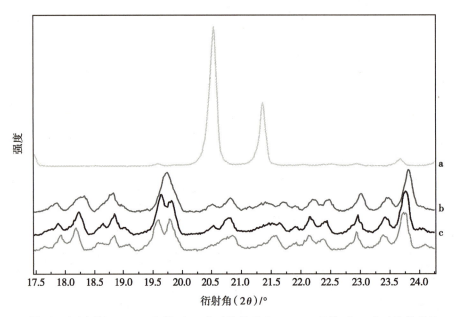

a. 晶型Ⅱ(无水物);b. 80℃条件下 20 小时的晶型Ⅰ;c. 80℃条件下 15 小时的晶型Ⅰ。

图 3-4　化合物 A 晶型Ⅰ(一水合物)的变温 XRD 图谱

XRD 也可以用于在制剂中研究化合物的物理稳定性,但有时会受结晶性辅料影响。因此,需要找到化合物的特征峰以区别辅料的峰,以避免干扰;否则这些干扰会造成 XRD 对于相转变的检测灵敏度显著降低。图 3-5a 对比化合物 A 的晶型Ⅱ(无水物)、晶型Ⅰ(一水合物)和用在晶型Ⅰ处方中的辅料的 XRD 图谱,在 2θ 角 20.56° 处晶型Ⅱ有最强的特征峰,与晶型Ⅰ及其他辅料有最小的干扰,因此这个峰被选择为特征峰,用于检测晶型Ⅰ与晶型Ⅱ的转化,灵敏度可以达到 2% 的重量百分比(图 3-5b)。

在 XRD 分析中,经常观察到所获得的衍射峰不是尖锐的,通常称为峰展宽,这可能是由许多因素引起的。通常由于较差的长程有序性,在粒径小的材料中观察到峰展宽。例如,纳米晶体材料通常在 X 射线分析中表现出连续的峰展宽。除了峰展宽之外,样品中的无定型的 XRD 晕圈图案也会降低峰强度。无定型材料没有长程有序性,因此,X 射线发生不相干散射,导致所谓的晕圈图案。图 3-6 显示化合物 B 结晶相和无定型相的 X 射线衍射图谱。由于晶体的尖锐的峰与无定型的晕圈图案差别极大,因此 XRD 可以很敏锐地检测无定型化合物的结晶,可应用在提高溶解度的无定型态固体分散物中。图 3-7c 显示采用 XRD 监控制剂中无定型态药物的结晶过程,在 2θ 角 9.85° 和 15.18° 处出现化合物 C 的无水物的两个特征峰,这表明在放置在敞口 40℃、RH 为 75% 的条件下,1 个月后无定型化合物 C 会发生结晶。

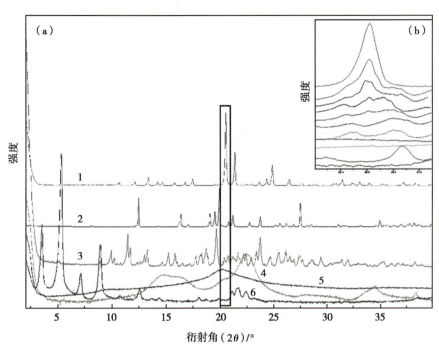

（a）曲线 1~6 分别为化合物 A 的晶型Ⅱ（无水物），乳糖一水合物，化合物 A 的晶型Ⅰ（一水合物），羧甲基纤维素钠，微晶纤维素，硬脂酸镁。（b）利用 2θ 角 20.56° 处晶型Ⅱ的特征峰可以监控制剂中晶型Ⅰ到晶型Ⅱ的脱水转化，灵敏度可以达到 2% 的重量百分比；从上至下依次为化合物 A 的晶型Ⅱ（无水物），剂型样品分别含有 10%、8%、5%、2% 和 0 的重量百分比的晶型Ⅱ，化合物 A 的晶型Ⅰ（一水合物），羧甲基纤维素钠，微晶纤维素，乳糖一水合物，硬脂酸镁。

图 3-5　化合物 A 的晶型Ⅱ（无水物）、晶型Ⅰ（一水合物）和
用在晶型Ⅰ处方中的辅料的 XRD 图谱

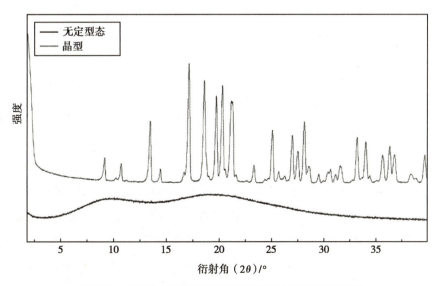

图 3-6　化合物 B 结晶相和无定型相的 X 射线衍射图谱

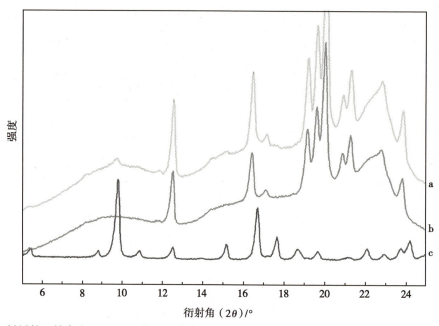

a. 制剂敞口储存在 40℃、RH 为 75% 条件下；b. 制剂密闭储存在 40℃、RH 为 75% 条件下；
c. 化合物 C 的无水物。

图 3-7   含有无定型化合物 C 的固体制剂的 1 个月稳定性的 XRD 图谱

X 射线衍射是一种用于识别未知材料的强大而快速的技术，但由于样品中的择优取向，解析图谱时需要慎重。样品制备和 / 或配制过程（研磨、制粒、压制等）引起的粒径和形态的变化可导致参与衍射的晶面族分布不均匀，从而导致 X 射线峰值强度的改变。固体剂型中的多种组分的峰叠加导致对系统中的目标分析物的 X 射线信号形成干扰，并且使分析物的识别和检测复杂化。因此，了解材料特性和成分以及谨慎进行样品制备对实现合理的 X 射线粉末衍射数据收集和解析至关重要。

2. 拉曼光谱和红外光谱   作为 X 射线衍射的补充技术，红外光谱和拉曼光谱都可用于区分不同的固态化合物。由于能够探测固态分子的结构构型，红外光谱和拉曼光谱可用作药物多晶型处方前研究中的常规工具，从而支持产品的开发。

拉曼光谱是一种光谱技术，研究晶格和分子的振动模式、旋转模式和系统中的其他低频模式。它通常用以提供结构指纹，通过该结构指纹可以识别分子。拉曼光谱是一种基于拉曼散射效应的光谱分析技术，通过测量物质散射光的频率变化，揭示物质分子的振动和转动信息，进而分析物质的化学结构、相态、结晶度及分子间相互作用等特性。药品可以通过频率而进行定性鉴别，可以通过峰的强度而定量。这个特性使得拉曼光谱在药学领域很受欢迎，可以用于药品晶型确认、生产过程监控、药品的稳定性评估。图 3-8 的拉曼光谱图就是拉曼光谱用来识别吡格列酮游离碱和其盐酸盐。游离碱和盐酸盐在 1 660~1 580cm^{-1} 拉曼位移处显示不同的特征图谱，盐酸盐有两个峰而游离碱只有一个。图 3-9 显示化合物 A 晶型 I（一水合物）和晶型 II（无水物）的拉曼光谱图。图 3-9a 显示，虽然这两种晶型有同样的化学成分，但是拉曼光谱图的差别很大。在 802cm^{-1} 处的特征峰是晶型 II（无水物）的特征峰，可以用来检测并定量由晶型 I 脱水产生的晶型 II。图 3-9b 显示，利用 802cm^{-1} 特征峰，即使在晶型 I 样品中有含 2% 的晶型 II（无水物），也可以利用拉曼光谱检测到。

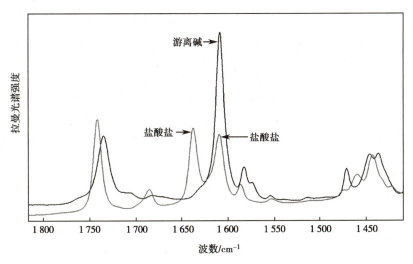

图 3-8 吡格列酮游离碱和盐酸盐的拉曼光谱图

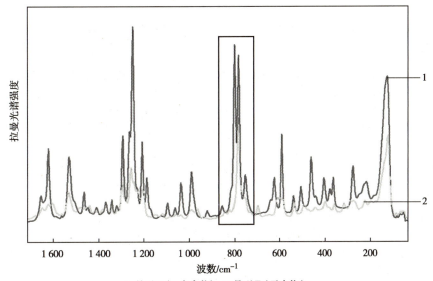

1. 晶型Ⅰ（一水合物）；2. 晶型Ⅱ（无水物）。

a. 化合物A的拉曼光谱图

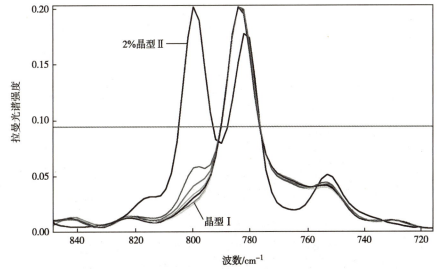

b. 利用特征峰检测在晶型Ⅰ中的晶型Ⅱ（检测限为2%的重量百分比）

图 3-9 化合物 A 晶型Ⅰ（一水合物）和晶型Ⅱ（无水物）的拉曼光谱图

由于拉曼光谱基于分子的旋转/振动,因此,它对分子结构中可能影响旋转/振动行为的微小变化很敏感。在药物产品开发中,这种高灵敏度用于检测制剂中原料药分子的少量相变。图 3-10a 将化合物 C 盐酸盐和游离碱的拉曼光谱与盐酸盐制剂中的辅料光谱叠加,拉曼光谱显示,游离碱在 1 697.6cm^{-1} 处的拉曼位移峰可用于鉴别出制剂中的游离碱,这个特征峰受盐酸盐和其他辅料的干扰最小,这可以用来检测制剂中由于盐酸盐与辅料不相容而发生歧化生成的游离碱。校正试验数据(图 3-10b)表明盐酸盐制剂中游离碱的检测限为 2.5%。某些制剂中辅料的拉曼峰对于原料药的拉曼峰干扰太大,造成无法用单一变量的方法定量药物的相变化,这时需要用多变量模型建立数学模型,将所得到的拉曼光谱图带入该数学模型中判断制剂中的相变化。

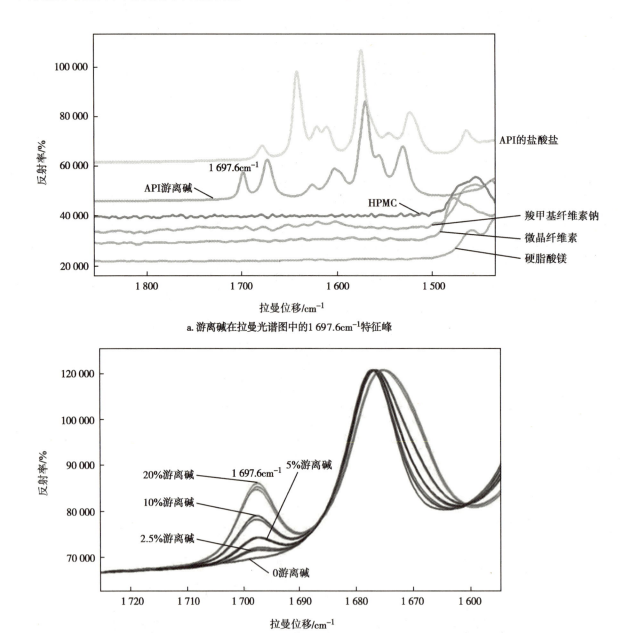

a. 游离碱在拉曼光谱图中的 1 697.6cm^{-1} 特征峰

b. 校正后检测到的由盐酸盐歧化作用产生的少量游离碱的拉曼光谱图

图 3-10   校正前后游离碱的拉曼光谱图

与拉曼光谱类似,红外光谱(infrared spectrum,IR)是振动光谱的一种形式,其依赖于物质相互作用时红外光的吸收、透射或反射,吸收峰的频率由振动能级决定,吸收峰的数量与样品分子的振动自由度有关,吸收峰的强度与偶极矩的变化和能级转换的可能性有关。因此,通过分析红外光谱,科学家可以获得分子的特征结构信息。虽然拉曼光谱和红外光谱都可以提供指纹结构,但是拉曼光谱在药学领域应用更广,一个主要原因是在固体制剂中辅料的拉曼光谱的干扰更少,这个特点对于拉曼光谱在药学领域的应用很重要。

3. **固态核磁共振** 是在药物分析领域很重要的一项技术,该技术不仅可以定性鉴别结晶态和无定型态,也可用于原料药及制剂中定量分析结晶态和无定型态。交叉极化和核磁旋转技术用来增加固态核磁共振的灵敏度和分辨率。^{13}C 交叉极化魔角旋转(cross polarization magic angle spinning,CPMAS)是表征 API 相态常用的方法,因为所有的药物分子都含有碳,其化学位移对局部化学环境很敏感。但是由于 ^{13}C 在自然界中的含量少(1.1%),并且磁旋比(γ)低,^{13}C-NMR 的灵敏度低,而且需要搜集信号的时间长(可能是几小时也可能是几日),对于低载药量的制剂分析而言比较不利。如果药物分子含有高的 ^{31}P 或 ^{19}F,由于其在自然界中的含量高并且磁旋比(γ)高,所以灵敏度较高而辅料的干扰很少,因此可以通过固态核磁共振进行表征。^{15}N-NMR 可用来探测药物分子中可离子化的氮的质子化状态,但是,由于灵敏度较低,所以其应用范围较窄,如果可以制备 ^{15}N 标记的样品,灵敏度就可以提高而被使用。除了固态研究外,NMR 还可以研究化合物的分子动力学,从而探测药物和辅料的相互作用,可以作为研究分子层面的结构和相互作用的平台型工具。

4. **差示扫描量热法(differential scanning calorimetry,DSC)** 是最常用的热分析技术,通过利用玻璃化转变温度、熔点、热分解温度、熔化热等热力学参数来识别和表征各种材料。差示扫描量热法的原理是当样品发生相变、玻璃化转变和化学反应时,热量被吸收或释放,补偿器可以测量如何增加或减少热流以使样品和对照品的温度保持一致。在程序控制的温度与实际温度之间测量样品和参比的热输入的差异,由差示扫描量热计记录的热流曲线称为 DSC 曲线,其为样品的吸热或放热速率。DSC具有高分辨率和低样品消耗(1~10mg)的特点,可在 −175~725℃ 的较宽温度范围内使用,可以采用冷却组件进行温度调节。它适用于无机、有机化合物和药物分析,可用于研究各种热现象和行为,如熔化、玻璃化转变、结晶、分解、脱水等。

如前所述,DSC 作为一种常规表征手段,可以用于测量无定型态材料的玻璃化转变温度(T_g)以评估其物理稳定性。DSC 还可用于研究药物分子的其他固相转变行为,例如水合物的脱水。图 3-11 显示了化合物 D 一水合物的 DSC 测量结果,首先在 30~80℃ 出现了一个吸热峰,然后在 237℃ 左右出现了另一个尖锐的吸热峰。第一个吸热峰来自一水合物脱水过程吸收的热量。由第二个吸热峰即化合物 D 无水物的熔化可知,该脱水过程发生导致一水合物转变为无水物。

DSC 对某些热变化事件如结晶和熔化敏感,可用于对药物相态的定量分析。例如,在高剪切力条件下研磨结晶药物以减小颗粒尺寸的过程可能产生少量无定型态药物,无定型态药物的存在会导致药物分子的稳定性和体内表现的变异。将研磨过的含有无定型态药物的样品和不含有无定型态产物的未研磨样品均进行 DSC 测试,所得的结果进行对比可以用于量化药品中无定型态的含量。无定型态药物结晶并释放结晶热,其在 DSC 曲线中表现为放热峰。无定型的含量可以通过研磨样品和参比材料(纯无定型态药物)之间的结晶热的比率来确定。图 3-12 显示气流研磨前后结晶药物的 DSC 曲线。药物经过气流研磨后具有放热峰,起始温度约为 80℃,这表明气流研磨过程使一些结晶药物转化为无定型,其在 DSC 中加热时重结晶并释放热量。

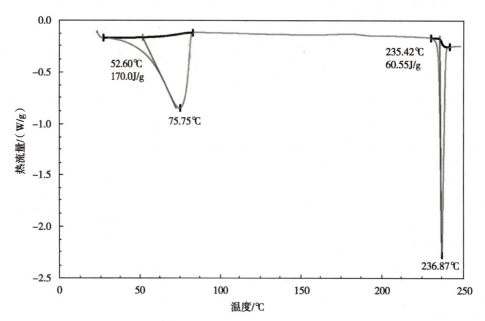

通过加热一水合物诱导脱水相变,在 237℃下无水相的熔化证明了相变过程。

图 3-11 化合物 D 一水合物的 DSC 测量结果

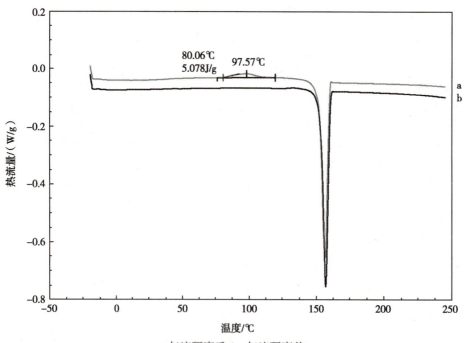

a. 气流研磨后;b. 气流研磨前。

在气流研磨后观察到有起始温度约为 80℃的放热峰,提示气流研磨产生的无定型在此温度下重结晶。

图 3-12 气流研磨前后结晶药物的 DSC 曲线

虽然 DSC 测量操作很简单,但有许多变量会影响 DSC 结果,包括 DSC 样品盘的类型、加热速率和样品制备方法(所分析的化合物的填充、质量和粒径分布)。如果存在任何与加热速率相关的现象,则应通过改变加热速率来进行实验,以了解转变的性质并优化 DSC 分析的加热速率。如果样品具有大颗粒或宽粒径分布,建议轻轻研磨材料以减小颗粒尺寸和分布,以确保通过样品的均匀热传导,这可以降低DSC 曲线基线上的噪声。为了进一步平滑 DSC 曲线,还建议将样品压入 DSC 盘中的扁平松散"盘"中,以实现与盘底有均匀的表面接触,并在 DSC 测量中实现均匀的传热/分布。

5. **热重分析**(thermogravimetric analysis,TGA) 是一种热力学方法,用来考察样品在一定温度范围内的失重或者特定温度下一定时间内的失重。重量的变化用来发现和检测由加热样品造成的化学和物理现象,这样可以发现导致重量变化的深层次的原因,如相转化、吸热、放热和热降解,等等。例如,TGA 可以用来研究水合物的脱水温度,从而提示储存及生产条件。TGA 也可以用来研究物料的热稳定性,如果物料在一定温度范围内是热稳定的,则应该没有重量变化;如果在一定温度下发生热降解,则会发生重量的降低。发生热降解的温度即为该物料使用的上限温度,在此温度之上将会发生降解。这会提示后期开发的研究人员此种物料的热稳定性风险,特别是如果生产工艺涉及类似热熔挤出工艺的高温。图 3-13 显示拉米夫定(lamivudine)晶型 I(0.2 水合物)和晶型Ⅲ(半水合物)的 TGA 图谱,两种晶型都在大约 200℃发生热降解,在此温度时重量发生大幅降低。这两种晶型的重量降低都与晶体中的水分含量一致,半水合物的重量降低速度更快,提示脱水速度更快。

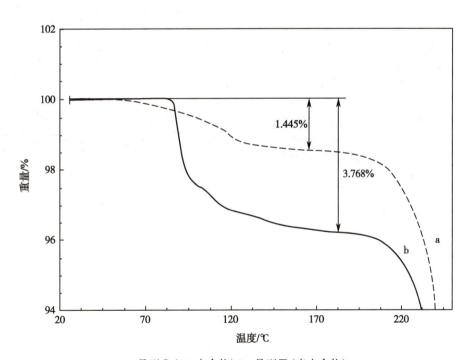

a. 晶型 I(0.2 水合物);b. 晶型Ⅲ(半水合物)。

图 3-13 拉米夫定(lamivudine)的 TGA 图谱

四、形态

晶体的形态或晶癖是药物颗粒的一个关键属性,可以影响化合物的许多制剂性质,如 Banga 已发现粉末流动性,以及 Rasenack 和 Müller 已发现可压性,在很大程度上取决于晶体习性。例如,Variankaval

等发现,针状晶体具有强烈的聚集倾向,一旦结晶就可能难以过滤和干燥,并且在配制过程中可能表现出较低的堆密度和较差的流动性。在《美国药典》(USP)中已经很好地定义了晶癖,包括针状、柱状、片状、板状、板条状和等分状等。

通常,可以利用诸如光学显微镜和扫描电子显微镜(SEM)的成像表征工具来揭示晶体形态,而无须复杂的样品制备。图 3-14 展示了药物开发中常见的 4 种晶体形态的 SEM 图像。如果纳米颗粒需要更高的分辨率,则可以使用先进的成像工具,例如透射电子显微镜(transmission electron microscope, TEM)。

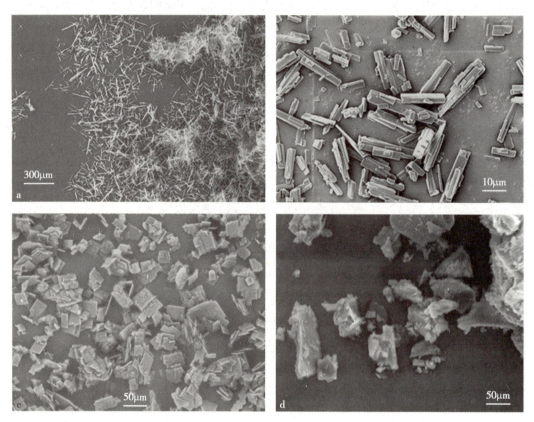

a. 针状;b. 刀片状;c. 板状;d. 块状。

图 3-14　通过扫描电子显微镜(SEM)显示典型的结晶药物形态

五、粒径

通常可以通过成像技术(光学显微镜、扫描电子显微镜等)或基于激光衍射的粒径分析仪来表征和测量粒径。

在成像工具中,扫描电子显微镜是目前常用的粒径分析技术。在扫描电子显微镜表征中,加速电子束照射样品表面并与样品表面中的原子相互作用。原子的电子被激发并作为二次电子发射,二次电子被检测器捕获以产生显示被检样品的表面结构的图像。由于它使用电子作为照明源,因此可以实现亚微米级的高放大率和分辨率。图 3-15 显示了分别在光学显微镜和扫描电子显微镜下成像的结晶药物颗粒的实例。图像技术可以提供对粒径以及粒子形态的粗略估计。对粒径和粒径分布的定量分析,可以使用基于激光衍射或光散射的粒径分析仪。

a. 光学显微镜呈像　　　　　　　　　b. 扫描电子显微镜呈像

图 3-15　不同显微镜下的结晶药物颗粒

激光衍射分析基于衍射理论,其中由粒子散射的光的强度与粒径成正比。图 3-16 显示了平均粒径约为 58μm 的代表性结晶药物的粒径分布,粒径分布的 10%(D_{10})、50%(D_{50})、90%(D_{90})分别为 8μm、33μm 和 136μm。确定粒径分布是药物表征的重要部分,平均粒径以及粒径分布对制剂的制备过程具有直接影响。例如,从药物制造过程角度来看,通常需要 API 的粒径累积分布图呈单峰、窄分布。但是粒径大小也要考虑其他因素,例如如果 API 的粒径与制剂中其他辅料的粒径的差别较大,可能造成在一些制备过程中出现 API 与辅料分层,即使 API 的粒径分布满足窄分布的要求。这种情况在直接压片过程中常见,从而造成制剂的含量均匀度不合格问题。对于水溶性差的化合物,API 的粒径会对制剂的溶出度和体内表现产生重大的影响。因此,了解 API 的粒径和粒径分布对整个处方工艺设计和优化至关重要。

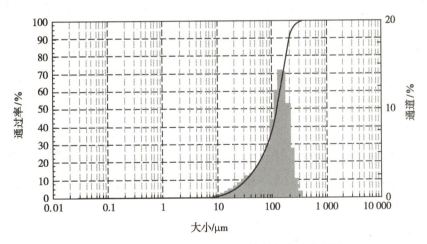

图 3-16　激光粒径分析仪测量的粒径累积分布图

六、吸湿性

吸湿性表示化合物在一定湿度水平下吸收水分的倾向,是晶型选择研究中需要考虑的重要方面。药物的物理性质如晶体结构、粉末流动性、成型性和润滑性可受到水分吸附的影响。一些结晶药物在某些相对湿度下变得易潮解,发生潮解的相对湿度定义为临界相对湿度。该药物在潮解条件下形成饱和溶液。除吸附水分外,一些结晶药物在某些湿度条件下可形成水合物。水分也是影响药物化学稳定性的重要因素。水解敏感的药物分子遇水是不利的。在具有吸湿性辅料的制剂中,辅料吸收的水分也可以诱导药物的物理或化学变化。在处方开发期间还需要确定辅料的吸湿性和最终用量。

重量水蒸气吸附是测量吸湿性的常用方法。在该实验中,将湿氮气与固定比例的干燥氮气混合,从而产生所需的相对湿度。然后将混合的氮气通过样品,并对仪器进行编程,使用超灵敏微量天平随时间监测由水分引起的重量增加。该化合物吸收水分并达到平衡后,将进入下一个相对湿度阶段。使用该仪器可以研究水分的吸附和解吸附,此外,可以研究温度的影响。图 3-17 显示了在 25℃和 40℃下测量的化合物的盐酸盐的等温水分吸附曲线。在 RH>60% 时开始的大量水分吸收表明盐酸盐的潮解。潮解的相对湿度在 25℃为 60%,而在 40℃变化为 65%。

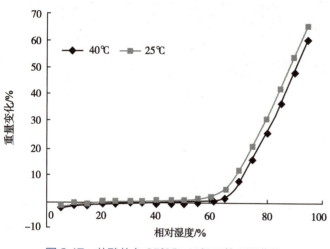

图 3-17　盐酸盐在 25℃和 40℃下的吸湿曲线

七、溶解度

溶解度是开发用于口服给药的药物最重要的理化性质之一,特别是对于具有低溶解度特征的生物药剂学分类系统(BCS) II 和 IV 类化合物。药物分子(结晶相或无定型相)的水溶性通常通过平衡溶解度或在模拟胃液和肠液的介质 [例如禁食状态胃液(fasted state gastric fluid,FasSGF)、禁食状态模拟肠液(fasted state simulating intestinal fluid,FaSSIF)]和进食状态模拟肠液(fed state simulated intestinal fluid,FeSSIF)、覆盖生理 pH(1~8)的缓冲溶液介质中的体外溶出度研究来测量。了解药物分子的溶解行为有助于选择物理形式(盐或多晶型)和临床前配方的设计。它还可以表明,如果选择该分子作为临床开发候选物,则首次在人体制剂中是否需要增强溶解度并预测开发风险。

在平衡溶解度研究中,将过量的药物粉末添加到所需的介质中,然后在室温或 37℃搅拌样品,检查溶液的 pH,如果需要,调节至介质的目标 pH。在 4 小时、24 小时和 48 小时或直至达到平衡后取出少量样品,在 14 000r/min(或更高)转速条件下离心 15 分钟,并使用 HPLC 或紫外 - 可见分光光度法分析上清液中的药物浓度。

(一)pH 依赖性溶解度

具有可电离基团的化合物表现出 pH 依赖性溶解度,因为带电物质在水中具有比中性形式更高的溶解度。亨德森 - 哈塞尔巴尔赫方程(Henderson-Hasselbalch 方程)描述了弱酸或弱碱的溶解度是 pH 以及 pK_a 的函数。式(3-1)以弱酸为例,通过 Henderson-Hasselbalch 方程计算溶解度。

$$S_{tot} = S_0 \left[1 + 10^{(pH - pK_a)} \right]$$

$$pH = pK_a + \log \frac{[A^-]}{[HA]}$$

式(3-1)

式 (3-1) 中，S_{tot} 为弱酸的总溶解度；S_0 为弱酸的固有溶解度；$[A^-]$ 为酸的共轭碱的摩尔浓度；$[HA]$ 为未解离的酸的摩尔浓度。一些化合物在带电状态下具有表面活性剂的性质，不能通过 Henderson-Hasselbalch 方程计算溶解度。具有多个 pK_a（多个可电离基团）的化合物表现出作为 pH 的函数的复杂溶解度曲线。

除了可以采用辅料控制溶出机制之外，在胃肠道中的药物释放也可以通过药物的 pH 依赖性溶解度来控制。例如，弱碱性 BCS Ⅱ类化合物在酸性 pH 条件下更易溶于胃液，而在 pH 较高的小肠液中的溶解性较差。如果药物的溶解速度足够快，在胃液中整个剂量完全溶解，则除非药物在小肠液中析出，否则药物吸收将不会受溶解度限制。由于胃酸缺乏的患者的胃液 pH 升高，药物在胃液中的溶解度降低，所以这些患者的药物生物利用度会降低。一旦对于 pH 依赖性溶解度有充分的认识，处方开发中对此有所考察，这样可以使得药物在整个胃肠道都有充分的溶解，从而获得良好的生物利用度。pH- 溶解度曲线通常是在生理学相关条件下（pH 的范围是 1~8），在缓冲介质中进行测定的。图 3-18 显示弱碱性化合物的 pH- 溶解度曲线，在酸性条件下该化合物更易溶解。

pH- 溶解度曲线对于注射剂的开发同样重要。对于静脉注射、皮下注射或肌内注射给药的注射剂，pH 范围为 4~8 是可接受的。pH 依赖性溶解度和 pH 依赖性化学稳定性为设计制剂提供了基础。

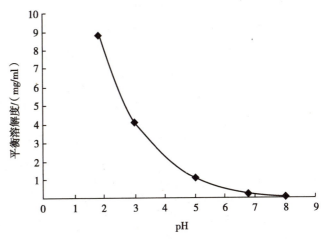

图 3-18 弱碱性化合物的 pH- 溶解度曲线

(二) 模拟肠液中的平衡溶解度和动力学溶解度

模拟胃肠液中的溶解度用于估计药物在胃液或肠液中能溶解多少，生物介质中的溶解度可用于筛选晶型以及预测体内表现。在制剂开发之前应对 API 进行生物介质中的溶解度测试，在处方前研究期间分析 API 的生物介质中的平衡溶解度可以用来评估可开发性并指导处方开发。通常在模拟禁食状态的介质（例如 FaSGF 和 FaSSIF）中测量溶解度，因为禁食状态是大多数临床研究的基线条件。然而，如果需要研究食物对药物吸收的影响，测试在模拟进食状态介质（例如 FeSSIF）中的溶解度也很重要，初步的进食状态溶解度结果可以提示食物是否有影响。图 3-19 显示候选药物在 37℃ 的 FaSSIF 和 FeSSIF 介质中的溶出曲线，其中 FeSSIF 介质中的溶解度显著高于 FaSSIF 介质中的溶解度。该生物介质中的溶解度数据表明在人体内具有潜在的正面食物效应（在食物存在下有更高的暴露量）。

Dressman 研究小组已经提出了模拟胃液

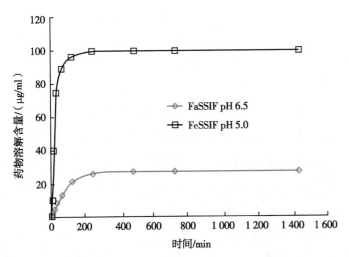

图 3-19 在禁食状态模拟肠液（FaSSIF）和进食状态模拟肠液（FeSSIF）中的药物溶出曲线

和肠液的制备。有一点要注意,市售的生物相关介质的关键成分有很多不同的级别,介质的制备方法也随着不同的供应商而有所变化。上述差异可能导致采用不同的厂家的介质测得的溶解度和溶出度测量有很大的差异。因此,应该使用标准化的生物相关溶出介质的配方和制备方法,从而最小化溶解度测试结果的变异性。

为了模拟人体温度,生物介质溶出研究通常是在 37℃进行的。在 5 分钟 ~1 日或 2 日的多个时间点测量药物的溶解度,以获得动力学溶解度和平衡溶解度。在溶解度研究期间或结束时应该记录 pH,以使平衡溶解度与 pH 相关,尤其是当药物以盐形式存在时。

(三) 具有表面活性剂的介质中的溶解度

在开发溶解性差的药物(BCS Ⅱ和Ⅳ类)时,通常将表面活性剂作为口服剂型或注射剂型的润湿剂或增溶剂加入制剂中。作为增溶剂,表面活性剂形成的具有"疏水"核心的胶束结构可以捕获疏水性药物分子并将更多的药物分子带入溶解介质中,这有助于在过饱和条件下增强溶解度并减少或延迟药物沉淀。胶束只能在表面活性剂浓度大于阈值浓度时形成,这称为临界胶束浓度;并且系统的温度需要大于临界胶束温度或克拉夫特点(Krafft point)。处方前研究中,科学家通常会测量药物在含有不同表面活性剂的介质中的溶解度,以选择合适的表面活性剂及其浓度。表 3-2 列出了固体剂型中常用的表面活性剂及其浓度。

表 3-2   固体剂型开发中常用的表面活性剂及其浓度

表面活性剂	浓度 /%	表面活性剂	浓度 /%
蓖麻油聚氧乙烯醚	0.1~5	聚山梨酯 80	0.1~10
泊洛沙姆	0.1~5	维生素 E 琥珀酸聚乙二醇酯	0.1~10
十二烷基硫酸钠	0.1~5		

(四) 有机溶剂中的溶解度

有机溶剂中的溶解度是药物分子的一个重要性质。大多数药物的生产过程都会涉及有机溶剂,在结晶过程或是分离 / 纯化过程中作为溶剂或抗溶剂。因此,了解药物在常用工艺溶剂中的溶解度使化学家能够选择合适的溶剂来开发原料药的制备工艺。为了开发属于难溶性化合物的药物产品,通常制备无定型态药物和无定型态固体分散物以提高生物利用度。如果无定型态材料是通过溶剂蒸发方法如喷雾干燥、旋转蒸发和薄膜蒸发制备的,通常使用挥发性有机溶剂,则也应该在这些有机溶剂中测试溶解度。在某些情况下,例如通过喷雾干燥法在聚合物中制备药物的无定型态固体分散物,单一溶剂可能无法用于溶解目标浓度的药物和聚合物。在这种情况下,需要测定药物和聚合物在有机溶剂混合物或有机溶剂与水的混合物中的溶解度,以选择能够为药物和聚合物提供足够溶解度的体系。通常,溶剂混合物由两种溶剂组成,以平衡充分溶解的需要和干燥过程的复杂性。

表 3-3 列出制药工业中常用的有机溶剂及其沸点。除了溶解度、沸点、成本效益、毒性和对环境的影响之外,还需要考虑其他重要因素,以选择溶剂作为开发制备无定型态药物或无定型态固体分散物的喷雾干燥方法。

表 3-3 制药工业中常用的有机溶剂及其沸点

溶剂	沸点 /℃	溶剂	沸点 /℃
丙酮	56.3	二甲基甲酰胺	153
乙腈	81.6	甲醇	64.7
乙醇	78.3	二氯甲烷	39.8
水	100	二甲基乙酰胺	166.1
甲苯	110.6	二甲基亚砜	189
四氢呋喃	66	2- 丁醇	100
庚烷	98.4	乙酸甲酯	57.1
乙酸异丙酯	89	正丙醇	97.2

八、化学稳定性

(一) 强制降解

强制降解研究通常在可开发性评估阶段进行，以提示分子的化学稳定性。在这项研究中，药物放置在酸、碱、氧化和光照条件下，以研究潜在的降解模式。HCl 和 NaOH 作为酸或碱。氧化可以通过 2- 电子氧化或基于过氧自由基的氧化进行，并且可以使用过氧化氢或可以引发自由基反应的化学品（例如偶氮二异丁腈）。对于光照条件，可评估可见光和紫外光。ICH 有针对光照射的指导原则，以评估原料药的光稳定性。

(二) 固态稳定性

原料药的加速固态化学稳定性用于预测药物的长期稳定性和确定储存条件。该研究通常将药物粉末储存在透明或琥珀色玻璃小瓶（如果药物对光敏感）中进行温度和湿度研究。通常使用温度为 60℃、40℃或 30℃，RH 为 75% 作为加速条件，使用 5℃作为对照。在 1~4 周后，通过 HPLC 分析加速样品中母体化合物的损失以及降解产物的形成。在加速研究期间还监测药物的物理稳定性，以观察化学变化是否与物理转化相关。

(三) 溶液稳定性

药物在不同 pH 溶液中的化学稳定性是药物开发阶段进行的经典处方前研究。药物在 pH 2~8 范围的缓冲溶液以及生物相关介质中的化学稳定性数据用以评价药物是否具有足够的化学稳定性。对于注射剂的开发，该信息与 pH- 溶解度曲线对于确定制剂的 pH 和处方组成至关重要。溶液样品通常在 40℃的条件下（以 5℃作为对照）考察稳定性，得到含可电离基团的化合物的 pH 稳定性数据。根据降解机制，缓冲液类型和缓冲液强度有时会影响药物分子的化学稳定性，需要进行处方评估以支持溶液处方的开发。

第三节　处方前辅料相容性研究

了解特定晶型的 API 的固有化学和物理稳定性及其与辅料的相容性是开发稳定的制剂的先决条件。药物中的辅料是最终剂型中活性药物以外的物质。药物的最终制剂应具有准确的规格,足够的生物利用度,稳定性,制造可加工性和所需的外观。表 3-4 和表 3-5 中总结了通常用于固体剂型和注射剂的辅料。可能需要使用大量辅料以开发预期的制剂,这取决于药物性质和递送途径。关于药物和辅料相容性的详细内容可以参考其他文献,不在本章赘述,这里仅描述常见的相互作用以及研究药物 - 辅料相容性的一般方法和分析工具。

表 3-4　固体剂型常用辅料

类别	辅料
填充剂	乳糖、甘露醇、蔗糖、山梨醇、纤维素、磷酸钙、碳酸钙
黏合剂	聚维酮、预胶化淀粉、明胶、羟丙基纤维素、羟丙甲基纤维素
崩解剂	交联羧甲基纤维素钠、羧甲基淀粉钠、交联聚维酮、淀粉
润滑剂	硬脂酸镁、硬脂酸钙、硬脂酸、硬脂富马酸钠
助流剂	胶态二氧化硅、滑石粉、玉米淀粉
色素	有机染料及其色淀、矿物染料、天然着色剂
增溶剂	十二烷基硫酸钠、聚山梨酯、泊洛沙姆、蔗糖棕榈酸酯

表 3-5　注射剂常用辅料

类别	辅料
缓冲系统	磷酸盐、枸橼酸盐、酒石酸盐、三乙醇胺、精氨酸
冻干保护剂	蔗糖、乳糖、海藻糖、甘露醇、山梨醇、葡萄糖、棉子糖、甘氨酸、组氨酸、聚维酮(PVP)
等张调节剂	右旋糖、右旋糖酐、氯化钠、丙三醇、甘露醇
抗氧化剂	蛋氨酸、维生素 C、亚硫酸氢盐、丁基羟基茴香醚(butylated hydroxyanisole,BHA)、二丁基羟基甲苯(dibutyl hydroxy toluene,BHT)、硫代甘油、苯酚、间甲苯酚
抗菌剂和防腐剂	苯甲醇、尼泊金
螯合剂	EDTA
增溶剂	聚山梨酯、泊洛沙姆、氢化蓖麻油、卵磷脂、丙二醇、甘油、聚乙二醇 300/400、羟丙基环糊精、磺丁基环糊精

非化学惰性的辅料也可以与药物发生相互作用以诱导药物的物理和化学变化,并且可能对药物的生物利用度、功效和安全性产生负面影响。评估药物 - 辅料相容性是一项重要的处方前研究工作,它可以在药物开发的不同阶段进行,以指导辅料的选择或研究在制剂开发过程中遇到的复杂的物理和化学稳定性问题的机制。

辅料可以引起 API 的物理和化学性质不稳定。例如,含有羟基的 API 可以与含有羧酸基团的辅料形成酯。阿马道里重排(Amadori rearrangement)后的美拉德反应(Maillard reaction)是含有伯胺或仲胺的 API 与作为还原糖的辅料如乳糖和葡萄糖之间的常见反应。除了直接与 API 反应外,赋形剂还可以通过改变易发生酸/碱催化水解的固体剂型分子的微环境 pH 来加速药物降解。碳酸氢钙、磷酸二钙和硬脂酸镁是一类可在高湿度下诱导水解的辅料。药物分子的氧化可以通过自由基形成来诱发,并且各种辅料中的过氧自由基通常是氧化降解的主要原因。除化学降解外,辅料还可引起 API 发生不期望的晶型转化。对于作为弱碱的酸式盐的 API,辅料如硬脂酸镁或交联羧甲基纤维素钠可以诱导酸式盐歧化并导致形成具有较低溶解度的游离碱。对于含有无定型 API 的配方,辅料可加速药物结晶。

尽管可以先对 API 与辅料之间的潜在相互作用进行简单的预测,但并非所有相互作用都是明显的,尤其是当 API 与辅料中的杂质之间发生相互作用时。加速相容性研究用来确认可疑的不相容性,探索辅料的选择和探测可能无法预测的相互作用。使用单一 API 进行辅料相容性研究的常见方法是将 API 与每种辅料混合,混合物可以用来快速地了解 API 和每种辅料之间可能发生的化学反应,但是,它们不能探测涉及 3 种组分的相互作用。例如,一种辅料可以提高水活性或改变制剂的微环境 pH 并诱导 API 与第二种辅料之间的反应。出于这个原因,也可以制备二元混合物或简单制剂混合物以评估不相容性风险。二元混合物或简单制剂混合物中的载药量可以为 1%~50%,这取决于辅料的类型。较低的载药量可以提供更快速的相容性风险评估,但是要注意如果辅料与药物的比例过高可能会高估风险。随着项目的进展和对更具体的机制的了解加深,辅料相容性研究可能需要更接近目标制剂的组合,并且还可能需要结合工艺因素。由于辅料相容性研究的目的是明确辅料的选择,稳定性研究通常在加速条件下进行,如温度为 40℃、RH 为 75%,温度为 60℃或 80℃,以便快速获得结果。

传统上,将样品称重并手动混合以进行辅料相容性研究。随着自动化工具在制药业的广泛应用,可以通过粉末或液体自动称量和借助混合器将稳定性样品放置于 96 孔板上的方法评估大量辅料或辅料组合。自动筛选非常有利于探测复杂的相互作用。一些辅料相容性研究还可以结合压片作为第二维度来探测在各种辅料存在的情况下压力对 API 的物理和化学稳定性的影响。此外,压力增加了药物和辅料之间的接触面积,这可以加速反应。

药物 - 辅料相互作用可能需要很长时间才能在常规稳定性测试程序中表现出来,并且并不总是在处方前研究的加速稳定性条件下通过加速试验来预测。当出现与溶解和化学稳定性等关键产品质量相关的意外问题时,可以进行有目标的药物 - 辅料相容性研究以探索辅料诱导的相容性机制。

分析方法也是设计辅料相容性研究中的关键考虑因素,在很大程度上取决于可调动的资源。早期的辅料相容性试验需要测试大量的样品,因此需要快速的检测方法,这时速度比准确度和耐用性更重要。后期的相容性机制研究需要更仔细的分析,花的时间会更多并且分析方法要更细致。

相容性研究中应分析样品的物理状态和化学降解。在没有理解物理形态变化的情况下解释化学相容性数据可能很困难,因此应尽可能纳入同一研究中。色谱法[HPLC 或超高效液相色谱法(ultra performance liquid chromatography,UPLC)]用于检测化学降解,它们能够将降解产物与母体药物分离,并且具有广泛的适用性。理想情况下,可以开发相对快速且灵敏的稳定性指示方法以满足早期辅料相容性研究的需要。研究物理相互作用最常用的技术是 XRD 或拉曼光谱,这些是最容易获得的技术,也是最适合分析大量样品的技术,例如 96 孔板格式。

诸如 DSC 和等温微量量热法的热技术也用于检测固体和液体状态下药物和辅料之间的物理化学相互作用。在这些类型的研究中,将药物和辅料混合在一起,并在升高的温度下或在温度梯度下放置数小时至数日,将混合物的热性能与单纯组分的热性能进行比较,热性质的显著变化(当不能通过纯组分的总和来解释时)表明药物和辅料之间存在相互作用。这些热技术具有样品需求量少和分析时间短的优点,然而,结果不具有辨识度并且通常难以解释。

由药物 - 辅料相容性获得的信息对于降低制剂的物理和化学稳定性风险非常重要。如果某种辅料可以被具有类似功能的另一种辅料取代,则应避免使用这种辅料。例如,乳糖可以用甘露醇代替作为片剂的填充剂。可以考虑尽量减少药物和不相容辅料的接触来减慢反应动力学,并且可以通过处方和工艺设计实现,例如在颗粒内和颗粒外添加崩解剂或在片芯和功能性包衣层之间增加中间层。如果氧化是主要的稳定性风险,可以添加抗氧化剂,控制使用含有过氧化物的辅料。

第四节   新药开发过程中处方前与生物药剂学之间的互动

新药开发是一个非常复杂的过程,需要跨学科的互动和合作。在各种交流中,成功的处方前研究应该包括从事处方前研究的科学家和生物药剂学科学家之间的密切合作。后续章节将涵盖详细和全面的生物药剂学原理和方法,本节的目的是关注处方前研究与生物药剂学的互动。

根据定义,生物药剂学是研究药物的物理和化学性质、药物产品组成和生产过程的影响,以及给药途径和方案对全身药物吸收的速率和程度的影响。因此,对 API 和处方进行系统表征对于建立生物药剂学对药物产品体内行为的理解以及最终在人体内的生物学性能至关重要。生物药剂学分类系统(BCS)作为口服制剂开发的基础已经有大约 20 年。为了将 BCS 概念应用于现实世界中的处方开发,Butler和 Dressman 随后提出了可开发性分类系统(developability classification system,DCS)。无论是 BCS 还是DCS,API 的溶解度和渗透性已成为口服吸收和生物利用度风险评估的重点。然而,由于其局限性如溶解度测量中的生物相关性和动力学中的生理相关性,BCS 是一种相当简化的用于定量预测生物性能的系统。近年来,基于生理学的吸收建模已经越来越成功地用于风险评估,并且通过结合处方前研究中产生的生理学和动力学相关的溶解度来指导制剂开发。本节将特别关注具有直接生物药剂学影响的几项关键处方前研究。

一、体外溶解度测量的质量的重要性

准确和可重复的溶解度测量对于确定早期临床制剂开发策略至关重要。事实上,使用剂量数[Do,定义为给药体积(250ml)中的药物浓度与药物在水中的饱和溶解度之比]已被提议作为设计首次人体(FIH)制剂的关键因素。然而,对于许多 BCS II和 / 或IV类化合物,使用 API 在水中的溶解度可能低于或高于体内的实际剂量数。对于弱碱分子,在胃液中的溶解度通常远高于在肠液中的溶解度,因此,弱碱分子在胃液中快速溶解之后可能在上部小肠液中析出。对于弱酸分子而言则相反,弱酸分子通常不溶于胃液,但更易溶于小肠液,在这里发生大部分吸收。这些差异是 DCS 中提出的 BCS IIa 和 IIb 亚类的基础,当开发这两种不同的分子时,为了得到具有良好生物学性能的临床制剂所遇到的挑战明显不同。此外,游离酸或碱的选择与使用盐形式的 API 也将改变体内溶解和析出过程的动力学。

除人体胃肠道(gastrointestinal tract,GIT)的 pH 梯度外,胃肠液中内源性表面活性剂(如胆汁盐、脂肪酸、卵磷脂等)的存在可显著改变亲脂性分子的溶解度。在禁食与进食状态的小肠液之间可以观察到明显的 pH、脂质含量差异,预计这会对 BCS Ⅱ和Ⅳ类分子的体内溶解度产生很大的影响。因此,在 API 溶解度的处方前研究中,必须采用生理学相关的方法。近年来,生理相关介质如模拟胃液(SGF, pH 1.2)、禁食状态胃液(FaSGF,pH 1.6)、禁食状态模拟肠液(FaSSIF,pH 6.5)和进食状态模拟肠液(FeSSIF,pH 5.0)已被广泛用于药物开发。最后,由于外源化合物分子的口服吸收通常发生在小肠中(除了一些可能在结肠或胃中吸收有限的分子外),生理相关介质中的溶解度测量需要考虑到典型的人体肠道转运时间为 2~4 小时,以区别于传统的平衡溶解度测量值。

API 在各种胃肠道液体中的动力学溶解度将作为生物药剂学风险评估的关键参数,用于整体口服吸收、临床食物效应和临床药物 - 药物相互作用的研究。这些药物相互作用涉及胃液 pH 改变剂如抗酸药(包括质子泵抑制剂)。如果处方前研究提示高风险,后续生物药剂学研究可以采用包括建模和模拟,和 / 或临床前体内研究,以进一步量化风险。

二、了解活性药物成分(API)的物理属性的重要性

如上所述,在生理学相关介质中 API 溶解度的准确和可靠测量是生物药剂学理解 API 的体内行为的基础。然而,API 的晶型和属性可以改变体内溶解的动力学,从而影响口服吸收的速率和程度。由于人体胃肠道的独特性质,不同的 API(游离形式与盐)可以表现出完全不同的体内动力学溶解度。此外,如果溶解是吸收动力学中的限速步骤并且目标分子具有窄的吸收窗,在这种情况下,API 的属性(例如粒径)可以在实现目标全身暴露中起关键作用。虽然口服吸收模型可以估计 API 的影响和对药代动力学的影响,但仔细考察 API 的形态(颗粒形状、表面积等)和 API 在生理相关介质中的物理稳定性可以在生物药剂学模拟工作中起到更有意义的作用。

无论在何阶段(制造过程、产品储存 / 保质期或体内吸收过程)以及何时发生 API 的相变,生物药剂学风险评估都很重要。在后期开发过程中,如果想要转换 API 的晶型,则需要证明关键的临床研究中使用的新、旧临床配方之间的生物等效性,这样才能满足监管要求。

由于在过去的 20 年中开发了很多水溶性差的化合物,基于聚合物的固体分散物制剂在临床制剂开发中变得越来越普遍。与常规剂型中辅料通常是惰性组分相反,这些分散体系中的聚合物辅料在调节制剂中的 API 溶解度和释放动力学中起重要作用。了解这些系统提供的过饱和度以及导致 API 体内析出的因素对于生物药剂学科学家在风险评估和临床数据解释方面具有十分重要的意义,更重要的是,从事处方前研究的科学家与生物药剂学科学家的共同努力可指导聚合物系统的选择,以调节制剂的体内行为,以获得最佳的物理稳定性和生物学性能。

三、API-API 和 API- 辅料相互作用在固定剂量组合中对生物性能的影响

在众多驱动因素中,包括患者便利性和增强的医疗效益,固定剂量组合(fixed dose combination, FDC)产品开发已成为药物开发和产品生命周期管理的重要组成部分。在单一剂型中掺入具有不同物理化学和生物药物性质的两种或更多种 API 在产品开发中可能是个挑战。出于对化学稳定性的考虑,

每种 API 的固有性质可能决定了使用的辅料的类型。通常,这些要求也限制了剂型设计和制造过程的选择。

从生物药剂学的角度来看,每种 API 及其选择的晶型的性质可能潜在地导致 FDC 剂型内的 API-API 相互作用,这可能对一个或两个分子的体内行为(例如释放动力学、后续析出速率)和吸收产生影响。此外,某些采用辅料稳定或溶解一个分子的做法可能对另一个分子的溶出 / 溶解度产生正面或负面的影响。在这种情况下,如果需要证明 FDC 和共同施用的个体药物之间的生物等效性,则 FDC 剂型内的 API- 辅料相互作用可能是个问题。因此,在临床评估 FDC 剂型之前,应在处方前研究中进行 API-API 和 API- 辅料相互作用的研究。这些研究的结果可以被生物药剂学科学家在进行后续建模时,和 / 或临床前体内评估以进一步量化风险时使用。

四、案例研究

案例研究 1:用于处方开发的 API 选择

化合物 A 是用于治疗传染病的药物,目标剂量为 30mg。药物分子是一种弱碱,有两个 pK_a,一个约为 3,另一个小于 1.5。在 pH 为 7 时,游离碱形式的 $logD$ 约为 2.5,这表明化合物 A 是疏水性的,水溶性差。多晶型研究表明结晶游离碱具有的结晶形式为一水合物和二水合物,将一水合物和二水合物的混合物进行乙醇 / 水溶剂体系的打浆研究,在各种水活度下进行 1 周,以了解两种水合物形式的相对稳定性。表 3-6 总结了打浆研究的结果,结果证实,在 25℃和 40℃下水活度范围为 10%~75% 时,一水合物是热力学稳定的。当水活度高于 85% 时,二水合物形式更稳定。

表 3-6　一水合物和二水合物的混合物在不同水活度下的乙醇 / 水体系中的浆料研究结果

温度 /℃	水活度	晶型	温度 /℃	水活度	晶型
40	0.95	二水合物	25	0.95	二水合物
40	0.90	二水合物	25	0.90	二水合物
40	0.85	二水合物	25	0.85	二水合物
40	0.75	一水合物	25	0.75	一水合物
40	0.65	一水合物	25	0.65	一水合物
40	0.50	一水合物	25	0.50	一水合物
40	0.35	一水合物	25	0.35	一水合物
40	0.10	一水合物	25	0.10	一水合物

表 3-7 总结了一水合物的游离碱形式的平衡溶解度随 pH 的变化。显然,游离碱形式表现出 pH 依赖性溶解度,在模拟胃液(SGF,pH1.8)中的溶解度为 0.10mg/ml,在禁食状态模拟肠液(FaSSIF,pH 6.5)中的溶解度为 0.015mg/ml,用于临床研究的 30mg 目标剂量需要药物以 0.12mg/ml 的浓度溶解在胃液中(假设胃容积为 250ml),这大于游离碱一水合物结晶态在生物 pH 范围内的溶解度。生物相关介质中剂量相关浓度和药物溶解度之间的比率(SGF 和 / 或 FaSSIF)即剂量数为 1.2~8,这表明可以开发具有结晶游离碱的常规制剂以实现足够的口服生物利用度,可能需要通过 API 的优化(盐或共晶)和 / 或无定型态制剂进一步溶解以使生物利用度最大化。

表 3-7　游离碱一水合物在各种 pH 缓冲介质和生物相关介质中的平衡溶解度

溶出介质	溶解度 /(μg/ml)			pH
	1 小时	24 小时	72 小时	（72 小时）
水	4	6	6	6.4
50mmol/L pH 2 磷酸盐缓冲液	20	31	41	2.3
50mmol/L pH 3 磷酸盐缓冲液	5	8	8	3.2
50mmol/L pH 6.5 磷酸盐缓冲液	3	4	4	6.6
50mmol/L pH 8 磷酸盐缓冲液	1	1	1	7.7
禁食状态模拟肠液	9	11	14	6.6
人工胃液	27	35	36	5.0
模拟胃液	43	62	82	1.9

在稳定性研究中,游离碱一水合物在升高的 RH 条件下在 25℃和 40℃下表现出良好的物理和化学稳定性。为了评估压实对结晶度的影响,在各种压缩力下对游离碱一水合物进行物理表征分析[例如 XRD 和傅里叶变换拉曼光谱(Fourier transform Raman spectroscopy,可简称为 FT-Raman)]以识别任何固态相变。表征研究在 200MPa 压力下检测到约 30% 的结晶度损失,这表明游离碱一水合物形式对压实敏感,可能不适合压片过程。

进行盐和共晶筛选研究以找到在制剂开发中能够提高溶解度且可接受加工的 API 的晶型。从盐筛选研究中发现了盐酸盐,并且与游离碱一水合物相比,盐酸盐表现出了优异的动力学溶解性。然而,当 RH 为 65% 或更高时,盐酸盐会发生潮解,并且热表征研究表明在 60℃下可能发生氯化氢的损失。由于与碱性辅料如硬脂酸镁反应,在二元组分压片和探索制剂中也观察到辅料诱导的歧化。因此,虽然盐酸盐确实表现出较高的动力学溶解性,但由于其不利的物理性质和盐歧化的高风险而不再进一步对其开发。

科学家还从共晶筛选研究中选出两个目标物(苯甲酸和酒石酸)。苯甲酸共晶是无水物形式,但即使在室温、RH 为 35% 条件下也可以容易地转化成水合物形式。它在模拟胃液(SGF)中的溶解速度比游离碱一水合物快,但在 30 分钟后仍不能在 SGF 中完全溶解。由于结晶对于溶解度的增加很有限,且在低 RH 条件下易于转化为水合物形式,因此没有选择苯甲酸晶体进行后续开发。酒石酸共晶是从筛选研究中鉴定的另一种共晶形式,但不能重复制备,因此也没有进一步研究。

最后,评估无定型态形式提高溶解度的潜力。表 3-8 比较了无定型态游离碱和结晶游离碱一水合物在禁食状态模拟肠液(FaSSIF)和 SGF 中在不同时间点的溶出度和溶解度,数据显示,无定型态游离碱的动力学溶解度比其对应的结晶态的动力学溶解度高 10 倍,这对于制剂开发和优化增强溶解度而言是一个很大的优势。此外,无定型态游离碱的玻璃化转变温度约为 95℃,高 T_g 表明无定型形态在防潮条件和常规环境温度下具有良好的物理稳定性。

用游离碱制备三种原型制剂,并在临床前研究中对经五肽促胃液素预处理的犬进行给药,以评价各种制剂的体内性能。一种制剂是填充有干颗粒的胶囊,干颗粒中含有粒径为 5μm 的结晶游离碱一水合物;第二种制剂是喷雾干燥制备的中间体片剂,以测试对无定型态固体分散物增强溶解度的益处;最

表 3-8　无定型态游离碱和结晶游离碱—水合物的生物相关溶解度

API 的晶型	介质	溶解度 /(μg/ml)			
		5 分钟	2 分钟	40 分钟	60 分钟
无定型态游离碱	FaSSIF	154	155	152	156
	SGF	758	779	780	781
结晶游离碱—水合物	FaSSIF	3	4	6	9
	SGF	15	22	33	43

后一种处方是游离碱在 PEG 400 溶液中,用作药代动力学比较的基准。犬的药代动力学研究在 $n=6$ 下进行,给药水平为 1mg/kg。测量两种固体剂型的药代动力学参数如 $AUC_{0\to 24h}$ 和 C_{max},并通过基准 PEG 400 溶液的药代动力学参数进行标准化,从而进行药代动力学比较。表 3-9 总结了药代动力学结果,数据显示,含有游离碱的无定型态固体分散物片剂制剂表现最佳,并且具有与溶液参照物相当的生物利用度,且远高于具有结晶游离碱的胶囊剂的生物利用度。因此,含有游离碱的无定型态固体分散物制剂在临床研究中,可能能够提供足够的生物暴露剂量,并应被选择作为进一步开发的先导化合物制剂。

表 3-9　三种游离碱固体剂型的药代动力学参数比较

制剂(1mg/kg,$n=6$)	$AUC_{0\to 24h}$ 比	C_{max} 比	t_{max}/h
PEG 400 溶液剂	1	1	0.5
胶囊剂(5μm 游离碱)	0.6	0.4	1.0
喷雾干燥制备固体分散物压制的片剂	1.1	1	1.0

在这个案例中,从 API 筛选研究中确定了许多目标,并且在对其物理化学性质进行严格评估后,选择游离碱—水合物形式用于药物开发,并将其制备成无定型态固体分散物制剂用于药物开发。

案例研究 2:游离碱与盐

化合物 B 是具有强 pH 依赖性溶解度的无水游离碱,仅鉴定出一种结晶形式即无水物 Ⅰ。无水物 Ⅰ 具有物理和化学稳定性,在酸性介质如模拟胃液(pH<2)中的溶解度 >2mg/ml,但在 pH 4.5 时溶解度降至 0.05mg/ml,在 pH 6.5 的 FaSSIF 培养基中的溶解度为 0.01mg/ml。临床制剂中化合物 B 的目标剂量为 50mg,其基于 FaSSIF 中的溶解度计算得到剂量数为 20。由于在升高的胃液 pH 条件下溶解性差,尤其是对于胃酸缺乏的患者而言,相对较高的剂量数能引起药物吸收减少的问题。进行晶型筛选和评估研究以选择可行的晶型,这可以降低在高 pH 条件下的低溶解度风险并且提供用于治疗的足够的暴露量。

在盐筛选研究中发现酒石酸盐,在生理 pH 范围内显示出比游离碱显著提高的溶解度。图 3-20 以剂量相关浓度(50mg/250ml)覆盖酒石酸盐(无水物 Ⅰ)和游离碱无水物在 pH 6.8 缓冲液(10mmol/L 的磷酸盐缓冲液)中的溶出曲线。结果表明,酒石酸盐在溶解的最初 15 分钟内具有比游离碱高得多的动力学溶解度。之后,由于游离碱的形成和析出,溶解介质中的药物浓度下降。

酒石酸盐具有两种多晶型:无水物 Ⅰ 和无水物 Ⅱ。无水物 Ⅰ 是热力学稳定的形式,并且被选择用于处方开发。在游离碱和酒石酸盐的单独制剂上进行犬的临床前研究以评估生物学性能，配制以下 3 种处方：①不含酸化剂的游离碱干燥颗粒配方；②游离碱干燥颗粒配方，用酒石酸作酸化剂；③不含酸化剂的酒石酸盐干颗粒配方。犬的药代动力学研究设计有 4 个组别来评估游离碱和酒石酸盐在不同胃液 pH 条件下的生物学性能，对照组将没有酸化剂的游离碱制剂给予经五肽促胃液素处理的犬，这代表在低 pH 条件下药物完全释放的情况，并且可以用作药代动力学比较的基准；对

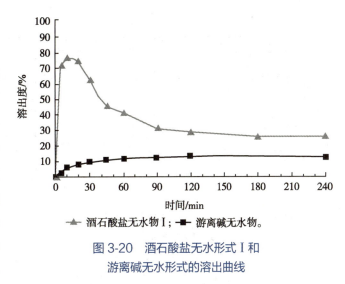

图 3-20　酒石酸盐无水形式 I 和
游离碱无水形式的溶出曲线

于剩余的组别，将上述 3 种制剂分别给予法莫替丁处理的犬，其代表在胃中 pH 较高，缺乏能使药物溶解的盐酸条件。剂量水平为 0.75mg/kg，其模拟人体内 50mg 的剂量。

表 3-10 总结了犬接受了 3 种法莫替丁制剂和基准组制剂后，AUC 和 C_{max} 的比较。结果表明，不含酒石酸的游离碱制剂在盐酸缺乏的条件下先显示出显著降低的 AUC 和 C_{max}，而酸化制剂（酒石酸盐制剂）在相同的条件下提高了游离碱的指标。然而，当酸化的游离碱制剂在高湿度条件下储存时，检测到酒石酸盐的形成。在盐酸缺乏的条件下，酒石酸盐制剂可以降低由高胃液 pH 引起的低药物暴露的风险，表现出了很好的药代动力学特性。它还在 25℃ 和 40℃ 的高湿度条件下表现出良好的物理和化学稳定性。由于具有很好的体内性能和稳定性，酒石酸盐被选作 API 用于制剂开发支持临床研究。

表 3-10　犬药代动力学研究中游离碱和酒石酸盐固体剂型的药代动力学参数

制剂	AUC 比	C_{max} 比
五肽促胃液素（游离碱制剂）	1	1
法莫替丁（游离碱制剂）	0.5	0.3
法莫替丁（含酸化剂的游离碱制剂）	0.7	0.6
法莫替丁（酒石酸盐制剂）	1.1	1.1

案例研究 3：辅料相容性

化合物 E 是具有低水溶性的游离碱分子。从盐筛选研究中鉴定出化合物 E 的盐酸盐，并且由于它具有更高的动力学溶解度而选择用于制剂开发。为了选择合适的辅料从而开发含有盐酸盐的制剂，对盐酸盐和常用辅料的物理混合物进行辅料相容性研究，以评价盐酸盐在功能性辅料存在下的化学和物理稳定性。表 3-11 列出了在辅料相容性研究中评估的功能性辅料，其中药物和单个辅料的二元混合物通过粉末混合的高通量自动化方法以 10% 的载药量制备，如表 3-12 中的设计所示。然后将二元混合物在 40℃、RH 75% 条件下进行加速试验，以加速盐酸盐和某些辅料之间的潜在反应，以便快速识别出辅料导致的不稳定性。相同的二元样品也在 40℃ / 环境条件下储存作为对照。在 2 周和 4 周时间点提取样品，然后进行分析测试，例如 HPLC 和 XRD，以测量稳定性变化。

表 3-11 盐酸盐辅料相容性研究中的常用辅料

功能	辅料	功能	辅料
填充剂	一水乳糖 磷酸氢钙 微晶纤维素 甘露醇	增溶剂	泊洛沙姆 十二烷基硫酸钠 维生素 E 琥珀酸聚乙二醇酯
润滑剂	硬脂酸镁 硬脂富马酸钠 硬脂酸	黏合剂	羟丙甲基纤维素 羟丙基纤维素 聚维酮
崩解剂	交联羧甲基纤维素钠 交联聚维酮	助流动	二氧化硅

表 3-12 盐酸盐高通量辅料配伍研究平板设计

	1	2	3
A	API	API	API
			二氧化硅
	100%	100%	1∶9
B	API	API	API
	甘露糖	一水乳糖	磷酸氢钙
	1∶9	1∶9	1∶9
C	API	API	API
	微晶纤维素	硬脂酸镁	硬脂富马酸钠
	1∶9	1∶9	1∶9
D	API	API	API
	硬脂酸	交联羧甲基纤维素钠	交联聚维酮
	1∶9	1∶9	1∶9
E	API	API	API
	泊洛沙姆	十二烷基硫酸钠	维生素 E 琥珀酸聚乙二醇酯
	1∶9	1∶9	1∶9
F	API	API	API
	羟丙甲基纤维素	羟丙基纤维素	聚维酮
	1∶9	1∶9	1∶9

　　基于强制降解研究,化合物 E 易水解。碱性盐的辅料如磷酸氢钙和硬脂酸镁可以在物理混合物中对盐酸盐产生高微环境 pH 以诱导碱催化水解。化合物 E 具有伯胺基团,因此当与糖如乳糖和葡萄糖共存时也可以发生美拉德反应。在 4 周时间点取出 40℃、RH 75% 条件下贮存的二元混合物,图 3-21 总结了二元混合物的化学稳定性。测定分析数据显示,当与乳糖和磷酸氢钙二元混合时,盐酸盐 API 发生显著降解。通过碱诱导的水解,在与硬脂酸镁的混合物中也检测到低水平的降解。由于其在 40℃、RH 75% 条件下的吸湿性,泊洛沙姆是另一种加速化合物 E 水解降解的辅料。

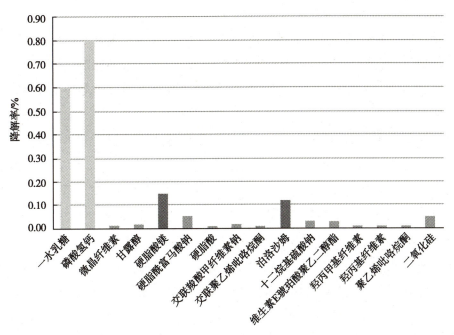

图 3-21 在 4 周时间点取出的二元混合物的测定结果

作为酸性盐,当与碱性辅料如交联羧甲基纤维素钠、硬脂酸镁和硬脂富马酸钠通过酸碱中和或离子交换反应共存时,盐酸盐也易于歧化。在辅料相容性研究中,进行 XRD 实验以检测由辅料在加速条件下诱导的盐歧化导致的结晶游离碱的形成。表 3-13 总结了在 4 周时间点从 40℃、RH 75% 条件中取出的二元混合物的 XRD 结果。结果显示,在 API 与硬脂酸镁、硬脂富马酸钠、十二烷基硫酸钠和交联羧甲基纤维素钠的二元混合物中检测到盐歧化。因此,盐酸盐 API 的物理稳定性将成为含有这些辅料的制剂的关注点。

表 3-13 在 4 周时间点从 40℃、RH 75% 条件取出二元样品的 X 射线粉末衍射分析

	1	2	3
A	API	API	API
			二氧化硅
B	API	API	API
	甘露醇	一水乳糖	磷酸氢钙
C	API	API[a]	API[a]
	微晶纤维素	硬脂酸镁[a]	硬脂富马酸钠[a]
D	API	API[a]	API
	硬脂酸	交联羧甲基纤维素钠[a]	交联聚维酮
E	API	API[a]	API
	泊洛沙姆	十二烷基硫酸钠[a]	维生素 E 琥珀酸聚乙二醇酯
F	API	API	API
	羟丙甲基纤维素	羟丙基纤维素	聚维酮

注:a. 表示通过二元混合物中的 XRD 表征检测到结晶游离碱。

　　在辅料相容性研究中,乳糖、磷酸氢钙、硬脂酸镁、泊洛沙姆、交联羧甲基纤维素钠、硬脂富马酸钠和十二烷基硫酸钠被鉴定为不相容的辅料,它们对制剂中的盐酸盐 API 具有很高的稳定性风险。如果没有替代品,这些辅料应该用具有类似功能的其他辅料代替,或者较少量地使用这些辅料。

　　分析表明,在与乳糖和磷酸氢钙的混合物中 API 降解显著增加,在与硬脂酸镁和泊洛沙姆的混合物中也检测到少量降解。

　　处方前研究旨在探索 API 的理化和生物学性质、API 与辅料之间的相互作用,以及生产过程和环境因素对 API 稳定性的影响。这些探索性研究是所有临床前、临床期间和上市处方开发活动的先决条件。处方前研究几乎贯穿于整个药物开发过程,以支持确定用于临床评估的有前景的新化合物实体,或安全、有效、稳定、有希望可上市销售的药物制剂。处方前研究处于药物研究和开发的中间阶段,选择正确的分子并在开发阶段有效地推进。从事处方前研究的科学家接受过有机和物理化学、固态表征、生物药剂学以及制剂原理方面的丰富的知识培训,他们经常与来自不同职能领域的大量学者进行合作,因此对于他们来说,对整个药物研发过程的理解以及较强的沟通能力是很重要的。

（寇　翔）

参考文献

[1] SCHUHMACHER A,GASSMANN O,HINDER M. Changing R&D models in research-based pharmaceutical companies. Journal of translational medicine,2016,14(1):105.

[2] PAUL S M,MYTELKA D S,DUNWIDDIE C T,et al. How to improve R&D productivity:the pharmaceutical industry's grand challenge. Nature reviews drug discovery,2010,9(3):203-214.

[3] SAXENA V,PANICUCCI R,JOSHI Y,et al. Developability assessment in pharmaceutical industry:an integrated group approach for selecting developable candidates. Journal of pharmaceutical sciences,2009,98(6):1962-1979.

[4] CHAUBAL M V. Application of drug delivery technologies in lead candidate selection and optimization. Drug discovery today,2004,9(14):603-609.

[5] MANSKY P,DAI W G,LI S,et al. Screening method to identify preclinical liquid and semi-solid formulations for low solubility compounds:miniaturization and automation of solvent casting and dissolution testing. Journal of pharmaceutical sciences,2007,96(6):1548-1563.

[6] HITCHINGHAM L,THOMS V H. Development of a semi-automated chemical stability system to analyze solution based formulations in support of discovery candidate selection. Journal of pharmaceutical and biomedical analysis,2007,43(2):522-526.

[7] LIPINSKI C A,LOMBARDO F,DOMINY B W,et al. Experimental and computational approaches to estimate solubility and permeability in drug discovery and development settings. Advanced drug delivery reviews,1997,23(1-3):3-25.

[8] DEARDEN J C,BRESNEN G M. The measurement of partition coefficients. Molecular informatics,1988,7(3):133-144.

[9] YU L. Amorphous pharmaceutical solids:preparation,characterization and stabilization. Advanced drug delivery reviews,2001,48(1):27-42.

[10] BHUGRA C,PIKAL M J. Role of thermodynamic,molecular,and kinetic factors in crystallization from the amorphous state. Journal of pharmaceutical sciences,2008,97(4):1329-1349.

[11] COQUEREL G. The "structural purity" of molecular solids-an elusive concept? Chemical engineering and processing,2006,45(10):857-862.

[12] DAVIDOVICH M,GOUGOUTAS J Z,SCARINGE R P,et al. Detection of polymorphism by powder X-ray diffraction:

interference by preferred orientation. American pharmaceutical review, 2004, 7(1):10-16, 100.

[13] AYALA A P, SIESLER H W, BOESE R, et al. Solid state characterization of olanzapine polymorphs using vibrational spectroscopy. International journal of pharmaceutics, 2006, 326(1-2):69-79.

[14] KACHRIMANIS K, BRAUN D E, GRIESSER U J. Quantitative analysis of paracetamol polymorphs in powder mixtures by FT-Raman spectroscopy and PLS regression. Journal of pharmaceutical and biomedical analysis, 2007, 43(2):407-412.

[15] VAN DOOREN A A. Effects of heating rates and particle sizes on DSC peaks. [2024-10-03]. https://www.sciencedirect.com/science/article/abs/pii/0040603182850703.

[16] BANGA S, CHAWLA G, VARANDANI D, et al. Modification of the crystal habit of celecoxib for improved processability. Journal of pharmacy and pharmacology, 2007, 59(1):29-39.

[17] RASENACK N, MÜLLER B W. Ibuprofen crystals with optimized properties. International journal of pharmaceutics, 2002, 245(1-2):9-24.

[18] RASENACK N, MÜLLER B W. Crystal habit and tableting behavior. International journal of pharmaceutics, 2002, 244(1-2):45-57.

[19] VARIANKAVAL N, COTE A S, DOHERTY M F. From form to function:crystallization of active pharmaceutical ingredients. AIChE journal, 2008, 54(7):1682-1688.

[20] ARNDT M, CHOKSHI H, TANG K, et al. Dissolution media simulating the proximal canine gastrointestinal tract in the fasted state. European journal of pharmaceutics and biopharmaceutics, 2013, 84(3):633-641.

[21] ICH Guideline:Photostability testing of new drug substance and products Q1B. [2024-10-03]. https://database.ich.org/sites/default/files/Q1B%20Guideline.pdf.

[22] NARANG A S, MANTRI R V, RAGHAVAN K S. Excipient compatibility and functionality. [2024-10-03]. https://www.sciencedirect.com/science/article/abs/pii/B9780128024478000066.

[23] YU H, CORNETT C, LARSEN J, et al. Reaction between drug substances and pharmaceutical excipients:formation of esters between cetirizine and polyols. Journal of pharmaceutical and biomedical analysis, 2010, 53(3):745-750.

[24] WIRTH D D, BAERTSCHI S W, JOHNSON R A, et al. Maillard reaction of lactose and fluoxetine hydrochloride, a secondary amine. Journal of pharmaceutical sciences, 1998, 87(1):319.

[25] BADAWY S I, HUSSAIN M A. Microenvironmental pH modulation in solid dosage forms. Journal of pharmaceutical sciences, 2007, 96(5):948-959.

[26] STANISZ B. The influence of pharmaceutical excipients on quinapril hydrochloride stability. Acta poloniae pharmaceutica, 2005, 62(3):18993.

[27] GOVINDARAJAN R, LANDIS M, HANCOCK B, et al. Surface acidity and solid-state compatibility of excipients with an acid-sensitive API:case study of atorvastatin calcium. American Association of Pharmaceutical Scientists pharmaceutical science & technology, 2014, 16(2):354-363.

[28] NARANG A S, RAO V M, DESAI D S. Effect of antioxidants and silicates on peroxides in povidone. Journal of pharmaceutical sciences, 2012, 101(1):12739.

[29] HUANG T H, GARCEAU M E, GAO P. Liquid chromatographic determination of residual hydrogen peroxide in pharmaceutical excipients using platinum and wired enzyme electrodes. Journal of pharmaceutical and biomedical analysis, 2003, 31(6):1203-1210.

[30] JOHN C, XU W, LUPTON L, et al. Formulating weakly basic HCl salts:relative ability of common excipients to induce disproportionation and the unique deleterious effects of magnesium stearate. Pharmaceutical research, 2013, 30(6):1628-1641.

[31] GUERRIERI P, TAYLOR L S. Role of salt and excipient properties on disproportionation in the solid-state. Pharmaceutical

research,2009,26(8):2015-2026.

[32] ZHANG S W,YU L,HUANG J,et al. A method to evaluate the effect of contact with excipients on the surface crystallization of amorphous drugs. American Association of Pharmaceutical Scientists pharmaceutical science & technology,2014,15(6): 1516-1526.

[33] AMIDON G L,LENNERNÄS H,SHAH V P,et al. A Theoretical basis for a biopharmaceutic drug classification:the correlation of in vitro drug product dissolution and in vivo bioavailability. Pharmaceutical research,1995,12(3):413-420.

[34] BUTLER J M,DRESSMAN J B. The developability classification system:application of biopharmaceutics concepts to formulation development. Journal of pharmaceutical sciences,2010,99(12):4940-4954.

[35] KESISOGLOU F,CHUNG J,VAN ASPEREN J,et al. Physiologically based absorption modeling to impact biopharmaceutics and formulation strategies in drug development-industry case studies. Journal of pharmaceutical sciences, 2016,105(9):2723-2734.

[36] KU M S. Use of the biopharmaceutical classification system in early drug development. American Association of Pharmaceutical Scientists journal,2008,10(1):208-212.

[37] VAN DEN BERGH A,VAN HEMELRYCK S,BEVERNAGE J,et al. Preclinical bioavailability strategy for decisions on clinical drug formulation development:an in depth analysis. Molecular pharmaceutics,2018,15(7):2633-2645.

[38] KLEIN S. The use of biorelevant dissolution media to forecast the in vivo performance of a drug. American Association of Pharmaceutical Scientists journal,2010,12(3):397-406.

[39] MITRA A,KESISOGLOU F,BEAUCHAMP M,et al. Using absorption simulation and gastric ph modulated dog model for formulation development to overcome achlorhydria effect. Molecular Pharmaceutics,2011,8(6):2216-2223.

[40] WU Y H,LOPER A,LANDIS E,et al. The role of biopharmaceutics in the development of a clinical nanoparticle formulation of MK-0869:a Beagle dog model predicts improved bioavailability and diminished food effect on absorption in human. International journal of pharmaceutics,2004,285(1-2):135-146.

[41] BEVERNAGE J,FORIER T,BROUWERS J,et al. Excipient-mediated supersaturation stabilization in human intestinal fluids. Molecular pharmaceutics,2011,8(2):564-570.

[42] MITRA A,WU Y H. Challenges and opportunities in achieving bioequivalence for fixed-dose combination products. American Association of Pharmaceutical Scientists journal,2012,14(3):646-655.

[43] WUELFING W P,DAUBLAIN P,KESISOGLOU F,et al. Preclinical dose number and its application in understanding drug absorption risk and formulation design for preclinical species. Molecular pharmaceutics,2015,12(4):1031-1039.

第四章　纳米药物递送系统的药代动力学

　　纳米药物递送系统(nanoparticle drug delivery system, NDDS)是指通过药剂学技术制备的粒径为纳米(1~1 000nm)级的新型制剂。该制剂利用肿瘤与正常组织微环境之间的微妙差异，实现靶向输送药物，给肿瘤的治疗带来了希望。NDDS通过将抗肿瘤药包埋、囊封、吸附或键合在纳米载体中，形成共聚结合物、脂质体、聚合物胶束和蛋白结合物等给药系统，可以改善负载药物的药代动力学性质，从而实现靶向给药。迄今为止，尽管各国在NDDS研发方面投入了巨大的人力、物力和财力，但是上市的产品却寥寥无几。目前，普遍认为NDDS临床转化率低的原因主要包括以下几个方面：①纳米制剂的生产不同于传统制剂，需要新设备、新工艺，还存在批间差异大和质量控制难等问题。②在荷瘤鼠模型上进行的研究表明，纳米制剂在同种属动物不同个体之间的效应等差别较大。而相较于动物模型，人类肿瘤更是高度复杂且异质性的，两者在相对大小、种属和肿瘤微环境等方面的差异给临床转化带来了更大的挑战。③NDDS进入体内后，主要以载体、高分子材料和药物分子等多种形态存在，由于缺少前瞻性的理论指导，尤其是缺少有效的检测方法与工具，当前对各类NDDS体内过程的认知往往是极为片面的，所获得的碎片化信息也常常是自相矛盾的，无法全面揭示NDDS的体内过程。

　　本章将对NDDS的药代动力学相关问题进行全面阐述。第一节结合国内外的最新研究进展，讨论纳米药物载体在系统水平的药代动力学研究方法；第二节介绍纳米药物载体在细胞水平的动力学过程；第三节探究构成纳米载体的高分子材料的药代动力学，以聚乙二醇、多糖和聚酯等经典的载体材料为例，对它们的体内过程和毒理学进行讨论；第四节以脂质体、胶束和白蛋白制剂为例，阐明纳米药物中活性药物成分的药代动力学。

第一节　纳米药物载体的系统药代动力学研究方法

一、荧光标记法

(一)普通荧光标记

　　荧光标记法是一种常用的体内示踪和检测纳米药物载体的方法，具有成本低、侵入性低等特点，可以直观地反映纳米药物载体的药代动力学行为。常见的荧光标记探针包括吲哚三碳菁(1,1-dioctadecyl-3,3,3,3-tetramethylindotricarbocyanine iodide, DiR)、聚二乙炔(polydiacetylene, PDA)和羧基荧光素（carboxyfluorescein,CF）等。Hagtvet 等选择 DiR 作为示踪剂研究多柔比星脂质体在肿瘤内的分布,这种荧光标记物具有较强的组织穿透能力,荧光量子产率高,而且能激发近红外光。结果表明,静脉注射的多柔比星脂质体在肿瘤内逐渐蓄积,直至 48 小时后达到平台水平。Rip 等使用了一种自猝灭的荧光标记探针 CF,在 485nm/538nm 处成功地定量了肝、脾、肾、肺、脑、脊髓、血浆和脑内皮细胞中的脂质体含量,发现谷胱甘肽修饰的 PEG 化脂质体更易递送至大脑。上述研究进一步证明了荧光标记法是研究纳米颗粒的药代动力学过程的实用工具。

　　PDA 是一类共轭聚合物,具有独特的光学、色度和荧光性质,可用于激发近红外光和可逆荧光检测(图 4-1)。Li 等采用此探针,利用流式细胞术和细胞成像技术,观察叶酸修饰的脂质体在 Bcap-37 乳腺癌细胞和 Hs578Bst 正常细胞内的分布。结果表明,叶酸修饰的脂质体具有良好的肿瘤靶向性、生物相容性和低细胞毒性。

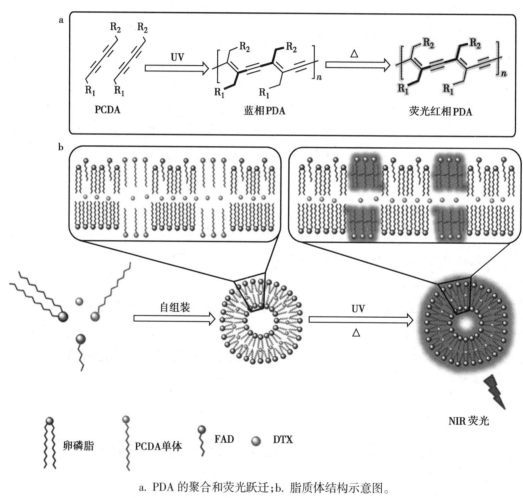

a. PDA 的聚合和荧光跃迁;b. 脂质体结构示意图。
PCDA:10,12- 二十五碳二炔酸;FAD:叶酸;DTX:多西他赛。
图 4-1　利用 PDA 标记脂质体并进行荧光检测的基本原理

　　许多研究选择的荧光探针发光范围为近红外范围,这是因为生物基质在可见光(350~700nm)和红外光(>900nm)范围内均具有较高的吸收率;而生物分子在近红外波长段(700~900nm)的吸收弱,背景干扰低,灵敏度相对较高。因此,近红外光染料能够显著提高荧光成像的选择性和分辨率,近年来得到了快速的发展。

然而,荧光标记法仍存在一些有待改良的缺点。荧光试剂在体内循环过程中通常是不稳定的,使得荧光成像可能无法提供足够准确的信息来反映纳米颗粒在体内的行为。此外,荧光试剂对生物体的毒性也限制了荧光成像在体内追踪纳米颗粒的应用。最重要的是,纳米药物递送系统在体内降解后,标记的荧光分子被释放出来仍持续产生信号,对完整纳米颗粒的信号产生干扰,使研究者无法判断纳米颗粒的实际降解情况。

(二) 环境响应性荧光标记

环境响应性荧光染料能区分纳米颗粒荧光信号与游离探针信号,以指示纳米颗粒在体内的变化。根据原理可分为三类:荧光共振能量转移(fluorescence resonance energy transfer,FRET)、聚集诱导发光(aggregation-induced emission,AIE)和聚集导致猝灭(aggregation-caused quenching,ACQ)。这些荧光染料被包载于纳米颗粒内部,从纳米颗粒释放后可呈现不同的荧光。

1. 荧光共振能量转移　FRET 效应是指距离很近的两个荧光分子之间产生的一种能量转移现象,即当供体荧光分子的发射光谱与受体荧光分子的吸收光谱重叠超过 30%,并且两个分子之间的距离在 10nm 内时,就会发生一种非辐射性的能量转移,通过激发供体荧光分子所产生的发射光可使受体分子发出的荧光大大增强(敏化荧光),同时供体荧光猝灭;当距离超过 10nm 时,FRET 效应消失。

因此,将可发生 FRET 效应的两种荧光分子(如 Cy5.5 和 Cy7)同时包载于纳米颗粒中,由于分子之间的距离较小,可产生 FRET 效应;而当纳米结构解体后,FRET 荧光分子被释放,分子之间的距离变大,导致 FRET 效应消失。基于此原理,FRET 效应已被应用于纳米颗粒体内外完整性、细胞内药物释放及体内过程的研究。FRET 的优点和局限性如下:

优点:①荧光信号产生原理基于分子间距,与体内环境无关;②可用于鉴定纳米药物的精细结构,动态可视化地监控药物包载和释放过程;③具有普适性,商用荧光染料通过有效组合后,便可获得不同波长和组织穿透深度的 FRET 染料。

局限性:①FRET 染料多数脂溶性较强,容易在细胞膜处重新聚集,产生干扰信号,无法对纳米颗粒进行准确定量;②由于纳米颗粒的骨架空间大,只通过物理包埋很难产生 FRET 效应,通常聚合物材料需要与染料进行共价结合,不利于实际应用;③荧光强度较弱,仅能检测到表面的荧光而非组织深层的荧光,这也是荧光成像技术所具有的不足之处。因此,FRET荧光技术有待进一步发展,以增加其可靠性、选择性和组织穿透能力。

2. 聚集诱导发光　2001 年,Tang 等发现了一系列噻咯分子在溶液状态不发光而在聚集状态发射强荧光的现象,并据此提出 AIE 效应。其主要机制是在溶液状态下,染料分子通过自由旋转,以非辐射形式消耗激发态的能量,导致荧光减弱,甚至不发光;而当染料分子内旋转受限时(如发生聚集或分散在载体中),即发射荧光。因此,AIE 染料在黏度较大、压力较大或温度较低的环境下均可发射荧光。另外,形成 J- 聚体、构象平面化及激发态分子内质子转移也是产生 AIE 现象的原因。将 AIE 染料包载于纳米颗粒中,由于空间位阻的原因,染料分子自由旋转被抑制,从而发射荧光;而当纳米颗粒解体后,染料分子游离于体液环境中,荧光极弱,借此可对纳米颗粒的体内转运行为进行研究。AIE 的优点和局限性如下:

优点:①避免了荧光浓度猝灭效应,大大提升了固体荧光材料的发光效率;②和 FRET 一样,具有很好的光稳定性、高灵敏度和选择性,近年来逐渐用于研究纳米载体的体内外行为。

局限性：①AIE 染料同样具有强疏水性，易聚集产生信号，引起背景干扰。②染料分子可能被蛋白质吸附而使其分子内自由旋转受到限制，导致体内荧光复现。有研究试图解决这一问题，将 AIE 染料键合到亲水性材料骨架上，以该材料制成纳米颗粒或胶束，当载体结构被破坏后，亲水性材料的介入使 AIE 染料不易发生聚集，从而减少荧光复现，但这种方法操作烦琐，不具有普适性。

3. **聚集导致猝灭**　具有平面结构或含有多个芳环共轭结构的荧光分子通常具有 ACQ 现象，即在低浓度下可发射强荧光，而随着浓度的升高，荧光强度减弱甚至猝灭，这在光学领域通常被称为浓度猝灭现象。一般来说，大多数荧光分子含有多个芳环共轭结构，在水中的溶解性较差，易溶于有机溶剂，因此当荧光分子分散在亲水性介质中时，受疏水相互作用力的驱使，分子间发生 π-π 堆积而导致分子聚集，进而发生荧光猝灭现象。ACQ 现象在水环境中发生，环境中的水分含量与染料的荧光强度呈正相关。当水分含量增加超过一个阈值（如大于 70%）时，染料分子迅速发生聚集，导致荧光完全猝灭，其荧光发射现象与 AIE 恰恰相反。利用 ACQ 染料的这种 on → off 的信号切换特点可以指示纳米载体在体内的存续状态。ACQ 的优点和局限性如下：

优点：①ACQ 染料遇水可快速发生聚集而导致荧光猝灭，信号切换灵敏，且其荧光强度可降至 0，准确性较 FRET 和 AIE 明显提高。荧光信号即代表纳米颗粒的信号，通过追踪体内荧光即可研究纳米颗粒在体内的转运和分布过程。②ACQ 染料具有结构多样性，大部分基于氟硼二吡咯（4,4-difluoro-boradiazaindacene，BODIPY）母核结构的染料均具有较强的 ACQ 效应，并且可通过改变其分子结构而调节荧光发射波长，可适用于多种仪器设备。

局限性：①大多数具有 ACQ 现象的荧光染料不具备遇水迅速且完全猝灭的性质，在指示纳米载体完整性方面缺乏灵敏性。②ACQ 染料仅可用于脂质和疏水性聚合物形成的纳米载体，不适用于亲水性纳米载体。仅适用于固体脂质纳米颗粒、纳米结构脂质载体及纳米乳等具有强疏水性骨架的脂质载体，染料可完全包载其中而发射强荧光，强疏水性可阻止水分的渗入，从而避免荧光提前猝灭的假阳性结果。然而，对于亲水性纳米载体而言，水分可快速渗入亲水性骨架中，导致染料分子在载体内部提前发生猝灭。③ACQ 染料的猝灭聚集体可能与其他分子发生疏水相互作用，从而解聚，导致荧光复现。其实，荧光分子重新分配进入疏水域而导致荧光复现是一个自然的过程，无法通过改变环境而消除，但是只要能限制（抑制）聚集体的解离即可减少荧光的复现，因此可通过优化染料结构来增加猝灭聚集体的内聚力，可能避免其解离导致荧光复现。

二、正电子发射断层成像法

正电子发射断层成像法（positron emission tomography，PET）是 FDA 批准可用于临床的主要分子成像技术之一，其通过对指定区域中的放射性强度的检测，即可进行定量分析，具有较高的灵敏度和空间分辨率。该放射性标记显影技术以其良好的灵敏度和特异性，以及在纳米颗粒体内定量方面的优势，得到了越来越多的应用。其中，常用的放射性金属元素为 ^{64}Cu，^{64}Cu 具有较长的半衰期、相对较低的最大正电子能量（0.66MeV）和较短的正电子范围，可用于制备高质量的 PET 图像。Petersen 等以 2-羟基喹啉为螯合剂，对脂质体进行 ^{64}Cu 标记（图 4-2）。通过 PET 技术可定量检测组织和血浆中的脂质体浓度，发现其具有较高的保留性（较长的半衰期）。此外，利用该技术实现了对主动脉内皮细胞和各种组织中的纳米颗粒的定量。

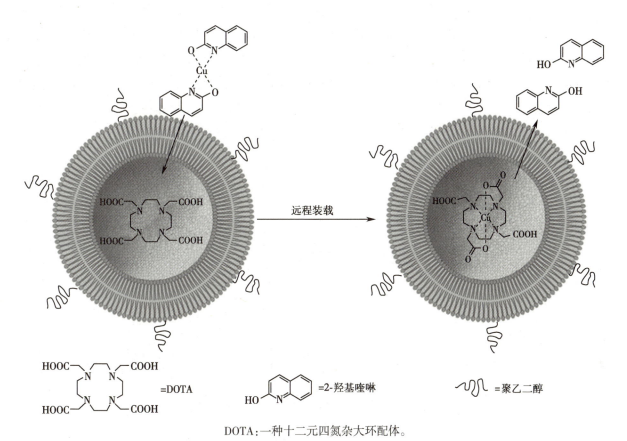

DOTA:一种十二元四氮杂大环配体。

图 4-2　使用 2- 羟基喹啉作螯合剂进行 ^{64}Cu 标记脂质体

与 ^{64}Cu 类似,^{99m}Tc、^{89}Zr、^{18}F 也被广泛用于制备高质量的 PET 图像。^{99m}Tc 是一种常用的放射性同位素,常用于标记吸入性纳米颗粒。Lee 等用 ^{99m}Tc 放射性标记法研究了吸入性纳米脂质体在肺中的沉积和清除。^{89}Zr 标记具有衰减时间较长、γ 辐射率较低和标记过程简便等优点,因此 Seo 等将 ^{89}Zr 应用于 PET 中,使用具有高结合力的去铁胺作为 ^{89}Zr 的螯合剂。该研究分别在脂质体表面、脂质体与 PEG 2000 之间和 PEG 2000 末端标记 ^{89}Zr,制备了 3 种 ^{89}Zr 标记的脂质体,采用该方法研究了 ^{89}Zr 标记的纳米脂质体在神经鞘缺失的荷瘤小鼠体内的药代动力学过程。

虽然放射性标记是纳米颗粒定量的常用方法,但由于进行放射性工作需要专业培训和经验,会严重限制放射性标记技术的应用。另一个限制因素是,由于放射性物质的能量分辨率差,放射性标记不能同时监测多个放射性同位素。此外,放射性标记还可能改变纳米颗粒的药代动力学行为,从而降低结果的准确性,也可能对人体健康和环境有害,这些缺陷仍然存在,需要进一步解决。

三、核磁共振成像法

核磁共振成像法(nuclear magnetic resonance imaging,NMRI)是一种具有良好空间分辨率的非侵入性临床活体检测技术,在研究纳米颗粒的体内生物分布方面具有很大的潜力。NMRI 对比成像由纵向弛豫率($1/T_1$)和横向弛豫率($1/T_2$)组成,造影剂可改变两种弛豫率,改善正、负对比度。

由于具有良好的生物相容性和横向弛豫时间,氧化铁纳米颗粒被广泛用作造影剂。He 等开发了一种核磁共振成像法,通过装载磁性氧化铁纳米颗粒来实现对乳腺癌细胞和小鼠组织中的纳米脂质体的测定。然而,磁性氧化铁纳米颗粒在溶剂中分散性低、粒径分布广、毒性大、易聚集和吸附血浆蛋白等缺点严重限制了其作为造影剂在纳米颗粒生物分析中的应用。

化学交换饱和转移剂 CEST 是一种新型造影剂(图 4-3),它基于不稳定自旋,与溶剂快速交换,导致信号放大,灵敏度达到毫摩尔至微摩尔浓度。Delli 等采用 Gd-HPDO$_3$A 和[Tm-DOTMA]$^-$[Na]$^+$ 复合物标记纳米脂质体,利用 T$_1$、T$_2$ 和 CEST 在体内分别测定纳米脂质体。用 Gd-HPDO$_3$A 复合物作 T$_1$ 和

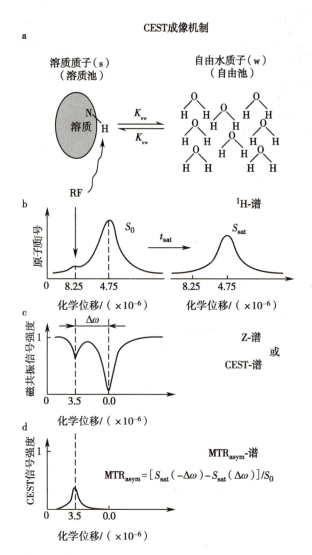

a. 通过射频辐射选择性地饱和目标溶质分子中的质子 s,饱和质子 s 随后可与水质子 w 发生交换;b. 长时间的辐射使饱和效应显著增强,交换则导致水信号发生较明显降低;c. 通过绘制由不饱和信号(S_0)归一化的水饱和度(S_{sat})作为饱和频率的函数,以直观地观察到这些频率相关的饱和效应(即 Z- 谱或 CEST- 谱);d. 相对于水信号的 MTR 不对称性分析。

K_{sw}:溶质质子与水质子发生交换时的交换率;t_{sat}:溶质质子交换的饱和时间;S_0:0 时(未交换时)的核磁信号;S_{sat}:t_{sat} 时的核磁信号;RF:选择性射频;$\Delta\omega$:在 0 时延长 RF 射频照射导致的溶质质子信号化学位移与自由水质子化学位移的差值。

图 4-3 化学交换饱和转移的原理

T_2 的 NMRI 造影剂，用[Tm-DOTMA]$^-$[Na]$^+$复合物作 T_2 和 CEST 的 NMRI 造影剂。此外，该研究建立的核磁共振成像法也适用于活体内完整和破损纳米颗粒的区分。研究结果表明，当 T_1 造影增强的最大值出现时，意味着纳米颗粒被破坏并且释放其内容物；而当 T_2 造影增强的最大值出现时，意味着纳米颗粒保持完整的状态；当 CEST 造影增强的最大值出现时，意味着完整的纳米颗粒在细胞外液中被破坏。

NMRI 技术为纳米颗粒体内过程的研究提供了一种灵敏、无创、高空间分辨率的方法。然而，由于生物基质的高度复杂性，NMRI 对生物样本分析的特异性并不完全可靠。此外，与其他间接分析方法相似，造影剂也会改变纳米颗粒的药代动力学行为，对结果的准确性产生负面影响。许多造影剂的安全性仍有待研究。

四、计算机断层扫描法

计算机断层扫描法（computed tomography，CT）采用的造影剂具有较高的原子序数和 X 射线衰减率，因此适合于长循环纳米颗粒体系的研究。Zheng 等利用 CT 定量分析了含碘海醇和扎特醇（gadoteridol）的纳米药物载体在新西兰兔体内的分布，研究结果表明：CT 可以定量、定容和纵向评价纳米颗粒的药代动力学研究。该方法的灵敏度在 $\mu g/cm^3$ 范围内，每次扫描成像速度小于 1 分钟。

此外，CT 技术也可用于监测缓慢的生理学过程。Stapleton 等用 CT 技术研究了纳米脂质体在人宫颈癌和乳腺癌小鼠异种移植模型中的瘤内积聚。CT 成像能够以高分辨率进行非常快速的数据采集，还可以实现 3D 图像分析，获得器官和组织内体积量化的信号。作为目前较快、较常用的全身容积成像技术，CT 显示了其在高通量生物分布研究中的潜力。

以上研究纳米制剂体内药代动力学过程的方法各有优劣。①荧光标记法：具有非侵入性、直观、经济等优点，但是荧光试剂在体内的稳定性差，有潜在的毒性，并且荧光标记很有可能改变纳米颗粒的药代动力学行为；②放射性标记法：灵敏度高、特异性好，但是对环境和生物体会产生危害；③核磁共振成像法（NMRI）：具有高空间分辨率、非侵入性等优点，但是其特异性差；④计算机断层扫描法（CT）：具有高灵敏度、高特异性、高通量等优点，但只能实现药物在体内的半定量。总的来说，上述多种技术可互补应用于纳米颗粒载体的体内药代动力学研究，一些成果已获得了广泛认可。

第二节　纳米药物载体的细胞药代动力学

目前，随着纳米药物分析技术的进步，基于纳米颗粒的治疗方法也相继被开发，但是这些方法在临床转化上遇到了瓶颈。主要问题之一是如何将纳米颗粒有效地递送至特定的细胞群和亚细胞靶标，从而达到所需的治疗效果。因此，关于纳米颗粒细胞内转运及相互作用的基础研究至关重要。

本节介绍纳米颗粒进入细胞的多种途径，归纳纳米颗粒的理化性质对细胞摄取过程的影响，探讨纳米颗粒在细胞内迁移及其动力学过程，以揭示纳米技术在细胞及亚细胞水平上的生物相互作用，为纳米药物的研究提供新思路，从而促进 NDDS 的临床转化。

一、细胞摄取的途径

（一）胞吞作用

1. **网格蛋白介导的胞吞作用**（clathrinmediated endocytosis） 是细胞摄取纳米颗粒的主要途径。许多类型的细胞所具有的受体，如转铁蛋白受体、低密度脂蛋白受体、表皮生长因子受体和 β_2 肾上腺素受体等膜受体都能够识别纳米颗粒表面配体，引起网格蛋白聚集结合，从而启动网格蛋白介导的胞吞作用（图 4-4a）。网格蛋白介导的胞吞作用的过程：①配体与膜上的受体结合后，网格蛋白聚集在膜下，形成网格蛋白包被小窝；②细胞质膜弯曲内陷；③深陷的包被小窝颈部缢缩；④脱离质膜形成网格蛋白包被膜泡。

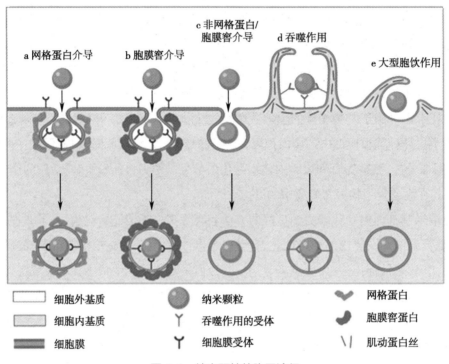

图 4-4 纳米颗粒的胞吞途径

此途径中，纳米颗粒包裹于 100~500nm 的细胞囊泡中。发动蛋白是一种小分子 GTP 结合蛋白，发动蛋白水解可以使囊泡脱离细胞膜。随后，囊泡在肌动蛋白的帮助下转运至内体。内体会被回收利用，或者与溶酶体融合，从而使纳米颗粒进入细胞内的溶酶体系统。

2. **胞膜窖（小窝蛋白）介导的胞吞作用**（caveolaemediated endocytosis） 是另一种细胞特异性摄取纳米颗粒的途径（图 4-4b）。胞膜窖是直径为 50~100nm 的内陷瓶状囊泡。通过复杂的级联信号反应，胞膜窖囊泡在细胞质中转运，一般最后到达高尔基体和内质网。因此，细胞内 / 细胞器靶向纳米颗粒可借助胞膜窖介导的胞吞作用实现细胞内药物靶向递送。文献报道，当表面修饰配体为叶酸、白蛋白或胆固醇等时，细胞摄取纳米颗粒的方式为胞膜窖介导的胞吞作用。Xin 等的最新研究表明，利用此种途径能绕过溶酶体，能将 microRNA 有效递送至细胞质中，使 *KRAS* 基因沉默。

同时，胞膜窖介导的胞吞作用还可介导跨细胞途径转运，即将内容物跨细胞途径转运到质膜的另一侧。血液中的纳米颗粒通过胞膜窝介导的胞吞作用进入内皮细胞,随后通过跨细胞途径转运作用于全身。此种穿梭机制跨越了内皮屏障,提高了纳米颗粒及其负载药物的递送效率。

3. 非网格蛋白/胞膜窝介导的胞吞作用(nonclathrin-and noncaveolae-mediated endocytosis) 病毒样颗粒、霍乱毒素 B 或猿猴空泡病毒 40(simian vacuolating virus 40,SV40 病毒)等被免疫细胞膜上的白介素受体识别后,可依赖非网格蛋白/胞膜窝介导的胞吞作用被免疫细胞吞噬(图 4-4c)。此途径发生在富含胆固醇和鞘脂结构域的脂筏的质膜上。据文献报道,细胞穿膜肽修饰的纳米颗粒可以通过此种途径递送核酸。

4. 吞噬作用(phagocytosis) 多指巨噬细胞、树突状细胞、中性粒细胞和 B 淋巴细胞等免疫细胞、摄取营养、清除病原体及衰老或凋亡细胞的特殊胞吞过程。纳米颗粒主要通过与细胞表面的 Fc 受体、甘露糖受体、清道夫受体和补体受体等非特异性结合而被吞噬(图 4-4d)。巨噬细胞高效识别纳米颗粒上吸附的免疫球蛋白、补体蛋白或其他血清蛋白,将异物包裹起来形成吞噬体,此过程称为调理作用。最后吞噬体与溶酶体融合,其中的异物经酶促生化反应降解。

因此,通过静脉给药的纳米颗粒会快速进入调理作用过程。数据显示,超过 99% 的注射剂量的纳米颗粒将被单核巨噬细胞系统(mononuclear phagocyte system,MPS)清除。在肿瘤组织中,巨噬细胞对肿瘤靶向纳米颗粒的吸收率大于癌细胞。由于高效清除纳米颗粒的机制,吞噬作用是纳米医药发展的主要障碍。

优化纳米颗粒的表面修饰可以减少 MPS 的清除作用,其中一个常用的策略就是进行 PEG 修饰。文献报道,PEG 修饰的纳米颗粒表面密度及聚合度会影响其调理作用过程和血液循环时间。但是 PEG 本身具有免疫原性,能刺激免疫系统分泌 PEG 特异性抗体,重复使用 PEG 修饰的纳米颗粒会加快纳米颗粒的清除。此外,在纳米颗粒表面进行"自身标志物"修饰,如 CD47 肽,也能抑制吞噬作用。

5. 大型胞饮作用(macropinocytosis) 是一类非特异性细胞胞吞途径,由肌动蛋白介导,质膜皱褶包裹胞外物质形成囊泡,完成大型胞饮作用(图 4-4e)。这些囊泡的大小为 0.5~1.5μm,在转运至溶酶体的过程中,囊泡中的纳米颗粒能够逸出。大型胞饮作用是维持免疫系统功能的重要机制,例如未成熟的树突状细胞可延续巨噬细胞外成分,用于抗原提呈。因此,未成熟的树突状细胞是良好的疫苗靶点,此种纳米疫苗已有报道。此外,巨噬细胞也参与大型胞饮作用。

(二) 直接递送

通常情况下,纳米颗粒很难直接进入细胞质。但是,利用物理或生化方法,可以将纳米颗粒直接递送至细胞质(图 4-5)。

1. 直接转运至细胞质 纳米颗粒直接转运进细胞质的过程不同于胞吞作用,可能会破坏细胞膜的脂质双分子层(图 4-5a)。纳米颗粒的形态会影响直接转运的速率,棒状和蠕虫状的纳米颗粒均比球形胶束更有效地扩散通过细胞质膜。此外,纳米颗粒的大小也会影响直接转运过程。文献报道,直径为 2~4nm 的金纳米颗粒可直接转运至细胞质,但是稍大的 6nm 的纳米颗粒则通过胞膜窝介导的胞吞作用进入细胞。同时,纳米颗粒的表面理化性质也是影响因素之一。细胞穿膜肽(cell-penetrating peptide,CPP)是一种由少于 40 个氨基酸组成的肽段,可作为表面修饰配体,改变细胞摄取纳米颗粒的途径。根据纳米颗粒本身的类型及 CPP 修饰密度不同,摄取途径可为胞吞作用或直接转运。常用的 CPP 种类有

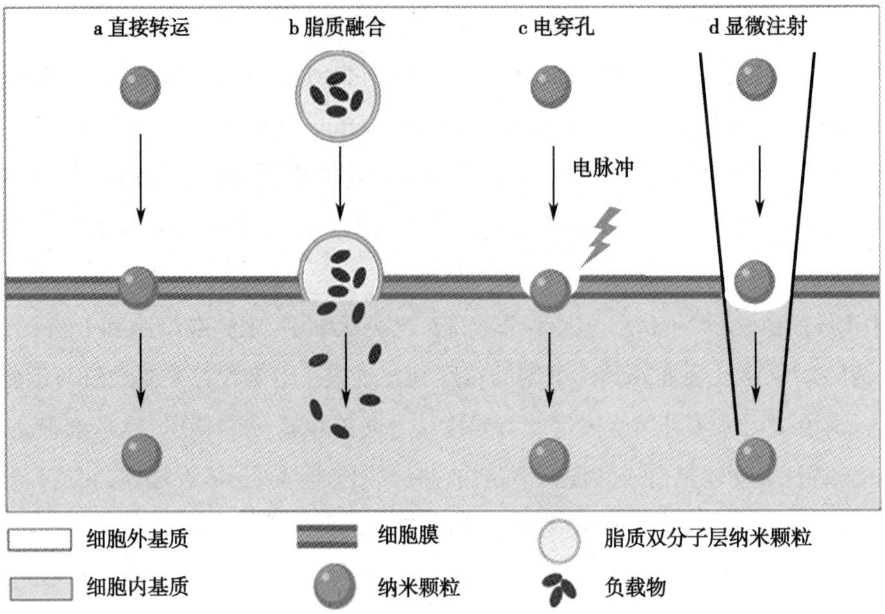

图 4-5　纳米颗粒的直接递送途径

Ⅰ型人免疫缺陷病毒（human immunodeficiency virus type 1，HIV-1）转录激活因子（activating transcription factor，ATF）、戊糖蛋白和富含精氨酸的序列等。总之，直接转运至细胞质的途径避免了内体的形成，纳米颗粒可靶向至亚细胞器及其他细胞结构。

2. 通过脂质融合进入细胞质　脂质融合是指脂质双分子层与细胞质膜融合的途径（图 4-5b）。包裹于脂质体中的硅纳米颗粒可实现脂质融合。膜融合后，纳米颗粒中的蛋白质、核苷酸和小分子药物等包封物可直接递送至细胞质中。同样，此途径也依赖于颗粒的大小。

3. 电穿孔（electroporation）　是指施加物理电脉冲破坏细胞膜后，纳米颗粒能通过瞬时孔进入细胞质（图 4-5c）。通过调节脉冲时间及电压控制电穿孔大小，可减少对细胞活力的影响。此方法已被用于成像与基因治疗。有文献报道，采用 100V 电穿孔后，纳米颗粒可增加间充质干细胞的核磁共振对比度。另一项研究中，采用 200V 电穿孔后，脂质纳米颗粒能够有效递送干扰小 RNA（small interfering RNA，siRNA）至树突状细胞。

4. 显微注射（microinjection）　即借助专业显微注射器将少量纳米颗粒直接注射进细胞质中，克服了细胞质膜及内膜的生理屏障（图 4-5d）。该方法需要对每个细胞进行操作，操作难度高、费时费力等缺点限制了其应用。但是，该方法是研究纳米毒理学的良好工具，可排除纳米颗粒的细胞外因素而直接研究纳米颗粒在细胞内的过程。显微注射的同时辅以电子显微技术，可观察自噬触发的溶酶体捕获纳米颗粒，抑制核酸类药物的递送。

细胞摄取纳米颗粒具有多种途径并受到多种因素的影响，如纳米颗粒大小、性状、表面理化性质和靶细胞种类等。这些纳米颗粒与细胞的相互作用构成了纳米颗粒复杂的细胞内活动。但是，目前摄取过程中的细节仍不清晰，纳米材料的胞内研究也在不断开展，以实现递送过程的可控。

二、纳米颗粒的理化性质对细胞摄取过程的影响

(一) 纳米颗粒的尺寸及形状

纳米颗粒的尺寸和形状会影响细胞摄取过程中的扩散能力、表面接触面积、膜附着性和应变能力，从而决定摄取的程度和效率。Chithrani 等的研究报道，相较 14nm 和 74nm 的纳米颗粒，海拉细胞(HeLa cell，可称为 Hela 细胞)摄取 50nm 的球状金纳米颗粒的效率最高。此外，尺寸还可以改变摄取途径。对于 50nm 和 120nm 的较小纳米颗粒，摄取途径为网格蛋白和胞膜窖介导的胞吞作用。但是 250nm 的较大纳米颗粒的摄取途径仅为胞膜窖介导的胞吞作用。同时，细胞和纳米颗粒的其他性质也会影响细胞摄取过程，如细胞表型、纳米颗粒沉降速率、密度、形态及蛋白冠结构。文献报道，相较于聚集体，HeLa 细胞和 A549 细胞更易吸收单独的金纳米颗粒。而 MDA-MB-435(一种细胞系)人黑色素瘤细胞更易吸收聚集体。上述研究证明，细胞类型及纳米颗粒形态都会影响细胞吸收过程。此外，棒状纳米颗粒长宽比的细微变化也相应地改变其细胞摄取反应。相应研究证明，215nm × 47nm 的长圆柱体胶束会诱导白介素 -6 表达，引起强烈的炎症反应，加速细胞吞噬过程。总的来说，纳米颗粒的大小、形状等多个方面的因素会影响细胞摄取过程的途径和效率。

(二) 纳米颗粒的电荷

纳米颗粒表面可带正、负及中性电荷，表征指标为 ζ 电位。通过电泳法检测胶体在亲水性介质或缓冲液中的分散度，可以测量纳米颗粒的 ζ 电位。随着纳米颗粒在体内的环境条件变化，ζ 电位可动态变化。进入血液后，蛋白冠会影响纳米颗粒的表面电荷。例如，无机纳米颗粒与血清蛋白孵育后，形成的蛋白冠会导致原本带不同电荷的纳米颗粒表面都带上轻微的负电荷，此过程称为同化现象。细胞摄取过程中，细胞膜表面在通常情况下带负电荷。由于静电作用，带负电荷的纳米颗粒能避免被细胞摄取；带正电的纳米颗粒会与细胞膜粘连，被细胞摄取后在细胞内蓄积。但是设计纳米颗粒时，需要根据实际情况具体分析。Lin 等的研究表明，随着纳米颗粒表面正电荷密度的增加，细胞毒性反应也在增加。这是由于细胞膜电荷去极化，促进 Ca^{2+} 进入细胞质，从而抑制细胞增殖。此外，溶酶体被破坏，导致活性氧(active oxygen)外流，最终导致细胞死亡。一方面负电荷不利于细胞摄取，另一方面带正电荷的纳米颗粒具有较大的毒性。由此，研究者开发出了一种同时带正电荷和负电荷的两性离子纳米颗粒，可减少蛋白冠的形成，改善纳米颗粒的生物分布。总而言之，纳米颗粒的表面电荷十分重要。在体内递送过程中，表面电荷受环境影响大，从而导致细胞摄取过程更加复杂，常出现意料之外的生物反应。

(三) 纳米颗粒的柔性

纳米颗粒的柔性会影响其生物分布、靶向和细胞摄取过程。相对于"刚性"纳米材料，细胞膜更趋向于包裹"柔性"纳米颗粒，这是由于后者的交联程度低，可以自由伸缩，具有更大的接触面积。目前测量微纳米尺度的力学常量较困难，利用原子力显微镜可以测量纳米颗粒的弹性，从而研究其对细胞摄取的影响。研究报道，细胞趋向于吞噬柔性纳米颗粒，软纳米颗粒具有肿瘤蓄积趋势。而免疫系统会优先识别硬纳米颗粒，例如，巨噬细胞摄取硬纳米颗粒的能力比软纳米颗粒高 3.5 倍；网状内皮细胞会快速清除硬纳米颗粒，因此硬纳米颗粒会蓄积在肝脏。

（四）纳米颗粒表面的靶向配体修饰

主动靶向是通过纳米颗粒表面修饰靶向配体（图 4-6a），与细胞表面受体特异性结合，从而增强细胞对纳米颗粒的摄取率，并将负载药物递送至细胞，或激活下游细胞信号传导，最终达到治疗与诊断的目的。被动靶向指纳米颗粒利用肿瘤的高通透性和滞留（enhanced permeability and retention，EPR）效应，增强肿瘤对纳米颗粒的摄取（图 4-6b）。目前，多种被动靶向纳米制剂已被 FDA 批准用于肿瘤的治疗。

目前，主动靶向的临床转化较困难，原因在于纳米颗粒暴露于生物环境后其表面化学性质会发生改变。纳米颗粒进入体内后，表面吸附血清蛋白后形成蛋白冠，靶向配体可能被埋在蛋白冠中，导致主动靶向能力降低或完全丧失，同时被动靶向能力也会降低（图 4-6c 和图 4-6d）。文献报道，通过聚苯乙烯化和低分子量 PEG 回填等方法可以解决蛋白冠的表面屏蔽问题，使主动靶向纳米颗粒的体内应用成为可能。常用的靶向配体包括肽类、小分子化合物、核酸和抗体及其片段。

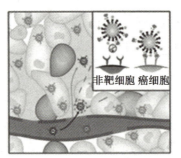

a. 主动靶向（预期结果）

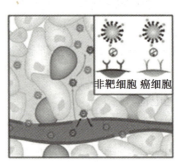

b. 被动靶向（预期结果）

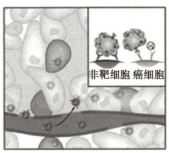

c. 主动靶向（实际结果）

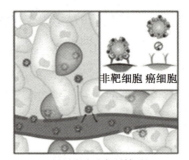

d. 被动靶向（实际结果）

图 4-6　主动靶向与被动靶向的对比

三、纳米颗粒在细胞内的迁移

（一）内体逃逸

进入细胞后，纳米颗粒通常会被包裹在囊泡结构中（图 4-7a），经历囊泡发展的不同阶段（图 4-7b~图 4-7d），此过程通常伴随着囊泡内 pH 的变化（图 4-7c1）。最终，酸化的囊泡可以转运至不同的位置，如①与溶酶体融合，囊泡内容物被酶解（图 4-7d）；②在核周区域被回收或加工（图 4-7c3），病毒就经常利用这种模式导致核周区域的发病；③转运至质膜附近，发生胞吐作用（图 4-7c4）。

内体截留是纳米颗粒在细胞中发挥作用的主要障碍。纳米颗粒一旦被限制在内体中，就可能会被溶酶体降解。而合理设计纳米颗粒的物理化学性质（如表面电荷、表面配体等），可以促进内体逃逸并提高递送效率（图 4-7c2）。

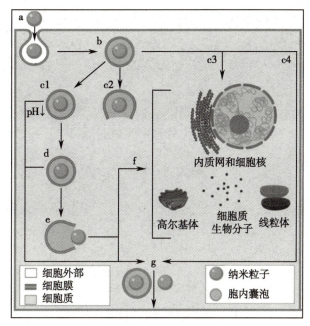

图 4-7　纳米颗粒的主要细胞内转运途径

　　纳米颗粒内体逃逸的策略包括：①修饰 CPP 或其他膜破坏性分子；②修饰 pH 响应型材料；③修饰可酶切物质。纳米颗粒修饰 CPP 或其他膜破坏性分子后，可以通过"质子海绵"效应使内体破裂，从而实现内体逃逸（图 4-8a）。尽管机制尚未完全了解，但"质子海绵"效应已归因于纳米颗粒的阳离子表面修饰。颗粒进入内体后，使其发生渗透性肿胀，随后，内体或溶酶体破裂，释放出纳米颗粒及其负载药物。但是，CPP 的多价性（每个纳米颗粒所附肽的数量）会影响纳米颗粒的细胞内过程，多价性较低可以实现内体逃逸，而多价性较高会被胞吐至细胞外。纳米颗粒修饰 pH 响应型材料可利用内体和溶酶体 pH 的变化特点实现内体逃逸（图 4-8b）。Wang 等通过低 pH 敏感的腙键将多柔比星与直径为 30nm 的金纳米颗粒键合，一旦纳米颗粒进入细胞，晚期内体 / 溶酶体的低 pH 就会使键断裂，导致多柔比星从纳米颗粒中释放进入细胞质。这种多柔比星金纳米颗粒系统可以克服由 P 糖蛋白（permeability glycoprotein，P-glycoprotein 或 P-gp）引起的多柔比星外排，从而维持耐药细胞内高水平的多柔比星浓度，与游离多柔比星相比，治疗作用更好。纳米颗粒修饰可酶切物质是内体逃逸的第三种策略（图 4-8c）。一些基团已被应用于改变纳米颗粒的胞内转运途径。例如，Prasetyanto 等将细胞毒蛋白封存在可被酶降解的纳米颗粒胶囊中，并暴露于大鼠胶质瘤癌细胞中，一旦进入胶质瘤细胞，这些纳米颗粒就会进入溶酶体，导致纳米颗粒的酶解并释放细胞毒性物质。在这种作用下，只有 40% 的胶质瘤细胞可以存活。

（二）靶向细胞器和亚细胞器协助转运

　　哺乳动物细胞中有许多细胞器和隔室，如线粒体、内质网和高尔基体等，它们在机体内发挥特定的生物学功能，协助机体完成遗传信息复制、细胞分裂、能量产生、脂质和蛋白质合成及胞内转运等工作。疾病往往伴随细胞器功能障碍和细胞内机制失调。近年来，纳米颗粒靶向细胞器和隔室的治疗手段备受关注。

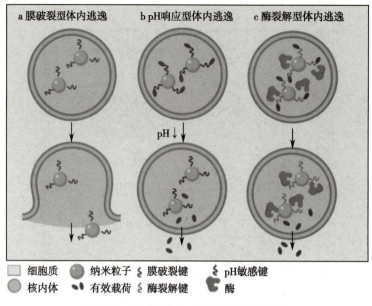

图 4-8 纳米颗粒内体逃逸的 3 种策略

纳米颗粒的细胞质内转运主要受纳米颗粒的大小和转运机制的影响。纳米颗粒进入细胞核有两种机制：①在核定位信号调节下，纳米颗粒通过主动转运经核膜孔进入细胞核，这种方式可以使直径高达 50nm 的纳米颗粒进入细胞核；②纳米颗粒通过被动扩散经核膜孔上的开放通道进入细胞核，该通道的直径通常为 6~9nm，这种方式仅允许直径小于该通道范围的纳米颗粒通过。除细胞核外，线粒体也是纳米靶向治疗的重要靶标。已有实验证明偶联三苯基磷纳米颗粒可实现线粒体靶向治疗，能够有效抑制线粒体功能，使细胞中的腺苷三磷酸（adenosine triphosphate，ATP）水平降低。

（三）胞吐作用

胞吐作用（exocytosis）是影响纳米颗粒细胞药代动力学的关键过程，抑制细胞对纳米颗粒的胞吐作用可延长其在细胞内的有效时间。同时，胞吐作用在免疫功能及调节方面也是十分重要的，免疫细胞可通过提呈细胞外颗粒激活免疫反应，刺激细胞毒性 T 细胞使其释放穿孔素，从而破坏靶细胞的细胞膜，诱导靶细胞死亡。

现已研发出穿孔素响应型脂质体，可有效释放药物完成靶向治疗（图 4-9）。首先，将负载药物的脂质纳米颗粒结合到细胞毒性 T 细胞表面。一旦抗原提呈至细胞毒性 T 细胞，后者分泌的穿孔素不仅会破坏靶细胞细胞膜，也会破坏纳米颗粒本身的结构迫使其释放出负载药物，进而促进药物进入靶细胞实现靶向治疗。这种载有纳米颗粒的细胞毒性 T 细胞在体内表现出了更好的抗病毒活性。该研究利用 T 淋巴细胞的胞吐行为，诱导了环境响应型纳米颗粒免疫治疗的传递。

四、纳米颗粒与细胞的相互作用

纳米颗粒与细胞发生相互作用是纳米药物发挥作用的前提，而相互作用发生的速率则影响着纳米药物的疗效、药代动力学和毒理学特征。因此，关于纳米颗粒细胞内转运和药代动力学的研究非常重要。下面将重点讨论纳米药物在细胞摄取和胞内转运的基础纳米颗粒动力学。

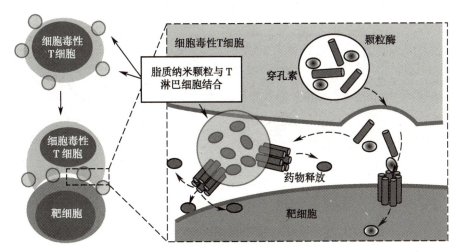

图 4-9　穿孔素响应型脂质纳米颗粒黏附在细胞毒性 T 细胞上

(一) 纳米颗粒的细胞摄取动力学

纳米颗粒可以通过多种不同途径进入细胞,例如胞吞作用或直接递送到细胞质中。为了阐明这些过程的动力学,Lunov 等基于人类巨噬细胞对氧化铁纳米颗粒的细胞摄取率,建立了一些描述纳米颗粒摄取的参数,这些参数包含纳米颗粒的吸收速率、平均吸收时间、细胞内饱和点处的纳米颗粒数量,构建了细胞外和细胞内纳米颗粒之间的联系的数学模型。式(4-1)描述了纳米颗粒摄取的数量与时间的关系。

$$N_{(t)} = N_s \left(1 - e^{-t/T} \right) \qquad\qquad 式(4-1)$$

式(4-1)中,$N_{(t)}$ 为在 t 时间内细胞摄取的纳米颗粒数量;N_s 为当 t 趋于无穷大时处于饱和状态的纳米颗粒数量;T 为巨噬细胞摄取纳米颗粒的时间。巨噬细胞饱和状态的吸收率由式(4-2)计算。

$$\frac{\mathrm{d}N_{(0)}}{\mathrm{d}t} = \frac{N_s}{T} \qquad\qquad 式(4-2)$$

式(4-1)、式(4-2)这两个方程使研究人员在体外预测纳米颗粒与细胞的相互作用成为可能,同时也为体外更好地控制纳米颗粒与细胞的相互作用建立了基础。

蛋白冠也会影响细胞对纳米颗粒的摄取,减少纳米颗粒与细胞膜之间的黏附作用,但蛋白冠中的某些生物因子也会诱导细胞膜的特异性识别,从而促进细胞对纳米颗粒的摄取。为了更清楚地了解蛋白冠等因素对纳米颗粒摄取的影响,Lesniak 等研究发现,纳米颗粒的细胞摄取基于两个过程:首先,纳米颗粒附着在膜上,遇到表面蛋白质和脂质,在膜表面短暂吸附(吸附过程的速率常数为 k_{on});然后,纳米颗粒被摄取(图 4-10,摄取过程的速率常数为 k_{end})。式(4-3)描述了纳米颗粒被细胞摄取的这两步动力学过程。

$$J(C_0) = N_{m,\max} k_{m1} / \left[1 + (k_{m0} + k_{m1}) / k_{0m} C_0 \right] \qquad\qquad 式(4-3)$$

式(4-3)中,J 为细胞外纳米颗粒在初始状态下的吸收率;C_0 为细胞外纳米粒子的初始浓度;$N_{m,\max}$ 为可能吸附到细胞质膜上的纳米颗粒的最大数目;k_{m1} 为摄取率;k_{0m} 和 k_{m0} 分别为质膜的吸附和解吸速率。纳米颗粒与细胞膜之间的吸附作用是决定纳米颗粒细胞摄取动力学的关键因素。

纳米颗粒可以通过多种途径被细胞摄取,不同的摄取途径有时可能会联合发生。例如,被细胞穿膜肽(CPP)修饰的阳离子纳米颗粒可先经历直接跨膜再被胞吞进入细胞,随着阳离子纳米颗粒向表面扩

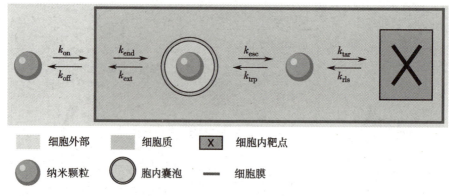

图 4-10　纳米颗粒、细胞之间的相互作用和细胞内转运途径

散,带负电荷的细胞质膜会发生局部位移,达到临界粒子浓度后约 40 纳秒,细胞膜上开始形成孔。然而,在一定数量的纳米颗粒迅速穿过膜后,膜表面的总电位被耗尽,直接转运受到抑制。此后,纳米颗粒依赖胞吞作用进入细胞。最终,跨膜电位随着 Ca^{2+} 外流而恢复正常。跨膜电位的恢复速率影响着阳离子纳米颗粒的转运速率。

(二)细胞内纳米颗粒动力学

为了研究纳米颗粒进出细胞的机制,Jiang 等将两性离子量子点纳米颗粒(直径约 8nm)与 HeLa 细胞共同孵育,发现纳米颗粒在细胞膜周围聚集,直到一定密度后才被 HeLa 细胞摄取。这表明纳米颗粒细胞摄取是剂量 / 浓度依赖性的,如图 4-11 所示。但令人惊讶的是,在纳米颗粒暴露 2 小时后,超过一半被摄取的量子点被 HeLa 细胞胞吐出来,这种细胞内短暂停留会导致纳米颗粒的药效降低。因此,除了增强纳米颗粒的摄取外,也要降低纳米颗粒的胞吐率和清除率。Krpetić 等采用 CPP 修饰的 14nm 金纳米颗粒进行纳米颗粒的细胞内过程研究,透射电子显微镜(TEM)结果显示,孵育 2 小时和 10 小时后,纳米颗粒主要存在于细胞质中,在线粒体、细胞核等细胞器中也可以看到纳米颗粒(图 4-11a~b);24 小时后囊泡中的纳米颗粒通过膜破裂和直接易位内体逃逸(图 4-11c~d)。除了逃逸的纳米颗粒外,在 24 小时和 48 小时后能够看到纳米颗粒大量聚集在囊泡中(图 4-11e~f)。这些动力学过程可能会导致负载药物失活。

(三)细胞内纳米颗粒药物动力学

纳米颗粒在细胞内的作用机制还未得到清晰的解释。Soininen 等采用液相色谱 - 质谱法(liquid chromatography-mass spectroscopy,LC-MS)/ 质谱(mass spectrum,MS)定量不同时间点的多柔比星浓度,拟定了多柔比星蓄积量与细胞杀伤率的函数。式(4-4)~ 式(4-6)是使用双室模型(图 4-12)推导的,模拟 PEG 化脂质体多柔比星纳米颗粒的细胞内药代动力学 / 药效动力学(PK/PD)关系。

$$K = \frac{K_{max}(C_{nucl} - C_{thr})}{(EC_{50} - C_{thr}) + (C_{nucl} - C_{thr})} \qquad 式(4\text{-}4)$$

式(4-4)中,K 为最初的细胞杀伤率常数;K_{max} 为最大的细胞杀伤率常数;C_{nucl} 为多柔比星在细胞核内的浓度;C_{thr} 为引起反应的阈值浓度($C_{nucl} > C_{thr}$);EC_{50} 为引起 K_{max} 的 50% 的多柔比星细胞核内浓度。

$$\frac{dK_1}{dt} = \frac{1}{\tau}(K - K_1), \frac{dK_2}{dt} = \frac{1}{\tau}(K - K_2) \qquad 式(4\text{-}5)$$

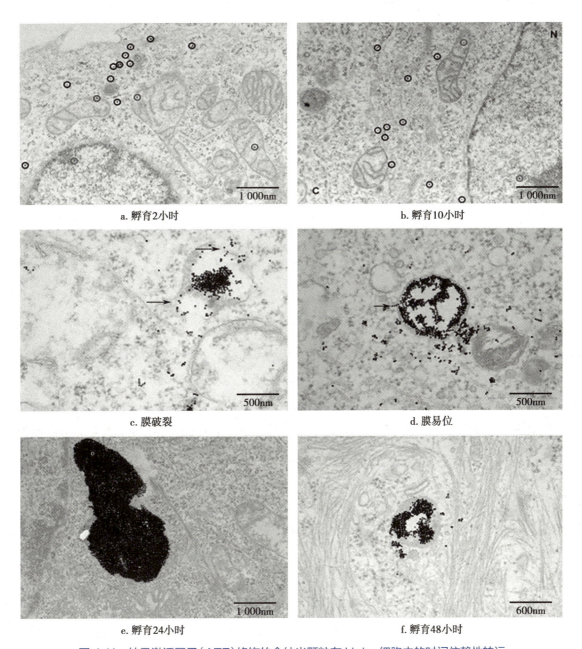

a. 孵育2小时　　　　　　　　　　　b. 孵育10小时

c. 膜破裂　　　　　　　　　　　d. 膜易位

e. 孵育24小时　　　　　　　　　　　f. 孵育48小时

图4-11　转录激活因子(ATF)修饰的金纳米颗粒在 HeLa 细胞内的时间依赖性转运

式(4-5)中,K 为最初的细胞杀伤率常数;K_1 为第一隔室的细胞杀伤率常数;K_2 为第二隔室稳定时的细胞杀伤率常数;t 为跨越隔室所需的延迟时间,τ 是每个传输隔室中的平均传输时间。

$$\frac{\mathrm{d}V}{\mathrm{d}t} = -K_2 V \qquad\qquad 式(4\text{-}6)$$

式(4-6)中,$\mathrm{d}V/\mathrm{d}t$ 为细胞存活力(V)随时间(t)的变化,K_2 为第二隔室稳定时的细胞杀伤率常数。以多柔比星在第二隔室(即细胞核)中的蓄积速率为基础进一步研究发现,与游离多柔比星相比,多柔比星脂质体对细胞活性的影响更大,说明包封后的多柔比星没有丧失其生物学功能。

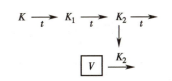

图 4-12　药代动力学/药效动力学转运的区室模型

总之,为实现 NDDS 的胞内高效递送,并与靶点进行有效结合,需要克服多重挑战,如纳米颗粒的摄取率、内体逃逸率、胞内转运、降解和胞吐作用等,这些过程的研究是当前 NDDS 细胞药代动力学研究的关键。

第三节   纳米药物载体高分子材料的药代动力学

NDDS 在体内始终存在药物、载体、材料等多形态成分,载体解聚成材料后可能影响负载药物在体内的药代动力学过程,了解载体材料的药代动力学将有助于纳米药物的药代动力学研究进一步发展。常用的载体材料有聚乳酸、聚乳酸 - 羟基乙酸共聚物、聚乙二醇、泊洛沙姆、壳聚糖、透明质酸、聚维酮、聚乙烯醇和环糊精。

一、聚乳酸

聚乳酸(polylactic acid,PLA)是一类由乳酸聚合而成的脂溶性高分子聚合物,包括由 L- 乳酸、D- 乳酸或外消旋乳酸聚合而成的不同种类的线性聚酯。由于其生物相容性和生物可降解性,已被 FDA 批准应用于药物和医疗器械。进入体内后,PLA 会被酯键水解产生低聚物,此低聚物会催化该水解反应,即自催化现象。PLA 降解产生的乳酸是一种内源性物质,因此普遍认为乳酸是安全的,但它会降低周围环境的 pH 而诱发炎症反应,在组织液中蓄积也会产生毒性,这些发现使人们对 PLA 纳米颗粒的安全性提出疑问。

二、聚乳酸 - 羟基乙酸共聚物

聚乳酸 - 羟基乙酸共聚物(PLGA)由乳酸和羟基乙酸聚合而成,具有良好的生物相容性、生物可降解性等优势,已被 FDA 批准作为药用辅料。PLGA 纳米颗粒的分布与其本身的理化性质及动物种属有关。Navarro 等的研究显示,F344 大鼠口服给药 200~350nm 的 PLGA 纳米颗粒后,主要分布于脾,其次是肾、肠、肝、肺、脑和心脏。然而,在另一项对 BALB/c 小鼠进行的类似研究中,Semete 等发现肝脏中纳米颗粒的浓度最高,其次是肾、脑、心脏、肺和脾。两项研究结果有差异的主要原因是前者的纳米颗粒大小为 200~350nm,主要由脾清除;后者的纳米颗粒较小,为 112nm ± 9nm,主要由肝清除。

PLGA 降解会受到其理化性质和周围环境的影响。通常分子量低、具有良好亲水性、羟基乙酸含量高的非晶型聚合物的降解速率更快。PLGA 经水解会产生乳酸和羟基乙酸,两者都可以进入三羧酸循环并被降解成 H_2O 和 CO_2。由于肝中含有高浓度的酯酶,因此静脉注射后,PLGA 纳米颗粒会在肝中大量降解。

三、聚乙二醇

聚乙二醇(polyethylene glycol,PEG)是由环氧乙烷单元构成的亲水性中性聚合物,以支链和直链形式存在。PEG 稳定、无毒、具有良好的生物相容性,因此已被 FDA 批准用于人体。低分子量 PEG 通常用于调节药物载体的溶解度和黏度,而高分子量 PEG 主要用作 NDDS 的结构材料。PEG 常用于 NDDS 中,来降低 NDDS 的免疫原性和抗原性,增加其水溶性并延长有效载荷药物的循环半衰期。

随着分子量(molecular weight)增加,PEG 的吸收呈现降低趋势。在人体内,PEG500 的口服吸收率为 57%,PEG1000 只有 9.8%,而 PEG6000 几乎为 0。在健康个体口服 17g PEG3350 之后,只有 29mg 被吸收到血液中,其余经粪便排出体外。这种较差的生物利用度可能是由 PEG 倾向于吸收水分子,从而增加其体积所致。

由于血管通透性的差异,PEG 的体内分布受其分子量及时间变化的影响。低分子量 PEG 经过扩散后在血液和血管外组织之间自由分布,而高分子量 PEG 迁移较慢。小鼠中经静脉注射给药后,PEG 可以在肾、肺、心脏、肝、胃肠道、脾和胆囊中被检测到,其中肝和胃肠道中的浓度最高。值得注意的是,高分子量 PEG 在肝中的蓄积有可能引起大分子综合征。静脉注射 100mg/kg 不同分子量(10kDa、20kDa 和 40kDa)的 PEG,3 个月后仍可在肾、脾、肝、肺、心脏和脉络膜丛中检测到。研究结果表明,随着分子量的增大,组织/器官的清除率会降低。这意味着长期服用大剂量的高分子量 PEG 后,会导致器官中的 PEG 大量蓄积,引起潜在的毒性。

PEG 的代谢途径主要是末端醇羟基氧化反应和硫酸化反应,在兔、猫和烧伤受试者中发现羟基乙酸和乙二酸代谢产物,在大鼠和豚鼠的肝脏中观察到硫酸化的 PEG 代谢产物。在哺乳动物系统中,氧化作用主要由乙醇脱氢酶介导,其中细胞色素 P450(CYP450)和磺基转移酶的作用较小。酸性代谢产物的产生和堆积被认为是过量服用 PEG 的患者产生酸中毒和高钙血症的原因。随着分子量的增大,PEG 的氧化代谢程度呈下降趋势。在兔和人体内约有 25% 的 PEG400 被代谢,而在人体内只有 15% 的 PEG1000 被代谢,在兔中只有 4% 的 PEG6000 被代谢。类似情况也存在于硫酸化反应中,PEG200 在大鼠和豚鼠中被广泛硫酸化,而 PEG6000 则完全没有发生硫酸化。

PEG 的排泄也与分子量有关。低分子量 PEG 主要通过肾小球被动滤过清除,而高分子量 PEG 主要经胆汁排泄。在人体静脉注射后的物料平衡研究中,与 PEG1000 在大鼠肾脏 100% 的清除率相比,人体在 12 小时内有 86% 的 PEG1000 和 96% 的 PEG6000 通过肾脏消除。其他研究表明,分子量高达 190kDa 的 PEG 也能经肾小球滤过排泄,这可能是由于 PEG 的线性和灵活性允许它们通过"蛇样"运动穿过肾小球膜。对于高分子量 PEG,胆汁排泄是主要清除途径,但是也取决于分子量。在小鼠中,50kDa 左右的 PEG 经胆汁排泄最少。在另一项研究中,Yin 和 Sun 研究 PEG 化药物中的 PEG 释放情况。荷瘤小鼠静脉注射 1mg/kg PEG 化多柔比星后,42.7% 的 PEG2000 经尿液排泄,仅有 0.298% 经粪便排泄。类似地,大鼠静脉注射 25.8mg/kg PEG 化紫杉醇之后,44.0% 的 PEG2000 经尿液排泄,2.02% 经粪便排泄。

四、泊洛沙姆

泊洛沙姆(poloxamer)是由不同长度的环氧乙烷(ethylene oxide,EO)和环氧丙烷(propylene oxide,PO)以三嵌段共聚物 EO_a-PO_b-EO_a 的形式组成的共聚物。不同的泊洛沙姆以字母"P"命名,后跟三个数字,前两个数字乘以 100 得到 PO 重均分子量(weight-average molecular weight,M_w)的近似值,第三个数字乘以 10 得到 EO 的百分比(例如 P188 的 PO M_w 为 1 800Da,EO 含量为 80%)。当用于 NDDS 中时,泊洛沙姆可促进癌细胞摄取,增加药物的细胞毒性并增强药物的稳定性。

Grindel 等研究犬和大鼠静脉注射 P188 后的分布,48 小时后 P188 广泛分布于全身,但高度集中在肾脏中,有可能引起剂量依赖性肾功能不全,其特征是近端肾小管上皮空泡化。在犬、大鼠和人体内代谢后,P188 产生分子量约为 16 000Da 的单一产物。该产物在基质辅助激光解吸电离飞行时间质谱法(matrix-assisted laser desorption ionization time-of-flight mass spectrometry,MALDI-TOF MS)裂解过程中能产生与嵌段共聚物一致的碎片,属于高分子量的 P188 片段。对于 P188,肾脏清除是人体消除的主要途径,约占静脉注射后全身清除率的 90%。在 96 小时内,粪便排泄仅占给药总量的 0.025%。与完整的 P188 相比,代谢产物的清除速率较慢。

五、壳聚糖

壳聚糖(chitosan,CS)是一种线性氨基多糖,与纤维素类似,由 D- 葡糖胺和 N- 乙酰 -D- 葡糖胺组成。在碱性条件下,壳聚糖可以通过壳多糖脱乙酰反应合成。壳聚糖是低免疫原性的无毒、生物可降解性聚合物,日本、意大利和芬兰批准其用于食品,FDA 批准其用于伤口敷料。由于阳离子性质和黏膜的黏附性,壳聚糖已广泛用于各种 NDDS。例如,由于其对器官和肿瘤的独特的靶向性能力,壳聚糖纳米颗粒被广泛使用。

研究人员采用异硫氰酸荧光素(fluorescein isothiocyanate,FITC)标记法对比了壳聚糖、羧甲基壳聚糖和高度琥珀酰化的 N- 琥珀酰壳聚糖的腹腔注射吸收情况,发现这些壳聚糖都能够被迅速有效地吸收。羧甲基壳聚糖的口服吸收效率与分子量有关,3.8kDa 的壳聚糖经口服后有一定的吸收,而 230kDa 的壳聚糖口服几乎没有吸收。与高分子量的羧甲基壳聚糖相比,低分子量的羧甲基壳聚糖更容易从血液转运至周围组织。壳聚糖的另一个重要特性是其在低 pH 下带正电荷,这会导致其在胃和胃肠道中与带有负电荷的脂肪酸和胆汁酸成盐,从而减少吸收。壳聚糖还会影响体内其他物质的生化反应。疏水的壳聚糖可以与脂类(例如胆固醇和其他固醇)结合,导致其乳化作用减弱。也有报道称,壳聚糖可以促进血小板黏附。壳聚糖的体内分布与其分子量大小、衍生物和标记物均有关。大鼠静脉注射后,高分子量的壳聚糖会在肝脏和胃中蓄积。在小鼠静脉或腹腔给药后,壳聚糖主要分布在肾脏中。

壳聚糖的代谢途径为 D- 葡糖胺和 N- 乙酰 -D- 葡糖胺的糖苷键酶解。在脊椎动物中,壳聚糖主要被溶菌酶和胃肠道细菌产生的酶降解。人体内具有水解壳聚糖活性的壳多糖酶有 3 种:壳三糖苷酶、酸性哺乳动物壳多糖酶和二乙酰壳聚糖酶。壳聚糖的降解与给药途径有关,静脉注射后,壳聚糖可能在肝脏和肾脏中被降解,而腹腔注射后主要在肝脏和腹膜腔中被降解。口服给药后,壳聚糖的降解受种属差异影响,研究显示,在鸡模型中的降解比兔模型中更为广泛。此外,壳聚糖的降解速率也取决于分子量和乙酰化程度。

壳聚糖的排泄与放射性标记方式和分子量有关。大鼠或小鼠静脉注射 ^{166}Ho 标记的壳聚糖,在粪便和尿液中仅回收 4%~5%,处死后体内回收约 90%。大鼠腹腔注射 FITC 标记的壳聚糖和羧甲基壳聚糖后,主要的消除途径是尿液排泄。壳聚糖的排泄也依赖于分子量,高分子量的 FITC- 羧甲基壳聚糖在 15 日内排泄 88%,而低分子量的 FITC- 羧甲基壳聚糖在 15 日内排泄约 71%。

六、透明质酸

透明质酸(hyaluronic acid,HA)是由 D- 葡萄糖醛酸和 N- 乙酰 -D- 葡糖胺组成的天然黏多糖,分子量

>1 000kDa。它普遍存在于几乎所有脊椎动物组织中,并参与许多细胞过程。由于其生物相容性、非免疫原性以及独特的黏弹性和润滑性,HA 已用于 NDDS 的合成。由于癌细胞过度表达 HA 受体,所以基于 HA 的 NDDS 具有肿瘤主动靶向的特点。

HA 的吸收与其放射性同位素标记有关。有报道称,^{14}C 标记的 HA 约有 90% 被胃肠道吸收,但是 ^{99m}Tc 标记的 HA 没有被胃肠道吸收。给药途径和放射性标记会影响 HA 的分布,大鼠静脉注射 ^{99m}Tc 标记的 HA 后,肝脏中的放射性最高,其次是肾脏。大鼠和犬口服 ^{99m}Tc 标记的 HA 后,在血液、皮肤、关节、骨骼和肌肉中均发现放射性。小鼠静脉注射氚代 HA 后,在肾脏、脾脏和肝脏中的放射性水平最高,在骨髓中也有部分存在。

HA 给药后首先被肝脏内皮细胞吞噬,然后转运至溶酶体进行代谢。HA 酶可以水解 N- 乙酰 -D- 葡糖胺和 D- 葡萄糖醛酸之间的键,使其进一步降解生成 CO_2、H_2O 和尿素。人 HA 酶有两种,即 HA1 和 HA2。HA2 能将 HA 代谢为 20kDa 的寡聚体,HA1 能将血液中的 HA 代谢为四糖,四糖在肝脏中被葡糖苷酶分解为单糖,被用作能源物质,最终以二氧化碳的形式排泄。由于一些 HA 被包裹进各种大小的囊泡,并非所有被摄取的 HA 都在溶酶体内代谢。也有报道称 HA 可以被组织中的氧自由基片段化,并被盲肠中的细菌降解为寡糖。

同位素标记影响 HA 的排泄。大鼠口服 ^{14}C 标记的 HA,3.0% 经尿液排泄,11.9% 经粪便排泄,76.5% 经呼吸排泄;而使用 ^{99m}Tc 标记的 HA 进行相同的实验,发现约 90% 经粪便排泄,3% 经尿液排泄。此外,动物种属也影响 HA 的排泄。在大鼠静脉给药后,呼出气体中回收 70% 的 ^{14}C 标记的 HA,尿液中回收 22%,而在兔中的回收率分别为 63% 和 20%。

七、聚维酮

聚维酮(polyvinyl pyrrolidone,PVP)是由乙烯基吡咯烷酮聚合而成的非离子聚合物,在广泛的 pH 范围内具有良好的稳定性,已被广泛用于制备 NDDS。由于其疏水性碳链产生的排斥力能够减少 NDDS 的聚集,PVP 能起到表面稳定剂的作用。腹腔注射 PVP(M_w>30 000)会导致其在多种组织中蓄积,进而发生病理变化。例如,在骨髓和肾脏中的蓄积会引起全血细胞减少和肾功能下降;在神经组织、皮肤和肌肉中蓄积会导致多发性神经病、皮下结节和病理性骨折;在肺部蓄积会引起肺纤维化。同时,在卵巢和肝脏中也能观察到 PVP 的蓄积。组织中的 PVP 蓄积随分子量的增大而增加,PVP 的清除率也随着分子量的增大而降低,因此,需要谨慎选择用于 NDDS 的 PVP。

八、聚乙烯醇

聚乙烯醇(polyvinyl alcohol,PVA)是一种生物相容性较好、毒性和免疫原性低的聚合物,FDA 已批准了其在生物医学领域的应用。PVA 从不同注射部位吸收到血液中的速率为腹腔注射 > 肌内注射 > 皮下注射。腹腔注射给药后的吸收有两种途径:①进入血液微循环后,经肝脏进入门静脉;②直接穿过腹膜淋巴系统进入血液。PVA 的分布与分子量相关,中分子量 PVA 在肝脏和胃肠道中蓄积量最高,随着分子量的增大,其在血液中的半衰期也增加。PVA 的分布还与给药途径相关,大鼠和小鼠静脉注射 PVA 后,只有肝脏中的 PVA 可以被细胞摄取。小鼠腹腔注射高分子量 PVA 后,在腹部和肾脏的脂肪组织中、皮下以及肝脏中都有少量的蓄积。总体而言,以 PVA 为基础的 NDDS 给药后,肝脏是其蓄积的主要部位,有可能产生肝毒性。PVA 的排泄也与分子量有关。在大鼠和小鼠中,静脉给药的 PVA 经尿液和粪便排泄,其中尿液排泄为主要途径。低分子量的 PVA 比高分子量 PVA 更容易经尿液排出,但是分子量和大小超过肾小球滤过限制的高分子量 PVA(分子量 >80 000Da,分子半径 >4.4nm)仍可以通过肾脏排泄。这是由于高分子量 PVA 具有灵活性及改变分子形状的能力,但是它们仍需要很长时间才能从体内完全消除。肝脏吸收的 PVA 通过胆管和胆囊缓慢转移至肠道,最后通过粪便排出,该过程不具有高浓度饱和效应。

九、环糊精

环糊精(cyclodextrin,CD)是由各种葡萄糖单元组成的环状寡糖。常见的环糊精有 α 环糊精、β 环糊精、γ 环糊精和 δ 环糊精 4 种,组成它们的吡喃葡萄糖分子数分别为 6、7、8 和 9。它们可以改善药物的水溶性、体内稳定性和递送能力。环糊精在纳米颗粒药物递送系统中的广泛使用是因为其具有以下性质:①可避免药物与生理环境之间的不良相互作用;②通过与生物膜相互作用促进药物吸附;③调节药物释放;④在临床使用中毒性小。

β 环糊精可在大鼠的胃肠道中被吸收,但由于其较大的分子量和较强的亲水性,因而吸收较少。羟丙基 -β- 环糊精的口服生物利用度非常低,甚至小于 1%。环糊精主要分布于肾脏,在膀胱、肝和肾上腺中分布较少。环糊精的代谢途径与其种类相关。口服给药的环糊精主要由胃肠道中的细菌代谢,产生低聚糖、单糖和 H_2、CO_2 和 CH_4 等气体。γ 环糊精主要在胃肠道中被消化,而 α 环糊精和 β 环糊精主要被结肠中的细菌消化。环糊精的排泄主要是通过肾脏清除,静脉注射 β 环糊精后可通过尿液回收大约 90%,在肾脏中的蓄积可能产生肾损害。也有报道称,β 环糊精衍生物对人结肠上皮细胞具有细胞毒性,并会引起肺部炎症和早期纤维化,所以环糊精 NDDS 的安全性值得关注。

第四节   纳米药物中活性药物成分的药代动力学

药物分子作为 NDDS 的三要素之首,一直是纳米制剂的研究重点,但是由于负载药物只有被释放出来能发挥药效,因此如何区分负载药物和释放药物是分析的关键。在实验室,每年有成百上千种新型 NDDS 被开发出来,其中已上市并广泛应用于临床的主要有 3 种剂型,分别为脂质体、胶束和白蛋白纳米给药系统。上一节阐述了载体材料的体内过程及毒性反应,本节将以这三种代表性纳米药物递送系统为例,介绍并讨论其体内分析方法及其在体内药代动力学中的应用。

一、脂质体

(一) 简介

脂质体(liposome)是由磷脂和胆固醇组成的,具有类似于生物膜的脂质双分子层结构。1971 年,英国 Rymen 等开始将脂质体作为药物载体。脂质体能够赋予所包裹药物新的作用特点:①靶向性,包括依赖于纳米颗粒大小等性质的被动靶向和依赖于配体的主动靶向;②长循环作用,减少肾排泄和代谢,从而延长药物在血液中的停留时间;③改变药物的药代动力学性质和分布,增加在网状内皮系统相关组织中的分布；④降低药物毒性，减少在正常组织中的分布；⑤提高包封药物的稳定性，使药物免受机体酶和免疫系统的分解。因此，脂质体在已上市的纳米制剂药物中所占的比例最高，也是目前发展最成熟的纳米制剂。

（二）脂质体的质谱检测

由于纳米脂质体易破裂，所以如何将负载药物和释放药物分离是该方法的研究重点。如果制备过程中纳米脂质体被破坏，释放药物的测定就会受到干扰，从而导致药代动力学评价不准确。Deshpande 等采用 LC-MS/MS 测定人血浆中的游离和脂质体包裹两性霉素 B，这个方法先用 Oasis-HLB 柱固相萃取法将两者分离，而后分别测定负载药物和释放药物。值得注意的是，采用 LC-MS/MS 定量血浆样品中的纳米脂质体的方法基本都需要结合固相萃取法，但由于纳米脂质体在组织匀浆过程中容易被破坏，因此，对组织中的纳米脂质体的测定具有较大的挑战。

Wang 等采用该方法实现组织样品中的脂质体包裹多柔比星与游离多柔比星之间的分离，并进行多柔比星脂质体的药代动力学研究。研究表明，脂质体可以实现释放药物在体内的长循环，明显降低释放药物在血液中的系统暴露量（100 倍），达到减毒增效的目的，图 4-13 展示了静脉给予大鼠相同剂量的盐酸多柔比星注射液或多柔比星脂质体后多柔比星的血药浓度 - 时间曲线。多柔比星注射液在心脏部位有较高的分布，会引发严重的心脏毒性；而脂质体则能有效减少多柔比星在心脏的释放，进而大大降低多柔比星的心脏毒性。此外，脂质体还具有很好的肿瘤靶向性，这一特性能显著提高多柔比星在肿瘤组织中的浓度，从而增强多柔比星的肿瘤治疗效果，图 4-14 显示了静脉给予荷瘤鼠相同剂量的盐酸多柔比星注射液或多柔比星脂质体后的药物组织分布情况。

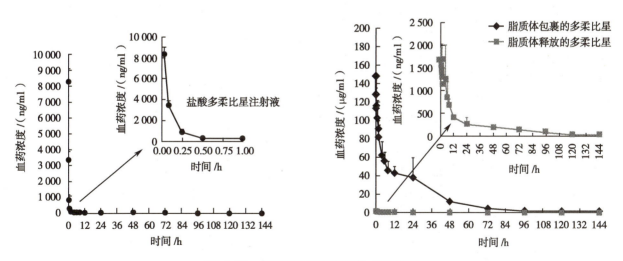

图 4-13　多柔比星的血药浓度 - 时间曲线

Smits 等采用 LC-MS/MS 技术测定全血和肝脏组织中的脂质体包裹的磷酸泼尼松龙和游离的泼尼松龙。磷酸泼尼松龙在体内被磷酸酶快速去磷酸化，转化为泼尼松龙。因此，包裹的药物浓度用磷酸泼尼松龙表示，游离药物浓度则用泼尼松龙的浓度表示。该方法目前已得到验证，并在小鼠体内进行了药代动力学研究。但是该策略仅适用于泼尼松龙等能够快速代谢的前药，不适用于其他脂质体药物。

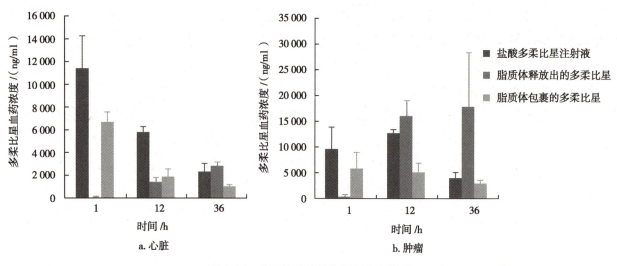

图 4-14　多柔比星的药物组织分布情况

二、胶束

(一) 简介

胶束 (micelle) 是两亲嵌段共聚物在水中自组装形成的一种热力学稳定的胶体溶液,是目前研究最广泛的纳米载体之一。胶束按形态可划分为两种:键合型胶束和包裹型胶束(图 4-15)。紫杉醇的一种纳米胶束制剂是目前唯一被批准上市的纳米胶束给药系统,该系统以紫杉醇为负载药物、两亲嵌段共聚物 PEG-PLA 为载体,其中,聚乙二醇(PEG)为亲水端、聚乳酸(PLA)为疏水端。当载体浓度低于其临界胶束浓度(critical micelle concentration,CMC)时,PEG-PLA 以解离形式溶解在溶液中;反之,PEG-PLA 将自组装成具有疏水性内核与亲水性外壳的纳米胶束给药系统。

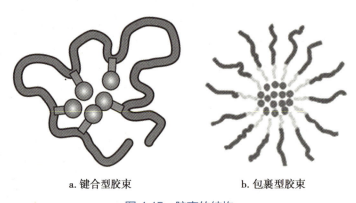

a. 键合型胶束　　　　b. 包裹型胶束

图 4-15　胶束的结构

(二) 胶束的质谱检测

与脂质体类似,胶束进入体内后至少存在 3 种形态,即载药胶束、游离药物和胶束辅料。载药胶束无药效且毒副作用很低,它只是药物贮库,释放出的游离药物则是药效和毒性的物质基础。目前,用于研究胶束系统暴露和生物分布的常规方法有 HPLC、酶联免疫吸附分析(enzyme-linked immunosorbent assay,ELISA)、荧光标记法、放射性标记法等,但这些方法只能对总药物浓度进行定量或半定量,无法准确回答载药胶束何时、何处、以怎样的速度解离和释放药物等问题。

目前已有学者使用液相色谱技术实现了将键合型多柔比星胶束 3 种形态进行分离,即 PEG 键合型多柔比星、游离多柔比星及 PEG,然后采取四级杆 - 时间飞跃法 - 质谱法(quadrupole-time-of-flight mass spectrometry,Q-TOF-MS)的全信息串联质谱(mass spectrometry with all-ion analysis,MS[ALL])扫描模式(图 4-16)分别对多柔比星、PEG 键合型多柔比星及 PEG 分子进行定量分析(图 4-17)。研究表明,多柔比星胶束可以实现游离药物在体内的长循环,明显降低释放药物在血液中的系统暴露量,达到减毒的目的(图 4-18)。

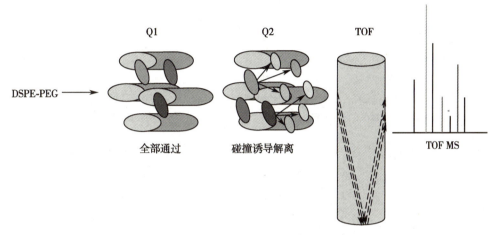

图 4-16　MS[ALL] 扫描模式原理图

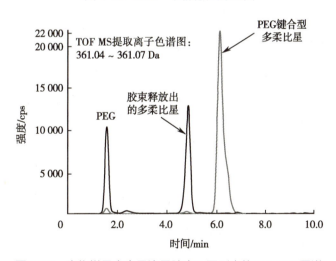

图 4-17　生物样品中多柔比星胶束不同形态的 LC-MS 图谱

在图 4-16 中,DSPE-PEG,也可写为 DSPE-mPEG,中文名称是二硬脂酰基磷脂酰乙醇胺 - 甲氧基聚乙二醇。"Q1" 和 "Q2" 指的是两个四极杆,Q1(第一四极杆)的主要作用是对离子进行选择和排序。它可以通过施加特定的电压和频率,使得只有特定质荷比(m/z)的离子能够通过,而其他离子则被排斥掉。这种选择性传输使得 Q1 可以对复杂的样品混合物中的特定离子进行分离。Q2(第二四极杆)通常被称为碰撞池或碰撞室。在 Q2 中,选定的离子会与中性气体分子(通常是氮气或氩气)发生碰撞,导致离子的分子键断裂,产生碎片离子。这个过程称为碰撞诱导解离(collision-induced dissociation,CID)。通过这种方式,Q2 可以提供关于分子结构的额外信息,因为不同的分子结构会产生不同的碎片模式。产生的碎片离子随后进入飞行时间(time of flight,TOF)区域进行质量分析。

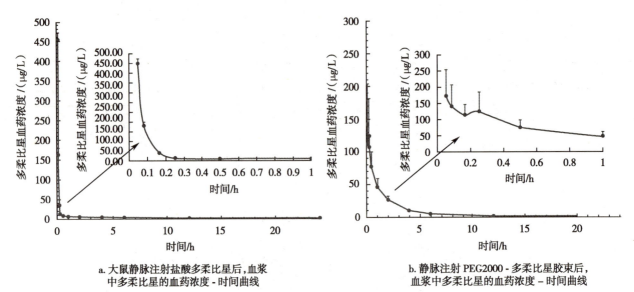

a. 大鼠静脉注射盐酸多柔比星后,血浆
中多柔比星的血药浓度 - 时间曲线

b. 静脉注射 PEG2000 - 多柔比星胶束后,
血浆中多柔比星的血药浓度 – 时间曲线

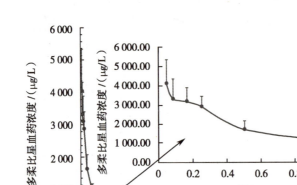

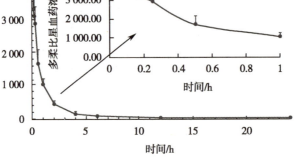

c. 静脉注射 PEG2000 - 多柔比星胶束后,
血浆中 PEG2000 - 多柔比星的血药浓度 - 时间曲线

图 4-18　大鼠静脉注射药物后的血药浓度 - 时间曲线

三、白蛋白纳米给药系统

(一) 简介

　　白蛋白纳米给药系统是以白蛋白作为药物载体的一种新型给药系统,具有较好的生物相容性、生物可降解性和较低的毒性,已成为药物递送系统研究领域的热点之一。注射用紫杉醇(白蛋白结合型)是第一个(2005 年)获得美国 FDA 批准上市的应用白蛋白纳米技术构建的靶向化疗药物,纳米分散技术和疏水相互作用实现了紫杉醇与白蛋白的结合,从而形成直径为 130nm 左右的白蛋白紫杉醇纳米制剂。

　　传统紫杉醇注射液中需要加入助溶剂聚氧乙烯蓖麻油(polyoxyethylene castor oil,CrEL)以提高紫杉醇的溶解性。临床研究发现,CrEL 的加入会导致:①降低化疗疗效。CrEL 在血液中形成的胶束会包裹紫杉醇,进而改变紫杉醇的生物利用度,使其呈现非线性动力学表现,同时这种胶束还会包裹联用药物,影响联用药物的生物利用度,从而影响药效。②产生毒性反应。CrEL 本身会产生严重的过敏反应及骨髓抑制作用,还会引起神经轴突变和脱髓鞘反应,患者在化疗前需要提前给予激素以避免严重过敏反应的发生。

白蛋白紫杉醇纳米制剂不需要添加 CrEL,所以毒性大大降低。另外,白蛋白独特的转运机制[糖蛋白 60-窖蛋白-富含半胱氨酸的酸性分泌蛋白(secreted protein acidic and rich in cysteine,SPARC)]可使该纳米制剂靶向分布于肿瘤组织和肿瘤细胞(图 4-19)。糖蛋白 60(glycoprotein 60,gp60)是位于内皮细胞表面的糖蛋白,其与白蛋白有很高的亲和力,gp60 与白蛋白结合可促进跨细胞途径转运。两者的结合能够引起 gp60 成簇,触发形成胞膜窖并产生囊泡,包裹白蛋白紫杉醇实现从血管上皮细胞的顶端向基底膜方向的跨细胞途径转运,进而将纳米制剂释放到血管内皮以下。富含半胱氨酸的酸性分泌蛋白(SPARC)与白蛋白的特异性结合是肿瘤靶向的主要原因。乳腺癌、前列腺癌、食管癌、胃癌、肝癌、肺癌、肾癌以及头颈部癌等多种肿瘤细胞都过表达 SPARC 蛋白,该蛋白质可促进白蛋白紫杉醇从肿瘤间质进入肿瘤细胞,实现靶向,发挥药效。综上所述,以白蛋白作为化疗药物载体能够促进结合型药物穿过血管内皮细胞,增加其在肿瘤细胞中蓄积,进而实现化疗药物的肿瘤靶向。

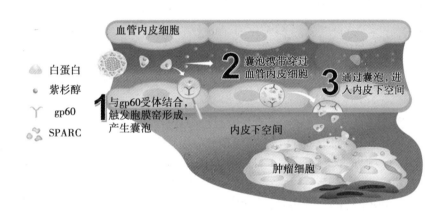

图 4-19　白蛋白的独特转运过程(gp60-窖蛋白-SPARC)

(二)体内分析技术及药代动力学

白蛋白紫杉醇是通过疏水相互作用结合的,其进入体内后至少存在两种形态,即白蛋白结合型紫杉醇和游离紫杉醇,将两者有效分离是其药代动力学研究的关键。目前主要的分离方法包括:超滤和离心,其中超滤是主要的研究方法,检测步骤如下。①总紫杉醇:将样品通过沉淀蛋白质、液-液萃取或固相萃取等样品预处理方式破坏紫杉醇与白蛋白之间的、疏水性的弱相互作用;②游离紫杉醇:通过对样品进行超滤操作,将游离紫杉醇与白蛋白结合型紫杉醇分离获得游离紫杉醇;③结合型紫杉醇:通过紫杉醇总量减去游离紫杉醇的量获得。

Cortes 等学者利用上述方法成功完成了白蛋白紫杉醇的药代动力学研究。研究发现,与传统紫杉醇注射液相比,白蛋白紫杉醇具有以下优势:①呈线性动力学,PK 与 PD 具有良好的相关性;②起效更快,游离紫杉醇的达峰时间更短;③分布更广,其表观分布容积为传统紫杉醇注射液的 9.3 倍,这提示白蛋白紫杉醇不仅分布于血管中,也广泛分布于外周组织中;④暴露量更大,释放出的紫杉醇的 C_{max} 约为传统紫杉醇注射液的 10 倍,AUC 约为 3 倍;⑤靶向性更好,白蛋白具有天然的独特转运机制(gp60-窖蛋白-SPARC);⑥作用时间长,白蛋白紫杉醇的消除速率仅为传统紫杉醇注射液的 25%。综上所述,白蛋白紫杉醇与传统紫杉醇注射液相比,无论是药代动力学性质,还是药效与毒副作用都具有显著优势。

本章结合国内外的最新研究进展,从细胞水平和组织水平对 NDDS 多形态成分的分析方法及其药代动力学过程进行了介绍。大量临床前研究表明,NDDS 可显著改善负载药物的药代动力学行为,使其具有长循环效应与靶向性的特点,实现了减毒增效的设计初衷。但临床人体试验结果却发现,长循环和靶向性并没有带来疗效的提高,也未消除抗肿瘤药本身的毒性。

除去由人和动物种属差异所致的肿瘤特性不同之外,目前普遍认为,现有的药代动力学理论和方法无法全面准确地评价 NDDS 在系统、组织、细胞水平的药代动力学行为,是 NDDS 由实验室向临床转化效率如此低的主要原因。为此,必须对传统纳米制剂长循环和靶向性的共识重新进行科学评价,即纳米颗粒与负载药物是否同步长循环、人体肿瘤组织是否普遍具有高通透性和滞留(EPR)效应,以及纳米制剂是否有效释放出负载药物并与靶点相结合。这些仅仅是问题的开端,还有许多更深层的问题亟待解决,未来应从系统、器官、组织、细胞和分子水平对纳米颗粒的理化性质与机体相互作用的机制进行深入和系统的研究。

(顾景凯)

参考文献

[1] HAGTVET E,EVJEN T J,NILSSEN E A,et al. Assessment of liposome biodistribution by non-invasive optical imaging:a feasibility study in tumour-bearing mice. Journal of nanoscience and nanotechnology,2012,12(3):2912-2918.

[2] RIP J,CHEN L,HARTMAN R,et al. Glutathione PEGylated liposomes:pharmacokinetics and delivery of cargo across the blood-brain barrier in rats. Journal of drug targeting,2014,22(5):460-467.

[3] LI L L,AN X Q,YAN X J. Folate-polydiacetylene-liposome for tumor targeted drug delivery and fluorescent tracing. Colloids and surfaces B:biointerfaces,2015,134:235-239.

[4] PETERSEN A L,BINDERUP T,RASMUSSEN P,et al. 64Cu loaded liposomes as positron emission tomography imaging agents. Biomaterials,2011,32(9):2334-2341.

[5] SEO J W,MAHAKIAN L M,TAM S,et al. The pharmacokinetics of Zr-89 labeled liposomes over extended periods in a murine tumor model. Nuclear medicine and biology,2015,42(2):155-163.

[6] ZHANG L,ZHOU H L,BELZILE O,et al. Phosphatidylserine-targeted bimodal liposomal nanoparticles for in vivo imaging of breast cancer in mice. Journal of controlled release,2014,183:114-123.

[7] DELLI CASTELLI D,DASTRÙ W,TERRENO E,et al. In vivo MRI multicontrast kinetic analysis of the uptake and intracellular trafficking of paramagnetically labeled liposomes. Journal of controlled release,2010,144(3):271-279.

[8] STAPLETON S,MIRMILSHTEYN D,ZHENG J Z,et al. Spatial measurements of perfusion,interstitial fluid pressure and liposomes accumulation in solid tumors. Journal of visualized experiments,2016(114):54226.

[9] STAPLETON S,ALLEN C,PINTILIE M,et al. Tumor perfusion imaging predicts the intra-tumoral accumulation of liposomes. Journal of controlled release,2013,172(1):351-357.

[10] WANG Y F,ZHANG Y X,WANG J J,et al. Aggregation-induced emission(AIE)fluorophores as imaging tools to trace the biological fate of nano-based drug delivery systems. Advanced drug delivery reviews,2019,143:161-176.

[11] XIN X F,PEI X,YANG X,et al. Rod-shaped active drug particles enable efficient and safe gene delivery. Advanced science,2017,4(11):1700324.

[12] CHITHRANI B D,GHAZANI A A,CHAN W C W. Determining the size and shape dependence of gold nanoparticle uptake into mammalian cells. Nano letters,2006,6(4):662-668.

[13] LIN J Q,ZHANG H W,CHEN Z,et al. Penetration of lipid membranes by gold nanoparticles：insights into cellular uptake，cytotoxicity，and their relationship. ACS nano,2010,4(9):5421-5429.

[14] WANG F,WANG Y C,DOU S,et al. Doxorubicin-tethered responsive gold nanoparticles facilitate intracellular drug delivery for overcoming multidrug resistance in cancer cells. ACS nano,2011,5(5):3679-3692.

[15] PRASETYANTO E A,BERTUCCI A,SEPTIADI D,et al. Breakable hybrid organosilica nanocapsules for protein delivery. Angewandte chemie,2016,55(10):3323-3327.

[16] LUNOV O,ZABLOTSKII V,SYROVETS T,et al. Modeling receptor-mediated endocytosis of polymer-functionalized iron oxide nanoparticles by human macrophages. Biomaterials,2011,32(2):547-555.

[17] LESNIAK A,SALVATI A,SANTOS-MARTINEZ M J,et al. Nanoparticle adhesion to the cell membrane and its effect on nanoparticle uptake efficiency. Journal of the American Chemical Society,2013,135(4):1438-1444.

[18] JIANG X,ROCKER C,HAFNER M,et al. Endo-and exocytosis of zwitterionic quantum dot nanoparticles by live HeLa cells. ACS nano,2010,4(11):6787-6797.

[19] KRPETIĆ Z,SALEEMI S,PRIOR I A,et al. Negotiation of intracellular membrane barriers by TAT-modified gold nanoparticles. ACS nano,2011,5(6):5195-5201.

[20] SOININEN K S,VELLONEN K S,HEIKKINEN T A,et al. Intracellular PK/PD relationships of free and liposomal doxorubicin：quantitative analyses and PK/PD modeling. Molecular pharmaceutics,2016,13(4):1358-1365.

[21] ZHANG W,GAO J,ZHU Q,et al. Penetration and distribution of PLGA nanoparticles in the human skin treated with microneedles. International journal of pharmaceutics,2010,402(1-2):205-212.

[22] NAVARRO S M,DARENSBOURG C,CROSS L,et al. Biodistribution of PLGA and PLGA/chitosan nanoparticles after repeat-dose oral delivery in F344 rats for 7 days. Therapeutic delivery,2014,5(11):1191-201.

[23] SEMETE B,BOOYSEN L,LEMMER Y,et al. In vivo evaluation of the biodistribution and safety of PLGA nanoparticles as drug delivery systems. Nanomedicine：nanotechnology,biology and medicine,2010,6(5):662-671.

[24] LEUNG H W,BALLANTYNE B,HERMANSKY S J,et al. Peroral subchronic,chronic toxicity,and pharmacokinetic studies of a 100-kiiodaiton polymer of ethylene oxide(Polyox N-10) in the fischer 344 rat. International journal of toxicology,2000,19(5):305-312.

[25] YAMAOKA T,TABATA Y,IKADA Y. Distribution and tissue uptake of poly(ethyleneglycol) with different molecular weights after intravenous administration to mice. Journal of pharmaceutical sciences,1994,83(4):601-606.

[26] HEROLD D A,KEIL K,BRUNS D E. Oxidation of polyethylene glycols by alcohol dehydrogenase. Biochemical Pharmacology,1989,38(1):73-76.

[27] ROY A B,CURTIS C G,POWELL G M. The metabolic sulphation of polyethyleneglycols by isolated perfused rat and guinea-pig livers. Xenobiotica,1987,17(6):725-732.

[28] SHAFFER C B,CRITCHFIELD F H. The absorption and excretion of the solid polyethylene glycols；(carbowax compounds). Journal of the American Pharmacists Association,1947,36(5):152-157.

[29] 尹磊. 细胞与整体水平的 PEG 化阿霉素药代动力学研究. 长春:吉林大学,2018.

[30] 孙和平. PEG 化紫杉醇的纳米药代动力学研究. 长春:吉林大学,2017.

[31] GRINDEL J M,JAWORSKI T,PIRANER O,et al. Distribution,metabolism,and excretion of a novel surface-active agent,purified poloxamer 188,in rats,dogs,and humans. Journal of pharmaceutical sciences,2002,91(9):1936-1947.

[32] LAZNICEK M,LAZNICKOVA A,COZIKOVA D,et al. Preclinical pharmacokinetics of radiolabelled hyaluronan. Pharmacological reports,2012,64(2):428-437.

[33] KAWADA C,YOSHIDA T,YOSHIDA H,et al. Ingested hyaluronan moisturizes dry skin. Nutrition journal,2014,13:70.

[34] CORTES J,RUGO H S,CESCON D W,et al. Pembrolizumab plus chemotherapy in advanced triple-negative breast cancer. The new England journal of medicine,2022,387(3):217-226.

第五章 前药设计原理及其在药物递送系统中的应用

第一节 概 述

一、前药的基本概念

前体药物（prodrug，简称前药）是药理学上无活性的化合物，其由生物活性物质经化学修饰产生，并且通过可预测的机制在体内转化为生物活性物质。前药这一术语是由 Albert 于 1958 年提出的，它表示化学衍生物可以暂时改变药物的物理化学性质，以提高其治疗效用，减少相关的毒性。前药也被同义地称为延迟药物、生物可逆衍生物和同源物。然而，"前药"这个名词获得了更广泛的接受度，并且通常表示在显示药理活性之前在体内发生化学转化的化合物。

二、前药的特征

在前药的制备中，生物转化过程至关重要，但该过程往往难以控制。因此，理想的前药应具有以下特征：①对胃肠道的可变 pH 环境具有足够的稳定性；②具有足够的溶解度；③对腔道内容物以及其中的酶成分具有足够的稳定性；④具有良好的渗透性；⑤无论是在肠上皮细胞还是被吸收到体循环中，前药都应该具备快速恢复母体药物的能力。

三、前药的设计目的

大量具有良好治疗特性的新化学实体由于具有较差的物理化学和生物药剂学特性而在筛选阶段就被研发人员舍弃了。这是因为这些药物在通过机体中的某些物理、生物或代谢屏障时，其本身具有的这些特性会引起药物在体内的吸收变差、广泛代谢以及较低的生物利用度。因此，若可以对药物或先导化合物的化学结构进行适当修饰，以克服这些障碍，继而恢复到药理学活性形式，则可以有效地递送药物。设计前药的基本原理是获得有利的物理与化学特性（例如化学稳定性、溶解性、味道或气味），生物药剂学特性（例如口服吸收、首过效应、生物膜通透性），或药效动力学特征（例如减少疼痛或刺激性）。表 5-1 描述了制备前药的目的。

表 5-1　制备前药的目的

药效动力学目的	制药目的	药代动力学目的
掩盖活性物质以改善其治疗指数	提高溶解度	改善口服吸收
原位激活细胞毒性	提高化学稳定性	减少系统内新陈代谢
	改善口感、气味	改善血药浓度 - 时间曲线
	减少刺激性和疼痛	提供器官、组织选择性递送活性药物

在药物修饰的过程中，改变一个性质通常会引起其他性质的改变。例如，若改善药物的溶解度，则可以同时改善药物的低吸收率和低生物利用度，同时改善其血药浓度 - 时间曲线关系。因此，设计前药可以达到多重好处，并且对药物的作用呈现出叠加效果。

一般而言，设计前药的主要益处包括提高酯类前药的生物利用度、增加羟胺类前药的渗透性、增强前药盐的溶解性、增强 PEG 化前药的稳定性等。

四、前药的设计原则

前药递送系统的设计通常基于前药在特定器官或组织中有效转化为体内活性药物。尽管化学结构多样化，但大多数前药可以基于常见的化学键（例如酯、酰胺和盐）进行分类。除了这些常见类型的前药之外，合成前药的方法包括将促进剂转化为伯胺和仲胺、酰亚胺、羟基、硫醇、羰基和羧基。

第二节　前药设计方法

一、基于酯键的前药设计方法

由于羧基本身的性质，所形成的酯类前药通常比其母体化合物更疏水。利用其化学结构的特性，可以广泛调节酯类前药的性质，以获得特定的稳定性和溶解度曲线，提供良好的跨细胞吸收。其可以在吸收的初始阶段抵抗水解，并在作用位点快速有效地转化。酯类前药向其活性形式的生物转化通常涉及酶促或非酶促水解；在许多情况下，最初的酶促切割之后是非酶重排。酯类前药可以设计为具有单个或多个官能团，一些实例如表 5-2 所示。

表 5-2　酯类前药实例

总体设计目的	具体目的	药物	前药
改善理化性质	改善口味	氯霉素	棕榈氯霉素
	改善口味	克林霉素	克林霉素棕榈酸酯
	减轻注射疼痛	克林霉素	克林霉素磷酸盐
	提高溶解度	紫杉醇	PEG 修饰紫杉醇

总体设计目的	具体目的	药物	前药
改善理化性质	提高溶解度	泼尼松龙	泼尼松龙琥珀酸钠
	降低溶解度	红霉素	琥乙红霉素
改善药代动力学性质	改善吸收	阿德福韦	阿德福韦酯
	靶向特定转运体	多巴胺	左旋多巴
	增加作用时间	多柔比星	PEG 修饰多柔比星
	增强口服吸收	氨苄西林	匹氨西林
	延长持续时间	氟奋乃静	癸氟奋乃静
	增加靶点特异性	屈他雄酮	屈他雄酮丙酸酯
	减少不良反应	阿司匹林和对乙酰氨基酚	贝诺酯

　　酯类前药通常通过引入亲脂性和掩蔽活性化合物的电离基团来增强吸收。例如伐昔洛韦是用于治疗疱疹的阿昔洛韦的 L- 缬氨酰酯前药,其口服生物利用度比其母体化合物高 3~5 倍。其前药结构如图 5-1 所示,它是通过 hPEPT1 肽转运蛋白(一种肠道转运蛋白)增强载体介导的肠道吸收。将伐昔洛韦快速、完全地转化为阿昔洛韦可产生更高的血浆浓度,从而降低给药频率。

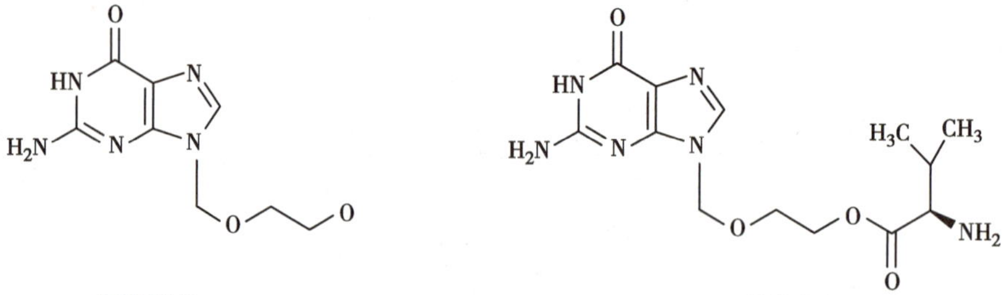

a. 阿昔洛韦　　　　　　　　　　b. 伐昔洛韦

图 5-1　阿昔洛韦和伐昔洛韦的化学结构

　　类似地,长效血管紧张素转换酶(angiotensin-converting enzyme, ACE)抑制药(angiotensin converting enzyme inhibitor, ACEI)依那普利拉(图 5-2a)的口服吸收以及透皮渗透性通过其结构中的一个羧基酯化而显著改善。改善的药代动力学特征归因于乙酯前药依那普利(图 5-2b)亲脂性的显著提高。具体见图 5-2。

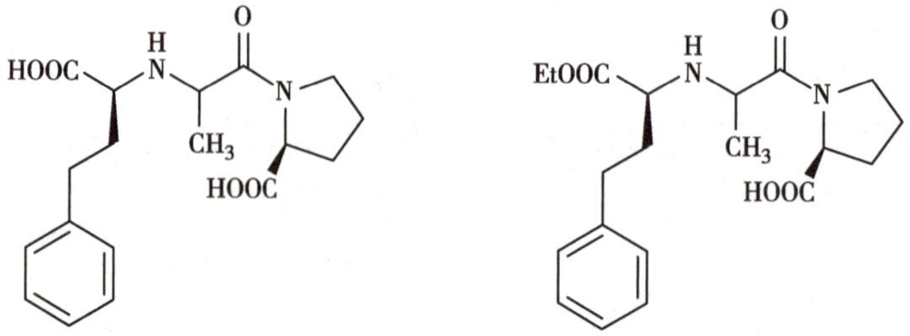

a. 依那普利拉　　　　　　　　　　b. 依那普利

图 5-2　依那普利拉和依那普利的化学结构

　　酯类前药的另一个应用是通过改变活性剂中存在的特别不稳定的官能团来改善母体化合物的稳定性。例如,三环癸烷 -9- 基 - 二硫代碳酸酯钾盐(D609)是一种选择性抗肿瘤药、有效的抗氧化剂和细胞保护剂,可在加速肿瘤细胞死亡的同时保护正常组织免受损伤。但 D609 含有二硫代碳酸酯(黄原酸酯)基团[O—C(=S)S(—)/O—C(=S)SH],其化学性质不稳定,容易氧化形成二硫键,随后丧失所有生物活性。目前设计了一系列 S-(烷氧基酰基)-D609 前药,通过亚甲氧基将 D609 的黄原酸酯基团连接到酯上。这些 S-(烷氧基烷基)-D609 前药分两步释放 D609,酯酶催化的酰基酯键水解,然后将所得到的羟甲基 D609 转化为甲醛和 D609。前药在生理环境下稳定,但易被酯酶水解,以受控方式释放 D609。

　　形成酯类前药的方法有一个是形成双前药,其中的两个官能团同时被修饰以实现最大化增强母体药物的渗透性。如通过将羧酸转化为酯并羟化亚胺部分,从而降低其碱性以开发血小板和凝血酶聚集的直接抑制剂——美拉加群(melagatran)双前药。Melagatran 最初表现出仅 5% 的低口服生物利用度,这归因于存在两个强碱性基团和羧酸基团,导致该化合物在肠道 pH 下以两性离子形式存在。得到的前药希美加群在肠道 pH 下不带电荷,其渗透性提高 80 倍,口服生物利用度为 20%。美拉加群和希美加群结构如图 5-3 所示。

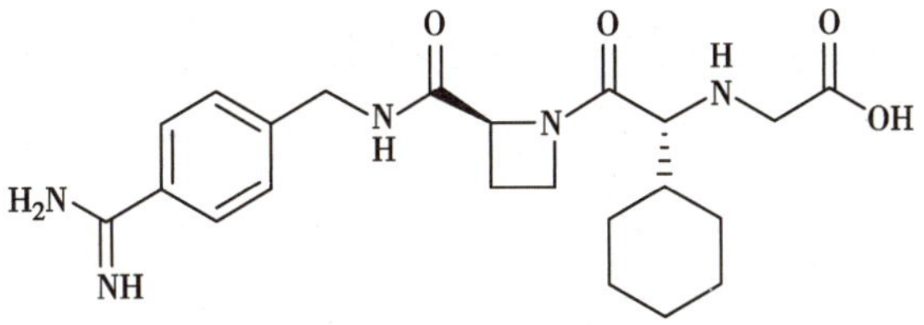

a. 美拉加群

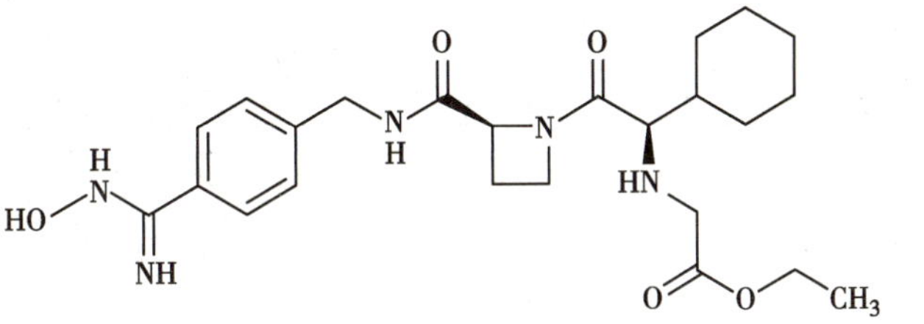

b. 希美加群

图 5-3　美拉加群和希美加群的化学结构

二、基于酰胺键的前药设计方法

　　就分子间连接的化学性质而言,酰胺前药与酯类前药相似(图 5-4)。体内活化酰胺前药通常涉及酶促切割,如图 5-5 所示。由于需要对酰胺基团进行质子化,因此酰胺水解比酯水解更具 pH 敏感性。

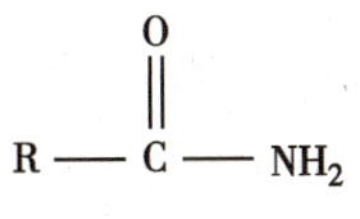

a. 酰胺 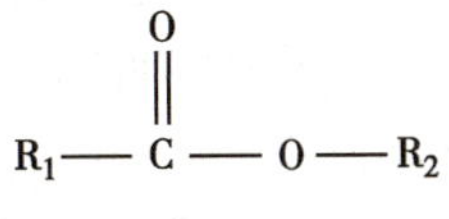　　　　b. 酯类

图 5-4　酰胺和酯类的化学结构

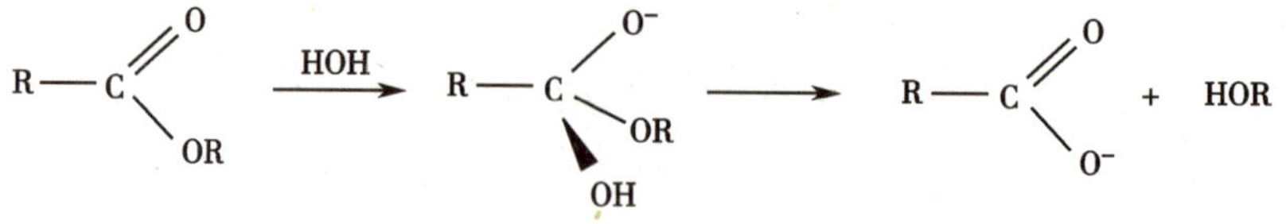

图 5-5   酯和酰胺酶促水解的典型途径

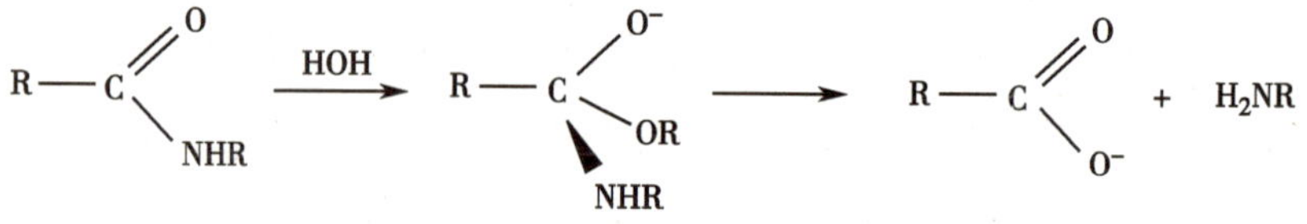

由于其特殊的化学结构,可以设计酰胺前药用于靶向肽和营养转运蛋白以增强渗透性。与更常规的酯衍生物相比,酰胺前药通常也显示出优异的物理和化学稳定性。

一个例子 LY-544344(一种酰胺前药),它是代谢型谷氨酸受体 2(mGluR2)激动剂 LY-35470 的前药。如图 5-6 所示,LY-35470 含有两个羧酸基团和一个碱性氨基,口服生物利用度低(约为 6%),简单的酯化不能提供具有足够稳定性的化合物,因此,用 L- 丙氨酸衍生出伯胺化合物,即 LY-544344,它是肠道转运蛋白 PEPT1 的优良底物。LY-544344 表现出了优异的固体和溶液稳定性。犬体内试验显示,该前药具有高出母体化合物 17 倍的吸收速率;在临床研究中,与 LY-35470 原药相比,以 LY-544344 形式给药,进入全身循环的 LY-35470 量增加了约 13 倍。

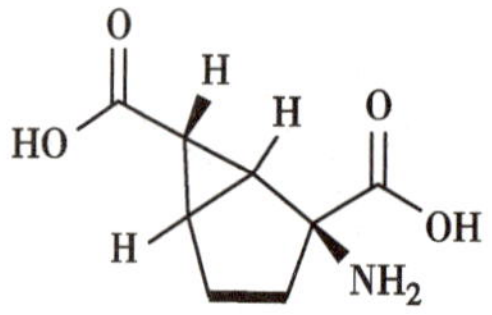

a. LY-35470 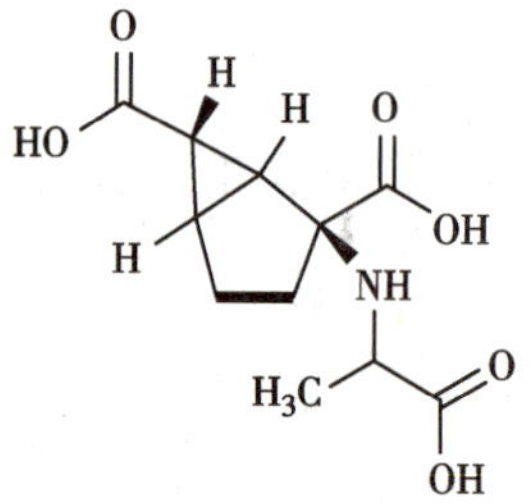   b. LY-544344

图 5-6   LY-35470 和 LY-544344 的化学结构

加巴喷丁(一种用于治疗癫痫和疱疹后神经痛的抗惊厥药)的改良也使用制备酰胺前药的方法达到主动靶向递送的作用,从而克服中枢神经系统(central nervous system,CNS)的副作用。加巴喷丁具有饱和吸收、患者间高变异性、药效和剂量不成比例和半衰期短的药代动力学特征。它的酰胺前药是 XP-13512,化学结构如图 5-7 所示,化学性质稳定,可快速转化为加巴喷丁,这可能是通过口服吸收后组织中存在的非特异性酯酶对其水解而达到的。XP-13512 显示 pH 依赖性被动渗透性,并通过表达钠依赖性多种维生素转运蛋白(sodium-dependent multivitamin transporter,SMVT)或 1 型单羧酸转运蛋白(monocarboxylate transporter 1,MCT-1)的细胞在体外摄取,该细胞在整个胃肠道中高度表达。猴的口服生物利用度从母体药物加巴喷丁的 25% 提高到前药 XP-13512 的 85%。

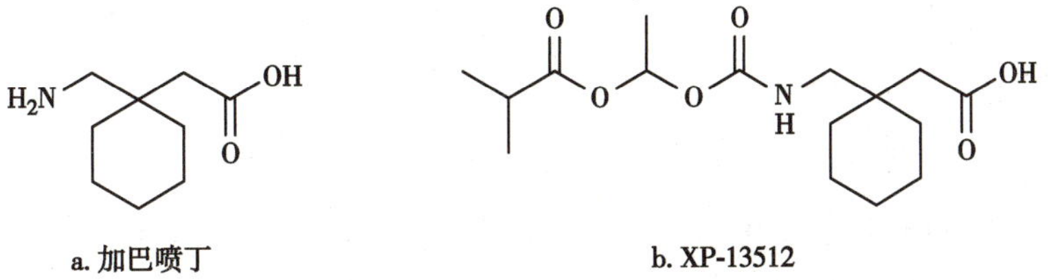

a. 加巴喷丁　　　　　　　　　b. XP-13512

图 5-7　加巴喷丁和 XP-13512 的化学结构

研究发现,与酯键相比,酰胺键的物理和化学稳定性更强。最近发现非甾体抗炎药(nonsteroidal anti-inflammatory drug,NSAID)的酰胺前药如阿司匹林、布洛芬和萘普生比酯类前药更稳定,这体现在增加的药物吸收和降低的胃肠道刺激性上。另一个实例是胞嘧啶阿拉伯糖的酰胺衍生物,其是一种用于治疗急性和慢性人类白血病的短半衰期嘧啶核苷类似物,相对于酯键前药,这种酰胺衍生物显示出更高的血浆稳定性和疗效。酰胺前药的各种应用总结在表 5-3 中。

表 5-3　酰胺前药实例

总体设计目的	目的	药物	前药
改善理化性质	降低胃肠道刺激性	烟酸	烟酰胺
	降低胃肠道刺激性	伐地考昔	帕瑞昔布
改善药代动力学性质	延长作用	托美丁钠	托美丁钠甘氨酸酰胺
	延长作用	多柔比星	doxsaliform
	增加眼渗透性	氨芬酸	奈帕芬胺

三、基于成盐的前药设计方法

成盐前药的设计通常与增强各种剂型中的溶解性和稳定性息息相关。酯类前药通常转化为盐,以提供所需的亲水 / 亲脂性质的平衡。

苯妥英被设计为磷苯妥英二钠盐酯(图 5-8),以克服由母体化合物的低水溶性(20~25μg/ml)造成的肠外递送问题。苯妥英钠可以显著增强溶解度(50mg/ml),但在 pH 低于 12 时不稳定,这会导致苯妥英钠从苯妥英钠溶液中快速沉淀。而磷苯妥英不仅可以进一步提高溶解度至 142mg/ml,并且可以在 pH 7.5~8 下保持稳定,从而具有更高的安全性、更低的刺激性,并利于给药。

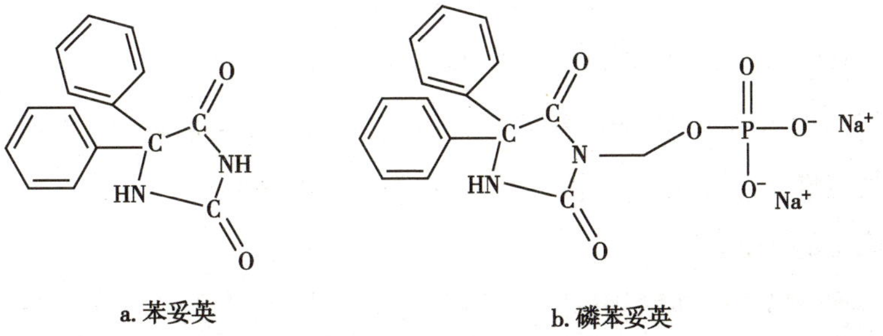

a. 苯妥英　　　　　　　　　b. 磷苯妥英

图 5-8　苯妥英和磷苯妥英的化学结构

另一个成功的例子是改良后的替诺福韦。作为一种核苷逆转录酶抑制剂(nucleoside reverse transcriptase inhibitor,NRTI),该药特别适用于早期治疗失败的艾滋病患者。替诺福韦磷酸化后形成替诺福韦二磷酸盐,它是病毒逆转录酶的有效和选择性抑制剂。替诺福韦在生理pH下呈二价阴离子状态,具有较低的分配系数,口服生物利用度低且不稳定。替诺福韦地索普西是一种双异丙氧基碳酸酯衍生物,它在犬体内表现出优异的化学稳定性和约30%的生物利用度。替诺福韦地索普西富马酸盐可以使替诺福韦地索普西二聚物的生成和降解产物甲醛的生成达到最少。富马酸替诺福韦酯具有非吸湿性和稳定性,并表现出快速溶解的能力,在人体内的口服生物利用度能达到43%。替诺福韦及其富马酸盐的化学结构见图5-9。一些典型的成盐前药及其应用总结在表5-4中。

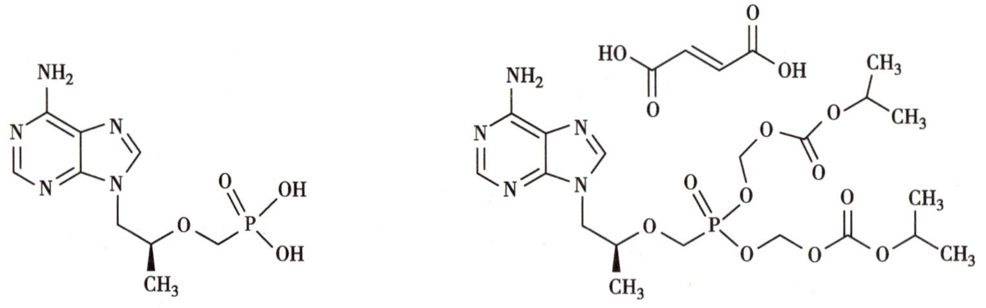

a. 替诺福韦　　　**b. 替诺福韦地索普西富马酸盐**

图 5-9　替诺福韦和替诺福韦地索普西富马酸盐的化学结构

表 5-4　成盐前药实例

总体设计目的	目的	药物	前药
改善理化性质	增溶	苯妥英钠	磷苯妥英
	增溶	安普那韦	福沙那韦钙
	改善稳定性	更昔洛韦	盐酸缬更昔洛韦
	增溶	对氨基水杨酸	巴柳氮二钠
	增溶	曲伐沙星	阿拉曲沙星

一般来说,如果用于形成盐的酸或碱很强,则可以预测该盐可在水溶液中完全解离,从而增加溶解性。它们通常与目标药物形成盐,使其在水溶液中完全解离。解离的趋势部分取决于路易斯酸的强度,即解离随着 pK_a 降低而降低。因此,对于相同药物的盐,解离趋势由易至难排列为锂盐(pK_a 13.8)>钙盐(pK_a 12.9)>镁盐(pK_a 11.4)>二乙醇胺盐(pK_a 9.7)>锌盐(pK_a 9.0)>胆碱盐(pK_a 8.9)>铝盐(pK_a 5.0)。

然而,盐的形成可能会影响局部的pH,并受强酸或强碱盐形成的酸或碱控制,这可能会增加药物的表观溶解度。当目标药物的盐变得极易溶解和吸湿时,会造成一些物质溶解在其吸收的水分中,导致固体制剂和药物的不稳定性。这可能导致片剂或胶囊剂在储存期间崩解,会引起药物的降解。因此,在这种情况下应该使用较弱的酸、碱成盐。

但当需要将目标药物溶解于溶液中时,可以将成盐后的药物用于制备液体制剂。然而,若制剂的pH远远偏离生理pH(7.4),则静脉注射时需要避免使用缓冲剂。如氟尿嘧啶(5-FU)(pK_a 8.0)在水中的溶解度约为 11mg/ml(中性物质),而氟尿嘧啶钠盐在 pH 9 条件下形成浓度高于 50mg/ml 的水溶液,钠盐解离成带负电荷的氟尿嘧啶成分,从而增加其溶解度。由于需要较小的注射剂量,50mg/ml 溶液比 11mg/ml 溶液使用更方便。尽管其 pH 与血液 pH 7.4 相差很大,但由于静脉注射时必须将氟尿嘧啶保持在溶液中,因此氟尿嘧啶钠盐可以用于静脉注射制剂中。

四、其他前药设计方法

除了上述主要的 3 种形成前药的方法外,还有其他如成腙键、成缩酮等方法,但应用不多。具体如表 5-5 所示。

表 5-5　其他类型前药实例

总体设计目的	目的	药物	前药	连接
改善理化性质	增强持续时间	特布他林	班布特罗	氨基甲酸酯
改善药代动力学性质	改善靶向	吉妥单抗	麦罗塔吉妥单抗	腙键
	增加局部渗透性	曲安奈德	己曲安奈德	缩酮

第三节　前药的体内激活机制

前体药物进入体内后,经过体内多种酶的作用而释放活性成分,激活药物的药理作用。大多数降解反应可分为水解、氧化、异构化、外消旋化或聚合反应,这些反应可能由环境因素例如光、湿度和氧气所引起。此外,前体药物的制剂形态可能影响其稳定性,如在水溶液中,pH、温度、离子强度或催化剂(如金属离子杂质或缓冲液)的存在可能影响药物和前药的稳定性。本节简要介绍前体药物在体内发生的各种反应及相关机制,以深入理解前体药物在体内的作用。

一、水解

水解是前体药物(如酯类前药)发生的最常见的激活反应之一。羰基类前药是不同于羰基药物的羧酸或醛、酮衍生物,并且通常对水解稳定。前药研发的基础通常是将易受影响的羰基官能团合理地引入母体药物如醇、羧酸或胺中,因此,许多前药被设计成含有羰基官能团。了解羰基类前药的降解对于理解前药的水解非常重要,羰基类前药的水解或水催化反应通过酰基转移反应进行。羰基化合物和酰基官能团的一般分子结构分别如图 5-10 所示。

R 是有机单元,X 是 OR、NR、SR 或 Cl,游离键(—)可以与 X 或 R 键合,粗体碳(**C**)为酰基碳。许多前药都是羰基化合物,例如酯、酰胺、酰亚胺、琥珀酰亚胺、内酰胺、硫醇酯、内酯、酸酐或酰氯。

酰胺的水解是与药物稳定性研究相关的另一类重要的水解反应。由于氮的电负性(3.0)小于氧的电负性(3.5),因此酰胺中的酰基碳通常具有比酯更低的正电性,酰胺通常比酯更稳定。然而,如果

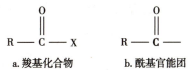

图 5-10　羰基化合物和酰基官能团的一般化学结构

氮在氨基酸如天冬氨酸（aspartic acid，Asp）和谷氨酰胺（glutamine，Gln）中处于末端位置，则酰基碳通常比次级胺更容易被亲核试剂攻击。这些反应在中性溶液中通常不是很快，但可以通过酸、碱以及分子内亲核攻击进行广泛催化。因此，对于大多数肽和蛋白质候选药物而言，脱酰胺作用是一种重要的反应。

由于酰基氧的质子化，水解也可以通过比水更强的亲核试剂或通过酸催化（如阿昔洛韦的水解），也可以由一般或特殊的酸和碱催化。因此，水解反应是 pH 依赖性的。催化剂也包括其他亲电试剂和亲核试剂以及部分有活性的酯酶或肽酶。

对于因水解而降解的前药，将药物配制成限制水分进入制剂内部的固体剂型异常重要。然而，在潮湿条件下，即使是固体剂型，药物也会暴露于有限量的水分中。因此，固体剂型应该用不催化水解的赋形剂配制，以使药物显示出最好的稳定性。所以即便前药的存在形式为固态，研究和理解其水解反应也是非常重要的。

对前药的稳定性进行描述至关重要，因为其与分子生物药剂学以及临床前开发息息相关，了解前药的稳定性有助于研究药物的体外代谢率和 / 或它们从前药释放的速率。在特定的 pH 下，或在具有 / 不具有特定酶的人工生物介质中，或在真正的生物介质如肠液、胃液、泪液、唾液和 / 或其他血液液体中可以对相关的缓冲溶液进行研究。此外，在各种组织匀浆如肠、肝或肾，或在各种相关细胞培养物的匀浆中可研究体外药物的代谢或释放。生物药剂学和临床前开发的动力学研究通常用降解顺序、速率常数和半衰期（$t_{1/2}$）来描述；如果特定的酶被认为是速率依赖性的，则使用米氏方程（Michaelis-Menten equation）进行研究，用 K_m 和 V_{max} 来描述。

然而，动力学稳定性研究也是记录在药物产品储存期间可能发生的分解反应、产生的杂质等。通过在特定的 pH、温度和离子强度下研究各种水溶液中药物的反应级数和速率常数等动力学，通常在预制剂和药物制剂开发期间开始保质期研究。本领域普遍接受的标准是在储存期间最多有 5% 的药物分解。由于这个原因，保质期调查通常涉及 5% 的前药分解所需的时间，确定为 $t_{5\%}$。

除了确定药物的半衰期（$t_{1/2}$）和保质期（$t_{5\%}$）外，理解动力学以及分解反应的顺序也很重要。此外，需要鉴定和描述各种因素（例如酶、pH、溶解度、赋形剂和温度）对动力学以及降解反应速率的影响。

（一）pH 对分解速率的影响

药物或前药在水溶液中的稳定性通常取决于 pH，因此该过程由特定酸（H^+）和 / 或碱（OH^-）催化。关于 pH 对候选药物稳定性影响的信息可以通过在保持其他因素如温度和离子强度不变的情况下，测定所观察到的伪一级速率常数 k_{obs} 与 pH 的关系来获得。如果在研究特定的酸和碱催化的药物降解过程中通过缓冲溶液保持 pH，则有必要研究缓冲液浓度对药物的可能的影响。

从 pH- 速率实验获得的伪一级速率常数 k_{obs} 可以表示为 pH- 速率曲线，即通过描绘 $\log k_{obs}$ 对 pH 的比值即可得到。pH 分布可能对分解机制的研究非常有帮助，但它也可能对确定保质期和评估可能的 pH 依赖性代谢有帮助。这取决于所涉及的特定酸 / 碱催化过程、pH 分布的特征，以及由前体药物的酸性和 / 或碱性官能团引起的可能的降解产物。

pH 的分布是前药开发中非常有用的数据。由此，研发者可以获得 pH 对前药的分解动力学的影响。这不仅在确定和记录前药的保质期方面，而且在临床前开发方面也很重要，可以帮助评估可能的酸 / 碱催化的代谢和消除问题。例如，体内各种环境 pH 的影响，即口服前药在胃肠道通过期间可能的酸 / 碱催化代谢。

(二) 温度对分解速率的影响

许多药物在水溶液中的分解速率受到温度的影响。对于一些小分子药物来说,一般药物的分解符合阿伦尼乌斯(Arrhenius)方程,通过稳定性试验,如长期试验和加速试验来预测药物的有效期。

但是对于一些大分子药物,该公式不适用。如蛋白质在室温下的分解可以认为是脱酰胺反应,而在如 60℃的温度下会发生变性反应,例如三级结构的变化。在这种情况下,阿伦尼乌斯(Arrhenius)方程可能无法准确描述其分解。

(三) 离子强度对分解速率的影响

生物培养基含有浓度约为 0.16mol/L 的电解质,因此在研究离子强度对水解的影响方面,临床前开发具有相当大的相关性。对于肠胃外前体药物以及滴眼剂的开发也是如此,其中加入电解质如 NaCl 以获得等渗溶液。电解质浓度对稀溶液中 k_{obs} 的影响,即离子强度 <0.01mol/kg 可由 Brøndsted-Bjerrum 方程描述,如式(5-1):

$$\log k = \log k_0 + 1.036 A z_A z_B I^{\frac{1}{2}}　　　　　　式(5-1)$$

而对于介于 0.01mol/kg 和 0.1mol/kg 之间的离子强度,可以应用 Brøndsted-Bjerrum 方程的变形公式求解。

$$\log k = \log k_0 + 1.036 A z_A z_B \frac{I^{\frac{1}{2}}}{1 - I^{\frac{1}{2}}}　　　　　　式(5-2)$$

式(5-1)和(5-2)中,z_A 和 z_B 为反应分子的电荷;I 为溶液的离子强度;A 为取决于溶液介电常数的常数,在 25℃的水中为 0.509。离子强度(I)对水解速率的影响通常在不同的 KCl 浓度但恒定的 pH、温度和缓冲液浓度下测定。

(四) 缓冲剂对分解速率的影响

一般酸/碱催化剂如缓冲液可以在水溶液中保持恒定的 pH。缓冲剂可以存在于生物介质中,如磷酸盐和氨构成了主要的尿液缓冲液。血液中的主要缓冲液是碳酸盐,而生物介质中的其他缓冲系统依赖于磷酸盐和乳酸盐。因此,这些一般酸和碱对水解速率的影响与临床前开发相关,其中可以在体外进行代谢和消除的研究。缓冲剂对药物保质期有重要的影响。缓冲催化可以通过缓冲催化常数(k_{cat})来描述,可以通过 k 的斜率与缓冲液浓度计算得到。

(五) 酶对分解速率的影响

从前药中释放药物以及药物代谢可以由酸或碱催化;或者实际上是自发的,即水催化的。然而,丰富的体内催化剂也是消化和代谢酶。酶催化反应的动力学可用饱和的米氏动力学(Michaelis-Menten kinetics)进行表征。由于药物的酶催化降解可通过饱和动力学描述,因此可用于评估可能的药物-药物、食物-药物和赋形剂-药物相互作用。

在临床前开发和分子生物药剂学中,前体药物的体外代谢速率可以通过其在肝脏、肾脏和肠道等组织匀浆,或生物液体如胃液、肠液、尿、血浆、泪液或脑脊液中代谢的半衰期进行研究。另外,细胞培养物也可以用来评估前体药物的体外代谢。但酶在组织制备过程中容易失活的问题应引起重视。此外,如果使用来自实验动物,特别是不同物种的生物材料,则需要解决实验动物和人类酶之间的变异问题。

二、氧化

不同于水解涉及的双电子转移反应,氧化是通过单电子转移进行的,即自由基转移反应。许多前体药物以还原形式存在,例如醇、烷基苯、醛、烯烃、胺及空气中的氧气可能导致氧化降解产物的产生。一些氧化反应由其他能量如光而引发,光诱导的氧化反应如给药后由光照射而导致相关反应的发生(例如维生素 B_2)。氧化反应也可以由体内的电子供体催化,如金属离子 Fe^{3+}、Cu^{2+} 或 Co^{3+}。由于 Fe^{3+} 和 Cu^{2+} 通常存在于蒸馏水中,为避免前药在给药前分解,应由去离子水进行配制或加入螯合剂,以抑制其氧化反应。

根据自身氧化机制,避免氧化的方法可以分为以下几种:如氧气本身参与该过程,则给药前需排出氧气;将包装中的空气换成惰性气体或在密封容器中包装;在氧化过程是被碱催化的情况下,制备过程pH 可以降低至 3~4;如氧化光解,则制备过程应避光。

三、非氧化性光解

光解反应本质上可以看成是氧化性的。然而它们也可能是激发性的,其中药物由于吸收光或辐射能而变成激发态,随后吸收的能量可能通过辐射、荧光、磷光、热损失或与其他分子的碰撞而释放,即荧光猝灭。在这种能量损失期间,可能发生化学分解。如光解诱导的顺反异构化,其中碳 - 碳双键 π 电子可以被光激发,旋转并因此造成顺反异构化。

避免方法:整个生产过程应在人造光下进行,避免波长受损。药品应包装在容器中,排除所有光线或过滤那些催化反应的波长。

四、外消旋化降解

外消旋化可能在手性前药中发生,如 L- 氨基酸的碱催化外消旋形成相应的 D- 氨基酸。这是由于具有电负性侧链的氨基酸中 α- 氢的酸度增加,削弱了酰基碳的阳离子性质。外消旋化反应如图 5-11 所示,可能发生在所有肽类或蛋白质类药物中。

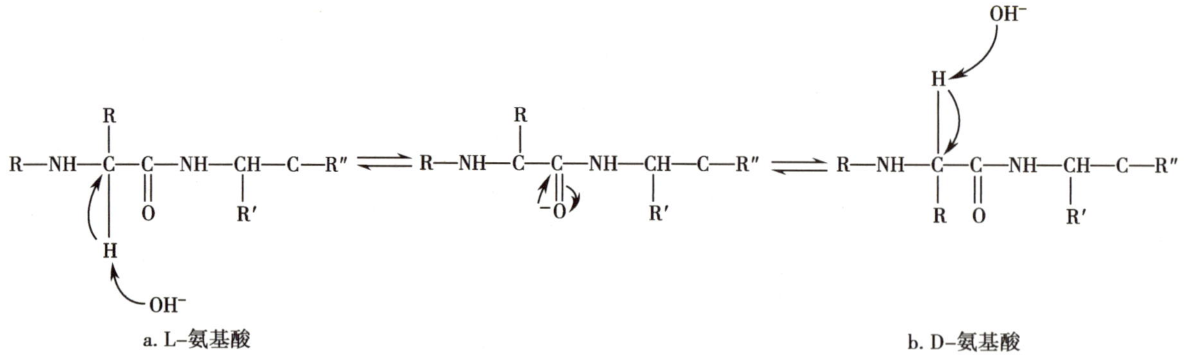

图 5-11 从 L- 氨基酸到 D- 氨基酸转化的外消旋作用

前药的激活常常是由体内的环境因素引起的,如特异性或非特异性酶、氧气、光等都会促进前体药物分解成活性成分。同时,体内环境中存在的一些物质如离子等可以作为催化剂,加速前药的激活过程。

第四节　人体黏膜中的药物代谢酶

肠壁中相对于Ⅰ相和Ⅱ相酶的主要药物代谢活性位于绒毛尖端的肠细胞中,结肠细胞(结肠内的细胞)的酶活性通常较低。然而,结肠细胞中的顶端外排转运蛋白如P糖蛋白的表达是显著的,并且超过在肠细胞中的表达。

一、细胞色素P450

已经发现人肠细胞中的主要酶是细胞色素P450(CYP)中的CYP3A4,约占所有肠CYP的80%。CYP3A4表达似乎沿着小肠的长度略微减少,在大肠的结肠细胞中达到非常低的水平(仅约为小肠中的1/40),CYP2C9的含量相当于所有肠CYP的15%。CYP2D6和CYP2C19的原型底物,如美托洛尔和奥美拉唑也在肠黏膜中代谢。在人群中一些个体的肠壁中已经检测到相当大的CYP3A5活性,CYP3A5在结肠中的表达高于CYP3A4。CYP3A5似乎与CYP3A4组成了基底,但是对炎症无抑制作用,它的表达的区域选择性可能不同于CYP3A4。

CYP各种类型占肠CYP的百分比如下:CYP3A4 80%,CYP2C9 15%,CYP2C19 2.9%,CYP2J2 1.4%,CYP2D6 1%。

二、葡萄糖醛酸基转移酶

在肠壁中表达的葡萄糖醛酸基转移酶(glucuronyl transferase,UGT)家族的主要同工酶是UGT1A1、UGT1A3、UGT1A4、UGT1A8、UGT1A9、UGT1A10和UGT2B7,其中UGT1A8和UGT1A10在肠壁上选择性表达(图5-12)。

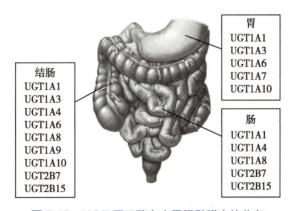

图 5-12　UGT 同工酶在人胃肠黏膜中的分布

一些肠道UGT活性在肝脏范围内,例如当测定肝脏固有清除率时,在微粒体蛋白质的基础上进行比较,依泽替米贝和霉酚酸符合上述条件。然而,如果将这些数值扩大到整个器官,胃肠道的葡萄糖醛酸化反应就很少发生,仅占肝脏的5%。

三、磺基转移酶

人肠组织中硫化物的表达和活性的研究尚不多见。最近的一项研究发现,硫转移酶——磺基转移酶(sulfotransferase,SULT)家族的 SULT1A1、SULT1A3、SULT1E1 和 SULT2A1 在肠壁黏膜的细胞质中有丰富的活性。SULT1A3 在肝脏中似乎不表达。与肝脏相比,在回肠中 SULT1A1、SULT1A3 和 SULT1B1 有较高的表达水平(以 ng SULT/mg 细胞质蛋白质为衡量标准)。

四、其他酶类

人 CaCO-2 细胞(一种人克隆结肠腺癌细胞)由于其表达模式,被证明是一种在肠道黏膜吸收和酶解酯类前药的体外模型。

有两种 NAT 同工酶已在人肠道中被证实存在。前药巴柳氮的活性代谢产物 5- 氨基水杨酸和磺胺吡啶在小肠中进行广泛的乙酰化。

乙醇脱氢酶(alcohol dehydrogenase,AD)、环氧水解酶(水合酶)、S- 甲基转移酶、硫嘌呤甲基转移酶和谷胱甘肽 S- 转移酶(glutathione S-transferase,GST)也在胃肠道黏膜中表达,但它们对药物代谢的重要性相对较小。

第五节　前药的给药途径

设计成前药可以改善母体药物的性能,其也有不同的给药方式。

一、口服给药

口服给药是最优选的给药途径,然而它常面临严重问题,比如药物的溶解度有限,以及胃肠道的渗透性差。口服药物递送的主要目的是增加口服生物利用度,其通常受到系统前代谢(首过效应和肠或肠膜代谢的总和)和胃肠道中药物吸收不足的影响。在这两种情况下,前药的设计必须平衡稳定性水平,前药的过早转化和过量的前药连接都可能降低口服生物利用度。

磷酸盐或其他盐通常用作口服前药以增加母体药物的溶解度,如磷苯妥英和氢化可的松磷酸盐。生物转化为母体化合物通过肠膜结合的碱性磷酸酶快速前药去磷酸化,产生高浓度的难溶性母体药物。与其极性离子化前药相比,再生的亲脂性母体药物被很好地吸收。

酯类前药常通过增加母体化合物的亲脂性来增强亲水性药物的膜渗透性和跨上皮转运,从而通过被动扩散导致增强的跨膜转运。例如氨苄西林的对羟基甲基酯比氨苄西林本身更具亲脂性,并且已在体内研究中证明其膜渗透性和跨上皮转运增加。

前药在胃肠道中的转运离不开各种转运蛋白的作用。因此,了解活性成分相应的转运蛋白对于前药的开发非常重要。

(一)胃肠道中的转运蛋白

1. 肠道主动转运及对药物吸收的影响　肠道中的转运蛋白通常分为两大类,一类由溶质载体超家族(solute carrier superfamily,SLC 超家族)的吸收转运体组成,另一类由 ATP 结合盒式蛋白(ATP-binding cassette transporter, ABC 转运蛋白)的药物外排转运蛋白组成。一般来说，活性转运体是将底物的转运与 ATP 消耗联系在一起的转运体，而其中底物的移位降低底物的浓度梯度，或偶合到离子流如 Na^+ 或 H^+ 的转运蛋白上的称为转运体。转运体通常称为药物转运体。然而，转运体的正常功能是使营养物质或外来废物穿过细胞膜。不同转运体的分布是细胞成分极化的一部分，不对称的分布会引起肠道的极化转运。某些药物和非生物天然产物通过顶端局部 ABCB1 [也称为 P 糖蛋白（P-gp）和多药耐药蛋白 1 (multidrug resistance protein)] 和基底外侧局部 ABCC3 从上皮细胞中输出或流出。

葡萄糖通过 SLC5A1 [一种钠依赖性葡萄糖转运体 1 (Na^+-dependent glucose transporter 1, SGLT1)] 以钠依赖的方式穿过顶膜，而细胞外排是由 SLC2A2 [一种葡萄糖转运蛋白 2 (glucose transporter 2, GLUT2)] 介导的，不与任何其他驱动力相偶合。核苷或核苷类药物通过 SLC28A1 [（一种浓缩核苷转运体 1 (concentrative nucleoside transporter 1, CNT1)] 转运到上皮细胞中，并由 SLC29A1 [一种平衡核苷转运蛋白 1 (equilibrative nucleoside transporter 1, ENT1)] 驱动。通过 SLC15A1 [一种肽转运蛋白 1 (peptide transporter 1, PEPT1)] 将二 / 三肽和一些拟肽药物转运到细胞中，并通过尚未克隆的转运蛋白从细胞转运至血液循环。

2. **肽转运蛋白** 在人体肠细胞中，通过定量 PCR 检测到两个二 / 三肽转运蛋白基因：SLC15A1 (PEPT1) 和肝 - 肠钙黏着蛋白 (liver-intestine cadherin 或 li-cadherin, HPT1) 的基因 *CDH17*。PEPT1 定向分布于小肠上皮细胞刷状缘膜，其转运的营养物质广泛，在结合转运寡肽过程中，它对含有 L- 氨基酸残基的寡肽比含有一个或多个 D- 氨基酸的寡肽具有较高的亲和性；PEPT1 可转运许多含肽键的药物，包括抗病毒药物等。

HPT1 在小肠中高度表达，如十二指肠、空肠和回肠以及结肠缺失的健康组织中。到目前为止，HPT1 是以二肽 / 三肽形式摄取氨基酸的主要肽转运蛋白，也是肠道药物吸收的主要转运体。HPT1 已被证明可调节 β- 内酰胺类抗生素和一些氨基酸、二肽前药的口服生物利用度。但其作为转运蛋白的作用，我们尚未完全了解。

虽然 ABCB1 通常不被称为肽转运蛋白，但它能转运含 3~11 肽的氨基酸（环孢素），因此事实上起肽转运蛋白的作用。在顶膜上，其传输方向为由细胞内向细胞外，这与 HPT1 向内定向并与质子流偶联的作用相反。然而在基底膜上，ABC 转运蛋白和肽转运蛋白的转运方向都是从细胞进入循环。

3. **核苷转运蛋白** 存在于顶端 [浓缩核苷转运体（CNT）] 和上皮细胞的基底外侧膜 [平衡核苷转运蛋白（ENT）]。CNT2 主要在人十二指肠和空肠中表达，且表达程度远高于 CNT1、CNT3 和 ENT2。在回肠中，CNT1 和 CNT2 均表达，而 ENT2 在结肠中表达。在人肠上皮细胞中，核苷转运蛋白负责从肠腔摄取膳食核苷和调节细胞表面上的腺苷浓度。核苷转运蛋白接受多种与核苷结构相关的药物分子，因此从药物递送和药物发现的角度来看，它们可能具有高度的相关性。ENT1 和 ENT2 可用于转运嘌呤和嘧啶核苷，但其底物亲和力一般低于 CNT。浓缩核侧转运蛋白 CNT1、CNT2 和 CNT3 转运尿苷和某些尿苷类似物，但除 CNT1 适度转运腺苷外，对嘧啶（CNT1）和嘌呤（CNT2）核苷具有选择性，CNT3 对嘌呤和嘧啶核苷是非选择性的。

4. **氨基酸转运蛋白** 在顶端和基底外侧膜均存在几种氨基酸转运蛋白，它们具有重叠的基质特征和不同的亲缘关系，并利用不同的离子如 Na^+、H^+ 和 Cl^- 作为驱动力。此外，氨基酸转运蛋白受许多疾病如哈特纳普病（Hartnup disease）和其他吸收病理状态的影响。Kim 等在人类肠道中检测到 12 个氨基酸转运基因,其中,*EAAT3*、*LAT3*、*4F2HC* 和 *PROT* 表达最高。一种氨基酸转运蛋白是 SLC6A14,其位于结肠细胞的顶膜中,但不在小肠中表达。SLC6A14 被认为与 D- 丝氨酸、肉碱和一氧化氮合酶抑制剂以及 γ- 谷氨酰磷酸酯的肠道吸收有关。

5. 单糖转运蛋白 在肠道中,主要检测到两个葡萄糖转运蛋白的基因:SGLT1 和 GLUT5 的基因。SGLT1 位于小肠细胞的顶膜中,以钠偶联方式起作用;而 GLUT5 位于基底外侧膜中(图 5-13)。SLGT1 不仅被认为是抑制葡萄糖摄取的靶点,也是糖苷类底物模拟物肠道转运的靶点。

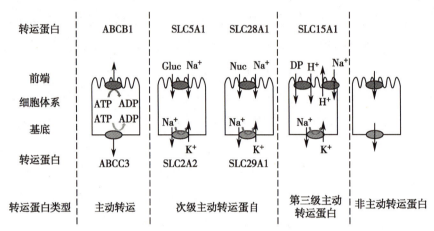

ABC:ATP 结合盒式蛋白;ATP:腺苷三磷酸;ADT:腺苷二磷酸,全写为 adenosine diphosphate;
SLC 等均为溶质载体超家族成员;Gluc:葡萄糖;Nuc:核苷酸;DP:二肽。

图 5-13 肠上皮细胞中各种形式的转运蛋白和载体

6. 有机阳离子转运蛋白 有机阳离子转运体(organic cation transport,OCT)家族有三个成员:OCT1、OCT2、OCT3。在人类中,OCT1 主要表达于肝脏,其作用是把外源性物质转运进入肝脏进行代谢。OCT2 主要表达于肾脏,主要是将血液中的有机阳离子物质转运进入肾脏进行排泄。OCT3 表达于大脑皮层,其与一些有机阳离子药物进入大脑发挥作用有关。

7. 有机阴离子转运蛋白 有机阴离子转运蛋白(organic anion transporter,OAT)是一类底物特异性差,主要表达于屏障上皮细胞的转运蛋白,属于溶质载体超家族(SLC)。此类蛋白主要位于肾近曲小管,在其他器官如肝、脑和胎盘也有分布,主要负责内源性和外源性有机阴离子的重吸收和分泌,介导众多带负电的体内代谢产物(包括尿酸,前列腺素,神经递质酸性代谢终产物,甾体激素等)和多种药物的跨细胞膜转运,对药物的排泄和其他的药代动力学特性有重要影响。

8. 单羧酸转运蛋白 以质子偶联方式或通过将一种单羧酸盐交换为另一种单羧酸盐来转运单羧酸盐,如乙酸酯、丙酸酯、乳酸盐和丙酮酸盐。在肠道中已检测到单羧酸转运蛋 1(monocarboxylate transporter 1,MCT1)位于上皮细胞的顶膜中,可能参与头孢地尼的肠道转运。

9. ABC 转运蛋白 在药物发现和开发中受到最多关注的一些肠道转运蛋白是 ATP 转运蛋白,尤其是 ABCB1。ABCB1 具有极其广泛的底物特异性,对亲脂性和阳离子化合物具有特异性;然而这些一般结构特征不是限制性的,这可以通过 ABCB1 鉴定的底物的多样性来说明,包括抗肿瘤药如长春碱、多柔比星、依托泊苷和紫杉醇,心脏用药物如地高辛,内源性化合物如类固醇激素和胆盐,艾滋病用药物如茚地那韦和沙奎那韦,氟喹诺酮类药物如司帕沙星等,免疫抑制剂如环孢素和他克莫司等均可作为

ABCB1 的底物。

有证据表明,ABCB1 与代谢酶一起发挥作用,因此 ABCB1 可能在限制药物底物的口服生物利用度方面发挥双重作用,即通过减少它们的吸收,并将它们输送到代谢酶。在肝脏和肠道中,这种双重功能存在于代谢活跃的细胞中。Ⅰ 相酶如细胞色素 P450 和Ⅱ 相酶如谷胱甘肽 *S*- 转移酶是限制药物生物利用度的关键因素。CYP3A4 和 ABCB1 之间也存在一定程度的重叠底物特异性。因此,重要的是要考虑候选药物的外排性质和代谢性质。

10. 胆汁酸转运蛋白 顶端局部钠依赖性胆汁酸转运蛋白(apical sodium-dependent bile acid transporter, ASBT)在人十二指肠和回肠中表达,在结肠中几乎检测不到。ASBT 转运胆汁酸如甘氨脱氧胆酸盐和鹅脱氧胆酸。ASBT 对天然底物具有微摩尔浓度的亲和作用,但对其在药物吸收中的作用和潜力的研究尚不多见。

(二) 细胞模型

基于细胞培养的模型是研究被动和主动药物转运机制以及与上皮细胞蛋白(例如转运蛋白和酶)相互作用的最常用的方法。它们既简单又快速,并且能反映吸收过程中涉及的不同的机制。用于口服给药研究的细胞模型主要分为以下 4 种。

1. Caco-2 细胞系 普及的主要原因是细胞易于培养,并且它们在标准培养条件下自发地发生异常高度的分化,细胞表现出良好的可重复性、稳健性和人肠上皮细胞的功能特性。该模型已被证明能够预测各种药物的口服吸收。Caco-2 细胞系起源于人结肠腺癌,可以从美国典型培养物保藏中心(American Type Culture Collection, ATCC)或欧洲认证细胞培养物保藏中心(European Collection of Authenticated Cell Cultures, ECACC)获得。它是一种多克隆细胞系,也就是说它由异质细胞群组成,这意味着细胞的特性可能随着培养时间的变化而变化。因此,细胞应在有限数量的传代中使用,特别是用于长时间的筛选目的。

2. 狗肾传代细胞系 也经常被制药公司用于监测肠道药物转运,尽管该细胞系起源于狗肾。与 Caco-2 细胞系相比,该细胞系的优点在于其更快地分化。狗肾传代细胞系(madin-darby canine kidney cell line, MDCK 细胞系)有两个不同的亚克隆:MDCK 细胞株Ⅰ形成非常紧密的单层,MDCK 细胞株Ⅱ形成单层,具有更多的渗漏紧密连接。尽管 MDCK 单层可用于估计上皮细胞的被动转运,但可能不适用于人类药物转运的机制研究或预测跨人类上皮细胞的活性摄取或流动。在正常的 MDCK 细胞系中,已经鉴定出低水平的 P-gp。

3. 2/4/A1 细胞系 对于活性药物的转运来说,体外 Caco-2 细胞系的被动药物渗透性与体内人体小肠的药物转运之间没有定量关系。除了在体外和体内以相当快的速度分配到细胞膜中的高渗透性药物之外,具有中等或低渗透性的化合物在 Caco-2 模型中具有比在体内更低的渗透性。这种差异随着化合物渗透性的降低而增加。

通过使用比 Caco-2 模型的细胞间隙更大的细胞培养模型(例如 2/4/A1 细胞系),可以模拟人类小肠对药物的渗透性。最新数据表明,2/4/A1 细胞系似乎不表达功能性(药物)转运蛋白,比 Caco-2 细胞系更能预测人体对中、低渗透性药物的吸收。

4. 其他细胞系 HT29 细胞是另一种研究良好的人结肠癌细胞系。当在标准培养条件下生长时,HT29 细胞形成多层未分化细胞;在改良的培养条件下,HT29 细胞分化成吸收的和 / 或分泌黏液的杯状细胞的极化单层。产生黏液层的变异体引起人们的兴趣,原因为体内覆盖肠上皮的黏液层可能限制一些药物的吸收,而 Caco-2 细胞系和 MDCK 细胞系缺乏这种屏障。产生黏液的克隆细胞如 HT29-H 和 HT29-MTX(甲氨蝶呤诱导的细胞)已被用于开发含有黏液层的细胞培养模型。

(三)案例

案例 1:洛伐他汀片

【处方】洛伐他汀　0.2kg　　　　　乳糖　1kg　　　　　　　微晶纤维素　0.55kg

　　　　药用淀粉　0.35kg　　　　聚维酮 K30　0.3kg　　　　吐温 80　1.4ml

　　　　羧甲基淀粉钠　0.05kg　　丁基羟基茴香醚　0.000 4kg　硬脂酸镁　0.02kg

　　　　制备　10 000 片

【制备】洛伐他汀与外加的羧甲基淀粉钠(carboxymethylstarch sodium,CMS-Na)混合粉碎,丁基羟基茴香醚(butylated hydroxyanisole,BHA)与外加的药用淀粉混合粉碎,过 100 目筛;将聚维酮 K30(PVP K30)配成 10% 的溶液,加入吐温 80 混合均匀,作为黏合剂;将微晶纤维素、乳糖和药用淀粉混合均匀,加入黏合剂制颗粒;60~65℃干燥 1.5~2 小时,并进行整粒;先取 1/5 量的空白颗粒与主药和 CMS-Na 的混合物混合均匀,加入药用淀粉和 BHA 的混合物混合均匀,再将剩余的空白颗粒加入,混合均匀后,加入适量的硬脂酸镁,混匀,压片,即得。

【注解】本品为白色或类白色片。其中洛伐他汀与 CMS-Na 混合可更好地分散药物;PVP 与吐温 80 配成黏合剂,利于制颗粒;BHA 为抗菌剂;微晶纤维素、药用淀粉为崩解剂;硬脂酸镁为润滑剂。由于是工业化生产,因此分几步混合空白颗粒与辅料可以得到更加均匀的分散体。

洛伐他汀是一种无活性的前药,需在体内将内酯环水解成开链的 β-羟基酸衍生物才有抑酶活性,因为该开链的羟基酸部分恰好与 HMG-CoA 还原酶的底物羟甲基戊二酰辅酶 A 的戊二酰部分具有相似性,由于酶识别错误,与其结合后即失去催化活性,使胆固醇合成受阻,故能有效降低血浆中的胆固醇。

案例 2:泛昔洛韦缓释颗粒

【处方】泛昔洛韦 20%~30%　　　　羟丙甲基纤维素 20%~40%

　　　　微晶纤维素 2%~5%　　　　　硬脂酸镁 2%~5%

　　　　乳糖 20%~40%　　　　　　　95% 乙醇　适量

【制备】泛昔洛韦、羟丙甲基纤维素、微晶纤维素、硬脂酸镁和乳糖分别过 100 目筛;称取泛昔洛韦和羟丙甲基纤维素,采用等量递增法将泛昔洛韦和羟丙甲基纤维素初步混匀,再加入处方量的聚维酮和微晶纤维素,然后加入适量的 95% 乙醇,制软材;将软材过 16 目筛制粒,50℃干燥 2 小时,再过 16 目筛整粒,加入硬脂酸镁和乳糖混匀,即得。

【注解】泛昔洛韦是喷昔洛韦的二乙酰基 -6- 去氧类似物,口服在肠壁吸收后迅速去乙酰化和氧化为有活性的喷昔洛韦。喷昔洛韦可被病毒编码的胸苷激酶磷酸化成喷昔洛韦单磷酸盐,再经宿主的磷酸化成为喷昔洛韦三磷酸盐,三磷酸盐在病毒感染的细胞内迅速形成,缓慢代谢,使半衰期延长,参与乙型肝炎病毒(hepatitis B virus,HBV)DNA 的三磷酸鸟苷竞争,并进入 DNA,作用于 DNA 合成的起始和延伸步骤,抑制 DNA 合成,对水痘 - 带状疱疹病毒、单纯疱疹病毒 1 型和 2 型、HBV 均有较强的抑制作用。

案例 3：盐酸班布特罗片

【处方】盐酸班布特罗　8.4g　　　　乳糖　66.15g　　　　淀粉　54.72g

　　　　羧甲基淀粉钠　18.45g　　　滑石粉　1.56g　　　硬脂酸镁　0.36g

　　　　羧甲基纤维素钠　0.36g

　　　　制备 1 000 片

【制备】盐酸班布特罗、淀粉用 100 目筛网过筛,乳糖、羧甲基淀粉钠用 80 目筛网过筛,外加辅料滑石粉、硬脂酸镁用 40 目筛网过筛。制粒:称取处方量的羧甲基纤维素钠,加入计算量的纯化水,搅拌均匀配成 1% 的羧甲基纤维素钠溶液作为黏合剂;称取处方量的盐酸班布特罗、乳糖、淀粉、羧甲基淀粉钠混匀后进行湿法制粒。干燥:将湿颗粒加入热风循环烘箱中干燥,温度控制在 65~75℃,干燥 2.5 小时 ± 0.5 小时,颗粒的水分含量控制在 2.0%~5.0%。整粒和压片。

【注解】口服盐酸班布特罗后,大约口服剂量的 20% 被吸收。吸收后被缓慢代谢成有活性的特布他林。盐酸班布特罗和中间代谢产物对肺组织显示有亲和力,在肺组织内液进行盐酸班布特罗转变为特布他林的代谢,因此在肺中的活性药物可以达到较高的浓度。口服本药后,约 7 小时可以达到活性代谢产物特布他林的最高血药浓度,半衰期为 17 小时左右。盐酸班布特罗及它的代谢产物主要由肾脏排出。

二、眼部给药

对于大多数应用于眼部的药物来说,被动扩散被认为是穿过角膜的主要转运过程。眼部药物递送的主要挑战包括角膜上皮屏障的紧密性、快速的角膜前药物消除和结膜的全身吸收。改善眼部生物利用度的尝试集中在延长药物在结膜囊中的停留时间和改善药物渗透性,用于眼部递送的前药主要用于解决后一问题。

通过增加其亲脂性可以显著增强药物的眼部吸收,这可以通过前药的应用来实现。对眼部用前药的关键要求包括在水溶液中具有良好的稳定性和溶解性,使配方能够渗透角膜,具有足够的亲脂性,低刺激性,以及能够以一定的速度释放母体药物并满足治疗需要。如地匹福林基本上改善了肾上腺素的眼部吸收,它已经取代肾上腺素治疗与青光眼相关的高眼内压。自引入地匹福林以来,已设计了许多前药以改善眼科药物的功效,延长其作用持续时间并减少其全身副作用。

最理想的眼科前药应被几种酯酶共同水解,以最大限度地降低单个酯酶水平对眼科前药酶促转化的影响。在兔(眼科药物初始开发中使用的典型模型)中,乙酰胆碱酯酶(acetylcholinesterase,AChE)和丁酰胆碱酯酶(butyrylcholine esterase,BuChE)被认为是酯类前药酶水解的关键。模型眼组织也可能含有碳酸酐酶、肽酶和磷酸酶。

近几年来,以下前体药物已在实验室和临床上进行了眼部输送试验:肾上腺素受体激动剂(肾上腺素和去氧肾上腺素前体药物),肾上腺素能前药(β 受体拮抗剂如噻吗洛尔、纳多洛尔和替利洛尔的前体药物),抗病毒药前体药物(阿昔洛韦和咪唑啉酯),碳酸酐酶抑制剂前体药物和类固醇类。表 5-6 总结了几种前药,其设计目的在于提高眼部给药的生物利用度。

表 5-6 前药类眼科药物

发挥作用的结构	前药类眼科药物	优点	适应证
肾上腺素	地匹福林	减少副作用	青光眼
去氧肾上腺素	去氧肾上腺素噁唑烷	提高疗效	瞳孔放大剂、扩瞳药
前列腺素类	拉坦前列素、曲伏前列素、比马前列素、乌诺前列酮	改良渗透性	青光眼
羟乙氧鸟嘌呤	伐昔洛韦	提高生物利用度	单纯疱疹性角膜炎

三、皮肤给药

皮肤是无创给药的主要部位,由于药物对皮肤的渗透性较差,透皮药物渗透相对具有挑战性。菲克定律(Fick law)描述了透皮药物的吸收过程,透皮控制的递送系统必须改变一些关键的传质参数,例如分配系数、扩散系数和药物浓度梯度,以增加药物吸收。这可以通过前药方法实现,其中可高度吸收的前药分子在皮肤内被激活。

前药通过皮肤的成功递送需要以下步骤:①药物分子在载体中溶解并扩散到皮肤表面;②药物分配到角质层(SC);③药物扩散到 SC;④药物分配到表皮和真皮中并摄入血液循环。基于这些要求,透皮前药所需的参数包括低分子量(优选小于 600Da)、在油和水中有足够的溶解度以最大化膜浓度梯度(扩散的驱动力)、最佳分配系数和低熔点。

透皮前药的一个很好的模型是纳曲酮的烷基酯前药,其设计用于改善母体化合物的亲脂性并增加其在皮肤上的递送速率。来自前药饱和溶液的平均纳曲酮皮肤透过量超过纳曲酮碱的 2~7 倍。另外还有使用 α-(酰氧基)烷基衍生物来改变母体药物(如呋喃妥因、青霉素和茶碱衍生物)的理化性质,通过共价结合药物与脂肪酸(如盐酸普萘洛尔)形成前药来增强药物的皮肤透过性,以及通过生物转化诱导的浓度梯度增大而增加透皮给药剂量的新型复式前药(如纳曲酮前药)。

四、鼻黏膜给药

近年来,由于鼻腔给药能发挥局部和全身的作用,人们一直在研究鼻腔给药。鼻腔局部给药包括治疗鼻塞、鼻炎、鼻窦炎和相关过敏及其他慢性疾病的药物,例如皮质类固醇、抗组胺药、抗胆碱药和血管收缩药。近年来的焦点一直集中在鼻腔全身给药上。

鼻部药物吸收可以通过前体药物的使用、母体药物分子的化学修饰和物理方法提高药物的渗透性来完成。鼻腔制剂中使用的特殊赋形剂与鼻黏膜接触,可以起到促进药物转运的作用。黏膜孔比表皮更容易打开。

用于治疗睾酮缺乏的药物睾酮(testosterone, TS)水溶性低,临床使用受限制。使用水溶性前药 17-N,N- 二甲基甘氨酸盐酸盐,其在水中的溶解度 >100mg/ml,而 TS 仅为 0.01mg/ml,鼻腔给予前药后睾酮的生物利用度与静脉注射相似。

五、注射给药

前药通常用于胃肠外递送以改善药物的溶解度和患者可接受性(例如注射时疼痛减轻)。理想情况下,注射给药的前药需要在血浆中迅速转化为母药,以快速获得治疗浓度。使用酯类前药来改善微溶性药物的胃肠外递送的典型实例是磷苯妥英(苯妥英的前药),它具有水溶性和安全性,并且通过磷酸酶的作用,注射给药很容易产生生物反应。动物和人体的药代动力学研究表明,磷苯妥英注射给药时定量释放苯妥英,并且提供了比苯妥英更好的吸收特性和更高的安全性。

类似地,难溶性环加氧酶(cyclo-oxygenase,COX-2)抑制剂帕瑞考昔的钠盐——帕瑞昔布钠(parecoxib sodium)被设计为注射用镇痛药,以改善母体化合物的溶解度,用于控制急性疼痛。在给药时,帕瑞昔布钠通过在肝脏中发生的酶转化而快速且基本上完全转化为药理活性部分伐地考昔和丙酸。

案例:异环磷酰胺注射液

【处方】异环磷酰胺。

【制备】将该成分制备成冻干粉。使用时,冻干粉在加入注射用水之后摇匀,0.5~1 分钟之后迅速溶解。如果药品没有完全溶解,可将溶液放置数分钟以帮助溶解。静脉滴注(20~120 分钟)时可将上述已配制好的药液稀释于 250ml 复方氯化钠注射液或 5% 葡萄糖溶液或 0.9% 氯化钠注射液中。在 24 小时连续滴注大剂量的异环磷酰胺(如 5g/m²)时,配制好的异环磷酰胺药液需以 5% 葡萄糖溶液或 0.9% 生理盐水稀释到 3 000ml。

【注解】异环磷酰胺是环磷酰胺的同分异构体,为氮芥类抗肿瘤药,属于前药。体外无活性,进入血液后,经肝脏活化,转化为活性成分而发挥作用。异环磷酰胺的活化过程主要是第 4 位碳的水解,4- 羟基异环磷酰胺自动形成醛异环磷酰胺,后者分解成磷酰胺氮芥及丙烯醛。异环磷酰胺的细胞毒作用是与 DNA 发生交叉联结。异环磷酰胺是细胞周期非特异性药物。给予异环磷酰胺后,细胞周期 G_2 期 +M 期的比例增加,使细胞经过 G_2 期延迟。同时,制备成前药的异环磷酰胺的溶解度增加,从而使代谢活性增强。

前药的设计与应用见图 5-14。

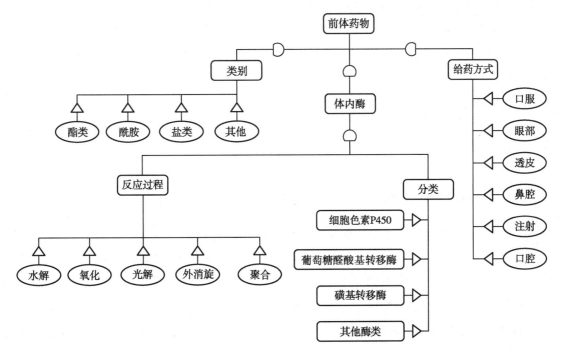

图 5-14　前药的设计与应用

第六节   前药作为药物递送系统的应用进展

酶激活前药疗法已被用于设计特定的药物递送系统来治疗癌症。一种药物激活酶靶向并表达于肿瘤中,前体药物作为酶的底物,给药后被肿瘤中的酶选择性地激活。以下是几种靶向肿瘤的策略。

一、抗体导向酶促前药治疗

在抗体导向酶促前药治疗(antibody-directed enzyme-prodrug therapy,ADEPT)中,一种抗肿瘤特异性抗原的单克隆抗体与一种通常在体液或细胞膜中缺失的酶结合在一起(该抗体能使共轭物在肿瘤细胞中定位)。首先,抗体-酶结合物通过输液传递,当多余的共轭物从循环中清除后,就会使用一种无毒的前体药物使位点特异性激活。例如 Her-2/neu 抗体(比如曲妥珠单抗)最近已获得临床应用的批准。ADEPT 已被用于靶向各种酶系统,如碱性磷酸酶、氨基肽酶和羧肽酶。ADEPT 的微变异称为抗体产生的酶-腈治疗,其依赖于从氰基葡糖苷中酶促释放氰化物。

第一个临床测试的 ADEPT 前药是 4-［(2-氯乙基)［2-(甲磺酰氧乙基)]氨基]苯甲酰-L-谷氨酸,它在体内转化为细胞毒性母体药物,从而实现药物的有效递送。

二、基因导向酶促前药治疗和病毒导向酶促前药治疗

基因导向酶促前药治疗(gene-directed enzyme-prodrug therapy,GDEPT)和病毒导向酶促前药治疗(virus-directed enzyme-prodrug therapy,VDEPT)都涉及将编码前药活化酶的基因物理递送至肿瘤细胞以进行位点特异性激活。两种方式之间唯一的差异是 GDEPT 使用非病毒载体进行基因的细胞内递送,而 VDEPT 使用病毒载体来实现该目的。转染的肿瘤细胞表达酶蛋白,酶蛋白进一步转化为活性酶,选择性催化活性药物的细胞内活化(产生毒性),导致细胞死亡。GDEPT 的另一种变体是遗传前药激活疗法(GPAT),其涉及使用正常细胞和肿瘤细胞之间的转录差异来诱导药物代谢酶的选择性表达以将无毒前药转化为活性毒性部分。

GDEPT 的实例包括伊立替康,一种由羧酸酯酶活化的 7-乙基-10-羟基喜树碱前药;氟胞嘧啶,一种由胞嘧啶脱氨酶激活的氟尿嘧啶(5-FU)前药;环磷酰胺,一种由细胞色素 P450 激活的 4-羟基环磷酰胺的前药,其可降解成丙烯醛和磷酰胺芥子气。

三、大分子导向酶促前药治疗

大分子导向酶前药治疗(macromolecule-directed enzyme-prodrug therapy,MDEPT)与 GDEPT 和 VDEPT 类似,不同之处在于它使用药物的大分子结合物来输送到肿瘤。该方法还利用了肿瘤的 EPR 效应。最早的 MDEPT 实例之一是 N-(2-羟丙基)甲基丙烯酰胺。

目前聚合物前药是研究最多的主题之一,这项研究已经产生了突破性的治疗方法,许多化合物正在临床开发中(表 5-7)。聚合物前药应用的其他实例包括使用多糖如葡聚糖、甘露聚糖和支链淀粉以实现对肿瘤细胞的主动靶向。

表5-7 聚合物前药实例

药物 - 高分子聚合物	研发阶段
HPMA 聚合物 - 多柔比星 - 半乳糖	阶段 I / II
HPMA 聚合物 - 紫杉醇	阶段 I
HPMA 聚合物 - 喜树碱	阶段 I
HPMA 聚合物 - 铂酸酯	阶段 I
聚谷氨酸紫杉醇	阶段 II / III
聚谷氨酸喜树碱	阶段 I
聚喜树碱	阶段 II
PEG- 天冬氨酸 - 多柔比星胶束	阶段 I
PEG- 紫杉醇	阶段 I

注：HPMA 表示聚马来酸，hydrolyzed polymaleic anhydride；PEG 表示聚乙二醇，polyethylene glycol。

四、凝集素引导酶活化前药治疗

凝集素引导酶活化前药是一种双向药物递送系统，首先利用内源性碳水化合物与凝集素结合，将糖基化酶结合物定位于特定的细胞类型，然后给予激活的前体药物。例如，通过酶促去糖基化和化学区域糖基化来修饰 α-L- 鼠李糖苷酶的碳水化合物结构。配体竞争实验显示通过胞吞作用增强的特异性定位和对靶细胞的选择性，使蛋白质递送增加超过 30 倍。

组织激活药物递送涉及使用聚乙二醇和第三官能基单体（如赖氨酸）的交替聚合物。所得的聚合物具有 PEG 侧链，赖氨酸以周期性间隔提供反应性羧酸基团，其可与药物连接，可以改变连接基团的化学性质以诱导特定组织中的活化。

五、结合树枝状大分子的前药治疗

树枝状大分子是高度支化的球状大分子。一些研究人员利用外周树枝状大分子的多价性来连接药物分子。该系统的一个显著优点是可以通过改变树枝状聚合物的产生来调节药物负载，并且可以通过在药物和树枝状聚合物之间引入可降解的结构来调节药物释放。结合顺铂的聚酰胺 - 胺（polyamidoamine，PAMAM）型树枝状大分子已被证明可改善药物的水溶性并降低全身毒性，同时在肿瘤中表现出选择性蓄积。普萘洛尔是难溶性药物，是 P 糖蛋白（P-gp）外排转运蛋白的底物。通过将普萘洛尔和第三代 PAMAM 结合制成普萘洛尔前药，可改善药物的水溶性，并且通过绕过外排转运蛋白提高生物利用度。

（翟光喜）

参考文献

[1] WILSON C G，CROWLEY P J. Advances in delivery science and technology. London：Springer，2011.

[2] LI X L，JASTI B R. Design of controlled release drug delivery systems. New York：McGraw-Hill，2006.

[3] QIU Y H，CHEN Y S，ZHANG G G Z，et al. Developing solid oral dosage forms. Amsterdam：Elsevier，2009.

[4] VAN DE WATERBEEMD H,TESTA B. Drug bioavailability. 2nd ed. Weinheim:Jone Wiley,2008.

[5] STEFFANSEN B,BRODIN B,NIELSEN C U. Molecular biopharmaceutics. London:Pharmaceutical Press,2010.

[6] WEN H,PARK K. Oral controlled release formulation design and drug delivery. Weinheim:Jone Wiley,2010.

[7] PFIZER S N,LUDWIG J D. Pharmaceutical dosage forms. 2nd ed. London:Informa Healthcare,2010.

[8] FROKJAER S,HOVGAARD L. Pharmaceutical formulation development of peptides and proteins. 3rd ed. London:Taylor & Francis e-Library,2003.

[9] SWARBRICK J. Pharmaceutical preformulation and formulation. New York:Informa Healthcare,2009.

第六章　药物与辅料的物理化学相互作用

　　药物与辅料的物理化学相互作用分为两类,一类为分子间力(intermolecular force,IMF),它是介导原子或分子之间相互作用的力,包括作用在原子或离子与其他类型的相邻粒子之间的吸引力或排斥力,主要为氢键和范德瓦耳斯力等,发生在药物与辅料的一般性溶解和分散体系中。第二类为分子内力(intramolecular force),主要为共价键和离子键等,如某些前药(prodrug)的制备就用到这种作用力,其强度要远大于分子间力。

　　随着药剂学研究的不断深入,药物与辅料间的物理化学相互作用受到重视。通常,制剂是由一种或多种活性成分以及通常被视为"惰性"成分的辅料组成的。但是,这些"惰性"成分通常包含反应性或可电离的官能团,以及可自由交换的离子或分子,其对药物制剂具有重要影响。通常会在制剂处方开发初期完成原辅料相容性试验,以便尽可能排除可能加速药物降解的辅料。了解辅料的化学和物理性质、与其相关的杂质或残留物以及它们如何与其他辅料发生相互作用,可以预先警告制药技术人员出现药品质量问题的可能性。但如果希望策略性地设计稳定性和疗效更好的药物制剂,则需要在分子水平上更深入地了解药物与辅料的物理化学相互作用基本机制及其对药物制剂基本性质的影响,尤其是制剂中的功能性辅料。

　　阐明药物与辅料间的物理化学相互作用,有利于理解药物在制剂中的溶解/分散、溶出/释放和缓释/控释等基本行为,进而能够基于质量源于设计(quality by design,QbD)理念设计药物制剂。本章从药物与辅料间的相互作用的角度入手,阐述几种典型的药物与辅料间发生的物理化学相互作用,进而阐明制剂设计的基本原理和依据,并对相互作用的表征方法进行了归纳总结。可以说药物与辅料的相容性、制剂中药物的释放性能和制剂成型性等与药物与辅料间的物理化学相互作用密切相关,是物理药剂学基础理论研究中的重要方向之一,对药物制剂的设计和实际应用都有理论价值和指导意义。

第一节　物理化学相互作用的类型

　　目前常涉及的药物与辅料的分子间力为氢键、范德瓦耳斯力和芳环堆积作用等。药物与辅料之间常出现的分子内力为离子键。下面对药物与辅料的物理化学相互作用进行简单归纳。在本节中介绍几种药剂学中常出现的且作用较强的几种力。

一、离子参与的相互作用

1. **离子键**(ionic bond)　是使阴、阳离子结合成化合物的静电作用(图 6-1)。离子键属于分子内相互作用,但在药物与辅料的相互作用中非常重要。在离子键合中,原子将电子彼此转移。离子键需要至少一个电子供体和一个电子受体。离子键是离子化合物中发生的主要相互作用。从起源来看,离子键是由静电力引起的,是非共价键中最强的相互作用,能量变化范围为 850~1 700kJ/mol,等于或超过共价键的键能(150~1 100kJ/mol)。离子键合过程的预测总能量通常为正,表明该反应是不易进行的吸热反应。然而,颗粒之间的静电吸引非常有利于该反应的进行。在理想的原子间距离处,粒子之间的吸引力释放出足够的能量来促进反应。离子化合物通常是极性的,因此大多数离子化合物倾向于在极性溶剂中解离。离子相互作用的强度取决于相互作用离子上的静电荷密度,以及介质性质,包括介电常数和温度。与许多其他非共价相互作用不同,离子键是非定向的。正因为离子键的键能较高,它在制剂的载药和释药过程中能够发挥关键作用。

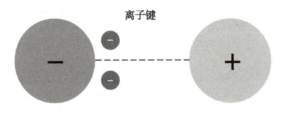

图 6-1　离子键示意图

2. **离子 - 偶极力和离子 - 诱导偶极力**　与偶极 - 偶极相互作用类似(参考范德瓦耳斯力),当相互作用的其中一方为离子时,可发生离子 - 偶极力(ion-dipole force)和离子 - 诱导偶极力(ion-induced dipole force)。离子 - 偶极力和离子 - 诱导偶极力比偶极 - 偶极相互作用要强,因为任何离子的电荷都远大于偶极矩的电荷。离子 - 偶极键比氢键强。离子 - 偶极力由离子和极性分子相互作用形成。如离子在水中的水合行为,离子周围被极性水分子围绕,在此过程中释放的能量称为水合焓。这种相互作用在证明离子在水中的稳定性方面具有极其重要的意义。离子 - 诱导偶极力产生在离子和非极性分子之间,离子的电荷会导致非极性分子上的电子云失真而产生偶极矩,从而发生相互作用。

二、氢键

氢键(hydrogen bond, H-bond)是极性基团之间的静电吸引,当氢原子与高电负性原子如氮(N)、氧(O)或氟(F)共价结合时,会产生一个高电负性原子的静电场。含有 N 原子和 O 原子的基团是氢键产生的主要基团。N、O、F 这些元素广泛存在于药物或辅料中,为药物与辅料之间的氢键提供了基础。氢键的能量在 50~170kJ/mol 范围内,属于中等强度相互作用,氢键可看作强静电的偶极 - 偶极相互作用(参考范德瓦耳斯力),是偶极 - 偶极相互作用的一种特殊形式。但是,它还具有共价键的一些特征:如具有方向性,比范德瓦耳斯力相互作用强,产生的原子间距离比范德瓦耳斯半径的总和短,并且通常涉及有限数量的相互作用对象,这在某种程度上可以被理解为是一种价键。分子之间形成的氢键数目等于活性对的数目。提供氢的分子被称为氢键供体分子,而含有参与氢键形成的孤对电子的分子被称为氢键受体分子。氢键的形成与否及相互作用强度取决于参与原子的电负性以及介质的温度。形成氢键的必要条件：①氢键供体(hydrogen bond donor)，分子上有与高负电性原子(N、O、F)相连的氢原子；②氢键受体(hydrogen bond acceptor)，在负电性原子(N、O、F)上存在孤对电子。氯原子虽然是高负电性原子，但因其电子云密度小，不能作为氢键受体，因此在常温下氯原子不能形成氢键。由于氢键相互作用对参与相互作用的原子或官能团的位置要求很高，因此它比其他相互作用对温度更敏感。随着研究的深入，发现氢键包含许多类型，例如电荷辅助氢键(charge-assisted H-bond)、低势垒氢键(low potential barrier H-bond)、共振辅助氢键(resonance-assisted H-bond)、对称氢键(symmetrical H-bond)、双氢键(dihydrogen bond)和C—H···O 型氢键(C—H···O hydrogen bond)等，这些氢键类型对于解释药物与辅料的分子间相互作用具有积极意义。

氢键在药物制剂中是广泛存在的一种分子间相互作用，对药物在辅料中的相容性和释放性能有着非常大的影响。氢键的形成不仅增加药物和辅料的熔点和沸点，对蛋白质类药物的二级结构形成 α 螺旋和 β 折叠也能起到关键作用。最重要的是，氢键对于制剂的稳定性和成形性发挥着重要作用。如氢键的形成可增加溶剂的黏度、增加药物的溶解度、增加无定型态药物在载体中的稳定性和提高聚合物辅料的内聚力等。

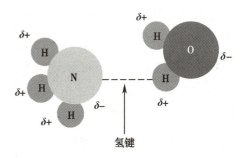

图 6-2 显示了水和胺之间的氢键。δ 常用来表示一个分子或离子中不同位置的电子云密度差异。从图中可以看到氢键形成后分子电荷分布的不均一性。

图 6-2 水和胺之间的氢键

三、范德瓦耳斯力

范德瓦耳斯力(van der Waals force)是由不带电荷的原子或分子之间的相互作用引起的，不仅导致诸如凝结相凝聚和气体物理吸收等现象，而且还导致宏观物体之间产生普遍的吸引力。范德瓦耳斯力通常包含以下 3 种(图 6-3)：

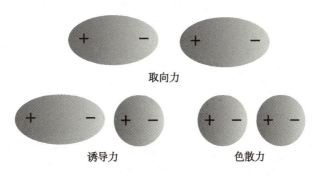

图 6-3 取向力、诱导力和色散力示意图

(一) 取向力

取向力(orientation force)也称为 Keesom 力(以 Willem Hendrik Keesom 命名)或偶极 - 偶极相互作用(dipole-dipole interaction)。因为它发生在极性分子与极性分子之间，极性分子因电荷分布不均产生偶极矩，当两个极性分子靠近时会造成电性的吸引，这种作用力称为取向力。取向力是具有永久偶极子的

分子之间的静电作用,因为它只涉及部分电荷,因此这种相互作用比色散力要强,但比离子参与的相互作用和氢键要弱。取向力倾向于使分子排列以增加吸引力(势能降低)。分子的偶极矩越大,分子间力越大。此外,取向力的大小依赖于温度的高低。

(二) 诱导力

诱导力(dipole-induced dipole force)或德拜力(Debye force,以 Peter J. W. Debye 命名)是由旋转的永久偶极子以及原子和分子(极化偶极子)的可极化性引起的相互作用力。当一个具有永久偶极子的分子排斥另一分子的电子时,就会产生极化的偶极子。具有永久偶极子的分子可以在相似的相邻分子中诱发偶极子并引起相互作用。诱导力不能在原子之间发生。因为感应偶极子可以自由移动和绕极性分子旋转,所以永久偶极子与极化偶极子之间的力不像取向力那样依赖于温度。

(三) 色散力

色散力(dispersion force)或伦敦力(London force)是指非极性分子相互靠拢时,它们的瞬间偶极矩之间产生的很弱的吸引力。色散力存在于一切分子之间。这种极化可以由极性分子引起,也可以由非极性分子中带负电的电子云排斥而引起。因此,色散力是由电子云中电子密度的随机波动引起的。具有大量电子的原子比具有较少电子的原子具有更大的缔合色散。因为所有材料都是可极化的,所以色散力是最重要的分子间力,而取向力和诱导力的形成需要永久偶极子。色散力是普遍性的,也存在于原子 - 原子相互作用中。由于各种原因,色散力被认为与凝聚系统中宏观物体之间的相互作用有关。色散力受到相对分子质量和原子半径的影响,通常色散力随着相对分子质量的增大而增加,大的原子具有更大的电子云,容易被极化,导致色散力增加。

四、疏水相互作用

疏水相互作用(hydrophobic interaction)描述的是水和疏水物(水溶性低的分子)之间的关系。疏水物通常是具有不与水分子相互作用的长碳链的非极性分子。常见的误解是水和脂肪不会混合,因为作用在水和脂肪分子上的范德瓦耳斯力太弱。但决定水中的脂肪滴的行为与其反应的焓和熵有关,而不是其分子间力。疏水相互作用的形成可以描述成以下过程:当将疏水性分子进入极性溶剂,如水中时,水分子之间的氢键将被破坏,从而为疏水物腾出空间,变形的水分子将形成新的氢键,并在疏水物周围形成“笼状结构”(图 6-4)。当疏水相互作用发生时,疏水性分子的自发聚集导致焓增加(ΔH 为正值,较小)。因为部分“笼状结构”的氢键被破坏,将会导致熵增加(ΔS 为正值,较大)。根据吉布斯自由能公式,系统的吉布斯自由能降低,疏水相互作用自发进行。

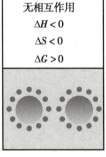
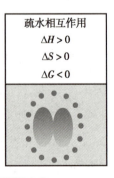

图 6-4　疏水相互作用的形成过程及能量变化

疏水相互作用比其他弱分子间力(即范德瓦耳斯力或氢键)相对更强。疏水相互作用的强度取决于几个因素,包括(按影响大小的顺序):①温度,随着温度的升高,疏水相互作用的强度也随之提高。但是,在极端温度下,疏水相互作用会变性。②疏水基上的碳数,碳数较多的分子具有最强的疏水相互作用。③疏水物的形状,脂肪族有机分子比芳香化合物具有更强的相互作用。碳链上的支链将减少该分子的疏水相互作用,而线性碳链可产生最大的疏水相互作用。之所以这样是因为碳支链会产生位阻,导致两个疏水基之间很难发生非常紧密的相互作用,以最大程度地减少它们与水接触的面积。药剂学中常见的胶束的形成、生物体蛋白质的折叠、细胞膜的脂质双分子层的形成等都与疏水相互作用有关。

五、π-π 相互作用

π-π 相互作用(π-π interaction)是大的共轭系统之间产生的一种弱相互作用,其本质是范德瓦耳斯力中一种特殊类型的色散力,最常见的为苯环之间的相互作用。根据几何形状,两个芳香化合物之间的 π-π 相互作用可大致分为 3 种(图 6-5):边对面 T 形(edge-to-face T-shape)、平行位移(parallel displaced)和界面平行堆叠(cofacial parallel stacked)。这 3 种几何形状中,边对面 T 形和平行位移是最稳定且几乎是等能量的,表 6-1 列出了常见相互作用力的强度范围。小的和未取代的芳香化合物倾向于边对面 T 形排列,而大的和被取代的芳香化合物倾向于平行位移相互作用。界面平行堆叠较为少见。目前已知 π-π 相互作用在蛋白质的热稳定性和折叠中起着至关重要的作用。根据对 34 种蛋白质的研究,约 60% 的芳香化合物侧链参与 π-π 相互作用,其中主要形成的几何形状为边对面 T 形。另一方面,在更大的蛋白质样品的研究中证明,π-π 相互作用主要呈现出平行位移几何构象。π-π 相互作用也发生在含有芳香环药物晶体的堆叠上。

a. 边对面T形   b. 平行位移   c. 界面平行堆叠

图 6-5 π-π 相互作用的 3 种排列形式

表 6-1 常见相互作用力的强度范围

类型	相互作用力	相互作用强度 /(kJ/mol)	举例
分子内相互作用	离子键	850~1 700	NaCl
分子间相互作用	离子 - 偶极力	40~600	$H_2O\cdots Na^+$
	氢键	10~170	$H_2O\cdots OH_2$
	偶极 - 偶极力	5~25	$I—Cl\cdots I—Cl$

续表

类型	相互作用力	相互作用强度 /(kJ/mol)	举例
分子间相互作用	离子 - 诱导偶极力	3~15	$Fe^{2+}\cdots O_2$
	偶极 - 诱导偶极力	2~10	$H-Cl\cdots Cl-Cl$
	色散力	1~10	$F-F\cdots F-F$
	π-π 相互作用	8~9	$C_6H_6\cdots C_6H_6$

第二节 药物与辅料的相互作用及其在药剂学中的应用

药物与辅料之间同时存在一种或多种相互作用力,这取决于辅料和药物所具有的官能团和分子结构。相互作用力的强弱等也会随着制剂及制剂应用环境的不同而不同。功能性辅料在发挥作用时,必然要与药物或其他辅料发生相互作用,进而具有载药、缓控释、掩味、制剂稳定化和增加生物膜渗透性等诸多功能。本节结合药剂中各种剂型的特点,以及功能性辅料发挥作用的基础,即药物与辅料的相互作用机制进行初步介绍。

一、药物与溶剂分子的相互作用

(一) 药物与溶剂分子的基本相互作用形式

药物分子包含不同的结构和官能团,每个功能基团的共同贡献使药物具有宏观的物理与化学特性,可以反映离子间或分子间相互作用。例如,分子或离子之间的吸引力越强,分离分子越困难,导致熔点越高、溶解度越差。分子内力或分子间力由分子的固有性质决定,例如极化率、电子因素、拓扑和空间因素、亲脂性、氢键、表面积和体积等。

药物与溶剂分子的相互作用主要表现在药物的溶解行为上。为了描述药物与溶剂的极性与相容性的关系,引入介电常数描述化合物的极化率和偶极矩,后续又引入包括分子体积、溶质和溶剂之间的相互作用以及氢键等特定的相互作用。1952 年,Hildebrand 和 Scott 利用溶解度参数来预测常规溶液的溶解度。后续 Martin 等完善了 Hildebrand 的方法,使其包括氢键和偶极相互作用。Amidon 和 Yalkowsky 进一步使用溶质的分子表面积和溶质与溶剂之间的界面张力来预测溶解度。

氢键作为偶极 - 偶极相互作用的一种,是溶解度的重要因素。由于氢原子(质子供体)的尺寸小,其正中心比其他任何原子都更接近邻近偶极子的负中心(电子供体)。分子内(单个分子内部基团之间)和分子间均可产生氢键,而后者决定了大多数溶剂的缔合和大多数药物的溶解行为。如 5 个碳原子烷基链以下的醇都可以通过氢键溶解于水中。苯酚溶解于水和醇中,并且羟基数目的增加提高了氢键形成的机会,导致水溶性增加。大多数芳香族羧酸、类固醇和强心苷是水不溶性的,但可通过氢键溶解在乙醇、甘油和乙二醇中。

离子 - 偶极相互作用是另一个重要的分子间力,是离子型结晶物质在极性溶剂(即水或乙醇)中溶解的重要原因。水溶液中的离子通常被尽可能多的水分子水合(被水分子包围),这些水分子可以在空间上围绕离子分布。电解质的良溶剂的特性包括:①高偶极矩;②分子尺寸小;③高介电常数,以减少晶体中带相反电荷的离子之间的吸引力。水具有以上所有特征,因此水是电解质的良溶剂。电解质的阳离子被吸引到负氧原子上,而阴离子则被吸引到氢原子上。这也是游离药物成盐后溶解度提高的重要原因。

偶极矩为 0 的对称分子是非极性溶剂,例如苯和四氯化碳。这种分子具有溶解性以及可以以液态形式存在都归因于范德瓦耳斯力如色散力或诱导力等相互作用,是这类非极性物质具有溶解性的重要原因。

(二)药物溶解行为的预测

通常用"相似相溶"来粗略预测药物在溶剂中的溶解状况。药物可以在极性与其相似的溶剂中得到最佳的溶解效果。虽然该观点忽略了许多药物 - 溶剂分子间相互作用,但它非常实用,如强极性化合物(例如糖)或离子化合物(例如无机盐)仅溶解在强极性的溶剂(例如水)中,而非极性化合物(例如油或蜡)仅溶解在非极性的有机溶剂(例如己烷)中。介电常数、溶解度参数和界面/表面张力是用于溶剂共混以提高溶解度的最常见的极性指标。

通常,溶剂的介电常数可以粗略衡量溶剂的极性。它是原外加电场(真空中)与最终介质中的电场比值,代表溶剂降低浸没在其中的带电粒子周围电场强度的能力,然后将该降低值与带电粒子在真空中的场强进行比较。通常,极性溶剂比非极性溶剂具有更高的介电常数。通常认为,介电常数 <15 的溶剂是非极性溶剂。

为了产生溶解现象,溶质和溶剂分子都必须克服它们自己的分子间吸引力(即范德瓦耳斯力),并找到两者的最佳排列模式。当两个成分的分子间力相似时最容易实现。Hildebrand 和 Scott 所提出的溶解度参数的定义用以描述相似分子之间的内聚力;它根据汽化热、内部压力、表面张力和其他特性计算溶剂的相对溶解能力,可以根据式(6-1)进行计算。

$$\delta = \left(\frac{\Delta H_V - RT}{V_1} \right)^{1/2} \qquad \text{式(6-1)}$$

式(6-1)中,ΔH_V 为汽化热;V_1 为在特定温度下液体化物的摩尔体积;R 为气体常数;T 为绝对温度。在 Hildebrand 和 Scott 撰写的书中可以查到许多化合物的溶解度参数。

Hansen 和 Beerbower 提出溶解度参数包含 δ_D、δ_P 和 δ_H,分别代表非极性效应、极性效应和溶剂分子的氢键性质。根据 3 个参数的平方和得出总的内聚能密度 δ_{total},如式(6-2)所示。

$$\delta_{total}^2 = \delta_D^2 + \delta_P^2 + \delta_H^2 \qquad \text{式(6-2)}$$

两个组分的 δ 值越相似,互溶性就越大。例如,如果某药物的 δ 值为 $9.8MPa^{1/2}$,则预测它在 $\delta=10MPa^{1/2}$ 的二硫化碳中比在 $\delta=7.3MPa^{1/2}$ 的正己烷中更易溶。相反,可以根据测得的溶解度随溶剂溶解度参数的变化来估计药物的溶解度参数。

界面张力是另一种溶剂性质,由液体分子之间的各种作用力产生。它是从主体中的分子产生单位面积的空腔所需要的功的量度,也涉及溶质的腔的形成。极性溶剂通常比非极性溶剂具有更高的表面张力。

二、药物与小分子辅料的相互作用

（一）药物与小分子辅料的相互作用形式

药物与小分子辅料发生相互作用最重要的形式是形成盐、共晶、离子液体等，这些技术频繁应用于药物制剂的开发和研究中，概念也相对模糊。通常，药物与小分子辅料的相互作用的产物对药物的理化性质具有显著的影响，在制剂的开发中具有重要地位。药物与小分子辅料的相互作用形式复杂，产物的理化性质多样。表 6-2 概括了药物与反离子类小分子辅料的产物特征和分类依据。下面简单介绍基于药物与反离子类小分子辅料的相互作用在药剂学领域中的应用。

表 6-2　药物与反离子产物的分类及依据

分类及依据	完全离子化	部分离子化	中性
固体（熔点 >100℃）	盐（salt）	离子共晶（ionic cocrystal） 盐溶剂化物（salt solvate）	共晶（cocrystal）
液体（熔点 <100℃）	离子液体（ionic liquid）	寡聚离子液体（oligomeric ionic liquid）	深共晶混合物（deep eutectic mixture） 液态共晶（liquid cocrystal） 氢键配合物（hydrogen bonded complex） 低熔点混合物（low melting eutectic mixtures）

1. **盐**　将游离药物与适当的反离子通过离子相互作用制备盐型是药物开发中常用的技术之一。成盐后，通常能够获得更高的溶解度和更好的稳定性。当药物以盐的形式溶解在水中时，盐型药物游离的阳离子和阴离子与极性水分子相互作用，从而使水分子的正极与阴离子相互作用，而水分子的负极与阳离子相互作用。由于这些相互作用，药用盐通常比其游离型具有更高的溶解度。因此，通常也用此策略将药物制备成不同的盐形式，用以获得不同溶解度的药物。在此类型的盐中，药物与反离子是以离子键的形式进行相互作用的。也可以与某些有机反离子成盐后，降低药物的溶解度或溶出速率，达到缓控释的目的。

2. **共晶**　与盐的情况相反，共晶是由两种或两种以上以化学计量比组成的中性晶体。药物共晶体定义为以化学计量比存在，包含 API 作为一种组分，另一种组分作为共晶形成剂的共晶体。可以看出，组成共晶的药物和辅料都是中性的。

如表 6-2 中的"部分离子化"产物所列的介于盐和共晶之间的，药物与反离子中只有部分电离时的产物称为离子共晶或盐溶剂化物。在药剂学中广义的共晶包含共晶和离子共晶或盐溶剂化物。由于在形成共晶的过程中，判定离子键和氢键等相互作用力的形成及它们的比例、药物与反离子质子的具体转移程度等较为困难，在实际应用过程中往往难以区分，有的学者也提出纯盐（全部为离子键）的形成与否以及对质子转移程度的判定没有太大的意义。FDA 运用 API 与配体的解离常数的差值 ΔpK_a 对盐型与广义的共晶加以区分，即认为当 $\Delta pK_a < 1$ 时形成共晶，当 ΔpK_a 超过 2.7~3 这个范围则形成盐型的可能性更高。药物共晶体可以改变药物的理化性质，例如熔点、可压性、溶解性、稳定性、渗透性和生物利用度等。

3. **离子液体**　离子液体技术是药物与辅料发生分子间相互作用制备理化性质较好的 API 的新手段。离子液体（ionic liquid）定义为药物与反离子（以纯离子键）形成的低熔点盐（熔点 <100℃），其中的

药物与反离子是完全电离的状态。但目前在药学中习惯于将离子液体(低熔点盐)、寡聚离子液体(低熔点离子共晶或盐溶剂化物)和深共晶混合物、液态共晶、低熔点共晶、氢键配合物(低熔点共晶)统称为离子液体,因为它们在理化性质上具有较多的相似性。由于离子液体能够显著降低药物的熔点和晶格能,药物与辅料的相容性和生物膜穿透性更好,因此,离子液体可以作为优良的溶剂和反应介质。

4. **离子对**　在化学和物理学概念中,离子对(ion pair)是电解质溶液中带相反电荷的离子的缔合,是依靠库仑力结合成的一对离子。药剂学对离子对的概念进行拓展,用以描述药物与反离子相互作用形成的产物,当药物与反离子的相互作用不是单纯的离子键,而是其他类型的分子间力时也称为离子对。药物与辅料之间不同类型的相互作用会生成不同类型和理化性质的离子对。离子对策略与成盐一样,可用来调节药物的熔点、晶格能和亲脂性等,提高在载体中的相容性以及穿透生物膜的能力。从图 6-6 中可以看出,除盐以外,离子对的定义包含了所有药物 - 辅料发生强相互作用的产物。

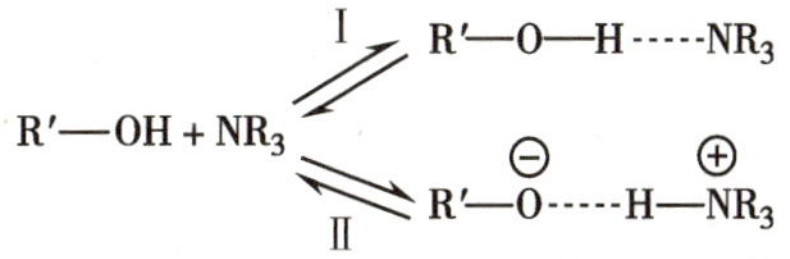

$$\text{R}'\text{—OH} + \text{NR}_3 \underset{\underset{\text{II}}{\rightleftharpoons}}{\overset{\overset{\text{I}}{\rightleftharpoons}}{}} \begin{array}{l} \text{R}'\text{—O—H}\cdots\text{NR}_3 \\ \text{R}'\text{—O}^{\ominus}\cdots\text{H—}\overset{\oplus}{\text{NR}_3} \end{array}$$

平衡 I 为典型氢键形成的离子对;平衡 II 为带有质子转移的强氢键形成的离子对。

图 6-6　药物与反离子形成离子对的化学平衡式

当药物形成离子对后,将会导致药物的理化性质显著改变,最常见的是改变药物的熔点、溶解度和脂水分配系数等。作为能够应用反离子进行优化的 API,通常是将药物和反离子看作路易斯酸碱,药物与反离子之间通过库仑力结合而不生成新的物质。在介电常数较低的环境中,生成的配合物能够改变药物的溶解度和生物膜渗透性等理化和生物学性质,而不改变化合物本身的药理学性质。

(二) 在药剂学中的应用

1. **改善药物的溶解度和溶出行为**　现有的 40% 的药物和 90% 的新化学实体的溶解性存在问题,因此无法使用常规技术增加其在体吸收。将药物直接制备成可溶性盐或共晶以增加药物溶出。约 50% 的药物是以盐型进行申报的。API 分子与反离子通过离子键结合形成药物盐型,可通过筛选反离子有效提高或刻意降低药物的溶解度。对于不可电离的化合物则需与配体分子形成共晶以改善溶出和体内吸收。API 与配体可形成酸性、碱性或中性复合物。对于离子化合物,API 与配体以非离子键结合则可形成共晶。一般共晶的溶解性高于 API 多晶型,因此具有较好的溶出度与生物利度,因此共晶是提高 BCS II 和 IV 类化合物溶解性的有效方法。如将酮洛芬和聚环氧乙烷[poly (ethylene oxide),PEO]进行热熔挤出,利用氢键等相互作用形成共晶混合物,与纯药物的结晶相比其溶出度更高。

在具有强分子间相互作用(例如氢键)的分子的共结晶制备中,在没有特殊媒介(如液相或气相介质)的帮助下,可通过形成无定型中间体进行共结晶。近年来,也开发出了多药物共晶(multidrug cocrystal,MDC)技术。与纯药物成分相比,MDC 可以提供潜在的优势,例如增加至少一种成分的溶解度和溶出度,并通过分子间相互作用改善不稳定性 API 的稳定性,如乙苯胺和精氨酸的 MDC 配方具有改善溶出速率的作用。美洛昔康和阿司匹林的 MDC 给药后达到治疗浓度所需的时间显著减少,生物利用度也提高了 4 倍。但两种抗惊厥药拉莫三嗪和苯巴比妥的 MDC 却降低了溶出速率,与这两个分子通过氢键形成异二聚体有关。

2. **调整药物的生物膜渗透性**　应用离子对技术,调节药物的生物渗透性能是目前制剂研究中较为常用的方法。由于提高了药物的亲脂性,进而有效提高了药物的生物膜穿透能力,为渗透性差的药物的开发提供了新方法。在胃肠道给药中,奥曲肽与亲脂性不同的脱氧胆酸盐、癸酸盐和多库酯结合生成配合物后,与奥曲肽溶液相比,奥曲肽-脱氧胆酸盐和奥曲肽-多库酯的自乳化药物递送系统促使奥曲肽的生物利用度分别提高 17.9 倍和 4.2 倍。在透皮给药制剂领域可增加或控制药物透皮吸收速率,达到增加药物透皮吸收或达到缓控释的目的。如比索洛尔与酒石酸生成离子对后,能够有效调控药物的皮肤透过行为,达到复方制剂中的其他药物同步透过的目的。

3. **提高药物的稳定性**　药物与反离子成盐后的稳定性较游离药物要好,这种方法也适用于离子对策略。如利用离子对策略将布洛芬与乙醇胺制备成离子对后制备成口服膜剂,能够有效提高布洛芬的稳定性达 30%,这是因为布洛芬与乙醇胺的强分子间相互作用(离子键和氢键)导致布洛芬-乙醇胺离子对的稳定性最好,对抗外界高温等不利因素的能力更强。

4. **助溶现象**　在溶剂中加入第三种物质与难溶性药物形成可溶性分子间络合物、复盐、缔合物等以增加难溶性药物的溶解度,该增加药物溶解度的作用称为助溶(hydrotropy),这第三种物质称为助溶剂(co-solvent)。助溶剂可以是某些有机酸及其钠盐,如苯甲酸钠、水杨酸钠、对氨基苯甲酸钠等;可以为酰胺类化合物,如乌拉坦、尿素、烟酰胺、乙酰胺等;也可以是无机盐,如碘化钾等。

助溶剂分别通过"盐溶"或"盐析"效应帮助增加或降低溶质在给定溶剂中的溶解度。它们没有胶体性质,但是可通过与溶质分子形成弱相互作用来提高溶解度。亲水性分子通过弱分子间相互作用,如范德瓦耳斯力、π-π 相互作用等与难溶性药物分子相互作用。助溶剂通常包含疏水和亲水部分,与表面活性剂相比,它们包含非常小的疏水部分。助溶剂的增溶效率取决于助溶剂的疏水和亲水部分之间的比例。添加剂的疏水部分越大,水溶效率越好;而亲水部分上的电荷的作用不大。助溶剂可以是阴离子、阳离子或中性分子,有机物或无机物,液体或固体。如美洛昔康与一元和二元羧酸以氢键或离子键的形式形成复合物或盐,能够有效增加药物的溶解度。

5. **助悬现象**　斯托克斯定律(Stokes law,或 Stokes 定律)假设粒子是均匀且非相互作用的,但实际上,悬浮药物颗粒之间的相互作用非常重要,其中包括有吸引力的范德瓦耳斯力、排斥双电层和溶剂化/水合作用力。混悬剂的主要失效问题之一就是沉淀结块,这是由颗粒沉降和形成紧密堆积的固体层所致。沉降层内的颗粒之间的距离已充分减小,因此,作为吸引力的范德瓦耳斯力占主导地位,导致颗粒不可逆性聚集,从而阻止了颗粒的重新分散。防止结块的一种技术是配制悬浮液使其絮凝。絮凝的颗粒相互作用形成疏松的聚集结构,其中颗粒之间的距离足够大,以致系统很容易重新分散(例如通过短暂摇动)。在势能函数的次要最小值处的处方可以使絮凝系统的稳定性达到最大化。

6. **增加药物与基质的相容性**　药物理化性质的改变会直接改变药物的亲脂性,从而改变与辅料的相容性。如带有羧基的脂肪酸类小分子辅料,包括油酸和硬脂酸等能够显著提高碱性药物卡维地洛、利培酮等与辅料的相容性,相关表征表明药物与辅料之间形成离子键。也可通过直接改变药物的亲脂性来增加药物在载体中的分散或溶解性质。如多柔比星与胆固醇琥珀酸单酯生成离子对,有效调节药物的亲脂性,进而提高其在脂质体中的载药量。

(三) 药物与辅料相互作用产物的理化性质的影响因素

药物与反离子类小分子辅料相互作用的产物较为复杂,是由于药物与小分子辅料的相互作用形式和辅料本身性质的多样性。药物与辅料相互作用产物也往往带有复合物的性质。如利多卡因和系列脂肪酸合成离子液体后,根据质子转移程度划分药物与反离子的相互作用类型,有完全氢键、兼有氢键和离子键、完全离子键等几种结合形式,可见药物与辅料的相互作用的复杂性。在理想状态下药物与辅料以纯离子键结合时,其产物的熔点或玻璃化转变温度与离子间的库仑力(E_c)成正比,$E_c=MZ^+Z^-/4\pi\varepsilon_0\gamma$。当 Z^+ 和 Z^- 正、负离子的电荷分别为 +1 和 −1,离子半径较大时(增加电荷间的距离 γ),药物与反离子的盐或配合物的熔点或玻璃化转变温度最低。同时,药物和反离子的分子形状、对称性、烃链长度和自由度以及偶极矩等都会对药物与辅料相互作用产物的理化性质产生影响。

三、药物与高分子辅料的相互作用

在药物制剂中作为载体、基质或功能性辅料的高分子辅料是药物与辅料的相互作用中非常重要的一部分,为药用辅料载药和释药、制剂成型等基本和特殊功能的实现提供了基础。

(一) 药物与高分子辅料的相互作用形式

药物与高分子辅料的相互作用形式也为离子键、氢键、范德瓦耳斯力、π-π 相互作用和疏水相互作用等。高分子辅料中的官能团主要分布在高分子的主链和侧链上。由于高分子辅料的分子体积大,加之药物的量相对较少,因此两者的分子间相互作用对高分子辅料本身的理化性质的影响有限,但是对药物的载药、释放和存在形式等具有显著影响。由于范德瓦耳斯力存在的广泛性,离子键、π-π 相互作用和疏水相互作用对相互作用官能团的特异性,表 6-3 中仅列举高分子辅料中常见的可能发生氢键相互作用的官能团及相对强度级别。

表 6-3 高分子辅料中常见的官能团及氢键作用能力

官能团	氢键	
	供体(强度)	受体(强度)
R—C(O)—OH	是(极强)	是(中)
R—NH—R	是(弱)	是(极强)
R—OH	是(强)	是(中)
R—S(O)$_2$—R	否	是(极强)
R—C(O)—N—R$_2$	否	是(极强)
R—C(O)—O—R	否	是(中)
R—O—R	否	是(中)
Ar—NH—Ar	是(中)	是(中或强)
	是(极强)	是(中)

续表

官能团	氢键	
	供体(强度)	受体(强度)
（呋喃环，R取代结构）	否	是(弱)
（苯环，含 OR、Cl 取代结构）	否	是(弱)
（嘧啶环，R取代结构）	否	是(中)

(二) 在药剂学中的应用

相较于小分子辅料能够从根本上改变药物的基本理化性质和生物学性质等,药物与高分子辅料的相互作用更多体现在其对药物的功能性上,如增加药物的溶解或分散程度、实现缓控释功能等。下面对药物与药用高分子辅料在药剂学中的应用做简单介绍。

1. **通过药物与辅料的相互作用直接载药**　最典型的例子为离子交换树脂。离子交换控制释放系统使用的离子交换树脂是不溶于水的含离子基团的聚合材料,药物分子可以通过静电作用以相反的电荷附着在离子基团上,在释放过程中,药物分子可以被胃肠道中具有相同电荷的离子替换,并从离子交换树脂中释放出来,例如磺化和 / 或羧化的交联聚苯乙烯聚合物用于装载带有正电荷的药物。其次是包合物技术,药物主要通过疏水相互作用和氢键装载到环糊精空腔或空腔口处,达到提高药物的溶解度、掩蔽药物气味、提高药物稳定性的目的。如环糊精(cyclodextrin)是由碳 - 氢键和醚键构成的疏水区,非极性的脂溶性药物能以疏水相互作用与环糊精相互作用,进入空腔形成结合牢固的包合物;极性药物分子只能嵌合在环糊精洞口处的亲水区,与环糊精的羟基以氢键进行相互作用形成包合物。在胶束中,药物以疏水相互作用为主要载药方式载入胶束,具有高疏水性的药物会深入地进入胶束的核心;具有中等疏水性的药物分子部分融合到核中,并使它们的亲水基团朝向外部区域。

现在广泛应用的聚合物中带有大量的功能性基团,可以与药物发生相互作用。如聚丙烯酸树脂中含有羧基,聚酰胺树状大分子带有酰胺基,可以分别与碱性药物或酸性药物形成离子相互作用,进而装载大量药物。由于盐型易电离形成离子,可以与带有极性官能团的聚合物形成离子 - 偶极力来增加载药量,如聚维酮(PVP)等。

2. **增加药物在分散介质中的溶解性或分散性**　高分子辅料同样能够发挥类似于小分子助溶剂的功能来增加药物溶解或分散的作用。这种增溶作用通过药物与高分子的相互作用力实现,不论是在溶液状态还是在高分子内部都能发生。如液体制剂中低浓度的一种聚丙烯酸树脂和 PVP K90 与吲哚美辛有较强的药物 - 辅料相互作用,能够有效提高药物在溶液中的溶解度。苯妥英钠可依靠疏水相互作用与聚(N- 异丙基丙烯酰胺)的主链相结合,有效提高了疏水性药物在磷酸盐缓冲液中的溶解性。

固体分散物通常是在惰性亲水性载体中以分子、无定型和 / 或微晶形式存在的活性成分的分散体,通过药物与辅料的强分子间相互作用如离子键、离子 - 偶极力和氢键等。这种分子间相互作用会带来额外的溶解度,造成过饱和现象,这种过饱和状态的维持时间取决于相互作用的类型及强度。然而,由于结晶基本过程的自发性,仍然难以预测这些无定型态固体分散物的长期物理稳定性,因此提高药物与辅料的相互作用力不仅可以提高药物在制剂中的分散状态,还可以增加制剂的稳定性,提高药物的溶出行为。如难溶性药物辛伐他汀、格列本脲能够与氨基酸类辅料天冬氨酸通过氢键形成无定型物进而提高药物的溶出。PEG 6000 中的—OH 和姜黄素中的 C=O 之间能够形成氢键,使得姜黄素保持良好的分散状态。存在于纤维素中的带负电荷的木聚糖与带正电荷的吲哚美辛等之间的静电作用成为两者之间相容的基础。

但强相互作用在可以发生崩解或溶蚀的制剂中没有其他影响,如片剂和口腔速溶膜等,药物的溶出速率在很大程度上取决于制剂结构在体液中的破坏程度和离子交换速度。而在非崩解类制剂中,药物需要通过在聚合物基质中的扩散达到释药的目的,如透皮给药贴剂。部分贴剂会添加 PVP 等极性聚合物作为抑晶剂来延缓或控制药物的析晶行为。药物与极性聚合物产生的强相互作用对于非崩解类制剂而言,是否会带来释放及生物利用度问题还需要进行考察。如卡托普利、左炔诺孕酮与 PVP 主要通过氢键等相互作用降低药物的结晶趋势或直接增加药物在压敏胶中的溶解度,增加其制剂的稳定性。

3. 相互作用对药物释放行为的影响

(1) 通过增加药物的分散程度来提高溶出 / 释放速率:对于固体分散物等由于分散状态,如形成微晶或无定型物的方式加速药物的溶出,这里不进行详细介绍。如在固态下,药物和聚乙二醇之间形成固体分散物已被用于形成无定型态药物、低共熔混合物或促进药物表面的润湿来促进难溶性药物的溶解。还有药物与二氧化硅等通过氢键和范德瓦耳斯力形成吸附,由于二氧化硅颗粒具有很高的比表面积,可加大药物溶出速率。

(2) 缓控释作用:药物与辅料的相互作用直接产生了药物的释放行为。一般而言,能够产生缓控释作用的相互作用类型为离子键、氢键和疏水相互作用。如在离子交换树脂中,可通过相互作用延缓药物的释放。右美沙芬、苯丙醇胺与离子交换树脂的络合作用减少药物的释放。异烟肼载入一种聚丙烯酸树脂和其他含有—COOH 的辅料时,其与辅料的相互作用和离子交换树脂类似,能够与聚合物中的羧基形成离子键,显著延缓药物的释放行为。基于离子交换原理进行药物缓控释时,药物的释放速率受到交换离子强度和类型的影响。设计这种缓控释制剂的基本原理是药物与溶胀性高分子直接的强相互作用引起的控释作用。辛伐他汀口服缓控释片中 PVA 与药物通过疏水相互作用相互结合,PVA 的—OH 部分远离辛伐他汀,而骨架部分与药物亲和,使得药物的溶解性增加并且能够长时间释放药物。如壳聚糖中载入视黄酸制备成微粒给药系统。

(3) 对溶出 / 释放的不良抑制作用:对药物产生不良抑制作用的情况较多,直接的强离子键是产生不良抑制作用的重要来源之一。在以海藻酸钠为基质的片剂的释放中可以看到,阳离子药物(例如利多卡因)的释放比阴离子药物(例如水杨酸钠)的释放更慢,这可能是由药物 - 聚合物离子相互作用所致。如带正电荷的疏水性药物多柔比星与 PEG- 天冬氨酸胶束的带负电荷的聚天冬氨酸嵌段强烈缔合,导致体内释放超过 24 小时。

对于透皮给药制剂和部分黏膜给药制剂,由于部分制剂无崩解现象,药物必须从制剂中扩散到制剂表面后释放出来到皮肤或黏膜表面。在这类制剂中,过强的分子间相互作用会导致生物利用度异常降低。如透皮给药贴剂中,药物从压敏胶中的释放可受到离子键的显著影响。当碱性药物如可乐定等载入含羧基的压敏胶中时会形成离子键,药物的释放受阻,药物在制剂中的活度几乎为0。同样,对于油脂性基质与透皮吸收药物的相容性良好,也会导致药物释放困难。过分的药物与辅料的相互作用虽然能够提高载药能力,但也会导致这种非崩解类制剂中药物的扩散速度减慢或扩散受阻,最终导致释放困难,影响制剂的生物利用度。对于这类制剂而言,调整药物与辅料的分子间力,使得药物在制剂当中的相容性和释放性能达到平衡是非常重要的。

4. 提高药物的稳定性 高分子对于药物的稳定化作用的最典型的代表是蛋白质类药物与辅料的相互作用能够增加蛋白质类药物的结构稳定性。如 β- 乳球蛋白与 3 种聚合物甲氧基聚乙二醇 - 聚酰胺胺、聚乙二醇和聚酰胺胺分别制备的注射剂中,较后两者而言,疏水和亲水相互作用力同时发生在甲氧基聚乙二醇 - 聚酰胺胺上,能够给蛋白质类药物带来更好的稳定性。

药物与辅料的相互作用还可在制剂制备工艺中通过降低制备温度来增加稳定性。如泊沙康唑利用醋酸羟丙甲基纤维素琥珀酸酯制备肠溶性固体分散物时,因聚合物能够与泊沙康唑形成低共熔现象,显著降低热熔挤出的温度,能够有效防止该药物在160℃以上发生分解。二氟尼柳与PVP的羰基形成氢键后,显著降低二氟尼柳的熔点(215℃),在160℃下能够成功制备固体分散物。

5. 增加制剂的稳定性 药物与辅料的相互作用可显著改善制剂的物理稳定性,主要是药物存在状态的维持等。

药物与辅料的相互作用可降低药物在载体中的结晶速率或抑制结晶。其中,对于非电离的药物和非电离的聚合物之间,可能存在氢键和偶极 - 偶极相互作用来抑制药物的结晶行为,这些相互作用力会阻止药物分子之间的自缔合,有利于维持无定型态药物的稳定性。这对于水溶性较差的 BCS Ⅱ类药物而言显得尤为重要。如果药物和辅料之间同时为电离的物质或其中一方为电离的物质,则分别会形成离子键或离子 - 偶极力来形成药物与辅料分子之间的强相互作用。如极性较大的 PVP 或聚丙烯酸(含有可电离的基团—COOH)。

通过分子间相互作用增加药物在制剂中的物理稳定性一般通过以下几点实现。首先是降低药物的自由能,导致成核活化能垒的增加和成核速率的降低。药物的沉淀可分为两个步骤:成核和晶体生长。在成核阶段,由于核的界面能增加,成核步骤是非自发过程,在临界核的大小处达到最大值。因此,成核需要克服活化能垒 ΔG^*。成核速率 J_n 可用式(6-3)表示。

$$J_n = N_0 v \exp\left(\frac{-\Delta G^*}{k_b T}\right) \qquad \text{式(6-3)}$$

式(6-3)中,N_0 为单位体积内的分子数;v 为形成结晶的分子体积;ΔG^* 为活化能垒;k_b 为玻尔兹曼常数。药物与高分子形成分子间相互作用后,与药物的过饱和状态相比,自由能更低,则形成晶核所需的活化能垒 ΔG^* 就更大,导致成核速率 J_n 降低(图 6-7)。

其次是在结晶长大阶段,聚合物会因与药物的分子间相互作用吸附到药物晶体表面,阻碍药物分子继续掺入晶格中,从而减慢或抑制晶体生长。

最后是从高分子载体的角度来看,药物与载体之间的强相互作用会导致载体分子流动性降低,增加药物 - 高分子聚合物体系的稳定性,显著降低药物重结晶的概率。这种情况多在含有羧基的聚合物中出现,如聚丙烯酸聚合物中的可电离基团—COOH 可以与硝苯地平、酮康唑等形成强氢键,显著降低聚

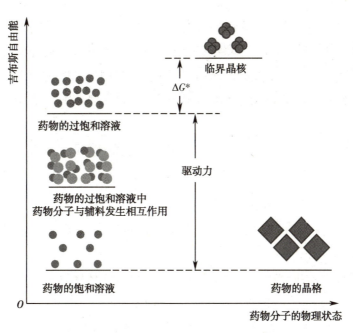

图 6-7 药物与辅料的相互作用增加成核活化能垒 ΔG^*

丙烯酸的分子流动性。含有丙烯酸单体的压敏胶聚合物中也可以观察到类似现象,当加入碱性药物普萘洛尔时,形成的离子键可显著提高含羧基聚丙烯酸酯压敏胶的玻璃化转变温度,在机械性能上表现为弹性模量的显著上升。

6. 对聚合物整体性质的影响

(1) 对聚合物水溶性和溶胀行为的影响:药物与聚合物之间的强相互作用可能会降低聚合物的水溶性,并相应地阻碍药物的释放。如通过热熔混合制备了载药量为 30% 的吲哚美辛和一种聚乙二醇接枝共聚物的固体分散物,研究人员观察到在 pH 7.4 的介质中比在 pH 1.2 的介质中吲哚美辛从固体分散物中能更快地释放,纯聚乙二醇接枝共聚物可以在两个不同 pH 介质中溶解,但掺入固体分散物后在 pH 1.2 下变得不溶。这归因于药物的羧基和聚合物的氧原子之间的强氢键使得聚合物难以在酸性条件下溶解。当溶出介质的 pH 增加到 7.4 时,吲哚美辛的酸性官能团被离子化、氢键被破坏,聚乙二醇接枝共聚物变得可溶,药物的释放速率相应提高。还有对水凝胶溶胀过程的影响。如通过疏水相互作用,药物能够与凝胶分子链发生分子间相互作用,导致凝胶化水平达不到预期。

(2) 对生物可降解性聚合物降解特性的影响:药物与生物可降解性聚合物的相互作用对释放行为的影响较为复杂。如 PLGA 或 PLA 等包含末端羧基的聚合物,这些羧基可与药物发生离子相互作用并改变聚合物的降解速率。药物与末端羧基的离子相互作用相当于中和反应,可能会使酸性链的自催化作用达到最小化,从而降低聚合物降解速率。这可能会屏蔽聚合物的羧基残基,并形成一个刚性更高、亲水性更低的基质。由于碱性药物与聚合物的强相互作用,所以其溶蚀和扩散控制释放均受到抑制。而这些药物也可充当基础催化剂并通过裂解酯键来促进聚合物降解。

(3) 改变分散介质的流变特性:小分子加入高分子中往往会引起高分子流变行为的变化,通常解释为塑化与反塑化作用。当小分子药物加入高分子辅料中时,这种现象就会发生。这对于固体分散物制备、外用贴剂机械性能评价等非常重要。药物与辅料的混合物的机械性能,尤其是流变特性是制备工艺和质量评价中最重要的参数。药物分子作为增塑剂可解释为分散的 API 分子可以显著增加聚合物分子之间的自由体积并加速聚合物链的迁移。目前无系统研究,但结合实际案例有如下规律:①当药物以无定型态或分子形态分散在载体材料中时,引起的塑化作用要强于药物以结晶或聚集形态分散在载体材料中;②与高分子吸引力弱的药物的塑化作用更明显,过强的药物 - 高分子聚合物分子间相互作用可能会起反塑化作用;③过大比例的药物会显示出填充剂的作用,在流变学上表现为体系的黏度升高。

这些在固体分散物热熔挤出制备工艺和透皮给药贴剂机械性能评价方面比较常见。如将泊沙康唑、硝苯地平和克霉唑等药物与共聚维酮利用热熔挤出法制备固体分散物,三者中克霉唑与共聚维酮的分子间相互作用最弱,显示出最强的塑化作用,这对于固体分散物的制备是有利的。而透皮给药贴剂中的塑化与反塑化作用则不利于制剂的质量稳定性。塑化作用是导致透皮给药贴剂压敏胶发生溢胶和冷流(cold flow)等现象的直接原因,往往会导致贴剂在患者皮肤上发生"黑圈"(dark ring)、位移、脱落和压敏胶残留等问题;而反塑化作用可能增加压敏胶的刚性,导致贴剂的初黏力不足。贴剂中最常观察到的现象是酸性和碱性药物分别提高和降低含羟基压敏胶的弹性模量和玻璃化转变温度。因酸性药物的羧基能够与压敏胶中的羟基形成强氢键,表明强相互作用有反塑化作用;而碱性药物则表现出弱相互作用,具有塑化作用。

第三节　药物与辅料相互作用的表征方法

药物与辅料的相互作用可引起药物或辅料的特征基团电子云密度、质子得失,或所处的化学环境的改变,一部分改变能够被常用的表征手段所表征。但是由于分子间相互作用的强度较低,某些特征变化不是特别明显,加之各种表征手段在灵敏度、适用性及专属性方面有很大的差异,因此对药物与辅料的相互作用进行定性和半定量表征需要借助两个或两个以上的手段来相互印证,以提高对相互作用类型的判断的准确性。此外,某些表征手段需要破坏样品中药物和辅料的原有存在形式和相互作用关系,如核磁共振需要将样品溶解于重水或氘代三氯甲烷中进行测定,可能会造成表征结果的失真。但目前发展出的一些无损测量技术,如固态核磁共振和拉曼光谱等可在保持原制剂存在状态下测定药物与辅料的相互作用,为该领域的表征提供了较好的工具。下面介绍表征物理化学相互作用的常用方法。

一、红外光谱法

红外光谱法是表征药物与辅料的相互作用最直接的方式。红外光激发分子内原子核之间的振动和转动能级跃迁,中红外区(400~4 000cm^{-1})是最常用的检测波段。当药物与辅料发生相互作用力时,能够引起官能团电子云密度的改变,进而检测出发生相互作用力的官能团及相互作用力的类型。红外光谱能够定性分析药物与辅料之间的离子键、氢键和偶极 - 偶极相互作用。红外光谱法更有利于表征药物和辅料的极性区域的变化,如极性官能团的相互作用情况和氢键形成情况等。

以酮康唑(ketoconazole,KTP)与聚丙烯酸(PAA)制备的固体分散物为例,简单介绍红外光谱法在制剂物理化学相互作用中的常用表征策略。红外光谱法可根据电子云密度的变化以及质子的得失初步判断离子键、氢键和偶极 - 偶极相互作用的形成。

KTP 和 PAA 在 1 605cm⁻¹ 处的峰代表的是 PAA 的—COO⁻ 的非对称伸缩振动,表明药物与 PAA 有离子键生成(图 6-8a)。与此同时,在约 2 500cm⁻¹ 处的肩峰,酮康唑中的咪唑基 N⁺—H 进一步验证了离子键的生成(图 6-8b)。而图 6-8a 中 PAA 在 1 743cm⁻¹ 处的 C=O 伸缩振动肩峰表明有(分子内或分子间)氢键生成。

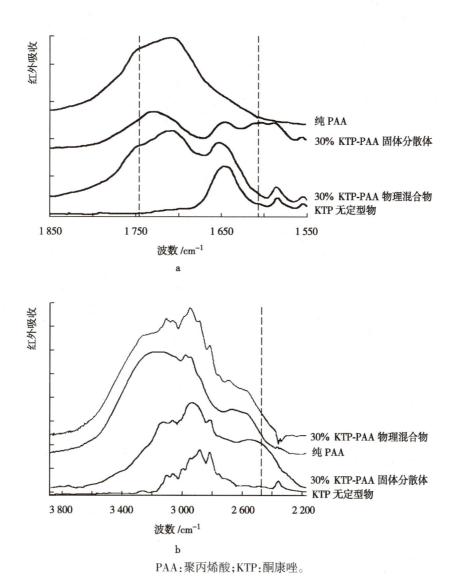

PAA:聚丙烯酸;KTP:酮康唑。

图 6-8 IR 图谱表征酮康唑与聚丙烯酸的分子间相互作用

二、拉曼光谱法

拉曼光谱法(Raman spectroscopy)常用于药物的成盐形式、水合物、晶型、旋光异构体和共晶等方面的研究。拉曼光谱相较于红外光谱而言谱峰清晰尖锐,具有无损测量、无须对样品前处理、水的信号很弱等优点。拉曼光谱还可用于表征药物与辅料的物理化学相互作用的类型和作用官能团及相互作用力的半定量。它作为对红外光谱技术的一种补充手段,可利用两者的结果进行交叉对比讨论药物与辅料的物理化学相互作用。红外光谱和拉曼光谱提供的结构信息较为相似,拉曼光谱是由分子极化率的变化诱导产生的,其强度受相应简正振动产生极化率的变化影响;红外光谱是分子偶极矩的变化诱导产生的。拉曼光谱利用光谱的强度、带形和频率这 3 个基本参数来表征分子的空间结构、化学结构、分子内力场结构和电子云分布,其中 C—C、S—H、C≡N 和 C≡S 基团的拉曼光谱信号峰较明显。相较于红外光谱法,拉曼光谱法在表征非极性成分,如烃链排列顺序方面更具有优势。拉曼光谱还可用于药物递送系统的微结构表征,以及了解制剂中药物与赋形剂的物理化学相互作用。拉曼化学成像已用于确定 API 微粒的尺寸分布并确定复合制剂片剂中的 API 分布均匀性等。表 6-4 列出了红外光谱与拉曼光谱的异同点。

表 6-4　红外光谱与拉曼光谱的异同点

光谱	基本原理	模式	表征对性	优点	缺点
红外光谱	分子振动吸收红外辐射	分子偶极矩的变化	极性基团、氢键和烃链	信号强度高(与拉曼光谱法相比)	水的影响大;碱金属卤化物作为光学元件,不可使用玻璃
拉曼光谱	分子振动和转动引起散射光波长偏移	分子极化率的变化	烃链	适用于含水样品和环境,可用玻璃光学元件和样品支撑物	信号强度低(与红外光谱法相比)

以酮洛芬(图 6-9)与乳酸和 PVP 的物理混合物的相互作用为例,介绍拉曼光谱在药物 - 辅料相互作用研究中的应用。酮洛芬原料药的拉曼光谱中会在约 259cm⁻¹、453cm⁻¹、518cm⁻¹ 和 642cm⁻¹ 处出现拉曼峰,其中 259cm⁻¹ 处的峰归属于扭转振动峰($\tau[C^9H_3]$)和变形振动峰($\delta[C^9C^8(C^{10}=O)]$),在 453cm⁻¹、518cm⁻¹ 和 642cm⁻¹ 处的峰归属于 C^{10}—OH 面外弯曲振动峰。这些峰会在酮洛芬与 PVP 的混合物的拉曼光谱图中消失,表明酮洛芬末端部分的—$CH(CH_3)COOH$ 参与药物与辅料的相互作用。此外在 970cm⁻¹ 和 1 462cm⁻¹(CH_3 的摇摆振动和不对称变形)处峰强度也会减弱,表明该甲基接近相互作用位点(图 6-10)。

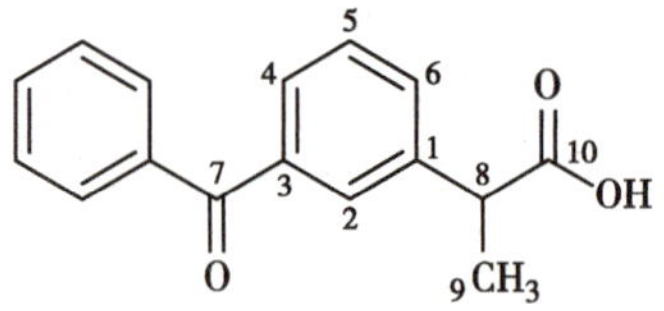

图 6-9　酮洛芬的化学结构

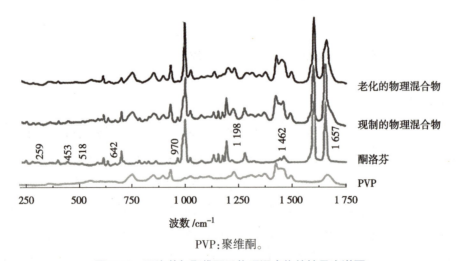

PVP:聚维酮。

图 6-10　酮洛芬与聚维酮及物理混合物的拉曼光谱图

三、核磁共振波谱法

核磁共振波谱法(nuclear magnetic resonance spectroscopy)是将核磁共振现象应用于测定分子结构的一种谱学技术。目前,核磁共振波谱的研究主要集中在 ^{1}H(氢谱)和 ^{13}C(碳谱)两类原子核的波谱。如同红外光谱一样,核磁共振波谱也可以提供分子中化学官能团的数目、种类以及参与物理化学相互作用的官能团等信息。对于 ^{1}H(氢谱)而言,某些活泼基团如—COOH 的氢的定位较为困难,其出现位置不定或不出峰。^{13}C(碳谱)的优点在于对于药物而言,几乎所有碳原子所处的化学环境都有差异,因此在 ^{13}C 谱中几乎可以准确定位药物分子中的每个碳原子。因此药物与辅料发生相互作用后,^{13}C 谱的化学位移、峰强度和峰宽度等发生改变,对判断药物与辅料的相互作用及药物所处的状态非常有利。但是对于此类方法而言,最大的问题就是氘代三氯甲烷和重水等溶剂的加入会使部分或全部物理化学相互作用受到破坏,因此需要注意制剂中辅料所提供的化学环境是否能够被氘代三氯甲烷或重水等所代表,否则就会造成表征结果的失真。如根据氘代试剂的介电常数等参数判断是否能够应用此溶剂作为物理化学相互作用的溶剂。

固态核磁共振作为固态下药物与辅料的相互作用的一种表征手段,能够规避普通核磁共振所面临的问题。但因某些极性基团的丰度过低,如 N 元素等,会造成其信号强度达不到检测限,往往造成表征失败。固态样品不能向液态分子进行快速分子运动和交换,且固态分子内的多种强相互作用使固态核磁共振(ssNMR)的谱线大大加宽。为了使谱线窄化,重要的一种技术称为魔角旋转(magic angle spinning,MAS),如将固体样品置于 $\beta=54°44'$ 时,可以极大地消除化学位移各向异性和部分消除偶极 - 偶极相互作用。如图 6-11 所示,应用该技术可显著窄化核磁共振图谱的峰宽度,提高图谱的分辨率。

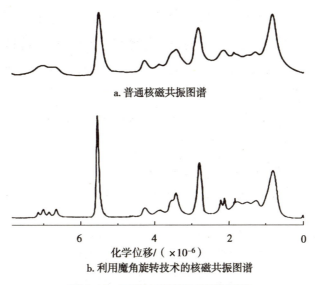

a. 普通核磁共振图谱

化学位移/(×10^{-6})

b. 利用魔角旋转技术的核磁共振图谱

图 6-11　两种核磁共振图谱的区别

特立氟胺是碱性药物,能够与酸性辅料产生离子键或氢键。利用 ^{13}C 谱对其进行表征。结果可以看出,C_1 在 116×10^{-6} 处核磁共振图谱向高场移动,表明 C≡N 与酸性辅料产生氢键或离子键,最终结果需要与红外光谱等其他表征手段共同验证(图 6-12)。

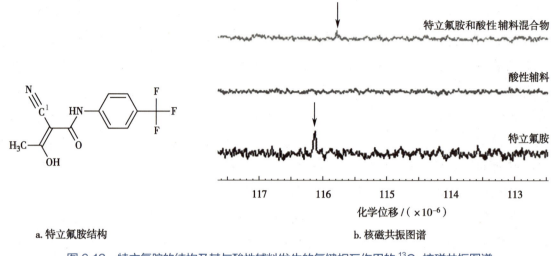

a. 特立氟胺结构　　　　　　　　　　b. 核磁共振图谱

图 6-12　特立氟胺的结构及其与酸性辅料发生的氢键相互作用的 ^{13}C- 核磁共振图谱

四、X 射线光电子能谱法

X 射线光电子能谱法（X-ray photoelectron spectroscopy，XPS）在材料表面研究中对材料进行定性和定量分析。通过光电子谱峰的位置、形状和强度，可以分析元素价态和含量等信息。成像 XPS 可以显示样品表面的元素和价态分布，进行微区分析。利用不同的离子枪刻蚀进行深度剖析，可以研究样品化学状态随深度的变化关系。不但为化学研究提供分子结构和原子价态方面的信息，还能为电子材料研究提供各种化合物的元素组成和含量、化学状态、分子结构、化学键方面的信息。其中的原子价态信息对于药物与辅料的相互作用表征极为有利。XPS 可以得到不同元素的峰位和峰面积百分率等信息。XPS 在药物与辅料的相互作用研究方面还具备以下优势：①对除 H 和 He 以外的所有元素都可以进行分析且灵敏度相似；②元素定性的标识性强；③可以得到化学位移值作为结构分析和化学键研究的基础。一般有机物和聚合物的探测深度为 4~10nm。

XPS 以峰强度对结合能（binding energy，eV）作图得到曲线。药物与辅料的相互作用会导致官能团的电子数量或电子云密度发生改变，进而体现在 XPS 图谱中，以此判断药物与辅料相互作用的位点和类型。通常需要将 XPS 图谱进行拟合处理，图 6-13a 为拟合后的 XPS 图谱。从图 6-13b（辅料加入后）中可以看出，药物的氨基进一步发生质子化，NH⁺ 的峰面积显著增加，表明辅料加入后药物的氨基发生了进一步的质子化。

五、差示扫描量热法

差示扫描量热法（differential scanning calorimetry，DSC）是一种灵敏的热分析技术，用于检测相变、熔融、玻璃化转变和重结晶等。该技术还可用于通过实测的玻璃化转变温度 T_g 值和计算出的 T_g 值之间的差异来预测药物与聚合物的相互作用。通常，如果通过 DSC 测定得出的 T_g 值与通过 Gordon-Taylor 公式［式（6-4）］计算出的理论 T_g 值存在正偏差，则药物与聚合物之间可能存在强相互作用。

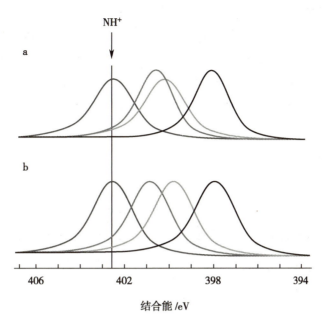

a. 碱性药物添加辅料前；b. 碱性药物添加辅料后；NH⁺ 表示质子化氨基。

图 6-13　质子化氨基比例变化的 XPS 图谱

$$T_{\mathrm{gmix}} = \frac{T_{\mathrm{g1}} w_1 + K w_2 T_{\mathrm{g2}}}{w_1 + K w_2}$$　　　　式（6-4）

式（6-4）中，T_{gmix} 为混合体系的玻璃化转变温度；T_{g1} 和 T_{g2} 分别为每种组分的玻璃化转变温度；w_1 和 w_2 分别为每种组分的重量分数；K 是根据每种组分的密度 ρ_i 和玻璃化转变温度 $T_{\mathrm{g}i}$ 计算得到的，$K = T_{\mathrm{g1}} \rho_1 / T_{\mathrm{g2}} \rho_2$。该技术在应用中升温速率对测定结果影响较大，升温速率过快可能得到正偏差结果。

六、理论计算法

1. **弗洛里 - 哈金斯理论**　在进行药物与辅料相互作用的理论计算之前，首先需要了解弗洛里 - 哈金斯理论（也可称为 Flory-Huggins 似晶格理论）。在高分子 - 溶剂混合系统中，Flory-Huggins 似晶格理论是基于吉布斯自由能的经典相分离理论。因为药物的相对分子质量低，因此也适用于本理论。Flory-Huggins 似晶格理论考虑了大分子与小分子混合的非理想熵及任何混合焓，用以计算药物与辅料之间的混合自由能。当相对分子质量较大的聚合物与较小相对分子质量的药物混合时，Flory-Huggins 似晶格理论假设出一个晶格，并假设溶剂（这里是指 API）与聚合物链段（这里指单体）接触的概率等于聚合物链段的体积分数。Flory-Huggins 参数 χ 用来解释混合焓，则 API- 聚合物混合体系的混合自由能 ΔG_{mix} 可以用下式来表示。

$$\Delta G_{\mathrm{mix}} = \Delta H_{\mathrm{mix}} - T \Delta S_{\mathrm{mix}}$$　　　　式（6-5）

根据 Flory-Huggins 似晶格理论，吉布斯自由能 ΔG 可以用 Flory-Huggins 相互作用参数来表示。

$$\Delta G_{\mathrm{mix}} = RT \left(\frac{\varphi_{\mathrm{drug}}}{N_{\mathrm{drug}}} \ln \varphi_{\mathrm{drug}} + \frac{\varphi_{\mathrm{poly}}}{N_{\mathrm{poly}}} \ln \varphi_{\mathrm{poly}} + \chi_{\mathrm{drug-poly}} \varphi_{\mathrm{drug}} \varphi_{\mathrm{poly}} \right)$$　　　　式（6-6）

式（6-6）中，φ 为药物（下标用 drug 标示）或辅料（下标用 poly 标示）的体积分数；N 为药物或辅料的分子体积;χ 为 Flory-Huggins 相互作用参数;R 为气体常数;T 为温度(K)。相互作用参数 χ 的值为负或略微为正时,将导致组分之间的混合熵为负(有利),并且混合的总自由能为负。这表明药物和聚合物之间的相互作用力必须大于内聚力(药物 - 药物和聚合物 - 聚合物)。但是 Flory-Huggins 似晶格理论仅考虑非特异性色散力,该理论未考虑诸如氢键之类的强相互作用。因此,当计算一个药物与辅料之间存在强相互作用的系统的相互作用参数时需要加以注意。

2. 利用溶解度参数计算相互作用参数 利用溶解度参数可估算药物与辅料的相互作用参数 χ。首先需要计算药物和辅料的溶解度参数 δ,可通过实验得到,也可以利用基团贡献法计算。Flory-Huggins 相互作用参数 χ 可以根据溶解度参数估算如下。首先,药物 - 聚合物体系的混合焓可以用式(6-7)描述。

$$\Delta H_{\mathrm{m}} = V_{\mathrm{dp}}\varphi_{\mathrm{d}}\varphi_{\mathrm{p}}(\delta_{\mathrm{d}} - \delta_{\mathrm{p}})^2 \qquad \text{式(6-7)}$$

式(6-7)中,φ_{d} 和 φ_{p} 分别为药物和聚合物的体积分数;δ_{d} 和 δ_{p} 分别为药物和聚合物的溶解度参数;V_{dp} 为混合物的体积。根据 Flory-Huggins 似晶格理论,ΔH_{m} 可通过范拉尔方程(van Laar equation,或称为 van Laar 方程)给出。

$$\Delta H_{\mathrm{m}} = \chi_{\mathrm{dp}}RT\varphi_{\mathrm{d}}\varphi_{\mathrm{p}} \qquad \text{式(6-8)}$$

将式(6-7)和式(6-8)合并后,可计算药物与辅料的相互作用参数 χ_{dp}。

$$\chi_{\mathrm{dp}} = \frac{V_{\mathrm{dp}}(\delta_{\mathrm{d}} - \delta_{\mathrm{p}})^2}{RT} \qquad \text{式(6-9)}$$

3. 利用熔点 / 玻璃化转变温度降低法计算相互作用参数 基于 Flory-Huggins 似晶格理论,也可利用熔点下降法测定药物与辅料的相互作用参数。如果药物可与聚合物混溶,则聚合物的存在会改变药物在药物系统中的熔融行为,包括熔点或玻璃化转变温度(T_{g})的变化。与纯液体药物相比,聚合物与药物的自发混合会产生负的自由混合能,并且混合物中药物的化学势降低。因此,熔融过程在热力学上变得更有利,这导致熔点降低。如果存在无定型态药物,则它会进一步降低药物的初始化学势,从而额外降低熔点。DSC 测量得到的熔点降低数据与 Flory-Huggins 方程对药物 - 聚合物体系的相互作用参数有关。

$$\left(\frac{1}{T_{\mathrm{m}}^{\mathrm{mix}}} - \frac{1}{T_{\mathrm{m}}^{\mathrm{pure}}}\right) = \frac{-R}{\Delta H_{\mathrm{fus}}}\left[\ln\varphi_{\mathrm{d}} + \left(1 - \frac{1}{m}\right)\varphi_{\mathrm{p}} + \chi\varphi_{\mathrm{p}}^2\right] \qquad \text{式(6-10)}$$

式(6-10)中,$T_{\mathrm{m}}^{\mathrm{mix}}$ 为药物 - 聚合物体系中药物的熔点;$T_{\mathrm{m}}^{\mathrm{pure}}$ 为纯药物的熔点;ΔH_{fus} 为纯药物的熔化热;φ_{d} 和 φ_{p} 分别为药物和聚合物的体积分数;m 为聚合物的体积与晶格部位的体积之比。

4. 分子模拟技术 利用分子模拟技术可计算药物与辅料的相互作用参数。除此以外,分子模拟也能够提供药物与辅料的相互作用力的位点、类型及强度等信息。通过构建分子和力场能够更加直观地表现出药物与辅料的相互作用力,目前应用于这方面研究的软件有 Materials Studio 和 Gaussian 等。分子模拟在表征药物与辅料的相互作用时可进行定量化描述,如对氢键、范德瓦耳斯力等进行计算,能够较好地比较药物与辅料的相互作用力的强弱。

但分子模拟不能够完全取代上述表征方法,只能作为辅助手段说明物理化学相互作用,模型的准确性受到模型中的分子数目和体系大小的影响。对于分子模拟中所用的力场及其他参数,是否对物理化学相互作用进行了全面描述尚不清楚。

在分子模拟中得到的信息有药物 - 辅料相互作用参数等。还可用根据最低构象的官能团距离判定氢键的形成与否及键距。可通过构建多分子辅料体系考察药物的加入对体系能量的影响,从而间接判断药物与辅料的相互作用情况以及对辅料整体体系产生的影响。

七、其他直接和间接表征手段

近些年,还有利用太赫兹光谱(terahertz spectrum)、中子非弹性散射(neutron inelastic scattering)、电子自旋共振(electron spin resonance)对相互作用强度直接进行定性和定量表征。此外,还有许多间接表征手段用以说明药物与辅料的物理化学相互作用。如利用热分析表征药物与辅料的相容性,利用 XRD 等表征药物在辅料中的晶型变化,间接判断药物与辅料的相互作用情况等。利用流变仪、介电谱等表征手段表征高分子材料的分子流动性,间接说明药物或其他辅料与基质或载体的相互作用情况。

(刘 超)

参考文献

［1］STONE A J. The theory of intermolecular forces. Oxford:OUP Oxford,2013.

［2］VRANIĆ E. Basic principles of drug-excipients interactions. Bosnian journal of basic medical sciences,2004,4(2):56-58.

［3］SANTOS B,CARMO F,SCHLINDWEIN W,et al. Pharmaceutical excipients properties and screw feeder performance in continuous processing lines:a quality by design(QbD)approach. Drug development and industrial pharmacy,2018,44(12):2089-2097.

［4］LI Y,YANG L. Driving forces for drug loading in drug carriers. Journal of microencapsulation,2015,32(3):255-272.

［5］SANDERSON R. Chemical bonds and bonds energy. 2nd ed. London:Elsevier Ltd.,1976.

［6］GRABOWSKI S J. Hydrogen bonding-new insights. London:Springer,2006.

［7］VASANTHAVADA M,TONG W Q,JOSHI Y,et al. Phase behavior of amorphous molecular dispersions II:role of hydrogen bonding in solid solubility and phase separation kinetics. Pharmaceutical research,2005,22(3):440-448.

［8］KOTHARI K,RAGOONANAN V,SURYANARAYANAN R. The role of drug-polymer hydrogen bonding interactions on the molecular mobility and physical stability of nifedipine solid dispersions. Molecular pharmaceutics,2015,12(1):162-170.

［9］PARSEGIAN V A. Van der Waals forces:a handbook for biologists,chemists,engineers,and physicists. Cambridge:Cambridge University Press,2005.

［10］BEN-NAIM A Y. Hydrophobic interactions. London:Springer,2012.

［11］THAKURIA R,NATH N K,SAHA B K. The nature and applications of π - π interactions:a perspective. Crystal growth & design,2019,19(2):523-528.

［12］PATEL D B,PATEL M M. Natural excipient in controlled drug delivery systems. Journal of pharmacy practice and research,2009,2(5):900-907.

［13］UHRICH K E,CANNIZZARO S M,LANGER R S,et al. Polymeric systems for controlled drug release. Chemical reviews,1999,99(11):3181-3198.

［14］PARR A,HIDALGO I J,BODE C,et al. The effect of excipients on the permeability of BCS class III compounds and implications for biowaivers. Pharmaceutical research,2016,33(1):167-176.

［15］PRADHAN M,NANDA B,KAR P,et al. Intermolecular interactions of anti-tuberculosis drugs with different solvents:a review. Biointerface research in applied chemistry,2022,12(1):883-892.

［16］SAXENA A,KATIYAR S,DARUNDE D,et al. Solubility parameter-a review. Journal of emerging technologies and innovative research,2020,7(3):1558-1574.

[17] BALK A,HOLZGRABE U,MEINEL L. 'Pro et contra' ionic liquid drugs-challenges and opportunities for pharmaceutical translation. European journal of pharmaceutics and biopharmaceutics,2015,94:291-304.

[18] KARIMI-JAFARI M,PADRELA L,WALKER G M,et al. Creating cocrystals:a review of pharmaceutical cocrystal preparation routes and applications. Crystal growth & design,2018,8(10):6370-6387.

[19] SERAJUDDIN A T M. Salt formation to improve drug solubility. Advanced drug delivery reviews,2007,59(7):603-616.

[20] SHAIKH R,SINGH R,WALKER G M,et al. Pharmaceutical cocrystal drug products:an outlook on product development. Trends in pharmacological sciences,2018,39(12):1033-1048.

[21] SHAMSHINA J L,BARBER P S,ROGERS R D. Ionic liquids in drug delivery. Expert opinion on drug delivery,2013,10 (10):1367-1381.

[22] CRISTOFOLI M,KUNG C P,HADGRAFT J,et al. Ion pairs for transdermal and dermal drug delivery:a review. Pharmaceutics,2021,13(6):909.

[23] GAMBOA A,SCHÜßLER N,SOTO-BUSTAMANTE E,et al. Delivery of ionizable hydrophilic drugs based on pharmaceutical formulation of ion pairs and ionic liquids. European journal of pharmaceutics and biopharmaceutics,2020, 156:203-218.

[24] SAHBAZ Y,WILLIAMS H D,NGUYEN T H,et al. Transformation of poorly water-soluble drugs into lipophilic ionic liquids enhances oral drug exposure from lipid based formulations. Molecular pharmaceutics,2015,12(6):1980-1991.

[25] SONG Y,YANG X H,CHEN X,et al. Investigation of drug-excipient interactions in lapatinib amorphous solid dispersions using solid-state NMR spectroscopy. Molecular pharmaceutics,2015,12(3):857-866.

[26] MISTRY P,MOHAPATRA S,GOPINATH T,et al. Role of the strength of drug-polymer interactions on the molecular mobility and crystallization inhibition in ketoconazole solid dispersions. Molecular pharmaceutics,2015,12(9):3339-3350.

[27] HIGASHI K,YAMAMOTO K,PANDEY M K,et al. Insights into atomic-level interaction between mefenamic acid and eudragit EPO in a supersaturated solution by high-resolution magic-angle spinning NMR spectroscopy. Molecular pharmaceutics,2014,11(1):351-357.

[28] SONG Y,ZEMLYANOV D,CHEN X,et al. Acid-base interactions of polystyrene sulfonic acid in amorphous solid dispersions using a combined UV/FTIR/XPS/ssNMR study. Molecular pharmaceutics,2016,13(2):483-492.

[29] FORSTER A,HEMPENSTALL J,TUCKER I,et al. The potential of small-scale fusion experiments and the Gordon-Taylor equation to predict the suitability of drug/polymer blends for melt extrusion. Drug development and industrial pharmacy, 2001,27(6):549-560.

[30] THAKRAL S,THAKRAL N K. Prediction of drug-polymer miscibility through the use of solubility parameter based Flory-Huggins interaction parameter and the experimental validation:PEG as model polymer. Journal of pharmaceutical sciences, 2013,102(7):2254-2263.

[31] XIE X,LI R,TJONG S,et al. Flory-Huggins interaction parameters of LCP/thermoplastic blends measured by DSC analysis. Journal of thermal analysis and calorimetry,2002,70(2):541-548.

[32] ZHAO Y,INBAR P,CHOKSHI H P,et al. Prediction of the thermal phase diagram of amorphous solid dispersions by Flory-Huggins theory. Journal of pharmaceutical sciences,2011,100(8):3196-3207.

第七章　质量源于设计理念在药物研发与生产中的应用

质量源于设计(quality by design,QbD)是制药工业中用于描述基于系统科学和风险管理的方法进行药物研发与生产的术语。QbD 理念的应用能够提高对药品的认识和对生产工艺的理解,能够减少工艺和产品失败的发生,改善生产效率,并加强质量保证。通过使用基于科学和风险的方法,QbD 使工业界与监管者共同着重关注产品和工艺最关键的方面。同时,它为产品研发和工艺控制中采用新技术提供了基础。

QbD 理念在 21 世纪初期被引入制药领域,此后在产品和工艺研发中得到广泛应用。当前,QbD 元素已深深融入在药物研发和生产中。由 QbD 引入的关键质量属性和目标产品质量概况等术语已成为标准药学词汇,产品生命周期内的风险评估已成为行业规范。

第一节　质量源于设计在制药业的应用历史

质量源于设计理念可追溯至 J.M. Juran(1904—2008),他是第二次世界大战后在质量领域的先锋。Juran 认为,质量既是指能够满足客户需求从而让客户满意的产品特性,也包括产品无缺陷。他主要关注系统性质量管理,包括质量规划、质量控制和质量改善。尽管采取这些质量措施需要初始成本,但通过质量管理可减少质量缺陷和重新加工,故这些投资是值得的。

监管领域在药物研发和生产中第一次引用质量源于设计理念是在 2004 年的美国食品药品管理局(FDA)发布的过程分析技术(process analysis technology,PAT)指南中,该指南指出,"产品的质量建立在设计和生产中,而不是被检测出来的"。将 QbD 引入制药工业是为了鼓励生产商对其产品有更高层次的理解,并有效控制其生产工艺。这些目标对监管者和工业界都有一定的吸引力。一个设计合理且得到有效控制的工艺能将失败的概率最小化,为患者提供质量稳定的产品,同时降低生产成本。

QbD 的主要理念于 21 世纪初由国际人用药品注册技术协调会议(ICH)编纂成指南 ICH Q8《药物研发》[后修订为 ICH Q8(R2)]、ICH Q9《风险管理》和 ICH Q10《药品质量体系》,这三篇核心指南为在药物研发和生产中按照 QbD 理念采用基于科学和风险的方法提供了依据。后续 ICH 附属问答和讨论要点文件对 QbD 理念的应用进行了进一步的详细解释和澄清。

原 ICH QbD 指南主要针对药物制剂的研发和生产,这些理念后来在 ICH Q11 中拓展至化学原料药和生物源原料药。ICH Q11 的主要理念与之前的 ICH Q8/9/10 指南相同,但另重点描述了原料药特有的方面,包括杂质清除和注册起始物料(regulatory starting material,RSM)的定义。ICH Q11 发布六年后,又发布了一份问答文件,该文件提供了关于注册起始物料定义的更多细节。

第二节　质量源于设计在药物研发中的应用

ICH Q8(R2)对 QbD 进行定义:QbD 是一套系统的、基于充分的科学知识和质量风险管理的研发方法,从预先确定的目标出发,强调对产品和工艺的理解以及工艺控制。因监管的灵活性一般取决于对相关科学知识掌握的水平,故 QbD 的应用可使监管更为灵活。典型的 QbD 方法已在 ICH Q8(R2)的章节中进行了概述,如图 7-1 所示(本图仅作为范例)。根据药物和生产工艺的特性,图 7-1 中,并非所有步骤都是必要的,或有些步骤可能需要重复。

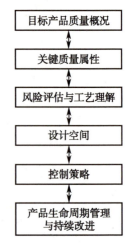

图 7-1　质量源于设计在研发与生产中的应用示意图

一、目标产品质量概况

研发中采用 QbD 的第一步是定义一个目标产品质量概况(quality target product profile,QTPP)。QTPP 是指理论上可以达到的,并将药品的安全性和有效性考虑在内的关于药品质量特性的前瞻性概述。QTPP 根据患者的需求对所需的产品特性提供前瞻性概述。QTPP 需考虑的方面包括:①患者的安全性和产品的有效性,如纯度和无菌性;②药物的递送,如口服产品的生物利用度,或吸入制剂的空气动力学性质;③剂型设计,如给药途径、剂型规格、容器密闭系统。

简单剂型(如口服片剂、无菌注射剂)的 QTPP 确定比较直接。这些剂型的 QTPP 可能与产品典型的质量标准极其类似,包括纯度、规格、生物利用度(口服产品)或无菌度(注射剂)。表 7-1 为口服制剂产品的 QTPP 举例,参考的是 examplain 片[一种模拟片剂,含血管紧张素转换酶(angiotensin converting enzyme,ACE)成分]相关的模拟递交文件,本章后半部分会对此进行更多的讨论。

表 7-1　examplain 片的 QTPP

目标产品需要考虑的特性类别	QTPP 具体内容
性状	圆形、凸起、无包衣片
鉴别	呈 examplain 盐酸盐阳性反应
含量	生产时 20mg ± 5% 的游离 examplain 碱
降解产物	有效期末,去乙基 examplain 低于 2%
溶出度	速释制剂
剂量单位均匀度	符合药典可接受标准
微生物限度	符合药典可接受标准

QTPP 的设定还应考虑目标患者人群的特点,例如,儿童的口服药物可能需要制成液体制剂或可掺入酸奶等软质食物进行给药。

较复杂的制剂的 QTPP 就不太明显。例如,透皮贴剂可能会有黏附性和使用后药物残留等其他需要考虑的方面。药械组合产品等复杂制剂的一个重要考量是便于患者使用和设计合理,使意外、错误地使用制剂的概率最小化。为复杂制剂建立适当的 QTPP 需要对产品的安全性和有效性等相关问题具有高度的理解。

在过去的 10 年中,美国 FDA 不断发布以患者为研发考量中心的相关指南,包括开发普通制剂和更复杂的制剂。近期发布的指南覆盖了简单剂型与患者使用有关的特性,如片剂的刻痕、喷雾制剂的粒径、仿制药片剂和胶囊剂的大小和形状、注射剂的过量灌装及在液体或软质食物中给药的考量。其他指南讨论了更复杂制剂产品的设计和质量考量,包括口崩片、透皮给药系统、咀嚼片和吸入制剂。尽管这些指南未特意与 QbD 相关联,但这些指南提供了如何基于患者的需求将质量嵌入产品的设计中,这与 QbD 理念完全相符。

二、关键质量属性

确定 QTPP 后,研发过程的下一步一般是确定关键质量属性(critical quality attribute,CQA)。CQA 是指产品的物理、化学、生物学或微生物性质或特征,这些特性应限定和控制在适当的限度或分布范围内,以确保预期的产品质量。CQA 是产品的特定性质和限度,用来保证达到 QTPP。例如,溶出度就可以视为一个能够保证达到 QTPP 的 CQA,因为溶出度可能与生物利用度相关。

ICH 对 CQA 的定义较为广泛,适用于原料、中间体和/或最终产品的属性。很多人将原料的质量属性称为关键物料属性(critical material attribute,CMA)并定义为原料的物理、化学和生物学性质或特征,应限定和控制在适当的限度、范围或分布范围内,以确保预期的产品质量。需要说明的是,CMA 并非 ICH 定义。CMA 术语有助于阐明保证生产工艺或工艺步骤的质量所需的原料的物料属性。

对于简单制剂(如口服固体片剂),因能对其质量产生影响的因素已知,QTPP 转化为产品的 CQA 的过程较为直接。在最简单的情况下,CQA 与 QTPP 极为接近。CQA 及其范围的确定要结合先前知识、对产品特性的了解、生产历史和法规标准。先前知识一般是指来源于类似化合物、产品或工艺相关的外部公开发表或内部资料,可作为药物研发和产品生命周期管理过程中作出决定的依据。例如,生产技术相关的参考文献和外部研发数据均可作为先前知识的来源。CQA 初步确定的依据是药物的已知作用机制及其对患者的目标作用。显然,药品的纯度、效价/规格和杂质含量均为 CQA,因为这些属性一般均与安全性和有效性相关。药品的外观一般也视为 CQA,因为患者对药品的接受度受药品外观影响,外观也能提示其他质量相关问题。其他 CQA 具有产品特异性,越复杂的产品可能需要越多的 CQA 才能保证 QTPP 的实现。

表 7-1 所示的 examplain 片示例是一种小分子固体口服剂型,具有高溶解度和高渗透性,属于生物药剂学分类系统(BCS)I 类;产品的 CQA 列表可直接由 QTPP 推导出。

复杂制剂的 CQA 可能比简单小分子制剂更具挑战性。单克隆抗体可含有上百种成分,如不同的电荷变体、糖原形式和修饰体,需要对产品有深入的理解,方可适宜、实际地确定产品的 CQA。很多情况下,

CQA 是一组特定属性,例如,电荷相关变体、结构变体或糖原形式。当前,对基因疗法产品等新的治疗方法的 CQA 的选择理解较少,需要更多的研究经验才能更好地定义这些产品的 CQA。

一旦确定某一属性为 CQA,通常就不宜再改变该属性的关键性。质量属性关键性的判断依据是对患者伤害的严重程度,关键性一般不根据生产工艺控制或其他风险规避而改变。在某些情况下,如后续发现该属性对患者并不关键(如通过代谢研究),或由产品性质变化使该属性不再存在(如原料药合成步骤的变化使某杂质不会形成),则之前判断为 CQA 的属性可改为非关键属性。也可根据新出现的信息增加新 CQA。例如,作为原料药研究的一部分,可能发现一个新晶型,则可采用新晶型作为原料药,或增加 CQA 保证原料药中存在的仍然为原晶型。对于新药,随着临床研究过程中收集的信息的增多,QTPP 也可能发生变化。因此,如图 7-1 所示的 QbD 开发过程可能是反复的,随着新信息的出现,需要对风险评估进行再评价。

一般而言,CQA 的关键性的高低是连续性的,某些 CQA 对药物有效性或患者安全性的影响较其他 CQA 可能更大。例如,与已证明具有较高界定阈值的普通杂质相比,基因毒性杂质显然会为患者的安全性带来更大的风险,关键性就更高。可使用 CQA 的关键性高低来指导研发过程中研究的优先顺序,以便关注药物最关键的方面。

尽管 CQA 和质量标准两者有大量的重叠,但制剂终产品的 CQA 不一定与质量标准完全相同。质量标准中也不一定包括所有 CQA,尤其是通过工艺控制或对过程中控制(in-process control,IPC)进行控制来保证制剂终产品的 CQA 合格。例如,蛋白质制剂的病毒清除是一项重要的 CQA,但无法在日常生产中对其进行测量;病毒水平通过验证研究和生产过程中的工艺参数控制进行保证。此外,制剂的某些属性无须纳入质量标准,因为这些属性或者风险较低,或者可在上游操作中对其进行更有效的控制(如在原料药工艺中或制剂中间体中)。传统上,CQA 及相应的质量标准范围通常依据有限的临床批次设定。该方法较为短视,因为采用该方法与采用基于产品对患者影响的方法设立的范围相比,该方法得到的范围通常较窄。范围过窄的后果包括无法为质量或业务需求优化工艺,且有可能造成药品短缺。基于有限的生产或临床批次设定质量标准的做法,同时也会不利于在早期研发过程中严格控制制备工艺,因此只有较少的生产商。

近期的"临床相关质量标准"或"以患者为中心的质量标准"希望能通过鼓励制药业和监管者利用特定产品或相关产品中获得的知识来指导 CQA 控制范围和质量标准设定,并解决这些问题。2018 年美国 FDA 发布了一篇内部规程(MAPP 5017.2)来表示对这种做法的支持,该规程指出,"原料药和制剂中特定杂质的可接受限度可拟定并确定在其界定阈值(qualification threshold,QT),只要在该水平下无毒理学、免疫学或临床问题"。该做法与根据生产历史设立质量标准有明显差异,并在不损害患者的前提下允许对工艺进行持续优化和改进。

三、风险评估与工艺理解

风险评估与工艺理解是 QbD 研发过程的第三步。一般方法是发现输入参数(即原材料的物料属性和工艺参数),并将其与输出产品的质量属性(即产品的 CQA)联系起来,可通过将实验数据、模型模拟和先前知识结合起来完成此联系。

ICH Q8(R2)中的一个期望是不论是否采用 QbD 方法都要确定关键工艺参数(critical process

parameter,CPP)。CPP 是指其波动会影响到产品的关键质量属性而应该被监测或控制的工艺参数,以确保能生产出预期质量的产品。根据工艺参数影响一项或多项 CQA 的风险确定 CPP。可根据获得的知识改变 CPP 的关键性,例如,当额外数据表明参数的波动不影响产品质量时,则该参数不再是 CPP。监管者已明确指出,尽管具有能够控制一个工艺参数的能力会降低风险,但并不能使该参数变为非关键参数,所有对 CQA 有影响的参数均应视为关键。

一般而言,采用 QbD 方法时,在整个研发过程中会进行一系列风险评估:

1. **早期风险评估** 在研发早期,环境条件(影响降解产物和含量测定)对 API 稳定性的影响尚属未知,API 及辅料性质对溶出度和含量均匀度的影响也未知。早期风险评估非常依赖于基础科学原理、公开发表的科学研究或之前在类似产品或工艺中获得的专有知识。早期风险评估(图 7-2a)有助于将研究工作聚焦在最值得关注的领域。随着更多产品和工艺相关知识的积累,可能很多早期风险已经降低,也可能出现新的非预期风险。

2. **中期风险评估** 进行其他研究后,确定含量均匀度和溶出度对 API 的粒径敏感,但对辅料性质不敏感。API 在正常工艺条件下并不降解。中期风险评估(图 7-2b)适用于找出那些应用研发知识之后,建立最终控制策略之前仍然存在的风险。此种中期风险评估可作为评估生产工艺获批后变更的基础。

3. **终期风险评估** 为原料药的粒径建立适宜的质量标准,并为混合和压片步骤建立适宜的工艺参数后,即可将所有风险降低到可接受范围。终期风险评估(图 7-2c)在所有控制措施已实施后进行,用于证明所有已知风险已经得到妥善处理,使风险降低至可接受的程度。理想情况下,在产品的整个生命周期中均应保持上述风险评估,并随新知识的积累不断进行更新。

ICH Q9 及其相关简报提供了生命周期风险评估的工具包。确定工艺中早期风险的常用工具有因果图[cause-and-effect diagram,它是给定结果与所有原因之间的关系的图形,通过它能够帮助识别

制剂 CQA	API 性质	辅料性质	混合	压片	包衣
鉴别					
含量					
含量均匀度					
降解产物					
溶出度					
微生物学					

a. 早期风险评估

制剂 CQA	API 性质	辅料性质	混合	压片	包衣
鉴别					
含量					
含量均匀度					
降解产物					
溶出度					
微生物学					

b. 中期风险评估

制剂 CQA	API 性质	辅料性质	混合	压片	包衣
鉴别					
含量					
含量均匀度					
降解产物					
溶出度					
微生物学					

c. 终期风险评估

图 7-2　直接压片低剂量片剂研发的风险评估实例

主要原因并将其分解为子原因、子原因的子原因。图形像鱼的骨架,由石川馨(Ishikawa)发明,常称为 Ishikawa 鱼骨图],故障模式和效应分析(failure mode and effect analysis,FMEA)、危害分析与关键控制点 (hazard analysis and critical control point,HACCP)。Ishikawa 鱼骨图为定性工具,能够图形化地捕捉可能影响产品质量的所有因素(图 7-3)。这些因素可再按照单元操作(unit operation,表示化学工业和其他过程工业中进行的一系列使物料发生预期的物理和 / 或化学变化的基本操作的总称)或其他方面进行细分,一种方法是将其分为 6 个输入部分:物料、方法、测量、机械、人力和自然(环境,如空气的相对湿度)。 FMEA 是一种定量工具,旨在识别潜在故障模式的相对严重程度,为之后的其他研究或工艺控制确定优先顺序(表 7-2)。尽管此处所述的风险评估工具常用于药物研发,但 ICH Q9 实际支持使用所有经过同行审议的风险管理工具。ICH Q9 作出了进一步的详细解释,使用正式风险管理程序并非总是合适或必需的,质量风险管理的严格程度和正式性应与需解决问题的复杂程度和 / 或关键性相称。

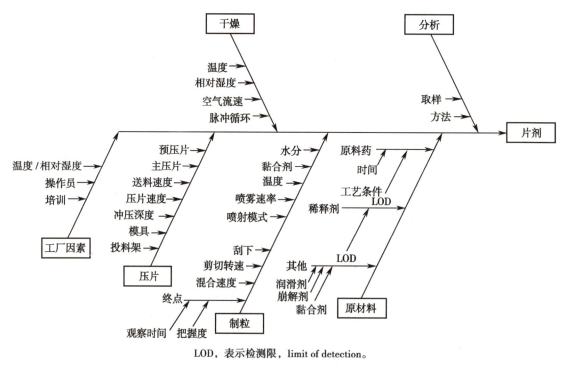

LOD,表示检测限,limit of detection。

图 7-3　可能影响片剂质量变量的因果图

表 7-2　干燥工艺的故障模式和效应分析(FMEA)

工艺	潜在原因	初始 RPN	推荐的措施	S	P	D	修订的 RPN
1. 设置	操作员服装不整洁	120	使用较长的手套和护目镜	3	2	8	48
	设备的清洁不充分	112	改变清洁方法	7	2	4	56
2. 开始干燥	入风口滤器的损坏	126	改变维护期	7	2	6	84
	温度计的损坏	63	改变校准期	7	2	3	42
3. 维持温度	进风量不稳定	40	—	2	4	5	40
	计时器故障	8	—	2	2	2	8
	露点较高	27	—	3	3	3	27
	温度分布不均匀	45	—	3	5	3	45

注:RPN 超过 100 时必须采取措施。RPN 为风险优先数,RPN=$S \times P \times D$。S 为严重程度(1~10),严重程度超过 5 时应采取措施;P 为发生概率(1~10);D 为检测性(1~10),其中数字越大表示问题越值得关注。在本具体案例中,经过第一轮实施风险降低措施后,3 个项目的严重程度仍然较高,表示需要采取额外的措施。

　　一定程度的主观性是所有风险评估方法固有的缺陷,因此质量风险管理评估通常包括跨学科专家(如来自研发、生产和质量体系领域的专家)来帮助平衡观点。基于科学知识和工艺特定知识进行质量风险评估,并最终将其与对患者的保护联系起来是非常关键的。风险评估的步骤及风险评估的实际结果应记录在药品质量体系的文件中,并作为申报的支持性信息保存。详细的风险评估可能是篇幅较长的文件,通常有上百页。一般而言,注册申报文件中仅包括此信息的简短总结。关于商业化大生产工艺相关风险评估记录应保存在生产所在地以便查看,并可能在监管部门的检查过程中接受更深入的审评。

　　工艺研发阶段的一项主要工作是理解输入物料属性和工艺参数如何影响产品的 CQA,并确定 CMA 和 CPP。实验设计(design of experiment,DoE),如析因设计,是一种基于统计学的一种系统实验方法,常用于确定输入因子与输出响应结果之间的关系。DoE 方法的应用允许以更少的实际实验覆盖更大的研究范围。已有大量 DoE 相关方法,常用的方法是首先用部分析因设计法对大量因素进行筛选。筛选实验的结果有助于确定相对重要的因素,从而进行进一步的深入研究。后续 DoE 一般使用较少的因素,但能够提供更大的辨识度,允许识别主要效应、互动效应及这些效应的量级。

　　也可采用其他实验和建模方法评估输入因子与输出响应结果之间的关系。通常,对理解工艺风险最有价值的数据来自实验,而非按预定的正常运行条件运行该工艺。与原料药的物理性质相关的数据能够提示制剂生产工艺中的风险,此类数据包括药物的溶解度、吸湿性、氧敏感性和多晶型的稳定性。可在正常运行条件之外运行工艺获得进一步的信息,无须在最差情形下运行工艺,但最差情形有助于确定潜在的工艺故障模式或工艺稳健性。例如,在无搅拌或颠倒试剂添加顺序的条件下运行药物合成步骤有助于确定工艺对试剂添加速率和局部搅拌效应的敏感性。很多用于研究产品质量的实验也能够提供工艺安全性的相关信息。

　　可采用不同类型的建模方法建立输入因素与输出属性之间的关系。一种建模方法是依据物理现象基础、第一性原理,如本构动力学方程式或流体动力学模拟计算。而另一种模型是实证或数据驱动的模型,将实验响应值拟合入等式,而这些等式不一定体现物理体系。可认为 DoE 是一种实证模型,体现响应值的等式一般是简单的数学关系。实证模型生成的数据可合理地进行数学内推,来预测实验数据点之间的响应。实证模型一般仅在研究范围内有效,但无法可靠地外推至这一范围之外。基于第一性原理和实证模型中间的是半实证模型,这些模型的方程式有部分物理依据,但也依赖实验拟合参数。半实证模型是用于预测工艺放大的常用工程学方法。半实证模型能够在外推至初始数据之外时预测一般趋势,但需要新条件下的数据来确认模型的预测结果。不论研发期间使用何种类型的模型,目的都是相同的,即理解输入因素与输出属性之间的关系。

四、设计空间

ICH Q8(R2)中对设计空间(design space)的定义是已被证明能保证产品质量的输入变量(如物料属性)和工艺参数的多维组合和交互作用的范围。在设计空间内的变动在监管上不视为变更;而一旦超出设计空间,则应视为变更,并应启动上市后的变更申请。设计空间由申报者提出,送交监管当局审评并批准。设计空间的目标是提供更宽的生产工艺操作范围,从而允许未来出于持续改进目的的操作灵活性,且无须进行监管报告。设计空间的提交与否可由申报者选择,不是药品注册的强制要求。

设计空间的定义明显突出了其多维性质。设计空间的构建考虑多个工艺输入(如 CPP、CMA)及其对多个输出量的影响(如 CQA)。设计空间也可包括与生产场地、设备或生产规模相关的因素。

设计空间根据输入参数获得可接受的输出范围进行确定(图 7-4a)。当输入参数对一项以上的 CQA 有影响时,可根据重叠的可接受区域建立设计空间(图 7-4b)。图 7-4 所示的设计空间示意图已高度简化。更严格的方法是以预测分布的计算作为设计空间构建的一部分,如采用贝叶斯统计或自举方法。

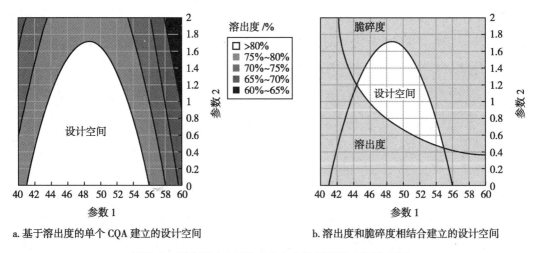

a. 基于溶出度的单个 CQA 建立的设计空间   b. 溶出度和脆碎度相结合建立的设计空间

图 7-4   两个影响产品的 CQA 参数的设计空间示意图

设计空间应包含能够影响 CQA 的所有因素。根据定义,这包括所有关键工艺参数和关键物料属性。设计空间也可能包括中间体或关键性未知的参数。不可能影响 CQA 的因素通常不纳入设计空间。

用来建立设计空间的数据可来源于研发过程中获得的实验数据、模型和先前知识。专家建议,当第一性原理模型能够充分预测工艺性能时,推荐使用此类模型来建立设计空间。当模型的所有前提假设都能满足时,基于物理现象的第一性原理模型有助于提高设计空间预测的准确度。第二层方法是理解影响生产放大的元素,并为这些元素使用适宜的工程相关性。第三层方法是使用实证 DoE。最后,也可使用传统方法,包括一次一因素(one factor at a time,OFAT)实验,用于建立被证明的可接受范围代替设计空间。

上述方法中,研发过程中的 DoE 最常作为设计空间确定的方法。通过 DoE 方法,可建立实验区域内工艺输入和输出的数学相关性。还有一种应用较少,但同样有效的方法是用多变量方法建立设计空间,如偏最小二乘法(partial least square method)。一个采用偏最小二乘法的示例中,用多变量方法建立原料性质和工艺参数与产品属性之间的相关性,并用结果生成设计空间。采用的方法应考虑到工艺的复杂程度、先前知识和待研究参数的风险。若先前知识表明变量之间无预期相互作用,OFAT 实验可能效率更高,且能得到与多变量方法同样可靠的结果。

可为单一单元操作、多单元操作或整个生产工艺构建设计空间。通常为单一独立单元操作构建设计空间更加简单,但将多单元操作在同一设计空间内相结合也很有益,例如,可设置跨多单元操作温度和时间限度,而不单独设定各单元操作的时间和温度。

很多情况下,设计空间都是基于实验室小试或中试规模的实验数据构建的,然后再将其映射至商业规模。某些情况下,可使用不依赖于规模的参数(如对于剪切敏感的产品,可使用混合剪切速率代替搅拌速率)描述设计空间,在此种情况下,小规模与商业规模的设计空间相同。也可以采用工程模型来预测规模效应,将小规模下开发的设计空间转化应用至商业规模。

无须在商业规模下对整个设计空间进行确认,但在商业规模生产前应当对设计空间进行确认。一般而言,首先仅在拟采用的操作条件下对设计空间进行确认。在商业规模下进行开发或确认整个设计空间的实例较为罕见。但是,全规模设计空间的使用可能会随连续生产工艺的应用而增加,连续生产工艺中,研发和生产通常采用同一设备进行。

对设计空间有限的初步确认可能使在商业规模下设计空间内的变动仍然具有不确定因素。在工艺生命周期中对设计空间确认可用来证明在已获批准的设计空间内的新条件下仍然能生产出质量合格的产品。设计空间确认应在对这些变化对产品质量潜在影响的相关风险评估的指导下进行。中期风险评估(图 7-2b)通常是评估生产变更相关风险的良好起点。根据产品和工艺的特定风险,设计空间确认可能会涉及更多研究,如对那些不在质量标准内的其他属性进行检测或更高水平的取样,以证明对产品质量无不良影响。

设计空间作为变更控制活动的一部分,在公司的药品质量体系内进行管理。美国 FDA 和欧洲药品管理局(European Medicines Agency,EMA)均建议在生产所在地保留书面计划,明确何时和如何进行设计空间确认的评估。设计空间确认方案可包括参数列表、潜在放大风险、对能够管理和检测风险的控制策略的讨论及保证质量所需的其他检测或研究。EMA 要求如果在申报资料中含有设计空间,则应含有设计空间详细的确认方案;而美国 FDA 则建议申报资料应含有对设计空间确认方案的总结性材料。

虽然设计空间的概念一般应用于工艺参数和物料属性,但本概念也可应用于灵活的处方设计空间和分析方法设计空间。将 QbD 理念应用于分析方法时,与 QTPP 相对的概念为分析目标概况(analysis target profile,ATP),而与设计空间相对的概念称为方法可操作设计区间(method operable design region,

MODR)。分析方法的 QbD 尚未得到广泛应用,但预计其将成为未来 ICH 指南的主题。在注册申报资料中采用 QbD 理念描述分析方法有助于加强监管的灵活性,从而在整个产品生命周期内提高方法的耐用性和稳健性,也对持续改进和创新有一定帮助。

五、控制策略

控制策略可认为是基于科学和风险的 QbD 的核心。控制策略是整个研发过程收集到的信息的汇总,目的是保证商业规模下的工艺性能和产品质量。ICH Q10 对控制策略的定义是根据当前对产品和工艺的理解而产生的一系列保证工艺性能和产品质量的有计划的控制。这些控制可包括与原料药和药物制剂的材料和组分相关的参数和属性、设施和设备运行条件、过程控制、成品质量标准以及相关的监测和控制方法与频率。注册申报资料中不一定包括控制策略中的所有元素;设施条件和工艺检测属于药品质量体系元素,应在生产场地进行管理。

应从整体的视角看待控制策略,应考虑到物料、产品质量标准、工艺参数范围、过程中控制和检测及工艺监测方面,这些因素协同作用降低产品质量风险。设计良好的控制策略能够从源头(如原料、设备和环境条件)预测并降低工艺的变异性。研发期间进行的风险评估和实验有助于识别潜在的变异性,并找出适宜的方式对其进行管理,如设定质量标准、工艺参数范围(包括设计空间,如已采用)、过程中控制和工艺监测。

工艺参数的关键性有连续性。有人提出,除关键工艺参数(critical process parameter,CPP)外,还可采用中间关键性分类概念,如重要工艺参数(key process parameter,KPP)。KPP 存在多种定义,一般是指对产品质量影响较小,或对工艺的一致性有影响的参数。为避免相混淆,欧洲和美国的监管者早前指出 KPP 并非 ICH 的术语,因此不应在注册申报资料的生产工艺和关键步骤描述中使用。但是,监管者并不反对在研发过程中使用 KPP 这个术语。此立场可能在不久的将来会发生变化,因为在 ICH Q12 草案《药品生命周期管理的技术与法规考虑》中已经开始使用 KPP 这个术语。

注册申报资料中包括的工艺参数一般不仅限于 CPP。一份欧盟的指南指出,申报资料中对生产工艺的描述也应包含对工艺一致性有重要作用的参数及那些目前还无法排除是否影响质量属性的参数。

注册申报资料中对工艺参数的描述方法取决于申报者,但是,近期出现了工艺参数范围描述术语相混淆的问题。ICH Q8(R2)对已证明的可接受范围(proven acceptable range,PAR)的定义为一个确定的工艺参数范围,在保持其他参数不变的前提下,在该参数范围内的任何运行均可生产出符合相关质量标准的产品。虽然在 ICH 指南中没有明确的定义,正常操作范围(normal operating range,NOR)是描述一般工艺操作范围的常用术语,NOR 是 PAR 或设计空间的子集。ICH 文件明确指出,PAR 并不等同于设计空间,因为设计空间是基于对多变量的理解建立的,而 PAR 的依据是单变量实验。一些监管机构已经采纳了这些定义,在 PAR 定义的范围内操作时,一次只允许变更一个变量。

控制策略有不同的复杂程度,简单的工艺参数和物料属性控制相较于质量属性的实时测量和控制更简单。不同水平的控制策略选择总结如下:①一级控制策略,即对输入物料属性的变异实施相应的实时自动控制与灵活工艺参数;②二级控制策略,即减少终产品检测和在设计空间内灵活地改变关键物料属性与关键工艺参数;③三级控制策略,即终产品检测与严格限制的物料属性和工艺参数。三级控制策略相当于 ICH Q8(R2)所述的最低研发方法和 ICH Q11 所述的传统研发方法。二级控制策略源于强化的或 QbD 研发方式。一级控制策略的方法最复杂,能够针对干扰或变异性对生产工艺作出实时调整。

一级控制策略与过程分析技术(PAT)方法基本相同。美国 FDA 指南对 PAT 的定义为通过及时测定(如在生产过程中测定)原料、过程中物料和生产过程中的关键质量属性和性能属性,建立一个设计、分析及生产控制体系,以确保最终产品的质量。使用 PAT/ 一级控制策略的方法能够提高质量保证的水平,通常能降低产品的变异性。PAT 常用于连续生产工艺中,若连续生产工艺中没有适宜的检测和控制,工艺中的波动和干扰可能导致出现不符合质量标准的产品。

PAT 常采用间接或推断性测量,通过数学模型将工艺测量结果与 CQA 相联系。一个间接或替代测量的实例为测量片剂的硬度,将测定值与片剂的溶出度和 / 或崩解联系起来。一个推断性测量的实例是通过对终端灭菌产品的灭菌参数评价来进行产品放行,这是基于对灭菌周期中的关键工艺控制来保证产品无菌。尽管一般认为光谱学测量是直接测量,但这些方法也需要用数学模型将光谱指纹图谱转化为定量值,需要在产品生命周期中对数学模型进行确认和更新。

PAT 方法最终可实现实时放行检测(real time release testing,RTRT),其定义为根据工艺数据评价并确保中间产品和 / 或成品质量的能力,通常包括已测得物料属性和工艺控制的有效结合。RTRT 方法中,采用工艺中的实时测量保证产品质量。使用 RTRT 方法能够省略实验室检测,减少生产所需的时间,从而提高生产效率。从库存角度来看,该方法还能减少半成品物料,降低库存水平。

采用 RTRT 方法并不一定意味着省略所有关键质量属性和所有单元操作的实验室检测。可对一项或若干项 CQA 使用 RTRT 方法,而其他质量标准项目仍然需要通过传统的实验室检测来保证。另外,生产完成后进行的分析(如稳定性检测或作为偏差调查的一部分)还是需要经传统实验室检测。

需要注意的是,仅符合 RTRT 标准并不足以作为放行一个批次的依据。如图 7-5 所示,还需要根据其他信息来作出放行决定,包括法规合规性信息、系统相关数据(如环境、设施、公用系统和设备)及源于生产工艺的产品相关数据。

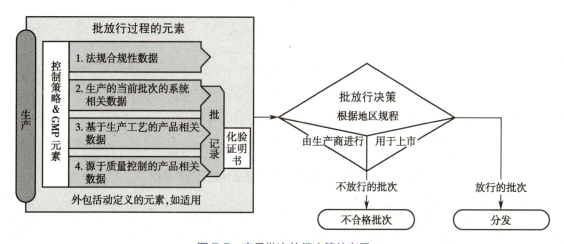

图 7-5　产品批次放行决策的考量

ICH 文件指出,同一产品可存在多种控制策略。由于技术、设备、厂房或系统差异,可能需要不同的控制策略。由于可能出现的设备故障,需要采用多种控制策略作为 RTRT 或 PAT 的替代方法。应为各控制策略(包括检测和取样方法)提供基于科学和风险的依据。

  QbD 的终极状态是生产控制可以完全保证产品质量。虽然可能仍然存在终产品检测,其目的却发生了变化。非 QbD 方法中,根据质量标准进行的终产品放行检测是产品质量的主要保证。QbD 方法不一定包含终产品检测,即使包括,其主要目的也是证明工艺符合设计预期。可利用在产品生命周期内对产品和工艺的持续检测来提高对工艺的理解,对工艺进行适宜的调整,以保证产品质量,并降低产品的变异性。

六、产品生命周期管理与持续改进

  QbD 生命周期的最后一步(图 7-1)是产品生命周期管理与持续改进。产品知识与工艺理解并不能在产品获批和上市时就停止,而是会在产品的整个生命周期中继续进行。ICH Q10 强调工艺性能与产品质量及其作为基础的药品质量体系(pharmaceutical quality system,PQS)的持续改进。PQS 的设计初衷是通过以下方式识别和评估改进的可能性:工艺性能和产品质量监控系统、纠正措施/预防措施(corrective action/preventative action,CA/PA)系统、变更管理系统和领导团队评审。

  实施有效的产品生命周期管理计划是使质量风险管理和知识管理成为可能的基础,如图 7-6 所示。质量风险管理可应用于产品的整个生命周期,如图 7-7 所示。在研发早期就对风险进行评估、分析和评价,这些早期风险评估结果有助于指导与产品设计和工艺研究相关的研发项目。通过控制策略及建立相关的物料质量标准、工艺参数范围、过程控制、终产品质量标准和工艺监测都能够降低风险。控制策略和风险降低方法的有效性应在初期商业规模生产和验证工作时进行评估,然后在产品的整个生命周期中对其进行监测。

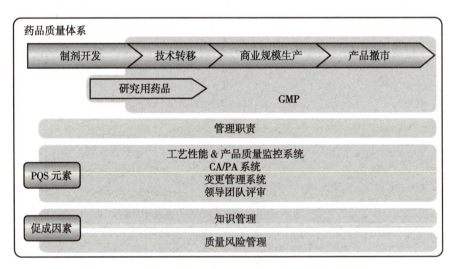

图 7-6　产品生命周期内的药品质量体系元素示意图

  知识管理也是有效产品生命周期管理的关键驱动力。产品的整个生命周期中可通过以下途径获得知识:已有的先前知识、研发中获得的知识、技术转移活动(包括工艺验证)和生产活动(包括变更管理)。系统的知识管理方法能够保证根据最完整、最新的信息作出决定,从而提高研发工作的效率,帮助在生产过程中作出有效的决定。虽然已有很多工具能够支持知识管理工作,但对正式的知识管理系统尚无法规要求。

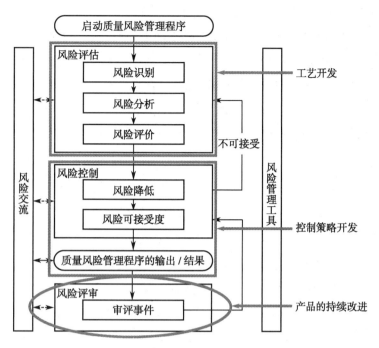

图 7-7　典型质量管理流程与步骤应用的一般领域的概述

　　生命周期的概念并非 QbD 所特有，美国 FDA 和 EMA 指南中倡导的三阶段工艺验证范式中也采用生命周期方法，且 ICH 文件也支持这种做法。生命周期三阶段方法包括第一阶段，即工艺设计 / 评价；第二阶段，即工艺资格认证 / 确认；第三阶段，即继续 / 持续工艺确认。工艺验证（process validation）可定义为表明该工艺在既定参数范围内运行，可有效且可重复地生产出符合其预定质量标准和质量属性的药品的记录证据。工艺验证的目的是来证明控制策略足以控制先前所设计的工艺，且该工艺能够稳定地生产质量合格的产品。该三阶段法强调对潜在变异的来源和影响进行了解并对其进行检测和控制的重要性。这些目标与 QbD 完全一致。

　　对工艺性能和产品质量的持续或继续监测是工艺验证第三阶段的一部分，也是 QbD 的基本元素之一。有效的监测系统能够保证质量合格产品的持续生产，同时能够识别出工艺中需要持续改进的领域。工艺监测可能比较简单，如参数趋势的单变量控制图分析；也可能比较复杂，如多变量统计过程控制（multi-variate statistical process control，MSPC）。采用多变量方法的一个优势是能够有效处理含噪声、有相关性的数据，甚至带有缺失测定值的大型数据库。MSPC 通常能够检测到单变量方法无法发现的问题，已证明该方法可有效用于早期错误诊断，在导致生产工艺或产品质量失败前检测到相关趋势。

　　持续工艺确认是工艺监控的终极形式，也是工艺验证的第三阶段，能够为产品质量提供最高程度的保证。持续工艺确认（continuous process verification）的定义为工艺验证的另一种方法，持续监控和评价生产工艺性能。EMA 允许持续工艺确认方法与传统工艺验证同时使用，或代替传统工艺验证。持续工艺确认可用于高度整合的实时 PAT 测量和控制的工艺，其中可对每一批次产品的属性、参数、CQA 和 CPP 进行确认和趋势跟踪。实质上，使用持续工艺确认的每一批基本上都属于验证批。EMA 还支持采用混合方法，对生产工艺的不同步骤采用持续工艺确认或传统工艺验证方法。

　　产品生命周期管理与持续改进的另一方面是设计空间的确认。在已获批的设计空间内变动并不需要注册申报,但是,移动至设计空间内未经确认的区域时可能需要进行额外的确认工作。由于大部分设计空间都是在实验室或中试规模下建立的,利用设计空间来预测商业规模下产品质量的能力可能有一定的不确定性。设计空间确认包括受规模依赖参数显著影响的 CQA 的监控或检测,以确认在商业化生产规模下,设计空间的持续有效性。设计空间确认在药品质量体系内进行管理,监管方希望在注册申报资料中对确认方法进行总结性描述。采用持续工艺确认的操作在设计空间内移动时,无须额外检测或监控,因为需确认的方面已嵌入控制策略中。

产品生命周期管理与持续改进的最后一个方面是模型监控和维护。某些工艺监控和控制模型(如 PAT 模型)需要定期监督,以保证分析结果的持续可靠性。化学计量学模型(chemometrics model)通常是对包含预期变异的离散数据集进行训练而推导出来的。只要工艺与产品处于预期的变异范围内,模型就可得到可靠的结果。但是,在预期的变异范围外新的变异出现时,模型对这些新的变异可能不再有效。发生此种情况时,需要调整模型使其包含新的变异。化学计量学模型的典型调整方法包括增加或删减校准数据、调整光谱范围、改变数据预处理方法和拟合参数的数量(即主成分)。与所有生产变更相同,模型变更在工艺的质量体系内进行管理。另外,根据各地区的报告要求,某些变更需要进行监管报告。

第三节　质量源于设计案例研究

本文提供的案例研究本质上只是说明性的;对于给定的生产单元操作,它们不应被视为单一的通用方法,也不应排除其他在技术上可行的方法,或适用于所有情况。正如所预期的,核心是应用科学原理和正确判断,对特定背景下的特定情况进行最佳定义。

一、制剂案例

本文提出的第一个案例是欧洲制药工业和协会联合会(European Federation of Pharmaceutical Industries and Associations,EFPIA)的 examplain 片模拟 P2 申报资料。固体速释口服剂型的 QTPP 非常直观,如表 7-1 所示。出于本研究的目的,认为以下假设有效:①安全性与降解产物有关,降解产物在有效期末应保持在 2% 的限度内,且该杂质已在适宜的安全性研究中在 10% 的含量条件下通过安全性确认;②在给药方式适宜的安全性研究中已证明药物的有效性;③通过有效的实验,已确定产品属于 BCS I 类,具有高溶解度和高渗透性;④已发现盐酸盐是目前发现的最佳的研发形式,且其性质稳定。

根据上述关键假设,且工艺相对简单,可直接将 QTPP 作为质量属性。

将采用的生产工艺为经典的湿法制粒工艺,如图 7-8 所示。由此,根据 QTPP 的定义,以适宜的风险评估方法建立工艺输入因素(工艺参数、仪器设置和物料属性)、工厂和环境因素与输出变量之间的初步联系。利用本章前文中所示的 Ishikawa 鱼骨图(图 7-3)来找出对产品质量有影响的因素,并确定特定输入因素风险的高低,见表 7-3。在风险评估过程中,在相关范围内,工艺的先前知识也得到了适宜的应用。工艺开发的目的是建立充分的工艺理解,以便有效地控制工艺,通过在相关范围内应用适宜的风险消减和控制策略元素减少深蓝色输入因素的数量。

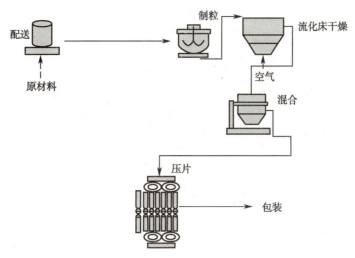

图 7-8 制剂实例的流程图

表 7-3 与产品质量相关的制剂单元操作的初步分类

单元操作的质量属性	配送（原料性质）	制粒	干燥	混合（硬脂酸镁）	压片	包装
溶出度			先前知识			先前知识
崩解时限			先前知识			先前知识
硬度	先前知识	先前知识	先前知识			先前知识
含量	先前知识	先前知识	先前知识	先前知识		先前知识
含量均匀度	先前知识					先前知识
降解	先前知识			先前知识	先前知识	先前知识
稳定性	先前知识	先前知识		先前知识	先前知识	先前知识
外观	先前知识			先前知识	先前知识	先前知识
鉴别		先前知识	先前知识	先前知识	先前知识	先前知识
水分	先前知识	先前知识		先前知识	先前知识	先前知识
微生物学			先前知识	先前知识	先前知识	先前知识

注：浅灰色单元格表示低风险；深灰色单元格表示潜在的高风险。

表 7-3 只是众多可用于评估风险水平的合理构建方法之一，应着重关注表中的深灰色单元格，后续实验研究重点变得较为清晰：①评估与溶出度、崩解时限和微生物学相关的原料变异性；②评估与溶出度、崩解时限和降解相关的制粒工艺；③理解与含量均匀度、溶出度、崩解时限和硬度相关的干燥工艺；④确定压片对溶出度、崩解时限、硬度、含量和外观的影响程度。

这些研究结果可用于确定这些工艺输入因素的关键性，并可用于设计和执行下一步实验。需要重点指出的是，上述工艺输入从多个不同的方面与产品质量相关联。实验计划如图 7-9 所示，工艺输入因素和物料属性见表 7-4。也可以采用其他方法。

对本案例研究的目的而言，所进行实验的详情并不重要。实验结果能提高对工艺的理解，并指导识别能够使风险最小化、保证稳定的产品质量和工艺性能的控制策略。

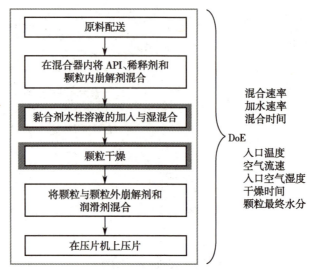

图 7-9 制剂生产工艺所有单元操作的 DoE 方案

表 7-4 湿法制粒的工艺变量

湿法制粒的输入参数	输入物料的属性
混合速率	API 的粒径
加水速率	甘露醇的粒径
混合时间	

实验结果表明:①API、颗粒和成品片剂的溶出特性未显示显著性差异,如图 7-10 所示。API、干燥颗粒与压成的片剂呈现类似的溶出度。较早时间点处的轻微偏离对产品无实质性的影响,可能是由药物的润湿度或溶出杯的流体动力学导致的。②黏合剂浓度对溶出度或崩解特性无显著影响;③加水时间和加水速率的操作区间与其他属性的关系如图 7-11 所示,虽然崩解在整个区域内均可接受,但中间区域表示能够避免形成细粉(左下三角区域,由水分不足或湿混时间不足导致)的输入平衡,并能使降解风险(右上三角区域,由操作时间延长导致)最小化。

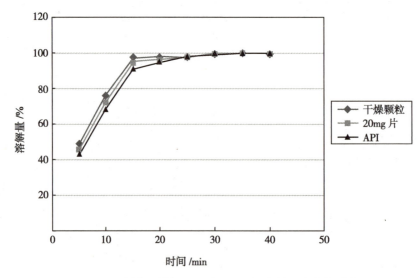

图 7-10 片剂、颗粒与 API 在 pH 6.8 条件下溶出的对比

通过检测制粒机的功率消耗来监控高剪切混合制粒工艺能够提高对工艺的理解和加强工艺控制，如对工艺终点的控制。可通过连续调节加水速率和加水时间实现稳定的颗粒属性（可压性、流动性、稳定性和是否适用于下游步骤），加水速率和加水时间可在设计空间内连续调节。源于功率消耗监控的设计空间如图 7-12 所示。

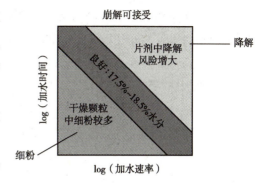

图 7-11 加水时间和加水速率相对于其他属性的操作区间

将可接受功率消耗范围和时间尺度与设计空间相结合，制粒操作的控制如下：灰色粗实线框区域为湿法制粒单元操作的设计空间；这一区域处于可接受功率消耗轨迹线之间，处于可接受的时间范围内。利用该信息，就有可能控制湿法制粒操作，如图 7-13 所示。

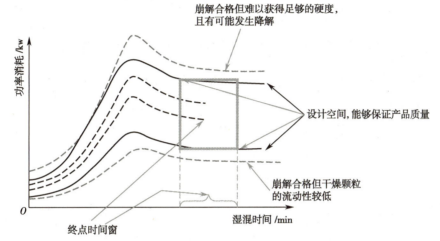

在灰色粗实线框区域内获得可接受的片剂性质；灰色细虚线框区域将在一定的时间窗（灰色细括号）内提供可接受的片剂性质；灰色虚曲线表示可能影响可生产性的限度。

图 7-12 通过在 1kg 规模下的功率消耗监控跟踪湿法制粒工艺

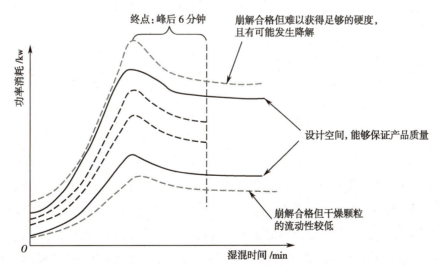

灰色虚线表示可能导致可生产性问题的区域界线，一端可能导致片剂的硬度或稳定性问题，另一端可能导致颗粒流动性较差。

图 7-13 通向湿法制粒终点（1kg）的工艺轨迹

图 7-14 显示的控制策略与 25kg 规模实施的策略相同,提出的设计假设和获得的设计空间与 1kg 规模相同。因此,可得出此设计空间不依赖于产品的生产规模。

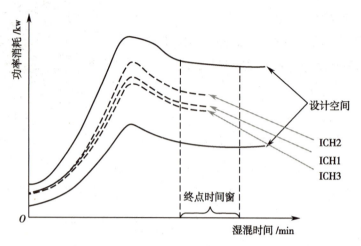

图 7-14 通过在 25kg 规模下的功率消耗监控跟踪湿法制粒工艺

根据上述数据,制粒工艺可完全通过功率消耗量进行监控。建立可操作多维模型,根据工艺输入预测崩解性能。制粒工艺对规模不敏感,主要受加水速率和搅拌速率影响。

继续进行后续流化床颗粒干燥步骤,采用类似的基于科学和风险的研发过程。先前知识表明,流化床干燥能力是一种潜在的关键工艺步骤,因为该步骤是在操作结束时使水分满足要求且 examplain 未过度降解为去乙基杂质的主要方法。与前文相同,本例摘自 EFPIA examplain 片(含 ACE)的案例研究。

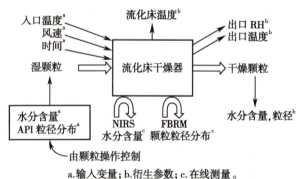

a.输入变量;b.衍生参数;c.在线测量。
API:活性药物成分;NIRS:近红外光谱法;
FBRM:聚焦光束反射法;RH:相对湿度。

图 7-15 流化床干燥原理图

图 7-15 显示的是单元操作的工艺示意图。虽然片剂的崩解和溶出性质不受颗粒干燥操作影响,但是需对降解为去乙基杂质和片重均匀度(颗粒流动性差和形成细粉,导致活性成分从流化床出口漏出)的情况进行研究。这些故障模式由不同的贡献因素导致,控制策略需要能够同时对两种因素进行管理。但是,独立控制各因素的传统方法已不足以保证片剂的质量和性能。同时控制颗粒干燥的终点和水分去除速率能提供必要的控制状态。

鉴于去乙基杂质的形成机制,控制需扩展至待包装片的储存和终产品的包装,以保证在产品的有效期内合格。再次使用 1kg 的研发规模,研究其与流化床干燥之间的关系,并采用近红外光谱法(near-infrared spectrometry,NIRS)和聚焦光束反射法(focused beam reflection method,FBRM)研究来实时测量颗粒的属性。考虑的输入和输出因素见表 7-5。

DoE 研究表明,颗粒质量对入口温度和空气流速及输入颗粒的水分和粒径高度敏感。考虑到该技术的特点,此现象属于正常。未观察到其他敏感因素,包括 RH 保持在 20%~40% 范围内的入口湿度。DoE 结果显示的入口温度和空气流速对降解和细粉形成的影响如图 7-16 所示,其中的红色区域表示非理想风速和入口温度。图 7-17 是图 7-16 的数据图重叠形成一幅限制条件示意图,其中的深灰色区域表示不符合质量要求的区间,即这个区域表示可能出现降解和 / 或细粉的非理想条件。

表 7-5　工艺变量输入与质量属性输出：流化床干燥

工艺变量	质量属性
干燥参数	干燥颗粒
空气进口温度	粒径分布(细粉)
进风湿度	水分
风速	降解产物(去乙基杂质)
粉体高度	片剂
滤器脉冲循环速率	崩解时限
升温速率	溶出度
冷却速率	重量均匀度
输入物料属性	含量均匀度
水分	
颗粒的粒径分布	

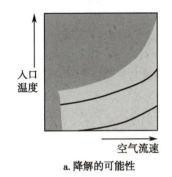 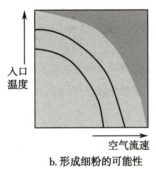 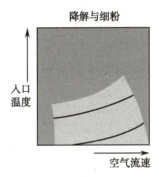

图 7-16　入口温度与风速对降解与细粉形成的影响　　　图 7-17　结合效应

　　根据水分去除率的故障模式,在 1kg 规模下进行一系列试验,制粒加水量的终点为 18%±0.5%(根据制粒工艺形成的一般水分量设定)。当颗粒的水分含量达到 1.5%~2.0% 时,停止各干燥操作。结果见表 7-6。

表 7-6　各种干燥速率的结果总结　　　　　　　　　　　　单位:%

实验/工艺轨迹	去乙基 examplain(以 <1.0% 为中间值)	细粉(以 <15% 为中间值)	重量均匀度(RSD)	质量是否可接受
1	1.7	4	1.3	否,去乙基水平过高
2	1.3	7	1.7	否,去乙基水平过高
3	0.3	5	1.5	是
4	0.3	5	1.4	是
5	0.2	6	1.7	是
6	0.3	4	1.3	是
7	0.2	7	1.6	是
8	0.2	17	3.4	否,颗粒流动性差,影响片剂的重量均匀度
9	0.2	20	5.3	否,颗粒流动性差,影响片剂的重量均匀度

注:RSD 表示相对标准偏差,relative standard deviation。

在此情况下,存在两个明显的操作界限。最低的干燥速率会导致去乙基杂质水平的升高,但是由于干燥条件相对缓和,细粉的形成有限。在操作的另一极限端,较高的干燥驱动力导致形成的去乙基杂质水平较低,但细粉的形成量较大。前期研究表明,细粉会导致片重的差异。研究表明,干燥时间在黑色曲线之间区域的颗粒同时符合两个标准。取该数据,将其转化为设计空间的形式,即可显示工艺的可接受界限。如图 7-18 所示。

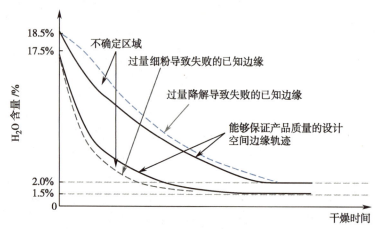

本图中,水分的理想终点为两条虚直线内的区域;黑色虚曲线表示形成过量细粉导致的失败边缘;蓝色虚线表示过量降解导致的失败边缘;黑色实线表示理想的操作区间,能够保证产品质量;黑色实线、黑色虚曲线与蓝色虚线之间的区域表示不确定的潜在区域。

图 7-18 颗粒干燥操作的设计空间

对 25kg 规模批次进行类似的评估,工艺性能方面并未发生任何显著的变化。关键点是将干燥速率保持在工艺性能的界限之间(干燥的设计空间内)。压片时的压力对崩解或溶出性能并无显著影响,所以在此不作进一步研究。

干燥步骤的控制策略包括近红外光谱法(NIRS)和聚焦光束反射法(FBRM)测量粒径。颗粒的水分含量通过调节风速和入口温度进行控制,使其保持在已建立的设计空间范围内。干燥终点用 NIRS 测量,设定为 1.5%~2.0%(目标值为 1.75%)。

包括风险消减在内的终期风险评估如表 7-7 所示。终期控制策略总结如图 7-19 所示,通过结合工艺参数、原材料属性和过程中控制来定义最终的控制策略。

所有潜在风险均已通过其他产品和工艺理解得到否定,或采用适宜的控制手段得到消减。

表 7-7 从工艺风险角度来看,各单元操作的风险控制总结

单元操作的质量属性	分配(原料性质)	制粒	干燥	混合(硬脂酸镁)	压片	包装
溶出度	API 的粒径	功率消耗	先前知识	对质量非关键	对质量非关键	先前知识
崩解时限	API 的粒径	水分与进料速度	先前知识	对质量非关键	对质量非关键	先前知识
硬度	先前知识	先前知识	先前知识	对质量非关键	对质量非关键	先前知识
含量	先前知识	先前知识	先前知识	先前知识	NIRS 测量	先前知识
含量均匀度	先前知识	功率消耗	对质量非关键	对质量非关键	NIRS 测量	先前知识
降解	先前知识	水分与进料速度	对质量非关键	先前知识	先前知识	先前知识
稳定性	先前知识	先前知识	控制水分	先前知识	先前知识	先前知识

续表

单元操作的质量属性	分配(原料性质)	制粒	干燥	混合(硬脂酸镁)	压片	包装
外观	先前知识	先前知识	对质量非关键	先前知识	对质量非关键	先前知识
鉴别	原料的 NIRS	先前知识	先前知识	先前知识	先前知识	先前知识
水分	先前知识	先前知识	控制水分	先前知识	先前知识	先前知识
微生物学	起始物料的质量标准	使用的纯化水	先前知识	先前知识	先前知识	先前知识

影响程度:	
低	先前知识
原始高	通过工艺理解或纳入控制策略解决
工艺理解	原始高影响 研发研究表明其对质量为非关键因素
控制策略	原始高影响 研发研究表明有可能影响质量,因此引入控制测量方法

注:NIRS 表示近红外光谱法。

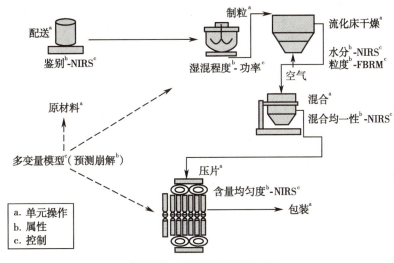

图 7-19　终期控制策略总结

在本制剂案例研究中,采用基于科学知识和风险管理所开发的设计空间和控制策略,能够稳定地生产满足质量标准和患者需求的产品。另外也建立了实证预测模型辅助工艺理解和定义工艺的控制策略。

二、原料药案例

本原料药案例包括一种不同的设计空间确定方法。基于科学和风险的方法仍然处于最重要的地位,本案例展示了如何结合应用统计学方法和第一性原理来建立工艺的限度和界值。

如表 7-8 所示,第一步是建立制剂的 QTPP。原料药风险评估的目标是识别和理解可能影响制剂工艺的原料药性质。因此,制剂的 CQA 是确定原料药的 CQA 的前提。

对制剂属性作出以下假设:①采用辊压工艺的制剂技术,获得的片剂即为最终剂型,片芯外有非功能性薄膜包衣;②包装为单剂量铝箔袋包装,能保证稳定性,并不会发生明显的降解;③常规和加速条件下的制剂稳定性数据未显示对溶出度、崩解时限、水活性或外观的影响;④药物符合 BCS Ⅱ类标准。

表 7-8　原料药案例:目标产品质量概况

临床属性	
适应证	
作用机制	
给药途径	口服
用药频率	q.d.
疾病病程	急性
安全性和有效性	
杂质与降解产物	控制在 ICH 规定之下或定性水平之下
剂量	$1x$ mg 和 $2x$ mg
药代动力学目标	迅速达到 T_{max} 和 C_{max}
患者合规性要求	
患者主观喜好	掩盖苦味
剂型 / 规格	片剂 <1 000mg
包装	单位剂量包装

注:T_{max} 表示服药后达到血药浓度峰值的时间;C_{max} 表示血药浓度峰值。

　　原料药 QTPP 的相关元素为使制剂工艺成为可能的属性,且应与最终制剂产品的指定属性具有一定的相容性。通常考虑粒径分布等物理属性及杂质谱和稳定性等化学属性。原料药的物理属性如粒径分布和残留溶剂通常与制剂工艺要求相关,可能对患者产生间接影响。原料药的性质也会对制剂产生直接影响,例如,一般原料药是生产工艺中唯一可能形成和去除杂质的环节,因此,会对产品的安全性产生直接影响。

　　本例与加氢和差向异构化反应的非对映体控制相关。反应示意图见图 7-20。

　　在原料药工艺研发过程中的不同点处进行风险评估,找出原料药对制剂工艺的关键影响,并将原料药和制剂的研发相结合。此外,因为化学工艺可能生成或去除杂质,故也需要考虑可能会被带入制剂中的原料药属性。

　　虽然图 7-21 显示的风险评估与制剂案例风险评估的格式稍有不同,这说明只要能适当地评价特定情况,ICH Q9 允许灵活的表现形式。考虑原料药时这一点尤其重要。对于指定的制剂技术,制剂具有相对较少的标准单元操作。考虑到合成工艺所用的化学反应及分离纯化方法的多样性,化学合成方法更加多元化,各个案例具有其特异性。同一单元操作在一种合成中可能是关键步骤,而在另一种合成方法中,该单元操作可能与 API 和制剂的质量完全无关。有效的技术判断和灵活的风险评估框架对原料药工艺中风险评估的有效执行具有关键作用。

　　图 7-21 将风险评估的结果与原料药工艺的独立风险评估结果一起进行总结。本总结中列出了"风险控制",对如何有效地应用控制策略,保证成功地生产产品进行描述。风险评估对决定如何执行下一步实验方案起到重要作用。显然,研发过程的目的是将所有深灰色方框转化为白色或浅灰色方框。

　　与制剂案例相同,建立 Ishikawa 鱼骨图(图 7-22)对更详细的风险评估有很大的帮助。基于科学第一性原理和先前知识,鱼骨图还考虑到因素相互作用的可能性。如果有科学依据预计无相互作用,或单

理想途径
氢化
差向异构化作用
3S (98%)
3R (98%)
氢化
3S,6S 顺式 (94.08%)
3S,6R 反式 (3.92%)
3R,6R 顺式 (1.92%)
3R,6S 反式 (0.08%)
差向异构化作用
3R,6S 反式 (90.16%)
3S,6S 顺式 (3.92%)
3S,6R 反式 (3.92%)
3S,6R 反式 (1.84%)
3R,6R 顺式 (0.08%)
3R,6S 反式 (0.08%)

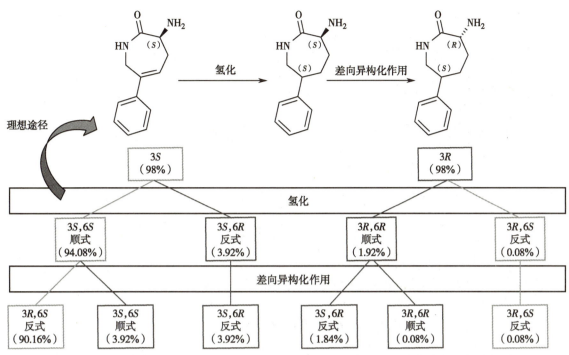

浅灰色线表示本案例研究中所关注的两个步骤之间的理想反应途径;深灰色线表示非理想途径。

图 7-20　原料药中非对映体控制案例的反应示意图

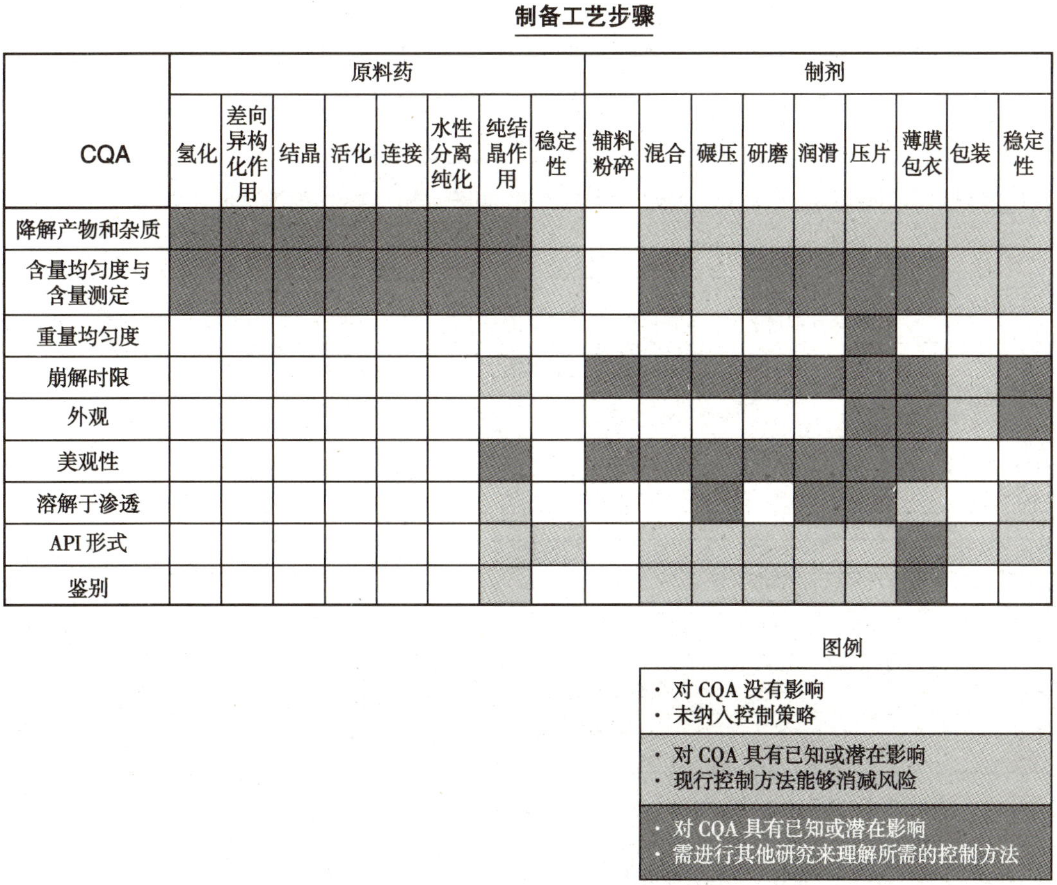

制备工艺步骤
原料药
制剂
CQA
氢化
差向异构化作用
结晶
活化
连接
水性分离纯化
纯结晶作用
稳定性
辅料粉碎
混合
碾压
研磨
润滑
压片
薄膜包衣
包装
稳定性
降解产物和杂质
含量均匀度与含量测定
重量均匀度
崩解时限
外观
美观性
溶解于渗透
API 形式
鉴别
图例
· 对 CQA 没有影响
· 未纳入控制策略
· 对 CQA 具有已知或潜在影响
· 现行控制方法能够消减风险
· 对 CQA 具有已知或潜在影响
· 需进行其他研究来理解所需的控制方法

图 7-21　原料药早期风险评估案例

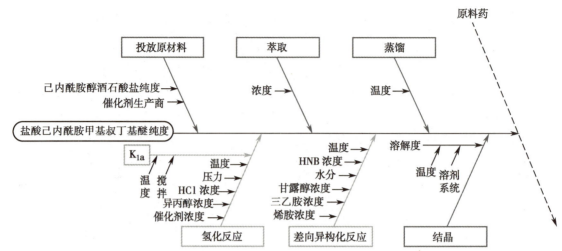

浅灰色方框表示有潜在相互作用,将采用实验设计方法对工艺进行理解;深灰色方框表示
可能无相互作用,采用一次一元素对工艺进行理解。
HNB:2-羟基-1-萘甲醛苯甲酰腙。

图 7-22　基于单元操作的 Ishikawa 鱼骨图

元操作与其余工艺相互独立(如萃取的分配系数),采用一次一因素(one factor at a time,OFAT)和一次多因素(multi factor at a time,MFAT)实验都是合理的。

　　虽然 Ishikawa 鱼骨图是从宏观水平显示风险,但为建立一个完整的实验方案,有必要对其进行更详细的描述(图 7-23)。本例中,将单元操作扩展至所有相关参数,并将"API 纯度"的关键质量属性(CQA)扩展至残留起始物料、已知杂质和新杂质更详细的类别,以便对风险进行完整描述。

　　自此,设计并运行多因素实验,以确定任意单个工艺输入因素对输出变量的影响程度。与制剂实例中相同,本讨论中不包括 DoE 及其执行情况的具体细节,主要关注输出。结果表明压力、HCl 水平、温度和搅拌对选择性有显著影响,而温度、压力和 API 水平对反应转化率有影响,见图 7-24。

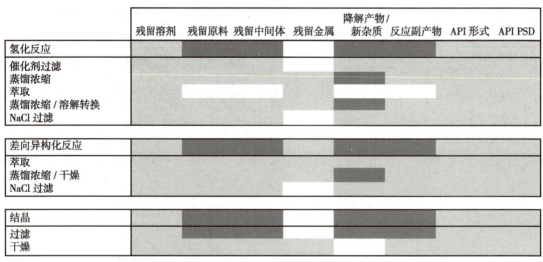

深灰色:影响最终 API 杂质的步骤;白色:可能影响最终 API 纯度,但易于控制的步骤;
浅灰色:不影响 API 纯度的步骤。
API:活性药物成分;PSD:粒径分布。

图 7-23　原料药详细的工艺参数风险评估案例

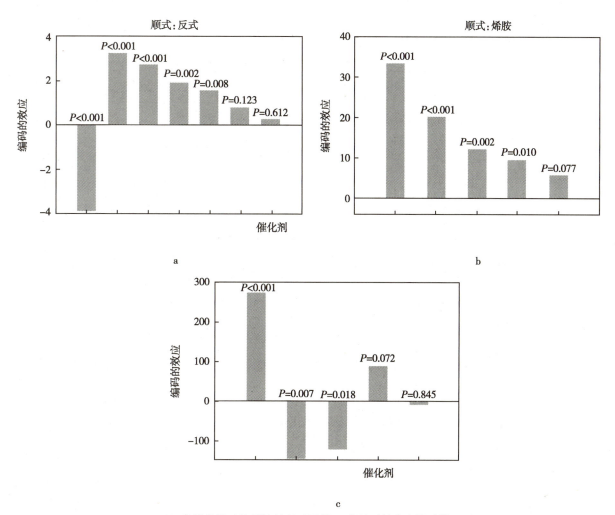

a、b 表示变量对选择性的相对贡献，c 表示对转化率的贡献。

图 7-24　氢化反应的 DoE 结果

　　氢化反应生成的统计模型与实验结果具有良好的拟合度，但转化率的结果呈显著的曲率。根据 DoE 建立的反应模型能够有效预测选择性，但无法有效预测转化率。在建立设计空间的过程中采用根据 DoE 建立的模型来预测选择性，用第一性原理动力学模型代替 DoE 模型来预测转化率。如图 7-25 所示。由图 7-25a 可见模型对顺式：反式数据具有良好的拟合度，将采用该模型建立氢化反应的设计空间；预测的转化率（R^2 pred）=80.3%。由图 7-25b 可见模型对顺式：烯胺数据具有良好的拟合度，将采用该模型建立氢化反应的设计空间；R^2 pred=84.3%。由图 7-25c 可见模型对数据拟合不佳，由于转化率的指数作用，存在曲率；R^2 pred=63.7%。鉴于转化率本质上是指数函数，根据第一性原理，本结果非常合理。也可在实验设计中选择性使用高斯变量考察曲率，但是，本例主要关注建立第一性原理反应模型，以考察模型曲率。

　　差向异构化步骤的结果显示含 N- 杂环硼基取代基（N-heterocyclic boryl substituent，HNB）催化剂和温度是显著因素，且在本案例中也进一步建立了动力学模型来考察转化率模型的曲率，因其受到时间 - 温度双重效应驱动。与氢化反应相同，对差向异构化反应的主要贡献因素如图 7-26a 所示；模型出现显著的曲率如图 7-26b 所示。

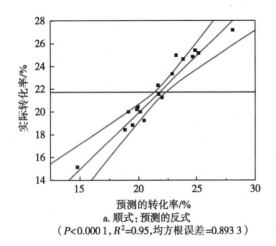

a. 顺式：预测的反式
（$P<0.0001$，$R^2=0.95$，均方根误差$=0.8933$）

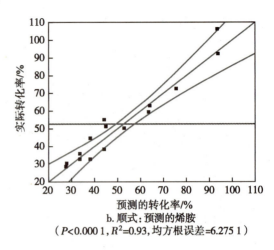

b. 顺式：预测的烯胺
（$P<0.0001$，$R^2=0.93$，均方根误差$=6.2751$）

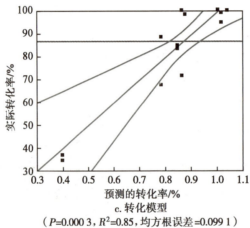

c. 转化模型
（$P=0.0003$，$R^2=0.85$，均方根误差$=0.0991$）

图 7-25   氢化反应统计模型的预测能力

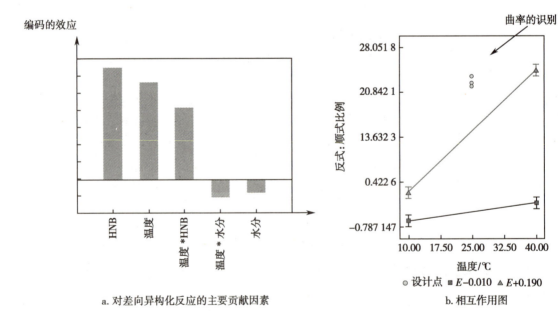

a. 对差向异构化反应的主要贡献因素

b. 相互作用图

图 7-26   差向异构化反应的 DoE 结果

建立的模型具有以下形式，其中，k 表示转化率的值。

$$[Cis]+[HNB] \underset{k_{-1}}{\overset{k_1}{\rightleftharpoons}} [Cis+HNB] \underset{k_{-2}}{\overset{k_2}{\rightleftharpoons}} [Trans+HNB] \underset{k_{-3}}{\overset{k_3}{\rightleftharpoons}} [Trans]+[HNB]$$

用动力学模型代替 DoE 因子模型能够显著改善预测能力,如图 7-27a 为相互作用示意图,与图 7-26b 相同;图 7-27b 显示的是第一性动力学模型的拟合情况。其中,动力学模型对转化率数据的解释比建立的 DoE 模型更加准确。用动力学模型代替 DoE 因子模型还能够改善对预测反应时间的理解,见图 7-28,

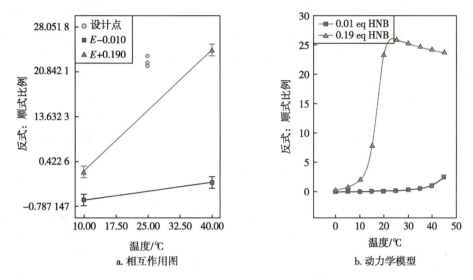

a. 相互作用图　　　　　　b. 动力学模型

图 7-27　DoE 模型与第一性动力学模型的预测能力对比

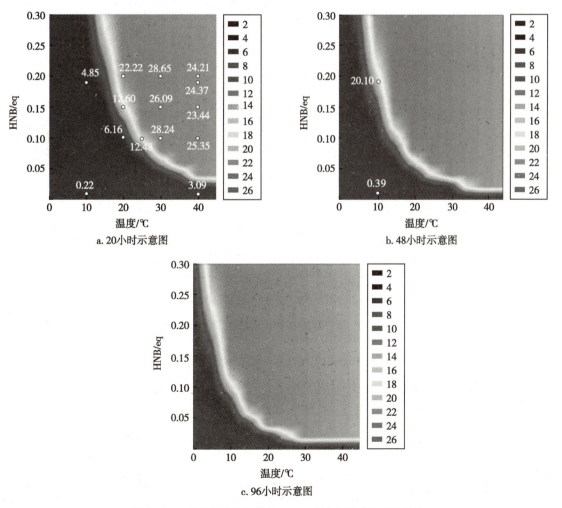

a. 20 小时示意图　　　　　　b. 48 小时示意图

c. 96 小时示意图

图 7-28　时间序列内各给定 HNB 浓度与温度的反应输出

其中各单独数据点表示反式 / 顺式比例,必须将其控制在 >19,方可保证 API 的质量右上浅色区域表示可接受的 API 质量。利用该数据将 HNB 水平设定为温度的函数,以保证充分的转化和反式 - 顺式选择性,从而确保将非目标对映异构体去除,见图 7-29。

最后,通过加标和去除实验确定杂质是否可以被去除。结果发现,结晶法能够去除 4 个主要杂质,溶剂负荷、温度和溶剂用量均为重要因素,这也符合第一性原理。起始物料的对映异构体过量及来自氢化反应的顺式 / 反式比例也对非目标反式对映异构体的形成有一定影响,如图 7-29 右侧所示。

将本数据转移至设计空间,对潜在的故障点进行考察。根据 DoE 数据及建立的模型,设定工艺输入的限制条件,以保证将适宜的物料投入至结晶步骤。图 7-30 显示了如何限定工艺输入来保证 API 的质量。

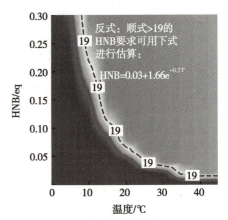

曲线右上方区域表示可接受的 API 质量。

图 7-29　采用差向异构化反应工艺控制来保证工艺性能

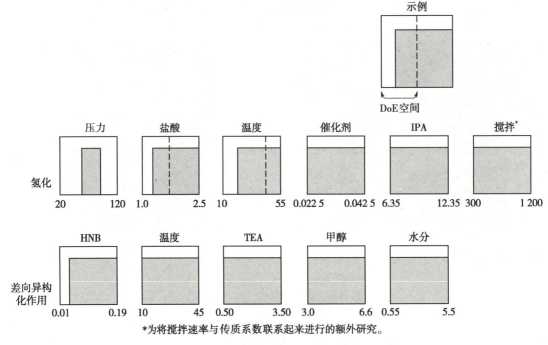

*为将搅拌速率与传质系数联系起来进行的额外研究。

图 7-30　根据数据与模型设定的工艺输入限度

本原料药案例研究中,采用基于科学和风险的方法、利用提前设定的标准来定义合成中可能影响产品质量的各个方面。利用 DoE 和第一性原理模型确定各输入因素对 API 质量的影响程度,并进一步扩展至对制剂的影响程度。同时采用一次一因素和一次多因素的研究方法,获得合适的数据来降低生产中的风险并避免与其他工艺参数或属性相互干扰。将显著因素设定在合适的范围内来确保能够一贯地生产高质量的原料药。

以上原料药和制剂案例研究显示,可采用不同的方法,包括一次一因素实验、一次多因素实验和第一性原理来建立模型。采用的方法需要考虑到系统的复杂性和可用知识的水平。

第四节　质量源于设计理念相关的易错观念

自将质量源于设计(QbD)理念引入药物研发和生产中的十几年来,对于 QbD 的定义和相关监管法规预期出现了一些误解。本节将着重澄清一部分与 QbD 相关的错误观念和误解。

(一)最低/传统研发方法不同于强化/质量源于设计研发方法

ICH Q8 的发布将新术语引入了药物研发词汇表中,如 QTPP 和关键质量属性(CQA)。一种误解是仅仅定义 QTPP、CQA 和关键工艺参数(critical process parameter,CPP)就构成了 QbD 方法。但实际上,定义 QTPP、CQA、CPP 和控制策略是 ICH Q8(R2)提出的最低预期,且在 ICH Q11 中被视为传统的研发方式。

ICH Q8 认为,药物研发过程应至少包括以下几个方面:定义 QTPP、识别潜在的 CQA、确定原料药和输入物料的 CQA、选择适宜的生产工艺和定义控制策略。ICH Q11 进一步指出,在传统方法中,对工艺参数的设置点和操作范围进行定义,一般根据工艺可重复性的证明结果确定控制策略,并进行检验使其符合已建立的可接受标准。

QbD 方法还包括采用其他基于科学和风险的方法来理解工艺输入[如关键物料属性(CMA)和CPP]与工艺输出(如产品的 CQA)之间的联系,然后将这种强化的理解整合入控制策略,从而实现灵活的监管方式如设计空间或实时放行检验。最低/传统与强化/QbD 方法的详细介绍见表 7-9。

表 7-9　最低/传统研发方法与强化/质量源于设计研发方法的对比

序号	最低/传统研发方法的特点	强化/质量源于设计研发方法的特点
1	实证研发;一般为单变量实验	系统研发;多变量实验
2	固定生产工艺;关注 3 个全规模批次的可重复性	设计空间内可调节的生产工艺;关注其稳健性
3	为作出前进/停止的决定而进行的过程中检验;响应缓慢的离线分析	反馈与前馈控制;实时放行检验
4	主要通过放行检验进行的质量控制;基于批次历史建立的质量标准	放行检验只是总体质量控制策略的一部分;基于所需的产品性能建立的质量标准
5	基于问题和超标准结果的被动反应型产品生命周期管理;变更需要经过监管批准	前瞻性监控和持续改进;在设计空间内的移动无须额外注册批准

(二)实验设计不同于质量源于设计

虽然实验设计(DoE)方法在 QbD 中较为常用,但 QbD 中并非必须采用 DoE。因此,也可推断仅使用 DoE 也不等于采用 QbD 方法,DoE 只是 QbD 研发过程中的一个工具。采用 QbD 方法时,可采用多种其他方法来建立工艺输入和输出之间的关系。在建立工艺理解和确定适宜的控制策略过程中,第一性原理机制或多变量分析法等其他方法也同样有效。

(三)设计空间不同于质量源于设计

QbD 的基础是用基于科学和风险的方法来理解和控制工艺。这些目标主要与药物研发相关,而与注册申报资料中是否包含设计空间或其他类型的具有监管灵活性的方法无关。申请人可能在研发中采用 QbD,但申请中不包含具有监管灵活性的方法,这种做法也很常见。在研发过程中采用 QbD 方法可以实现具有监管灵活性的方法,如设计空间和实时放行检测(real time release testing,RTRT),但这些申报策略是可选的(而不是强制性要求)。

质量源于设计的发展早期,监管者会报告"QbD 申请"的数量。但是,随着时间的推移,人们已经意识到注册申请中使用 QbD 是一个适用范围非常广泛的方法,无法明确定义何种做法表明申报资料中包括 QbD 方法或监管的灵活性。

(四)在设计空间内工作并不表示无须检验

对 QbD 的另一种误解源于设计空间本身的定义,"已证明设计空间能够提供质量的保证"。该说法被误解为:若在设计空间内工作,则无须额外的终产品检验。从某些方面而言,这种误解也是可以理解的;在设计良好的工艺中,工艺控制(包括设计空间)能够提供产品质量的主要保证,而终产品检验只是确认工艺的运行符合预期。但是,若不进行额外的检验,设计空间建立过程中进行的确认通常不足以提供完全的质量保证。从理论上来说,在设计空间内的操作成为确保产品质量的唯一指标是可能实现的。这种情况可视为 RTRT 方法,而设计空间则作为产品质量的间接或代表模型。此类设计空间模型将接受严格的初始模型验证及后续的终生模型确认。

(五)虚构的监管案例的使用

多年来,已发表多项 QbD 案例研究和"模拟申报资料",其中很多资料都是由监管者撰写或监管者参与撰写的。案例研究的目的是展示如何将 QbD 原则付诸实践,并加强工业界与监管者之间的交流。这些资料介绍了研发和申报资料准备方面的潜在方法,有一定的利用价值。但是,与案例研究使用同样的研发或注册申报方法并不能保证方法的可接受性,案例研究使用的方法也不是唯一可接受的方法。

QbD 理念的特点是基于科学和风险的方法,该方法将随各产品和工艺的变化而变化。高效的 QbD 方法将建立在从先前类似产品获得的知识基础之上,同时应注意产品之间的差异。QbD 的执行并无指定或标准方法。

下文为已发表的 QbD 案例清单,所有相关产品均为虚构。

1. "Examplain(含 ACE)"片模拟 P.2 研发部分,由欧洲制药工业协会和联合会成员(EFPIA)起草。

2. "Acetriptan(含 ACE)"片模拟 P.2 研发部分,由 CMC-IM 工作组成员起草。

3. PaQLInol 片,展示以设计空间为基础的控制策略的建立,包括 QTPP、关键性评估和持续改进,由国际制药工程学会(International Society For Pharmaceutical Engineering,ISPE)产品质量生命周期执行团队起草。

4. "Sakura Bloom"片模拟 P.2 研发部分,由日本厚生劳动省(Ministry of Health,Labour and Welfare,MHLW)发起的 QbD 药物制剂研究组起草。

5. "A-Mab"单克隆抗体案例研究,由化学,制造,控制(chemistry,manufacturing ,control,CMC)生物科技工作组成员起草。

6. "A-Vax:将质量源于设计应用于疫苗",五价多糖 - 病毒样微粒螯合疫苗案例研究,由 CMC 疫苗工作组成员起草。

7. "仿制 acetriptan"速释片模拟 P.2 研发部分,由美国 FDA 起草。

8. "MR 案例"缓释片案例研究,由美国 FDA 起草(这里的 MR 是指 modified release,缓释)。

第五节 展　　望

虽然从多个方面而言,QbD 已在制药工业中得到成功应用,但并未完全发挥其潜力。从积极的方面而言,基于科学和风险的 QbD 方法现已成为药物研发的主要方法,几乎所有跨国公司都在小分子和大分子药物研发中采用诸多 QbD 元素。工业经验表明,QbD 原则的执行及其带来的对变异性的强化理解和控制已能够提高工艺能力、减少生产问题,同时能够改善质量保证和供应链的可靠性。但是,由于注册申请中设计空间或 RTRT 的应用较少,ICH Q8(R2)和 ICH Q11 提供的灵活监管工具并未得到充分利用。行业领军人对 QbD 的执行情况表示不满,列举出与风险管理、申报资料的具体程度和批准后变更管理的灵活度等方面监管预期不够明确和一致等问题。

为解决上述问题,研究人员提出了 ICH Q12《药品生命周期管理的技术与法规考虑》的概念。ICH Q12 的起草工作始于 2014 年,在撰写本章时,该指南仍处于公开征求意见的状态。ICH Q12 的目的是与 ICH Q8、ICH Q9、ICH Q10 和 ICH Q11 相结合,以更好的可预测性和更高效的方式提供批准后变更的框架。该指南是建立在 ICH Q8(R2)和 ICH Q11 所述的对产品和工艺的理解、ICH Q9 中风险管理原则的应用,以及 ICH Q10 中有效药品质量体系(PQS)的基础上。缓解批准后变更的监管压力有助于加强创新、形成持续改进、加强质量保证并改善供应链的可靠性。

ICH Q12 草案为已建立的条件(established conditions,EC)和批准后变更管理方案(post-approval change management protocols,PACMP)提供了统一监管工具,有助于更加明确监管预期及批准后变更成功的可预测性。采用强化 QbD 研发方法时,EC 和 PACMP 均可提供降低报告类别的途径。在某些情况下,仅在 PQS 范围内进行的变更可无须向监管部门报告即可执行。总之,使用 QbD 方法并具有稳健的 PQS 时,ICH Q12 有希望提供更快捷简便的批准后变更途径。即使 ICH Q12 得到了广泛应用,要实现 QbD 所具有的监管优点,监管者和工业界必须作出思维模式的改变。监管者需要接受 QbD 范式提出的基于科学和风险的方法,并认识到先前生产经验之外的科学知识的预测价值。监管者还需要放弃对低风险批准后边变更进行严格审评的现行做法,信任 PQS 能够在较少或无监管监督的情况下妥善管理这些变更。风险评估(从工业界和监管者视角)应与患者的需求和预期的临床效应建立清晰的联系,而非基于有限的先前生产或临床经验进行推测。

增强监管灵活度的同时也带来了一些挑战。监管者需要信任已批准的产品质量,不仅在初次批准时,而且要在产品的整个生命周期中都持续保持这种信任。工业界需要对其产品的质量负全部责任,持续努力基于患者需求作出决定。从这个角度而言,"质量文化"的概念能够与 QbD 方法及生命周期风险和知识管理方法完美融合。

最后,工业界和监管者有同样的愿望:为患者提供高质量的可靠的药物。较难掌握监管监督与持续改进之间的平衡点。如果要在减少监管监督的情况下获得监管者的持续信任,工业界需要获得充足的产品知识、工艺理解和稳健药品质量体系的有效执行。

（寇　翔）

参考文献

［1］JURAN J M，GODFREY A B. Juran's quality handbook. 5th ed. New York：McGraw Hill，1999.

［2］US Food and Drug Administration Guidance for Industry. PAT-a framework for innovative pharmaceutical development，manufacturing，and quality assurance.［2024-11-11］. https：//www.fda.gov/media/71012/download.

［3］ICH. ICH Harmonised Tripartite Guideline. Pharmaceutical development Q8（R2）.［2024-11-11］. https：//www.fda.gov/regulatory-information/search-fda-guidance-documents/q8r2-pharmaceutical-development.

［4］ICH Harmonised Tripartite Guideline. Quality risk management Q9.［2024-11-11］. https：//database.ich.org/sites/default/files/Q9_Guideline.pdf.

［5］ICH Harmonised Tripartite Guideline. Pharmaceutical quality system Q10.［2024-11-11］. https：//database.ich.org/sites/default/files/Q10%20Guideline.pdf.

［6］ICH. Quality implementation working group on Q8，Q9 and Q10 questions and answers.［2024-11-11］. https：//database.ich.org/sites/default/files/Q8_Q9_Q10_Q%26As_R4_Q%26As_0.pdf.

［7］ICH. ICH quality implementation working group points to consider（R2）.［2024-11-11］. https：//database.ich.org/sites/default/files/Q8_Q9_Q10_Q%26As_R4_Points_to_Consider_0.pdf.

［8］ICH Hamonised Tripartite Guideline. Development and manufacture of drug substances（chemical entities and biotechnological/biological entities）Q11.［2024-11-11］. https：//www.ema.europa.eu/en/ich-q11-development-manufacture-drug-substances-chemical-entities-biotechnological-biological-entities-scientific-guideline.

［9］ICH. Implementation working group ICH Q11 guideline：development and manufacture of drug substances（chemical entities and biotechnological/biological entities）questions and answers.［2024-11-11］. https：//www.fda.gov/media/103162/download.

［10］US Food and Drug Administration Guidance for Industry. Tablet scoring：nomenclature，labeling，and data for evaluation.［2024-11-11］. https：//www.fda.gov/media/81626/download.

［11］US Food and Drug Administration Guidance for Industry. Size of beads in drug products labeled for sprinkle.［2024-11-11］. https：//www.fda.gov/files/drugs/published/Size-of-Beads-in-Drug-Products-Labeled-for-Sprinkle-Rev.1.pdf.

［12］US Food and Drug Administration Guidance for Industry. Allowable excess volume and labeled vial fill size in injectable drug and biological products.［2024-11-11］. https：//www.fda.gov/regulatory-information/search-fda-guidance-documents/allowable-excess-volume-and-labeled-vial-fill-size-injectable-drug-and-biological-products.

［13］US Food and Drug Administration Guidance for Industry. Size，shape，and other physical attributes of generic tablets and capsule.［2024-11-11］. https：//www.fda.gov/files/drugs/published/Size--Shape--and-Other-Physical-Attributes-of-Generic-Tablets-and-Capsules.pdf.

［14］US Food and Drug Administration Draft Guidance for Industry. Use of liquids and/or soft foods as vehicles for drug administration：general considerations for selection and in vitro methods for product quality assessment.［2024-11-11］. https：//www.fda.gov/regulatory-information/search-fda-guidance-documents/use-liquids-andor-soft-foods-vehicles-drug-administration-general-considerations-selection-and-vitro.

［15］US Food and Drug Administration Guidance for Industry. Oral disintegrating tablets.［2024-11-11］. https：//www.fda.gov/media/70877/download.

［16］US Food and Drug Administration Guidance for Industry. Residual drug in transdermal and related drug delivery systems.［2024-11-11］. https：//www.fda.gov/regulatory-information/search-fda-guidance-documents/residual-drug-transdermal-and-related-drug-delivery-systems.

［17］US Food and Drug Administration Guidance for Industry. Quality attribute considerations for chewable tablets.［2024-11-11］. https：//www.fda.gov/files/drugs/published/Quality-Attribute-Considerations-for-Chewable-Tablets-Guidance-for-

Industry.pdf.

［18］ US Food and Drug Administration Draft Guidance for Industry. Metered dose inhaler（MDI）and drug product inhaler（DPI）drug products-quality considerations.［2024-11-11］. https：//www.fda.gov/regulatory-information/search-fda-guidance-documents/metered-dose-inhaler-mdi-and-dry-powder-inhaler-dpi-drug-products-quality-considerations.

［19］ YU L X，AMIDON G，KHAN M A，et al. Understanding pharmaceutical quality by design. AAPS journal，2014，16（4）：771-783.

［20］ European Medicines Agency，EMA/CHMP/BWP/187162/2018. Meeting report：joint BWP/QWP workshop with stakeholders in relation to prior knowledge and its use in regulatory applications. 23 November 2017，European Medicines Agency，London，2018.

［21］ BERCU J，BERLAM S C，BERRIDGE J，et al. Establishing patient centric specifications for drug substance and drug product impurities. Journal of pharmaceutical innovation，2019，14：76-89.

［22］ US Food and Drug Administration. MAPP 5017.2 Rev 1：establishing impurity acceptance criteria as part of specifications for NDAs，ANDAs，and BLAs based on clinical relevance，2018.［2024-10-03］. https：//fda.report/media/124859/5017+2+Rev+1+Establishing+Impurity+Acceptance+Criteria+Admin+5+1+2020.pdf.

［23］ ICH. ICH Q9 briefing pack.［2024-11-11］. https：//www.ich.org/products/guidelines/quality/q9-briefing-pack/briefing-pack.html，2018.

［24］ FRANK T，BROOKS S，MURRAY K，et al. Quality risk management principles and PQRI case studies. Pharmaceutical technology，2011，35（7）：72-76.

［25］ European Medicines Agency，EMA/59240/2104. Question and answers on level of detail in the regulatory submission.［2024-11-11］. https：//www.ema.europa.eu/en/documents/other/questions-and-answers-level-detail-regulatory-submissions_en.pdf.

［26］ BOX G E P，HUNTER W G，HUNTER J S. Statistics for experimenters：an introduction to design，data analysis，an model building. New York：John Wiley & Sons，Inc.，1978.

［27］ KOURTI T，LEPORE J，LIESUM L，et al. Scientific and regulatory considerations for implementing mathematical models in the quality by design（QbD）framework（part 1）. Pharmaceutical engineering，2015，35（2）：80-88.

［28］ KOURTI T，LEPORE J，LIESUM L，et al. Scientific and regulatory considerations for implementing mathematical models in the quality by design（QbD）framework（part 2）. Pharmaceutical engineering，2015，35（4）：38-51.

［29］ PETERSON J J. What your ICH Q8 design space needs：a multivariate prediction distribution.［2024-10-03］. https：//www.pharmamanufacturing.com/quality-risk/qrm-process/article/11360339/pharma-ich-q8-what-your-ich-q8-design-space-needs-a-multivariate-predictive-distribution-pharmaceutical-manufacturing.

［30］ NOSAL R，SCHULTZ T. PQLI definition of criticality. Journal of pharmaceutical innovation，2008，3（2）：69-78.

［31］ LEPORE J，SPAVINS J. PQLI design space. Journal of pharmaceutical innovation，2008，3（2）：79-87.

［32］ MUTEKI K，SWAMINATHAN V，SEKULIC S S，et al. De-risking pharmaceutical tablet manufacture through process understanding，latent variable modeling，and optimization technologies. AAPS PharmSciTech，2011，12（4）：1324-1334.

［33］ MARKARIAN J. Modernizing scale-up：quality by design tools improve efficiency in scale-up of pharmaceutical processes. Pharmaceutical technology，2015，39（4）：28-32.

［34］ European Medicines Agency，EMA/603905/2013. Questions and answers on design space verification.［2024-11-11］. https：//www.ema.europa.eu/en/documents/other/questions-and-answers-design-space-verification_en.pdf.

［35］ European Medicines Agency，EMA/430501/2013. EMA-FDA pilot program for parallel assessment of quality-by-design applications：lessons learnt and Q&A resulting from the first parallel assessment.［2024-11-11］. https：//www.ema.europa.eu/en/documents/other/european-medicines-agency-food-and-drug-administration-pilot-programme-parallel-assessment-quality-design-applications-lessons-learnt-and-questions-and-answers-resulting-first-parallel-assessment_en.pdf.

［36］SCHWEITZER M,POHL M,HANNA-BROWN M,et al. Implications and opportunities of applying QbD principles to analytical measurements. Pharmaceutical technology,2010,34(2):52-59.

［37］ICH. ICH Final Concept Paper. ICH Q14:analytical procedure development and revision of Q2(R1)analytical validation. ［2024-11-11］. https://database.ich.org/sites/default/files/Q2R2-Q14_EWG_Concept_Paper_1.pdf.

［38］REID G L,MORGADO J,BARNETT K,et al. Analytical quality by design(AQbD)in pharmaceutical development. ［2024-10-03］. https://www.americanpharmaceuticalreview.com/Featured-Articles/144191-Analytical-Quality-by-Design-AQbD-in-Pharmaceutical-Development/.

［39］ISPE Product Quality Lifecycle implementation Guide Series. Part 1-product realization using quality by design(QbD): concepts and principles. ［2024-11-11］. https://ispe.org/publications/guidance-documents/pqli-qbd-illustrative.

［40］ICH Harmonised Draft Guideline. Technical and regulatory considerations for pharmaceutical product lifecycle management. ［2024-11-11］. https://database.ich.org/sites/default/files/Q12_EWG_Draft_Guideline.pdf.

［41］European Medicines Agency,EMA/CHMP/CVMP/QWP/354895/2017. Question and answers:improving the understanding of NORs,PARs,DSp and normal variability of process parameters. ［2024-11-11］. https://www.ema.europa.eu/en/documents/scientific-guideline/questions-and-answers-improving-understanding-normal-operating-range-nor-proven-acceptable-range-par-design-space-dsp-and-normal-variability-process-parameters_en.pdf.

［42］US Food and Drug Administration Guidance for Industry. Submission of documentation in applications for parametric release of human and veterinary drug products terminally sterilized by moist heat processes. ［2024-11-11］. https://www.fda.gov/media/71461/download.

［43］HERWIG C,GARCIA-APONTE O F,GOLABGIR A,et al. Knowledge management in the QbD paradigm:manufacturing of biotech therapeutics. Trends in biotechnology,2015,33(7):381-387.

［44］ICH Harmonised Tripartite Guideline. Good manufacturing practice guide for active pharmaceutical ingredients Q7. ［2024-11-11］. https://www.fda.gov/files/drugs/published/Q7-Good-Manufacturing-Practice-Guidance-for-Active-Pharmaceutical-Ingredients-Guidance-for-Industry.pdf.

［45］US Food and Drug Administration Guidance for Industry. Process validation:general principles and practices.［2024-11-11］. https://www.fda.gov/files/drugs/published/Process-Validation-General-Principles-and-Practices.pdf.

［46］EMA,CHMP,CVMP,QWP,BWP. Guideline on process validation for finished products-information and data to be provided in regulatory submissions. ［2024-11-11］. https://www.ema.europa.eu/en/documents/scientific-guideline/guideline-process-validation-finished-products-information-and-data-be-provided-regulatory-submissions-revision-1_en.pdf.

［47］European Medicines Agency,EMA/CHMP/BWP/187338/2014. Guideline on process validation for the manufacture of biotechnology-derived active substances and data to be provided in the regulatory submission. ［2024-11-11］. https://www.ema.europa.eu/en/documents/scientific-guideline/guideline-process-validation-manufacture-biotechnology-derived-active-substances-and-data-be-provided-regulatory-submission_en.pdf.

［48］GUNTHER J C,CONNER J S,SEBORG D E. Fault detection and diagnosis in an industrial fed-batch cell culture process. Biotechnology progress,2007,23(4):851-857.

［49］WISE B M,GALLAGHER N B. The process chemometrics approach to process monitoring and fault detection. Journal of process control,1996,6(6):329-348.

［50］DRAKULICH A. Critical challenges to implementing QbD:a Q&A with FDA. Pharmaceutical technology,2009,33(10):90-94.

［51］FISCHER G,COUPE A,SWANSON A,et al. A guide to EFPIA's Mock P.2 document.［2024-11-11］. https://www.pharmtech.com/view/guide-efpias-mock-p2-document.

［52］CMC-IM Working Group. Pharmaceutical development case study:"ACE tablets" version 2.0. ［2024-11-11］. https://

ispe.org/sites/default/files/initiatives/pqli/case-study-ace-tablets.pdf.

[53] Sakura Bloom Tablets Mock Sub-group，MHLW sponsored QbD Drug Product Study Group. Sakura bloom tablets P2 Mock. ［2024-11-11］. https://www.nihs.go.jp/drug/section3/QbD_P2_mock_SakuraBloomTab_E_Feb2015.pdf.

[54] CMC Biotech Working Group. A-Mab：a case study in bioprocess development. ［2024-11-11］. https://ispe.org/sites/ default/files/initiatives/pqli/a-mab-case-study-version.pdf.

[55] CMC-Vaccines Working Group. A-Vax：applying quality by design to vaccines. ［2024-11-11］. https://www.dcvmn.org/ IMG/pdf/a-vax-applying-qbd-to-vaccines_2012.pdf.

[56] US Food and Drug Administration. Quality by design for ANDAs：an example for immediate release dosage forms. ［2024-11-11］. https://fda.report/media/83664/quality-by-design-%28QbD%29-for-an-immediate-release.pdf.

[57] US Food and Drug Administration. Quality by design for ANDAs：an example for modified release dosage forms. ［2024-11-11］. https://www.fda.gov/media/128127/download.

[58] NOSAL R，BOLLINGER D，CHANG A，et al. Pharmaceutical industry white paper：implementation and application of quality by design. Pharmaceutical engineering，2015，35（2）：44-53.

[59] ICH Final Concept Paper. Q12：technical and regulatory considerations for pharmaceutical product lifecycle management. ［2024-11-11］. https://database.ich.org/sites/default/files/Q12%20Concept%20Paper.pdf.

[60] ICH.ICH Harmonised Draft Guideline. Technical and regulatory considerations for pharmaceutical product lifecycle management Q12. ［2024-11-11］. https://www.ema.europa.eu/en/documents/scientific-guideline/ich-guideline-q12-technical-and-regulatory-considerations-pharmaceutical-product-lifecycle-management-step-5_en.pdf.

第八章　口服缓控释药物递送系统的设计

第一节　概　　述

我国新的注册法规将化学药品注册分为五种类型,1类为境内外均未上市的创新药(即新化合物新药),指含有新的结构明确的、具有药理作用的化合物,且具有临床价值的药品;2类为境内外均未上市的改良型新药,指在已知活性成分的基础上,对其结构、剂型、处方工艺、给药途径、适应证等进行优化,且具有明显临床优势的药品。2类包括药物改剂型的情况,已明确将国内外均未上市的改剂型药物(即新型制剂药物)归为改良型新药。

开发一个新化合物新药平均需要耗资5亿~10亿美元,历时10~12年;而开发一个新型制剂药物只需0.5亿美元,平均只要3~4年。新型制剂药物与新化合物新药相比,研发的成功率更高、风险更小;与仿制药相比,拥有更多的收益、更长的市场独占期。

FDA在2004—2013年10年期间共批准了912个参比药,如图8-1a所示,其中新型制剂药物有352个,占总数的38.60%,在新药中所占的比例最大。在此基础上,将38.60%的新型制剂药物按给药途径进一步分类,如图8-1b所示。FDA批准的新型制剂药物有口服给药、注射给药、外用给药、肺部给药、舌下给药等多个给药系统。与其他7种给药途径相比,口服给药系统所占的比例最大,为46.88%。在新型制剂药物中,口服给药途径的药物共有165个。通过对165个口服给药途径的新型制剂药物进行深入分析,结果如图8-1c所示,在所有口服给药剂型中58个缓控释制剂的占比最大,为35.15%。因此,口服缓控释制剂一直是热门的剂型创新方向。

缓释制剂(sustained-release preparation)是指在规定的释放介质中,按要求缓慢地非恒速释放药物,与相应的普通制剂比较,给药频率减少一半或有所减少,且能显著增加患者用药依从性的制剂。药物的释放多数情况下符合一级或Higuchi动力学过程。当然,药典主要是从药品质量控制的角度进行定义的。缓释制剂从本质上更加关注体内的释药行为,药物应该能够在体内缓慢释放,达到延长药效的目的。

控释制剂(controlled-release preparation)是指在规定的释放介质中,按要求缓慢地恒速释放药物,与相应的普通制剂比较,给药频率减少一半或有所减少,血药浓度比缓释制剂更加平稳,且能显著增加患者用药依从性的制剂。其特点是释药速率仅受制剂本身的设计控制,而不受外界条件如pH、酶、胃肠蠕动等因素的影响。

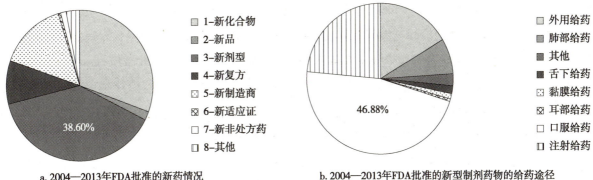

a. 2004—2013年FDA批准的新药情况　　　　b. 2004—2013年FDA批准的新型制剂药物的给药途径

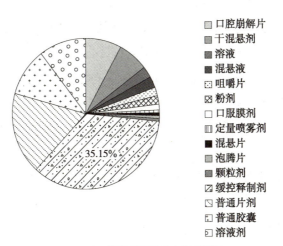

c. 165个口服给药药物的各剂型情况

图 8-1　2004—2013 年 FDA 批准的新药及不同情况占比

迟释制剂(delayed-release preparation)是指在给药后不立即释放药物的制剂,包括肠溶制剂、结肠定位制剂和脉冲释药制剂等。该制剂可以避免药物在胃肠道生理环境下失活,实现胃肠道疾病的局部治疗,以及按照生理和治疗需要而定时、定量释药等目的。

《中华人民共和国药典》(简称《中国药典》)(2020 年版)对于缓释、控释和迟释制剂提出了详细的指导原则,上述关于缓释、控释和迟释制剂的概念均来自此指导原则。我国一般将迟释制剂和持续释放制剂(extended-release preparation)并称为调释制剂(modified-release preparation),它是与速释制剂(immediate-release preparation)相比有意地改变释放模式(时间与位置)的剂型。extended-release preparation 是《美国药典》描述为释放时间(作用效果)延长的剂型,含有 sustained-release(=prolonged-release) preparation、controlled-release preparation、repeat-action(重复作用) preparation 等描述的药品都属于 extended-release preparation。delayed-release preparation 是《美国药典》描述为释放滞后的剂型,含有 enteric-coated(=gastro-resistant) preparation 等描述的药品都属于 delayed-release preparation,基本对应上我国迟释制剂(含肠溶制剂)的概念。因此,从狭义上讲,《中国药典》中的缓控释制剂(《美国药典》中的 extended-release preparation)是不包括迟释制剂的,但是从广义上来说,控释制剂还包括控制药物释放方位和时间的制剂,这样缓释、控释和迟释制剂也可以统称为缓控释制剂。本章中所涉及的口服缓控释制剂仅指狭义上的口服缓控释制剂。

口服缓释制剂与普通制剂相比,其主要特点在于活性药物释放缓慢,吸收入血后能够维持较长时间的有效血药浓度。缓控释制剂对于患者的意义在于:①保持药物浓度在治疗窗内。缓控释制剂常用于改善常规制剂的治疗效果,例如在体内快速吸收和消除的药物如果将其制成口服常规制剂则会在药 - 时曲线上呈现明显的波峰与波谷;而缓控释制剂释药缓慢,可使药物浓度长时间保持在治疗窗内(图 8-2)。对于很多慢性疾病如哮喘或抑郁症等,当血药浓度低于最低有效浓度(minimum effective concentration,MEC)后症状会重新出现,维持血药浓度在 MEC 以上至关重要。②维持有效血药浓度过夜。患者在夜间服药将导致睡眠不足,这种药物通常很难被接受。尤其对于绝症患者,夜间镇痛对睡眠质量极为重要,因此通常将阿片类镇痛药制备成口服缓控释制剂。③采用时间疗法(chronotherapy)。对于因某些生理节律出现障碍或发生变化而引起的疾病,可采用同步释放药物等方法,使同步的节律恢复正常,以达到治疗的目的。关节炎、哮喘或过敏等症状通常是早晨醒来前后最为严重,设计一种缓控释制剂在清晨释药可达到对关节炎、哮喘或过敏等疾病的有效治疗。④降低副作用。速释制剂通常有较大的血药峰浓度(C_{max})。如果 C_{max} 在药物最大安全浓度(maximum safe concentration,MSC)以上,更容易发生不良反应。缓控释制剂可以降低 C_{max},进而可以降低一些药物的不良反应发生概率以及程度。除此之外,某些药物如氯化钾以速释制剂形式给药会刺激胃肠道,这就需要能缓慢、持续释放药物的缓控释制剂,以减少药物的快速累积。⑤提高依从性。开发每日 1 次的缓控释制剂是口服缓控释制剂研究的热点。每日 1 次剂型被认为对患者最方便,并能有效地降低每日多次给药造成的遗漏服药的风险。⑥实现定位释放。使药物在适当部位(如结肠)停留较长时间并按要求释放一定量的药物,达到局部治疗的目的。此外,口服缓控释给药系统不仅可以用于结肠疾病的治疗,还可以用于蛋白质类或多肽类药物递送,以避免胃酸或胃肠道某些酶的破坏。

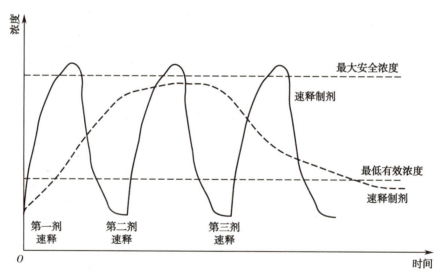

图 8-2　缓释和速释制剂的血浆理论药物浓度

缓控释制剂对于医疗机构和制药企业也有较大的影响:①为医师、医疗工作者和患者提供更多的用药选择。医疗专业技术人员首先会考虑缓控释制剂的治疗优势,但也会考虑个性化给药以及健康服务需求。医疗专业技术人员可以针对患者的要求选择速释与缓控释制剂制订治疗方案。②延长产品生命周期。制药企业可以将专利即将过期产品开发成缓控释制剂以延长其产品生命周期。此外,缓控释制剂通常具有一定的技术壁垒,这样可以有效减少仿制,巩固产品的市场份额。③研发费用高昂。对于制药企业来说,开发缓控释制剂所涉及的设备和工艺费用较常规制剂昂贵。

第二节　口服缓控释制剂的转运与吸收

一、胃肠道的生理学

消化道是一根很长的有专门的消化和储存区域的肌肉管,它从口腔延伸到肛门,由食管、胃、小肠和大肠四个主要部分组成。虽然吸收首先发生在胃中,但胃直接吸收对生物利用度的贡献很小。小肠是营养物质吸收的主要部位,升结肠是水分回收的主要部位,降结肠和乙状结肠是人体排泄物储存的主要部位。

如图 8-3 所示,肠道是由动脉供血、淋巴管引流的长管,并由肠系膜支撑,肠系膜是悬吊、固定肠管的腹膜的一部分。成人肠道长 6m 左右,不同部位的直径不一,但不同部位肠壁的基本结构是相似的,主要分为以下四层结构。

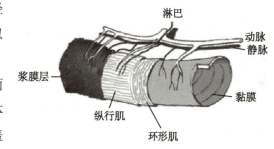

图 8-3　胃肠道示意图

（1）浆膜层:是衬在体腔壁和转折包于内脏器官表面的薄膜,分为两层,分别为浆膜壁层和浆膜脏层。贴于体腔壁表面的部分为浆膜壁层;壁层从腔壁移行转折覆盖于内脏器官表面,称为浆膜脏层。肠壁的浆膜脏层与腹腔的浆膜壁层(腹膜)相连。

（2）外肌层:又分为内环形肌和外纵行肌,可分别使肠管内径缩小和长度缩短。这些肌肉的收缩为胃肠道内容物的运动和分解提供能量。

（3）黏膜下层:是含有分泌腺体的结缔组织层,富含血管和淋巴管,黏膜下神经丛也位于该层。

（4）黏膜层:分为三层,靠近黏膜下层的是一层平滑肌,称为黏膜肌层;其次是结缔组织,又称为固有层;最后面向肠腔的是一层柱状上皮细胞构成的黏膜。

胃肠道上皮细胞大部分被一层黏液所覆盖。这是一种黏弹性、半透明的含水凝胶,在胃肠道中发挥保护和机械屏障作用。黏液是许多分泌物和脱落的上皮细胞组成的混合物,含有大量水(约 95%),发挥物理和功能属性的主要成分是黏蛋白。黏蛋白由长度约为 800 个氨基酸的蛋白骨架和通常含 18 个残基的寡糖侧链组成。黏液层的平均厚度为 $80\mu m$($5\sim500\mu m$),通常认为它在胃和十二指肠是连续的,但在小肠和大肠的某些部位可能不是这样。由于损耗以及酸和 / 或酶的分解作用,黏液不断从胃肠道的内腔表面移除,并不断分泌更新。完全更新的时间预计不超过 4~5 小时,且不同部位的更新速度不同。

1. **食管**　口服是大多数药物的给药途径。所谓口服给药就是通过吞服药物,此时药物与口腔黏膜的接触通常很短暂。连接口腔与胃的是长 250mm、直径为 20mm 左右的食管。食管最下面的 20mm 与胃黏膜相似,其他部分存在分化良好的非增殖鳞状上皮细胞。上皮细胞通过黏液腺分泌黏液进入狭窄的食管腔内,润滑食物并保护食管下部免受胃酸侵害。食管腔的 pH 通常在 5~6。

通过吞咽动作,食物或药物沿食管向下移动。单个蠕动收缩波的幅度与吞咽的物质大小有关,以每秒 20~60mm 的速度沿着食管向下传递,并逐渐加速。当快速连续地重复吞咽时,随后的吞咽会中断初始蠕动波,并且只有最后的蠕动波沿着食管携带食物或药物到达胃肠道接口。当食管有部位扩张时,就会自发产生继发蠕动波将黏块状或反流的食物移动到胃部。在直立时,重力作用可以辅助食物在食管中转运。药物在食管中转运非常迅速,通常为 10~14 秒。

2. **胃**　食物和药物经过食管就会到达胃。胃有两个主要功能:①作为食物的临时贮库并将其以一定的速度运送到十二指肠;②通过酸和消化酶的作用将摄入的固体转变为食糜,以使摄入的食物更好地与肠黏膜接触,促进吸收。此外,胃还能降低有毒物质到达小肠的风险。

胃的容量约为 1.5L,但在禁食条件下胃中的液体通常不超过 50ml。这些液体主要是胃分泌液,包括由壁细胞分泌的盐酸,在禁食状态下维持胃的 pH 在 1~3.5;由 G 细胞分泌的促胃液素,它本身是胃酸生成和胃蛋白酶原的刺激因子,肽类、氨基酸和胃扩张可促进促胃液素释放,增加胃动力;由主细胞分泌的胃蛋白酶原(胃蛋白酶的前体),经胃内盐酸或已有活性的胃蛋白酶作用变成胃蛋白酶,将蛋白质分解成多肽,pH>5 时胃蛋白酶变性;由表面黏膜细胞分泌的黏液,能够保护胃黏膜免于胃蛋白酶 - 酸的自消化。

与小肠相比,胃的表面积很小,因而胃对药物的吸收非常少,但胃排空速率可以影响药物在小肠的吸收。

3. **小肠**　是胃肠道中最长的部分,从胃的幽门一直到回盲瓣,长 4~5m,直径为 25~30mm。其主要功能是:①消化功能,酶促消化过程开始于胃,主要在小肠完成;②吸收功能,小肠是大多数营养和其他物质吸收的区域。

小肠分为十二指肠(长 0.2~0.3m)、空肠(长约 2m)和回肠(长约 3m)三部分。小肠壁具有丰富的血管和淋巴管,近 1/3 的心输出量都流过胃肠道。血液由肠系膜周围动脉经分支的小动脉进入小肠,离开小肠的血液流入肝门静脉,经肝脏进入体循环。有些药物在到达体循环之前就会被肝脏代谢,称为首过效应。小肠壁也有乳糜管(淋巴管的末端部分),是淋巴系统的一部分。淋巴系统对于从胃肠道吸收脂肪而言很重要。靠近回肠上皮细胞表面存在淋巴组织聚集区域,称为派尔集合淋巴结(以 17 世纪瑞士解剖学家 Johann Peyer 命名)。派尔集合淋巴结可以转运大分子并参与抗原摄取,因此在免疫应答中起关键作用。

小肠黏膜形成许多环形皱褶并有大量绒毛突入肠腔,每条绒毛的表面是一层柱状上皮细胞,柱状上皮细胞顶端的细胞膜又形成许多细小的突起,称为微绒毛。由于环形皱褶、绒毛和微绒毛的存在,小肠黏膜的表面积比同样长短的简单圆柱的表面积增加 600 倍,成人的小肠黏膜表面积可达到 $200m^2$ 左右,这使得小肠具有广大的吸收面积。

小肠的管腔 pH 可达到 6~7.5,这是肠道多种分泌物共同作用的结果。这些分泌物的来源如下:

(1) 布氏腺:位于十二指肠的布氏腺分泌碳酸氢盐以中和胃酸。

(2) 肠细胞:这些细胞遍布小肠并分泌黏液和酶,这些酶和水解酶、蛋白酶一起参与消化。

(3) 胰腺:是一个大腺体,1~2L/d 胰液通过胰管分泌到小肠中。胰液的成分是碳酸氢钠和酶。胰蛋白酶、糜蛋白酶和羧肽酶以前体或酶原形式分泌,并在肠腔中通过肠激酶转化为它们的活性形式。脂肪酶和淀粉酶都以其活性形式分泌。碳酸氢盐组分主要受小肠中食糜的 pH 影响。

(4) 胆汁:由肝细胞分泌到胆小管,通过去除钠离子,氯化物和水在胆囊和肝胆系统中浓缩后输送到十二指肠。胆汁是有机物(胆汁酸、卵磷脂、胆固醇和胆红素)和无机物(如血浆电解质钠和钾)的混合水溶液。胆色素中最重要的是胆红素,它通过粪便排泄。胆汁酸通过回肠末端再吸收,并通过肝门静脉返回肝脏,因为其具有高的肝清除率,所以会再分泌到胆汁中,该过程称为肝肠循环。胆汁的主要功能是通过乳化和胶束增溶以及为降解产物提供排泄途径来促进膳食脂肪(例如脂肪酸和胆固醇)的有效吸收。

4. **大肠**　是胃肠道的最后一个主要部分,长约 1.5m,由盲肠(长约 85mm)、升结肠(长约 200mm)、肝弯曲、横结肠(通常大于 450mm)、脾弯曲、降结肠(长约 300mm)、乙状结肠(长约 400mm)和直肠(长约 150mm)组成。升结肠和降结肠的位置相对固定,横结肠和乙状结肠的位置相对灵活。

与小肠不同,大肠没有特殊的绒毛。然而,由于吸收性上皮细胞的微绒毛,隐窝和不规则折叠黏膜的存在,结肠的表面积比同样长短的简单圆柱的面积增加 10~15 倍,但仅约为小肠表面积的 1/30。

大肠的主要功能是进一步吸收粪便中的水分、电解质和其他物质(如氨、胆汁酸等),形成、贮存和排泄粪便。大肠中寄居着大量的细菌,每克内容物含细菌约 10^{12} 个,且种类繁多。这些细菌参与多种代谢反应,包括油脂的水解和前药的活化,利用饮食中未消化的多糖和肠道分泌物中的碳水化合物作为碳和能量的来源。它们降解多糖产生短链脂肪酸(乙酸、丙酸和丁酸),降低肠道的 pH,并产生氢气、二氧化碳和甲烷。因此,盲肠的 pH 为 6~6.5,而直肠的 pH 增加到 7~7.5。近些年,人们利用这些细菌产生的酶,由酶敏感性材料制成制剂到达结肠后释放药物,达到定位给药的目的。

二、口服缓控释制剂在胃肠道的转运

由于口服途径是大多数药物的给药途径,因此了解这些药物通过胃肠道时的行为方式非常重要。众所周知,小肠是药物吸收的主要部位,因此药物在小肠中的转运时间非常重要。如果设计缓释或控释药物递送系统,需要考虑影响其体内行为的因素,尤其是通过胃肠道的某些区域的转运时间。

站立服药时,大多数剂型能够在 15 秒内快速通过食管。通过食管的转运取决于剂型和服药的姿势。当仰卧服用片剂/胶囊时,特别是在没有饮水的情况下,药物则容易黏附在食管中,这可能是由在接触部位的部分脱水和制剂与食管之间形成凝胶所致。黏附取决于制剂的形状、尺寸和类型,例如液体制剂通常比固体的转运更快。延长药物到达胃的时间可能会延迟药物起效或对食管壁造成损害或刺激等。

1. **胃排空**　将胃内容物完全排空所需的时间称为胃排空时间或胃内停留时间。药物的胃排空时间受剂型和进食状态影响,差异较大。通常情况下,药物在胃内停留时间为 5 分钟~2 小时,但对于大的单剂量单元而言,这个排空时间可能更长。

胃在非进食状态下并不是静止不动的,胃肠腔内压力呈周期性变化,称为消化间期的运动周期,又称为消化间期的移行性复合运动(migrating motor complex,MMC)。MMC 的主要功能是清除未消化的食物碎片,每个周期持续 90~120 分钟,主要分为 4 个阶段:Ⅰ相持续 40~60 分钟,几乎不发生或仅有少量收缩运动;Ⅱ相持续 30~45 分钟,其间发生无规律的间歇性清除收缩运动且强度逐渐增大;Ⅲ相持续 5~15 分钟,发生强大的蠕动收缩,在底部打开幽门,清除胃中的任何残余物质;Ⅳ相时长 <5 分钟,胃活动减弱并逐渐过渡至下一周期的Ⅰ相。该周期每 2 小时循环 1 次,直到进食后胃进入活跃状态。在这种状态下,可以观察到两种不同的活动模式。胃近端运动区放松以接收食物,并逐渐收缩使得内容物向远端运动区移动。胃部蠕动 - 远端胃收缩 - 混合并消化食物颗粒后将它们移向幽门括约肌。幽门括约肌将液体和小粒径的食物排出,其余食物重新进入胃窦并进入新一轮的蠕动,进一步减小食物粒

径并排出胃部。

因此,在进食状态下,液体、颗粒和崩解的药片通常会随食物一起排出,但大剂量持续或控制释放的剂型可以在胃中停留更长时间,因为幽门的有效直径减小,大剂量片剂在胃收缩结束时会重新回到胃体内。在非进食状态下,不同剂型的胃内停留时间区别较小,胃排空为类指数过程,与服药时所处的 MMC 阶段有关。

很多因素都会对胃排空产生影响,除了制剂类型和是否进食外,还受服药的姿势、食物的组成、药物的作用以及疾病的状态影响。各类食物中,糖类的胃排空较快,蛋白质次之,脂肪最慢,混合食物由胃全部排空通常需要 2~6 小时。流食或软质食物的胃排空比黏稠或固体食物快,胃内容物的黏度低、渗透压低时,一般胃排空速率较大,胃内停留时间缩短。因此,如果患者空腹服药并饮水,药物会很快到达小肠。

2. 小肠转运 肠道运动主要有两种类型:推进式和混合式。推进式运动主要决定肠道转运率,因此决定药物或制剂在小肠中的停留时间。由于小肠有很大的吸收表面积,因此是大多数药物吸收的主要部位,小肠转运时间(即胃和盲肠之间的转运时间)是影响药物生物利用度的一个重要因素。

通常认为小肠转运需要 3~4 小时,与胃部不同的是,固体和液体制剂的小肠转运没有差别,因此不受剂型和进食状态的影响。吸收程度主要受药物的分子量大小、离子化程度以及脂溶性影响。

小肠转运时间对于以下情况更为重要:①药物通过胃肠道缓慢释放的剂型;②用肠溶性材料包衣只在小肠部位释放的制剂;③在肠道液中溶解缓慢的药物;④借助肠道载体蛋白载体吸收的药物;⑤在结肠中不能很好地吸收的药物。

3. 结肠转运 药物的结肠转运时间长、变化大,且受制剂类型、饮食模式、排便模式和频率以及疾病状态影响。结肠的主要生理学特征如图 8-4 所示。

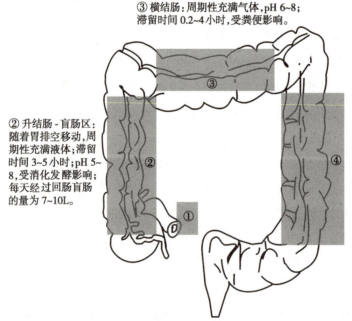

③ 横结肠:周期性充满气体,pH 6~8;滞留时间 0.2~4 小时,受粪便影响。

② 升结肠 - 盲肠区:随着胃排空移动,周期性充满液体;滞留时间 3~5 小时;pH 5~8,受消化发酵影响;每天经过回肠盲肠的量为 7~10L。

④ 降结肠和乙状结肠:周期性地填充粪便,滞留时间为 5~72 小时,受肠道习惯影响。

① 回盲交界处:pH 6~8.4,周期性高分散力,推进与胃排空有关。

图 8-4 肠道组织和药物的口服吸收

结肠收缩活动可分为两种主要类型:推进性收缩或集团运动,其主要与食物残渣的向前推进运动有关;节段性收缩或袋状收缩,主要作用是混合管腔内容物并导致小幅度的向前推进运动。节段性收缩是由环形肌收缩引起的并且占主导地位,而推进性收缩是由纵行肌收缩引起的,在正常人体内每日仅发生 3~4 次。

因此,结肠转运的特征为活动时间短、停留时间长;运动主要是朝着向前推进的方向。受排便时间、频率及发生概率的影响,结肠转运时间可能为 2~48 小时。一般情况下,总的转运时间(即从口腔到肛门)在 12~36 小时,但其时间范围可以达几小时～几日。

三、口服缓控释制剂在胃肠道的吸收障碍

吸收是指药物从给药部位进入血液循环的过程。除了动脉和静脉给药外,其他给药途径均存在吸收的过程。图 8-5 显示,口服药物从制剂中释放并溶解到胃肠液中可能会遇到的一些吸收障碍。药物需要在溶液中稳定存在,不与食物或胃肠道内的其他物质结合,也不发生沉淀;且必须具有化学稳定性,能够承受胃肠道的酸碱度,并且能够抵抗内腔中的酶降解。药物在吸收的过程中需要扩散到黏膜层,并且不能与黏膜层结合,然后需要跨过非结合水层,最后穿过其主要的细胞屏障——胃肠道黏膜。在通过这个细胞屏障后,药物还需要经过肝脏和其代谢酶的处理,然后进入体循环。这些屏障中的任何一种都可以阻止部分或全部药物进入系统循环,因此对其生物利用度有不利影响。

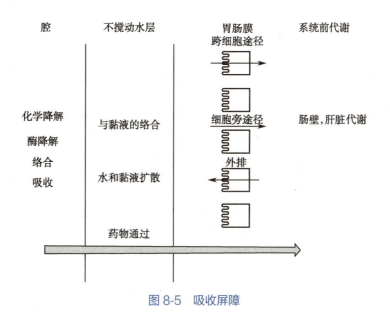

图 8-5 吸收屏障

(一)胃肠道环境影响

1. **胃肠道 pH** 胃肠道内的酸碱度变化很大。胃液呈强酸性,健康人空腹时胃液 pH 通常在 1~3.5。进食后,胃液 pH 可上升至 3~7,2~3 小时内可恢复空腹状态。因此,只有在餐后不久服用的制剂才会遇到这些较高的 pH,这对于药物的化学稳定性和药物溶解吸收来说是重要的考虑因素。

由于胰腺分泌到小肠的碳酸氢盐离子中和胃酸,所以肠道内的 pH 高于胃。从十二指肠到回肠,肠内的 pH 逐渐升高,十二指肠的 pH 为 4~5,空肠的 pH 为 6~7,大肠的 pH 为 7~8。表 8-1 总结了文献中记录的在进食和空腹状态下小肠内的 pH。当结肠区域的细菌酶将未消化的碳水化合物分解成短链脂肪酸时,结肠内的 pH 再次下降至 6.5 左右。

表 8-1 健康人在空腹和进食状态下小肠 pH 的变化

部位	空腹 pH	进食后 pH
十二指肠中后段	4.9	5.2
	6.1	5.4
	6.3	5.1
	6.4	
空肠	4.4~6.5	5.2~6.0
	6.6	6.2
回肠	6.5	6.8~7.8
	6.8~8.0	6.8~8.0
	7.4	7.5

注：数据来自 Gray & Dressman（1996）。

胃肠道内的 pH 可通过以多种方式影响药物吸收。如果药物是弱电解质，则 pH 可能影响药物在胃肠道中的化学稳定性、溶解速度和程度以及吸收特性。依赖 pH 的化学降解可能会在胃肠道内发生，导致吸收不完全，只有一小部分剂量以完整药物的形式到达体循环。例如青霉素 G（苄青霉素）在口服给药后的降解程度取决于其在胃中的停留时间和胃内的 pH，这种胃不稳定性往往妨碍其口服使用。抗生素如红霉素，和质子泵抑制剂如奥美拉唑，在酸性 pH 下迅速降解，因此必须制成肠溶包衣剂型以确保其具有良好的生物利用度。

2. 消化酶　胃液中的主要消化酶是胃蛋白酶。脂肪酶、淀粉酶和胰蛋白酶会在进食后从胰腺分泌到小肠，帮助消化食物。胃蛋白酶和胰蛋白酶降解胃肠道中的蛋白质类和肽类药物，其他类似的营养类药物如核苷酸和脂肪酸也很容易被酶降解。脂肪酶也可能会影响药物从含脂肪 / 油的剂型中释放，酯类药物也容易在胃肠道内水解。

胃肠道和结肠区域的细菌能够分泌多种反应酶，这些酶可以应用于靶向结肠的药物或制剂设计。例如柳氮磺吡啶是一种由 5- 氨基水杨酸通过偶氮键与磺胺吡啶连接而得到的前药，磺胺吡啶部分导致药物体积过大且亲水性强，难以在胃肠道中被吸收，因此可以保证柳氮磺吡啶以完整的结构转运到结肠部位，结肠部位的细菌酶可以破坏分子中的偶氮键并释放活性药物（5- 氨基水杨酸）以治疗结肠疾病如炎性肠病。

3. 食物对药物吸收的影响　胃肠道食物可以通过多种机制直接或间接地影响药物吸收的速率和程度。

（1）药物与饮食中的成分结合：药物能够与饮食中的成分结合，形成不可逆性或不溶性复合物（影响生物利用度），导致其不能被机体吸收。例如，四环素与钙和铁可以形成不可吸收的复合物，因此建议患者在服用四环素时，不要服用含钙或铁的产品，如牛奶、铁制剂或治疗消化不良的药物。但是，如果形成的是水溶性复合物，且易于解离并可释放游离药物，那么其对药物吸收的影响很小。

（2）改变 pH：通常，食物因为充当缓冲剂的作用而提高胃部 pH，这容易降低弱碱性药物的溶解速率并影响其后续吸收，但可以提高弱酸性药物的溶解速率。

（3）改变胃排空的速率：食物通常会减慢胃排空速率，特别是食物中含有较多脂肪时，会延迟某些药物起效。由于胃排空延迟，食物会减慢核苷逆转录酶抑制剂拉米夫定和齐多夫定的吸收速率，但对临床效果没有影响。

(4) 刺激胃肠道分泌物：由食物刺激产生的胃肠道分泌物（例如胃蛋白酶）可能会导致对酶促代谢敏感的药物降解，从而导致其生物利用度降低。摄入食物会刺激胆汁分泌，特别是脂肪类食物。胆盐作为表面活性剂，可以增加难溶性药物溶解，从而增强药物吸收。然而，已经有研究表明胆盐也会与一些药物如新霉素、卡那霉素和制霉菌素形成不溶性且不可吸收的复合物，影响药物吸收。

(5) 食品成分与特定吸收机制药物之间的竞争：药物具有与身体所需的营养素类似的化学结构时，因为存在特定的吸收机制，有可能竞争性抑制药物吸收。

(6) 增加胃肠道内容物的黏度：胃肠道中食物的存在增加胃肠道内容物的黏度，这可能会导致药物的溶解速率降低。此外，药物从肠腔扩散到胃肠道上皮细胞的速率可能随着胃肠道内容物黏度的增加而降低。这些因素可能会导致药物的生物利用度降低。

(7) 食物引起的系统内代谢变化：某些食物可能通过与代谢过程相互作用而增加对肠道代谢敏感的药物的生物利用度。例如，葡萄柚汁能够抑制肠细胞色素 P450（CYP3A 家族），当其与药物同服时，因为与 CYP3A 代谢过程相互作用，很可能会导致药物的生物利用度提高。葡萄柚汁与抗组胺药特非那定、免疫抑制剂环孢素、蛋白酶抑制剂沙奎那韦和钙通道阻滞剂维拉帕米之间存在的相互作用在临床上已经被证实。

(8) 食物引起的血流变化：餐后不久，胃肠道和肝脏的血液增加，从而增加药物进入肝脏的速度。一些药物（例如普萘洛尔）的代谢受其向肝脏的分布速率影响，分布速率越快，逃避首过效应的药物比例越大，这是因为负责其代谢的酶由于药物向生物转化位点的分布速率增加而变得饱和。因此，食物的作用有助于提高一些易受首过效应影响的药物的生物利用度。

很明显，食物可以通过多种机制影响胃肠道中许多药物的吸收。药物-食物相互作用通常分为5类：导致药物吸收减少、延迟、增加、加速或没有作用。

4. 疾病状态和生理障碍 胃肠道相关的疾病和生理障碍可能影响口服药物的吸收和生物利用度。局部疾病可引起胃部 pH 的改变，从而影响药物的稳定性、溶解和/或吸收。例如，部分或全部胃切除的胃肠外科手术会导致药物到达十二指肠的速度比未经手术者更快，并且消化液成分和容积的显著变化可以明显影响药物的生物利用度。艾滋病患者通常胃液过度分泌，因此胃液具有较低的 pH，这会导致弱碱性药物的溶解和生物利用度降低。pH 降低常见于结肠疾病，如克罗恩病和溃疡性结肠炎。

(二) 黏液和不流动水层

在药物渗透到上皮表面之前，需要穿过黏液层和不流动水层（unstirred water layer，UWL）。黏液层的厚度和周转率会沿着胃肠道变化，并阻碍药物的扩散。不流动水层位于肠腔与小肠上皮细胞交界处，由与肠壁相邻的停滞水、黏液和糖萼层组成，厚度为 30~100μm，是药物吸收的一个重要屏障。一些药物还有可能与黏液结合，从而减少药物吸收。

(三) 胃肠道生物膜转运

1. 生物膜的结构 胃肠膜将胃和肠腔与体循环分开，是从胃肠道吸收药物的主要细胞屏障。生物膜的基本结构是液态脂质双分子层镶嵌着可移动的球蛋白。生物膜具有半透膜的特征，允许一些物质快速转运并阻止其他物质通过，如对氨基酸、糖、脂肪酸和其他营养成分具有渗透性，但是血浆蛋白不可渗透。可以将生物膜看作是半透性脂质筛，允许脂溶性分子穿过；膜中还存在孔道，允许水和亲水性小分子如尿素等通过。

2. 跨膜转运的机制　跨胃肠上皮的药物转运有两种主要机制:跨细胞途径和细胞旁途径。跨细胞途径进一步分为简单扩散、易化扩散、主动转运和膜动转运(胞吞作用和胞吐作用)。

(1) 跨细胞途径

1) 简单扩散:是小分子脂溶性药物的优选转运途径。在该过程中,药物分子在浓度梯度的驱动下从胃肠道高浓度区域跨膜转运至血液低浓度区域。药物到达血液后迅速分布,维持浓度梯度。简单扩散的转运速率主要取决于药物的理化性质、膜的性质和药物在膜两侧的浓度梯度。

2) 易化扩散:是指药物在细胞膜上转运体的帮助下,由高浓度侧向低浓度侧跨膜转运的过程。与被动扩散相同,易化扩散不消耗能量,但需要浓度梯度驱动。当物质通过易化扩散转运时,顺着浓度梯度转运,但其转运速率比基于分子大小和极性预测的速率快得多。易化扩散存在饱和现象和竞争性抑制现象。在药物吸收方面,易化扩散似乎起着非常小的作用。

3) 主动转运:药物在细胞膜特异性载体蛋白携带下,通过能量消耗逆浓度差或逆电位差跨膜转运。转运过程中消耗的能量主要来源于ATP水解或跨膜钠离子梯度和/或电位。许多营养素如氨基酸、糖类、电解质(如钠、钾、钙、铁等)、维生素和胆盐通过主动转运跨膜。小肠中存在大量载体介导的主动转运系统或膜转运蛋白,包括肽转运蛋白、核苷转运蛋白、糖转运蛋白、二羧酸转运蛋白、氨基酸转运蛋白、有机阴离子转运蛋白和维生素转运蛋白。各载体蛋白通常集中在胃肠道的特定区段,因此,药物将优先在载体蛋白密度最高的位置被吸收。主动转运必须有载体分子;必须有能量来源;表现出一定的温度依赖性;可被代谢抑制剂如二硝基苯酚来抑制或底物类似物竞争性抑制。主动转运在许多药物的肠、肾和胆汁排泄中也起重要作用。主动转运在药物浓度较低的情况下与浓度成比例,在浓度较高的情况下,载体达到饱和状态,药物浓度进一步增加不会增加吸收速率,即吸收速率保持恒定。

4) 膜动转运:是指通过细胞膜的主动变形将物质摄入细胞内或从细胞内释放到细胞外的转运过程,包括物质向内摄入的胞吞作用(包括胞饮和吞噬)和向外释放的胞吐作用。

A. 胞吞作用:细胞质膜内陷并且形成包裹药物的小泡将药物转运到细胞内。胞吞作用被认为是大分子转运的主要机制。如果胞吞物为大分子或颗粒状物,称为吞噬作用,如从胃肠道吸收脊髓灰质炎疫苗及其他疫苗;如果胞吞物为溶解物或液体时,称为胞饮作用,如脂溶性维生素A、维生素D、维生素E和维生素K的吸收。细胞吞噬功能通常被限制在专门的哺乳动物细胞,而胞饮作用发生在所有细胞中。胞吞作用根据其产生的机制不同分为4种:大型胞饮作用、网格蛋白介导的胞吞作用、胞膜窖介导的胞吞作用和非网格蛋白/胞膜窖介导的胞吞作用(图8-6)。大型胞饮作用是指在某些因素刺激下,细胞膜皱褶形成大且不规则的胞吞小泡,为非选择性地胞吞细胞外营养物质和液相大分子提供一条有效途径,并具有清除凋亡细胞、参与免疫反应、介导某些病原菌侵袭细胞、更新细胞膜等功能。网格蛋白介导的胞吞作用是外界物质进入细胞的经典途径,几乎所有哺乳动物细胞都可以通过网格蛋白介导的胞吞作用实现对营养物质的摄取和完成细胞间通信。胞膜窖介导的胞吞作用形成部位位于质膜的脂筏区域,胞吞时胞膜窖携带胞吞物,利用发动蛋白的收缩作用从质膜上脱落,然后转交给内体样细胞器——胞膜窖或者跨细胞途径转运到质膜的另一侧,在整个过程中因为是整合膜蛋白,窖蛋白始终不会从胞吞泡膜上解离下来。此外,还有非网格蛋白/胞膜窖介导的胞吞作用,如位于淋巴细胞膜上的白介素-2受体。

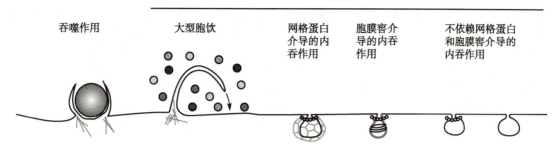

图 8-6 动物细胞胞吞胶体微粒的不同途径

B. 胞吐作用：某些大分子物质通过形成小泡从细胞内部移动至细胞膜内表面,在接触点处,小泡膜上和细胞膜上某些蛋白质发生变构,小泡膜与细胞膜融合,从而将物质排出细胞外的过程称为胞吐作用,又称为外排作用。细胞内不能消化的物质以及合成的分泌蛋白均通过这种途径排出细胞。

(2) 细胞旁途径：与所有其他吸收途径不同,因为它不穿过细胞,是细胞之间物质的转运。这些细胞通过其顶端紧密连接在一起,细胞间隙仅占上皮总表面积的约 0.01%。这些交界处的紧密度在体内不同的上皮细胞之间有显著区别,通常吸收性上皮细胞如小肠的吸收性上皮细胞往往比其他上皮细胞更容易渗漏。吸收的细胞旁途径对于钙离子的转运以及在高于其载体容量浓度下转运糖、氨基酸和肽较为重要。不分散到细胞膜中的小分子亲水性带电药物通过细胞旁途径穿过胃肠上皮细胞,通常认为细胞旁途径的分子量截止值为 200Da。在腹腔疾病中,由于细胞间的紧密连接"松动",肠道通透性增加。改善低渗透性药物吸收可通过打开紧密连接使肠道更容易"渗漏"的方法来实现。

(3) 药物外排：在吸收后将特定药物排入胃肠道内腔的外排蛋白或转运蛋白在药物的生物利用度中起关键作用,其中一种关键的反转运蛋白是 P 糖蛋白。P 糖蛋白在空肠柱状细胞(刷状缘膜)的顶端表面高水平表达,它也存在于体内的许多其他上皮细胞和内皮细胞及肿瘤细胞表面。P 糖蛋白在小肠中的表达往往明显高于结肠。同时发现 P 糖蛋白由于能够通过将药物泵出肿瘤而阻止许多细胞毒性抗肿瘤药在细胞内蓄积,从而在肿瘤细胞中引起多药耐药性。如表 8-2 所示,多种结构的药物易受肠道 P 糖蛋白影响。这些反转运蛋白以类似于主动吸收的方式将药物和营养物质从细胞中泵出,这样可能对药物的生物利用度产生不利影响。该过程需要能量,可以逆浓度梯度进行,可以被结构类似物或细胞代谢抑制剂竞争性抑制,并且是可饱和的过程。

表 8-2 常用药物穿过胃肠道吸收上皮细胞的转运机制实例

途径	实例	药物类别
跨细胞被动转运	睾酮	甾体化合物
	酮洛芬	非甾体抗炎药
	雌二醇	性激素
	萘普生	非甾体抗炎药
细胞旁途径	西咪替丁	H_2 受体拮抗剂
	洛哌丁胺	止泻药
	阿替洛尔	β 受体拮抗剂
	甘露醇	糖、用作脱细胞标记物
	替鲁膦酸盐	双膦酸盐类化合物

途径	实例	药物类别
载体介导	头孢氨苄	抗菌药物
	卡托普利	血管紧张素转换酶抑制药
	膦甲酸	抗病毒药
P糖蛋白外排的跨细胞扩散	环孢素	免疫抑制剂
	尼非地平	钙通道阻滞剂
	维拉帕米	钙通道阻滞剂
	紫杉醇	抗肿瘤药
	地高辛	强心苷

(四) 系统代谢

药物除了需要具有通过如上所述的某种途径穿过胃肠膜的能力之外,还需要在此过程中避免降解/代谢。代谢一般可分为Ⅰ相代谢和Ⅱ相代谢。药物分子上引入新的基团或除去原有的小基团的官能团反应称为Ⅰ相代谢,包括氧化、还原和水解等反应。药物或Ⅰ相代谢产物与体内的某些内源性小分子结合的反应为Ⅱ相代谢,也称为结合反应,如葡萄糖醛酸结合、磺酸化、甲基化、乙酰化、谷胱甘肽结合等反应。多数亲脂性药物吸收后经Ⅰ相代谢可变为极性和水溶性较高的代谢产物,有利于Ⅱ相代谢的进行而增加极性。Ⅱ相代谢是真正的"解毒"途径,其代谢产物通常具有更好的水溶性,更易经尿液和胆汁排出体外。

肝脏是药物的主要代谢器官,它富含药物Ⅰ相代谢和Ⅱ相代谢所需的各种酶,因此多数药物在肝脏要经过不同程度的结构变化,包括氧化、还原、分解、结合等方式。经过代谢,其药理作用被减弱或消失。只有少数药物经过代谢才能发挥治疗作用(如环磷酰胺)。从胃、小肠和上结肠吸收的药物都将进入肝门系统,并在到达系统循环之前经过肝脏部位。因此,如果药物想要进入系统循环,必须能够经受肝脏代谢。由于首过效应或通过肠壁和/或肝脏进行系统前代谢,一种口服完全吸收的药物也可能生物利用度为0。

1. **肠壁代谢** 肠壁含有许多代谢酶,可以在药物到达体循环前降解药物。例如,肝脏中负责许多药物代谢的CYP3A也存在于肠黏膜中,并且肠壁代谢可能对于该酶的底物影响很大。这种代谢也被称为首过肠道代谢,通常小肠中的CYP水平比结肠中更高。

2. **肝脏代谢** 肝脏是药物代谢的主要部位,因此作为口服吸收的最终屏障。吸收的药物经肝门静脉进入肝脏,药物在肝脏被广泛代谢,使进入系统循环的有效药量明显降低,导致药物的生物利用度降低。敏感性药物的生物利用度可以降低到使胃肠道途径给药无效的程度,或者需要比静脉给药剂量大许多倍的口服剂量。例如普萘洛尔虽然被很好地吸收,但由于首过效应,只有约30%的口服剂量可用于全身循环;而缓释的普萘洛尔的生物利用度更低,因为药物通过肝门静脉更缓慢,导致肝脏能够代谢更多的药物。其他易受首过效应影响的药物包括调血脂药阿托伐他汀、麻醉药利多卡因、三环类抗抑郁药丙米嗪和地西泮,以及镇痛药喷他佐辛和吗啡。

有些药物可诱导肝微粒体酶活性增强,称为酶诱导作用,从而使药物代谢加快、药效减弱。如苯巴比妥、苯妥英钠可使双香豆素、糖皮质激素、雌激素代谢加快,药理作用减弱。反之,有些药物可抑制肝微粒体酶活性,称为酶抑制作用,从而使某些代谢减慢、药效增强,甚至引起中毒。如异烟肼、氯霉素、香豆素类可抑制苯妥英钠代谢,从而使苯妥英钠的血药浓度增高,引起中毒;西咪替丁口服后可使华法林代谢减慢、疗效增强,甚至出现出血倾向等。另外,有少数药物进入血液循环后,经肝脏代谢,以原型随胆汁排入肠道,又经肠黏膜重新吸收,进入血液循环,称为肝肠循环。肝肠循环可延长药物在体内的作用时间,也会造成药物在体内的蓄积中毒。

有许多生理因素影响药物吸收的速率和程度,这些因素主要取决于给药途径。对于口服给药,胃肠道生理环境因素、胃肠黏膜和系统前代谢都可以影响药物的生物利用度。

第三节　口服缓控释制剂设计原则

一、药物的理化性质与制剂设计

1. **剂量大小**　一般认为0.5~1.0g是普通口服制剂单次给药的最大剂量,这同样适用于缓控释给药系统。随着制剂技术的发展和异形片的出现,目前上市的口服片剂中已有超过此限的制剂。必要时可采用一次服用多片的方法降低每片含药量。对于一些治疗窗较窄的药物,应在安全剂量范围内设计缓控释制剂。

2. **理化参数**　口服药物进入胃肠道后,首先要溶出,才能被吸收。药物的理化性质包括药物的溶解度、pKa和脂水分配系数等。药物的缓控释制剂大部分是固体制剂,因此在设计缓控释制剂时,必须考虑药物在胃肠道环境中的溶解和吸收特点。由于大多数药物是弱酸性或弱碱性药物,它们在溶液中以解离型和非解离型两种形式存在。一般解离型的水溶性大、非解离型的脂溶性大,所以非解离型药物更容易通过脂质生物膜。可见,了解药物的pKa和吸收环境的pH之间的关系非常重要。从胃到结肠的整个消化道中pH逐渐升高,胃呈酸性,小肠则趋向于中性,结肠呈弱碱性,所以必须了解pH对口服制剂药物释放过程的影响。

溶解度非常小的药物本身就具有缓释作用,因为其药物剂型在胃肠道中的释放会受到药物溶解的限制,此类药物有地高辛、灰黄霉素和水杨酰胺等。目前报道中缓控释制剂候选药物的溶解度应不低于0.1mg/ml,因此在设计缓控释制剂时,药物的溶解度会限制药物释放机制的选择。例如,扩散控制的释放机制不适合微溶性药物制备缓释制剂,因为这类药物在体内胃肠环境中的扩散驱动力及药物浓度都很小。

口服药物进入胃肠道后必须转运通过各种生物膜才能到达机体其他部位,最终发挥治疗作用。这些生物膜通常为类脂膜,因此药物的脂水分配系数是确定药物能否有效透过生物膜的重要参数。脂水分配系数是指药物在油相(通常为正辛醇)中的存在量与在相邻水相中的存在量的比率。因此,脂水分配系数较高的化合物具有较大的脂溶性,故在机体中能持续存在较长时间,因为它们能在细胞的类脂膜中停留,吩噻嗪就是此类药物的典型代表。脂水分配系数很小的化合物很难透过生物膜,因此生物利用度很低。

3. **胃肠道稳定性**　设计口服缓控释制剂时,必须考虑药物在各种物理化学环境中的稳定性。口服药物在体内常会受到酸、碱水解和酶降解的双重作用。口服固体剂型在体内的降解速率随时间的延长呈现降低的趋势,因此将口服药物制成固体制剂是解决口服药物降解问题的首选方法。对于在胃中不稳定的药物可制成药物到达小肠才进行释放的给药系统;而对于在小肠中不稳定的药物,以缓控释制剂给药时生物利用度会下降,因为这类缓控释制剂的剂量通常较大,相应在小肠的释放较多,故在小肠中不稳定的药物降解量也较大,从而造成生物利用度降低,溴丙胺太林是此类药物的典型代表。

4. 药物的血浆蛋白结合率　通常情况下结合型药物不能透过生物膜,且认为是无活性的。但药物与血浆蛋白结合会影响药物的作用时间,药物的血浆蛋白结合物如同药物贮库一样可产生长效作用。血浆蛋白结合率高的药物能产生较好的长效作用,如季铵盐类药物能与胃肠道的黏蛋白结合形成药物贮库,有利于药物发挥长效作用。但值得注意的是,如果药物与肠道蛋白质的结合物不能发挥药物贮库作用,并继续向胃肠道下部转移,很可能会影响药物的吸收。

二、生物因素与制剂设计

1. 药物的生物半衰期及其作用时间　是设计缓控释制剂必须考虑的因素,影响生物半衰期及其作用时间的因素主要包括药物的消除、代谢和分布的方式。研制口服缓控释制剂的主要目的是使药物浓度长时间维持在治疗浓度,为了达到这一目的必须设法使药物吸收入血的速率与其从体内消除的速率相当。消除速率可由药物的生物半衰期($t_{1/2}$)定量描述,每个药物都有其特有的消除速率,这个速率是药物所有消除过程的加和,包括代谢过程、经尿液排泄过程及其他将药物从血液循环中不断排出的过程。

大多数药物的消除半衰期在 1~20 小时范围内,具有较短半衰期的药物可以作为口服缓控释制剂的良好候选药物,因为这样可以明显减少给药频率且较好地提高患者依从性。目前对口服缓控释制剂候选药物的最短半衰期尚无明确规定,但是如果药物的半衰期过短,每一剂量单位的药量就要足够大以维持缓释效果,而太大的药量会使制剂尺寸过大而导致服药困难。一般来说,半衰期 <2 小时的药物如呋塞米、左旋多巴等都不适于制成缓控释制剂;而具有相对较长半衰期(一般大于 8 小时)的药物通常不会制成缓控释制剂,因为其本身已经具有缓慢释放的性质,这样的药物包括地高辛、华法林、苯妥英等。此外,大多数剂型在胃肠道内的转运时间都在 8~12 小时,半衰期大于这一范围的药物就很难再增加其吸收相的时间。在一些情况下,自结肠吸收的药物可以将整个传递过程延长达 24 小时。

一些药物,如泼尼松龙、甲泼尼龙,具有较短的生物半衰期(分别为 1 小时和 3 小时),但这两种药物都具有很长的作用时间,药效可以持续 2 日左右。因此,这样的药物可否作为缓控释制剂的候选药物仍受到质疑。

2. 药物的吸收　药物的吸收特性对缓控释制剂设计影响很大。制备缓控释制剂的目的是对制剂的释药进行控制,以控制药物的吸收。因此,释药速率必须比吸收速率慢。假设大多数药物和制剂在胃肠道吸收部位的运行时间为 8~12 小时,则吸收的最大半衰期应接近 3~4 小时,这样可吸收 80%~95% 的药物;如果吸收半衰期在 3~4 小时或更长时间,则药物还没吸收完全,制剂已离开吸收部位。而药物的最小表观吸收速率常数应为 0.17~0.23/h,实际相当于药物从制剂中释放的速率常数,因此缓控释制剂的释放速率常数最好控制在 0.17~0.23/h。实践证明,本身吸收速率常数小的药物不宜制成缓控释制剂。

如果药物是通过主动转运吸收或吸收局限于小肠的某一特定部位,则不利于制成缓释制剂。例如

维生素 B_2 只在十二指肠上部吸收,而硫酸亚铁在十二指肠和空肠上端吸收,因此药物应在通过这一区域前释放药物。对这类药物的制剂设计是设法延长其在胃中的停留时间,使药物在胃中缓慢释放,然后到达吸收部位。目前两种制剂可以延长胃中的停留时间,即胃内漂浮制剂和生物黏附制剂。胃内漂浮制剂可漂浮在胃液上面,延迟其从胃中排出,如低密度小丸、胶囊或片剂。生物黏附制剂黏附在胃黏膜上,延长其在胃中的停留时间,其原理是利用黏附性聚合物材料对胃表面的黏蛋白有亲和性。

3. 药物的代谢 可以通过原型药的消除速率常数或代谢产物出现的速率常数来表示,在设计缓控释制剂时应考虑药物的代谢速率常数这一药代动力学参数。对于较为复杂的代谢方式,尤其是当代谢产物有生理活性时,将药物设计成缓控释制剂较困难。在实际工作中,常遇到的限制缓控释制剂产品设计的情况主要表现在两个方面:①临床用于治疗慢性疾病的药物需长期给药,但这些药物通常又具有酶抑制作用,若将其设计成缓控释制剂很难维持均一重现的血药浓度水平。②对于具有明显肠道代谢或首过效应的药物,它们的代谢过程通常具有饱和性,故其代谢损失的药物量与给药剂量相关,因此将此类药物制成缓控释制剂会明显降低药物的生物利用度。肠壁上的大多数酶系统是可饱和的,当药物以较慢的速率释放时,在特定时间内有大量原型药经历酶催化过程,而使代谢产物比其原型药量高。肠壁上高浓度的多巴脱羧酶会对左旋多巴产生相似的作用,如果将左旋多巴与一种能够抑制多巴脱羧酶的化合物联合制成一种药物制剂,会使可供吸收的左旋多巴量增加并维持治疗效果。可见,对于这些酶敏感的前药化合物,通过适当的处方设计可达到提高生物利用度的目的。

4. 副作用与安全范围 缓控释制剂通过将血浆药物浓度保持在治疗浓度范围内,以降低药物的毒副作用。毒副作用的降低是通过避免普通制剂中常见的药-时曲线的"峰谷现象"。治疗指数较小的药物必须精确控制其药物浓度,而将其制成缓控释制剂是一种理想的方法。但是,口服缓控释制剂也有其不利的一面:一旦意外过量服药,将需要一段较长的时间来调整剂量方案;另外,由于缓控释制剂的剂量一般很大,一旦剂型设计失败,患者将面临潜在的中毒剂量。

三、口服缓控释制剂设计要求

1. 药物的生物半衰期 缓控释制剂一般适用于半衰期较短的药物($t_{1/2}$=2~8 小时),可以降低血药浓度的波动性,如盐酸普萘洛尔($t_{1/2}$=3.1~4.5 小时)、茶碱($t_{1/2}$=3~8 小时)以及吗啡($t_{1/2}$=2.28 小时)均适合制成缓控释制剂。

以往对口服缓控释制剂中药物的选择有许多限制,现在随着制剂技术的发展,这些限制已经被打破。如:①半衰期很短(<1 小时,如硝酸甘油)或很长(>12 小时,如地西泮)的药物也已被制成缓控释制剂;②以前认为抗生素制成缓控释制剂后容易导致细菌的耐药性,而目前已有头孢氨苄缓释胶囊和克拉霉素缓释片等上市;③一般认为肝脏首过效应强的药物宜制成速释制剂,以提高吸收速率、使肝药酶饱和,然而许多首过效应强的药物(如美托洛尔和普罗帕酮)也被制成缓控释制剂;④一些具有成瘾性的药物也被制成缓控释制剂以适应特殊医疗的需要。

有些药物,如剂量很大、药效剧烈以及溶解吸收很差的药物,剂量需要精密调节的药物,抗菌效果依赖峰浓度的抗生素类药物等一般不宜制成缓控释制剂。

2. 溶解度及口服吸收 用于制备缓控释制剂的药物必须具有较好的水溶性以保证其在胃肠道内有足够的持续时间。对于口服吸收差或吸收速率不可预测的药物,通常不作为缓控释制剂的候选药物。

溶解困难和吸收很差的药物不宜制成缓控释制剂还有一个原因,即在胃肠道中的食物类型发生改变时,药物的溶解度和吸收情况很可能会有所改善,从而提高药物的吸收程度,以致有中毒的可能性。

3. **给药剂量**　本身一次剂量很大的药物不适于制备成口服缓释制剂,这是因为为了保持缓释治疗的血药浓度,口服缓释制剂是将分次服用的剂量合并服用,而单剂量大的药物合并后就更大,这样会造成患者吞服困难,因此给药剂量相对较小的药物更适宜制成口服缓释制剂。

4. **生物利用度**　缓控释制剂的生物利用度范围一般在普通制剂的80%~120%。若药物吸收部位主要在胃与小肠,宜设计成每12小时服用1次;若药物在结肠也有一定的吸收,则可考虑每24小时服用1次。为了保证缓控释制剂的生物利用度,应根据药物在胃肠道中的吸收速率控制药物在制剂中的释放速率。

5. **峰／谷浓度比**　缓释制剂稳态时的峰浓度与谷浓度之比(C_{max}/C_{min})应小于普通制剂,也可用波动度(fluctuation)表示。根据此项要求,一般半衰期短或治疗窗窄的药物可设计为每12小时服用1次,而半衰期长或治疗窗宽的药物则可设计为每24小时服用1次。若设计零级释放剂型,如渗透泵,其峰／谷浓度比显著小于普通制剂。

6. **安全窗**　衡量药物安全性的常用指标为治疗指数,即半数中毒量除以半数有效量的商值,治疗指数越大,药物越安全。通常药效强大的药物具有较小的治疗指数。在考虑将药物制成缓释制剂时,应充分考虑药物的安全性,治疗指数较小的药物由于必须对药物释放速率及可能出现的药物突释现象进行精密控制,因此不适宜作缓释给药的候选药物。例如剧毒药物,易成瘾、易积蓄的药物以及剂量要求特别精确的药物(中毒剂量和有效剂量接近)都不易制成缓控释制剂,因为制备工艺稍有不慎,药物从制剂中的释放速率就难以符合设计要求,多剂量给药后易产生毒性反应。

7. **吸收特性**　口服缓释制剂在通过胃肠道的9~12小时内都能被吸收,在主要吸收区小肠的停留时间约为4小时,如果药物只能在小肠上部主动吸收则不宜制成口服缓释制剂。例如维生素B_2的有效吸收部位在小肠上部,因此该药的缓控释制剂产品与普通制剂相比并无优点。

8. **治疗上的要求**　口服缓释制剂用于慢性治疗而非急性治疗,与制成缓释制剂产品的药物相比,用于急性治疗的药物,其给药剂量常常需由专业医师进行较大的调整。

第四节　口服缓控释制剂评价

一、体外释药行为评价

(一)体外释放度试验

体外释放度试验是在模拟体内消化道条件下(如温度、介质的pH、搅拌速率等),测定制剂的药物释放速率,并最后制订出合理的体外药物释放度标准,以监测产品的生产过程及对产品进行质量控制。体外释放度试验主要包括试验装置、释放介质、取样时间点等。

1. **实验装置**　《美国药典》共收录了7种装置用于释放度的测定,装置a为篮法、装置b为桨法(图8-7)。另外还包括:第3种装置为往复筒法(reciprocating cylinder method),第4种装置为流通池法

(flow-through cell method),它们可用于缓控释制剂的释放度测定;第 5、6 种装置用于透皮给药系统的释放度测定;第 7 种装置为往复夹法(reciprocating method),在缓释制剂的释放度测定和透皮给药系统的释放度测定中均适用。《中国药典》(2020 年版)共收录 7 种方法,第一法与第二法分别对应于《美国药典》中的装置 a 和装置 b;第三法(小杯法)实际上是一个小型的桨法,其溶出杯只有 250ml。第四法(桨碟法)的搅拌桨、溶出杯同第二法,溶出杯中放入用于放置贴片的不锈钢网碟。第五法(转

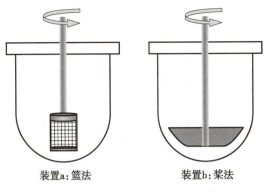

装置a:篮法　　　　　装置b:桨法

图 8-7　体外释放度试验的溶出装置

筒法)的溶出杯同第二法,但搅拌桨另用不锈钢转筒装置替代。组成搅拌装置的杆和转筒均由不锈钢制成。第六法(流池法)装置由溶出介质的贮液池、用于输送溶出介质的泵、流通池和保持溶出介质温度的恒温水浴组成,接触介质与样品的部分均为不锈钢或其他惰性材料。第七法(往复筒法)装置由溶出杯、往复筒、电动机、恒温水浴或其他适当的加热装置等组成。

　　篮法和桨法是目前应用最多,也是最成熟的方法。但桨法有一个缺点,即供试品会上浮,所以在《美国药典》中有 3 项测定使用防止上浮的辅助装置,即篮形沉降片(basket sinker)、三叉形沉降片(three-pronged sinker)、螺旋形沉降片(spiral sinker)等(图 8-8)。不同的装置赋予释放介质不同的流体动力学性质,这与人体胃肠运动造成的复杂的内容物运动形态相比还有很大的差距。一般认为,用非循环介质的流通池法(装置 d)更接近人体情况,但篮法和桨法经过长期应用,一般还是首选方法。

a. 篮形沉降片　　　　　　b. 三叉形沉降片　　　　　　c. 螺旋形沉降片

图 8-8　沉降片示意图

　　2. **释放介质**　如果说试验装置是在模拟人体,释放介质则是在模拟胃肠道内容物,但无论如何也只能是很粗略地模拟。

　　(1) 种类:试验介质的选择标准首先需考虑口服剂型进入人体后的转运过程。穿过胃肠道的过程涉及 pH 的变化,即从胃中的 pH 1~2 到结肠中的 pH 7.4。表 8-3 列出了空腹状态下胃肠道各部位的 pH 范围以及药物停留时间。通常情况下,亲水性介质(水、0.1mol/L 盐酸溶液和不同 pH 的缓冲盐溶液)为首选的溶出介质。表 8-4 列出了溶出度试验中最常用的溶出介质。含有酶的模拟胃液和肠液在消化交联明胶中有着重要的作用。因此,当辅料中含有交联明胶时,模拟胃液中可添加适量的胃蛋白酶,模拟肠液中则添加适量的胰酶,以更加接近人体内的释放情况。对于水难溶性药物,可选用亲水性介质加适量的表面活性剂或非挥发性有机溶剂(如丙二醇)以满足"漏槽条件"。漏槽条件的生理学解释为药物一旦释放出来,立即在体内迅速吸收。另外,《英国药典》还规定事先应除去介质中溶入的气体,《美国药典》(US Pharmacopeia,USP)规定介质中的气体应不影响释放度。

表 8-3 胃肠道生理(空腹状态)

部位	pH	停留时间 /h
胃	1.5~2	0~3
十二指肠	4.9~6.4	
空肠	4.4~6.4	3~4
回肠	6.5~7.4	
结肠	7.4	>18

表 8-4 常用的溶出介质

pH	溶出介质	备注
4.4~7.6	纯水	
1~3	HCl	0.1~0.001mol/L
1.2	模拟胃液	有或无酶
4.1~5.5	乙酸盐缓冲液	50mmol/L
5.8~8.0	磷酸盐缓冲液	50mmol/L,钠盐或钾盐
6.8	模拟肠液	有或无胰酶

　　胶囊剂不管填充物是固态还是液态,都是另一种口服固体剂型。囊壳的溶出是药物释放的一个附加步骤,通常导致释药迟滞。胶囊剂分为两种,包括通过同步填充成型而制成的具有弹性的软胶囊和由两个囊壳连接组成的硬胶囊。明胶一般是通过水解从猪或牛的骨骼或皮肤中提取的胶原而得,通常用来制备囊壳。水解可以在酸性条件(A 型明胶)或碱性条件(B 型明胶)下进行,不同方法制备所得的明胶其等电点不同(A 型明胶为 5,B 型明胶为 7),进而影响明胶的溶解度。明胶是一种反应活性较高的物质,会在醛、染色剂、高湿以及光照条件下自发交联,这将导致明胶胶囊的溶解度降低,从而阻滞或者严重延迟胶囊崩开,严重时会减少药物释放和吸收。在研究囊壳交联产生的原因时,必须意识到醛类物质的来源多种多样,其中包括辅料中的杂质、辅料降解产生的副产物(如脂肪酸氧化),甚至是包装材料的问题。在溶出介质中,交联明胶将会呈现膨大的胶状袋,俗称为壳膜,将囊内材料包住。在胃中含酶的酸性条件下,一般可以消化交联明胶,所以交联明胶对体外溶出的影响较体内行为更大。

　　由制药工业、胶囊生产商、学术界以及 FDA 的药物审评中心组成一个联合委员会,他们透彻地研究交联现象对制剂的体内和体外行为的影响。联合委员会推荐一种两阶段试验方法来测定胶囊剂的溶出度,并且该方法已被《美国药典》收载。第二阶段试验采用与首次溶出度试验相同的溶出介质进行,但是要加入蛋白酶。在 pH 低于 6.8 的酸性介质条件下,多使用活力为 7.5×10^5U/L 的胃蛋白酶;在 pH 高于 6.8 的介质条件下,多使用活力不大于 1 750U/L 的胰酶。由于第一阶段介质与第二阶段介质的唯一不同之处是后者含有一定量的酶,因此在选择第一阶段介质时,必须保证其能够合理地评价制剂的体外释药行为,并考察其与酶的相容性。有报道表示,胃蛋白酶的最适 pH 一般为 2,在 pH 等于或高于 6 的条件下活力会有所下降。Gallery 等证实在 pH 6~8 时,USP 推荐的胰酶量的效力不如胃蛋白酶,因此建议将酶使用量升至原来的 3 倍。为了发挥酶的最大效力,通常不推荐使用中间的 pH。由于表面活性剂会使酶变性或降低活力,所以应该谨慎选择。由于十二烷基硫酸钠(sodium dodecylsulfate,SDS)除了会造成酶失活外,还会与明胶发生反应,在酸性介质中形成含有凝胶与表面活性剂的沉淀,使溶出速率降低,因此在建立明胶产品溶出方法时,应竭力避免使用 SDS。

由于诸如牛海绵状脑病(疯牛病,bovine spongiform encephalopathy,BSE)、明胶较高的化学反应活性以及一些患者需要限制动物制品的摄入等问题的存在,科研人员开发了一些明胶的替代品,其中比较受欢迎的一种新型材料就是羟丙甲基纤维素(HPMC)。HPMC 胶囊以卡拉胶作为凝胶剂,卡拉胶的强度会受到溶出介质的组成的影响,尤其是阳离子特别是钾离子的影响,这种影响将延长制剂的崩解及溶出时间。Missaghi 和 Fassihi 研究显示在 50mmol/L 磷酸钾缓冲液(pH 6.8)中,HPMC 胶囊的平均崩解时限为270 秒,而明胶胶囊则为 53 秒。同样的布洛芬胶囊的溶出(装置 b,50r/min,900ml)表现有 15 分钟的迟滞。在无钾介质中,药物崩解或溶出之前的迟滞现象依然存在,但不明显。体内试验也显示,布洛芬胶囊有迟滞释药现象,但对其药代动力学参数在统计学上没有显著的影响。因此,如果采用 HPMC 作为囊壳的胶囊,则在选择溶出介质时必须避免含钾盐,在需要使用缓冲液时应采用钠盐。

(2) 体积:释放介质的体积共有 250ml、500ml、750ml、900ml 和 1 000ml 5 种,其中 900ml 和 1 000ml比较常用。除另有规定外,《美国药典》规定释放介质的体积为 900ml,《英国药典》规定为 1 000ml。选择释放介质体积的一个重要标准是漏槽条件,即药物所在释放介质中的浓度远小于其饱和浓度,这是在测定释放度时需要控制的主要试验参数之一。

(3) pH:生理 pH 在胃内为 1.5~2,在小肠内约为 7,在结肠内约为 7.4。在释放度的测定中,常用人工胃液、人工肠液、0.1mol/L 盐酸溶液、pH 6.8 磷酸盐缓冲液或 pH 4~8 缓冲液。通常先用低 pH 的人工胃液再换用高 pH 的人工肠液可以模拟制剂将要经历的体内 pH 变化,但在各 pH 区经历的时间却是无法确定的。药典一般规定低 pH 区所用的时间为 2 小时,显然是在模拟胃内的低 pH 环境。但这样的模拟只是一种比较粗糙的模拟,精确模拟 pH 环境是不现实的。

(4) 温度与黏度:因为人体的体温一般为 37℃,所以大多数口服缓控释制剂的释放度测定温度都选用 37℃。进食状态下的胃肠道内液体往往具有一定的黏度,因而会对释药系统的释放行为有很大的影响,有时选择适宜黏度的释放介质可能会获得比较理想的体内 - 体外相关性效果。例如,文献报道中有采用甲基纤维素来增加介质黏度的报道。

(5) 离子与离子强度:胃液中的主要离子是 H^+ 和 Cl^-,肠液中的主要离子是 HCO_3^-、Cl^-、Na^+、K^+、Ca^{2+}。释放度试验常使用的人工胃液即稀盐酸;而人工肠液则使用磷酸盐缓冲液,并未模拟肠内的离子环境。《美国药典》中有的项目明确规定了缓冲盐的种类和含量。离子的种类及含量一方面可能会与控释辅料相互作用,直接影响释药系统的释药特性,这对于可以解离荷电的高分子材料作用最为显著;另一方面,还会导致介质的渗透压大小不同,从而影响水分向释药系统内部渗透的速度,最终影响释药系统的释药特性。

(6) 表面活性:释放介质的表面活性对于药物及释药系统均有影响。胆汁中的胆盐、胆固醇和卵磷脂不仅可以增加难溶性药物的溶解速度和程度,获得较高的生物利用度,还可以提高水分对于释药系统的浸润性,使释药系统的释药开始时间缩短,从而缩短释药初期的"时滞"。在体外试验中,使用十二烷基硫酸钠、聚山梨酯或其他表面活性剂来增加难溶性药物溶解度的报道很多。

3. 搅拌 为了模拟胃肠道运动,体外释放度测定中都规定一定的搅拌速率和强度,一般为25~150r/min(《美国药典》规定搅拌速率的差异要保持在 ±4% 以内,《英国药典》规定在 ±5% 以内);无特殊规定时,一般桨法为 50r/min、篮法为 100r/min。

4. **取样时间点** 《中国药典》(2020 年版)对取样时间点的规定如下:释药全过程的时间不应低于给药的间隔时间,且累积释放百分率要求达到 90% 以上。在制剂的质量研究中,应以累积释放百分率对时间绘制释药曲线图,制订合理的释放度取样时间点。除另有规定外,从释药曲线图中应至少选出 3 个取样时间点,第一点为开始 0.5~2 小时的取样时间点(累积释放百分率约为 30%),用于观察药物是否有突释;第二点为中间的取样时间点(累积释放百分率约为 50%),用于确定释药特征;最后的取样时间点(累积释放百分率 >75%),用于考察释药量是否基本完全。应该引起注意的是,对于大多数口服缓控释制剂,胃肠道的有效吸收时间为 8~12 小时。因此,在开发研制新的口服缓控释制剂时,体外释放度测定往往测到 8~12 小时,取样时间点应在初期设置多些,而在末期设置少些。但有些药物在结肠末端甚至直肠上部仍可以被吸收,这样的药物在制成每日给药 1 次的释药系统时,体外释放度测定往往可以测到 14~18 小时。

5. **取样点** 《美国药典》规定取样的位置应在桨或转篮的顶部到液面这段距离的 1/2 处,而且应距离容器内壁 1cm 以上;《英国药典》规定在容器壁与转篮外部距离的 1/2 处及转篮中部的交叉处;《欧洲药典》(European Pharmacopoeia,EP)桨法的取样点在搅拌叶的尖端和距离容器最低点 50~60mm 处。

6. **剂量倾泻** 口服缓释制剂延长了药物的持续作用时间,提高了服药依从性,同时减少了药物的副作用。但在某些特殊情况下如大量摄入含乙醇饮料或饮酒,药物可能由缓慢释放转变为短时快速释放,导致剂量倾泻(dose dumping)。乙醇的引入可能造成药物的溶解度提高;缓控释结构被破坏,进而导致药物过快释放(包衣片、溶蚀性 / 不溶性骨架片);凝胶材料溶胀行为的变化;乙醇摄入后胃肠道生理性质的变化。曾有一种盐酸氢吗啡酮缓释胶囊因被发现用含乙醇饮品冲服(用 240ml 乙醇含量为 40% 的饮品冲服 12mg 胶囊)后引起血药峰浓度增加 6 倍(与用水冲服比),具有严重的安全隐患,直接导致该产品退市。这一问题的出现也促使各管理机构开始关注乙醇存在下缓控释制剂的剂量倾泻问题,并出台了相关指导原则。

对剂量倾泻试验条件的要求,日本采用的是在最具区分力的介质中增加转速,而美国 FDA、EMA 则都要求增加一定比例的乙醇。FDA 则规定在 0.1mol/L 盐酸溶液中添加 0、5%、20% 和 40% 的乙醇作为释放介质,且规定取样时间为 2 小时,每间隔 15 分钟取样;而 EMA 要求在常规介质中添加 5%、10% 和 20% 的乙醇,未规定取样时间。具体的相关要求如表 8-5 所示。

表 8-5　FDA 和 EMA 对乙醇诱导的缓释制剂剂量倾泻试验的相关要求

类别		FDA	EMA
测试方法	释放介质	0.1mol/L HCl	常规介质
	乙醇浓度	0、5%、20% 和 40%	5%、10% 和 20%
	取样时间	每 15 分钟取样至 2 小时	未定义
需要测试的制剂		阿片类调释制剂;具有乙醇诱导剂量倾泻风险的调释制剂	口服调释制剂
检验标准		仿制药处方应在乙醇中表现出坚固的性能;如果仿制药处方在乙醇中释放加快,其释放速率应与参比制剂相当	如果证实乙醇诱导剂量倾泻,则应更改处方;如果乙醇诱导的剂量倾泻无法避免,并且在参比制剂中存在同样的情况,则应提前说明服用该药物的患者不允许饮酒

使制剂能够抵御乙醇诱导的剂量倾泻是十分必要的。对布洛芬缓释制剂进行研究,比较其由胶体二氧化硅、聚维酮、硬脂酸、黄原胶、滑石粉、HPMC、二氧化钛制备的亲水凝胶骨架片和由胶体二氧化硅、硬脂酸镁、硬脂酸、聚维酮制备的脂溶性骨架片在有无乙醇的释放介质中的释放曲线,发现40%乙醇的引入提高了布洛芬的溶解度(pH 1.1的介质:0.084mg/ml;pH 1.1+40%乙醇的介质:16.613mg/ml),并且对不同类型骨架片的释放均有加速,但亲水凝胶骨架片的释放更低,如图8-9所示(含30%黄原胶。0~2小时:pH 1.1的盐酸溶液,900ml,含/不含40%乙醇;2~4小时:pH 6.8的介质,900ml;4~8小时:pH 7.4的介质,900ml)。经研究发现,黄原胶(xanthan gum,XG)作为一种以D-葡萄糖、D-甘露糖和D-葡萄糖酸为主要己糖单元的高分子量多糖,可作为缓释材料,并可防止突释。比较不同的黄原胶粒径以及黄原胶含量对茶碱片在含或不含40%乙醇条件下的释放情况。结果发现,在30%的黄原胶含量下,低粒径的黄原胶具有更强的维持药片在40%乙醇中完整性的能力(图8-10),但高黄原胶用量的处方无论黄原胶粒径大小,均显示出良好的抗乙醇能力,2小时内的释放量未见显著改变,如图8-11所示,检测条件为:USP装置2(桨法);$37℃±0.5℃$;50r/min;平均值±标准偏差,$n=3$;$\lambda=271nm$处进行紫外检测。

(二)药物释放曲线的比较

作为制剂性能的评价指标,溶出度试验的结果可用于确保制剂生产的一致性。这包括证明制剂生产工艺、场所或辅料改变后的释放等特性。当用于比较产品的相似性或差别时,需要小心注意一些潜在的可能影响试验结果的因素。不同实验室或实验员之间结果的差异可能是由不同制造商生产的检测仪器、不同脱气方法、仪器装置的机械校验程度或分析师培训水平不同而引起的。累积释放曲线是反映缓控释制剂体外释药行为最重要的方式,它往往与释药系统的体内释药行为紧密相关,因而在特定的条件下可以替代生物等效性试验评价释药系统的体内释药行为。

在口服缓控释制剂的研究开发中,通过对比不同处方之间(或受试制剂和参比制剂之间)的累积释放曲线,可以判断处方因素、工艺因素以及释放条件对药物体外释放行为的影响,也可以判断不同厂家之间相同制剂释药行为的差别。因此,关于如何定量评判累积释放曲线之间的差别始终是药学工作者关注的问题之一,有关的文献报道也较多,可分为模型依赖法和非模型依赖法两类。模型依赖法是将释

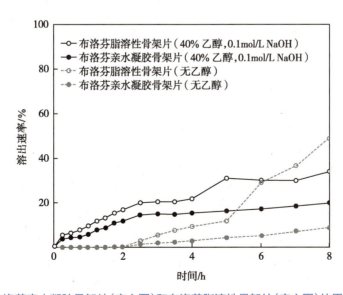

图8-9　布洛芬亲水凝胶骨架片(实心圆)和布洛芬脂溶性骨架片(空心圆)的累积释放曲线

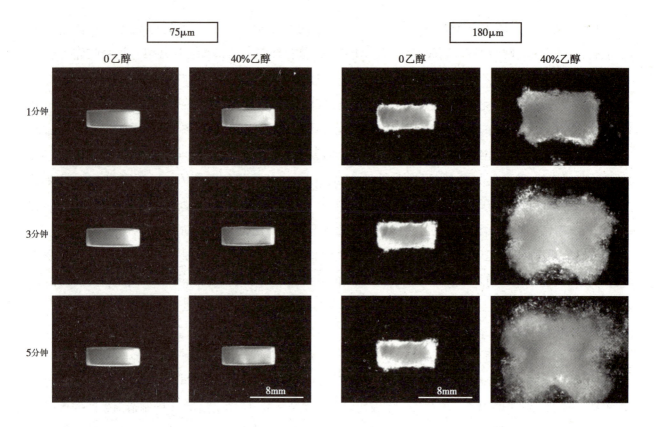

图 8-10 在不含乙醇和 40% 乙醇溶胀期间的 3 个不同时间点的 8mm 基质片剂图像

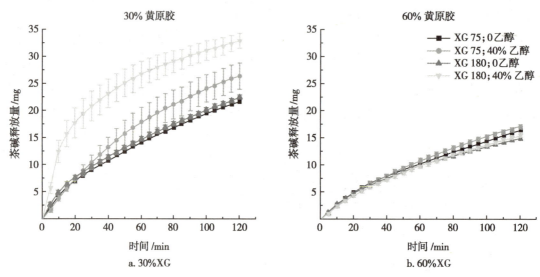

图 8-11 XG 在含 / 不含 40%(*V/V*)乙醇的 900ml 0.1mol/L HCl 中的茶碱溶出曲线

放度数据进行模型拟合后,利用模型的参数判断曲线的相似性;而非模型依赖法是对试验测得的累积释放度进行直接的数据处理,利用多元方差分析或其他方法评价曲线的相似性。在非模型依赖法中最具代表性的就是方差分析法和相似因子法(f_2)。方差分析法中涉及复杂的协方差矩阵的计算,显得较为烦琐,本书不作详细介绍;而相似因子法(f_2)的计算简单可行,已成为 FDA 推荐的方法,正在被广泛应用。

$$f_2 = 50 \lg \left\{ \left[1 + (1/T) \sum_{i=1}^{T} (\overline{x}_{ti} - \overline{x}_{ri})^2 \right]^{-1/2} * 100 \right\} \qquad \text{式(8-1)}$$

式(8-1)中,$\overline{x}_{ti}$和$\overline{x}_{ri}$分别代表受试和参比制剂第i点的平均累积释放度;T为测试点数。

但是,通常所采用的f_2因子是基于受试和参比制剂的样本均值求得的,并没有考虑受试或参比制剂本身不同样本之间的差异,因此基于少数样本求得的f_2值与总体样本的f_2值相比往往较小,即依据f_2值所做出的判断往往偏于保守。有关文献报道对因子进行了相应的校正,提出目前比较常用的无偏相似因子(f_2^*)的概念。

$$f_2^* = 50\lg\left\{1+(1/T)\left[\sum_{i=1}^{T}(\overline{x}_{ti}-\overline{x}_{ri})^2 - \sum_{i=1}^{T}(s_{ti}^2-s_{ri}^2)/n\right]\right\}^{-1/2} *100 \qquad 式(8-2)$$

式(8-2)中,s_{ti}^2和s_{ri}^2分别代表受试和参比制剂第i点的累积释放度的方差;n为样本数。

当f_2(或f_2^*)值在50~100时,表明两条释放曲线在各个观测点的平均差值不超过10%,即可认为相似。f_2(或f_2^*)值越接近100,则表明两条释放曲线的相似程度越高。差异的平方确保与参比曲线相比,正、负偏差不会相互抵消。因为f_2的结果是对试验试剂和参比制剂溶出曲线平均值的比较,而不考虑制剂内的变异性,因此用f_2值来评价溶出曲线的相似性时要求被比较的两制剂溶出曲线的制剂内变异系数在较早时间点应小于20%,后期时间点应小于10%。此外,为了避免假阳性,计算仅可以包括一个释放大于85%的时间点。

二、体内释药行为评价

缓控释制剂最终需要进行体内试验评价,其意义在于用动物或人体验证该制剂在体内控制释放性能的优劣,并将体内数据与体外数据进行相关性考察,以评价体外试验方法的可靠性;同时通过体内试验进行制剂的体内药代动力学研究,求算各种药代动力学参数,为临床用药提供可靠的依据。

(一)动物模型的选择

1. **大鼠**　鼠的体积较小并且对给药剂量需求较小,故已被用于各种制剂开发和安全性评估的研究中。据报道,大鼠口服给药后的药物吸收可预测人类的药物吸收情况。但是,由于大鼠的胃肠道较小,所以必须对口服给药的非崩解制剂进行调整。例如固体制剂通常以粉末或小包衣颗粒的形式直接施用于胃或肠段。

据报道,大鼠对于某些胃黏膜黏附制剂具有一定的预测潜力。在一项研究中考察呋塞米在非黏性和黏性微球中的释放,通过插管将(干燥的)微球注入胃中,然后灌入1ml水,与非黏性制剂相比,施用黏性制剂的大鼠血浆中的呋塞米浓度持续升高。尽管如此,大鼠模型也并不一定适用于所有黏膜黏附制剂。另外,大鼠模型长期以来被应用在肠溶微球的研究中。例如将肠溶性聚合物制备成的纳米球与传统的肠溶性微球在大鼠模型上进行比较,结果发现纳米球的结肠靶向性能优于肠道微球,从而在大鼠结肠炎模型中产生"优越的治疗效果"。据报道大鼠模型可用于评估pH、时间和酶响应型结肠靶向制剂。有研究报道,在溃疡性结肠炎大鼠模型中,相较于口服或经直肠给药的API悬浮液,基于pH(外部有抗胃酸包衣)、时间(内部有延迟包衣)和酶(内部有药物核心)控制药物释放机制相组合的结肠靶向制剂可以将药物特异性地递送至结肠,且治疗性能更加优异。

2. **犬**　犬用于对人用剂型进行药代动力学评估是非常常见的,其中比格犬是最常见的品种,此外对于杂种犬和大型犬也有一定的研究报道。但需要注意的是,犬和人对于缓控释制剂的药代动力学研究之间存在很多的不一致之处,其原因在于犬和人类在幽门孔大小、胃部收缩、流体动力学、食物含量、胃肠液量以及代谢和转运等方面的差异。

当骨架片的潜在释放机制主要是扩散时,应用犬作为动物模型通常可以预测制剂在人体内的表现。如果释放的主要机制是溶蚀,由于犬类胃的收缩更强、流动更快,故与人类相比在犬体内制剂的释放似乎被加速了。据报道,犬的小肠对于某些原料药的渗透性高于人类,从而导致对某些化合物的生物利用度的预测过高。这种物种差异可能有利于应用犬类模型来评价渗透性较差的化合物的缓控释制剂的体内性能。对于治疗溃疡性结肠炎和癌症的结肠给药系统的研究兴趣逐年增长。在某些犬类中,胃的 pH 是可变的,而在犬和人类中结肠的 pH 均大于 6.5。此外,犬和人的结肠转运时间都对饮食敏感,并且结肠转运时间重叠。

3. **猫**　也许由于猫的潜在的暴躁本性,在预测人类缓控释制剂性能的研究中,猫的使用不如狗多见。但是,在某些情况下应考虑使用猫。例如,尼古丁和香豆素是经细胞色素 P450 2A 代谢的两种药物,而猫(不是狗)则具有细胞色素 P450 2A。对于某些 API,口服速释(IR)制剂后 API 的肠初次提取物可能饱和,而口服缓控释制剂后则没有。在这种情况下,可能必须优化制剂的释放曲线以解决这种代谢酶的问题。从药代动力学数据的反卷积计算体内释放参数会发现,对于尼古丁和香豆素这两种药物来说,应用猫比犬更加能够预测缓控释制剂在人体的释药性能。

4. **猪**　尽管猪的胃肠道生理特点与人类有一些相似之处,但是两者在胃排空液体半衰期上的差异(猪为 1.4 小时,人类为 11 分钟)使它不太可能成为口服单位制剂的模型。解决此问题的一种可能方法是绕过胃,这已经通过在犬中使用 Thiry-Vella 瘘管和改良的"血管通路"实现了。一些报告证明了猪在证明缓控释制剂的体内性能方面的实用性,但没有评论它们作为人类模型的预测价值。

5. **猴**　在所有物种中,虽然猴在遗传上与人类最为相似,但是某些胃肠道的生理学差异可能会影响该模型的预测效用。例如,食蟹猕猴似乎对某些胃黏膜黏附制剂没有预测潜力。尽管十二指肠的长度仅为人类的 20%,但在"恒河猴和食蟹猕猴"中的吸收情况似乎可以预测人类的生物利用度。目前已应用食蟹猕猴对肠溶性微球、片剂和缓控释片进行人类的生物利用度预测。在体外和食蟹猕猴中检查控释的乙基纤维素包衣的多颗粒制剂的性能。根据体外溶出度数据,该制剂在猴体内的表现似乎和预期相似。但值得注意的是,食蟹猕猴较短的胃肠道明显不利于用其进行能够释放 8 小时的控释基质片剂的体内 - 体外相关性研究。

(二)临床前药代动力学试验

对于试制的口服缓控释制剂,首先应进行动物实验,研究单剂量给药和多剂量给药后的药代动力学特征,考察其缓释特征。在试验中原则上采用成年比格犬或杂种犬,体重差值一般不超过 1.5kg。参比制剂应为上市的被仿制产品或合格的普通制剂。

1. **单剂量给药**　对于缓控释制剂可采用自身对照或分组对照进行试验,每组动物数不应少于 6 只。禁食 12 小时以上,在清醒状态下,按每只动物等量给药,给药剂量参照人体临床用药剂量。取血点的设计参照有关的要求。血药浓度 - 时间曲线数据可采用房室模型法或非房室模型法估算相应的药代动力学参数,至少应提供 AUC、t_{max}、C_{max}、$t_{1/2}$ 等参数,并与同剂量普通制剂的药代动力学参数相比,阐述试验制剂的吸收程度是否生物等效、试验制剂是否具有所设计的释药特征。

2. **多剂量给药**　对于缓控释制剂可采用自身对照或分组对照进行试验,每组动物数不应少于 6 只。每日 1 次给药时,动物应空腹给药;每日多次给药时,每日首次应空腹给药,其余应在进食前 2 小时或进食后至少 22 小时后给药,连续给药 4~5 日(7 个半衰期以上),在适当的时间(通常是每次给药前)至少取血 3 次,以确定是否达到稳态水平。最后每日给药 1 次,并取稳态时完整给药间隔的血样分析。采用房室模型法或非房室模型法计算药代动力学参数,提供 t_{max}、C_{max}、稳态药 - 时曲线下面积(AUC_{ss})、波动系数(degree of fluctuation,DF)和稳态血药浓度均值(C_{av})等参数,与被仿制药或普通制剂比较吸收程度、DF 及 C_{av} 是否有差异,并考验制剂是否具有缓控释药特征。

(三)人体生物利用度和生物等效性试验

生物利用度(bioavailability)是指剂型中的药物吸收进入人体血液循环的速度和程度。生物等效性(bioequivalence)是指一种药物的不同制剂在相同的试验条件下,给予相同的剂量,反映其吸收速率和程度的主要动力学参数没有明显的统计学差异。缓控释制剂在完成临床前试验后,经国家药审部门批准后,应进行人体生物利用度和生物等效性试验以进一步考察制剂在人体内的释药情况。生物利用度和生物等效性试验应在单次给药和多次给药达稳态时进行。

1. **单次给药双周期交叉试验**　旨在比较受试者于空腹状态下服用缓控释受试剂与参比制剂的吸收速率和程度的生物等效性,并确认受试制剂的缓控释动力学特征。

(1) 参比制剂:应选用与该缓控释制剂相同的国内外上市主导产品作为参比制剂;若是创新的缓控释制剂,则以该药物已上市的同类普通制剂的主导产品作为参比制剂,据此证实受试制剂的缓控释动力学特征及与参比制剂在吸收程度方面的生物等效性。

(2) 试验过程:与普通制剂的给药方法相同。

(3) 药代动力学参数与数据:各受试者服用缓控释受试制剂与参比制剂后不同时间点的生物样品药物浓度以列表和曲线图表示;计算各受试者的药代动力学参数并计算均值与标准差,包括 $AUC_{0 \to t}$、$AUC_{0 \to \infty}$、C_{max}、t_{max}、F,并尽可能提供其他参数,如吸收速率常数(K_a)、体内平均停留时间(mean residence time,MRT)等。

(4) 生物利用度与生物等效性评价:缓控释受试制剂单次给药的相对生物利用度估算同普通制剂。缓控释受试制剂与相应的参比制剂比较,AUC、C_{max}、t_{max} 均符合生物等效性的统计学要求,可认定两制剂于单次给药条件下生物等效;若缓控释受试制剂与普通制剂相比,AUC 符合生物等效性要求,而 C_{max} 明显降低、t_{max} 明显延长、K_a 显著降低,则显示该制剂具有缓控释动力学特征。

2. **多次给药双周期交叉试验**　旨在比较缓控释受试制剂与参比制剂多次连续给药达稳态时,药物的吸收程度、稳态血药浓度及其波动情况。试验设计如下:

(1) 给药方法:每日 1 次给药的缓控释制剂,受试者于空腹 10 小时后晨间给药,给药后继续禁食 2 小时;每日 2 次(每 12 小时 1 次)给药的缓控释制剂,首剂于空腹 10 小时后给药,并继续禁食 2 小时,第 2 剂应在餐前或餐后 2 小时给药。每次用 150~200ml 开水送服。以普通制剂作为参比制剂时,该参比制剂照常规方法服用,但应与缓控释受试制剂的剂量相等。

(2) 采样时间点的设计:连续给药的时间达 7 个消除半衰期后,应连续测定至少 3 次谷浓度,以证实受试者的血药浓度已达稳态。谷浓度的采样时间点应安排在不同日的同一时间。达稳态后的最后一个给药周期内,参照单次给药的采样时间点设计,测定血药浓度。

(3) 药代动力学参数与数据:各受试者服用缓控释受试制剂与参比制剂后不同时间点的血药浓度数据以及均数和标准差;各受试者至少连续 3 次测定稳态谷浓度(C_{min});各受试者在血药浓度达稳态后末次给药的血药浓度 - 时间曲线;C_{max}、t_{max} 及 C_{max} 的实测值;并计算末次剂量给药前与达 τ 时间点实测

C_{min} 的平均值;各受试者的 AUC_{ss}、C_{av}($C_{av}=AUC_{ss}/\tau$,式中 AUC_{ss} 为稳态条件下用药间隔期 $0\sim\tau$ 时间内的 AUC,τ 为用药间隔时间);受试者的血药浓度波动度 $[DF=(C_{max}-C_{min})/C_{av}\times100\%]$。

（4）统计分析与生物等效性评价:与缓控释制剂的单次给药试验基本相同。

三、体内 - 体外相关性评价

数十年来,一直在寻求开发用于评估或预测药物产品的体内性能的体外测试和模型,作为筛选、优化和监测剂型的手段。对于缓控释制剂的体外评价,目的是用体外试验代替体内试验,以控制制剂的质量。通过探索体外释放与体内吸收曲线之间的关联,可以确定药物制剂的体内 - 体外关系。然而,只有当体外试验与体内试验呈现相关关系时,才可能通过体外数据预测体内情况,即需要在体内、体外试验的基础上对所得的试验数据进行相关性评价。如果体外试验结果与体内数据不具相关性,则体外试验的工作是没有意义的。

(一) 体内 - 体外相关性的分类

从体外释放曲线精确地预测体内生物利用度是长期追求的目标。在释放度的测定中,释放介质和试验装置都是在试图模拟一个近似于体内的环境,以便从体外数据推测体内释药情况。体外释放度试验的重要性:①提供生产过程的控制和质量保证;②确定在整个时间过程中产品的稳定释放特性;③促进某些规定的确定(如微小的处方改变或制备场所的改变不会影响释放行为)。在某些情况下,尤其是对于缓控释制剂处方,释放度试验不但能提供制备过程中的质量控制,而且还能预示该处方在体内的行为。但胃肠道的环境比较复杂,在目前的条件下是无法精确模拟的。因此,对体外释放数据与体内吸收数据进行相关性分析十分必要,如果两者显著相关,可用体外释放结果作为该产品体内生物利用度特性质量相关的指标,也可用于处方筛选和批间质量控制,以减少在初始审批过程中和中试放大及审批后的改变过程中所进行的生物等效性研究的数目。一般地,按照相关的程度将体内 - 体外相关性进行分类。

1. **A 水平相关** A 水平的相关性常用两个阶段的步骤评估:对各个时间点的体内药物吸收分数与相应时间点的体外药物释放分数进行相关性评估。此类相关性通常是线性的,在体内溶出与体外输出速率之间存在一个点 - 点关系(如药物从剂型中的体外溶出)。在线性关系中,体内溶出与体外释放曲线可直接重叠;或者通过使用一个比例因子使两者重叠。

（1）反卷积法:缓控释制剂在体内的动态过程是一个稳态的线性系统,可用卷积 - 反卷积法对其进行描述。根据质量守恒原则,药物在体内的浓度可用下列卷积法方程表示。

$$C(t)=\int_0^T R(\theta)W(T-\theta)\mathrm{d}\theta \qquad \text{式}(8\text{-}3)$$

式(8-3)中,$R(\theta)$ 为给药速度,数学上称为输入函数,对缓控释制剂来说,$R(\theta)$ 就是描述药物通过吸收部位进入体循环的特征函数;$W(T-\theta)$ 为单位脉冲给药后的体内药物浓度随时间变化的函数,也称为权函数。方程的意义即为时间 T 时的体内药物浓度 $C(t)$ 可表示为无限个微小函数与权函数乘积之和。

当 W 为静脉注射的药物浓度函数、$R(\theta)$ 为口服输入函数时,C 为口服缓控释制剂后的药物浓度函数;当 W 为口服溶液或标准速释制剂的药物浓度函数、$R(\theta)$ 为口服缓控释制剂的输入函数时,C 为口服缓控释制剂后的药物浓度函数。

通常选择普通片或胶囊作为标准速释制剂,对上述方程进行反卷积,可以求得缓控释片或胶囊的输

入函数 $R(\theta)$。以 $R(\theta)$ 对相应时间点的累积释放度进行直线回归,直线的相关系数大于相关系数临界值即表示相关性良好。

(2) 模型依赖法:根据药物动力学模型进行计算,本法对吸收动力无假设。若是单室模型,应用 Wagner-Nelson 方程可根据质量平衡推导而得。

$$X_a = X_i + X_e \qquad\qquad 式(8\text{-}4)$$

式(8-4)中,X_a、X_i 和 X_e 分别为 t 时的药物吸收量、体内药量和消除药量。

$$\frac{dX_a}{dt} = \frac{dX_t}{dt} + \frac{dX_e}{dt} = \frac{dX_t}{dt} + KX_t = V\frac{dC_t}{dt} + KVC_t$$

$$(X_a)_T = VC_T + KV\int_0^T C_t dt$$

$$F_a(T) = \frac{(X_a)_T}{(X_a)_\infty} = \frac{C_T + K\int_0^T C_t dt}{K\int_0^T C_t dt} \qquad\qquad 式(8\text{-}5)$$

式(8-5)中,$F_a(T)$ 为 T 时吸收药物的分数(F_D)。实际上,Wagner-Nelson 法是反卷积法的特例。

对于多隔室模型药物,则可应用 Loo-Riegelman 法进行吸收分析。Loo-Riegelman 方程为用于 1~3 个隔室药物吸收分析的通式,但需要静脉注射给药。对于双指数配置,根据质量守恒原则有:

$$(X_a)_T = X_c + X_p + X_e \qquad\qquad 式(8\text{-}6)$$

式(8-6)中,X_c 和 X_p 分别为 T 时中心室和外周室中的药量。经推导得式(8-7):

$$\frac{(X_a)_T}{V_C} = C_T + K_{12}e^{-K_{12}T}\int_0^T C_t e^{-K_{12}t} dt + K_{10}\int_0^T C_t dt \qquad\qquad 式(8\text{-}7)$$

对于 3 次指数配置,根据质量平衡原理也可推得类似方程。

$$\frac{(X_a)_T}{V_C} = C_T + K_{12}e^{-K_{12}T}\int_0^T C_t e^{-K_{12}t} dt + K_{13}e^{-K_{13}T}\int_0^T C_t e^{-K_{13}t} dt + K_{10}\int_0^T C_t dt \qquad\qquad 式(8\text{-}8)$$

Loo-Riegelman 法同样是体内 2 次或 3 次指数配置的反卷积法的特例。

尽管体内 - 体外相关性研究的方法很多,在实际应用时,最常用的还是利用模型参数 K_e 求算药物的体内吸收分数(单室模型药物用 Wagner-Nelson 法、多室模型药物用 Loo-Riegelman 法),以吸收分数与同时间点的体外累积释放百分率回归得直线方程,从相关系数判断相关性好坏。隔室模型拟合法应用所有体内外数据点,数据上的点 - 点对应能较完整地反映药物的体外释放与体内吸收情况,这种相关性水平较高,适用于缓控释制剂。

但是隔室模型拟合的方法有其不足,计算吸收分数时引入参数 K_e,K_e 是根据血药浓度 - 时间曲线尾数数据回归得到的,而对于缓控释制剂体内消除时间长,根据口服试验数据计算的 K_e 与实际值有较大的偏差。而直接以试验数据进行计算的反卷积法是研究缓控释制剂体外释放与体内吸收相关性的最佳方法。反卷积法不需要模型拟合,通过数学处理由试验数据直接获得药物的体内动态情况,对于模型化困难的药物尤其适用。但反卷积法方程中输入函数的计算需要同一药物的另一剂型(如溶液剂或标准速释制剂),有关反卷积法在缓控释制剂体内 - 体外相关性研究中的应用国内涉及极少。

2. B 水平相关　B 水平的相关性运用了统计矩的分析原理,是指体内平均停留时间与体外平均溶出时间的相关性。B 水平的相关性就像 A 水平的相关性一样,所使用的仍是体内和体外数据,但不同的是它没有看成是点 - 点的相互关系。

应用统计矩分析方法可分别算出平均停留时间(MRT)、平均吸收时间(mean absorption time,MAT)或平均体内释药时间以及体外平均溶出时间(mean dissolution time in vitro,MDT$_{in\ vitro}$)。比较体内外数据可得较高水平的相关关系。体内参数如下:

$$MRT=AUMC/AUC \qquad\qquad 式(8\text{-}9)$$

$$MAT_{p.o.}=MRT_{p.o.}-MRT_{i.v.} \qquad\qquad 式(8\text{-}10)$$

$$MDT_{solid}=MRT_{solid}-MRT_{liquid} \qquad\qquad 式(8\text{-}11)$$

式(8-9)~式(8-11)中,AUMC 为时间与血药浓度乘积 - 时间曲线下面积;AUC 为血药浓度 - 时间曲线下面积;p.o. 和 i.v. 分别表示口服和静脉注射给药;solid 和 liquid 分别表示固体制剂和液体制剂的相应参数。

体外参数 MDT$_{in\ vitro}$ 和 MRT$_{in\ vitro}$ 的计算方法有多种,包括非模型依赖法(如平面几何、推算面积及过渡曲线等)以及模型依赖法(如多项指数式、二重抛物积分等)。若未知释药级数,则可应用溶出速率曲线及梯形法则计算。

$$MDT_{in\ vitro}=ABC/A_{t_{max}} \qquad\qquad 式(8\text{-}12)$$

式(8-12)中,ABC 为药物溶出速率曲线的渐进线与坐标轴之间的面积;$A_{t_{max}}$ 为药物溶出的最大量。

水平相关的特点是无须假设药物在系统中的转运动力学。本法应用所有的体内外数据进行计算,理应反映完整的溶出及血药浓度情况,但是不同的曲线可能得到相同的平均时间值,这是本法的不足之处。

3. C 水平相关　C 水平的相关性是建立溶出参数与药代动力学参数之间简单的点的关系,例如,某个释放点(如 $t_{50\%}$、$t_{90\%}$)和药代动力学参数(AUC、C_{max}、t_{max})。C 水平的相关性不能反映整个血药浓度 - 时间曲线的形状,而该曲线的形状对定义缓控释产品的性能是至关重要的。

另外,还有人提出多重 C 水平相关,即将一个或几个重要的药代动力学参数与溶出曲线的几个时间点的药物释放量联系起来。

(二) 建立体内 - 体外相关性的通常原则

在通常情况下,应采用具有不同释放速率的两种或多种制剂评价体内 - 体外相关性。若缓控释制剂的释放速率不随释放条件的改变而变化,则单一释药速率的处方也可:首先,应在相同的条件下测得各制剂的体外释放度数据;然后,采用足够数量的受试个体进行交叉试验设计,获得各制剂的体内血药浓度 - 时间曲线;最后,采用上述方法建立不同水平的体内 - 体外相关性。如果不具有点 - 点相关的关系,则应改变体外释放的条件或引入"时间比例因子"以建立点 - 点相关的关系(但"时间比例因子"对于所有的受试制剂处方应该是相同的)。另外,如果受试制剂处方中释药速率最快或最慢的处方之一不符合已建立的体内 - 体外相关性,则该处方可从建立的相关性关系中除去,只利用满足相关性的另外两个处方建立体内 - 体外相关性;若释药速率中等的处方不符合体内 - 体外相关性,即使释药速率最快或最慢的处方均满足同一相关性,该制剂的体内 - 体外相关性关系也不存在。

总之,建立和评价体内 - 体外相关性的主要目的就是建立释放度试验替代人体生物等效性研究,以减少在初始审批过程中和中试放大及审批后的改变过程中所进行的生物等效性研究的数目。因此,体内-体外相关性的研究对于口服缓控释制剂的开发和生产都具有重要的意义。

(三) 体内-体外相关性的应用

已建立的具有预测性的体内-体外相关性主要有以下三个方面的应用:

1. **体内预测**　通过已建立的体内-体外相关性,可以用体外释药特征对体内释药行为进行预测,但应对这种预测能力进行相应的评价。

2. **生物利用度或生物等效性试验豁免**　在生产地点、生产设备、生产工艺及处方组成等发生改变时,具有较好预测能力的体内-体外相关性可以确保体外释放度试验替代体内生物利用度或生物等效性试验时可对相应的变化作出较好的反应。但是,当制剂的处方组成发生改变时,若其释药机制也随之发生变化(例如释药机制由扩散机制变为溶蚀机制),则已建立的体内-体外相关性关系将不适用。另外,对于新的制剂处方,其 $C_{\max}$ 和 AUC 与相应参比制剂的差别不应超过 20%,而且其体外释药应符合既定的释放限度规定,只有这样,才可以免做体内生物利用度或生物等效性试验。

3. **设置体外释放度限度**　一般来说,在没有进行体内-体外相关性考察的情况下,缓控释制剂在每一时间点的释放度变化一般不应超过 20%,最大也不应超过 25%。但在体内-体外相关性已经确定的情况下,则在每一时间点的释放限度变化可通过如下方法设定:在 $C_{\max}$ 和 AUC 的差异不超过 20% 的前提下,最快和最慢释药速率的处方在每一时间点的释放度即为该时间点释放限度的上限和下限。

总之,体内-体外相关性能够赋予体外释放度试验一定的体内意义,在一定的条件下能够替代生物等效性试验。因此,体内-体外相关性研究对于口服缓控释制剂的开发和生产都具有十分现实的意义。

第五节　口服缓控释给药技术及给药系统

口服缓控释技术应用至今已有 60 多年的历史,在过去的 30 年间,制剂理论、制剂技术、相关数学模型、新型缓控释材料开发等取得了巨大的进步。尤其是高性能聚合物和聚合物水分散体的出现,使得传统的工艺技术同样适用于缓控释制剂的制备。

一、常见的口服缓控释制剂

目前,大多数已上市的口服缓控释制剂都可以归为骨架型、贮库型(或膜控型)、渗透泵型、离子交换型中的一类。这些类型缓控释制剂的释药机制包括扩散机制(通过阻滞层的空隙扩散、通过弯曲的孔道、通过黏性凝胶层或聚合物链间隙)、溶胀机制(引发药物扩散和/或聚合物材料的溶蚀和溶解)、渗透压机制(药物以溶液、混悬液或软材的形式被压出)、离子交换机制(通过消化道中的离子与药物-树脂复合物离子交换)中的一种或几种。在生产、性能、质控、适用性以及研发成本等方面,每种类型的缓控释制剂都各有优缺点。

1. **骨架型缓控释制剂**　是迄今为止最常用的口服缓控释制剂类型,由药物、缓释材料以及其他辅料均匀混合制备而成。与贮库型和渗透泵型不同,它使用常规设备即可制造,开发时间和成本较低,易于放大生产,载药量范围宽,且适用于多种理化性质的药物。在骨架型制剂中药物以扩散和/或溶蚀方式释放。由于骨架型制剂的释放特征通常是由药物和控释材料的性质决定的,为了调整释放行为或实现某种特定的释放模式(如双相释药或延迟释药),往往需要如多层片、包衣微丸和压制包衣等复杂的设计和工艺。此外,由于辅料比例相同而主药量不同的骨架型制剂通常释药速率会发生改变,在新药的临床研究过程中,提供多种规格的骨架型缓控释制剂的灵活性较差。根据缓释材料的特点,骨架型制剂可分为亲水凝胶骨架制剂和疏水性(非亲水凝胶)骨架制剂两类。亲水凝胶型缓控释制剂主要使用一些水溶性和/或在水中可溶胀的控释材料;而非亲水凝胶型缓控释制剂主要使用一些水不溶性且低溶胀性的惰性控释材料,包括水不溶性高分子聚合物和生物溶蚀性材料。

(1)亲水凝胶骨架制剂(hydrogel matrix preparation):是应用亲水性聚合物为骨架材料制成的药物制剂,口服后遇消化液发生水化作用生成凝胶,药物通过扩散和/或凝胶骨架溶蚀方式释药。其特点是骨架最后可以完全溶解,药物全部释放,因此该类制剂的生物利用度较高。亲水凝胶骨架型释药系统因其释药变异性小、工艺简单、安全性高、辅料成本低廉、开发周期短、易投入工业化生产等优点,在各种缓控释制剂中占有十分重要的地位,约占上市缓控释品种的75%以上。

20世纪80年代,Lapidus和Lordi利用Higuchi方程对HPMC基质中药物的溶解速率进行不同的数学解释。药物的水溶性是影响释放机制的关键因素,如果药物的水溶性低,在聚合物水合时尚未完全溶解,则将从饱和溶液中扩散出来。式(8-13)描述在这种情况下药物从片剂单个表面的释放。

$$M_t = D/\tau \left[\left(\frac{2C}{V} - \varepsilon C_s \right) t \right]^{1/2} \qquad 式(8-13)$$

式(8-13)中,M_t为t时间内单位面积的药物释放量,g/cm^2;D为药物扩散系数,cm^2/s;ε为基质的孔隙度;C_s为药物的溶解度;c为制剂中的药物浓度,g/cm^3;τ为基质中微细孔道的扭曲系数;V为水合骨架的有效容积。

若骨架中的药物能完全溶解于水化凝胶层,则药物释放量可用如下简化式表示。

$$M_t = \frac{2C_0}{V}(D/\pi\tau) \qquad 式(8-14)$$

式(8-14)中,C_0为骨架中的药物溶液浓度。

药物释放数据还可以用式(8-15)所示的简单经验关系(通常称为幂律)来解释。

$$W = \frac{M_t}{M_\infty} = kt^n \qquad 式(8-15)$$

式(8-15)中,W为t时间内的释药百分数(%);M_t为在t时间内单位面积释放的药物量;M_∞为单位面积释放的药物总量;k为药物释放常数;n为扩散指数。

式(8-15)中的n值能够指示药物释放机制。对于圆柱形片剂,当$n \leqslant 0.45$时,药物释放遵循浓度梯度驱动的Fick扩散机制;当$0.45 < n < 0.89$时,为药物扩散和骨架溶蚀协同作用;当$n \geqslant 0.89$时,为骨架溶蚀控制机制。

考虑到基质水合开始时的滞后时间l,式(8-15)进一步修改为式(8-16)。

$$W = \frac{M_t}{M_\infty} = k(t-l)^n \qquad 式(8-16)$$

采用该校正因子后,水溶性药物如盐酸异丙嗪、氨茶碱、盐酸普萘洛尔和茶碱的n值分别为0.71、

0.65、0.67 和 0.64，难溶性药物如吲哚美辛和地西泮的 n 值分别为 0.9 和 0.82，而盐酸四环素的 n 值为 0.45，这可能是由于盐酸的损失产生四环素碱沉淀。

（2）疏水性骨架制剂（hydrophobic matrix preparation）：疏水性基质的主要控速成分本质上是水不溶性的，包括蜡、甘油酯、脂肪酸和聚合材料（如乙基纤维素、甲基丙烯酸酯共聚物等）。为了调节药物释放，可能需要将可溶性成分（如乳糖）掺入制剂中。在疏水性骨架制剂中，药物均匀地溶解或分散在整个基质中，不溶性基质的存在使得在释药过程中制剂的表面积或尺寸的变化可忽略不计。对于均匀的骨架系统，其释放行为可以用 Higuchi 方程来描述。

$$M_t=\left[DC_s(2A-C_s)t\right]^{1/2} \qquad 式(8\text{-}17)$$

式(8-17)中，M_t 为在 t 时间内单位面积释放的药物量；A 为单位体积基质的载药量；C_s 为药物的溶解度；D 为药物在基质骨架中的扩散系数。这一公式基于以下假设：①基质中的初始载药量大于药物的溶解度；②药物释放时保持伪稳态；③分散在前沿的药物溶解速度较快；④应用半无限体概念，基质的面积大到可以忽略边缘效应；⑤扩散系数恒定；⑥外部介质能达到理想的漏槽条件；⑦药物颗粒间距远小于基质厚度；⑧没有膨胀或溶蚀，仅存在扩散过程。当 $A\gg C_s$ 时，式(8-17)可简化为：

$$M_t=(2DAC_st)^{1/2} \qquad 式(8\text{-}18)$$

因此，释放的药物量与 t、A、D 和 C_s 的平方根成正比。Higuchi 还将这种伪稳态分析扩展到球形基质系统中的混悬药物释放。

多孔骨架的释药过程涉及周围的液体渗入骨架，药物溶解，并通过孔道释放。因此方程中必须包含孔道的体积和长度，从而推导出平面 Higuchi 方程的第二种形式。

$$M_t=\left[\frac{\varepsilon D_a C_s}{\tau}(2A-\varepsilon C_s)t\right]^{1/2} \qquad 式(8\text{-}19)$$

式(8-19)中，ε 和 τ 分别为孔隙度和弯曲度；D_a 为药物在释放介质中的扩散系数。引入弯曲度来解释由于孔道的分支和弯曲而引起的扩散路径长度的增加。类似地，基于伪稳态假设（$A\gg C_s$）可推导出式(8-20)。

$$M_t=\left(2AD_aC_s\frac{\varepsilon}{\tau}t\right)^{1/2} \qquad 式(8\text{-}20)$$

式(8-19)和式(8-20)中的孔隙度 ε 是基质性质的一部分，它以孔隙或通道的形式存在，周围的液体可以进入其中，是药物浸出之后基质的总孔隙度。总孔隙度包括初始孔隙度 ε_a（浸出过程开始之前基质中空气或空隙的空间）和药物浸出后产生的孔隙 ε_d，以及水溶性辅料溶解产生的孔隙 ε_{ex}。

$$\varepsilon=\varepsilon_a+\varepsilon_d+\varepsilon_{ex}=\varepsilon_a+\frac{A}{\rho}+\frac{A_{ex}}{\rho_{ex}} \qquad 式(8\text{-}21)$$

式(8-21)中，ρ 为主药的密度；A_{ex} 和 ρ_{ex} 分别为水溶性辅料的浓度和密度。当基质中不含水溶性辅料，初始孔隙度 ε_a 远小于药物浸出后产生的孔隙 ε_d 时，

$$\varepsilon\approx\varepsilon_d=\frac{A}{\rho} \qquad 式(8\text{-}22)$$

因此，式(8-19)和式(8-20)表示为：

$$M_t=A\left[\left(2-\frac{C_s}{\rho}\right)\frac{D_aC_s}{\tau\rho}t\right]^{1/2} \qquad 式(8\text{-}23)$$

$$M_t = A\left(\frac{2D_a C_s}{\tau\rho}t\right)^{1/2}$$

式(8-24)

多孔骨架中的药物释放与 $t^{1/2}$ 成正比,与载药量 A 成正比。应当指出:①Higuchi 方程只适用于漏槽条件下的平面扩散;②药物释放与 $t^{1/2}$ 成正比,仅限于药物释放量不超过总载药量的 2/3;③Higuchi 方程仅在载药量远远超过药物的溶解度(即 $A \gg C_s$)时才可用。实际上水溶性药物经常由此伪稳态假设不成立导致 Higuchi 方程相对于准确解的误差达到 11.38%。

(3) 释放曲线的调节:随着对优化治疗的需求日益增加,可"程序化"控制释药速率的系统越发被重视。恒速释药一直是缓控释系统的主要目标之一,尤其是针对治疗指标较窄的药物。随着扩散前沿向内移动,药物的扩散距离逐渐增大,释放的表面积变小,导致释药速率随时间下降。在过去的 40 年中,为了实现零级释放或接近零级释放,研究人员在开发新的释药概念方面付出了很大的努力。不均匀载药可以随时间延长抵消释药速率的降低,如制成圆锥体、双面凹体、圆环状、带孔半球体、带芯杯状体等形状,通过逐渐增加药物释放的表面积来补偿释药速率的降低。控制骨架的溶胀、溶蚀和表面积,或将骨架进行包衣,均能有效地获得零级或接近零级的释药动力学,但同样要考虑制剂是否适合生产和商品化。

如图 8-12 所示,是一种三层环形缓释片,将三种粉末依次压成层,片芯主要由肠溶性聚合物醋酸羟丙甲基纤维素琥珀酸酯制成,底层和顶层由水不溶性聚合物乙基纤维素制成。药物释放动力学取决于溶出介质的 pH 和药物特性,例如溶解度,弱酸性、弱碱性药物的盐形式以及药物载量。这种三层环形缓释片的设计可以针对多种溶解度的药物,获得在较长时间内的零级或接近零级的释药动力学。

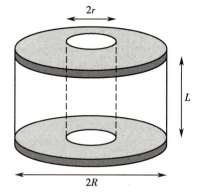

图 8-12　三层环形缓释片示意图

随着对优化临床疗法需求的增加及对药代动力学/药效动力学(PK/PD)关系认识的不断深入,通常还需要除零级动力学以外的其他释药方式,如图 8-13 所示的释药曲线。这些缓控释制剂的释放方式随药物的不同而有所不同,取决于各个药物的临床药理学性质。为了制备具有独特释放模式的骨架系统或克服如 pH 依赖性释放等固有的局限性,研究人员已对亲水性和疏水性骨架进行各种改性,其中许多产品已成功上市。其中包括功能性包衣骨架型制剂、多层骨架片、压制包衣、多种高分子材料组合使用、功能型赋形剂或改变几何形状等。例如一些骨架片,利用黄原胶和豆胶在水性环境中的协同相互作用而形成溶蚀缓慢的高强度凝胶片芯。混合使用亲水性和疏水性缓控释骨架材料也有某些特定的优势。以下是一些近年来缓控释制剂领域取得重大进展的实例,通过利用聚合物与药物、聚合物与聚合物、药物与辅料或聚合物与辅料之间的相互作用实现了许多功能改进。

2. 贮库型(或膜控型)缓控释制剂　是指在片剂或微丸表面包一层衣膜,使其在特定的条件下被溶解而释放药物,达到缓控释药物的目的。薄膜衣通常是这种制剂的唯一控释结构。根据 Fick 第一扩散定律,稳态下药物从贮库系统中的释放速率公式是:

$$\frac{dM_t}{dt} = \frac{DSK\Delta C}{L}$$

式(8-25)

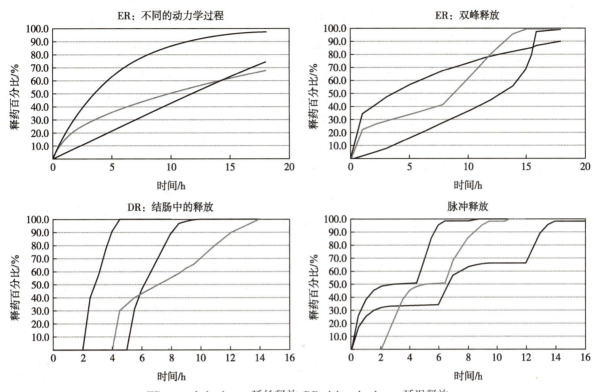

ER：extended-release，延长释放；DR：delayed-release，延迟释放。

图 8-13　口服缓控释制剂的释药曲线实例

式(8-25)中，M_t 为药物在 t 时间内释放的药物总量；D 为药物的扩散系数；S 为药物扩散膜的有效面积；L 为扩散路径长度(如膜厚度)；K 为药物在阻隔膜和扩散介质之间的分配系数；ΔC 为药物在贮库中的溶解度 C_s 与扩散介质中的浓度 C_e 之差。由于包衣膜的成分和厚度基本均匀，因此在漏槽条件下式(8-25)中的 D、S、K、L 和 ΔC 是恒定的。通过积分可以得到随时间变化的药物释放量：

$$M_t = \frac{DSK\Delta C}{L} t = kt \qquad 式(8-26)$$

式(8-26)中，k 为释放速率常数。这种剂型的释药动力是贮库和扩散介质之间的药物浓度差。只要 ΔC 保持不变，药物释放就能符合零级动力学。因此该制剂仅适用于可溶性药物，而难溶性药物的 C_s 过低，无法提供足够的释药动力，导致药物释放缓慢或不完全。

常见的贮库型口服缓释制剂包括聚合物薄膜包衣的微丸、片剂及胶囊。在实际应用中，包衣的药物释放机制可分为：①药物通过充满溶解介质的毛细管网络结构转运($K=1$)；②药物通过均匀的膜屏障扩散转运；③药物通过水化溶胀膜转运；④药物通过包衣膜上的裂缝、缺孔扩散释放($K=1$)。影响药物扩散的关键因素是膜层材料、膜孔道、载药量和药物的溶解度。首选的贮库型制剂通常由许多包衣单元组成，如小型片、微丸和微球。事实上大多数市售的贮库型产品都是多单元制剂，这样通常可以减小乃至消除由单元数少带来的包衣缺陷。多单元制剂的一个重要特点是，若将具有不同释放特性的单元混合起来可得到某种特定的释药行为。多单元制剂也可以在不改变处方的情况下获得不同的剂量规格，这对于经常根据临床结果调整剂量的新药临床研究阶段来说非常适用。

与骨架型制剂类似，贮库型制剂的药物释放通常随 pH 而变化。对于溶解度具有 pH 依赖性的药物来说，要实现非 pH 依赖性释放，贮库内部的 C_s 需保持不变。加入缓冲剂可以维持贮库内部的 pH 稳定，当然其有效性也取决于缓冲剂的缓冲能力、相对用量、溶解度和分子量。最后必须指出,贮库内的药物与可溶性赋形剂的溶解可能产生高渗透压而对药物释放产生重要影响,渗透压过大可能导致包衣膜破裂。

3. 渗透泵型缓控释制剂　渗透泵是一种很好的以恒定速率释放药物的方法。与其他外部控制释放技术(如骨架片)相比,外部因素(如流体动力学、介质的 pH 等)不影响渗透泵零级释放药物的能力;而且无论是否与食物一起服用,均能以相同的速率释放药物,这使得建立体内 - 体外相关性更加简单。20 世纪 80 年代末,第一批商业渗透片剂进入市场,后续又有多种商业渗透片问世。

渗透泵的药物释放是由半透膜控制的,水分渗入半透膜在制剂内部产生渗透压,将药物从小孔释放出来。孔的大小需控制在既能防止药物释放过快,又可降低流体静压力的作用。

对于渗透泵制剂,水分进入制剂内部的速率以体积计可以表示为:

$$\frac{dV}{dt} = \frac{AK}{h}(\Delta\pi - \Delta P) \qquad 式(8\text{-}27)$$

式(8-27)中,dV/dt 为水渗入膜内的速率;k 为渗透系数;A 为膜面积;h 为膜厚度;$\Delta\pi$ 为膜内外的渗透压差;ΔP 为膜内外的流体静压差。当该制剂的刚性较强时,其体积在释药期间保持恒定。因此,在 t 时间内的释药量可以表示为:

$$\frac{dM}{dt} = \frac{dV}{Dt}C_s \qquad 式(8\text{-}28)$$

式(8-28)中,C_s 为药物的溶解度。当静压差可忽略不计且制剂内部为饱和溶液时,式(8-28)表示为:

$$\frac{dM}{dt} = \frac{kA}{h}\Delta\pi C_s \qquad 式(8\text{-}29)$$

因此,当释放体积与水分渗入量相等时,药物释放速率保持恒定。

口服制剂中常用的两种渗透泵制剂是初级渗透泵、单室渗透泵和双室渗透泵(图 8-14)。对于大多数水溶性药物(溶解度为 5~30g/100ml)来说,可通过将药物与适宜的渗透活性物质制成片芯后,用半透

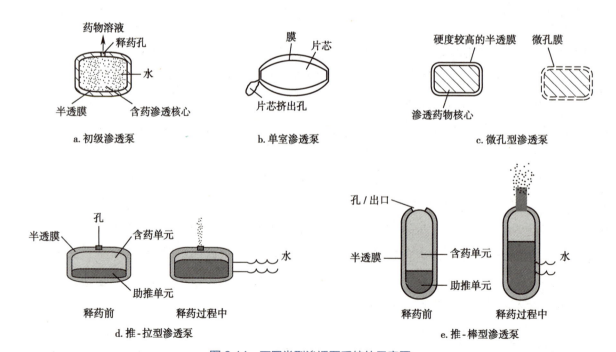

a. 初级渗透泵　　　b. 单室渗透泵　　　c. 微孔型渗透泵

d. 推-拉型渗透泵　　　e. 推-棒型渗透泵

图 8-14　不同类型渗透泵系统的示意图

性成膜材料乙酸纤维素等对片芯进行包衣,形成半透性刚性外膜,然后用激光或机械方式在该膜上制备孔径适宜的释药小孔,从而制得初级(单室)渗透泵控释片。

双室渗透泵主要是针对较难溶或高载药量药物,它是横向或纵向压制的双层片,包括装有溶胀性聚合物的助推层和药物层。在胃肠道中,由于渗透促进剂在膜内外建立的渗透差,水透过半透膜吸入两层,含药层形成药物混悬液(如推-拉型)或半固态药物(如推-棒型),助推层中的亲水性聚合物吸水溶胀产生推动力。在含药层一侧的半透膜上用激光打一个小孔,助推层体积膨胀推动含药层中的主药通过释药孔释放药物。由于控速材料存在于制剂内部,因此环境因素如 pH、搅拌速率、仪器类型等对药物释放速率无明显影响。自 20 世纪 90 年代以来,新型单层渗透泵片问世并成功用于难溶性药物的开发。这些产品是基于提高片芯药物的溶解度,或为难溶性药物提供较大的孔道的原理研发的。

总之,标准的渗透泵制剂符合零级释放,且通常不受药物性质和释放环境的影响。然而,这种制剂的生产往往需要专门的设备和复杂的工艺,制备用时较长。双室渗透泵尤其如此,通常需要更高的成本、更长的开发时间、大量处方和工艺变量。此外还有以下缺点:①包半透膜层需用到有机溶剂;②药物释放对制剂尺寸和各单元膜均匀性较敏感;③药物释放延迟。

4. 离子交换型缓控释制剂(ion exchange sustained/controlled release preparation,IER)以合成聚合物为基础的离子交换树脂是 20 世纪中期高分子化学发展的结果。合成树脂于 1935 年被引入,1956 年首次被提出用于控制药物释放。1958 年 FDA 批准第一个 IER 产品用于治疗高钾血症。此后,树脂被广泛研究应用于改善口服给药。离子交换树脂是一种具有立体网状结构,且能与溶液中的其他离子物质进行离子交换或吸附的高分子聚合物,不溶于一般的酸、碱溶液及有机溶剂。离子交换树脂由三部分组成:①具有三维空间立体结构的网状骨架;②与网状骨架载体以共价键连接,不能移动的活性基团,也称为功能基团;③与活性基团以离子键结合,电荷与活性基团相反的活性离子,也称为平衡离子。例如聚苯乙烯磺酸钠树脂,其骨架是聚苯乙烯,活性基团是磺酸基,平衡离子是钠离子。按官能基团的性质不同,离子交换树脂可分为阳离子交换树脂和阴离子交换树脂两大类。阳离子交换树脂大都含有磺酸基($-SO_3H$)、羧基($-COOH$)或苯酚基($-C_6H_4OH$)等酸性基团,其中的氢离子能与溶液中的金属离子或其他阳离子进行交换;阴离子交换树脂含有季铵基[$-N(-CH_3)3OH$]、胺基($-NH_2$)或亚胺基($-NRH$,R为碳氢基团等碱性基团),它们在水中能生成 OH^- 离子,可与各种阴离子起交换作用。进入体内的载药树脂和体内相应的离子交换后,不被消化道吸收和消化,直接通过消化道排出体外。药物结合到树脂上,通过与离子交换基团中的带电离子交换而释药。两者之间的相互作用受溶剂的 pH 或竞争离子影响。在特定的 pH 下,这两种物质可能会根据它们各自的 pK_a 而被中和,从而消除电荷。高离子强度的缓冲液的存在能产生屏蔽/竞争键合效应,减小树脂和药物之间的静电作用。因此,载药树脂可在肠道的某些部位因 pH 或竞争离子的变化而释放药物。基质的孔隙度、弯曲度、分子量和扩散路径长度等因素可以影响扩散速率,进而影响药物释放速率。

下面反应式描述了磺酸钠树脂 R 与盐酸盐基本药物 X 的反应。图 8-15 说明了载药过程和产生的树脂酸盐 IER-X。

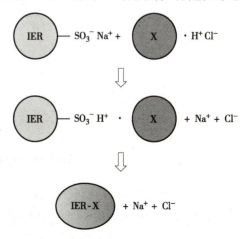

图 8-15 阳离子交换树脂负载碱性药物

$$R\text{—}SO^-Na^+ + X \cdot H^+Cl^- \rightarrow R\text{—}SO^-H^+ \cdot X + Na^+Cl^-$$

　　树脂中的药物释放可能受许多变量影响。树脂表面上的药物直接传递到外部溶液,但与反离子交换的药物必须通过树脂基质扩散才能进入介质。基质的孔隙度、弯曲度、分子量和扩散路径长度等因素可以决定扩散速率,进而决定药物的释放速率。图 8-16 说明了暴露于反离子环境(例如胃肠道)中时阳离子电解质与碱性药物的交换情况。离子键合在树脂芯中的药物可被认为是在 3 个阶段释放的,即反离子扩散到基质中;反离子与结合药物以化学平衡确定的速率交换;游离药物通过基质扩散在树脂 / 介质界面释放。因此,药物释放受树脂的固有特性和外部环境影响。

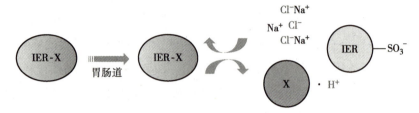

图 8-16　从树脂中释放药物

　　树脂的交联程度会影响孔径,渗透到基质中的无机电解质足够小,孔隙度不应影响其扩散速率;而药物分子通常大很多,可能影响通过基质的扩散。交联程度还影响基质的溶胀性,进而影响扩散。药物释放速率可能会受到树脂粒径的影响,较小的颗粒表面积较大,释放速率更快;较大的颗粒可用于缓释。

　　药物从具有弱阳离子或弱阴离子(羧酸或铵 / 伯胺)官能团的树脂中的释放通常较快,而从具有强阳离子或阴离子(磺酸或叔胺官能团)官能团的树脂中可缓慢释放。在酸性介质中,树脂官能团的 pK_a 也会对释放速率产生显著影响,可以根据这一差异选择合适的树脂基质来调节药物释放。如图 8-17 所示。

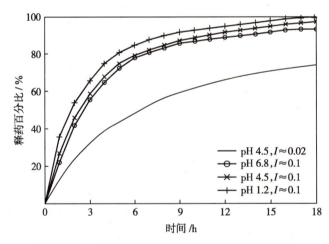

图 8-17　pH 和离子强度对树脂中药物释放的影响

　　使用具有较强交换倾向、高交联度和较大粒径的树脂最有利于延缓药物的释放。也可以通过用半透膜包裹树脂颗粒来维持或延迟释放,可以设计膜的结构和厚度以调节树脂的释放特性来满足治疗要求。也可以将速释药物层包在控释膜外部,或者像其他控释技术一样,将速释和控释颗粒组合应用。

图 8-18 显示了镇咳药氢溴酸右美沙芬（dextromethorphan，DM）制剂的释药曲线，将速释颗粒和控释颗粒混合，可提供 12 小时的释放。

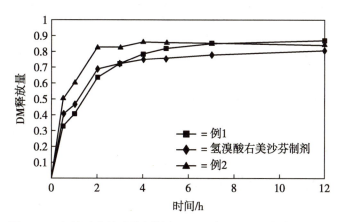

图 8-18 氢溴酸右美沙芬制剂在 12 小时内的右美沙芬释放情况

树脂通常在水化过程中膨胀，这种膨胀会破坏控释膜，破坏其释放改性性能。有公司开发了一种通过用浸渍剂预处理树脂使其在涂覆过程中保持树脂水合和溶胀的方法来防止膜断裂。甘油和聚乙二醇是常用的浸渍剂，丙二醇、甘露醇、乳糖和甲基纤维素也可。这种方法不影响药物释放，但需注意包衣过程中残留的水分可能会影响对水分敏感的药物的稳定性。

二、其他口服缓控释制剂

随着人们对药物以及临床药理学认识的不断提高，为提高临床疗效和用药合理性而开发出了各种释药规律的制剂。常见的包括胃内滞留制剂、小肠或大肠定位释药制剂、脉冲释药制剂、双相释药制剂（即先速释后缓释或先缓释后速释）等。

1. **胃内滞留制剂** 通常药物递送只是一个两步的过程：截留和释放。胃可以是口服控制递送的目标器官，也可以暂时储存药物以在特定部位释放药物。无论哪种情况，都需要将药物留在胃部。胃内滞留制剂不仅有益于延长口服剂型在胃中的停留时间，而且还有益于胃和小肠上部的局部药物递送。吸收窗窄、在胃中活性较大、在小肠远端或结肠中不稳定及在高 pH 下溶解度低的药物比较适合制成胃内滞留制剂。但胃内滞留制剂不适用于可引起胃部刺激性的药物，如阿司匹林等非甾体抗炎药，以及在酸性条件下不稳定的药物。另外，在整个胃肠道中均吸收良好的药物也没有必要制备成胃内滞留制剂。

按照其结构特点，可将胃内滞留制剂分为如下几类：胃内漂浮给药系统（stomach-floated drug delivery system）、胃内生物黏附给药系统（stomach-bioadhesive drug delivery system）、胃内膨胀系统（stomach-swelling and expanding system）、磁力导向型胃内滞留制剂等。胃内漂浮片的漂浮性能是胃内滞留制剂设计成败的关键，如果不能呈漂浮状态，则只相当于一个普通的缓释骨架片。其制备工艺基本与普通片相同，但要考虑其成型后应具有漂浮性能和滞留作用，压片力的大小则会对片剂的漂浮性能产生影响，压力太大，使制剂的密度增大，则片剂的漂浮性受到影响。而且在制备过程中干燥时间的长短也会影响起漂的快慢和持续时间的长短。表 8-6 为设计胃内滞留制剂的一些要求。

表 8-6　设计胃内滞留制剂须达到的要求

项目	要求
滞留	装置需要在胃中停留至少 6 小时,最好处于空腹状态
给药方式	制剂需要通过口服给药,且须为片剂或胶囊形式
设计	应该为易于放大生产的简单可行的设计
载药量	应能储存适量的药物
药物控释	应以控释的方式释放药物
消除	释药完毕后必须能从体内排出,或被生物降解
对胃动力的影响	不应该影响胃排空模式
不良反应	不应造成局部刺激性和敏感
安全性和毒性	不应对人体造成食管阻塞等危害
强度	机械强度高,可以抵抗胃内压力,尤其是在禁食状态下胃收缩时
动物模型	应选择适当的动物模型,狗和猪不是胃内滞留制剂研究的良好模型,胃内滞留原理证明应在人类中进行
研究设计	由于有许多影响因素,临床研究的设计非常具有挑战性
可行性	设计应在材料、设备和技术方面具有可行性

对于如何评价胃内滞留制剂的体内效应,迄今为止还没有统一的标准。胃肠道生理环境的复杂性、体内 - 体外相关性差,也给建立统一的评价标准和方法带来一定的困难。当今用得较多的体内评价方法,除了常规的测定生物利用度、药物动力学及生物等效性方法以外,还有 X 射线法、γ 闪烁技术等方法,用来观察制剂在胃肠道转运过程中的行为,明确显示制剂在胃肠道各部位的转运和停留时间、崩解及释放药物的准确部位。同时可以与血药浓度的测定相互配合应用,从而建立制剂在胃肠道转运位置、滞留时间与即时药物在血液中水平的关系,为胃内滞留制剂的体内评价提供了一种较可靠的方法。

2. **肠道定位释药制剂**　对于克服药物本身的不足或提高药物的治疗指数具有重要意义:①肠道定位技术可减弱某些药物的不良反应,例如一些对胃有明显刺激性的药物如阿司匹林、双氯芬酸钠、琥乙红霉素、多西环素、盐酸二甲双胍等;②可提高易被胃酸破坏的药物的稳定性,例如各种酶制剂、生物大分子和质子泵抑制剂等;③能增加某些药物对肠道局部疾病的治疗指数、降低药物剂量及全身毒副作用,例如治疗十二指肠溃疡的奥美拉唑、治疗溃疡性结肠炎的 5-氨基水杨酸、治疗肠道克罗恩病的布地奈德等;④能够指导每日 1 次的口服控释制剂的研发,因为开发每日 1 次的口服控释制剂的前提是药物必须在结肠部位有效吸收,结肠定位技术能有效解决这一问题;⑤可改善药物的胃肠道吸收,尤其是对于某些在胃肠道有特殊吸收位置的药物,例如盐酸二甲双胍,其主要吸收部位在小肠;⑥有望解决蛋白质、多肽等生物大分子的口服给药难题。因此,肠道定位释药系统是一种非常有临床意义和实用价值的给药系统。

(1) 小肠定位释药系统:小肠是多数药物吸收进入人体体循环的器官,将药物设计在小肠定位释放有重要的生理和临床意义。理想的小肠定位释药系统应具备的技术特征包括:①释药系统在胃内生理环境下保持完整,保持药物不释放的状态。②释药系统进入小肠后能按预定的时间和位置崩解,迅速释放药物,使药物在小肠上端有较完全的吸收;或者释药系统不发生崩解,在转运过程中慢慢释放药物,达到延缓药物吸收的目的。口服小肠定位释药包括 pH 敏感型定位释药和具有时滞作用的定位释药系统两种技术,pH 敏感型定位释药主要是依据小肠和胃及小肠各段之间 pH 的差异而达到药物定位释放的目的。目前制备小肠定位释药系统的主流工艺技术是肠溶聚合物的薄膜包衣。由于小肠液与胃液在 pH 上存在显著性差异,胃液 pH 一般为 1.5~2,而小肠从十二指肠、空肠到回盲肠的 pH 依次为 4.0~5.5、5.5~7.0 和 7.0~7.5。故利用胃液和肠液之间的 pH 差异,选用溶解临界值较高的聚合物对含药片芯或胶囊或丸芯进行薄膜包衣,可以制备理想的小肠定位释药系统。

选用不同类型的肠溶衣材料,通过普通的包衣技术即可制备成 pH 敏感型释药系统。为了确保释药系统在胃中不释放,最好用在 pH 5 以上溶解的聚合物,以防止因胃内食物的存在或其他因素影响使 pH 升高,造成药物提早释放。另外,在选用肠溶性膜材时,必须考虑到聚合物是否能够在小肠段全部、及时溶解,保证药物吸收完全,这对那些只在小肠有较好吸收的药物尤为重要。当设计小肠定位释药的目的是延迟药物吸收或是使药物浓度在小肠末端较高时,则应考虑选用在更高 pH 范围内溶解的聚合物。在实际应用中,可选用两种或多种聚合物的混合物作为释药系统的 pH 敏感剂,使释药系统只对小肠的某一位置的 pH 敏感,增加释药系统对释药位置的选择性。另外,这些材料应有一定的机械强度,能承受胃蠕动而不破裂。

(2) 结肠定位释药系统:在传统意义上,口服结肠给药系统的临床应用仅限于炎性肠病的局部治疗。近年来发现结肠药物递送也可用于结肠癌的治疗,尽管这一领域仍在探索中,但是结肠的全身药物递送潜力不容忽视。基于对结肠环境的独特特征(pH、转运时间、压力、微生物),开发了各种用于结肠定位释药的方法和技术,包括 pH 依赖型、时间控制型、压力控制型、细菌触发型等。

1) pH 依赖型:pH 依赖型结肠递送系统靶向结肠理论上是可行的,但实际上仍存在很多困难。胃肠道除在胃中 pH 较低外,在小肠和结肠的 pH 差异较小,由于结肠的细菌产生短链脂肪酸的作用以及在病理情况下可能出现结肠的 pH 比小肠还低的情况,且个体内差异也较大,所以单纯利用 pH 差异可能出现提前释药或根本不释药的情况,难以达到设计的目的,但仍有利用此方法设计得较为成功的市售产品。

一种 pH 依赖型结肠靶向递送胶囊(CTDC)的示意图如图 8-19 所示。它包括一个包被三层的胶囊(a),最外层为肠溶层(d),中间为水溶层(c),最里面为酸溶层(b)。胃排空后肠溶层和水溶层在小肠中溶解,暴露出酸溶层随后在结肠中溶解,释放所含的药物。

2) 时间控制型:时滞是指药物口服后依次经胃、小肠到达结肠所需的时间,包括胃排空时间和小肠转运时间。Ishbashi 等通过 γ 闪烁技术研究一种特殊胶囊在胃肠道中的转运情况,发现药物在小肠中的转运时间较固定,平均为 224 分钟 ±45 分钟;而胃排空时间在空腹和进餐后分别为 41 分钟 ±20 分钟和 276 分钟 ±147 分钟,其个体差异大,且受食物类型、药物微粒大小的影响较为显著。因此,这种潜在的变异性会使释药系统的转运时间及药物的定位释放难以预测与控制。

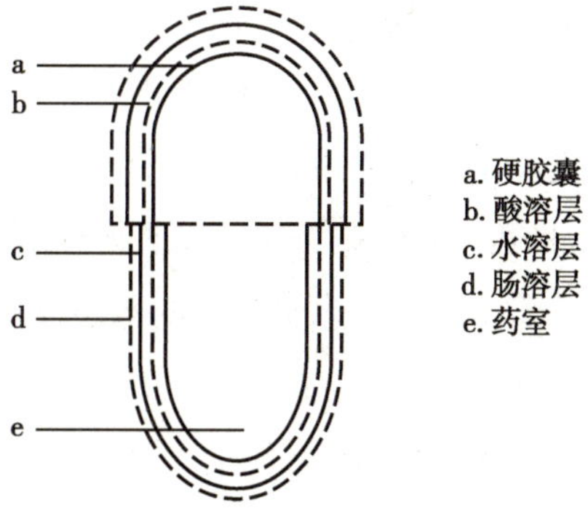

a. 硬胶囊
b. 酸溶层
c. 水溶层
d. 肠溶层
e. 药室

图 8-19　pH 依赖型结肠靶向递送胶囊的结构和功能

3）压力控制型：其释药机制是依靠结肠内的压力来引发水不溶性的聚合物膜发生破裂，使药物释放出来，胶囊对腔内压力的耐受程度由胶囊外面包覆的乙基纤维素（EC）层的厚度决定。

一种压力控制型结肠药物递送胶囊（pressure controlled drug delivery capsule，PCDC）的设计（图 8-20）利用了两个涂层和沿胃肠道变化的生理条件。装置如下：标准胶囊的内壁上有不溶的涂层（e）；含药物的药芯，可包含油性液体基质（d）；不溶性蜡塞密封住不溶性涂层的顶部（c）；用标准胶囊盖密封（b）；然后将整粒胶囊进行肠溶包衣（a）。

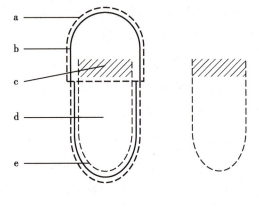

a. 肠溶包衣　外层肠溶衣在到达肠道时
b. 明胶胶囊　即溶解，随后明胶成分迅
c. 蜡塞　速溶解，留下乙基纤维素
d. 油　包被的脆弱球囊结构。
e. 不溶性脆壳

图 8-20　压力控制型结肠递药胶囊的结构和功能

4）细菌触发型：常驻微生物群是结肠环境的重要特征。相对于胃肠道的上部区域，结肠中的细菌含量始终较高，比 pH 变化更明显，为结肠递送提供了更有利的机会。前体药物如柳氮磺吡啶依靠结肠细菌分解无活性的前体并释放出活性药物部分（5-氨基水杨酸）。产生多糖酶的细菌可分解由多糖控释的结肠递送系统，多糖可以避免在小肠中降解，但是结肠微生物群的底物，此类材料（例如直链淀粉、壳聚糖和果胶）便宜、安全且具有生物可降解性，可以用作涂层或基质。基于直链淀粉与水不溶性聚合物乙基纤维素（称为 COLAL）混合的系统在 I 期和 II 期临床试验中已显示出积极的成果。直链淀粉是淀粉多糖；淀粉多糖有多种形式，其中几种是人类胰酶无法消化的，但可作为结肠细菌的食物来源。结肠特异性多糖和不溶性聚合物（以防止溶胀和药物过早释放）的这种结合已实现了与多种药物分子的结肠靶向性。

3. 脉冲释药制剂　定义为按预定的模式迅速而短暂地释放定量药物，并且能迅速停止释放药物的给药系统。该系统不是维持稳定的血药浓度，而是按照需要和预定的时间单次或多次释放足够的药物，提供有效的血药浓度，以达到最佳治疗效果。脉冲释药制剂是随着时辰药理学研究的不断深入而发展起来的，可以通过掌握发病节律（表 8-7），并根据发病节律设计药物制剂，对节律性发作的疾病疗效显著。因此脉冲释药制剂受到国内外研究者和许多制药公司的关注，目前已有产品问世，应用前景广阔。例如盐酸哌甲酯胶囊，在给药后立即释放总药量的 50%，4 小时后再迅速释放剩余的 50%。这一类制剂的基本设计是将缓释和迟释技术相结合，通常由定点释药制剂和定时释药制剂组成。脉冲释药系统主要有两种释药方式，一种是依靠外界化学因素触发，包括生物化学机制（血糖水平、炎症部位的透明质酸酶等）和物理化学机制（磁场、电场、超声波等）；另一种是依靠制剂自身触发，这种方式不需要外界化学因素触发，就可使药物释放按照预定的步骤自动、有序地进行。按照释药触发机制，脉冲释药系统可分为体系降解形成的脉冲释药系统、膨胀压形成的脉冲释药系统、体系降解和膨胀压共同形成的脉冲释药系统 3 种，尤其是体系降解和膨胀压共同形成的脉冲释药系统可供选择的核心材料多，制剂本身的可控性强，可满足各种治疗需要。

4. 双相释药制剂　缓控释制剂一直以来都为人们所关注，在某些特殊病理情况下，传统的或单一的释药模式有时难以满足临床需求，如普通速释制剂难以长时间维持药效，而普通缓释制剂则不能快速起效。因此，双相释药系统日益引起人们的重视，具有两个不同的释放相，可针对药物的特殊理化性质

表 8-7　常见的几种发病节律

疾病	发病高峰期	疾病	发病高峰期
过敏性鼻炎	早上	心血管疾病	
关节炎		心绞痛	6:00—12:00
骨关节炎	21:00	急性心肌梗死	8:00—11:00
类风湿关节炎	6:00—9:00	糖尿病	6:00
夜间哮喘	19:00—7:00	消化性溃疡	21:00

及生物药剂学性质、疾病发作的时辰节律性及复杂性实现速效／长效释药、脉冲或延迟释药,从而为临床提供更加灵活的给药方案。与设计脉冲释药系统类似,双相释药系统也可以采用一系列的制剂工艺,包括以单一或多释药单元速释、延迟和缓释为基础的包衣、骨架和渗透泵技术,或将这些技术联合使用。最常应用的设计为各种释药速率混合模式、使用多层片或多层包衣、配有低溶蚀速率外层的压制包衣片、对渗透泵进行延迟释放包衣等。例如,盐酸地尔硫草的一种控释胶囊由速释与缓释微丸组成,能产生独特的"楼梯式释药曲线"。对乙酰氨基酚的一种特殊制剂为双层囊片(椭圆胶囊形片),该制剂能快速、持久、恒定地缓解疼痛,制剂的第一层快速释药以迅速缓解疼痛,第二层在给药时间间隔内维持对乙酰氨基酚的血药浓度。

　　3D 打印作为一种制造技术在许多科技领域得到迅速发展,由于其操作简单、灵活性强、重现性高、适应面广等优点而得到药物制剂研发人员的重视,目前在速释制剂、缓控释制剂、植入剂和复方制剂等药物高端制剂中有较广泛的研究和应用,尤其在制备具有多种释放机制的药物制剂方面占有特殊地位。在计算机的帮助下准确控制剂量,对于剂量小、治疗窗窄、不良反应大的药物可以提高用药安全性。药剂学领域应用较多的 3D 打印技术通常在较温和的条件下进行,主要包括粉液打印技术、熔融丝沉积成型技术和挤出打印技术 3 种。粉液打印技术打印时首先由铺粉器将粉末铺洒在操作台上,打印头按照计算机设计好的路径和速度滴加黏合剂或药液,然后操作台下降一定的距离,再铺洒粉末、滴加液体,如此反复,按照"分层制造,逐层叠加"的原理制备所需的产品。该技术的精度高,产品的孔隙度大,但是只适用于粉末状原料,而且产品的机械性能较低。熔融丝沉积成型技术是通过将载药聚合物加热使其呈熔融丝状,然后根据计算机设计的模型参数从成型设备的尖端挤出沉积到平台上制备所需的三维产品。该方法采用热熔挤出技术的原理,选择低熔点辅料以及加入增塑剂等降低玻璃化转变温度等可以降低打印温度、解决热不稳定性问题。挤出打印技术是将原辅料粉末和黏合剂混合均匀后制得的软材加入成型设备的打印头中,然后按照计算机设计的处方量和路径挤出在平台上,最后经过干燥获得所需的产品。Rowe 等用粉液打印技术制备出了两种脉冲释药制剂。第一种是肠溶双脉冲释药制剂,结构如图 8-21 所示,该制剂结构在模拟肠液中 1 小时后表面药物层开始释放,8 小时后中心药物层开始第二次释放,实现了双脉冲释放;第二种是胃溶-肠溶双脉冲制剂,结构如图 8-22 所示,该制剂在模拟胃液中 1 小时后释放达到稳定状态,转移至模拟肠液中,在 6 小时的时滞之后逐渐释放达到稳定状态,实现了预期的胃溶-肠溶双脉冲释放。3D 打印技术主要由计算机设计和控制,所以比传统制剂制备方法具有更强的灵活性,可以设计成各种形状、各种结构以制备具有多种释放机制的制剂,通过控制制剂的形状可以制备出具有特定药代动力学性质或在胃肠道特定部位释放的制剂。

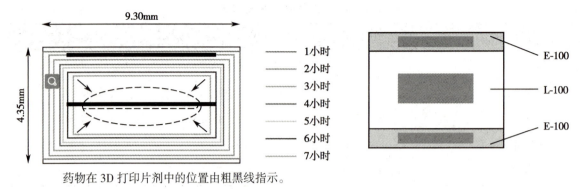

药物在 3D 打印片剂中的位置由粗黑线指示。

图 8-21　肠溶双脉冲释放装置　　　　图 8-22　3D 打印的肠胃双脉冲释放装置

三、口服缓控释制剂常用辅料

辅料的选择是决定制剂制备成功与否的关键因素,一般认为,理想的辅料应当安全无毒、性质稳定、有良好的生物相容性,最好还要廉价易得。口服缓控释制剂的常用材料分为长链取代烃或无取代烃,以及高分子材料。天然或合成长链烃类如脂肪酸、脂肪酸酯、醇酯和蜂蜡为最早用于骨架片中控制药物释放的材料,公元前 4 世纪蜂蜡就已被用于延长中药的临床疗效。高分子材料分为来源于天然产物的高分子材料(如多糖)、化学修饰的天然高分子材料(如纤维素及其酯)或合成高分子材料(如甲基丙烯酸酯共聚物)。由于高分子材料的功能与性质多样,且批次间差异较容易控制,现已成为主要的缓控释制剂速控辅料。这部分简要讨论一些经批准可用于口服制剂的常用材料,以及它们在不同类型的调节释放制剂中的应用。

1. 骨架型制剂常用材料

(1) 亲水凝胶骨架材料:根据来源,可将其分为天然型和合成型两大类,按其材料的特性又可细分为 5 种类型的骨架材料:①天然产物及其简单提取物,如海藻酸盐、黄原胶、西黄蓍胶、琼脂、明胶、虫胶、果胶、瓜尔胶、角叉树胶、魔芋胶、刺槐豆胶等;②纤维素衍生物,如甲基纤维素(MC)、羟丙甲基纤维素(HPMC)、羧甲基纤维素(CMC)、羧甲基纤维素钠(CMC-Na)、羟乙基纤维素(HEC)、羟乙甲基纤维素(HEMC)、羟丙基纤维素(HPC)、邻苯二甲酸羟丙甲基纤维素(HPMP)、邻苯二甲酸乙酸纤维素(CAP)等;③非纤维素多糖,如甲壳素、壳聚糖、半乳甘露聚糖;④丙烯酸树脂及乙烯基聚合物,如聚乙烯醇(PVA)、聚羧乙烯(CP)等;⑤改性淀粉,如预胶化淀粉等。

(2) 疏水性骨架材料:通常是一些不溶于水或水溶性极小的高分子聚合物,以无毒塑料等骨架材料(如乙基纤维素、丙烯酸树脂等)作为阻滞剂,通过粉末直接压片、干法制粒或湿法制粒制备而成的一类药物缓释制剂。其药物释放主要分为三步,即消化液渗入骨架孔内、药物溶解和药物自骨架孔道释出。由于脂溶性药物自骨架内释出的速度过缓,因而只有水溶性药物适用于制备成此种骨架型制剂。疏水性骨架材料有聚乙烯、聚氯乙烯、甲基丙烯酸酯共聚物、乙基纤维素、PVC、聚丙烯、聚硅氧烷、乙烯 - 乙酸乙烯酯共聚物等,这些材料形成的骨架在药物整个释放过程中几乎不发生改变,在药物释放后整体随粪便排出体外,可单用作水溶性药物的骨架,也可在该制剂的处方中加入一些其他辅料以调节骨架片的释药模式,其中加入一些水溶性或溶胀性辅料或致孔剂可促进片剂崩解和药物释放。如以 EC 为骨架材料、HPMC 为致孔剂可制得长效茶碱片。目前,硝酸异山梨酯、硫酸奎尼丁、阿司匹林均有不溶性骨架片的研究报道,其中前两种已有相关产品在国外上市。

2. 贮库型(或膜控型)制剂常用材料　采用薄膜包衣技术制成的缓释或控释制剂上包裹的衣膜不是单一的实体,包衣材料不可能单独包衣,形成具有一定渗透性和机械性能的衣膜。包衣材料必须用一定的溶剂进行分散稀释,加入一些附加剂如增塑剂、抗黏剂等,采用一定的工艺包衣,才能形成具有缓控释作用及释药重现性的连续膜。

(1) 包衣成膜材料:选择合适的膜材料是控制包衣膜质量和释药特性的关键之一。根据成膜材料的溶解特性,可以分为不溶性成膜材料、胃溶性成膜材料和肠溶性成膜材料。不溶性成膜材料在水中呈惰性,不溶解,部分材料可溶胀,所制得的膜呈现一定的刚性结构,体积与形状不易变化,因此最适宜制成以扩散和渗透为释药机制的膜控型缓控释制剂,且体外释药易获得稳定的零级效果;而胃溶性成膜材料和肠溶性成膜材料可在特定的 pH 范围内保持惰性,不释放药物,适用于制备各种定位释药制剂。不同的成膜材料的组合使用,可以调节衣膜的机械性能,方便地获得各种理想的释药速率。

1) 不溶性成膜材料:目前比较常用的有乙酸纤维素、乙基纤维素和丙烯酸树脂类。目前,市售的乙基纤维素成膜材料均有采用乙基纤维素与适宜的增塑剂(如明胶、聚维酮和聚乙烯醇)等添加剂制成的水分散体型包衣材料。

2) 胃溶性成膜材料:这类材料主要有纤维素类衍生物(如羟丙甲基纤维素、羟丙基纤维素、甲基纤维素等)、聚维酮、聚丙烯酸树脂等。

3) 肠溶性成膜材料:具有耐酸性,而在十二指肠中很容易溶解。常用的有乙酸纤维素酞酸酯(CAP)、聚乙烯醇酞酸酯(PVAP)、乙酸纤维素苯三酸酯(CAT)、羟丙甲基纤维素酞酸酯(HPMCP)、聚丙烯酸树脂等。

(2) 分散介质:包衣成膜材料需要在适当的介质中溶解或分散后才能在制剂表面形成连续、均一、有一定渗透性能和机械强度的衣膜。理想的溶解/分散介质应对成膜材料有较好的溶解/分散性,同时具有必要的挥发性,选择时还应综合工艺过程、生产效率、环境污染及经济效益等方面的因素。常用的溶解/分散介质有有机溶剂和水两类。由于缓控释制剂的成膜材料大多难溶于水,醇、酮、酯、氯化烃等有机溶剂最先被用作包衣材料的溶解介质。但由于有机溶液包衣存在易燃、易爆、毒性较大、污染环境、回收困难等明显的缺点,目前已逐渐被以水为分散介质的包衣方法所取代。水分散体包衣液除了安全、环保、成本低外,最大的优点是固体含量高、黏度低、易操作、成膜快、包衣时间短。

(3) 增塑剂:其增塑作用是因为当其加入高分子聚合物中时,它能渗入高分子链之间,减少分子间力或分子内力,使高分子和网状结构变得松散,提高链的柔性,从而降低聚合物的玻璃化转变温度、软化温度或熔点等。增塑剂对水分散体更是不可缺少,它能降低聚合物的成膜温度,使水分散体中的聚合物乳胶粒在包衣操作温度下或在包衣后热处理过程中融合成致密的薄膜。对水分散体来说,增塑剂必须经过在水中溶解和在高分子聚合物中扩散两个步骤才能发挥作用。疏水性增塑剂必须延长搅拌时间,以便最大程度地降低最低成膜温度(MFT);或者可将疏水性增塑剂溶于 1% 吐温 80 溶液中,以减少增塑时间。增塑剂是指能增加聚合物材料塑性的一类小分子物质,它们通常是沸点高、较难挥发的液体或低熔点固体。根据增塑剂的溶解性质,可将其分为水溶性和脂溶性两类,水溶性增塑剂主要是多元醇类化合物,脂溶性增塑剂主要是有机羧酸酯类化合物。甘油、丙二醇和聚乙二醇(PEG)是常用的水溶性增塑剂,它们可与水溶性或醇溶性聚合物混合,在薄膜包衣过程中的较高温度下多元醇类增塑剂不挥发,较为稳定。三乙酸甘油酯(TAG)、枸橼酸三乙酯(TEC)、枸橼酸三正丁酯(TBC)等水不溶性增塑剂主要用于有机溶剂可溶的聚合物材料,如乙基纤维素和一些肠溶性薄膜材料。但三乙酸甘油酯和枸橼酸酯类与水有较强的亲和力,有时也用于水溶性包衣材料。此外,在脂溶性增塑剂中蓖麻油也有应用,只是与水和有机溶剂的相容性都很小。

(4) 致孔剂:有些渗透性缓释或控释包衣材料如乙酸纤维素、乙基纤维素和无渗透性的材料硅酮弹性体等制成封闭性的膜时,往往药物无法从片芯或丸芯中溶解、渗透出来,常在这些材料的包衣液中加入一些称为致孔剂的物质来增加包衣膜的通透性,以获得所需释药速率的包衣制剂。致孔剂有以下几类:①水溶性小分子物质,如蔗糖、盐类。这些物质在溶出介质作用下从衣膜中溶解形成孔道,增加药物的释放。但对于水分散体而言,电解质的加入可改变乳胶液中乳胶粒子的静电稳定性,产生絮凝现象,破坏包衣材料的稳定性。所以对于水性包衣材料,一般不选择电解质作致孔剂。②水溶性高分子材料,如 PEG 类、PVP、HPMC、HPC。这些高分子材料在溶出介质中可被溶解或水化,在包衣膜中形成水溶性孔道或水化的网状结构,增加了药物的释放。③将部分药物加在包衣液中作致孔剂,同时这部分药物又起速释作用。④将不溶性固体成分如滑石粉、硬脂酸镁、二氧化硅、钛白粉等添加到包衣液处方中,起致孔剂的作用。这些固体成分还可起到抗黏剂的作用。含致孔剂作用的缓释包衣与水或消化液接触时,包衣膜上的致孔剂部分溶解或脱落,使膜形成微孔或海绵状结构,增加介质和药物的通透性。

(5) 抗黏剂:在包衣过程中喷洒在微丸或颗粒表面的包衣液随着溶剂的蒸发而变黏,包衣液中加入适量的抗黏剂可减少黏性,避免微丸之间相互粘连。常用的抗黏剂有滑石粉、硬脂酸镁和单硬脂酸甘油酯,最常用的是滑石粉。硬脂酸镁有疏水性,在缓释包衣中有助于阻滞药物的释放。单硬脂酸甘油酯可用作水分散体包衣液的抗黏剂,却没有滑石粉沉降之类的麻烦,常用量为聚合物量的 2%~10%。单硬脂酸甘油酯需在 65℃热水中加适量的吐温 80 乳化后使用。

3. 渗透泵制剂常用材料 渗透泵控释制剂外包衣所用的半透性成膜材料有乙酸纤维素、乙基纤维素、聚氯乙烯、聚碳酸酯、乙烯醇 - 乙烯基乙酸酯和乙烯 - 丙烯聚合物等,但最为常用的是乙酸纤维素。乙酸纤维素的乙酰化率决定乙酸纤维素对水的渗透性,随着乙酰化率的增加,乙酸纤维素的亲水性逐渐减小。通过调整不同乙酰化率乙酸纤维素的比例,可以控制包衣膜的渗透性,从而控制药物的释放速率。在包衣膜内也可以加入致孔剂,即多元醇及其衍生物或水溶性高分子材料,形成海绵状的膜结构,药物溶液和水分子均可以通过膜上的微孔,这种结构导致的药物释放机制也遵循以渗透压差为释放动力的渗透泵式释药过程。常用的致孔剂有聚乙二醇 400、聚乙二醇 600、聚乙二醇 1000、聚乙二醇 1500、聚乙二醇 4000、羟丙甲基纤维素、聚乙烯醇、尿素等。

4. 离子交换型制剂常用材料 离子交换树脂可分为强酸性阳离子交换树脂、弱酸性阳离子交换树脂、强碱性阴离子交换树脂、弱碱性阴离子交换树脂。阳离子交换树脂吸附阳离子型药物,阴离子交换树脂吸附阴离子型药物。离子交换树脂对溶液中的不同离子具有不同的亲和力,因此其对离子的交换吸附具有选择性。各种离子受树脂交换吸附作用的强弱程度有一般的规律,但不同的树脂可能略有差异,部分阳离子被离子交换树脂吸附的顺序为 $Fe^{3+}>Al^{3+}>Pb^{2+}>Ca^{2+}>Mg^{2+}>K^+>H^+$,部分阴离子被离子交换树脂吸附的顺序为 $SO_4^{2-}>NO_3^->Cl^->HCO_3^->OH^-$。实际应用时根据药物性质选择合适的离子交换树脂。

（1）强酸性阳离子交换树脂：含有大量强酸性基团如磺酸基（—SO$_3$H），容易在溶液中解离出 H$^+$，故呈强酸性。离子交换树脂解离后，树脂本体所含的负电基团如—SO$_3^{2-}$ 能吸附结合溶液中的其他阳离子。

（2）弱酸性阳离子交换树脂：含有大量的弱酸性基团如羧基（—COOH），能在水中解离出 H$^+$ 而呈酸性。树脂解离后余下的负电基团，如 R—COO$^-$，能与溶液中的其他阳离子吸附结合，从而产生阳离子交换作用。

（3）强碱性阴离子交换树脂：含有强碱性基团，如季铵基（—NR$_3$OH），能在水中解离出 OH$^-$ 而呈强碱性。这种树脂的正电基团能与溶液中的阴离子吸附结合，从而产生阴离子交换作用。

（4）弱碱性阴离子交换树脂：含有弱碱性基团，如伯胺基（—NH$_2$）、仲胺基（—NHR）或叔胺基（—NR$_2$），能在水中解离出 OH$^-$ 而呈弱碱性。这种树脂的正电基团能与溶液中的阴离子吸附结合，从而产生阴离子交换作用。

四、口服缓控释制剂设计步骤

对于一种给定的药物而言，实现预期的体内外释放依赖于几个重要因素，包括药物的剂型、理化性质、生物制药学性质、药代动力学（PK）性质和药效动力学（PD）性质，以及正确的处方设计和释药技术。每种药物都具有固有的特性，需要充分考虑其性质和给药方式。事实上，剂型开发成功与否取决于化合物在生理条件下的性质，而非释药技术。几乎所有专利期满的缓控释产品都无法仅依靠释药技术来维持市场独占性，采用相似的释药技术成功地研制性能与原研药相同的仿制药例子不胜枚举。因此，设计缓控释系统的第一步应该是将临床需求与药物特征相结合来进行可行性评估；第二步是根据所需的剂型和其他实际因素综合考虑选择合适的缓控释系统，并进行体内外评估。具体来说，合理的设计过程应包括以下步骤。

1. 确定临床需求和预期的体内性能。

2. 分析缓控释药物递送的相关风险和挑战，基于以下几点评估肠道吸收的可行性。

（1）药物分子的物理化学和生物药剂学性质、剂量、吸收部位、体内分布和药效动力学特征。

（2）根据体内分布参数，通过药代动力学模拟来计算达到预期血药浓度 - 时间曲线所需的理论药物释放速率。

（3）确定原料药在胃肠道不同部位时的理化性质和吸收特性、制剂是否能够在停留时间内释放所需的药物。

3. 如果通过可行性评估，则需选择合适的缓控释技术、剂型、制备工艺和体外评价方法等。

（1）选择与目标吸收曲线相匹配的原型制剂，用于测试体内的生物利用度。

（2）确定具有预期体内行为的处方，为后续处方调整提供改进的方向。

（3）如果不同的原型表现出不同的体内行为，则应探索体内 - 体外相关性。

（一）确定临床需要和预期的药物体内释药规律

开发缓控释产品的基本临床原理是通过药物设计来实现最佳药物治疗，为该产品从疗效、安全性和患者依从性方面提供优势。开发缓控释产品应基于生理学、药效动力学和药代动力学考虑，明确药理学/毒理学反应和药物/代谢产物全身浓度之间的关系。但是,许多缓控释制剂将重点放在了降低给药频率或减小血药浓度波动上,而不是改善药理作用概况上。这可以归因于过度简化的假定的 PK/PD 线性关系。实际上,药物受多种药理学机制和生理学过程控制,全身血药浓度(C)和药效(E)的关系非常复杂。因此,目前有多种以药物反应机制为基础的模型用于解释 PK/PD 相关性,例如 S 形 E_{max} 模型,生物相分布、受体慢结合、转化、间接效应模型,信号转导模型,耐受模型。例如 S 形 E_{max} 模型或 Hill 方程为 4 个参数直接响应模型。

$$E = (E_{max}C^{\gamma})/(EC_{50}^{\gamma}C^{\gamma}) \qquad\qquad 式(8-30)$$

式(8-30)中,E 为效应;E_{max} 为最大效应;C 为浓度;EC_{50} 为能引起 50% 的最大效应的浓度;γ 为形状指数,能反映 E-C 曲线的斜率。E 值较低(<1)时,E-C 曲线的斜率平坦;E 值较高(>4)时,则表示完全药物效应或完全无药物效应。根据该方程,浓度范围相似的变化可能导致截然不同的药效波动,消除半衰期较短并不都意味着药物作用时间也短。

形状指数 γ 决定 E_{max} 模型的 E-C 曲线的斜率,对调节释放制剂设计有重要影响。对于 γ 小的 E-C 曲线,即使浓度变化较大,相应的效应变化仍不敏感,这可能意味着该缓释制剂的研发缺少药效动力学的依据。当 γ 较大时,其 E-C 曲线呈现"全或无"式的反应现象,例如左旋多巴,即只要浓度在最低有效浓度(MEC)以上,药物效应与血药浓度波动基本无关。

通过硝苯地平可以较好地说明释药速率对疗效和安全性的影响。速释和缓释的对比研究发现,硝苯地平的浓度增加速率是血流动力学效应的决定因素,也就是说,缓慢给药可观察到血压平缓下降而不产生副作用(增加心率),快速给药则可观测到相反的现象。另一个典型的给药方式对药效有重要影响的例子是哌甲酯,盐酸哌甲酯的一种缓释制剂已上市多年,但因其恒定的血药浓度会引发急性耐药性。自 20 世纪 90 年代中期,研究人员开发出脉冲释药和双相释药,在药物释放过程中产生血药浓度波动,克服了恒定药物浓度产生的耐药性。这两个例子表明,恒定的药代动力学曲线获得正/负面的临床效果,取决于药效动力学与给药形式和时间关系。因此,研究者应通过量化 PK/PD 关系来确定最佳血药浓度-时间曲线,指导缓控释给药系统的设计。对 PK/PD 关系的理解在确立临床依据、确定靶向制剂的体内释药规律和尽早决定调节释放制剂的研发中发挥重要作用。

(二) 可行性评估

可行性评估对于缓控释产品的成功设计和开发至关重要。一旦确定药物递送模式和预期的体内行为并获得了药物的体内分配参数,就可以通过药代动力学模拟获得相应的理论药物输入情况。在已知治疗窗或最低有效浓度的情况下,可以很容易地确定所需的释药或吸收持续时间和动力学。当难以获得定量 PK/PD 信息时,可用速释制剂的稳态 C_{min} 对最低有效浓度作出保守估计。例如,图 8-23 所示的缓控释制剂,旨在将平均血浆浓度维持在市售速释制剂剂型的 C_{min} 达 24 小时以上。

在完成缓控释制剂的理论设计之后,应评估释药方式在胃肠道中的可行性。例如,某药物的预期血药浓度-时间曲线是零级吸收 16 小时,由于药物在小肠中的停留时间有限,表明大部分药物须在大肠中吸收。因此,了解药物分子在胃肠道下端的吸收特性对于合理设计缓控释制剂至关重要。为了评估技术可行性和开发挑战性,应在生理/生物学限制和药物动力学的背景下,综合分析药物的物理化学和生物特性,包括溶解性、亲脂性、化学稳定性、膜透过性、肝脏首过效应、是否为转运蛋白的底物以及是否易被肠道菌群代谢。为了更好地理解特定药物是否适合制成缓控释制剂,一些重要因素总结如下。

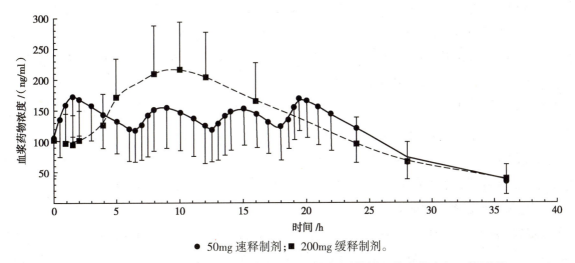

● 50mg 速释制剂；■ 200mg 缓释制剂。

图 8-23 曲马多多剂量速释制剂与每日 1 次给药缓释制剂的平均血药浓度 - 时间曲线

1. **溶解度 / 剂量**   低溶解度和高剂量可能不适用于需要在肠道下端给药的缓控释系统。当制剂经过回肠连接处时，由于流体量有限、渗透性和表面积较低，通常药物吸收波动较大或不完全。药物颗粒的溶出缓慢且随表面性质、粒径及其分布而变化，释放速率很难控制。

2. **稳定性**   在整个胃肠道环境中，药物应对 pH、酶和菌群稳定。例如，易受结肠菌群降解的药物不是适合制成在给药后 5~6 小时以上吸收的缓控释制剂。

3. **亲脂性 / 渗透性**   BCS Ⅲ 或Ⅳ类药物的吸收受渗透性限制，渗透性也会因胃肠道区域表面积、转运蛋白的差异而有所不同。此类药物在胃肠道下端释放时通常无法改变 PK 曲线，且在需要 5~6 小时的吸收时常会导致吸收截断。

4. **消除**   缓控释制剂的开发通常是由于药物半衰期短，但是其他变量（如最低有效浓度、分布容积和剂量）在确定缓控释制剂可行性方面同样重要。对于两个半衰期相近的药物，开发成每日 2 次（或每日 1 次）的制剂对于一种药物可行，也许对于另一种药物则不可行。

5. **治疗窗**   口服缓控释制剂设计目的之一就是将血药浓度水平保持在治疗窗内并减少波动。对于半衰期相对较短的药物，最低有效浓度越低或最低中毒浓度越高，就越有可能通过高剂量给药来延长作用时间，但这也会导致血药浓度波动更大，不适用于治疗窗（therapeutic window）窄的药物。

6. **首过效应**   对于具有饱和性（肠或肝）首过效应的药物，速释通常比缓释的生物利用度高。如果速释和缓释的药物吸收都在非饱和线性范围内（即与剂量成比例），则两者吸收的差异不显著。

7. **PK/PD 相关性**   设计缓控释制剂，除了分布和吸收的药代动力学参数之外，对浓度 - 效应关系的全面了解也很重要，药效动力学的量化将大大促进缓控释药物产品的开发。药物的 ADME 过程是非常复杂的，受多种因素的影响，如理化性质、生理限制和生化因素等。为了确定合适的剂量，最有用的 PK 参数是血浆清除率（Cl）。血浆清除率与稳定状态下的血药浓度（C_{ss}）和给药速率有关，对于达到稳态时输入速率（R_0）：

$$C_{ss}=R_0/Cl \qquad\qquad 式（8-31）$$

由式（8-31）可知，血药浓度主要受药物输入率和血浆清除率控制，而血药浓度与达到预期效果和避免不良毒副作用有重要关系。尽管该方程最常用于静脉注射,但其对口服控释制剂仍然有意义,特别是在零级释放的情况下。对于大多数药物,药物输入速率主要由药物释放速率控制。

这一方程是非常简化的情况,其假定该药符合线性 PK 原理,即清除率恒定,并且在多个剂量下均观察到一级消除。考虑到个体间差异,需要计算一定范围内的输入速率是否存在严重毒性。如果在较高的输入速率会发生毒理作用,则应降低药物输入速率。

药物的血浆消除半衰期($t_{1/2}$)不直接用于确定缓控释药物的输入速率,但它有助于评估制成缓控释制剂的必要性。$t_{1/2}$ 超过 24 小时的化合物通常不需要开发为每日 1 次的缓控释制剂;对于 $t_{1/2}$ 相对较短但不是极短的化合物,可以通过缓控释技术来改善其疗效。除了改善患者依从性外,缓控释制剂还可以通过降低 C_{max} 来降低血浆浓度波动以降低毒副作用,尤其适用于治疗窗较窄的药物。

(三) 选择缓控释系统和测试系统设计

缓控释制剂产品的设计应建立在药物特性、剂量、释放 / 吸收动力学、临床和市场需求(如剂型、规格、数量等)的基础上。其他应考虑的实际因素包括研发时间和成本,以及商业化生产因素(如工艺、设备、设施、可生产性、成本、容量、环境等)。在选择缓控释系统时,活性成分的剂量和溶解度通常是最重要的考虑因素,两者都会影响释放机制和加工行为。没有一种技术是万能的,表 8-8 比较了常用的口服缓控释系统的释药能力和限制。表 8-9 是基于剂量和溶解度来选择缓控释系统的宏观指南。

表 8-8　常用的口服缓控释技术比较

给药系统	优点	缺点
亲水性骨架	(1) 适合各种性质的药物,载药量可大可小。 (2) 如果设计合理,工艺和处方通常较稳定。 (3) 采用常规的生产设备和工艺。 (4) 成本效率高:研发时间短,费用低。 (5) 释药动力学和曲线可以修饰。 (6) 可以有多个释药单元	(1) 药物释放通常对测试条件较敏感。 (2) 提供多种规格制剂方面缺少灵活性。 (3) 调节药物的释放将增加处方 / 工艺的复杂性(多层片或压制包衣片)
疏水性骨架	(1) 适合可溶性药物,载药量可大可小。 (2) 采用常规的生产设备和工艺。 (3) 释药动力学和曲线可以修饰。 (4) 可以有多个释药单元	(1) 不适合溶解度低的药物。 (2) 非零级释放。 (3) 药物释放不完全。 (4) 药物释放通常对测试条件较敏感。 (5) 提供多种规格制剂方面缺少灵活性。 (6) 调节药物的释放将增加处方 / 工艺的复杂性(多层片或压制包衣片)
多单元贮库型	(1) 容易调整释药动力学及释药曲线(如零级脉冲、双相、结肠)。 (2) 降低剂量倾泻与局部刺激性风险。 (3) 体内可变性较低(有利于载运性质)。 (4) 体内性能更稳定。 (5) 调整剂量容易:单剂量、多剂量。 (6) 适合儿童和老年患者。 (7) 采用常规的生产设备和工艺	(1) 仅适合溶解度高的药物。 (2) 药物释放通常对测试条件较敏感。 (3) 载药量有限。 (4) 研发工艺更具有挑战性

续表

给药系统	优点	缺点
渗透泵	(1)适合各种性质的药物。 (2)药物的释放与释放条件及药物性质无关的零级释放	(1)载药量有限。 (2)剂型尺寸较大。 (3)延迟12小时释药或释药不完全。 (4)常需要有机溶剂。 (5)烦琐、复杂及效率较低的生产和质量控制工艺(如多层片)。 (6)特殊的设施设备。 (7)高昂的研发和生产费用及较长的研发时间

表8-9 以剂量和溶解性为基础选择的给药系统指南

给药系统	HS/HD	HS/MD	HS/LD	MS/HD	MS/MD	MS/LD	LS/HD	LS/MD	LS/LD
亲水性骨架片	0	+	+	+	+	+	+	+	+
疏水性骨架片	+	+	+	−	0	+	−	−	−
疏水性骨架小丸	−	−	−	−	+	+	−	−	−
包衣骨架片	+	+	+	−	0	+	−	−	−
包衣小丸	−	+	+	−	+	+	−	−	−
渗透泵	−	0	0	−	+	+	−	+	+

注:1. HS表示高溶解度;MS表示中等溶解度;LS表示低溶解度;HD表示高剂量;MD表示中等剂量;LD表示低剂量。

2. +表示适合;−表示不适合;0表示不明确。

选定缓控释系统之后,应当在临床前对其体内外行为和特性进行表征。选择体外测试方法时,应考虑例如剂型、大小、载药量、辅料性质、加工方法、释放机制、对环境变化的敏感性等影响因素。对于固体缓控释制剂,药物释放测试是各种理化表征中最重要的。尽管在设计早期阶段与体内性质之间的关系尚不确定,但仍可指导制剂筛选。根据药物性质和给药系统设计,可改变的测试参数包括仪器、搅拌、pH、表面活性剂、添加剂、离子强度、机械应力等,以更好地模拟某些特定的胃肠道条件。

在设计缓控释制剂时,主要目的是使体外释放曲线与理论体内吸收曲线相一致。越早建立体内-体外相关性,对缓控释产品的设计和开发越有利,经过验证的体内-体外相关性能够为工艺开发、质量标准的制订和生产设备的转换提供有力依据。

(四)案例分析

案例1:盐酸哌甲酯

哌甲酯是一种类似于苯丙胺的中枢兴奋剂,通常用于治疗儿童、青少年和成人注意缺陷多动障碍和嗜睡症。它是一种弱碱性药物,解离常数(pK_a)为8.77,脂水分配系数($\lg P$)为3.19。其盐酸盐可溶于水(18.6mg/ml),性质稳定且肠道吸收良好,消除半衰期为3~4小时,加上用药剂量低,使得哌甲酯成为各种口服缓控释制剂的理想候选药物。自20世纪50年代以来一直在市场上销售的一种盐酸哌甲酯的速释产品每日需口服2~3次,为了延长作用时间使其服用更加方便,特别是针对较多的在校学生患者,研究人员开发出几种改进的缓控释制剂使其能够使服药的学生患者能够在整个在校时间保持药效,这可以让患者不必在上学期间反复服用此受法律管制的药品。早期的盐酸哌甲酯的缓控释产品有一种骨架片,旨在保持相对稳定的血药浓度,以达到所需的治疗时间。然而,该产品并不能达到与多次服用速释制剂相同的疗效,且起效时间延迟。直到 20 世纪 90 年代,临床试验才证明采用变化的释放速率能够克服恒速给药引起的耐受性。随后开发出了新一代每日 1 次的缓控释产品,通过改变药物的释放曲线,达到与速释剂型每日多次给药同样的效果。成功的市售产品包括:①双相释药制剂,能够快速起效并延长作用时间,如由 30% 的速释和 70% 的缓释包衣微丸组成的控释胶囊制剂、外层速释包衣的渗透泵控释片剂(图 8-24a~b);②脉冲释药制剂,能模拟速释产品的标准释放时间和药代动力学特征,如由 50% 的速释和 50% 的迟释微丸组成的控释胶囊制剂,可在给药 4 小时后快速释放(图 8-24c)。这一案例研究表明,当药物分子的性质适合设计为缓控释制剂时,这 3 种类型的缓控释技术在实现体内药物递送性能方面同样有效。

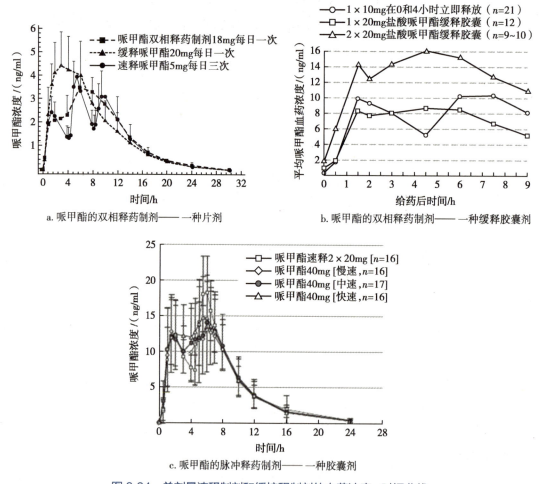

图 8-24　单剂量速释制剂和缓控释制剂的血药浓度 - 时间曲线

案例 2:克拉霉素

为了进一步评价药物的药代动力学性质对口服脉冲给药可行性的影响,基于理化和生物制药特性选择适合克拉霉素的缓控释制剂。它是一个 pK_a 为 8.76 的弱碱,在 pH 6.8 时的溶解度为 1.2mg/ml,lg$P$ 为 2.69,在肠道中有足够的稳定性,由文献可知其末端消除率常数为 0.115/h。用人体单剂量多次给药的血药浓度 - 时间曲线叠加的方法,对不同时间间隔脉冲释药的体内行为进行 PK 模拟。模拟的基本假设包括:①制剂可在预定的时间精确脉冲释药;②胃肠道转运时间、肠道代谢和释放 / 吸收环境等因素影响较小,表观吸收均匀。图 8-25 所示的例子表明,在 6 小时内的 3 个等间距的等剂量脉冲释药几乎没有在药 - 时曲线上产生相应的峰 / 谷波动。应该指出的是,这种模拟是在理想情况下的,即在肠道最易吸收的部分发生的。事实上第二和第三脉冲是在回肠或大肠中吸收,因此会比第一脉冲的血浆浓度上升得更缓慢。本案例研究表明,在试验之前应用体外缓控释设计来获得所需的体内药代动力学和临床结果需要结合多学科知识和对体内外结果的前瞻性预估。对于脉冲释药制剂,除了必不可少的快速清除之外,还应考虑吸收窗和胃肠道系统固有的高变异性的影响。

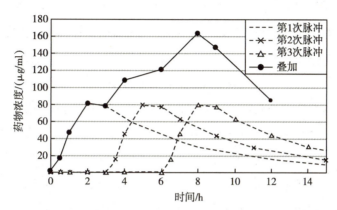

图 8-25 用叠加法对脉冲释药制剂进行药代动力学模拟

案例 3:新化合物 A

一个进入 III 期临床试验的新化合物,是分子量为 236、lg$P$ 为 1.44 的中性分子,性质稳定,几乎不溶于水(170μg/ml)。由于在体内快速消除($t_{1/2}$=2.5 小时),其速释制剂需每日给药 4 次。基于 1μg/ml 的最低有效剂量和 2.4g 的日总剂量,PK 模拟零级释放模式表明每日给药 2 次大约需要在体内释放 10 小时,这说明至少有一半剂量的药物将在大肠释放 / 吸收。为了研究缓控释药物递送技术的可行性,分别设计了成人和儿童用的亲水凝胶骨架片和多单元疏水性骨架微丸。之所以使用骨架系统,是基于高载药量要求和主药的低溶解度考虑。由于低溶解度药物的释放机制为溶蚀控制,骨架片的体外结果显示药物为表观零级释放。由于微丸的高表面积体积比和扩散路径较短,药物释放更加接近扩散控制型。在健康志愿者中对这些具有不同释放速率的处方进行药代动力学研究,在高脂肪进食后服用以上两种制剂,以增加胃内停留时间。血药浓度 - 时间曲线评估结果显示:①释放速率越低,对应的 AUC 也较低;②半对数图出现明显的斜率拐点,表明给药后 5~6 小时发生了吸收截断。有趣的是,骨架微丸的平均截断时间延迟 1~2 小时,说明多颗粒制剂更有利于胃肠道转运。然而,这两种剂型都未达到将血浆水平维持在最低血药浓度以上 12 小时的预定标准。代谢产物评估结果表明吸收截断是由大肠菌群将活性药物降解所致。该案例研究表明,胃肠道释药窗在很大程度上取决于药物分子的固有特性,当药物性质与所需的递送需求之间存在较大差距时,释药技术也无法有效克服可行性差带来的障碍。

案例 4:新化合物 B

某进入 II 期临床试验的极性化合物,分子量为 284,pK_a 为 8.3,在 pH 6.8 时 lg$P$ 为 -2.0。在生理 pH 范围内稳定且高度可溶(0.8g/ml),渗透性较低(一种人克隆结肠腺癌细胞 Caco-2 的表观渗透系数 P_{app}=0.27×10^{-6}cm/s),属于 BCS III 类化合物。由于在人体内快速清除,I 期和 II 期临床研究使用了每 6 小时给药 1 次的速释制剂($t_{1/2}$=4h)。根据 10μg/ml 的最低有效剂量和 6mg 的日总剂量,PK 模拟表明每日 2

次给药将需要大约 10 小时的体内释药,这表明很大一部分药物将在大肠释放和吸收。用犬体内肠道不同区域留置插管给药模型进行初步研究,回肠和结肠相对于空肠的 AUC 分别为 0.94 和 0.67。骨架片的体外释放与 $t_{1/2}$ 成正比,而乙基纤维素包衣多单位微型片则接近零级动力学。然而,用 3 种释放速率不同的制剂对健康志愿者进行单剂量交叉试验得到的相对生物利用度随释药速率降低,分别为 50%、34% 和 29%。在禁食条件下服用这 3 种缓控释制剂后,都是在约 4 小时发生吸收截断,这表明肠道下端吸收很少。人与犬之间生理差异的综合分析表明,犬结肠中良好的吸收特性可能是由于它们的肠道通透性高,有利于极性小分子通过细胞旁途径转运。除了亲水性小分子外的其他药物在犬和人体内的生物利用度均具有良好的相关性。该案例研究表明,在评价口服缓控释的体内吸收窗时,了解化合物的理化性质和转运途径非常重要。

案例 5:盐酸奥昔布宁

奥昔布宁是一种抗痉挛药、抗胆碱药,可通过松弛膀胱平滑肌来缓解尿急、尿频、尿失禁等膀胱过度活动症的症状。它为弱碱性药物,pK_a 为 9.87,在 pH 7.3 时 $\lg P$ 为 1.83。其盐酸盐易溶于水(12mg/ml),性质稳定且肠道吸收良好。这些有利的性质加之给药剂量较低(5~15mg/d),使其成为各种口服缓控释制剂的理想候选药物。20 多年来,奥昔布宁速释制剂一直存在抗胆碱药的不良反应,如口干、排尿困难、便秘、视物模糊、嗜睡和头晕等,这些副作用呈剂量依赖性。研究表明,由细胞色素 P450 3A4 同工酶介导的奥昔布宁代谢主要发生在胃肠道上端和肝脏。其主要的活性代谢产物 N- 去乙基奥昔布宁也有许多副作用。服用速释制剂后,N- 去乙基奥昔布宁的血浆浓度可达到母体药物的 6 倍,严重影响患者的耐受性。例如一项研究表明,一半以上的患者在服药 6 个月后由于副作用而停药。也另有研究表明,25% 的患者服用奥昔布宁后由于口干而停药。

自 20 世纪 90 年代以来,该药的一些缓控释制剂相继问世,实现了每日仅需给药 1 次。临床研究表明,缓控释制剂不仅能够持续提高疗效和患者依从性,还可以改善耐受性。这是由于将其控制在胃肠道末端释放后,降低肠道代谢,生物利用度显著提高。最近,为了完全避开系统前代谢,研究人员成功开发出了一种可释药 3 日的透皮贴剂,其耐受性与安慰剂相似。这个案例表明,了解药物的处置、生物学和药效动力学性质有助于合理设计和开发疗效最好的缓控释制剂。

案例 6:盐酸苯丙醇胺初级渗透泵

苯丙醇胺(PAA)是一种拟交感神经药,与苯丙胺和麻黄碱具有相似的结构,它具有 α 肾上腺素受体激动剂的活性。问世近 50 年后被市场淘汰,市售期间主要作为抗充血剂或食欲抑制剂的非处方药(over-the-counter drug,OTC)出售。后来由于发现 PAA 与出血性脑卒中的风险增加相关,2005 年 FDA 将其从 OTC 中撤出。尽管现已成为人类禁用药,但仍值得用来说明缓控释制剂的合理设计原则。在 20世纪 80 年代早期,首个含有 PPA 的口服渗透泵制剂被开发出来。PPA 是弱碱,pK_a 为 9.4,$\lg P$ 为 0.67。其盐酸盐易溶于水,在胃肠道中吸收良好,生物利用度超过 60%。它在 25~100mg 的剂量范围内表现出线性动力学,血浆半衰期为 2~3 小时。由于其半衰期短,人们尝试设计一种膜控给药系统,以维持恒定的给药速率,每日给药 1 次而非 3 次,以减少血浆水平的波动。如 Good 和 Lee 所报道,期望的稳态血浆PPA 浓度为 80ng/ml(因为已知的最小治疗血浆浓度范围为 60~100ng/ml),要求在给药后尽快达到这一稳态水平。基于已知 PPA 药代动力学参数的单室开放模型(k_a=1.58,k_e=0.159,V_d=245.6L),确定给药系统需要的速释剂量为 21.6mg,且释放速率为 3.12mg/h 才能达到目标血药浓度水平。考虑到总剂量限制在 75mg,且 24 小时内至少释放 90%,研究人员设计了盐酸苯丙醇胺的初级渗透泵制剂。该制剂达到大部分预期的目标,并进行了一些微调:将 20mg 药物制成渗透泵的涂层作为速释部分,内部 55mg 的药物以 3.5mg/h 由释药孔恒速释放 12.5 小时,其余的由于核心中的固体药物逐渐耗尽而降低了释放速率。

随后在临床试验研究中 6 名健康受试者测试了该渗透泵制剂,所得的平均血药浓度 - 时间曲线以及根据已知药代动力学参数预测的平均血药浓度 - 时间曲线如图 8-26 所示。另外,将血浆数据反卷积得到的体内释放曲线与体外溶出曲线进行比较,如图 8-27 所示。从图 8-26 和图 8-27 可以清楚地看出,试验数据与药代动力学分析预测的一致性非常高,这进一步支持了在缓控释制剂开发前应用合理设计的必要性。

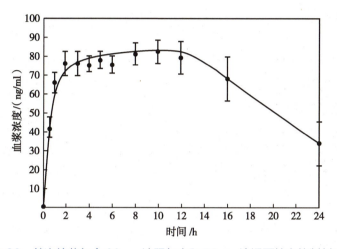

图 8-26　单次给药包含 20mg 速释包衣和 55mg 渗透泵核心的制剂后的试验 (●) 和预测 (−) 血药浓度 - 时间曲线比较 (*n*=6)

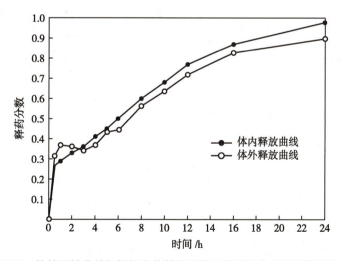

图 8-27　体外释放曲线与根据血浆数据反卷积得到的体内释放曲线的比较

案例 7:维拉帕米缓释制剂的设计

维拉帕米是一种 L 型钙通道阻滞剂,用于治疗高血压、心绞痛和心律不齐。它是一种弱碱,pK_a 为 8.8,溶解度有 pH 依赖性(在 pH 1.2 和 4.5 时溶解度约为 65mg/ml,在 pH 6.8 时约为 13mg/ml),属于 BCS I 类化合物,速释制剂的规格范围为 40~120mg。从剂量、溶解度和渗透性来看适合开发为缓控释系统,市售的每日口服 1 次的缓控释产品包括骨架型、贮库型和渗透泵型。

1. 骨架型 最先开发的维拉帕米缓控释产品是以海藻酸钠为基质的亲水性骨架片,海藻酸钠是一种 pH 依赖型凝胶聚合物,在酸性环境(pH<3)中不溶,而维拉帕米的溶解度随 pH 降低而增加。因此,如图 8-28a 所示,从基质片剂中释放的药物取决于 pH。在 pH 1.2 时,由于原料药的高溶解度和惰性海藻酸的形成,体外释放速率较慢,主要受扩散驱动。此外,由于在酸性环境下发生开裂和分层,药物释放的表面积也会随着时间发生变化。在 pH 为 4.5 和 6.8 时,海藻酸钠迅速水合膨胀形成凝胶层,控制药物释放速率。图 8-28a 的数据显示,尽管 pH 4.5 时药物的溶解度高,但释放主要受聚合物溶蚀控制。此外,尽管药物的溶解度在 pH 6.8 时降到原来的 1/5,但药物释放曲线与 pH 4.5 时基本相同。这些结果可归因于维拉帕米的质子化叔胺阳离子与海藻酸钠的羧基阴离子相互作用,导致凝胶中的游离药物浓度降低并由溶蚀控制释放。

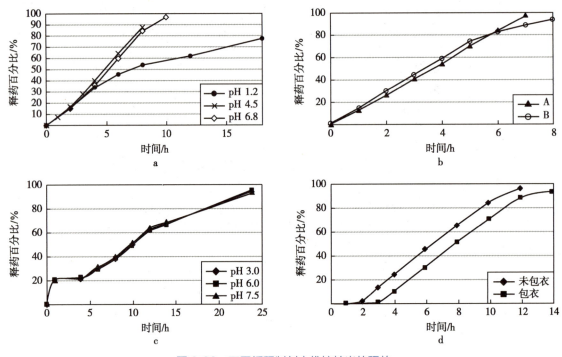

图 8-28 不同缓释制剂中维拉帕米的释放

骨架型维拉帕米缓释制剂的缺点之一是它们需要与食物一起服用,以保持血药浓度的峰/谷波动比较小。为了克服药物释放对食物的依赖性,Howard 和 Timmins 在处方中加入非 pH 依赖型聚合物。在胃部酸性环境中,非 pH 依赖型聚合物(如 HPMC)水合形成凝胶层,并用于控制可溶性 API 的释放速率。如图 8-28b 所示,从该系统释放的药物与 pH 无关,并且 80% 的剂量符合零级释放。Zhang 和 Pinnamaraju 将另一种阴离子聚合物甲基丙烯酸共聚物掺入海藻酸钠和非 pH 依赖型聚合物(HPMC)组成的基质体系中。图 8-28b 中的数据结果表明,高达 100% 的药物释放均为与 pH 无关的零级释放。

2. 贮库型 贮库型盐酸维拉帕米缓释胶囊中装有 20% 的未包衣速释微丸和 80% 的缓释包衣微丸。图 8-28c 的药物释放曲线表明,该系统的药物释放为非 pH 依赖型。为了进一步改善临床疗效,维拉帕米的第二代贮库 ER 系统于 1999 年获批上市。该系统的设计是针对疾病状态的昼夜节律,将时辰治疗学应用于药物递送以改善临床反应。睡前服用第二代贮库型维拉帕米微丸胶囊,可延迟 4~5 小时

（正值心肌梗死、脑卒中、心肌缺血等疾病的清晨高发时段）起效。药物释放基本上与 pH、食物摄入和胃肠蠕动无关。

3. 渗透泵型　渗透泵型维拉帕米缓释制剂是一种双室推 - 拉型渗透泵，由含药层和助推层组成。根据包衣的组成和用量可以控制药物释放的开始时间。药物释放同样与 pH、胃肠蠕动和食物摄入无关。根据已发布的美国专利，制备方法如下。

（1）含药层制备（表 8-10）

表 8-10　含药层的成分与含量

成分	含量 /g	成分	含量 /g
盐酸维拉帕米	600	聚维酮	50
聚氧乙烯	305	硬脂酸镁	5
氯化钠	40		

除硬脂酸镁外，其余均用无水乙醇制粒。干燥后的颗粒用硬脂酸镁作润滑剂。

（2）助推层的制备（表 8-11）

表 8-11　助推层的成分与含量

成分	含量 /g	成分	含量 /g
聚氧乙烯	735	三氧化二铁	10
氯化钠	200	硬脂酸镁	5
羟丙甲基纤维素	50		

除硬脂酸镁外，其余均用无水乙醇制粒。干燥后的颗粒用硬脂酸镁作润滑剂。

在双层压片机中压制由含药层和助推层组成的双层片芯，片芯外用肠溶性材料包衣。

（3）半透膜的制备（表 8-12）

所有成分都溶解在 80% 丙酮、20% 甲醇中。在含有活性药物的一侧钻开两个孔。

表 8-12　半透膜的成分与含量

成分	含量 /%
乙酸纤维素	55
羟丙基纤维素	40
聚乙二醇	5

需要指出的是，双层片剂的生产往往存在挑战，因为这类片剂容易沿界面分层，在加工、放大或储存时发生分层。因此，为了设计出具有良好黏附层的物理强度良好的双层片，需要通过对材料性能、配方和工艺变量进行综合评价，了解不同材料在压实过程中的相互作用、变形和黏结特性，对于更好地了解双层片的压实行为和可能的失败原因具有重要意义。例如，如果含药层主要是由脆性断裂引起的变形，则应评估主要由聚氧乙烯助推层的变形性、松弛性和黏合性。其他对层状片剂开发很重要的参数包括润滑程度、颗粒特性、压力、转速和设备等。渗透泵最大的缺点是在制造过程中需要有机溶剂，其他不足包括需要进行大量工艺研究和监控且制备过程比较烦琐。图 8-28d 为维拉帕米渗透泵的体外释药情况，无肠溶包衣和有肠溶包衣的药物释放分别延迟 1.5 小时和 3.0 小时，均符合零级动力学。

案例8：硝苯地平缓释制剂的设计

硝苯地平也是一种用于治疗高血压和心绞痛的钙通道阻滞剂。它很稳定，但难溶于水。硝苯地平的口服生物利用度高，且与剂量成正比（BCS Ⅱ类），由于其水溶性差，通常将其微细化以增加表面积来增强药物吸收。根据硝苯地平的性质，可以将其制成溶蚀性骨架片或渗透泵片。各种每日1次的缓释片相继上市，包括渗透泵型和亲水凝胶骨架型。

1. 渗透泵型　硝苯地平渗透泵片是一种渗透泵制剂，设计为每日口服1次，恒速释放超过24小时。其同样采用推-拉型渗透泵技术，原理与渗透泵型维拉帕米缓释制剂相似。主要区别在于由于硝苯地平的溶解度较低，硝苯地平渗透泵片中的药物以混悬液形式释放。

2. 亲水凝胶骨架型　为压制包衣片。现有的硝苯地平亲水凝胶骨架片含硝苯地平30mg、60mg或90mg共3种规格，每日口服1次，是时辰治疗的迟释骨架片，一部分药物从缓释包衣层中缓慢释放，随后片芯中的药物在包衣层溶蚀后快速释放。该剂型的设计目的是缓慢地将部分剂量从ER外膜层释放出来，然后在ER外膜层完全腐蚀后从片芯快速释放剩余剂量。睡前服用后呈双相释放曲线，第一个峰出现在给药后2.5~5小时，第二个峰出现在给药后6~12小时。

（1）片芯的制备（表8-13）：表中材料除微晶纤维素与硬脂酸镁外用水制粒，干燥后的颗粒与微晶纤维素和硬脂酸镁混合均匀后压片。

（2）控释压制包衣层的制备（表8-14）

表8-13　片芯的成分和含量

成分	含量/g
微粉化硝苯地平	50
乳糖	388
玉米淀粉	150
微晶纤维素	50
硬脂酸镁	2

表8-14　控释压制包衣层的成分和含量

成分	含量/g
微粉化硝苯地平	250
乳糖	400
羟丙基纤维素	700
枸橼酸	320
硬脂酸镁	27

上述材料除硬脂酸镁外用水制粒，干燥后的颗粒与硬脂酸镁混合均匀，采用压制包衣的方法将片芯用包衣颗粒压制包衣。制得的片剂释药曲线如图8-29所示，释放过程可分为两个阶段：包衣层吸水形成凝胶层，其中含有的硝苯地平通过凝胶层溶蚀缓慢释放，该过程可持续约8小时；溶蚀结束后片芯中剩余的硝苯地平立即释放。

制备压制包衣片的过程是首先压制片芯，然后将片芯转移至较大的模具中进行压制包衣。这一工艺可用于研制拥有特殊释药曲线的控释制剂；或开发两种不相容的药物的复方制剂，方法为分别在片芯和压制包衣层中加入两种药物。压制包衣工艺能提供双相释药或者作为阻碍层延迟药物的释放。

案例9：多层片技术

多层片技术制剂由一个含活性成分的亲水性骨架内核和一面或两面不透或半透的聚合物层构成的双层或三层片（图8-30）。释放过程中，膜的形状和延伸保持不变，内核膨胀，及时增大与溶出介质的接触面积，将典型的随时间变化的释放速率转变为恒速释药。

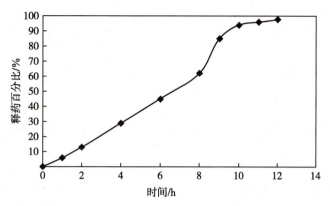

图 8-29 压制包衣片中硝苯地平的释药曲线

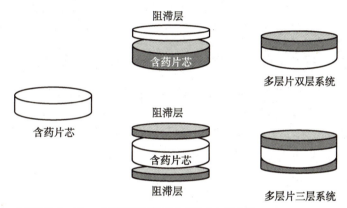

多层片技术：将1~2个阻滞层压缩到含药片芯上的应用。

图 8-30 多层片技术：两层和三层压制片

一种盐酸地尔硫䓬胶囊就是使用多层片技术开发出了可在 24 小时内以恒定速率释放的地尔硫䓬制剂。圆柱形核心包含 60mg 盐酸地尔硫䓬和可溶胀形成凝胶的聚合物，凝胶在一定程度上阻碍了盐酸地尔硫䓬的释放。为了进一步阻止释放，在片芯的两面均压制了不溶性聚合物涂层，仅使外围暴露于胃肠液。图 8-31 和图 8-32 示意了这种缓释胶囊的释放机制。该制剂成功地实现了每日给药 1 次，但需要复杂且昂贵的生产程序。且这种缓释胶囊为含有 4 枚片（240mg）的胶囊，胶囊尺寸为 00#，外径约为 8.5mm，长度约为 23.7mm，这使它难以吞服。地尔硫䓬的控制吸收在 1 小时内开始，给药后 4~6 小时达到最大血浆浓度。

设计商业上切实可行的缓控释制剂的关键在于候选药物的理化性质、生物制药性质、药代动力学性质和生物学性质，而不是特殊的药物递送技术。大多数的口服缓控释需求都可以用本章中讨论的几种较成熟的释药技术来实现，但没有万能的技术。对于一种适合制备成缓控释制剂的药物可以采用多种释药技术，因此基于技术条件、实际条件、可操作性和商业因素综合考虑来选择释药技术更为重要。

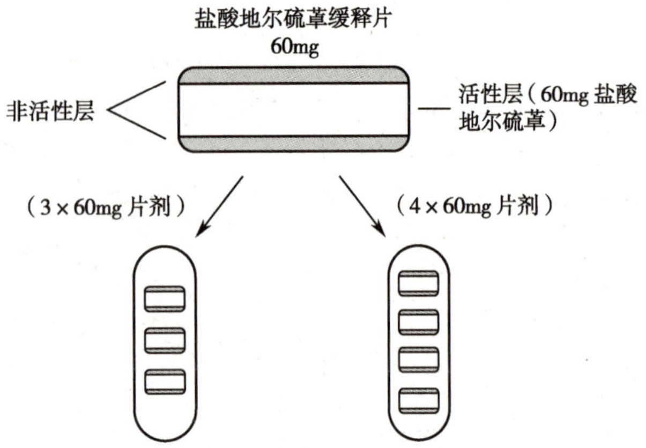

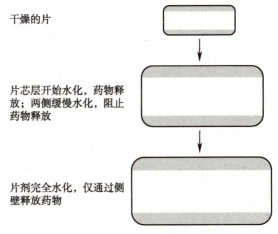

图 8-31 以多层片技术制备的地尔硫䓬缓释制剂示意图

图 8-32 以多层片技术制备的地尔硫䓬缓释制剂释放机制示意图

（张 宇）

参考文献

［1］闻晓光,奚凤德,陆平,等.新型制剂的研发与创新.科技导报,2016,34（11）:65-75.

［2］方亮.药剂学.9版.北京:人民卫生出版社,2023.

［3］国家药典委员会.中华人民共和国药典.2020年版.北京:中国医药科技出版社,2020.

［4］刘建平.生物药剂学与药物动力学.5版.北京:人民卫生出版社,2016.

［5］程牛亮.生物化学.北京:中国医药科技出版社,2007.

［6］王广基.药物代谢动力学.北京:化学工业出版社,2005.

［7］秦绿叶,刘爽,汪沉然,等.巨胞饮的机制及功能的研究进展.生理科学进展,2006,37（1）:41-44.

［8］TAYLOR K M G,AULTON M E. Aulton's pharmaceutics：the design and manufacture of medicines. 5th ed. London：Elsevier Ltd.,2017.

［9］WILSON C G,CROWLEY P J. Controlled release in oral drug delivery. London：Springer,2011.

［10］QIU Y H,CHEN Y S,ZHANG G G Z,et al. Developing solid oral dosage forms. 2nd ed. Boston：Academic Press,2017.

［11］RATHBONE M J,HADGRAFT J. Modified-release drug delivery technology. New York：Marcel Dekker Inc,2003.

［12］唐星.口服缓控释制剂.北京:人民卫生出版社,2007.

［13］潘卫三.工业药剂学.3版.北京:中国医药科技出版社,2015.

［14］张强,武凤兰.药剂学.北京:北京大学医学出版社,2005.

［15］徐斌.离子交换树脂在药物制剂中的研究进展.中南药学,2015,13（5）:70-75.

［16］高春生.剂量分散型肠道定位释药系统研究.北京:中国人民解放军军事医学科学院,2006.

［17］崔福德.药剂学.7版.北京:人民卫生出版社,2011.

［18］LAZZARI A,KLEINEBUDDE P,KNOP K. Xanthan gum as a rate-controlling polymer for the development of alcohol resistant matrix tablets and mini-tablets. International journal of pharmaceutics,2018,536（1）:440-449.

［19］CVIJIĆ S,ALEKSIĆ I,IBRIĆ S,et al. Assessing the risk of alcohol-induced dose dumping from sustained-release oral dosage forms：in vitro-in silico approach. Pharmaceutical development and technology,2018,23（9）:921-932.

第九章 靶向给药系统的设计

第一节 概 述

靶向制剂起源于德国科学家 Paul Ehrlich 发现某些化合物能特异性地对细菌染色,然后提出"魔弹"(magic bullet)的设想,强调使用具有靶向性的化合物针对特定部位递送药物。

一、靶向给药系统的定义

靶向给药系统(targeting drug delivery system)是指能选择性地将药物定位或富集在靶组织、靶器官、靶细胞或细胞内结构,提高疗效并显著降低全身毒副作用的药物载体系统。

靶向给药系统可用于递送抗肿瘤药、放疗增敏剂、抗生素、蛋白质和核酸等多种药物。

二、靶向给药系统的意义

大量具有活性的化合物、生物大分子在临床上由于其较差的药代动力学特征而受到限制,药物进入体内循环系统后迅速分布到全身各组织、器官,只有少量药物到达病变部位。药物发挥作用是有利和不利效应相互叠加的综合作用,通常加大剂量、改善治疗效果的同时,副作用也会加剧。如在肿瘤的治疗中,为了提高肿瘤局部的药物浓度,需增加给药剂量,但同时也会增加对正常组织器官的毒副作用。

靶向给药系统将药物通过共价键或非共价作用与载体结合(如包封、溶解、缔合或吸附),可改变药物在体内的生物分布、提高药物选择性、保护药物免于降解和消除、增加靶部位的浓度、减少药物对其他组织的毒副作用、增强疗效、提高患者依从性。

目前已有多种靶向给药系统在国内外上市,如多柔比星脂质体、紫杉醇脂质体、白蛋白紫杉醇纳米粒、PEG-PLA 紫杉醇胶束、西妥昔单抗、载基因(突变细胞周期控制基因)纳米粒等。并且有多种靶向给药系统进入临床研究阶段,如有伊立替康脂质体进入Ⅲ期临床研究、奥沙利铂转铁蛋白脂质体进入Ⅰ期临床研究。

三、靶向给药系统应满足的要求

靶向给药系统最常见的给药途径是通过静脉给药,通过该途径给予的靶向给药系统将药物递送至靶部位,则必须满足以下几个要求。

1. **定位**　靶向给药系统首先需要专一性地将药物递送至靶部位,对非靶部位没有或几乎没有作用。

2. **稳定**　靶向给药系统在体内应具有稳定性,在到达靶部位前保证载药系统完整。若载体在循环中过早被酶降解破坏、药物从载药系统中泄漏,不仅使到达靶部位的药量减少,还可能会导致全身毒性。

3. **浓集**　给药系统必须在循环中保留足够长的时间使其能够在靶部位浓集。纳米制剂在循环中如果与补体蛋白或者调理素分子等相互作用,则很容易被网状内皮系统(reticuloendothelial system,RES)捕捉并清除,无法在靶部位蓄积。如果在载体表面修饰 PEG 等"隐形分子",它们在系统循环中就具有长循环(long circulation)作用,可浓集在靶部位。

4. **控释**　在到达靶部位时,必须能够及时释放出足够量的药物产生有效的治疗效果。给药系统在靶部位的释放速率必须能使药物达到有效浓度,可根据靶部位的物理、化学或生物学性质设计触发释放的给药系统。

5. **无毒**　给药系统所用的载体需无毒、最终能够降解并从体内排出,以避免长期毒性或免疫原性。

第二节　设计靶向给药系统的要素与案例

一、靶向给药系统的分类

(一) 按体内作用靶标分类

1. **一级靶向给药系统**　以特定器官、组织为靶标的给药系统。
2. **二级靶向给药系统**　以特定细胞为靶标的给药系统。
3. **三级靶向给药系统**　以细胞内特定部位或细胞器为靶标的给药系统。

(二) 按靶向制剂的作用机制分类

1. **被动靶向给药系统**(passive targeting drug delivery system)　是指载体的粒径、表面性质等特性使药物在体内特定靶点或部位富集的制剂。它与主动靶向给药系统最大的差别是载体上不含有特异性作用的配体、抗体等。

被动靶向给药系统经静脉注射后在体内的分布与粒径、表面性质、与血浆蛋白结合等多种因素有关。被动靶向给药系统在体循环中如果与补体蛋白或调理素分子等相互作用,则易被单核巨噬细胞系统作为外来异物所吞噬,而实现对肝、脾、肺等器官的靶向。这是生理过程中的自然吞噬,被单核巨噬细胞系统摄取后,通过正常的生理过程运送至肝、脾、肺等器官。如果在给药系统表面修饰 PEG 等"隐形分子",则不易被识别,在系统循环中就具有长循环作用。同时由于肿瘤组织中血管内皮间隙较大,100nm 以下的给药系统粒子可渗出而滞留在肿瘤组织中。正常组织中的微血管内皮间隙致密、结构完整,大分子和脂质颗粒不易透过血管壁;而实体瘤组织中血管丰富、血管壁间隙较宽、结构完整性差、淋巴回流缺失,造成大分子类物质和脂质颗粒具有选择性高通透性和滞留性,这种现象称为实体瘤组织的高通透性和滞留效应(enhanced permeability and retention effect,EPR),简称 EPR 效应。EPR 效应促进大分子类物质在肿瘤组织的选择性分布,可以增加药效并减少系统副作用。

2. **主动靶向给药系统**(active targeting drug delivery system) 是指药物载体能对靶组织产生特异性相互作用的给药系统。

主动靶向制剂主要有经配体修饰的微粒载体和前体药物两类。给药系统经配体修饰后可避免巨噬细胞的摄取,防止在肝内浓集,改变微粒在体内的自然分布而到达特定的靶部位。配体(ligand)是指能与细胞、组织或器官表面上的受体分子特异性地相互作用的一类分子。配体修饰的主动靶向制剂如图9-1所示。前药(prodrug)是通过化学反应将药物的活性基团改或衍生形成的一种新的惰性结构,在体内特定的靶组织中经过化学反应或酶降解再生为活性药物而发挥治疗作用。

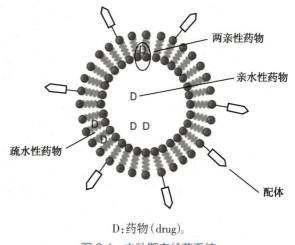

D:药物(drug)。

图 9-1 主动靶向给药系统

如在药物载体表面连接靶组织标记蛋白质的抗体或配体,分布到靶组织中的载体就能够与靶蛋白结合,并诱导载体胞吞或药物释放等过程。另外,还有一些靶组织特异性酶响应型载体系统,不是通过分子间的特异性结合,而是通过分子间特异性酶促作用诱导药物释放和载体再分布。

3. **物理化学靶向给药系统**(physico-chemical targeting drug delivery system) 是指利用物理法或化学法使靶向给药系统在特定部位发挥药效。即通过设计指定的载体材料和结构,使其能够相应于某些物理或化学条件而释放药物。这些物理化学条件可以是体内条件(pH、酶活性或氧化还原性质),也可以是体外条件(温度、超声、光、磁和电化学)。

二、靶向给药系统的载体

1. **脂质体** 一般由磷脂和胆固醇构成,将药物包封于脂质双分子层薄膜中。为了增加脂质体在循环系统中的时间,可用亲水性分子修饰,减少免疫蛋白的吸收,从而减缓 MPS 的清除速度。在 20 世纪 90 年代早期,抗肿瘤药多柔比星脂质体通过在脂质双分子层中掺入 PEG- 脂质结合物,其含有表面接枝的 PEG 基团(分子量约 2 000Da),形成长循环"隐形脂质体",如图 9-2 所示。

2. **聚合物胶束** 当水溶性聚合物与亲脂性聚合物共轭时,所得的共聚物是两亲性的,可用于构成球形胶束。聚合物胶束具有疏水核心,可用于包载水溶性较差的药物,如图 9-3 所示。

根据聚合物的结构,可分为 3 种:二嵌段共聚物、三嵌段共聚物和接枝共聚物。二嵌段共聚物具有线性结构,亲水性嵌段共聚物的长度超过亲脂性嵌段共聚物。三嵌段共聚物具有两个亲水性聚合物链,其共价连接到亲脂性聚合物的两个末端。接枝共聚物具有接枝亲脂侧链的亲水性骨架。在水相中,共聚物组装并适当折叠,以使亲脂性聚合物链与胶束核心中的水混合。

3. **纳米粒** 粒径在 10~100nm 范围内,药物可以溶解、包裹于高分子材料中形成载体纳米粒。

基于聚合物的纳米颗粒作为药物载体的靶向递送系统具有生物可降解性、生物相容性、无毒性、长循环的特征。可通过控制粒径实现被动靶向,也可通过连接靶向分子而实现主动靶向。

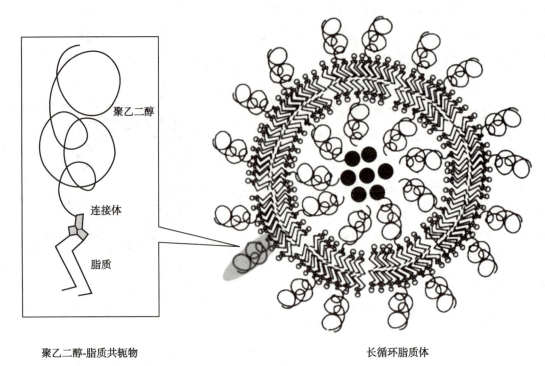

聚乙二醇-脂质共轭物　　　　　　　　　　　　　　　长循环脂质体

图 9-2　长循环脂质体

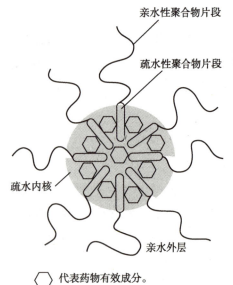

图 9-3　聚合物胶束

4. 聚合物 - 药物结合物　在这些系统中,可溶性聚合物载体和药物分子可以直接通过共价键或通过设计刺激敏感型连接臂共价缀合。在主动靶向系统中,也可以将靶向分子如单克隆抗体连接在聚合物上。这种聚合物 - 药物结合系统可以调节可溶性聚合物的理化性质以改变所负载药物的生物分布,极大地改变了它们的药代动力学行为,最大限度地降低了高浓度游离药物在循环中的毒性。

聚合物 - 药物结合物的设计有两种趋势。首先,聚合物骨架倾向于具有多分枝结构,例如移植物、星形物、树枝状大分子和具有树枝状分枝的线性聚合物,这些架构提供了更多球形的三维结构;其次,除有效负载药物外,结合物往往可以连接多种类型的生物活性成分,例如活性靶向配体(抗体、糖和叶酸)和用于触发释放的生物响应部分。

　　5. **微囊**　是指固态或液态药物被载体辅料包封成的小胶囊。通常粒径范围在 $1 \sim 250 \mu m$ 的称为微囊,而粒径范围在 $0.1 \sim 1 \mu m$ 的称为亚微囊,粒径范围在 $10 \sim 100 nm$ 的称为纳米囊。

　　6. **微球**　是指药物溶解或分散在载体辅料中形成的小球状实体。通常粒径范围在 $1 \sim 250 \mu m$ 的称为微球,而粒径范围在 $0.1 \sim 1 \mu m$ 的称为亚微球,粒径范围在 $10 \sim 100 nm$ 的称为纳米球。

三、靶向给药系统的配体

1. 抗体(antibody)　广泛用于靶向肿瘤相关抗原(tumor associated antigen)来靶向递送抗肿瘤药。

某些抗原通常在正常组织中的表达程度低于肿瘤组织,例如胃肠道癌、肺癌和乳腺癌中普遍存在的癌胚抗原(carcinoembryonic antigen)是第一个被证实的,并且现已被广泛用作靶标。

尽管抗体与抗原的相互作用可用于靶向给药系统,但这种类型的系统通常存在两个问题。第一个是抗原脱落,这会导致靶向给药系统的有效性降低。因为靶向给药系统的靶标是脱落的抗原和细胞表面的抗原,当其与脱落的抗原结合后,会被迅速从循环中除去。第二个问题是抗原异质性(antigen heterogeneity)。一种标志物在不同患者的同一类肿瘤、在同一肿瘤的不同细胞群体、在同一群体生长的不同时段其表达显著不同,可以从高度表达到完全缺失,迥然有异,这种现象被称为肿瘤抗原表达的异质性。任何给定的抗原可以在肿瘤组织内具有不同的表达模式。如果发生这种情况,靶向抗体的特异性降低,从而会降低靶向药物载体系统的有效性。

2. **维生素(vitamin)**　与正常细胞的功能和生长密切相关,在病理条件下,这些维生素也起着至关重要的作用。维生素通常通过受体介导的胞吞作用被内化到细胞中,因此,维生素的细胞表面受体可作为药物递送系统的靶标。如叶酸、维生素 B_2、生物素和维生素 B_6 是靶向递送药物到特定细胞的潜在配体。

叶酸(folic acid)是食物中的常见成分,叶酸的受体被称为叶酸受体(folate receptor)或高亲和力膜叶酸结合蛋白(high-affinity membrane folate-binding protein)。这些叶酸受体通常不存在于正常细胞中,而是存在于各种人类肿瘤中,而且过表达。将叶酸修饰在药物递送系统表面,药物递送系统可靶向至叶酸受体过表达的肿瘤部位,并通过叶酸受体介导的胞吞内化到细胞内释放药物,可用于靶向递送抗肿瘤药。

3. **转铁蛋白(transferrin)**　是一种负责将铁转运至细胞内的糖蛋白。铁与转铁蛋白结合,通过高度特异性转铁蛋白受体(transferrin receptor)介导的胞吞作用进入细胞。转铁蛋白受体的快速再循环可以使每分钟大约 2×10^4 个转铁蛋白分子被内化到 1 个细胞中。另外,转铁蛋白受体在肿瘤细胞表面的表达高度上调,可作为主动靶向肿瘤的靶点。

4. **激素**　可基于激素敏感性癌症中激素受体(hormone receptor)的存在,构建激素靶向给药系统。此药物递送系统仅适用于卵巢癌、子宫内膜癌和乳腺癌,这是由于这些组织中的肿瘤生长是伴随着激素受体的增加而变化的。

5. **低密度脂蛋白**　脂蛋白是天然存在的球形大分子颗粒,可以通过各种细胞的血 - 细胞膜屏障转运脂质,如胆固醇和甘油三酯。低密度脂蛋白(low density lipoprotein,LDL)具有双重功能,其一是溶解疏水性脂质,其二是将脂质转运到整个身体的特定细胞和组织。各种肿瘤细胞都过度表达低密度脂蛋白受体,可识别载脂蛋白 E(apolipoprotein E,ApoE)和载脂蛋白 B-100 等。由于它们是天然来源,这些分子具有生物可降解性、生物相容性、非免疫原性。

四、靶向给药系统的设计案例

案例 1：注射用紫杉醇（白蛋白结合型,一种紫杉醇白蛋白纳米粒）

【处方】紫杉醇　　　　100mg

　　　　人血白蛋白　　900mg

【注解】

(1) 紫杉醇是药物活性成分,人血白蛋白作为辅料起分散、稳定微粒和运载主药的作用。

(2) 紫杉醇以微管为作用靶点,与肿瘤细胞的微管蛋白结合,促进微管聚合,抑制微管解聚,阻断细胞的有丝分裂,使细胞分裂停止于有丝分裂期,阻断细胞的正常分裂,从而杀伤肿瘤细胞。

紫杉醇不溶于水,但易溶于有机溶剂。因此,紫杉醇注射液的辅料采用聚氧乙烯蓖麻油与无水乙醇的混合液,具有较大的毒副作用。

(3) 白蛋白结合型紫杉醇制剂是新一代紫杉醇药物,2005 年在美国上市,2009 年进入中国。采用纳米技术,将药物结合于人血白蛋白,形成直径为 130nm 的颗粒,过敏反应的发生率极低,无须预处理。血液毒性、消化道毒性及神经毒性均低于普通的紫杉醇注射液及紫杉醇脂质体制剂。

(4) 白蛋白结合型应用人血白蛋白作为药物载体,利用细胞膜上的白蛋白受体 gp60 及胞膜窝(caveola)、肿瘤组织中富含半胱氨酸的酸性分泌蛋白质(SPARC)的作用,促进药物进入肿瘤细胞内,可以将更多的药物聚集在肿瘤部位,提高肿瘤中的紫杉醇浓度,进而提高抗肿瘤活性。

案例 2:紫杉醇脂质体

【处方】
紫杉醇	适量
卵磷脂	适量
胆固醇	适量
苏氨酸	适量
葡萄糖	适量

【制备】采用薄膜法制备紫杉醇脂质体,以精制卵磷脂为基本膜材料,创新选用了两性物质氨基酸和胆固醇作为紫杉醇脂质体的复合稳定剂,同时还采用了适当浓度的葡萄糖作为冻干保护剂,将紫杉醇制成脂质体的冻干粉针剂型。

【注解】

(1) 本品只能用 5% 葡萄糖注射液溶解和稀释,不可用生理盐水或其他溶液溶解和稀释,以免发生脂质体聚集。本品溶于 5% 葡萄糖注射液后,在室温(25℃)和室内灯光下 24 小时内稳定。

(2) 我国一制药有限公司研发了一款注射用紫杉醇脂质体,于 2003 年批准上市,是全球第一个上市的注射用紫杉醇脂质体。注射用紫杉醇脂质体是将难溶于水的紫杉醇包封在脂质体的脂质双分子层中,解决了紫杉醇的溶解性问题,提高了紫杉醇在溶液中的稳定性;避免了发生过敏反应而不影响抗肿瘤活性;减少患者对紫杉醇产生耐药性;提高了机体对紫杉醇的耐受性,通过被动靶向作用进入肿瘤部位,提高了疗效,同时可缩短滴注时间,使用方便。

案例 3:注射用胶束化紫杉醇

【处方】
紫杉醇	适量
mPEG-PLA	适量

【制备】一款载紫杉醇的胶束制剂的研制过程用到了生物可降解性聚合物胶束制剂技术——可以溶解疏水性的紫杉醇。

【注解】

(1) 紫杉醇聚合物胶束制剂于 2011 年 1 月 5 日在韩国批准上市。这款紫杉醇制剂是一种无毒、生物可降解性聚合物系统,使用生物可降解性二嵌段共聚物甲氧基聚乙二醇 - 聚乳酸(mPEG-PLA),其具有核 - 壳结构,对紫杉醇有较强的增溶能力。

（2）这款紫杉醇制剂由球形的聚合物胶束组成，不会发生聚集或被网状内皮系统（reticuloendothelial system,RES）摄取，因此可以在血管内长循环。这款紫杉醇制剂的粒径范围在 20~50nm，由于其粒径较小，相对于传统药物可以通过被动靶向效应有效地在肿瘤内蓄积，增强疗效，而较少地伤害人体正常组织。

（3）用药前，向每瓶紫杉醇制剂中注入 5ml（30mg/瓶）或 16.5ml（100mg/瓶）0.9% NaCl 注射液，轻轻摇晃使其溶解，溶解后为无色至青白色的溶液，如出现泡沫（增溶成分所致），建议静止 5 分钟后即可使用，不要求一定要等泡沫完全消失后再进行下一步操作。滴注溶液的配制建议用校准注射器，稀释液用 0.9% NaCl 注射液或者 5% 葡萄糖注射液均可。将 6mg/ml 的这款紫杉醇聚合物胶束溶液进一步稀释后，轻轻摇晃，充分混匀，稀释成的终浓度在 0.6~3.0mg/ml。临床使用前对滴注溶液应进行肉眼检查，如发现肉眼可见的不溶性微粒，应丢弃。

案例 4：盐酸多柔比星脂质体注射液

【处方】

盐酸多柔比星	20mg	组氨酸	适量
全氢化卵磷脂	适量	蔗糖	适量
mPEG-DSPE	适量	盐酸	适量
胆固醇	适量	氢氧化钠	适量
硫酸铵	适量	注射用水	适量

【制备】以硫酸铵梯度法（ammonium sulfate gradient method）包封多柔比星的具体操作过程如下。①空白脂质体的制备：以 120mmol/L 硫酸铵水溶液为介质，采用薄膜分散法制备空白脂质体（脂质体囊泡内部为硫酸铵）；②随后在 5% 葡萄糖溶液中透析除去脂质体外部的硫酸铵，使脂质体膜内外形成硫酸根离子的梯度，即脂质体内部为高浓度的硫酸根、脂质体膜外为低浓度的硫酸根；③将盐酸多柔比星用少量水溶解；④在 60℃孵育条件下将脂质体混悬液与多柔比星溶液混合并轻摇，孵育 10~15 分钟即得多柔比星脂质体。

【注解】

（1）脂质体表面含有亲水性聚合物甲氧基聚乙二醇（mPEG）。这些线性排列的 mPEG 基团从脂质体表面扩散形成一层保护膜，可减少脂质双分子层与血浆组分之间的相互作用。这可以延长本品脂质体在血液循环中的时间。

（2）由于本品中未加防腐剂或抑菌剂，故必须严格遵守无菌操作。在给药前须取出所需量，用 250ml 5% 葡萄糖注射液稀释。除 5% 葡萄糖注射液外的其他稀释剂或任何抑菌剂都可能使本品产生沉淀。建议将本品滴注管与 5% 葡萄糖静脉滴注管相连通。

（3）硫酸铵梯度法制备的多柔比星脂质体的包封率可达 90% 以上。

第三节　靶向给药系统的设计理论

一、药物递送载体的物理化学参数

（一）分子量和大小

药物递送系统的分子量和粒径的设计受循环和排泄等多种因素影响。肾脏会快速排泄 30kDa 以下的亲水性分子,因此药物递送系统需具备30kDa以上的分子量来避免快速肾清除。血管内皮细胞也限制药物递送系统的大小,在血管系统的大部分区域,内皮细胞在连续的内皮下基底膜上紧密连接在一起,>10nm的粒子无法穿过此屏障进入血管外组织。在正常的生理条件下,只有肝脏、脾脏和骨髓的窦状毛细血管(sinusoid vessel)具有较大的间隙。窦状毛细血管的血管腔较大,形状不规则,内皮细胞间隙较大,有毛细孔,基膜不连续或不存在,允许200nm或更小的药物递送系统扩散到这些器官的间隙中。另外,在病理状态下,某些部位的血管中可发现大于200nm的孔径,如在实体瘤中,EPR效应是实现被动靶向的基础;在炎症部位,毛细血管的通透性也会增强,存在直径达200nm的空隙。

药物递送系统的粒径还会影响单核巨噬细胞系统(mononuclear phagocyte system,MPS)对其的清除动力学。单核巨噬细胞系统作为免疫系统的一部分,由固定和移动巨噬细胞组成。固定巨噬细胞位于肝脏(库普弗细胞,即Kupffer cell)、脾脏、骨髓和淋巴结中,移动巨噬细胞包括血液单核细胞和组织巨噬细胞。粒径在200nm~7μm的药物递送系统易被单核巨噬细胞系统清除,尤其是肝脏中的Kupffer细胞。研究认为,200~400nm的纳米粒蓄积于肝脏后被迅速清除;粒径在2.5~10μm时大部分蓄积于巨噬细胞;粒径<3μm时一般被肝、脾中的巨噬细胞吞噬;粒径>7μm的微粒通常被肺的最小毛细血管床以机械滤过的方式截留,被单核细胞摄取进入肺组织或肺气泡。因此,除非靶细胞为巨噬细胞,否则应控制药物递送系统的粒径避免被过早吞噬清除。

(二) 表面疏水性

单核巨噬细胞系统会不断清除异物,如细菌、病毒和变性蛋白质。单核巨噬细胞系统的清除涉及两个步骤。首先,一种称为调理素(opsonin)的血浆蛋白会吸附在外来粒子的表面;其次,巨噬细胞识别出调理素覆盖的颗粒并触发吞噬作用。具有疏水性表面的颗粒立即被认为是异物,被调理素覆盖,并被巨噬细胞吸收。

这种天然趋势可用于设计靶向单核巨噬细胞系统的靶向制剂,但是如果靶向给药系统的靶标是其他类型的细胞,则必须减少药物递送系统与单核巨噬细胞系统的相互作用。通常在药物递送系统的表面涂覆亲水性材料以减少调理素的吸附。如使用聚乙二醇、吐温80或泊洛沙姆等修饰脂质体膜,可避免单核巨噬细胞系统的吞噬,延长靶向给药系统在血液中的循环时间,形成长循环脂质体(long-circulating liposome)或隐形脂质体(stealth liposome)。

将亲水性聚合物PEG修饰到药物递送系统表面可发挥空间稳定作用(steric stabilization),避免被吞噬清除,通常以PEG-脂质缀合物的形式接枝在脂质体的表面上。PEG对空间稳定化的功效取决于PEG的分子量、缀合脂质部分的结构,以及脂质双分子层中PEG-脂质缀合物的摩尔百分比。PEG的分子量在2 000~5 000Da最适宜,<2 000Da的PEG链不足以产生位阻效应,>5 000Da的PEG链由于PEG链-链相互作用而倾向于诱导缀合物与脂质体的相分离。PEG-脂质缀合物要求脂质部分具有长烃侧链,具有2个十八碳-侧链的二硬脂酰基是常用的结构。脂质双分子层需要至少2%(摩尔比)的PEG-脂质缀合物产生有效的空间稳定作用。然而,当百分比过高(>10%)时,脂质体容易出现相分离和胶束形成的问题,导致其包封药物过早泄漏。

(三) 表面电荷

药物载体的表面电荷也对其药代动力学行为起重要作用。带正电荷的药物递送系统会吸附血液循环中带有负电荷的血浆蛋白,并被免疫系统识别为异物而被清除。如果微粒表面带有过量的正电荷,不能立即被血浆蛋白猝灭,会导致其与血管内皮细胞分泌的高度带负电荷的蛋白多糖产生强烈的相互作用,并且会沉积在遇到的毛细血管床上。因此,在设计药物递送系统时要考虑表面电荷对其在体内转运的影响。

(四) 触发释放

1. 触发释放设计的要求　靶向给药系统要求到达靶部位后能够及时释放出足够浓度的药物才能保证药效,因此将特定刺激触发的药物释放机制与药物递送系统结合是改善治疗效果的常用方法,使其在其他组织或器官不释放或释放较少,在靶组织或器官及时释放。触发释放系统即物理化学靶向给药系统的设计需要满足以下要求:①触发药物释放的刺激必须是靶标部位特异性的;②递送系统需要对刺激有足够的敏感性才能产生有效的释放;③触发释放机制必须与靶向给药系统的所有其他基本特性兼容,如在血液循环的稳定性和靶标部位的选择性沉积。

2. 触发释放的机制　触发药物释放的刺激可以大致分为两大类,一类为生物系统的内部刺激,如肿瘤病理生理学表现出的特征性变化,包括 pH、酶活性或氧化还原性质;另一类为外部刺激,包括温度、超声、光、磁和电化学。

肿瘤组织部位的 pH 略低于正常组织,pH 响应型生物材料可以通过各种机制如质子化、电荷反转或化学键的裂解在纳米载体中产生构象变化,促进在肿瘤细胞中释放药物。通常在载体中含有可质子化基团或酸不稳定键。质子化是实现 pH 触发释药最常用的机制之一,使用具有可电离化学基团的聚合物作材料构建纳米载体。在生理 pH 下,它们保持去质子化/去离子化,但是酸性 pH 使聚合物发生质子化或电荷逆转,使聚合物发生亲水-疏水的相变,引起纳米载体的结构转化或分解,实现定位释放。这些基团包括氨基、咪唑基、磺酸盐和羧基等。当载体材料中含有酸不稳定的化学键时,在进入肿瘤组织后,化学键水解断裂,导致药物递送系统解体快速释放药物。常用的pH敏感型接头包括腙键、亚胺键、肟键、酰胺键、聚缩醛、聚缩酮和原酸酯键等。

酶在生物体内具有多种功能,酶的表达及其组成在不同组织中不同,在炎症或含有癌细胞的病理组织中,特定酶如蛋白酶、酯酶或糖苷酶的表达水平通常高于其在正常组织中的浓度,可以利用这种浓度梯度作为靶向治疗的工具。酶触发系统常用的酶有水解酶(蛋白酶、酯酶、糖苷水解酶、蛋白质脱乙酰酶等)、转移酶(激酶)等。例如,透明质酸(HA)是一种高聚合的内源性大分子,生物相容性较好,透明质酸酶属于糖苷水解酶,其在肿瘤组织中过表达,可促进基于透明质酸(HA)的纳米粒子的降解,促进药物释放。

肿瘤细胞内的谷胱甘肽浓度为 2~10mmol/L,而正常组织细胞内仅为 2~20μmol/L,根据此生理学特征可以设计氧化还原触发释放的药物递送系统。通常氧化还原响应型药物递送系统是基于含有二硫键的化合物,二硫键在正常生理条件下具有稳定性,可以避免药物过早从药物递送系统释放;肿瘤组织中存在高浓度的还原型谷胱甘肽,会使二硫键还原为巯基(—SH),使药物递送系统的结构改变,使药物在靶部位立即释放。

将近红外光响应型材料包载或连接在药物递送系统中,药物递送系统进入肿瘤部位后,在体外给予近红外光,光响应型材料可以通过光动力机制产生活性氧或光热作用产热,使药物递送系统的结构改变或破坏,触发药物释放。光作为外源性刺激因素,可以远程调节并精确控制。

二、靶向给药系统的药物动力学

大分子靶向给药系统在体内的分布与传统小分子药物明显不同。大多数用于治疗癌症的低分子化疗药物的药理作用几乎没有选择性,这些高活性药物在全身迅速扩散,难以控制这些药物的体内分布。因此,它们对正常细胞和患病细胞都表现出严重毒性。大分子的被动靶向作用使药物递送系统从毛细血管到组织具有一定程度的选择性分布,这依赖于身体的解剖学和生理学特征。负载或包封在大分子载体中的药物的摄取和清除仅限于具有渗漏作用毛细血管的组织,例如肝脏、脾脏、骨髓和肾脏以及大多数实体瘤。主动靶向作用直接将药物递送至预期部位,对于基于配体的靶向给药系统,可以通过受体介导的胞吞内化到靶细胞内并释放到靶部位。基于配体的靶向给药系统需要具有较长的循环时间并且保持足够高的浓度水平以提供持续的摄取来源,并且应在靶细胞表面表达足够多的受体来克服(与小分子药物通过细胞膜扩散相比)受体介导的胞吞相对缓慢的摄取速率。理想情况下,受体应在靶细胞上过表达,以进一步区分患病细胞和正常健康细胞。

三、靶向给药系统的内化

为了实现细胞靶向,药物递送系统需通过胞吞作用(endocytosis)进入细胞。胞吞是一部分质膜内陷以产生新的细胞内囊泡的过程。

1. **细胞内化的方式** 通过胞吞作用的内化有 3 种类型:通过吞噬作用(phagocytosis)、胞饮作用(pinocytosis)和受体介导的胞吞(receptor-mediated endocytosis)。

(1) 吞噬作用:会吞噬颗粒物质($10\sim20\mu m$),是一种与巨噬细胞相关的过程。这种进入模式通常对胶体靶向给药系统更有利。

(2) 胞饮作用:是在所有哺乳动物细胞中都会发生的过程,是细胞外液和细胞外液内的物质或细胞表面上的物质的持续摄取的过程。胞饮作用有两种类型,即吸附内吞(absorptive endocytosis)和液相内吞(fluid-phase endocytosis)。①吸附内吞:当细胞摄取大分子时,首先大分子附着在细胞膜表面,这部分细胞膜内陷形成小囊,包围着大分子;然后小囊从细胞膜上分离下来,形成囊泡,进入细胞内部。②液相内吞:将细胞外液及细胞外液内的可溶物通过囊泡摄入细胞内。

(3) 受体介导的胞吞:连接靶向分子的药物递送系统特异性结合到细胞表面受体时,受体介导的胞吞被激活。药物递送系统上的靶向配体与受体结合后,配体与膜受体结合形成一个小窝,小窝逐渐向内凹陷,然后同质膜脱离形成一个含有药物递送系统的细胞内囊泡或内体,将药物递送系统转运至细胞内。当受体与配体分离并释放到细胞质后,大多数受体会再循环到细胞表面,继续进行结合与内化,少数受体被降解。

2. **内化的影响因素** 受体介导的胞吞的内化效率取决于细胞表面的靶受体密度、药物递送系统内化进入细胞的速率,以及内化完成后细胞表面受体的再循环和再表达。

四、靶向给药系统的药物释放

药物与载体结合有 3 种方式,包括:①将药物直接与载体缀合,即直接将药物连接到聚合物骨架上;②通过间隔基团连接到聚合物骨架上;③包封作用。每种方法都影响药物从递送载体释放的速率。药物与载体结合必须保证药物递送系统在血液循环中转运时稳定。对于化学缀合方式结合,药物必须具有与载体或间隔基团结合的适当官能团。

影响药物释放的一个因素是化学缀合的方式。通常直接缀合的方式更容易,但由于空间位阻可能阻碍载体和药物之间键的断裂,存在药物释放缓慢的限制。利用间隔基团的药物递送系统已被证明通过受体介导的胞吞可以更有效地内化,不同的间隔基团也可以控制药物释放的位点和速率。如可以通过被动水解裂解、pH 或特定酶在特定的位点释放。

药物释放的另一个影响因素是所使用的化学缀合的类型,如酯键、酰胺键、脲键或碳酸酯键。水解的速率为酯键 > 碳酸酯键 > 氨基甲酸酯键 > 酰胺键,酯键是最容易裂解的,而酰胺键是最难裂解的。当使用二硫化物作为间隔基团时,还原裂解和药物释放在细胞质中进行,内体的酸性环境或溶酶体蛋白酶对其没有影响。如果要靶向溶酶体递送药物,有 40 多种酶可以分解主要的生物相关材料如脂肪、蛋白质和碳水化合物。但需要注意的是溶酶体存在于所有细胞中,包括正常细胞和肿瘤细胞,因此必须先通过基于配体的主动靶向实现向所需组织或细胞的特异性递送,再控制细胞内以溶酶体为释放位点的次级靶向。

五、免疫原性

在设计任何药物递送系统,尤其是基于蛋白质的药物递送系统时,必须考虑引发机体免疫应答的问题。如聚氨基酸作为药物载体时,需要评估系统的抗原性。聚氨基酸的抗原性取决于共聚物的大小、组成、形状和特定氨基酸对抗体生成位点的可及性。另外,氨基酸的立体化学决定了聚氨基酸是否会诱导免疫反应。研究发现,含有三种 L- 氨基酸的三元共聚物具有抗原性,而含有一种或多种 D- 氨基酸的三元共聚物则不具有抗原性。一般而言,由三种或更多种氨基酸构成的共聚物与均聚物相比更可能成为免疫原。三元共聚物和共聚物产生免疫反应的能力也各不相同,每种均聚物、共聚物或三元共聚物必须对特定物种单独测试其是否会产生免疫反应,一个物种免疫原性的结论不适用于其他物种。

第四节　靶向给药系统的评价

靶向给药系统的质量评价指标包括形态、粒径、ζ 电位、载药量、包封率、突释效应或渗漏率、氧化程度的检查、有机溶剂的限度检查、抗体偶联比率、生物活性、靶向性等,可将其分为理化质量评价和生物学质量评价。

一、理化质量评价

1. **形态**　同一种微粒的形状不同,在体内的转运行为也不同。微观形态的观察可使用扫描电子显微镜(scanning electron microscope,SEM)、透射电子显微镜(transmission electron microscope,TEM)和原子力显微镜(atomic force microscope,AFM)。

2. **粒径**　测定粒径可以使用光学显微镜、动态光散射(dynamic light scattering,DLS)方法、激光衍射法、扫描电子显微镜(SEM)法和透射电子显微镜(TEM)法等。如需作图,将所测得的粒径分布数据以粒径为横坐标,以频率(每一粒径范围的粒子个数除以粒子总数所得的百分率)为纵坐标,即得粒径分布直方图;以各粒径范围的频率对各粒径范围的平均值可作粒径分布曲线。

3. **ζ电位** 测定的ζ电位结果可以用来预测微粒体系的储存稳定性。

4. **载药量** 是指微粒制剂中所含药物的重量百分率,用式(9-1)表示。

$$载药量 = \frac{微粒制剂中所含药物重量}{微粒制剂的总重量} \times 100\% \qquad 式(9\text{-}1)$$

5. **包封率** 是指包封入微粒制剂内的药物量与体系总药物量的百分比,用式(9-2)表示。

$$包封率 = \frac{微粒制剂中包封的药量}{微粒制剂中包封与未包封的总药量} \times 100\% \qquad 式(9\text{-}2)$$

6. **突释效应或渗漏率** 药物在微粒制剂中的存在形式一般有三种,即吸附、包入和嵌入。在体外释放度试验时,表面吸附的药物会快速释放,称为突释效应。开始0.5小时内的释放量要求低于40%。若微粒制剂产品分散在液体介质中贮存,应检查渗漏率,可由(式9-3)计算渗漏率。

$$渗漏率 = \frac{产品在贮存一定时间后渗漏到介质中的药量}{产品在贮存前包封的药量} \times 100\% \qquad 式(9\text{-}3)$$

7. **氧化程度** 含有磷脂、植物油等容易氧化的载体辅料的微粒制剂,需进行氧化程度的检查。在含有不饱和脂肪酸的脂质混合物中,磷脂的氧化分为3个阶段:单个双键的偶合、氧化产物的形成、乙醛的形成及键断裂。因为各个阶段的产物不同,氧化程度很难用一种试验方法评价。

磷脂、植物油或其他易氧化载体辅料应采用适当的方法测定其氧化程度,并提出控制指标。

8. **有机溶剂的限度** 在生产过程中引入有害有机溶剂时,应按残留溶剂测定法[《中国药典》(2020年版)四部通则0861]测定,凡未规定限度者可参考ICH,否则应制订有害有机溶剂残留量测定方法与限度。

9. **抗体偶联比率** 是主动靶向抗体偶联药物(ADC)的一项重要质量属性,它决定了可递送至肿瘤细胞,以及可直接影响安全性和有效性的载药量。测定方法有紫外-可见光分光光度法(ultraviolet and visible spectrophotometry,UV-Vis)、疏水作用色谱法(hydrophobic interaction chromatography,HIC)、质谱法。UV-Vis利用抗体与偶联药物的最大吸光值及消光系数,可计算出抗体与药物各自的浓度,方法简单。

10. **其他** 除应符合以上质量评价的要求外,还应分别符合有关制剂通则(如片剂、胶囊剂、注射剂、眼用制剂、鼻用制剂、贴剂、气雾剂等)的规定。

若微粒制剂制成缓释、控释和迟释制剂,则应符合缓释、控释和迟释制剂指导原则[《中国药典》(2020年版)四部指导原则9013]的要求。

二、生物学质量评价

1. **药效评价** 药效是靶向制剂的关键质量属性,将药物制成靶向制剂后,需要保证发挥同等或更强的药效,同时具有更少的不良反应,所以药效测定是评价靶向制剂的重要环节。其中,抗肿瘤类靶向制剂的测定方法有甲基噻唑基四唑(methyl thiazolyl tetrazolium,MTT)比色法、硫氰酸盐B(sulforhodamine B,SRB)法、三磷酸腺苷(adenosine triphosphate,ATP)生物发光法、体内试验法等,可根据具体情况选择合适的方法。

2. **生物相容性** 是指靶向给药系统的载体材料在体内引起的变化,包括血液相容性和与组织的相互作用。

（1）血液相容性的要求是溶血性低，血红蛋白变性度小，对红细胞形态没有影响等。

检测方法：①测定载体与血液接触时红细胞中的血红蛋白释放量（溶血试验）；②观察红细胞与载体接触时的形态变化；③用血凝动力学试验考察凝血量和凝血时间；④用血小板聚集仪考察血小板与载体的相互作用情况等。

（2）与组织的相互作用主要是指载体进入体内后，细胞在其表面的贴附及增殖情况、对组织的刺激性情况等。

体外评价时，可将载体直接与细胞培养液一起培养，观察细胞形态与数量的变化；动物体内评价时，可作病理切片，进行病理检查。

3. **靶向性**　是靶向制剂最重要的属性，对其靶向性进行考察，以明确是否具有特定部位浓集的作用。靶向性可用体内药代动力学法、激光扫描共聚焦显微镜、流式细胞术、邻位连接技术、活体生物荧光成像技术、PK/PD 模型等方法进行评价。

（1）体内药代动力学法：通过药代动力学试验，考察药物的组织器官分布情况。对模型动物给药后，在预定的时间点取靶器官与非靶器官，用组织匀浆法处理样品，测定药物含量，绘制浓度 - 时间曲线，评价药物制剂的靶向性。

通常用以下 3 个指标进行评价：

1）相对摄取率（r_e）

$$r_e = (AUC_i)_p / (AUC_i)_s \qquad 式（9-4）$$

式（9-4）中，AUC_i 表示由浓度 - 时间曲线求得的第 i 个组织、器官或细胞的浓度 - 时间曲线下面积；下标 p 和 s 分别表示靶向制剂和普通溶液制剂；r_e 表示与普通制剂相比，某组织或器官对靶向制剂的选择性。$r_e > 1$ 表示药物制剂在该组织或器官有靶向性，r_e 越大，靶向效果越好；$r_e \leqslant 1$ 表示无靶向性。

2）靶向效率（t_e）

$$t_e = AUC_{靶} / AUC_{非靶} \qquad 式（9-5）$$

式（9-5）中，t_e 表示药物制剂对靶器官的选择性。$t_e > 1$ 表示药物制剂对靶器官比某非靶器官有选择性，t_e 值越大，选择性越强；药物制剂的 t_e 值与药物溶液的 t_e 值相比，表示药物制剂靶向性增强的倍数。

3）峰浓度比（C_e）

$$C_e = (C_{max})_p / (C_{max})_s \qquad 式（9-6）$$

式（9-6）中，C_{max} 为某组织或器官中药物的峰浓度；每个组织或器官中的 C_e 值表明药物制剂改变药物分布的效果，C_e 值越大，表明改变药物分布越明显。

（2）激光扫描共聚焦显微镜（confocal laser scanning microscope，CLSM）：可用于实时观测在细胞水平的释药行为，通过动态比较细胞内药物的相对荧光值，以评价靶向制剂的靶向性。

（3）流式细胞术（flow cytometry，FCM）：是一种对液流中排成单列的细胞或其他生物微粒逐个进行快速定量分析和分选的技术，具有速度快、精度高、准确性好的优点，可通过对比靶细胞与非靶细胞的荧光强度来评价靶向制剂的靶向性。

（4）邻位连接技术（proximity ligation assay，PLA）：是一种特殊的免疫分析方法，可用于检测目标蛋白质、蛋白质相互作用等。该方法通过一对标记有一段寡脱氧核苷酸(单链 DNA)的单克隆或者多克隆抗体的探针,即 PLA probe(探针),识别目标蛋白质,当这两个探针识别同一个蛋白时,两个探针之间的距离靠近,产生所谓的邻近效应(proximity effect)。邻位连接技术是一种新型的蛋白质检测技术,灵敏度高,可用于肿瘤标志物的检测。

(5) 活体生物荧光成像技术(in vivo bioluminescence imaging):是近年来发展起来的一项分子、基因表达的分析检测系统。它由敏感的电荷耦合检测器(charge coupled detector,CCD)及其分析软件和作为报告子的萤光素酶(luciferase)、萤光素(luciferin)组成。利用灵敏的检测方法,让研究人员能够直接监控活体生物体内肿瘤的生长及转移、感染性疾病的发展过程、特定基因的表达等生物学过程。活体生物荧光成像技术是指在小的哺乳动物体内利用报告基因——萤光素酶基因表达所产生的萤光素酶蛋白与其小分子底物萤光素在氧、Mg^{2+} 存在的条件下消耗 ATP 发生氧化反应,将部分化学能转变为可见光能释放;然后在体外利用敏感的 CCD 设备形成图像。萤光素酶基因可以被插入多种基因的启动子(promoter),成为某种基因的报告基因,通过监测报告基因,实现对目的基因的监测。

活体生物荧光成像技术是一种非侵入性成像技术,可用于评价靶向给药系统在体内的靶向性。对靶向给药系统进行荧光标记,注入动物体内,利用光学检测设备对活体内的荧光信号进行实时、原位检测。由于红外光对生物组织的穿透能力强、成像的信噪比高,因此近红外光是活体成像的最佳选择。

(6) PK/PD 模型:将非临床有效性研究(包括体外和体内模型结果)、伴随的药代动力学研究结果与人体临床早期药代动力学研究信息相结合,以合理预测临床有效浓度和给药剂量。采用 PK/PD 模型进行人体剂量方案探索是目前国外靶向治疗药物早期开发中常采用的,用于提高临床开发成功率的新的有效方法。该方法将对国内此类药物的开发具有重大的指导意义,应对其进行系统的研究并应用。

靶向给药系统的设计与评价见图 9-4。

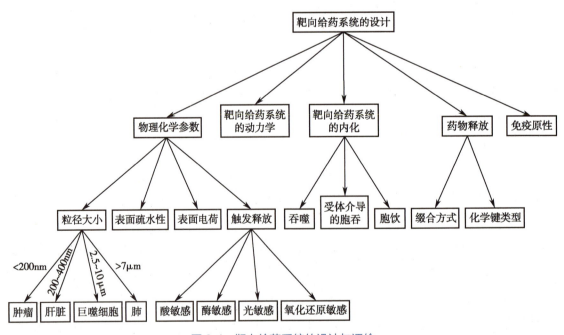

图 9-4　靶向给药系统的设计与评价

(翟光喜)

参考文献

［1］LI X L,JASTI B R. Design of controlled release drug delivery systems. New York：McGraw-Hill,2006.

［2］STEFFANSEN B,BRODIN B,NIELSEN C U. Molecular biopharmaceutics. London：Pharmaceutical Press,2010.

［3］KRISHNA R,YU L. Biopharmaceutics applications in drug development. New York：Springer Science and Business Media, LLC,2008.

［4］方亮.药剂学.9版.北京：人民卫生出版社,2023.

［5］HUANG G L,HUANG H L. Hyaluronic acid-based biopharmaceutical delivery and tumor-targeted drug delivery system. Journal of controlled release,2018,278：122-126.

［6］HE H N,SUN L,YE J X,et al. Enzyme-triggered,cell penetrating peptide-mediated delivery of anti-tumor agents. Journal of controlled release,2016,240：67-76.

［7］KANAMALA M,WILSON W R,YANG M M,et al. Mechanisms and biomaterials in pH-responsive tumour targeted drug delivery：a review. Biomaterials,2016,85：152-167.

［8］LI H P,YANG X,ZHOU Z W,et al. Near-infrared light-triggered drug release from a multiple lipid carrier complex using an all-in-one strategy. Journal of controlled release,2017,261：126-137.

第十章 透皮给药系统——贴剂的设计

第一节 透皮给药系统的发展简史

DDS 在药物开发中起至关重要的作用,其理想的形式为依据精准监控患者的病态,实时调控给药剂量和给药模式的全自动系统。透皮给药系统是实现理想递药模式的 DDS 技术的典型代表,经历了多年的发展历程。透皮给药系统(transdermal drug delivery system,TDDS)或透皮治疗系统(transdermal therapeutic system,TTS)是指药物以一定的速度透过皮肤经毛细血管吸收进入体循环的一类制剂。TDDS 一般是指透皮给药新剂型,即贴剂(patch)。本章聚焦于 TDDS 中应用最广泛的贴剂,详细介绍其概念及设计要点。

TDDS 具有如下独特的优点:①可直接作用于靶部位发挥药效;②避免肝脏首过效应和胃肠道因素的干扰;③避免药物对胃肠道的副作用;④长时间维持恒定的血药浓度,避免峰谷现象,降低药物毒副作用;⑤减少给药次数,而且患者可以自主用药,特别适合婴儿、老年人及不宜口服给药的患者,提高患者的服药依从性;⑥发现副作用时,可通过剥离制剂而随时中断给药。

如同其他给药途径,透皮给药也存在一些缺点:①不适合剂量大或对皮肤产生刺激性的药物;②由于起效较慢,不适合要求起效快的药物;③药物吸收的个体差异和给药部位差异较大等。

通过皮肤用药治疗各类疾病可以追溯到远古。透皮给药的理念源于中国,在大约公元前 1300 年的甲骨文中就有关于中药透皮给药的文字记载。现代透皮给药系统的实施起源于美国,于 1979 年上市的第一个 TDDS 产品——东莨菪碱贴剂一出现,就以其独特的优点受到医药界的关注。由于皮肤具有强大的屏障作用,截至 2023 年,在欧美日等发达国家或组织已有 27 种药物的 TDDS 获准使用,见表 10-1。另外起局部作用的非甾体抗炎药如酮洛芬、联苯乙酸、吲哚美辛、双氯芬酸(钠、二乙胺、依泊胺)、洛索洛芬钠等贴剂在日本广泛用于骨关节炎和类风湿关节炎。

20 世纪 90 年代,透皮贴剂的重磅产品接二连三地被开发出来,透皮贴剂的市场迅速被拉高。自硝酸甘油透皮贴剂问世后,硝酸甘油这个老药得以"枯木逢春",硝酸甘油透皮贴剂成为首个销售额破亿的贴剂。在随后的几年内,芬太尼、尼古丁、睾酮、雌二醇和可乐定透皮贴剂是人们争相效仿的宠儿,一次次打破原有的销售额纪录,硝酸甘油和尼古丁贴剂的总销售额峰值接近 10 亿美元,然而这两个产品的纪录很快又被芬太尼透皮贴剂打破,2000 年销售额达 11 亿美元。2000 年美国的处方药贴剂市场已达 20 亿美元,2002 年上升到 25 亿美元,2004 年超过 30 亿美元,而芬太尼透皮贴剂就卖出 22 亿美元。

2005 年以后,贴剂的市场增速开始回落,渐渐趋于平稳。主要原因在于 90 年代的重磅贴剂专利相继到期,而新的重磅级透皮贴剂仅有卡巴拉汀。最近的 10 年中,制药企业对贴剂的开发大多是基于仿制或现有产品的技术改良,即便是批文的数量高速增长,但是销售额超过 1 亿的产品仍是凤毛麟角。纵观全球透皮贴剂的发展史,单品销售额峰值超过 1 亿美元的产品只有 12 个(1 个商品名计为 1 个)。可喜的是,2000 年后日本相继开发了比索洛尔贴剂、依美斯汀贴剂、布南色林贴剂、罗匹尼罗贴剂、阿塞那平贴剂、多奈哌齐贴剂、d- 苯丙胺贴剂,为该给药系统的发展带来新的希望。

表 10-1　国外已上市的透皮给药贴剂一览表

药物	治疗用途	作用时间	类型	批准时间 / 年
东莨菪碱	晕动病	3 日	贮库型	1979
硝酸甘油	心绞痛	1 日	贮库型	1981
芬太尼	癌性疼痛	3 日	贮库型	1984
雌二醇	骨质疏松症	3 日	贮库型	1986
硝酸异山梨酯	心绞痛	1 日	压敏胶分散型	1987
可乐定	高血压	7 日	贮库型	1990
尼古丁	戒烟	1 日	压敏胶分散型	1991
睾酮	男性更年期综合征	1 日	贮库型	1993
雌二醇 / 炔诺酮	更年期综合征	7 日	压敏胶分散型	1998
妥洛特罗	哮喘	1 日	压敏胶分散型	1998
利多卡因	疱疹后神经痛	12 小时	骨架型	1999
诺孕曲明 / 炔雌醇	避孕	7 日	压敏胶分散型	2001
丁丙诺啡	癌性疼痛	7 日	压敏胶分散型	2002
奥昔布宁	膀胱过度活动症	3 日	压敏胶分散型	2003
哌甲酯	注意缺陷多动障碍	9 小时	压敏胶分散型	2006
司来吉兰	严重抑郁障碍	1 日	压敏胶分散型	2006
罗替高汀	帕金森病	1 日	压敏胶分散型	2007
利斯的明	阿尔茨海默病	1 日	压敏胶分散型	2007
格拉司琼	化疗引起的呕吐	7 日	压敏胶分散型	2008
辣椒素	疱疹后神经痛	1 小时	压敏胶分散型	2009
比索洛尔	高血压	1 日	压敏胶分散型	2013
依美斯汀	过敏性鼻炎	1 日	压敏胶分散型	2018
布南色林	精神分裂症	1 日	压敏胶分散型	2019
罗匹尼罗	帕金森病	1 日	压敏胶分散型	2019
阿塞那平	精神分裂症	1 日	压敏胶分散型	2019
多奈哌齐	阿尔茨海默病	7 日	骨架型	2022
d- 苯丙胺	注意缺陷多动障碍	9 小时	压敏胶分散型	2022

由于化学促透方法的促透效果有限,自 20 世纪 90 年代开始,包括离子导入(iontophoresis)、电穿孔(electroporation)、超声波导入(sonophoresis)、微针(microneedle)、无针注射药物递送系统(needle-free injection drug delivery system)等物理促透方法的研究非常活跃。20 世纪 90 年代起,人们开始对电 / 离子导入技术开发,离子导入技术陆续用于药品研发。除了电 / 离子导入技术外,近年来人们开发的高科技促渗技术还有超声波导入技术、微针导入技术,尽管报道很多,但尚无产品获批。一是系统太复杂,很难做到稳定;二是促渗效果也不是特别理想;三是设备系统体积庞大,使用不方便;四是治疗成本高昂,效益经济学杠杆平衡点严重偏离,意义有限。

近年来,人们对皮肤形态学、功能及角质层屏障作用的研究取得了一定的进展,从而促进透皮给药吸收机制和透皮吸收促进剂的研究,使得更多的以物理、化学、材料科学及工程学原理为基础的透皮给药促进方法得到了应用。将科学原理及概念转化为实际产品的过程会漫长且艰辛,但很多公司都正积极进行透皮给药技术的开发,将会有更多新的透皮给药系统在不久的将来成功问世。

第二节 药物透皮吸收

一、皮肤的构造及药物透皮吸收途径

(一)皮肤的结构

皮肤是一个独特的器官,它在使机体系统地管理热量和水分散失的同时,也能防止有毒的化学物质和微生物进入机体。同时,皮肤是机体中最大的器官,约占正常人体重的 10%,平均面积为 2m²。如此之大且易受影响的器官显然可提供理想的和多样的位点来给予治疗药物以起到局部和全身作用,人体皮肤是一个高效的具有自我修复功能的屏障。

对皮肤的解剖结构及其屏障功能的了解对于透皮吸收制剂的研究很有必要。简要地说,皮肤可以分为两层:表皮层和真皮层,如图 10-1 所示。表皮层(epidermis)包括角质层、透明层、颗粒层、表皮生发层和基底层。真皮层(dermis)主要由结缔组织构成,与皮下组织层无明显界限。真皮中还包含大量的毛细血管、淋巴及神经丛。皮肤的附属器包括毛囊和腺体(皮脂腺及汗腺),这些皮肤附属器由表皮的管状开口延伸到真皮。

1. **表皮层** 是一个复杂的多层膜结构,然而其厚度范围宽,最薄为眼睑处的约 0.06mm,最厚为起支撑作用的脚掌和脚底处的约 0.8mm。表皮层不含血管,因此营养物质和废弃物必须通过表皮 - 真皮层扩散来维持组织的完整性,同样地,透过表皮层的分子要从表皮层被清除进入全身循环就必须穿过表皮 - 真皮层。表皮层从组织结构上可清晰地分为四层,从内至外依次为基底层、表皮生发层、颗粒层和角质层(图 10-2)。有时将透明层描述为第五层,但通常都认为它是角质层的下层。

表皮层的厚度通常为 50~100μm,并且没有毛细血管和感觉神经末梢。它主要由角质形成细胞(95%)组成,其余为朗格汉斯细胞(Langerhans cell)、黑素细胞(melanocyte)和梅克尔细胞(Merkel cell)。除角质层外,其余表皮层由有核细胞组成,因此统称为活性表皮。角质形成细胞来自基底层,并在向角质层迁移的同时进行渐进分化。角质形成细胞分化的特征在于角化增加(角蛋白纤维的细胞内网络形

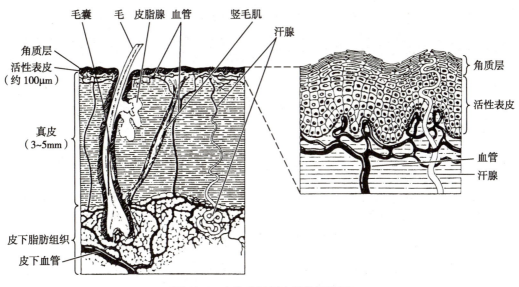

图 10-1　人体皮肤基本结构示意图

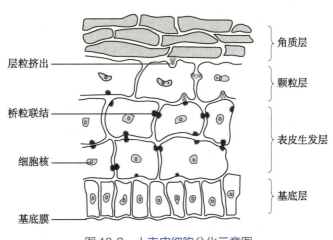

图 10-2　人表皮细胞分化示意图

成）、分泌角质层脂质的层状体形成，以及细胞内的细胞器和细胞核丧失。该过程最终在角质层中形成角质细胞。

（1）角质层（stratum corneum）：是表皮细胞分化的最终产物，位于表皮层的最外层，它是大多数物质透皮转运最主要的屏障。典型的角质层仅包含 10~15 个细胞层，在干燥的情况下厚度为 10~20μm。相对于活性表皮来说，角质层在手掌和足底处是最厚的，而在嘴唇处是最薄的。这层薄膜是由死亡的、无核的、角质化的细胞嵌入在脂质基质中形成的，使得陆生动物不至于变干而得以幸存。角质层在调节水分散失的同时，也能防止包括微生物在内的有害物质的侵入。角质细胞是源自终末分化角质形成细胞的无生命细胞，而角质形成细胞起源于表皮的较深层。从形态上来说，角质细胞被展平和拉长，厚度约为 0.2μm，宽度为 40~60μm。通常，一个基底层的子细胞需 14 日才能分化成一个角质细胞，角质细胞保持 14 日后脱落。角质细胞有一个角质化的包膜代替质膜，质膜被脂质涂层包围。它们缺乏核和细胞质等细胞器，但充满角蛋白丝，并散布在富含脂质的细胞外基质中，其中还包含蛋白质/肽类成分。角质层可以用"砖泥"模型表示，角质细胞嵌入在脂质双分子层膜的泥浆中，将角质细胞比

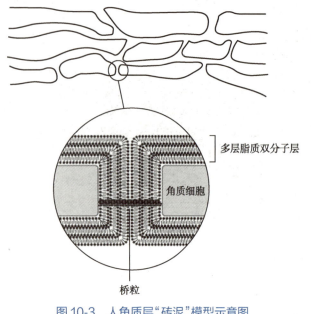

多层脂质双分子层

角质细胞

桥粒

图 10-3   人角质层"砖泥"模型示意图

喻为砖块,细胞外基质类似于砖墙中的砂浆(泥)(图 10-3)。角质层的屏障性质关键靠其独特的组成:75%~80% 的蛋白质和 5%~15% 的脂质(干重状态下其中含有 5%~10% 的未鉴别成分)。蛋白质主要位于角质细胞内,主要是 α- 角蛋白(占 70% 左右),还有一些 β- 角蛋白(占 10% 左右)和蛋白质细胞膜(占 5% 左右)。酶和其他蛋白质占总蛋白质成分的约 15%,细胞膜蛋白高度难溶而且对化学物质具有抵抗力,外侧的角质蛋白在构成和排序角质层的细胞间脂质层的过程中起关键作用,角质细胞通过蛋白质包膜的谷氨酸部分附着在脂质膜上,因此脂质膜具有固定角质细胞并将角质细胞的蛋白质区域连接到细胞间脂质区域的作用。

人角质层的脂质混合物的组成较为独特,对于多数渗透药来说,角质层中连续多层的脂质双分子层成分是调节药物透过速率的关键因素。角质层脂质在不同个体或同一个体不同部位的含量是不同的,该区域内的主要成分包括神经酰胺、脂肪酸、胆固醇、胆固醇硫酸盐和固醇 / 蜡酯类。角质层脂质排列成多重双层结构,但与机体其他脂质双分子层相比,绝大部分不含磷脂。然而,在脂质基质(图 10-4)中却存在 8 类独特结构的神经酰胺(命名为神经酰胺 1~5、神经酰胺 6.1、神经酰胺 6.2 和神经酰胺 8),还有脂肪酸、胆固醇和胆固醇硫酸盐,为形成脂质双分子层提供必需的两亲性质。稳定角质层脂质双分子层的各种功能都赋予不同种类的神经酰胺,例如神经酰胺 1 可能稳定双层结构并在其中充当分子"铆钉"的作用。

在保持角质层屏障功能的完整性方面,除角质细胞和脂质层外,水分也起着关键性的作用。因为环境湿度影响脱皮过程相关酶的活性,水分可能调节角质层内一些水解酶的活性。角质细胞的水分活性也调节皮肤天然保湿因子增殖过程相关酶的活性。另外,水分也是一种塑形剂,可以防止角质层由于机械冲击而破裂。

(2)透明层:是细胞核分裂和角质细胞增加并伴有更进一步的形态学变化(例如细胞变扁平)的一层。

(3)颗粒层:当角质细胞通过表皮生发层进入颗粒层时,这些角质细胞继续分化,合成角蛋白并开始变平,仅有 1~3 个细胞层厚,颗粒层含有酶,这些酶开始降解细胞核和细胞器这些活性细胞成分。之所以称为粒细胞是因为细胞的团粒结构,角质透明蛋白粒使细胞内的角蛋白发育成熟。对于局部和全身透皮给药最重要的膜包裹颗粒也可能是在内质网和高尔基体内合成的,并含有在角质层见到的细胞间脂质层的前体。当细胞接近颗粒层上部时,层粒从细胞内挤出进入细胞间隙的空间。

(4)表皮生发层:又称为棘层,在基底层的顶部,并且这两层一起被称为表皮生发层。表皮生发层由 2~6 排角质细胞组成,这些角质细胞在形态上有圆柱体和多边不规则态。在这层中,角质细胞开始分化并合成用于形成角蛋白丝的角蛋白。连接邻近的角质细胞细胞膜的桥粒是由角蛋白丝浓集而形成的,而且正是这些桥粒的存在才使得细胞之间得以保持大约 20nm 的距离。

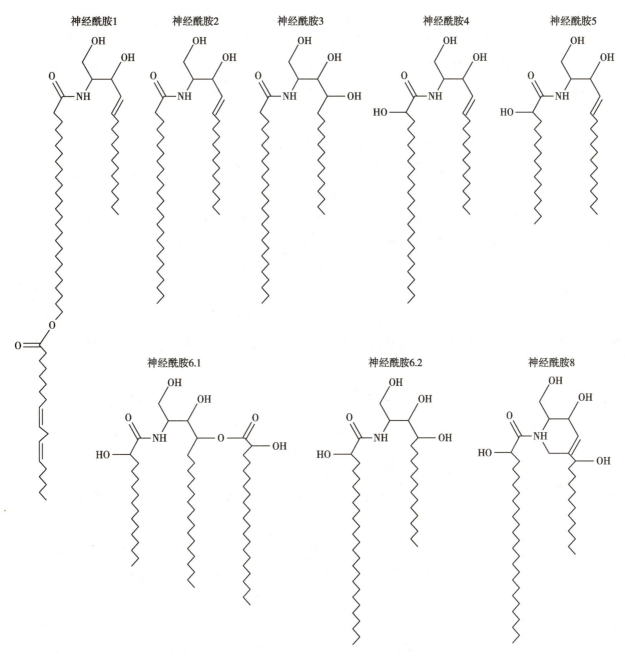

图 10-4　在人角质层中发现的主要神经酰胺的结构

（5）基底层：基底层细胞与机体其他组织的细胞相似，含有像线粒体和核糖体一样的典型细胞器，且细胞具有代谢活性，因此基底层细胞是表皮层内唯一含有的经过细胞分裂（有丝分裂）的细胞（角质细胞）。基底层细胞平均每 200~400 小时复制 1 次。复制后，一个子细胞保留在基底层，而另一个子细胞通过表皮层向皮肤表面迁移。基底层的角质细胞通过半桥粒附着在基底膜上，对于这些最底层的细胞来说，半桥粒正像蛋白质的固定锚。在基底细胞和基底膜之间的附着力降低导致皮肤脱落，就像在一些皮肤上起水疱时所见的情况一样。在基底层和邻近层（表皮生发层）内，角质细胞通过桥粒相连，又形成具有高度专属性的蛋白质细胞桥。在基底层内也发现朗格汉斯细胞，朗格汉斯细胞是树突状的，并且通过这些突起与角质细胞相连。朗格汉斯细胞起源于骨髓并被看作是皮肤的主要抗原提呈细胞,抗原很容易地附着在细胞表面,虽然朗格汉斯细胞没有吞噬性,但其可以使淋巴结中的淋巴细胞出现抗原。与机体其他膜相比,皮肤可以与许多潜在抗原相接触,因此在过敏性接触性皮炎等情况下,朗格汉斯细胞就起到很重要的作用。在基底层中还发现了另外一种专属类型的细胞——梅克尔细胞(神经纤维末梢的触觉细胞),在像嘴唇、指尖一样对触觉敏感的机体部位周围发现大量梅克尔细胞。这些细胞与基底膜靠近真皮层一侧的神经末梢相连,似乎它们具有皮肤感觉的作用。

(6)表皮的酶系统:表皮含有许多药物代谢酶,组织化学和免疫组织化学方法表明,这些酶中的大多数集中在表皮层、皮脂腺和毛囊。尽管与肝脏中存在的酶相比,表皮中酶的量相对较少,但是这些酶的确具有代谢活性,能降低局部给药的生物利用度。人们通常都误认为皮肤是一个惰性组织,事实上大多数I相反应(例如氧化、还原、水解)和II相反应(例如甲基化、糖脂化作用)都能在皮肤内发生,但这些反应的活性与肝脏中发现的特异活性相比不到10%。然而,酯酶却在皮肤内有相当高的活性。由于皮肤的表面积很大,对一些药物的代谢作用可能很显著。例如,在皮肤上局部应用过氧化苯甲酰后,它将完全水解成苯甲酸。这类代谢活性也可能很有价值,许多前药(特别是诸如倍他米松-17-戊酸酯一样的类固醇酯)的设计都是旨在提高转运特性(例如增加亲脂性)或增加酯酶活性来提高皮肤内的游离药物浓度。皮肤表面的微生物(如表皮葡萄球菌)可能也会使局部应用的药物发生代谢。

2. 真皮层 主要是在皮肤3~5mm深度处,且是人体皮肤的主要成分,它是由结缔组织(主要是由提供支持的胶原纤维和提供塑性的弹性组织嵌入黏多糖类胶体中)组成的网状结构。在透皮给药方面,真皮层通常被视为主要是胶体化水层,虽然在转运高脂溶性分子时真皮层的屏障性质可能很显著,但对于多数极性药物的转运来说,真皮层的屏障作用极小。有很多组织结构嵌入真皮层之中,包括血管和淋巴管、神经末梢、毛囊皮脂腺单位(毛囊和皮脂腺)和汗腺(外分泌腺和顶浆分泌腺)。

皮肤内的大量脉管系统对于调节体温的同时也转运氧和营养物质到机体组织并且移走毒素和废物的过程是至关重要的,并且在创伤修复方面脉管系统也很重要。血流量在每1mg皮肤中约有0.05ml/min,如此丰富的血流量对于已经穿过外层皮肤的分子的迁移是非常有利的。毛细血管直达皮肤表面0.2mm以内,并且与活性表皮的表皮生发层缠绕在一起。在体内表皮-真皮层附近的分子就这样被移走,从而确保了大多数的透过物在皮肤中的浓度非常低。对于大多数药物的透皮转运,由于血液供给的存在,在皮肤表面的给药成分和贯穿于皮肤膜之中的脉管系统之间形成一个浓度梯度,正是这一浓度梯度为药物透过皮肤提供了驱动力。淋巴系统也直达表皮-真皮层,淋巴系统在调节组织间隙压以及使机体对微生物攻击和废物除去时更易于产生免疫应答,淋巴管也可以移除从真皮透过来的分子从而为渗透提供驱动力。有研究认为,皮肤的血流量影响相对小分子量溶质(例如利多卡因)的清除,而淋巴流量是大分子溶质(例如干扰素)清除的决定性因素。

除了起支撑作用的区域(脚掌、手掌)和嘴唇之外,在整个皮肤的表面上都发现了毛囊。皮脂腺与毛囊分泌皮脂通过游离脂肪酸、蜡类和甘油三酯相连,而这三者能润滑皮肤表面并有助于保持肌肤表面的pH在5左右。外分泌腺(或称为汗腺)和顶浆分泌腺也起源于真皮组织。在几乎全部的机体表面都发现了外分泌腺,每1cm²皮肤主要有100~200个外分泌腺。外分泌腺所分泌的汗液是一种稀释的盐溶液,pH 在 5 左右。当机体受到热刺激和情绪紧张时,外分泌腺的功能就得到激发而响应。顶浆分泌腺位于表皮 - 真皮层附近,但仅限于包括腋窝、乳头和肛门 - 生殖器区的特定皮肤区域内。类脂和乳蛋白分泌物是汗液气味的主要来源。以透皮给药的观点来说,皮肤附属器(毛囊、汗腺管)可能提供使分子不用穿过角质层的完整屏障而进入皮肤表层的可能途径。这所谓的"旁路"可能在透皮的最初阶段、极性较大的分子和离子导入类透皮给药中起作用,然而,对于绝大多数的渗透药来说,由此旁路系统而透过的比例过小,以至于对于分子来说,透过皮肤的主要途径仍然是通过大量的皮肤表面而渗透。

(二) 皮肤的功能

皮肤的主要功能是将身体的内部生理环境与外部非生理环境分开。皮肤屏障本质上是物理的、化学的和免疫的。物理屏障主要由角质层提供,也就是说,穿过角质层通常是通过皮肤在人体与环境之间进行物质交换的限速步骤。这种物理屏障不仅负责调节外源性物质进入,而且还可以防止人体过多失水。皮肤的化学屏障功能归功于皮肤表面的酸性(pH 4~6)性质,可以通过两种方式保护人体。首先,它通过维持天然的皮肤菌群(赋予其在酸性环境中最佳的生命力),同时阻止在碱性环境中成长的病原微生物的生长,赋予皮肤选择性的抗菌特性;其次,它有助于维持角质层屏障的完整性,因为许多对角质层脂质体内平衡至关重要的皮肤酶(例如 β- 葡糖脑苷脂酶和鞘磷脂酶)在该 pH 范围内具有最佳活性。分泌皮脂的皮肤皮脂腺具有类似的功能。皮脂分泌到皮肤表面后,在皮肤上形成油性的薄膜,使皮肤防水,以保持水分和柔软感。皮脂中还含有抗菌成分。

皮肤也是具有免疫能力的器官。在皮肤中也发现了一系列免疫细胞,包括朗格汉斯细胞、真皮树突状细胞和巨噬细胞,这些细胞进行免疫监视并保护人体免受入侵的微生物侵害。它们是能够提纯幼稚 T 淋巴细胞以引发针对新近遇到的抗原的初次免疫反应的抗原提呈细胞。越来越多的证据支持某些皮肤树突状细胞亚群可诱导免疫耐受性,这对于维持免疫稳态也同样重要。

此外,皮肤在体温调节中起着重要作用,可以散发或保存热量。皮肤中的热感受器检测冷热,它们向下丘脑提供感觉输入,然后下丘脑调用一系列体温调节机制以实现体温稳态。皮下组织中的脂肪组织使人体与寒冷隔绝,并防止人体过多的热量散发。皮肤上的体毛通过在皮肤表面捕获一层薄薄的空气来提供额外的绝缘作用,通过竖立毛发可以使这种效果最大化。皮肤表面汗液孔分泌的汗液通过汗液中水分的蒸发散发热量,有助于降低体温。皮肤中的血管会扩张或收缩,以调节皮肤的血流和热量损失。这些体温调节机制可以协同工作,以帮助维持约 37℃ 的恒定核心体温。

除了冷热之外,真皮中的感觉神经末梢还可以检测触摸、振动和疼痛,这些感觉对于身体的其他功能(例如运动和协调)至关重要。感觉疼痛的能力使人体警觉到危险,这对于生存至关重要。

此外,皮肤执行重要的代谢功能。表皮层是体内维生素 D 合成的主要部位,该过程通过紫外线照射进行光解,从而在刺状表皮生发层和基底层中产生维生素 D 的前体,然后被角质形成细胞转化为维生素 D。

皮肤还具有排泄功能,因为矿物质和其他有机废物通过溶解在汗液中的皮肤释放出来。皮下组织还可以缓冲身体免受物理冲击,从而为内脏器官提供机械保护。

(三) 药物透皮吸收途径

药物透皮吸收进入体循环的路径有两条,即经表皮途径和经皮肤附属器途径(图 10-5)。

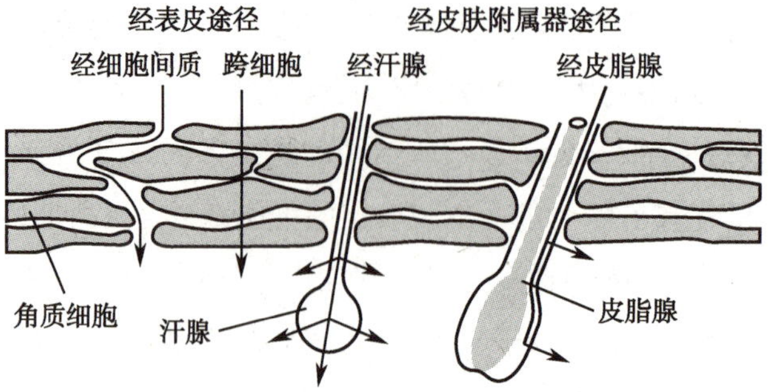

图 10-5   药物透皮吸收的途径示意图

1. **经表皮途径**   经表皮途径（transepidermal pathway）是指药物透过表皮角质层进入活性表皮,扩散至真皮层被毛细血管吸收进入体循环的途径。此途径是药物透皮吸收的主要途径。经表皮途径又分为跨细胞途径（transcellular pathway）和细胞间质途径（intercellular pathway）,前者是指药物穿过角质细胞到达活性表皮,而后者是指药物通过角质细胞间的脂质双分子层到达活性表皮。由于药物通过跨细胞途径时经多次亲水/亲脂环境的分配过程,所以药物的跨细胞途径占极小的一部分。药物分子主要通过细胞间质途径进入活性表皮,继而吸收进入体循环。

2. **经皮肤附属器途径**   另一条途径是经皮肤附属器途径,即药物通过毛囊、皮脂腺和汗腺吸收。药物通过皮肤附属器的穿透速度比经表皮途径快,但皮肤附属器仅占角质层面积的 1% 左右,因此该途径不是药物透皮吸收的主要途径。对于一些离子型药物或极性较强的大分子药物,由于难以通过富含类脂的角质层,因此经皮肤附属器途径就成为其透过皮肤的主要途径。

经表皮途径通常是皮肤渗透的主要途径这一观点已被广泛接受,并且在漏槽条件下,跨角质层的扩散是决定渗透物总通量的限速步骤。经皮肤附属器途径对药物透皮转运的贡献通常被认为是次要的,因为皮肤附属器通常仅占皮肤表面积的约 0.1%;而且早期研究表明,皮肤附属器的密度与渗透剂在皮肤上的通量无关。尽管如此,这些途径的相对贡献取决于渗透物和制剂的物理化学性质。高度亲脂性药物可以保留在亲脂性角质层中,并阻止其进入更具亲水性的活性表皮中。因此,从角质层清除而不是扩散穿过角质层可能成为高度亲脂性药物的限速步骤。同样,对于高亲水性分子以及具有低扩散系数的大分子,经皮肤附属器途径可能更为重要。每种途径的相对重要性也可能随时间而变化,各种研究表明,在达到稳态之前,经皮肤附属器途径迅速且短暂地占主导地位。

二、影响药物透皮吸收的因素

（一）生理因素

1. **种属**   种属不同,皮肤的角质层或全皮厚度、毛孔数、汗腺数和构成角质层脂质的种类也不同,从而导致药物透过性存在很大的差异。一般认为家兔、大鼠、豚鼠皮肤对药物的透过性比猪皮肤大,猪皮肤对药物的透过性接近人体皮肤。

2. **性别**   男性皮肤比女性皮肤厚;女性在不同年龄段的角质层脂质含量不同,而男性则没有变化。因此,导致药物透过性的性别差异。

3. **部位**   人体不同部位皮肤的角质层的厚度和细胞个数、皮肤附属器数量、脂质组成和血流量不同,因而对药物的透过性也不同。

4. **皮肤状态**　由于受到机械、物理、化学等损伤,皮肤的结构被破坏时,会不同程度地降低角质层的屏障作用,致使皮肤对药物的透过性明显增大。烫伤的皮肤角质层被破坏,药物很容易被吸收。皮肤水化后,引起组织软化、膨胀、结构致密程度降低,致使药物透过量增加。

5. **皮肤温度**　随着皮肤温度的升高,药物的透过速率也升高。

6. **代谢作用**　由于皮肤内的酶含量很低,皮肤的血流量也仅为肝脏的 7%,并且透皮吸收制剂的面积很小,所以酶代谢对多数药物的皮肤吸收不会产生明显的首过效应。

(二) 药物的理化性质

1. **分配系数与溶解度**　药物的脂水分配系数是影响药物透皮吸收的主要因素之一。脂溶性适宜的药物易透过角质层,进入活性表皮继而被吸收。因活性表皮是亲水性组织,脂溶性太大的药物难以分配进入活性表皮,所以药物透过皮肤的透过系数的对数与脂水分配系数的对数往往呈抛物线关系。因此,用于透皮吸收的药物最好在水相及油相中均有较大的溶解度。

2. **分子大小与形状**　药物分子的体积小对扩散系数的影响不大,而分子体积与分子质量有线性关系,因此当分子质量较大时,显示出对扩散系数的负效应。相对分子质量 >500Da 的物质较难透过角质层。药物分子的形状与立体结构对药物透皮吸收的影响也很大,线性分子通过角质细胞间的脂质双分子层结构的能力要明显强于非线性分子。

3. **pK_a**　很多药物是有机弱酸或有机弱碱,它们以分子型存在时有较大的透过性,而离子型药物难以透过皮肤。表皮内的 pH 为 4.2~5.6,真皮内的 pH 为 7.4 左右。在透皮吸收过程中,药物溶解在皮肤表皮层的液体中可能发生解离。

4. **熔点**　一般情况下,低熔点药物易于透过皮肤,这是因为低熔点的药物的晶格能较小,在介质(或基质)中的热力学活度较大。

5. **分子结构**　药物分子具有氢键供体或受体,会与角质层的类脂形成氢键,这对药物透皮吸收起负效应。若药物分子具有手性,其左旋体和右旋体可能会显示不同的经皮透过性。

(三) 剂型因素

1. **剂型**　能够影响药物的释放性能,进而影响药物透皮吸收。药物从制剂中释放越快,越有利于透皮吸收。一般半固体制剂中的药物释放较快,骨架型贴剂中的药物释放较慢。

2. **基质**　基质与药物的亲和力不同,会影响药物在基质和皮肤之间的分配。一般基质与药物的亲和力不应太大,否则药物难以从基质中释放并转移到皮肤;基质与药物的亲和力也不能太弱,否则载药量无法达到设计要求。

3. **pH**　给药系统内的 pH 能影响有机酸类或有机碱类药物的解离程度,因为离子型药物的透过系数小,而分子型药物的透过系数大,因而影响药物透皮吸收。

4. **药物浓度与给药面积**　大部分药物的稳态透过量与膜两侧的浓度梯度成正比,因此基质中的药物浓度越高,药物透皮吸收量越大。但当浓度超过一定范围时,吸收量不再增加。给药面积越大,药物透皮吸收量也越大,因此一般贴剂都有几种规格,但面积太大则患者的服药依从性差,实际经验证明贴剂面积不宜超过 60cm^2。

5. **透皮吸收促进剂**　一般制剂中添加透皮吸收促进剂,以提高药物透皮吸收速率,有利于减少给药面积和时滞。透皮吸收促进剂的添加量对促透效果也有影响,添加量过小起不到促进吸收作用,添加量过多则会对皮肤产生刺激性。

三、药物透皮吸收的数学考量

1. **Fick 公式** 药物在膜中的扩散现象、药物在膜中的浓度梯度与扩散速度的关系可用 Fick 第一式和在膜中某一位置 X 的药物浓度随时间变化的 Fick 第二式描述。

$$J = -D\frac{\mathrm{d}C}{\mathrm{d}X} \qquad \text{式(10-1)}$$

$$\frac{\mathrm{d}C}{\mathrm{d}t} = D\frac{\mathrm{d}^2C}{\mathrm{d}X^2} \qquad \text{式(10-2)}$$

式(10-1)和式(10-2)中,C 为药物浓度;D 为扩散系数(diffusion coefficient);J 为药物透过速率(flux);X 为位置;t 为时间。式(10-1)中,假设皮肤是一种均匀的膜,皮肤内侧保持漏槽条件(sink condition),如果达到稳态,即皮肤中的药物浓度梯度为不变,基质中的药物浓度也不变,药物透过速率 J_{SS} 可用式(10-3)描述。常用的参数有药物的稳态透过速率、扩散系数、经皮透过系数与时滞(time lag)。

$$J_{SS} = \frac{AC_V KD}{L} = k_P C \qquad \text{式(10-3)}$$

式(10-3)中,A 为面积;C_V 为基质中的药物浓度;K 为药物在皮肤与基质之间的分配系数;L 为皮肤的厚度;k_P 为经皮透过系数(permeation coefficient)。达到稳态后,药物的皮肤透过速率与药物在皮肤与基质之间的分配系数和在皮肤中的扩散系数成正比。因而,若在制剂设计中提高药物透皮吸收速率,必须提高 K 和 D。

解式(10-2)求得药物累积皮肤透过量 Q,可导出式(10-4)。

$$Q = AKLC_V\left[\frac{D}{L^2}t - \frac{1}{6} - \frac{2}{\pi^2}\sum_{n-1}^{\infty}\frac{(-1)^n}{n^2}\exp\left(-\frac{D}{L^2}n^2\pi^2 t\right)\right] \qquad \text{式(10-4)}$$

式(10-4)表示药物累积皮肤透过量与时间的关系。当 $t \to \infty$,即达到稳态时,得到的直线[式(10-5)]外插到时间轴后可以得到时滞(time lag),从式(10-6)可以得到皮肤中药物的扩散系数。制剂设计时,采用小鼠、大鼠以及人等离体皮肤进行体外透皮吸收试验,利用药物累积皮肤透过量与时间的关系式算出 D 值,根据式(10-3)可以求算 K 值。

$$Q = AKLC_V\left(\frac{D}{L^2} - \frac{1}{6}\right) \qquad \text{式(10-5)}$$

$$T_{lag} = \frac{L^2}{6D} \qquad \text{式(10-6)}$$

2. **撤除制剂后的药物吸收** 在药代动力学试验中,若撤除贴敷的制剂,血药浓度会迅速降低,此时消除速率相较于药物固有的体内消除速率(静脉注射后的消除速率)要慢。这是因为,即便撤除制剂,贴敷时分配到皮肤中的药物缓慢吸收会发生反转现象。达到稳态后撤除制剂,皮肤中的药物吸收速率可用式(10-7)表示。

$$J = \frac{C_V KD}{L}\sum_{n-1}^{\infty}\frac{4}{(2n-1)\pi}(-1)^{n-1}\exp\left[-\frac{(2n-1)^2\pi^2 D}{4L^2}t\right] \qquad \text{式(10-7)}$$

撤除制剂后,药物透皮吸收速率对时间的对数作图得到的斜率,即药物消除速率常数 k,用式(10-8)表示。

$$k=\frac{\pi^2 D}{4L^2}$$ 式(10-8)

药物消除速率常数 k 若比药物固有的消除速率常数足够小,则 k 值与撤除制剂后血中药物浓度消失的斜率一致。影响 k 的因素有皮肤的厚度和扩散系数。

3. 利用溶解度参数选择基质　决定药物皮肤透过速率的因素有皮肤与基质之间的分配系数 k,若假设是稀溶液(基质与皮肤的容积分率的平方接近1),则基质与皮肤的溶解度参数可用式(10-9)表示。

$$\log K=\frac{V_D}{2.303RT}\left[\Phi_V^2(\delta_V-\delta_D)^2-\Phi_S^2(\delta_S-\delta_D)^2\right]$$ 式(10-9)

式(10-9)中,δ_V 为基质的溶解度参数;δ_S 为皮肤的溶解度参数;δ_D 为药物的溶解度参数;V_D 为药物的摩尔体积;T 为绝对温度;R 为气体常数;Φ_V 为基质的容积分率;Φ_S 为皮肤的容积分率。

通常亲水性越强,则溶解度参数越大。另外,药物与溶剂的溶解度参数越相近,药物在溶剂中的溶解度越大。根据式(10-9)可知,若想得到较大的 K 值,必须选择与药物的溶解度参数相差较大的基质,而且须选择具有与皮肤相近(猪皮肤的溶解度参数约为10)的溶解度参数的药物。由于物质的溶解度参数可简单计算得到,贴剂设计开始时,建议计算药物的溶解度参数,这对于选择最佳基质和其他辅料很有帮助。

4. 体内 - 体外相关性分析　透皮吸收性评价一般采用离体皮肤和扩散池体外透皮实验法,必要的体外数据可以很好地预测其体内吸收行为。假设药物的体内行为符合线性动力学过程,则可用卷积(convolution)法从体外数据预测体内数据,用反卷积(deconvolution)法从体内数据推算体外数据。卷积/反卷积的数学表达式如下:

$$C=\int_0^t AJ(\theta)\frac{C_{i.v.}(t-\theta)}{D_{i.v.}}d\theta$$ 式(10-10)

式(10-10)中,C 为透皮给药时的血药浓度;$C_{i.v.}$ 为静脉注射时的血药浓度;$D_{i.v.}$ 为静脉注射剂量;A 为给药面积;J 为体外皮肤透过速率;t 是结束实验的时间;θ 为实验中某一点的时间。

通过输入速率和局部清除率,可以估算靶点处的稳态药物浓度(C_{SS})。通常,在任何皮肤层目标部位的浓度取决于输入目标部位 J_{SS}^{target} 的稳态通量、生物利用度(F)、应用面积(A)和局部清除率(Cl_{local})。

$$C_{skin}=\frac{J_{SS}^{target}FA}{Cl_{local}}=\frac{k_P C_V FA}{Cl_{local}}$$ 式(10-11)

对于全身给药,局部应用后血浆中的药物浓度 C_{SS}^P 可以从式(10-11)估算得出式(10-12)。

$$C_{SS}^P=\frac{J_{SS}^{skin}FA}{Cl_{systemic}}=\frac{k_P^{skin}C_V FA}{Cl_{systemic}}$$ 式(10-12)

式(10-12)可用于找到实现所需 J_{SS}^{target} 的最佳候选药物。有效血浆浓度、清除率、所需的稳态通量和理化数据可用于预测被动局部递送系统所需的药物透皮通量,见表10-2。

表 10-2 一些药物及其理化数据

药物	血药浓度 / (ng/ml)	$Cl_{总}$[a] / [L/(h·70kg)]	J_{SS} 预测值 / (μg/h)	$t_{1/2}$/h	分子量	熔点 /℃	$\lg K_{O/W}$[b]
可乐定	0.2~2.0	15	3~30	8~13	230	130	2.7
雌二醇	0.04~0.06	600~800	24~48	0~1	272	173~179	4.2
芬太尼	1~3	27~75	27~225	3~12	337	83~84	3.9
尼古丁	5~30	77	385~2 310	2	162	−79	1.1
硝酸甘油	0.02~0.4	216~3 270	432~1 308	0.03~0.05	227	13	1.0
东莨菪碱	>0.05	65~121	3.25~6.05	1~5	303	55	0.8
睾酮	3~10.5	41	123~430.5	0.17~1.7	288	155	3.6

注：a. $Cl_{总}$表示总清除率。

　　b. $\lg K_{O/W}$表示脂水分配系数的对数值。

四、药物透皮吸收的促进方法

皮肤是人体的天然屏障，阻碍药物进入体内。即使有剂量较低的一些药物，经皮透过速率也难以满足治疗需要，已成为 TDDS 开发的最大障碍。目前常用的促透方法包括化学方法、物理方法和药剂学方法等，这里只介绍贴剂中最常用的化学促透方法。常用的化学促透方法包括透皮吸收促进剂和离子对。

1. **透皮吸收促进剂**（penetration enhancer） 是增强药物经皮透过性的一类物质。透皮吸收促进剂的应用是改善药物透皮吸收的首选方法。下面介绍目前已上市制剂中常用的几种透皮吸收促进剂。

（1）月桂氮䓬酮：是强亲脂性物质，其脂水分配系数为 6.21，常用浓度为 1%~5%，促透作用起效缓慢。月桂氮䓬酮常常与极性溶剂丙二醇合用产生协同作用。

（2）油酸：反式构型不饱和脂肪酸具有很强的打乱脂质双分子层有序排列的作用。油酸常与丙二醇合用产生协同作用，常用浓度 <10%，浓度超过 20% 会引起皮肤红斑和水肿。

（3）肉豆蔻酸异丙酯：刺激性小，具有很好的皮肤相容性。肉豆蔻酸异丙酯与其他透皮吸收促进剂合用产生协同作用，如肉豆蔻酸异丙酯与 N- 甲基吡咯烷酮合用可以大大降低有效浓度，减少毒性。

（4）N- 甲基吡咯烷酮：具有较广泛的促透作用，对极性、半极性和非极性药物均有一定的促透作用。N- 甲基吡咯烷酮具有用量低、毒性小、促进作用强等特点，但对人体皮肤会引起红斑和其他刺激性，因而使其应用受到一定限制。

（5）醇类：低级醇类可以增加药物的溶解度，改善其在组织中的溶解性，促进药物透皮吸收。在外用制剂中，常用丙二醇作保湿剂、乙醇作药物的溶剂。

（6）薄荷醇：具有清凉和镇痛作用，具有起效快、毒副作用小等优点，常与丙二醇合用产生协同作用。

（7）二甲基亚砜：可被皮肤吸收，高浓度时具有促透作用，但会对皮肤产生较严重的刺激性，因此其使用受到限制。

（8）表面活性剂：阳离子型表面活性剂的促透作用优于阴离子型表面活性剂和非离子型表面活性

剂,但对皮肤产生刺激作用,因此一般选择非离子型表面活性剂。常用的表面活性剂有蔗糖脂肪酸酯类、聚氧乙烯脂肪醇醚类和失水山梨醇脂肪酸酯类等。

2. 离子对(ion pair) 离子型药物难以透过角质层,通过加入与药物带有相反电荷的物质而形成离子对,使之容易分配进入角质层类脂中。当它们扩散到亲水性活性表皮内时,解离成带电荷的分子继续扩散到真皮层。双氯芬酸、氟比洛芬等强脂溶性药物与有机胺形成离子对后,可显著增加其经皮透过量。

第三节　设计透皮吸收贴剂的要素与案例

设计透皮吸收贴剂时,必须同时考虑药物透过性、局部安全性、使用时的黏附性、储存的稳定性等因素。作为贴剂基质的高分子弹性体通常有橡胶、聚丙烯酸及硅酮等 3 种或它们的混合物。制剂设计时,在这些高分子弹性体中添加增黏剂、增塑剂、透皮吸收促进剂及稳定剂等辅料来满足上述特性。当然这些基质中药物的溶解性各有不同,最好选用溶解度较低的基质,才能提高药物的利用率。然而,应该注意药物含量增大至热力学活度最高时,会有在储存过程中析晶而降低性能等风险。另外,作为增大经皮透过性的手段,常用透皮吸收促进剂,其多数作用于皮肤角质层,应重点考虑对皮肤的局部安全性问题。另外,增加黏附性有可能带来局部安全性风险。因此,为了达到最佳设计目的,在充分理解各种辅料的特性的基础上,必须同时评价各种特性。

一、选择药物的原则

(一)剂量

药物剂量小、药理作用强,以日剂量小于 10mg 为宜。

(二)物理与化学性质

药物的相对分子质量 <500Da;脂水分配系数的对数值为 1~2;熔点 <200℃;药物在液体石蜡与水中的溶解度应大于 1mg/ml;饱和水溶液的 pH 为 5~9;分子中的氢键受体或供体以小于 2 个为宜。

表 10-3 总结了已上市贴剂的药物相对分子质量、剂量、贴剂面积、在体透皮速率,可以帮助理解开发成 TDDS 的药物特性,特别是,它们的相对分子质量均小于 400Da、日剂量几乎小于 10mg。

表 10-3　上市贴剂的药物特性参数

药物名称	相对分子质量 /Da	剂量	贴剂面积 /cm²	在体透皮速率 / [μg/(cm²·h)]
东莨菪碱	303.35	0.33mg/d	2.5	5.50
硝酸甘油	227.09	1.60mg/16h	5.0	20.0
可乐定	230.10	0.10mg/d	3.5	1.19
雌二醇	272.38	0.10mg/d	10.0	0.42
醋酸炔诺酮	340.45	0.14mg/d	9.0	0.65

续表

药物名称	相对分子质量 /Da	剂量	贴剂面积 /cm²	在体透皮速率 / [μg/(cm²·h)]
炔雌醇	296.40	0.02mg/d	20.0	0.04
诺孕曲明	327.47	0.15mg/d	20.0	0.31
尼古丁	162.13	7.00mg/d	7.0	42.0
睾酮	288.42	2.50mg/d	7.5	14.0
芬太尼	336.50	0.60mg/d	10.0	2.50
丁丙诺啡	467.64	0.12mg/d	6.25	0.80
利多卡因	234.34	21.3mg/12h	140.0	12.0
奥昔布宁	357.49	3.90mg/d	39.0	4.16
哌甲酯	233.31	12.0mg/12h	12.5	80.0
司来吉兰	187.28	6.0mg/d	20.0	12.5
罗替高汀	315.48	8.0mg/d	40.0	8.3
利斯的明	250.34	18.0mg/d	30.0	25.0
依美斯汀	302.42	8.0mg/d	16.0	14.6
比索洛尔	325.44	2.00mg/d	8.90	7.61
布南色林	367.50	20.0mg/d	38.6	1.08
罗匹尼罗	260.34	7.02mg/d	5.33	17.2
阿塞那平	285.77	5.70mg/d	30.0	7.92
多奈哌齐	379.45	10.0mg/d	155.5	2.70
d- 苯丙胺	135.21	18.0mg/9h	19.05	105.0

(三) 生物学性质

药物的生物半衰期短,对皮肤无刺激性,不发生过敏反应。氨氯地平、倍他司汀等在动物体内外的透皮性能良好,但由于严重的皮肤刺激性而不能开发成贴剂。

二、贴剂的种类

贴剂按结构不同可分为骨架型(drug in matrix)和贮库型(drug in reservoir)(图 10-6)。骨架型贴剂是药物分散在固体基质中,其中药物分散在压敏胶中的压敏胶分散型(drug in adhesive,DIA)贴剂是骨架型贴剂的典型代表。为了控制黏附力和药物释放速率,通常设计成多层或含控释膜的剂型。与此相对应,也开发出含有药物的液体密封于贮库中并用控释膜控制药物释放的贮库型贴剂。然而,由于该剂型具有液体渗漏风险和复杂的制剂结构以及制造方法繁杂,制剂结构简单的骨架型贴剂是今后的发展方向。实际上芬太尼贴剂起初是贮库型,现在已改良成骨架型。

(一) 压敏胶分散型贴剂

压敏胶分散型贴剂是将药物分散在压敏胶中,铺于背衬材料上,加防黏层而成,与皮肤接触的表面都可以输出药物,是构成最简单、最先进的透皮贴剂设计。该药物直接分散在黏合剂聚合物中,不仅可以发

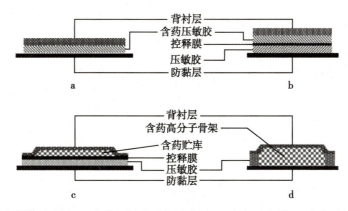

a. 压敏胶分散型贴剂；b. 含药压敏胶型多层贴剂；c. 贮库型贴剂；d. 高分子骨架型贴剂。

图 10-6　典型贴剂结构图

挥其黏合功能，还可以保留药物并控制其递送速率。压敏胶分散型贴剂是比贮库型贴剂更轻、更薄、更柔韧，使用更舒适，与皮肤表面变化的贴合性更好，患者可接受性大大提高。压敏胶分散型贴剂通常含有压敏胶、药物、透皮吸收促进剂以及其他辅料，其中压敏胶的理化性质至关重要。该系统具有生产方便、顺应性好、成本低等特点。这种系统的不足之处是药物释放随给药时间延长而减慢，导致剂量不足而影响疗效。

（二）含药压敏胶型多层贴剂

含药多层贴剂一般有 DIA 层和与皮肤接触的压敏胶层或层之间夹有控释膜。这种贴剂通过压敏胶中的药物溶解性或控释膜控制药物的释放。

（三）贮库型贴剂

贮库型贴剂是利用高分子包裹材料将药物和透皮吸收促进剂包裹成贮库，主要利用包裹材料的性质控制药物的释放速率。一般由背衬层、含药贮库、控释膜、压敏胶、防黏层组成。药物分散或溶解在半固体基质中组成药物贮库。该系统在控释膜表面涂加一定剂量的药物作为冲击剂量，缩短用药后的时滞。贮库型贴剂的优势在于可以从系统中提供恒定的药物释放速率（零级动力学）。然而，随着控释速率的增加，该设计还需要较大的贴剂以实现其递送目标。在储存期间，贴剂中的药物会扩散到系统的所有膜以及黏合剂层中并使之浸透，这样可能会导致过高的初始递送速率。如果该系统的控释膜因某种原因损坏，会造成大量药物释放，引发严重的毒副作用，甚至死亡。贮库型贴剂的生产工艺复杂，顺应性较差。该系统的主要局限性在于其密封的液体贮库可能会因贴剂的生产工艺异常而泄漏。例如，背衬层意外破裂可能会导致药物从贮库中释放失控和潜在的药物过量（剂量倾泻效应），在 21 世纪初召回的许多形式的芬太尼贴剂都可以与这种问题及类似问题联系起来。早期，一款雌二醇贴剂的设计目的是在 4 日内维持恒定的雌二醇通量，其中贮库中的雌二醇在乙醇溶液中。但是，当将透皮给药系统应用于人体皮肤时，出现了意想不到的雌二醇血药浓度 - 时间曲线。在第 2 日血药浓度水平高于预期，这很可能是由于水分从皮肤向后扩散到贴剂贮库中，降低了雌二醇在贮库中的溶解度，并大大增加了其热力学活性，最终形成了过饱和溶液和明显的皮肤渗透。然而，在第 3 日由于贮库溶液中雌二醇的热力学活性因形成水合物而降低，雌二醇半水合物及其在溶液中的结晶使血药浓度水平显著下降。

（四）高分子骨架型贴剂

在含药的骨架周围涂上压敏胶，贴在背衬材料上，加防黏层即成。亲水性骨架能与皮肤紧密贴合，通过润湿皮肤促进药物吸收。这类系统的药物释放速率受骨架组成与药物浓度影响。

三、贴剂的辅助材料

TDDS 由以下部分组成:胶黏材料、控释膜、背衬材料、贮库和防黏层。除部分贮库材料外,其余大多是由高分子材料制成的。TDDS 被认为是由众多复杂的高分子材料组成的产品,实际上 TDDS 的基本性质(即药物的释放速率和持续时间、药物的稳定性等)也在很大程度上由所采用的高分子材料决定。如果没有选择合适的高分子材料,TDDS 就不能发挥任何药效。

(一)压敏胶

压敏胶(pressure sensitive adhesive,PSA)是对压力敏感的胶黏剂,是一类无须借助溶剂、热或其他手段,只需施加轻度指压,即可与被黏物牢固黏合的胶黏剂。压敏胶在 TDDS 中起着多重作用:①使贴剂与皮肤紧密贴合;②作为药物贮库或载体材料;③调节药物的释放速率等。作为药用辅料的压敏胶应具有良好的生物相容性,对皮肤无刺激性,不引起过敏反应,具有足够的黏附力和内聚强度,化学稳定性良好,对温度和湿气稳定,且有能黏结不同类型皮肤的适应性,能容纳一定量的药物和透皮吸收促进剂而不影响化学稳定性和黏附力。

表 10-4 中总结了常用的药用压敏胶和它们的胶黏性质。胶黏剂通常由一些能满足黏附和脱黏这对相反过程的化合物组成。压敏胶黏性特征的基本性质包含 3 个主要方面:初黏力、黏附力和内聚力。"初黏力"表示胶黏剂快速黏附的能力,"黏附力"是指胶黏剂抵抗剥离的能力,"内聚力"是描述胶黏剂在承受剪切力时的抵抗流动的能力。

表 10-4　TDDS 常用的压敏胶材料及其添加剂

材料名称	添加剂	黏附性		
		初黏力	黏附力	内聚力
天然橡胶	增黏剂、油脂	○	○	○
合成橡胶				
SIS 橡胶	增黏剂、油脂	△	○	○
聚异丁烯	异丁烯低聚物	△	△	○
丙烯酸共聚物		△	○	○
硅酮橡胶	硅酮树脂	△	○	△

注:1. ○代表高;△代表中。
　　2. SIS 是指苯乙烯(styrene)-异戊二烯(isoprene)-苯乙烯(styrene)嵌段共聚物。

在黏附过程中,当胶黏剂在很轻的压力作用下贴敷于皮肤表面时,胶黏剂会润湿最外层的角质层,这就是初黏力。由于皮肤表面并不是光滑的而是粗糙的,胶黏剂首先需要黏附于最外层的角质层,然后逐渐流动到底部的角质层。因此,在黏附的开始过程中剥离力随接触时间增加而变大,达到最大值,即黏附力。这个黏附过程的开始阶段受胶黏剂的黏弹性质的好坏的影响。在解黏附过程中,当胶黏剂的分子间力小于脱黏力时,胶黏剂本身就会被破坏,而不是胶黏剂被剥离。所以,有使用价值的压敏胶应该具有充分的内聚力。

由于药用压敏胶是以有生命的器官作为底物,所以需要有一些特别的性质。例如,剥离强度会随着贴敷在人体皮肤的时间延长而变小,这是由于皮肤和压敏胶界面水分的积累。而剥离强度的下降程度由以下几个因素决定,例如胶黏剂和背衬层的堵塞效应、胶黏剂的亲水性和人体的排汗程度。

此外,对于药用胶黏剂,安全性是另一个应用的必要条件。关于压敏胶的皮肤毒性,考虑有 3 个主要因素:首先,由胶黏剂中的杂质或残留化合物引起的皮肤致敏作用或化学刺激性。丙烯酰胺、乙酸乙烯酯和苯乙烯都是压敏胶常用的聚合单体,都是已知的可能的人体致癌物。二氯甲烷和三氯甲烷都是压敏胶的良溶剂,也同样是人体致癌物。天然橡胶中的杂质是已知的导致皮肤致敏作用的原因。几乎所有的液态有机单体和溶剂都有皮肤刺激性。因此,最后 TDDS 产品的压敏胶中的残留单体和残留溶剂含量水平都应被控制在最低水平。其次,皮肤刺激性多由压敏胶移去时皮肤脱落引起。当介于压敏胶和外层角质细胞之间的压敏胶强度强于角质细胞间的细胞连接力时,剥离压敏胶就会使最外层的角质细胞由皮肤转移至压敏胶上。这类皮肤的机械损伤同样导致了疼痛和皮肤刺激性。最后,皮肤的呼吸抑制作用导致了浸渍作用。压敏胶在皮肤上的存在强烈地抑制了皮肤水蒸气的蒸发作用,这会导致皮肤的浸渍和毛囊炎。然而,闭合作用对于促进药物的透过作用有重要意义。

1. 压敏胶的种类

(1) 聚丙烯酸酯压敏胶(polyacrylic PSA):是以丙烯酸高级酯(碳数为 4~8)为主成分,配合其他丙烯酸类单体共聚制得的。丙烯酸酯的通式为 $CH_2=CH-COOR$,其中 R 基团会显著影响丙烯酸酯的机械和物理性能。可以使用不同的单体来调整 R 基团,这些 R 基团可以改变药物在丙烯酸酯中的溶解度和在皮肤中的渗透性。

聚丙烯酸酯压敏胶在常温下具有优良的压敏性和黏合性,不需加入增黏剂、抗氧化剂等,很少引起过敏反应和刺激性,同时又具有优良的耐老化性、耐光性和耐水性,长期贮存压敏胶性能不会明显下降。

(2) 聚异丁烯压敏胶(polyisobutylene PSA):聚异丁烯为一种具有黏性的合成橡胶,是由异丁烯在三氯化铝催化下聚合而得的均聚物。聚异丁烯较长的碳氢主链上仅在端基含不饱和键,反应部位相对较少,故本品非常稳定,耐热性及耐老化性良好,但对水的通透性很低。聚异丁烯压敏胶多由生产厂家自行配制,可以采用不同配比的高、低分子量聚异丁烯作原料,通常添加适当的增黏剂、增塑剂、填料、软化剂和稳定剂等。聚异丁烯用于具有低溶解度参数和低极性的药物,较低的玻璃化转变温度赋予聚异丁烯柔韧性和良好的黏性。但低极性对大多数表面的黏附力较弱,因此需要添加不同的增黏剂,例如低分子量的聚丁烯、树脂、多萜和增塑剂、矿物油、邻苯二甲酸二乙酯和己二酸酯等。填充剂包括二氧化硅、黏土和微晶纤维素。

(3) 硅酮压敏胶(silicone PSA):是低黏度聚二甲基硅氧烷与硅树脂经缩聚反应形成的聚合物。硅酮压敏胶具有耐热氧化性、耐低温、疏水性和内聚强度较低等特点。硅酮压敏胶的软化点较接近皮肤温度,故在正常体温下具有较好的流动性、柔软性和黏附性。尽管有机硅具有生物相容性并且易于制造,但是大多数药物在该压敏胶中的溶解度很差。由于 $-127℃$ 的低 T_g 和高自由体积,多种药物分子在聚二甲基硅氧烷允中显示高扩散性。

(4) 热熔压敏胶:苯乙烯 - 异戊二烯 - 苯乙烯(styrene-isoprene-styrene,SIS)嵌段共聚物可以作为热熔压敏胶(hot-melt PSA)的原料。加热到 100℃左右时,SIS 呈热可塑性。采用热熔压敏胶时,在贴剂的生产过程中不需有机溶剂和干燥设备,贴剂表面不出现气泡,生产过程安全、节能、环保。SIS 热熔压敏胶与皮肤的黏附性好,与药物的混溶性好,过敏性和刺激性低于天然橡胶。

2. 压敏胶的作用 在 TDDS 中,压敏胶作为基础物质负载许多添加剂,包括药物和渗透促进剂。因此,压敏胶聚合物的理化性质对药物在基质中的热力学与动力学特征有巨大的影响,例如溶解性能、释放和透过行为,甚至稳定性。在这里讨论压敏胶分散型 TDDS 的压敏胶聚合物的性质和作用。

(1) 压敏胶聚合物对药物经皮透过行为的影响:药物分子穿过生物膜的稳态传递过程被描述成一个溶解 - 扩散过程,这个过程服从 Fick 扩散定律。在透皮传递过程中,一般认为药物分子穿过角质层过程是透过的限速步骤。实际上,药物从压敏胶基质到皮肤透过的过程除药物的溶解性能外,还存在很多较复杂的影响因素。尽管这些问题并没有完全研究清楚,但压敏胶基质的性质仍然被认为是最主要的影响因素。物理性质的影响,例如与压敏胶聚合物的玻璃化转变温度有关的微观黏度会对药物在基质中的移动产生影响;压敏胶的表面特性即黏附于皮肤和黏附强度可能会对角质层从基质中吸收药物产生影响。化学性质的影响被认为表现在药物与压敏胶中的极性功能基团的相互作用,这可能会影响药物从基质中的释放速率。此外,压敏胶基质的闭合效应也是一个影响透过行为的复合因素。因此,在开发 TDDS 选择胶黏剂前应完全考虑压敏胶的性质。

(2) 压敏胶聚合物的油溶性对药物溶解度的影响:压敏胶聚合物的油溶性可能会对药物的溶解性产生影响,而药物的油溶性受其化学组成的影响较明显(表 10-5)。

表 10-5 压敏胶的药物溶解性和油溶性特征

聚合物	添加剂	油溶性	药物溶解性
丙烯酸共聚物	—	中	高
SIS 橡胶	油、增黏剂	高	中
硅酮橡胶	硅酮树脂	高	低
聚丙烯酸	甘油、水	低	低

注:SIS 是指苯乙烯(styrene)- 异戊二烯(isoprene)- 苯乙烯(styrene)嵌段共聚物。

大体上,丙烯酸共聚物相对于其他种类的压敏胶有中等油溶性,并且有最优异的药物溶解性。共聚物合适的油溶性可以通过改变共聚单体的组成浓度来得到。丙烯酸共聚物的油溶性可以通过每种共聚单体疏水碎片得到的疏水参数粗略计算,或通过正辛醇 - 水系统的脂水分配系数计算。当药物和压敏胶基质的亲脂性近似时,药物的溶解性会达到最大。因此,处方设计中丙烯酸共聚物合适的油溶性对 TDDS 处方中药物溶解状态的保持有着很重要的意义。一般来说,高极性的乙烯基共聚单体含量对提升药物的溶解性非常有效。药用压敏胶常用的极性乙烯基共聚单体包括丙烯酸、丙烯酸羟乙酯、乙烯吡咯烷酮和乙酸乙烯酯等。

硅酮共聚物和 SIS 橡胶(即包含高油溶性添加剂、石蜡)比丙烯酸共聚物有更高的油溶性。因此,这两种基质相对于通常的丙烯酸共聚物都只有非常低的药物溶解性。

(3) 压敏胶聚合物对经皮促透作用的影响:压敏胶聚合物的油溶性不仅对药物的溶解性有影响,对化学渗透促进剂的促透效果同样有影响。一种好的压敏胶与合适的渗透促进剂结合,可以得到优秀的经皮促透系统。渗透促进剂使得细胞间脂质无序化,进而改变角质层的生物化学环境的溶解潜能来实现促透。渗透促进剂的促透行为基于它们进入角质层的透过特征,这意味着化学渗透促进剂高的透过流量本身直接影响促透效果。理论上,化学渗透促进剂与压敏胶基质的亲脂性近似时,与压敏胶就会有很高的亲和力,从而就会有最低的皮肤吸收。这种现象可能会经常发生在同浓度的渗透促进剂上,不同的压敏胶基质所显示的促透效果不同。选择合适油溶性的压敏胶是使药物溶解度适宜,并且获得理想的促透效果的关键因素。

(4) 聚合物中的极性功能基团与药物的相互作用:SIS 橡胶和硅酮共聚物对药物相对惰性,因此这些压敏胶几乎与药物没有相互作用发生。但是共聚物中存在极性功能基团时,丙烯酸共聚物却很容易与药物发生相互作用。共聚物与药物相互作用的程度显著影响药物在压敏胶基质中的扩散,甚至对药物的稳定性产生影响。药用压敏胶中,习惯使用极性功能基团如羧基和 / 或羟基等作为交联基团大幅提高内聚力。然而,这些活性的极性功能基团可能会与药物的活性基团相互作用。例如,共聚物的羧基可能会与酰胺、胺发生相互作用,还有一些药物也带有羧基共聚物的羟基而可能会与药物的羧基相互作用。此外,药物和共聚物之间酯类的交换也可能发生,特别是在低亲脂性环境下的聚丙烯酸酯压敏胶。

(二) 系统组件材料

1. 控释膜　在贮库型 TDDS 中,膜材料是基本的用于保护贮库中的药物的材料。在一开始,贮库系统中的膜材料被考虑用来控制药物从系统中释放的速率,因而控制药物在皮肤中释放。然而,人们逐渐认识到角质层的屏障作用要远远大于膜材料,因此药物释放速率是由角质层决定的。因此,膜材料的功能是保证贮库中的药物和非活性成分在贴于皮肤释放药物前的安全性。目前,有多孔型和无孔型两种薄膜广泛用于此种目的。聚乙烯(polyethylene,PE) 和乙酸 - 乙酸乙烯酯共聚物(ethylene-vinyl acetate copolymer, EVA) 膜是贮库系统最常用的膜材料。PE 结晶聚合物有多种级别,有很宽范围的结晶度和分子量。多孔型 PE 膜要比低结晶度的非孔型膜的药物透过性更好,这两种材料都可用于贮库系统。EVA 作为乙烯和乙酸乙烯酯的重量百分比为 9%~40% 的共聚物可以用作贮库系统的膜材料。然而,值得注意的是具有高乙酸乙烯酯含量的 EVA 能抵抗亲水性液体物质例如水和甘油,但是这个共聚物在亲脂性液体中会发胀和变形。因此,石蜡、角鲨烯和肉豆蔻酸异丙酯(isopropyl myristate,IPM) 应用于贮库系统时不能联合使用 EVA。

2. 背衬材料　表 10-6 总结了背衬层材料的必要条件。对于所有 TDDS 的背衬层的最低要求就是药物和非活性物质不透过性,另外低的水分透过率是全身给药的 TDDS 的背衬层的必要条件,这对该系统药物的最大皮肤透过率的设计是有益的。铝箔、聚对苯二甲酸乙二醇酯(polyethylene terephthalate, PET) 和乙烯 - 乙烯醇共聚物(ethylene-vinyl alcohol copolymer,EVOH) 是满足上述条件的实例。考虑到皮肤刺激性和患者依从性,背衬层的弹性是很重要的。然而,弹性背衬材料例如聚氨酯和 EVA 由于它们本身的药物通过性质而不能应用。最近,PET/EVA 薄膜和 PET/ 非编织纤维膜背衬层在全身给药的 TDDS 中的应用越来越广泛,这些背衬层的使用意图是增加硬背衬层的柔软性。

表 10-6　TDDS 背衬材料的必要条件

TDDS	必要条件	聚合物结构
压敏胶分散型		
全身给药	药物的不透过性 低的水分透过率	PET PET/EVA 层压材料 PET/ 无纺布层压材料 EVOH

续表

TDDS	必要条件	聚合物结构
局部给药	药物的不透过性 柔软性 透气性	PET 无纺布 PP 无纺布 PET 纺布
贮库型	药物的不透过性 低的水分透过率 热封性	Al/PE 层压材料 PET/PE 层压材料

注：PET 代表聚对苯二甲酸乙二醇酯；EVA 代表乙烯 – 乙酸乙烯酯共聚物；EVOH 代表乙烯 – 乙烯醇共聚物；PP 代表聚丙烯；Al 代表铝；PE 代表聚乙烯。

在贮库型 TDDS 中，热封性是一个附加的必要条件。薄膜例如 Al/EVA 和 PET/PE 是典型的背衬材料，Al 和 PET 主要负责药品的贮存，而 EVA 和 PE 主要负责热封。对于这些材料，还有一种可能的存在就是药物和非活性成分从贮库溶解于 EVA 和 PE，并扩散到系统的周边部分。在局部给药的 TDDS 中，大多数 NSAID 贴剂和糊剂由于治疗炎症和关节痛经常贴附于臂肘和膝盖，因此，为满足皮肤自然运动的需要，背衬材料的柔性就变成一个重要的条件。因为没有一种高分子膜材料同时具有柔性和药物不透过性两种性质，针织或非针织的布材料通常在局部给药中应用。这些织物是由 PET 或者聚丙烯（polypropylene，PP）制成的，有很强的抗药物透过的能力。

3. 防黏层材料　在许多压敏胶分散型贴剂的生产实例中，含药的压敏胶首先涂布于防黏层，然后再转移到背衬材料上。防黏层包含硅酮聚合物和作为基质的膜材料。防黏层的表面是高度交联的硅酮聚合物制成的薄层（0.1~0.5nm），其中包含聚二甲基硅氧醚和添加剂（例如硅酮树脂）。硅酮聚合物的剥离性能是由其相对于压敏胶（表面张力为 30~50dyn/cm）的低表面能（表面张力为 22~24dyn/cm）决定的。常用的作为防黏层的基质膜材料有 PET 膜、铝箔、PE/Al 和 PE/ 玻璃纸 /PE 层状材料。TDDS 中应用的防黏层的剥离力在 10~100g/5cm，剥离力过小会导致生产 TDDS 的过程中产生问题，而剥离力过大则会导致患者使用不便。一般来说，可以通过改变硅酮聚合物和添加剂的组成来调整防黏层的剥离力。此外，有许多低分子量的化合物在硅酮聚合物中溶解，这也说明药物本身也可能溶解于防黏层中的硅酮聚合物层。但幸运的是，在常见的防黏层中硅酮聚合物是非常薄的一层并且只能提供非常低的溶解能力，因此药物在硅酮聚合物层中的损失不会引起实际的稳定性问题。然而，在面对硅酮聚合物的药物透过性质时，对于基质膜就需要有完全屏障药物的能力，如 PET、Al 和玻璃纸等均是良好的材料。

4. 骨架和贮库材料　一般采用压敏胶、EVA、胶态二氧化硅、肉豆蔻酸异丙酯、月桂酸甘油酯、月桂酸甲酯、油酸乙酯、羟丙甲基纤维素、轻质液体石蜡、乙醇、乳糖、硅油、聚乙二醇、卡波姆、甘油等。

四、贴剂设计方法

美国 FDA 于 2019 年 11 月 20 日发布了《透皮和局部药物递送系统：产品研发和质量考量》（*Transdermal and Topical Delivery Systems-Product Development and Quality Considerations*）指南草案，详细给出了新药和仿制药申请中应包含的透皮和局部药物递送系统（transdermal or topical delivery system，TDS）的药品研发和质量信息。我国国家药品监督管理局药品审评中心于 2020 年 12 月 25 日发布了《化学仿制药透皮贴剂药学研究技术指导原则（试行）》。

在 TDDS 开发过程的早期,申请人应设计潜在 CQA 的列表。CQA 是一种物理、化学、生物学或微生物特性或特征,应将其限制在规定范围内,以确保所需的产品质量[ICH Q8(R2)]。对于 TDDS,CQA 通常包括外观(例如可见的晶体)、尺寸、剂量单位的均匀性、渗透促进剂含量、杂质和降解产物、体外药物释放曲线、防腐剂/抗氧化剂含量、剥离附着力、黏性、剥离衬垫剥离强度、剪切强度、冷流、残留溶剂、残留单体、微生物限度和包装完整性。

1. **TDDS 产品**　在开发透皮贴剂之前,应建立所需的目标产品质量概况(QTPP),考虑产品的安全性和有效性[ICH Q8(R2)]。QTPP 是 TDDS 产品质量特性的前瞻性总结,理想情况下将实现该质量以保证产品质量。通常,QTPP 元素及其对 TDDS 的质量考量可能包括的因素见表 10-7。

表 10-7　TDDS 目标产品的质量考量因素

QTPP 元素	质量注意事项
体内递送活性成分以达到治疗效果	配方设计和生产控制
减少残留药物	配方设计
使用持续时间的保证	赋形剂的选择、组分控制、物理设计(形状、尺寸等)和生产控制
减少刺激性	配方设计
化学和物理稳定性	配方设计、容器密闭属性、储存条件
非药物相关杂质	赋形剂的选择和生产控制

根据治疗需要、患者人群或其他功能特性要求,可能存在其他 QTPP 元素。例如,取决于产品施用的身体部位或患者人群是否为儿科患者,成品的尺寸可以是 QTPP 元素。

2. **药物**　应根据可能影响 TDDS 产品性能及其可制造性的原料的理化和生物学特性合理选择原料药。应特别考虑影响递送速率的性质,例如分子量、熔点、分配系数、pK_a、水溶性和 pH。应评估药物的其他特性,例如粒径、晶型和多晶型,并根据产品性能进行论证。

3. **辅料**　TDDS 中使用的赋形剂和组分可包括各种压敏胶、透皮吸收促进剂、速率控制或非速率控制膜、增溶剂、增塑剂/软化剂或增黏剂,所有这些都会影响 TDDS 的质量和性能。关键辅料和成分的严格鉴定对于确保透皮和局部制剂的最佳产品质量属性非常重要,并有助于对原料、制造过程或供应商的变更进行批准后变更流程。例如,作为 TDDS 产品中的压敏胶,应考虑以下属性:对于作为原料的黏合剂聚合物,应考虑分子量、多分散性、光谱分析[例如红外辐射(IR)吸收]、热分析、特性或黏度以及残留单体、二聚体、溶剂、金属、催化剂和引发剂;对于初始压敏胶(在没有活性成分和其他辅料的情况下),应考虑残留溶剂、剥离、黏性、剪切和黏附力;对于终产品中的黏合剂(以及药物、其他赋形剂和组分),应考虑标识残留单体、二聚体和溶剂、杂质、干燥失重和均匀性。另外还需要考虑的特性包括黏弹性特性[例如弹性模量(G')、黏性模量(G'')、蠕变柔度(J)]和功能特性,包括但不限于剥离、剪切、黏附、黏性、体外药物释放和体外药物渗透。黏合剂作为原材料的特性(例如流变学,包括特性黏度和复数黏度)会影响最终产品的质量属性。压敏胶供应商的规格通常很宽,因此,整个产品生命周期中收到的压敏胶在其供应商的规格范围内可能会有很大的差异。例如,用于 TDDS 的关键体内试验中使用的压敏胶批次的流变特性[如生物等效性(BE)、药代动力学(PK)、黏附性研究]很可能与供应商先前制造的压敏胶批次或他们未来制造的压敏胶不一致。因此，应向压敏胶制造商索取历史流变学参数，以更好地了解他们的加工能力以及压敏胶的流变特性变化对最终产品的潜在影响。这可以进一步帮助申请人评估建立或加强原材料内部控制的需求。

五、贴剂设计案例

口服或注射给药的药物开发成贴剂时，一般以改变给药途径的改良型新药来申报。由于贴剂开发的是已经其他途径给药后验证其有效性的药物，相较于创新药开发，其成功率高。然而，改变给药途径后需要做临床前和临床研究，需要较长时间和高额研发费用的支撑。因此，贴剂开发初期，和已经上市的剂型进行比较，在论证开发成贴剂的必要性和临床需求的基础上决定开发与否。开发产品的目标产品概况（target product profile，TPP）可以作为一项判断依据。

1．目标产品概况　TPP 是在掌握已有产品及相关情报的基础上，记载待开发贴剂的种类、用法、需要达到的治疗效果的文件。制剂设计者应参照 TPP 设计目标贴剂。这里介绍强阿片类镇痛药芬太尼贴剂的 TPP 制作实例，如图 10-7 和表 10-8 表示。

药物情报	药物名称	芬太尼	
	结构式 物理化学性质	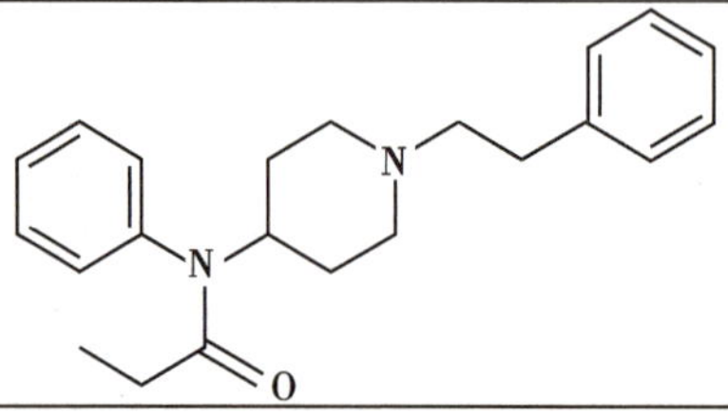	分子量：336.47 Log P：2.96 pK_a=8.3 溶解度：几乎不溶于水 熔点：85~87℃
	现有产品	剂型	片剂
		用法用量	每日 3 次，每次 0.1mg
		适应证	疼痛
		患者背景	儿童和老年人居多
		销售额	—
		开发国	美国
		市场规模	—
		存在问题	副作用大 用药依从性差 生物利用度低
TPP	剂型	DIA 型（压敏胶分散型） 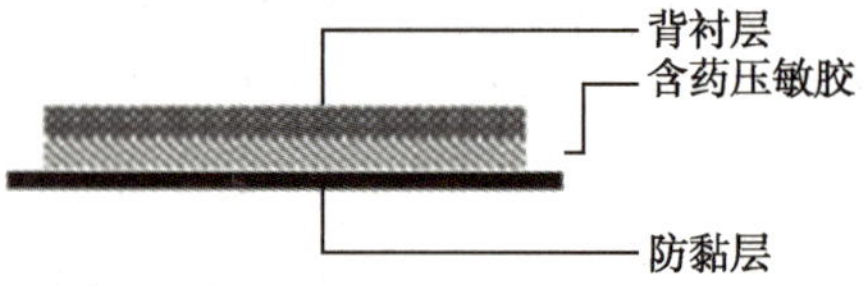	
	用法	1~7d/ 次 根据患者需求设定	
	给药面积	10~20cm^2	
	目标效果	降低副作用 提高患者用药依从性 儿童和老年患者给药简便 其他	

图 10-7　制作 TPP 的案例

表 10-8 芬太尼贴剂的 TPP

剂型	贴剂
用法	每日 1 贴
制剂面积	小于原研制剂
设计理念	(1) 开发每日 1 贴的制剂(药物利用率高于原研制剂) (2) 设计成压敏胶分散型(DIA)而不是贮库型 (3) 设计成释放速率较恒定的制剂,即稳态血药浓度的峰/谷波动比较小 (4) 设计成过敏反应较少的制剂

2. 芬太尼贴剂开发前　开发芬太尼贴剂之前,该药物已作为癌性疼痛治疗药在临床上使用。TDDS 具有长时间维持恒定血药浓度的优点,其用法有每日 2 贴～每周 1 贴。如果考虑患者依从性,应该选择作用时间较长的贴剂,然而长期贴敷时伴随发生制剂脱落,易发生皮肤刺激性、血药浓度降低等风险,反而会降低患者依从性。由于开发商所在地人群有每日洗浴的习惯,因此他们决定开发每日 1 贴的制剂。另外,贴敷期间的药物吸收依赖于药物的浓度,长时间贴敷不能避免由药物浓度降低导致的血药浓度降低,从稳定的镇痛作用角度考虑,每日 1 贴的制剂更为理想,从此开始了每日 1 贴芬太尼贴剂的开发。

3. 芬太尼贴剂的设计　芬太尼贴剂是骨架型贴剂,骨架型贴剂通常用聚丙烯酸酯压敏胶、硅酮压敏胶以及苯乙烯-异戊二烯-苯乙烯(SIS)嵌段共聚物或聚异丁烯(polyisobutylene,PIB)为代表的橡胶类压敏胶。本制剂采用 SIS 压敏胶。本制剂主要考虑在提高药物利用率的理念下选择压敏胶,尽量降低药物在基质中的溶解度,增大 K 值是首要任务。SIS 具有微域(microdomain)结构,这个独特的结构不仅对稳定性没有影响,还具有提高药物释放性的特性。另外,考虑患者的用药依从性,药袋采用 V 形切口,防黏层采用 R 形切口,为防止误用,防黏层上印刷品名和成分含量。为了容易确认患者贴敷该制剂,采用识别度高的白色背衬,而且这个背衬经过特殊加工,可以用油性笔、圆珠笔及铅笔标记贴敷日期。这些设计不同于添加剂的选择,是直接支持患者使用,这对企业产品开发也是十分重要的。

第四节　贴剂的生产工艺及设备

在开发贴剂产品期间,将生产不同规模的批次。通常从开发实验室开始,采用以克(g)为单位的规模(涉及液体涂料的质量)制备各种配方的小批量。随后需要将制造过程转移到 GMP 环境中以扩大规模,并交付临床试验材料。最后在正式过程验证完成之后,制造商业供应品。确定透皮贴剂的配方并且中试产品在任何质量方面都达到其目标产品要求后,必须进行全面设计的工艺开发阶段,以确保最终工艺稳定和高效。

贴剂的典型生产过程(取决于药物产品的最终设计,例如基质层的数量)通常可分为以下步骤:①制备包含活性药物成分、形成基质聚合物、赋形剂(如果有)和工艺溶剂(液体)的含药胶液;②将含药胶液涂覆到基材(如防黏)上并干燥湿膜以去除工艺溶剂,从而形成薄的基质层;③将基质层与其他基材(例如背衬箔)层压在一起,以生产层压母卷;④将层压母卷切成较小的子卷,待进一步加工;⑤模切、转换和袋装,制成独立包装的单元。

显然,在具有更复杂设计的透皮贴剂(包括几个基质层)的情况下,可以制备大量的含药胶液,并且随后的生产步骤如涂布、干燥和层压要进行 1 次以上。

压敏胶分散型贴剂的生产工艺如图 10-8 所示。

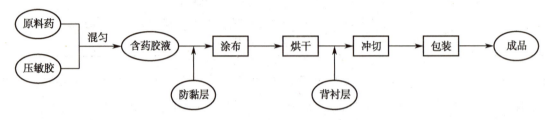

图 10-8　压敏胶分散型贴剂的生产工艺流程图

一、含药胶液的制备

通过在大型容器(容纳 100~3 000L)中混合"成分"来制备贴剂基质——含药压敏胶(图 10-9)。

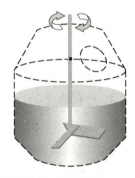

小试阶段:1~1 000ml
中试阶段:1~100L
商业化生产阶段:100~3 000L

图 10-9　贴剂的含药胶液制备工艺示意图

对于骨架型贴剂的标准制造工艺,含药胶液的制备可以被认为是唯一不连续的,因此,实际的规模取决于此步骤。它包括所有成分的称量、添加和混合,包括活性成分、形成基质聚合物、辅料(例如化学渗透促进剂、抑晶剂、增黏剂、增塑剂、交联剂或防腐剂和工艺溶剂)。通常,将包括活性物质的组分分别称量,然后加入黏合剂聚合物混合物中。应格外注意赋形剂的添加顺序,以避免暂时的不相容性,例如,发生相分离或团簇形成。在某些情况下,某些组分的预混合物的制备可能会有所帮助,然后将其添加到聚合物混合物中。在配方开发过程中,必须确定工艺溶剂的性质和数量。首先,在下一步生产期间必须去除工艺溶剂,因此所有过程溶剂必须具有足够的挥发性,如果使用 1 种以上的溶剂,则必须彼此相容,并且在毒理学上可接受,所以必须避免使用具有(潜在)致癌性的第一类溶剂。同样,在大多数情况下,原料药会溶解在贴剂基质中。因此,应注意工艺溶剂具有足够的溶解度,以完全溶解所需量的药物。工艺溶剂的量也决定了含药胶液的黏度,这直接影响可涂布性。在极端情况下,过低或过高的黏度可能会使随后的涂布过程复杂化,并且可能需要更改涂布工艺或调整溶剂系统。可以通过减少或增加含药胶液的固相含量或通过添加辅料影响赋形剂(如聚维酮)的黏度来改变黏度。但是,在较早的开发阶段就应考虑添加辅料以调节黏度,因为辅料仍存在于干燥的基质中,在赋形剂中可能会影响药品的质量特性。此外,混合过程应在适当的温度控制下进行。

含药胶液批量制备的关键参数通常是混合温度、混合时间和混合系统施加的剪切力。由于这些参数取决于规模,因此必须在不同的设备系统中针对不同的批次规模准确评估它们,以获得均匀的涂层质量,这是药品质量最重要的方面之一。

因为实验室规模的混合系统中的剪切力通常不同于生产规模的混合系统,扩大生产规模时混合容器内的搅拌系统也必须扩大,混合时间和搅拌速率需要根据相应的设备进行彻底研究,包括混合罐和搅拌装置以及批量大小,以确保含药胶液中各成分的均匀分布。对产品质量有影响的含药胶液的关键性质是外观、黏度、药物含量,尤其是均匀性。对于设计成完全溶解药物的系统,强烈建议对涂层质量进行显微镜检查,以检查是否存在未溶解的药物颗粒。基质中的药物饱和度不同,未完全溶解的药物可能会在基质中保持未溶解状态,并引发进一步的药物结晶。如果在贴剂终产品中存在大量药物晶体,这些晶体会对产品性能的保证构成威胁。此外,如果药物在含药胶液中分布不均匀,则随后生产的涂层也将缺乏均匀的药物分布,这可能导致《中华人民共和国药典》对贴剂普遍要求的剂量单位测试一致性的失败。

二、涂布、干燥和覆膜

将液态含药黏合剂基质均匀地涂布到防黏层上。此步骤为关键工艺,以确保在贴片的每个点上都存在完全相同浓度的活性物质。该生产阶段相当复杂且耗时。然后将基质小心干燥并固定在防黏层上。

随后,通常将含药胶液涂布到由聚对苯二甲酸乙二醇酯或其他塑料制成的防黏衬里的硅化或含氟聚合物涂层的一侧。在某些情况下,基于配方或涂层进一步的制造步骤,也可以在背衬层上进行涂层。必须注意涂层物料与基材的相容性,以确保最终涂层的均匀性。需要多种胶液涂覆到载体上时,并且根据涂布物料的黏度和/或所需的干燥基质重量来选择涂布方法。

将含药胶液均匀地分散到卷筒纸上之后,将涂层引导通过一系列干燥箱,通过加热的空气将溶剂蒸发,然后将干燥的基质直接与其他基材(如背衬层或防黏层)粘贴在一起。整个过程以连续的方式进行,因此可以认为与批次规模无关,涂布量取决于处理时间。在涂布和干燥过程中会形成均匀的涂层。一旦确认了含药胶液的均匀性,基质层的厚度或单位面积重量就与药物的测定直接相关,因此在整个涂覆过程中横向和纵向均应均匀。

涂布、干燥和覆膜工艺见图 10-10。

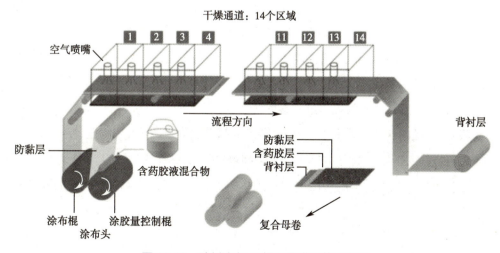

图 10-10　贴剂涂布、干燥和覆膜工艺示意图

干燥参数对相关的关键质量属性有重大影响,并且主要决定药品的质量。因此,应高度重视该工艺步骤。从实验室开发到生产线的转移需要对实验进行适当的计划和评估。连续涂布生产线的干燥性能主要取决于干燥时间(停留时间),受机器干燥室的长度和纸幅通过烤箱的速度以及干燥温度和空气循环的影响。此外,涂层的厚度也比较重要。对于指定的涂层厚度,当卷筒速度降低且温度和空气流通增加时,干燥性能(相对于蒸发溶剂的量)将会增加。尽管开始时可以使用空白涂布物料(不含药物)进行首次试验,但有必要使用含有活性成分的涂布物料进行进一步的试验。表 10-9 给出了一个实例,在通过施加可比较的干燥条件下,在同一涂布线中涂布含有活性药物和空白物料后检测溶剂残留,结果表明存在活性药物时,干燥基质中残留的异丙醇含量会显著增加,因此可以认为干燥条件较为重要,制剂中的药物浓度会影响工艺因素的作用程度。提高卷筒速度和升高温度可以实现快速、经济的干燥过程,但是,需要适当地减少过程溶剂,并且应避免溶剂在涂布层中形成气泡。因此,干燥参数通常是优选较低温度的方案,以避免涂层中组分的降解、药物或赋形剂的不均匀蒸发,以较高的卷筒速度实现加工时间最短化。根据 ICH 准则 Q3C,应避免使用第二类溶剂(应该限制使用的溶剂),如不可避免,至少应将其含量限制在狭窄的规格范围内,以确保患者安全。此外,衍生自聚合材料的潜在残留单体也可以通过加热的方式定量蒸发。但应保留在制剂中的其他辅料(或药物本身)在此过程步骤中也可能会部分蒸发。具有高挥发性的物质可以在干燥步骤中大量蒸发(>20%),从而改变组分的比例,并且如果药物或透皮吸收促进剂蒸发后,甚至会严重影响贴剂产品的药物渗透特性。因此,必须分析制剂中的关键成分,例如药物和相关功能性辅料(如透皮吸收促进剂)。必须在制剂早期开发阶段建立功能性辅料的分析方法用于表征最终制剂产品。如果成分大量蒸发,并且无法调整干燥参数以定量地将其保留在制剂中,则可能有必要过量投料,然后再达到药品中的目标浓度。不建议假定组分在实验室规模与在生产规模制造中具有相同的蒸发程度,因为过程性能参数通常不能以 1∶1 为基础进行转移。

表 10-9　含药涂层和空白涂层干燥基质中的残留溶剂的残留量

涂层	卷筒速度 /(m/min)	烘箱干燥温度 /℃	异丙醇残留量 /%
空白涂层	1.5	40/50/60/60	0.053 6
含药涂层	1.2	40/50/65/65	0.445 3

干燥过程对药品的质量如外观、含量均匀度、药物释放、有关物质、残留溶剂和单体,以及黏合特性等产生重大影响。在评估和确定干燥参数时,实施实验设计(DoE)可能有助于评估关键参数之间的关系,并获得有关过程的全面知识,从而为各种过程参数确定范围。

通过干燥箱后,干燥的含药基质分别用背衬层或防黏层覆盖在干燥的基质上,卷成卷并储存以备进一步处理。如果药物趋向于显示冷流,建议以尽可能小的张力卷起涂层。一旦证明涂布的均匀性,就可以认为干燥的基质单位面积重量与药物的测定相关。因此,中间控制可集中在涂层的外观和单位面积重量上。

三、分切

下一工艺过程步骤通常包括将母卷切割成子卷,这通常取决于要制造的旨在提高产量的最终药物产品的尺寸,其工艺见图 10-11。通常从相同的中间涂层中产生不同的剂量强度,剂量强度仅由贴剂的表面积决定。此过程步骤的质量风险较低。

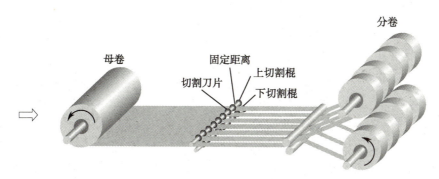

图 10-11　贴剂分切工艺示意图

四、冲切与分装

贴剂的最终加工步骤是模切、覆背衬层和袋包装,通常可以在一个设备中完成,下一台机器模块将子卷冲切成贴剂形状。为了优化功效,提高患者舒适度,贴片可以是圆形、椭圆形、正方形。根据最终的贴剂设计,可将剥离助剂切入防黏衬里以方便使用,并将药品的标识印在贴剂背衬上,然后将成品贴剂彼此分开,以便将其热封到小袋中。冲切与分装工艺的示意图见图 10-12。

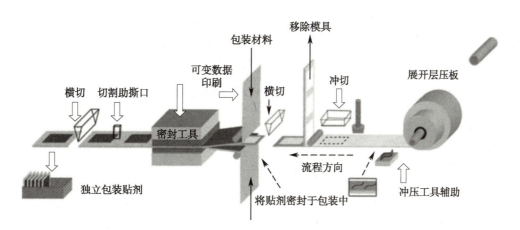

图 10-12　贴剂冲切与分装工艺示意图

虽然贴剂的机械性能在一定程度上取决于处方组成,但几乎所有的贴剂都表现出冷流。根据制剂易于冷流的程度,可能需要复杂的包装设计。在最坏的情况下,可能导致贴剂黏附到包装袋上而造成使用不便。

综上所述,基质型贴剂的制造过程包括多个步骤,其中一些与比例有关,而另一些与比例无关。根据每个工艺步骤的具体设计,可以确定关键的工艺参数,其可变性会对关键的质量属性产生潜在影响,因此需要进行适当的监视或控制。表 10-10 给出了关键工艺参数与药品的关键质量属性之间的关联程度的示例性概述。需要指出的是,在实际生产过程中,应该针对特定药品分别建立这些相关性。

表 10-10 关键工艺参数和可能受影响的药品的关键质量属性

工艺步骤	关键工艺参数	批量依赖	药品的关键质量属性
制备含 API 胶液	混合时间 混合速度 混合温度 (混合设备)	是	外观 含量均匀度 (API 和功能性辅料分析)
涂层的制备	卷筒速度 温度 风扇转速	否	外观 API 和功能性辅料分析 含量均匀度 有关物质 药物释放 残留溶剂 (黏附性、剥离力、初黏力) (单体残留水平)
分切	无	否	无
冲切和装袋	封口温度 封口压力 封口时间	否	外观 分析方法 有关物质 药物释放 微生物限度 产品黏附性(黏附性、剥离力、初黏力)

在生产工艺过程的开发过程中,应确定可能影响 TDDS 产品的 CQA 的过程变量。下面列出了典型的 TDDS 制造步骤/单元操作。对于包含这些步骤的过程,应描述如何开发每个操作和相关的控制措施,并解决以下注意事项,特别是可能受操作影响的 CQA,以及可能影响输出的相关过程参数和材料属性的每个操作。

(1) 混合:混合会影响 CQA,例如原料药和/或辅料的稳定性、含量均匀度、微观外观以及黏合剂的物理性质。控制策略应解决设备设计、材料添加顺序和工艺参数(例如混合速度、混合时间、温度、再分散或再循环条件以及脱气条件)对 CQA 的影响,并在必要时加以说明。可能影响混合的 CMA 包括原料药的粒径和多晶型、压敏胶的流变特性,以及以溶剂为基础的混合物中提供的原料的固体百分比等。

(2) 涂布、干燥和层压:涂布是将含药压敏胶基质施加到基材上。根据所使用的设备,涂层会影响 CQA,例如含量均匀度和微观外观。尽管 CPP 取决于设备,但应证明控制策略(例如要控制的工艺参数)足以确保涂布操作整个过程中的含量均匀度和微观外观。可能影响涂布的 CMA 包括含药压敏胶混合物的流变特性和待涂层基材的辊内均匀性。涂布之后,进入从混合物中去除溶剂的干燥过程。此工艺步骤可能影响 CQA,例如渗透促进剂含量、抗氧化剂含量、药物含量均匀度、微观外观、药物释放、产品稳定性、残留溶剂、残留的黏合剂杂质和黏合剂基质的物理性质。因此,在工艺过程的开发过程中可能需要考虑的干燥工艺的 CPP 包括生产线速度、泵或螺杆速度、区域温度、空气流速、干燥空气的温度和湿度。工艺开发还应考虑影响干燥的 CMA,例如大体积混合物中的溶剂和黏合剂杂质含量。还应提供数据证明可能需要补偿干燥期间蒸发所需的过量药物或赋形剂。

(3) 分切和印刷:通常将散装产品纵向切成更窄的层压板卷,以进行进一步处理。分切和印刷通常是低风险的步骤。但是,如果印刷过程的某些方面例如过大的渗透深度或热量输入可能会对产品质量产生不利影响,则应对印刷过程进行特殊控制。

(4) 转换和装袋:通常是指将连续的涂层卷切割成独立的单元,然后将其密封在热封袋中。受这些过程影响的 CQA 包括产品的可用性(例如移除防黏层的能力)和包装袋的完整性。这些步骤常用的 CPP 包括热封温度和保压时间。

(5) 固化:某些 TDDS 具有在干燥或装袋后完成固化反应的处理步骤。固化时间和固化条件是此步骤常用的 CPP。如果固化可能影响测试结果,则应在批量释放测试之前完成固化。

(6) 保持时间:必须为在单元操作之间保持过程中的物料确定保持时间并证明其合理性。应使用基于风险的方法来确定在保留时间研究期间要关注的 CQA。

(7) 其他注意事项:管道和其他与产品接触的设备必须具有非反应性、非添加性和非吸收性的资质。管道和某些产品接触设备的选择应基于风险,即取决于接触时间、过程温度、溶剂系统、材料、制造过程中可浸出物的清除率以及临床使用方面的考虑因素。TDDS 的过程中控制(IPC)是控制策略的组成部分。FDA 提议的 IPC 的描述应包含用于涂布、干燥和层压的 IPC 可以确保整个涂层和整个运行过程的均匀性。例如膜外观、涂层重量的测量和/或残留溶剂的测试可能适用于涂布和干燥的 IPC。在新药申请书中应描述允许检测和剔除影响黏合剂涂层连续性(如条纹)的缺陷的膜外观测量。此外,对于在微观尺度上分散的薄膜(如丙烯酸黏合剂分散在有机硅中、聚维酮分散在有机硅中或固体药物分散在黏合剂中),应说明建立的 IPC,以监控整个应用过程中涂层的均匀性。用于测试涂层重量和均匀性的样品应代表涂层卷的全长和宽度,或者可以连续地监视这些属性(如通过使用在线涂层测量工具)。如果上游控制可用于确认某些最终的 TDDS 规格,例如残留溶剂和残留黏合剂杂质,则可以使用 IPC 测试代替这些属性的脱模测试。对于转换和装袋,IPC 可以保证包装袋的完整性、产品在包装袋中的放置以及产品的外观(如印刷标签是否足够、模切和吻切)。如果自动化系统被证明适用于预期任务,则可以代替人工操作员执行产品外观的过程中检查。

第五节　贴剂的质量控制

一、贴剂质量控制现状

由于贴剂是较新的剂型,各国药典收载的贴剂品种的质量控制方法不同,各国药典收载的品种也较少。不同企业的处方工艺不同,质量控制方法差异较大,以各家企业自行拟定的质量控制标准为主,各品种标准中的检查项目不尽相同,但均会对产品的性状、鉴别和含量进行规定。在释放度检查项上存在很大的差异,例如在《美国药典》中,尼古丁贴剂的药物释放检查方法有 4 种,雌二醇透皮贴剂的药物释放检查方法有 3 种,可乐定透皮贴剂的药物释放检查方法有 3 种;《日本药局方》规定,收载的品种的药物释放检查根据批准时的方法进行检测;《英国药典》中收载的品种和《中国药典》中收载的吲哚美辛贴片均不检测药物释放。在有关物质检查项上,《英国药典》和《美国药典》收载的品种均进行测定,而《日本药局方》和《中国药典》收载的品种均不涉及此项检查。

二、各国药典及指导原则对贴剂的质量要求

1.《中国药典》《中国药典》(2020 年版)四部收载通则 0121 贴剂,检测项目为含量均匀度、黏附力、微生物限度、释放度等,必要时应对残留溶剂进行检查。黏附力测定法将黏附力分为初黏力、持黏力、剥离强度和黏着力。在溶出度与释放度测定法(通则 0931)中,收载有第四法桨碟法和第五法转筒法测定贴剂产品的释放度,其中第四法桨碟法又分为大碟与小碟 2 种装置。

2.《欧洲药典》《欧洲药典》(9.0 版)在贴剂 / 透皮产品通则中规定含量均匀度检查项、释放度检查项等。欧洲药品管理局的指导原则中要求企业在提供的产品资料中加入黏附力、剥离力、内聚力、冷流等反映产品黏附性能力的检测项目。在溶出度检查法 2.9.4 中,使用桨碟法装置、桨池法装置和转筒法装置测定释放度。

3.《美国药典》《美国药典》(第 41 版)在局部和透皮给药产品质量通则中要求对所有类型产品进行鉴别、含量测定、有关物质检测,在针对不同类型的产品时,根据产品各论对产品的含量均匀度、水分、微生物限度、抗氧化物、无菌、pH、粒径、晶型等进行检测。贴剂专项中收载的检测项目有剥离黏附力实验、保护层剥离实验和黏性实验,其中黏性实验又分为探针法和滚球法。同时还对产品的冷流、剪切力 / 静态剪切力、贮库型贴剂完整性进行检测。在药物释放〈724〉中,使用桨碟法装置、转筒法装置和往复支架法装置来衡量透皮贴剂中主成分的释放过程。

4.《日本药局方》《日本药局方》(第 17 版)对于贴剂黏附性的要求,增加 6.12 黏附力测试和 6.13 释放度测试。在黏附力测试中详细介绍剥离黏合实验、倾斜球法实验、滚球法、探针法的操作过程。在释放度测试中,采用桨碟法、转筒法和纵向扩散池法测定释放度。

三、关键质量属性表征

贴剂的体外释放度和黏附力是产品质量的关键属性。体外释放度反映贴剂制造工艺的稳定性和均匀性。黏附力反映贴剂与皮肤黏附的牢固程度,进而影响贴剂的安全性和有效性。

1. **释放度检查法**　从研发初期产品的处方筛选到后期产品的质量控制,贴剂释放度研究的开展遍及产品的整个生命周期。其中常用的方法如下:

(1)桨碟法:与标准溶出度仪的搅拌桨装置一起使用,根据药典方法不同,将相应尺寸的碟片装置放在溶出杯的相应位置,如图 10-13 所示。将贴剂释药面朝上放置在碟片装置中,调整搅拌桨的位置与碟片保持 25mm ± 2mm 的距离。碟片装置一般由不锈钢网碟构成,或由不锈钢筛网和聚四氟乙烯锁环构成。

(2)转筒法:与标准溶出度仪装置一起使用,将搅拌桨换成转筒组件,如图 10-14 所示。将贴剂释药面朝外固定在转筒外部,转筒底部与容器底部之间保持 25mm ± 2mm 的距离,设定转筒旋转速度,药物

释放到介质中后根据对流原理进行混合。转筒组件由不锈钢筒构成,可根据贴剂尺寸大小选择适配件加长转筒,转筒顶部有固定角度的 4 条孔道,用于改善介质在溶出杯内的流动,使介质分布均匀。

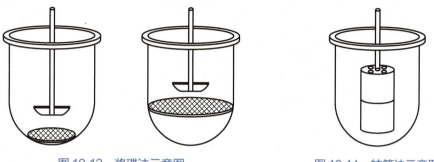

| 图 10-13 桨碟法示意图 | 图 10-14 转筒法示意图 |

(3) 往复支架法:该装置最初是为贴剂的测试而开发的,可以保持温度、提供上下搅动外力、设定运行周期,适用于需要改变介质且介质体积较小的自动化溶出测试。往复支架一般含此类装置 6~12 排,每排 6~12 个往复位置,每个位置均配备测试管,测试管内装有介质,如图 10-15 所示。在贴剂检测时,一般将贴剂固定于聚四氟乙烯材质的圆柱形往复支架上,释药面朝外。设置支架进行往复运动的行程、频率、浸出时间和保持时间的周期,到达周期后制剂会被转移到下一排新介质中继续释放。

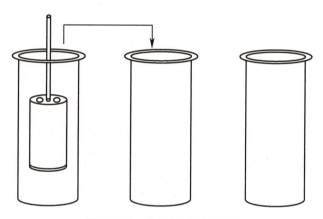

图 10-15 往复支架法示意图

(4) 纵向扩散池法:该装置一般包括接收池、供给池、取样口、介质更换口、温度控制夹套和螺旋搅拌子,如图 10-16b 所示。其上部为供给池,直接与空气接触;下部为接收池和螺旋搅拌子。将专用膜固定在扩散池与接收池之间,测定不同时间由扩散池透过到接收池溶液中的药量。

《美国药典》(第 23 版)收录有桨碟法、转筒法和往复支架法;《英国药典》(1998 年版)收录有桨碟法、转筒法和桨池法。《日本药局方》(第 17 版)引入纵向扩散池法及判定标准,还原最早测定离体释放的方法,说明仪器制造水平大幅提升,可以保证数据的可靠性。

《中国药典》从 2000 年版开始收录贴剂的释放度检查方法,并且只有桨碟法 1 种检查装置,且该装置的尺寸较大,与《美国药典》和《英国药典》中的同类装置相比存在明显差异。《中国药典》(2020 年版)四部中对此进行了适当改进,增加桨碟法的小碟装置和转筒法的装置。

2. 黏附力检查法 黏附力是贴剂质量控制的重要因素,同样受到较高的重视。

(1) 初黏力的测定:①斜坡滚球法。通过贴剂能黏住最大钢球的球号代表其黏性,该黏性只能反映贴剂黏性表面与皮肤在轻微压力接触时对皮肤的黏附力,也等同于轻微压力接触情况下再次将贴剂从皮肤上剥离时的抵抗力。②探针法。采用探针初黏力测试仪或者多功能拉力机测试黏合剂压敏胶的黏性,一般在特定温度、已知持续时间和限定载荷下测量,记录探针与贴剂黏性表面接触离开后在分离界面处产生的微小作用力。

(2) 持黏力/剪切力/静态剪切力的测定:采用砝码作为外力来源,记录贴剂在垂直外力作用下滑移直至脱落的时间或在一定时间内位移的距离,模拟贴剂从皮肤上滑移或脱落的情况,用贴剂的滑移距离或脱落时间代表其黏性,评价黏合剂的内聚强度,可反映贴剂抵抗持久性外力所引起的变形或断裂的能力。

(3) 剥离强度的测定:采用聚酯薄膜模拟皮肤,利用拉力将贴剂从聚酯薄膜上剥离以反映贴剂与皮肤表面黏附的牢靠程度,评价指标为拉力实验机给出的剥离强度算术平均值。剥离强度表示贴剂的膏体从皮肤上剥离产生的抵抗力,剥离强度越强,贴剂的黏性越强。

(4) 黏着力的测定:采用移动的滚轮模拟贴剂与皮肤的接触,通过传感器记录滚轮瞬间加载贴剂黏性表面的压力和滚轮瞬间从贴剂黏性表面剥离时受到的阻力,以测定的平均黏着力值作为评价指标,可有效表示贴剂的黏性表面与皮肤附着后对皮肤产生的黏附力大小。

(5) 冷流实验:冷流是由黏性超过黏合剂基体中的内聚力引起的,是指在边界之外的聚合物基体的尺寸发生形变。在储存和使用过程中出现冷流,可能会显著增加活性物质的释放表面,影响贴剂的处理,或在贴片周围留下黏性残留物。通常用显微镜检查产品是否发生冷流。

(6) 动态的 90°/180° 剥离黏附力实验:采用多功能拉力机以 90° 或 180° 角进行测试,记录贴剂以一定的速度从特定材料表面剥离时产生的力,以测定的平均值作为评价指标,可有效表示贴剂的黏性表面与皮肤附着后对皮肤产生的黏附力大小。

(7) 保护层剥离实验:采用多功能拉力机以 90° 或 180° 角进行测试,记录保护层以一定的速度从贴剂表面剥离时产生的力,以测定的平均值作为评价指标,可有效表示贴剂的黏性表面与保护层附着的黏附力大小。

目前《中国药典》缺失动态的 90°/180° 剥离黏附力实验、保护层剥离实验和探针法初黏力测定实验,以及检测压敏胶产品冷流现象的实验,无法全面反映产品黏附力的大小。

3. **体外生物评价方法**　体内吸收研究是处方设计和后期产品评价中的重要环节。最可靠的数据来自人体皮肤试验,但出于安全、伦理道德、个体差异及经济等因素考虑,直接在人体进行药代动力学研究不太现实。一般来说,更多采用体外模型来评估药物透皮吸收过程和途径,以及驱动其透过皮肤屏障的介质。

体外经皮透过性研究的目的是预测药物透皮吸收特性,揭示透皮吸收的影响因素,为处方设计、选择透皮吸收促进剂及压敏胶提供依据。

体外透皮吸收研究通常是将剥离的皮肤膜夹在扩散池中,药物给予皮肤角质层一侧,在一定的时间间隔内测定皮肤另一侧接收介质中的药物浓度,解析药物经皮透过动力学,求算药物经皮透过的稳态速率、扩散系数、透过系数、时滞等参数。

(1) 试验装置:体外透皮吸收试验一般采用扩散池,根据研究目的可以用不同类型的扩散池。常用的扩散池由供给池(donor cell)和接收池(receptor cell)组成,分为卧式和立式两种(图 10-16),前者主要用于药物溶液的经皮透过的基本性质的研究以及贴剂的透皮给药试验,而后者主要用于半固体制剂如软膏剂、凝胶剂等制剂的体外透过性的研究。接收池应有很好的搅拌装置,避免在皮肤表面存在扩散边界层,一般采用星形搅拌子和磁力搅拌器。

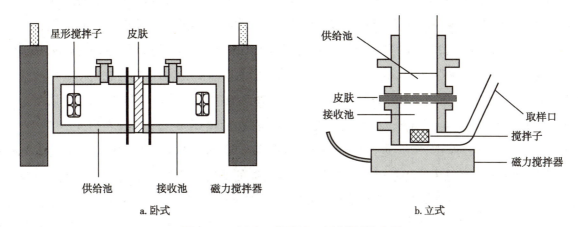

图 10-16　透皮吸收试验双室扩散池示意图

(2) 离体皮肤的制备及保管方法:体外经皮透过试验用皮肤以取自临床上给药部位的离体人体皮肤为佳。虽然在许多透皮给药研究中经常将人体皮肤在某种程度上过分简单化地视为物理屏障,但皮肤是一个高度复杂的器官。在活体内,皮肤处于不断再生更新的过程中,皮肤对外来攻击(例如将药物这样的外源性物质用于皮肤表面就是这种情况)具有免疫和组织学上的应答反应,而且皮肤是具有代谢活性的。由于试验与伦理方面的困难,多数透皮给药研究更倾向于使用离体皮肤,而离体皮肤本身就减少了上述的一些复杂性如再生停止、免疫应答终止等,而且在这些研究中皮肤通常丧失代谢活性。

人体皮肤不但不易得到,而且很难使条件保持一致,因此常需用动物皮肤代替。一般认为兔、大鼠和豚鼠等皮肤的渗透性大于人体皮肤,而小型猪和猴皮肤与人体皮肤的渗透性的相关性最好。

猴是与人体皮肤的渗透性的相关性最好的动物模型,因为它在系统发育上与人类接近。猴皮肤类似于人体皮肤,而内臂、腿和躯干等区域则像人体皮肤一样无毛,其透皮吸收的区域变化类似于人体皮肤,可以在比较研究中使用相同的解剖部位。但是,猴在实验中的使用在一定程度上受到成本和可用性的限制。猴皮肤和人体皮肤的解剖结构有些不同,猴在几乎整个毛状皮肤上都有大量顶浆分泌腺,猴的皮脂腺较少直接进入皮肤表面。有研究发现,2,4-二氯苯氧基乙酸的渗透性与人体皮肤相似。然而,阿维 A 的渗透性为人体皮肤的 0.3 倍。另一项研究表明,水和 7-羟基香豆素的渗透性也分别为人体皮肤的 2.3 倍和 3.8 倍。因此,跨猴皮肤的透皮吸收通常但并非总是类似于人体皮肤。

另一种适合用于研究人体皮肤吸收的动物模型是猪,无论是体内还是体外。猪由于其在解剖学、生理学、代谢等方面与人类相似,因此广泛应用于生物医学领域。文献表明,猪皮肤的组成、渗透性及体内代谢与人体皮肤极为相似。用于透皮研究的品种有哥廷根微型猪、尤卡坦小型猪、约克夏猪、兰德瑞斯猪及巴马香猪等。猪皮肤很容易获得;猪足够大,可以长时间收集多种样品。猪皮肤和人体皮肤之间有相似之处。猪耳皮肤的平均 20 根毛发 /cm² 与人体皮肤的 14~32 根毛发 /cm² 相似。猪和人类的表皮组织学外观相似。猪和人类的表皮在组织周转时间和角蛋白特征化方面看起来相似。猪上丘(superior colliculus,SC)层所含的蛋白质部分与人类大致相似,它具有相似的可变细丝密度和与人体皮肤 SC 层重叠的细胞区域。猪的表皮 - 真皮层连接类似于人类。猪的真皮血管的数量、大小、分布和连接方式与人体皮肤非常相似。猪真皮中胶原蛋白纤维和纤维束的结构以及胶原蛋白原纤维的厚度通常与人体皮肤相似。在用 93 种单克隆或多克隆抗体进行的免疫组织化学研究中,许多抗体在猪皮肤和人体皮肤上显示出相似的免疫反应性。研究人类和猪表皮中的鞘糖脂和神经酰胺时发现了生化相似性。酶组织化学研究显示,家猪皮肤的酶模式与人体皮肤相似。猪皮肤的厚度类似于人体皮肤。但是,猪皮肤和人体皮肤也存在差异:人的血管形成丰富,而猪的血管形成较差;人类的汗腺大多为外分泌腺,而猪的分泌腺大多为内分泌腺。由于猪的脂肪含量高,脂溶性化合物集中在猪的脂肪区域而不是中央隔室(血液采样)。有研究报告 26 种化学物质渗透系数的 18 项研究中,猪皮肤与人体皮肤之间的相关效率(r)为 0.88($P<0.000\ 1$),它支持两种皮肤之间的强正相关性。在另外 20 项研究中,对 40 种未报告渗透性的化学物质进行 50 次测量,并从渗透性研究计算得出差异因子(difference factor, DF),其中 80% 在 ±1/2lg$P$ 区间内,即 0.3<DF<3.0。猪皮肤的平均种内变异系数为 21%,人体皮肤的平均种内变异系数为 35%,猪皮肤中的变化小于人体皮肤,这意味着需要更少的实验来获得足够的统计能力,以确认细微的差异。在滞后时间数据(针对 10 种化合物的 9 项研究中,获得的 13 项测量结果)中,猪皮肤中的滞后时间与人体皮肤之间没有显著相关性。如上所述,使用多种化学物质进行的实验显示,穿过猪皮肤和人体皮肤的相似渗透性。但是,相似程度随具有不同化学特性的化合物的组成而变化。

啮齿动物容易获得、体积小、易于处理、价格便宜,并且具有关于它们的大量累计数据,因此,啮齿动物最常用于渗透研究。但是啮齿动物皮肤通常显示出比人体皮肤更高的渗透率。在啮齿动物中,大鼠皮肤与人体皮肤的结构相似性更高(表 10-11)。在大鼠皮肤中,表皮和 SC 层较薄,SC 层的细胞间脂质组成不同,并且角质细胞表面积小于人体皮肤。

表 10-11 人和动物皮肤各层的厚度

种属或其部位	角质层 /μm	表皮层 /μm	全层皮肤 /mm
人	16.8	46.9	2.97
猪背部	26	66	3.4
猪耳部	10	50	1.30
兔耳部	11.7	17.0	0.28
豚鼠	18.6	20.8	1.15
普通大鼠	18	32	2.09
无毛大鼠	8.9	28.6	0.70
普通小鼠	9	29	0.70
无毛小鼠	8.9	18.6	0.70

在 21 项研究中的 23 种化学物质中,大鼠皮肤的渗透性类似于人体皮肤(0.625<FOD<1.6)。在 54 项研究中,对于 83 种化学物质,大鼠皮肤比人体皮肤渗透性更好。研究结果显示,大鼠皮肤只对 4 种化学

物质的渗透性更低。在大鼠中比人体皮肤更具有渗透性的化学物质(n=83)中,有28种化学物质的DF范围为3~10,有24种化学物质的FOD范围为11~99,并且5种化学物质的DF范围在100~500。总之,有48%(110种化学物质中有53种)在±1/2lg$P$区间内,并且大鼠皮肤通常比人体皮肤更具渗透性。有研究比较了14种具有广泛亲脂性和分子量的农药的体内渗透率与大鼠的体外渗透率以及人体的体外渗透率。在体外研究中,大鼠皮肤对所有被测物质的渗透性总是比人体皮肤高(FOD范围为2.3~36.5,平均值为13.4倍±11.1倍)。在体大鼠皮肤总是比体外大鼠皮肤的渗透性差,但是在大多数情况下(9/12),它比体外人体皮肤的渗透性更高。没有发现恒定的差异因素,差异因素似乎不是由分子量、亲脂性或水溶性决定的。由于大鼠皮肤和人体皮肤之间的渗透率差异不一致,因此无法得出用于估算人体皮肤渗透率的一般调整因子。因此,如果风险评估仅基于体外或体内大鼠研究的结果,则人类的全身暴露可能会被高估。

与大鼠皮肤相似,兔皮肤通常比人体皮肤更具有渗透性。一项研究比较了兔耳皮肤和猪耳皮肤的组织学、脂质组成和皮肤通透性。兔耳皮肤的特征是毛囊密度(80个/cm²)远低于兔背部皮肤和其他啮齿动物皮肤(如大鼠为8 000个/cm²)。兔耳皮肤的SC厚度类似于猪耳皮肤和人体皮肤。然而,兔SC的脂质组成与猪皮肤的脂质组成显著不同,后者显示出更高的非极性脂质含量。而且兔耳的活表皮比猪耳皮肤薄得多。尽管它的毛囊密度远低于其他多毛啮齿动物,也仍然高于猪和人类的毛囊密度(人类的背部和腹部皮肤的毛囊密度分别为29~93个/cm²和6个/cm²)。在对亲水性化学物质(如咖啡因、烟酰胺)的渗透性研究中,兔耳皮肤的渗透性比猪皮肤的渗透性低4~7倍,这可能是因为其SC的亲脂性更高,而对亲脂性化学物质如孕酮的渗透性与猪耳皮肤相似。有学者回顾了1993年后发表的描述兔皮肤和人体皮肤渗透性的原始论文,包括16项研究,测量了19种化学物质。兔皮肤中只有2种化学物质的渗透率相近,而兔皮肤中16种化学物质的渗透率比人体皮肤高。在19种化学物质中,对邻苯二甲酸二正丁酯的渗透性为兔皮肤的24倍,对特布他林的渗透性为人体皮肤的14倍。总之,兔皮肤通常比人体皮肤更具有渗透性,并且19种化学物质中的10种(53%)在±1/2lg$P$区间内。

像其他啮齿动物一样,豚鼠的皮肤通常也比人体皮肤更具有渗透性。有学者评论显示,豚鼠皮肤和人体皮肤之间存在极好的相关性。对数转换数据的线性相关性给出r^2为0.90,斜率非常接近1.0(0.96±0.10),并且截距与1.0不可区分(0.11±0.3)。但是,FOD研究通常显示出豚鼠皮肤与人类皮肤渗透性之间的一致性较低。豚鼠皮肤的平均种内变异系数为19%,低于人体皮肤的平均种内变异系数(24%)。一般来说,豚鼠是人体皮肤体外渗透性测量的良好模型。

多毛啮齿动物皮肤的缺点是毛囊的密度极高,并且需要在渗透实验之前脱毛。由于这两个问题都可能影响化学物质透皮吸收,因此无毛啮齿动物在渗透研究中已获得了更多的应用。早期的体内研究显示,人体皮肤对一些化学物质的渗透性与无毛大鼠皮肤相似。学者指出,与猪和恒河猴一起,无毛大鼠是唯一具有与人体皮肤渗透数据一致、定性和定量相似的渗透数据的动物,无毛大鼠皮肤比人体皮肤具有更好的渗透性。

有毛动物皮肤用前需去毛,否则影响制剂与皮肤的接触效果,会带来实验误差。通常采用宠物剪毛器剪去毛发后,进一步用电剃须刀处理短毛发。药理学实验中常用的硫化钠溶液等脱毛剂具有较强的碱性,会破坏皮肤角质层,改变皮肤对药物的透过性,故经皮透过试验一般不推荐使用脱毛剂。

经皮透过试验最好采用新鲜皮肤,然而常需要保存部分皮肤供后期试验使用。一般情况下,皮肤的保存方法是:真空封闭包装后在 −70℃下保存,且最好在 1 个月内使用。

(3) 接收液的选择:在体药物透皮吸收能很快被皮肤血流移去,形成漏槽条件(sink condition),因此体外试验时接收液应满足漏槽条件。接收液应有适宜的 pH(7.2~7.3)和一定的渗透压。常用的接收液有生理盐水、等渗磷酸盐缓冲液等。对于一些脂溶性强的药物,如脂水分配系数 >1 000 的药物,由于它们在水中的溶解度小,为了满足漏槽条件,接收液中加入醇类和非离子型表面活性剂等,其中 20%~40% 聚乙二醇 400 生理盐水较为常用。接收液中的气泡会影响药物透过,因此接收液预先需要脱气处理。

(4) 温度的控制:为了减少药物经皮透过试验的误差,必须控制试验温度。一般扩散池夹层的水浴温度应接近皮肤表面温度即 32℃。

四、贴剂的质量要求

1. **外观** 贴剂外观应完整光洁,有均一的应用面积,冲切口应光滑、无锋利的边缘。

2. **残留溶剂含量** 使用有机溶剂涂布的贴剂应照残留溶剂测定法[《中国药典》(2020 年版)四部通则 0861]检查,应符合规定。

3. **黏附力** 贴剂为贴覆于皮肤表面的制剂,首先要求对皮肤具有足够的黏附力,以利于将药物通过皮肤输送到体内循环系统中。通常贴剂的压敏胶与皮肤作用的黏附力可用 3 个指标来衡量,即初黏力、持黏力及剥离强度。

初黏力表示压敏胶与皮肤轻轻地快速接触时表现出的对皮肤的黏接能力,即通常所谓的手感黏性;持黏力表示压敏胶内聚力的大小,即压敏胶抵抗持久性剪切外力所引起的蠕变破坏的能力;剥离强度表示压敏胶黏结力的大小。《中国药典》(2020 年版)四部收载贴剂的黏附力测定法(通则 0952)。

4. **释放度** 贴剂照溶出度与释放度测定法[《中国药典》(2020 年版)四部通则 0931 第四法和第五法]测定,应符合规定。

5. **含量均匀度** 贴剂照含量均匀度检查法[《中国药典》(2020 年版)四部通则 0941]测定,应符合规定。

6. **微生物限度** 除另有规定外,照微生物限度检查法[《中国药典》(2020 年版)四部通则 1105]检查,应符合规定。

（方 亮）

参考文献

[1] 方亮. 药剂学. 9 版. 北京:人民卫生出版社,2023.

[2] 森本雍宪. 图解药剂学. 5 版. 东京:南山堂,2012.

[3] 郑俊民. 经皮给药新剂型. 北京:人民卫生出版社,2007.

[4] 梁秉文,刘淑芝,梁文权. 中药经皮给药制剂技术. 2 版. 北京:化学工业出版社,2014.

[5] FANG L,XI HL,CUN DM. Formation of ion pairs and complex coacevates//DRAGICEVIC N,MAIBACH H I. Percutaneous penetration enhancers chemical methods in penetration enhancement:drug manipulation strategies and vehicle effects.

London：Springer，2015.

［6］WILLIAMS A. Transdermal and topical drug delivery. London：Pharmaceutical Press，2003.

［7］WALTERS K A. Dermatological and transdermal formulations. New York：Marcel Dekker，Inc.，2002.

［8］BENSON H A E，WATKINSON A C. Transdermal and topical drug delivery：principles and practice. New York：John Wiley & Sons，Inc.，2012.

［9］PASTORE M N，KALIA Y N，HORSTMANN M，et al. Transdermal patches：history，development and pharmacology. British Journal of pharmacology，2015，172（9）：2179-2209.

［10］日本药剂学会制剂技术传承委员会.非口服给药制剂的设计与制备方法//制剂达人的制剂技术传承.东京：じほう，2013.

［11］国家药典委员会.中华人民共和国药典：四部.2020年版.北京：中国医药科技出版社,2020.

第十一章　黏膜药物递送系统的设计

第一节　肺黏膜药物递送系统

一、简介

药物通过肺吸入途径治疗疾病的历史悠久,以推进剂驱动的定量吸入器为开端的现代肺部递药技术从 20 世纪中期开始,取得了巨大的进步。随着对某些呼吸系统疾病如哮喘、慢性阻塞性肺疾病(chronic obstructive pulmonary disease,COPD)、肺炎、肺气肿、慢性支气管炎等的深入了解,人们意识到肺黏膜给药是治疗上述疾病更为便捷有效的给药途径。如慢性阻塞性肺疾病是一组炎症性肺部疾病,阻碍气流进入肺部,包括肺气肿和慢性支气管炎。此疾病随时间推移进展,常见症状包括咳大量黏液、气促、胸闷、喘息和其他上呼吸道症状。现有治疗慢性阻塞性肺疾病药物的常见给药方式主要有口服、注射和吸入等。吸入治疗可直达肺部,提高药物利用率和药效,从而被《慢性阻塞性肺疾病全球创议》(*Global Initiative for Chronic Obstructive Lung Disease*,GOLD)和中国慢性阻塞性肺疾病相关的诊治指南推荐为慢性阻塞性肺疾病药物治疗的首选方法。目前肺黏膜给药治疗已被多国推荐为防治哮喘、慢性阻塞性肺疾病等呼吸道疾病的首选给药方式。另外,由于肺黏膜的生理结构特点,药物通过肺黏膜递送以达到全身治疗的目的也是目前研究的热点,尤其是对于蛋白质、多肽和疫苗等大分子以及基于基因的制剂都表现出很大的给药途径优势。

目前,以压力定量吸入气雾剂(pressurized metered-dose inhalation aerosol,pMDI)、干粉吸入剂(dry powder inhalant,DPI)、吸入液体制剂(供雾化器使用)、软雾吸入剂(soft mist inhalant,SMI)为代表的肺黏膜递药制剂已广泛用于治疗局部呼吸系统疾病,近几年有大量产品上市。本节将从呼吸系统的解剖结构及生理特点入手,介绍肺黏膜药物递送系统的制剂设计策略,以及其体内外评价方法。

二、呼吸系统的解剖结构及生理特点

呼吸系统的特定解剖结构及生理特点对于肺部药物递送具有重要意义。

(一)呼吸道

呼吸道在解剖学上可分为上呼吸道和下呼吸道。从口腔 / 鼻至喉为上呼吸道,气管及其以下为下呼吸道。Weibel 将肺分为 24 个层级。第 1 级是气管(命名为 0 级),肺泡囊属于最后一层级(命名为

23级)。主支气管逐步分支形成由23级支气管构成的"倒置树状"支气管网络,肺泡与末端细支气管相连接(图11-1)。随着气管形成多级分支结构,气道数变多,气道逐渐变窄、变短。气道对呼吸气流起到缓冲作用,使进入肺泡的空气气流速率接近0,温度、湿度适宜人体环境。另外随着分支数量增加,肺泡区域的总表面积明显增加,使肺部便于气体交换。

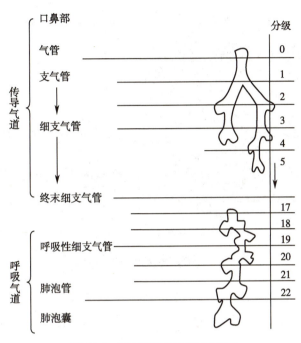

图 11-1　肺部呼吸道结构示意图

在功能上,呼吸道可分为传导气道和呼吸气道。传导气道主要由鼻、咽、喉、气管、支气管、细支气管等腔道构成,从气管至第16级终末细支气管,其为气体通道,不参与气体交换,属于解剖死腔。传导气道在到达深肺部呼吸气道前有大量分支,使得气道表面积递增的同时相应地减小空气流速。传导气道可以对吸入的空气进行加热、加湿,使之适合与肺泡接触,避免吸入过冷、干燥空气对人体造成潜在损害,也对外来物质起到过滤作用。不适宜的温度与湿度(尤其是干燥空气)会造成身体脱水、体温变化,还可能造成对黏液纤毛活动的功能性损伤。呼吸气道从第17级呼吸性细支气管开始,由呼吸性细支气管、肺泡管、肺泡囊和肺泡构成,主要进行空气和血液之间的气体交换。肺泡管长约1mm,由相互连接的成团肺泡组成。肺泡是平均直径为250μm的多面体腔室,由0.1~0.4μm厚的上皮细胞和70nm厚的上皮细胞衬液组成。该区域的表面积近102m²(传导气道仅有2~3m²),能更大程度地与吸入气体或具有治疗作用的制剂接触。该呼吸气道的细胞层厚度由约60μm(上部气管)递减为亚微米(肺泡)。与此同时,上皮细胞衬液层的厚度由8μm减小到近70nm(呼吸气道)。可吸收表面积增加、上皮细胞层和表层液体层的厚度降低都更有利于高效地进行气体交换和药物吸收。

(二)肺部上皮细胞

随着气管分支结构的分化,肺上皮细胞的种类与分布也发生很大的变化。肺部上皮细胞是由多种细胞构成的,主要包括纤毛细胞、杯状细胞、克拉拉细胞(Clara cell)、基细胞、刷细胞和肥大细胞等(图11-2)。在传导气道中占据大比例的纤毛细胞在黏液纤毛清除气道异物的过程中起重要作用。杯状细胞分布在纤毛细胞之间,约占气管、支气管上皮细胞的 25%,主要参与黏液分泌,形成覆盖支气管的黏液层。克拉拉细胞也广泛存在于支气管中,它可以产生表面活性剂成分、蛋白酶抑制剂等。肥大细胞在识别抗原或变应原时释放炎症介质,产生各种抗原识别和反应。

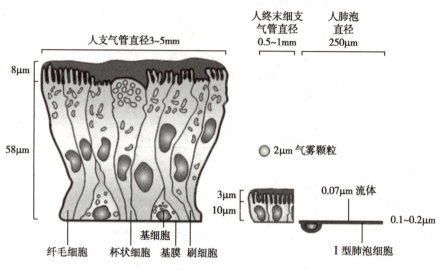

图 11-2　细胞类型及气道的区域厚度

从传导气道到呼吸气道,上皮结构逐渐过渡变化,在呼吸道中的纤毛上皮逐渐变薄,最终完全由一层较薄的单层鳞状细胞构成的肺泡取代。肺泡主要由两种细胞类型构成:Ⅰ型肺泡细胞(type Ⅰ alveolar cell,AT1)和Ⅱ型肺泡细胞(type Ⅱ alveolar cell,AT2)。由简单的鳞状上皮细胞构成的Ⅰ型肺泡细胞呈薄片状,细胞厚度薄,表面积大,具有高渗透性,是气体交换的主要部位,覆盖整个肺泡表面积的90%~95%,对大分子的转运可能是依赖小囊泡的存在和细胞质膜微囊内陷。Ⅱ型肺泡细胞呈立方体,数量约为 AT1 的 2 倍,可分泌富含磷脂、黏多糖、蛋白质等的肺泡表面活性物质,起降低肺泡表面张力、稳定肺泡直径的作用,保持肺泡结构的完整性。另外,AT2 可分化产生 AT1,对其进行补充。肺泡壁还存在肺泡巨噬细胞,其占该区域细胞的约 3%。

(三) 黏液层及黏液清除

除了肺泡区域外,呼吸道中的杯状细胞以及黏膜下腺体可以分泌黏液。由浆液细胞构成的腺体能够分泌抗微生物的物质和免疫活性物质,这对某些疾病至关重要。而分泌的黏液层则起到防止病原体进入的屏障作用。在气管中分布广泛的纤毛上皮细胞具有众多的纤毛及散布的微绒毛,纤毛的节律性搏动推动黏液,使被黏液层过滤固定的尘埃颗粒、微生物等颗粒随黏液向喉方向推进,在喉处被吞咽或吐出,从而从呼吸道中移除。而咳嗽和打喷嚏等生理反应会加速黏液向口运动,加速其清除过程。

综上所述,呼吸系统的解剖结构及生理特点决定了其给药途径的特点和优势。肺部吸收表面积大、毛细血管网丰富、肺泡上皮细胞层薄、物质交换距离短,因此肺部给药后药物吸收迅速;肺部的生物代谢酶分布集中,肺内的化学降解和酶降解活性低,适合蛋白质、核酸类等生物活性大分子药物递送;避免肝脏首过效应,可提高药物的生物利用度;对于需局部长期治疗的疾病,肺部给药起效快,可降低给药剂量和毒副作用;对于需长期治疗的疾病,肺部给药的刺激性小,使用方便,患者依从性好。

三、药物的肺部沉积机制及其影响因素

（一）药物的肺部沉积机制

为了发挥治疗作用,吸入颗粒必须有效沉积于肺部。如图 11-3 所示,在气管内颗粒沉积主要有 3 种机制:惯性碰撞(inertial impaction)、重力沉降(gravity settling)和布朗扩散(Brownian diffusion)。另外,截留作用(interception)和静电沉降作用(electrostatic precipitation)也可使颗粒沉积。

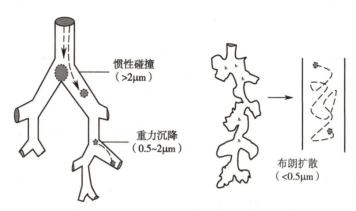

图 11-3　颗粒在肺部的沉积机制示意图

影响颗粒在气管内沉积的因素有很多,包括粒子大小、形状、密度、空气流速及其体积、患者的生理变化、吸气的间隔时间、呼气等。由于惯性力作用,在传导气道上部,粒子最有可能发生碰撞作用,这是因为大的粒子速度和气流方向的强烈变化形成的。这种机制对于粒径 >2μm 的颗粒影响较大,也是药物在前 10 个层级沉积的主要机制。通过重力作用的沉降机制取决于粒子质量。如果颗粒沉积速度与停留时间的乘积大于接触到气管表面所需的距离,粒子将发生重力沉降。该机制主要影响粒径在 0.5~2μm 范围的粒子,是粒子在最后 5~6 个层级沉积的主要机制。粒径 <0.5μm 的颗粒则为布朗扩散,粒子的粒径减小和停留时间增加会增大其通过扩散沉积的可能性,因而屏住呼吸可能会有利于这种机制的发生。

（二）影响药物肺部沉积的因素

1. **解剖结构及生理特点**　肺部的解剖结构是决定药物微粒沉积位点的关键因素之一。肺部的"倒置树状"结构使得气流方向上易发生急剧变化,颗粒常在口腔到喉部区域(近 90° 的角度)的尖角分叉附近撞击气道壁,对于快速移动的大尺寸颗粒的惯性碰撞在口咽区域尤其重要。从细支气管到肺泡区域,气流速率相对较低,甚至接近 0,药物颗粒所受的重力和本身的属性成为肺部沉积的主要原因。

影响颗粒沉积的生理特点因素包括吸气流速、呼吸模式。吸气流速增加将增加气流速率及气流湍流,从而增加颗粒在口咽区、传导性支气管处的惯性碰撞。但对于 DPI,需要利用吸气能量使装置内部产生的湍流将颗粒聚集体分散成可吸入颗粒。因此,患者吸气流速增加可导致肺部沉积增加。

患者吸入的速度对颗粒沉积程度与部位也会有影响。事实证明缓慢吸入能减少咽喉部的颗粒沉积,增加肺部沉积率,减少患者之间的差异。这种缓慢吸入适用于被动吸入方式如雾化器(nebulizer)装置,不适用于产生高速喷出气溶胶粒子的 pMDI,也不太适合于需要足够的气流来产生气溶胶粒子的 DPI。因此,适当的吸入方式与装置的使用能减少传导气道区域的颗粒沉积,进而增加肺深部的有效治疗剂量。

呼吸模式对于肺部沉积也很重要。在呼吸过程中,增加屏气步骤可以增加依靠重力沉积机制的颗粒在肺部的分布比例,因为它增强了重力沉降时间。通常建议在呼吸后有 5~10 秒的屏气时间以获得最大效果。但特别是在疾病状态下,吸气流速与模式也易发生显著变化。例如哮喘导致支气管收缩,气道的相应变窄增加惯性碰撞的比例。气管部位的阻塞性疾病会明显影响药物向肺部传递。COPD 如慢性支气管炎、阻塞性睡眠呼吸暂停和慢性阻塞性肺气肿对气流产生不可逆性限制。

2. **理化因素**　药物微粒的理化性质,包括药物本身的相对分子质量、溶解度、亲脂性以及颗粒的粒径、密度、速度、形状、表面电荷、吸湿性等,均会影响其沉积性质。低相对分子质量、高亲脂性药物通常在呼吸道上皮细胞具有较强的吸收能力。

粒子大小和速度决定粒子的惯性大小,高密度和高速的大颗粒将大幅提高其发生惯性碰撞的概率。不同递药装置中的药物颗粒速度差异较大。pMDI 释放的药物颗粒具有极高的速度,这容易使药物在口咽部发生撞击而损失。而通过喷雾器产生较小的液体气溶胶液滴,具有较少的口咽沉积。软雾吸入器在没有推进剂的情况下,通过产生缓慢移动的气溶胶而减小颗粒的惯性,减少口咽部沉积。

在肺黏膜药物递送系统中主要采用空气动力学直径来量化肺部的颗粒沉积情况。当粒径 >10μm 时,颗粒会沉积在口咽区域而不会进入肺部,药物会被吞咽、摄取,无法发挥其局部治疗效果,并且可能引起全身副作用;粒径为 5~10μm 的雾粒主要沉积于口咽部,粒径为 3~5μm 的雾粒主要沉积于肺部(支气管、细支气管),粒径 <3μm 的雾粒主要沉积于终末支气管和肺泡。吸湿性药物干粉制剂容易吸湿、聚集,从而使药物颗粒的粒径变大、分布行为发生变化,使得质量控制更加困难。

3. **肺部清除因素**　肺部清除机制包括黏液纤毛清除作用、黏液层渗透障碍、肺泡清除。黏液纤毛摆动可以使药物被移到咽喉处,被吞咽或咳出,从而使肺部沉积减少。黏液层是药物转运的扩散屏障。黏液层在较大气道中的厚度为 5~8μm,随着气道变窄,其厚度逐渐减小,直至其在呼吸气道消失。药物与黏液之间的相互作用包括许多因素,如正电性药物易与负电性黏蛋白相互作用,从而易被截留。许多疾病状态包括支气管炎和哮喘常会导致黏液分泌过多,黏液层的厚度可以增加数倍,黏液层的厚度、黏度增加可进一步增加药物的扩散障碍,黏附在黏液上的药物会随黏液一起被清除,从而减少肺部沉积。肺泡巨噬细胞存在于肺泡囊的腔内,沉积于呼吸性细支气管(肺泡部位)中的药物会遭遇肺泡巨噬细胞吞噬。颗粒被吞噬后经肺泡表面转移至黏液纤毛处被清除,或迁移至气管支气管淋巴液中,还可能被内部相关酶所降解。几何学粒径在 1~3μm 的粒子最容易被吞噬。

四、肺部清除机制的克服与药物的缓慢释放

为了便于患者安全地用药治疗,提高患者的服药依从性,开发新的药物治疗方式尤为重要。传统速释药物浓度达峰和消除都较快,且在达峰浓度时可能引起全身副作用,因而可调节药物释放速率的肺部缓控释制剂具有诸多优势,其可避免生理环境影响,延长药物的有效治疗时间;药物的控制释放可降低给药频率,便于患者连续用药;药物能够在靶区释放,获得最佳疗效;可减少药物的系统吸收分布,降低全身副作用。

然而,肺内固有的清除机制使得肺内的药物难以长期停留并释放。呼吸道直接与空气接触,是异物最常见的进入途径,气道随时都有可能被吸入的致癌物、有毒颗粒、变应原和微生物所侵袭。因而,呼吸系统形成了强大的防御机制,发挥了高效清除吸入异物的作用。这些机制尽管可以保护气道免受损伤,

但同样形成了肺部药物递送的巨大障碍。可以看到,避免肺部清除机制对药物长期释放的干扰,尤其是逃逸肺泡巨噬细胞对吸入缓控释制剂的清除,是制剂设计面临的最大挑战。依据目前对于药物 - 肺相互作用的理解,已有一些可行的缓控释递药策略,如应用低密度微粒、可溶胀微粒、脂质体、聚合物微粒等。

(一)克服黏液纤毛清除作用的策略

1. **调控颗粒的空气动力学直径**   通过改变粒子的空气动力学性质,可避免药物颗粒沉积在纤毛活动体上,可达超过 1 日的延缓释药效果。空气动力学直径(D_a)是指在静息状态下与该粒子具有相同沉积速度的单位密度为 ρ_0(1g/cm^3)的球体的直径。方程为:

$$D_a = D_v \cdot (\rho/\rho_0 \chi)^{1/2} \qquad\qquad 式(11-1)$$

式(11-1)中,ρ 为有效颗粒密度(ρ 值可通过振实密度进行估算,约为振实密度的 1.26 倍);χ 为粒子的动态形态因子(粒子为球形时 $\chi=1$);D_v 为粒子的体积平均直径。如前所述,空气动力学直径和吸入气流情况共同决定颗粒沉积的机制。通常,$D_a>5\mu m$ 的颗粒由于明显的惯性碰撞,大多沉积于上部传导气道,包括口、咽、喉等;$D_a<0.5\mu m$ 的颗粒则由于无规则的布朗扩散在气道表面无效停留,容易被呼出(屏住呼吸能够明显增加沉积量);D_a 位于 0.5~5μm 的颗粒能很好地沉积于呼吸气道。因此,这个粒径范围的颗粒成为吸入给药治疗大多数疾病的优选范围。

2. **调控与细胞外屏障的相互作用**   气道上皮细胞的表面液体(surface liquid)包括两部分:最外面的黏液层(mucous layer)和下层紧邻的纤毛衬液层。纤毛衬液层的黏度较低,纤毛的主体部分在该层,对纤毛运动起润滑作用。为了避免黏液纤毛清除作用,可以考虑使药物快速扩散通过黏液层到达纤毛衬液层。

(二)避免或延迟巨噬细胞吞噬的策略

1. **调控颗粒的几何学粒径**   之前提到粒子的粒径在 0.5~5μm 范围为理想的吸入范围,但同时这些尺寸的颗粒也容易被巨噬细胞识别吞噬,尤其是 1~3μm 大小的粒子最容易被吞噬清除。目前克服细胞吞噬的主要策略之一是设计低密度大多孔颗粒(low density and large porous particle,LPP)。这类颗粒的几何学粒径 >5μm,但由于其密度低,空气动力学直径仍在理想吸入范围内。另一策略是制备纳米颗粒(nanoparticle,NP)。有文献报道纳米级超微颗粒(ultrafine particle)能够同时避免黏液纤毛清除作用和巨噬细胞吞噬。但这些纳米颗粒吸入后,很容易随气流又被呼出,而且粒子间相互作用力增大也会影响粒子的空气动力学性质。为解决该问题,可利用微粒载体传递纳米药物,即将 LPP 和 NP 的优势相结合构成称为"trojan"的微粒给药系统。该类型微粒的干粉吸入剂具有较好的流动性、分散性及沉积性能。此外,可溶胀微粒作为缓释给药载体也具有很大的优势。该类颗粒在干燥状态下具有理想的可吸入空气动力学直径,但在肺部的潮湿环境中沉积后便能水化溶胀,具有较大的体积平均直径,进而可避免或延迟巨噬细胞吞噬。

2. **增加药物的生物隐蔽性**   除粒径策略外,还可以使用能够提供生物隐蔽性的材料对药物表面涂覆或与之共价结合以避免或延缓巨噬细胞的识别吞噬作用。如二棕榈酰磷脂酰胆碱(dipalmitoyl phosphatidyl choline,DPPC)、透明质酸(hyaluronic acid,HA)、聚乙二醇(PEG)等的使用都有一定的效果。

当然,不是所有药物都需要去避免细胞吞噬造成的药物清除与疗效的不理想。对于有些疾病,这种吞噬作用是有益的。例如肺结核,细胞吞噬治疗药物后能够将药物递送至结核分枝杆菌生存的细胞液中更好地发挥治疗作用。2018 年美国获批上市的阿米卡星雾化吸入脂质体就是通过增强巨噬细胞吞噬，从而提高鸟分枝杆菌导致的非结核分枝杆菌肺病的治疗效果的。

（三）应用可改变药物释放的辅料

为了调节药物释放，同时满足对体系形成的气溶胶粒子的行为没有显著影响这一条件，需要合理筛选辅料。可用于药物肺部缓控释调控的辅料主要有聚合物、脂质、环糊精类和共轭化合物类。

广泛使用的天然聚合物有壳聚糖、透明质酸、明胶和白蛋白；常用的合成聚合物有聚乳酸（PLA）、聚乳酸 - 羟基乙酸共聚物（PLGA）、聚乙二醇、聚乙烯醇（PVA）、聚酸酐类（polyanhydride）等。聚合物对于药物缓控释放的机制主要有 3 种：单纯药物扩散、聚合物溶胀和聚合物降解。壳聚糖为葡糖胺多聚体，是甲壳素的脱乙酰化产物。在生理环境下壳聚糖带正电荷，与带负电荷的黏膜相互作用，生物黏附性增强，且具有一定的亲水性，可以溶胀形成凝胶，用于药物的缓慢释放。透明质酸是生物体中广泛存在的一种黏多糖，能够抑制细胞吞噬作用，具有良好的黏弹性和生物相容性。

与其他聚合物微粒相比，应用壳聚糖和 PLGA 制备干粉型吸入微粒更受关注。如对于布地奈德（budesonide），制备壳聚糖微粒和大多孔微粒都能得到很好的体内缓释效果。在壳聚糖中加入促进分散的成分如亮氨酸，应用于药物特布他林（terbutaline）、沙丁胺醇（salbutamol）和倍氯米松（beclometasone）可获得很好的可吸入颗粒及长效作用。聚合物的联合使用能够进一步改变药物释放行为。

五、肺黏膜药物递送系统设计及其处方组成

目前常用的肺黏膜药物递送系统主要包括吸入气雾剂、吸入粉雾剂、吸入液体制剂和软雾吸入剂。

（一）吸入气雾剂

1. 简介　肺黏膜药物递送系统近年取得了快速发展，这起始于 20 世纪 50 年代 pMDI 的成功开发，使得方便、有效、成本可控的肺部给药成为可能。pMDI 是使用最广泛的便携式吸入制剂，相较于 DPI，其最突出的优点就是给药方式的经济性。但同时也存在难以避免的缺点，例如使用时患者给药和吸气的协调性、药物颗粒流速高、抛射剂的环境影响等问题。

2. 处方组成及制剂新技术

（1）处方组成：吸入气雾剂的处方主要包括药物、抛射剂、辅料。考虑到抛射剂对环境的影响，目前吸入气雾剂中已全部使用氢氟烷烃（hydrofluoroalkane，HFA）替代原先常用的抛射剂氯氟烃（chlorofluorocarbon，CFC）。虽然化学惰性和生物相容性较好的 HFA 对于原有硬件装置要求的改动有限，具有很好的延续性，但 HFA 的溶剂性质与 CFC 显著不同。HFA 的极性更强，对疏水性化合物与亲水性化合物的溶解能力都十分有限，因此对于原有使用 CFC 作为抛射剂的处方，需要重新考虑溶解度的问题，因此处方需要重新调整。

气雾剂处方中的常用辅料包括助溶剂，如表面活性剂、乙醇，用于增加药物、辅料的溶解性；稳定剂，如聚维酮（PVP）、PEG、油酸等，用于增加药物颗粒的稳定性，调节颗粒尺寸，还可以起到对阀门系统的润滑作用；矫味剂，如薄荷醇和糖精；抗氧化剂，如维生素 C。由于乙醇可与 HFA 完全混溶，已广泛用于增强药物在溶液配方中的溶解度。然而，使用助溶剂存在许多问题，可能影响制剂的化学稳定性。例如乙醇用于增加混悬型制剂辅料在 HFA 中的溶解度，但同时也使药物的溶解度增大，造成给药体系的物理稳定性下降。乙醇的加入也可能存在降低体系的化学稳定性的风险。另外，乙醇的挥发性要低于

HFA,其存在会影响形成的雾滴的尺寸,影响药物的肺部分布。低相对分子质量的化合物例如桉叶素、柠檬醛、乳酸、聚乙二醇的低聚物也可以提高 HFA 的溶解性,同时可避免乙醇的不利影响,具有较好的应用前景。

(2) 制剂新技术:微纳米技术的进步带动了气雾剂技术的发展,主要包括水难溶性药物纳米混悬制剂、聚合物微纳米制剂、生物大分子制剂技术等。

难溶性药物由于其水溶性低,肺部生物利用度极为有限。难溶性药物纳米制剂由于其溶解速率显著提高,同时纳米颗粒也能逃避肺泡巨噬细胞吞噬等呼吸系统清除机制,能较快被细胞所摄取,使其具有更高的生物利用度。另外,普通混悬液的潜在缺点是有剂量不一致风险。当长时间放置时,混悬制剂容易发生相分离,患者需要在每次使用前摇动以增加药物均匀性,降低患者依从性。纳米混悬制剂在 HFA 中可实现较好的物理稳定性,改善剂量均匀性,增加递送总量。

聚合物微纳米制剂的制备技术相对成熟,作为吸入制剂具有很多优点,如通过将药物包封在制剂内部提供良好的保护作用;依靠载体性质调节药物释放行为、肺部沉积能力、避免被肺泡巨噬细胞清除,以达到局部肺部给药和全身递送等多种用途。生物可降解性聚合物,包括聚酯类如 PLA、PLGA、壳聚糖等作为纳米载体用于肺部给药已被广泛研究。

由于肺部的生理学特征,肺部给药途径为生物大分子包括肽类、寡核苷酸和蛋白质等的成功递送提供了许多机会和优势。但要在气雾剂中实现生物大分子的肺部递送仍需要克服许多挑战,其中一个重要问题是抛射剂对生物大分子结构的潜在影响。

3. 给药装置　吸入气雾剂主要包括四个部分,即处方、抛射剂、耐压容器和阀门系统。其中耐压容器和阀门系统对其雾化性能有重要影响。

耐压容器最常用铝合金、塑化玻璃瓶制成。塑化玻璃瓶由于其较重和较高的成本,主要用于研究。另外使用化学惰性聚合物对罐内壁进行涂覆可以减少药物黏附,增加剂量重现性。

阀门系统的一个关键组成部分是计量阀。通过计量阀每次驱动将 25~100μl 药液从罐中释放出来,并从雾化孔中排出,喷嘴直径通常在 0.3~0.6mm,这取决于配方的类型和所需的产品性能。

为使患者明确是否有效吸入药物,安装剂量计数器非常重要,其可以指示装置内的剩余药物剂量,避免如急性哮喘患者空吸或不能及时给药而可能危及生命。此外,患者使用的协调性是吸入气雾剂实现最佳药物递送效率的一个非常重要的方面。为提高患者的同步协调性,除使用吸入面罩策略外,已研发出呼吸驱动式给药装置。硬件技术的持续改进使得吸入气雾剂成为一种更有效的药物递送系统。

储雾罐是 pMDI 装置的辅助工具,可减少因口手协调不佳而导致的药物气溶胶逸失,减慢气溶胶在罐中前行时的速度,细化雾滴,减少冷感,使患者尤其深呼吸困难或手口不协调者能多次吸入,提高药物的肺部沉积率。

4. 质量控制　pMDI 药物气溶胶粒子的粒径、密度和流速特征决定了颗粒沉积速度和方式,影响了药物在肺部的沉积量和治疗效果。

目前我国国产吸入气雾剂的品种有限,有很多企业正在开展仿制药的相关研究。对于吸入气雾剂的仿制药研发,通常要求仿制制剂和参比制剂的处方一致,原料药的存在形式(如溶解状态、颗粒的晶型、形状/晶癖、粒径等)、喷射特性(如喷雾模式、喷雾几何学等)和吸入特性(如递送剂量、微细粒子的空气动力学性质等)等关键质量属性一致。包装材料(定量阀体积、罐体材质与涂层)和驱动器(如喷射孔径)应近似,并考虑包装材料的批间差异可能对产品质量产生的影响。

5. **案例** 硫酸沙丁胺醇吸入气雾剂。

【处方】硫酸沙丁胺醇、HFA-134A 等。

【性状】本品在耐压容器中的药液为白色或类白色混悬液;揿压阀门,药液即呈雾粒喷出。

【适应证】本品用于缓解哮喘或慢性阻塞性肺疾病(可逆性气道阻塞)患者的支气管痉挛,以及预防运动诱发的哮喘或其他变应原诱发的支气管痉挛。

【规格】100μg/ 揿。

【用法用量】

(1) 本品只能经口腔吸入使用,对吸气与吸药同步进行有困难的患者可借助储雾器。

(2) 成人:①缓解哮喘急性发作,包括支气管痉挛以 1 揿 100mg 作为最小起始剂量,如有必要可增至 2 揿;②用于预防变应原或运动引发的症状,运动前或接触变应原前 10~15 分钟给药;③长期治疗的最大剂量为每日给药 4 次,每次 2 揿。

(3) 老年人:老年患者的起始用药剂量应低于推荐的成年患者用量。如果没有达到充分的支气管扩张作用,应逐渐增加剂量。

(4) 儿童:①用于缓解哮喘急性发作,包括支气管痉挛或在接触变应原之前及运动前给药的推荐剂量为 1 揿,如有必要可增至 2 揿;②长期治疗的最大剂量为每日给药 4 次,每次 2 揿;③本品可借助特殊吸入装置对 5 岁以下婴幼儿给药。

(5) 肝损害患者:约 60% 的口服沙丁胺醇代谢成无活性形式(不仅包括片剂和糖浆,同时也包括约 90% 的吸入剂量),肝损害可造成沙丁胺醇原型蓄积。

(6) 肾损害患者:60%~70% 的吸入药量或静脉注射的沙丁胺醇经尿液以原型排出。肾损害患者需减少剂量以防止过度或延长的药物作用。

(7) 随需要而使用本品,任意 24 小时内的用药量不得超过 8 揿。若需增加给药频率或突然增加用药量才能缓解症状,表明患者病情恶化或对哮喘控制不当。过量的药物会导致不良反应,因此只有在医师指导下才可增加剂量或给药次数。

【注意事项】

(1) 吸入沙丁胺醇后,10%~20% 的药物到达气道下部,其余部分残留于给药系统或沉积在咽喉部,由此吞咽。沉积在气道部分的药物被肺组织吸收进入肺循环,但并不在肺部代谢。抵达系统循环时,可通过肝脏代谢,以原型或以酚磺酸盐的形式主要经尿排泄。

(2) 部分药物吞咽后经肠道吸收,通过肝脏首过效应代谢成酚磺酸盐,原型药及结合物主要从尿排出。无论是静脉给药,还是口服或吸入给药,给药剂量的绝大部分都在 72 小时内排出。

6. **吸入气雾剂领域的新技术** 为了避免传统吸入气雾剂的局限性,新的递送技术不断涌现。如用于压力定量吸入气雾剂的创新共悬浮递送技术。这种共悬浮递送技术是应用于 pMDI 装置的新型载药技术,使用类似于肺表面活性物质的多孔磷脂颗粒作为药物载体,可有效结合具有不同理化性质的多种药物,且所形成的大部分药物颗粒大小集中在一个最优空气动力学所需的范围内,有利于将药物递送至肺部。

这种共悬浮递送技术可解决传统复方 pMDI 中药物递送成分不均的问题,提高疗效。它所用的载体可与药物一起被吸入肺内,其使用的载体为二硬脂酰磷脂酰胆碱(distearoyl phosphatidyl choline,DSPC)构建的一种低密度多孔磷脂微颗粒。当药物微晶、多孔磷脂微颗粒与抛射剂混合时,药物微晶能够可逆性地均匀附着于多孔磷脂颗粒表面,减少其他相互作用的干扰,形成稳定均一的共悬浮物,从而保证每次喷射实际药物配方的一致性。药物以一定比例和恒定的剂量与多孔颗粒发生强烈的非特异性结合,在罐内形成一种缓慢乳化、稳定的悬浮物,并在吸入装置制动后仍能保持结合状态,吸入后分散在气道表面,有效沉积到整个肺部。共悬浮递送技术使用的多孔磷脂颗粒的空气动力学直径(mass median aerodynamic diameter,MMAD)约为 3.0μm,为最优空气动力学直径,可确保最大气溶胶化,从而将药物有效地递送到中央和外周气道。细颗粒组分分数(fine particle fraction,FPF)>55%。此外,长期应用以肺表面活性物质为载体的药物治疗或可起到保护肺组织的作用,但还需更多临床结果的验证。

此外,共悬浮递送技术还可极大地改善由 pMDI 装置操作技术不佳所导致的药物递送不一致的问题。通过模拟患者操作中的 pMDI 摇动不足、摇动与揿压之间的延迟、不同的吸入流速等场景,对 pMDI 药物用共悬浮递送技术递送进行体外评估。结果显示,在 pMDI 摇动不足的情况下(颠倒吸入器和仅轻微摇动),单纯药物晶体 pMDI 递送剂量的变化范围为标准剂量的 40%~170%,而共悬浮递送技术递送双组分药物格隆溴铵和富马酸福莫特罗时的剂量一致性有明显改进,在 25% 的标准剂量范围内。

(二) 吸入粉雾剂

1. **简介**　吸入粉雾剂也称为干粉吸入剂(dry powder inhalant,DPI),是将微粉化药物单独或与载体混合后,经特殊的给药装置,通过患者主动吸入,使药物分散成气溶胶粒子进入呼吸道,发挥局部或全身作用的一种给药体系。相较于气雾剂,DPI 具有其独特的优势。DPI 不需要抛射剂,具有更好的稳定性;DPI 是呼吸被动驱动的,仅通过患者的吸气操作即可使粉末分散和形成吸入颗粒,从而避免呼吸与制动协调性不一致所产生的问题,患者依从性更佳。但这种递药方式的局限性在于,如果患者的吸气流速差异性大,会导致递送剂量不一致。为了克服这一缺点,一种有效的策略是利用辅助力将粉末分散与吸入分离。新型吸入装置的设计可有效解决上述问题,如利用压缩空气驱动药物喷出,不依赖患者呼吸肌的能力,可使药物到达肺深部;或可在吸入器中配置马达装置,虽由呼吸气流驱动药粉雾化,但药物靠电池动力喷出,不依赖吸气气流的大小。

2. **研发难点及其影响因素**　干粉吸入剂的处方组成及制备工艺是影响药物肺部沉积的主要因素。理想的干粉处方及制备工艺应使药物微粉在吸入前具有良好的流动性,吸入后能迅速解聚而释放药物粒子发挥治疗作用。目前干粉吸入剂的开发难点主要有:①较强的粒子间内聚力;②微粉化药物的流动性差,限制递送剂量;③颗粒流动性和分散性差导致有效肺部沉积量低;④药物混合不均导致高变异剂量;⑤吸入气流量影响肺部沉积量。因此,设计 DPI 时应全面考虑制剂处方和工艺的合理性,以期达到解决上述难点的目的。具体说明如下:

(1) 干粉吸入剂的组成:药物为干粉微粒,粒子之间的相互作用力如黏着力、摩擦力、范德瓦耳斯力、静电力等不可避免,处方中通常加入一些表面活性剂、分散剂、润滑剂、抗静电剂等辅料调节药物粉末的流动性与分散性。

根据药物与辅料的组成,DPI 的处方组成包括以下 4 种情况:①仅含微粉化药物;②微粉化药物中加入适量的润滑剂、助流剂、抗静电剂;③一定比例的微粉化药物与载体的均匀混合体;④微粉化药物、适当的润滑剂、助流剂、抗静电剂和载体的均匀混合体。DPI 处方中,要求辅料不能影响人体呼吸道黏膜和纤毛的功能,辅料的用量应严格控制。

最简单的 DPI 处方为二元体系,包括微粉化药物及载体大微粒。由于微小的药物粒子表面能大,微粒之间存在范德瓦耳斯力、静电力等相互作用力,极易团聚而难以分散,造成药物分装及输送困难。因此,干粉吸入剂最常用的处方是采用较大粒径的惰性载体(50~100μm)来协助药物小颗粒分散而制成附着混合物。药物小颗粒疏松地吸附在其表面,具有较好的流动性。当患者吸气时,空气湍流产生的剪切力使药物与载体分离,药物小粒子从载体表面脱落并随气流进入气管,而大粒径的载体则由于较大的体积沉积于口咽部。其中乳糖是最常用且被 FDA 唯一推荐用于 DPI 的辅料,常用的为乳糖一水合物,有多种规格可供选择,具体 DPI 处方设计时,乳糖的选择取决于药物特性、吸入装置及填充设备等。如所有筛分和研磨级别的乳糖均可用于胶囊型吸入装置,筛分乳糖常用于贮库型吸入装置,研磨乳糖适用于泡罩型吸入装置。但乳糖不宜用于糖尿病患者,且乳糖的还原性使得其能和有些药物发生相互作用,如福莫特罗、布地奈德和一些多肽、蛋白质。为克服乳糖的上述局限性,糖醇类如山梨醇、甘露糖等被研究用于 DPI,其中由于甘露糖不具有降解性,吸湿性也小于乳糖,应用前景广泛。

目前载体应用所存在的核心问题是载体对药物粒子的吸附力过强,导致药物与载体不能及时分离而使得吸入并沉积于治疗区域的药物量较低,同时沉积于咽喉部的未分离药物与载体大颗粒造成患者咳嗽的刺激反应,同时其可能进入消化道引起不良反应。因此,设计 DPI 处方时,其载体种类及粒径的选择应视具体药物和装置而定,在满足粉末流动性及分装定量准确性的前提下,可选择较小粒径的载体。载体的大小、种类、表面形态及载体在干粉中的比例等都会影响药物的肺部沉积量。

(2) 药物微粉化处理:药物粉末的粒径分布是影响 DPI 吸入效率的关键因素,理想的空气动力学直径范围为 0.5~5.0μm,大于此范围的粒子大多沉积在上呼吸道,小于此范围的粒子则很容易被呼出或黏附在口腔,因此对颗粒较大的药物必须通过粉碎满足肺部给药要求。药物微粉化制备技术包括研磨技术(气流粉碎、小球研磨)、喷雾干燥技术、喷雾冷冻干燥技术、重结晶技术、超临界流体技术、超声波沉积结晶技术、高重力控制沉淀技术等。

采用干法研磨容易产生荷电的无定型聚集体,相比之下湿法研磨时无定型部分可能会发生重结晶,制得的粉末颗粒会更稳定。喷雾干燥法是最方便且最易于工业化的方法,很多药物都采用此技术制备。有研究表明,该法与流能磨等方法制备的药物相比,具有更高的细颗粒组分分数(fine particulate fraction,FPF)。同样,载体微粒的制备也可以采用此方法。对于喷雾干燥过程中的高温问题,随着溶剂液滴的蒸发吸热,药物微粒承受的温度要比设定温度值低,因此热敏感性不是很高的药物都可以耐受。

对药物微粉进行再加工,使其在吸入前以一定大小的聚集体形式存在,可改善药物微粉的性状,增加药物的肺部沉积量。如用流化床使药物微粉在一定湿度的环境中聚集成松散的小球以改善其流动性;在药物的乙醇溶液中加入亮氨酸作为分散强化剂,在喷雾干燥后可得到疏松的易解聚的大粒径药物粒子。目前已有基于这些技术的无载体干粉吸入剂上市。此外,采用亲水性粒子修饰疏水性药物也可有效增加药物的肺部沉积量。

(3) 改善微粉化药物流动性和分散性的方法:由于微粉化后药物粉末的粒径太小,粉粒间内聚力(包括范德瓦耳斯力、静电力和毛细管力)较强,使粉末流动性和分散性很差,不利于准确地分剂量和给药。

单一使用乳糖载体很难解决上述问题。因此,载体型DPI处方中为了提高干粉流动性、改善干粉分散性,常加入第三组分作为分散剂和润滑剂。常用的第三组分有乳糖、亮氨酸、微粉硅胶、硬脂酸镁等,可通过降低粒子间作用力,改善载体表面性质和粉体学性质,或增加药物在作用位点的停留时间以实现药物最大雾化率和药物的肺部生物利用度。这些第三组分可以是纳米级粒子,也可以是较细小的微粒。通常认为,第三组分的加入能够率先占据载体上的高能位点,使得载体与药物微粒之间的吸附作用减弱,从而有利于药物微粒分离。基于药物含量不同,处方中各成分的加入顺序也可能会影响最终处方的细颗粒组分分数。

此外,DPI在生产和使用中会发生粒子间碰撞和粒子与混合装置、吸入器表面的摩擦,且很多药物和载体都是有机材料,电阻率高,电荷释放时间长,粉末易积累电荷,导致静电的产生。过多的静电荷将严重影响干粉流动性,适当增大载体的粒径、控制吸入气流速率、控制生产环境的相对湿度能有效降低药物颗粒的静电作用。

(4) 改善药物的均匀性:混合速度、混合顺序、混合时间均会影响药物的均匀性,从而影响干粉吸入剂的肺部沉积。在一定程度上提高混合速度有利于含药粒子的分散,这是因为高速搅拌可以打碎聚集体,使主药粒子和载体间作用力大于主药粒子间作用力,从而获得高度均匀的低剂量混合药粉。混合顺序可分为两种,即粗载体与细载体预先混合后再与药物混合、粗载体与药物预先混合。当药物浓度低时,将粗细两种粒径的载体先混合后再与药物粒子混合,药物均匀性较好;而当药物浓度较高时,混合顺序对于药物均匀性的影响不显著。混合时间影响微粉化药物解聚是否充分、药物是否与载体充分作用等。

3. 吸入装置和空心胶囊　吸入装置是DPI设计的核心,在给药过程中起湍动排空和雾化递送的作用,直接影响药物递送效率。目前的干粉吸入装置根据递送药物能量来源以及剂量计量原理分为三类:第一类是单剂量干粉吸入装置(胶囊型),该类装置结构简单、内在阻力较小、剂量准确。第二类是多剂量干粉吸入装置,在分剂量方式上分为贮库型多剂量给药装置和单元型多剂量给药装置。贮库型多剂量给药装置剂量调节方便,但存在分剂量的准确性、均一性以及贮库中药物稳定性的问题;单元型多剂量给药装置通过将多个单剂量分装在独立的泡罩、碟、凹槽或条带上并整合至吸入装置中,以保证每次给药剂量的均一性,同时可避免药物粉末在贮库中吸潮。第三类采用主动吸入技术,利用外加能量来分散和传递药物,但装置体积相对较大、价格高。

药物定量分装系统从根本上决定了药物剂量的均一性,也决定了DPI的生产规模。给药装置和粉末分装装置的开发是制约我国DPI发展的主要瓶颈之一。目前国际上常用的干粉吸入剂的粉末定量分装装置有标准定量器装置、真空滚筒分装装置、精确粉末微定量装置等。与通过口服途径递送的药物对比,通过吸入途径给予的药物由制剂和装置的组合体协同实现递送,该组合体可能会直接影响用药安全性及有效性,因此药物递送系统的开发应同时考虑患者人群的特征。对于呼吸制动装置,使装置制动所需的吸气气流应为患者容易产生的气流水平。装置应有可提示患者剩余剂量或数量的剂量指示器或计数器。装置应耐用,并且使用装置所需的操作熟练程度应在患者的能力范围之内。

单剂量干粉吸入剂通常采用胶囊型,即使用空心胶囊(通常为3# 空心胶囊)装入单剂量药物,通过吸入装置刺破胶囊或者分开囊体 - 囊帽后吸入内容物。由于DPI的剂量、内容物粉体、给药过程具有特殊性,因此对空心胶囊的要求也较特殊,包括空心胶囊吸附的内容物粉末应小于5%、不易脆碎、囊体一般为透明。采用的空心胶囊主要有明胶或HPMC空心胶囊两种,HPMC空心胶囊具有低活性(稳定性高和包材相容性风险低)、低含水量、低静电特性,因此更适合用于该剂型。由于囊壳小、内容物少、内容物细微而流动性差和容易被吸附,因而对填充设备的要求也很高。泡囊型也如此,贮库型则对灌装精度的要求相对较低。

4. 体内外质量研究

(1) DPI 性质的体外表征:DPI 的体外测试主要包括测定颗粒的空气动力学直径、微细粒子剂量、递送剂量均一性、颗粒的表面形态、静电性质等。药物颗粒的空气动力学直径是决定其肺部沉积的最重要的性质之一。

DPI 的空气动力学直径及其粒径分布主要采用多级级联撞击器测定,包括八级级联撞击器和新一代药用撞击器(next generation pharmaceutical impactor,NGI)等。多级级联撞击器利用 Stokes 定律进行设计。气流流速会影响颗粒沉积,且不同的吸入装置在不同流速下获得的沉积效果也不同。理论上增大流速产生的气流剪切力更容易使药物和载体分离,增大分离药物的比例,利于沉积率提高,但过大的气流也会增加微粒与咽喉部碰撞的概率。药典中规定 DPI 应在能产生 4kPa 压差的流速(Q)条件下测定。以上两种撞击器均能在 30~100L/min 的气流流速范围内使用。实验测试结果表明,在高流速(60L/min 和 100L/min)时,八级级联撞击器需要换下底层的(6 级和 7 级)撞击盘,在顶端(−1 级和 −2 级)加入较大孔径的撞击盘。因为在高流速时,6 级和 7 两级的直径 <0.4μm。而 NGI 的设计则不需要更换,且可以在更低的流速(15L/min)条件下测定,仍能保证至少有 5 级撞击盘收集的颗粒粒径在理想的吸入范围内(0.54~6.12μm)。表 11-1 列出不同气流流速下 NGI 的 D_{50} 值,以及不同流速下(30~100L/min)的换算公式。

表 11-1　在不同流速下 NGI 预分离器及不同层级的截止粒径(D)

位点	D/μm		
	Q=30L/min	Q=60L/min	Q=100L/min
预分离器(D_{50})	14.9	12.8	10.0
1 级	11.7	8.06	6.12
2 级	6.40	4.46	3.42
3 级	3.99	2.82	2.18
4 级	2.30	1.66	1.31
5 级	1.36	0.94	0.72
6 级	0.83	0.55	0.40
7 级	0.54	0.34	0.24
MOC(D_{80})	0.36	0.14	0.07

注:Q,流速。

预分离器(pre-separator)的 D_{50}=12.8−0.07 × (Q−60)。

MOC:微孔收集器,micro-orifice collector,其 D_{80}=0.14 × $(60/Q)^{1.36}$。

层级 1~7:$D_{50}=D_{ref} × (60/Q)^A$。其中,$D_{ref}$ 为 60L/min 下的各级 D_{50} 值;层级 1~7 的系数 A 值分别为 0.54、0.52、0.50、0.47、0.53、0.60 和 0.67。

除可以利用 NGI 系统的软件直接测定获得空气动力学直径(D_a)外,也可以利用式(11-1)计算。

微纳米粒子的体积平均直径(用 D_v 或 VDM 表示)可由动态光散射或是激光粒径分析仪测量。其粒径分布的宽度可用几何标准偏差(geometric standard deviation, GSD)表示,其计算公式如式(11-2)所示。

$$GSD = \sqrt{\frac{D_{84.14\%}}{D_{15.87\%}}} \qquad 式(11-2)$$

细颗粒组分(fine particle dose, FPD)是指粒径 <5μm 的包含药物成分的粒子[《中国药典》(2020 年版)规定,吸入粉雾剂中的药物粒径应控制在 10μm 以下,其中大多数应在 5μm 以下],细颗粒组分分数(FPF)是 FPD 占 NGI 中各处所能收集到的微粒总量的百分比,计算公式如式(11-3)所示。

$$FPF(\%) = \frac{M_{<5\mu m}}{M_{总(导管+预分离器+所有层级)}} \times 100\% \qquad 式(11-3)$$

当使用特定的吸入装置时,还需要测定装置对干粉的释放百分数(emitted fraction, EF),即装载药物后的胶囊质量(M_{full})与撞击器中气流吸入干粉后的胶囊质量(M_{empty})的差值占起初装载的干粉质量(M_{loaded})的百分数[式(11-4)],同时计算可吸入组分分数(respirable fraction, RF)[式(11-5)]。按照药典中的具体描述,利用撞击器完成实验测定后,按规定将在不同部位收集到的颗粒加入一定的溶剂溶解后测定其中的药物含量以计算上述参数。

$$EF(\%) = \frac{M_{full} - M_{empty}}{M_{loaded}} \times 100\% \qquad 式(11-4)$$

$$RF(\%) = \frac{M_{<0.4\mu m}}{M_{loaded}} \times 100\% \qquad 式(11-5)$$

颗粒的表面形态对药物粉末的雾化性能,以及颗粒之间的相互作用力有显著影响。通常,广泛用扫描电子显微镜定性分析颗粒的表面形态,原子力显微镜(AFM)可用于量化分析研究颗粒的表面粗糙度。对于 DPI 中药物颗粒与载体微粒之间的作用力如范德瓦耳斯力、毛细管力以及静电力等,如必要,可通过原子力显微镜进行表征。

粉体流动行为如休止角、流出速度、豪森比、流动函数等的表征,可以在一定程度上反映粉末流动性和分散性。制剂制备的粉末处理过程如研磨粉碎、混合过程容易发生摩擦,使电荷转移而带电荷。颗粒的带电性对吸入制剂的性质有重要影响,如粉末的吸附和分散、药物的肺部沉积等。然而,由于肺黏膜药物递送系统的复杂性,颗粒所带的电荷对制剂性能的影响评价较为复杂,如颗粒的非均匀带电、环境温度和湿度的影响等。颗粒在静态状态下的带电性通常可使用法拉第笼测量。

此外,如果处方中含有微球或纳米粒子,还需要表征药物的载药量及包封率(entrapped efficiency, EE)。对于难溶性药物制剂或肺部缓控释制剂,尚需研究药物的体外溶出/释放行为。关于肺部给药的体外溶出/释放试验,目前尚无通用的标准方法。理想的方法应该既能考虑颗粒的动力学分布,又能保证相对温和(非充分搅拌)的溶出环境以顾及肺液体积较小(为 10~20ml/100m²)这一事实。

(2)体外细胞试验:除体外性质表征外,可通过细胞试验研究制剂的安全性、药物摄取能力、药物渗透行为及转运机制等。目前已经研发出多种可用于 DPI 研究的细胞模型,包括原代细胞培养、连续细胞培养和共培养模型等。尽管原代培养细胞被认为最能反映呼吸道的性质,但目前尚不能可靠地模拟 I 型或 II 型肺泡细胞的细胞系。由于新鲜组织分离细胞的增殖能力弱、寿命短、性质不完全,难以满足相关研究的要求。连续细胞培养在药物递送系统研究中应用得更为广泛,如气管、支气管上皮细胞系包括

Calu-3、16HBE 细胞等,肺泡上皮细胞系包括 A549、R3/1、L-2、MLE-12/15、H441 和 TT1 细胞等。其中,气管上皮细胞中最常用的模型是 Calu-3 细胞系,其为源自肺腺癌的人支气管上皮细胞系,该细胞系可用于研究药物在人支气管上皮细胞的转运和代谢;肺泡上皮细胞中最常用的模型是 A549 细胞系,来源于人的肺腺癌细胞,具有人Ⅱ型肺泡细胞的某些形态和生化特征。

(3) 体内动物实验:尽管细胞培养是一种经济有效的研究工具,但它适于研究的内容一般仅限于如药物转运机制、渗透行为、细胞毒性等。但肺部递送的实际过程更为复杂,因此动物模型是不可或缺、最为有效的评价手段之一。动物模型主要包括小鼠、大鼠、仓鼠、豚鼠、兔、狗、绵羊、猴和非人灵长类动物等。针对不同研究阶段动物模型的解剖学和生理学差异来选择合适的动物模型是十分关键的。

1) 评价药物体内沉积和吸收的方法:当吸入的药物量较小而难以定量时,肺部沉积数据具有一定的替代意义,尤其是对于抗哮喘药而言。用于药物体内沉积的评价方法有侵入性和非侵入性的。非侵入性方法的优势在于通过利用现代技术(如放射性标记、荧光成像技术等)对体内药物的变化情况进行实时测量,定量相对准确。相对具有侵入性的方法主要为支气管肺泡灌洗(bronchoalveolar lavage,BAL),通过测定上皮细胞衬液及肺组织中的药物量来评价药物的局部治疗效果。对于实验室常用的啮齿动物,BAL 通常在离体肺中进行,通常灌洗液的体积为肺部容积的一半,具体因动物而异。有研究指出,为了避免操作中可能因灌洗盐水的加入而导致的药物稀释差异,可以支气管肺泡灌洗液中尿素的浓度作为内源性标示物。对于组织中的药物浓度,除了与药物的局部治疗有关外,也能在一定程度上反映药物的代谢情况。需注意灌洗过程对药物稳定性的影响。测定血浆或血清中的药物浓度对全身治疗药物的评价是有必要的,可从尾静脉、隐静脉、背跖静脉取血,必要时可采取颈静脉插管等方式。此外,离体大鼠肺组织灌洗模型(isolated perfused rat lung,IPRL)常用于药物肺部动力学和转运机制研究。有研究报道,IPRL 对大分子的体内药代动力学结果具有预见性,但对小分子药物吸收的模拟效果不佳。这可能是因为小分子通常跨气管支气管上皮细胞膜吸收,而离体组织缺少小分子吸收所需的气管支气管循环。而且 IPRL 的活性时间仅能保持 2~3 小时,对实验技能及操作的要求较高。

2) 动物模型与给药方式的局限性:动物模型实验通常用于制剂的临床前研究。需要指出的是,不同动物物种之间以及与人之间的肺部形态结构和相关呼吸参数都有明显差异,如气管分支、肺叶数目、肺容积、潮气量以及呼吸频率、气管长度与直径比、分支角度等,所以对于不同物种的动物相同时间内吸入同种气溶胶粒子,吸入量也会存在明显差异,呼吸模式的不同也会造成肺部沉积情况的差异。动物的给药方式分为被动吸入和主动给药两种。较大体型的哺乳动物(如猴、狗)和人都是鼻与嘴共同呼吸,而实验用动物(如鼠类、家兔)则是鼻专属性呼吸,因此如采用被动吸入方式给药,剂量的准确定量是主要问题。虽现已有被动吸入装置(inhalation chamber)能够对给药剂量进行定量,但操作相对烦琐;采用吸入装置强行喷入给药可保证剂量的准确性,但颗粒沉积行为可能受人为影响,同时特殊装置的插入会产生一定的刺激性,连续多次给药时不建议使用。

3) 动物病理模型的选择:为考察制剂的治疗效果,动物病理模型常用于临床前研究。由于成本较低且造模容易,小鼠成为许多病理模型的首选,尤其广泛用于囊性纤维化和肺癌的模型。但更多用于肺部药效动力学考察的是大鼠与豚鼠。大鼠常用于肺气肿、肺纤维化以及糖尿病等疾病的模型。由于豚鼠与人的肺部对炎症刺激具有相似的反应,因而常用作支气管收缩的模型以考察抗哮喘药的效果。同时,豚鼠也可以用作一些传染病的模型。

5. **质量控制**　由于影响 DPI 质量的因素较多,应基于质量源于设计(QbD)理念,从物料的前处理到各个操作工艺环节都通过过程控制以保证制剂的质量。具体质量控制内容主要如下:

(1) 微粉化药物的质量,如粒径及其分布、外观形态、带电性、吸湿性及有关物质、残留溶剂和水分、药物含量或效价、微生物限度等。

(2) 载体的种类、粒径、表面性质、振实密度、吸湿性、流动性及其在处方中的比例对药物的肺部沉积量及 DPI 的稳定性的影响。

(3) 生产过程中应控制相对湿度和温度,使用的各种原材料及容器结构保持不变。

(4) DPI 成品的质量控制,包括采用显微镜法、沉降法、光阻法或电阻法等测定药物的粒径及其分布;载体的性质(如空隙率、流动性、分散性等)及其含量;主药的含量、含量均匀度、纯度等;水分;包装的密封性等。

按照我国最近出台的肺部吸入制剂仿制药指导原则,在开展仿制药研究时,通常要求仿制制剂和参比制剂的处方一致,吸入特性(如递送剂量、微细粒子的空气动力学性质)等关键质量属性一致。应特别关注仿制制剂和参比制剂中原辅料的存在形式(如原料药的晶型、形状/晶癖、粒径等,辅料的形状、表面形态、粒径,原辅料结合形式等)。同时,吸入粉雾剂给药装置的原理、结构、给药方式(预定量或使用时定量、单剂量或多剂量)、包装形式和内在阻力应近似。由于 DPI 的生产工艺较为复杂,应特别关注生产工艺和批量对产品质量可控性的影响。应提供详细的工艺开发和工艺验证资料。对于质量特性对比研究,应选用至少 3 批仿制制剂和 3 批参比制剂用于研究,推荐使用统计学方法进行质量特性相似性比较。按照稳定性研究技术指导原则和参比制剂说明书进行稳定性考察,需针对不同的包装材料和包装系统选择合适的稳定性试验条件。对于与参比制剂药学性质差异较大的品种,申请人需提交详细的研究资料,以证明在符合化学药品注册分类要求的前提下,这些差异对仿制制剂与参比制剂的生物等效性不产生影响。

6. **案例**

案例 1:噻托溴铵吸入粉雾剂

【处方】噻托溴铵一水合物　　　　0.13kg

　　　　乳糖一水合物　　　　　　31.82kg(载体)

　　　　微粉化乳糖一水合物　　　1.68kg(细粉)

【性状】本品为胶囊型粉雾剂,内容物为白色细微粉末,味微甜。

【适应证】本品适用于慢性阻塞性肺疾病(COPD)的维持治疗,包括慢性支气管炎和肺气肿,伴随性呼吸困难的维持治疗及急性发作的预防。

【规格】18μg(按噻托溴铵计)。

【用法用量】

(1) 本品的推荐剂量为每日 1 次,每次应用粉雾吸入器吸入给药装置吸入 1 粒胶囊。本品只能用粉雾吸入器给药装置吸入。不应超过推荐剂量使用。噻托溴铵胶囊不得吞服。

(2) 特殊人群:老年患者可以按推荐剂量使用本品。肝肾功能不全患者可以按推荐剂量使用本品。

(3) 儿科患者:尚没有儿科患者应用本品的经验,因此年龄 <18 岁的患者不推荐使用本品。

【注意事项】

(1) 噻托溴铵作为每日 1 次维持治疗的支气管扩张药,不应用作抢救治疗药物。使用不得超过每日 1 次。

(2) 本胶囊仅供吸入,不能口服。胶囊应该密封于囊泡中保存,仅在用药时取出,取出后应尽快使用,否则药效会降低,不小心暴露于空气中的胶囊应丢弃。

(3) 患者需注意避免将药物粉末弄入眼内。

案例 2:妥布霉素吸入粉雾剂

【处方】 每个透明、无色的羟丙甲基纤维素胶囊含有 28mg 妥布霉素活性成分的喷雾干粉,含有二硬脂酰磷脂酰胆碱(DSPC)、氯化钙和硫酸(pH 调节剂)。

硫酸妥布霉素	90.04%(W/W)
DSPC	9.56%(W/W)
$CaCl_2$	0.40%(W/W)
全氟溴辛烷(PFOB)	0.198%(V/V)

【制备】 喷雾干燥。将无菌注射用水的温度加热至高于 DSPC 的液晶温度(大约 80℃),向水中加入 DSPC 和氯化钙,以 8 000r/min 5 分钟的条件涡旋混合,逐滴加入 PFOB(15ml/min),以 10 000r/min 再混合 5 分钟,通过乳化作用可产生微米级液滴。然后将硫酸妥布霉素溶解在乳液的连续相中,最后进行喷雾干燥。

【性状】 本品为胶囊型粉雾剂(透明、无色的羟丙甲基纤维素胶囊),内容物为白色细微粉末。

【适应证】 本品适用于发生肺部铜绿假单胞菌感染的囊性纤维化患者。

【规格】 28μg(每粒胶囊)。

【用法用量】 建议剂量为每日吸入 4 粒 28μg 胶囊,每日 2 次,持续 28 日。

【注意事项】 胶囊应始终储存在泡罩中,每粒胶囊在使用前应立即取出。

(三) 吸入液体制剂

1. **简介** 吸入液体制剂是指供雾化器用的液体制剂,即通过雾化器产生连续供吸入用气溶胶的溶液、混悬液或乳液。吸入液体制剂包括吸入溶液、吸入混悬液、吸入用溶液(需稀释后使用的浓溶液)或吸入用粉末(需溶解后使用的无菌粉末)。雾化吸入疗法是用雾化装置将药物分散成微小的雾滴或者是微粒,使其悬浮于空气当中,并进入呼吸道及肺内,达到洁净气道、湿化气道、局部治疗及全身治疗的目的。雾化吸入的溶剂多为生理盐水;雾化药物不能对黏膜有刺激性,不能引起过敏反应,浓度不能太高;雾化器要做到清洁。

在临床上,吸入液体制剂依靠雾化器装置将药物溶液雾化分散,连续产生雾滴,患者通过面罩或口腔将药物吸入。因此,其给药过程不依赖患者的吸气流速。虽然每次使用后需要对面罩等部件进行清洗,雾化器有噪声,不方便携带,治疗给药时间长,给药频繁等都是限制其发展的重要因素,但雾化器对于急性抢救治疗、儿科和老年患者仍具有很好的适用性。2019 年 6 月最新发布的《雾化吸入在咽喉科疾病药物治疗中应用专家共识》针对雾化吸入治疗在咽喉科疾病中的应用提供了全面、专业的指导,旨在帮助和规范这一治疗方式在此类疾病中的临床应用。雾化吸入可用于呼吸道急性炎症、呼吸道慢性炎症、喉部损伤及水肿、气管切除术后等疾病治疗。

根据药物溶液的雾化机制,雾化器可分为空气雾化器和超声雾化器。空气雾化器利用高速度的压缩空气产生气溶胶液滴。超声雾化器依靠高频超声波振动提供产生气溶胶液滴的能量,通过调节超声波的振动频率可改变产生的液滴大小,但超声雾化过程中产生的热量会对生物大分子药物的肺部递送产生不利影响。同时,雾化器的工作机制也会影响递药效率。若雾化器为恒定输出,则在呼气期间有至少一半的雾化溶液会进入到环境中而损失掉。因此,应设计呼吸激活的雾化器,使雾化器仅在吸入期间工作,可大大降低药物损失。

除水之外,乙醇、甘油和丙二醇可用于药物溶液的制备。溶液处方的物理与化学特性如表面张力、密度、黏度、等渗性、pH、药物的溶解度和无菌性等会影响雾化液滴的性质。通常,药物溶液应为单位剂量无菌制剂,避免使用苯扎氯铵和 EDTA 等防腐剂,以避免其对气道的刺激性。

2. **质量评价**　吸入用溶液使用前需采用说明书规定溶剂稀释至一定体积。吸入液体制剂使用前其 pH 应在 3~10 范围内;混悬液和乳液振摇后应具备良好的分散性,可保证递送剂量的准确性;除非制剂本身具有足够的抗菌活性,多剂量水性雾化溶液中可加入适宜浓度的抑菌剂。除另有规定外,在制剂确定处方时,该处方的抑菌效力应符合抑菌效力检查法[《中国药典》(2020 年版)四部通则 1121]的规定。

除另有规定外,吸入液体制剂应进行递送速率和递送总量、微细粒子剂量、无菌检查,应符合规定。

对于吸入溶液,仿制制剂通常应采用与参比制剂相同的处方、无菌生产工艺和包装材料,关键质量属性一致。

对于吸入混悬液,通常要求仿制制剂和参比制剂的处方、原料药的存在形式(如晶型、形状/晶癖、粒径等)和制剂的雾化特性(如递送速率和递送总量、微细粒子的空气动力学性质、雾滴粒径等)等关键质量属性一致。

(四) 软雾吸入剂

1. **简介**　软雾吸入剂(soft mist inhalant,SMI)是指不含推进剂,依靠装置内部的压缩弹簧产生的机械能产生缓慢移动的气溶胶制剂,设备小巧,便于携带,不依靠患者的最初反应力(initial reaction force,IRF),产生的药物粒子有 60% 以上的粒径 <5μm,因此可以更好地实现肺部沉积。

2. **处方组成**　软雾吸入剂通常使用水、乙醇或水/乙醇共溶剂。通常,乙醇的加入可以实现更高的细颗粒组分和更低的质量中值空气动力学直径。另外,由于软雾吸入剂是含有水性液体的多剂量装置,因此为防止细菌生长需要加入防腐剂。

3. **装置**　软雾吸入剂的装置是该剂型的核心组成部分,通常通过毛细管将药物溶液向上吸引并计量,产生两个快速的液体流,并以固定的角度碰撞,在降低液体速度的同时将液体分解成可吸入的细小液滴。软雾吸入剂从制动开始到产生软雾的时间通常超过 1.5 秒,这有助于患者吸入药物的协调性。

新上市的一款软雾吸入器以长效抗胆碱药(噻托溴铵)作为主药,经由装置实现主动喷雾,不需要患者在给药的同时吸气,同步协调性需求较低。此外,新装置的气雾持续时间更长,延长到 1.2 秒以上,气雾喷射速度慢,理想的颗粒含量高达 70%,保证药物在肺部高效沉积,FPF 可达 51.6%。此外,新装置使用简单,只需"转、开、按"3 个小动作,每日 1 次给药,并且易于携带,患者依从性大大提升。

六、肺部吸入制剂人体生物等效性研究的评价方法

对于全身作用的口服药物,在相似的试验条件下单次或多次给予相同剂量的受试制剂后,受试制剂中药物的吸收速率和程度与参比制剂的差异在可接受范围内,通常认可其生物等效。但经口吸入制剂存在其特殊性,此类药物首先被递送到作用部位,而后进入体循环,同时还通过其他部位如口、咽、胃肠道等进入体循环,药代动力学和局部递药等效性之间的关系复杂,通常仅采用药代动力学方法评价其与参比制剂等效的依据尚不充分。

根据我国 2020 年 12 月发布的《经口吸入制剂仿制药生物等效性研究指导原则》,为充分评价经口吸入制剂仿制药与参比制剂的一致性,桥接参比制剂的临床安全性和有效性等数据,在受试制剂与参比制剂体外药学质量一致的前提下,一般需通过以下方法评价经口吸入制剂仿制药与参比制剂的人体生物等效性:药代动力学研究(PK-BE 研究)和药效动力学研究(PD-BE 研究)或临床终点研究;若仅通过 PK-BE 研究评价人体生物等效性,则需开展充分的研究证实本品的药代动力学和局部递药等效性之间具有线性关系。

对于吸入溶液,如证明与参比制剂药学质量一致,通常不再要求进行人体生物等效性研究;对于吸入混悬液、吸入气雾剂、吸入粉雾剂,在与参比制剂药学质量一致的前提下,一般还应进行人体生物等效性研究。

在开展人体生物等效性研究时,除上述指导原则外,还应综合参考《以药动学参数为终点评价指标的化学药物仿制药人体生物等效性研究技术指导原则》和《药物临床试验的生物统计学指导原则》等相关指导原则。

第二节　鼻黏膜药物递送系统

一、简介

长期以来,鼻腔给药主要用于如过敏性鼻炎、非过敏性鼻炎和鼻窦炎等局部鼻腔疾病的治疗,局部递送的药物包括抗组胺药、抗炎皮质类固醇等可以有效地针对其疾病部位,在最大限度地减少不必要的副作用的同时,最大程度地提高其治疗效果。随着制剂技术的进步,鼻腔给药途径不仅用于治疗局部疾病,根据其生理结构特点,鼻黏膜还常用作胃肠道全身药物吸收的替代途径。越来越多的全身药物递送、生物大分子递送、免疫治疗和脑靶向等制剂策略应用鼻黏膜作为递药途径。如市售舒马曲普坦鼻喷雾剂、佐米曲普坦鼻喷雾剂等用于快速全身吸收,缓解偏头痛。口服生物利用度低的药物如那法瑞林多肽、鲑降钙素、去氨加压素等鼻喷剂能够经由鼻途径全身吸收,提高生物利用度。基于鼻喷剂的诸多好处,目前已有很多不同形式的鼻喷剂上市,如盐酸赛洛唑啉鼻用喷雾剂、糠酸氟替卡松鼻喷剂、丙酸氟替卡松鼻喷剂、糠酸莫米松鼻喷雾剂等。

这主要是因为鼻黏膜药物递送系统拥有许多优点,如较大的可吸收区域、较低的酶活性、鼻上皮细胞较强的渗透性、丰富的血管促进药物快速吸收、方便的给药方式、鼻黏膜嗅区存在的鼻脑通路等,使鼻

黏膜成为十分有吸引力的给药途径。由于鼻脑通路可以绕过血脑屏障,成为治疗精神病、神经退行性疾病、脑肿瘤靶向的非常有前景的给药途径。2019年3月5日,FDA批准艾氯胺酮的一款鼻喷雾剂用于治疗难治性抑郁症。

二、鼻腔的生理特点及鼻脑通路

(一)鼻腔的生理特点

鼻负责调节吸入的空气,鼻腔的主要功能是温暖和加湿吸入的空气,并通过其特殊的生理结构特点和空气动力学原理来实现过滤和清除吸入的潜在毒性或传染性物质(如变应原、细菌、病毒、毒素等),以保护脆弱的肺不受侵袭,同时也是负责嗅觉的感觉器官。通过鼻吸入的空气从鼻咽部进入口咽部,然后进入喉部和气管,直达肺深部。其狭窄且较短的腔道阻力占吸气期间总气道阻力的50%~75%。鼻腔从鼻孔延伸到鼻咽由鼻中隔纵向分开成两个腔道(图11-4),从鼻孔到鼻咽处长12~14cm,每个腔道体积约为7.5ml,鼻腔的总表面积可达150cm^2。鼻腔主要分为五部分,包括鼻前庭、鼻中庭、呼吸区(上鼻甲、中鼻甲和下鼻甲)、嗅区和鼻咽。鼻前庭是指鼻孔内的区域,面积约为0.6cm^2,覆盖鼻毛,主要为角质化复层鳞状上皮细胞,渗透性最差;鼻中庭为鼻腔中最狭窄的区域,表面积较小;呼吸区上皮细胞主要是含微绒毛的假复层纤毛柱状细胞,微绒毛的存在增加了呼吸区上皮的表面积,占鼻腔总上皮表面积的80%~90%,且含丰富的血液供应以加热、加湿吸入的空气,使得呼吸区常作为药物吸收的主要区域;嗅区含有纤毛化的嗅神经细胞,是人体内唯一与周围环境直接接触的神经系统,嗅上皮的表面积小(1~5cm^2),占鼻腔总上皮表面积的3%~5%,因此其对药物全身吸收的贡献不大,但其可绕过血脑屏障将药物由鼻腔直接递送至脑组织、中枢神经系统或脑脊液而不经过全身循环。

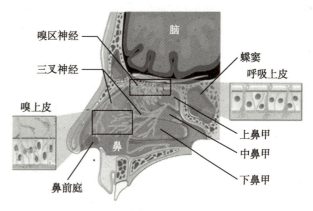

图11-4　鼻腔的生理结构示意图

鼻的动脉供血来自颈外动脉系统(通过蝶腭动脉和面部动脉)和内部颈动脉系统(通过眼部动脉)。动脉血液灌流致密的毛细血管层,然后进入靠近鼻甲呼吸区的容量血管(即大静脉窦)。静脉回流包括蝶腭、面部和眼部静脉,然后是颈内静脉,它们依次通过锁骨下静脉和上腔静脉流出进入右心室,这解释了为什么鼻腔黏膜吸收没有肝脏首过效应。

(二)鼻脑通路

鼻腔直接给药在治疗中枢神经系统疾病方面具有优势。经鼻给药药物吸收入脑的主要途径包括嗅神经通路、三叉神经通路、血管系统通路、脑脊液和淋巴系统通路(图11-5)。

1. 嗅神经通路　用荧光示踪剂标记,发现药物在嗅球中的浓度通常是最高的,说明通常嗅神经通路占主要地位,药物可以通过被动扩散、吸附作用或受体介导的胞吞,以胞内转运途径从嗅上皮通过嗅觉感觉神经元转运到嗅球,也可以通过细胞旁途径或跨细胞途径转运穿过嗅上皮屏障到达固有层。

2. 三叉神经通路　三叉神经眼支支配鼻腔前部(前庭区),上颌支支配鼻腔后部(呼吸区及嗅区),可以通过脑桥附近的前裂孔或嗅球附近的筛板进入中枢神经系统(central nervous system,CNS)。

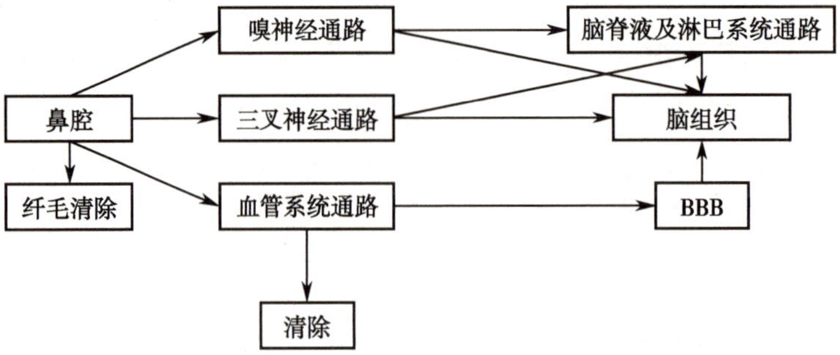

BBB：blood-brain barrier，表示血-脑屏障。

图 11-5 经鼻给药药物吸收入脑的途径示意图

3. **血管系统通路** 药物进入鼻腔静脉,然后快速转移到供应脑和脊髓血的颈动脉中,以逆流转运的方式进入 CNS;或进入全身循环,跨过血脑屏障;或利用血管周围通路,通过对流、扩散、动脉搏动将药物传送到中枢神经系统。

4. **脑脊液和淋巴系统通路** 药物吸收入嗅淋巴管并引流到颈淋巴结,或在嗅神经束周围间隙通过细胞外扩散或对流引流进入脑脊液的蛛网膜下腔,进而扩散进入中枢神经系统。

给药装置、制剂的组成及性质(如 pH、渗透压、渗透促进剂或增稠剂、黏合剂的加入)、给药方式(如头部位置、给药方法)等均会影响药物的沉积以及进入中枢神经系统的途径。需要注意的是,虽然药物在嗅区与呼吸区的沉积机制及药物理化性质的影响相同,但人体嗅区的相对面积小于动物,因此动物实验结果可能与人体临床试验结果缺乏相关性。

由于血脑屏障的存在,脑靶向制剂很难达到预期疗效。位于筛状板与上鼻甲之间的嗅上皮细胞含有 1 000 万 ~1 亿个嗅觉受体,刺激受体后可引发嗅神经冲动,嗅神经的轴突通过筛板小孔,在大脑皮质中向后延伸。这种鼻与脑之间的神经联系使鼻黏膜递送制剂的脑靶向成为可能。如图 11-5 所示,药物可沿着嗅神经、三叉神经等将药物递送到大脑。因此,为增加鼻脑直接递送,将制剂递送至鼻黏膜嗅觉区域显得十分重要。可通过给药装置的优化,设计合适的喷雾羽流几何形状,以增强药物在嗅上皮区域的沉积量,从而增加鼻黏膜脑靶向递送剂量。

三、鼻黏膜药物递送屏障及其影响因素

(一)鼻黏膜药物递送屏障

鼻黏膜药物递送屏障包括鼻腔结构限制、鼻腔生理变化限制、黏液屏障、上皮屏障等。

1. **鼻腔结构限制** 鼻前庭后部狭窄的鼻瓣使药物容易沉积在鼻前庭而流失,鼻腔复杂的形状、湍流的气流也限制药物到达鼻腔内部的能力。另外,单个鼻腔中的体积为 100~200µl,鼻腔有限的空间限制制剂的给药体积。过大的给药体积会使药物从鼻孔流出或流入咽喉而导致药物损失和副作用,这也会影响给药剂量准确性和患者依从性。

2. **鼻腔生理变化限制** 鼻腔黏膜对外部环境具有很高的敏感性。在不同的外部环境的刺激下,如化学物质、温度变化均可能刺激鼻腔反应,分泌黏液、打喷嚏等。另外,鼻部每间隔 1~4 小时会发生充血,进一步使给药通路变窄,限制药物递送。

3. **黏液层和黏液纤毛清除作用** 会进一步增加鼻腔给药障碍。黏液层对药物与上皮细胞接触,

从而被吸收形成扩散屏障。正常生理情况下,鼻黏液层的厚度有限,仅有几微米,因此屏障能力有限。但在病理状态下,黏液分泌增加,会增加黏液屏障性质。药物的黏液渗透速率取决于药物制剂的理化性质,如带电性、粒径等。黏液纤毛清除作用可进一步限制药物制剂与上皮表面的接触时间。药物被黏液纤毛摆动转移清除至鼻咽部,从而降低药物的生物利用度。

4. **上皮屏障** 鼻黏膜的上皮屏障限制药物的全身吸收。药物在鼻黏膜的吸收途径主要包括细胞旁途径和跨细胞途径。而这主要受药物的理化性质如分子量、溶解度、脂溶性、解离度、化学稳定性等影响。

(二)影响药物鼻黏膜吸收的因素

药物通过局部喷雾沉积于鼻腔中,然后透过鼻腔上皮吸收。透过鼻腔上皮的药物比例受生理学、物理化学及药学因素影响。

1. **影响药物沉积部位及吸收面积的因素** 药物吸收的首要限制因素是药物的处方组成及其喷雾泵所产生的喷雾特性。为避免在鼻腔前端及后段的药液损失,鼻腔的低表面积使给药体积限制在 200μl 以下;对于以鼻喷形式给药的药物溶液,从喷雾器中喷出的粒子的空气动力学直径应 ≥10μm,以保证颗粒沉积在鼻黏膜上,避免这些粒子随呼吸气流进入下呼吸道;随着溶液的黏度增加,喷雾雾滴粒径增加,药液沉积面积降低;喷雾模式和羽流角度是药物递送的关键影响因素,当喷雾角度为 30°、羽流角度为 30° 时药物主要沉积在鼻前庭,沉积效率接近 90%;给药时的呼吸气流和呼吸强度对药物在鼻甲骨区域沉积效果的影响较小。

2. **影响药物跨上皮黏膜吸收的因素** 黏液清除限制药物与黏膜的接触时间,从而限制药物的吸收。沉积在黏膜上的药物在 15~30 分钟内通过该机制被清除。其中,在 15~20 分钟内给药剂量的 50% 会被从呼吸区清除,其后为沉积在鼻前庭的非纤毛上皮的药物缓慢清除。基于药物的内在理化性质,沉积在鼻黏膜上的药物可通过跨细胞途径或细胞间隙途径吸收。影响药物鼻腔吸收的三个重要的理化性质包括相对分子质量、脂溶性和解离度。对于分子量 <300 的药物,其鼻腔吸收非常迅速,几乎不受其他理化性质的影响;分子量 >1 000 的药物鼻黏膜吸收很差;对于分子量在 300~1 000 的药物,其脂溶性对鼻腔吸收的影响较大,其脂溶性越高,透膜速度越快。

四、鼻黏膜药物递送系统设计及其处方组成

(一)鼻腔给药的局限性

鼻腔给药目前面临的主要问题仍然是生物利用度低。其主要原因有:①鼻腔可容纳的药物体积较小,通常给药体积不应超过 200μl,因此要求制剂具有相对高的药物浓度;②鼻腔的黏液纤毛清除作用导致药物停留时间短,鼻腔每日产生 1.5~2L 黏液,黏液层厚约 5μm,分为上层凝胶层和下层溶胶层,纤毛摆动带动黏液流向鼻咽,黏液层黏度影响纤毛摆动频率及上层黏液转运速率,即黏液纤毛清除率(mucociliary clearance,MCC),MCC 的个体差异较大,为 5~6mm/min,沉积在黏液表面的颗粒通常在 15~20 分钟内从鼻腔中移出,使得药物的清除速率大于吸收速率;③药物在鼻腔中的酶降解、鼻腔巨噬细胞吞噬及体液免疫机制等;④生物大分子通常是通过细胞旁途径吸收,由于细胞间隙为约 10Å,因此鼻黏膜的紧密连接阻碍分子量 >1 000 的大分子透过,如胰岛素、降钙素、亮丙瑞林鼻腔给药的生物利用度等均不超过 1%。

(二) 鼻黏膜药物递送系统设计

鼻用制剂可分为鼻用液体制剂(滴鼻剂、洗鼻剂、喷雾剂等)、鼻用半固体制剂(鼻用软膏剂、鼻用乳膏剂、鼻用凝胶剂等)、鼻用固体制剂(鼻用散剂、鼻用粉雾剂和鼻用棒剂等)。鼻用干粉制剂能提高药物的稳定性,可以在一定程度上避免使用防腐剂对鼻黏膜产生的刺激性,增加鼻腔内停留时间。鼻用液体制剂也可以固态形式包装,配套专用溶剂,在临用前配成溶液或混悬液。鼻腔微粒药物递送系统如纳米乳、生物黏附性微球(白蛋白、可降解淀粉和 DEAE- 葡聚糖,其中 DEAE 是指二乙氨基乙醇,diethyl-aminoethanol)、脂质体等也有较多的研究报道。目前应用最多的为滴鼻剂和喷雾剂。

为了提高鼻用制剂的生物利用度,通常采取的处方策略有加入生物黏附性聚合物和/或制备成原位凝胶制剂(如结冷胶、泊洛沙姆),减少清除,增加停留时间;加入吸收促进剂(如壳聚糖),可逆性调控上皮屏障结构,膜流动性增加,产生瞬间亲水性孔道,降低黏液的黏度和打开紧密连接;纳米技术(如纳米乳、微乳、脂质体、环糊精包合物、固体脂质纳米粒);加入钙离子螯合剂(如聚丙烯酸),钙离子耗竭或阻断钙离子活性会导致纤毛摆动减少,降低 MCC;加入酶抑制剂、外排转运蛋白抑制剂等。

黏膜黏附性制剂主要通过使用黏液黏附性材料,增加鼻腔内停留能力。黏液层主要由带负电荷的黏蛋白构成,正电性聚合物可以和黏蛋白的负电性基团发生静电作用或者巯基修饰材料与黏蛋白的半胱氨酸基团之间形成二硫键,增加鼻黏膜黏附能力。

通过设计精良的微纳米制剂,不但可以将药物包裹于载体内,提高药物的稳定性、获得适宜的药物释放速率,也能通过应用黏膜黏附性聚合物如壳聚糖,明胶等延长鼻腔内停留时间。黏膜上皮细胞对微纳米制剂的摄取能力也取决于制剂性质,为鼻脑靶向、生物大分子递送等提供了可能性。

1. **鼻用液体制剂** 液体制剂在鼻黏膜给药中占主导地位,液体的湿润作用也能对鼻黏膜起到保护作用。鼻腔滴注给药方式有独特的优势。常用的滴鼻剂是指由原料药与适宜辅料制成的澄明溶液、混悬液或乳状液,供滴入鼻腔用的鼻用液体制剂。处方中通常包括缓冲液、增溶剂、吸收促进剂等。鼻腔内的正常 pH 为 5.5~6.0,通常用缓冲液调节 pH,使其适合鼻黏膜给药的同时,可使药物以分子形式存在,从而促进药物跨膜吸收;鼻腔有限的容积是制剂设计的限制条件之一,为了减小给药体积但同时满足给药剂量需求,常使用表面活性剂或其他制剂手段增加药物的溶解度。

2. **鼻用粉雾剂** 和液体制剂相比,鼻用粉雾剂不仅能提高小分子药物的贮存稳定性,对于保证生物大分子药物的活性尤为重要。FDA 于 2016 年批准了一种低剂量经鼻给药的舒马曲普坦粉剂,用于治疗成人有先兆偏头痛或无先兆偏头痛。该产品由 22mg 舒马曲普坦粉剂组成,通过使用新型呼吸动力传送装置传送。这一装置可以将药物送至鼻腔深处并沉积,鼻腔深处有丰富的血管。通过将药物送至鼻腔深处,这一款鼻用制剂将药物有针对性地、高效地送入体内,并且可以快速缓解症状,同时限制下落到喉部背侧的药物量。

目前已有许多鼻用粉雾剂被批准用于生物制剂的递送,例如去氨加压素、降钙素、催产素和那法瑞林(nafarelin)。2019 年 7 月胰高血糖素的一款鼻用粉雾剂获美国 FDA 批准,用于 4 岁及 4 岁以上糖尿病患者严重低血糖的紧急治疗。这款胰高血糖素鼻用粉雾剂是首个无须注射给药、治疗严重低血糖的胰高血糖素制剂。这款胰高血糖素鼻用粉雾剂将胰高血糖素装在一次性喷雾器中,通过鼻腔给药,可以给正在经历严重低血糖的患者用药。这在严重低血糖发作期间至关重要,特别是因为患者可能失去意识或癫痫发作。在这种情况下,治疗患者的过程应尽可能简单易行。

对于发挥全身作用的生物大分子鼻黏膜药物递送系统,吸收促进剂对提高其生物利用度十分重要。通常,吸收促进剂可通过增加膜流动性、促进药物跨细胞途径转运和打开细胞间的紧密连接、促进细胞旁途径转运等机制促进药物经鼻黏膜吸收。但对于十分脆弱的鼻黏膜上皮,吸收促进剂的黏膜损伤、刺激性等安全性问题需特别关注。除了吸收促进剂外,也可以通过使用制剂手段,如黏膜黏附性制剂、微纳米制剂技术提高药物的鼻黏膜吸收生物利用度。

3. **鼻用原位凝胶制剂**　原位凝胶(in situ gel)又称为即型凝胶,可以以液体形式给药,当作用于鼻黏膜时经历相变形成凝胶,以减少黏液纤毛清除作用,增加鼻腔内停留时间。原位凝胶的三维网格结构具有极好的亲水性,可以作为不同性质的药物或者由药物制成的环糊精包含物、纳米乳、微球或脂质体等制剂的载体,具有黏附在机体表面,使得药物停留时间大大延长的作用;调控药物释放性能;与用药部位特别是黏膜组织的亲和力强,具有良好的生物相容性;制备工艺简单;使用方便,给药剂量精准等优点。原位凝胶形成体系不仅可增加药物在鼻腔内停留的时间,其中有些还能增强渗透功能。

根据原位凝胶发生构象可逆性变化的机制,可以将原位凝胶分为离子敏感型、温度敏感型、pH 敏感型、光敏感型和液晶型等多种类型。即在给药时高分子材料呈溶液状态,在一定的机体生理条件(如离子强度、温度、pH 等)下,聚合物在给药部位快速发生分散状态或构象的可逆性变化,完成由溶液态向非化学交联的半固体凝胶态的相转化。其中,离子敏感型原位凝胶的基质一般为多糖类聚合物,当其与体液接触时,体液中的诸如 Na^+、K^+、Ca^{2+} 等阳离子会与此类聚合物发生络合,使其由液态向半固态转晶。该型凝胶常用的基质包括结冷胶、果胶、海藻酸盐等。例如,使用低甲氧基果胶作为鼻腔给药的辅料,当其与黏液中的 Ca^{2+} 相互作用时可形成凝胶。

4. **鼻用疫苗**　鼻腔黏膜分泌黏液,黏液是一种天然免疫机制,可将潜在病原体冲走或包住。鼻腔分泌物还含有免疫球蛋白、乳铁蛋白、免疫细胞等保护性成分。黏膜表面存在诱导位点,可独立于免疫系统启动免疫反应的特定抗原。这些诱导位点统称为黏膜相关淋巴组织(mucosal-associated lymphoid tissue,MALT)。鼻相关淋巴组织(nasal-associated lymphoid tissue,NALT)是 MALT 的一个分支。啮齿动物体内的 NALT 是一对聚集在鼻内的淋巴组织(鼻通道底部)。瓦耳代尔氏环(Waldeyer's ring)是一组扁桃体,包括腺样体、腭和舌扁桃体,是人鼻的关键淋巴组织。由于鼻黏膜本身含有多种免疫活性细胞以及咽部的淋巴组织,加上给药方式的便利性和经济性,使其成为比较理想的黏膜免疫途径。鼻黏膜疫苗接种可以成功诱导黏膜免疫(sIgA)和全身免疫(IgG)应答,从而发挥保护作用。目前一种四价流感疫苗已被 FDA 批准通过鼻喷给药实现疫苗接种。

五、常用鼻腔给药装置

与肺部给药装置相似,鼻腔给药装置主要包括气雾装置、计量喷雾泵、粉雾装置、雾化装置等。

计量喷雾泵因其易用性、经济性,是最广泛使用的鼻腔递送装置。通过按压喷雾泵,用空气将液体压出,通过喷嘴喷出,在喷射雾滴的剂量、粒径和羽流几何形状等方面具有很好的重复性。但泵的压缩依靠手动操作,压力的改变可能影响雾滴粒径分布等特性,从而影响药物在鼻部的沉积分布。气雾剂也用于鼻黏膜给药途径,但气雾剂较高的气压使药物颗粒速度快、所形成的羽流几何形状与鼻瓣的尺寸之间不匹配,使其易沉积在鼻前部,对鼻内壁的撞击以及抛射剂的挥发制冷效果、鼻刺激性也降低患者的依从性。鼻用粉雾剂利用挤压或者鼻部吸入产生的负压,使粉末颗粒喷出沉积在鼻腔中。雾化器鼻黏膜给药主要用于治疗局部炎症。雾化器使用机械动力、压缩气体或超声波将药物溶液雾化成液滴,由鼻吸入给药。雾化器产生的雾滴较小、气流速率慢,可减少鼻前部的药物沉积,但产生的雾滴会增加药物颗粒在肺部沉积的风险。

为增加鼻腔分布面积、靶向嗅区以提高脑组织分布等,目前鼻腔给药装置领域发展非常迅速以满足临床用药的不同需求。呼吸驱动双向鼻腔给药技术显著改善对鼻窦开口所在的鼻内深部目标部位的给药,这被认为是局部治疗慢性鼻窦炎达到临床效果的关键。利用新型鼻腔嗅觉给药装置(pressurized olfactory delivery device 或 precision olfactory delivery device,POD),可特异性地增加药物的脑组织分布。

六、鼻用制剂的质量评价

关于鼻用制剂的质量评价,全球各地的卫生监管部门有不同的要求,目前尚未达成一致,这也反映了该类产品的复杂性。目前《中国药典》尚未收载相关标准,国内目前的相关标准都是以 FDA 标准为参考。影响鼻喷剂效果的因素有很多,包括剂量、患者启动装置、递送系统泵设计及处方组成等。

一般评估鼻腔给药需考虑以下三个方面的因素:

1. **递送总量** 即根据达到恰当疗效所需的标示量得出的药量。

(1) 启动和重启:启动和重启(摇动、启动、经过一定时间后重启)要求完成准备工作后,可递送完整剂量。启动后针对首剂量(beginning of life,BOL)或者重启后针对一剂药物进行 HPLC 分析,要求每批次 10 个单位,供试品和参比品各 3 批,标准符合药量(平均值)在标示量的 95%~105% 范围内(FDA)。

(2) 每揿喷量(single actuation content,SAC):SAC 对启动后的首剂量和最后一剂标示剂量(end of life,EOL)进行 HPLC 分析,要求每批次 10 个单位,供试品和参比品各 3 批,标准符合关于药量的比较群体生物等效性(population bioequivalence,PBE)统计量(FDA)[注:平均生物等效性(average bioequivalence,ABE)方法仅确定供试品和参比品在均值方面的差异,群体生物等效性(PBE)方法可确定供试品和参比品在均值和方差方面的差异]。从分析角度来说,这两项测试均与《中国药典》(2020年版)四部通则 0106 鼻用制剂中的递送剂量均一性相似,该试验仅采集 BOL 样品,采用不同的标准,即 10 个单位的样品中,至少 9 份在标示剂量的 75%~125% 范围内,所有样品均在 65%~135% 范围内;如果 2 个或 3 个结果在 75%~125% 范围之外,另外测试 20 个单位,至多 3 个结果在 75%~125% 范围之外,所有结果均应在 65%~135% 范围内。

2. **沉积特征** 液滴的物理性质(几何学和空气动力学直径)和喷雾的几何形状决定了药物在鼻腔内(疗效)和鼻腔外(安全性)的沉积。

(1) 液滴粒径分布(droplet size distribution,DSD):含液体(溶液或者悬液)的鼻喷剂一般会产生 10~120μm 的液滴,液滴粒径是沉积特征的主要决定因素。在评估液滴粒径方面,常用激光衍射法。针对首剂量和最后一剂标示剂量进行 DSD 分析,在两个距离处(2~7cm,间隔 3cm)进行测定,每批次 10 个单位,供试品和参比品各 3 批,标准符合关于 $D_v(50)$ 和跨度 $[(D_v(90)-D_v(10))/D_v(50)]$ 比较的 PBE 统计量(FDA)。

(2) 级联撞击器(cascade impactor,CI):CI 的测试目的是测定空气动力学直径 <10μm 的颗粒。鼻喷剂的大部分剂量沉积于进气口和预分离器。CI 阐明的是安全性问题(肺部沉积)。对级联撞击器(CI)中采集的首剂量进行 HPLC 分析,每批次 10 个单位,供试品和参比品各 3 批,标准符合关于 <9μm 液滴中

药量的比较 PBE 统计量（FDA）。

（3）喷雾特性：为鼻喷雾剂诸多体外测试的一种，其主要包括喷雾模式（spray pattern）与羽流几何学（plume geometry, PG）。

喷雾特性为规定距离处（2~7cm 的两个距离处，间隔 3cm）一束喷雾的水平横断面图。喷雾模式的测量指标包括：①喷雾轮廓内面积；②喷雾横断面的椭圆度［被测喷雾横断面的最大径（长轴直径）和最小径（短轴直径）的比值］。

喷雾几何学为在无障碍的空间内进行操作所获得的一束喷雾的垂直横断面图。测量指标包括：①喷雾角度；②规定距离处（2cm 和 7cm 的两个距离处，间隔 3cm）的喷雾宽度。

喷雾特性测试一方面可以用于早期研发阶段，其不仅可以用于处方定量阀与驱动器（鼻喷推钮）的筛选，还可以确定鼻喷雾剂处方与装置的适配性并预估临床表现。鼻喷雾剂的喷雾特性受鼻喷推钮的尺寸形状、定量阀的设计、计量室的尺寸与药物处方特性等因素的制约。

其中关于首剂量的分析，每批次 10 个单位，供试品和参比品各 3 批，标准符合关于 SP 的比较 PBE 统计量（FDA），关于 PG 的供试品 / 参比品比值为 90%~111%。

3. 通过溶出度试验预测药物的局部利用度　对于混悬液而言，混悬颗粒的性质（粒径、形态、多晶型）决定溶出速率。混悬的药物颗粒会有两个过程及结局：①清除，黏液纤毛的物理清除；②溶出和细胞摄取，粒径和粒径分布决定其溶出速率和细胞摄取量。

七、鼻黏膜药物递送系统设计案例

案例：盐酸赛洛唑啉鼻用喷雾剂

【成分】本品含主要成分盐酸赛洛唑啉 10mg，辅料为二水合磷酸二氢钠、十二水合磷酸氢二钠、依地酸二钠、苯扎氯铵、山梨醇、羟丙基纤维素 4 000mPa·s、氯化钠、注射用水等。

【适应证】用于减轻因急、慢性鼻炎，鼻窦炎，过敏性鼻炎，肥厚性鼻炎等疾病引起的鼻塞症状。

【规格】10ml∶10mg，总喷次 63 次，每揿喷量 140mg；包装规格为 10ml/ 瓶。

【贮藏】30℃以下保存。

第三节　眼黏膜药物递送系统

一、简介

眼黏膜药物递送系统主要用于治疗眼局部疾病，如白内障、黄斑变性、糖尿病性视网膜病变和青光眼等。同时，也可以治疗全身疾病，但目前以治疗眼局部疾病为主。眼用制剂的给药途径有局部给药、眼周给药和玻璃体内注射给药，每种给药途径都有其优缺点和适用范围。局部给药的常用剂型有滴眼剂、眼膏剂和眼用凝胶剂等。局部给药的优点是损伤小，使用方便；缺点是生物利用度低，难以在靶点形成和维持有效治疗浓度，需要反复用药，患者依从性差并有潜在全身毒副作用。目前，局部给药以治疗眼前段疾病为主，如结膜炎、角膜炎、青光眼与白内障等。

现今,眼后段疾病已经逐渐成为失明的主要原因。眼后段疾病主要有炎症、新生血管化与变性 3 种类型,3 种病变并非孤立而是存在相互联系。炎症的发病部位主要在脉络膜,会有白细胞渗出。新生血管化主要发生在脉络膜,随着新生血管增多会扩张到视网膜。变性主要发生在视网膜的视神经部分,主要是视网膜的光感受器受损。炎症和新生化血管渗出液进入视网膜会导致视网膜的光感受器受损。目前治疗眼后段疾病主要为玻璃体内给药,由于其损伤较大,易引发眼内炎、视网膜脱离等不良反应,且玻璃体内注射的费用较高并需医护人员操作。因此,提高非损伤性局部用眼用制剂治疗眼后段疾病的生物利用度具有广泛的临床需求。

二、眼部的解剖结构及药物吸收途径

眼睛包括眼球与附属器。眼球是由三层膜包裹玻璃体液(vitreous humor)构成的,如图 11-6 所示,由外到内依次是纤维膜、葡萄膜、视网膜(retina)。眼附属器包括眼睑和结膜(conjunctiva)。纤维膜由角膜(cornea)和巩膜(sclera)组成;葡萄膜由睫状体(ciliary body)、虹膜(iris)和脉络膜(choroid)组成。

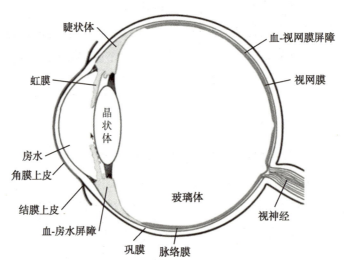

图 11-6　眼部的生理结构示意图

葡萄膜为眼球壁中间层,包括虹膜、睫状体和脉络膜。虹膜呈环形扁平状薄膜结构,分布有色素和血管结构,负责控制瞳孔的直径。睫状体包括睫状肌和睫状突。睫状肌收缩可改变晶状体曲率,从而进行精细调节。睫状突是富含毛细血管的突起,其产生和分泌房水。脉络膜的色素含量高,以防止光线反射,分布有大量供给视网膜的血管。眼球的最内层是视网膜,含有色素层和神经层。神经层通过由光感受器转换、视神经细胞处理将光转换为神经冲动,产生视觉。晶状体前面的眼球前部又被虹膜分为前房和后房,两个腔室都充满循环的房水。房水为透明的微碱性液体,通过房水循环,携带氧气和营养物质以滋养晶状体和角膜,并清除废物。晶状体之后的腔体为玻璃体腔,腔室内含有透明的果冻状黏弹性凝胶的玻璃体。

根据眼部的解剖结构可知,眼部递送途径主要包括角膜渗透、结膜和巩膜渗透、玻璃体内药物递送等。绝大部分药物主要通过角膜途径吸收进入眼部。脂溶性药物通过跨细胞途径进入角膜,亲水性药物则通过细胞旁途径进入角膜。药物也可通过非角膜途径吸收,主要有结膜吸收和巩膜吸收。结膜和巩膜上皮的细胞间隙比角膜上皮的细胞间隙大得多,有利于亲水性分子通过细胞旁途径吸收进入眼部。

这种非角膜途径吸收对于亲水性分子及大分子等角膜透过性差的药物具有重要意义。角膜、结膜及巩膜的具体特点和屏障功能如下。

(一) 角膜

角膜(cornea)的直径约为 11.7mm,前表面曲率半径约为 7.8mm,厚 0.5~0.7mm 且中间比边缘厚,是眼球最外层的结构,无血管分布。角膜由上皮、基质及内膜构成,和其他上皮组织(小肠、鼻黏膜、支气管、气管)相比,角膜上皮细胞的透过性很差,但高于皮肤角质层。角膜上皮是由亲脂性细胞构成的,是水溶性药物吸收的主要障碍。角膜上皮的紧密连接只能选择性地透过小分子物质,并能够完全阻止微米级物质通过细胞旁途径进入眼部。角膜基质是脂溶性药物吸收的主要障碍。人类的角膜基质主要由平均直径为 25~35nm 的胶原纤维构成,其主要细胞成分为角膜成纤维细胞,占角膜基质总体积的 2%~3%。角膜内皮仅由一层脂质细胞构成,不是药物吸收的主要障碍。

(二) 结膜

眼睑和眼球上的结膜是一层薄薄的血管化薄膜,其表面积为 18cm^2。结膜(conjunctiva)上皮的紧密连接是药物透过结膜的主要障碍。但结膜上皮的细胞间隙比角膜上皮的细胞间隙大得多。因此,和角膜相比,亲水性的药物更容易透过结膜被吸收。

(三) 巩膜

巩膜(sclera)覆盖眼球表面的 5/6,并保持眼部结构的完整性。巩膜呈白色,结构坚韧,由致密结缔组织构成。巩膜有三层:巩膜外层、巩膜基质和巩膜棕黑层。巩膜主要由黏多糖和胶原纤维束构成。药物可通过血管周围间隙、凝胶样黏多糖水介质和胶原网状系统的间隙透过巩膜。

通常使用局部给药方式治疗眼前段疾病。局部给药至眼后段的吸收途径包括结膜-巩膜途径;角膜-前房-玻璃体途径;角膜-前房-葡萄膜-巩膜途径;虹膜根-眼后部;睫状体平坦部-眼后部;结膜-血液循环-再次入眼。而由于存在吸收障碍,对于眼后段疾病,通常采用玻璃体内给药来治疗。

三、眼黏膜药物递送屏障

眼部特殊的功能使其形成一系列屏障来保护和维持眼部功能,眼部的生理结构复杂性和多重递送屏障使获得高效的药物递送系统极具挑战性。同时,在使用药剂手段克服这些屏障时需要特别注意可能会对眼生理功能产生影响。

根据疾病治疗目的的不同,眼黏膜药物递送所面临的生理屏障会有差异,但总体来说,药物从角膜前区域到作用部位存在的屏障可分为动态屏障与静态屏障两种。动态屏障包括泪液外溢、泪液更替、鼻泪管排出、结膜血液/淋巴循环、巩膜上皮脉络膜血液循环等;静态屏障有角膜、结膜、巩膜、脉络膜和视网膜等一系列生物膜屏障。动态屏障的直接后果是药物在膜一侧的浓度降低,对于大多数浓度依赖转运型药物而言,其跨膜转运的动力降低,无形中增大静态屏障。

(一) 静态屏障

角膜上皮细胞屏障被认为是眼黏膜递药治疗眼前段疾病的主要屏障之一。角膜障碍主要体现在有限的接触面积和药物渗透能力,以及异物敏感性。角膜占眼外部区域面积的 1/5,空间结构上由上皮细胞层、前弹性层、基质层、后弹性层和内皮细胞层构成。角膜上皮细胞间的紧密连接极大地限制药物经细胞旁途径转运,因此主要依靠跨细胞途径被角膜吸收。角膜上皮细胞的亲脂性限制水溶性药物跨膜转运。角膜内的水性基质层富含胶原蛋白、黏多糖,是亲脂性药物的扩散屏障。角膜也是体内最敏感的表面之一,含有比皮肤更多的疼痛受体,而异物刺激会进一步激发眼部的眨眼、泪液冲刷等清除机制。

巩膜与角膜共同组成了纤维膜,药物透过巩膜的主要途径是被动地通过水通道。除角膜外,结膜上皮细胞的紧密连接和多层结构性质也使其成为药物递送的屏障之一。另外,结膜含有丰富的血管,也增加药物全身吸收而增加引起不良反应的风险。

(二)动态屏障

动态屏障是眼部自我保护的体现,可分为角膜前与眼内动态屏障。角膜前动态屏障主要有泪液外溢、泪液稀释与冲刷、泪液更替、鼻泪管排出。当眼黏膜制剂与眼部接触时,泪膜和鼻泪管引流过程组成的异物清除机制成为药物递送障碍。泪膜由黏蛋白层、水液层和脂质层三层结构构成,每次眨眼都能将泪膜重新分布在角膜和结膜表面上,起营养、滋润眼球的作用。眼泪产生后,通过眨眼及泪管排出,通过泪囊最后进入鼻腔。持续眨眼和眼泪冲刷作用使得非黏附性局部给药被迅速清除,另外通过鼻泪管黏膜吸收也增加引起全身副作用的风险。人的泪液体积为 $7\mu l$,结膜囊最大容纳的体积为 $30\mu l$,而 1 滴滴眼剂的平均体积为 $39\mu l$,因此,滴眼后会导致部分泪液溢出及药液损失。正常人的泪液分泌速度为 $1.2\mu l/min$,但受刺激时泪液的分泌速度会高达 $300\mu l/min$,所以在最初滴入的 30 秒内大部分药物都从眼部流出;剩余的部分药物中又有大部分由于重力作用导入鼻泪管,所以如何增加制剂角膜前滞留、降低鼻泪管流出对于提高局部用眼用制剂的生物利用度至关重要。经过角膜前泪液冲刷、鼻泪管排出后的药物进入眼内,除了面临一系列的生物膜屏障外,结膜、巩膜上皮和脉络膜的血液清除又会极大地降低药物到达靶点的量。

四、眼黏膜药物递送系统设计及其处方组成

眼部可分为三部分:角膜前区域、眼前段与眼后段,眼前段主要包括角膜、结膜、晶状体、睫状体、前房与后房等组织;眼后段主要包括巩膜、脉络膜和视网膜。相应地,眼用制剂可分为治疗眼前段疾病和眼后段疾病制剂。虽然眼后段疾病占眼部疾病的 55%,但临床上用于眼后段疾病治疗的药物仍很有限,所以临床上对无损伤的治疗眼后段疾病的递药体系有迫切需求。需针对眼部疾病的特点和病理位置,在考虑眼部的解剖学和生理学特征的基础上,设计有效的眼黏膜药物递送制剂。

(一)眼黏膜用液体制剂

最传统、应用最广泛的眼黏膜给药方式是将药物溶液滴加到眼结膜囊中。药物溶液的制备工艺简单、经济,但存在给药剂量不准确、药物易被清除、需要多次给药等问题。为了降低制剂对眼睛的刺激性,理想的药物溶液应满足《中国药典》(2020 年版)规定的对眼用制剂的质量要求,如渗透压、pH、表面张力等。过低或过高的 pH 与表面张力会损伤泪膜最外层的脂质层,从而使泪膜的保湿、保护作用消失,引起眼球刺激性。适当增加药物溶液浓度、减少滴注体积,可以减少眨眼反射和泪液清除稀释导致的药物浪费和可能的全身副作用,也有助于改善眼部递送效率。如通过改变药物溶液浓度、黏度、表面张力和药瓶瓶口设计来获得最优的给药体积。

对于难溶性药物滴眼剂的制备,需将药物粉末进行微粉化处理,并分散在适宜的溶剂中,通过制备药物混悬液用于眼黏膜给药。混悬液中的药物颗粒可以在一定程度上延长药物释放时间,但大的颗粒

也可能导致眼睛中的异物感,引起反射性流泪和眨眼,因此其粒径及其分布等性质需同时满足《中国药典》(2020 年版)对于混悬剂及眼用制剂的质量要求。依碳酸氯替泼诺混悬滴眼液[loteprednol etabonate ophthalmic suspension(1%)]于 2018 年被 FDA 批准上市,是首次用于治疗眼部术后炎症和疼痛的每日给药 2 次的滴眼液。这款滴眼液将通过提供具有良好安全性和较低频率给药方案的强效疗法来解决眼科手术患者的一些未满足的关键需求。在推出这款滴眼液之前,所有可用的术后皮质类固醇都被批准为每日给药 4 次。

拉坦前列素眼用溶液(0.005%)是第一种不用防腐剂苯扎氯铵配制的拉坦前列素产品,采用溶胀胶束(swollen micelle)微乳液技术开发,在随机临床试验中开角型青光眼和高眼内压患者的眼内压平均值降至 6~8mmHg。

(二) 提高眼部滞留的制剂设计

限制眼黏膜药物递送系统生物利用度的瓶颈之一是其短暂的眼部停留时间。眼部滞留性可分为眼外滞留性与眼内组织滞留性。眼外滞留性需要克服泪液冲刷眨眼、鼻泪管排出等因素;眼内组织滞留性主要包括药物在眼内部位的靶点处缓慢释放,药物能顺利到达靶部位而不被血液和淋巴循环系统清除,药物在靶点处有足够的停留时间。可以采用不同的制剂策略以延长药物的眼部停留时间。

1. 基于聚合物载体的眼表递药制剂　通过使用与眼黏膜有良好生物相容性的聚合物来增加溶液剂黏度,制备黏膜黏附性制剂,从而延长眼黏膜停留时间是常用的制剂策略。常用于眼黏膜递送系统的聚合物包括羟丙基纤维素、甲基纤维素、羟乙基纤维素、聚乙烯醇、透明质酸钠等,这类聚合物可与黏膜黏液之间通过分子间力产生生物黏附能力。另外,亲水性聚合物还具有保水、润湿眼黏膜表面的能力。透明质酸钠溶液广泛用于制备人工泪液,保护眼角膜。

(1) 原位凝胶制剂:在眼黏膜环境中,受 pH、温度、离子强度等触发而发生溶液凝胶转变的原位凝胶药物递送系统广泛用于提高药物的眼黏膜滞留能力。常用的 pH 敏感型原位凝胶材料包括卡波姆、乙酸邻苯二甲酸纤维素等。卡波姆水溶液的黏度较低,呈弱酸性,当滴加到眼部时,由于环境温度和 pH 变化,可以形成高黏附性水凝胶。乙酸邻苯二甲酸纤维素溶液在弱酸性时黏度较低,当与泪液接触时,受 pH 触发,在较短的时间内即可形成凝胶。泊洛沙姆 F127 则是温度敏感型原位凝胶材料,当滴注到眼球表面时,温度升高使溶液成为凝胶,从而延长其与眼表面的接触时间。但乙酸邻苯二甲酸纤维素和泊洛沙姆的缺点是需要的聚合物浓度较高,而这往往增加这两种材料溶液对眼黏膜的损害,从而限制其应用。离子敏感型原位凝胶的基质一般为多糖类衍生物,当其与体液接触时,体液中的 Na^+、K^+、Ca^{2+} 等阳离子会与此类聚合物发生络合,使凝胶由液态向半固态转晶。该型凝胶常用的基质主要为结冷胶和海藻酸盐。在眼泪成分中的 Na^+ 能够使滴入眼黏膜的结冷胶溶液凝胶化。结冷胶又分为低酰基脱乙酰结冷胶(low-acyl deacetylated gellan gum,DGG)和高酰基脱乙酰结冷胶(high-acyl deacetylated gellan gum,HGG)。DGG 是由 1 分子 α-L- 鼠李糖、1 分子 β-D- 葡萄糖醛酸和 2 分子 β-D- 葡萄糖的四糖重复单元聚合而成的新型微生物多糖,是伊乐藻假单胞菌的代谢产物,无酰基的空间位阻,形成硬而易碎的凝胶,其在溶液中具有高度分散性和透明性,凝胶性能较好,对温度的改变不太敏感,稳定性良好,并且与组织具有高度相容性。HGG 溶液的黏度较大,且螺旋外侧的乙酰基会抑制螺旋聚集,因此可形成柔软、弹性的凝胶。如已上市的一款马来酸噻吗洛尔触变型凝胶滴眼液就是利用结冷胶作为基质,用于治疗青光眼。

(2) 接触镜制剂:使用接触镜作为药物贮库,可通过控制配戴时间和药物释放速率来大幅度提高药物与眼黏膜表面的接触时间。增加接触镜的载药量是需要解决的重点问题。常用的载药方法包括药物溶液浸泡,与亲水凝胶、微纳米制剂相结合等方法。但接触镜在显著延长药物作用时间的同时也带来了很多问题,如载药接触镜对光学性能的影响、药物释放速率的有效调控、配戴舒适性、长期使用的安全性等。

2. 玻璃体内递送系统 玻璃体内给药是将药物或含药装置直接注入或植入玻璃体内,主要用来治疗眼后段疾病,包括视网膜脉络膜新生血管化、老年性黄斑变性、糖尿病性黄斑水肿、葡萄膜炎、视网膜血管阻塞和病毒性视网膜炎等。如目前市面流通的有一种含有0.18mg氟轻松的不可生物侵蚀的玻璃体内微量插入物,已获FDA批准用于治疗影响眼后段的慢性非感染性葡萄膜炎。

玻璃体内给药途径的优点是面临的屏障较其他途径少、生物利用度高,缺点是损伤较大、患者依从性低及长期注射容易引起视网膜脱离、出血、白内障、眼内炎。根据材料的类型,分为生物可降解性和非生物可降解性。非生物可降解性材料具有良好的缓控释效果,但须手术取出。开发安全的生物可降解性长效缓控释制剂是玻璃体内注射给药的发展趋势。

(1) 玻璃体内长效注射剂:通过小型皮下注射针穿过巩膜、脉络膜,将药物注入玻璃体内,药物从玻璃体向视网膜扩散,从而发挥疗效。玻璃体内注射剂常使用降低药物的溶解度、将药物包裹到载体中等策略实现药物的长效释放。如通过制备前体药物,使其在视网膜特异性酯酶的作用下活化而发挥疗效。通过注射脂质体和生物可降解性缓释微粒在玻璃体内逐渐释放药物,实现长效目的。另外,原位凝胶也用于玻璃体内长效注射。有技术可实现使药物溶液注入玻璃体内时发生相变,聚结成球,从而可以持续释放1~6个月。应用该技术的地塞米松眼内混悬液(9%)已获FDA批准,该制剂能将生物可降解性地塞米松缓释制剂分配到眼后房。这款地塞米松眼内混悬液旨在改善白内障术后炎症的处理,这种新型眼科药物为白内障外科医师提供了在作用部位单次施用皮质类固醇的选择。

药物在玻璃体液内扩散也因制剂、药物的性质不同而不同。玻璃体主要由胶原纤维和透明质酸组成。若药物分子与玻璃体成分有相互作用,则会影响药物的扩散。对于小分子药物,其扩散系数通常接近水的扩散系数。而对于微粒型制剂,由于相互作用较为复杂,则需要深入研究。

(2) 玻璃体内植入剂:实现玻璃体内长效递送的另一种制剂策略是使用玻璃体内植入剂。根据植入剂的材料降解能力,分为非生物可降解性植入剂和生物可降解性植入剂。植入剂的贮库结构和稳定的释放机制可以保持长时间、可控的药物递送速率。由于非生物可降解性植入剂需要手术取出,生物可降解性植入剂如基于PLGA载体的植入剂具有更好的应用前景。

如现有一种小型、可注射、持续释放的药物传输系统,可持续释放小分子药物长达3年。迄今为止,使用该项技术的4种产品已获经FDA批准。这些产品包括玻璃体内植入式氟轻松0.18mg、玻璃体内植入式氟轻松0.19mg、玻璃体内植入式氟轻松0.59mg和更昔洛韦4.5mg。

地塞米松0.4mg眼用植入剂(dexamethasone insert)是第一个FDA批准的用于治疗术后眼痛的一次性给药制剂,这款制剂是一种药效长达30日的经泪小管(for intracanalicular use)插入物。Ⅲ期临床试验显示,与对照组相比,这款制剂将药物释放到眼前房达3~4周可显著减轻疼痛和炎症,并且绝大多数患者消除了对局部皮质类固醇的需求。

3. 巩膜递送系统 近年来,除了药物局部给药、玻璃体内长效注射剂外,巩膜递送系统也逐渐引起研究者的注意。巩膜递送系统包括巩膜注射溶液以及离子电渗疗法和植入式扩散泵技术等。

4. 眼周给药　主要用来治疗眼后段疾病,与玻璃体内注射相比,其损伤要小;与局部和全身给药相比,眼周给药更接近靶点,需要克服的屏障作用要小;而且其敏感性较其他部位要低。眼周给药在治疗眼后段疾病中很有潜力。其主要发展趋势是生物可降解性缓控释注射或植入剂的研发和可多次使用的植入剂的研发,目的都是要尽量减少给药次数。

(三) 提高眼部生物膜透过性的制剂设计

目前关于提高眼部生物膜透过性的研究主要集中在角膜方面,可根据药物透过生物膜的方式来选择提高其透过性的方法,主要可从以下几个方面入手:以增加浓度梯度为出发点,使用前药、环糊精包合及制备纳米混悬液、乳剂和胶束技术等;以增加亲脂性为出发点,对药物进行结构改造;以细胞转运器为出发点,将细胞转运器底物修饰至药物分子;以增加细胞吞噬为出发点,使用胶体给药体系;以增加细胞旁途径转运为出发点,使用吸收促进剂或 PEG、壳聚糖修饰的纳米粒都可打开细胞间的紧密连接,但其安全性需要特别注意。

临床上已经有 30% 的药物是前药,化学修饰在改善药物的体内行为上有重要应用。近些年随着对眼部生物膜细胞转运器的研究逐渐深入,利用细胞转运器底物修饰药物以增加药物透过性已取得一定的进展。

环糊精包合物于 1994 年首次应用于毛果芸香碱,目前已有环糊精包合地塞米松治疗糖尿病性黄斑水肿的滴眼剂进入Ⅱ期临床试验。环糊精用于眼部主要是为了提高药物溶解性进而增加透过性,已用于增加皮质类固醇、氯霉素、双氯芬酸和环孢素的角膜透过性。

胶束于 2000 年首次应用于眼部给药,其优势在于粒径小、材料的多样性和可修饰性、避免乳剂等脂质材料引起的不适感。按其材料可将胶束分为聚合物、表面活性剂和多离子聚合物,每种类型的胶束都有其优缺点,聚合物胶束的 CMC 更低、稀释稳定性更好,多离子聚合物胶束多用于基因递药。选择何种纳米胶束载体依赖于药物的理化性质、药物 - 聚合物或药物 - 表面活性剂的相互作用、作用位点、药物释放速率和生物相容性等因素。由于胶束的稳定性很重要,故需要考察其在泪液中的稳定性。环孢素眼用溶液 0.09% 为 FDA 批准的最高浓度的环孢素产品,用于提高泪液产量,治疗干燥性角膜结膜炎(眼干燥症)。市面流通的环孢素制剂中有一款纳米胶束制剂,由两亲性(疏水性和亲水性)分子在特定浓度下形成。值得一提的是,它是 FDA 迄今批准的唯一采用专利纳米胶束技术的环孢素产品。其胶束配方允许环孢素分子克服溶解度局限,渗透眼睛的水层并防止活性亲脂性分子在渗透之前释放。而纳米级别的尺寸则有助于药物进入角膜和结膜细胞,从而能够输送高浓度的环孢素,改善眼部表面炎症。

1981 年首次将纳米粒应用于眼部给药。2001 年首次提出将壳聚糖纳米粒作为眼用载体,壳聚糖纳米粒可通过打开角膜上皮细胞的紧密连接而增加药物的角膜透过性,使用 PEG 和壳聚糖修饰纳米粒也有同样的效果。将纳米粒应用于眼部时,应根据给药目的选择合适的给药途径。如在基因递送中,如果想让纳米粒以完整的形式到达视网膜,首选的给药途径是玻璃体内给药。由于快速的血液清除,结膜下注射给药更适用于微粒给药。

脂质体于 1981 年首次被报道用作眼部给药的载体,并证明以包有碘苷的脂质体治疗兔单纯疱疹性角膜炎的疗效超过普通滴眼液。目前已有静脉滴注维替泊芬(verteporfin)脂质体结合光动力学疗法治疗渗出性老年黄斑退化的产品上市。脂质体应用于局部用眼用制剂可提高角膜前滞留,以及增加药物的角膜透过性。脂质体的表面性质会对其滞留性产生影响。

五、眼用制剂的体内外评价

(一) 体外评价

体外释放度评价方法可分为有膜释药实验和无膜释药实验。眼部给药体外释药实验多采用有膜释药实验的方法,多采用立式扩散池与透析袋的方法。无膜释药实验适用于释药原理为扩散和骨架溶蚀的眼用凝胶,能够模拟体内环境以考察凝胶溶蚀及药物释放动力学。虽然这两种方法简便易行,但不能很好地模拟凝胶的体内释药行为。

(二) 体内评价

眼用制剂的体内评价主要包括以下几个方面:角膜前滞留行为、药代动力学、眼部刺激性和药效动力学评价,较多采用兔、大鼠等实验动物。

局部用眼用制剂的角膜前区域滞留行为对其药效有重要影响,目前评价制剂眼部滞留行为的方法主要有以下几种:同位素标记结合 γ- 示踪技术,损伤小,可以获得直观的制剂在角膜前区域的分布与滞留,但是需要使用放射性物质,其放射活性应大于仪器的检测限。非损伤性荧光标记法的损伤较少、直观,但只能定性观察且具有一定的主观性。

1. 眼部药代动力学研究 泪样采集法的优点是同一实验动物可多次收集样品,实验操作简单,动物消耗量小。但是它只能考察药物在眼表的停留时间及眼表的释药速率,不能评价药物在眼组织内的释药情况,所以不适用于眼后段药物的评价。另外,由于泪液的收集可能导致动物以非正常速度分泌泪液,所以得到的数据可能与真实情况有些差异。角膜穿刺法用于测定房水和玻璃体中的药物浓度,但由于无法连续取样,实验动物消耗量较大。微渗析技术具有多次采样、样品直接分析的优势,但其只能采集液体组织(房水和玻璃体)中的样品,并且不能用于长效缓控释制剂的评价。分离眼部各组织后再测定浓度,需要灵敏、稳定的分析方法与仪器。非损伤性荧光标记法目前有定性和定量两种,定量方法无损伤且可进行动态观察,但只能测定角膜、房水、晶状体、玻璃体和视网膜中的荧光强度,并且需要建立荧光强度与药物浓度的校正曲线;定性方法需要制备组织切片,再借助荧光显微镜观察,具有一定的主观性。目前眼部药代动力学研究的主要难点有不能获得药物在人眼组织中分布的数据,临床前动物实验所反映的信息有限且与人体存在差异;眼部各组织中的药物浓度低,稳定、灵敏、可靠的分析方法必不可少;不同于血液中的药代动力学,眼部取样是单次的,一条完整的药 - 时曲线需要消耗大量的实验动物。

2. 刺激性评价 目前眼部刺激性评价采用的方法有使用国际眼科学会 2002 年发表的眼部刺激性评价指导原则进行评分、使用 Draize 法进行眼部刺激试验评分,使用评分进行刺激性评价时需要眼科专业相关人员,并且这种评价方法具有一定的主观性。也可对眼组织切片进行显微观察炎症、水肿等刺激反应,相对较直观。另外,也有以角膜水化程度为指标评价刺激性、采用鸡胚绒毛尿囊评价刺激性等。

3. 药效动力学评价 治疗疾病是药品的最终目的,所以用药效动力学评价眼部制剂更直观、可靠。需要预先建立疾病模型,例如利用激光照射建立黄斑水肿、利用花生四烯酸建立眼部炎症模型、利用苯扎氯铵建立眼干燥症模型等,但是需要注意人为制造的疾病模型与真实疾病存在差异。

第四节　口腔黏膜药物递送系统

一、简介

口腔黏膜药物递送系统可以用于治疗口腔局部疾病,如口腔感染和牙周病等。更为重要的是口腔黏膜由于其独特的结构和生理学特征,是一种方便、有效的全身给药途径。口腔黏膜的药物渗透速度更快,具体吸收率取决于药物的理化性质,如分子大小、疏水性、对酶的敏感性以及在口腔内的用药位置等。同时,口腔给药也可以将药物释放到口腔,促进药物在整个胃肠道的吸收。

口腔黏膜吸收具有以下特点:由于口腔黏膜血管富集、血流速率快,药物可以绕过肝脏,经毛细血管和静脉引流直接进入全身循环,如通过舌下黏膜给药可以使药物快速起效;口腔有限的酶活性可以克服口服给药在胃肠道内环境和酶降解,适合稳定性差的药物递送;口腔的中性环境适用于酸敏感药物的给药;通过颊黏膜给药由于不需要吞咽或注射,患者更容易做到持续用药。然而,意外吞咽和唾液连续稀释均可缩短药物在颊腔内的停留时间,降低药物的生物利用度。

根据口腔的病变部位不同,口腔剂型包括颊黏膜片、膜剂、口崩片、贴片、软膏和水凝胶等。目前,颊黏膜片是首选的用于药物跨黏膜递送的商业剂型,其作用取决于缓慢的基质溶蚀、载体的高黏附性和适当的载药量。然而,这些载体通常含有大量的水,可能引起敏感原料药的降解。

口崩剂型(orodispersible dosage form,ODF)能在口腔中快速崩解,使药物更快速起效以提高需要快速干预疾病的治疗效果。口崩剂型包括口崩片(orally disintegrating tablet,ODT)、速溶冻干晶圆片(quick-dissolving lyophilized wafer)和薄膜剂。根据 FDA 的要求,一个口崩剂型必须小、轻(最高 500mg),必须在 30 秒内崩解。在上述剂型中,晶圆片为通过冷冻干燥聚合物凝胶或混悬液而得到的固体基质,具有很高的多孔性,平均厚度为 3mm,大小为 9~12mm。口崩片能够在口腔内快速溶化和崩解,无须用水送服,提高服药依从性,适用于吞咽困难的特殊人群给药。但是口崩片通常硬度小,存在易碎、抗折性差等缺点,对包装、贮存和运输要求极其苛刻。近年来,口腔膜剂因其外形美观、体积小、质量轻便、易于携带、在口腔中能迅速溶解、能够有效提高药物的生物利用度等优点,得到了快速发展。

作为新型药物递送系统,口腔膜剂目前在国内上市的产品并不多。但自从实行新注册分类以来,国家层面不断鼓励制剂创新,鼓励针对儿童、老年人等特殊人群的高端制剂的开发,这无疑给口腔膜剂在国内的发展带来了新的契机,同时,随着国内外对口腔速溶膜剂的深入研究,以及多学科交叉发展和各种新的聚合物材料不断涌现,口腔速溶膜剂在药剂学领域的应用将更加广泛。

二、口腔的解剖结构及生理特点

口腔黏膜被覆于口腔表面,由上皮层和黏膜固有层构成,中间由一基底膜相隔,如图 11-7 所示。其上皮由复层鳞状上皮细胞构成,由外到内依次为角质层、颗粒层、棘层和基底层。基底层起连接和支持作用,具有选择通透性。固有层为致密结缔组织,有丰富的毛细血管和神经末梢。口腔黏膜的面积约 200cm^2,不同部位的结构和功能不同,具体可分为 3 种类型,如图 11-8 所示。①咀嚼黏膜(masticatory mucosa)：覆盖在牙龈和硬腭表面，由角质化上皮组成，占口腔黏膜总面积的 25%；②被覆黏膜（lining mucosa)：覆盖在颊、舌下及软腭，上皮未角质化，渗透性能强，其中包括颊黏膜和舌下黏膜，占口腔黏膜总面积的 60%；③特殊分化黏膜（specialized mucosa)：兼有上述两种黏膜的性质，覆盖舌背，占口腔黏膜总面积的 15%。黏膜的部位、结构、厚度、面积及角质化程度决定各种口腔黏膜对药物的透过性差异。

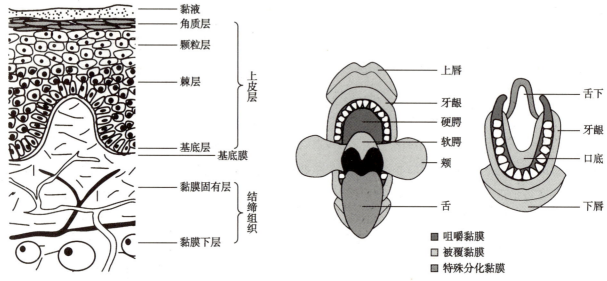

图 11-7　口腔黏膜的生理结构示意图　　　　　图 11-8　口腔不同部位黏膜示意图

口腔各部位黏膜的解剖生理学特征见表 11-2。硬腭黏膜和牙龈黏膜为角质化上皮，构成口腔保护屏障；而颊黏膜和舌下黏膜上皮均未角质化，利于药物吸收，是全身给药的主要部位。

表 11-2　人体口腔各部位黏膜的解剖生理学特征

类型	表面积 /cm^2	厚度 /μm	是否角质化
颊黏膜（buccal mucosa）	50.2	500~600	否
舌下黏膜（sublingual mucosa）	26.5	100~200	否
牙龈黏膜（gingival mucosa）	—	200	是
硬腭黏膜（palatal mucosa）	20.1	250	是

三、口腔黏膜递送药物的生理屏障

口腔生理环境，如唾液、上皮屏障、黏液屏障等限制全身药物递送的有效性。

（一）唾液

口腔唾液腺分泌的唾液构成了口腔的液体生理环境。唾液的主要功能是润滑口腔，维持口腔的 pH 和酶活性，促进吞咽等。唾液分泌的可变性增加了口腔黏膜给药的不确定性。唾液的 pH 为 5.5~7.6，体积少，酶活性有限，制剂可通过溶于唾液进一步释放药物。但唾液的组成和 pH 受刺激的类型和程度影响。正常的唾液流量约为 0.5ml/min，每日分泌 0.5~2L，口腔中唾液的常量约为 1ml。过多的唾液会增加药物释放速率，并可能导致药物制剂被过早吞咽。另外，唾液 pH 环境的变化会影响 pH 依赖性药物的生物利用度。

(二)上皮屏障

口腔黏膜的药物渗透性是药物递送的另一个生理屏障。口腔黏膜的厚度和构成随口腔黏膜部位而变化。咀嚼黏膜由于表层细胞的角质化结构,以及可能引起吞咽问题,并不是理想的药物递送途径。

通常,药物制剂的口腔吸收主要依靠被动扩散机制,包括依靠细胞之间的细胞旁途径转运和跨细胞途径转运。药物通过细胞旁途径转运(也称为细胞外途径转运),可能通过低分子量药物分子扩散或主动转运(也称为促进扩散),通过胞吞或胞吐吸收极性或离子化合物、大分子等。药物分子通过细胞内途径的跨细胞途径转运是一个复杂的过程,依赖药物的理化性质,包括分子量、脂水分配系数、离子电荷和结构构象等。亲脂性化合物和小分子疏水性药物主要通过跨细胞途径转运。由于细胞膜是亲脂性的,亲水性药物渗透通过细胞膜有一定的困难,水溶性溶质如氨基酸、离子和糖可以通过毛孔扩散存在于细胞膜中。

(三)黏液屏障

口腔上皮表面覆盖的黏液层主要由在生理条件下呈负电性的黏蛋白构成。负电性的黏液层在与口腔黏膜制剂发生生物黏附的同时,也可能成为药物递送的渗透障碍,尤其是对正电性药物及其载体。

黏液主要由称为黏蛋白的糖蛋白组成,为分子量范围在 $0.5\sim20MDa$ 的大分子。在生理 pH 条件下,由于唾液酸和硫酸盐残基解离,黏蛋白带负电荷,这些负电荷使黏蛋白附着在上皮细胞表面,在上皮表面形成凝胶层。在水介质中,黏蛋白分子是复杂的胶凝系统,通过分子内氢键和分子间氢键、静电作用及存在于非糖基化区域的半胱氨酸残基之间的二硫键加以稳定。黏蛋白中的二硫键数量影响其黏弹性行为。

四、口腔黏膜药物递送系统设计

有多种制剂可用于口腔黏膜药物递送,通过需根据其不同的剂型特点及选定的给药部位,采取有针对性的设计策略。

(一)颊黏膜药物递送系统

颊黏膜药物递送系统广泛用于发挥局部和全身治疗作用。颊黏膜的药物渗透性好,且颊黏膜表面光滑,有利于制剂的长时间黏附,使药物缓慢释放。例如口腔贴片、薄膜剂、喷雾剂都可用于该递药途径。

颊部药物成功释放的主要挑战是剂型在口腔环境中的停留时间。剂型需要保持与黏膜的接触才能使药物进入颊部起作用,或被黏膜吸收。然而,在口腔环境中,唾液流动、咀嚼、吞咽、说话等引起的剪切可能会阻止药物黏附在口腔黏膜上,导致药物疗效降低或无效。所以,各种可与颊黏膜建立起牢固黏接的生物黏附性聚合物可被用于剂型设计,以延长停留时间,提高药物的生物利用度。颊黏膜表面相对固定,因此与口腔的其他黏膜相比,具有更好的渗透性。

(二)舌下黏膜药物递送系统

舌下黏膜的表面积大,血流量高,比颊部黏膜薄,具有更好的渗透性,药物吸收迅速、起效快。因此,舌下途径常用于治疗急性病症,如硝酸甘油酯通过舌下途径快速吸收起效,可避免首过效应,用于缓解心绞痛等。但舌下黏膜递药通常具有较高的个体生物利用度差异,这与制剂类型和外形有关。另外,舌头活动使制剂与黏膜的接触时间短、唾液清除等因素常导致药物制剂吸收不完全。在常用的各种剂型中,舌下喷雾剂可通过将药物溶液以小液滴形式快速均匀地分散到黏膜表面,在一定程度上克服上述缺点且起效快速,通过气溶胶的粒径控制和吸收促进剂的使用可使其快速透黏膜吸收。目前已有发挥全身作用的舌下喷雾剂上市。FDA 已于 2005 年批准了一款硝酸甘油舌下喷雾剂用于冠心病和心绞痛的治疗。2008 年 FDA 批准了一款酒石酸唑吡坦口腔喷雾剂用于治疗入睡困难型失眠,该药可通过口腔黏膜快速吸收。加拿大一药物公司开发的胰岛素口腔喷雾剂于 2007—2009 年分别在印度、厄瓜多尔及黎巴嫩等国上市,2010 年在加拿大上市,可用于治疗 1 型和 2 型糖尿病。2011 年 FDA 批准了一款芬太尼舌下喷雾剂用于控制暴发性癌性疼痛,癌症突发疼痛的特点突出,常为不可预期的强烈疼痛发作,尽管使用镇痛药,疼痛仍然在 3~5 分钟达到峰点。疼痛可发生于身体的任何部位,持续数秒至数小时,平均为 30 分钟。晚期癌症患者中 80% 可能发生此种症状。此药目前批准用于 18 岁以上、耐受阿片类镇痛药的持久性疼痛的癌症患者。

(三) 口腔贴片和薄膜剂

颊黏膜片和薄膜剂通常为椭球形薄片状结构,由药物、聚合物材料、增塑剂等辅料混合、干燥制得。颊黏膜片和薄膜剂较薄,具有较好的柔韧性,与黏膜的接触面积大,使其更具有应用前景。但有限的制剂体积常常限制其载药量。例如有制剂采用双层膜技术,黏膜黏附层与颊黏膜具有良好的黏附性,背衬层可以保证药物的单向渗透,药物从黏膜黏附层释放后快速全身药物吸收,具有较高的生物利用度。

(四) 其他

位于牙龈和硬腭处的角质化黏膜不适用于全身给药,这些黏膜被认为是治疗位于牙龈或上腭的口腔疾病的药物有效作用部位。口含片除可用于治疗口腔局部炎症外,可以将药物分散在生物黏附基质中制备口含片,通过口腔黏膜给药发挥全身作用。通常口含片为多方向释放结构,但也可通过引入背衬层,实现单向释放,药物吸收后外层缓慢溶解而除去。口含片剂的异物感、口感差以及口腔黏膜分离而黏附于其他黏膜造成副作用都会降低患者的服药依从性,限制其应用。如由 PVP、黄原胶和刺槐豆胶制备一款口含片通过在牙龈上黏附形成凝胶而实现与颊黏膜结合,药物释放后被全身吸收。

五、口腔黏膜制剂的体内外评价

尽管口腔黏膜药物递送系统的相关研究较多,但目前仍缺乏标准化的体内外评价模型。药物制剂的黏膜渗透性是其有效性的关键因素之一。通常可以使用仓鼠、大鼠、兔、狗、猪和灵长类动物的颊上皮进行渗透性等相关研究,然而体内 - 体外相关性研究仍面临挑战。

(一) 体外评价

1. **膨胀率** 颊黏膜片需测定膨胀率,过高的膨胀率会造成口腔不适,而且会受进食与饮水的影响。测定方法:取黏附片精密称重后,用人工唾液润湿并黏附于一定重量的塑料背衬上,垂直放入 37℃ 恒温人工唾液中。分别于不同时间取出,称重,膨胀率(SR)以溶胀后的片重(W_s)与溶胀前的片重(W_o)之比($SR=W_s/W_o$)表示。

2. **黏附力** 是评价黏附制剂的最重要的参数之一,通常用剥离力大小来评价黏附力。测定方法:将小鼠、大鼠或兔的黏膜分别牢固粘贴于上、下两块平台上,固定下平台,再将制剂用水湿润后置于两块黏膜中间,压紧 2 分钟左右,沿 90° 或 180° 方向拉其中一块平台直到贴膜与黏膜完全分离,此时的剥离力即为黏附力。0.05~0.1kg/cm 的黏附力可满足人口腔黏膜给药的需要。

对于软膏等不能通过剥离实验测定黏附力的剂型,可通过测定其剪切粘贴性来评价其黏附力。方法是将软膏置于两块玻璃板之间(软膏厚 0.3~0.4mm),沿平行方向拉其中一块玻璃板,直至拉开,拉力越大,表明黏附力越强。另一种测定黏附力的方法是流变特性测定,测定组分的黏度 η_b,则黏附力 $F=\eta_b\sigma$,其中 σ 为剪切速率。

3. **黏附时间** 在临床前研究中应根据不同的用药情况进行相应的黏附时间测定。测定黏附时间所用的设备与药典中测量崩解时限的装置相似,介质为 37℃、pH 6.7 的等渗磷酸盐缓冲液。将面积为 4cm^2 的动物口腔黏膜用氰基丙烯酸酯固定在玻璃调合板表面,与装置垂直放置。将生物黏附制剂黏附在黏膜上,2 分钟后以 150r/min 的转速转动玻璃调合板,模拟正常的口腔内环境,记录制剂的溶蚀、黏附情况。

4. **体外黏膜透过性能** 体外黏膜透过性试验可用于预测药物的黏膜透过性能、选择渗透促进剂、筛选处方及研究透膜机制。

(1)扩散池法:试验一般采用 Franz 扩散池或 Ussing 扩散池。根据使用的膜类型不同,分为类生物膜和动物黏膜透过性试验。常用方法为将膜固定于供给池与接收池之间,采用生理盐水或 pH 7.4 磷酸盐缓冲液作为接收介质,模拟人体体液环境,恒温水浴保持在 37℃ ± 0.5℃,磁力搅拌使供给池与接收池内的液体浓度保持均匀一致。定时从接收池中取样,同时补充相同体积的新鲜接收液。测定药物浓度,计算一定时间内的累积释放量、表观渗透系数、稳态流量和累积释放率。

(2)口腔上皮细胞培养法:细胞培养模型有助于在体外模拟药物的体内吸收、生物转化,进行药物毒理学研究、制剂辅料的筛选等。TR146 细胞源于人颈部口腔黏膜转移癌,与人颊部黏膜具有相似的渗透屏障,表现为 4~7 层的复层上皮,微观结构与人的正常口腔黏膜相似,可用于相关的吸收机制研究。

(二) 体内评价

1. **黏附时间** 将生物黏附片置于受试者口腔内的指定区域,轻轻挤压 30 秒,保证黏附牢固,之后持续询问受试者制剂是否保留在原位及是否有溶蚀倾向。记录制剂完全溶蚀的时间,观察是否有辅料滞留在黏膜表面,并记录任何有关受试者给药后的药理反应现象,如是否有不适、异味、口干、流涎、刺激等。

2. **口腔释药量测定** 选取健康人体,将处方黏附片(膜)置于口腔颊部,在实验过程中照常饮食、饮水,经不同时间后将未释放完的黏附片(膜)用探针取下,测定计算残留药量,以药物含量减去残留药量即为口腔释药量。

3. **口腔吸收试验** 此方法可测定药物吸收动力学参数。如可将已知药物浓度的缓冲液 20~25ml 放入口腔中做 60 次 /min 的颊和舌运动,5 分钟或 15 分钟后吐出溶液,然后用等量蒸馏水或缓冲液冲洗口腔,合并吐出液和冲洗液供含量测定用,原液中的药物浓度与收集液中的药物浓度之差为药物吸收量。但该方法有一定的缺陷,如药物易被唾液稀释、被随机吞咽及不能定位等。目前,可采用生物黏附性材料将药物定位于口颊部位,通过不同的时间间隔测定体内药物浓度,从而了解药物的透膜吸收情况。

4. **体内吸收评价** 口腔黏膜制剂的体内吸收过程可采用以下 4 种方法研究:

(1)化学法:直接测定黏膜给药后体液中不同时间的药物含量,通常是血中的药物浓度。这种方法适用于体液中的药物浓度达到一定量,且具有一定的稳定性,能够用化学方法检测出的药物。

（2）剩余量法：测定不同给药时间后制剂中的药物残留量，与标示量之差则为被吸收的量。此方法通常适用于药物吸收量少、血药浓度低而无适宜的检测方法时。

（3）生理效应法：根据给药后产生的生理反应来判断药物的释放与吸收，如通过测定血中葡萄糖浓度的降低来反映胰岛素的吸收。

（4）放射性示踪测定法：利用放射性标记的示踪物质来评定药物的释放与吸收。此法的灵敏度高，检测限低，可用于痕量物质的检测。

（三）安全性评估

在口腔黏膜给药中，还要考虑不能对黏膜产生刺激性和毒性。给药一段时间后，可对口腔黏膜进行镜检和病理组织学检查，观察有无炎症刺激等病理学改变。

六、口腔黏膜药物递送系统设计案例

案例 1：甲硝唑含片

【处方】甲硝唑　200g　　蔗糖粉　40g　　甘露醇　10g　　阿斯巴甜　20g

柠檬香精　4%　　羧甲基纤维素钠　0.2%　　硬脂酸镁　0.5%

【制备】将药物、辅料粉碎，分别过 100 目筛。按处方量称取甲硝唑、蔗糖粉、阿斯巴甜、甘露醇，混匀后加入适量的蒸馏水制软材，过 20 目筛制粒，干燥，过 16 目筛整粒，加入柠檬香精、羧甲基纤维素钠和硬脂酸镁，混匀后压片。

【适应证】用于牙龈炎、牙周炎、冠周炎及口腔溃疡。

【用法用量】将该药品置于牙龈和龈颊沟间含服（用于口腔溃疡时黏附于黏膜患处），每次 1 片，每日 3 次。餐后用，临睡前加用 1 片。

案例 2：硫酸吗啡颊黏膜片

【处方】硫酸吗啡　3g　　羟丙甲基纤维素　12g　　卡波姆 934　9g

硬脂酸镁　1%　　制成 100 片

【制备】将羟丙甲基纤维素与卡波姆 934 的混合物 21g 加硫酸吗啡 3g 与 1% 的硬脂酸镁混匀，直接压片，在药片背衬上涂上不透水的聚丙烯酸树脂。

【适应证】用于缓解肿瘤疼痛、术后疼痛等各种疼痛。

【用法用量】贴于口颊内，每日 1 次，每次 1 片。必要时，可酌情增加给药次数。

第五节　阴道黏膜药物递送系统

一、简介

阴道腔是由各种细菌、真菌、原生动物或病毒引起的阴道炎的病变部位，传统用于递送抗菌药物和抗病毒药。最近，由于阴道黏膜吸收可避免肝脏首过效应等，阴道也被开发为一种替代性非肠道给药途径，用于递送不宜口服的药物，以通过黏膜吸收发挥全身治疗作用。阴道黏膜递药具有很多优点，如可

直接作用于疾病部位发挥局部治疗作用、易用性、无痛、给药过程可逆等。这种途径的缺点是受限于生理上的清除机制,使传统剂型在阴道腔的作用部分或吸收部位的停留时间过短,导致药物在黏膜的分布不稳定等。常用两种方法解决上述问题:一种是使用黏附剂制剂,其能通过增加与黏膜的物理和化学相互作用延长药物在阴道腔内的停留时间;另一种是使用温敏原位凝胶体系,阴道给药后发生溶胶 - 凝胶转变,从而降低药物清除率,延长药物治疗时间以提高药效。

二、阴道的解剖结构及生理特点

阴道是由黏膜和肌肉组织构成的富有弹性的管状器官(图 11-9),位于盆骨腔内,前邻尿道,后邻直肠,长 6~12cm,宽约 4cm,厚 150~200μm,能收缩也能扩张,通常呈紧缩皱褶状,其能够容纳几毫升液体而不会泄漏。阴道壁由三层组织构成:外层为疏松结缔组织;中层为肌层,内含平滑肌;内层为黏膜层。阴道黏膜为复层鳞状上皮,表层细胞含有透明胶质颗粒但无角质层。阴道内部覆盖有一层子宫颈分泌的阴道液,阴道液的产生量约为 6g/d,阴道中的液体量为 0.5~0.75ml。其不仅可以维持阴道正常的酸性环境,还可以抑制病原性细菌增殖。阴道黏膜黏液中存在多种肽代谢酶、过氧化酶和磷酸酯酶,以及能够代谢药物的微生物群。阴道内的酸性环境来自乳酸杆菌对糖原的分解形成的乳酸,通常人正常阴道呈酸性,pH 范围为 3.5~5.5。绝经期后阴道上皮变薄,细胞变小,阴道黏液变为碱性。阴道血管分布丰富,血流经会阴静脉丛流向会阴静脉,最终流向腔静脉,可绕过肝脏首过效应。

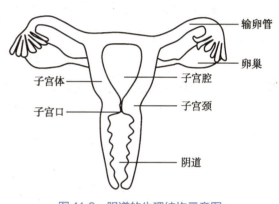

图 11-9 阴道的生理结构示意图

三、药物阴道吸收途径及其影响因素

药物通过阴道黏膜吸收的途径主要有两种,一种是通过细胞转运通道,另一种是通过细胞间隙转运通道。前者为脂溶性通道,后者为水通道,阴道黏膜对药物转运以前者为主。药物在阴道黏膜的吸收除与其脂溶性及剂型有关外,还可能随月经周期而变化。

阴道吸收药物包含两个重要的步骤:药物从给药系统中释放并溶解于阴道液中和药物透过阴道黏膜。任何影响药物释放、溶解和药物膜转运的生理或制剂因素都能影响药物在阴道内的吸收。阴道液通常用于溶解药物制剂,溶解或分散于阴道液中的药物可随阴道液分布在整个阴道,从而避免仅在与阴道接触的部位释放药物。但这也可能使药物随阴道液流出而损失,导致给药剂量不准。阴道液对药物的溶解度会影响药物的扩散能力。生理因素如阴道分泌液量、阴道壁厚度、宫颈黏液、pH 及特异性细胞质受体会影响药物吸收。同时,排卵周期、妊娠期和绝经期时阴道上皮及阴道内 pH 的变化会导致阴道壁厚度随之发生变化,进而影响药物的吸收。药物的理化性质如分子量、亲脂性、电离性、表面电荷等会影响药物在阴道内的吸收。小分子水溶性化合物可以快速溶解,形成较高的浓度梯度,使药物扩散能力增加。但药物必须具有足够的亲脂性,以扩散形式通过脂质膜。对于高阴道膜渗透性的药物(如孕酮、雌甾醇等),吸收主要受阴道黏膜表面的流体静压扩散层通透性的影响;对于低阴道膜渗透性的药物(如睾酮、氢化可的松等),吸收主要受阴道上皮渗透性的限制。

四、阴道黏膜药物递送系统设计

阴道黏膜递药选择何种剂型主要取决于临床用药需求。如果要求发挥局部疗效,一般选用半固体或能快速溶化的固体系统;如果要求发挥全身作用,一般优先考虑阴道黏附系统或阴道环。例如女性生殖器炎症反应急性发作期需要使用速效剂型,而慢性炎症反应、长效避孕药、提高局部或全身免疫力的抗原、抗体给药则往往制成长效制剂。另外,制剂中所用材料的黏附性会影响药物在黏膜处的停留时间,进而影响药物的吸收。

(一)阴道上部递送系统

阴道上部递送系统主要包括宫内药物递送、输卵管药物递送。

宫内药物递送主要用于长效避孕。依靠给药装置,可在子宫内释放微剂量的孕激素长达数年,通过局部宫颈黏液增厚和抑制精子功能实现避孕,也用于治疗重度月经出血。输卵管药物递送主要依靠微型插入装置,将药物释放到每个输卵管的近端部分,可用于永久性节育。

(二)阴道下部递送系统

1. **阴道用半固体制剂** 凝胶剂和乳膏剂是应用最为广泛的阴道给药系统,不但用于避孕,也用于递送抗生素治疗细菌性阴道病(如磷酸克林霉素阴道乳膏)、递送雌激素用于治疗绝经后妇女阴道萎缩和相关症状、递送氟尿嘧啶用于治疗阴道上皮内瘤变。阴道用半固体制剂的组成通常包括聚合物材料、保湿剂和防腐剂等,常用的聚合物材料包括甲基纤维素、羟乙基纤维素、羧甲基纤维素、卡波姆等。阴道用半固体制剂通常由患者使用一次性涂药器给药,药物通过溶解于阴道液中,在重力或走动下将覆盖阴道黏膜。由于潮湿、黏液润滑和剪切力,半固体制剂在阴道内的滞留行为通常不好。因此,可使用一些黏附性材料来增强对阴道黏膜的黏附性,其能够更好地抵抗阴道内的剪切力以及从阴道流出的自然倾向。半固体制剂的流变学性质包括黏度、弹性模量等会影响药物在阴道中的释放、分布与保留能力,通常具有触变性或假塑性的凝胶更容易在阴道黏膜分布。2012 年,美国 FDA 批准了一款人工结合雌激素 A 阴道乳膏(synthetic conjugated estrogen-A,SCE-A)0.625mg/g 上市,用于治疗中至重度阴道干燥。2019 年,一种含 2% 克林霉素磷酸酯的新型温敏水凝胶获 FDA 批准用于治疗细菌性阴道病。

2. **阴道用固体制剂** 与口服固体剂型的制备原理与工艺相似,包括片剂、栓剂、膜剂等。阴道环境更容易实现制剂的长时间滞留与释放,以实现缓释效果。

目前,已有多种药物通过阴道片和栓剂剂型给药,如抗生素、抗菌药物、孕酮、雌二醇等。与栓剂相比,阴道片克服栓剂基质受体温作用熔融后连同药物一起流失而影响疗效、污染衣物及患者的不适感。阴道片的形状应易置于阴道内,也可借助器具将阴道片送入阴道。阴道片可分为普通阴道片、阴道泡腾片、阴道缓释片、双层阴道片、生物黏附性阴道片等。阴道片在阴道内应易溶化、溶散或融化、崩解并释放药物。具有局部刺激性的药物不得制成阴道片。但普通阴道片药物起效慢,吸收偏低,且疗效的个体差异较大。相比而言,阴道泡腾片可在阴道内吸水发泡而快速崩解,利用气泡产生的推动力将主药分散到阴道的皱襞内,从而提高局部药物浓度及均匀性,弥补普通片崩解后阴道内壁分布面积较小的缺点。但阴道泡腾片易吸湿,对生产和保存环境的要求较高。阴道缓释片能够缓慢释放药物,使血药浓度平稳,从而降低毒副作用、减少用药总剂量和次数。双层片阴道片中每层含有不同的药物或辅料,可以避免复方制剂中不同药物之间的配伍变化,或者达到缓控释效果;双层片的一层作为常(速)释部分,首先释放,另一层作为缓释部分或第二个剂量延后释放,延长药物在阴道内的作用时间,减少给药次数。

生物黏附性阴道片是采用水溶性生物黏附性高分子聚合物作为辅料制成的片剂。该片剂能黏附于阴道生物黏膜上缓慢释放药物,达到局部或全身治疗作用,并且能延长在作用部位的停留时间和持续血药浓度水平,降低血浆中药物浓度的波动和减少给药次数,提高用药者依从性以达到方便治疗和有效治疗的效果。常用的黏附性材料有天然高分子材料和人工合成高分子材料,包括明胶、阿拉伯胶、海藻酸钠、壳聚糖、卡波姆、羟丙甲基纤维素、羟丙基纤维素、羟乙基纤维素等。一款雌二醇阴道片于 2000 年获 FDA 批准上市,其以生物黏附性材料羟丙基纤维素为主要填充剂,以羟丙基纤维素和聚乙二醇包衣,用于治疗由雌激素缺乏而引起的萎缩性阴道炎。

同时,可利用水溶性聚合物制备阴道用膜剂。阴道用膜剂常采用聚乙烯醇和羟丙甲基纤维素作为膜材,药物可以溶解或分散于膜材中,甘油作为增塑剂,通过调节膜材组分的比例与分子量控制以获得理想的药物释放行为。由于膜剂不含有水分,特别适用于在水溶液中不稳定的药物。

此外,阴道环是一种灵活的环状聚合物装置,可缓慢地将药物输送进入阴道,常用于激素替代疗法和避孕。美国 FDA 于 2018 年批准了一种阴道避孕药环上市。这种避孕药制剂是一个柔软的硅橡胶环状物,直径为 5.715cm,环内含有一种新型孕激素——醋酸塞孕酮(segesterone acetate)和已被广泛使用的雌激素——炔雌醇,使用时放置在阴道,放置 21 日、取出 7 日,可避孕 28 日。放置期间,这种避孕药制剂所含的激素会通过环壁按一定的速度释放,被阴道黏膜吸收,发挥避孕作用。使用者可自己放置和取出,每个这种避孕药制剂可重复使用 1 年。该避孕环不需要放入子宫,只需要完全推入阴道即可。

3. **新型阴道黏膜药物递送系统**　近年来,多种新型制剂如黏液渗透制剂、静电纺丝、多用途预防制剂、黏膜免疫制剂等用于阴道黏膜递送。如通过 PEG 结构修饰纳米粒表面,可以降低黏液与制剂之间的相互作用,降低递送到阴道黏膜的障碍。基于静电纺丝工艺和多种聚合物可以避免阴道凝胶引起的药物渗漏等相关问题,提高用药依从性。多用途预防制剂则可以在避孕的同时保护人体,防止病毒和细菌感染。有研究将模型抗原卵清蛋白引入小鼠生殖道的不同黏膜位点,从而引起抗体反应,证明了阴道黏膜免疫的可行性。

五、阴道黏膜制剂的体内外评价

阴道黏膜给药系统的各种不同剂型不仅需满足该剂型项下的各项质量要求,还须考虑阴道黏膜给药的特点,开展相关的质量评价。多种动物模型包括小鼠、新西兰兔、羊、猪、猪尾猕猴、恒河猴等可用于阴道黏膜给药的药代动力学、药效动力学和安全性测试。需要注意的是,动物模型的生理条件和解剖结构与人体之间存在差异,这可能会影响药物的阴道吸收和分布。例如,动物模型的阴道 pH 是接近中性的,与女性的典型酸性 pH 不符。常规测试内容包括:

1. **黏附力**　阴道黏附制剂的生物黏附强度必须合适,太大会对黏膜造成损害,太小则易脱落。生物黏附试验的测定原理是以测量分离模拟阴道黏膜和试验制剂之间的黏附作用所需的牵引力或切应力。

2. **体外黏膜透过性能**　体外黏膜透过性试验对于预测药物的黏膜透过性能、选择渗透促进剂、筛选处方及研究透膜机制等都有很大的作用。通常选用动物的相应黏膜组织进行透过性试验。常用的扩散池有 Franz 扩散池、Valia-Chien 扩散池、两室流通扩散池和 Ussing 扩散池等。

3. **阴道滞留性研究** 将药物制剂置于动物阴道后,分别于不同时间用阴道模拟液冲洗阴道,合并冲洗液,测定药物滞留量。每次试验可测得给药后 1 个时间点的阴道滞留量,重复试验即可获得多个时间点的阴道滞留量数据。

4. **体内评价** 可直接测定黏膜给药后体液中不同时间的药物含量,如血中的药物浓度;或测定不同给药时间后将制剂取出后的剩余药量;或根据给药后产生的生理反应来判断药物的释放与吸收;或可利用放射性标记的示踪物质来评定药物释放与吸收。

5. **刺激性评价** 家兔阴道黏膜上皮由单层柱状细胞覆盖构成,人类阴道黏膜上皮则由复层扁平细胞构成,前者对外界黏膜刺激物具有高度敏感性,因此多采用家兔模型研究阴道制剂对黏膜的刺激性。

六、阴道黏膜药物递送系统设计案例

案例 1:克霉唑阴道栓

【处方】克霉唑 0.15kg PEG400 1.2kg PEG4000 1.2kg

共制成 1 000 枚

【制备】取克霉唑研细,过 6 号筛,备用;另将 PEG400 和 PEG4000 在水浴上加热熔化,加入克霉唑细粉,搅拌使其溶解,迅速倒入涂有润滑剂的栓膜中,冷却后削平,取出即得。

【适应证】用于念珠菌性外阴阴道炎。

【用法用量】阴道给药,洗净后将栓剂置于阴道深处。每次 1 粒,每晚 1 次,连续 7 日为 1 个疗程。

案例 2:甲硝唑凝胶

【处方】甲硝唑 10g 卡波姆 940 8g 三乙醇胺 10.8g 甘油 80g

丙二醇 50g 三氯叔丁醇 1g 蒸馏水加至 1 000g

【制备】将甲硝唑及三氯叔丁醇加入处方量的蒸馏水中溶解,混匀,加入卡波姆 940,充分溶胀,备用。另取三乙醇胺、甘油和丙二醇,混匀,缓缓加入上述备用液中,搅匀,即得凝胶。

【适应证】本品适用于治疗细菌性阴道病。

【用法用量】阴道内使用,每次 5g(含甲硝唑 50mg),每日早、晚各 1 次,5~7 日为 1 个疗程;或遵医嘱。

(毛世瑞)

参考文献

[1] PATTON J S,BYRON P R. Inhaling medicines:delivering drugs to the body through the lungs. Nature reviews drug discovery,2007,6(1):67-74.

[2] LIU Q Y,GUAN J,QIN L,et al. Physicochemical properties affecting the fate of nanoparticles in pulmonary drug delivery. Drug discovery today,2020,25(1):150-159.

[3] LIANG Z L,NI R,ZHOU J Y,et al. Recent advances in controlled pulmonary drug delivery. Drug discovery today,2015,20(3):380-389.

[4] 游一中. 用于压力定量吸入气雾剂的 Aerosphere™ 创新共悬浮递送技术. 中华结核和呼吸杂志,2019,42(6):

477-480.

［5］周洁雨,张兰,毛世瑞.蛋白及多肽药物干粉吸入剂研究新进展.药学学报,2015,50(7):814-823.

［6］SAMARIDOU E,ALONSO M J. Nose-to-brain peptide delivery-the potential of nanotechnology. Bioorganic & medicinal chemistry,2018,26(10):2888-2905.

［7］王梦娇,章艳,陈小林,等.鼻用喷雾给药研究的新进展.华西药学杂志,2016,31(4):432-436.

［8］SALADE L,WAUTHOZ N,GOOLE J,et al.How to characterize a nasal product. The state of the art of in vitro and ex vivo specific methods. International journal of pharmaceutics,2019,561:47-65.

［9］DJUPESLAND P G. Nasal drug delivery devices:characteristics and performance in a clinical perspective-a review. Drug delivery and translational research,2013,3(1):42-62.

［10］DUAN X P,MAO S R. New strategies to improve the intranasal absorption of insulin. Drug discovery today,2010,15(11-12): 416-427.

［11］CAMPOS J C,CUNHA J D,FERREIRA D C,et al. Challenges in the local delivery of peptides and proteins for oral mucositis management. European journal of pharmaceutics and biopharmaceutics,2018,128:131-146.

［12］DEL AMO E M,URTTI A. Current and future ophthalmic drug delivery systems. A shift to the posterior segment. Drug discovery today,2008,13(3-4):135-143.

［13］MACHADO R M,PALMEIRA-DE-OLIVEIRA A,GASPAR C,et al. Studies and methodologies on vaginal drug permeation. Advanced drug delivery reviews,2015,92:14-26.

第十二章　长效注射药物递送系统的设计

第一节　概　　述

在临床治疗中,药物的半衰期和作用时间过短往往使得药物无法满足缓释和长效的要求。受益于近年来药物化学(pharmaceutical chemistry)和材料科学(material science)的发展,尤其是高分子聚合物(high molecular polymer)研究的发展,20世纪90年代长效注射剂的大量出现使半衰期较短的药物的药剂学特性得到了较大的改善。所谓长效注射剂是指通过肌内注射或其他软组织局部注射给药后,在局部或全身缓释作用的制剂。其既可直接注入病灶,减轻系统不良反应,增加治疗效果;也能减少给药次数,显著提高患者依从性;同时可控制药物持续恒速释放几周甚至数月,使患者的血药浓度趋于平缓,降低常规制剂反复多次给药造成的血药浓度峰/谷波动,提高药物的安全性和有效性。另外,药物与体系中的载体以固态结合,可增加药物贮存和应用阶段的稳定性。而从药物经济学来看,可显著降低治疗费用、提高性价比。对于制药企业来说,开发新剂型可在原产品的基础上进一步申请专利,有利于延长药物的市场寿命。故长效注射剂具有显著的技术优势和临床价值,其产品的经济价值也使该技术备受研究机构和国际制药企业巨头的青睐。随着药物制剂技术的不断发展和对生物可降解性材料研究的不断深入,各种类型的长效注射剂相继问世。新剂型与最初的简易长效制剂相比,生物相容性、生物可降解性和生物利用度等均呈现出明显的优势。目前,精神疾病的治疗、疼痛的治疗、降血糖、降血压等多种治疗领域均有很强烈的长效注射剂需求。但由于研发难度较高,仍存在很多的问题需要解决,故已经生产上市的长效注射剂产品种类并不多,相关的质量评价标准、政策法规、指导原则等也在开发完善中。

本书中定义长效注射剂的范围是给药周期为1周~6个月(或其以上)的注射剂,包含微球、植入剂、脂质体、纳米晶体、原位凝胶和长效蛋白质等剂型,但不同的长效剂型其"长效"原理略有不同。其中,微球、植入剂、脂质体、原位凝胶是通过载体的方式,用高分子材料包载药物,伴随材料的降解,药物缓慢释放,以达到长效的作用;而纳米晶体和长效蛋白质则是通过对药物本身的理化性质进行修饰,延长药物在体内的作用时间,达到长期给药的效果。

长效注射剂主要为非静脉给药形式,包括皮下注射、关节腔注射、肌内注射、眼内注射等。产品注射后在体内形成药物"贮库"的形式,缓慢发挥局部或全身药效作用。因此,长效注射不可避免地具有一定的突释风险,而这种风险可能带来各种不良反应或者更严重的后果。所以选用的药物一般需具有较宽的治疗窗,以保证产品的安全性。同时,由于制剂的复杂性,相对于普通制剂,长效注射剂还具有特殊的质量标准,如微球产品需要研究包封率和 ζ 电位等。此外,鉴于释放周期较长,长效注射剂经常借助体内 - 体外相关性研究,拟合体内外释放行为,更好地进行质量研究和控制。

本章将首先分节介绍不同类型的长效注射剂,包括微囊化制剂、植入剂、脂质体、纳米晶体、原位凝胶和长效蛋白质,涵盖制备工艺、产业化开发、产品剖析等详细的内容;其次,将从商业化角度阐述如何进行长效注射剂的质量控制,包括原辅料的质量控制,包材相容性,质量控制方法的研究、确认和验证,以及质量标准的确立过程和考虑因素;最后,将简单介绍体内 - 体外相关性研究在长效注射剂中的应用。

第二节　长效可注射微囊化技术

一、简介

药物微囊化技术作为现代药剂学中十分重要的药物递送平台,一直是医药研发公司和高校科研机构的研究热点。药物微囊化技术的发展大致可分为 3 个阶段,第一代产品主要应用于掩盖口服药物的不良气味;而到 20 世纪 80 年代开始发展到第二代产品,多数为微米级微球微囊或纳米级粒子,采用静脉注射、肌内注射或者皮下注射给药,通过药物的缓慢释放起到延长药效、提高生物利用度和降低毒性的作用;而第三代产品则更多具有靶向性的特点,如被动靶向制剂通过控制粒径而被肝、脾、肺等器官截留,而主动靶向制剂则可分为粒子表面结合特异性配体、磁导向或者 pH 介导的物理化学靶向制剂等。结合本章主题,本节着重向读者介绍应用于长效可注射剂开发的微囊化技术。

长效可注射微囊化技术属于注射控释给药平台中发展较早且较为成熟的一类药物递送系统,主要包括微型成囊和微型成球技术。常规意义上,药物微囊是指利用天然或者合成高分子材料等载体材料作为囊膜,将药物包裹于其中而形成的囊壳型制剂;而当药物均匀分散于载体材料中时,形成的骨架型实体小球状则称为微球。微囊化制剂结构示意图见图 12-1,粒径通常在 1~1 000μm。而在实际产品应用中多以微球形式存在。

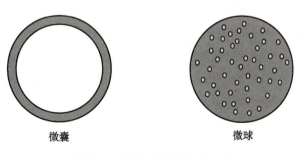

微囊　　　　　　　微球

图 12-1　微囊化制剂结构示意图

值得注意的是,过去的药物研发往往将大量人力与物力花在筛选化合物上,以期获得具有良好临床疗效的药物;然而事实上很多备选化合物多受限于体内半衰期短、给药顺应性差或毒性强等因素,其临床应用受到极大的限制。若依靠药物微囊化这一递药平台,不仅可有效地提高药物的稳定性与活性,制备出具有缓释效果的产品,提高患者依从性,同时降低给药后血药浓度的波动幅度,从而增强给药安全性等。

首个长效可注射微囊化上市药物产品要追溯到 19 世纪 80 年代,该技术平台最初被认为是一门很神秘的高端技术。由于该技术是由高分子材料学、乳化制剂技术和体内药代动力学、药理学等多个学科交叉促成的,技术壁垒高,初期国外也只有少数制药企业可以开展相关研究;但随着近些年人们对于这一领域的广泛研究,该技术平台已得到了长足的发展,主要体现在以下三个方面:

1. **合成具有良好生物相容性的载体材料**　早期研发的药物递送系统由于材料上的限制,多采用非生物相容性材料。如有制剂采用硅氧烷共聚物作为载体材料进行皮下植埋给药,在植入和取出时均需进行手术操作,具有潜在的感染风险和患者依从性差等问题,随着新一代具有良好生物相容性的聚酯类高分子材料的问世,这一问题得到了有效解决。事实上,开发具有良好生物相容性、体内降解行为可控的新型载体材料对于实现新型可控释放微囊化注射制剂的开发具有重大意义。

2. **工艺技术和制备设备方面的革新**　微囊化产品的粒径均一性是影响制剂释放行为的关键因素,也是该类产品质量控制的重要指标。目前上市的此类可注射微囊化产品多数为早期获批的产品,大多存在粒径均一性较差的问题;近些年来,人们针对制备设备进行许多改进优化,出现了一批具有发展前景的设备与制备技术,如膜乳化技术、微流体技术等,将会在后面章节中详细介绍。

3. **进行药物释放行为的机制研究,建立模拟相关释放行为的数学模型及体内外释放行为相关性研究**　长效制剂的体内 - 体外相关性研究一直是此类制剂质量控制的核心内容,人们一直在尝试建立有效模拟体内释放行为的体外释放方法,以期通过体外数据预测制剂的体内释放行为。从直接释药法,到透析扩散法,再到 FDA 推荐的《美国药典》中的流通池法,体外释放方法已发生较大的优化,在一定程度上指导制剂处方的设计与优化,但也存在一定的问题,将会在后面章节中详细介绍。

接下来,作者将依循长效可注射微囊化这类产品的设计思路,就相关研发内容进行逐一介绍。

二、给药方式、给药部位的解剖结构和吸收机制

只有清晰了解长效可注射微囊化制剂给药部位的解剖结构以及其在体内的吸收、代谢特点,才能为设计出符合预期释放行为的药物递送系统提供前期理论支持。如图 12-2 所示,注射给药后药物通过局部吸收、分布、代谢和排泄,进而达到全身血药浓度平衡。

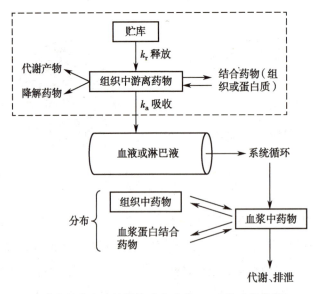

k_r:药物从贮库中扩散的速率常数;k_a:吸收速率常数。

图 12-2　微囊化制剂注射后的药物吸收和代谢途径示意图

微囊化制剂注入体内后,以贮库的形式缓慢释放药物到组织中,此时部分药物会发生代谢,而组织中未代谢的药物则通过血管进一步扩散至血液中,从而实现药物的全身循环。依据药物体内释放的限速步骤不同,又将此类药物递送系统分为两大极端类型,即当药物从贮库中扩散的速率常数 < 吸收速率常数时($k_r<k_a$),药物从贮库中扩散为限速步骤,称为贮库限制型;而当药物从贮库中扩散的速率常数 > 吸收速率常数时($k_r>k_a$),药物由组织灌注为限速步骤,称为灌注限制型。然而,实际上,在药物的体内释放过程中随着载体材料的不断降解及局部组织生理情况的改变,k_r 和 k_a 也不断发生改变;事实上在多数情况下,长效注射制剂的体内行为介于上述两种极端情况之间。对于长效可注射微囊化制剂,其给药途径主要为静脉注射、皮下注射或肌内注射,见图 12-3。

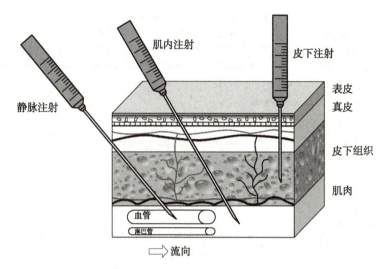

图 12-3　皮肤的结构及给药途径示意图

1. 肌内注射　肌肉组织位于真皮下方,由大量肌纤维组成;肌纤维浸润在细胞外液中,维持在 pH 7.1 左右,当酸性物质代谢增多时 pH 将会降至 6.8 左右,而微小的 pH 改变将影响弱酸性或弱碱性药物释放与吸收;肌纤维周边围绕着大量毛细血管,因此肌肉组织作为血液高灌注部位,可实现物质与血液的快速交换;人体可供肌内注射的部位主要为臀肌、股四头肌和三角肌,而这些部位中血流灌注量最大的为三角肌,最小的为臀肌。同时,当药物系统为灌注限制型时,肌肉状态也与药物吸收速率存在较大的关系,有研究显示肌肉处于运动状态下,药物的入血速率会显著加快。

2. 皮下注射　此部位由脂肪组织和疏松结缔组织组成,连接皮肤与肌肉,pH 常在 7.3 左右,常作为植入剂、原位凝胶系统和蛋白质类注射剂的给药部位,药物主要通过该部位处的淋巴管和毛细血管实现吸收。事实上,药物通过淋巴管进入全身循环要慢于毛细血管吸收,但对于蛋白质类药物吸收具有重要意义,因为该类药物通过血管吸收的能力十分有限。有数据显示,分子量 >30kDa 的物质及粒径在 10~100nm 范围内的粒子主要通过淋巴系统吸收。

大致了解给药部位的生理环境对药物释放及降解过程的影响,有助于更合理地去设计给药剂型,以期获得良好的临床治疗目的。

三、长效可注射微囊化制剂的工艺开发

长效可注射微囊化产品从立项到产品成功上市,是一个十分庞杂的系统性工程,这个过程可大致划分为3个阶段:研究阶段、开发阶段和上市阶段。研究阶段主要完成药学方面的研究资料,开发阶段则主要围绕临床试验开展研究,当产品获批后则代表上市阶段的开始。图12-4大致总结了各个阶段所需开展的工作,以及完成时间。

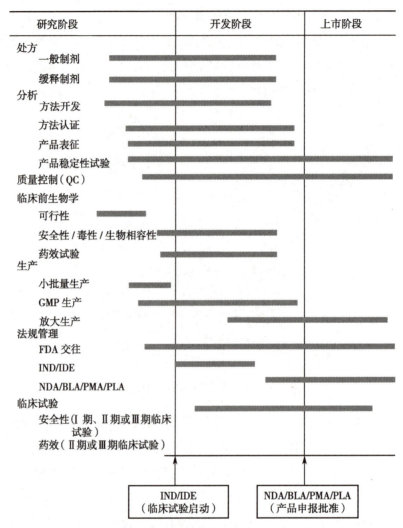

GMP,药品生产质量管理规范;FDA,美国食品药品管理局;IND,注册新药;IDE,investigational device exemption,器械豁免;NDA,新药申请;BLA,biologics license application,生物制剂许可申请;PMA,premarket approval,上市前批准;PLA,product license application,产品许可申请。

图 12-4　长效可注射微囊化产品研发进度表

在上述诸多工作中,合理的制剂工艺对于可注射微囊化产品的成功开发显得尤为关键,因此本节重点就此类产品工艺开发的大致思路进行阐述,包括药物的选择、载体材料的选择、制备工艺的选择。

(一)药物选择依据

尽管可注射微囊药物递送系统具有诸多优点,极具开发前景,但并非所有药物都适用于此类药物递送系统,需要综合考虑药物的理化性质、药代动力学和药效动力学指标、临床预期疗效等。表12-1列出了截至目前成功上市的一些长效可注射微囊化制剂产品。在这一节中,将从实例出发,通过对目前上市产品的介绍,阐述关于包载药物选择的几点思考。

表 12-1　全球上市的长效可注射微囊化制剂产品

药物名称	药物类型	制备工艺	上市时间/年	给药周期/d	适应证
曲普瑞林	十肽	相分离法	1986	28	子宫内膜异位症
布舍瑞林	九肽	喷雾干燥法	1986	28	前列腺癌、子宫内膜异位症
亮丙瑞林	九肽	W/O/W 型乳剂-液中干燥法	1995	28、84、180	前列腺癌、乳腺癌
奥曲肽	八肽	相分离法	1998	28	肢端肥大症、胃肠胰内分泌肿瘤
双羟萘酸曲普瑞林	十肽	热熔挤出法、低温研磨法	2001	90	前列腺癌
利培酮	小分子	O/W 型乳剂-液中干燥法	2002	14	精神分裂症
纳曲酮	小分子	O/W 型乳剂-液中干燥法	2006	28	酒精成瘾
兰瑞肽	八肽	相分离法	2007	28	肢端肥大症、类癌临床症状
艾塞那肽	三十九肽	相分离法	2012	7	2 型糖尿病
帕瑞肽	六肽	相分离法	2014	28	肢端肥大症
曲安奈德	小分子	溶剂挥发	2017	单次	膝骨关节炎
罗替高汀	小分子	溶剂挥发	2024	7	帕金森病

1. 药物性质　根据药物本身的理化性质分类选择适合微囊化包载的药物。

（1）口服难溶性药物：该类药物往往由于较低的水中溶解度，口服后很难达到有效的全身循环血药浓度，生物利用度较低；同时，低溶解度也限制了药物在静脉给药系统中的应用。依据生物药剂学分类系统（BCS），药物可依据其"溶解度"和"渗透性"，大致分为 4 类。有统计表明，通过组合筛选所获得的候选药物中，约超过 40% 属于难溶性药物，尤其以化疗药物、麻醉药最为明显。例如多西他赛（多烯紫杉醇）对于恶性实体瘤具有显著的抑制作用，但由于其极低的水溶性（<1μg/ml）和较强的细胞毒性，很难实现口服和静脉注射给药。目前已成功开发出多西他赛的胶束和纳米粒给药系统，该多西他赛的新型给药系统——载药量为 10% 的微球制剂，Ⅰ期临床试验结果显示可实现 8 周的缓释效果。

（2）多肽类及蛋白质类药物：近些年随着生物医药的不断发展，多肽类及蛋白质类药物的市场份额也呈现出迅猛增长的趋势。由于具有较高的选择性、较强的生物活性，对于多数疾病而言，该类产品都有较好的疗效。然而，此类药物通常具有：①较大的分子量（>700Da），进而导致较低的渗透性；②化学不稳定性，在某些贮存条件下容易失活，失去药效；③生物不稳定性，生理条件下易被体内的生物酶降解等特点。上述特性给该类药物的临床应用带来了极大的挑战。而药物微囊化技术的合理应用则有效打破了这一限制。

可以说在此类上市产品中，多肽类药物占主导地位；而近些年来对于蛋白质类药物微囊化的研究也日渐增多，例如包载人生长激素、人促红素的微球制剂，可有效减少给药频次，同时维持相对平稳的血药浓度；包载细胞因子的微球，注射于肿瘤部位；包载生长因子的微球制剂，注入骨组织中；等等。

疫苗微球注射剂是蛋白质微球制剂中的一个特例，传统疫苗接种一般需要多次才能完成，且间隔时间长,辍种率较高,进一步将其包载于微球中给药,良好的生物相容性、释药速率便于调节等优势使得该项技术受到越来越多的关注。

(3) 基因药物:基因作为遗传信息的载体,可通过转录、翻译等过程实现蛋白质的特异性表达,进而从根本上改善由基因缺失导致的一系列临床症状。该种治疗模式所展现出来的低毒性、特异性和有效性使得该类特殊药物成为具有巨大发展前景的一类药物,但同时还要看到此类药物特异性所带来的巨大挑战:①基因药物需要载入细胞内进行表达,实现药物的有效载入与表达是一大挑战;②与一般药剂产品要求一致,基因治疗产品也应该满足安全、有效、稳定以及顺应性、价格等方面的要求,药物在贮存过程中的稳定性将直接决定药物的产品寿命。因此,对于基因药物长效药物递送系统的开发,以克服细胞内外屏障、避免药物降解、延长疗效显得十分必要。

2. **治疗目的** 依据临床治疗目的分类选择适合的微囊化包载药物。

(1) 镇痛药:多为小分子药物,通常静脉给药,生物半衰期较短,难以实现长效稳定的镇痛作用,且一旦血药浓度超过半数致死量(LD_{50}),将会产生严重后果,因此对于此类药物长效缓释制剂的开发极具市场价值。已有相关研究报道,将诸如镇痛药(吗啡、可待因)及麻醉药(布比卡因)包载于 PLGA(乳酸 - 羟基乙酸共聚物)的微球制剂可实现缓慢释药、延长镇痛时间的效果。

(2) 酒精成瘾戒断类药物:上市产品如包载纳曲酮的 PLGA 微球产品,1 个月持续的药物释放行为实现了维持平稳的血药浓度,有效地改善了常规口服给药的顺应性问题,同时降低了口服给药带来的血药浓度波动。

(3) 避孕药:常规口服此类药物存在血药浓度波动大、服药依从性差等问题;而透皮给药系统存在个人皮肤生理差异而易造成血药浓度过高或过低的情况,引发药物不良反应。目前上市的长效可注射制剂包括药物油溶液、微晶混悬剂、植入剂,而植入剂需手术植入,且载体材料硅橡胶管属于非生物可降解性材料。此类药物的微囊化产品尚处于临床前研究阶段。

(4) 精神药物:对于精神疾病,患者需要长期、稳定地服用药物以控制病情,长效制剂的开发在极大程度上改善了此类患者的服药依从性,保证了临床治疗效果。上市产品利培酮 1 个月微球制剂、月桂酰阿利哌唑微晶均属于此类药物的长效缓释制剂,临床上用于治疗精神分裂症。

(5) 降血糖药:伴随人们生活水平的不断提高,2 型糖尿病患者不断增加,常规治疗手段包括口服降血糖药,更严重的患者则需要每日餐前皮下注射胰岛素,如此不仅临床给药顺应性差,长期注射还极易造成给药部位的组织增生。上市产品为艾塞那肽长效注射微球,每周 1 次的给药方式在给药顺应性上得到了极大的改善;而针对胰岛素长效制剂的研究,虽然近些年科研工作者做了不少工作,但由于对安全因素的考虑,一直未有突破性的进展,当然不可否认这是个极具价值的研发方向。

(6) 皮质类固醇类药物:由于治疗药物对肌肉骨骼系统(如骨床、关节)的渗透性较差,而局部抗生素浓度对于感染性肌肉骨骼疾病(如骨髓炎、关节炎和骨坏死)的治疗至关重要。与口服或透皮给药相比,长效注射和植入可以维持较高的药物浓度,更有效地根除感染和防止复发,因此更具有临床应用优势;而直接关节内注射皮质类固醇(倍他米松磷酸钠)负载 PLGA 纳米球已被证明可以延长关节炎兔关节的局部抗炎作用,而不会造成生物损伤。

(7) 抗退化性疾病药物:退化性疾病是指随着年龄增大,身体劳损衰老后发生的一系列不可避免的疾病,例如骨质增生、脑萎缩等。其治疗目的不是治愈疾病,而是缓解症状、延缓疾病发展。因此对于此类疾病,长效缓释制剂通过持续稳定地释放药物,可有效缓解患者的临床症状,进而改善患者的生存质量。目前市场上尚未出现此类治疗药物的长效微球制剂,但是关于此类药物,例如治疗阿尔茨海默病的多奈哌齐、治疗帕金森病的罗替戈汀、治疗更年期骨质疏松的孕酮等的研究却是逐年增加,可以说此类药物的成功研制对于患者本身和社会都具有极大的意义。

总而言之,微囊化技术的应用对于药物本身的性质而言,要求用药剂量小、安全性高,即药物的治疗窗要宽;同时,对于临床应用而言,当存在"局部给药、缓慢释药、维持稳态血药浓度、需长期用药"等需求时,都可以考虑此类药物递送系统。

(二)载体材料的选择

常规微囊化制剂的辅料除载体材料外,还会添加若干种附加剂,例如调控释放速率的阻滞剂、促进剂,改善囊壳性质的增塑剂,以及稳定剂、稀释剂等。由于载体材料的性质对微囊化制剂的性质起到了决定性作用,因此选定适合的载体材料显得尤为关键。常用的微囊化载体材料的大致分类见表 12-2。

表 12-2　微囊化常规载体材料

类型	分类	实例
天然高分子材料	多肽、蛋白质类	明胶、人血清白蛋白、牛血清白蛋白
	多糖类	海藻酸盐、壳聚糖、葡聚糖
半合成高分子材料	纤维素类	羧甲基纤维素盐、纤维醋法酯、乙基纤维素、甲基纤维素、羟丙甲基纤维素
可降解性合成类高分子材料	聚酯类	聚乳酸(PLA)、聚乳酸 - 羟基乙酸共聚物(PLGA)、聚己内酯(polycaprolactone,PCL)等
	聚酸酐类	聚癸二酸、聚[双(对羧基苯氧基)链烷]等
	聚原酸酯类	聚原酸酯Ⅰ、聚原酸酯Ⅱ
	含磷聚合物	聚磷酸盐链段、聚亚磷酸盐链段、聚磷腈链段等
不可降解性合成类高分子材料		聚酰胺类、硅橡胶、丙烯酸树脂、聚乙烯醇等

天然来源的高分子化合物具有来源广泛、价格低廉等优势,但同时也存在一定的问题:①因其来源、品种方面的特点,实难保证质量的稳定性,作为载体辅料也将显著影响制剂的质量;②此类材料具有一定的免疫原性,注入体内后可能造成免疫反应;③由该类材料包载的微囊化制剂相较于以合成材料为载体的同类制剂具有更快的释放行为,难以实现长效缓释的目的。半合成载体材料在稳定性、载药能力及降解、控释能力上还存在一定的局限性(其中部分材料如乙基纤维素在体内无法实现降解代谢,近些年来科研人员通过对纤维素的改性,使得这些问题在一定程度上得到了改善);而不可降解性合成材料因无法实现体内降解,需要释药结束后手术取出,在使用的便捷性上不如可降解性合成材料。故采用可降解性合成材料的研究和产品日益增多,包括聚酯类、聚酸酐类、聚原酸酯类和含磷聚合物等。鉴于以下优点:①具有良好的生物可降解性和生物相容性;②可大批量生产,质量可控;③通过改变聚合物的分子量和单体比例,可实现对材料降解速率的有效控制,生物可降解性材料日益成为长效缓控释注射制剂的主流载体材料。而清楚了解生物可降解性材料的关键属性,恰当选择载体材料是成功开发微囊化药物递送系统的前提。鉴于此,接下来将就各类生物可降解性载体材料进行介绍。

1. **聚酯类** 聚酯类材料是最早应用的化学可降解性合成材料,属于羟基酸及其内酯的聚合物,其中聚乳酸(PLA)、聚羟基乙酸(polyglycolic acid,PGA)和聚乳酸 - 羟基乙酸共聚物(PLGA)是聚酯类中应用最多的生物可降解性聚合物。

该类聚合物的降解过程大致可分为:a. 溶胀过程,此时水会向聚合物内部扩散;b. 降解过程,表现为分子量的降低;c. 溶蚀过程,表现为聚合物的质量显著降低;d. 代谢为二氧化碳与水,经肾脏排泄,排出体外。如图 12-5 所示。

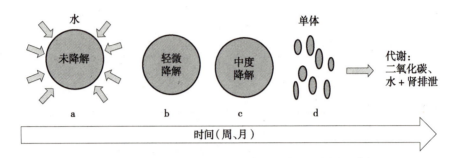

a. 介质的扩散和润湿;b. 材料的分子量降低 = 高分子材料的降解过程;
c. 材料的质量降低 = 高分子材料被侵蚀的过程;d. 经肾脏代谢,排泄为二氧化碳及水。

图 12-5 聚酯类材料的生物降解过程

聚酯类聚合物的关键属性及其对聚合物降解性能的影响趋势如下:

(1)分子量:包括重均分子量(M_w)和数均分子量(number-average molecular weight,M_n),聚合物的分子量大小直接影响其降解速率、玻璃化转变温度(T_g)以及制剂过程中的包载能力。一般而言,分子量越大,其体内降解速率越慢,T_g 越高,药物包载能力越强。例如当聚乳酸的 M_w 为 10 000~400 000 时,降解周期为 2~12 个月不等。

(2)分子量分布:聚合物的分子量分布程度可用分子量分布指数(M_w/M_n)表示。分子量分布程度实际上体现了聚合物中不同分子量链段的分布情况,分子量分布越窄,载体材料的质量则越可控,过宽的分子量分布可能导致聚合物降解性能上的批次差异,最终影响制剂的质量。

(3)结晶度:聚合物的结晶度对降解速率、玻璃化转变温度有直接影响。由于在半晶态时,PLA 的 L 型和 D 型均聚体的亲水性较低,因而此类聚合物的水解速率也较慢,一般需 18~24 个月;而 PLA 的消旋无定型共聚物的水解速率相对较快一些,一般为 12~16 个月。当聚乳酸中加入一定的乙交酯后,改变聚合的结晶状态,伴随玻璃化转变温度降低,水解速率加快。

(4)构型:对于 PLA,可分为不同的构型,即右旋聚乳酸[poly(D-lactide),PDLA]的 D- 构型、左旋聚乳酸[poly(L-lactide),PLLA]的 L- 构型、外消旋聚乳酸[poly(D,L-lactide),PDLLA]的 D,L- 构型。PLLA 和 PDLA 均为结晶型,但后者在体内的代谢产物为右旋形式的乳酸,生物相容性较差,故临床应用较少,多只用作研究;属于外消旋形式,为无定型,降解时间也更短。

(5)乳酸 - 羟基乙酸比例:由于两种单体的亲水性能存在差异,PGA 较 PLA 具有更强的亲水性,故 PGA 的降解速率要远快于 PLA,两种单体的摩尔比例不同时,聚合物所展现出来的水解速率也不尽相同,结合聚合物的结晶度,当两者比例达到 50∶50 时需 1~2 个月。

(6)封端:不同的聚合物封端所展现出来的亲水性能及包载性能也会存在一定的差异,以现有的商业化 PLGA 产品为例,羧基封端的产品显示出更强的亲水性。

(7) 修饰基团:对 PLGA、PLA 支链进行修饰后,则会展现出个性性质,如通过对 PLGA 支链修饰葡萄糖基而制备出的星状聚合物,其水溶性显著改善,对于水溶性药物的包封率较高;又如 PEG 修饰 PLGA,其降解溶蚀行为较 PLGA 发生显著变化,如图 12-6 所示,正常 PLGA 在发生降解 25 日后溶蚀过程才开始,而 PEG 修饰 PLGA 的溶蚀行为伴随降解全过程。有文献报道 PEG-PLGA 产生酸性物质明显较 PLGA 少,且由于 PEG 的亲水性,微球的释药性能得到改善。

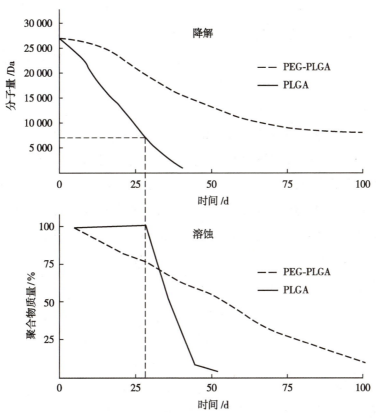

图 12-6　PEG 修饰 PLGA 与 PLGA 载体材料的生物降解、溶蚀速度对比

研究表明,聚酯类材料 PLGA 和 PLA 都以非均匀水解模式降解,水先进入非结晶区,再慢慢渗入结晶区;聚合物先在内部发生快速降解,始于呈酸性单体区域,聚合物的分子量逐渐降低,酸性环境将加速此类载体材料的降解速率。

2. **聚酸酐类**　与聚酯类材料的降解性质显著不同,此类聚合物具有由外及内的表面溶蚀的降解特性。由于酸酐键较酯键更易水解(介质的 pH 影响较大),而聚合物单体多以疏水性较强的烷烃链段、芳香烃链段为主,水较难进入聚合物骨架内部,因而降解过程一般是由表面开始溶蚀,逐渐扩散至骨架内部。

常应用于给药系统的此类聚酸酐类材料包括聚芥酸二聚体 - 癸二酸与 1,3- 双(对羧基苯氧基)丙烷 - 癸二酸共聚物。癸二酸(sebacic acid,SA)为脂肪族链状聚合物,亲水性强于芥酸二聚体和 1,3- 双(对羧基苯氧基)丙烷;当增加共聚物中 SA 的比例时,聚芥酸二聚体 - 癸二酸的结晶度呈现增加趋势;而聚 1,3- 双(对羧基苯氧基)丙烷 - 癸二酸多以半结晶状态存在,在 SA 的含量为 15%~70% 时结晶度最小。综合来看,对于上述两种共聚物,SA 的比例与聚合物的降解速率呈正相关关系。

由于该类聚合物的降解行为属于表面溶蚀,通过调节共聚物中各个单体的比例,就可能制备出按照一定的速率释放,符合零级动力学的骨架材料。

3. 聚原酸酯类 该类材料同样是利用其表面溶蚀特性,一款商业化产品的降解产物为二元醇和 γ- 丁内酯,后者易水解开环成酸,形成酸性环境,进而进一步加速聚合物水解,故制备过程中一般加入无机碱盐作为稳定剂。

第二代聚原酸酯类 DETOU 的水合能力显著降低,降解速率减慢;加入酸或碱,可调节聚合物的水解速率。目前此类聚合物尚未有上市产品,其生物相容性和毒理研究还有待考察。

4. 含磷聚合物 该类聚合物主要分为聚磷腈和聚磷酸酯两类,聚合物最终可降解成磷酸盐、氨基酸、乙醇或苯甲醇等,通过改变聚合物单体侧链的取代基来改变材料的水解性质和机械性质,应用不多,此处不再详细介绍。

近些年,人们对于新型可降解性高分子材料的探索与研究也日益增多,包括:①PEG 修饰,如张海等合成的具有 PEG 修饰的聚(乳酸 -co- 苹果酸内酯)两亲性高分子(英文缩写为 mPEG-PMSL),能自组装成结构均匀的球形纳米胶束,对疏水性药物具有较好的包载能力,同时显示出良好的细胞相容性,快速进入细胞;②阳离子修饰的嵌段共聚物,如曹阿民等合成的聚赖氨酸 - 聚乳酸 - 聚赖氨酸,可实现对于大分子核酸类药物的有效包载;③特定功能的基团修饰,如刘国顺等合成的具有还原性的含二硫键的己内酯与叠氮化谷氨酸酯环内酸酐嵌段共聚物——PCL-SS-PAELG、吕心怡等合成的具有温敏特性的两亲性共聚物——PCL-PEG6000-PCL,也是具有 pH 敏感性的载体材料。此外,仿生材料的研究热度也日渐增加,如左奕利用聚酰胺(polyamide,PA)和聚乙烯(polyethylene,PE)及羟基磷灰石(hydroxyapatite,HA)制备出的三元复合仿生材料,既具有良好的力学性能,又从微观上模仿骨组织的亲水、疏水微区分相结构,利于骨组织细胞的黏附和生长。总而言之,高分子材料的不断创新将大大加速新型给药系统的研制进度。

(三) 微囊化技术的选择

微囊化技术制备工艺根据成球原理不同,可大致归纳为两大类,即物理化学法,包括液中干燥法、相分离法(包括单凝聚法、复凝聚法、溶剂 - 非溶剂法、改变温度法、超临界流体法、喷雾干燥法),以及化学制备法(界面缩聚法、辐射交联法)。

1. 液中干燥法 也称为乳化 - 溶剂蒸发法(emulsion-solvent evaporation method),是指将含有载体材料及主药的有机相与外水相进行乳化,再通过搅拌挥发的方式将有机溶剂除去,使骨架材料逐渐析出、固化,最终形成微球或微囊的方法。

液中干燥法的干燥工艺包括两个基本过程:溶剂扩散过程(液相与液相之间)和溶剂挥发过程(液相与气相之间)。按乳剂类型,可分为单乳 O/W 型、W/O 型和 O/O 型及复乳 W/O/W 型和 O/W/O 型两大类。

(1) O/W 型乳剂 - 液中干燥法:适用于脂溶性药物包载;而对于水溶性药物,该种方法的包封率较低,且所制备的微囊易结晶于球体表面,造成突释。

1) 工艺流程:见图 12-7。载体材料溶于有机溶剂中,药物可以溶于或混悬于上述溶液中,再与外水相进行乳化,形成 O/W 型乳剂。此时如果直接搅拌,使二氯甲烷连续挥发,则称为 O/W 型乳剂 - 连续干燥法,所得的微球表面常含有药物结晶;若迅速用水替代,将初步形成的微囊加入其中,则可形成载体硬膜,减少药物在壳体表面析出,称为间歇干燥法。微球在收集后一般进行冷冻干燥,去除残留的有机溶剂,降低制剂中的水分含量。

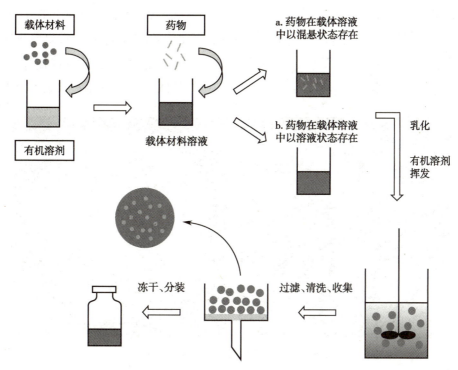

图 12-7　O/W 型乳剂 - 液中干燥法工艺流程示意图

2）载体材料及有机溶剂：研究最多、应用最广的载体材料为 PLA、PLGA 等聚酯类聚合物；可供选择的有机溶剂有二氯甲烷、三氯甲烷、乙酸乙酯、丙酮等，其中最常用的为二氯甲烷，其沸点为 38.5℃，在水中的溶解度为 13g/L（25℃），不易燃。由于多数有机溶剂注入人体会产生不良反应，故在选择此类溶剂时应考虑其使用的安全性，以及最终制剂中的有机溶剂残留量，根据 ICH 常用的有机溶剂残留量限度规定，二氯甲烷应≤0.06%。

3）外水相：一般外水相中会加入表面活性剂，以增加乳化时乳液的稳定性，从而保证最终制剂的成球性。常见的表面活性剂为聚乙烯醇（PVA）、羟丙甲基纤维素（HPMC）、羧甲基纤维素钠（CMC-Na）、明胶和吐温类。随着研究深入，人们发现对于聚酯类材料而言，以 PVA 溶液作为连续相所制备的微球在球体圆整度和表面光滑程度上都显示出了较大的优势，结合对注射用辅料使用安全性的考虑，在实际产业化过程中多以 PVA 作为外水相中的表面活性剂。

4）处方实例：O/W 型乳剂 - 液中干燥法制备利培酮微球（依据原研专利处方）。

【处方】

利培酮	50g	PLGA（75∶25）	75g
PVA	90g	苯甲醇	573.3g
去离子水	25 910g	乙酸乙酯	6 033g
碳酸钠	371g	碳酸氢钠	294g

将 75g PLGA（75∶25）与 50g 利培酮溶于 275g 苯甲醇与 900g 乙酸乙酯混合的有机溶剂中，形成油相；将 90g PVA、8 910g 去离子水、646g 乙酸乙酯、298.3g 苯甲醇混合，形成外水相；然后将油相通过静态混合器打入外水相中，形成 O/W 型乳剂。将上述乳剂转移至含有 17 000g 去离子水、4 487g 乙酸乙酯、371g Na_2CO_3、294g $NaHCO_3$ 的混合溶液中进行搅拌，在 10℃条件下进行约 20 小时的固化后，过滤收集

微球,将收集到的微球进行 4 次洗涤操作。第一次洗涤条件为采用 33.75kg 去离子水与 11.25kg 乙醇混合而成的溶液,10℃;第二次洗涤条件为采用 33.75kg 去离子水与 11.25kg 乙醇混合而成的溶液,25℃;第三次洗涤条件为采用 45kg 去离子水与 756g 枸橼酸、482g 磷酸钠盐混合而成的溶液,25℃;最后用去离子水冲洗后,进行干燥,制得利培酮微球。所制备的利培酮微球扫描电子显微镜图见图 12-8。

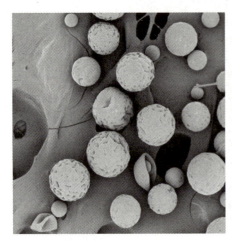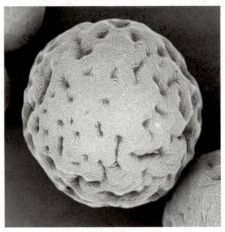

图 12-8 利培酮微球扫描电子显微镜图

(2) O/O 型乳剂 - 液中干燥法:O/O 型乳剂也称为无水系统,因此对于水溶性药物,其包封率较 O/W 型乳剂得到明显提升。O/O 型乳剂 - 液中干燥法的大致工艺流程为将药物加入含有载体材料的有机溶剂中,混合均匀后,加入与该有机溶剂不相混溶的外油相中进行乳化,再经有机溶剂挥发制得微球。

1) 载体材料及有机溶剂:O/O 型乳剂 - 液中干燥法多采用 PLGA、PLA 作为载体材料,所使用的有机溶剂取决于连续相的性质,若连续相为疏水性液体如液体石蜡、矿物油、植物油等,则有机溶剂多用丙酮或乙腈;若连续相为亲水性液体如多元醇,则常用二氯甲烷、三氯甲烷、乙酸乙酯等介电常数 <10 的挥发性溶剂。

2) 外油相:一般外油相中会加入适当的表面活性剂,以降低乳化时两相之间的界面张力,稳定乳滴,提高包封率。例如当连续相为疏水性液体时,则表面活性剂一般选择 HLB 在 1.8~2.4、浓度为 1%~6%（W/W）。

3) 处方实例:BSA 微球的 O/O 型乳剂 - 液中干燥法制备工艺。

【处方】

BSA	2mg	PLGA（50∶50）	75g		
卵磷脂	50mg	乙腈	5ml		
棉籽油	100ml	泊洛沙姆 188	2mg		
去离子水	适量	石油醚	适量		

将 75g PLGA（50∶50）溶于 5ml 乙腈中,加入 2mg 泊洛沙姆 188,形成有机相;再将 50μl 含有 2mg BSA 的溶液倒入有机相中,BSA 以极细颗粒悬浮于有机相中;将上述混悬液加入 100ml 含有 0.05%（W/V）卵磷脂的棉籽油中,在 700r/min 条件下乳化 2 小时,直至有机溶剂挥发完全,收集球体,并用石油醚清洗,冻干。

(3) W/O/W 型乳剂 - 液中干燥法:是针对水溶性药物采用 O/W 型乳剂 - 液中干燥法包封率低的问题而进行的工艺优化。自 1980 年采用 W/O/W 型乳剂 - 液中干燥法成功研制出醋酸亮丙瑞林的 1 个月缓释微球制剂,时至今日该方法已成为多肽类药物微囊化的主要方法之一。

1) 工艺流程:见图 12-9。与 O/W 型乳剂 - 液中干燥法不同的是,W/O/W 型乳剂 - 液中干燥法需首先将药物溶解于内水相中,然后与油相进行初步乳化,形成 W/O 型初乳,然后再与外水相进行第二步乳化,形成复乳,通过搅拌挥发的方式将有机溶剂去除,完成固化。

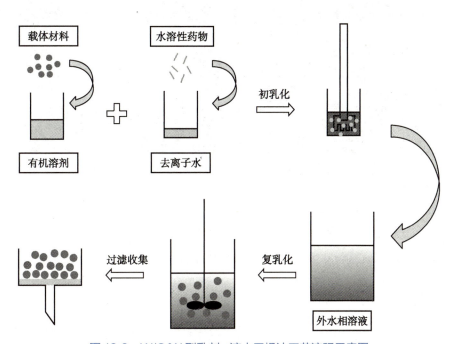

图 12-9　W/O/W 型乳剂 - 液中干燥法工艺流程示意图

2) 处方实例:W/O/W 型乳剂 - 液中干燥法制备醋酸亮丙瑞林微球(3 个月)(依据原研专利处方)。

【处方】

醋酸亮丙瑞林	1.04g	PLA	4g
PVA	1g	二氯甲烷	6.77g
去离子水	1 000g	甘露醇	适量

将 4g PLA(分子量为 18 300,羧基封端)溶于 6.77g 二氯甲烷中形成载体材料溶液,作为油相,将 1.04g 醋酸亮丙瑞林加入 0.92g 去离子水中,加热至 60℃至溶解,作为内水相;将以上两相混合,采用均质机以 25 000r/min 的转速进行剪切乳化,形成 W/O 型初乳;然后将初乳通过均质机打入至 1 000ml 浓度为 0.1% 的 PVA 溶液中,7 000r/min 进行复乳化;然后将上述混合溶液室温下搅拌 3 小时来挥发二氯甲烷,进行固化;固化完成后过滤收集微球,并向微球中加入适量的甘露醇溶液进行冻干,干燥完成后进行过筛制得醋酸亮丙瑞林微球粉末。所制备的醋酸亮丙瑞林微球扫描电子显微镜图见图 12-10。

(4) 其他制备方法:除上述 3 种常见的液中干燥法外,还有以下非常规工艺制备方法,在此仅作简单介绍,以供参考。

1) 乳化 - 溶剂提取法:近似液中干燥法,唯一的区别在于前者所使用的有机溶剂在连续相中应具有一定的溶解性,而并非必须具有高挥发性。固化过程可通过有机溶剂的扩散、溶解作用来实现。如有研究指出,若有机溶剂的使用量是其在连续相中的饱和溶解度的 1/10,则可保证有机溶剂快速扩散至连续相中,球体表面的球壳快速形成,从而提高药物的包封率。

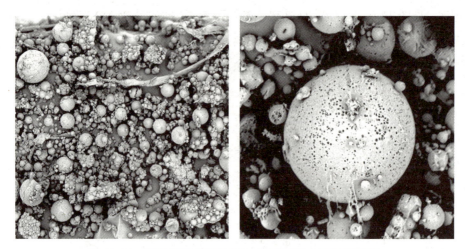

图 12-10   醋酸亮丙瑞林微球(3 个月)扫描电子显微镜图

2) W/O 型乳剂 - 液中干燥法:该法所使用的载体材料多为亲水性,如明胶、PVP 等,连续相可用液体石蜡,加入油溶性乳化剂(如司盘 80 等),制成 W/O 型乳剂。

类似的还有 W/O/O 型乳剂 - 液中干燥法、W/O/O/O 型乳剂 - 液中干燥法、S/O/W 型乳剂 - 液中干燥法(与 W/O/W 型乳剂 - 液中干燥法不同的是药物以固体形式分散于油相中)和 S/O/O 型乳剂 - 液中干燥法等,在此不再详细介绍。

(5) 工艺设备:液中干燥法虽有多种形式,但限于载体材料的应用以及工艺步骤的复杂性等因素,实际产业化应用最多的还是 O/W 型乳剂 - 液中干燥法和 W/O/W 型乳剂 - 液中干燥法。而针对这两种制备方法,制备设备近些年也发生了较大的革新,主要围绕"乳化"这一工艺步骤,设备大致可分为以"搅拌、剪切"为主的静态混合器(static mixer)、以"膜挤出"为主的膜乳化技术(membrane emulsification)、以"管道挤出"为主的微流控技术(microfluidic technology)及以"喷射"为主的精确粒子制造法(precision particle fabrication, PPF)等。

1) 静态混合器

原理:静态混合器的核心部件为一个布满隔板的管道,见图 12-11,当液体高速流过时,被管道分割成不同的支流,进而在管道隔板空隙之间发生撞击,形成紊流、回混。

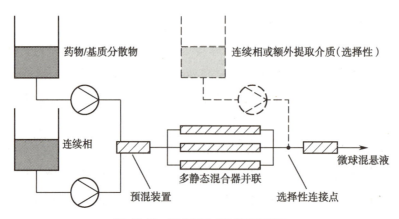

图 12-11   静态混合器制备示意图

应用:该设备的工艺放大步骤简单,可由若干个静态混合器部件并联实现,放大工艺的重现性好;同时该设备清洁步骤简单,不易残留,因此是目前 O/W 型乳剂 - 液中干燥法、W/O/W 型乳剂 - 液中干燥法工业放大、生产的主要设备。

影响粒径分布的设备参数:有研究结果表明,流体的性质、混合器的几何尺寸(长度及直径)及流体流速均会对微球粒径产生较大的影响。当增加两相之间的界面张力、聚合物溶液的浓度或混合器的尺寸时,微球粒径有增长趋势;而增加流速、连续相的黏度及混合器的长度,微球粒径将会有减小趋势。还有研究显示,放大过程中,当流体速度不变时,所制备的微球的平均粒径未发生显著变化。

局限性:工艺中,流体流速会直接影响粒径及制剂产能,无法实现分别控制;同时,制备出的粒子的粒径分布较宽,对于不同批次之间的重复性可能存在一定的风险。

2)膜乳化技术:是近 20 年来发展起来的一种新型的乳化法制备微球的技术,其技术核心在于乳化过程中控制粒径的无机制备膜,见图 12-12,研究型设备包括内压式、外压式以及高通量、中试级别。

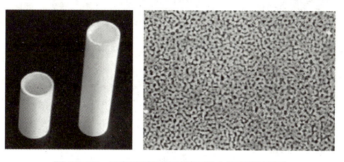

图 12-12 无机制备膜及其扫描电子显微镜图

原理:根据膜的性质,可分为亲水膜及疏水膜。亲水膜可制备 O/W 型乳剂,而疏水膜可制备 W/O 型乳剂,但基本原理一致。以亲水膜为例,见图 12-13,由于无机制备膜上有许多孔径均一的孔隙结构,因此分散相在压力作用下(通常使用氮气或者空气加压)挤压穿过无机制备膜,形成许多小乳滴,进入连续相,通过不断搅拌挥发,最终固化形成微球。

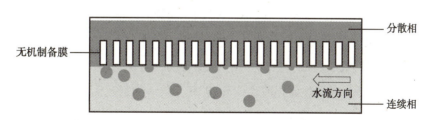

图 12-13 膜乳化技术制备原理示意图

制备方法主要包括膜乳化法和快速膜乳化法。两者的区别在于前者是将含有药物和载体材料的混合液体在压力作用下挤压出膜进入外水相中,此工艺制备出的乳滴的平均粒径一般为膜孔径的 3~4 倍;而后者则要经过两步乳化,初步混合、乳化形成粒径较大的粗乳滴,将较大的粗乳滴挤出膜进行第二遍乳化,该工艺制备出的乳滴的粒径通常为膜孔径的一半。

应用:主要用于制备尺寸均一的乳液、微球和微囊等,可以制备 W/O 型、O/W 型、W/O/W 型和 O/W/O 型乳剂,可实现乳液的尺寸均一性和可控性;同时对于该设备的工艺放大可以通过并联膜个数以及增大膜大小尺寸放大来实现。图 12-14 显示了不同膜孔径下所制备的乳液粒径情况。

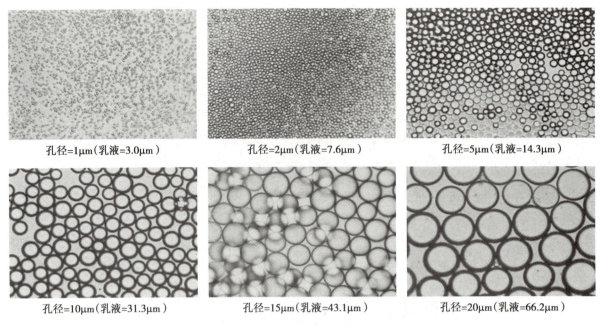

孔径=1μm（乳液=3.0μm）　　孔径=2μm（乳液=7.6μm）　　孔径=5μm（乳液=14.3μm）

孔径=10μm（乳液=31.3μm）　　孔径=15μm（乳液=43.1μm）　　孔径=20μm（乳液=66.2μm）

图 12-14　不同膜孔径下所制备的乳液粒径

影响粒径分布的设备参数：主要包括膜参数、相参数、乳化过程参数。①膜参数，包括 SPG 膜的孔径大小、孔径分布，以及膜孔的几何形态、孔隙间距、活性孔隙度等；②相参数，包括表面活性剂的种类及浓度、分散相和连续相的黏度及密度、pH 等；③乳化过程参数，包括跨膜压力、连续相流速及乳化过程的临界压力，一般认为合适的跨膜压力（ΔP_{tm}）应该为临界压力的 2~10 倍。

$$\Delta P_{tm} > P_c = (4\gamma\cos\theta)/d_p$$

在这个关系式中，P_c 为乳化过程的临界压力，d_p 为膜孔径，γ 为两相之间的界面张力，θ 为分散相与 SPG 膜表面的接触角。

局限性：①如果想获得符合目标粒径且分布较为均一的粒子，则需保证膜对于连续相的非浸润性，然而这样的性质又将导致分散相较低的流通率、较低的产率；②膜改性现象，当连续相中加入一定量的表面活性剂时，膜表面与乳滴之间的表面张力发生变化，进而导致乳滴的形状与产率发生一定程度的改变；③实现膜体本身在生产时，立体结构、孔隙尺寸以及分布、密度等的精确控制。以上因素都将显著影响制剂最终产品的质量，如果要真正实现该制备工艺的产业化推广，这些问题毋庸置疑是需要进一步得到解决的。

3) 微流控技术：同样是针对常规搅拌剪切成乳，粒径不均一的情况而发展出的设备。

原理：如图 12-15 所示。利用不同的管道将连续相和分散相分别打入进行混合，通过控制管道的直径以及两相的流速，进而形成粒径均一的乳滴，各乳滴在流体推动下沿着管道有序前行，同时乳滴在管道中运行的过程中实现部分有机溶剂的扩散已达到初步固化，当乳滴输送至装有外水相的容器内时进行搅拌挥发，实现进一步固化，完成制备过程。

优势：可通过增加乳化管道的数量而实现工艺的直线放大，产品的粒径可为 1~1 000μm。目前该设备已有成型的市场化产品，规格涉及实验室级别、中试临床前级别以及生产级别（在研阶段）。

影响粒径分布的设备参数：使用该设备所制备的粒径大小及粒径分布与载体材料种类及其溶液浓度（2%~10%，W/W）、载药量等并无显著的相关性，而与两相的流速、管道的直径与长度有密切的关系。在合适的工艺参数范围内，影响粒径的分布以及成球形的关键因素只有两相之间的界面张力。

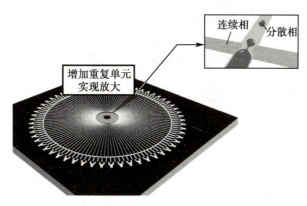

图 12-15　微流控技术制备原理示意图

局限性:产率依旧是此类设备最大的挑战,依据目前的技术而言,几百个管道同时乳化,单位小时内的产量依旧不超过几毫升,而选择增大流速以提升产率,则在一定程度上会改变两相界面张力与黏滞力之间的关系,进而改变微球的粒径分布情况,甚至成球性。目前针对此类问题,一般采取连续性生产的方式,但同样带来相关思考:①长时间的乳化过程导致连续相与分散相在乳化过程中的浓度变化、稳定性等挑战,针对 W/O/W 型制备工艺,这一问题尤其关键;②鉴于乳化生产的连续性,固化步骤操作也需要具有连续性,显然依旧采取乳液搅拌挥发二次固化具有不合理性,很难实现所制备的微球具有相同的固化时间。

4) 精确粒子制造法:由 Berkland 等于 2001 年首次提出,属于喷射分离技术中的一种,可制备球壳型和基质型,见图 12-16。目前已有商业化实验设备及技术平台。

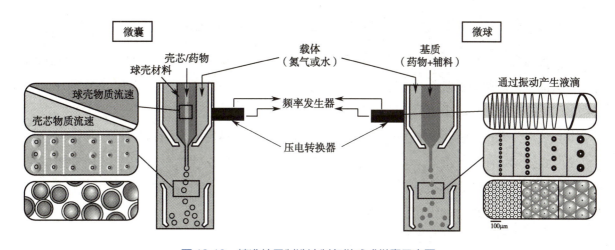

图 12-16　精准粒子制造法制备微球或微囊示意图

原理:如图 12-17 所示。泵 1 泵入分散相,通过喷嘴将分散相挤出形成层流状喷射流,进一步通过具有变频功能的超声装置,将流体切割成单分散的乳滴,伴随泵 2 泵入的连续相,包围于乳滴外,掉入收集容器中进行进一步的挥发固化。

影响粒径分布的设备参数:针对基质型,可通过控制喷嘴尺寸(r_j)、分散相流速(v_j)、超声变频频率(f),依据公式 $r_d=(3r_j^2v_j/4f)^{1/3}$ 可有效实现粒径 d 控制,制备 10~500μm 不等的粒子,粒径分布十分均一,见图 12-18。

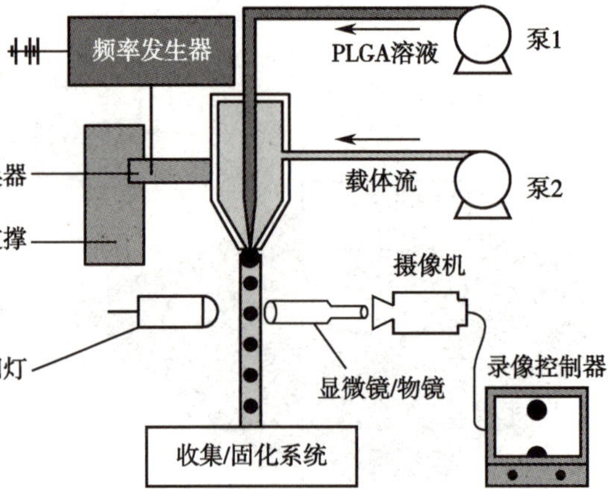

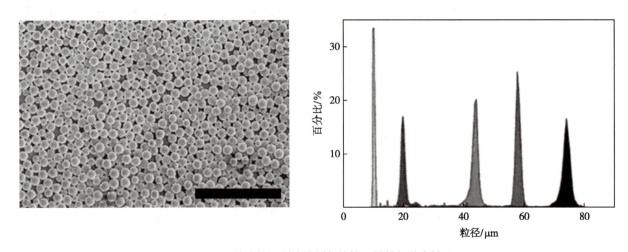

图 12-17　精准粒子制造法制备流程原理示意图

图 12-18　精准粒子制造法制备的粒子的粒径分布情况

局限性:该设备的生产放大依靠增加喷嘴的数量来实现,其产率与目标粒径、材料性质、物料浓度都存在较大的关系。相关数据显示,实现粒径在 75μm 左右的粒子制备,其批量一般在 100~200g,与可注射微球的产业化批量还具有一段距离。

其他喷射分离技术还包括静态电喷射法、切割喷射法、流速控制法,篇幅有限,此处不再详细介绍。

(6) 工艺参数:液中干燥法制备微囊或微球伴随挥发性溶剂在液 - 液界面及液 - 气界面扩散的同时,药物也会发生迁移及沉淀,因此对于液中干燥法的各项影响因素的控制,主要是对多种物质的迁移速度及程度的控制。具有共性的因素总结见表 12-3。

表 12-3　液中干燥法的影响因素汇总表

影响因素	控制参数
药物	在连续相及分散相中的溶解度;载药量;以及与载体材料、挥发性溶剂的相互作用强弱
载体材料	比例;种类;用量;在分散相及连续相中的溶解度;与药物的作用强弱
挥发性溶剂	用量;与连续相之间的界面张力;与药物、聚合物的作用强弱
连续相	用量;种类
连续相的乳化剂	种类;浓度

通常以粒子的粒径及其分布、包封率、载药量、颗粒形态和孔隙结构、释放行为、降解速率及有关物质作为微囊化制剂的主要评价指标;针对不同的制备工艺,相同的参数变量所导致的影响趋势不尽相同,即便针对同一个制备工艺,不同的药物及不同的载体材料、有机溶剂都可能造成截然相反的影响趋势,因而表 12-4 中的结论是建立在大量文献数据以及教材的基础上总结而成的,属于该制备工艺下的普遍性结论,并不一定适用于所有个例工艺方案。

1) O/W 型制备工艺的影响因素:见表 12-4。

表 12-4　O/W 型制备工艺的影响因素

影响因素	控制参数	影响趋势
药物在外水相中的溶解性	降低药物的溶解性,包括使用药物饱和的外水相、改变外水相的 pH、增大外水相的渗透压等	提升包封率
投药量	增大投药量	载药量提升,达到一定载药量后包封率下降,有增大突释的可能性
载体材料的性质	结晶度以及分子量	随着分子量增大,制剂的降解速率减慢,药物释放时间延长
载体材料的浓度	增大浓度	药物释放减慢,粒子的粒径呈现增长趋势
乳化剪切速率	剪切速率升高	粒径变小
外水相中乳化剂的浓度	—	将影响成球性以及粒径分布、载药量等指标;乳化剂的浓度提高时,乳滴稳定,粒径分布则更为均匀;过高或过低都不利于药物包封
固化速率	提升固化速率,包括提升有机溶剂在外水相中的溶解度、提升固化搅拌速率、提高固化时的真空度	载药量以及包封率提升;突释可能性小,释放慢,药物多以无定型形式均匀分布于球体中,影响球体内部的孔隙结构
药物与载体材料结合的性质	结合能力增强	释放减慢,存在有关物质增加的风险

2) O/O 型制备工艺的影响因素:见表 12-5。

表 12-5　O/O 型制备工艺的影响因素

影响因素	控制参数	影响趋势
药物性质	增大分子量	影响制剂释放行为:小分子药物在水中的溶解性好,释放多以扩散为主,突释可能性大,释放快;而大分子多为四肽以上药物,因为溶解性降低,导致其所制备的制剂释放较慢
聚合物浓度	增加聚合物浓度	提升包封率、载药量,但当浓度过大时,由于内相的黏度过大,成球性下降、制剂收率降低
外油相中的表面活性剂	增大浓度	包封率以及载药量显著提升,粒径呈现减小趋势;浓度过高时,制剂收率降低

　　该制备工艺条件下可供选择的有机溶剂的种类较多,需要根据药物性质、载药量需求和载体辅料性质而定,进而依据有机溶剂的种类选定外油相。

　　3) W/O/W 型制备工艺的影响因素:见表 12-6。

表 12-6　W/O/W 型制备工艺的影响因素

影响因素	控制参数	影响趋势
W₁ 内水相		
药物性质(特殊属性、分子量等)	药物的扩散性、溶解度、粒径、与载体材料结合的性能	药物释放行为
投药量	增加投药量	粒径增大,孔隙度增加
添加剂(稳定剂、缓冲盐、增黏等)	增加渗透压,增大内水相的黏度	渗透压增加,包封率降低;内水相的黏度增加,包封率提高
O 油相		
载体材料的性质(分子量、晶型、化学组成、溶胀性等)	增加重均分子量 M_w,增加特性黏度	粒径增大,包封率提高,影响释放行为
有机溶剂的性质(饱和蒸气压)	有机溶剂越易挥发,固化时间越短;固化过快易导致粒子均一化前聚集	提升包封率,影响孔隙度
载体材料的用量、有机溶剂的用量、溶解度等	增加载体材料的浓度,增大油相的黏度	粒径增大,包封率提高,突释可能性减少,内部孔隙度降低
添加剂(稳定剂、增塑剂)	表面活性剂	粒径减小,包封率降低,突释可能性增大
W₂ 外水相		
表面活性剂的种类、浓度	稳定复乳的能力	影响包封率;当表面活性剂达到一定浓度后,制剂的包封率不再发生显著变化
添加剂(缓冲盐)	控制渗透压、pH	当外水相的渗透压增大,或控制外水相的 pH 以减少药物在外水相中的溶解度时,药物包封率提高,形成致密均匀的球体骨架
$W_1 \to O$,$W_1/O \to W_2$ 的比例	增加内水相的体积,降低外水相的体积	降低包封率,释放加快。$W_1/O \to W_2$ 的比例将影响复乳化过程以及固化过程,进而影响粒径分布以及释放行为
其他参数		
初乳化(设备类型、转速、时间)	提高初乳化效率(包括增加转速以及延长初乳化时间)	载药量提高
复乳化(设备类型、转速、时间)	增加复乳化剪切强度	粒径减小,包封率降低
固化速率	提升固化温度,提高固化时的真空度	固化速率提升,包封率提升,影响内部孔隙度

一般而言,初乳的稳定性在很大程度上决定了制剂的载药量、包封率以及内部孔隙结构,较粗的初乳(由于内水相并未以极细乳滴均匀分散)制备出的微球的载药量往往偏低,其内部会出现较大的孔隙结构。图 12-19 清晰地展现了两种初乳制备工艺下所制备的微球横切面结构,固化过程中也会发生内水相中的极细液滴相互聚集合并,因而在释放过程中,当释放液渗入至较大的孔隙结构时将发生暴释,最终导致制剂释放行为的不可控性。

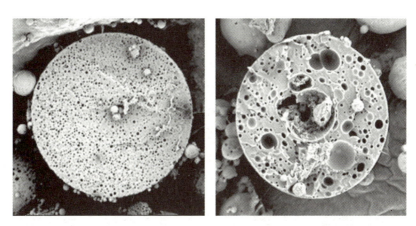

图 12-19　两种初乳制备工艺下所制备的微球横切面扫描电子显微镜图

上述三种制备工艺具有不同的适用范围,所制备的微囊化制剂也通常拥有不同的球内孔隙结构及释放行为。一般而言,与 O/W 型制备工艺相比,O/O 型制备工艺的包封率显著提升,同时制备出的球体表面更为光滑、内部结构密实、突释效应较低。W/O/W 型乳剂 - 液中干燥法由于工艺限制,一般情况下制剂的载药量不超过 10%,多适用于给药剂量较小的水溶性药物。对于 O/W 型乳剂 - 液中干燥法,有文献报道可达到 75% 的载药量,可包载多种化学结构的药物,多适用于脂溶性化合物,药物在外水相中的溶解度将在极大程度上影响包封率。

2. **相分离法**　作为药物微囊化的主要方法之一,具有制备设备简单(多为搅拌装置)、载体材料来源广泛、对包载的药物性质选择性低等优势。相分离法的基本原理见图 12-20。在制剂过程中,原本的均一相在促凝聚因素作用下发生相分离,产生密度较大的凝聚相及均一溶液相,两相始终处于动态平衡;在不断搅拌中凝聚相液滴再分散、再合并(此时液滴大小多与搅拌转速、载体材料的性质等有关,并最终决定微球的粒径分布),形成密度更大、更稳定的凝聚相液滴,进一步加入固化剂实现微囊或者微球完全固化。

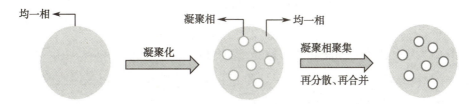

图 12-20　相分离法制备原理示意图

根据促凝聚因素的性质,可大致分为水相凝聚法(单凝聚法、复凝聚法)、有机凝聚法(溶剂 - 非溶剂法、溶剂萃取法)、改变温度法及超临界流体法等。针对生物可降解性微球而言,溶剂 - 非溶剂法是研究最广泛、生产应用最多的制备方法,目前上市产品中醋酸奥曲肽微球、醋酸曲普瑞林微球、醋酸兰瑞肽微球以及艾塞那肽微球的制备工艺均属于此类。接下来将着重对溶剂-非溶剂法展开叙述,并简单介绍其他相分离方法的工艺原理及进展情况。

(1) 溶剂-非溶剂法:材料的混合溶液(可以呈溶液状态、混悬状态或者乳液状态)中加入一种对上述载体材料不溶的溶剂(即非溶剂),引起相分离的同时将药物包裹进微球或者微囊中。见图 12-21。

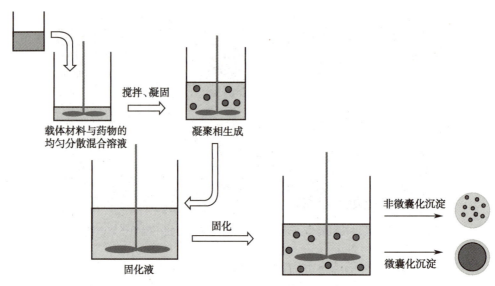

图 12-21　相分离法工艺流程示意图

相分离法中,所包载的药物不能溶于非溶剂中,也不能与其发生任何反应;载体材料多采用聚酯类聚合物,也有部分文献报道采用乙基纤维素、明胶、聚丙烯酸树脂、聚酸酐类、聚异丁烯(PIB)等。应用聚酯类、聚酸酐类等载体材料制备,常用的有机溶剂为二氯甲烷,非溶剂多用矿物油、植物油、硅油等,固化液则多见于正庚烷、正己烷、石油醚等有机溶剂。

研究者常常借助三相图来描述基于有机凝聚法原理的微囊化过程(如不考虑药物影响),这种方法有助于阐明凝聚过程中聚合物浓度以及溶剂和非溶剂的用量关系,帮助研究者快速找到各组分的合适比例范围。Nihant 等的系列研究对聚酯类生物可降解性聚合物(PLA 和 PLGA)经有机凝聚法制备微球进行了深入报道,PLGA 的凝聚过程可大致分为以下 4 个步骤:①加入少量相诱导剂如硅油时(1%~5%,V/V),体系形成硅油在有机相中的伪乳状液;②逐渐增加硅油的加入量,开始产生相分离现象,但这时凝聚液滴并不稳定,易聚集合并,最终破裂;③当硅油继续增加至适量时,可产生稳定且分散性较好的聚合物液滴;④进一步加入硅油,会导致液滴彻底凝聚析出成为微粒,进而聚集成大的块状物。第三个步骤是制剂凝聚成球的关键步骤。

影响稳定区域大小的因素包括凝聚剂的黏度、载体材料的性质、载体材料的浓度等。如图 12-22 所示,三相图的 3 个顶点分别代表 PLGA、二氯甲烷和二甲基硅油,在固定的 PLGA-二氯甲烷体系中,通过逐步向该体系中加入相分离剂硅油,观察相分离情况,绘制相图。如果将第三步设定为凝聚成球的"稳定区",Nihant 等研究了不同的 PLGA 型号以及硅油黏度对凝聚过程的影响,结果显示:高黏度硅油的去溶剂化效应更明显(不良溶剂争夺聚合物溶液中的有机溶剂,使聚合物凝聚的过程称为去溶剂化),"稳定区"的范围更宽;然而对于一些较低黏度的硅油(20cs),大多难以形成"稳定区";同时随着 PLGA 的亲脂性增强,则需要更多的硅油进行去溶剂化,在这种情况下较易控制去溶剂化作用,以形成分散性良好的微球,"稳定区"变大。对于 PLA,由于亲脂性强,去溶剂化过程中聚合液滴的黏度较低,易快速聚合形成更大的液滴,使得粒子的粒径分布更加均匀,三相体系中未出现明显的"稳定区"。

对于三相图构成的影响因素,除上述因素外,还包括共聚物的纯度(即低聚物在共聚物中所占的比例),纯度越小,亲脂性越弱,在硅油作用下越易析出,具有较窄的"稳定区";同样,对于 PLGA 的平均分子量,当分子量较大时,其在二氯甲烷中的溶解度也较好,"稳定区"所使用的硅油量也将增大,范围变宽。综合来说,为了提高有机凝聚法工艺的可操作性,需尽可能增加"稳定区"的面积。除此之外,由于凝聚相的黏度较大,易于互相黏附,因而需通过调节搅拌速率、温度和添加稳定剂以改善粒子之间的凝聚情况。

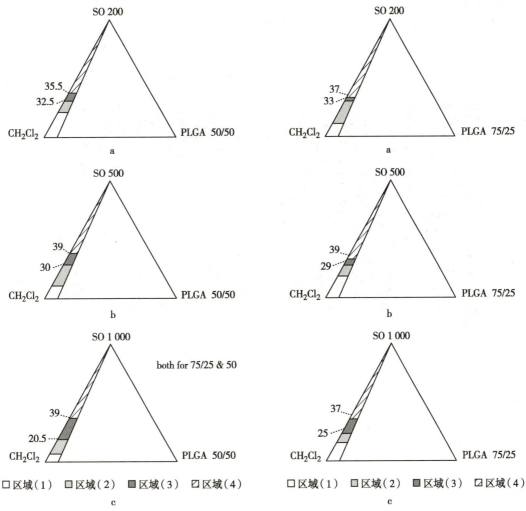

PLGA,乳酸 - 羟基乙酸共聚物;CH₂Cl₂:二氯甲烷;SO 200、SO 500 和 SO 1 000 代表不同黏度的二甲基硅油,数值越大,黏度越高。

图 12-22　不同 PLGA 型号、硅油黏度条件下的三相图分布情况

溶剂 - 非溶剂法对于水溶性药物具有较高的包封率,且制备出的粒子具有较窄的粒径分布、突释可能性小等优势。然而由于制备过程中使用了大量的有机溶剂,对生产车间设计的要求高,需做防爆处理;同时大量的有机溶剂也会造成微球颗粒之间易聚集的问题,溶剂残留也是需要重点关注的方面。

处方实例:溶剂 - 非溶剂法制备奥曲肽微球(依据原研专利处方)。

【处方】

醋酸奥曲肽	1.50g	PLGA(55:45)	18.5g
甲醇	20ml	二氯甲烷	500ml
二甲基硅油 350cs	800ml	去离子水	2 000ml
二甲基硅油 1 000cs	500ml	正庚烷	1 800ml
司盘 80	40ml		

①API-PLGA 混合溶液的制备:将处方量的 PLGA(55:45,葡萄糖修饰)溶于处方量的二氯甲烷中形成载体材料溶液,将处方量的醋酸奥曲肽及甲醇进行混合溶解,将上述两者混合形成均一溶液;②凝聚化:向上述初乳中加完处方量的二甲基硅油 350cs 及二甲基硅油 1 000cs,过程保证持续搅拌,形成凝聚液;③固化:将上述凝聚液加入固化液(由 1 800ml 正庚烷、2 000ml 去离子水及 40ml 司盘 80 混合形成乳状固化液)中,持续搅拌进行固化至少 10 分钟;④清洗及收集、干燥:固化完全后,将固化液过滤除去后,收集球体进行真空干燥,获得醋酸奥曲肽微球,其扫描电子显微镜图见图 12-23。

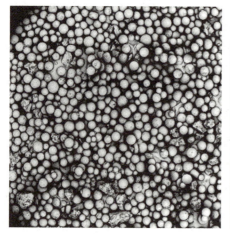

图 12-23 醋酸奥曲肽微球扫描电子显微镜图

(2) 溶剂萃取法、单凝聚法、复凝聚法、改变温度法及超临界流体法:相较于溶剂 - 非溶剂法,其余相分离法更多停留于学术研究层面,尚未实现工业化大生产,接下来将就成球原理进行简单介绍。

1) 溶剂萃取法:也称为溶剂移除法,主要通过连续相萃取有机溶剂最终达到成球的目的。该方法最大的特点在于成囊过程在室温条件下进行;全程采用有机溶剂作为介质,避免在水中不稳定的生物可降解性材料发生水解。该方法与溶剂 - 非溶剂法最大的区别在于此方法是将聚合物溶液倒入连续相中形成乳液,通过连续相对有机溶剂的萃取作用以实现成囊过程;而后者是将相诱导剂逐渐加入聚合物溶液中,通过凝聚过程最终完成药物的微囊化。

溶剂移除法制备的微球都具有致密的外表,多孔的结构与成球机制有关,微球的形成先由表面沉淀开始,随后球内的有机溶剂逐渐从内向外渗透,微球内部形成诸多细孔;同时,值得注意的是,微球的孔隙结构也与聚合物的性质有关,微球不易形成致密光滑的表面则与该聚合物易析出结晶有关。

Mathiowetz 等采用此方法制备聚酸酐微球:将处方量的聚酸酐溶于二氯甲烷中形成聚合物溶液,再将药物均匀混悬于上述溶液中,倒入含有司盘 85 和二氯甲烷的硅油中,然后加入石油醚,维持搅拌状态,直至载药微球固化完全,过滤分离,石油醚洗涤微球表面残留后,于真空干燥箱中干燥过夜。

2)单凝聚法:是利用一种高分子材料加入凝聚剂,以降低其在水中的溶解度,使之凝聚成球或囊。此种凝聚行为可逆,一旦解除凝聚条件,凝聚而成的微球或微囊将会立即消失。利用这种可逆性,经几次凝聚与解凝聚过程,直至形成形状较为满意的微囊或微球结构,再加入交联剂定型,形成不粘连、不可逆的结构。

单凝聚法常用的高分子材料有明胶、海藻酸钠、壳聚糖和 CAP 等,促凝聚因素可分为乙醇、异丙醇类强脱水剂或者 $CaCl_2$ 等强亲水性盐类等,交联固化时明胶常用醛类、CAP 可加酸、海藻酸盐加 $CaCl_2$、蛋白质类可加热或者醛类。以明胶为例,工艺流程如图 12-24 所示。

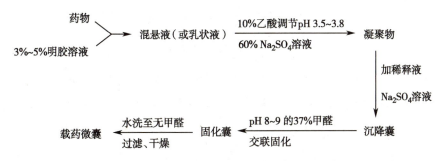

图 12-24　单凝聚法制备明胶微囊工艺流程示意图

单凝聚法中的成囊系统一般包含药物、凝聚相和水相三相。影响高分子材料凝聚成囊或者成球的关键因素主要涵盖以下几个方面:

A. 凝聚相的性质:凝聚相与水相之间的界面张力应较小,使凝聚相可形成球状液滴,且凝聚相应具有适当的流动性,这是保证囊形良好的首要条件。如明胶单凝聚时需加入少量乙酸,此时明胶分子中存在较多 NH_4^+,可吸附较多水分子,降低凝聚时囊 - 水的界面张力;而接近明胶的等电点(pH 7~9)时将导致大量黏稠块状物析出,凝聚相的流动性降低。

B. 载体材料的浓度及温度:浓度越高越易凝聚,浓度较低时制剂产率降低,当低于一定限度时难以成球,浓度较高时制备出的球体易粘连。制备温度越低越有利于凝聚化,温度过高时明胶的溶解度增大且低温固化时也粘连,温度过低时粒径偏大且分布不均。

C. 电解质的性质:电解质中的阴离子对高分子胶凝起主要作用,常见阴离子中 SO_4^{2-} 的促凝聚作用最强,Cl^- 次之,而 SCN^- 则可阻止凝聚。

D. 药物与载体材料的亲和性:将显著影响药物的包封率。由于单凝聚法是在水介质中成囊,当药物的水溶性过高时,药物只存在于水相中而不能混悬于凝聚相中包封成囊;而当药物过于疏水时,由于凝聚相中仍旧存在大量水,药物依旧难于混悬于凝聚相或者水相中,也不能包入囊中。因此,药物被包载进入载体材料中的关键条件在于药物与囊材的亲和性,一般用接触角 θ 表示,只有当 $0°<\theta<90°$ 时药物才与囊材具有一定的亲和性,使得凝聚相在药物表面上润湿、铺展,完成药物包载。

E. 交联固化:交联剂的浓度及交联时间可影响固化过程,故在一定程度上可影响药物的释放程度,但对微球的形态和粒径无显著影响。

3)复凝聚法:是利用具有相反电荷的高分子材料互相交联形成复合材料自载体材料中析出,将药物包裹成微球或微囊。常用的复凝聚材料组合包括明胶-阿拉伯胶、海藻酸盐-壳聚糖、海藻酸-白蛋白、CAP-壳聚糖、白蛋白-阿拉伯胶等。

以明胶-阿拉伯胶为例,工艺流程如图 12-25 所示。

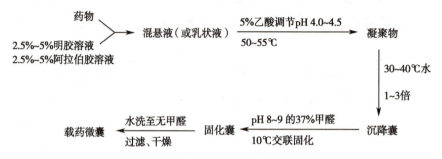

图 12-25　复凝聚法制备明胶-阿拉伯胶微囊工艺流程示意图

阿拉伯胶含有—COOH,在水溶液中只带有负电荷,因此只有将体系 pH 调节至明胶的等电点以下(pH 4.0~5.0),明胶才能带正电荷,从而与带负电荷的阿拉伯胶相互吸引交联凝聚成囊。同时,两种材料的浓度也将影响成囊效果,介质水与两种材料所形成的混合体系可通过三相图来找出产生凝聚的浓度条件,见图 12-26。

图 12-26 中,固定体系图 K 为凝聚区;P 为曲线以下,为两相分离区,两种高分子材料溶液在此区域内不能混溶,也不能成囊或成球;H 为曲线以上,两种高分子材料溶液可混合形成均相溶液。A 点代表 10% 的明胶、10% 的阿拉伯胶和 80% 的水的混合液,必须加水稀释,沿 $A \rightarrow B$ 虚线进入凝聚区才能发生凝聚反应。要发生明胶-阿拉伯胶复凝聚行为,必须具备明胶与阿拉伯胶的浓度应在 3% 以下;体系 pH 必须在明胶的等电点以下;体系温度必须控制在明胶溶液的胶凝点(约 35℃)以上,当温度低于胶凝点温度时,明胶将会发生单凝聚,无法与阿拉伯胶发生复凝聚。

4)改变温度法:是通过控制温度,改变材料在溶剂中的溶解度,进而实现成囊或者成球。聚合物的温度-组成图在溶解范围内的形状与低分子相似。图 12-27 为典型的聚合物-溶剂二元相图。

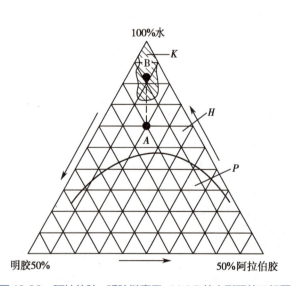

图 12-26　阿拉伯胶-明胶微囊用 pH 4.5 的水稀释的三相图

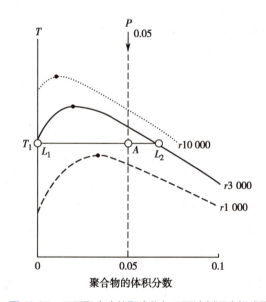

图 12-27　不同聚合度的聚合物与不同溶剂温度组成图

图 12-27 中有 3 种不同分子量的均质聚合物,曲线以下为液相分层区,曲线以上为均匀溶液区;通过临界点下的水平线与曲线相交于 L_1、L_2,表示在同一温度下互相平衡两相的浓度,其中浓度较大的 L_2 作为凝聚相,若将体积分数为 0.05 的溶液冷却至 T_1,聚合物溶液分为 L_1、L_2 两相,两相的质量比符合杠杆规则,即 L_1 相的质量 $\times AL_1 = L_2$ 相的质量 $\times AL_2$。值得注意的是,多数聚合物是不同分子量组合的混合物,无法得到真正的二元系统,不同分子量的聚合物对于温度的凝聚行为也有些许差异。

如以血清蛋白为囊材,将药物与 25% 的白蛋白水溶液混合,加入适量的乳化剂形成 W/O 型初乳,再升高温度使蛋白质乳滴固化。

5) 超临界流体法:是近年来迅速发展起来的一种微球制备工艺。由于该工艺制备方法具有较低的有机溶剂残留量、易于实现不稳定性药物的包载,使其成为极具希望的一种微囊化制备工艺。

超临界流体是处于其临界温度和临界压力以上状态的流体,如图 12-28 所示。

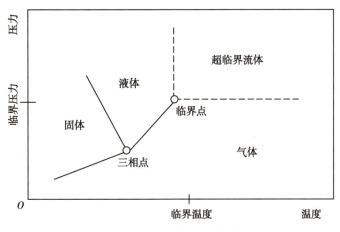

图 12-28 临界压力 - 温度曲线

从临界点起始,气 - 液界面消失,体系性质均一。有学者比较了三类流体的性质(气体、超临界流体、液体),结果显示超临界流体具有优越的传递性质,密度和液体相近,黏度与气体相近,扩散系数比液体大。超临界流体的扩散性和黏度,以及受密度影响的介电常数、界面张力等参数可实现线性控制。当流体密度接近液体状态时,可实现物质分子的溶解;而当流体密度接近气体时,物质分子完成沉淀聚集,通过超临界流体各相之间的快速转变,实现溶解物质的成核沉淀过程。由于相较于其他超临界流体,CO_2 的临界温度(31.1℃)和临界压力(7.38MPa)比较低,具有无毒、安全、环保、低廉等特点,故广泛应用于工艺制备中。根据超临界流体在体系中的作用,将其分为以下三类:超临界流体快速膨胀法(rapid expansion of supercritical solutions,RESS)、气体抗溶剂法(gas antisolvent,GAS)及气体饱和溶液沉析法(particles from gas saturated solutions,PGSS)。

超临界流体微囊化制备出的微囊化产品具有粒径分布窄、有机溶剂残留量低等优势,但在工艺放大、产业化设备、药品生产质量管理规范(Good Manufacturing Practice,GMP)生产设计等方面仍需要进一步完善。然而超临界流体微囊化制备工艺较传统工艺展现出极大的优越性,综合来看,该制备工艺具有较大的发展前景。

(3) 喷雾干燥法:已被广泛应用于化工、食品、医药企业的物料干燥。该技术适用于热敏性物质(如鱼油、维生素等)的干燥,同时由于具有一步快速制备、可重复操作、工业放大便捷性等优势。近些年采用喷雾干燥法制备微囊或微球的研究也越来越多。

该制备方法的原理为:将待干燥物质的溶液以雾化状态在热压缩空气流或氮气流中进行干燥,实现雾滴固化形成粒子。过程主要包括料液雾化、加热气流干燥固化及产品收集,见图 12-29,其中料液雾化及固化过程是影响微囊化制剂性质的关键性步骤。

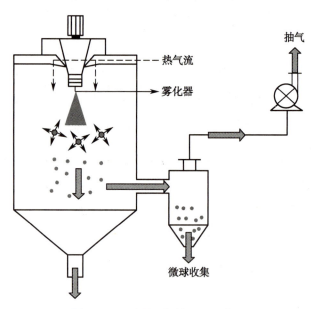

图 12-29　喷雾干燥法原理示意图

1) 雾化过程:雾化器作为喷雾干燥装置中最核心的部件,形式主要包括压力式雾化器、高速离心式雾化器及气流式雾化器,见图 12-30,对于粒径、粒径分布等有着显著性的影响。

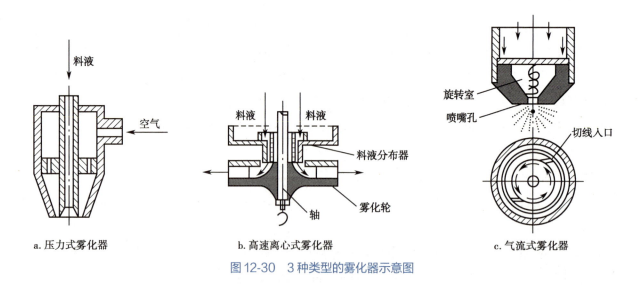

图 12-30　3 种类型的雾化器示意图

2) 干燥过程:由于雾滴之间的分布差异,导致雾滴干燥过程较为复杂,因而每一个雾滴在经过干燥器时的干燥过程都可能不尽相同;雾滴中的溶剂由内而外扩散实现干燥,内部溶剂与雾滴表面浓度以及气 - 液界面存在动态平衡。

喷雾干燥法可制备以天然聚合物如壳聚糖、海藻糖等为骨架材料的微囊化制剂,也可以制备以生物可降解性聚合物如 PLGA、PLA 为骨架材料的微囊化制剂,对于此类材料的制备工艺,药物直接溶于载体材料溶液中进行喷雾干燥,也可以先制备出 W/O 型初乳再进行喷雾干燥。接下来以应用最广的聚酯类载体材料的制备工艺为例,对影响微球理化性质的关键工艺参数进行介绍。

3)案例:牛血清白蛋白 -PLA 微囊。

制备方法:将浓度为4%的牛血清白蛋白(bovine serum albumin,BSA)水溶液 2.25g 超声分散于 60g 5%(*W/W*)PLA- 二氯甲烷溶液中,单次超声 30 秒,共计 2 次,制成 W/O 型初乳,再经喷雾干燥制备微球。

喷雾干燥设备的参数:空气进、出口的温度分别为 36℃和 <50℃,料液速度为 2.0~2.5ml/min,气流速率为 400~500L/h,气流速率为 17L/h。

4)关键工艺参数

A. 进料体系的性质:不同的进料体系将显著影响最终产品的释放行为及药物包封率。有研究显示,相较于溶液体系,混悬体系具有更好的流动性及更慢的药物释放行为。事实上,多数溶液体系进料喷雾干燥后,表面球壳结构首先形成,随着溶剂的不断扩散,部分药物被带到球体表面,析出结晶,这也就造成了药物大量突释;而对于混悬体系的料液,多数药物被包载于球体内部,因而所制备的微球表面较为光滑。

B. 目标载药量:设计处方中的目标载药量将显著影响微球的外形结构。当目标载药量过高时,载体材料将无法完整包载,药物结晶往往附着于球体表面,包封率降低,进而造成突释及释放速率增加;同时,随着制剂的载药量的增加,载体材料的玻璃化转变温度呈现下降趋势,这可能与药物在载体材料中的分布导致聚合物的结晶度有所改变、链段流动性增强有关。

C. 聚合物的分子量:随着聚合物的分子量增大(特性黏度增加),微球粒径逐渐增大;当聚合物的黏度增加到一定程度后,聚合物链段间作用力增强,导致液膜无法在外力作用下由丝状分裂成球状,制剂的成球性降低,药物包封率以及载药量也将有所降低。

D. 聚合物的浓度:对球体形态以及释放行为都具有明显影响。适当的浓度条件下聚合物溶液经喷雾干燥可制得外观形态圆整良好的球体,表面光滑。有研究报道,采用低浓度 PLA 溶液(<1.5%,*W/V*),制得的微球多聚集成团,不呈球形;而高浓度 PLA 溶液(>3.0%,*W/V*)制得的微球,产物多呈纤维状。在适当的浓度条件下,随着聚合物的浓度增加,制剂的平均粒径呈现增大趋势,且释放速率减慢。

E. 溶剂:溶解聚合物的有机溶剂在喷雾干燥过程中对药物的包封率有明显的影响。采用二氯甲烷、乙酸乙酯等有机溶剂的包封率可达到 100%,球体形状圆整,突释可能性小;而采用丙酮、四氢呋喃等有机溶剂制备的微球多呈破碎状或表面多孔不规则球形等,药物包封率低,且突释严重。

F. 空气进口温度:对微球形态有一定的影响,见图 12-31。当进口温度较低时,微球表面多孔,并易团聚成团,这可能与有机溶剂缓慢扩散致孔有关,药物包封率下降,释放加快;而当进口温度较高时,球体密度增大,同时制剂的圆整性显著降低,可这能与该条件下聚合物易析出、雾滴结构无法重构有关。值得注意的是,气体出口温度不得高于载体材料的玻璃化转变温度,否则将破坏球体结构。

G. 进料口速度:对于制剂的粒径具有重要意义。一般来说,维持进料口速度恒定,增加提高气流速率,将增大剪切速率,使得粒子的粒径减小,分布更为集中,则释药更快;同时有助于微球的收率增加。

H. 蛋白质活性:有机溶剂对微囊化包载的蛋白质活性具有一定影响。实验表明,用二氯甲烷作有机溶剂,微囊化后的抗原活性仍保持在 100%;而采用极性溶剂如丙酮等,微囊化后的抗原活性损失约 50%。

图 12-31　不同雾化温度对 PLGA 微球成球性的影响

（4）低温喷雾干燥法：尽管喷雾干燥法的包封率及收率较高，且工艺操作简单，但存在耗能大、耗时长等问题，同时若包载的药物为蛋白质，长期暴露于高温条件下也会导致药物失活。为解决这一问题，人们逐步研发出一类新型喷雾干燥法——低温喷雾干燥法，大致工艺流程（图 12-32）为先进行料液雾化，雾化后的液滴被喷入液氮中瞬间凝固，掉入低温的萃取溶媒中提取二氯甲烷，实现微球固化，最后过滤收集微球。

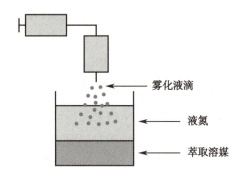

图 12-32　低温喷雾干燥法工艺流程示意图

1998 年，美国有公司成功开发出了一套符合 GMP 要求的中试规模化微球生产装备，用于Ⅱ期和Ⅲ期临床试验样品的制备，将重组人生长激素（recombinant human growth hormone，rhGH）微球样品的制备量从实验室规模的几克 / 批扩大到 500g/ 批的水平，见图 12-33。

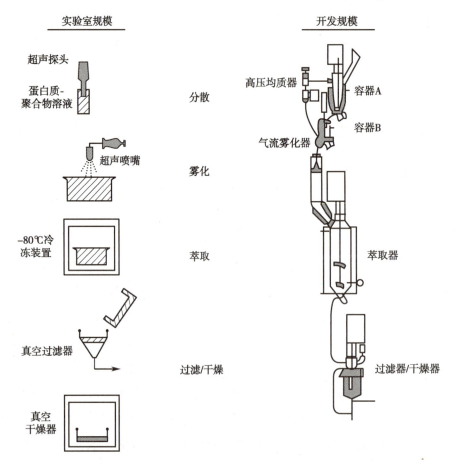

图 12-33　实验室规模（左）和开发规模（右）的 rhGH-PLGA 微球制备装置

实验室级别下采用 15%（W/V）锌-hGH 与 1%（W/V）碳酸锌混合，然后加入 PLGA-二氯甲烷溶液中，进行超声分散形成混悬液；将混悬液超声喷雾至装有液氮的容器中，凝固后落入低温乙醇层，实现二氯甲烷的溶剂提取，最终完成球体固化，进行过滤收集，最后进行微球冷冻干燥过程。

该工艺的关键参数有各罐的搅拌速率、均质和雾化压力、喷嘴类型、萃取-固化用有机溶剂，以及干燥温度和时间等。其中雾化过程和萃取-固化过程是决定微球中药物突释现象的两个最关键的步骤。

3. 化学制备法　除上述微囊化制备工艺外，还包括界面缩聚法、辐射交联法等化学制备法，是指溶液中的单体或高分子通过聚合反应或者缩合反应产生囊膜而进行制剂微囊化，其中，辐射交联法由于受辐射条件限制，不易广泛进行研究。界面缩聚法是指将聚合物的单体溶液通过引发剂的作用促使单体聚合，形成微囊化制剂；通常而言，凡能进行界面缩聚反应的单体都可用来进行界面缩聚法的微胶囊化，但用得较多的载体材料依旧是聚酰胺、聚酯和聚氨酯，此处不再详细介绍。

常见的药物微囊化制备工艺包括液中干燥法、溶剂-非溶剂法及喷雾干燥法等，而针对各种制备工艺也均有自身的特点（表 12-7），制剂研究者需要根据药物的性质以及目标体内释放行为等选择合适的制备工艺。

表 12-7　微囊化常规制备工艺对比表

制备工艺	特点	不足
液中干燥法	不受设备限制，设备简单，可制备不同粒径的产品；同时易于生产放大，适用于小分子药物及小肽类药物	包封率相对较低，蛋白质类药物释放不完全，对于在水溶液环境不稳定的药物不适用
溶剂–非溶剂法	较高的包封率，有效控制粒径，分布较窄	制备过程中的有机溶剂使用量大，造成溶剂残留及粒子间易聚集等问题
喷雾干燥法	快速、连续操作，实现全自动化，相对而言更易实现直线放大；较高的药物包封率；微囊化产品多为多孔结构，普遍存在突释较大的现象	蛋白质类药物的稳定性、粒径分布，以及突释等

四、微囊化制剂的产业化

有关微囊化包封技术的文献以及专利的数量在 1950 年之后显著增加，反映了该领域的迅速发展，但多数局限于实验室规模。实验室规模的成功研发并不意味着产业化放大的成功，这包括了工艺放大以及无菌生产等多个方面的挑战。与其他剂型相比，微囊化制剂产品由于体内释放周期长，被 FDA 定义为体内高变异性制剂，在放大过程中对于产品质量的一致性将更加严格，评价指标也会更加多而细，因此研发门槛也更高。下面就工艺放大以及无菌生产这两个主要方面展开论述。

（一）工艺放大及设备选择

该类制剂进行工艺放大和技术转移过程时，最大的挑战是如何保证产品质量的一致性（其中包括体内生物等效性和体外理化指标的一致性），因此在研发初期就要建立全面的体外质量评价体系。尽管此类制剂具有体内高度变异行为，体外释放曲线难以真实反映体内行为，但若对制剂性质研究得足够透彻，组合多个体外质量指标充分表征样品性质，最终能够实现所有质量指标的一致性，实际上是可有效保证产品最终质量的一致性；也可以增加体内-体外相关性的研究，得到进一步的确认。仅仅依靠临床试验去验证产品最终的体内释放行为会大大增加投入风险,在早期研发时需要特别注意以下几个方面:①所选用的制备工艺是否具有生产放大的可行性。目前用于工业化生产的微囊化制备工艺包括液中干燥法、相分离法(喷雾干燥法)。另外,生产放大设备不仅应在产量上满足放大需求,同时应更多地融入GMP理念,无法满足GMP要求的设备不可能实现微囊化制剂的工业化生产。②实验室规模下的制备设备细节应尽可能与工业化生产的设备细节保持一致,这样才能尽可能做到工艺过程中的相似性,减少变量风险。此部分内容对于乳化工艺放大尤其适用,将在后面章节中详细叙述。③在实验室研发阶段就必须明确工业化生产中的关键参数,这些关键参数中有些在放大过程中容易控制,而有些却不易控制。了解哪些参数在放大过程中是固定的、哪些是可变的,这是非常重要的环节,因为可以据此有目的地进行参数调试优化,以实现工艺完整放大。依据经验,各组分的比例、溶剂和溶液浓度等参数基本在工艺放大过程中固定不变;变量主要包括容器、设备的几何参数,乳液的搅拌速率、固化条件、冻干样本量,以及冻干条件、干燥效率等。

以上从宏观角度入手说明了放大过程中的技术关键点,接下来将对微囊化制备的关键步骤——乳化、混合单元的设备参数及其放大后的影响趋势进一步说明。

(1)搅拌设备的影响参数:搅拌装置常用于乳液制备、混合及凝聚过程,一般包括搅拌器、搅拌容器两部分,进行合适的配比才能达到理想的搅拌效果。常用类型包括涡轮机,螺旋桨,转子、定子装置等。不同类型的搅拌装置所产生的搅拌效果也不一样,需要根据流体的性质、目标粒径来进行选择,以及是否需要进行搅拌器组合使用。

1)径向流搅拌器:附有叶片,叶片平行于驱动轴的轴线。第一种搅拌器是多叶片涡轮机(通常为三叶片、四叶片或六叶片),带有直的或弯曲的扁平刀片(图12-34a和图12-34b)。Rushton涡轮机(图12-34c)是另一种搅拌器,研究者Rushton曾将其自行设计的搅拌桨称为平叶涡轮桨,现今Rushton搅拌桨已成为平叶或碟式涡轮搅拌桨的代称。Rushton涡轮机所产生的径向流动相对于轴向流动占主导地位,同时径向流搅拌器可产生高剪切/高湍流区域。使用超高剪切装置(图12-34e)转子-定子涡轮可产生更强烈的液滴破碎效果,反应器中的泵流效应几乎可以忽略不计(泵流效应即搅拌器搅拌过程中使得内外部分液体、上下部分液体发生充分运动混合的作用)。

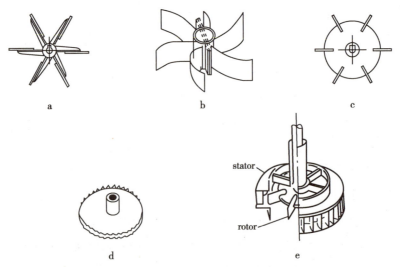

a. 扁平垂直涡轮;b. 扁平曲面涡轮;c. Rushton 涡轮;d. 剪切涡轮;e. 转子-定子涡轮。

图12-34　径向流搅拌子

2) 轴向流搅拌器:包含所有叶片与旋转平面的角度 <90° 的搅拌器。主要包括船用螺旋桨(图 12-35a)或薄片形螺旋桨(图 12-35b),配有斜的四叶螺旋桨(4 个叶片,多数角度为 45°,如图 12-35c)和双流螺旋桨(图 12-35d)。薄片形螺旋桨允许以最小的剪切力使乳液匀速通过搅拌器;四叶螺旋桨可在剪切和泵流之间提供良好的平衡;而当流体的黏度水平达到几十帕·秒时,双流螺旋桨可提供较好的混合作用,这是因为双流螺旋桨尖端处的叶片呈相反方向,借此提供向上流动和靠近壁的良好混合。

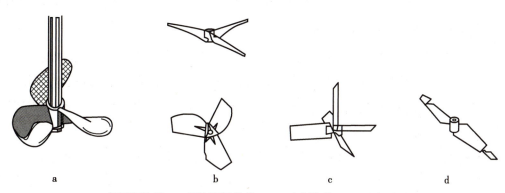

a. 船用螺旋桨;b. 薄片形螺旋桨;c. 四叶螺旋桨;d. 双流螺旋桨。

图 12-35　轴向流搅拌子

以相同的功率输入,轴向流搅拌器将产生较小的径向流动和更多的轴向流动。因此,当以这种方式取向时,它们产生更多的垂直混合,搅拌器的上下方区域也能实现较好的混合。

罐体内使用垂直挡板实际上是为了保证容器内的液体能充分混合。在具有中心旋转的无挡板搅拌器中,作用在流体上的离心力提高壁处的液位并且在非黏性流体的情况下降低轴杆处的液位,并在液体的顶部表面产生涡流,增加了气体的吸收。此外,切向流动将主导轴向流动(图 12-36a)。

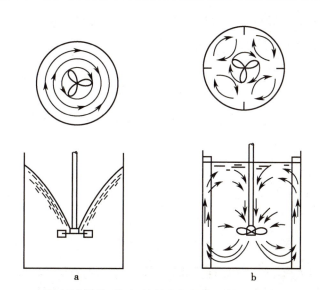

a. 无挡板罐体(切线流动)的底部视角及侧面视角;b. 有挡板罐体(径向及轴向流动)的底部视角及侧面视角。

图 12-36　流体动力学

而在带挡板(位于容器壁的凸起处)的容器中,当挡板从液体中出来时,打乱了涡流的存在,挡板将搅拌器中的大量切向流动转换为径向及轴向流动(图 12-36b),极大地减少了液体中气体的吸收。该容器配有 3~4 个等间隔的垂直挡板,在某些特定的搅拌速率下避免机械共振,实践证明 4 个挡板一般是足够的。常见的挡板是罐直径(T)的 1/12~1/10。在简单的案例中,建议液体的高度 H 等同于 T,以便获得均一的循环和混合。多用途搅拌器如倾斜叶片涡轮机应放置在离容器底部高度为 H_A 的液体中,该高度一般为液面高度的 1/3。建议搅拌器的直径在容器直径(D_A)的 1/3(T/3)~1/2(T/2)范围内。搅拌器通常放置在距底部 H_A 处,该高度一般为液面高度的 1/3。当液滴破碎性能不足时,高剪切速率搅拌器可以与轴向流搅拌器(螺旋桨或倾斜叶片涡轮机)配合使用,而当体系的黏度从几兆帕·秒至几帕·秒时,建议可将桨叶涡轮与双流螺旋桨结合在一个无挡板的罐中。

(2) 放大工艺:其研究过程可以归纳为两个阶段,即以量纲分析法表征一定批量规模下的关键过程现象(大多数为实验室规模),然后应用一系列无量纲值以保证不同批量下的关键过程现象一致。量纲分析法是一种通过无量纲值来完整表征过程的方法。无量纲值由成组的参数构成,此处仅进行概述,详细的内容可参考 *Microencapsulation and Industrial Application*。

(3) 相似原则:一旦对实验室规模的乳化过程进行表征,通过尺寸分析程序,应用相似原则(两个过程通过相同的机制完成相同的过程目标并产生相同的过程),就可以实现过程相似性。这里强调 4 个相似之处的重要性,依次为几何、动态、热力、化学。同时保持 4 种相似性的要求太过苛刻,在实践中,乳化过程仅需考虑几何相似性和动态相似性。

1) 几何相似性:涉及容器中几何参数比例尺的放大,容器规模比例要注意的是容器中液体达到的高度(H)与容器直径(T)之比(H/T)、搅拌器直径(D)与容器直径(T)之比(D/T)、搅拌器的位置(H_a)与容器直径(T)之比(H_a/T)、挡板宽度(W)与容器直径(T)之比(W/T)。

一个重要的原则是必须考虑实验室小试容器与放大后容器之间的几何相似性。例如,实验室常采用几百毫升至几升的烧杯作为容器,用于优化制备微囊的乳液。这里就存在较大的风险,即由于两种容器的几何参数可能存在一定的差异,所产生的流体运动则不尽相同。在这种情况下,应该根据放大条件再次进行参数优化,这将涉及时间问题和大量物料的损失。切实可行的方法则是从实验室小试研究就使用工业上比例缩小的容器,容量为 0.5L。

多数情况下认为将容器体积放大 10 倍就是明显的产量放大。而事实上,就几何比例尺寸因子 k 而言,10 倍的体积放大 [$k=T_2/T_1=(V_{T_2}/V_{T_1})^{1/3}=10^{1/3}=2.15$] 并不是重要的放大转换参数,一般认为当 $k \geqslant 10$ 时,放大才具有显著意义。

2) 动态相似性:放大前后应保持流体运动状态的相似性。针对乳化阶段,应主要关注两个参数——雷诺兹(Reynolds)系数及韦伯数(Weber number)。雷诺兹系数主要用于针对流体形态与能量输入的评估,韦伯系数则更多用于平均粒径的评价。在不同的放大级别上,应尽量保持流体形态的一致性。同时在确定流体状态的条件下,依据输入能量(ε)、线性圆周速度(V_A)等参数,借用公式可在一定程度上预测乳化后的液滴平均尺寸大小,有效减少"尝试性实验"的次数,更详细的内容可进一步参考 *Microencapsulation Methods and Industrial Applications*(second edition)等相关书籍。

(二) 无菌生产

由于微囊化制剂属于非终端灭菌注射剂,文献中提及部分学者采用 γ 射线照射法进行微球的终端灭菌,该操作会造成一定程度的 PLGA 降解,释放行为有所改变,在批间重复性上存在较大的隐患。因此该类制剂的生产制备工艺属于全程无菌操作,制备微球的原辅料、试剂需进行无菌过滤处理,与过滤除菌后物料接触以及与最终微球制剂产品接触的设备和环境均应事先灭菌,全程制备环境处于无菌条件下。确保无菌操作的产品生产管理主要包括三部分:生产工艺的验证、生产环境和操作过程的无菌控制,以及半成品、成品的无菌检验。

整个微球生产的无菌操作认证主要包括以下 4 个步骤,需要进行模拟操作以验证每一步操作的无菌性:①模拟灭菌中间原辅料的生产工艺;②模拟无菌过滤法制备湿微球的生产工艺;③模拟冻干过程;④模拟灌装工艺。

除了预期的安装后工艺、设备和装置的认证外,生产过程中要对关键操作步骤和环境进行连续监测,加工环境中的空气悬浮微生物、悬浮颗粒、压力差是需要严格监测的最关键的因素。

对原辅料、溶剂及中间体合成品都要进行无菌检查、微生物学监测和热原检查,包括:①原辅料的微生物限度、热原检查;②无菌原料药的无菌检查、热原检查;③试剂的热原检查;④过滤后上清液及铝膜培养物的微生物学检查;⑤中间产品及成品的无菌检查,并要求对球内和球外进行无菌检查。

五、质量评价

对于可注射缓控释微球、微囊的质量评价,除满足一般注射剂的无菌、内毒素要求外,还应进行以下方面的评价:

(一)载药量和包封率

1. **载药量**(drug loading) 是指微球或微囊中的药物所占的质量百分比。其检测方法一般是采用有机溶剂将制剂的骨架结构溶解,使药物完全释放出来,再将药物分离或者提取以进行药物含量的检测。所选用的溶剂应该能最大限度地溶解载体材料,同时对药物的测定不产生干扰。载药量的计算公式如下:

$$载药量 = \frac{微囊或微球中所含药物量}{微球或微囊的总量} \times 100\%$$

2. **包封率**(entrapped efficiency) 是指包载在微球或微囊中的药物量占微球或微囊中所含药物量的质量百分比,它是考察药物微囊化工艺好坏的关键指标,《中国药典》要求该类制剂的包封率一般不得低于 80%。包封率的计算公式如下:

$$包封率 = \frac{微球或微囊中包封的药量}{微球或微囊中包封与未包封的总药量} \times 100\%$$
$$= \left(1 - \frac{液体介质中未包封的药量}{微球或微囊中包封与未包封的总药量}\right) \times 100\%$$

此处要区别"包封产率",即是指微球或微囊内药物的量占理论投药量的质量百分比。包封产率的计算公式如下:

$$包封产率 = \frac{微球或微囊中的药物含量}{理论投药量} \times 100\%$$

包封产率取决于采用的工艺以及药物性质等,使用喷雾干燥法进行微囊化制备的包封产率一般在95% 以上,但采用相分离方法的包封产率为 20%~80%。包封产率不用于评价微囊化制剂的质量,可用于评价工艺。

(二)有机溶剂残留量

凡在工艺中用到有机溶剂,均应测定有机溶剂残留量,并不得高于《中国药典》及 ICH 规定的残留溶剂限度。

(三) 形态、粒径及其分布

可采用光学显微镜、扫描电子显微镜(SEM)、透射电子显微镜(TEM)和原子力显微镜(AFM)等观察制剂的外观形态及内部切面结构,微球或微球化制剂应为颗粒清晰、结构圆整的球体结构。

由于球体内部的孔隙结构极大地影响了药物的释放行为,因此近些年来对于该类制剂的孔隙度及比表面积的研究也越加重视,采用比表面积孔隙测定仪可获得测量物质的比表面积(m^2/g)及孔尺寸(nm)。

对于制剂的粒径及其分布的测定,传统采用带标尺的光学显微镜,随机测定不少于 500 个微粒的粒径,以获得粒径的平均值及分布的竖状图;近年来,对微米级粒子的测定逐渐开始采用激光粒径分析仪,重要的指标参数包括 D_{10}、D_{50} 和 D_{90}(分别表示粒径累积分布图中 10%、50% 和 90% 处所对应的粒径)及跨距[跨距 = $(D_{90}-D_{10})/D_{50}$]。

(四) 释药速率

体外药物释放速率的测定一般作为体内药物释放速率的一个参考依据,涉及体内 - 体外相关性研究,将在后面章节中详细论述。参考《中国药典》(2020 年版)四部通则 0931 中的释放度测定法规定,以及 USP 41 中关于长效注射剂体外释放方法的要求,采用①直接释药物法:包括摇床法、恒温水浴静态法等,该方法设备简单、应用广,但存在取样易损失、微球易沉降等缺点;②流通池法:很好地模拟了体内的环境,较好地预测了药物的体内释放行为,属于 FDA 关于长效缓释制剂体外释放装置的重点推荐方法,但鉴于该设备并未得到普及,其测试样本量有待增加,以进行综合评定考察;③透析膜扩散法:该方法取样及替换介质都易于操作,但不适合易与透析膜结合的药物。

(五) 突释效应

药物在微球或微囊中的存在形式主要有 3 种,即吸附、包入和嵌入。突释效应的测定主要是衡量包覆在球体表面的药物快速扩散释放的作用,《中国药典》(2020 年版)规定体外释放度试验开始 0.5 小时内的释放量要求低于 40%。

(六) 有关物质

相关杂质包括降解杂质、工艺杂质及聚合物杂质。降解杂质包括药物在生产、储存过程中发生水解、氧化等反应生成的产物;工艺杂质为工艺过程中产生的有关物质,对于多肽类药物,药物中含有的氨基、羟基会与 PLGA 中的羧基发生乙酰化反应,因此对于此类杂质的关注最广泛,艾塞那肽微球尤其;聚合物杂质包括多肽或蛋白质相聚形成的杂质,以及聚合物 - 多肽杂质等。

(七) 辅料检测

载体材料的性质将显著影响药物的释放行为,因此对于高分子材料的质量控制具有极其重要的意义。针对常用的辅料 PLGA、PLA,检测内容主要包括:①相对分子质量及其分布的测定,主要采用凝胶渗透色谱法(GPC),并以重均分子量(M_w)、数均分子量(M_n)和分子量分布指数(M_w/M_n)表示;②各组分的比例,如乙交酯 - 丙交酯的比例,不同比例的载体材料在体内的降解速率截然不同,随着乙交酯的比例降低,载体材料的降解速率呈现减慢趋势;③特性黏度;④玻璃化转变温度(T_g);⑤单体残留水平,部分研究数据表明单体残留水平与制剂中的杂质增长速率存在一定关系;⑥重金属残留量,主要为锡残留量;⑦有机溶剂残留量,主要与载体材料的制备工艺路线有关,主要有丙酮、甲苯等;⑧水分。

（八）无菌和细菌内毒素检查

微球制剂的无菌和细菌内毒素检查需要进行球内和球外的检查,其中对于球内的检查一般需要用二甲基亚砜将球体结构进行完全破坏,然后再接种至培养基中进行观测,使用10%二甲基亚砜试剂不会影响微生物的生长。

第三节 植 入 剂

一、简介

研究发现,许多药物可以通过延长给药时间的方式提高治疗效果。长时间维持血液或靶向位置的药物浓度在最低有效阈值以上,可持续药物治疗效果并避免对体内其他组织的副作用。

植入剂(implant)是指由原料药与辅料制成的供植入人体内的无菌固体制剂。植入剂一般采用特制的注射器植入,也可以手术切开植入。植入剂在体内持续释放药物,并应维持较长的时间。

有些药物的口服生物利用度低,大量被首过效应代谢,因此通过注射给药更合理。传统给药模式(口服或注射)是经典的"峰谷效应"给药模式,其中血浆药物 C_{max} 可能超过毒性阈值(导致不良反应)和血浆药物 C_{min} 可能低于有效阈值。长效制剂可以稳定药物浓度,并保持在治疗效果阈值最低限度以上,但低于毒性阈值,而且药物作用时间延长会有更好的药效,其药物的药代动力学如图12-37所示。

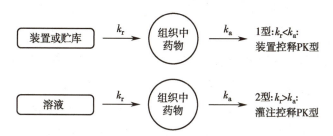

图12-37 肌内植入剂的药代动力学分类

长效植入剂有很多优点,给药频率较低,明显使患者给药更舒适。这种给药方式可以减少医疗机构等行政管理,为医疗系统节省开支,使患者有效服从治疗方案,提高患者的健康水平,增加达到期望治疗效果的可能性。另外,当副作用因为长效植入剂的给药方式最小化时,在治疗过程中患者会更加配合。

由于聚合物技术的进步,研发具有良好生物相容性的聚合物材料使植入剂载体材料得到改善。同时药物库按照是否被人体降解分为两种类型,不可降解的药物库,比如有一种长效女性避孕药,其主要成分是左旋18-甲基炔诺酮(LNG),有效期至少5年;可降解的药物库有一款戈舍瑞林植入剂,可缓释1个月和3个月。

目前成功上市的植入剂产品并不多,但由于植入剂在释药周期、释药平稳性、物理靶向定位方面的优势,在治疗特定疾病方面有不可替代的作用。

植入剂在欧美剂型及给药途径中的表述有 implant、implantation、intravitreal(玻璃体)、subcutaneous(皮下)。

(一) 宿主对植入剂的反应

1. **炎症**   通常定义为血管化的活组织对局部损伤的反应,用于牵制、中和、稀释或隔离有害物质或过程。此外,它通过再生天然薄壁细胞,形成纤维瘢痕组织两个过程或两个过程的结合来实现受损组织或注射/植入部位的修复。

2. **肉芽组织**   在植入生物材料(即损伤)后 1 日内,通过单核细胞和巨噬细胞的作用引发愈合反应。植入部位中的成纤维细胞和血管内皮细胞增殖并开始形成肉芽组织,肉芽组织是愈合炎症的特殊类型组织。肉芽组织包括新的小血管和成纤维细胞的增殖。根据损伤程度,可在植入药物后 3~5 日早期观察到肉芽组织。肉芽组织可以在植入剂和脉管系统之间的间隙空间或体积中形成,并且可以促进植入剂释放药物的全身循环。

3. **异物反应**   由于植入材料的形状不同,异物反应的现象也相应地有所区别。对生物材料的异物反应包括异物巨细胞和肉芽组织的成分(巨噬细胞、成纤维细胞和毛细血管)的形成。对于较浅和光滑的表面,例如在乳房假体上的异物反应,包括一层厚度为 1~2 个细胞的巨噬细胞层的形成;而对于粗糙的表面,例如在膨胀聚四氟乙烯或涤纶血管假体的外表面,会形成巨噬细胞和异物巨细胞。

4. **纤维化/纤维封装**   对生物材料的终末期愈合反应通常是纤维化或纤维封装。但也有例外,例如用实质细胞接种的多孔材料或植入骨中的多孔材料,组织对植入物的反应部分取决于植入过程中的损伤或缺陷程度以及植入物的量。

5. **免疫毒性**   在开发植入药物递送系统时,必须评估系统及其组分的生物相容性。通常根据植入后观察到的急性和慢性炎症反应、异物反应、纤维囊形成来表征。材料是否可降解也可决定炎症的发生和伤口愈合。

例如,聚乳酸-羟基乙酸共聚物植入剂的体内生物相容性测试表征这些生物可降解性植入物的组织反应。将载药植入剂以无菌方式皮下注射到 SD 大鼠的背部,在注射后 15 日、30 日、45 日、60 日、75 日、90 日、120 日和 150 日处死动物,进行观察。结果表明在皮下软组织中注射植入剂可导致炎症和伤口愈合反应,注射部位的大小和形状及植入剂的大小和形状都影响伤口愈合反应。同时,增加聚合物的酯含量,可增加其体内稳定性和疏水特性。

(二) 给药部位

Washington 等在肌内注射方面提出了对肠胃外给药系统进行分类的一套方案,可注射递送系统可分为主要受植入物(或装置)控制的药代动力学系统和受由植入部位吸收到血液或淋巴毛细血管的过程控制的系统,如图 12-37 所示。一方面,如果从装置中释放药物很慢并且药物从组织吸收很快,则会导致血液中药物的出现受到延长释放装置(1 型)的释放特性的控制;另一方面,水溶性药物溶液在注射后立即吸收,在这种情况下,吸收过程(吸收速率常数 k_a)可能限制血液中药物的出现量(2 型)。许多延长释放的肠胃外给药系统介于这两个极端之间,因此考虑有助于药物吸收的注射部位的生化过程是非常重要的。延长释放系统的另一个例子是设计用于在植入部位的递送药物系统,可以实现药物释放和药物吸收之间的平衡,其保持恒定的局部药物浓度。

对于一些系统,生物环境对体内释放特性具有很大的影响,理解体内药物释放如何发生,可以优化体内释放特性以实现理想的血浆药物浓度。Kempe 等研究了吡咯烷酮溶液 PLGA 植入物的体内固化方法,该法分为两步,首先在 30 分钟内表面固化形成壳,在 24 小时内较缓慢地完成整体的固化过程。除了改变植入材料的物理形式之外,生物环境还影响药物释放及植入物降解和侵蚀速率。

二、植入剂产品的开发

(一) 药物选择

选择植入剂的药物递送方式,首先,药物的半衰期短,临床需要多次注射给药;其次,药物不适合口服,经过胃肠道容易被酶消化或生物利用度降低。此外,植入剂对应的适应证多为慢性疾病,需要长期给药,或者不方便长期反复给药。植入剂的载药量高于微球,总药物体积小,不需要助悬剂,在体内的空间小,舒适度更优。

从欧美市场来看,历史上共有 15 种药物活性成分被开发成植入剂(表 12-8),其中有 2 种处于撤市状态。

表 12-8　欧美已上市的植入剂品种

活性成分	中文	活性成分	中文
buprenorphine hydrochloride	盐酸丁丙诺啡	gentamicin sulfate	硫酸庆大霉素
buserelin acetate	醋酸布舍瑞林	goserelin	戈舍瑞林
carmustine	卡莫司汀	histrelin acetate	醋酸组氨瑞林
chlorhexidine gluconate	葡萄糖酸氯己定	leuprolide acetate	醋酸亮丙瑞林
dexamethasone	地塞米松	levonorgestrel	左炔诺孕酮
etonogestrel	依托孕烯	mometasone furoate	糠酸莫米松
fluocinonide	醋酸氟轻松		

1. **多肽类药物**　戈舍瑞林有一种 LHRH 类似物的皮下缓释植入剂,这样的剂型有 3.6mg 和 10.8mg 两种规格。戈舍瑞林分散于 PLGA 中,可在体内缓释 1 个月和 3 个月,有效治疗前列腺癌和乳腺癌。

艾塞那肽植入剂是渗透驱动的零级药物递送系统。醋酸亮丙瑞林埋植剂可有效治疗前列腺癌,其亮丙瑞林浓度约为 400mg/ml,体外释放度试验中以 120mg/d 的速度可持续释放超过 1 年,实现零级药物递送;同时动物体内实验也显示 12 个月的稳定释放率。有一种皮下不可降解的储层植入物,用于递送醋酸组氨瑞林治疗性早熟和组氨瑞林治疗前列腺癌,该系统能够以零级和伪零级递送药物,可以持续给药 1 年或更长时间。

2. **蛋白质类药物**　骨形成蛋白(bone morphogenetic protein,BMP)是成骨细胞分化的有效促进剂,特别是 BMP-2 和 BMP-7。将 BMP-7 与胶原支架结合,可用于脊柱融合手术和骨折修复。

利用与艾塞那肽植入剂相同的递送装置递送 ω - 干扰素以改善丙型肝炎的治疗方案。这种装置中干扰素的递送是连续且一致的剂量,持续时间长,无须频繁注射。此外,提供恒定治疗水平的 ω - 干扰素能避免出现与严重副作用相关的峰值。

3. **抗体**　由于抗体的半衰期很长,因此只有在某些特殊情况下才需要持续释放。一种针对抗

VEGF 抗体的 PLGA 制剂通过注入眼玻璃体内来治疗黄斑退化。利用凝胶聚合物（透明质酸和羧甲基纤维素）实现持续释放，治疗局部炎症。

4. **特殊适应证药物** 从欧美已上市的可植入药物的适应证领域分布来看，癌症治疗是重要的应用领域之一，共有 5 个药物，其中主要是治疗前列腺癌的瑞林类产品。在需要长期稳定给药的女性避孕和需要物理靶向给药的眼科领域各有 2 个产品（表 12-9）。

表 12-9 欧美已上市植入剂的适应证分类

适应证领域分类	数量	活性物质
癌症	5	布舍瑞林、戈舍瑞林、组氨瑞林、亮丙瑞林、卡莫司汀
眼科	2	地塞米松、氟轻松
女性避孕	2	依托孕烯、左炔诺孕酮
辅助生殖	1	戈舍瑞林
妇科	1	戈舍瑞林
鼻息肉	1	糠酸莫米松
口腔疾病	1	葡萄糖酸氯己定
骨科	1	庆大霉素
阿片成瘾	1	丁丙诺啡
性早熟	1	组氨瑞林
性腺功能减退症	1	睾酮

已上市植入剂的产品信息如表 12-10 所示。

表 12-10 已上市植入剂的产品信息

药物	适应证	给药途径	载体	缓释时间	产品外观
A	干眼综合征	眼内	HPC	1 日	杆状 1.27mm × 3.5mm
地塞米松	黄斑水肿葡萄膜炎	眼内	PLGA	90 日	杆状 0.4mm × 6mm
醋酸戈舍瑞林	前列腺癌；乳腺癌；子宫内膜异位症	皮下	PLGA	28 日 /90 日	杆状 1.2mm × 10mm~1.2/1.5mm × 16~18mm
依托孕烯	女性避孕	皮下	EVA	3 年	杆状 2mm × 40mm
依托孕烯、乙基雌烯醇	女性避孕	阴道	EVA	21 小时	环状直径 54mm 横截面直径 4mm

注：A 表示一种无主药的产品。

(二) 制备工艺

热熔挤出（hot-melt extrusion，HME）技术是指药物、增塑剂或聚合物等辅料。

在熔融状态下混合，以一定的压力、速度和形状挤出形成产品的技术。它结合固体分散物技术和机械制备的诸多优势，具有连续化操作、减少粉尘、挤出过程持续时间短、不使用有机溶剂和水、不需要加热干燥、不易发生水解等优点,应用最广泛,节省空间和成本。

该技术可在高分子材料的玻璃化转变温度之上对其进行处理,促使热塑性聚合物/活性药物成分达到分子水平的有效混合。热熔挤出技术制备制剂有两个主要目的,一是成型,通过赋形剂和设备的作用使制剂具有一定的外形;二是改性,将辅料或载体的性质赋予制剂,使药物具有理想的体内释药特性和工艺学特性。而 HME 技术恰好将改性和成型合为一体,固体分散物挤出后形成挤出物,根据模口形状不同,挤出物只需一步切割,便可制得片剂、颗粒剂、膜剂和植入剂,实现成型。

醋酸戈舍瑞林植入剂于 1990 年在全球上市,1996 年在中国上市,目前的销量在 LHRHa 制剂中世界排名第 2 位。美国专利申请 US5366734 公布了戈舍瑞林植入剂的制备方法,其具体包括将戈舍瑞林和 PLGA 溶解于冰醋酸中,冷冻干燥除去溶剂,热熔挤出制成棒状植入剂。以冰醋酸为溶剂溶解戈舍瑞林和 PLGA 并采用冷冻干燥去除冰醋酸,虽有助于药物分散,保障热敏性药物的稳定性,但也有干燥时间长、能耗大、生产能力低、生产成本高的缺点。冰醋酸的沸点比水高 18℃,与以水为溶剂相比,在冷冻干燥过程中需要更高的真空度和更长的干燥时间去除冰醋酸。另外,冰醋酸残留会给植入剂带来注射疼痛、气味难闻的不良影响。

一种诱导黑色素产品阿美兰肽(afamelanotide)的缓释植入制剂可置于皮下,并且具有生物可降解性。阿美兰肽是 α-促黑素细胞激素类似物,用于预防日晒损伤。它刺激黑色素生成,使皮肤变黑,从而保护皮肤免受紫外线的辐射。采用熔融技术混药,再经热熔挤出机挤出成型的方法制备美拉诺坦(melanotan-1)的植入给药系统。

(三)降解周期

植入剂由于其物理结构的优势,做到长时间稳定释药并不困难,在这个维度上主要考虑临床治疗需求。目前释药周期最短的植入剂是用于口腔疾病的葡萄糖酸氯己定晶片,持续释放 10 日;最长的是用于女性避孕的左炔诺孕酮,可持续释放 5 年。

植入体是否可自行降解吸收并不能说明产品的先进程度,在一些特殊的用途上,可取出的植入剂能满足根据实际情况终止给药的要求,例如终止避孕。值得注意的是,亮丙瑞林有两种产品类型,包括可降解的和不可降解的,但是目前不可降解的产品已经撤市。

三、产业化及上市产品介绍

(一)产业化工艺流程及相关设备

1. **产业化工艺流程图** 如图 12-38 所示。

2. **产业化考虑要素** 当药物产品进行工艺放大和技术转移时,最大的挑战是保持产品的一致性和质量(生物等效性和生物利用度),评价程度会有所不同。如果临床试验到了Ⅱ期或更后期,就必须注意保持工业规模和小规模制备产品的生物利用度和生物等效性。工艺放大及技术转移过渡要在确保产品一致性的基础上完成,要在放大前后分别用两种方法来验证,同时确保产品无菌和无热原。植入剂通常将活性物质包裹入聚合物骨架内制成,常规灭菌方法有时不适用。

在植入剂开发早期,为进行商品生产而开发和建立生产技术时应考虑药物释放,大规模生产下产品的释药速率应可重现并符合产品标准,这包括药物的释放特性。活性物质的释放应在 1 个月或 3 个月内符合零级释放规律且最初只有小量突释。

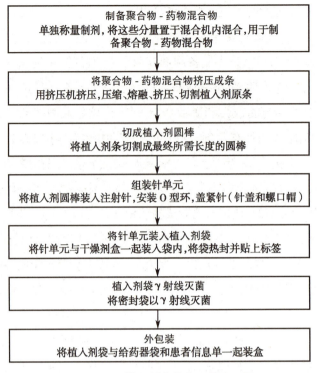

图 12-38　植入剂产业化工艺流程图

热熔挤出机有多个种类,可分为柱塞挤出机和螺杆挤出机,柱塞挤出机由于混合能力不强,被取代;螺杆挤出机都是由加料系统、传动系统、螺杆机筒系统、加热冷却系统、机头口模系统、监控系统及下游辅助加工系统构成的。

螺杆挤出机具有如下优势:①物料的平均停留时间短,停留时间的分布范围窄,一般在 1~10 分钟;②在高剪切力和捏合力作用下,物料的混合效果会更好一些;③两根螺杆相互啮合、彼此刮擦,具有较高的自洁能力,减少物料的浪费;④操作参数的可控性强,可连续操作进行挤出和混合,各个区段的螺杆可以任意搭配,具有灵活多变的特性,模口也能按照形状任意改变;⑤混合能力加强,分布混合和分散混合相互交错,使得药物和载体物料的混合更加均匀。

(二) 无菌保障

由于植入剂一般不能最终灭菌,通常在无菌条件下生产,其生产过程中最重要和最具挑战性的问题之一就是确保无菌。

1. 可注射植入剂的灭菌方法　包括可注射植入剂产品在内的所有注射用药物产品都应是灭菌的。两种方法可以得到灭菌的植入剂产品,即无菌操作或终产品灭菌。要达到生产全过程的无菌化,其面临的挑战是操作过程要进行仔细认证。很多上市产品就是在无菌操作条件下生产的,在非无菌操作条件下生产并最终进行辐射灭菌似乎简单些。γ 射线照射能降低 PLGA 的分子量,所以若用 γ 射线进行灭菌,植入剂中 PLGA 的分子量就需要重新确定。γ 射线对药物释放速率的影响需用体内外释放度试验加以证明,灭菌过程是否能对所有样品产生均匀的效果同样需要得到证实。此外,辐射灭菌能引起聚合物及肽类药物产生一系列降解产物,研究所有降解产物特别是多肽类和蛋白质类药物的降解产物的毒性及生物活性几乎不可能。聚合物的相对分子质量与辐射量有关,而且聚合物中可能会含有降解作用的低聚物。由于终产品灭菌法中存在不可克服的困难,生产这类可注射缓释制剂以采用无菌操作法为宜。为了保证操作过程无菌,必须使用无菌的部件及设备。对于耐热的设备、容器和塞子等进行传统蒸汽灭菌或干热灭菌,对所有溶剂及水溶液进行过滤除菌。灭菌操作必须进行认证以保证产品无菌。

2. 确保灭菌的步骤 确保无菌操作的产品生产管理可分为3个主要部分:生产工艺的验证、生产环境和操作过程的无菌控制、半成品和成品的无菌检验。

整个植入剂生产的无菌操作认证分为4步:模拟灭菌中间材料的生产工艺、模拟无菌过滤法制备产品的生产工艺、模拟冻干过程、模拟灌装工艺(介质灌装实验)。这4步工艺都分别用适当的介质进行模拟加以认证,以确保每一步都在无菌条件下完成。这4步工作的完成对保证产品生产全过程无菌是非常必要的。

为确保整个生产过程处于无菌操作条件下,应实施自动化或尽可能使用机器人,并应尽量减少生产人员参与操作的次数。

3. 环境监测和设备控制 除了预期的安装后工艺、设备和装置认证外,生产过程中要对关键操作和环境进行连续监测。在加工环境中,空气悬浮微生物、悬浮颗粒、压力差是需要严格监测的键参数,应当采用连续监测系统。

认证对于建立生产程序和验证生产程序,以及设备和装置满足其应用要求具有重要意义。生产过程中,应对关键操作和环境进行连续或间歇监测。以下为对加工操作和环境严格控制的实例,包括计算机化连续和自动压差监测与控制,连续和自动悬浮颗粒监测,间歇微生物检测、复核及评估。

(1) 压差监测:无菌区内的压差监测在各种检测和控制环境方法中最为关键。无菌操作应在环境压力最高的区域进行,生产设备内应呈负压以避免药物粉末散布。这一点可在计算机监控系统连续监测下实现,计算机控制器用来指示压差和空气流动的方向,自动报警装置会提醒工作人员压差的变化。

(2) 悬浮颗粒监测:为保持生产场所的无菌条件,悬浮颗粒的含量应低于一定的限度。为此,在关键的部位都需要安装检测器,对控制区内空气中的悬浮颗粒水平进行连续监测。计算机控制板上显示各个控制区的悬浮颗粒数,并能在悬浮颗粒数超标时引发警报。

4. 无菌过程的控制

(1) 复核及评估,环境监测数据应与每日、每月、每半年和每年的计算机对照标准进行统计分析以保证产品的高质量。

(2) 原料的微生物限度和热原检查。

(3) 中间原料的无菌检查。

(4) 过滤后上清液、废液及滤膜培养物的微生物学检查。

(5) 中间产品及成品的无菌检查。

(6) 在生产过程中的每一步都应抽样检查以保证原材料、中间产品及成品无菌。

(7) 成品用微生物学检查常不可靠,所以通常只用作无菌度证实。在生产过程的检查中,整个溶液都要进行膜过滤,比单纯抽样检查成品能更精确地确定产品的无菌度。

(8) 成品的无菌检查,要对外表面和用有机溶剂溶解后的植入剂内部进行检查。

(三) 上市产品介绍

1. **醋酸戈舍瑞林植入剂**　1989 年 FDA 首次批准了醋酸戈舍瑞林植入剂上市。本品为预成形，是可降解产品，载药量为 3.6mg，主要用于治疗前列腺癌、乳腺癌、子宫内膜异位症、子宫内膜减薄症，可提供 28 日的缓慢释放。1996 年 10.8mg 规格上市，用于治疗前列腺癌，可提供 12 周的缓慢释放。同时欧洲也有相似的产品上市。本药是一种合成的促黄体素释放激素类似物，长期使用可抑制垂体的促黄体素分泌，从而引起男性的血清睾酮和女性的血清雌二醇下降，停药后这一作用是可逆性的。

男性患者在第一次用药后 21 日左右睾酮浓度可降低到去势后水平，在每 28 日用药 1 次的治疗过程中睾酮浓度一直保持在去势后的浓度范围内。这种睾酮抑制作用可使大多数患者的前列腺肿瘤消退，症状改善。女性患者在初次用药后 21 日左右血清雌二醇浓度受到抑制，并在以后每 28 日的治疗中维持在绝经后水平。这种抑制与激素依赖性乳腺癌、子宫内膜异位症相关。

2. **醋酸组氨瑞林皮下植入剂**　2007 年 5 月醋酸组氨瑞林皮下植入剂 50mg 在美国经 FDA 批准上市，用于治疗儿童性早熟 (CPP)。这款醋酸组氨瑞林皮下植入剂是一种 1 年期的皮下植入剂，在 12 个月内每日持续释放 65μg 促性腺激素释放激素类似物组氨瑞林，从而可以有效地阻碍垂体腺产生促性腺激素。本品为预成形，是不可降解产品，植入后可持续给药 1 年 (图 12-39)。

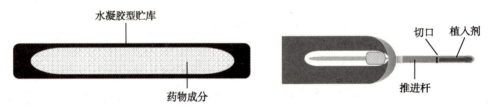

图 12-39　醋酸组氨瑞林植入剂示意图

3. **醋酸亮丙瑞林植入剂**　这是一个值得注意的产品，是革命性渗透泵植入剂。其基本原理是一端装药，另一端是高盐，中间是活塞 (图 12-40)。植入体内后，高盐端吸收体液中的水分而膨胀，推动活塞挤压装药仓持续释放药物。

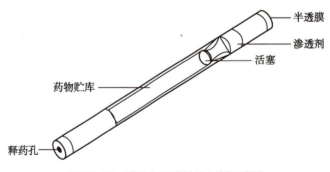

图 12-40　醋酸亮丙瑞林植入剂示意图

4. **醋酸氟轻松植入棒**　2014 年 9 月 FDA 批准一款 0.19mg/ 支的氟轻松棒状植入剂，2012 年这款产品在欧洲上市，适应证为糖尿病性黄斑水肿，可通过植入器注入眼玻璃体内，操作的方便性提高。

5. **地塞米松植入剂**　2009 年 6 月 FDA 批准了一款地塞米松玻璃体内植入剂上市，其规格为 0.7mg/ 支。

这种地塞米松植入剂为预成形,是可降解产品,用推注器经睫状体平坦部注入眼内,可在玻璃体内持续平稳释放。适用于成人糖尿病性黄斑水肿、视网膜分支静脉阻塞性或视网膜中央静脉阻塞性黄斑水肿。

6. **依托孕烯植入剂** 2011 年 5 月 FDA 批准了一款依托孕烯植入剂上市,其规格为 68mg/ 支。本品是一种置于上臂内侧皮下的棒状孕激素避孕药,为预成形,是不可降解产品,可提供 3 年的药物释放时间。不可降解植入体的好处是终止治疗时便于取出。

7. **左炔诺孕酮植入剂** 是女性避孕药,为预成形,是不可降解产品,能提供长达 5 年的释药周期,是在售的植入剂产品中作用较为持久的品种。

四、植入剂的质量评价

(一)关键辅料的质量控制

植入剂用到的辅料为聚合物材料,例如 PLGA 是控制植入剂产品属性的关键因素。关于辅料的质量标准在《中国药典》(2020 年版)四部中有详细叙述,因此在进行入厂检验时,要求对聚合物材料进行全面细致的检查。其中,不同组分的组成比例、分子量分布尤为关键。分子量和单体、低聚物杂质常会影响水溶性活性物质的包封率。

(二)制剂的关键质量评价

1. **无菌检查** 除保证生产过程的无菌度外,也应建立一种质量确认方法。由于植入剂在培养介质中不溶解,常规无菌检查只能说明外部是否无菌,所以应用适当的溶剂溶解以检测其内部是否无菌。

2. **释放度测定** 释放度测定法应以体外释放度试验和体内释放度试验相关性为基础建立。体内释放度试验是评价产品的直接方法,但很难用到产品生产的常规评价中。体外释放度试验是为日常质量评价而建立的。对于一些释放周期很长的产品,需要一个常规的直接相关的加速试验,为此可以采用一种常规释放试验方法作为日常监测时取得快速质量信息反馈的方法。在体内 - 体外相关性研究的基础上建立一个短期的常规加速释放试验方法,长期释放试验和加速释放试验的结果应该一致。

第四节 脂 质 体

一、简介

脂质体(liposome)是第一个成功转化为实际临床应用的纳米级和微米级药物缓控释递送系统。这些封闭的双层磷脂囊泡自 1965 年首次被发现以来,见证了许多技术进步。通过脂质体药物递送系统可以延长或改变药物的释放行为、改变药物的生物分布特征,这进一步增强了各种药物的治疗指数。脂质体药物递送系统在不同的领域中展现出了其应用价值,包括递送抗肿瘤药、抗真菌药、抗生素和基因药物或蛋白质类药物。脂质体作为药物递送系统在医疗领域中提供了许多临床产品,但由于脂质体药物递送系统的技术壁垒和质量控制带来的挑战,全球上市的脂质体产品不足 20 个,有些具有显著临床应用价值的脂质体产品已上市多年,却仍无仿制产品上市,不能够降低患者用药的经济负担。本节将对脂质体药物递送系统进行介绍,包括脂质体的特点、制备方法、载药方式和质量控制等,并对制备方法的产业化可能性进行分析,介绍相关设备和技术要点等,以期能够对脂质体产品的开发从基础理论和实际产品开发角度提供引导和支持。

脂质体领域的三大技术包括空间稳定化;通过 pH 和离子梯度主动载药技术;基于阳离子脂质体与阴离子核酸或蛋白质的复合物的脂质复合物技术,扩展了对脂质体应用的研究,并为大范围的脂质体产品开发开辟了道路。目前已有十多个脂质体上市(表 12-11)。

表 12-11　已上市的脂质体产品

上市时间/年	给药途径	活性成分	脂质或药物(摩尔比)	适应证
1995	i.v.	多柔比星	HSPC：CHOL：PEG 2000-DSPE (56：39：5)	卵巢癌、乳腺癌、卡波西肉瘤
1996	i.v.	柔红霉素	DSPC：CHOL(2：1)	艾滋病相关性卡波西肉瘤
1999	脊柱腔注射	阿糖胞苷	DOPC：DPPG：CHOL：三油酸甘油酯(7：1：11：1)	肿瘤性脑膜炎
2000	i.v.	多柔比星	EPC：CHOL(55：45)	联合环磷酰胺治疗转移性乳腺癌
2004	i.v.	米伐木肽	DOPS：POPC(30：70)	非转移性骨肉瘤
2012	i.v.	长春新碱	SM：CHOL(60：40)	急性淋巴细胞白血病
2015	i.v.	伊立替康	DSPC：MPEG-2000：DSPE (30：20：0.15)	联合氟尿嘧啶和甲酰四氢叶酸治疗胰腺转移性腺癌
1995	i.v.	两性霉素 B	DMPC：DMPG(70：30)	侵袭性严重真菌感染
1997	i.v.	两性霉素 B	HSPC：DSPG：CHOL：两性霉素 B(20：8：10：4)	真菌感染
1996	i.v.	两性霉素 B	胆固醇硫酸盐:两性霉素B(10：10)	真菌感染
2000	i.v.	维替泊芬	DMPC：EPG(10：80)	脉络膜新生血管
2004	硬膜外注射	硫酸吗啡	DOPC：DPPG：CHOL：三辛酸甘油酯：三油酸甘油酯(53：12：8：5：6)	镇痛
2011	伤口局部浸润	布比卡因	DEPC：DPPG：CHOL：三辛酸甘油酯(91：12：121：42)	镇痛
1993	i.m.	甲型肝炎病毒	DOPC：DOPE(75：25)	甲型肝炎
2017	i.v.	阿糖胞苷、柔红霉素	DSPC：DSPG：CHOL(70：20：10) 柔红霉素:阿糖胞苷(10：50)	成人急性髓细胞性白血病(t-AML)或伴有骨髓增生异常相关变化的 AML(AML-MRC)

续表

上市时间/年	给药途径	活性成分	脂质或药物(摩尔比)	适应证
2018	i.v.	siRNA	DLin-MC3-DMA∶DSPC∶PEG2000-C-DMG∶CHOL(16∶20∶42∶0.6)	成人甲状腺素转运蛋白介导的家族性淀粉样多发性神经病
2004	i.v.	紫杉醇	—	卵巢癌、乳腺癌、非小细胞肺癌

注:HSPC 表示氢化大豆磷脂酰胆碱,hydrogenated soy phosphatidylcholine;CHOL 表示胆固醇,cholesterol;DSPE 表示磷脂酰乙醇胺磷脂,phosphorylethanolamine phospholipid;DOPC 表示二油酰磷脂酰胆碱,dioleoyl phosphatidylcholine;DPPG 表示二棕榈酰磷脂酰甘油,dipalmitoyl phosphatidylglycerole;DOPE 表示二油酰磷脂酰乙醇胺,dioleoyl phosphoethanolamine;DSPC 表示二硬脂酰磷脂酰胆碱,distearoyl phosphatidyl choline;EPC 表示蛋黄磷脂酰胆碱,egg yolk phosphatidylcholine;DOPS 表示二油酰磷脂酰丝氨酸,dioleoyl phosphatidylserine;SM 表示鞘磷脂,sphingomyelin;DMPC 表示二肉豆蔻酰磷脂酰胆碱,dimyristoyl phosphatidyl choline;DMPG 表示二肉豆蔻酰磷脂酰甘油,dimyristoyl phosphatidylglycerole;DSPG 表示二硬脂酰磷脂酰甘油,distearoyl phosphatidylglycerole;DEPC 表示 1,2-二芥酰 -sn- 甘油 -3- 磷酸胆碱,1,2-dierucoyl-sn-glycero-3-phosphocholine; DLin-MC3-DMA 表示 1,2- 二亚油基氧 -3- 二甲氨基丙烷,1,2-dilinoleyloxy-3-dimethylaminopropane; PEG2000-C-DMG 表示 1,2- 二肉豆蔻酰 -rac- 甘油 -3- 甲氧基聚乙二醇 -2000,1,2-dimyris-toyl-rac-glycero-3-methoxypolyethylene glycol-2000;POPC 表示 2- 油酰 -1- 棕榈酰 -sn- 甘油 -3- 磷酸胆碱,2-oleoyl-1-palmitoyl-sn-glycero-3-phosphocholine。

二、脂质体的结构特点与分类

1. **脂质体的结构特点** 脂质体是由磷脂与胆固醇等两亲性脂质分子在水相中通过自组装形成的封闭的双层(单双层或多双层)囊泡,一般为球形或类球形(图 12-41)。脂质体的直径在几十纳米至几十微米之间。

脂质体的结构、组成和制备方法等的多样性赋予其在药物递送领域中的可应用广泛性,如装载多种类型的药物,用于不同给药途径的药物递送,用于缓释或控释递药,用于多种类疾病的预防、诊断和治疗等。

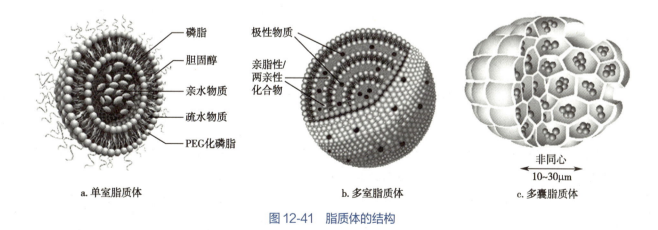

a. 单室脂质体　　　　　　　　b. 多室脂质体　　　　　　　　c. 多囊脂质体

图 12-41 脂质体的结构

2. **脂质体的分类** 根据药物递送的目标可以设计脂质体的结构和选择组成成分,根据脂质体的特性和硬件基础等可以采用不同的制备方法制备脂质体,这就造就了脂质体家族的多样性,因此脂质体可以有多种分类方法,如脂质体按结构、制备方法、功能(表 12-12、表 12-13 和表 12-14)进行分类。

表 12-12　脂质体按结构进行分类

类型	英文名称及简称	粒子大小	脂质双分子层层数
单层脂质体	unilamellar vesicle，UV	—	1
小单层脂质体	single unilamellar vesicle，SUV	20~100nm	1
中 / 大单层脂质体	medium/large unilamellar vesicle，MUV /LUV	>100nm	1
巨单层脂质体	giant unilamellar vesicle，GUV	>1.0μm	1
寡层脂质体	oligolamellar vesicle，OLV	0.1~1.0μm	≈ 0.5
多室脂质体	multilamellar vesicle，MLV	>0.5μm	5~25
多囊脂质体	multivesicular liposome，MVL	>1.0μm	多室结构

表 12-13　脂质体按制备方法进行分类

制备方法	备注	制备方法	备注
逆相蒸发法	制备单层、寡层或多囊脂质体	挤出法	—
冻融法	制备多室脂质体	脱水 - 再水化法	—

表 12-14　脂质体按其功能进行分类

类型	组成
常规脂质体	中性或电负性磷脂；胆固醇
融合脂质体	含有融合病毒（非共价键连接）
pH 敏感型脂质体	DOPE；CHEMS
阳离子脂质体	正电性磷脂和 DOPE
长循环脂质体	脂质体表面覆有亲水性成分，如 PEG-DSPE
免疫脂质体	—

注：DOPE 表示二油酰磷脂酰乙醇胺；CHEMS 表示琥珀酸胆固醇酯，cholesteryl hemisuccinate。

　　3. 装载药物的多样性　脂质体由于其双相特性（脂相为脂质双分子层，水相为内水相），既可以作为亲脂性药物的载体，也可以作为亲水性药物的载体。药物的溶解度和分配特性不同，其在脂质体中的位置不同，并表现出不同的包封和释放特性。也可以通过调节脂质体的结构和组成，选择适宜的制备方法制备脂质体，从而达到减毒增效或缓控释的目的。

　　脂质体既可以作为水溶性药物的传递系统，也可以作为脂溶性药物的传递系统。可用于多种类型的药物如抗肿瘤药、抗真菌药、免疫调节药、镇痛药、蛋白质和 DNA 等的传递，也适合多种给药途径如静脉注射、眼部给药、口服给药、肌内注射给药、皮肤用药和关节给药等。理论上"脂质体可以装载所有种类的药物"，但不是所有的都能开发成为药品。就目前的研究来说，弱酸性和弱碱性药物且具有适宜的脂水分配系数适宜采用脂质体作为传递系统，与脂质体膜有强烈作用的药物适宜开发成脂质体药物。脂质体的粒径及其分布、表面电荷、包封率、载药量、稳定性、药物能否有效释放和释放速率等都是脂质体产品开发的关键,在脂质体产品开发过程中不可忽视。

三、脂质体的组成成分

1. **磷脂**　是由亲水性的极性头部(磷酸根)和疏水性的非极性尾部(脂肪链)与醇连接而成的(图 12-42),头部组成、脂肪链和醇的变化形成多种磷脂。此外,磷脂的不同来源进一步丰富了磷脂的种类,因此有多种性质不同的磷脂可供脂质体制备选择。

(1) 磷脂的种类:磷脂根据其结构中的醇不同,可分为甘油磷脂和鞘磷脂。甘油磷脂是真核细胞中的主要磷脂,是指以甘油为主链的磷脂。所有天然存在的甘油磷脂都为 α- 结构和 L- 构型。甘油磷脂的化学结构可以通过头部组成、疏水侧链的长度和饱和度、脂肪链和甘油骨架之间的键合类型,以及脂肪链的数量来分类。头部组成不同的甘油磷脂,如磷脂酰胆碱(phosphatidylcholine,PC)、磷脂酰乙醇胺(phosphatidylethanolamine,PE)、磷脂酰丝氨酸(phosphatidylserine,PS)、磷脂酸(phosphatidic acid,PA)、磷脂酰肌醇(phosphatidylinositol,PI)、磷脂酰甘油(phosphatidylglycerol,PG)和心磷脂(cardiolipin,CL),常用磷脂的"头部"结构如表 12-15 所示;非极性部分的长度不同的甘油磷脂,如二棕榈酰 PC、二肉豆蔻酰 PC 和二硬脂酰 PC;脂肪链的饱和度不同的甘油磷脂,如二油酰基 PC 和二硬脂酰基 PC;脂肪链和甘油之间的键合类型(酯或醚)不同的甘油磷脂,如缩醛磷脂;脂肪链的数量不同的磷脂,如溶血磷脂在甘油主链上仅具有 1 个酰基。

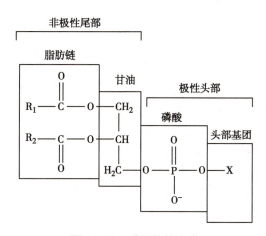

图 12-42　磷脂的结构式

表 12-15　常用磷脂的"头部"结构

缩写	磷脂的"头部"结构(X)	缩写	磷脂的"头部"结构(X)
PC	$-CH_2CH_2\overset{+}{N}(CH_3)_3$	PS	$-CH_2CHNH_3^+$ $\quad\quad\quad COO^-$
PE	$-CH_2CH_2NH_3^+$	PG	$-CH_2CHCH_2OH$ $\quad\quad\quad OH$

鞘磷脂(sphingomyelin,SM)是动物细胞膜的重要组成部分。尽管 PC 和 SM 在分子结构上非常相似,但它们仍然存在一些差异:①SM 的骨架是鞘氨醇,而 PC 的骨架是甘油。②每个 SM 分子在酰胺连接的脂肪链中平均含有 0.1~0.35 个顺式双键,PC 含有 1.1~1.5 个顺式双键。很明显,SM 的疏水区域的饱和度高于 PC 的饱和度。③天然 SM 的典型脂肪链长度通常大于 20,而鞘氨醇的脂肪链相对较短,因此 SM 是不对称分子;相反,PC 通常含有中等长度(16~18)的脂肪链,并且两条链的长度大致相等,因此 PC 是对称分子。④SM 能够形成分子间和分子内氢键,因此 SM 和 PC 双层在宏观性质上有显著性差异。⑤所有天然 SM 的相变温度(T_c)范围为 30~45℃,高于天然 PC。⑥许多观察结果表明 SM 和胆固醇具有非常强的相互作用,例如与非饱和的 PC/胆固醇双层相比,SM/胆固醇双层具有更高的可压缩性和更低的水渗透性。这种现象的原因是 SM 的脂肪链饱和度越高,与类固醇核的相互作用越强。

根据其来源不同,又可分为天然磷脂和合成磷脂。磷脂广泛分布在动物和植物中,主要来源包括植物油和动物组织中。在生产方面,蛋黄和大豆是磷脂最重要的来源。天然来源的磷脂的分离成本通常低于通过合成或半合成方法获得的磷脂。对于天然磷脂,它们越纯,价格越高。从植物和动物中分离的磷脂可以纯化成不同的水平,包括食品级和药物级。例如,磷脂 E80 可含有 PC、PE、溶血磷脂酰胆碱(lysophosphatidylcholine,LPC)、溶血磷脂酰乙醇胺(lysophosphatidyl ethanolamine,LPE)、SM、微量甘油三酯、胆固醇、脂肪酸、维生素 E 和水。磷脂的荷电性表现为磷酸负电荷与取代基电荷的总和,天然磷脂带负电荷或不带电荷。

磷脂的合成可分为半合成和全合成。甘油磷脂的半合成是指基于天然磷脂改变头部、尾部或两者,因此与全合成相比,它需要较少的反应步骤。甘油磷脂的全合成包括形成连接非极性部分与甘油骨架的酯键或醚键,以及极性头部基团的连接。合成甘油磷脂具有单组分和稳定性好的优点。

(2) 磷脂的理化性质:不同种类的磷脂具有其独特的生理功能,但它们也具有一些共有的重要性质。磷脂的相变温度对于制备脂质体来说是重要的理化性质。

1) 磷脂的相变温度(T_c):是指磷脂从凝胶状态转变为液晶状态的温度。常用磷脂的相变温度见表 12-16。许多因素影响磷脂的 T_c,包括:①极性头部的性质。具有相同脂肪链的 PC 和 PG 具有相似的 T_c,但相应的 PE 具有更高的 T_c。例如二棕榈酰磷脂酰胆碱(dipalmitoyl phosphatidylcholine,DPPC)和 DPPG 的 T_c 均为 41℃,而二棕榈酰磷脂酰乙醇胺(dipalmitoyl phosphatidylethanolamine,DPPE)的 T_c 为 63℃,这归因于更强的极性头部的相互作用。②脂肪链的长度。具有较长脂肪链的磷脂的 T_c 比具有较短脂肪链的磷脂更高。例如,DSPC 的 T_c 为 55℃,而 DPPC 的 T_c 为 41℃。③脂肪链的饱和度。对于具有相同极性头部基团和脂肪链长度的磷脂,烃链中的高饱和度提高 T_c。例如,DSPC 的 T_c 为 55℃,而 DOPC 的 T_c 为 -20℃。④纯度。磷脂的低纯度扩大了 T_c 的范围。天然磷脂通常是具有不同长度烃链的组分的混合物,通常预期这种混合物会产生广泛的相转变,但合成磷脂通常具有明确的 T_c。例如 SPC 的 T_c 为 -30~-20℃,而 DLPC 的 T_c 为 -20℃。

温度在 T_c 以上时磷脂的脂肪链则更趋于流动状态,而在 T_c 之下时磷脂的脂肪链是晶态分子排列。当体系内含有一定量的水,体系温度在 T_c 之上时,磷脂分子间会排列组合成特定的形状。

表 12-16 一些常用磷脂的相变温度

磷脂	缩写(全写)	T_c/℃
大豆磷脂酰胆碱	SPC(soy phosphatidyl choline)	−30~−20
氢化大豆磷脂酰胆碱	HSPC	52
蛋黄鞘磷脂	ESM(egg yolk sphingomyelin)	38
蛋黄磷脂酰胆碱	EPC	−15~−5
二肉豆蔻酰磷脂酰胆碱	DMPC	23
二棕榈酰磷脂酰胆碱	DPPC	41
二油酰磷脂酰胆碱	DOPC	−22
二硬脂酰磷脂酰胆碱	DSPC	55
二肉豆蔻酰磷脂酰甘油	DMPG	23
二棕榈酰磷脂酰甘油	DPPG	41
二油酰磷脂酰甘油	DOPG(dioleic phosphatidylglycerol)	−18
二硬脂酰磷脂酰甘油	DSPG	55
二肉豆蔻酰磷脂酰乙醇胺	DMPE(dimyristoyl phosphatidylethanolamine)	50
二棕榈酰磷脂酰乙醇胺	DPPE	60
二油酰磷脂酰乙醇胺	DOPE	−16
二肉豆蔻酰磷脂酰丝氨酸	DMPS(dimyristoyl phosphatidylserine)	38
二棕榈酰磷脂酰丝氨酸	DPPS(dipalmitoyl phosphatidylserine)	51
二油酰磷脂酰丝氨酸	DOPS	−10

2）磷脂的分子排列形式：磷脂含有亲水性头部和疏水性尾链，具有两亲性，在亲水性环境中不同的磷脂分子在一定浓度下能够自组装排列形成不同形状的聚集体，如胶束、反胶束、双层、立方体和六角形结构等（表 12-17），可以通过不同磷脂的混合或调节亲水性头部的水化程度、脂肪链的不饱和度、环境体系中的离子强度、pH、倒锥分子的掺入和二价阳离子如 Ca^{2+} 的存在等改变磷脂的聚集形态。

表 12-17 一些磷脂的聚集形态和分子形状

磷脂	聚集形态	分子形状
溶血磷脂		

续表

磷脂	聚集形态	分子形状
磷脂酰胆碱 鞘磷脂 磷脂酰丝氨酸 磷脂酰甘油 磷脂酰肌醇 甘油磷脂酸 心磷脂		
磷脂酰乙醇胺(不饱和) 甘油磷脂酸钙 甘油磷脂酸(pH<3) 磷脂酰丝氨酸(pH<3) 心磷脂钙		

2. **胆固醇** 是大多数哺乳动物细胞膜中的主要固醇类成分。其特定的物理特征之一是平面的固醇环,其是相对构象呈刚性的结构,这决定了脂质双分子层中胆固醇的大部分相互作用。胆固醇 - 脂质混合物的相是浓度、温度、脂质性质和压力的函数。当胆固醇大量存在时,它通过诱导脂肪链的构象排序而充当膜的渗透屏障。它在保持膜流体的同时增加机械刚度。当少量存在时会产生相分离,即胆固醇在脂质体膜的一定区域内非均匀分布存在。可以通过胆固醇的引入和其用量的调节来改变脂质体膜的通透性和流动性。

四、脂质体的制备方法

脂质体的制备主要包括脂质体的初步形成、脂质体的粒径减小、脂质体的药物装载(被动装载的药物则是在脂质体形成的同时进行)、溶剂的置换或去除等环节。采用乙醇注入法和微流控技术等一步制备得到目标粒径的脂质体则不需要粒径减小的步骤。

(一)脂质体的形成

对于脂质体的形成方法,不同的专业人士有不同的理解和分类方法,但无相悖之处。脂质体的主要制备方法有基于脂质固形物分散的方法(薄膜水化法、冻干法、喷雾干燥法)、基于脂质溶液的方法(溶剂扩散法、乙醇注入法、乙醚注入法、乳化法、逆相蒸发法)、基于脂质混合胶束的方法和基于超临界流体的方法。

1. **基于脂质固形物分散的方法** 其特点是脂质体形成时,脂质和其他脂溶性成分是物质分布均匀的固态物质,在与水介质接触后形成脂质体。

(1)薄膜水化法:是将磷脂和胆固醇等脂溶性成分溶解在有机溶剂中,如三氯甲烷、甲醇和三氯甲烷 - 甲醇混合有机溶剂等,除去有机溶剂使磷脂等在圆底烧瓶中形成组成均一的脂质膜,采用水介质,在搅动或其他作用力下形成脂质体。一般水化的温度要高于磷脂的相变温度。采用该方法制备得到的脂质体一般粒径较大且分布不均匀。由于"溶质挤出效应",脂质双分子层之间的溶质可能不均匀。

旋转蒸发仪是薄膜水化法制备脂质体的常用设备,通过调整和控制成膜时的容器、旋转速度、温度、真空度等可以控制脂质体膜的面积和厚度。通过充氮气可进一步降低有机溶剂的残留量。如果减压蒸发过程中真空度不够或磷脂的浓度过高、脂质体膜较厚时,有机溶剂残留量可能会高,这时有必要继续采用其他方法减低脂质体膜中的有机溶剂残留量。如可以将所得到的脂质体膜进一步真空干燥、微波干燥和冷冻干燥等,但要注意磷脂可能发生的氧化。

将水化后制得的脂质体经反复冻融、采用超声、挤出、高压均质和微流控等技术进行进一步处理,从而增加脂质双分子层的溶质均一性和控制水化后脂质体的脂质双分子层层数、粒径及其分布等。

薄膜水化法是实验室制备脂质体的最简单的方法之一,该方法较难直接实现产业化放大。

(2) 冻干法:将磷脂等脂溶性成分溶解在有机溶剂中,如叔丁醇,冷冻干燥去除有机溶剂得到磷脂等脂溶性成分均匀的干燥粉末,制备得到前体脂质体(proliposome),再采用水介质进行水化,即可制备得到脂质体。冻干法制备得到的脂质体粒径一般分布不均匀,可进一步采用其他方法控制脂质体的粒径及其分布。叔丁醇的毒性和乙醇相似,控制其残留量,不会产生安全性问题。

(3) 喷雾干燥法:将磷脂等脂溶性成分溶于有机溶剂中,喷雾干燥后即得到脂质均匀分布的粉末及前体脂质体,采用水介质水化后,即可制备得到脂质体。可进一步采用其他方法对脂质体的粒径及其分布进行控制,详见脂质体的粒径控制部分内容。一款已上市的两性霉素 B 脂质体采用了喷雾干燥法。

2. **基于脂质溶液的方法**　是指将磷脂等脂质成分溶解在有机溶剂中,然后与水混合,形成脂质体后,再将有机溶剂去除。有机溶剂可以采用与水互溶的有机溶剂如乙醇等,也可采用与水不互溶的有机溶剂。基于脂质溶液的方法根据选择的有机溶剂、有机溶剂与水相的比例、制备和装载药物等不同,又可分为溶剂扩散法、乳化法等。

(1) 溶剂扩散法:是指将磷脂等脂溶性成分溶解在与水能够互溶的有机溶剂中,形成均匀的有机溶剂相,将该有机溶剂相与水相进行混合,随着有机溶剂扩散,磷脂会排列形成脂质体。可以通过初始条件和工艺控制调节脂质体的初始粒径,进一步采用其他技术对脂质体的粒径及其分布进行控制。有机溶剂的去除方法将在"溶剂的置换或去除"部分进行介绍。

(2) 乙醇注入法:是制备脂质体最常用的溶剂扩散法。Batzri 和 Korn 最早开发了乙醇注入法,该方法经过后续发展和改进,目前是制备脂质体的简单、快速、安全的方法,且可以实现产业化放大。微流控技术(设备)也是乙醇注入法可以选用的方式,微流控并联可以实现产业化放大。

(3) 乙醚注入法:在概念上与乙醇注入法相似,但是实质上与乙醇注入法有较大的差别。该方法是将磷脂等脂溶性成分溶于乙醚中,乙醚不能与水互溶。该种方法形成脂质体的机制可能是在乙醚和水的界面形成乙醚与水不同比例的梯度,从而促使单层磷脂形成脂质双分子层,进一步折叠形成闭合的脂质体。在乙醚注入的过程中就伴随着乙醚的蒸发去除。该方法适合于易降解的磷脂制备脂质体,且该方法制备的脂质体可以包封更多的内水相。但该方法耗时比较长,在放大过程中乙醚挥除速度的控制、环境控制等都是重要因素,目前无信息显示上市的脂质体产品有采用该方法。

(4) 乳化法:是将磷脂等脂溶性成分溶解在有机溶剂中,将相对少量的水相分散在相对大量的有机溶剂相中,在机械能作用下形成油包水型(W/O 型)乳滴。乳滴界面排列的磷脂可以稳定乳滴,而通过控制机械能量的强度及磷脂与水相体积的比例可以控制乳滴的大小。后续可以采用不同的工艺制备脂质体，有二次乳化法和逆相蒸发法。

二次乳化或复乳法则是将乳化法制备得到的 W/O 型乳滴进一步分散在相对大量的水相中，在机械能作用下形成 W/O/W 型复乳，这时脂质双分子层将内外水相隔开，脂质双分子层的亲水性头部分别朝向内外水相排列，磷脂尾部相接排列在有机溶剂相中，除去有机溶剂后则形成脂质体。采用二次乳化法将亲水性药物包裹在非同心的多囊脂质体中，药物从由外到内的囊泡中逐渐释放，多囊脂质体能够延长药物的半衰期、提高药物的生物利用度，赋予药物缓释长效的特点。

(5) 逆相蒸发法：是在乳化法制备得到 W/O 型乳滴后，除去有机溶剂，形成胶态，再采用相对大量的水相水化胶态，制备得到脂质体。逆相蒸发法制备脂质体对于水溶性药物的包封率较高，但该方法产业化放大有一定的难度，需要适宜的设备。

3. **基于脂质混合胶束的方法** 磷脂与某些表面活性剂可以形成混合胶束，将脂溶性药物与水相分隔开，当去除表面活性剂后，磷脂会进一步聚集形成脂质体。表面活性剂的结构和体系中的浓度等对胶束的形状和大小会产生影响。对于亲脂性蛋白质，采用基于脂质的混合胶束的方法可以将其插入胶束中，可以使其达到 100% 的包封率。控制表面活性剂的去除速率可以控制形成的脂质体的大小，也可以采用其他手段进一步控制脂质体的大小和分布。

4. **基于超临界流体的方法** 可采用超临界流体快速膨胀法、超临界流体逆相蒸发法、超临界抗溶剂法、气溶胶溶剂萃取系统、气体抗溶剂法等制备脂质体。由于该脂质体制备方法目前距离产业化应用还有一定的距离，在此不详述。

(二) 脂质体的粒径减小

脂质体的粒径及其分布、形态及其批间重复性等与其稳定性、体内药代动力学行为、药效和安全性、质量可控性等息息相关。脂质体的粒径及其分布、形态与脂质体的组成有关，而通过工艺选择和优化可以进一步精准控制，从而确保脂质体的质量可控性，达到目标药效和安全性。

一方面在脂质体形成时，改变中间体组成、调整工艺参数可以改变脂质体的初始粒径。例如，薄膜水化法中温度的选择等；乙醇注入法中乙醇与脂质的比例、乙醇相与水相的比例、乙醇注入的速度等；乳化法中油包水型（W/O 型）乳滴大小等；混合胶束法中表面活性剂的选择和比例等；微流控技术（microfluidic technology）；错流喷射法（cross-flow injection）；脂质体反复冻融等。另一方面可在脂质体形成后，采用适宜的能量输入方式减小脂质体的粒径和调整其群体分布。下面将介绍脂质体粒径减小的几种常见方法。

1. **超声均质技术** 超声法是脂质体粒径减小最早采用的方法，可采用探头超声和水浴超声减小脂质体的粒径。超声法制备脂质体是利用超声产生的气穴作用力对脂质体进行破坏，从而减小脂质体的粒径，是一个高能量输入的过程，因此要注意超声过程中样品的温度控制、脂质的氧化和降解、探头超声过程中钛的污染及其引起的加速降解等。可以选用在线超声避免探头在液体中的位置、液体的相对体积等的影响。为了避免探头超声的不均一性、钛污染和加速降解等，可以选用水浴超声减小脂质体的粒径。超声法制备的脂质体的粒径分布均一性相对较差。超声法目前不适合用于工业化生产过程中脂质体的粒径减小。

2. **机械均质技术（homogenization techniques）** 包括高压均质、微流控、剪切均质和膜挤出，是通过剪切或压力减小脂质体的粒径。

（1）高压均质：超声处理过程中脂质及蛋白质或其他敏感化合物可能会降解，为了在相对于超声更温和的条件下破碎细胞，French Press 发明了以他的名字命名的更温和的方法。该方法可以用于脂质体的粒径减小，但该系统不适合大规模生产脂质体。

（2）微流控：微流控可以用于脂质体的产业化制备，如图 12-43 所示。脂质体悬液连续泵入微流控设备，悬液分流，在微流控设备腔内在高压作用下不同分流的脂质体发生碰撞，脂质体的粒径减小。

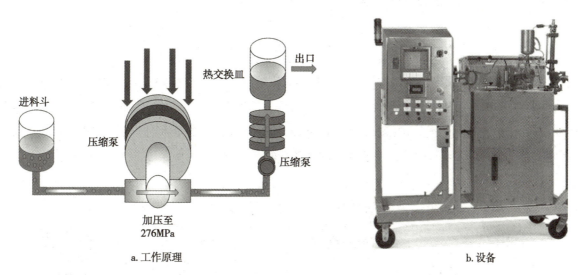

图 12-43　微流控工作原理示意图（a）及微流控设备（b）

脂质体悬液在高压作用下也可通过小孔与不锈钢壁发生碰撞，进一步又会在通过狭缝时发生剪切，作用机制详见图 12-44a。这种高压均质也可以用于产业化制备脂质体，已有商业化均质机，见图 12-44b。

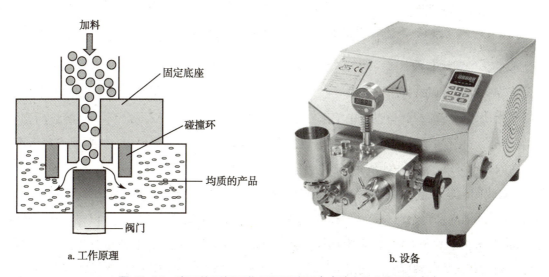

图 12-44　高压均质机工作原理示意图（a）及商业化均质机（b）

（3）剪切均质："剪切"是指一个流体区域相对于周围流体以不同的速度行进的现象。高剪切均质机可将脂质体破碎成更小的脂质体。选择高剪切均质机（图 12-45）时，重要的是要考虑均质化速度、样品体积和自动化水平。

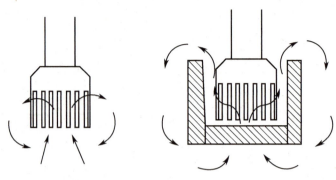

图 12-45 高剪切均质机工作原理示意图

（4）膜挤出：相对于超声和机械均质膜挤出是相对比较温和的脂质体粒径减小的方法。该方法是使脂质体悬液在压力作用下，通过孔径大小一定且分布均匀的聚碳酸酯膜，由于脂质双分子层具有一定的弹性，小于和接近孔径的脂质体可以通过聚碳酸酯膜，但相对较大的脂质体则会破碎变小通过聚碳酸酯膜（图 12-46）。膜挤出技术也可以用于脂质体的产业化制备过程中。

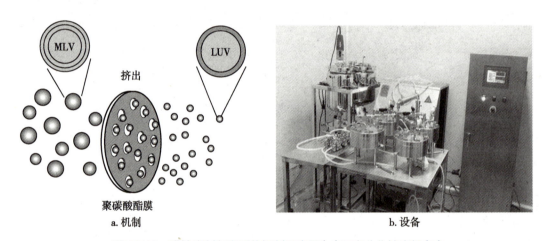

图 12-46 膜挤出制备脂质体机制示意图（a）和商业化挤出机（b）

（三）脂质体的药物装载

根据药物的性质可以选择不同的载药技术，将药物装载进脂质体的内水相或脂质体膜中。水溶性药物可以在脂质体制备前或制备过程中溶解在水相介质中，被动包封进入脂质体。脂溶性药物可以将其与磷脂共同溶解在有机溶剂中，在脂质体形成过程中分散在脂质双分子层中。某些具有可解离基团、具有两亲性的药物可以在脂质体形成后，通过主动载药技术包封进脂质体中。

1. **被动载药** 是在脂质体形成过程中同时实现药物装载，即脂质体的形成和载药相伴相生。如果药物为水溶性，无法采用主动载药技术进行装载，则可以采用被动载药技术。可以将水溶性药物溶解在水相中，将该水相作为内水相，制备 W/O 型初乳，可以进一步选用逆相蒸发法或乳化法制备得到脂质体。也可以利用药物的溶解度在不同温度下的差异，如将药物水溶液作为水化介质在相对高温下水化磷脂膜，制备得到脂质体，降低温度后外相中的未包封药物析出，从而可以分离得到包封药物的脂质体。也可以增加磷脂浓度，从而增加内水相与外水相的比例，提高被动载药的包封率。但是对于水溶性药物而言，包封进入脂质体后，在体内是否能够有效地从脂质体中释放出来是比较重要的问题。比如一款顺铂脂质体制剂虽然能够降低顺铂的毒副作用，但是由于顺铂不能够有效地从脂质体中释放出来，因此降低了或并未提高其药效。

脂溶性药物或与磷脂等脂质体膜成分有强烈相互作用的药物也可以通过被动载药的方式装载在脂质双分子层中。只是在脂质体形成之前将药物与磷脂等脂溶性成分共同溶解形成均一体系后,再选用上述不同的脂质体制备方法即可。已上市的两性霉素 B 脂质体制剂就利用了两性霉素 B 与胆固醇及磷脂的强烈相互作用。

2. **主动载药** 是在脂质体形成后,控制脂质体的粒径及其分布,再进行药物装载。主动载药技术是利用具有可解离基团的药物在特定环境下(脂质体的外水相)以分子形式存在,具有亲脂性,可以透过脂质双分子层;而在某些特定环境下(脂质体的内水相)药物以离子状态存在,具有水溶性,并进一步形成更稳定的复合物、螯合物或者胶体沉淀,不能够跨越脂质体膜,从而使药物有效地包封在脂质体内部。在生理条件下可解离的弱酸性或弱碱性药物、具有合适的脂水分配系数及在脂质体的内水相中能够形成稳定的复合物、螯合物或者胶体沉淀等的药物适合采用主动载药技术。但仍要注意药物在脂质体的内水相中形成复合物、螯合物或胶体沉淀在影响脂质体包封药物的稳定性的同时,也对脂质体中的药物释放产生了重要影响,应注意控制两者之间的平衡。

从上述可见,在进行载药之前,首先要制备空白脂质体,得到适宜大小的脂质体后要建立脂质体的内外水相梯度,即内外水相的环境差异。可以根据药物的性质不同建立不同的内外水相梯度,如 pH 梯度法、硫酸铵梯度法、金属离子梯度法等。

(四) 溶剂的置换或去除

除超临界流体法外,其他脂质体制备方法的起始点均是磷脂(含有其他脂溶性成分)的有机溶液。即使是基于脂质固形物分散的方法,为了确保脂质体膜的组成均一性,也需要将磷脂等脂溶性成分溶解在有机溶剂中。基于脂质溶液和脂质混合胶束的脂质体制备方法同样需要将磷脂等脂溶性成分溶解在有机溶剂中。而作为人用或动物用药品,为了确保产品的安全性,最终产品中的有机溶剂残留量必须得到有效的控制。主动载药方式需要建立脂质体的内外相梯度,涉及外相溶液的置换。脂质体制备过程中溶剂的置换或去除是必不可少的关键步骤。

溶剂的置换或去除实质上是利用脂质体与溶剂的性质差异将脂质体与溶剂分开。如对于制备脂质体中所采用的有机溶剂多为沸点较低、易挥发,因此可以选用减压蒸发的设备除去有机溶剂。冻干法中所使用的叔丁醇则是利用叔丁醇的升华去除。也可以利用脂质体粒子的特性,如切向流过滤(tangential flow filtration)、凝胶层析等是利用脂质体粒子大小的特性、超滤离心等技术则是借助脂质体粒子密度的特性。在工业化生产脂质体的过程中要注意所选方法和设备的去除速度和处理量。

五、产业化放大及案例分析

1. **主动载药脂质体的制备流程** 采用主动载药方式制备脂质体的一般制备流程(图 12-47a)包括空白脂质体的形成、脂质体的粒径控制、透析建立脂质体的内外相梯度、药物的主动装载和 / 或透析去除未包封药物等。其中空白脂质体的形成可以根据磷脂的性质等选择前已述及的可产业化放大的脂质体制备方法,如乙醇注入法。脂质体的粒径控制根据脂质体膜的组成和实际需求选择高压均质、微流控或挤出等。透析建立脂质体的内外相梯度则可以选择使用市售的切向流过滤设备。药物的主动装载则要根据药物和脂质体膜的性质进行药物装载处方和工艺摸索与优化。

2. 被动载药脂质体的制备流程 采用被动载药方式制备脂质体的一般制备流程(图 12-47b),包括载药脂质体(药物的被动装载)的形成、脂质体的粒径控制和/或透析去除未包封药物等。每一步所选的产业化方法或设备可参见脂质体的制备方法。

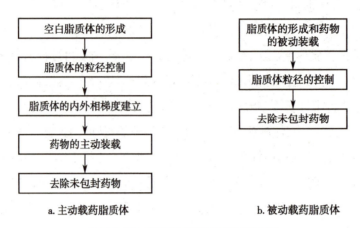

a. 主动载药脂质体　　　　　　b. 被动载药脂质体

图 12-47　脂质体制备的简略流程图

3. 案例分析

(1) 两性霉素 B 脂质体制剂:两性霉素 B 是一种疗效确切的抗深部真菌感染的药物,但由于其严重的毒副作用,临床应用受到了限制。将两性霉素 B 包裹于脂质体中,可以改变两性霉素 B 在体内的分布情况,提高其抗真菌能力,降低其对宿主器官的损伤。这款两性霉素 B 脂质体制剂借助了两性霉素 B 与胆固醇和磷脂的强烈相互作用,使两性霉素 B 镶嵌在脂质双分子层中,能够显著降低两性霉素 B 脱氧胆酸盐制剂的毒副作用。

这款两性霉素 B 脂质体制剂的处方组成见表 12-18。

表 12-18　一款两性霉素 B 脂质体制剂的处方组成

成分	用量 /mg	成分	用量 /mg
两性霉素 B	50	α- 生育酚	0.64
HSPC	213	六水合琥珀酸钠	27
CHOL	52	蔗糖	900
DSPG	84		

这款两性霉素 B 脂质体制剂的制备过程如图 12-48 所示。该脂质体的制备采用了基于脂质固形物分散的方法中的喷雾干燥法先制备。喷雾干燥时的参数、脂相溶液的性质会影响脂粉的性质,因此这些是制备该脂质体时的关键处方或工艺因素。采用高压均质对脂质体的粒径及其分布进行了进一步的减小和控制,因此高压均质条件也是制备该脂质体时的关键工艺参数。该脂质体的药物装载方式为被动载药。

(2) 阿糖胞苷多囊脂质体制剂:阿糖胞苷在肿瘤部位的浓度达到一定阈值时才能抑制肿瘤细胞DNA 的合成,且在一定时间内保持阿糖胞苷在肿瘤部位的阈值浓度,才能长时间抑制肿瘤细胞 DNA 的合成,才能达到其抗肿瘤的作用;同时应该减少阿糖胞苷在正常组织和细胞中的分布,才能在确保其抗

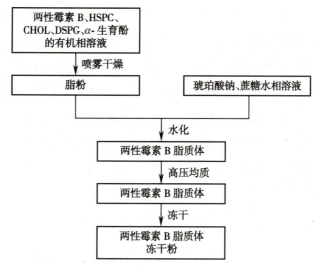

图 12-48　一款两性霉素 B 脂质体制剂的制备流程图

肿瘤作用的同时降低其毒副作用;且使用常规剂量的阿糖胞苷会产生抗药性。这款阿糖胞苷多囊脂质体制剂则可以缓慢地释放阿糖胞苷,使其浓度长时间保持在阈值之上,长时间发挥其抗肿瘤作用,也可改善其分布、降低其毒副作用,并可降低其耐药性。

这款阿糖胞苷多囊脂质体制剂的处方组成见表 12-19。

表 12-19　一款阿糖胞苷多囊脂质体制剂的处方组成

成分	用量	成分	用量
阿糖胞苷	10mg/ml	DOPC	5.7mg/ml
CHOL	4.4mg/ml	DPPG	1.0mg/ml
三油酸甘油酯	1.2mg/ml	氯化钠	适量

这款阿糖胞苷多囊脂质体制剂的制备过程如图 12-49 所示。

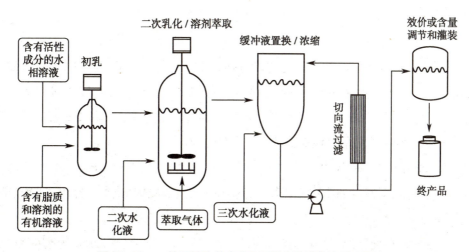

图 12-49　一款阿糖胞苷多囊脂质体制剂的制备流程图

(3) 一款柔红霉素和阿糖胞苷的复合制剂:这种制剂是将柔红霉素和阿糖胞苷共同装载于脂质体中的制剂,脂质体中柔红霉素和阿糖胞苷的摩尔比为 1:5。柔红霉素与阿糖胞苷的摩尔比在体外和动物模型中杀死白血病细胞是协同的,这两种药物的鸡尾酒疗法已临床应用多年。但这两种药物的鸡尾酒疗法有一些缺点,这些缺点限制了它们的应用。例如,两种药物的体内分布和消除不同,导致其中一种药物到达疾病部位之前另外一种药物已被清除或被部分清除,若要使两种药物在疾病部位发挥协同作用,则需要给予更多的某一药物,但这又会增加相应药物产生的毒副作用,即治疗的整体效果和毒副作用是相悖的。也可尝试去延长输液时间,但这又会增加输液管理的复杂性,提高住院时间和费用,以及使输液并发症的风险增加。相对于鸡尾酒疗法,这款柔红霉素和阿糖胞苷的复合制剂通过其缓控释作用可以使血浆中的柔红霉素和阿糖胞苷的比值在一定的时间范围内保持在较窄的范围内,从而可以降低鸡尾酒疗法的毒副作用和/或输液管理的复杂性等。

这款柔红霉素和阿糖胞苷的复合制剂的处方组成见表 12-20。

表 12-20　一款柔红霉素和阿糖胞苷的复合制剂

成分	用量 /mg	成分	用量 /mg
盐酸柔红霉素	44	CHOL	32
阿糖胞苷	100	葡萄糖酸铜	100
DSPC	454	三乙醇胺	4
DSPG	132	蔗糖	2 054

这款柔红霉素和阿糖胞苷的复合制剂的制备过程见图 12-50。这款柔红霉素和阿糖胞苷的复合制剂是迄今为止唯一上市的双载药脂质体,先制备得到阿糖胞苷脂质体,产品相关专利或文章中显示该产品采用的是基于脂质固形物分散的方法中的薄膜水化法。但前已述及该方法不适合产业化放大,因此其可能采取的是其他制备方法,如可采用喷雾干燥法或乙醇注入法等形成脂质体。这款柔红霉素和阿糖胞苷的复合制剂装载了两种药物,其中阿糖胞苷采用的是被动载药方式,而柔红霉素采用的是葡萄糖酸铜梯度的主动载药方式。

六、脂质体的质量评价

脂质体是近年来发展迅速的一种复杂的药物递送系统,但由于其制备的技术壁垒和其质量不易控制,进入临床应用的脂质体产品屈指可数,绝大部分还处于研究阶段。脂质体的复杂性决定了其质量评价的独特之处,下面将对脂质体的质量评价的特殊点进行概述。脂质体的质与量,不同处方剂型的药理学、毒理学性质,以及这些产品的质量有很大的差异。因此,处方组成成分和用量都应该具体并且尽可能窄,药物产品的成分和各成分的具体范围都应该是合理的。

1. 脂质体的质与量　脂质体由药物、脂质和其他非活性成分构成。脂质成分的质量和纯度能够影响脂质体产品的质量,对特定的脂质体药物应该提供同样详细的脂质成分的有关 CMC 信息,详细可见 FDA 的指导原则。

脂质体中的主要辅料前已述及为磷脂和胆固醇,其中磷脂的主要分析方法有薄层色谱法和高效液相色谱法。薄层色谱法是一种较早的分析磷脂的方法,其主要原理是在硅胶板上展开的磷脂可通过磷脂显色剂进行显色,从而实现磷脂的检测。对于磷脂的定量,可采用薄层色谱扫描仪计算积分值,也可将磷脂的斑点刮下来测定磷含量。高效液相色谱法(HPLC)作为一种常规高效分离与分析技术,也是

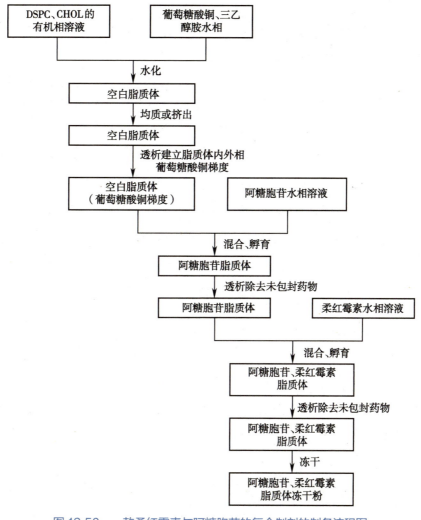

图 12-50　一款柔红霉素与阿糖胞苷的复合制剂的制备流程图

磷脂的分析工作中广泛应用的方法。根据固定相的不同,HPLC 可分为正相高效液相色谱法及反相高效液相色谱法。正相高效液相色谱法主要是根据分子极性的差异使各磷脂组分得以分离,对于极性头部不同的磷脂分离效果较佳。硅胶柱为正相色谱中最常使用的色谱柱,它通过硅羟基与分析物中的极性基团发生相互作用,从而实现对分析物的保留和分离。近年来随着分析检测技术和仪器的发展,也有一些新的技术应用于磷脂的定性与定量分析如毛细管电泳等。薄层色谱法和高效液相色谱法都有分离选择性高的特点,能满足多组分磷脂的分离与分析要求。相对而言,薄层色谱法方便快捷,能实现对多个样品同时展开检测,但定量分析的准确性和重现性差、灵敏度低,故常用于磷脂的快速定性分析;而高效液相色谱法则准确性、重现性及灵敏度均较好,因而常用于磷脂的定量分析。对于脂质体产品,磷脂的相关降解产物是需要注意的。

　　脂质体中药物的测定则需要根据药物性质进行方法选择。需要注意的是对于脂质体包封药物而言,要测定脂质体包封和非包封药物量或脂质体中的总药物量(包封率 EE%= 脂质体包封药物量 ×100/ 药物总量),从而计算脂质体的包封率,包封率是脂质体的关键质量指标之一。这就涉及如何将脂质体包封药物与未包封药物分离开,可以利用脂质体与真溶液或未包封药物的性质差异进行分离,如利用脂质体和未包封药物在某溶剂中的溶解性不同采用液 - 液萃取法、利用它们的大小不同采用分子排阻法、利用它们的密度不同采用离心法、利用它们荷电性质的差异采用离子交换法、利用它们对于某一固相物质的吸附性不同采用固相萃取法等,具体方法的选择要根据药物和脂质体的性质进行具体分析和选择。

2. **脂质体的结构特性** 相对于其他制剂,脂质体具有其结构的特殊性,而这些结构特点与脂质体的质量、疗效和毒副作用息息相关,因此要对这些特性进行研究和控制。这些特性一般包括:脂质体内部药物的状态、脂质体的形态、粒径及其分布、脂质体的内水相环境、脂质双分子层层数、脂质体的相变温度、PEG 层的厚度(PEG 化脂质体)、表面电荷或电位,以及脂质体的药物释放行为等。脂质体内部药物的状态可以选用小角 X 射线散射、小角中子散射和透射电子显微镜等进行观测。脂质体的形态可以通过透射电子显微镜、扫描隧道显微镜和原子力显微镜等进行观测。粒径及其分布则可以选择电阻法、光阻法、激光散射或者衍射和动态光散射法等进行测定。脂质体的内水相环境(pH 和内相体积等)可以利用不同物质的脂质体膜透过性不同使其在脂质体及其外水相中的分布不同来进行测定。脂质双分子层层数可以选择小角 X 射线散射和质子核磁共振(proton magnetic resonance,PMR)等方法进行测定。脂质体的相变温度则可以通过 DSC 等方法进行测定。PEG 层的厚度也可以通过小角 X 射线散射进行测定。表面电荷或电位则可以通过电导滴定法、电位滴定法和电泳法等进行测定。

3. **脂质体的药物释放特性** 需要根据药物的特性等进行个案定制。

4. **脂质体的稳定性** 一般来说,稳定性研究应该说明脂质体产品的物理和化学稳定性,包括脂质体本身;未载药的脂质体的稳定性试验(即脂质体在和药物结合前)也应该进行。并且要求进行脂质体和未载药的脂质体的强度试验,以显示脂质体的可能降解和特有的其他反应过程。脂质体产品的物理稳定性反映了脂质微囊的粒径分布和粒径一致性。脂质体在储存过程中易于发生融合、聚集和包囊药物泄漏。例如,单层脂质体比多室脂质体更易发生粒径变化,而且包囊药物或在双层中的类脂种类也影响脂质体融合或脂质体中的药物泄漏。因此,应研究脂质体的物理参数以评估脂质体的粒径和粒径一致性。

5. **脂质体的生物样品** 对于脂质体产品,生物分析方法应该能够分析包裹的和游离药物。如果没有能够开发包裹的和游离药物的分析方法,应该提供这个方法不可行的正当理由。在生物体液中,除了要考察一般的药物稳定性外,脂质体在体内的稳定性也应该考察。如果生物分析方法能够区别包裹的和游离药物,那么就可以测定脂质体在体内的稳定性。当脂质体在体内稳定时,可以测定体内的药物总浓度来检测药物的药代动力学和生物利用度。然而对于不稳定的脂质体,包裹的和游离药物浓度应该分别测定。生物样品中包裹的和游离药物可以用超滤离心、凝胶柱分离、固相萃取等方法进行分离,进一步根据药物的性质选择合适的分析检测方法进行测定。也要根据药物的性质选择合适的方法将脂质体包裹的和游离药物进行分离。

脂质体产品的 pH、有关物质、细菌、内毒素、无菌等在这里不作为脂质体的特性进行说明。

七、存在的问题及发展前景

近年来,大量国内外脂质体产品申报表明了脂质体作为药物递送系统的普及性和其广阔的前景。但不可忽视的是脂质体并不是万能的,且作为药物递送系统"越简单越实用",开发脂质体这一复杂的药物递送系统要考虑其必要性,也有一些失败的案例。脂质体虽然已经发展几十年,但是仍有很多机制未明、很多技术难题有待解决,如脂质体的被动靶向作用是否真实存在、长循环脂质体的"ABC效应"和某些脂质体的特殊副作用"手足口病"等,但这些并不能遮蔽其作为药物缓控释递送系统的实际价值。伴随着医药和材料等领域的发展和缓控释药物递送系统的要求提高,出现了主动靶向脂质体、内部刺激响应脂质体、外部诱导靶向或控释脂质体、双载药脂质体、基因药物和/或蛋白质类药物脂质体、肺部给药脂质体等,这也进一步显示出脂质体的应用价值。

第五节　纳 米 晶 体

一、简介

纳米晶体(nanocrystal)也称为纳米混悬液,是指在稳定剂的帮助下,通过一定的工艺,将药物的粒径降至亚微米(100~1 000nm)或纳米(1~100nm)级,并稳定分散在水溶液中形成的胶体分散体系。

将药物制成纳米晶体的原理在于,在一定的粒径范围内,减小药物的粒径,可以增加药物的溶解度;同时粒径减小,药物的表面积增大,溶出速率增大。因此,将药物制备成纳米晶体制剂,可以提高难溶性药物的饱和溶解度,加快药物的溶出,从而显著增加药物的生物利用度。

2000年,第一个采用纳米晶体技术的口服产品西罗莫司片上市,相对于普通西罗莫司口服液,纳米晶体制备成片剂后,西罗莫司在肠道内的饱和溶解度提高,吸收速率增加,口服生物利用度因此提高了27%。2009年,第一个纳米晶体注射剂产品棕榈酸帕利哌酮长效注射剂上市,研究者将难溶性药物棕榈酸帕利哌酮制备成纳米晶体混悬液的形式,使其在体内能够持续不断地水解出有效剂量的活性药物帕利哌酮,发挥长效的抗精神分裂症作用。

无论是口服制剂还是注射剂,制成纳米晶体产品的目的都在于增加难溶性药物的饱和溶解度和溶出速率、提高生物利用度。不同的是,口服制剂采用纳米晶体技术,一般是因为药物本身是难溶性化合物,为了增加溶解度而选择纳米晶体;而纳米晶体注射剂则一般是先将活性化合物制备成难溶性化合物的形式,再通过纳米晶体技术使难溶性药物在体内缓慢溶出,进而缓慢释放出活性药物,发挥药效。

相对于普通注射剂,纳米晶体长效制剂的给药间隔期可以长达1~6个月,可以极大地减轻患者的痛苦,尤其对于精神领域等需要长期乃至终身给药的患者而言,患者依从性显著增加。同时,相对于其他长效注射剂如微球、植入剂、脂质体、原位凝胶等,纳米晶体产品不使用额外的药物载体,制备工艺相对简单,经济效益更高。

下面将着重从纳米晶体长效注射剂的角度,详细介绍纳米晶体的制备方法、上市产品、质量评价等内容。

二、纳米晶体的制备方法

(一) 药物和辅料的选择

将药物制备成纳米晶体的主要作用在于减小药物的粒径,增加药物的饱和溶解度和溶出速率。因此,难溶性药物最适合制备成纳米晶体的形式。同时,因为介质是水,药物本身还需要有一定的水相稳定性。此外,纳米晶体制剂除了药物本身外,还需要含有一定的表面活性剂、助悬剂、pH调节剂、渗透压调节剂等辅料。其中,表面活性剂可以提供静电斥力及空间立体稳定作用,减少颗粒聚集,提高纳米晶体的物理稳定性。

(二)制备方法

通过纳米晶体技术制备得到的纳米晶体混悬液可以直接给药,也可以进行再加工如喷雾干燥制备成片剂口服给药等。本节只介绍纳米晶体混悬液的制备方法,大体上可以分为两类:①从小到大,即bottom-up法,直接从分子态沉淀结晶形成药物纳米晶体;②从大到小,即top-down法,将微米级药物晶体分散成纳米级药物晶体。

1. bottom-up法　是最早用于制备纳米晶体的技术。其原理是将难溶性药物首先溶于有机试剂等良溶剂中,再通过一定的方法除去良溶剂,使药物过饱和,以纳米晶体的形式析出,从而得到目标粒径的纳米药物。Bottom-up法主要有沉淀/结晶法、喷雾干燥法、冻干法等。但是bottom-up法的制备过程可能残留有机溶剂,过程控制较复杂,重现性较差且容易发生重结晶。因此,bottom-up法暂时不能满足药品的质量可控原则,目前还没有相应的产品上市(保健品行业已有产品上市)。

(1)沉淀/结晶法:是指先将药物溶解到适宜的良溶剂中形成溶液,然后将药物溶液滴加到另一不良溶剂中,药物在不良溶剂中的溶解度减小,从而过饱和析出纳米结晶;也可以通过改变pH、温度、电解质浓度等方法减小药物在溶剂中的溶解度,使药物过饱和而析出得到结晶。

(2)喷雾干燥法:是指将药物先溶于有机试剂等良溶剂中,然后将药物溶液雾化喷出,溶剂迅速蒸发,药物过饱和而析出纳米晶体。这里的溶剂可以是有机溶剂,也可以是超临界流体,如CO_2等。

(3)冻干法:是指将药物溶于良溶剂中,然后通过冷冻升华除去溶剂,药物过饱和而析出纳米晶体。通过改变冻干温度、冻干溶剂、冻干保护剂等,可以得到不同粒径的纳米晶体。

2. top-down法　是指通过研磨等方法,将大粒径的药物分散成纳米药物的方法。Top-down法的研究应用时长较bottom-up法短,但是其过程相对可控、重现性较好,也是纳米晶体药物制剂目前产业化的方法。其主要分为介质研磨法、均质法以及与bottom-up法相结合的联用法。

(1)介质研磨法:是指先将微粉化的药物分散在含有表面活性剂的溶液中,与研磨介质一起放入专用的研磨机内,靠研磨杆的高速运动,使药物粒子在研磨介质之间、研磨介质和器壁之间发生猛烈的碰撞和研磨,从而得到纳米晶体的方法。纳米晶体的粒径控制与研磨混悬液体的药物含量、表面活性剂的种类与含量有关;同时,药物与研磨介质的比例、研磨速度、研磨时间、研磨温度等工艺参数也会影响纳米晶体的粒径分布。目前,大部分上市的纳米晶体产品均采用的是介质研磨法,包括目前为止上市的3个注射剂产品。

有一款棕榈酸帕利哌酮注射液利用了一项较为成熟的纳米晶体制备技术。其采用球磨机,通过氧化锆、硅酸锆、高交联度聚苯乙烯树脂等材质的研磨珠,对已提前微粉化的药物进行研磨(图12-51)。研磨时,先将粗混悬液加入研磨室中进行研磨。研磨后,混合物通过筛网进行分离,研磨介质和大粒径的药物截留在研磨室中继续研磨,小粒径的药物进入循环室被收集或进入下一轮研磨。

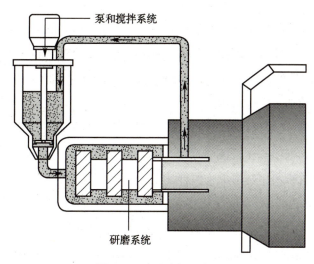

图 12-51　球磨机示意图

（2）均质法

1）高压均质法：是指将药物混悬液导入可调缝隙的均质阀中，由于孔道半径的变化，混悬液瞬间失压以极高的流速喷出，撞击在碰撞环上，产生剪切、撞击和空穴效应，从而得到纳米级药物颗粒。根据分散介质的不同，高压均质法又可分为用水作介质的方法和非水介质的方法。

2）微流控技术：是指将含药混悬液通过"Z"形或"Y"形密闭管道，通过碰撞和剪切力将药物的粒径缩小至纳米级。如非诺贝特片就是采用微流控技术减小非诺贝特的粒径，成功提高了药物的口服生物利用度。

（3）联用技术：为了进一步降低药物的粒径、增加物理稳定性，均质技术常常和 bottom-up 法联用。如沉淀 - 均质技术、喷雾干燥 - 均质技术、冷冻干燥 - 均质技术、研磨 - 均质技术等。

三、长效纳米晶体注射剂产品

（一）上市产品

主要介绍 3 个局部注射给药的产品，它们都是用于精神领域的长效注射剂。

这 3 个产品的共同点是，首先对活性化合物本身进行了化学修饰，通过酯键的方式连接疏水的脂肪酸链，增加了药物的疏水性，保证了药物在体外水溶液条件下的化学稳定性；其次，将修饰后的难溶性药物制备成了纳米晶体的形式，加快了药物的溶出，提高其生物利用度。严格意义上，它们的长效作用主要源于对活性药物的化学修饰，但是没有纳米晶体技术，也无法将"长效"作用应用于临床。

3 个制剂均采用预填装纳米晶体药物混悬液的注射器，使用前剧烈摇晃装有药物的注射器，使纳米晶体成为均匀的混悬液，再根据不同的注射部位或者患者体重，选择适合的配套针头完成肌内注射给药。

1. **棕榈酸帕利哌酮的纳米晶体注射液**　是 2009 年上市的全球首个长效纳米晶体注射剂，它将棕榈酸帕利哌酮制成纳米晶体混悬液，用于肌内注射，治疗精神分裂症，给药周期为每月 1 次。有 39mg、78mg、117mg、156mg 和 234mg 共 5 个规格。第一次给药 234mg，第二次给药 156mg，之后每月按照个体剂量给药 1 次即可。

帕利哌酮(paliperidone)是抗精神分裂症药利培酮(risperidone)的主要代谢产物,临床上有其缓释口服制剂,每日服用 1 次。为了延长其给药周期,研究者将帕利哌酮制备成棕榈酸酯前药,增加其脂溶性和稳定性,且在体内可以缓慢水解出原药帕利哌酮。但是,即使是微粉化的前药,其在体内的溶出速率也还是太慢,无法维持有效的血药浓度。因此,研究者将棕榈酸帕利哌酮制备成纳米晶体混悬液的形式,加快药物的溶出,提高了其生物利用度。

棕榈酸帕利哌酮的这款纳米晶体注射液的工艺采用了一种球磨法技术,采用高交联氧化锆小球进行药物研磨,将微粉化棕榈酸帕利哌酮制备成纳米晶体混悬液。根据其专利(US6555544),制备工艺为首先将助悬剂、表面活性剂加入注射用水中搅拌均匀,然后 121℃ 30 分钟高温灭菌;接着在无菌操作下加入经 γ 射线灭菌的微粉化药物,在球磨机中进行研磨,通过控制不同的研磨时间得到不同目标粒径的纳米晶体;最后再加入 pH 调节剂、渗透压调节剂等,使制备的纳米晶体混悬液可用于肌内注射。

棕榈酸帕利哌酮的这款纳米晶体注射液的辅料为吐温 20、聚乙二醇 4000、枸橼酸、磷酸氢二钠、磷酸二氢钠和氢氧化钠。5 个规格处方的原辅料比例相同,仅灌装体积不同,分别为 0.25ml、0.5ml、0.75ml、1ml 和 1.5ml。

棕榈酸帕利哌酮的这款纳米晶体注射液[156mmg 规格(1ml)]的处方组成,见表 12-21。

表 12-21 棕榈酸帕利哌酮纳米晶体注射液的处方组成

成分	名称	用量
API	棕榈酸帕利哌酮	156mg
表面活性剂	吐温 20	12mg
助悬剂	聚乙二醇 4000	30mg
pH 调节剂	枸橼酸一水合物	5mg
pH 调节剂	氢氧化钠	2.84mg
渗透压调节剂	无水磷酸氢二钠	5mg
渗透压调节剂	磷酸二氢钠一水合物	2.5mg
溶剂	注射用水	1ml

2. 棕榈酸帕利哌酮的纳米晶体注射液的升级版 这款制剂于 2015 年上市,其辅料种类和之前的棕榈酸帕利哌酮纳米晶体注射液一致,给药周期从每月 1 次延长到每 3 个月 1 次。有 273mg、410mg、546mg 和 819mg 共 4 个规格。只要接受这款新的制剂治疗 4 个月以上的患者就可以按照推荐剂量换算,直接更换成之前的棕榈酸帕利哌酮纳米晶体注射液,极大地提高了患者的依从性。

3. 月桂酰阿立哌唑(aripiprazole)纳米晶体注射剂 于 2015 年上市,用于肌内注射,治疗精神分裂症,给药周期为每月 1 次。有 441mg、662mg、882mg 和 1 064mg 共 4 个规格。第一次使用时需要同时连续口服阿立哌唑普通片 21 日,以配合注射剂达到稳定的血药浓度。

月桂酰阿立哌唑纳米晶体注射剂的制备也是通过球磨法将难溶性药物月桂酰阿立哌唑(阿立哌唑的前药)制备成纳米晶体混悬液,以达到缓释且提高生物利用度的作用。辅料为山梨糖醇单月桂酸酯、吐温 20、氯化钠、磷酸氢二钠、磷酸二氢钠。其中,吐温 20 为表面活性剂;氯化钠、磷酸氢二钠和磷酸二氢钠为渗透压调节剂;山梨糖醇单月桂酸酯为非离子型水不溶性助表面活性剂,其主要作用在于减少前体药物在体外水解,维持产品的稳定性。

(二) 在研产品

目前,在研的纳米晶体产品大部分集中在口服固体制剂领域,注射剂产品相对较少。不过,研究者一直在试图通过处方工艺的优化,实现更长效的给药周期,提高患者的依从性。如棕榈酸帕利哌酮在已有1个月和3个月的长效制剂的基础上,又继续研发出了6个月的长效制剂。6个月制剂主要用于预防精神分裂症复发,适合于接受过1个月或3个月制剂治疗的患者。

四、纳米晶体的质量控制和评价

1. **粒径和粒径分布**　平均粒径(mean particle size)和粒径分布(particle size distribution)影响纳米晶体产品的药物溶出速率、物理稳定性及药物的生物活性,对纳米晶体产品的质量及生物利用度至关重要,因此,纳米晶体产品需要严格控制粒径和粒径分布。常见的测定方法有动态光散射法(dynamic light scattering)和激光衍射法(ektacytometry)。同时,也可以通过扫描电子显微镜、透射电子显微镜、原子力显微镜观察纳米晶体微粒的形态。

2. **晶型**　纳米晶体产品在制备过程中可能发生晶型改变或生成无定型态,晶型和药物的溶解速率有关,进而影响药物的生物利用度。同时,高能态的晶型如无定型态在长期储存过程中可能转变成低能态的晶型,进而带来产品稳定性的问题。因此,需要对纳米晶体产品进行晶型检测。常见的测定方法有差示扫描量热法和X射线粉末衍射法等。

3. **电荷**　对于混悬剂来说,表面电荷带来的静电斥力可以增加产品的物理稳定性。这种表面电荷可以源于活性药物本身,也可以来自吸附的表面活性剂。表面电荷越大,混悬颗粒越不容易发生聚集,稳定性越佳。表面电荷用 ζ 电位表示,一般要求微粒的 ζ 电位绝对值要大于30mV。

4. **溶出**　纳米晶体混悬液也可以通过溶出的方式进行质量评价,如棕榈酸帕利哌酮混悬注射剂,其FDA推荐的溶出方法见表12-22。两种给药周期的剂型的溶出介质和转速一致,仅取样时间点不一样。

表 12-22　FDA 推荐的棕榈酸帕利哌酮混悬注射液的溶出方法

剂型	方法	转速 /(r/min)	介质	体积 /ml	取样时间点 /min
1个月剂型	桨法	50	0.001mol/L HCl (含 0.489% 的吐温 20,W/V)25℃	900	1.5、5、8、10、15、20、30、45
3个月剂型	桨法	50	0.001mol/L HCl (含 0.489% 的吐温 20,W/V)25℃	900	5、30、60、90、120、180、240、300、360

5. **其他**　除了以上纳米晶体特有的质量评价项目外,纳米晶体制剂的质量评价还包括含量均匀度、沉降体积比、装量差异、微生物限度等常见的制剂质控指标。

五、存在的问题及发展前景

目前,纳米晶体技术的发展非常迅速,上市产品的数量逐年增长。纳米晶体技术可以极大地提高难溶性药物的生物利用度,具有巨大的商业开发潜力。不过,如何获得更小的粒径及更稳定的纳米晶体制剂一直是纳米晶体制剂面临的挑战。同时,更经济、更环保、更快速的产业化生产也是纳米晶体技术未来发展的目标。

第六节 原位凝胶

一、简介

原位凝胶(in situ gel)是一种能在给药后发生相转变的液体制剂,它在给药后由注射部位的外界环境条件刺激(如光、温度、pH、亲水性或疏水性、离子强度等因素)而导致其在注射部位出现非化学交联的固态或半固态的相转变,成为局部载药贮库(depot)。原位凝胶制剂是在给药后才会发生相转变而固化的,在转变过程中的流动性使其能填充在组织间隙中,这能确保原位凝胶制剂具有良好的局部给药能力。作为一种非胃肠道给药系统,它有皮下、肌内、鼻腔、眼部等不同的给药方式,而且相转变后使装载药物被包封在凝胶的结构骨架中,随着扩散和骨架溶蚀不断释放,原位凝胶具备了良好的缓控释及脉冲释放的性能。因此,可以有效减少患者的给药频率,简化治疗过程,节约医师和患者的时间;而且作为非口服缓释制剂,它能避免肝脏首过效应,并且使其所装载的治疗药物在人体内维持在一个有效血药浓度范围,这样不仅增加了生物利用度、减少了总投药量,而且还降低了药物带来的毒副作用风险。与此同时,原位凝胶制剂的制备工艺相较微球缓控释制剂的制备工艺来说,要求的技术含量和设备投入更低,这使它具有简单、经济这一产业化优势;虽然其制备工艺相对较为简单,但这样却能更好地避免复杂的制备过程中烦琐的步骤给制剂装载药物造成的不良影响。再加上原位凝胶制剂所用的材料一般都是生物可降解性材料,使其能在体内降解后被代谢排出,免除了传统包埋剂型所需的手术植入与取出步骤,这极大地减少了患者的痛苦,增加了依从性。正因为原位凝胶制剂具备前面所展示的各个方面的剂型优势,所以即使在经过多年研发后制备工艺日益成熟的今天,新型制剂研究人员对于原位凝胶制剂的研究仍然保持着极大的热情。现在已有少量几种原位凝胶制剂产品上市,但产品数目并不多。

尽管原位凝胶系统在化学组成和凝胶方式方面存在巨大的差异,但都有以下共性:①注射前为相对低黏度的液体;②注射后其物理形态迅速转变为药物贮库。

原位凝胶作用的发生可以是物理变化或化学变化的结果。物理变化包括:①最低临界共溶温度;②液晶相的改变;③聚合物沉淀;④蔗糖酯沉淀系统。而化学交联发生转变的系统包括:①生物可降解性丙烯酸酯端基聚合物;②光化聚合的聚乙二醇(PEG)-PLA-丙烯酸酯共聚物。利用这些不同的方法研究了原位凝胶不同的制备技术,下面就对原位凝胶的制备技术进行介绍。

二、原位凝胶的制备技术

(一) 药物和载体的选择

对于原位凝胶系统而言,理论上任何通过注射途径使用的药物都可以作为候选物质,但仍有一些筛选最佳药物的总体指导原则。同样,一些候选药物也可能更适于使用原位凝胶技术。

原位凝胶系统用于药物递送的一般要求:有效药物浓度和持续时间必须与载药量相匹配;药物必须

能够承受其释放期间所处的生理环境;传递系统中药物在贮藏期内的稳定性必须符合要求,或能够在给药时加入系统中;处方制备过程对药物没有影响。

一些技术是以水性溶液为基质的,如最低临界共溶温度系统或液晶系统,此时更适宜选择水溶性药物。同样地,基于应用有机溶剂的生物可降解性聚合物或蔗糖乙酸异丁酸酯(sucrose acetate isobutyrate,SAIB)的技术通常更适用于疏水性药物。由于这类系统常使用高溶度参数的溶剂,例如 N- 甲基吡咯烷酮或乙醇,一定范围内的水溶性药物通常也可溶于此类系统。该系统的药物溶解性按稳定性、灭菌和临床应用等方面来考虑是理想的,不溶于该系统的药物因其释放遇到额外阻碍而常常展现出较慢的释放行为。因此要注意药物的稳定性和溶解度问题,实际上任何小分子药物均适用于该技术。平衡系统的含水量的高低可以控制释放的快慢。任何药物递送技术都必须与临床需求相适应。该系统对于多肽类药物的传递有较多的应用和潜能,对于蛋白质类药物的传递存在一定挑战。目前成功的报道仅限于研究水平,研究最广泛的情形是以水性溶剂为基质的系统,但其释放蛋白质的时间一般较短。

对于载体的选择来说,已经上市的原位凝胶产品使用的都是以 PLGA 为基质的有机溶剂体系,其具有释放周期长、生物相容性好的优势。但毕竟使用有机溶剂作为载体一部分进入体内,其安全性评估需要进行一系列相关研究,确保产品安全可靠。而其他系统,如 SAIB 系统、液晶系统、最低临界共溶温度系统等所使用的辅料基质的安全性研究数据还不完全,也未有相应的产品上市,但有少数产品进入临床研究阶段。因此,在载体的选择上更多的还是考虑使用安全性评估无任何风险的,尤其是 FDA 认可的辅料进行研究,确保生产的原位凝胶产品是安全有效的。

(二) 制备方法

在这里分别介绍不同技术制得到的原位凝胶系统。

1. 聚合物沉淀系统　Dunn 等于 1990 年首先根据相分离原理使聚合物在机体注射部位沉淀,制得可注射给药的原位成型装置(in situ forming device)。

该技术是将水不溶性生物可降解性聚合物(如 PLGA)溶解在具有生物相容性的水溶性有机溶剂(如 N- 甲基吡咯烷酮,N-methyl pyrrolidone,NMP)中,并向其中加入药物,形成溶液或悬浮液。当制剂注入皮下时,溶剂迁移到周围组织中,同时水渗透到有机相中。这导致聚合物在注射位置发生相分离和化学沉淀,而包裹在其中的药物通过扩散、溶出或聚合物溶蚀等缓慢释放。

几乎所有医疗装置和药物递送领域应用的水不溶性生物可降解性聚合物均可用来制备该液态聚合物系统,只要它们在选定的溶剂中有足够的溶解度,这种聚合物包括聚乳酸、聚乳酸 - 羟基乙酸共聚物或乳酸己内酯共聚物、聚酸酐、聚原酸酯、聚氨酯和聚碳酸酯等。液态聚合物系统最常使用的生物可降解性聚合物为 PLA、PLGA 和 D,L- 乳酸与己内酯共聚物,其具有无定型结构、已知的降解速率,市场可以买到,其使用已被美国 FDA 认可。

许多生物相容性有机溶剂可用于在体形成聚合物贮库系统,包括高度水溶性的 NMP、2- 吡咯烷酮、乳酸乙酯、二甲基亚砜,水溶性较差的碳酸丙烯酯、乙酸乙酯和甘油三乙酸酯等。尽管所有这些溶剂均具有一定的毒性,但其实际在聚合物植入系统中的用量远低于已知可发生副作用的水平。主要的担心来自其在注射部位引发局部刺激性的可能性,许多动物实验结果表明,聚合物植入似乎在 24~48 小时内缓慢释放溶剂,因此与单独注射溶剂相比减少了局部刺激性。

当生物可降解性聚合物溶解在溶剂中的质量浓度达 20%~80% 时,可形成稠度范围从液体到凝胶,甚至胶泥的流动性混合物。聚合物溶液的黏度取决于溶剂中聚合物的相对分子质量和浓度。低相对分子质量的聚合物或较低浓度聚合物溶液的制剂使用标准注射器和针头即可轻松注射,甚至可将其雾化使用。高浓度的高相对分子质量聚合物形成的凝胶或胶泥材料可用于填充组织缺陷并当其完全固化后,可形成油灰样结构的支持物。非聚合物材料也可加入聚合物处方中以降低溶液的黏度,增加凝胶固化后的孔隙度,或改善其中的药物释放。为进一步改进该系统在控制药物突释和降低溶液的黏度,可将高浓度的药物包封于在溶剂中溶解度较低的聚合物颗粒中,并于注射前立即将其加入胶凝聚合物溶液。这些聚合物颗粒可控制最初的药物释放,使胶凝聚合物溶液有足够的时间形成进一步调控药物释放的药物贮库。

该系统的相转变动力学过程较复杂,与有机溶剂的性质有直接关系。有机溶剂与水的混溶性越好,聚合物的沉淀速度越快,制成的原位凝胶的药物释放速率较快。此外,药物释放速率也与聚合物沉淀所形成凝胶的内部结构如聚合物类型及其相对分子质量、聚合物与药物比例等因素有关。

为降低药物的突释作用,可使用“疏水性增塑剂”抑制药物突释。

常用的灭菌方法有辐照灭菌和无菌过滤工艺,但辐射灭菌可能导致聚合物降解,对凝胶形成、药物释放及用药安全性等方面造成影响。

2. 蔗糖酯沉淀系统   SAIB 是一种生物可降解性原位凝胶基质材料,这种生物可降解性材料由于安全性良好,具有很好的潜在应用前景。SAIB 是完全酯化的蔗糖衍生物的混合物,其主要成分含有6 个异丁酸蔗糖酯和 2 个乙酸蔗糖酯。SAIB 与 PLGA 的不同之处在于其是一种小分子物质,不结晶但却以高黏度和疏水性液体的形式存在,在用少量有机溶剂(15%~30%)溶解后会形成与植物油黏度相近的溶液,易于皮下注射和肌内注射。但随着有机溶剂的不断扩散和体液的不断渗入,SAIB 系统的黏度急剧增加,在注射部位形成药物贮库。以 SAIB 为基质,乙醇为溶剂(75:25)能够控制蛋白质类药物释放达 28 日之久。SAIB 的成本远低于聚酯类,无菌过滤或 γ 射线辐照灭菌的方式对药物释放速率无明显影响。

3. 最低临界共溶温度(lower critical solution temperature,LCST)系统   是研究得最深入的注射凝胶技术之一,其基本原理是当温度升高时聚合物水溶液发生相分离。控制聚合物与溶剂的性质可以将该系统由室温加热至体温时实现这一转变。特别是从化学的观点考虑,低温可提供足够多的氢键使聚合物保持溶解状态,随着温度升高,氢键数目减少至某一临界点,致使发生相分离。在多数化学系统中,温度升高时熵值增加,导致溶解度增大;而对于 LCST 系统,温度升高时熵值相对较低(高分子材料的共性特征),而焓变效应占优势。绝大多数控制释放系统的焓变效应是与水形成氢键的结果,加热时氢键数目减少,导致在水中的溶解度降低。在较窄的化学和物理参数范围内,这一转变可随温度由室温升至体温而发生。

LCST 系统应用最多的聚合物泊洛沙姆(poloxamer)是一种由聚氧乙烯和聚氧丙烯组成的 ABA 型嵌段共聚物。浓度超过 20% 的泊洛沙姆水溶液在低温下为液体,在体温下能够可逆地转变为凝胶。但文献报道,大鼠腹腔注射该溶液会引起血浆胆固醇和甘油三酯升高,故限制了其作为注射型凝胶基质材料的应用。

有公司开发出了一种热敏型生物可降解性聚合物——聚酯与聚乙二醇的嵌段共聚物。这种共聚物水溶液在一定温度范围内发生溶胶到凝胶的可逆性转变,如将药物溶解或悬混于 PEG-PLA-PEG 嵌段共聚物的溶液中,在约 45℃的条件下注入动物体内,其包载的药物可缓释 10~20 日。

由 PLGA-PEG-PLGA 构成的共聚物将紫杉醇分散于其中即可制成长效混悬型注射剂,用于瘤内注射,可缓释药物达 6 周。这种共聚物也可用于制备蛋白质类药物缓释制剂,如胰岛素、重组人生长激素(rhGH)、粒细胞集落刺激因子(granulocyte colony-stimulating factor,G-CSF)和重组乙型肝炎表面抗原等。体外试验数据表明,这些蛋白质类药物的突释剂量约为 20%。该制剂中的聚合物浓度达到 15%~30%(W/W)时,溶液 - 凝胶转变温度约为 30℃;低于 LCST 时,聚合物溶液为牛顿流体,形成凝胶后转变为弹性半固体,转变前后体系黏度的绝对值增加 4 个数量级。胶凝的过程是由熵变引起的,温度升高时 PEG 链段的水化能力降低,从而减少了水分子与聚合物之间的氢键结合,导致其疏水性增加,从溶液中沉淀析出并相互缠绕堆砌形成凝胶。

温敏聚合物的物理性质与以下因素密切相关:亲水基团(PEG)/疏水基团(PLGA/PLA)的比例、链段长度、疏水性(PLC>PLA>PLGA)、疏水链段在聚合物中的分散度以及聚合物的结晶状态(无定型或半晶态)等。凝胶内包载药物的亲水性也是应该考虑的问题。因为在溶液 - 凝胶转变过程中,体系的体积收缩会将水相中的药物如蛋白质挤压出来,产生突释作用。与胶束疏水性内核具有较强亲和力的药物产生的突释作用较小。

利用嵌段共聚物开发的热敏型原位凝胶注射剂由于具有制备简单、用药方便、容易实现控制释放、材料的生物相容性高和毒性小等特点,从一开始出现就引起了药剂学工作者的强烈兴趣。但该给药系统还有许多问题需要深入研究,如水溶性药物的突释作用、多肽蛋白质类药物在水溶液中的稳定性、体内释药速率的控制等都尚待进一步研究。

4. 液晶系统 该技术用作原位凝胶系统是基于各种脂肪酸甘油酯在水中高浓度时为单相,注射至用药部位并被体液稀释后转变为完全不同的高黏度形态。文献报道最多的具有该性质的分子有单油酸甘油酯(monooleoglyceride,GMO)。与 LCST 系统一样,液晶系统的含水量高,其释放相对较快,通常短于 1 周。例如 GMO 注射时为层流状,在 37℃时吸收水分达到 35% 的平衡含量后转化为立方晶。该系统不易水解,但在体内可被脂肪酶降解。

在液晶系统中加入各种添加剂能使其更易于注射或改善药物递送。由于立方晶系通过水化作用形成,片层相仅仅是过渡状态,GMO 不必以水性混合物的形式应用。为了降低 GMO 的黏度使其便于注射,可以使用其他辅料如麻油等来设计不含水的产品。

该系统具备生物黏附性,以及对蛋白质具有稳定作用等优点。对于单纯基于 GMO 的系统,片层相中水的平衡含量为 20%~30%,与额外的水接触后增加至 35%。立方晶系统的含水量高于 1/3。高含水量导致药物快速释放,其释放周期一般短于 5 日。

5. 其他系统 有文献报道利用其他途径如聚合物交联原理制备缓释注射埋植剂。这种给药系统的设计思想是利用聚合物在注射部位发生交联反应,形成凝胶状的三维网络结构,从而控制亲水性大分子药物的释放速率。有人利用光作为触发剂,使 PEG 与乙醇酰丙烯酸酯发生交联,可以维持蛋白质类药物缓释数日。但此方法仅限于体表的外科手术部位,对深部的注射则难以发生作用。另有学者将巯基连接到水溶性聚合物(如壳聚糖)的分子上,利用空气中的 O_2 使其氧化为二硫键交联的凝胶。可惜这种方法的凝胶化时间过长(需几小时),因而失去了实际应用的价值。Qiu 开发出了一种含多个巯基(—SH)的 PEG 共聚物水凝胶。给雌性新西兰兔皮下注射后,包载红细胞生成素(EPO)的凝胶剂可缓释药物达 2 周,而且释放的 EPO 显著提高了兔的血细胞比容。由于巯基化后的聚合物不可生物降解,所以限制了其在人体内的应用。

另一个研究方向是利用特定的离子诱导某些聚合物发生凝胶化,如海藻酸盐和脱乙酰壳聚糖分别能够在钙离子和磷酸盐存在的条件下形成凝胶。尽管这两种聚合物可通过离子交联形成网状凝胶结构,但由于生理条件下体内的 Ca^{2+} 和 PO_4^{3-} 浓度较低,不足以在较短的时间内形成具有一定强度的凝胶。唯一有意义的是泪液中的 Ca^{2+} 能与海藻酸盐形成凝胶,可用于延缓药物在结膜囊中的释放。

三、上市产品和技术介绍

(一)上市产品

1. 第一个批准上市的产品是盐酸多西环素的一款制剂,该制剂由 10% 即 50mg 盐酸多西环素与 450mg 聚合物溶液分别装在两个针筒中,其中聚合物溶液由 36.7% 的聚 D,L- 乳酸(PLA)与 63.3% 的 NMP 组成,多西环素的有效含量为 42.5mg。产品为淡黄色或黄色黏稠液体,使用前经“桥管”混匀后,通过针头注入患者的牙周袋内,可在牙周炎病灶部位持续释放 1 周。

2. 促黄体素释放激素(LHRH)激动剂类贮库型控释注射剂——醋酸亮丙瑞林原位凝胶制剂,用于晚期前列腺癌的姑息性治疗,产品配方如表 12-23 所示。这款醋酸亮丙瑞林原位凝胶制剂是一种无菌混悬液,采用药物缓释专利技术制备,辅料为 PLGA 和 NMP,注射总体积为 0.25~0.7ml,由两支独立的预充式注射器组成,一支为活性成分即醋酸亮丙瑞林粉末,另一支为复溶用的药物缓释系统,使用前经过 30 分钟以内的混合配制成混悬液后,注入皮下,注射后 NMP 向体液迅速扩散,使 PLGA 包载醋酸亮丙瑞林形成凝胶,随着此植入剂的生物降解而缓缓释放出药物,降低患者体内的睾酮浓度,从而抑制肿瘤生长。这款醋酸亮丙瑞林原位凝胶制剂与醋酸亮丙瑞林微球制剂相比可以更低的剂量发挥更久的疗效,但在治疗第 1 周会出现睾酮浓度暂时性升高,应定期测定睾酮浓度和前列腺特异性抗原。

表 12-23　醋酸亮丙瑞林贮库型控释注射剂的组成和产品配方

递送系统注射器			产品配方				
聚合物	聚合物	聚合物 D,L- 丙交酯与乙交酯的摩尔比	聚合物含量 /mg	NMP含量 /mg	醋酸亮丙瑞林含量 /mg	亮丙瑞林游离碱含量 /mg	注射体积 /ml
PLGH	含羧基端共聚物	50∶50	82.5	160.0	7.5	7.0	0.25
PLG	己二醇共聚物	75∶25	158.6	193.9	22.5	21	0.375
PLG	己二醇共聚物	75∶25	211.5	258.5	30	28	0.5
PLG	己二醇共聚物	85∶15	165	165	45	42	0.375

2004 年 12 月美国 FDA 批准了一款醋酸亮丙瑞林原位凝胶制剂(45mg)上市,它是 FDA 批准治疗前列腺癌的首个每 6 个月给药 1 次的 LHRH 激动剂类药物制剂,医师和患者现在可根据需要灵活地选择合适的制剂进行治疗。先前已批准上市醋酸亮丙瑞林制剂每月 1 次(7.5mg)、每 3 个月 1 次(22.5mg)和每 4 个月 1 次(30mg)的贮库型控释注射剂。

3. 丁丙诺啡原位凝胶制剂　使用生物可降解性 PLGA(50∶50)和生物相容性溶剂 NMP。这款丁丙诺啡原位凝胶制剂中的活性成分是丁丙诺啡游离碱,其为阿片受体部分激动剂和阿片受体拮抗剂,适用于阿片类物质依赖,以帮助吸毒者逐渐戒除阿片类物质。2017 年 11 月 FDA 批准了这款丁丙诺啡原位凝胶制剂,这是一种有望打破市场平衡的替代辅助疗法,该产品不但可以有效帮助人们摆脱阿片类物质依赖,而且它只需每月皮下注射 1 次,同时没有排毒期要求,成功克服了其他现有疗法存在的用药局限。在这款丁丙诺啡原位凝胶制剂临床试验计划中,丁丙诺啡的平均血浆浓度为 2~3ng/ml,阿片受体占有率≥70%。这款丁丙诺啡原位凝胶制剂 300mg 在第一次注射后提供约 2ng/ml 的丁丙诺啡平均血浆浓度,稳态下这款丁丙诺啡原位凝胶制剂的平均血浆浓度分别为 3.21ng/ml(剂量为 100mg)和 6.54ng/ml(剂量为 300mg)。

(二) 在研技术

1. 稳定注射制剂(stabilized injectable formulation,SIF)技术 肽类药物不稳定,在体内易发生酶解、水解等,故需要长效缓释药物。为解决长效缓释,引入生物可降解性聚合物,使用有机溶剂混合再除去溶剂制得微囊、微球、植入棒等制剂类型。但需要大量体积的微粒悬浮液或进行外科植入,对患者不友好,临床不便,制备复杂,生产成本高,故需要可注射的缓释药物系统。但肽类药物的碱性官能团(亲核官能团)与聚合物载体易发生相互作用,加速降解,在溶剂体系下反应更迅速,故不利于储存,需要多步骤混合才能进行临床使用,且制剂一致性得不到保证。混合后,肽类药物可能被酰化失活,而聚合物也会加速降解,分子量变小,影响缓释和治疗效果。故需要制备一种稳定性更好的复合药物。

在此背景下,SIF 技术诞生。该技术采用原位凝胶缓控释制剂技术作为基础,通过使用强酸盐修饰多肽类药物的方法,得到更稳的药物制剂产品。简单来说,将肽类药物与强酸(如盐酸、甲磺酸)结合形成盐或与亲水性/亲脂性链段结合(聚乙二醇化-亲水、酰基化-疏水、烷基化-亲脂)来修饰,再使用赋形剂包括释放率调节剂(如两亲性化合物或共聚物、表面活性剂、PLGA-PEG、枸橼酸三乙酯、甘油三酯、山梨醇等)、缓冲剂(如碳酸钙、硬脂酸钙等)、抗氧化剂(如丁基羟基茴香醚、维生素 E 等)等控制药物释放和辅料降解。

此复合药物降解缓慢,速率可调控,缓释时长能达到 6~12 个月,具有良好的长期释放效果;而且制备方法简单,储存稳定,只需要预灌装到一支注射器中,使用前无须共混,临床操作简便。此复合药物中的肽类可以得到较好的保护,不轻易失活或与杂质反应而影响药品质量。

2. 溶致液晶技术 利用这种技术的产品会通过相变转变成凝胶态,在体内实现每周或者数月的给药。其原理是由卵磷脂(PC)和二油酸甘油酯(GDO)组成的药物载体,在少量溶剂作用下可形成具有良好流动性的液体,很容易注入体内,遇水可发生相变而成为凝胶状的液晶系统,使药物在给药部位缓慢释放(图 12-52)。该技术成本低廉、操作简单,很容易被医护人员和患者接受。

四、原位凝胶的质量控制和评价

原位凝胶为新型药物制剂,目前尚未有产品在国内上市,也没有确定的质量标准,作者针对文献报道信息、《中国药典》和《美国药典》(USP)及相关指导原则(ICH),对其关键质量属性(CQA)和评价方法总结如下:

(一) 性状

原位凝胶一般为无色至淡黄色黏稠液体,色泽均匀,具有一定的流动性,不应分层或干涸。

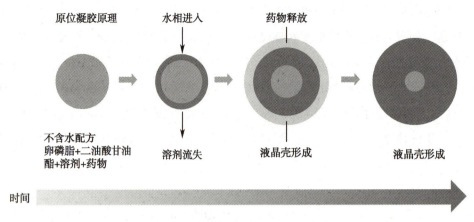

原位凝胶原理　　水相进入　　药物释放

不含水配方
卵磷脂+二油酸甘油　　溶剂流失　　液晶壳形成　　液晶壳形成
酯+溶剂+药物

时间

图 12-52　溶致液晶技术原理示意图

(二)流变学性质

原位凝胶制剂是一种高分子溶液,其流动性质是影响制剂加工、贮存和使用的一项重要指标,所以流变学性质也是其 CQA 的重要组成部分。黏度是流变学中的重要概念,它反映流体的剪切速率随剪切应力变化的关系,即流体流动的难易程度,黏度越大,流体的流动性越差。

流变学性质可通过流变仪来测定,黏度的测定可使用黏度计。测定非牛顿流体的动力黏度应使用旋转黏度计。

(三)载药量

在测定载药量之前应先确认方法的回收率,由于原位凝胶的基质比较复杂,建议采用加样回收率;回收率符合测定要求后再测定载药量,初期研究建议同时考察均匀性。

(四)体外释放及突释

与传统口服和透皮给药制剂相比,非胃肠道缓控释制剂的体外释药实验缺乏药典标准或其他法定标准的规范。目前用于非胃肠道缓控释制剂的体外释药模型主要包括 3 种组成原理:取样 - 分离原理、透析膜原理、连续流动原理。

1. 取样 - 分离原理　将制剂置于含有少量释放介质的容器中,在规定的时间间隔取上清液分析,每次取样后,向释放体系中加入等量的新鲜释药介质。为了避免释药过程中制剂的聚集及取样时造成的药物损失,保证释药的漏槽条件,释药容器的规格、振荡速率、取样方法、离心强度等因素都应研究考察。

2. 透析膜原理　通过一个半透膜将含有制剂 - 释药介质的小供给室和含释药介质的大接收室分隔开,伴随接收室内释药介质的搅拌,药物经过半透膜扩散进入接收室,在接收室内取样检测药物浓度。为了获得更合适的体外释药模型,实际应用中的搅拌速率、供给室和接收室的体积比、半透膜的截留分子量都要通过预实验确定。

3. 连续流动原理　即 USP 4 方法——流通池法溶出,将制剂置于小体积流通池内,恒温的释药介质自下而上以恒定的流速流过流通池,洗出液经过滤后,流出流通池。方法开发中需要重点考察流速、温度、过滤、释药介质的脱气。

除此之外,文献中还报道诸如在鸡肉、猪肉或者其他动物离体的肌内或皮下注射的体外释放观测,但都因具有一定的局限性,在此不展开介绍。目前应用更多的还是静置取样、透析膜及 USP 4 方法——

流通池法。

(五) 稳定性

对于聚合物沉淀系统,其原料药的性质可能会导致聚合物的降解加速,例如已上市的产品都使用原料药与聚合物溶液分开包装的形式以保证产品的稳定性,故考察制剂产品的稳定性也是 CQA 的重要组成。

此外,各种类型的原位凝胶在高温和冷藏下都有可能发生分层等现象,建议考察其在高温、冷藏等不同条件下的性状、体外释放、含量及均匀性。

(六) 安全性评估

由于聚合物沉淀系统包含有机溶剂,故需要对制剂的安全性进行评估。几种常用有机溶剂的毒性顺序为 NMP>DMSO>*N*- 甲基吡咯烷酮。其中 DMSO 属于第三类溶剂,每日限度为 50mg;NMP 属于第二类溶剂,每日允许接触量(PDE)为 5.3mg/d。

具体的安全性评估内容可包括一般急性 / 慢性毒性研究,过敏性(局部、全身和光敏毒性)、溶血性和局部(血管、皮肤、黏膜、肌肉等)刺激性等特殊安全性试验,免疫原性 / 毒性研究,病理组织学研究,生殖毒性试验,遗传毒性研究,致突变试验,致癌性试验,局部耐受性试验,复方制剂中多种成分的药效、毒性、药代动力学相互影响的试验,依赖性试验,毒性和安全性生物标志物的研究等。

(七) 其他

温敏型水凝胶的研究还需要确定胶凝温度,即黏度 - 温度曲线中的黏度突跃变化点温度。

原位凝胶的杂质分析可以参考《中国药典》(2020 年版)四部 9102 药品杂质分析指导原则和 ICH 文件 Q3A(新原料药中的杂质)、Q3B(新制剂中的杂质)进行研究。水分也是可能导致杂质变化的一个重要因素,需要考量。

第七节　长效蛋白质制剂

一、简介

欧美市场上目前共有 200 多个重组蛋白质类药物,包括凝血因子、激素、生长因子、细胞因子、酶和抗体等。我国重组蛋白质类药物以仿制药为主,创新药较少。国内生长激素市场高速增长。目前,国内生长激素市场由国产公司主导,国产化率较高。此外,干扰素、胰岛素进口替换也将是大势所趋。大部分蛋白质类药物与天然蛋白质的结构相同或相似,半衰期也与天然蛋白质相似。长效蛋白质制剂并非首创新药,而是活性增强的重要实现途径,通过长效化可以提高患者依从性。

生物技术药物因其结构特点,在具备活性高、毒性低、特异性强和生物学功能明确等优势的同时,存在半衰期短、免疫原性强的局限性,往往给患者带来较大的身心和经济负担,严重限制其广泛应用。蛋白质类药物长效化的策略包括糖基化改造、PEG 化、白蛋白融合、转铁蛋白融合、Fc 融合,其中 PEG 化是通过增加水力半径来延长半衰期,白蛋白融合、转铁蛋白融合和 Fc 融合则通过循环途径和增加分子大小来延长半衰期。其他方式还包括惰性蛋白融合如 XTEN 融合、HAP 融合、ELP 融合等,以及负电蛋白融合如 CTP 融合等。常见的改善蛋白质半衰期的技术见表 12-24。

表 12-24 有效改善蛋白质半衰期的技术

方法	原理	优点	难点
化学修饰	将聚合物共价链接在蛋白质分子上,增加分子量	延长半衰期,保护蛋白质不被酶水解,减少肾清除率,增加溶解性和稳定性	减少组织吸收,免疫原性,功能异质性,功能活性保持
蛋白融合	多个基因相连,表达产物	延长半衰期,不需要修饰,减少肾清除率,增加溶解性和稳定性	免疫原性,功能活性保持
抗蛋白酶突变体	引入抗水解突变体到蛋白质上	增加稳定性,保证蛋白质不被降解	免疫原性,功能活性保持
微囊化	将药物包裹在聚合物中,缓慢持续释放	保持靶向释放,避免蛋白质被降解	微囊化效率,药物持续释放效率,功能异质性,功能活性保持
糖基化	在蛋白质表面 N- 糖基化位点,增加分子量	保护蛋白质不被酶水解,减少肾清除率	免疫原性,功能活性保持

二、聚乙二醇修饰蛋白质的制备方法

(一) PEG 修饰蛋白质的研究历史

20 世纪 70 年代,Davis 等首次报道用 PEG 修饰蛋白质,之后相继开展许多 PEG 与蛋白质和小分子药物共价结合的研究。美国 Rutgers 大学的 Davis 教授于 1970 年进行甲氧基 PEG 的应用,很多大型生物制药企业对其上市蛋白质类药物进行 PEG 修饰,作为产品的第二代长效制剂,如 PEG-INF 和 PEG-G-CSF。

(二) PEG 修饰蛋白质的优势

蛋白质类药物经常出现一些临床缺点,例如蛋白质容易迅速被体内循环系统中的蛋白酶降解,同时代谢过程中的肾小球滤过清除效应将显著缩短药物作用时间,一些不同来源和序列差异的蛋白质类似物还会引起机体抗原 - 抗体反应,消除药物的活性。另外,有些蛋白质的溶解性差,导致制剂溶液聚集和沉淀。

应用 PEG 修饰蛋白质可以做到增大药物的相对分子质量,避免被肾小球滤过;阻碍蛋白酶降解;屏蔽药物的免疫位点;增加药物在体液中的溶解度;与药物之间的化学键在体内水解,缓慢释放药物。

优点:延长蛋白质类药物的半衰期,阻挡蛋白酶对蛋白质的降解,减少体内的免疫反应。

可以通过连接几个短链和一条长链使半衰期从几倍增加到十几倍,甚至几百倍。选择一条长链更加可行,可以产生较少的异质性物质,并且有更高的蛋白质活性。

(三) PEG 与蛋白质连接

药物的 PEG 修饰是将活化的 PEG 通过化学方法偶联到蛋白质、多肽、小分子有机药物和脂质体上。以应用相对分子质量高(>20 000)的 PEG 修饰剂为特征的修饰技术具有连接稳定、定点修饰、控释等特点,因此修饰后的药物具有更高的生物活性、更好的物理稳定性及热稳定性、更高的产品均一性和纯度。这一阶段的 PEG 修饰技术不仅成功应用于蛋白质类和多肽类药物的研究,在小分子药物和脂质体研究领域也取得了突破性进展。

PEG 与药物分子的连接方式大致分为永久键合和非永久键合。前者是 PEG 通过化学键与药物分子稳定结合,且药物分子仍能有效发挥药效;后者是 PEG 通过化学键与药物分子形成不稳定的结合,该类复合物往往需要在一定 pH 或某些特定酶存在的条件下水解释放出游离药物后才能有效发挥药效。小分子药物一般较少与 PEG 直接相连,而是通过各类连接臂相连。选择适当的连接臂种类还可达到缓慢释放、靶向释放及增大载药量等目的。连接臂主要有 4 类,即 pH 敏感型连接臂、酶敏感型连接臂、邻位促进型连接臂、*N*- 曼尼希碱型连接臂。

(四) PEG 修饰的关键技术

1. **PEG 修饰剂的选择** 对 PEG 修饰剂的选择主要考虑以下三个方面:

(1) PEG 的 M_n 和分子量分布指数:分子量的选择要综合考虑生物活性和药代动力学两个方面的因素。研究证明,修饰的蛋白质类药物在体内的作用时间与偶联的 PEG 数量和 M_n 成正比,在体外的生物活性与偶联的 PEG 数量和 M_n 成反比。修饰时具体 PEG 分子量的选择要根据实验确定,一般选择相对分子质量在 40 000~60 000 范围内的 PEG 作为修饰剂,应用 M_n 过大的 PEG 修饰蛋白质类药物会导致药物丧失绝大部分生物活性。以往采用低 M_n($<20\ 000$)的 PEG 修饰蛋白质类药物,结果显示出 PEG 对蛋白质类药物的修饰虽然有效地提高了药物的水溶性、降低毒副作用、延长药物在血液中的半衰期,但是在提高靶向性和增加疗效等难题方面较原型药在生物活性和药代动力学性质上没有本质改变。因此,现在普遍采用 $M_n>20\ 000$ 的高相对分子质量 PEG 作为修饰剂。另外,PEG 修饰剂的分子量分布指数要求越小越好,分子量分布越宽将越不利于修饰后蛋白质类药物的分离纯化。

(2) 修饰位点和 PEG 修饰剂的官能团:修饰位点的选择要根据蛋白质的构效关系进行分析,选择不与受体结合的蛋白质表面残基作为修饰位点,这样修饰后的蛋白质能够保留较高的生物活性。PEG 修饰剂与氨基酸残基反应的特异性依赖修饰剂的化学性质与修饰位点的选择。对于修饰反应的特异性,需要选择带合适官能团的 PEG 修饰剂。

(3) PEG 修饰剂的分子链结构:聚乙二醇的支链特性会对蛋白质类药物的许多药代动力学参数造成影响,支链特性不同的聚乙二醇化分子拥有不同的生物特性。以 PEG-IFNα-2b 为例,当 PEG 化采用小分子直链 PEG 时,半衰期约为 40 小时,药物全身分布,按体重给药,用于治疗慢性丙型肝炎;PEG-IFNα-2a 采用大分子支链 PEG 时,半衰期约为 80 小时,药物可浓聚于靶器官如肝脏,无须按体重给药,用于慢性丙型肝炎和慢性乙型肝炎的治疗。

2. **修饰位点的选择** 在 20 种构成蛋白质的常见氨基酸中,具有极性氨基酸残基侧链基团才能够进行化学修饰。活化的聚乙二醇通过与蛋白质分子上的氨基酸残基进行化学反应而实现与蛋白质的偶联。这些氨基酸残基上的反应性基团多呈亲核性,其亲核活性通常按下列顺序依次递减:巯基 >α- 氨基 >ε- 氨基 > 羧基(羧酸盐)> 羟基。以下按照蛋白质分子上与聚乙二醇偶联的基团不同进行分类介绍。蛋白质 PEG 修饰时要根据蛋白质的构效关系的进行分析,选择不与受体结合的蛋白质表面残基作为修饰位点,这样修饰后的蛋白质能够保留较高的生物活性。小分子药物的修饰位点与生物活性无关。理想的 PEG 修饰技术是根据要修饰的位点选择适当的 PEG,得到均一的产品。

多肽和蛋白质中氨基酸的聚乙二醇修饰方法包括 N 端氨基的酰化修饰、赖氨酸侧链氨基的酰化修饰、N 端氨基的烷基化修饰、羧基修饰、巯基修饰。

(1) 氨基修饰:蛋白质分子表面的游离氨基具有较高的亲核反应活性(主要为 L- 赖氨酸的 ε- 氨基

和末端氨基),一般不处于活性中心部位,因而成为化学修饰中最常用的被修饰基团。这些被修饰基团主要是赖氨酸的 α- 氨基、ε- 氨基和末端氨基。同时,用于氨基修饰的 PEG 种类也较多,氰脲酰氯法、烷基化和酰基化是常用的氨基修饰方法,反应方程式如式(12-1)~ 式(12-3)所示。

式(12-1)

式(12-2)

式(12-3)

氨基修饰最常用的修饰剂为甲氧基聚乙二醇琥珀酰亚胺琥珀酸酯[methoxypoly(ethylene glycol) succinimidyl succinate,MPEG-SS];甲氧基聚乙二醇琥珀酰亚胺碳酸酯[methoxypoly(ethylene glycol) succinimidyl carbonate,MPEG-SC];甲氧基聚乙二醇琥珀酰亚胺丙酸酯[methoxypoly(ethylene glycol) succinimidyl propionate,MPEG-SP];甲氧基聚乙二醇琥珀酰亚胺酯[methoxypoly(ethylene glycol) acetic acid *N*-succinimidyl ester,MPEG-NHS];甲氧基聚乙二醇醛[methoxypoly(ethylene glycol) aldehyde,MPEG-CHO];甲氧基聚乙二醇丙醛[methoxypoly(ethylene glycol) aldehyde(propionaldehyde),MPEG-ALD]等。

(2) 巯基修饰:半胱氨酸上的巯基通常处于蛋白质的内部,位于蛋白质表面的自由巯基远少于氨基,但是位置确定,因而可针对那些对活性影响不大、呈游离状态的巯基进行定量、定点修饰。若天然蛋白质中不含半胱氨酸,则可通过基因工程改造方法在蛋白质的特定区域引入 1 个或 1 个以上的自由半胱氨酸对蛋白质进行定点修饰,这一方法不但能够实现高度选择性修饰,而且能够减少蛋白质生物活性丧失,并降低免疫原性。最常用的修饰剂为马来酰亚胺 -PEG(maleimide-PEG,MAL-PEG),反应方程式如式(12-4)所示。

式(12-4)

(3) 羧基修饰:羧基的修饰位点包括天冬氨酸、谷氨酸及末端羧基。首先将聚乙二醇分子中的端基转化为氨基,在羧二亚胺存在的条件下与蛋白质的羧基结合,但同时也易产生其他交联反应。近年来发现 PEG- 酰肼可与羧基特异性结合。在 EDC 条件下,酸性条件(pH 为 4.5~5)时蛋白质中的氨基被质子化,避免交联反应发生,反应方程式如式(12-5)所示。

$$PEG-\underset{O}{\overset{O}{C}}-N\underset{H}{-}NH_2 + HO-\underset{O}{\overset{O}{C}}-R \xrightarrow{EDC} PEG-\underset{O}{\overset{O}{C}}-\underset{H}{N}-\underset{H}{N}-\underset{O}{\overset{O}{C}}-R \qquad 式(12-5)$$

3. 其他化学因素　①修饰反应的 pH；②药物与 PEG 的摩尔比；③药物浓度；④反应时间；⑤反应温度。PEG 修饰反应需要高度特异性和温和的反应条件，可以控制其中的一个或几个影响因素，得到高产率的目标修饰药物。

目前用到最多的 PEG 是线性或者带有甲基的分枝型，主要为了避免出现二元醇引起的杂质，因为二元醇可能引起分子内或分子间交叉连接。

（五）PEG 修饰蛋白质实例

1. 腺苷脱氨酶　FDA 第一次批准的聚乙二醇化蛋白质是两种聚乙二醇化裂解酶——腺苷脱氨酶和天冬酰胺酶。PEG 连接这两种酶的氨基，得到的每个蛋白质偶联物含有几条聚合物链。这种方法产生含有多种 PEG 化蛋白质异构体的混合物。高度非均质性使纯化过程复杂化，产品由于工艺流程增加而不可能工业化生产。现在，这种非定向偶联已经被设计更合理的定向单一修饰方法所取代。

2. 非格司亭　于 1991 年 2 月获美国 FDA 批准。非格司亭是由大肠埃希菌表达产生的重组人粒细胞集落刺激因子(recombinant human granulocyte colony-stimulating factor,rhG-CSF)，是一种白细胞生长因子，能调节骨髓中性粒细胞的产生，并影响中性粒细胞前体的增殖、分化等，用于治疗先天性中性粒细胞减少症、周期性中性粒细胞减少症、特发性中性粒细胞减少症及骨髓移植和化疗相关中性粒细胞减少症。聚乙二醇非格司亭是长效非格司亭，由 PEG 与 rhG-CSF 的 N 端甲硫氨基共价结合而成。在分子结构中增加 PEG，可以降低 rhG-CSF 的肾脏清除率、减少细胞对药物分子的摄取、减少蛋白质水解，使聚乙二醇非格司亭的半衰期显著长于非格司亭。聚乙二醇非格司亭在药效动力学及相关不良事件方面与非格司亭相比大致相仿，甚至更好。2002 年聚乙二醇非格司亭被美国 FDA 批准上市，2011 年中国批准 PEG 化 rhG-CSF 上市，用于降低化疗后发热性中性粒细胞减少引起的感染发生率。

3. 赛妥珠单抗　为 TNF-α 单克隆抗体，其与 PEG（近 40kDa）的结合延长血浆消除半衰期。赛妥珠单抗不包括 Fc 片段，因此不能锚定补体或引起抗体依赖细胞介导的细胞毒作用。有研究显示，赛妥珠单抗可抑制单核细胞因子产生，尤其可抑制 LPS 诱导的 IL-1β 释放。2008 年 4 月获美国 FDA 批准，该药批准的适应证为克罗恩病、类风湿关节炎、银屑病关节炎和强直性脊柱炎。

4. 聚乙二醇干扰素 α-2b 注射剂　首次上市的聚乙二醇干扰素是 IFN α-2b，偶联于分子量为 12 000Da 的线性甲氧基聚乙二醇 - 琥珀酰亚胺酯(mPEG-succinimidyl ester,SC-mPEG)。反应在 pH 6.5 的磷酸钠缓冲溶液中进行，得到未反应的蛋白质、各种 PEG-IFN α-2b 同分异构体和 PEG-IFN α-2b 寡聚体同分异构体的混合物。单一聚乙二醇修饰后的化合物通过阳离子交换树脂分离。PEG 修饰后 IFN α-2b 分子中的 34 位组氨酸占 47%，全部单一 PEG 修饰干扰素在体外的活性有 28%。这种干扰素有相对较高的活性保留率、较慢的释放速率和天然干扰素的活性。为了防止 His-34 与聚乙二醇断裂，PEG-IFN α-2b 可以制成冻干粉末，其半衰期大约为 INF α-2b 的 6 倍，因此可以减少给药次数。

5. 聚乙二醇干扰素 α-2a 注射液　PEG-IFN α-2a 是 IFN α-2a 与分子量为 40 000 的分枝琥珀酸衍生的 PEG 偶联。纯化的 IFN α-2a 与 PEG2-NHS 在 pH 9.0 的硼酸钠缓冲液中于 4℃下作用 2 小时，用冰醋酸调节 pH 至 4.5 后终止反应。在此条件下，分枝 PEG 分子与 IFN α-2a 分子中赖氨酸的游离氨基作用形成酰胺键而产生 PEG-IFN α-2a。该反应导致修饰产物 45%~50% 为单位点修饰、5%~10% 为多位点修饰和 40%~50% 为未修饰的 IFN α-2a 组成的混合物。聚乙二醇干扰素 α-2a 注射液用于治疗丙型肝炎病毒感染。

三、上市产品介绍

欧美市场已经上市了 13 个 Fc 融合蛋白类药物、12 个 PEG 化蛋白质类药物、2 个白蛋白融合蛋白类药物、2 个糖基化改造蛋白质类药物、1 个 CTP 融合蛋白类药物,具体见表 12-25、表 12-26 和表 12-27。国内目前上市产品较少。

表 12-25 已上市的 13 个 Fc 融合蛋白类药物

药物名称	分子结构	药物名称	分子结构
依那西普	IgG1 Fc-p75 of TNF-α	阿柏西普	VEGFR-Fc
阿法西普	CD-2 of LFA-3-IgG1 Fc	康柏西普	VEGFR-Fc
阿巴西普	CTLA4-Fc	凝血因子IX	FIX -Fc
利洛纳塞	IgG1 Fc-IL-1R	凝血因子VIII	FVIII -Fc
罗米司亭	Fc-G-CSF	杜拉鲁肽	GLP-1-Fc
贝拉西普	CTLA4-Fc	依那西普	IgG1 Fc-p75 of TNF-α
阿柏西普	VEGFR-Fc		

表 12-26 已上市的 12 个 PEG 化蛋白质类药物

药物名称	FDA 批准日期	药物名称	FDA 批准日期
腺苷脱氨酶	1990 年 3 月 21 日	尿酸氧化酶	2010 年 9 月 14 日
天冬酰胺酶	1994 年 2 月 1 日	EPO	2012 年 3 月 27 日
干扰素 α-2b	2001 年 1 月 19 日	G-CSF	2013 年 7 月 25 日
非格司亭	2002 年 1 月 31 日	干扰素 β-1a	2014 年 8 月 15 日
干扰素 α-2b	2002 年 10 月 16 日	凝血VIII因子	2015 年 11 月 12 日
赛妥珠单抗	2008 年 4 月 22 日		

表 12-27 其他已上市的长效蛋白质类药物

成分	备注	成分	备注
糖基化改造 EPO	改良型生物药	FVIII -HSA	2016 年上市
糖基化改造 FVIII	改良型生物药	GLP-1-HSA	2014 年上市
CTP 融合 FSH	欧盟上市		

Fc 融合蛋白技术较为成熟,延长相关物质的半衰期,减少给药频率。

四、质量控制

(一) PEG 的质量控制

每种蛋白质和活化的 PEG 都有它们的理化性质,通用方法中有很多共同考虑的因素:①活性形式的 PEG 对温度和储存条件都很敏感,容易因湿度而失效,因此药物生产前需要检验 PEG 的纯度和活性;②PEG 或 PEG 偶联物溶液的黏度在纯化时会影响色谱柱的效率;③H-NMR 是一种方便的分析和评价活化 PEG 的方法;④PEG 不吸收紫外光或者可见光,因此可以使用分光光度法来鉴别蛋白质部分;⑤通常使用基质辅助激光解吸电离飞行时间质谱法(MALDI-TOF MS)来确定共轭分子量;⑥离子交换色谱法是分离偶联物的优选方法,可以提高流动速度和分离纯化效率;⑦避免蛋白质降解的物理和化学环境,避免长时间储存在室温下的水溶液中。

(二) PEG 修饰蛋白质类药物的质量控制

1. **修饰位点的确定**　采用高效液相色谱法分离纯化得到单一修饰产物,再将各个位点异构体分离出来;然后通过酶切结合质谱检测,比较修饰前后酶切片段的不同,分析修饰产物的位点。分析方法有两种:①直接分析法,即酶切后分离检测,找到 PEG 修饰肽段,结合质谱检测分子量,根据已知信息,得到修饰位点。②间接分析法,即通过消失的肽段推测修饰位点,需要综合离子色谱法、排阻色谱法、肽图分析、反相色谱法和质谱法等多种方法,这些方法的优缺点见表 12-28。

表 12-28　修饰位点研究方法对比

方法	优点	缺点
TNBS 法	准确、简单	变异性较大;受多种因素干扰;测定值偏高
荧光胺法	准确、简单	变异性较大;受多种因素干扰;测定值偏低
质谱法	准确、直观	不通用,只能用于单位点修饰;仪器昂贵
水解法	准确、直观	不通用,只能用于酯键结合修饰物;受游离 PEG 干扰

注:TNBS 表示硫代巴比妥酸反应物质,全写为 thiobarbituric acid reactive substances。

2. **一般技术路线**　包括酶切条件的考察,蛋白酶的选择,缓冲液的组成及 pH,酶与 PEG 修饰蛋白质的比例,酶切时间和反应温度。

3. **PEG 修饰蛋白质的含量测定**　常规蛋白质含量测定方法不适用 PEG 修饰蛋白质。方法的优缺点见表 12-29。

表 12-29　PEG 修饰蛋白质的含量测定方法对比

方法	存在的问题
劳里法 [1]、BCA 法 [2]、考染法 [3]	PEG 干扰测定;修饰蛋白质易沉淀;准确性差
HPLC	PEG 修饰蛋白质为对照品,难准确负值;通用性差

注:1. 劳里法指的是劳里(O. H. Lowry)于 1951 年建立的方法。即将蛋白质中酪氨酸、色氨酸残基与福林酚试剂的呈色反应以及肽键与铜离子的双缩脲反应相结合的蛋白质定量比色法。

2. BCA 法指的是利用二喹啉甲酸钠盐(bicinchoninic acid,BCA,是一种稳定的水溶性复合物)与 Cu^{2+} 高度特异性结合,能产生紫色复合物的性质来进行含量测定的方法。

3. 考马斯亮蓝法(Coomassie brilliant blue method)也可称为考染法,又称为 Bradford 法,是 Bradford 于 1976 年建立起来的一种蛋白质浓度的测定方法。考马斯亮蓝有 G250 和 R250 两种。其中考马斯亮蓝 G250 由于与蛋白质的结合反应十分迅速,常用来作为蛋白质含量的测定。考马斯亮蓝 R250 与蛋白质反应虽然比较缓慢,但是可以被洗脱下去,所以可以用来对电泳后的蛋白质条带染色。

（三）常用的质量控制方法

1. 分子量检测 常用的检测蛋白质分子量的方法有 SDS 聚丙烯酰胺凝胶电泳（SDS-PAGE）、高效液相 - 尺寸排阻色谱法（high pressure chromatography-size exclusion chromatography，HPLC-SEC）和 MALDI-TOF MS、毛细管电泳和动态光散射。

（1）SDS-PAGE 是以聚丙烯酰胺凝胶作为支持介质的一种常用电泳技术，用于分离蛋白质和寡核苷酸。由于 PEG 的水力半径较大，其在电泳中的泳动速度慢，检测的分子量比实际的 PEG 和蛋白质分子量之和要高。根据碘化钡与 PEG 形成稳定的复合物并显色，碘化钡染色用于 PEG 修饰蛋白质的分子量检测。

（2）采用 HPLC-SEC 进行分子量检测比较常用，PEG 的分子量越大，PEG 修饰产物与未修饰蛋白质之间的分离越容易，PEG 链数量增多，链接不同 PEG 数量的修饰产物之间的分离越困难。该方法的有效分离上限是二修饰和三修饰组分。与多角度激光散射检测器相结合，可以检测 PEG 修饰蛋白质的分子量。

（3）MALDI-TOF MS 和 ESI 质谱法可以应用于生物大分子分析。一个优点是能分析分子量较大的生物大分子，不用将其裂解为分子片段，一次分析即可得到整个大分子的信息。Watson 报道过 MALDI-TOF MS 分析 PEG 修饰蛋白质，随后大量研究数据都采用此方法。所修饰分子的分子量约等于未修饰蛋白质与 PEG 链的总和，因此可以从侧面体现出 PEG 修饰的程度。

2. 蛋白质二级结构检测 目前，PEG 修饰蛋白质的二级结构主要采用圆二色谱法、荧光光谱法、高分辨率的核磁共振法和傅里叶变换红外光谱法检测。

（1）圆二色谱法：是应用最为广泛的测定蛋白质二级结构的方法，是研究稀溶液中的蛋白质构象的一种快速、简单、准确的方法。它可以在溶液状态下测定，较接近生理状态；而且测定方法快速、简便，对构象变化灵敏。

（2）荧光光谱法：含有芳香族氨基酸残基的蛋白质在 208nm 或者 295nm 激发光激发下产生荧光。蛋白质中含有芳香族的色氨酸、酪氨酸、苯丙氨酸，对荧光光谱敏感。可以通过检测某种芳香族氨基酸所表现的光谱特征，判断修饰前后蛋白质空间结构的变化情况。

（3）核磁共振法：PEG 修饰蛋白质发生空间屏蔽作用与非构象变化。有报道利用 NMR 结合 DSC 对 PEG 化干扰素进行表征，结果显示三级结构没有改变。无论修饰位点在哪里，PEG 始终自由卷曲、构象柔性，对蛋白质进行屏蔽。这些研究结果为 PEG 修饰后的蛋白质具有更好的结构和理化性质提供了新的有利证据，改善分子形状，具有更高的温度稳定性和更大的水力半径，不易聚集等。

3. 电荷性质测定 蛋白质经过 PEG 修饰，电荷会发生变化，可采用阳离子或阴离子交换色谱对其进行分析，通常采用等电聚焦电泳。

等电聚焦电泳利用蛋白质分子或其他两性分子的等电点不同，在一个稳定的连续线性 pH 梯度中进行蛋白质的分离和分析。

有报道用 PEG 修饰 rhG-CSF 样品进行电荷分析方法的开发，得到很好的结果，不仅可以分析修饰前后的样品，还可以很好地区分不同类型的 PEG 修饰后的蛋白质。

4. 免疫性质 生物大分子蛋白质的免疫性质通常用来对蛋白质类药物进行定性鉴定。常用方法有免疫印迹法和表面等离子体共振法。

免疫印迹法是指通过特异性抗体对凝胶电泳处理过的细胞或生物组织样品进行着色，通过分析着色的位置和深度获得特定蛋白质在所分析的细胞或组织中表达情况的信息。一般由凝胶电泳、样品印迹、免疫检测三部分组成。

第八节　长效注射剂商业化生产中的质量控制

一、简介

在商业化生产中，必须建立可靠的质量控制方法，以保证药品工业化生产的正常进行和上市后药品的质量可控。药物研发从立项到上市，质量控制贯穿始终。质量控制具有阶段性，每个阶段的研究结果和数据积累为相应阶段的生产工艺和质量标准的建立提供依据，各个阶段相互关联。质量控制具有系统性，包括工艺研究的系统性、稳定性研究的系统性、质量控制方法学研究的系统性等。科学与规范的质量控制研究是药物有效性和安全性研究的基础，并可为确定可行的生产工艺和制订科学可行的质量标准提供试验依据。就已上市的长效注射剂而言，很多决定产品安全性和有效性的关键质量属性并没有体现在原研的产品质量标准中，一方面要建立专属性强、准确度高、操作简单可行的分析方法来对长效注射剂的关键质量属性进行控制，另一方面要研究这些关键质量属性与药物质量的内在联系，找准影响产品质量的核心工艺点，设计出质量优良的产品并建立合理规范的限度要求。

本节以微球缓释制剂为例，从质量控制分析方法的选择、建立及验证，原料辅料的质量控制，包材相容性，质量标准的建立等方面阐述长效注射剂商业化生产中的质量控制要点、难点和思路。

二、长效注射剂生产中原料、辅料和制剂的质量控制

(一) 原料的质量控制

原料的质量控制是长效注射剂质量控制的组成部分。原料的质量优劣直接影响最终制剂的质量。对原料的质量控制的主要关注点有：

1. **晶型**　许多药物具有多晶型现象。不同的晶型其物理性质会有所不同，且可能在生物利用度和稳定性方面产生较大差异，故应对结晶性药物的晶型进行考察研究，确定是否存在多晶型现象，尤其对难溶性药物。晶型检查通常采用熔点、红外吸收光谱法、X射线粉末衍射法、热分析法等方法。对于具有多晶型现象的药物，应确定其有效晶型，并对无效晶型进行控制。

2. **粒径**　用于制备固体制剂或混悬剂的难溶性原料药，其粒径对最终制剂的生物利用度、溶出度和稳定性均有较大的影响，需对原料药的粒径和粒径分布进行研究，并制订其限度要求。

3. **异构体**　由于不同的异构体可能具有不同的药效或生物有效性，甚至产生相反的药理活性。具有顺反异构现象的原料药应检查其异构体，单一光学活性药物应检查其旋光异构体。

4. **有机溶剂残留量**　由于某些有机溶剂具有致癌、致突变等特性，如在制剂工艺过程中不能去除，则应在原料的来源方面加以控制。

5. **有关物质**　原料的有关物质主要是起始物料残留、生产过程中的中间体、聚合体、副反应产物，以及贮藏过程中的降解产物等。需考察多批数据，并结合原料的生产工艺对杂质进行归属研究。对有

潜在基因毒性的杂质,则必须按照 ICH 相关指导原则进行研究。一般思路为首先对工艺过程中所涉及的基因毒性杂质的来源进行评估,然后对评估出来的杂质按照 ICH M7 中的杂质分类进行归属,最后根据杂质的类型分类,论证其残留限度,设定合理的阈值,部分杂质可根据引入步骤数及后续除去效果确定控制策略,依据安全性试验资料或文献资料确定合理的限度对其进行严格控制。

6. **溶液的澄清度与颜色、酸碱度** 是原料药质量控制的重要指标,pH 和溶液颜色的变化通常预示着原料发生了一定程度的降解。

7. **干燥失重和水分** 含结晶水的药物通常需测定水分,再结合其他试验研究确定所含结晶水的数目。质量研究中一般应同时进行干燥失重检查和水分测定,并将两者的测定结果进行比较。

8. **其他** 其他项为原料的常规检查项,例如氯化物、硫酸盐、重金属、砷盐、炽灼残渣等。对这类一般杂质,参考《中国药典》的方法进行检查即可。必要时应检查异常毒性、细菌内毒素或热原等。

(二) 辅料的质量控制

辅料的质量控制是长效制剂质量控制的关键环节之一。长效注射剂的缓释功能是通过载体辅料实现的,这些载体辅料通常无毒、可降解并具有良好的生物相容性。常用的微球制剂载体辅料包括天然材料(如明胶、壳聚糖、淀粉、白蛋白等)、半合成材料(多为纤维素衍生物),以及合成材料(聚乳酸、聚氨基酸、聚羟基丁酸酯、聚乳酸 - 羟基乙酸共聚物等)。

供长效注射剂使用的辅料除了使其符合常规注射剂的要求外,还需重点关注影响长效注射剂的释放周期和释放速率的指标,如载体辅料的相对分子质量及分布范围、特性黏度、组成单体的比例、玻璃化转变温度(T_g)等。以微球产品为例,关键功能性辅料如聚乳酸和聚乳酸 - 羟基乙酸共聚物的质量控制主要有下列几点:

1. **特性黏度** 能够最大程度地反映高分子聚合物的黏度,对长效、缓控释制剂的释药起着至关重要的作用,常采用乌氏黏度计通过液体流出时间进行测定。

2. **相对分子质量与分布** 分子量分布测定主要采用凝胶渗透色谱法(gel permeation chromatography,GPC),并以重均分子量(M_w)、数均分子量(M_n)和分子量分布指数(M_w/M_n),或绘制相对分子质量分布曲线来表征。

3. **玻璃化转变温度(T_g)** 是载体辅料在玻璃态和高弹态之间相互转化的温度,在一定程度上可以影响微球的稳定性,可以通过 DSC 进行测定。

4. **单体残留水平** PLGA 微球中常见的残留单体为乙交酯和丙交酯,研究表明单体残留水平的高低可能会影响微球中的杂质含量,从而在一定程度上影响微球的质量。

(三) 制剂的质量控制

注射用缓释制剂的质量控制项目有外观、鉴别、聚结、含量、含量均匀度、含水量、有机溶剂残留量、体外释放度、添加剂等,具体指标可详见本章第二节。其中特别需要指出的是,体外释放度或药物的释放 - 时间曲线是制剂性质的一个非常重要的参数,是有效控制产品质量、验证批内与批间质量一致性、产品放行及产品稳定性的重要指标。长效注射剂的用药释放周期长,必要时可建立加速试验方法来快速有效地考察长效微球的体外释放行为。一般情况下建议在几个时间点上对药物释放度进行监控,第一个时间点印证有无突释,以后的两个时间点为预期释放的时间点。在药物研发及质量控制中使用的体外释放度方法主要有透析法、取样 - 分离法、超滤法、持续流动法及微透析法。

三、长效注射剂生产中的原辅料相容性和包材相容性研究

在制剂开发处方筛选的早期,需要进行原辅料相容性研究,以确定辅料及其含有的杂质是否会与原料反应,从而影响活性成分的稳定性。在处方基本确定以后,需要进行包材相容性研究,以确定包材是否对制剂的稳定性、有效性有不良影响。

(一)原辅料相容性

原辅料不相容通常表现为制剂的理化性质、生物活性发生显著变化。原辅料相容性研究可以预测药物最终剂型潜在的不相容,为处方设计、辅料的选择提供参考。基于 QbD 理念,通常应在处方设计之初即考虑原辅料相容性问题,做出合理的处方设计。

一般情况下,若为新药且缺乏相关研究数据,在根据处方目的选用功能性辅料后,应考虑进行原辅料相容性研究和包材相容性研究。若为仿制药,可通过前期调研,了解原研的处方情况,理论上采用与原研同样的辅料,一般是不存在相容性问题的,但还是需要在处方早期做相容性研究。一是原辅料相容性试验结果可以提示制剂的稳定性,为后续工艺过程、制剂的稳定性乃至降解产物分析提供信息;二是不同厂家的辅料可能存在较大的不同之处,导致同一种辅料,有些厂家的相容性好,有些则相容性不好。

原辅料相容性不仅要关注活性成分与辅料的相容性,还应关注辅料与辅料的相容性。根据《化学药物制剂研究基本技术指导原则》,可以用原料、辅料以不同的比例分别放置做对照试验,参照影响因素试验方法和条件,考察辅料对原料药的影响。若为复杂的复方制剂,可采用任意 2 种或 3 种物料多种比例组合的方式考察原料与辅料、辅料与辅料的相容性。若组合方式太多,则可采用 $(N-1)$ 的混合方式,以 $(N+1)$ 种组合考察 N 种辅料。目前也有基于原辅料的化学结构、物理性质的计算机模拟程序,可作为辅助判断。

需要注意的是,原辅料相容性只是为处方工艺提供参考,并不是意味着原辅料相容性不好,就一定不能应用该辅料。因而原辅料相容性试验结果更多的是提供潜在的影响原辅料相容性的条件,提示工艺过程应避免的条件、药物储存的条件、药物降解产物可能的产生途径等。

长效注射剂所用的功能性辅料多为高分子聚合物,功能性辅料的选择多基于实现制剂的功能(如控制活性成分的释放),高分子辅料本身易水解产生单体,活性成分易与辅料单体反应产生杂质。

(二)包材相容性

药品的包装应适用于临床用途,具备保护作用、相容性、安全性与功能性。药品的包装分为内包装与外包装,内包装为直接与药品接触的包装如安瓿、西林瓶、片剂或胶囊剂泡罩铝箔等,内包装的材质有玻璃、塑料、橡胶和金属等。包材相容性试验一般考察内包装与药物之间是否会发生相互作用。

我国关于药品包材相容性的法规要求提出较晚。2001 年《中华人民共和国药品管理法》提出对药品包装材料的管理,2002 年发布《包材相容性试验指导原则》,2005 年发布《化学药物稳定性研究技术指导原则》,2008 年国家食品药品监督管理局 7 号文《化学药品注射剂基本技术要求(试行)》主要关注包装材料对药品的保护。2012 年发布的《化学药品注射剂与塑料包装材料相容性研究技术指导原则(试行)》才正式提出研究内容应包括包装材料对药品的影响以及药品对包装材料的影响,研究思路中提到迁移试验、吸附试验及提取物、浸出物的安全性评估。一般除药品对包装材料产生影响并导致其功能性改变需要更换包材的情况外,相容性研究主要是针对包装材料对药品的影响进行。相容性研究过程一般分为 6 个步骤:①确定直接接触药品的包装组件;②了解或分析包装组件材料的组成、包装组件与药品的接触

方式和接触条件、生产工艺过程;③分别对包装组件所采用的不同包装材料进行提取试验,对可提取物进行初步的风险评估并预测潜在的浸出物;④进行制剂与包装容器系统的相互作用研究,包括迁移试验和吸附试验,获得包装容器系统对主辅料的吸附及在制剂中出现的浸出物信息;⑤对制剂中的浸出物水平进行安全性评估;⑥对药品与所用包装材料的相容性进行总结,得出包装系统是否适用于药品的结论。

目前已上市的长效注射剂多为高活性物质,本身给药剂量较低,进行相容性研究时应更多地关注容器对活性成分的吸附。长效注射剂选择辅料时难以避免原辅料相容性不太好的处方,因而应关注包装对制剂的保护作用。

四、长效注射剂质量控制方法的研究及确认和验证

质量控制方法关系到研究结果和数据是否准确可靠,故对方法学进行深入研究显得尤为重要。质量控制方法的研究包括方法的选择、建立以及确认和验证这三个方面,三者是有机结合的一个整体,贯穿于药物研发的始终。

(一) 分析方法的选择和建立

从生产工艺、流通、使用各个环节了解影响药品质量的因素,有针对性地按照不同的剂型规定检测项目并系统查阅有关文献资料,在结合前期全面研究的基础上,初步建立各检测项目的分析方法及确定合理的限度。分析方法的来源主要有以下3种:第一种为各国药典标准方法,也即法定方法;第二种为文献方法;第三种为自建方法。

类似于普通注射剂,长效注射剂的质量控制方法也包括理化性质、鉴别、检查和含量(效价)测定等。鉴别是依据药物的化学结构和理化性质进行某些化学反应,测定某些理化常数或光谱特征,来判断药物及其制剂的真伪,一般可采用 HPLC、UV 和 IR 等,主要强调方法的专属性。含量(效价)测定研究一般通过测定载药量按平均装量计算含量。与普通制剂不同的是,由于微球制剂一般附带有专用的溶剂,制剂混悬于溶剂注射时会有一定的损失,故一般需进行抽针残留研究,根据抽针残留的结果确定载药量。

重点要注意的是释放度这一关键质量参数的分析方法,长效注射剂一般通过肌内注射或皮下注射给药,相对于普通胃肠道给药制剂而言,至今尚无关于此类制剂的体外释放度指导原则或标准。目前报道的长效注射剂体外释放度测定方法主要有直接释药法、流通池法和透析膜扩散法,3 种方法各有优缺点,研究者可根据需要自行选择,可通过调整释放方法的参数,调节释放介质的温度、pH、离子强度、搅拌速率,以及使用表面活性剂、酶等方式来实现采用微球体外加速释放的方式来表征长期释放行为。

(二) 分析方法的确认和验证

在建立方法之前,应按照药典标准方法和查阅到的文献方法先进行初步研究,也即方法重现。若按照药典标准方法能满足检测需求,可直接按照药典方法检测,只需进行简单的方法学确认即可;若按照文献方法或者自建方法进行检测,则需进行全面而严格的方法学验证。当3种方法均可满足检测需求时,优先采用法定方法,研究者在决定采用文献方法或自建方法时应持慎重的态度,并须提供文献方法或自建方法等同于或优于法定方法的依据以及文献方法或自建方法的全面的方法学验证资料,包括文献方法或自建方法与法定方法的比较性资料等。

根据《中国药典》及 ICH Q2A 指导原则文件,可根据具体的检测项目和方法选择验证项目。《中国药典》对方法学验证所涉及的基本要求见表 12-30。

表12-30　分析方法验证项目

验证项目	鉴别	杂质测定		定量分析	
		定量	限度	效价测定	含量测定
专属性	+	+	+	+	+
准确度	-	+	-	+	+
精密度	-	+	-	+	+
检测限	-	-	+	-	-
定量限	-	+	-	-	-
线性范围	-	+	-	+	+
耐用性	+	+	+	+	+

各个验证项目的具体描述如下：

1. **专属性**　是在可预见成分的情况下,明确地测定被分析物的能力。一般而言,这些可预见的成分可能包括杂质、降解产物、基质等。一个分析方法缺少专属性时,可通过其他分析方法来弥补。

2. **准确度**　分析方法的准确度描述的是与真实值或参比值接近的程度,即所测定的值与真实值接近的程度,一般以回收率(%)表示。

3. **精密度**　分析方法的精密度表述的是一致程度,即在所采用的条件下多个同一均相样品多次取样测试所得到的系列测量结果的离散程度。精密度可有3个水平:重复性、中间精密度和重现性。通常用差异、标准偏差和系列测定的变异系数等参数来描述。重复性描述的是同一试验及同一时间所测结果的离散程度。中间精密度描述的是实验室内的差异,不同的时间、不同的分析者、不同的实验设备所测结果的离散程度。重现性描述的是不同实验室所测结果的离散程度。

4. **检测限**　单个分析方法的检测限是样品能够检测到的最低量,是体现方法和仪器的灵敏度的重要指标之一。常用信噪比法确定检测限,一般以信噪比为3:1时相应的浓度或注入仪器的量确定检测限。

5. **定量限**　单个分析方法的定量限是分析一个样品能达到合适的准确度和精密度时可以定量的最小量。定量限是定量分析的一个参量,通常用于定量样品中含量低的化合物,尤其是用于测定杂质或降解产物的量。常用信噪比法确定定量限,一般以信噪比为10:1时相应的浓度或注入仪器的量确定定量限。

6. **线性范围**　分析方法的线性是指样品分析结果和浓度之间在一定范围内呈比例关系的程度。

7. **耐用性**　分析方法的耐用性是当测定条件发生较少、较轻微的变动时,测试结果不受影响的承受程度。

五、长效注射剂质量标准的确立过程和考虑因素

质量标准是对药品质量和检验方法所做的技术规定,是药品的外观、成分鉴定、含量、生物有效性、疗效、毒副作用、热原度、无菌度、理化性质及杂质的综合表现,是保证药品质量,进行药品生产、经营、使用、管理及监督检验的法定依据。药品质量标准是否科学、合理、可行,直接关系到药品质量是否可控,以及安全性和有效性。建立药品质量标准必须坚持质量第一并充分体现安全有效、技术先进、经济合理的原则。

药品质量标准是在对药品关键质量属性和质控要点充分理解的基础上建立起来的。药品质量标准的建立和考虑因素主要包括以下四个方面,这些方面并非孤立进行,而是密切相关、相互支持、相互印证。

(一)质量研究内容的确定

药物的质量研究和质量标准的建立是药物研发的核心内容之一,应贯穿于药物的临床前研究、临床

研究、生产上市及上市后安全性监测的整个过程。药物的质量研究是质量标准制订的基础,质量研究的内容应该尽可能全面,不仅要考虑一般性要求,还应该有针对性,应根据所研制产品的特性、采用的制备工艺并结合稳定性研究结果,使质量研究的内容能充分反映产品的特征及质量变化情况。例如多晶型药物要研究不同晶型产品的生物活性,手性药物需要考虑对异构体杂质进行研究,直接分装的无菌粉末需考虑原料药的无菌、细菌内毒素或热原、异常毒性、升压和降压物质等,对缓释微球制剂需研究粒径对释放行为的影响;若工艺流程用到有机溶剂,则应对残留溶剂进行研究分析;若容易聚集,则应检查通针性,等等。

(二) 方法开发及方法学验证

通常要根据选定的研究项目及试验目的选择分析方法。一般需提供方法选择的依据,包括文献依据、理论依据及试验依据。常规检测项目可采用药典收载的方法,鉴别项应重点考察方法的专属性,检查项应重点考察方法的专属性、灵敏度和准确度;有关物质检查和含量测定通常需要采用两种或两种以上的方法进行对比研究。同时,在适当的阶段进行方法学验证。

(三) 质量标准项目和限度的确定

在全面、有针对性的质量研究的基础上,应充分考虑对药物的安全性和有效性,以及生产、流通、使用各个环节的影响,根据不同产品的特性,制订出合理、可行的,并能反映产品特征和质量变化情况的质量标准,从而有效地控制产品质量及生产工艺的稳定性。质量标准限度的确定首先应基于对药品安全性和有效性的考虑,并应考虑分析方法的误差。在保证产品安全有效的前提下,可以考虑生产工艺的实际情况,以及兼顾流通和使用过程的影响。

质量标准中需要确定限度的项目主要包括含量、纯度、杂质、释放度、有机溶剂残留限度等,具体指标可详见本章第二节。

除了需要有限度确定的试验或文献依据外,还应考虑给药途径、给药剂量和临床使用情况,具体要求可参阅化学药物杂质研究的技术指导原则、化学药物有机溶剂残留量研究的技术指导原则等。

(四) 质量标准的制订及修订

根据已经确定的质量标准的项目和限度,参考现行版《中国药典》(2020 年版)和《国家药品标准工作手册》(第四版)的格式和用语进行规范,制订出合理、可行的质量标准。质量标准主要包括药品名称(通用名、汉语拼音名、英文名)、化学结构式、分子式、相对分子质量、化学名(对原料药)、含量限度、性状、理化性质(原料药)、鉴别、检查(原料药的纯度检查项目及与剂型相关的质量检查项目等)、含量(效价)测定、类别、规格(制剂)、贮藏、制剂(原料药)、有效期等项内容。各个项目应有相应的起草说明,起草说明中主要详述质量标准中各个项目设置及限度确定的依据,以及部分研究项目不被作为质量标准的理由等。

根据研发阶段的不同,药品的质量标准可分为临床研究用质量标准、生产用试行质量标准、生产用正式质量标准,不同阶段质量标准制订的侧重点也应不同。临床研究用质量标准重点在于保证临床研究用样品的安全性;生产用试行质量标准可根据生产工艺中试研究或工业化生产规模产品的变化情况,并结合临床研究的结果对质量项目或限度作适当的调整和修订。随着对产品特性的认识不断深入、多批产品实测数据的积累,以及临床使用情况,药品的质量标准也可适当地调整和修订,使其项目和限度更科学合理。

六、长效注射剂药物的体内 - 体外相关性研究

(一) 体内 - 体外相关性研究现状

目前体内 - 体外相关性(in vitro-in vivo correlation,IVIVC)在国内的研究还处于探索阶段,国外研

究起步相对较早。1997 年美国 FDA 官方就颁布了关于口服缓释制剂体内 - 体外相关性的建立、评估及应用指导原则。理论上,缓释制剂的体外药物释放与体内药物生物利用度有关,建立 IVIVC 的目的是根据原料药或制剂的体外性质预测其体内行为。即通过使用溶出度试验来替代体内生物等效性(bioequivalence,BE)试验,从而在产品开发和药品整个生命周期中节省时间和成本。一般情况下,需要有快、中、慢 3 种释放速率的制剂的体外释放和体内研究数据才能建立可靠的体内 - 体外相关性。

建立体内 - 体外相关性具有相当的技术难度和挑战性,图 12-53 简略概括了微球制剂体内药代动力学影响因素的复杂性。

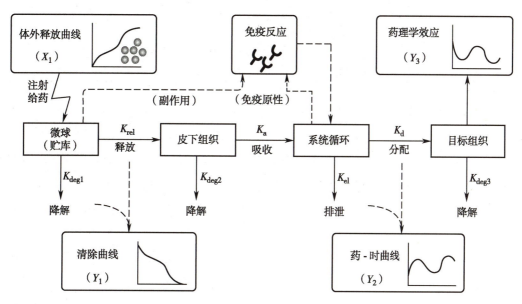

X_1,释放量;Y_1,排泄量 1;Y_2,排泄量 2;Y_3,排泄量 3;K_{rel},释放速率常数;K_a,吸收速率常数;K_d,分配速率常数;K_{deg1},降解速率常数 1;K_{deg2},降解速率常数 2;K_{el},消除速率常数;K_{deg3},降解速率常数 3。

图 12-53 建立蛋白质微球 IVIVC 的体内释放和分配因素的基本考虑

值得注意的是,尽管几十年来 IVIVC 一直被倡导,但从 FDA 官方公布的 2008—2015 年的数据来看,提交申请并无增加。其中一个潜在原因是药物提交中 IVIVC 的成功率较低(约为 42%)。IVIVC 不成功的常见原因如表 12-31 所示。

表 12-31 提交至 FDA 的 IVIVC 申报失败的常见原因

试验环节	存在的问题
体外溶出	(1) 缺乏合适的体外溶出方法来预测体内暴露,即没有充分考虑这些方法的生物相关性以反映体内释放或不能预测药物体内暴露情况。 (2) 没有充分考虑方法的生物相关性以反映体内释放
处方	(1) 缺乏 IVIVC 模型稳定性,即处方数量不足以表明该模型在所研究药物的不同释放速率下具有预测能力。 (2) 构建 IVIVC 的制剂的释放速率范围覆盖非常窄。 (3) 制剂缺乏足够的释放速率差异。 (4) 仅以两种释放速率构建 IVIVC。 (5) 其中有一个处方的个体平均预测误差(PE%)不符合要求

续表

试验环节	存在的问题
体内研究设计	(1) 无理由地排除试验样本。 (2) 不确定药物生物利用度的预期变化是否与食物效应相混淆
模型	(1) 基于平均体内数据的反卷积导致药物吸收的结果错误。 (2) 试图在药物制剂变体中强制使用相同的缩放因子。 (3) 基于隔室或基于微分方程的方法可能在 IVIVC 模型中存在过度参数设定的风险。 (4) 常规方法对生理状态下的药物体内溶出和吸收机制考虑不充分。 (5) 没有合理解决体外溶出和体内吸收过程中的随机变异问题。 (6) 没有提供选择溶出模型的依据。 (7) 符合体外和体内数据的标准化程序。 (8) 使用平均和个体血浆浓度数据重建模型而省略其余受试者。 (9) 模型的外部可预测性不符合验收标准要求

(二) 建立 IVIVC 的研究过程和评价方法

首先是进行体外释放研究，可选择不同的介质模拟药物的体内行为。其中，助溶剂的使用、表面活性剂和酶的添加，以及 pH、离子强度、搅拌速率和温度的变更等因素均对溶出有影响。体外释放方法首先应对工艺过程的关键参数变化有区分能力。

其次在体内研究试验设计时，应考虑微球等调释制剂在体内的释放可能受给药位点的环境影响。例如皮下注射或肌内注射的药品，由于粒径的关系往往停留在给药位点。影响药物体内释放的因素可分为非载药系统依赖和载药系统依赖两种情况。非载药系统依赖包括药物扩散的屏障（如流体的黏度和结缔组织）、药物在给药位点的分配（如在富含脂肪的位点给药）、给药位点的体液体积等。载药系统依赖的因素是那些与特定载药系统相关的因素，如易感高分子材料的降解、蛋白质吸附、吞噬作用及炎症反应等。例如，炎症反应最初的急性期，体液及巨噬细胞增加，体液增加将加速药物的释放和吸收。

体外与体内相关性的程度可大致分为以下 3 类：

1. A 水平相关的程度最高，体外溶出速率与药物的体内释放速率呈线性关系，为点对点相关。当具有 A 水平相关时，体外溶出度试验通常可预测 C_{max}、AUC、t_{max}、消除半衰期等药 - 时曲线的参数及形状。A 水平相关在药物研发中是最有意义的，在生产工艺发生变更时可用体外溶出度试验替代生物等效性试验，预测药品在体内的释放行为。

2. B 水平相关基于统计矩分析的原理，是指平均体外溶出时间与药物在给药部位中的平均停留时间或平均溶出时间的相关。由于不能通过体外溶出数据完全描述体内的药 - 时曲线，B 水平相关的价值有限，药监部门不接受此类豁免生物等效性研究的申请。

3. C 水平相关是指单个溶出参数与单个药代动力学参数具有相关性，但不能完全反映血药浓度 - 时间曲线的形状。例如，单独的溶解时间如 $t_{50\%}$、$t_{90\%}$ 等被选出，并与药代动力学参数如 AUC、t_{max} 或 C_{max} 相互关联。多重 C 水平相关则是指与释放曲线上的多点具有 C 水平相关，利用 C 水平相关可对不同工艺的产品进行排序。但是如果不能建立多重 C 水平相关，其在预测药物在体内的释放行为方面的作用有局限性。

A 水平方法是最为普遍使用的，并常被企业提交给监管机构。当使用 A 水平方法进行提交时，大约 91% 的方法都是两级法（two-stage method），也就是需要进行反卷积积分，对比体内外释放的相关性。只有 9% 的提交模型使用一级法（one-stage method），该方法只需要对比预测和体内的药 - 时曲线。

（三）纳曲酮微球的体内 - 体外相关性研究

下面以纳曲酮微球的体内 - 体外相关性研究为例说明 IVIVC 研究过程。

1. **体外释放曲线的建立**　首先是通过关键的理化性质如载药量、粒径、孔隙度和形态的测定，确定三个不同的工艺批次加上一个参比制剂作为试验样品；然后通过体外研究确定纳曲酮微球和参比制剂的体外释放特征。制备的纳曲酮微球和参比制剂采用改进的 USP 4 方法（流通池法）得出体外释放曲线，试验结果如图 12-54 所示。

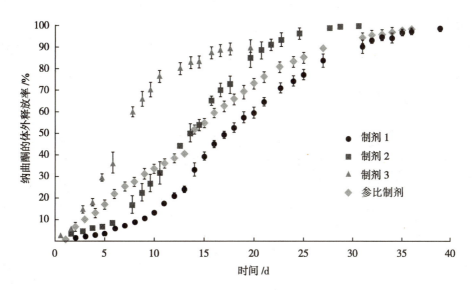

图 12-54　纳曲酮微球制剂和参比制剂的体外释放曲线

2. **体内释放曲线的建立**　与此同时做体内释放研究，确定制备的纳曲酮和参比制剂的体内释放特征。以新西兰雄性白兔为研究动物，给药后按预定的时间点取样并检测血浆中的纳曲酮含量。经计算得到注射纳曲酮微球和参比制剂的体内吸收 / 释放百分数曲线（图 12-55）。

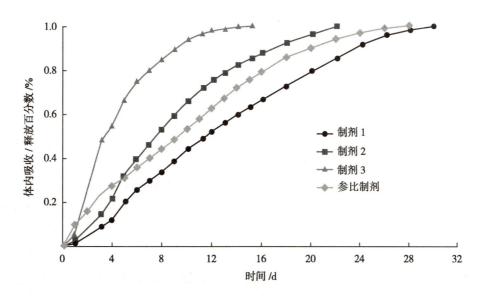

图 12-55　肌内注射纳曲酮微球和参比制剂的体内吸收 / 释放百分数曲线

3. 相关性的建立　任意组合三组制剂中的两组制剂,对其体内吸收/释放百分数与体外时移释放百分数进行相关性分析。如图 12-56a、图 12-56c 和图 12-56e 所示,在所有制剂两两组合中发现 A 水平相关,即点对点相关。

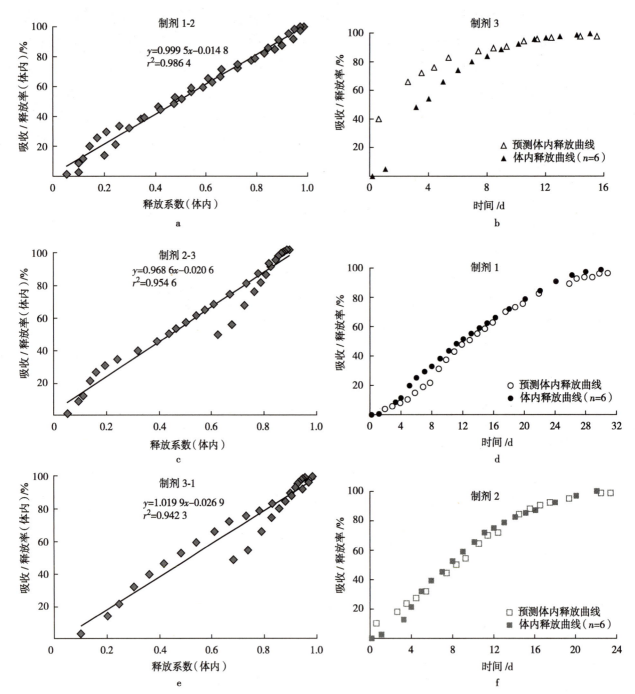

a. IVIVC-1(使用制剂 1 和 2 建立相关性);b. 制剂 3 的实验和预测的体内释放曲线;c. IVIVC-2(使用制剂 2 和 3 建立相关性);d. 制剂 1 的实验和预测的体内释放曲线;e. IVIVC-3(使用制剂 3 和 1 建立相关性);f. 制剂 2 的实验和预测的体内释放曲线。

图 12-56　用 Loo-Reigelman 法(时移因子为 5.2)为纳曲酮开发 A 水平的 IVIVC 评价方法

4. 相关性的验证　用三种已建立好的 IVIVC 去预测参比制剂的体内"真实"的释放曲线,结果如图 12-57 所示,无论采用哪种建立好的 IVIVC,所有预测的体内释放曲线与体内实际观察到的相似。观测值与预测值的误差对 C_{max} 不大于 12%，对 AUC 不大于 10%。研究者认为开发的 A 水平相关的体外释放度方法能够监测生产过程中的产品。

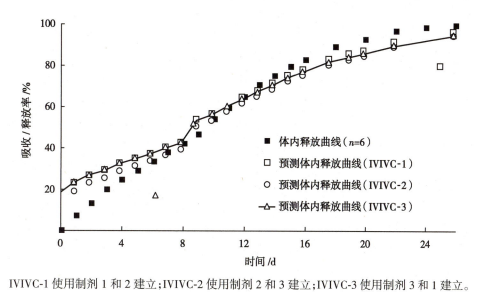

IVIVC-1 使用制剂 1 和 2 建立；IVIVC-2 使用制剂 2 和 3 建立；IVIVC-3 使用制剂 3 和 1 建立。

图 12-57　采用建立的 IVIVC 方法预测的参比制剂的体内释放曲线与实验测得的体内释放曲线（时移因子为 5.2）

（侯雪梅）

参考文献

［1］WRIGHT J C，BURGESS D J. Long acting injections and implants. London：Springer，2012.

［2］陈庆华，张强.药物微囊化新技术及应用.北京：人民卫生出版社，2008.

［3］陆彬.药物新剂型与新技术.北京：人民卫生出版社，1999.

［4］SENIOR J，RADOMSKY M.可注射缓释制剂.郑俊民，译.北京：化学工业出版社，2005.

［5］BENITA S. Microencapsulation methods and industrial applications. 2nd ed. Oxfordshire：CRC Press，2005.

［6］吕辛怡.两亲性温敏聚合物载体递送疏水性药物的研究.杭州：浙江大学，2013.

［7］刘国顺.肝癌靶向还原敏感型嵌段聚合物纳米胶束的实验研究.广州：暨南大学，2018.

［8］张海，张学全，赵明颖，等.生物可降解聚（己内酯 -β- 苹果酸内酯）两亲性高分子的合成及作为药物载体研究.当代化工，2018，47（4）：661-665，676.

［9］左奕.羟基磷灰石 / 聚酰胺 / 聚乙烯三元复合仿生材料研究.成都：四川大学，2006.

［10］WISCHKE C，SCHWENDEMAN S P. Principles of encapsulating hydrophobic drugs in PLA/PLGA microparticles. International journal of pharmaceutics，2008，364（2）：298-327.

［11］JAIN A，KUNDURU K R，BASU A，et al. Injectable formulations of poly（lactic acid）and its copolymers in clinical use. Advanced drug delivery reviews，2016：S0169409X16302137.

［12］FREITAS S，MERKLE H P，GANDER B. Microencapsulation by solvent extraction/evaporation：reviewing the state of the art of microsphere preparation process technology. Journal of controlled release，2005，102（2）：313-332.

［13］BLANCO D，ALONSO M J. Protein encapsulation and release from poly（lactide-co-glycolide）microspheres：effect of the protein and polymer properties and of the co-encapsulation of surfactants. European journal of pharmaceutics and biopharmaceutics，1998，45（3）：285-294.

[14] TRAN V T,BENOIT J P,VENIER-JULIENNE M C. Why and how to prepare biodegradable,monodispersed,polymeric microparticles in the field of pharmacy. International journal of pharmaceutics,2011,407(1):1-11.

[15] PIACENTINI E,DRIOLI E,GIORNO L. Membrane emulsification technology:twenty-five years of inventions and research through patent survey. Journal of membrane science,2014,468:410-422.

[16] BERKLAND C,KIM K,PACK D W. Fabrication of PLG microspheres with precisely controlled and monodisperse size distributions. Journal of controlled release,2001,73(1):59-74.

[17] STASSEN S,NIHANT N,MARTIN V,et al. Microencapsulation by coacervation of poly(lactide-co-glycolide):physico-chemical characteristics of the phase separation process. Polymer,1992,35(4):777-785.

[18] NIHANT N. Microencapsulation by coacervation of poly(lactide-co-glycolide)-Ⅱ:encapsulation of a dispersed aqueous phase. Polymer international,1993,32:171-176.

[19] NIHANT N. Microencapsulation by coacervation of poly(lactide-co-glycolide)-Ⅲ:characterization of the final microspheres. Polymer international,1994,34:289-299.

[20] NIHANT N,GRANDFILS C,JÉRÔME R,et al. Microencapsulation by coacervation of poly(lactide-co-glycolide)-Ⅳ:effect of the processing parameters on coacervation and encapsulation. Journal of controlled release,1995,35(2-3):117-125.

[21] ARPAGAUS C,SCHAFROTH N. Spray dried biodegradable polymers for controlled drug delivery systems. Industrial pharmacy,2011(32):7-10.

[22] 郭宁子,辛中帅,杨化新. 微球制剂质量控制研究进展. 中国新药杂志,2015,24(18):2115-2121.

[23] 梁苑英竹,林晓鸣,刘万卉,等. 肽类微球注射剂释放度实验评价研究进展. 中国新药杂志,2017,26(24):2918-2923.

[24] WRIGHT J C,JOHNSON R M,YUM S I. DUROS® osmotic pharmaceutical systems for parenteral and site-directed therapy. Journal of drug delivery science and technology,2003,3(1):3-11.

[25] STEVENSON C L,THEEUWES F,WRIGHT J C. Osmotic implantable delivery systems//WISE D L. Handbook of pharmaceutical controlled release technology. New York:Marcel Dekker,Inc.,2000.

[26] BROWN J N,MILLER J M,ALTSCHULER R A. Osmotic pump implant for chronic infusion of drugs into the inner ear. Hearing research,1993,70(2):167-172.

[27] PERRY T,HAUGHEY N J,MATTSON M P,et al. Protection and reversal of excitotoxic neuronal damage by glucagon-like peptide-1 and exendin-4. Journal of pharmacology and experimental therapeutics,2002,302(3):881-888.

[28] WRIGHT J C,LEONARD S T,STEVENSON C L. An in vivo/in vitro comparison with a leuprolide osmotic implant for the treatment of prostate cancer. Journal of controlled release,2001,75(1-2):1-10.

[29] FOWLER J E,FLANAGAN M,GLEASON D M,et al. Evaluation of an implant that delivers leuprolide for 1 year for the palliative treatment of prostate cancer. Urology,2000,55(5):639-642.

[30] ROHLOFF C M,ALESSI T R,YANG B. DUROS® technology delivers peptides and proteins at consistent rate continuously for 3 to 12 months. Journal of diabetes science and technology,2008,2(3):461-467.

[31] WEINGAART J D,RHINES L D,BREM H. Intratumoral chemotherapy//BERNSTEIN M,BERGER M S. Neuro-oncology:the essentials. New York:Thieme Medical,2000.

[32] STORM P B,CLATTERBUCK R E,LIU Y J. A surgical technique for safely placing a drug delivery catheter into the pons of primates:preliminary results of carboplatin infusion. Neurosurgery,2003,52(5):1169-1177.

[33] LEVER I J,PHEBY T M,RICE A S C. Continuous infusion of the cannabinoid WIN 55,212-2 to the site of a peripheral nerve injury reduces mechanical and cold hypersensitivity. British journal of pharmacology,2007,151(2):292-302.

[34] 邓英杰. 脂质体技术. 北京:人民卫生出版社,2007.

[35] PATEL H M. Liposomes:a practical approach. FEBS letters,1990,275(1-2):242-243.

[36] WAGNER A,VORAUER-UHL K. Liposome technology for industrial purposes. Journal of drug delivery,2010(2011):591325.

［37］ZHANG H. Thin-film hydration followed by extrusion method for liposome preparation. Methods in molecular biology, 2017,1522: 17-22.

［38］AHMED W,JACKSON M J. Emerging nanotechnologies for manufacturing. Oxford：Elsevier Ltd.,2015.

［39］SHAKER S,GARDOUH A R,GHORAB M M. Factors affecting liposomes particle size prepared by ethanol injection method. Research in pharmaceutical sciences,2017,12(5): 346-352.

［40］ZHONG J,DAI L C. Liposomal preparation by supercritical fluids technology. African journal of biotechnology,2011,10 (73): 16406-16413.

［41］HARRINGTON K,LEWANSKI C,NORTHCOTE A,et al. Phase I-II study of PEGylated liposomal cisplatin(SPI-077 TM) in patients with inoperable head and neck cancer. Annals of oncology,2001,12(4): 493-496.

［42］RABINOW B E. Nanosuspensions in drug delivery. Nature reviews drug discovery,2004,3(9): 785-796.

［43］HEALY A M,GALLAGHER K H,SERRANO D R. Emerging nanonisation technologies：tailoring crystalline versus amorphous nanomaterials. Current topics in medicinal chemistry,2015,15(22): 2327-2338.

［44］李坤,刘晓君,陈庆华. 可生物降解长效注射给药系统的研究进展. 中国医药工业杂志,2012,43(3):214-221.

［45］仇海镇,李娟. 原位凝胶的研究进展及其在药剂学中的应用. 医学信息(上旬刊),2010,23(5):1524-1526.

［46］魏培,邓树海,李凌冰,等. 原位凝胶缓释给药系统的研究进展. 中国医药工业杂志,2007,38(12):890-894.

［47］杨琳,张永萍. 原位凝胶系统在可注射缓释制剂中的研究进展. 贵阳中医学院学报,2009,31(2):84-86.

［48］谢伟杰,张永萍,徐剑,等. 原位凝胶新型给药系统的现代研究进展. 黔南民族医专学报,2015,28(1):9-13.

［49］谢沂宏. 原位凝胶的研制及临床应用研究新进展. 现代医药卫生,2012,28(21):3279-3281.

［50］邓丽娟,李桂玲,李眉. 注射用原位凝胶的研究进展. 中国抗生素杂志,2009,34(9):513-519,540.

［51］陆伟根,任德权,王培全,等. 注射用缓控释给药系统的研究进展. 中国新药杂志,2007,16(11):840-843,848.

［52］张芳,杨志强,王杏林. 长效注射剂释药技术研究进展. 中国新药杂志,2013,22(5):547-555.

［53］马廉正,肖学成. 原位凝胶研究进展及质量控制要点. 亚太传统医药,2009,5(3):141-142.

［54］姚举. 利培酮有机原位凝胶注射剂的研究. 长春:吉林农业大学,2015.

［55］王丹. 一种注射型原位有机凝胶剂的性质和释药行为研究. 长春:吉林大学,2014.

［56］李维超. 利巴韦林原位凝胶滴眼剂的制备及质量标准研究初探. 天津:天津大学,2013.

［57］刘庆晓. 盐酸多西环素原位凝胶的研究. 开封:河南大学,2010.

［58］AHMED T A,IBRAHIM H M,SAMY A M,et al. Biodegradable injectable in Situ implants and microparticles for sustained release of montelukast: *in vitro* release,pharmacokinetics,and stability. AAPS PharmSciTech,2014,15(3): 772-780.

［59］KRANZ H,YILMAZ E,BRAZEAU G A,et al. *In vitro* and *in vivo* drug release from a novel in situ forming drug delivery system. Pharmaceutical research,2008,25(6): 1347-1354.

［60］DONG W Y,KRBER M,ESGUERRA V L,et al. Stability of poly(d,l-lactide-co-glycolide) and leuprolide acetate in in-situ forming drug delivery systems. Journal of controlled release,2006,115(2): 158-167.

［61］LUAN X S,BODMEIER R. In situ forming microparticle system for controlled delivery of leuprolide acetate: influence of the formulation and processing parameters. European Journal of pharmaceutical sciences,2006,27(2-3): 143-149.

［62］LUAN X,BODMEIER R. Influence of the poly(lactide-co-glycolide) type on the leuprolide release from in situ forming microparticle systems. Journal of controlled release,2006,110(2): 266-272.

［63］GRAHAM P D,BRODBECK K J,MCHUGH A J. Phase inversion dynamics of PLGA solutions related to drug delivery. Journal of controlled release,1998,550(2): 233-245.

［64］吴溪,杨志强,王杏林. 长效注射给药系统的体外释药评价. 中国新药杂志,2014,23(5):541-549.

［65］VERONESE F M,MERO A,CABOI F,et al. Site-specific PEGylation of G-CSF by reversible denaturation. Bioconjugate chemistry,2007,18(6): 1824-1830.

［66］FONTANA A,SPOLAORE B,MERO A,et al. Site-specific modification and PEGylation of pharmaceutical proteins mediated by transglutaminase. Advanced drug delivery reviews,2008,60(1): 13-28.

[67] VERONESE F M. PEGylated protein drugs: basic science and clinical applications. Basel: Birkhäuser Verlag,2009.

[68] HARRIS J M,CHESS R B. Effect of PEGylation on pharmaceuticals. Nature reviews drug discovery,2003,2(3): 214-221.

[69] YAMAOKA T,TABATA Y,IKADA Y. Distribution and tissue uptake of poly(ethylene glycol) with different molecular weights after intravenous administration to mice. Journal of pharmaceutical sciences,1994,83(4):601-606.

[70] PASUT G,VERONESE F M. PEG conjugates in clinical development or use as anticancer agents: an overview. Advanced drug delivery reviews,2009,61(13): 1177-1188.

[71] WANG M L,BASU A,PALM T,et al. Engineering an arginine catabolizing bioconjugate: Biochemical and pharmacological characterization of PEGylated derivatives of arginine deiminase from Mycoplasma arthritidis. Bioconjugate chemistry,2006, 17(6): 1447-1459.

[72] TRUCKER C E,CHEN L S,JUDKINS M B,et al. Detection and plasma pharmacokinetics of an anti-vascular endothelial growth factor oligonucleotideaptamer(NX1838)in rhesus monkeys. Journal of chromatography B,1999,732(1): 203-212.

[73] GREENWALD R B,CHOE Y H,MCGUIRE J,et al. Effective drug delivery by PEGylated drug conjugates. Advanced drug delivery reviews,2003,55(2): 217-250.

[74] PASUT G,VERONESE F M. PEGylation for improving the effectiveness of therapeutic biomolecules. Drugs today,2009,45 (9): 687-695.

[75] TANAKA H,SATAKE-ISHIKAWA R,ISHIKAWA M,et al. Pharmacokinetics of recombinant human granulocyte colony-stimulating factor conjugated to polyethylene glycol in rats. Cancer research,1991,51(14): 3710-3714.

[76] 符旭东,高永良.缓释微球的释放度试验及体内外相关性研究进展.中国新药杂志,2003,12(8):608-611.

[77] PARK T G,LU W Q,CROTTS G. Importance of in vitro experimental conditions on protein release kinetics,stability and polymer degra-dation in protein encapsulated poly(D,L-lactic-co-glycolic acid)microspheres. Journal of controlled release, 1995,33(2): 211-222.

[78] LEO E,FORNI F,BERNABEI M T. Surface drug removal from ibuprofen-loaded PLA microspheres. International journal of pharmaceutics,2000,196(1): 1-9.

[79] PRABHU N B,MARATHE A S,JAIN S,et al. Comparison of dissolution profiles for sustained release resinates of BCS class I drugs using USP apparatus 2 and 4: a technical note. AAPS PharmSciTech,2008,9(3): 769-773.

[80] SHAMEEM M,LEE H,DELUCA P P. A short-term(accelerated release)approach to evaluate peptide release from PLGA depot formulations. AAPS PharmScitech,1999,1(3):E7.

[81] 白海娇,丁一.多肽微球制剂的释放度研究.天津药学,2014,26(3):57-60.

[82] ZHANG Y,SOPHOCLEOUS A M,SCHWENDEMAN S P. Inhibition of peptide acylation in PLGA microspheres with water-soluble divalent cationic salts. Pharmaceutical research,2009,26(8): 1986-1994.

[83] LUCKE A,KIERMAIER J,GÖPFERICH A. Peptide acylation by poly(alpha-hydroxy esters). Pharmaceutical research, 2002,19(2): 175-181.

[84] NA D H,YOUN Y S,LEE S D,et al. Monitoring of peptide acy-lation inside degrading PLGA microspheres by capillary electro-phoresis and MALDI-TOF mass spectrometry. Journal of controlled release,2003,92(3): 291-299.

[85] CROTTS G,PARK T G. Stability and release of bovine serum albumin encapsulated within poly(D,L-lactide-co-glycolide) micro-particles. Journal of controlled release,1997,44(96): 123-134.

[86] GALLAQHER C J,OLIVER R T,ORAM D H. et al. A new treatment for endodometrial cancer with go nadotrophin-releasing hormone analogue. British journal of obstetrics and gynaecology,1991,98(10): 1037-1041.

[87] 石琳,刘斌,王梦舒,等.乳酸/羟基乙酸共聚物分子量对艾塞那肽微球性质的影响.中国当代医药,2009,16(9): 117-118.

[88] 于力,李敏智,仝新勇.不同PLGA型号对奥曲肽微球的包封率和体外释放行为的影响.中国医药工业杂志,2012,

43（1）：39-42.

［89］JAIN R A，RHODES C T，RAILKAR A M，et al. Controlled release of drugs from injectable in situ formed biodegradable PLGA microspheres：effect of various formulation variables. European journal of pharmaceutics and biopharmaceutics，2000，50（2）：257-262.

［90］方亮 . 药剂学 .9 版 . 北京：人民卫生出版社，2023.

［91］国家药典委员会 . 中华人民共和国药典 .2020 年版 . 北京：中国医药科技出版社，2020.

［92］国家食品药品监督管理局 . 化学药物质量标准建立的规范化过程技术指导原则 .［2024-11-13］. https://www.nmpa.gov.cn/wwwroot/gsz05106/16.pdf.

［93］ICH. Validation of analytical procedures：text and methodology. ICH harmonised tripartite guideline Q2（R1）.［2024-11-13］. https://www.fda.gov/regulatory-information/search-fda-guidance-documents/q2r1-validation-analytical-procedures-text-and-methodology-guidance-industry.

［94］国家食品药品监督管理局 . 化学药物制剂研究基本技术指导原则 .［2024-11-13］. https://www.nmpa.gov.cn/wwwroot/gsz05106/04.pdf.

［95］L. 夏盖尔，吴幼玲，余炳灼 . 应用生物药剂学与药物动力学 .5 版 . 李安良，吴艳芬，译 . 北京：化学工业出版社，2006.

［96］KRISHNA R，YU L. 生物药剂学在药物研发中的应用 . 宁保明，杨永健，译 . 北京：北京大学医学出版社，2012.

［97］ZOLNIK B S，RATON J-L，BURGESS D J. Application of USP apparatus 4 and in situ fiber optic analysis to microsphere release testing. Dissolution technologies，2005，12（2）：11-14.

［98］SUAREZ-SHARP S，LI M，DUAN J，et al. Regulatory experience with in vivo in vitro correlations（IVIVC）in new drug applications. AAPS journal，2016，18（6）：1379-1390.

［99］FDA. Extended release oral dosage forms：development，evaluation and application of in vitro/in vivo correlations.［2024-11-13］. https://www.fda.gov/regulatory-information/search-fda-guidance-documents/extended-release-oral-dosage-forms-development-evaluation-and-application-vitroin-in-vivo-correlations.

［100］HIROTA K，DOTY A C，ACKERMANN R，et al. Characterizing release mechanisms of leuprolide acetate-loaded PLGA microspheres for IVIVC development I：In vitro evaluation. Journal of controlled release，2016，244（Pt B）：302-313.

［101］ANDHARIYA J V，SHEN J，CHOI S，et al. Development of in vitro-in vivo correlation of parenteral naltrexone loaded polymeric microspheres. Journal of controlled release，2017，255：27-35.

［102］国家药品监督管理局 . 中华人民共和国药品管理法 .［2024-11-13］. https://www.nmpa.gov.cn/xxgk/fgwj/flxzhfg/20190827083801685.html.

［103］国家食品药品监督管理局 . 化学药品注射剂与塑料包装材料相容性研究技术指导原则（试行）.［2024-11-13］. https://www.nmpa.gov.cn/directory/web/nmpa/xxgk/fgwj/gzwj/gzwjyp/20120907093801278.html.

［104］国家食品药品监督管理局 . 化学药物稳定性研究技术指导原则［2024-11-13］. https://www.nmpa.gov.cn/wwwroot/gsz05106/01.pdf.

［105］ICH. ICH Q3D guideline for elemental impurities：identification and classification of nonconformities in molded and tubular glass containers for pharmaceutical manufacturing.［2024-11-11］. https://database.ich.org/sites/default/files/Q3D-R1EWG_Document_Step4_Guideline_2019_0322.pdf.

［106］国家药品监督管理局 . 化学药品注射剂与药用玻璃包装容器相容性研究技术指导原则（试行）.［2024-11-11］. https://www.nmpa.gov.cn/xxgk/ggtg/ypggtg/ypqtggtg/20150728120001551.html.

［107］国家药品监督管理局 . 化学药品注射剂与塑料包装材料相容性研究技术指导原则（试行）.［2024-11-11］. https://www.nmpa.gov.cn/xxgk/fgwj/gzwj/gzwjyp/20120907093801278.html.

［108］国家药品监督管理局 . 化学药品注射剂与药用玻璃包装容器相容性研究技术指导原则（试行）.［2024-11-11］. https://www.nmpa.gov.cn/directory/web/nmpa/xxgk/ggtg/ypggtg/ypqtggtg/20150728120001551.html.

第十三章　生物大分子药物递送系统的设计

第一节　生物大分子药物概述

生物大分子药物是以现代生命科学为基础,结合生物学、医学、生物化学等的先进工程技术手段,从生物体(包括陆地和海洋的动物、植物和微生物)或其组织、细胞、体液中制取得到的可以用于疾病预防、治疗和诊断的药物总称,主要包括蛋白质、多肽、抗体、疫苗、核酸等,多用于治疗肿瘤、心脑血管疾病、神经退行性疾病、免疫性疾病、肝炎等重大疾病。广义的生物药物包括从动物、植物、微生物等生物体中制取的各种天然生物活性物质,以及人工合成或半合成的天然物质类似物;狭义的生物药物只包括生物技术药物、生化药物和生物制品。

生物大分子药物以其作用的高度专属性,在治疗上述重大疾病中具有明显的优势,已被全球公认为21世纪药物研发中最具前景的高端领域之一。2018年全球药物销售额排名前100位中,包括蛋白质类和多肽类生物大分子药物占据其中的53%,其中排名第1位的阿达木单抗在2018年的销售额达199.36亿美元。鉴于此,欧、美、日等发达国家和地区均将生物大分子药物列为当代药物研发的前沿,致力于加快生物大分子药物的研发。

尽管生物大分子药物的重要性日益显现,但在生物大分子药物的应用方面仍然存在诸多亟待解决的难题和障碍,如体内外稳定性差、分离纯化困难、免疫原性强、存在多晶型和多构象的复杂形态、难以有效跨越体内的生理屏障等问题。这些问题导致生物大分子药物的生物利用度低,难以充分发挥疗效,且容易引起免疫应激反应。此外,其给药途径通常为静脉注射或肌内注射,频繁注射给药使得患者依从性较差,导致疗效下降,甚至治疗中断。所以如何提高生物大分子药物的生物利用度,最大程度地保留其生物活性、降低其免疫原性并将其递送至靶组织、靶细胞和作用靶点是实现高效化生物大分子药物开发的亟待解决的重要问题。

生物大分子在体内的递送是一个系统性级联过程,主要难点在于:

1. 生物大分子药物对空间构型的要求高,制备过程及体内传递过程中需要保证其活性和稳定性。

2. 生物大分子药物需要靶向传递至特定的作用部位以发挥作用。

3. 生物大分子药物难以跨越人体内存在的各个生理屏障,如胃肠道屏障、血脑屏障、肺气血屏障、血胰屏障,以及细胞膜甚至核膜屏障等。

4. 绝大多数生物大分子药物进入细胞后需要经过胞内转运和释放才能发挥作用。

实现生物大分子药物高效递送,必须同时克服以上 4 个相互关联的屏障,任何一个环节的缺失都会造成整体策略的失败或药效的降低。鉴于生物大分子药物的重要性及对国家整体医药发展的带动性,针对生物大分子药物目前研究和应用方面存在的瓶颈问题,生物大分子药物体内高效递送系统研究具有重要的科学意义。本章内容将主要介绍生物大分子药物中的两大类,即蛋白质类药物和基因药物递送系统的设计。

第二节　蛋白质类和多肽类药物递送系统的设计

一、蛋白质类和多肽类药物的特点与递送难点

在众多生物大分子药物中,蛋白质类和多肽类药物是极为重要的一种。蛋白质是细胞内的各种生命活动(如酶催化、信号转导和基因调控)的执行者,并在细胞增殖和程序性死亡过程中起到重要的调节作用。由于其活性高、特异性好、疗效显著,蛋白质类药物已成为许多疾病的首选药,但蛋白质在分子性质上其实并不是理想的药物候选物。首先,作为功能和结构高度相关的复杂大分子,蛋白质类药物的稳定性较差,如容易形成蛋白质聚体、氨基酸侧链异质化、可溶性低等,使其生产和贮存难度增大;其次,蛋白质类和多肽类药物容易通过各种清除途径被人体内的蛋白酶降解,体内半衰期较短,为了维持其疗效,临床应用中需要频繁给药,导致患者的依从性较差;再次,所有的蛋白类和多肽类药物对于患者来说都有潜在的免疫原性问题,抗体的产生是一个主要的安全性问题,并导致药效的降低。因此,通过蛋白质优化设计和工程改造获得安全高效的蛋白质类和多肽类药物是提高蛋白质和多肽成药性的重要策略,已成为当今蛋白质类和多肽类新药研发的重点方向和热点领域。

二、不同蛋白质类和多肽类药物递送系统的设计

(一) 长效蛋白质类药物递送系统的设计

蛋白质类和多肽类药物的体内清除机制包括肾小球滤过清除、外周血介导的蛋白质降解清除、肝脏清除、血浆蛋白酶降解及受体介导的胞吞清除作用等,通常一种蛋白质的体内代谢包含一种以上的清除机制。在肾小球滤过屏障(glomerular filtration barrier,GBM)作用下,相对分子质量低于 50kDa 的蛋白质能够通过肾小球滤过和降解快速清除,与此同时,内皮细胞的蛋白多糖和 GBM 形成阴离子屏障,能够阻碍带负电荷的蛋白质分子通过;另外,血清蛋白能够依靠外来因子的电荷和表面性质,经范德瓦耳斯力、离子相互作用或疏水相互作用与其发生作用,并会导致随后在肝、肺、脾等部位通过网状内皮系统(reticulo-endothelial system,RES)摄取而清除。对于相对分子质量较大等不能通过肾小球滤过的蛋白质,肝胆管清除、血清蛋白介导的 RES 清除机制成为主要清除途径;受体介导的胞吞、溶酶体降解作用也是蛋白质清除的主要途径。但在这种机制中,一些血浆蛋白如血清白蛋白、IgG 等能够通过新生儿 Fc 受体(human neonatal Fc receptor,FcRn)介导的再循环机制,逃避胞吞进入溶酶体降解,从而具有较长的半衰期;对于某些免疫原性比较强的蛋白质类药物,能够通过抗原提呈激发免疫系统形成免疫复合物而快速清除;最后,由于血浆蛋白酶的广泛存在,许多蛋白质最终被降解而清除。因此,针对这些体内清除途

径,可以通过提高蛋白质的流体力学半径、增加相对分子质量、调整蛋白质的理化性质,以及和血清白蛋白、IgG 融合等方式延长蛋白质的血浆半衰期。下文介绍这几个方面的蛋白质修饰和工程化技术。

1. 聚乙二醇(PEG)修饰 PEG 是环氧乙烷聚合物,具有高度的亲水性以及免疫惰性,是经美国 FDA 批准的极少数能作为体内注射药用的合成聚合物之一。聚乙二醇修饰又称为聚乙二醇化或 PEG 化(PEGylation),即将活化的 PEG 与蛋白质分子相偶联。较低的多分散性、良好的水相和有机溶剂可溶性等 PEG 独特的理化特性使其得到广泛应用。蛋白质经 PEG 修饰后,PEG 中的每个乙氧基单元可以结合 2~3 个水分子,可将球形修饰蛋白质的表观相对分子质量提高 5~10 倍,大大提高水化半径。这种流体力学体积增加的 PEG 化蛋白质能够显著减少肾小球滤过引导的快速清除水平并改变生物分布;可减少电荷密度、提供空间位阻,使血清蛋白难以接近,从而大大降低 RES 摄取清除;可以屏蔽抗原决定簇,降低免疫系统识别作用;这种位阻效应还可以在体内阻止蛋白酶的降解。PEG 化蛋白质类药物按照 PEG 本身的分子形式或偶联方式不同进行分类。①根据 PEG 的结构可分为线性和支链两种修饰;②根据 PEG 与蛋白质分子上的极性氨基酸残基的偶联方式可分为巯基、氨基、羧基、羟基修饰。受偶联技术的限制,早期开发上市的 PEG 化蛋白质类药物多以随机修饰为主。而近几年来,出于对工艺控制、质量表征以及药物有效性、安全性的考虑,各种定点修饰技术已应用在各种蛋白质修饰药物的研发中。如 PEG 化 β 干扰素(interferon-β,IFN-β)利用末端氨基与赖氨酸氨基解离常数的细微差异,在 N 末端定点修饰,添加一个 20kDa 的直链 PEG;有上市的 PEG 化重组人凝血因子Ⅷ通过蛋白质工程引入半胱氨酸(cysteine,Cys),利用巯基进行定点修饰。除此之外,利用酶催化也可将 PEG 添加到特定序列和氨基酸残基上。

尽管如此,PEG 修饰蛋白质类药物也存在一些问题:①蛋白质上进一步修饰对于质量研究、工艺控制、产品质控都有很大的挑战性;②对于相对分子质量小的细胞因子、生长激素等蛋白质来说,PEG 化带来的位阻效应阻碍与相应受体的结合而导致表观活性降低;③修饰后药物由于体内半衰期延长,生物的活性往往更高,带来 PK/PD 的不一致性。

2. 长肽链融合修饰 最近几年出现模拟 PEG 修饰的替代技术,是在蛋白质类药物上链接一个无空间结构的亲水性长肽链从而使药物的半衰期大大延长。这种技术的主要优势是:①可以通过基因工程的方法将该 PEG 多肽类似物与蛋白质类药物融合表达,无须任何化学修饰及修饰后的纯化步骤。可在大肠埃希菌中表达,产量和收率较高,生产成本比 PEG 修饰蛋白质大大降低。②与 PEG 修饰蛋白质相比,避免化学修饰本身固有的一些缺陷,如工艺较难控制、质量表征困难等问题,产品均一性好。③该修饰产品在体内可正常代谢降解,不会在体内大量蓄积。运用该技术开发出几个长效产品,如用于 2 型糖尿病治疗的艾塞那肽(exenatide)已进入 Ⅰ 期临床试验、用于生长激素缺陷治疗的相关药物成分已进入 Ⅱ 期临床试验,长效凝血因子Ⅷ也在开发中。另外,Arne Skerra 团队开发的多唾液酸(polysialic acid,PAS)化技术通过设计一具有稳定随机构象的 200~600 个氨基酸组成的蛋白质,可以基因融合至蛋白质类药物的 N 端或 C 端以延长半衰期。尽管如此,无空间结构的亲水性肽链不能降低蛋白质的免疫原性。

3. 多糖基化修饰 许多血浆蛋白具有丰富的 N- 糖和 O- 糖翻译后修饰,研究已表明 N- 糖蛋白通过末端富含唾液酸的糖基化来增加水化半径和蛋白质的负电荷,从而减少肾小球滤过并减少受体介导的胞吞,显著增加蛋白质的半衰期。同时,由于唾液酸的亲水性好,糖基化蛋白质的溶解性和稳定性也较高。此外,糖基化蛋白质也可以通过糖基末端的甘露糖、乙酰葡糖胺或海藻糖,经由凝集素样受体介导的胞吞避免蛋白质降解。因此,可以通过添加糖基化修饰位点,利用重组蛋白质翻译后修饰延长半衰期。例如,已上市的高度糖基化 EPO 通过额外添加 2 个 *N*- 糖修饰位点,半衰期延长了 3 倍。长效的 IFN-α 衍生物含有 5 个 *N*- 糖位点,虽然体外活性有所降低,然而由于半衰期显著延长(25 倍),体内活性得以提高。已上市的一种长效卵泡刺激素通过 C 端添加人绒毛膜促性腺激素(human chorionic gonadotropin,hCG)β 亚基的一段富含 *O*- 糖修饰的羧基末端肽(CTP)序列,半衰期延长了 1 倍。与利用重组蛋白质翻译后修饰增加糖基化相对应的是通过化学修饰的方法添加糖链以延长半衰期,例如:将 EPO 蛋白化学偶联 60kDa 的羟乙基淀粉(hydroxyethyl starch,HES)。HES 化技术可以通过化学反应调整 HES 的大小及结构,从而调整偶联药物的半衰期。近年来,多唾液酸修饰技术也得到一定的发展。PSA 发现于细胞膜表面,是一种生物相容性和生物可降解性天然高分子。具有代表性的是 PolyXen 技术,有多个经多唾液酸化修饰的蛋白质类药物处于临床前研发及临床研究阶段,例如长效 EPO、胰岛素。尽管如此,与 PEG 修饰类似,糖基化也可能导致 PK/PD 不一致。由于糖基化是关键质量属性,多糖基化蛋白质类药物的工艺控制具有很大的挑战性。

4. 融合蛋白 在血浆蛋白中,IgG、白蛋白和转铁蛋白的半衰期要长于其他蛋白质,在人体内的半衰期可达 2~4 周。这 3 种蛋白质的相对分子质量大于肾脏滤过阈值,能够在胞吞后再循环。蛋白质类和多肽类药物与这些融合蛋白融合后,往往可以显著延长半衰期。

(1) Fc 融合蛋白:在自然环境下,免疫球蛋白 IgG1、IgG2、IgG4 亚型虽然也会受到由抗原 - 受体介导的胞吞及降解的影响,但由于 FcRn 介导的再循环机制起主导作用,其半衰期较长,为 2~4 周。免疫球蛋白与 FcRn 的作用位点为 Fc 区域,在酸性环境下,IgG 与细胞膜上的 FcRn 结合,避免了溶酶体的降解;在中性环境下,重新被释放到血液中。越来越多的 Fc 融合蛋白质类药物应用到临床治疗中,除了可以延长半衰期以外,还可以利用 Fc 形成二聚体,提高药效。对于某些蛋白质,单价融合或其他融合方式可能更有利。国外已有多个 Fc 融合蛋白上市或处在后期临床研究阶段,国内也有一些产品处在临床申报或临床研究阶段,如 G-CSF-Fc 和重组人卵泡刺激素(FSH)Fc 融合蛋白注射液。由于结构限制,Fc 一般融合在靶标蛋白的 C 端并形成二聚体,这种融合方式往往导致生物活性显著降低。

(2) 白蛋白融合蛋白:人体内的白蛋白主要在肝脏中合成,经由内皮细胞进入血管内部,在正常人体内的浓度为 34~54g/L,是人体许多分泌物如乳汁、汗液、眼泪等的组成部分,在人体内的半衰期为 19 日,最终在皮肤或肌肉中被降解。其较长的半衰期和 Fc 类似,也是通过依赖 pH 的 FcRn 介导的。通过化学修饰或基因融合的方式,蛋白质类药物可与白蛋白结合。例如利用药物亲和力偶合物(DACTM)技术将多肽类药物与人血清白蛋白(human serum albumin,HSA)结合,使 GLP-1 的半衰期延长 6 000 倍以上。将 G-CSF 与 HSA 基因的 C 端融合制成的制剂,目前已完成Ⅲ期临床试验,半衰期延长 7 倍以上,且意外的是通过与白蛋白融合的 G-CSF 聚体减少。GLP-1-HSA 融合蛋白已获批上市,给药频率降低到每周 1 次。

(3) 转铁蛋白(transferrin,Tf)融合:与 Fc 和 HSA 融合相比较,Tf 融合的应用相对较少。随着 pH 降低,Tf 与受体解离而避免进入溶酶体中降解。糖基化和非糖基化 Tf 在人体内的半衰期分别约为 14 日和 10 日,所以与 Tf 融合也可以显著延长蛋白质的半衰期。

(二)细胞内蛋白质类和多肽类药物递送系统的设计

尽管蛋白质类和多肽类药物在肿瘤、神经退行性疾病、炎症性疾病和遗传病等重大疾病的治疗中具有巨大的潜力,但目前蛋白质类和多肽类药物在临床上的应用还仅局限于以血液系统或者细胞膜上的靶点为主。细胞内蛋白质类和多肽类药物递送的最主要的屏障是细胞膜透过性低,以及细胞胞吞后溶酶体的降解作用而导致的细胞内蛋白质类药物递送效率低的问题。随着递送技术的发展,现已有一些策略用于提高细胞内蛋白质类和多肽类药物递送效率。

1. **细胞穿膜肽** 利用细胞穿膜肽(cell-penetrating peptide,CPP)介导生物大分子药物的胞内转运成为近年来的研究热点。在研究中应用最为广泛的是富含胍基的细胞穿膜肽,包括 HIV 来源的一种反转录激活因子(TAT,多肽序列为 AYGRKKRRQRRR)及聚精氨酸。CPP 表面的胍基可以和细胞表面的磺酸、磷酸、羧酸等带负电荷的基团形成氢键和离子键,这些相互作用力促进 CPP 在细胞表面聚集,进而增加细胞摄取。

CPP 与蛋白质的连接方式主要有化学偶联(即共价连接)、基因重组、静电吸附(即非共价连接)和蛋白载体表面修饰等。所连接的蛋白种类也十分广泛,包括酶类、细胞毒素、生长因子、胰岛素等。通过化学偶联的方法,可将 TAT 共价修饰于模型蛋白质类药物(如 β- 半乳糖苷酶、辣根过氧化物酶、RNA 酶等)上,利用 CPP 介导这些活性生物大分子进入细胞,而且 CPP 介导大分子药物进入细胞的行为不受细胞类型影响。这揭示了 CPP 的穿膜功能具有普适性,极大地促进 CPP 在药物递送领域的应用。Yang 研究团队分别通过化学偶联和蛋白融合的方式,成功获得了连接有 TAT 或低分子量鱼精蛋白(LMP)的结构,其具有较好的体内外肿瘤抑制活性。酶活性实验显示,经 CPP 修饰和未修饰的这种特殊结构的 N-糖苷酶活性相当,表明 CPP 的引入并不影响蛋白质类药物的固有活性。体内试验显示,CPP 能携带这种特殊结构进入肿瘤组织,发挥抑瘤作用;与未修饰的相比,连接有 CPP 的这种特殊结构不仅在同等剂量下抑瘤作用显著,在更低剂量下也具有明显的抑瘤优势。CPP 介导蛋白质类药物递送系统正在从基础研发向临床转化,现有多个基于 CPP 给药技术的大分子药物,如 KAI-9803、XG-102、AZX100 等,已进入临床试验。

2. **生理环境响应型纳米粒** 纳米粒胞吞进入细胞后,由于 ATP 酶驱动的质子泵作用,内体会经历一个快速酸化的过程,这导致早期内体的 pH 下降至 6.0 以下。内体的酸化过程对胞吞物有损害,特别是包括基因、蛋白质在内的生物大分子。此外,谷胱甘肽(GSH)在细胞内的浓度(2~10mmol/L)比细胞外(2~20μmol/L)高 2~3 个数量级,导致细胞内处于一个较低的氧化电位。因此,在设计细胞内蛋白质递送载体时,可利用细胞内的特殊生理条件实现载体内体逃逸或蛋白质快速释放。

表面电荷可转变的 pH 敏感型纳米凝胶可用于包载牛血清白蛋白(bovine serum albumin,BSA),以增强其细胞胞吞能力。该纳米凝胶由于其酸响应性而导致酰胺键断裂,表面电荷由负转正,从而大大促进细胞胞吞。此外,反向微乳光控聚合法制备的还原响应型纳米凝胶可通过电荷作用实现对卵清蛋白(ovalbumin,OVA)的高效包载(载药效率高达 98%),明显提高将抗原(OVA)提呈到 CD8$^+$T 淋巴细胞的能力。同时,由丙烯酰胺、N-(3- 氨丙基)甲基丙烯酰胺和 N,N- 二丙烯酰基胱胺通过自由基聚合制备的一种二硫还原响应型纳米凝胶可用于凋亡蛋白(apoptin)的包载和胞内释放。该纳米凝胶在细胞质内的还原性条件下,顺利将凋亡蛋白大量释放至细胞核内,诱导 MCF-7 和 MDA-MB-231 肿瘤细胞凋亡。Zhao 等报道了用于细胞内蛋白质递送的氧化还原反应性单蛋白纳米囊的制备。在该递送系统中,蛋白质类药物以非共价形式包封于带正电荷的聚合物壳内,通过含二硫化物的交联剂相互连接形成纳米囊。测定结果显示在 GSH 存在下聚合物可发生响应性断裂,释放蛋白质类药物。

3. **膜融合脂质体**　脂质体是由天然或合成的磷脂分子在水中通过疏水相互作用自组装形成的内腔为水质、外部被磷脂膜包围的球形囊状结构,其较大的含水内腔可用于包载蛋白质类药物。相较于其他包载蛋白质类药物的纳米载体,脂质体最显著的特点是能够与细胞膜融合,从而将蛋白质类药物直接释放入细胞内,不存在内体逃逸等问题。通过具有酸敏感性的生物活性多糖(凝胶多糖和甘露聚糖),分别与树突状细胞(dendritic cell,DC)表面的树突状细胞相关性 C 型植物凝集素 -1(dectin-1)和树突状细胞相关性 C 型植物凝集素 -2(dectin-2)模式识别受体相互作用产生 Th1 细胞因子,从而激活 DC,制备得到 pH 敏感型脂质体,其能在微酸环境中触发释放卵清蛋白,促进 DC 抗原提呈。同时,包载抗原的 pH 敏感型脂质体可在活体水平有效抑制小鼠 T 淋巴瘤细胞(E.G7-OVA)生长。此外,基于菠菜内囊体材料制备的脂质体可用于电压依赖性阴离子通道和凋亡蛋白 Bak 两种蛋白质类药物的包载和递送。该脂质体能够通过膜融合将两种蛋白质类药物递送至人结肠癌细胞的线粒体内,通过调节蛋白质类药物释放及激活凋亡蛋白来杀死肿瘤细胞。然而需要指出的是,脂质体作为蛋白质类药物载体时还存在一定的局限性,主要表现在载药量低,且由于其内部为液态,脂质双分子层的膜流动性强,结构易变形、破碎,这会导致药物泄漏。

(三)其他蛋白质类药物递送系统的设计

蛋白质类药物属于大分子水溶性物质,口服生物利用度极低,且易受温度、酸碱度及一些物理因素(如超声波、剧烈振荡)等的影响而失活,所以目前临床上该类药物以注射剂型为主。但由于注射给药,患者顺应性较差,所以开发其他给药途径一直是药剂学界的研究热点,目前主要涉及口服给药、鼻腔给药、肺部给药、透皮给药等。

1. **口服给药**　顺应性强,是最简单、快捷的给药方式,因此蛋白质类药物口服给药一直受到药剂工作者的重点关注。但蛋白质类和多肽类药物的口服生物利用度低,原因有两个:一是胃肠道消化酶对蛋白质和多肽的降解,二是肠道细胞膜对于水溶性物质的低通透性。一般情况下,药物微粒通过胃肠道细胞膜有 5 种途径,分别是细胞旁途径、跨膜转运、受体介导转运、载体介导转运和 M 细胞转运。跨膜转运是微粒利用胞吞方式进入细胞,再穿过细胞基底膜释放到体循环中。肠上皮细胞和 M 细胞(membranous/microfold cell)是胃肠道中最主要的跨膜转运细胞。研究表明,M 细胞可通过产生网格蛋白有被小泡和网格蛋白包被小窝等方式达到吸附、吞噬微粒的目的。因此,M 细胞的跨膜转运功能是蛋白质和多肽透过胃肠道的一个潜在途径。受体介导转运和载体介导转运分别通过膜上或膜内受体与相应配体结合,再由吞噬或胞饮等方式完成,具有高效、高选择性的优点。受体介导的胞吞不会受到药物分子大小限制,而主要受到相应配体的限制,其中能被受体识别的配体包括外源凝集素类、毒素类、维生素类和转铁蛋白类等。

最近,研究者们在蛋白质类药物口服递送系统方面付出了很大的努力。他们构建的由壳聚糖、聚(γ- 谷氨酸)、胰岛素、三聚磷酸钠和硫酸镁($MgSO_4$)组成的 pH 敏感型纳米药物递送系统,经口服给药后能起到明显的降血糖作用。其中为了保护胰岛素免受胃酸环境破坏,纳米粒利用肠溶包衣材料进行包裹。大鼠口服给药后,通过 X 射线 / 计算机断层扫描(CT)图像显示纳米粒在胃中保持完整,而达到小肠部位时肠溶包衣溶解释放药物胰岛素。以类似的方式,Shan 等开发了一种自组装纳米粒,该纳米粒能渗透黏液层并被吸收进入上皮层。

2. **鼻腔和肺部给药**　利用呼吸道例如鼻和肺路径,为蛋白质递送提供了若干便利条件:①两种给药途径中的局部蛋白质水解活性相对较低;②容易引起强烈的免疫应答;③这些途径与口服途径相比,所需的给药剂量较低。因此,呼吸道给药具有巨大的潜力,尤其是用于疫苗接种的抗原蛋白递送系统。然而,气道上皮被紧密连接所封闭,黏液层覆盖上/中呼吸道(如鼻腔、气管、支气管和细支气管),限制蛋白质进入呼吸道。此外,上皮细胞之间的紧密连接在远端气道上皮松散,而在肺泡之前没有黏液屏障,允许一些结构简单的蛋白质进入潜在的血管和淋巴系统。Nochi 等开发了一种由阳离子型含胆固醇的支链淀粉(cCHP)组成的鼻内疫苗纳米凝胶递送系统。物理交联的纳米凝胶(约 40nm)主要通过疏水相互作用将蛋白质包裹在聚合物网络中,通过与阴离子上皮细胞层的相互作用提高抗原传递效率。

在自身免疫病中,有研究人员为了探讨抗原包裹的纳米颗粒是否能调节鼻腔接种后的免疫反应,开发了 3 种聚合物纳米颗粒:PLGA、PLGA-n- 三甲基壳聚糖(TMC)和 TMC- 三聚磷酸盐(TPP)纳米颗粒,并将每一种纳米粒中的卵清蛋白(ovalbumin,OVA)封装为模型抗原。鼻腔接种负载 OVA 的纳米颗粒(250~500nm)可诱导鼻相关淋巴组织(NALT)和颈部淋巴结(lymph node of neck,CLN)中的 CD4$^+$T 淋巴细胞增殖,而低剂量的可溶性 OVA(sOVA)不能诱导 CD4$^+$T 淋巴细胞增殖。PLGA 治疗增强鼻部耐受诱导,足以抑制慢性和复发性关节炎,明显降低发病率。

3. 透皮给药 是一种肠外给药的无痛替代给药方式,但它们的应用一般限于小分子疏水性药物递送,这是因为角质层的渗透性非常低,蛋白质等大分子或亲水性分子不易被皮肤吸收。角质层中的细胞间隙充满脂质双分子层,该脂质双分子层由亲脂和亲水域组成,包括神经酰胺、脂肪酸和胆固醇。因此,药物分子通过透皮途径给药必须穿透角质细胞和介入脂质(胞内转运),或通过角质细胞之间转运(细胞间转运),或转运穿过皮肤附属器(如毛囊和皮脂腺)到达目标部位。

纳米囊和微针通过皮肤递送疫苗的策略也有所报道。为了将抗原转运到表皮和真皮层,作者设计了可降解性聚电解质多层(polyelectrolyte multilayer,PEM)涂层的微针。该课题组选择了一种可降解性聚合物——聚(β- 氨基酯)(PBAE)作为多层脂质纳米胶囊(约为 240nm)中的可降解部分,多层膜逐层组装并通过短的微针沉积在小鼠的耳或侧腹皮肤中发挥作用。

目前,智能胰岛素贴片框架结构在透皮给药蛋白质递送领域有着广泛的应用,该结构由含有葡萄糖反应囊泡(glucose responsive vesicle,GRV)的微针阵列构成。由于处于高血糖状态时,葡萄糖氧化酶催化葡萄糖氧化,通过溶解氧的消耗产生局部缺氧环境。因此,研究人员设计了低氧敏感的透明质酸囊泡,囊泡结构会在高血糖调节下发生变化而快速释放胰岛素,起到降血糖的作用。

第三节 基因药物递送系统的设计

一、基因治疗的基本概念

基因治疗(gene therapy)是指通过分子生物学方法,将正常或有治疗作用的基因导入靶细胞,以纠正或补偿因基因缺陷和异常引起的疾病,从而达到治疗或者改善某种疾病的效果。美国著名生物学家 Friedmann 和 Roblin 于 1972 年便在 Science 上提出了基因治疗这一概念。1984 年,有研究者设计逆转录病毒有效地将外源基因导入哺乳动物的染色体中。1990 年,Blaese 等利用基因治疗策略治疗重症联合免疫缺陷病(severe combined immunodeficiency,SCID)。而1999年,Jesse Gelsinger的死亡事件使得基因治疗的发展受到极大的冲击与挑战。但是,随着基因治疗手段和基因递送系统的不断发展,基因治疗逐渐重回历史舞台。2002年干扰小RNA(small interfering RNA,siRNA)和脂质体的出现,2003年重组人p53腺病毒注射液的问世都加速了基因治疗的发展。同时,因发现RNA干扰(RNA interference,RNAi)现象,菲尔和梅洛获得了2006年诺贝尔生理学或医学奖。此后,全世界再次掀起了基因治疗研究的热潮。2016—2017年期间新型基因编辑手段成簇规律间隔短回文重复(clustered regularly interspaced short palindromic repeat,CRISPR)/CRISPR关联蛋白9(Cas9)(CRISPR/Cas9)和嵌合抗原受体(chimeric antigen receptor,CAR)T细胞治疗(CAR-T细胞治疗)不断成熟,使得基因治疗有了更多的可行性和更好的应用前景。直至2024年,FDA已批准6类基因治疗药物上市(图13-1)。

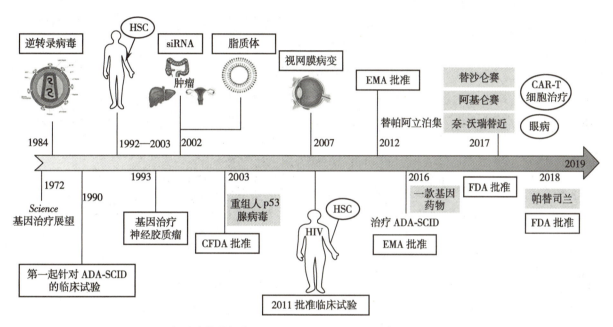

ADA表示腺苷脱氨酶,adenosine deaminase;HSC表示造血干细胞。

图13-1 基因治疗发展进程示意图

为了成功进行基因治疗,需要进行以下3个步骤:①选择并获取适宜的目的基因及靶组织;②设计构建适宜的载体将目的基因导入靶组织或细胞;③外源基因通过各种体内外屏障进入细胞发挥作用。目的基因的选择作为基因治疗的首要问题,需要不断深入了解治疗疾病的异常基因序列。通常来说,目的基因需有明确的遗传分子机制且该基因的异常是疾病发生的根源。对于单基因遗传病如Leber先天性黑矇、地中海贫血等,突变基因单一,发病机制明确,因此基因治疗在此类疾病领域发展迅速。2017年,美国FDA批准用于治疗 *RPE65* 基因突变导致的2型Leber先天性黑矇的药物奈-沃瑞替近(voretigene neparvovec)上市。奈-沃瑞替近以 *RPE65* 为目的基因,利用腺相关病毒(adeno-associated virus,AAV)将正常的 *RPE65* 基因导入患者体内,从而起到治疗的效果。地中海贫血的发病机制是珠蛋白基因缺陷导致的血红蛋白的珠蛋白链异常,因此患者不能产生正常的血红蛋白。Emmanuel等以 *β*-珠蛋白基因为目的基因,利用慢病毒载体将其导入体外培养的血液细胞中,然后将这些携带正常 *β*-珠蛋白基因的血液细胞输回体内,实现地中海贫血的基因治疗。

近年,肿瘤的基因治疗也取得了一定的进展。虽然肿瘤的发生机制复杂,但大多数肿瘤细胞均存在一定的基因突变,包含抑癌基因突变失活、癌基因激活等。目前已上市的基因治疗产品中有些用于肿瘤疾病的治疗。替沙仑赛(tisagenlecleucel)和阿基仑赛(axicabtagene ciloleucel)是已上市的用于治疗血液肿瘤的基因治疗药物。由于95%以上的B细胞淋巴瘤和B淋巴细胞白血病均表达CD19抗原,而其他非B淋巴细胞没有CD19表达,因此替沙仑赛和阿基仑赛均为以CD19为目标分子制备得到的特异性识别CD19的CAR-T细胞治疗。帕替司兰(patisiran)是第一个上市的RNAi治疗药物,选择性地降解甲状腺素转运蛋白(transthyretin,TTR)的mRNA,避免毒性蛋白质合成,用于治疗甲状腺素转运蛋白介导的家族性淀粉样多发性神经病。

在基因治疗中,除了需要准确选择目的基因外,选择构建适宜的载体材料辅助目的基因克服体内外的各类屏障是更为严峻的挑战。截至目前,临床试验中超过70%的基因药物载体为病毒载体,同时现已上市的基因治疗药物(表13-1)中使用的载体也大多为病毒载体,其中包括逆转录病毒、慢病毒、腺病毒和腺相关病毒等。虽然病毒载体由于其较高的转染率广泛用于基因治疗,但是仍存在一些局限性,如其免疫原性强、基因毒性较大。而非病毒载体因其成本低、制备简单、安全性高等优点,越来越多地被用作基因治疗的载体。然而,由于非病毒载体的转染率达不到临床要求,迄今为止鲜有非病毒载体的基因药物批准上市。但是,随着材料科学及生物医药技术的飞快发展,现已有一些修饰的非病毒载体进入临床试验阶段。

表13-1 已上市的基因治疗药物

产品主要成分或名称	适应证	靶基因	载体
帕替司瑞	甲状腺素转运蛋白介导的家族性淀粉样多发性神经病	TTR siRNA	脂质体
替沙仑赛	儿童和青少年急性淋巴细胞白血病	CD19基因	慢病毒载体
阿基仑赛	成人R/R大B细胞淋巴瘤	CD19基因	逆转录病毒载体
重组人p53腺病毒	头颈部鳞状细胞癌	*p53*基因	重组人血清5型腺病毒载体
a	腺苷脱氨酶缺乏性重症联合免疫缺陷病	*ADA*基因	逆转录病毒载体

注:a. 表示一款基因药物,通用名暂不明确。TTR表示甲状腺素转运蛋白,英文全写为transthyretin;cyclin G1表示细胞周期蛋白G1,ADA表示腺苷脱氨酶。

二、基因治疗的基本途径

如上所述,基因治疗主要是将正常或有治疗作用的基因导入靶细胞,以纠正或补偿因基因缺陷和异常引起的疾病,从而达到治疗或者改善某种疾病的效果。该部分以腺病毒为例来阐述基因治疗的基本途径。负载治疗基因的腺病毒首先与靶细胞膜结合,随后腺病毒内化进入细胞,病毒载体释放至细胞质中,并将其携带的治疗基因通过核孔释放进入细胞核,该基因在细胞内复制、转录、翻译生成新的蛋白质,从而达到治疗疾病的作用。

三、基因治疗递送载体的分类

截至目前,肌内注射裸DNA质粒的临床试验取得了一些成功,但是与其他的转染方式相比,裸基因由于其固有的化学生物不稳定性(例如易降解、半衰期短、细胞摄取差等)使得裸基因的治疗效果极低。为了提高基因治疗的效果,各种物理方法、病毒载体以及非病毒载体已逐一登上历史舞台。

(一)物理方法

物理手段提高转染率的方法主要包括电穿孔、基因枪、超声、磁转染和水动力输送等。

1. **电穿孔** 是一种使用瞬时高电压脉冲电场将 DNA 带到细胞膜上的方法。这种电击会导致细胞膜中暂时形成孔隙,有利于 DNA 分子通过。电穿孔广泛适用于各种细胞类型,但是电穿孔后较高的细胞死亡率限制了其临床应用。最近,一种新的电穿孔方法,被称为电子雪崩转染,已用于基因治疗试验,该方法是通过高压等离子体放电使 DNA 在非常短(微秒)的脉冲后有效递送进入细胞。与电穿孔相比,该技术大大提高了效率并减少了细胞损伤。

2. **基因枪** 离子轰击或基因枪是促进 DNA 转染的另一种物理方法。该技术主要是将 DNA 涂覆在金颗粒上并负载到特定装置中,该装置产生的作用力使 DNA 渗透到细胞中,而金纳米粒停留在"停止"盘上。

3. **超声** 声空化的过程会破坏细胞膜并使 DNA 进入细胞。

4. **磁转染** 将 DNA 与磁性颗粒复合,并且将磁体置于组织培养皿下方,以便 DNA 复合物与细胞单层接触。

5. **水动力输送** 流体动力学递送是将大量溶液快速注入脉管系统中(例如进入下腔静脉、胆管或尾静脉),大量注射溶液引起的水压力有利于质粒 DNA 或 siRNA 转移到靶细胞中。

(二)病毒载体

尽管一些物理方法和新型基因治疗手段不断出现和发展,但是病毒载体凭借其独特的优势仍然极具吸引力(表 13-2)。现已上市或是处于临床试验阶段的基因治疗药物中,逆转录病毒载体(retroviral vector)、腺病毒载体(adenovirus vector)和腺相关病毒载体(adeno-associated virus vector)是应用最广泛的病毒载体。

表 13-2 处于临床试验阶段的病毒载体基因药物递送系统

疾病	载体	临床阶段
X 连锁重症联合免疫缺陷病	γ-RV;体外基因转染至 CD34⁺ 细胞	I/II 期招募中
慢性淋巴细胞白血病	γ-RV;体外基因转染至 T 淋巴细胞;CAR 修饰的抗 CD19 细胞	I 期招募中
急性淋巴细胞白血病	γ-RV;体外基因转染至 T 淋巴细胞;CAR 修饰的抗 CD19 细胞	I 期完成
β 地中海贫血	慢病毒载体;体外基因转染至 CD34⁺ 细胞	I/II 期招募中
威斯科特-奥尔德里奇综合征	慢病毒载体;体外基因转染至 CD34⁺ 细胞	II 期招募中
异染性脑白质营养不良	慢病毒载体;体外基因转染至 CD34⁺ 细胞	II 期招募中
血友病 B	AAV2	I 期招募中
2 型 Leber 先天性黑矇	AAV2	I 期招募中
2 型 Leber 先天性黑矇	AAV2	I/II 期完成
2 型 Leber 先天性黑矇	AAV2	I 期招募中
恶性胶质瘤	HSV G207	I/II 期完成
甲状腺未分化癌	MV-NIS	II 期招募中
恶性黑色素瘤	CVA21	II 期完成

1. **逆转录病毒载体**　逆转录病毒是一种单链 RNA 病毒,能整合到宿主基因组上并在体内的逆转录酶的作用下将 RNA 逆转录为 DNA,通过进一步的转录、翻译和包装,生成新的病毒。大多数逆转录病毒仅在分裂细胞中才有活性,其中应用于基因治疗较多的是 γ- 逆转录病毒和慢病毒(lentivirus)。

早在 1984 年就已成功构建逆转录病毒载体并有效地将外源基因导入哺乳动物的染色体中,之后,采用 γ- 逆转录病毒对自身离体骨髓细胞进行转染成为第一个人类基因治疗试验。随着逆转录病毒研究的不断深入,其也被应用于造血干细胞(hematopoietic stem cell,HSC)和 CAR-T 细胞转染。2007 年,菲律宾批准了一款载基因纳米粒注射剂上市用于治疗各种实体瘤疾病,该药由逆转录病毒装载细胞周期蛋白基因组成,随后又由美国 FDA 批准上市用于治疗胰腺癌。2016 年,EMA 批准了一种造血干细胞和祖细胞(hematopoietic stem and precursor cell,HSPC)的体外基因治疗药物上市,该药同样是利用 γ- 逆转录病毒负载基因用于腺苷脱氨酶缺乏性重症联合免疫缺陷病的治疗。2017 年 FDA 批准上市的两种 CAR-T 细胞治疗的基因药物均是使用 γ- 逆转录病毒对 T 淋巴细胞进行改造。目前也有一些临床试验使用 γ- 逆转录病毒用于 X 连锁重症联合免疫缺陷病、B 细胞淋巴瘤或慢性淋巴细胞白血病和急性淋巴细胞白血病的治疗。

与其他类型的逆转录病毒相比,慢病毒具有在一些不分裂细胞中发挥作用的能力。在临床试验中,由于慢病毒载体可以进行多功能改造并在 T 淋巴细胞中稳定表达,慢病毒载体在 CAR-T 细胞治疗中的作用也受到越来越多的关注。同时,基于慢病毒载体转染造血干细胞的临床试验也取得了较大的进展,其中包括许多儿童罕见疾病[如伴 X 染色体肾上腺脑白质营养不良(adrenoleuko dystrophy,ALD)、威斯科特 - 奥尔德里奇综合征(Wiskott-Aldrich syndrome,WAS)等]。除此之外,也有研究者利用慢病毒载体治疗 β 地中海贫血。目前,这些研究均处于临床试验阶段。

2. **腺病毒载体**　腺病毒是一种具有二十面体蛋白质衣壳的中型大小的病毒,包含有 36 000 个碱基对的线性双链 DNA。腺病毒进入宿主后会迅速复制、组装产生 10 000 个子代病毒粒子。在实体瘤的治疗中,溶瘤病毒展现出较好的应用前景。有研究人员用胰腺癌靶向受体 SYENFSA(SYE)修饰溶瘤病毒,从而感染胰腺癌细胞达到较好的抑癌效果。但是由于溶瘤病毒无法识别感染远端的肿瘤,因此为了进一步提高溶瘤病毒的疗效,Emdad 等利用微泡包裹嵌合 5 型和 3 型腺病毒载体构建一个“隐形”递送系统,该系统还能在超声作用下释放载体材料发挥药效。2004 年,FDA 批准的重组人 p53 腺病毒注射液便是利用腺病毒装载 *p53* 基因用于鼻咽癌的治疗。

3. **腺相关病毒载体**　腺相关病毒是一种能够感染人或其他灵长类动物的小型病毒。腺相关病毒根据来源不同分为不同的血清型,其中 AAV2、3、5 和 6 以人骨骼肌或神经细胞为宿主,AAV1、4 和 7~11 以非人灵长类动物为宿主。与其他病毒不同,单独的腺相关病毒没有明显的致病性、能感染到人染色体 19 的特定位点(称为 AAVS1)、免疫原性较低。

基于腺相关病毒的优势和特点,腺相关病毒已有两款药物上市:①2012 年 EMA 批准替帕阿立泊集(alipogene tiparvovec)用于治疗家族性脂蛋白脂酶缺乏症;②2017 年 FDA 批准奈 - 沃瑞替近用于治疗 Leber 先天性黑矇引起的失明。与此同时,目前还有许多腺相关病毒的基因治疗药物处于临床试验阶段。在一项治疗肝脏血友病 B 的临床试验中,AAV8 载体能改善药物的肝脏靶向性,同时增强药物在动物水平的转染率。除此之外,现已有三项临床试验是使用 AAV2 载体治疗 Leber 先天性黑矇疾病。

4. 其他病毒载体　除了上述介绍的三类在基因治疗中得到广泛应用的病毒载体之外,单纯疱疹病毒(herpes simplex virus)、柯萨奇病毒(Coxsackie virus)、新城疫病毒(Newcastle disease virus)等载体也有处于临床试验阶段的基因治疗药物。

(三) 非病毒载体

目前非病毒载体虽然还达不到病毒载体那样极高的转染率,但非病毒载体在一定程度上能弥补病毒载体的缺陷。非病毒载体具有安全性高、低免疫原性、制备简单、与 DNA 结合紧密、不受 DNA 片段大小限制和通过靶向修饰可转运质粒 DNA 到靶细胞等优点。该部分结合近年来非病毒载体纳米材料(包括有机材料、无机材料、其他材料)在基因治疗方面的研究,进一步阐释非病毒载体的特征和运用。

1. 有机材料基因递送系统

(1) 脂质体:目前,脂质体广泛应用于临床的诸多领域,如疫苗和基因药物递送、癌症治疗、肿瘤影像学等。基因药物如质粒 DNA、siRNA、microRNA、CRISPR/Cas9 等通过表达治疗性蛋白质、沉默基因或基因编辑来治疗疾病。但裸基因在复杂的生物体内会迅速降解,且给药后难以累积到靶组织。而脂质体作为最早也是应用最广泛的非病毒载体,能较好地克服体内外屏障,成功地将目的基因导入体内,从而发挥作用。

中性脂质具有低毒性和低免疫原性等优点,但其对基因的负载能力及转染率较低;阳离子脂质有更高的基因负载和转染能力,虽有较强的毒性,但可以通过 PEG 修饰等手段改善。在基因递送研究中,最常用的阳离子脂质有 N-［1-(2,3- 二油酰氧基)丙基］-N,N,N- 三甲基氯化铵｛N-［1-(2,3-dioleyloxy)propyl］-N,N,N-trimethylammonium chlorid,DOTMA｝、1,2- 二油酰基 -3- 三甲基铵 - 丙烷(1,2-dioleoyl-3-trimethylammonium-propane,DOTAP)、2,3- 二油基氧基 -N-［2-(精胺甲酰胺基)乙基］-N,N- 二甲基 -1- 丙胺三氟乙酸盐和 1,2- 二肉豆蔻基氧丙基 -3- 二甲基羟乙基溴化铵(1,2-dimyristyloxypropyl-3-dirnethyl-hydroxyethyl ammonium bromide,DMRIE)等。阳离子脂质体通常由中性脂质［胆固醇、卵磷脂、磷脂酰胆碱(PC)、二硬脂酰磷脂酰胆碱(DSPC)、二油酰磷脂酰乙醇胺(DOPE)等］与阳离子脂质共同组成,中性脂质作为"辅助脂质"可以稳定双层膜、降低阳离子脂质的毒性和提高转染率等。

阳离子脂质体也运用到 DNA 疫苗。Eiji 等利用 3- 甲基戊二酸化聚缩水甘油(MGluPG)对蛋黄磷脂酰胆碱(EPC)进行表面修饰,得到 pH 敏感型脂质体,负载抗原蛋白 OVA,与制备的 TRX-DLPC-DOPE/pCMV-IFN-γ 脂质复合物混合用于质粒 DNA 递送,并通过动物实验证明其有明显的抑瘤作用。另外,Tian 等构建了一种由二甲基双十八烷基铵(DDA)、单磷酰脂质 A(MPLA)和海藻糖 6,6′- 二山嵛酸酯(TDB)组成的脂质体(DMT),其中 DDA 脂质介导与抗原提呈细胞(antigen presenting cell,APC)的初始接触,MPLA 增强 CD4+T 淋巴细胞免疫应答并降低脂质体的表面电荷,TDB 可以激活 APC,MPLA 和 TDB 的加入提高了脂质体的稳定性。脂质体与能分泌融合结核分枝杆菌多重抗原的质粒 pCMFO 制备成 DNA 疫苗。给予 C57BL/6 小鼠后发现,该疫苗可以缓慢持续释放 DNA 和激动剂,并在脾脏中引发显著的免疫原性。

脂质体除了用于递送 DNA 之外,也广泛用于各类 RNA 的递送。目前,基于脂质 / 脂质体修饰的 RNAi 技术已广泛应用于眼部疾病和肿瘤的治疗。其中,利用脂质或脂质体递送 siRNA 是 RNAi 技术在眼睛局部应用中最常用的一种策略,约占 38%;在局部递送 siRNA 治疗肿瘤的研究中,选择脂质或脂质体/siRNA 复合物的多达 25%。RNAi 技术还包括递送微 RNA(microRNA,miRNA)。迄今为止,已经鉴定出几种关键的 miRNA 可以抑制小鼠肿瘤的生长,其中包括 let-7、miR-16、miR-34 和 miR-26a。因此,miRNA 介导的基因治疗成为了治疗癌症的潜在方法。

上述研究中构建的载体主要是直接递送核酸至靶标部位进行基因修复或沉默,而 2013 年提出了一种利用 CRISPR/Cas9 系统对基因组进行编辑的新方法,目前已成为基因编辑的一种创新且强大的手段。但是 CRISPR/Cas9 系统也存在某些应用限制,如 Cas9/ 指导 RNA(guide RNA,gRNA)融合质粒的体积太大(>10kbp),难以用普通载体负载。因此,需要一个合适的载体体系对其进行递送。Zhang 等设计了一种由 DOTAP-DOPE-Chol 组成的新型阳离子脂质载体,与鱼精蛋白、Cas9-sgPLK-1 质粒 DNA、硫酸软骨素(chondroitin sulfate,CS)的三元复合物结合,在其表面进一步修饰 PEG-DSPE 后发现 CRISPR/Cas9 系统抑制肿瘤生长的效果明显优于 siRNA。该系统中的软骨素使 Cas9/gRNA 融合的质粒 DNA 更强地附着到鱼精蛋白上,其中鱼精蛋白能够很好地凝聚压缩 Cas9/gRNA 融合的质粒 DNA,使其在不缩短 DNA 序列的条件下最小化质粒的体积,形成紧密的核心。PEG-DSPE 在阳离子脂质表面进一步修饰能有效降低复合物和血清或细胞外基质的非特异性相互作用和细胞毒性,从而提高转染率。

由于各类脂质设计的非病毒载体脂质纳米粒(lipid nanoparticle,LNP)递送系统具有易于制备、可减少免疫反应、多剂量容量、更大的有效荷载及设计的灵活性等优势,目前已有不少基于 LNP 的基因治疗药物处于临床研究阶段(表 13-3)。2018 年 8 月美国 FDA 宣布批准了一款帕替司兰(patisiran)制剂通过输注治疗成人甲状腺素转运蛋白介导的家族性淀粉样多发性神经病。值得一提的是,这也是全球第一个依据诺贝尔奖成果的 RNA 干扰技术开发的药物,是 FDA 批准的首款用于治疗甲状腺素转运蛋白介导的家族性淀粉样多发性神经病的疗法,也是 FDA 批准的首款 siRNA 药物。

表 13-3 处于临床试验阶段的脂质体基因药物递送系统

疾病	药物主要成分	临床阶段
非小细胞肺癌	DOTAP : Chol-fus1	I/II 期招募中
复发性胶质母细胞瘤	SGT-53	II 期招募中
登革热	Plasmid DNA	I 期完成
囊性纤维化	pGM169/GL67A	II 期完成
黑色素瘤	Lipo-MERIT	I 期招募中
乳腺癌	TAA and neo-Ag mRNA	I 期招募中
复发性 / 难治性实体瘤恶性肿瘤或淋巴瘤	mRNA-2416	I 期招募中
巨细胞病毒引发的感染	mRNA-1647;mRNA-1443	I 期招募中
寨卡病毒引发的感染	mRNA-1325	I/II 期招募中
高胆固醇血症	ALN-PCSSC	I 期完成
肝纤维化	ND-L02-S0201	I 期完成
神经内分泌肿瘤;肾上腺皮质癌	TKM-080301	I/II 期完成

续表

疾病	药物主要成分	临床阶段
肝细胞癌	TKM-PLK1	I/II期完成
晚期癌症	siRNA-EphA2-DOPC	I期招募中
乙型肝炎病毒感染	ARB-001467	II期招募中
晚期/转移性癌症、实体瘤	pbi-shRNA-STMN1	I期完成

遗传性淀粉样变性是一种罕见的使人衰弱且常常致命的遗传病。它的主要特征是在体内器官和组织中形成称为淀粉样蛋白的蛋白质纤维异常沉积物，干扰器官和组织的正常功能，这些蛋白质沉积最常发生在周围神经系统中，会导致手臂、腿、手和脚的感觉丧失、疼痛或不能移动。淀粉样蛋白沉积物也会影响心脏、肾脏、眼睛和胃肠道的功能。目前的治疗方法通常侧重于症状管理，这一领域还有医疗需求亟待满足。有公司开发了一种靶向甲状腺素转运蛋白（TTR）的siRNA疗法，这类疗法通过沉默一部分参与致病的RNA起作用。具体来说，这种疗法将siRNA包裹在脂质纳米颗粒中，在输注治疗中将药物直接递送至肝脏，干扰异常形式TTR的RNA产生。通过阻止TTR的产生，帮助减少周围神经中淀粉样蛋白沉积物蓄积，改善症状，并帮助患者更好地控制病情。此前，这种疗法曾获得美国FDA授予的突破性疗法认定、优先审评资格、快速通道资格和孤儿药资格。

（2）聚乙烯亚胺（polyethylene imine，PEI）及其衍生物：根据分子结构，PEI分为线状和分枝状两大类，其中分枝状PEI常用作基因载体材料。PEI是一种具备伯胺、仲胺、叔胺的阳离子聚合物，每3个原子包含1个氮原子。由于PEI的以下理化性质，高氨基密度的PEI被认为是最理想的阳离子基因递送材料之一：①PEI带正电荷，可以通过静电作用将基因压缩形成纳米级复合物；②PEI与基因形成复合物能保护基因避免被核酸酶降解；③阳离子材料PEI促进复合物与细胞膜的作用，从而促进细胞摄取；④由于PEI的高氨基密度，具有较强的质子缓冲能力，促进复合物溶酶体逃逸。但是，PEI的强正电性导致较强的毒性作用和血浆不稳定性，并且PEI与基因形成的复合物易被巨噬细胞和网状内皮系统清除，从而降低基因递送效率。

采用多种方法对PEI进行修饰可以减缓或改善上述问题。Jiang等以PEI为骨架材料，与聚乙二醇（PEG）、细胞穿膜肽（TAT）合成PEI-PEG-TAT（即PPT），共递送PEI修饰的多柔比星（doxorubici-PEI，DP）和肿瘤坏死因子相关凋亡诱导配体（TNF-related apoptosis-inducing ligand，TRAIL）基因。在PEI表面修饰两亲性高分子材料，能够提高转染率。Alexander等构建低分子量PEI和二棕榈酰磷脂酰胆碱（DPPC）形成脂质复合物递送siRNA。通过共价键在PEI表面修饰多肽、糖类、抗体等也能够有效提高基因递送效率。另外，有研究者通过壳聚糖碱性化和羧基化作用合成羧甲基壳聚糖（carboxymethyl chitosan，CMCS），随后通过酰胺化反应，将PEI与羧甲基壳聚糖连接，构成CMCS-PEI聚合物，在293T与3T3细胞上均表现出较高的转染率。非生物可降解性是PEI应用受到限制的一个重要原因，使用响应性连接键交联低分子量PEI在一定程度上可以解决此问题，如还原性二硫键或者酯键。有研究者设计聚（胱胺-二丙烯酰胺-己二胺）[poly（CBA-DAH）]作为生物可降解性基因递送载体，并将PEI与poly（CBA-DAH）通过二硫键连接形成PEI-CBA-DAH（PCDP），结果PCDP/DNA在较低质量比的情况下可以获得与25kDa PEI相似的转染率。

以PEI为骨架的多种载体材料已经应用于多种疾病的基因治疗临床试验，包括卵巢癌、胰腺癌、原发性腹膜恶性肿瘤、多发性骨髓瘤等。有治疗卵巢癌的基因治疗药物和治疗胰腺癌的基因治疗药物已完成Ⅰ期和Ⅱ期临床试验;除此之外,用于治疗顽固性或者周期性卵巢癌、输卵管或者原发性腹膜恶性肿瘤的一款腹腔注射药物制剂也已完成Ⅰ期临床试验。

(3) 阳离子多肽:可以通过静电作用有效结合核酸分子,多肽具有生物相容性、生物可降解性、较高的核酸负载和细胞摄取能力,但由于内体逃逸能力差,其转染率低。

聚赖氨酸(polylysine,PLL)是最先用于介导基因递送的阳离子多肽之一,高电荷密度使其能与基因有效结合,但内体逃逸能力差使其转染率低。此外,PLL 的稳定性较差、有潜在的免疫原性,所以许多研究中选择对 PLL 的结构进行修饰优化后再利用。Walsh 等通过 α- 氨基酸 N- 羧基环内酸酐(α-amino acid N-carboxyanhydrides,NCA)开环聚合反应构建了一种星状 PLL 载体,其由 64 个 PLL 臂及每臂 5 个 L- 赖氨酸组成,与质粒 DNA 自组装形成稳定的阳离子纳米药物。结果表明,星状 PLL 能有效促进在间充质干细胞(mesenchymal stem cell,MSC)上的基因转染,其转染率与线性 PLL 相比可增大 1 000 倍。

利用多肽导向的非病毒载体递送与其他基因治疗策略相比具有明显的优势。与病毒载体不同,多肽具有较低的细胞毒性和免疫原性,也可以为其他非病毒载体提供其不能执行的特定功能,如促进 DNA 缩合、辅助内体逃逸、核转运和特定受体靶向等,从而有效提高载体的基因转染能力。目前,多肽作为非病毒载体仍处于研究阶段,随着各种新型多肽的合成,其潜在的应用价值将会被进一步开发。Munye 等开发出一种双功能肽修饰的阳离子脂质和 DNA 构成复合物,与相应的无肽修饰的聚合物复合物、脂质复合物相比,其基因表达分别为 1 030.5 倍、15.9 倍和 3.5 倍。多肽除了可以有效提高转染率外,还具有一定的靶向性。Zhang 等利用一种靶向卵巢癌中卵泡刺激素受体的 D- 氨基酸修饰 21 个氨基酸组成的多肽得到了一种新的结构,进一步连接 PEG-PEI 形成纳米药物载体,该载体通过携带癌基因 *pGRO-α* 的发夹短 RNA(short hairpin RNA,shRNA)达到降低 PEI 毒性、提高转染率的目的。

此外,阳离子多肽还能运用于 CRISPR/Cas9 递送。Wang 等利用可以发挥基因载体和细胞膜穿透剂双重功能的阳离子多肽——α 螺旋多肽 PPABLG 合成一种携带 Cas9/gRNA 的纳米粒 P-HNP,实验结果表明 P-HNP 可以实现多重基因敲除、敲入和激活,为基因治疗应用提供一个多功能的基因编辑平台。

目前,大多基于多肽的递送载体领域的研究集中于提高转染率。利用多功能肽可以有效提高递送载体的转染率,但同时也会增加其免疫原性。对多肽类基因治疗载体的研究大多数还在体外研究阶段,且没有明显的证据可以证明体内外结果的关联性,因此还有很多体内研究需要推进。

(4) 树枝状大分子及其衍生物:树枝状大分子是一类具有高分枝度、低分散度和高功能性等特点的合成大分子,直径为 5~10nm,以层叠方式形成壳核结构。树枝状大分子主要由三部分结构组成,即启动程序的核、与核紧密连接的内层重复单元、与内层连接的最外层末端功能基团。树枝状大分子用于基因治疗具有很多优点,由于树枝状大分子表面带有可修饰的氨基基团,在生理条件下被质子化从而带正电荷,能够与带负电荷的 DNA、RNA 及细胞表面的黏多糖通过静电作用结合。

目前,研究最广泛的两种树枝状大分子是聚乙二胺(polyamidoamine,PAMAM)和聚丙烯亚胺(polypropylenimine,PPI)。

PAMAM 内部的叔胺基团具有 pH 缓冲能力,促进复合物的溶酶体逃逸,没有免疫原性,因此降低基因递送的安全隐患。Liu 等首次报道基于两亲性树枝状大分子(amphiphilic dendrimer,AD)自组装形成多功能载体用于递送 siRNA 和基因沉默,并且在体内研究中证明此结构在初生细胞和干细胞内的递送效率。树枝状大分子除了可用于递送 siRNA 外,也可以用于递送 miRNA,例如 G5-PAMAM 树形大分子共递送 miR-21 抑制剂(As-miR-21)反义寡核苷酸与氟尿嘧啶至人恶性胶质瘤细胞,此共递送手段大大增强了治疗效果。为了获得更高的基因转染率和靶向递送能力,一般会对 PAMAM 表面进行修饰。通常,修饰基因载体的靶向基团包括聚乙二醇、叶酸、生物素、转铁蛋白、抗体、表皮生长因子和多肽等。Li 等设计基于表皮生长因子受体(epidermal growth factor receptor,EGFR)靶向策略的肿瘤靶向纳米基因递送系统,表皮生长因子(epidermal growth factor,EGF)、DNA、PAMAM 通过静电作用自组装形成纳米复合物 PAMAM/DNA/EGF,三元复合物 PAMAM/DNA/EGF 具备较高的肿瘤靶向能力、更高的细胞摄取效率和转染率。随后,此研究团队构建人类抗表皮生长因子单克隆抗体 h-R3 修饰 PAMAM/siRNA,与 PAMAM 相比,复合物的电位下降、粒径增大、毒性降低,并且该复合物具有较高的靶向递送、细胞摄取和溶酶体逃逸能力。此外,基于树枝状大分子的药物与基因共递送系统也受到越来越多的关注。Gu 等设计构建氧化石墨烯 -PAMAM(GO-PAMAM),共递送多柔比星和基质金属蛋白酶 MMP-9 shRNA 用于乳腺癌的治疗。GO-PAMAM 对多柔比星有较高的载药量,并能实现 pH 响应性释药。更重要的是,GO-PAMAM- 多柔比星 -MMP-9shRNA 共递送系统即便在有血清调节的情况下仍具有较高的基因转染能力。

另一种广泛应用于基因治疗的树枝状大分子是聚丙烯亚胺(PPI),由于其结构中存在氨基基团(通常末端为伯胺,内层包括大量叔胺),因此 PPI 不仅能负载基因还能实现溶酶体逃逸。Franiak 构建了由麦芽三糖残基修饰的 PPI。经研究发现,麦芽三糖修饰的 PPI 通过影响 TRAIL 的基因表达起到较强的促凋亡作用。

(5) 壳聚糖及其衍生物:壳聚糖(CS)是一种生物可降解性多糖,包括 D- 葡糖胺和 N- 乙酰 -D- 葡糖胺重复单元,通过 α-1,4- 糖苷键相连。壳聚糖是由甲壳素脱乙酰化得到的一类多糖物质,具有良好的生物相容性和较小的体内毒性。壳聚糖作为基因载体的潜能主要源于其正电性:当环境 pH 低于壳聚糖的 pK_a(pK_a=5.5)时,壳聚糖的伯胺基团呈现正电性,这些质子化氨基能够使壳聚糖通过静电作用与带负电荷的 DNA 结合。在中性或者碱性条件下壳聚糖带少量正电荷,此时与 DNA 之间的作用力除静电作用外,同时还存在氢键、疏水相互作用等作用力。

在基因治疗中,壳聚糖的分子量、脱乙酰化度、氮磷比(N/P 比例)、转染时的 pH 条件和细胞类型均会影响壳聚糖 /DNA 复合物的转染率。其中,壳聚糖的分子量是最重要的影响因素之一。高分子量壳聚糖能够有效提高 DNA 递送效率,当壳聚糖 /DNA 在溶酶体中时,高分子量壳聚糖可以对 DNA 起到更好的保护作用,但是同时也会限制 DNA 在细胞质中的释放;相反,低分子量壳聚糖与 DNA 形成的复合物稳定性差,不能提供有效的保护,所以表现出很低的转染率。因此,选择合适分子量的壳聚糖对于提高转染率十分重要。

尽管壳聚糖作为非病毒载体具备很多优点,但是由于较低的转染率,其应用受到限制。在壳聚糖上修饰一系列疏水基团,包括 5β- 胆烷酸、脱氧胆酸、硬脂酸和烷基链等有利于减少壳聚糖复合物聚集、提高其与细胞表面的相互作用。同时,提高壳聚糖的阳离子性质可以提高其缓冲能力。Jiang 和 Kim 等对壳聚糖进行细胞特异性配体修饰,如转铁蛋白、叶酸、甘露糖和半乳糖等,进一步增强了靶向性、提高了转染率。

(6) 聚氨酯:是一类通过伯胺或者仲胺与二丙烯酸乙二醇酯反应合成的,能够通过水解反应降解的聚胺类阳离子聚合物,广泛用于基因递送。聚氨酯能够压缩质粒 DNA,形成粒径较小的稳定纳米粒,促进细胞摄取和溶酶体逃逸。

Langer 等开发了一种基于无机颗粒和生物可降解性聚阳离子聚氨酯的新型纳米连接传递系统。首先用亲水性聚合物聚乙二醇（PEG）修饰金纳米颗粒，然后通过生物可降解性二硫键将干扰小 RNA（siRNA）与纳米颗粒偶联，然后涂上一系列聚氨酯涂层。该纳米体系促进 siRNA 递送，达到了较好的基因沉默效果。Zhou 等根据二烃基二酯和氨基二醇共聚作用合成聚氨酯类化合物——癸二酸酯聚甲基二乙烯胺（PMSC），在 HEK293、U87-MG、9L 等细胞上转染，结果转染率与 PEI 相当。并且 Eltoukhy 等构建具备疏水性烷基侧链的聚氨酯三元共聚物，实验结果证明转染率与疏水性成正比。Yang 和 Jiang 等在前期研究者的基础上进行了进一步的补充工作，通过二酯或者二氯化合物与氨基取代的二醇进行共聚合反应合成一系列高分子量聚氨酯。Wang 等利用低分子量 PEI 与普朗尼克构建聚氨酯类聚合物，通过调节 PEI 的分子量和选择不同脂水分配系数的普朗尼克进行筛选，最终结果表明，在细胞试验中使用分子量为 3 000~5 000、脂水分配系数为 12~18 的普朗尼克构建的聚氨酯类化合物表现出了最高的转染率。

（7）环糊精及其衍生物：环糊精（cyclodextrin，CD）是天然大环低聚糖结构，由 α-1,4- 糖苷键连接构成具备篮筐形状的拓扑结构。葡萄糖单元的羟基朝向外面、5 位和 3 位氢朝向内腔，此结构使它具备内部疏水、外部亲水的两亲性特性；另外，环糊精会与生物膜发生相互作用，导致特定的膜成分释放，从而引起生物膜的不稳定性、增加生物膜的通透性。因此通过隐蔽作用，避免基因载体系统与体内分子的非特异性结合有利于提高基因载体系统的稳定性。

Zhang 等分别在环糊精的6位和2位羟基位置修饰 PEI，得到两种结构：PEI-6-CD 和 PEI-2-CD。随后，与以二茂铁末端修饰的 PEG（PEG-Fc）结合，以 PEI 修饰的环糊精作为主体、PEG-Fc 作为客体构建超分子聚合物。利用此结构递送 MMP-9 shRNA 发挥抗肿瘤作用。除了递送 shRNA 外，有研究者以环糊精为基础设计超分子聚合物递送 siRNA。Jia 等将聚 β 环糊精与 PEG- 金刚烷修饰的 PEI 通过主、客体作用构建超分子聚合物与 siRNA 结合，该系统具备良好的细胞相容性和转染活性。

以环糊精作为基本骨架构建的纳米粒是应用到癌症临床试验中的第一种 siRNA 递送系统。用于靶向核糖核苷酸还原酶 mRNA（RRM2）的环糊精聚合物 siRNA 递送系统进入 I 期临床试验，然而 2013 年此 I 期临床试验已终止。

2. 无机材料基因递送系统　无机纳米材料相较于有机材料来说有特有的性质，例如尺寸可调、比表面积大、易于表面修饰等。通常来说，有三种策略用于修饰无机纳米进行基因递送，第一种策略是将带负电荷的基因与带正电荷的无机纳米粒形成复合物；第二种是将基因以响应性共价键形式连接在纳米粒上；第三种则是在无机纳米粒表面修饰两亲性高分子，带负电荷的基因通过静电作用吸附在高分子层中。

目前，已有的无机材料包括金纳米粒（gold nanoparticle，AuNP）、磁纳米粒（magnetic nanoparticle，MNP）、碳纳米管（carbon nano tube，CNT）、石墨烯（graphene）、量子点（quantum dot，QD）、上转换纳米粒（up-conversion nanoparticle，UCN）、介孔二氧化硅纳米粒（mesoporous silica nanoparticle，MSN）广泛应用于质粒 DNA 和 RNA 递送。与病毒载体相比，其转染率虽低，但由于其具有低免疫原性，能免受病原菌侵袭、低毒、装载容量大、稳定性高、易于贮存、制备容易等优势而引起广泛关注。硅元素和碳元素是人类组织中较为重要的非金属物质，这两种典型材料已被设计、合成并应用于纳米医学等多个研究领域。该系统具有表面积大、稳定性好、生物相容性好、合成方便、表面功能化容易、对生理屏障的渗透能力强、承载能力高等优点,其中以硅为基础的递送系统如介孔硅纳米粒(mesoporous silica nanoparticles,MSN)、纳米硅颗粒和纳米硅微颗粒越来越受到关注。此外,碳管、石墨烯、富勒烯、纳米金刚石等碳基平台的研究也越来越深入。截至目前,仍没有无机纳米材料运用于临床,但是随着研究的不断深入,无机材料也将成为临床上基因治疗的新工具。

3. 其他材料基因递送系统　除了传统意义上构建的有机材料和无机材料基因递送系统外,许多研究也设计了其他类型的递送材料用于基因治疗,例如无机-有机杂交体系、基于氟化材料的载体体系和表面带负电荷的蛋白载体递送系统等。这些体系在一定程度上克服了传统递送系统的缺点,因此它们为基因治疗的发展提供了新的可能性。

(1) 无机-有机杂交体系:有机材料和无机材料基于其各自良好的理化性质在基因治疗中都得到了较为广泛的应用,而采用无机-有机杂交方式构建的载体材料不仅能克服两种材料各自的缺点,还能充分发挥材料本身特有的性质。因此,越来越多的研究利用无机-有机杂交体系进行基因递送。

通常来说,该体系主要分为3种类型:①在无机纳米粒表面修饰有机材料得到的杂交体系;②金属材料为核、有机材料为壳的壳核杂交体系;③非金属材料为核、有机材料为壳的壳核杂交体系。

有研究者将细胞穿膜肽(TAT)修饰在介孔氧化硅纳米粒外表面,从而构建一个具有高负载质粒DNA、高转染率的无机-有机杂交纳米体系。随后,研究者设计了壳-核结构的介孔硅纳米粒(MSN)。在该体系中,作者利用二氧化硅核心区域的小介孔装载小分子药物,并将具有抗P糖蛋白表达作用的siRNA包封于二氧化硅的大介孔中,从而改善小分子药物多药耐药性,更好地发挥药效。除此之外,无机-有机杂交体系还能运用于CRISPR/Cas9递送,Alsaiari等利用沸石咪唑酯结构(zeolitic imidazolate framework,ZIF)递送CRISPR/Cas9达到基因编辑的目的,该系统中的ZIF由咪唑连接物连接的四面体配位过渡金属离子Zn^{2+}组成,金属-咪唑结构能很好地进行溶酶体逃逸并在酸性调节下响应性释放基因。

虽然无机-有机杂交体系能结合无机材料和有机材料的优势,最大可能地提高体系的转染率。但是由于其载体材料的毒性限制,到目前为止仍没有该体系的药物运用于临床,所以需要进一步开发安全高效的无机-有机载体材料才能推动其从实验室进入临床应用。

(2) 基于氟化材料构建的递送系统:氟化之后的药物在一定程度上理化性质如亲脂性、溶解性等会发生改变。截至2014年,含氟药物占所有上市药物的25%左右。并且有许多研究表明,氟化之后的高分子材料能够在很大程度上提高基因转染率。

Wang等研究者合成了含氟树枝状大分子作为基因递送载体。在极低的N/P比例下,氟化树枝状物在多个细胞系(HEK293和HeLa细胞中均高于90%)中获得了优异的基因转染效果。与PEI等几种商业化转染试剂相比,这些聚合物具有更好的转染效果和生物相容性。Cai等通过氟化低代数(G2)树枝状大分子得到生物可降解性氟化多肽树状分子——BFPD复合DNA用于高效基因递送。近年来,基于氟化高分子的RNA递送受到了越来越多的关注,疏水性内核具有活性氧(reactive oxygen species,ROS)敏感键的氟化两亲性树状大分子体系可以响应性递送siRNA起到基因沉默的效果。同时,将氟化材料与可降解性PBAE共价连接能在较大程度上提高转染率和材料的生物相容性。

(3) 天然蛋白质递送系统:由于DNA和siRNA的磷酸骨架使得其主要带负电荷,因此上述介绍主要是带正电荷的非病毒载体,通过静电吸附DNA或RNA进行基因治疗。而该部分介绍的是一类表面带负电荷的载体材料通过非静电作用包载基因发挥作用。Gao 等设计了一个生物相容性核糖核蛋白-PEG 八聚体纳米粒，通过蛋白质上的双链 RNA 结合域与 siRNA 连接。该系统具有高 siRNA 负载量（>30wt%），同时 siRNA 共价连接靶头增加体系靶向能力。最重要的是，其中使用的核糖核蛋白是一种人源性蛋白质，使得纳米粒表面带负电荷并且较阳离子载体有更低的免疫原性，在用于临床研究方面非常有潜力。

四、基因递送载体新技术探讨与展望

（一）基因编辑技术

截至 2018 年 8 月底，全球基因治疗相关上市药物仅有 6 个，其中包括重组人 p53 腺病毒、一款载基因纳米粒注射剂、一款基因药物、替沙仑赛（tisagenlecleucel）、阿基仑赛（axicabtagene ciloleucel）和奈-沃瑞替近（voretigene neparvovec）。基因治疗产品上市寥寥无几的现象证明该领域确实存在许多问题，其中最关键的问题则是许多病毒载体携带的基因随机整合到基因组上所带来的潜在风险。传统的基因靶向修饰技术主要是依赖细胞自身的同源重组途径对基因组进行特异性敲除或替换，但是其效率极低，大大限制了该技术的发展与运用。随后提出的翻转酶/短翻转酶识别靶序列（Flp/FRT，flippase/short flippase recognition target）、Cre 重组酶/LoxP（Cre/loxP，cyclization recombination enzyme/locus of x-overP1，其中 locus of x-overP1 是位于 P1 噬菌体中长度为 34bp 的一段序列）和细菌人工染色体（bacterial artificial chromosome，BAC）载体等系统介导对靶基因的定点修饰技术在一定程度上提高了重组效率，但是由于其操作复杂、运用范围有所局限使得其应用受到限制。RNAi 技术具有快速、操作简便、成本低等优势，受到越来越多的关注。但是 RNAi 介导的基因干扰持续时间较短，因此，该技术并不是持久抑制或者敲除基因的最佳手段。

近年来，基因编辑技术如基于锌指核酸酶（zinc finger nuclease，ZFN）、转录激活因子样效应物核酸酶（transcription activator like effector nuclease，TALEN）、CRISPR/Cas9 的出现为基因治疗提供了新的思路。ZFN 和 TALEN 技术不仅极大地提高了基因打靶的效率，而且更高效地实现了对基因组的定点操作以及基因表达控制，如定点插入、删除和替换、转录抑制或激活等，真正地在应用水平实现了对动植物基因组的精细操作，因此也将以 ZFN 和 TALEN 为代表的技术统称为基因编辑（gene editing）技术。这三种系统均是通过在特性靶向序列处造成双链断裂（double strand break，DSB）缺口，从而激活细胞内的两种主要 DNA 双链损伤的修复机制：①非同源末端连接（non-homologous end-joining，NHEJ）途径在 DNA 缺口处造成移码突变，从而导致基因敲除；②同源重组（homologous recombination，HR）途径则会在外源 DNA 模板的协助下对 DNA 进行精确的修复或靶向基因的添加。

（二）病毒载体及非病毒载体递送目前存在的局限性和需要克服的问题

在过去的几十年中，基因治疗已经在治疗癌症和各种遗传学疾病上取得了重大进展。随着各类基因递送系统的更新换代，非病毒载体尤其是有机材料的特殊性质和优势使其在基因治疗的舞台上脱颖而出。

当然，无论是非病毒载体还是病毒载体在临床应用上都面临着许多挑战，如复合递送系统的自身毒性、基因编辑时基因脱靶带来的基因毒性、基因载体的免疫原性、还包括相关伦理道德和政府监管问题等。其中，病毒载体在基因治疗中最需要克服的问题是其自身毒性和免疫原性。所以，今后基于病毒载体的递送系统应该在确保其高转染率的前提下进一步降低病毒载体的毒性和免疫原性。而阻碍非病毒载体推向临床的主要问题则是其较低的转染率,因此,进一步构建低毒高效的非病毒载体刻不容缓。总之,基于病毒载体或非病毒载体的创新递送系统有望进一步加快基因治疗的发展,并为癌症及许多遗传病提供了一个安全高效的治疗平台。

(姜虎林)

参考文献

［1］ WIRTH T,PARKER N,YLÄ-HERTTUALA S. History of gene therapy. Gene,2013,525(2):162-169.

［2］ YUBA E,KANDA Y,YOSHIZAKI Y,et al. pH-sensitive polymer-liposome-based antigen delivery systems potentiated with interferon-γ gene lipoplex for efficient cancer immunotherapy. Biomaterials,2015,67:214-224.

［3］ TIAN M P,ZHOU Z J,TAN S W,et al. Formulation in DDA-MPLA-TDB liposome enhances the immunogenicity and protective efficacy of a DNA vaccine against Mycobacterium tuberculosis infection. Frontiers in immunology,2018,9:310.

［4］ ZHANG L M,WANG P,FENG Q,et al. Lipid nanoparticle-mediated efficient delivery of CRISPR/Cas9 for tumor therapy. NPG Asia materials,2017,9:e441.

［5］ WALSH D P,MURPHY R D,PANARELLA A,et al. Bioinspired star-shaped poly(L-lysine)polypeptides:efficient polymeric nanocarriers for the delivery of DNA to mesenchymal stem cells. Molecular pharmaceutics,2018,15(5):1878-1891.

［6］ JIANG D D,WANG M F,WANG T Q,et al. Multifunctionalized polyethyleneimine-based nanocarriers for gene and chemotherapeutic drug combination therapy through one-step assembly strategy. International journal of nanomedicine,2017,12:8681-8698.

［7］ EWE A,PANCHAL O,PINNAPIREDDY S R,et al. Liposome-polyethylenimine complexes(DPPC-PEI lipopolyplexes) for therapeutic siRNA delivery *in vivo*. Nanomedicine:nanotechnology,biology,and medicine,2017,13(1):209-218.

［8］ LIU X,MO Y F,LIU X Y,et al. Synthesis,characterisation and preliminary investigation of the haemocompatibility of polyethyleneimine-grafted carboxymethyl chitosan for gene delivery. Materials science and engineering:C,2016,62:173-182.

［9］ NAM J P,KIM S,KIM S W. Design of PEI-conjugated bio-reducible polymer for efficient gene delivery. International journal of pharmaceutics,2018,545(1-2):295-305.

［10］ MUNYE M M,RAVI J,TAGALAKIS A D,et al. Role of liposome and peptide in the synergistic enhancement of transfection with a lipopolyplex vector. Scientific reports,2015,5:9292.

［11］ ZHANG M Y,ZHANG M X,WANG J,et al. Retro-inverso follicle-stimulating hormone peptide-mediated polyethylenimine complexes for targeted ovarian cancer gene therapy. Drug delivery,2018,25(1):995-1003.

［12］ WANG H X,SONG Z Y,LAO Y H,et al. Nonviral gene editing via CRISPR/Cas9 delivery by membrane-disruptive and endosomolytic helical polypeptide. Proceedings of the National Academy of Sciences,2018,115(19):4903-4908.

［13］ LIU X X,ZHOU J H,YU T Z,et al. Adaptive amphiphilic dendrimer-based nanoassemblies as robust and versatile siRNA delivery systems. Angewandte chemie:international edition,2014,53(44):11822-11827.

［14］ WANG H Y,JIANG Y F,PENG H G,et al. Recent progress in microRNA delivery for cancer therapy by non-viral synthetic vectors. Advanced drug delivery reviews,2015,81:142-160.

［15］ LI J,CHEN L,LIU N,et al. EGF-coated nano-dendriplexes for tumor-targeted nucleic acid delivery in vivo. Drug delivery,2016,23(5):1718-1725.

［16］ LI J,LIU J,LI S N,et al. Antibody h-R3-dendrimer mediated siRNA has excellent endosomal escape and tumor targeted delivery ability,and represents efficient siPLK1 silencing and inhibition of cell proliferation,migration and invasion.

Oncotarget,2016,7(12):13782-13796.

[17] GU Y M,GUO Y Z,WANG C Y,et al. A polyamidoamne dendrimer functionalized graphene oxide for DOX and MMP-9 shRNA plasmid co-delivery. Materials science and engineering:C,2017,70(Pt 1):572-585.

[18] KIM Y H,GIHM S H,PARK C R,et al. Structural characteristics of size-controlled self-aggregates of deoxycholic acid-modified chitosan and their application as a DNA delivery carrier. Bioconjugate chemistry,2001,12(6):932-938.

[19] KIM Y K,MINAI-TEHRANI A,LEE J H,et al. Therapeutic efficiency of folated poly(ethylene glycol)-chitosan-graft-polyethylenimine-Pdcd4 complexes in H-ras12V mice with liver cancer. International journal of nanomedicine,2013,8:1489-1498.

[20] KIM Y K,ZHANG M,LU J J,et al. PK11195-chitosan-graft-polyethylenimine-modified SPION as a mitochondria-targeting gene carrier. Journal of drug targeting,2016,24(5):457-467.

[21] LEE J S,GREEN J J,LOVE K T,et al. Poly(β-amino ester) nanoparticles for small interfering RNA delivery. Nano letters,2009,9(6):2402-2406.

[22] ZHOU J B,LIU J,CHENG C J,et al. Biodegradable poly(amine-co-ester) terpolymers for targeted gene delivery. Nature Materials,2011,11(1):82-90.

[23] ELTOUKHY A A,CHEN D,ALABI C A,et al. Degradable terpolymers with alkyl side chains demonstrate enhanced gene delivery potency and nanoparticle stability. Advanced materials,2013,25(10):1487-1493.

[24] WANG Y,WANG L S,GOH S H,et al. Synthesis and characterization of cationic micelles self-assembled from a biodegradable copolymer for gene delivery. Biomacromolecules,2007,8(3):1028-1037.

[25] WANG M X,WU B,TUCKER J D,et al. Poly(ester amine) constructed from polyethyleneimine and pluronic for gene delivery in vitro and in vivo. Drug delivery,2016,23(9):3224-3233.

[26] ZHANG Y,DUAN J K,CAI L G,et al. Supramolecular aggregate as a high-efficiency gene carrier mediated with optimized assembly structure. ACS applied materials & interfaces,2016,8(43):29343-29355.

[27] LIU J,HENNINK W E,VAN STEENBERGEN M J,et al. Versatile supramolecular gene vector based on host-guest interaction. Bioconjugate chemistry,2016,27(4):1143-1152.

[28] WU M Y,MENG Q S,CHEN Y,et al. Large-pore ultrasmall mesoporous organosilica nanoparticles:micelle/precursor co-templating assembly and nuclear-targeted gene delivery. Advanced materials,2015,27(2):215-222.

[29] SUN L J,WANG D G,CHEN Y,et al. Core-shell hierarchical mesostructured silica nanoparticles for gene/chemo-synergetic stepwise therapy of multidrug-resistant cancer. Biomaterials,2017,133:219-228.

[30] ALSAIARI S K,PATIL S,ALYAMI M,et al. Endosomal escape and delivery of CRISPR/Cas9 genome editing machinery enabled by nanoscale zeolitic imidazolate framework. Journal of the American Chemical Society,2018,140(1):143-146.

[31] WANG M M,LIU H M,LI L,et al. A fluorinated dendrimer achieves excellent gene transfection efficacy at extremely low nitrogen to phosphorus ratios. Nature communications,2014,5:3053.

[32] CAI X J,JIN R R,WANG J L,et al. Bioreducible fluorinated peptide dendrimers capable of circumventing various physiological barriers for highly efficient and safe gene delivery. ACS applied materials & interfaces,2016,8(9):5821-5832.

[33] GONG J H,WANG Y,XING L,et al. Biocompatible fluorinated poly(β-amino ester)s for safe and efficient gene therapy. International journal of pharmaceutics,2017,535(1-2):180-193.

[34] WU T,WANG L H,DING S G,et al. Fluorinated PEG-polypeptide polyplex micelles have good serum-resistance and low cytotoxicity for gene delivery. Macromolecular bioscience,2017,17(8):1700114.

[35] TAI W Y,LI J W,COREY E,et al. A ribonucleoprotein octamer for targeted siRNA delivery. Nature biomedical engineering,2018,2(5):326-337.

[36] CHANG H,LV J,GAO X,et al. Rational design of a polymer with robust efficacy for intracellular protein and peptide

delivery. Nano letters,2017,17(3):1678-1684.

[37] XIA L,GU W H,ZHANG M Y,et al. Endocytosed nanoparticles hold endosomes and stimulate binucleated cells formation. Particle and fibre toxicology,2016,13(1):63.

[38] MOUT R,RAY M,YESILBAG G,et al. Direct cytosolic delivery of CRISPR/Cas9-ribonucleoprotein for efficient gene editing. ACS nano,2017,11(3):2452-2458.

[39] 梁成罡,王军志. 长效蛋白生物药研究进展. 中国新药杂志,2014,23(20):2388-2393.

[40] SZLACHCIC A,ZAKRZEWSKA M,OTLEWSKI J. Longer action means better drug:tuning up protein therapeutics. Biotechnology advances,2011,29(4):436-441.

[41] LAO B J,KAMEI D T. Improving therapeutic properties of protein drugs through alteration of intracellular trafficking pathways. Biotechnology progress,2008,24(1):2-7.

[42] ROOPENIAN D C,AKILESH S. FcRn:the neonatal Fc receptor comes of age. Nature reviews immunology,2007,7(9): 715-725.

[43] SCHELLENBERGER V,WANG C W,GEETHING N C,et al. A recombinant polypeptide extends the in vivo half-life of peptides and proteins in a tunable manner. Nature biotechnology,2009,27(12):1186-1190.

[44] SOLA R J,GRIEBENOW K. Glycosylation of therapeutic proteins:an effective strategy to optimize efficacy. Biodrugs, 2010,24(1):9-21.

[45] GOUGH S C L,HARRIS S,WOO V,et al. Insulin degludec:overview of a novel ultra long-acting basal insulin. Diabetes obesity & metabolism,2013,15(4):301-309.

[46] 张娅洁,陈应之,杨志民,等. 细胞穿膜肽介导蛋白/多肽类药物输送的研究进展. 药学进展,2015,39(4):270-276.

[47] WIEDERSCHAIN G Y. Cell-penetrating peptides. Methods and protocols. Biochemistry,2011,76(12):1371.

[48] YE J X,SHIN M C,LIANG Q L,et al. 15 years of ATTEMPTS:a macromolecular drug delivery system based on the CPP-mediated intracellular drug delivery and antibody targeting. Journal of controlled release,2015,205:58-69.

[49] SHAN W,ZHU X,LIU M,et al. Overcoming the diffusion barrier of mucus and absorption barrier of epithelium by self-assembled nanoparticles for oral delivery of insulin. ACS nano,2015,9(3):2345-2356.

第十四章　药品制造过程的规模化生产

第一节　引　　言

在新产品早期处方开发阶段,由于新药存量有限或者仿制药原料的成本昂贵,中试和最终大规模商业化生产阶段的批量通常比在实验室内生产的产品批量大 100~1 000 倍甚至可能更大。实验室规模生产的批次可用于处方开发、临床前动物研究或提供给有限数量的受试者以进行首次人体(first-in-human,FIH)临床试验。

如果新药在初期研发阶段继续显示其耐受性、安全性和有效性,临床试验的人数将增多,试验所需的产品数量也会大量增加,其生产即可达到中试生产规模。此外,中试生产规模可进一步帮助对工艺的理解,生产所得的大量产品可进一步用于包装开发和稳定性评估。对于新药和仿制药的开发,如果中试生产的批量能够达到大规模生产批量的 10% 或 10 万口服固体剂型产量,则中试生产批还可以用于产品注册申请。

从实验室规模到中试工厂规模再到最终大规模生产规模称为工艺放大或简称量产,它涉及使用高产能的设备,最好能采用具有明确工艺参数的相同工艺生产。在产品设计阶段(product design phase),按照质量源于设计(QbD)理念进行实验室规模和中试规模生产时,应当能获得更有价值的研发资料。对实验室规模制备的样品进行分析,可以帮助评估和定义产品的关键质量属性(CQA)。中试批次生产时将允许识别关键工艺参数(CPP)并确定其对产品的关键质量属性的影响,因此可以拟定控制策略。此外,还能确定对 CQA 和 CPP 有显著影响的药物和辅料性质,这些性质统称为关键物料属性(CMA)。在实验室批量生产过程中,如果实验室设备的工作原理与中试设备相似,也可以获得与 CPP 和 CMA 相关的有价值的资料,这将大大缩短中试生产阶段的开发时间。

从中试生产规模放大到大规模商业化生产时,在产品开发阶段获得的所有数据都可用来对最终大规模生产工艺进行优化,同时确认所有 CPP 并决定其可接受范围。CMA 和 CPP 的多维组合和相互作用已被证明可为产品提供质量保证,这两组参数的最终组合称为产品的设计空间。在设计空间内制造的产品,输入变量(CMA 和 CPP)的变化不被视为变更。然而,超出设计空间的偏差将被视为一种变更,通常会启动审批后的法规变更过程。为了支持这种变化,至少需要进行包括稳定性评估和对可能的生物研究过程进行再验证等在内的相关工作。

从功能责任的角度来看,新产品开发组的处方研发成员负责实验室规模批次的制备,并为中试人员提供生产支持,而技术服务组、工厂生产人员和工程服务部门将合作负责大规模生产的量产。这些职能小组间是否能有效对技术资料进行沟通,对于工艺量产的成功与否至关重要。

第二节　量产原理

工艺放大或量产的目的是开发更大规模的生产工艺(即商业化生产规模),并需证明与较小规模的生产工艺(即中试规模)具有相似性。当这两个不同规模的工艺通过相同的机制实现相同的过程目标,并生产出满足所需规格要求的相同产品时,就可以实现工艺相似性。相似性有 4 种类型:几何相似性、机械相似性、热量相似性和化学相似性。

一、几何相似性

根据定义,几何上相似的物体其任何对应的线性尺寸都应具有相同的比例。如果第一个物体中的每一点都以特定的 x、y 和 z 坐标值定义,而第二个几何相似物体中的对应点由特定的 x'、y' 和 z' 坐标值定义,则这些坐标值的比值可以式(14-1)表示。

$$x'/x=y'/y=z'/z=L \qquad\qquad 式(14-1)$$

式(14-1)中,L 称为线性比率。对于图 14-1 所示的两个几何相似容器而言,叶轮直径与容器直径的比率(D/T)、液面高度的比率(Z)、搅拌器底部间隙(C)、挡板宽度(B)等与容器直径(T)的比例是相同的。

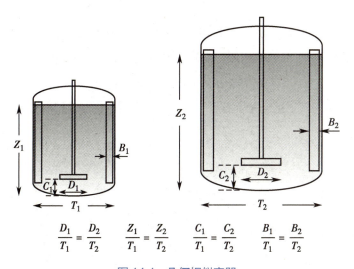

$$\frac{D_1}{T_1}=\frac{D_2}{T_2} \qquad \frac{Z_1}{T_1}=\frac{Z_2}{T_2} \qquad \frac{C_1}{T_1}=\frac{C_2}{T_2} \qquad \frac{B_1}{T_1}=\frac{B_2}{T_2}$$

图 14-1　几何相似容器

严格地将几何相似性应用于工艺规模放大是有局限性的。叶轮搅拌器和容器顶部的设计不能完全依照上述比例,因为容器顶部很可能不能支撑搅拌器按此比例放大后的重量。线性放大比例也不适用于这两个容器的其他部分;当容器直径增加 1 倍时,其体积增加 8 倍,因此不可能保证某些参数与直径的比例不变,单位体积的表面积和体积与直径比例的线性放大比例值不会是 2。例如,一个圆柱形容器的直径从 0.1m 增加到 1m,小容器和大容器的表面积分别为 0.039 3m² 和 3.93m²,容积分别为

0.000 982m³ 和 0.982m³,这将导致表面积 / 体积的比例从 40 减少到 4,减少为原来的 1/10。由于表面积 / 体积比例的显著降低,用于热交换的相对表面积也随之减小,这将对夹套加热和冷却效率产生负面影响,因此这两个容器在热力学上肯定是不相似的。

二、机械相似性

对静止或移动系统施加力时可以用静态、运动学或动力学相关术语来描述,这些术语定义了加工设备和被加工的固体或液体的机械相似性。因此,在工艺放大过程中需考虑三种形式的相似性,即静态相似性、运动学相似性和动态相似性。静态相似性是指一个物体或结构在恒定应力作用下的变形与另一个物体或结构的变形之间的关系,即使当受力部件发生弹性或塑性变形,在保持几何相似性的情况下,仍然能保持静态相似性。

当考虑运动学相似性时,两个工艺过程之间的长度和时间尺度必须相似,这意味着对应点的速度相似,并且这两个系统上的流动流线模式也是相似的。显然,运动学相似性包括几何相似性。如果两个几何相似的流体分散系统具有运动学相似性,其对应的粒子会在相同的时间间隔内沿着几何相似的路径运动,这些系统的速度可以用式(14-2)所示的运动标度比率(v)来定义。

$$v'/v=\boldsymbol{v} \tag{式(14-2)}$$

式(14-2)中,v' 和 v 分别为这两个系统的粒子速度。如果相同的力在相应的时间作用于相应的粒子,则称为相应力,这种情况满足动力相似的条件。虽然单元操作或制造过程的能量消耗放大是动态相似性的直接结果,但质量和传热是运动学相似性的直接函数,是动态相似性的间接函数。

三、热量相似性

热流无论是通过辐射、传导、对流还是物质的本体传送,都将温度作为另一个变量引入。因此,对于运动中的流体系统,热量相似要求运动相似。热量相似性可以式(14-3)表示。

$$H_r'/H_r=H_c'/H_c=H_v'/H_v=H_f'/H_f=\boldsymbol{H} \tag{式(14-3)}$$

式(14-3)中,H_r、H_c、H_v 和 H_f 分别为经由辐射、传导、对流和本体传送每秒所传递的热流密度或热通量;$\boldsymbol{H}$ 为热量比例,为一常数。

四、化学相似性

一个系统的化学相似性是指随着时间的变化,从点到点的化学组成变化。化学相似性取决于热量相似性和运动学相似性,例如相似浓度梯度的存在。

五、量纲分析与无量纲数

量纲分析用来求得无量纲数并推导出这些无量纲数之间的函数关系,从而对制备过程进行详细描述。力或速度等物理量具有长度(length,L)、质量(mass,M)和时间(time,T)的基本维度性质,例如,速度的维数为 L/T、力的维数为 ML/T^2。不同于这些常用的物理量,无量纲数常用于描述各种物理量的比值。如下面所描述的 3 个无量纲数:牛顿数(Newton number,N_p)、弗劳德数(Froude number,N_{Fr})和雷诺数(Reynolds number,N_{Re}),分别如式(14-4)~ 式(14-6)所示,它们常用于描述容器中使用叶轮搅拌器的混合过程。

$$N_p = P/\rho n^3 d^5 \qquad \text{式(14-4)}$$
$$N_{Fr} = n^2 d/g \qquad \text{式(14-5)}$$
$$N_{Re} = d^2 n\rho/\eta \qquad \text{式(14-6)}$$

式(14-4)~式(14-6)中，P 为功耗(ML^2/T^3)；ρ 为流体密度(M/L^3)；d 为叶轮直径(L)；n 为叶轮转速($1/T$)；g 为重力常数(L/T^2)；η 为动力黏度(M/LT)。

牛顿数(功率数)用来衡量克服搅拌容器中因流体流动而产生的摩擦力所需的功率，它与作用于搅拌器叶轮单位面积上的阻力和惯性应力有关。当应用在湿法颗粒混合器上时，牛顿数可以从叶轮搅拌器的功率消耗计算出来。弗劳德数可用于粉体混合，并常用作湿法制粒动态相似性的判断依据和放大参数。湿法制粒的力学过程被描述为离心力(将颗粒推到混合器壁上)和搅拌壁产生的向心力的相互作用，从而形成一个"挤压区"。雷诺数用来表示惯性力与黏滞力的相互关系，其常用来描述流体混合过程，如下所示：

湍流混合：$N_{Re} > 20\,000$

过渡型混合：$20\,000 > N_{Re} > 10$

层流混合：$N_{Re} < 10$

原则上，如果一个工艺过程可以用一组完整的无量纲数来表示，那么放大的目标是使具有几何相似性的工艺在不同的放大规模上达到相同的无量纲数。

六、系统属性与规模的相互关系

规模上的变化并不是单元操作或工艺放大的唯一决定因素，放大性能取决于所涉及的单元操作机制或系统属性。在许多情况下，规模大小对过程或系统性几乎没有或完全没有影响。表 14-1 为规模大小对分散体处理相关机制或系统性能的影响。

表 14-1 规模大小对分散体处理相关机制或系统性能的影响

系统性能或单元操作机制	重要参数	影响
化学动力学	C, P, T	无
热力学性质	C, P, T	无
传热	局部速度, C, P, T	重要
同相内传质	N_{Re}, C, T	重要
不同相间传质	相对相速度, C, P, T	重要
强制对流	流量, 几何形状	重要
自然对流	几何形状, C, P, T	非常重要

注：C 为浓度；P 为压力；T 为温度；N_{Re} 为雷诺数。

第三节　过程分析技术的应用

一、过程分析技术在制药工艺开发、量产和商业化生产中的应用

过程分析技术（PAT）是一种可被用于制造过程中对原材料、中间产品及生产过程的关键质量参数和功能属性等进行及时检测（在线或连线），并依据所得结果来设计、分析和监控生产过程，以确保最终产品质量的系统。换言之，PAT 能够对生产成果进行现场或近乎即时的监测，在产品开发过程中如能具备这种检测能力是非常可贵的，因为这样可以在质量源于设计（QbD）的框架下对工艺的设计空间有更深入的理解。PAT 工具的使用有助于开发易于理解的稳定工艺，并且将工艺的设定点控制在设计空间内。

随着一个工艺从研发实验室到中试放大并最终到商业化生产规模，PAT 的应用可以确保每个步骤都能按预期效果进行。技术转移期间 PAT 可以用来设定一些如同"签名"或"指纹"一样的特征，以监控工艺的重现性。在放大过程中，PAT 可用来测量中间产品和制备过程最终产品的关键质量属性（CQA），而且这些属性可被定义为工艺性能验收的标准。通过利用 PAT 及时取得的大量数据，可以在放大期间对工艺进行有效的优化。此外，及时获得制备过程的相关数据可避免长时间等待离线实验室测试的结果。

在理想的情况下，一个相当稳定的工艺当它达到商业化生产规模时，应不需要继续以 PAT 进行监控。但是，许多工艺流程仍需要密切监控，以便收集数据进行工艺的持续改进或在故障排除时用来确定造成生产过程偏差的根本原因。此外，用 PAT 获得的现场处理数据也可以用于产品的即时放行。PAT 的应用已成为药品从批量生产转变为连续生产不可缺少的一部分。

二、过程分析技术的工具及方法

过程分析仪也称为感应器或探测器，是 PAT 的关键部分，因为它能对制备过程中产品的物理和化学属性进行非破坏性的测量，并且测量通常以在线或连线方式进行。当进行在线测量时，一小部分产品（样品）自生产流程中改道并与分析仪连接，在完成测量后样品即可返回生产流程。连线测量的实施虽然可以进行即时测量，但对生产流程可能会造成干扰（如探测器的插入）。大多数现代分析仪在进行制备过程测量时并不具有侵入性，因为它们不与制备过程中的物料接触，所以对生产流程并不造成干扰。

（一）PAT 方法的开发和验证

与 PAT 方法的开发和验证相关的工作和任务，其主要目标是对 PAT 操作程序进行详细的描述和定义，更为了对生产时的关键因素及其变异根源进行持续的控制，以防止其破坏可供报告用的数据质量。这方面工作的成果通常包括以下要素和相关研究结果：

1. 在作为控制策略的前提下，PAT 程序的目的需要包括生产过程中何时使用、生产物料组成、预期测量用途（例如物料鉴别、制备过程控制、终点放行测试）和测量模式（例如在线或连线）。

2. PAT 基础结构的完整描述，包括设备、采样连接、分析仪/探测器设置、采样计划及与控制系统的

连接。

3. PAT 数据采集过程的步骤描述,包括背景数据采集条件、采集频率和数据存储、样品呈现和调整(如需要)等相关细节。

4. PAT 模型的详细描述,包括软件配套、使用的化学计量学算法、特定参数的设定,如预处理、模型中潜在变化的数量、交叉验证的方法,以及选择此类标准的理由(例如预处理的基本原理和波长选择),更应明确规定 PAT 程序的相关统计验收标准。

5. 标准对照方法的说明(适用时)。

6. 方法验证的相关参数。

(二) PAT 常用方法

1. 近红外光谱法(NIRS)　是制药工艺中使用最广泛的 PAT 工具之一,是一种研究分子振动转变的分子光谱技术。电磁波谱中的近红外光谱区域为 780~2 500nm,近红外光谱区域中的摩尔吸光系数通常非常低,但是近红外光辐射比中红外辐射对样品的穿透更深。近红外光谱仪由光源、单色仪、样品架或样品接口和检测器组成,高效能仪器必须具有高信噪比、好的仪器稳定性、足够的光谱分辨率及最佳采样外围设备。在药学应用上所使用的近红外光谱测量最常见的模式是透射率、反射率和漫反射率。这些测量模式由样品的属性决定,并且都是非破坏性的。近红外光谱仪通过在线或连线分析通常能为制备过程参数提供定量的即时信息(如混合均匀度、水分含量)。

与紫外分光光度法(UV)不同的是,NIRS 吸收的光谱通常比较复杂,并且一般具有宽且重叠的吸收光谱带,这些吸收光谱带受样品组分的化学、物理和结构性质的影响。此外,在一组样本序列中,样本之间的小差异可以导致非常小的光谱差异。这意味着所获得的 NIRS 吸收数据(测量的光谱)取决于一个以上的变量,所以 NIRS 吸收数据是多变量的。因此,需要特殊的处理技术才可从光谱中获得与被测量性质(物理/化学)相关的信息。化学计量学能利用数学和统计工具从多元光谱中提取与被测量的特定性质(如一种成分的浓度)相关的信息。

建立近红外光谱数据模型前必须对数据进行预处理,以消除或减少与被测量特性无关的变异性,以便更有效地对相关变化建立模型。例如,使用 NIRS 监测混合均匀度时,混合中的粉末以不同的样品形式和物理状态通过探测器,因此,为了精确地测量混合物中的主成分含量,在多变数校正前必须应用适当的预处理来尽量减少其他无关的物理效应。在这种情况下,预处理成功与否将取决于所用的数学处理方法能否有效地对 NIRS 数据中的光散射和光吸收加以分离。常广泛使用二阶导数的预处理方法,该方法有助于将相近的吸收峰分离,从而提高光谱的分辨率。在二阶导数数据中,吸光度的最大值被转换为带有正侧瓣的最小值,光谱带的宽度也明显减少,因而能分辨重叠的吸收峰。如图 14-2 所示,不同光谱的基线差异大部分被消除,而且光谱带的宽度减小,散射差异也被消除。从光谱中可鉴别出一段特定波长,在这段波长内被测量的成分会产生光谱吸收而其他成分则对光谱具有最小的吸收或无吸收。

在 NIRS 中,可能发生两个或两个以上波长的吸光度数据不相互独立的情况,这种现象称为多重共线性,并会降低校正线性回归模型的预测能力。因此,有必要减少预处理前光谱中所存数据的数量。主成分分析法(principal component analysis,PCA)常用于定性 NIRS 分析数据的压缩。然而,当以偏最小二乘法(partial least square method)建立模型时,由于回归法可同时减少数据,NIRS 定量分析可能不需要用 PCA。

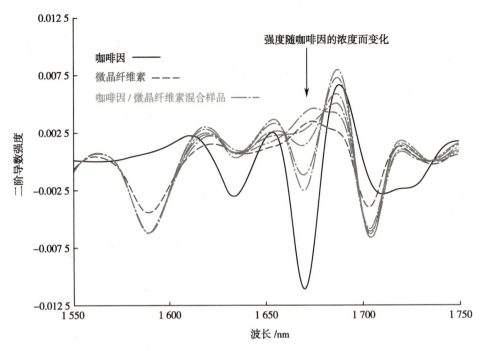

图 14-2　咖啡因、微晶纤维素和其混合物的 NIRS 首次泛音的二阶导数光谱图

近红外光谱法可产生多元光谱,并建立多变量模型用于校正;在不同波长处测量的吸光度值可能与多种性质相关。多元线性回归法(multiple linear regression,MLR)、偏最小二乘法和主成分回归法(principal component regression method)等均可用于建立多变量模型。使用 MLR 分析 NIRS 数据时通常受多重共线性影响,这可能会导致较差的预测效果。相比之下,主成分回归法和偏最小二乘法可允许在校正模型中包含更多的信息,并且不受多重共线性的限制。

为了能获得更具代表性的定量结果,必须确保校正样品具备与生产批次样品相同的典型性质差异。通常,校正样品应在分析物预期浓度范围内具有均匀的分布并且对每一分析物浓度有相同数量的样品。这种样品分布更能代表基质中其他化学成分的差异性,以及这些成分在制造时可能产生的物理性质变异。校正样品的数量通常为 20~50 个。

校正模型必须用一组验证专用的样品进行验证,以得知其大概预测能力。这些样品必须未被用来建立校正模型,该模型具有标定均方根误差(root mean square error of calibration,RMSEC)和预测均方根误差(root mean square error of prediction,RMSEP)等统计参数的特征,这些数值可用来衡量预测值与参考分析法获得的实际值之间的偏差度。另外,必须完成专属性、线性、范围、准确度、精密度、稳定性及检测和定量下限等值的测定。

在流化床制粒机 - 干燥器的产品容器内装有插入的 NIRS 探测器时,NIRS 技术可用来对乳糖、微晶纤维素和交联聚维酮的药物制粒过程进行连线水分测量。图 14-3 为水分在 1 400nm 和 1 900nm 波长附近有强吸收的原光谱图。原光谱图的二阶导数光谱(图 14-4)能减少因散射引起的基线偏移,并增加吸收峰的强度。用校正样品组在二阶导数光谱 900~2 100nm 波长范围内的强度建立二因子偏最小二乘法模型,其 r^2 值为 0.989 6,RMSEC 值为 0.201 7。图 14-5 展示了校正样品组的实测干燥失重(loss on drying,LOD)与 NIRS 预测水分含量值相比较的曲线图。此外,得到校正样品组的 NIRS 预测值与其 LOD 的 RMSEP 为 0.423 2。表 14-2 显示了 3 批颗粒的 NIRS 数据与 LOD 结果的比较数据。

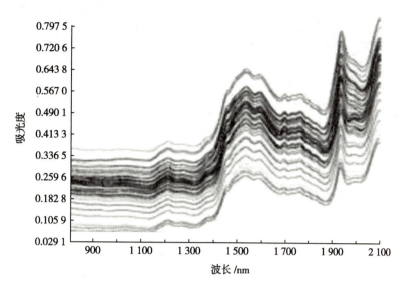

图 14-3　流化床干燥过程中的原光谱图

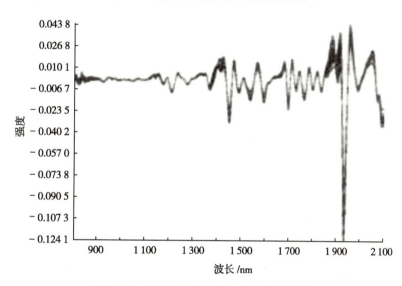

图 14-4　流化床干燥中的二阶导数光谱图

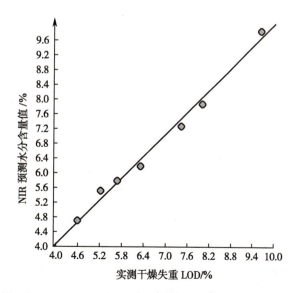

图 14-5　校正样品组的实测干燥失重（LOD）与 NIRS 预测水分含量值相比较的曲线图

表 14-2　3 批顶部喷雾制粒的 NIRS 预测水分含量值和 LOD 结果

批次	运行时间 /min	NIRS 预测水分含量值	LOD	残差
1	12.00	7.04	6.92	0.12
	18.66	8.18	7.98	0.20
	27.33	9.56	9.55	0.01
	34.66	6.27	6.06	0.21
2	14.66	7.13	6.77	0.36
	22.66	9.33	8.56	0.77
	28.66	9.71	9.46	0.25
	37.99	6.27	6.07	0.20
3	9.33	8.22	7.34	0.88
	18.66	8.53	8.25	0.28
	22.66	8.69	9.30	−0.61
	36.66	5.92	5.92	0.00

　　2. 拉曼光谱法　在使用拉曼光谱仪（Raman spectrometer）时,是以单色激光光束照射样品,单色激光光束与样品分子相互作用,产生散射光。散射光的频率与入射光(非弹性散射)的频率不同,因而可被用来建立拉曼光谱。虽然散射光的频率可以比入射光的频率高或低,但只有较低频率的散射光才能产生传统拉曼光谱中所测得的更强的谱带(斯托克斯线)。分子振动过程中极化率的变化是获得样品拉曼光谱的必要条件。入射光子和拉曼散射光子之间的能量差等于产生散射分子的振动能量。散射光强度与能量差(波长位移)的关系曲线即为拉曼光谱。

　　拉曼光谱仪的构成简单,包括激光激发源、激光传递光学附件、样品、收集光学附件、波长分离装置、检测器和相关电子器件以及记录装置。在实际应用中,由于拉曼效应很弱,当组合成一个完整的系统时,每个组件的效率和优化都至关重要。只有经过优化的系统才能够在最宽的应用范围内发挥最大的测量潜力,并能够在尽可能短的时间内测量最低的浓度。

　　用连线拉曼光谱法评估混合时间对小剂量的 1% 盐酸阿齐利特(azimilide dihydrochloride)在实验室 V 型混合器中混合均匀度的影响,测试时光纤探测器通过增强棒的端口插入混合器中。在混合过程中,每 20 秒采集 1 次拉曼光谱,当混合器在特定的时间点停止时,使用取样器在混合器的 5 个不同位置采集样品。用高效液相色谱法分析混合样品的含量。图 14-6 显示了经过标准正态变量(standard normal variable,SNV)预处理的拉曼光谱用于计算 1 600cm^{-1} 和 1 620cm^{-1} 处叠氮酰亚胺环形吸收带的积分峰面积。通过以该峰面积为混合时间的函数绘图,即可制成混合物的混合均匀度曲线。此外,用从单一探测器所获得的连续 3 个光谱的峰面积计算其相对标准偏差(RSD)。当获得均匀的混合物时,峰面积的变异性和 RSD 将会变成最小。校正样品组由在 120 分钟混合过程中的最后 40 分钟收集的光谱创建。图 14-7 显示了在以 6.75r/min(135 转)混合 20 分钟内,在 1 600cm^{-1} 和 1 620cm^{-1} 处叠氮化物拉曼峰的组合面积的变化最小。图 14-8 显示以叠氮酰亚胺峰面积的 RSD 为混合时间的函数绘图,也支持以 6.75r/min 混合 20 分钟时达到混合均匀。图 14-9 显示了混合物样品在以 6.75r/min 混合 20 分钟后,阿齐利特含量(经由 HPLC 测定)的 RSD<6%,表明混合物的均匀性。

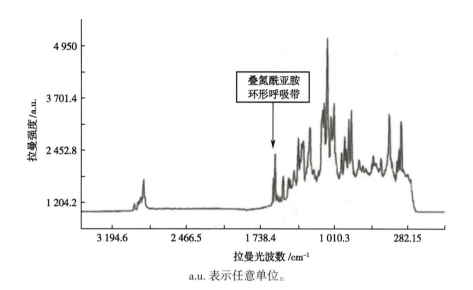

a.u. 表示任意单位。

图 14-6　氮杂咪唑混合物的拉曼光谱图

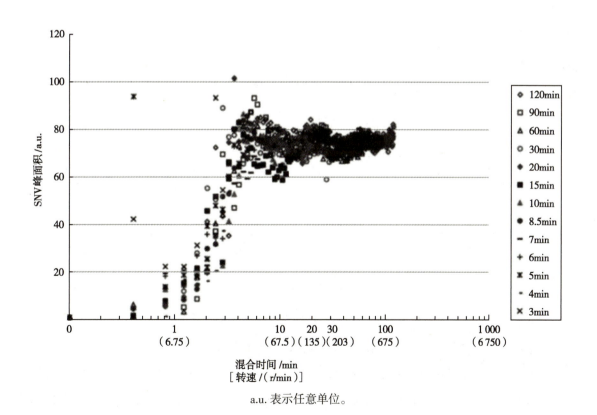

a.u. 表示任意单位。

图 14-7　混合时间对阿奇咪唑混合物均匀性的影响

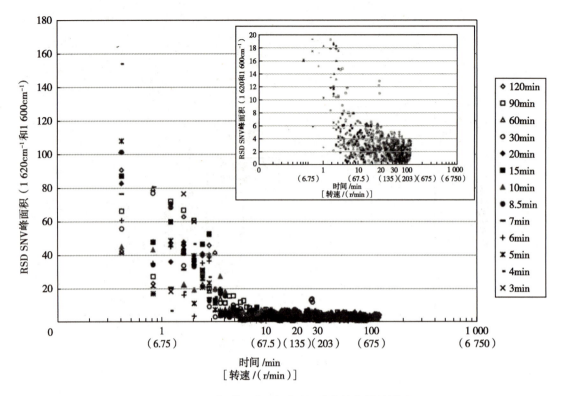

图 14-8　混合时间对阿奇咪唑混合物均匀性的影响

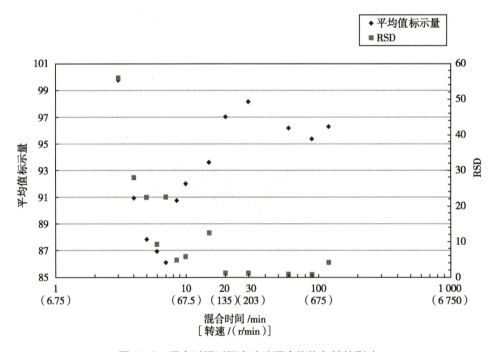

图 14-9　混合时间对阿奇咪唑混合物均匀性的影响

3. 聚焦光束反射法（focused beam reflection method，FBRM） 是一种广泛应用于连线粒径测量的 PAT 方法。FBRM 仪器由三部分组成：测量探测器（图 14-10a）、电子测量单元，以及用于数据收集和分析的计算机。简言之，FBRM 系统采用旋转激光光学设计，通过对被检测粒子的反射光来确定粒子的弦长。弦长是粒子两边之间的距离（图 14-10b）。每秒能获取数千个弦长数据，并以不同的频道（粒径间隔）加以分组，最后弦长以频率分布的方式表示（图 14-10c）。

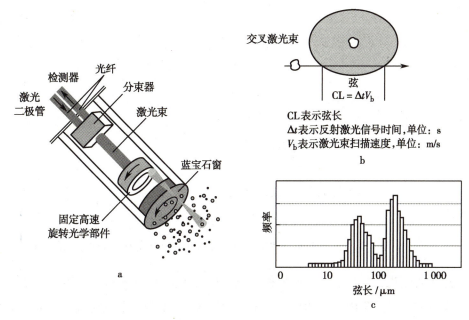

a. 测量探测器；b. 弦长测量；c. 弦长频率分布。

图 14-10　FBRM 仪器的组成

采用 FBRM 系统作为在线即时分析的 PAT 工具，对连续的制粒 - 干燥 - 磨碎流程所产生的颗粒粒径进行分析，建立 FBRM 弦长和以筛分法确定的粒径之间的相关关系。测量时，FBRM 的测量探测器放置在磨碎机下，颗粒的弦长为在 1~1 000μm 范围内以 90 对数频道收集。图 14-11 显示了实验所得颗粒的 FBRM 弦长分布（chord length distribution，CLD）和粒径分布（particle size distribution，PSD）数据。图 14-12 显示了 D_{20}、D_{50} 和 D_{80} 的弦长和粒径之间的显著关系，$P<0.000\ 1$，$r^2=0.886$。

4. 空间滤波技术（spatial filtering technique，SFT）　是另一种连线即时粒径测量的 PAT 方法，这项技术涉及空间滤波测速和点扫描。粒子穿过激光束会产生阴影，并阻挡光束射向由光纤组成的线性探测器阵列。粒子速度可由粒子对空间滤波检测器的线性相邻光纤元件的顺序中断来计算，每个粒子会触发一个突发信号，其频率与粒子速度成正比。粒径则由次级信号即脉冲信号来确定，而脉冲信号取决于粒子阻挡单个光纤时间的长短。对大量粒子进行测量，可以得到统计上有效的结果，据此可以导出各种粒径参数和以体积为基准的粒径分布。

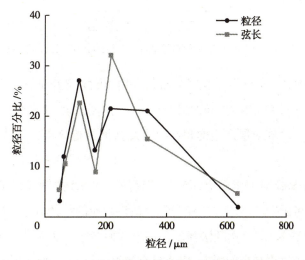

图 14-11　实验所得颗粒的弦长和粒径的关系

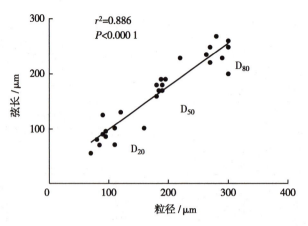

图 14-12　D_{20}、D_{50} 和 D_{80} 累积百分比的弦长和粒径之间的双变数拟合度

采用 SFT 探针对流化床制粒过程中颗粒的形成进行监测,并以激光衍射仪为参考测量方法(离线)来测定喷雾结束时和干燥过程中颗粒的粒径。图 14-13 显示了喷雾干燥过程中 5 个批次颗粒的粒径,X50 和 D50 两个数据集都表明批次 3、4 和 5 的颗粒在喷雾结束时更粗糙,离线和连线方法所测定的数据之间有较好的一致性。

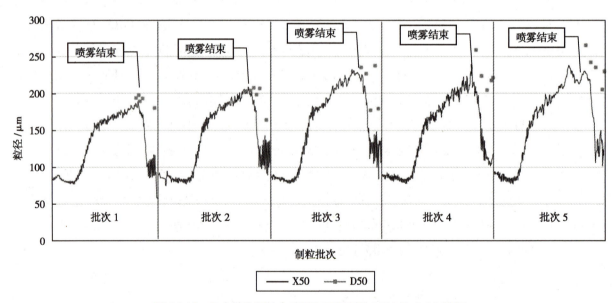

图 14-13　5 个批次颗粒在喷雾和干燥时的 X50 和 D50 数据

5. 激光衍射法　用激光衍射法测量粒径分布是利用当激光光束通过分散的颗粒样品时所产生的散射光强度的角度变化。大颗粒以相对于激光光束较小的角度散射,小颗粒以较大的角度散射,然后利用米氏散射(Mie scattering)原理对所产生的角散射强度数据进行分析,计算颗粒的粒径。粒径以球体积等价径来表示。

采用在线激光衍射分析仪研究滚筒碾压机的滚筒压力对最终颗粒粒径的影响。图 14-14 显示了 6 组不同的滚筒碾压条件对所生产出的片块经磨碎后最终颗粒的粒径分布的影响。磨碎后的颗粒粒径呈双峰分布,小颗粒(原料粉末)的比例随滚筒压力的增大而减小。实时粒径测量可以快速准确地了解关键工艺参数(CPP)对制备过程结果的影响,以便更有效地进行工艺优化和控制。

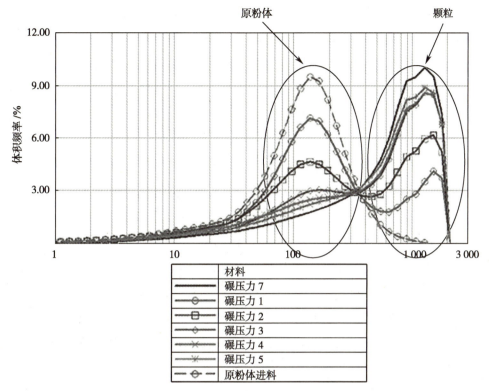

图 14-14　由滚筒压力和滚筒压缝控制的碾压力对粒径分布的影响

第四节　固体剂型的生产

一、粉体混合

(一) 物料混合、设备和工艺设计的相关考虑

粉末混合物中各组分的流动特性对确定影响混合工艺放大的因素起着重要作用。粉末可以分为自由流动粉末和黏性粉末。在自由流动粉末中,颗粒可自由移动并且不倾向于聚结,但是由于颗粒之间的相互作用弱,在随后的处理过程中会增加组分分离的风险。黏性粉末混合物的黏结性由表面电荷、吸附水分、颗粒大小和形状所决定,随着颗粒的粒径减小,黏聚性有增加的趋势。

自由落体式混合器如 V 型混合器、双锥式混合器和箱式混合器是制药工业中最常用的干粉混合设备,这类混合器的混合机制为对流混合、剪切混合和扩散混合。在放大过程中,混合物重量的增加导致产生了更大的重力,并且随着混合器尺寸的增大,黏性粉末的黏聚力也会减小,因此对流混合和剪切混合的程度和效率增加。

在工艺开发过程中,应以提高混合效率为目标设计干粉混合工艺。混合器中物料的置放形式会影响混合效率。由于在自由落体式混合器中,在对称平面上的混合效率很差,所以可以在搅拌机两侧以均匀分散的方式置放物料来提高混合效率。在混合器内以分层方式将少量主成分置于辅料的夹层之间形成"三明治"状态,这种做法更能有效地产生均匀的混合物。

混合器类型和工艺参数的选择取决于物料的流动特性(自由流动或黏性)。当使用自由落体式混合器混合自由流动粉末时,混合器的转数对实现混合均匀性至关重要。剪切速率对黏性粉末的混合至关重要,较高的混合器速度可以产生更高的剪切速率,在 V 型混合器中加装增强杆或在双锥式混合器中附加偏流板,或使用不对称的混合器等方法都可以产生较高的剪切速率。采用"混合 - 过筛 - 混合"方法时,将粉末混合物通过研磨机的筛网强制混合,可以将少量粒径非常小且具有黏性的主成分有效地均匀分散在一部分辅料中。这个预混合步骤将产生有序的混合物,并可以继续作为几何稀释的一部分,与等量的赋形剂进一步混合。

(二) 工艺参数和放大生产

1. 放大生产的参数 弗劳德数(Froude number)($N_{Fr}=n^2r/g$)可应用于粉末混合工艺的放大,其中 n 代表混合器转速、r 代表混合器半径。以弗劳德数作为放大参数,将混合器从 141 584cm³(5 立方英尺)放大到 707 920cm³(25 立方英尺)(1 立方英尺 ≈ 28 316.8cm³,在工业界,立方英尺是常用单位)为例,放大生产时的必要条件是确保混合器的几何相似性并保持混合物充填水平和总转数不变。如果体积增加 5 倍,混合器半径的线性增加 71%($5^{1/3}$)。为了保持相同的弗劳德数,转速必须降低 76%($1.71^{1/2}$),相当于 11.5r/min。如果小型混合器的混合时间为 15 分钟,转速为 15r/min,共 225 转,则大型混合器的混合时间为 19.5 分钟以实现 225 转。根据弗劳德数,即使延长混合时间,混合器转速的降低也会降低剪切速率,尤其是对黏性粉末的混合,混合效率会变低。

混合器的切向速度(线速度)是另一种可用于混合工艺放大的方法,主要用于相似几何形状的混合器。当混合器的尺寸改变时,通过调整转速可以使线速度保持不变。表 14-3 给出一系列箱式混合器转速的变化,以保持其线速度恒定。

表 14-3 不同尺寸的箱式混合器线速度的比较

容器大小 /L	直径 /m	周长 /m	转速 /(r/min)	线速度 /(m/min)
5	0.200	0.628	42	26.376
10	0.250	0.785	33.6	≈26.376
20	0.330	1.037	25.4	≈26.376
40	0.450	1.414	18.7	≈26.376
100	0.600	1.885	14	≈26.376
150	0.650	2.042	12.9	≈26.376
300	0.850	2.670	9.9	≈26.376

在放大过程中,大型混合器中混合物表面积的增加小于体积增加的程度;当箱式混合器直立时,14L(854 立方英寸)和 56L(3 416 立方英寸)混合物的表面积分别为 638.71cm²(99 平方英寸)和 1 741.93cm²(270 平方英寸)(1 平方英寸≈6.45cm²,立方英寸、平方英寸为工业界常用单位)。因为两个混合器的流动层深度相同,所以小型和大型混合器的流动质量与总体积的比值分别为 0.116 和 0.079。因此,在小型混合器中可能会有相对较高的运动质量,这也可能是影响轴向混合及由此产生的混合效率的一个因素。该因素对大型混合器混合效率的负面影响可以通过延长混合时间来抵消。

2. 混合均匀度的测定 干粉混合效率可以通过使用取样器从混合器的不同位置取样,再以离线测量的方法测定样品中的主成分含量来确定混合均匀度。这不仅是一个耗时费力的控制过程,而且用取样器采样的方法问题重重。PAT 的出现,以及使用 NIRS 或拉曼光谱法对混合均匀度的在线监测大大促进了干粉混合工艺的规模化。由于使用放大参数,例如弗劳德数和混合器的切向速度并不总是能对混合放大结果提供无偏差的预测,因此仍可能需要一定程度的反复试验。在这种情况下,PAT 方法的应用被证明在减少与混合均匀度测量(包括采样和分析)相关的工作量方面特别有吸引力。

有一份报告报道了 NIRS 用于监测置于中间过程容器(intermediate bulk container,IBC)中的颗粒添加硬脂酸镁作为润滑剂后的混合均匀度,当代表硬脂酸镁的波长在 NIRS 中强度的标准偏差达到最小值时,即为混合终点。结果表明,NIRS 数据与以原子吸收法(AA)测定混合物样品中硬脂酸镁的含量数据吻合较好。对这个例子而言,最佳混合时间很重要,因为过度混合将导致硬脂酸镁渗透到颗粒中,这可能导致药物溶出减慢。

二、高剪切制粒

(一) 设备和工艺设计的相关考虑

湿法制粒通常是通过添加含有溶解黏合剂的液体进行粉末凝聚的过程。对粉末添加制粒液可使颗粒形成和粒径增加。湿法制粒的主要目的是提高粉末流动性和可压缩性,同时可防止粉末中的成分在后续加工过程中分离(如压片和胶囊填充)。高剪切湿法制粒工艺可分为 5 个阶段:粉末混合、制粒液添加、粉末润湿和核心形成、颗粒增大和致密化,以及颗粒摩擦和破碎。高剪切制粒机的关键部件是喷嘴、搅拌桨和切割刀,搅拌桨(速度为 100~500r/min)在高剪切制粒机中用于混合干粉和分散制粒液,切割刀(速度为 1 000~3 000r/min)用来破碎湿润团块并产生颗粒。高剪切湿法制粒工艺能使粉末致密化和/或凝聚主要是通过在粉末中添加制粒液,再以旋转高剪切力所产生的单位质量的高功率搅拌作用来实现。

高剪切制粒机通常可分为卧式和直立式制粒机。在卧式制粒机中,搅拌桨轴在水平面内旋转,第一批广泛用于制药工业的高剪切制粒机属于此设计类型。直立式制粒机是搅拌桨轴在垂直平面内旋转,并且搅拌桨臂是叶片状的。如图 14-15 所示,直立式制粒机可进一步分为底部驱动和顶部驱动两种。在顶部驱动制粒机中,制粒机筒是可被拆卸的。高剪切制粒机由于所需的黏合剂溶液少、加工时间短、可制成致密度高而不易破碎的颗粒及粉尘少等优点,已经被广泛用于湿法制粒。

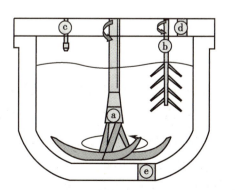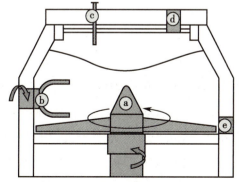

a. 搅拌桨;b. 切割刀;c. 液体添加系统;d. 产品过滤器;e. 排放阀。
图 14-15　顶部驱动(左)和底部驱动(右)高剪切制粒机示意图

(二) 工艺参数和放大生产

1. 放大生产的参数　高剪切制粒机最常用的设备参数之一是搅拌桨端速,其可通过已知搅拌桨转速(r/min)和搅拌桨半径(r)来计算,如式(14-7)所示。

$$端速 = 搅拌桨转速 \times 2\pi r \qquad\qquad 式(14\text{-}7)$$

端速与物料在制粒机筒内的运动和搅拌桨施加的剪切力有关。在较低的搅拌桨速度设置下,不同设计的制粒机(即如顶部驱动和底部驱动)的端速是相同的,并且与机筒容量无关。在较高的搅拌桨速度设定下,虽然相同设计的制粒机端速不随机筒容量而改变,但不同类型的制粒机之间的端速仍有明显的差异。因此,对相同类型的设备进行量产时所遇到的变数应该小于不同设计的设备之间的量产差异。

弗劳德数是离心加速度和重力常数之比,其已用于高剪切制粒的量产,此无量纲数与源自搅拌桨所产生的离心力和向心力对湿润团块所造成的挤压力有关。对较小规模的设备而言,顶部驱动制粒机和底部驱动制粒机的弗劳德数均相同,但随着设备尺寸增加而减少,这表明在较大规模设备中会产生更大和更结实的颗粒。另外,由于更强的离心力,制粒机壁上的壁效应如黏附现象在较小规模设备中比较常见。随着量产设备尺寸增加,弗劳德数可以通过增加搅拌桨速度保持恒定。在较高的搅拌桨速度设定下,顶部驱动制粒机与底部驱动制粒机的弗劳德数之间存在明显的差异,后者在特定的搅拌桨速度下具有较高的弗劳德数(图14-16)。因此,对相同类型和设计的设备进行量产时所遇到的变数应比不同设计的设备小。

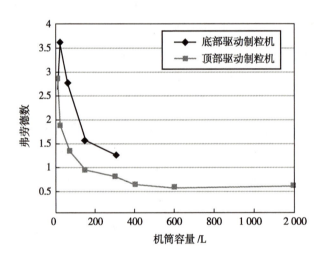

图 14-16　机器设计因素:弗劳德数 *vs* 机筒容量(高搅拌桨速度)

用于高剪切制粒量产的第三个设备参数是相对扫掠体积(relative swept volume,RSV),该参数可以每单位时间由桨片扫掠的体积与机筒容量相比计算而得,如式(14-8)所示。

$$RSV= 每秒由搅拌桨(和切割刀)扫过的材料体积 / 机筒容量 \qquad 式(14\text{-}8)$$

RSV 与制粒过程中对湿润团块所做的功或能量有关,不同设计的制粒机的 RSV 有明显差异。除了搅拌桨和切割刀速度外,RSV 还取决于机器的几何形状,例如搅拌桨叶片角度和面积及机筒的几何形状。然而,在相同类型的设备中,按比例进行量产时,RSV 的差异小于不同类型的设备。总之,采用相同类型的高剪切制粒机进行量产时,端速、弗劳德数和 RSV 变化较小。不同类型设备之间的弗劳德数和 RSV 的差异随着设备尺寸的增加而减小。因此,如果使用相同类型的高剪切制粒设备,更容易进行开发和量产。表 14-4 为不同尺寸的顶部驱动制粒机所制备的延效释放基质颗粒的粒径分布比较。制粒液的量被固定为22%,且在液体添加和捏合期间的工艺参数保持恒定,如搅拌桨和切割刀速度。表14-4中的数据表明,从25L的制粒机放大到300L的相同类型的制粒机,没有实质性差异。

表14-4 不同尺寸的制粒机对持续释放基质颗粒的粒径分布比较

制粒机的尺寸 /L	液体添加速率 / [g/(min·kg)]	几何平均数 (对数正态分布)/μm	堆密度 / (g/cm³)	振实密度 / (g/cm³)
25	43.4	170	0.47	0.62
75	31.0	169	0.50	0.63
150	43.4	166	0.47	0.62
300	48.9	142	0.44	0.59

除了设备参数(搅拌桨和切割刀速度)外,制粒液的量和喷雾/添加速率及制粒时间对高剪切制粒过程的量产影响非常大。量产时使用的制粒液的理论体积可以根据小规模设备所用的体积乘以量产因子来计算。理论制粒时间可以根据两台设备的搅拌桨尖端速度比率乘以小规模设备所用的时间来计算。在此应该强调的是,使用几何和动力相似的高剪切制粒机将有助于量产的实行并且在规模放大时减少设备之间的差异。

2. 终点确定和放大生产 量产的关键目标是设计一个规模更大的过程,且该过程能够生产出与较小规模过程的产品具有相同CQA的最终产品。粒径和粒径分布是高剪切制粒工艺所生产颗粒的CQA,因此具备对这些颗粒特性测定的能力则可以促进量产的执行。高剪切制粒过程的功耗与湿润团块的流变特性(密度和黏度)相关,流变特性更是湿颗粒的粒径和粒径分布的函数。图14-17显示制粒机电动机的功率和搅拌桨的扭矩曲线图,从干燥粉末混合阶段开始,随着黏合剂的添加,曲线急剧上升,再趋平稳成一平台,然后呈现出过度制粒阶段。功率和扭矩信号具有相似的形状,并且这两个信号在功耗或扭矩趋向稳定不变的阶段时出现同样的平台图形。以两条曲线的斜率(导数)对时间作图,所显示的顶峰值是信号曲线的拐点,在此值之后制粒过程即已到达终点,所产生的颗粒应具备所需的特性。因此,在执行量产时对功耗进行监控,一旦达到终点时制粒即可停止。

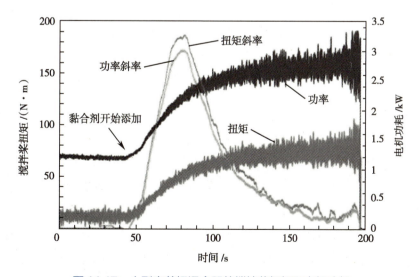

图14-17 小型高剪切混合器的搅拌桨扭矩和电机功耗

牛顿数($N_p=P/\rho n^3 d^5$)可以用来预测量产时的功耗终点。N_p可根据一定的功耗(P)、搅拌桨速度(n)和桨片直径(d)及湿润团块密度(ρ)来计算,再以预期生产规模的参数重新计算目标P。对于几何和动力相似的设备,这种量产方法似乎比较准确,但如果实验室和生产规模的制粒机属于不同类型,则需要进行校正。

利用功耗作为高剪切制粒过程终点的测定,其有效性是基于对制粒过程中不同颗粒增长阶段稠度变化的监测。然而,基于功率监测的方法的主要限制是搅拌桨或电动机功率在不同的设备之间是不同的,并且特定设备的功率甚至可以随时间而改变。因此,应考虑使用一些归一化处理技术,例如对搅拌桨做功量标准化以解决在制粒量产过程中设备规模大小和搅拌桨叶片设计的差异。

一种新颖的在线 PAT 可用于测量高剪切制粒过程中湿润团块对曳力流量(drag force flow,DFF)传感器施加的拖曳力。DFF 传感器是安装在固定底座上的空心针,通过结合在针内的光学应变仪检测针的微小偏转,由 DFF 传感器产生的信号能够用来监测制粒过程中的湿润团块黏稠度和颗粒挤压致密程度的变化。

在一项研究中,采用 DFF 传感器对添加不同黏合剂[1%、3% 和 5%(W/W)羟丙基纤维素]的 3 种安慰剂配方在湿法制粒期间的流动力进行测量,同时将在制粒的不同时间点收集的湿颗粒用现场粉体流变仪(powder rheometer)测定其特征,比较两种不同方法的测定结果。结果表明,经由 DFF 传感器测量的湿润团块稠度与通过粉体流变仪所测量的颗粒流动阻力和颗粒之间的相互作用有良好的相关性(图 14-18)。这表明由 DFF 传感器测量的曳力幅度可以用来表示颗粒材料的基本特性(例如剪切黏度和颗粒尺寸 / 密度),因为这些特性在制粒过程中会发生变化。这些研究更表明 DFF 传感器可以成为湿法制粒配方和工艺开发、量产,以及大量常规制造过程中常规监控的有效工具。

其他用于监测制粒动力学的现有 PAT 方法也已用于制粒终点的测定和放大应用。聚焦光束反射法(FBRM)已被证明能够用于监测高剪切制粒过程中颗粒尺寸 / 数量变化的速率和程度。此方法可用来测定制粒终点,也是一种跨尺度匹配不同规模制粒动力学的技术,可确保量产的成功并能增强对工艺和设备的理解。

一种 NIRS 在线监测方法已被开发用于在高剪切制粒过程中的颗粒性质监测。对颗粒的粒径、振实密度、松装密度和粉末流动性等通过化学计量学方法进行定性和定量评估。用主成分分析法(PCA)和偏最小二乘法建立颗粒特性的定性和定量模型。PCA 评分图更显示颗粒特性与制粒过程进展之间存在明显的关系,成为制粒终点测定的有效方法。

声发射分析(acoustic emission analysis)是另一种可以用来监测制粒过程的 PAT 工具。该技术是对制粒过程中固体材料对制粒机的内壁碰撞所产生的声音进行检测和分析,以附在制粒机外壁的高频传感器测量整个制粒过程所产生的声响。固体材料所产生的声发射量会受其物理性质如粒径、机械强度或密度影响,这种关系使此技术能够用来监控制粒和检测过程的终点。

虽然即时 PAT 已被证明是有价值的工具,可用来加强对湿法制粒过程的理解及进行量产时终点的识别,但在此仍应指出的是大多数 PAT 工具都只能测量制粒过程中的颗粒或湿润团块的一种关键属性如颗粒大小或团块稠度,但对颗粒在下游加工(如压片)中的性能无法进行充分的测定及描述。因此,应考虑使用两种以上的互补方法来测量明显不同的颗粒属性以便在量产过程中更易成功,例如同时使用 NIRS 与功耗测量。

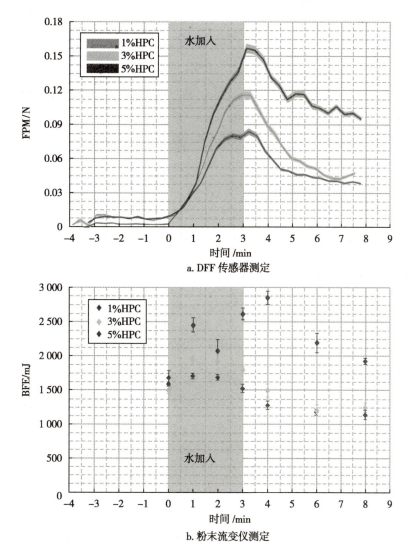

图 14-18 不同时间收集的湿粉样品的基础流动能量（basic flowability energy，BFE）与制粒过程中的曳力幅度（force pulse magnitude，FPM）的比较

三、流化床干燥

(一) 设备和工艺设计的相关考虑

流化床干燥是湿法制粒的下游工序，其目的是去除颗粒中的水分到理想程度，以保持产品稳定性并有利于进一步加工作业（即压片）。流化过程中，高压热空气通过多孔的湿法颗粒床引入，湿颗粒从设备底部被一股气流吹起并悬浮在流化的状态。湿颗粒和热空气直接接触促进传热，颗粒中的水分被干燥空气带走。因此，与盘式干燥器或真空干燥器相比，流化床干燥器显著缩短了干燥时间并且提高了工作效率。图 14-19 展示了流化床干燥器的关键部件。

流化床干燥过程有两个特征性干燥阶段：恒速干燥阶段和降速干燥阶段。恒速干燥阶段可以用式（14-9）表示。

$$dQ/dT = \rho_g/\rho_s \left[u_o C_{pg}(T_{gi} - T_e) \right] / \left[L(1 - \varepsilon_m)L_m \right] \qquad 式（14-9）$$

式（14-9）中，Q 为固体含水量；T 为温度；ρ_g 为空气流密度；ρ_s 为固体密度；u_o 为床中气流速率；C_{pg} 为气流比热；T_{gi} 为入口空气温度；T_e 为排气温度；L 为潜在蒸发热；ε_m 为床中空隙率；L_m 为固定床高度。

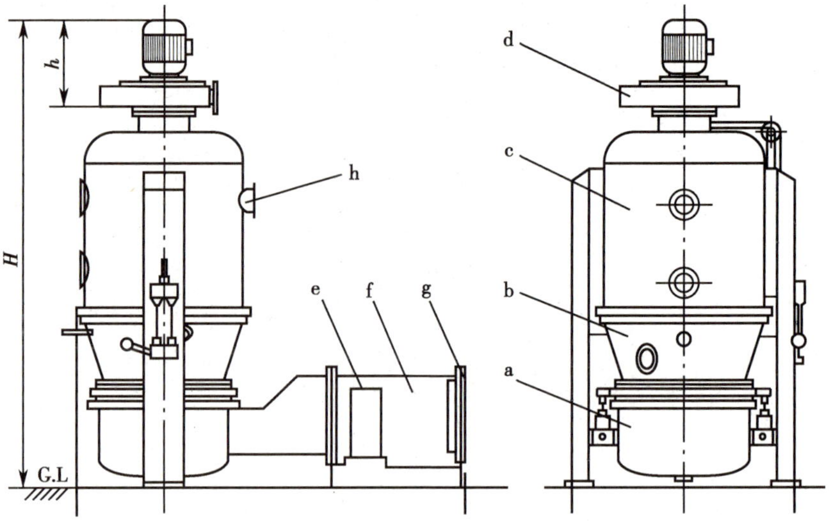

a. 干燥器底部；b. 产品装载容器；c. 指袋室 (finger bag chamber)；d. 鼓风机；e. 加热元件；
f. 加热元件室；g. 进气口过滤器；h. 爆炸盖板；G. L 表示地面水平，ground level。
图 14-19　流化床干燥器的关键部件

干燥速率直接取决于流化床与空气气流的温差、流化床的空隙分数及空气气流速率，并且与流化床高度成反比。可以通过对入口空气温度、空气体积和批量大小的加工参数优化来获得所需的干燥速率，但在实际应用中计算公式中的加工参数可改变的范围是有实际限制的。空气气流速率的限制值是以能使颗粒流化，但不会有过量的颗粒停留在流化床顶部不能回流；对于空气温度的限制值则需要考虑其可能引起产品化学或物理降解。在干燥速率下降的阶段，颗粒内部水分的扩散速率和颗粒外部蒸汽的扩散速率被认为是限速步骤，但主要的能量传递机制仍与恒速干燥阶段相同。

入口空气露点是另一需要考虑的关键加工参数，因为在相同风量的情况下，根据入口空气的湿度，其干燥功率不尽相同。如实验室规模流化床干燥器一般缺乏控制入口空气湿度的功能，因此干燥时间长短受天气条件影响。然而，在较大规模的设备中，入口空气露点通常可通过除湿和加湿功能进行有效控制。

（二）工艺参数和放大生产

1. **放大生产的参数**　对于不同规模的流化床干燥工艺而言，干燥后颗粒的水分含量和颗粒大小分布应该相同，因此对于流化床干燥工艺量产的设备，其规模虽然不同，但仍需能保持相同的干燥效率。如图 14-20 所示，来自同一供应商的两种类型的干燥器其空气流量与干燥器装载容量呈线性关系。如图 14-21 所示，相同类型的干燥器其加热量与干燥器装载容量也具有类似的线性关系。因此，对于具有恒定含水量和粒径分布的颗粒，如果使用具有相同的入口空气温度和空气流量以及加热量与干燥器装载容量的线性关系的流化床干燥条件，用流化床将两个不同大小批次的颗粒干燥至具有相同的最终点水分含量所需的时间应该是相同的。如果在量产放大过程中空气流量和加热量与干燥器装载容量的线性关系不能达到相等的干燥效能，就可以使用式(14-9)中所示的其他变数关系来调整或视实际情况延长干燥时间。

图 14-22 显示了两种不同类型的干燥器的空气气流速率与干燥器装载容量的关系。尽管空气气流速率不同，但随着规模扩大，每种设备的空气气流速率相似。量产放大过程中空气气流速率与干燥器装载容量的关系对颗粒在干燥器内被膨胀和流化，从而达到等效的传热传质表面及最终的干燥效率影响重大。当对两种不同类型的干燥器进行量产放大时，需要适当调整空气气流速率，以保证干燥效率相近。

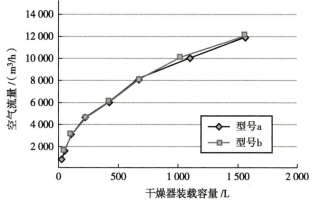

图 14-20　气流设计参数

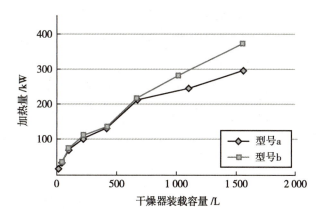

图 14-21　加热设计参数

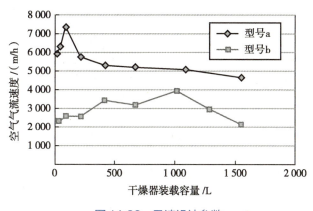

图 14-22　风速设计参数

　　2. **终点确定和放大生产**　对流化床干燥过程的控制一般是在干燥过程中定时抽取颗粒样品并进行离线水分测量来实现的。当入口空气温度恒定不变时,只要能调节空气气流体积使产物适当流化而不会产生颗粒停留在流化床顶部不能回流的现象,不同规模的流化床干燥都可以通过调整干燥时间长短来获得所需的干燥效果。除了在干燥过程中在不同的时间间隔从设备中抽取颗粒样品测量水分含量外,产品温度也可以用于干燥程度的判断。根据试验确定颗粒达到所需的水分含量终点时的颗粒温度,则只要固定入口空气温度和绝对湿度,无论何种规模的干燥器,该颗粒温度都可用于批次之间的控制。为了避免受进入空气的含水量变化的影响,通常可用产品温度和入口空气的湿球温度之间的差值作为参数。但是,如果最终点水分含量较低,则这种方法不够灵敏,无法准确判定干燥终点。

NIRS 是一种不受设备规模大小影响的测量方式,可在干燥过程中进行在线测量,以准确测定颗粒的水分含量来进行干燥终点的测定和控制。这种方法可以在干燥过程中即时测量颗粒的含水量并对加工参数进行适当调整以达到预定的干燥终点,同时确保最终产品的质量,从而解决不同规模的流化床干燥器在设计和操作上存在的差异。此外,使用 NIRS 可以即时有效地监测颗粒的水分含量,就可以避免过度干燥。在线性干燥阶段,更可提高入口空气温度来增加干燥速率,同时产品温度的变化也不大,这种方法可有效缩减干燥时间而不会影响产品质量。

四、流化床制粒

(一) 设备和工艺设计的相关考虑

流化床制粒是制药工业中生产固体剂型的另一种广泛应用的湿法制粒方法。与多步骤湿法制粒方法(例如高剪切制粒)相比,此湿法制粒方法能提供一些技术优势。黏合剂溶液被喷射到流化粉末床上(制粒)和随后干燥形成的黏聚物都在同一设备中进行,因此干粉混合、润湿和干燥都能在一个单元操作中完成,这可简化制造流程,有助于满足 GMP 要求,并可节省劳力成本与时间和减少材料转移时的损失。流化空气和颗粒之间的连续传热传质使产品温度分布均匀,加工时间相对缩短。图 14-23 显示了顶部喷雾流化床制粒机的关键设备部件。

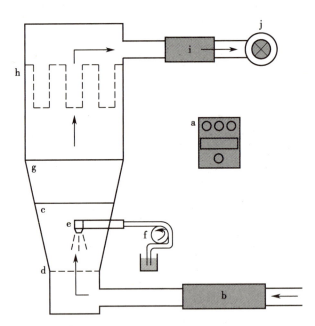

a. 控制面板;b. 空气处理单元;c. 产品容器;d. 空气分配器板;e. 顶喷喷嘴;f. 泵;g. 空气膨胀室;h. 滤袋;i. 空气过滤系统;j. 排气鼓风机。箭头表示气流的方向。

图 14-23 顶部喷雾流化床制粒机示意图

流化床制粒过程包括与颗粒形成和增长相关的 3 个同时发生的过程:润湿和成核、合并和增长、破碎和磨损。颗粒的增长速率和粒径受颗粒润湿和颗粒表面蒸发之间的关键动态平衡的影响。影响颗粒润湿的工艺参数是黏合剂溶液的体积和添加速率、雾化空气喷雾压力和位置。颗粒表面的蒸发则由入口空气的干燥能力所控制,而入口空气的干燥能力又取决于入口空气温度、流速、湿度和分布,这些又是控制流化床干燥器干燥效率的因素。

(二)工艺参数和放大生产

1. 放大生产的参数　在规模放大期间,有一些流程特征和因素需要保持不变以确保能达成类似的流程结果。需要控制气流在空气分配器板处的流动速度,以确保产品在不同规模的设备中仍可以相似的模式流化。空气气流速率必须要高于最大颗粒流化所需的最小流化速度,但应低于最小的颗粒输送速度。由于颗粒的粒径分布、密度和批量等材料相关特性是变动的,并且在制粒和干燥过程中都会变化,因此必须调整流化速度(通过改变空气量)以保持所需的流化类型。在研发期间,气流和液体喷射速率必须达到一定的平衡以产生特定的蒸发速率,增加流化床的水分以产生坚固的颗粒。在规模放大期间需要保持这种平衡。如果入口空气温度和露点保持恒定,则喷射速率的放大与空气体积的增加成正比。为了在放大期间保持喷射液滴大小恒定,液体流速与雾化气流速率(压力)的比值也需要保持不变。因此,流化床制粒工艺放大的目的是以更大的比例调整一些关键工艺参数,以产生与较小规模相似的空气流速、液体蒸发速率和喷雾液滴大小。为了保持底部筛网(或空气分配器板)的流化速度,使用底部筛网的横截面积按式(14-10)计算放大空气体积。

$$V_2 = V_1(A_2/A_1) \qquad\qquad 式(14\text{-}10)$$

式(14-10)中,V_1 和 V_2 分别为单元 1 和 2 的气体流量(单位为立方英尺 /min,cubic feet per minute,cfm。与国际单位的换算为:1 立方英尺 /min ≈ 1.7m³/h。在工业界,cfm 是常用单位);A_1 和 A_2 分别为单元 1 和 2 的底部筛网面积(m²)。如前所述,计算出空气量是一个很好的起点,但是在整个流程中可以对其进行调整以保持足够的流化。如果流化床深度随着规模成比例增加,则必须根据目测观察流化情况对风量计算值进行调整。此外规模放大时,产品接触表面(壁)的面积与总气流和质量的比值减小,从而改变空气流过该单元的方式,并且产生扁平化的速度分布图形,这与在较小的单位中所产生的急剧速度分布图形不同。流化床深度和质量增加的综合影响可导致在较大单元所产生的颗粒孔隙更小且更加致密。

如果设备能力允许,入口空气温度和露点在不同规模的设备之间应保持不变。在某些情况下,例如在较大规模的设备中需要使用完全不同的气流时,可以调节入口空气温度和露点以保持其干燥能力。为了重现在研发中获得的产品质量属性,需要在放大过程中复制产品的相对蒸发速率和吸湿速率。由于在规模放大时保持入口空气温度和露点恒定,蒸发容量仅能由空气量的增加来决定。因此,喷射速率需要按与风量相同的比例放大,以保持相对蒸发速率和湿度分布,如式(14-11)所示。

$$S_2 = S_1(V_2/V_1) \qquad\qquad 式(14\text{-}11)$$

式(14-11)中,S_1 和 S_2 分别为单元 1 和 2 的喷射速率(g/min);V_1 和 V_2 分别为单元 1 和 2 的气体流量(cfm)。数据表明,喷射的制粒液的液滴大小会影响产品属性如粒径和密度,因此在规模放大时建议保持液滴的大小相似。雾化气流应与喷射速率成比例增加,以控制液滴的大小。如式(14-12)所示。

$$AV_2 = AV_1(S_2/S_1) \qquad\qquad 式(14\text{-}12)$$

式(14-12)中,AV_1 和 AV_2 分别为单元 1 和 2 的雾化气体流量(cfm);S_1 和 S_2 分别为单元 1 和 2 的喷雾速率(g/min)。空气压力和流量之间的关系并不总是呈线性的,因此建议测量设备上的雾化空气压力或查阅喷嘴供应商提供的耗气量图以确定雾化空气压力。

2. 终点确定和放大生产　流化床制粒过程中颗粒增长的监测和工艺终点的确定传统上是通过从设备中取出样品并在现场或离线测量产品属性(如粒径分布和水分含量)来进行的。样品采集可能会干扰正在进行的流程,样品分析时所需的人工样品处理可能会导致操作员出错。各种不同的 PAT 工具已用于在线测量流化床制粒工艺所获得颗粒的性质。近红外光谱法(NIRS)的应用是通过制粒机上的窗口即时监测流化床制粒机内粉末床中的水分含量和平均粒径,监测结果可用于评价颗粒性质。

聚焦光束反射法(FBRM)和空间滤波技术(SFT)已用来监测由流化床制粒工艺生产的颗粒的粒径和粒径分布,并且这些连线监测结果与通过离线粒径测量方法之间显示出良好的一致性,例如筛分析法或激光散射法所得的结果。在流化床制粒过程中由颗粒与颗粒或颗粒与制粒机室碰撞和摩擦所产生的振动可用声发射传感器在流化床容器上测量。可应用 PCA 和偏最小二乘法等化学计量学技术获取所需的信息并校准声学信号,此技术可对制粒过程进行无创和实时测量。

一些研究报道同时使用两种或多种传感器。多种过程分析仪可被安装在制粒机中的不同位置,将提供互补的制粒信息或有助于在制粒过程中检测样品的不均匀性。选定的传感器位置必须能提供准确的颗粒产品信息,但不会干扰制粒机制。结合多种分析仪可以在初始研发阶段和规模放大期间增加对制粒工艺和产品的理解。这些多种过程传感器只选用一部分便足以监控整个生产规模的过程,保持过程的稳健性并降低过程变异的发生。

五、滚压制粒

(一)设备和工艺设计的相关考虑

在药物生产过程中,滚压已成为干法制粒的首选方法。制粒能够改善物料流动性和含量均匀度,而且相对于湿法制粒来说,滚压制粒更适用于对湿度、溶剂或热(干燥)敏感的药物。图 14-24 显示了滚压机的关键部件,其中包括进料系统、滚压系统和连线研磨系统。进料系统将粉末输送到两个反向转动的轧辊上,从而将松散的粉末压成带状或饼状,然后再由研磨系统将其破碎成颗粒。

进料系统对是否能将粉末压实至关重要,因为不均匀的充填可能会产生压实程度差的滚压产品或大量未被压实的粉末。尽管利用料斗以重力加料方式能够对自由流动粉末材料进行滚压制粒,但现代的滚压机都装备了各种不同设计的螺旋进料机(水平、垂直或倾斜;单螺杆或双螺杆进料机)。除了输送粉末外,螺旋进料机还可在粉末进入滚压机前对粉末施加预压力,并增加粉末与滚筒表面之间的摩擦,以提高压实效果。在粉末进入滚压机前,可使用与进料机连接的真空泵系统去除粉末中夹带的空气。

当粉末送入两轧辊间隙时,可将压实区划分为 3 个区域,即

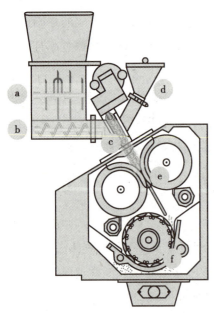

a. 带搅拌器的进料斗;b. 螺旋进料机;c. 捣固螺旋钻;d. 少量入口漏斗;e. 轧辊及带状压实产品;f. 转子与磨碎的颗粒。

图 14-24　滚压机的关键部件

滑移区(或入口区)、捏压区和释放区,这些区域之间的边界由其角度位置确定(图 14-25)。在滑移区(或入口区),粉末开始移动,但速度慢于轧辊滚动速度,这意味着滑移发生。紧接着是粉末颗粒发生重排时挤出空气,但此时施加在粉末上的压力依然相对较小。入口的角度定义该区域的起始点,其对应的角度位置上产生有限的滚压。当粉末靠壁速度与轧辊滚动速度相等时,捏压区以一定的滚动角作为起点(剪断角),粉末被"捏压",由于轧辊间隙减小而发生致密化,这就大大增加轧辊总体的压力。当辊缝再次增大时,开始进入释放区,其宽窄度取决于被压实材料块的弹性应变强度及其释放速度和轧辊滚动速度。

滚压单元由两个等径对转辊组成,具有 3 种不同的轧辊排列方式:水平方向、垂直方向和倾斜方向。滚压方向对材料遗漏的发生及其程度有重要的作用。与其他的设计相比,水平辊向设计由于材料遗漏而造成的材料损失很大,材料更可能会停留在捏压区一段时间,不受控制。轧辊表面对于保持粉末流动的反压力至关重要,这样粉末就不会以比轧辊滚动速度更快的速度通过捏压区。轧辊表面包括光滑、滚花和锯齿设计。

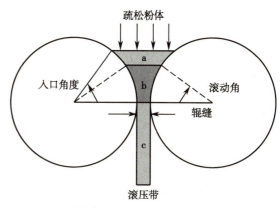

a. 滑移区;b. 捏压区;c. 释放区。

图 14-25　两轧辊间压实区划分的 3 个区域

滚压机可分为两种,一种是固定间隙(固定辊),另一种是可变间隙(固定辊和活动 / 浮动辊混合组成)。使用固定辊时,如果被带入轧辊间压实区的粉末量不一致,这可能会导致不同的压力施加到粉末上,并导致滚压带和之后产生的颗粒性能大幅度变化。在可变间隙类型滚压机中,轧辊之间的距离可随着粉末的输送量而变化,因此施加在粉末上的压力保持不变,这将能确保颗粒的性能波动降到最小。

滚压工艺的性能取决于所产生的滚压带(即密度或孔隙度)特性,而这些特性又将决定由滚压带碾磨所得颗粒的性质(即粒径分布、流动性和压缩性)和最后形成的片剂的性质(即硬度、易碎性、体外溶出等)。因此,滚压工艺的关键工艺参数将取决于其对所产生的滚压带性质的影响程度。在滚压过程中通常有 4 个可被控制的参数:辊压、辊缝、辊速和进料螺杆转速等。由于粉末在滚压过程中受到机械应力(正应力和剪切应力)的影响,所有可被控制的参数对滚压带性质的影响直接或间接地与轧辊对粉末所施加的正应力和剪切应力有关。较高的辊压或其他导致辊压较高的因素,如辊缝恒定时螺旋进料率增加或辊缝减小等都会导致较高的密度、较粗的颗粒、较高的堆密度和振实密度,以及较低的片剂抗张强度。

对滚压获得的滚压带进行研磨时,可使用连线摆动转子制粒机或以单独的制粒流程来完成,并可使用摆动研磨机、圆锥式研磨机或冲击式研磨机。研磨机的类型会影响颗粒形状和流动性能,冲击式研磨机会产生尖锐和不规则的颗粒,其流动性可能较差;而摩擦研磨机所产生的颗粒则多为球形。控制碾磨滚压带所得颗粒性能的工艺参数包括进料速率、筛网孔大小和转子转速等。

(二) 工艺参数和放大生产

1. 放大生产的参数　在产品研发过程中,尤其是从试制工厂到生产规模的阶段,使用同一供应商的具有相同类型、饲料设计、轧辊设计和工作原理的设备是提高产品规模放大成功可能性的常规方法。例如,使用来自同一供应商的两台滚压机进行规模放大的研究,其辊径相同,只是辊宽不同(25mm *vs* 100mm),在加料系统中,除了两个单独的进料螺旋外,较大设备的送料系统上还有两个捣碎螺旋机。两个相同直径的轧辊确保了相同的捏压面积,因此在压实过程中,滚压机的压力和间隙尺寸对粉末的影响是相似的。在本研究中,滚压带孔隙度不受设备规模的影响,用于中试规模设备的辊压和间隙尺寸的工艺参数可直接转用于后续的工业规模生产设备上。

滚压工艺的放大可用一种切实可行的工艺方案,在该方法中,首先使用中试规模的滚压机通过实验设计(DoE)定义滚压工艺参数(辊压和辊缝)与滚压带性质(厚度和密度)之间的统计关系。根据工艺参数的变化,建立两种不同的滚压带性能统计模型。与这两个工艺参数相关的方程式中的斜率反映了粉体的性质,而方程式中的截距则与设备模型、尺寸等有关。利用该模型计算出的工艺参数在放大的生产规模上进行对照试验,根据所得的数据重新调整截距,确定用于工业放大生产的方程式,并利用实际辊压和间隙预测滚压带性质用于放大实验。预测值与实验值有很好的一致性。

采用量纲分析的方法,对不同厂家生产的滚压机之间的操作参数进行转换。无量纲数是辊速(roll speed,RS)、辊压(roll pressure,RP)、水平进料速率(horizontal feed rate,HFS)、轧辊直径(D)和粉末的真密度(ρ_{true})5 个变量的组合,如式(14-13)所示。

$$\text{无量纲数} = RP/(RS)\,(HFS)\,(\rho_{\text{true}})\,(D^2) \qquad \text{式(14-13)}$$

式(14-13)中,RP 的单位为 Pa;RS 和 HFS 的单位均为 1/min;ρ_{true} 的单位为 kg/m³;D 的单位为 m。通过无量纲数除以 10 000 来减小数量级。在无量纲数相同时,预测由来自不同制造商的滚压机所产生的滚压带孔隙度相同。用两台存在许多设计差异的滚压机进行的实验结果显示,滚压带孔隙度与无量纲数之间存在很密切的关系。虽然该研究的结果是初步的,但将该无量纲数用于滚压机工艺放大是有希望成功的。

滚压机所产生的滚压带特性取决于轧辊对粉末所产生的力 - 时间曲线,因此滚压工艺发展和规模化的关键是对粉末在压实过程中于辊宽上所受的应力曲线进行定量描述。通过对力 - 时间曲线的分析,可以即时确定滚压带密度,并对其进行建模。装有测力器的轧辊可为从研发到生产规模放大和常规生产提供一种创新的方法。中心思想是测试两种大小不同的轧辊,一种是研发规模的典型辊(小辊安装在小型滚压机上),另一种是生产规模的大辊(大辊安装在大型滚压机上)。一旦在实验室研发中成功地进行滚压,则应记录力 - 时间曲线特征、滚压带密度及碾磨后颗粒的密度和粒径分布。在规模放大过程中,对大型滚压机的操作条件(进料螺杆速度、辊速、辊压和辊缝)进行调整,以使用装有测力器的较大的轧辊产生与之前实验室研发验证得到的相同的力 - 时间曲线特征。从实际生产操作角度来看,当用此技术及方法验证特定的滚压工艺后,则无须在实验室或制造厂中持续使用装有测力器的轧辊。传感器轧辊仅用于在工艺研发过程中产生和记录力 - 时间曲线,而生产用滚压机上的传感器轧辊仅在放大和验证过程中使用。从轧辊内部安装的无线通信设备可方便地将传感器信息传输到计算机软件上,以便对数据进行即时统计分析。滚压规模放大和生产时的控制信息可通过即时统计反馈到一个监视器中,并进行处理、显示和存储。

滚压机所产生的滚压带的研磨放大生产可以利用以下方法进行,采用与较小规模设备相同的研磨机制、研磨机类型和组件(叶轮和筛分类型)。研磨速度和进料速率是需要优化和控制的两个关键工艺参数,以获得理想的颗粒性能和预期产量。

2. **工艺规模放大时产品属性的确定** 滚压所制成产品的最重要的质量属性是滚压带的相对密度(即固体分数或孔隙度),其能直接影响颗粒的粒径和粒径分布,进而影响片剂的强度和重量差异。随着辊压增加,滚压带的相对密度增加,粒径随之增大,流动性也有所改善,粉尘和粉末的分离程度降低,但由于比表面积变低(即供黏结的表面积较小)和加工硬化现象,尤其是塑性变形材料,片剂的强度趋于下降。有几种离线方法可用于滚压带相对密度的测量。汞浸入孔隙度测量法和液体浸入法(真密度和滚压带外围法)是测定滚压带相对密度的参考方法。具有双激光距离传感器的激光轮廓仪可获得与参考方法相似的滚压带相对密度的数据。用激光轮廓仪比用体积法能更快地获得结果,对易碎滚压带的测量比较容易。

第一种用于滚压机的在线监测技术是声波发射法,使用麦克风记录粉末压实过程中产生的声音信号,然后将声音信号转换成频谱。声波发射谱带的变化与不同的压实力有关,而不同的压实力产生不同压实程度和具有不同相对密度的滚压带。近红外光谱法是近年来被广泛研究的 PAT 方法,用于提供滚压制粒过程中所产生的滚压带和颗粒性质相关的即时信息。近红外光谱法首先用于对滚压带强度和研磨后颗粒的粒径分布进行无损测量,利用光谱中的最佳拟合线斜率建立模型(回归分析)。在后续研究中,建立一个基于 NIRS 的偏最小二乘法模型,用来预测相对密度、水分含量、拉伸强度、杨氏模量(Young modulus,表示材料在弹性变形范围内,正应力与正应变的比值)和活性药物成分(API)浓度。对水分含量和 API 浓度数据能够较好地预测,但对其他 3 种性能的预测误差较大,这是由于存在少量未被压实的粉末。在另一项研究中,应用近红外光谱技术实时监测滚压条件变化所引起的滚压带密度变化,不仅评估纯光谱变化(基线位移),而且更采用 PCA(定性)和偏最小二乘法(定量)两种方法进行分析。结果表明,PCA 模型是测量密度的最合适、最省时的方法。

一种新方法是用红外热成像法(infrared thermography)对滚压机所产生的滚压带进行在线密度测量,此方法用一台热成像仪来记录刚产生并离开辊缝时的滚压带的情况。首先第一步证明被测滚压带温度与滚压带密度之间的相关性。此外,压实后滚压带的冷却速度被确定为附加特性,可以用来确定滚压带的密度。热像图还揭示了滚压带内的温度分布,其结果可以与 X 射线计算机断层成像测量的密度分布相匹配。该方法对过程中的变化有较短的反应时间,在长期试验中并未检测到温度随时间而发生漂移不稳定的现象。

图 14-26 显示了装有在线传感器的滚压过程,对粉末材料性质(输入)和滚压带特性(输出)及力-时间曲线(过程)进行监控。这种方法允许将最终产品作为过程和输入材料的函数进行控制和优化。

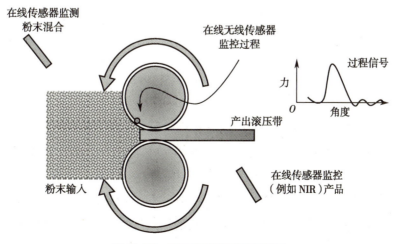

图 14-26　滚压在线传感器原理图

六、压片

（一）材料、设备和工艺设计的相关考虑

1. 压缩过程中材料的变形和结合　压片是通过冲头将轴向压力施加到填充在模具中的粉末或颗粒材料来完成的。压缩过程开始时，颗粒被重新排列以形成更紧密的充填结构，较细的颗粒进入较大颗粒之间的空隙中。随着压力增加，进一步的重排过程停止，随后体积的减少通过 3 种机制完成：脆性碎裂、颗粒的塑性变形和弹性变形（图 14-27）。塑性物质以不可逆的方式变形，导致颗粒形状永久变化；而弹性物质变形后在移除压力后将恢复其原始形状。压缩压力与所制备片剂孔隙度之间的关系可以用以下列出的 Heckel 方程［式（14-14）］表示，曲线如图 14-28 所示。

$$\ln(1/E)=kP+A \qquad \text{式（14-14）}$$

式（14-14）中，E 为粉末床 / 片剂的孔隙度；P 为施加的压力；A 和 k 都为常数。Heckel 曲线可以分成三部分，对粉末在模具内被压缩的过程进行详细说明。第一部分代表颗粒重排和初步破碎；第二部分除了一些额外的颗粒破碎外，主要是发生塑性变形；第三部分代表压块的弹性变形。常数 k 和 A 可通过对线性区域进行回归分析来确定，而 k 为材料塑性的度量。Heckel 曲线有 3 种不同的形状，分别代表材料主要通过塑性变形、破碎或没有初级颗粒重排的塑性流动而完成的固结化过程。然而，需要认识到大多数药物材料会表现出 2 种或 3 种不同变形机制的某种组合。

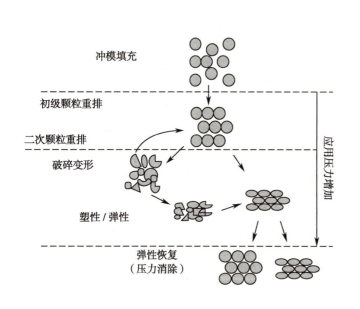

图 14-27　模具中的粉末在压缩条件下的变化

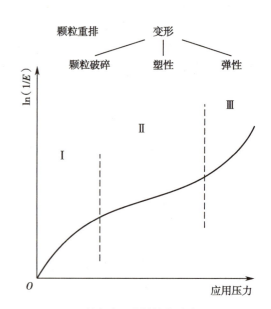

E：粉末床 / 片剂的孔隙度。

图 14-28　Heckel 曲线

片剂的机械强度，如硬度和抗脆性等是通过颗粒在压缩下相互结合而获得的。颗粒结合的机制包括颗粒的不规则形状和可塑性所引起的颗粒之间的机械锁合、因接触表面增加而导致的分子吸引力（例如范德瓦耳斯力）的产生，以及通过熔化 / 固结形成的固体桥。

2. 压片设备的不同设计　单冲手动压片机是小型实验室规模的装置，通常用来制成压块，用于早期产品研发，包括辅料的兼容性、固有溶解度和基本机械性质等测定。这些压片机通常配备有固定的下冲头和冲模，并以手动的液压缸移动上冲头向下对粉末施加压缩压力。这个过程并不能产生与中试和

生产规模的压片机在压片时所产生的同样的压力、应变及其对时间的依赖性,因此所得的压块性质不尽相同,并且手动压片过程的变量也不能被放大到中试和生产规模所采用的压片机上。

单冲偏心轮压片机用于研发实验室,有时也可用来生产小规模的临床批次样品。由于与旋转压片机的进料机制和压缩及减压循环的差异显著,特别是对压缩速度敏感的材料而言,从偏心轮压片机放大到旋转压片机时是比较困难的。然而,由偏心轮压片机的仪表所记录的冲头施加的压力可以用来估计其他压片机所需施加的压力以获得相同的压片性能。

旋转压片机可用于片剂临床和商业批次的生产,因此了解旋转压片机中的粉末压缩循环(图 14-29)是放大生产的目标。粉末从料斗流入进料架中,然后再进入模具内。在模具过量填满后,下冲头进到填充位置并向上移动以控制模具内的粉末量为一个片剂重量,从模具内挤推出的多余粉末被刮掉。在填充之后,冲头在模具内略向下移动进入预压缩阶段,在此处上下冲头对粉末施加适度的压缩力(约为主压缩力的 10%)。预压缩的目的是让空气从粉末中逸出,并在主压缩期间增强颗粒之间的结合。主压缩发生在压缩阶段,压力是由上主压缩辊和下主压缩辊施加到粉末上。在压缩之后,当下冲头通过倾斜的挤出轮时,则将片剂挤推出模具,挡棒将片剂引导至滑槽并进入散装容器内。在旋转压片机上可以装设仪表以测量压缩过程中的轴向和径向应力并绘制力 - 时间曲线图(图 14-30),用来表征片剂配方的压缩属性并能预测使用不同规模的压片机所生产片剂的性质。

与单冲偏心轮压片机相比,旋转压片机能产生明显不同的压片循环,因此应考虑并鼓励使用旋转压片机进行压片工艺的研发。如果压片材料的供应量不足,则可以移除部分冲头并使用没有孔的模具来减少压片的数量。压片模拟器是专门设计用来模拟旋转压片机的双面压片流程(例如预压缩、模具内停留时间和片剂推出等),在模拟器上可以用与旋转压片机上相同的工具,模拟器也可以高度仪表化以测量冲压力、冲头位移、挤出力和模壁力等。压片模拟器的多种功能使其成为一种有价值的理想选择,可用于压片规模放大生产,并能用于对在相同的压片机上压片机转移和工具设计变更时对压片所产生的潜在影响的系统评估。

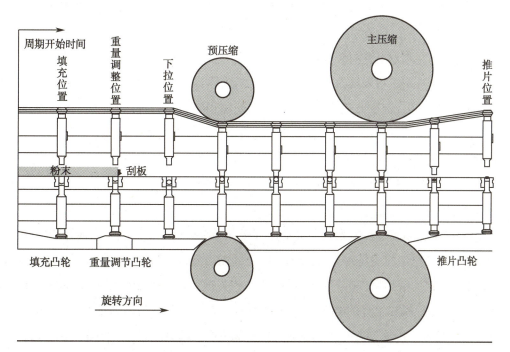

图 14-29　旋转压片机中的粉末压缩循环

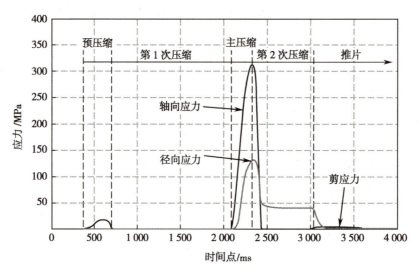

图 14-30 旋转压片机压片循环的力 - 时间曲线

(二) 工艺参数和放大生产

1. 放大生产的参数 压片工艺规模放大的关键目标是提高产量,这通常是以使用配备更多冲头和模具的大型压片机及提高压片速度来达成的。因此,在规模放大期间重要的是确定与设备设计和过程相关的参数,并评估其对所得片剂性质的影响,以便进行适当的调整并拟定控制策略以确保最终放大规模生产的成功。

在片剂压制之前,当粉末从散装容器(装料桶)中倒出进入料斗,再从料斗中排出,并通过进料框架转移到模具内时,特别是直接压片的粉末混合物很可能会发生成分分离的现象。在较小的生产规模下,由于批量小或以手动操作移动粉末,可能不会发生明显的分离。然而,在大规模生产时,在封闭系统中以生产设备来处理较大的批量,通常受较大的装料桶、较长的放置时间、不同粉末移动至压片机的管道和较大的机器振动等因素的影响,粉末分离的风险会增高。粉末移动过程中最常见的两种分离机制是流化分离和筛分分离。当足够速度的逆向气流将较细的颗粒携带进粉末流动相反方向时即发生流化分离,而筛分分离则发生在容器填充时较大的颗粒在成形粉末堆上的自由表面处先滚动到粉末堆的周边。在压片规模放大过程中,用于粉末操作的设备和步骤的设计目的是尽量减少这两种类型分离的发生。

为了建立一个有效的片剂生产流程,以制备满足单位剂量重量均匀性的片剂,供压片的混合物必须具有足够的流动性,并且设备的设计必须能够均匀地输送粉末。在放大压片规模操作时,粉末流动特性以及进料斗和进料架的设计与其协同关系为要考虑的关键因素。通常可使用压力进料架或离心进料架来达成有效的模具填充,以配合不断增加的压片速度。不应忽视使用适当的填充凸轮,因为不合适的填充凸轮会导致过多的粉末积聚在模具台上,这是由于太多的粉末被重量调节凸轮推出模具。过量粉末的再循环会影响片剂的重量控制,以及在不同的压片机和进料架速度下影响粉末混合均匀度。

在压片过程中,所施加的主压缩力是以产生所需的粉末压缩程度为主,且对一特定的片剂配方和重量,此压缩力将决定片剂的厚度并且影响片剂的一些关键质量属性如机械强度、崩解时限和溶出度等。因此,特别是当压片机和工具的类型没有显著变化时,对较小压片机所使用的主压缩力可作为压片规模放大的良好起始点。压缩停留时间是在放大压片规模时要考虑的另一个更重要的参数。在较大的压片机中,因为更快的压片速度导致冲头垂直速度增加和压缩停留时间缩短。压缩停留时间是冲头尖端在主压缩处于最小间隔的时间间隔,这种恒定应变状态能够通过对时间依赖应力的松弛以增加颗粒之间的结合力。因此,增加压缩停留时间通常能够改善片剂的机械性能(例如增加硬度、降低顶裂和层裂的可能性)。根据经验,通过计算压缩力不小于最大施加压缩力的 90% 的时间间隔,从力 - 时间曲线(图 14-30)可确定压缩停留时间。在工艺研发过程中应充分表征该参数对片剂性能的影响,并应在对压片速度进行重大改变之前进一步评估。

预压缩的程度或压力已被证明对片剂性质有一定的影响,因此如果压片性能在放大生产或在不同的压片机之间技术转移时发生改变,则应考虑调节预压力并将其作为一补救选项。在放大生产期间,较大压片机的转台较高的旋转速度和其较大的节圆直径将产生较高的离心力,这可能导致填充在模具内的粉末向外移动或溢出到转台上,导致填充体积不均匀。在放大生产时,由于增加压片速度(冲头垂直速度)所引起的其他变化不应被忽视,包括片剂被挤推出模具的速度增加、更多的空气滞留和更大幅度的升温,因为这些因素与放大生产压片时所遇到的片剂缺陷如顶裂、层裂和黏冲有关。

2. **产品属性的确定** 在片剂生产过程中,应该进行片剂质量属性测试,例如片剂的重量、厚度、强度、脆碎度、含量均匀度和崩解时限等,以确保这些测试参数符合规定。对于处于早期研发阶段的产品,尤其是在实验室研发中,在压片开始、中间和结束时取样测试就可以了。在 cGMP 作业环境中以中试规模制造临床用批次样品时,则需要根据批量大小进行分层抽样。在工艺研发和小规模生产阶段,所有这些测试都是在现场或离线进行的。在放大生产期间,对这些片剂质量属性进行测试,以确保无论生产规模大小,产品都能满足所建立的同样的验收标准。

在压缩曲线(即力 - 时间曲线)中所示的关键工艺参数,例如主压缩力和压缩停留时间对片剂的机械性能具有重大影响。在放大生产期间,如果小规模压片过程的压缩曲线可以获得(例如使用压片模拟器),则应在大型压片机中复制或模仿此压缩曲线,然后根据片剂质量属性测试结果进行微调或优化。由于商用压片机的产能高,抽取大量样品并进行现场或离线测试费力且耗时。商用自动在线 PAT 系统是在放大生产过程中监控片剂质量的重要工具,它可以从压片机中对片剂进行自动取样,提供片剂物理性质(重量、厚度、直径和硬度)的测试,并通过近红外光谱法进行含量均匀度测试以及水分和辅料分析。在线近红外光谱法用于确定台式进料架和台式压片机排出槽中的 API 含量,采样频率高达每小时 6 000片。同时,将 NIR 探针装入压片机可以实现 100% 的产品检查 API 含量。

现代商用压片机配备强大的控制系统,可以在整个压片过程中严格控制片剂的重量和硬度。在恒定冲头分离模式下运转的压片机,如果检测到高或低于设定的压片力时,操作系统将此片剂剔除,这种剔除机制是基于片剂不符合目标重量规格的设定。当使用这种自动重量控制装置时,需要注意对压片机如厚度、速度、强制送料器和预压缩相关设置的改变会被压片力监视器误判,必须遵循适当的步骤以避免不正确的操作,从而确定可接受的片剂重量范围,并能自动剔除重量不符合规定的片剂。

七、片剂薄膜包衣

(一) 包衣材料、设备和工艺设计的相关考虑

薄膜包衣是在片芯上形成一非功能性或功能性薄膜衣,是片剂生产中关键的下游工艺。非功能性薄膜包衣通常是为了使产品外表美观;功能性薄膜包衣则用来提高产品稳定性和机械强度、掩味、便于口服、改善药物释放特性(迟释和缓释)和作为添加药物外层等。

1. **片芯及薄膜包衣配方**　薄膜包衣通常利用喷雾方法在片芯表面包上一层聚合物薄膜。包衣液可分为基于水或有机溶剂的溶液或水性分散液,内含聚合物和其他成分如增塑剂和染料。包衣液被喷洒在穿孔锅内旋转的片剂床上,吹进的热风加速薄膜包衣的形成。片芯的设计应能抵抗在包衣过程中所遇到的不利因素,如机械磨损和不良环境条件(温度和湿度)。当包衣过程从实验室放大到生产规模时,因为使用更大的包衣锅和药片重量的增加,包衣过程中所承受的压力将会更大。片芯的设计和其生产应能制成具有优越的机械性质如高破碎强度和低易碎性(即 <0.1%)的产品。片芯必须具备这些性质才能消除常见的薄膜包衣缺陷,如片芯溶蚀、破损、边缘掉屑和标志桥接等。

包衣液的组成对成品的质量属性和包衣工艺参数有重要影响。除包衣的特殊功能(即肠溶衣和缓释包衣)外,在包衣配方设计中需考虑的一些关键因素包括包衣的机械(拉伸)强度、柔韧性(弹性模量)、黏附力及包衣液的黏度等。这些因素在包衣工艺设计中可能发挥重要作用,需要对其进行优化,以避免产生包衣缺陷。

2. **包衣锅系统及工艺设计**　由于干燥效率高和加工时间短,穿孔包衣锅系统已经取代传统用于片剂薄膜包衣的金属包衣锅系统。这种穿孔包衣系统是由装或不装挡板的全部或部分穿孔滚筒组成的,滚筒封装在一个装有各种喷头的外壳内,喷头将包衣液雾化并喷洒到片剂床上。干燥空气是从包衣滚筒的一侧(顶部或底部)进入,并从系统的另一侧排出。图 14-31 显示了两个不同的穿孔薄膜包衣锅系统。使用全开孔式片剂包衣系统,干燥空气从顶部吹进滚筒,穿过片剂床,并通过系统底部的滚筒孔释放出去。在连续包衣系统中,干燥空气通过位于滚筒外围内的空心穿孔肋条进入,当包衣锅旋转时,肋条位于片剂床内,干燥空气再向上流动并从锅的背面排出。

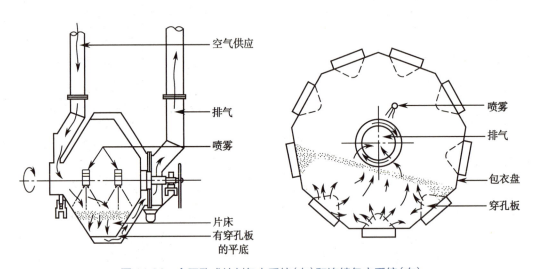

图 14-31　全开孔式片剂包衣系统(左)和连续包衣系统(右)

在包衣工艺的研发过程中,需要考虑三个关键领域,即热力学效应、喷雾动力学和药片运动。过程热力学可影响气流去除溶剂(如水)的效力,主要相关变量是温度、湿度和入口空气质量(流速和流量)。喷雾动力学会影响雾滴大小及其分布、速度和从喷嘴到片剂床表面飞行过程中的干燥。喷雾动力学也会影响喷雾通量,即喷雾速度和包衣液从每个喷头被输送到药片床表面积的组合。除非每个喷嘴的喷雾速度和雾化条件相同,多喷枪装置中每支喷枪的喷雾通量可能不相同。喷雾动力学也控制包衣均匀度。喷雾动力学是多个变量的函数,如喷雾速度、包衣液的固相含量和黏度、雾化空气压力、体积及其模式、喷枪到片床的距离和包衣锅内的气流等。

药片在包衣锅内的移动会影响包衣过程中所产生的磨损程度(对药片造成机械损伤)和包衣在整批药片中的分布均匀性。药片移动更可能会影响药片床内的干燥,因为药片移动得越快,在喷雾区内的停留时间越短,每个药片所获得的包衣材料就越少,包衣材料的干燥速度就越快。一般情况下,只要片芯和包衣配方具有适当的稳健性,片剂在包衣锅内的运动速度越快越好。

当设计包衣工艺时,必须考虑与片芯或包衣配方相关的任意限制。由于实验室环境经常有较大的灵活性,如果实验期间不考虑生产规模中可能存在的限制,规模放大时有可能发生失败。虽然生产进程的调整经常是对已经发生的问题进行故障排除和解决,但在理想的情况下,应事先认识到这些调整对工艺所能带来的贡献,并将其积极地纳入工艺设计中,使工艺设计空间能够包容任何可能存在的配方限制(包括片芯和包衣),这样就可避免放大生产时发生一些预料不到的问题。

(二)工艺参数和放大生产

1. 放大生产的参数 一旦建立合适的实验室规模工艺,则应该确定关键工艺参数。可以直接将一些操作参数如入口空气温度、包衣配方和包衣液的固相含量直接转用于较大规模的生产过程,而其他大多数关键工艺参数在规模放大时应根据需要进行查验和更改。在放大生产过程中经常遇到潜在的流程变化,例如批量加大、磨损效果增加、更快的喷雾速度、更多的喷枪、更高的工艺风量(空气体积)和更长的批次处理时间等。

在不同的环境条件下操作和采用不同的设备(特别是喷枪)在薄膜包衣工艺放大中是常见的。包衣锅的尺寸应在不同的规模之间成比例,可使用具有相似锅长与直径比(锅长径比)的系统以确保几何相似性。锅内装置挡板的高度、宽度和形状也应在不同规模的设备之间成比例,以达到相似的混合效果。对一定尺寸的包衣锅其可以容纳的片剂体积(最佳锅装载量)是设备固定的设计条件。在实验室规模上,不难达到所需的锅装载量,因为即使含活性成分片剂的数量低于所需的锅装载量时,也可以通过加入安慰剂片来达到所需的总片重。在生产规模上,锅装载量取决于片芯的总批次重量如何均匀地划分为整数盘数。稍微超载(即少于5%)通常是可以被接受的,而且比用低于锅装载量好。低于锅装载量可能导致一些不必要的后果,如干燥空气不会全部通过片剂床、包衣材料在包衣锅或挡板的侧壁上堆积、喷雾液滴撞击片剂表面的特性随喷枪与床层的距离改变而变化。因此,在产品和工艺研发过程中,当决定片芯批量时,应考虑锅装载量。

片剂在包衣锅中的运动受锅体速度的影响很大,如果片芯的机械强度不足以抵抗可能发生的片剂破碎、边缘磨损和表面溶蚀时,则锅体速度可能成为一个主要问题。此外,包衣均匀度也受锅体速度的影响,较高的锅体速度有利于包衣液均匀分布。因此,片芯的设计应以使其能承受较高的锅体速度,达到最佳包衣均匀度为目标。在放大过程中,可用片剂的线速度作为确定锅体速度的标准。根据实验室规模设备的尺寸及所用的锅体速度,计算包衣锅内片剂的线速度,从而确定大型设备所应采用的等效线速度。在较大规模设备中片剂停留在喷雾区内的时间应与在较小规模设备中相同,这样才可以重现在较小规模所获得的包衣效果。

通常可以根据设备供应商的建议选择风量。供给和排气风扇的速度应该根据所使用的设备来设定,以满足通常推荐的负压盘设置。一旦确定合适的干燥风量,其他关键工艺参数如喷雾速度就可以被确定。此外,该风量还可用来抵消其他干燥因素的不足,如工艺中空气温度低或空气的水分含量高。

如果研发和生产现场间没有重大的环境差异(如湿度),则可以通过式(14-15)计算大规模生产的喷雾速度。必须指出的是,这种关系只适用于设计相同的包衣设备的规模扩大。

$$S_2 = S_1(V_2/V_1) \qquad\qquad 式(14\text{-}15)$$

在这个系统中,式(14-15)中的 S_1 和 S_2 分别代表小规模和大规模过程的喷雾速度,V_1 和 V_2 分别代表在小规模和大规模生产过程中使用的空气体积。

喷枪的设计和操作参数(雾化气压和模式气压)控制喷雾动力学,进而影响雾化包衣液的质量(如液滴大小分布、液滴速度和喷雾覆盖面)和最终包衣片的质量属性(包括包衣的外观和功能)。从研发规模到生产规模应使用设计相同的喷枪(即喷枪的品牌及所使用的喷嘴和气帽的特点)以达成一致的喷雾参数。如果在放大生产过程中使用设计不同的喷枪,要评估喷枪性能与小规模包衣所用喷枪性能的差异,以便调整操作变量来实现理想的包衣效果。

对于所有包衣工艺,喷雾区的优化应考虑 3 个关键标准。第一个标准是确保片剂床的全部宽度被覆盖,第二个标准是设置每支喷枪(雾化和模式气压/体积)以便在不影响雾化包衣液质量的情况下达到最大覆盖,第三个标准是避免过量喷洒。很明显,在放大过程中使用喷枪数量将是用来达到这些目标的主要因素,而这又取决于所使用的喷枪类型。如果每支喷枪的覆盖范围扩大,所需的喷枪数量就会减少。但是为了产生更好的包衣片质量,往往需选择比较窄小的覆盖范围,因此需要使用更多的喷枪。

需要优化喷枪的位置,以确保达到最佳和最宽的片剂床覆盖,以提供最大的干燥表面,并使喷雾液滴在到达药片表面时能重现液滴的特性。虽然在工艺研发过程中对此参数进行有效的优化,但在大规模生产设备上由于设计的差异(例如喷枪数量)和操作要求(每支喷枪的喷射速度)不同,通常不能使用相同的喷枪与床层的距离。因此,在生产规模设备中,喷枪与床层的距离通常比在一般实验室规模设备中所使用的距离高出 50%~60%。

由于大规模生产过程使用大量包衣液,因此制备包衣液的过程及使用的设备必须稳定,以确保配制成的包衣液能满足质量要求,如不溶性成分均匀分散和无气泡形成,这些质量要求对含不溶性聚合物的水性分散体(如乳胶)特别重要。必须确定包衣液的保存时间,以避免微生物污染和在水性包衣液中增殖。配制有机溶剂薄膜包衣液需要大量有机溶剂,因此必须小心储存、处理和处置,以满足政府对安全的要求和排放限制的规定。

2. **产品属性的测定** 在包衣放大过程中,通过了解包衣液中的固体物料总重量和最终的批重量来确定工艺效率是非常重要的。监测片芯的干燥失重和包衣过程中的重量增加可以准确地算出片芯的实际包衣薄膜重量。必须通过目测放大批次生产的非功能性或功能性薄膜包衣片的外观,或使用仪器来检测与片芯设计(如溶蚀、破损、切边和标志桥接)或工艺设计(薄膜开裂、标志填充、包衣粗糙和颜色不均匀)相关的任何包衣缺陷。根据发现的缺陷类型,可以进行额外的研发或优化。

薄膜包衣厚度是功能性包衣的关键质量指标之一,其将影响肠溶片在酸性 pH 中防止崩解的功能和缓释包衣片的药物释放速度。传统上,包衣过程中检测包衣片的重量增加可用来估计在片芯上形成的包衣厚度。使用 PAT 工具对薄膜包衣厚度进行直接的即时监测以帮助对包衣过程有更深入的理解和更准确地测定过程的终点。近红外光谱法和拉曼光谱法都是在线 PAT 方法,可用于监测薄膜包衣厚度变化并确定工艺终点。通常,这些光学传感技术测量片芯或包衣内化学成分光谱的衰减,并用先前校准的多元模型(例如偏最小二乘法模型)来推断平均包衣厚度。然而,校准模型的建立耗时,并需要持续的维护,且其预测性能只适用于特定的配方和仪器。即使是同一供应商,传感器及设备的型号也相似,校准模型的可转移性也并非总是无缝的,而往往需要花费大量资金和时间才可以重建。此外,传感器读数一般只代表对大量样本测量的平均值,因此不能获得单一包衣片的信息(即片间包衣均匀度)。

太赫兹脉冲成像(terahertz pulsed imaging,TPI)和光学相干断层成像(optical coherence tomography,OCT)已用于在线测量包衣厚度。这两种技术都能快速地在包衣过程中原位求解单一包衣片的包衣厚度,而且都是不需要用多元校准的直接结构成像技术。TPI 传感器适用于测量 50μm 以上的包衣,即使有多种赋形剂和颜料存在也能穿透厚的包衣层。由于波长较长,太赫兹辐射不受包衣器内的尘埃所产生的散射影响。相比之下,OCT 可分辨 20μm 的包衣,并能测量包衣片上的包衣均匀度和包衣片之间包衣厚度的分布。因此,将这两种方法结合起来,就可以连续监测包衣过程中所产生的 20~250μm 以上的薄膜包衣厚度范围(图 14-32,每个数据点表示 30 秒内的平均包衣厚度,黑色虚线表示在 TPI 和 OCT 测量值上的线性拟合,A 和 B 分别表示 18 片包衣工艺终点的包衣质量和薄膜包衣厚度。薄膜包衣厚度是以离线 TPI 对包衣片的上、下两个表面进行测量)。

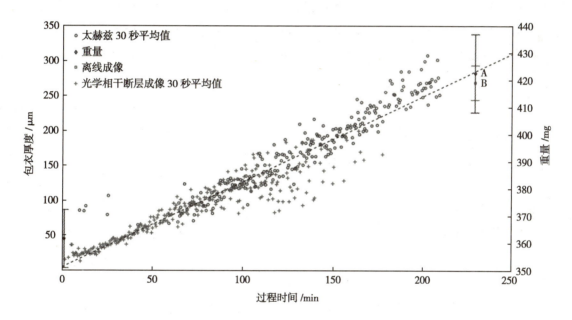

图 14-32　采用在线 TPI("∘")和 OCT 传感("+")相结合,随时间测量包衣厚度

八、小丸流化床包衣

(一)包衣材料、设备和工艺设计的相关考虑

流化床包衣技术是锅包衣的另一类包衣工艺,此工艺利用空气对被包衣物料同时进行混合、包衣与干燥,因而提供快速且均匀的包衣过程。此技术源于流化床干燥器的应用,流化床干燥器用于湿法制粒时颗粒的干燥。流化床设备可被改装为另一类创新技术用于片剂包衣,但这种改进技术尚未能广泛应用于片剂薄膜包衣。与操作条件比较温和的锅包衣工艺相比,流化床技术用于片剂包衣的主要缺点是流化过程中所施加的物理应力会导致较高的片剂易碎性,而且会损害片芯的外观。后来,流化床包衣设备广泛用于对多颗粒系统(也统称为小丸)进行包衣。

1. 小丸和薄膜包衣处方 供包衣的小丸(药芯)的理想性质包括球形大小均匀、表面光滑、流动性好、物理强度和完整性高、硬度好、不易破碎、产尘倾向低等。不添加活性成分而形成的小丸可先将活性成分分层包上,随后进行功能性包衣。活性成分可被制成溶液或混悬液(可能添加黏合剂)以分层方式包在小丸上。如果小丸处方包含活性成分,则功能性包衣可直接涂覆在小丸上。除了分层工艺外,挤出/滚圆是制备微丸最常用的工艺。除活性成分外,挤出/滚圆过程中使用的主要辅料包括球化剂(如微晶纤维素、微粉硅胶)、填充剂(如乳糖、重碳酸镁),以及由溶剂(如水)、表面活性剂和增塑剂所组成的黏合剂溶液。

　　用于小丸的薄膜包衣处方,其功能要求与片剂薄膜包衣相似。当前广泛使用水性包衣处方,含有水不溶性聚合物的功能性包衣处方通常需要使用聚合物的分散剂,例如胶乳和假胶乳。这些包衣系统的成膜特性复杂,需要进一步对包衣工艺优化以确保获得稳定且重现性好的功能性包衣。

　　2. 流化床包衣设备和工艺设计　在流化床包衣过程中,粒子(即小丸)被空气流化,同时包衣溶液/分散剂被喷淋到粒子上。粒子与包衣液滴之间的相互作用可以用 4 个阶段来描述:粒子与液滴之间的碰撞与黏附、液体的扩散、干燥和粒子的偶然团聚。根据包衣过程中的包衣液喷淋方式不同,流化床设备有顶部喷淋、底部喷淋和切向喷淋 3 种类型。顶部喷淋设备(图 14-33)是流化床制粒过程中最常用的,而底部喷淋和切向喷淋流化床包衣机则用于多粒子包衣体系。前者最初的设计是用于制备小丸;后者也称为伍斯特(Wurster)包衣机,是最常用于小丸的功能性包衣工艺。在包衣机底部放置一圆形插柱(伍斯特包衣机的内隔区),它可以分为 4 个功能部件。喷流区 a 中的粒子被空气吸入插管的入口,该区域的粒子被喷淋包衣液润湿;在插管的上部分 b 中,颗粒通过与重力相反的气流输送,溶剂蒸发干燥;在环形区域 c 中,颗粒降落到工艺室的底部区域 d 中,颗粒被加速并再次吸入喷流区。在设备顶部装有纺织物过滤网的过滤器壳体,以防止粒子离开设备的过程室,从而可降低产品损失。

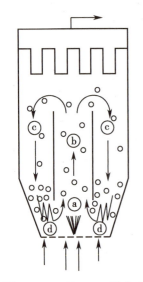

图 14-33　Wurster 流化床涂层系统示意图

　　底部喷淋包衣工艺性能的变化与设备机件和工艺参数的设计有关。配气板的选择是为了在最小摩擦条件下达到稳定的流态化,因此对较小的粒子包衣时应选择开孔面积较小的配气板,在配气板处产生阻力,使空气获得更好的分布。对插柱与配气板间隙进行适当的调整,可保证颗粒能进入插柱内的喷流区,实现适当的粒子循环。插柱的高度更取决于粒子的性质,如形状、流量、大小和堆密度。必须调整插柱高度,以让粒子能以最大流量通过插柱。如果粒子在通过插柱时流动缓慢,包衣液会导致过度润湿和粒子的聚集。批量对流化过程的影响非常重要,应保证,插柱外部的体积至少 40% 被待包衣粒子占据。式(14-16)可用于计算具有单一内隔区的底部喷淋包衣机中包衣粒子的载荷量。

$$M = \pi \left(r_1^2 - r_2^2 \right) L \rho_{\mathrm{p}} \qquad\qquad 式(14\text{-}16)$$

式(14-16)中,r_1 和 r_2 分别为包衣室和插柱内隔区半径;L 为插柱高度;ρ_{p} 为粒子的堆密度。

　　进气量能实现粒子的充分流化。对于非水性包衣,建议在插柱内隔区进行泡状流化,以减少静电荷产生和粒子摩擦;而对于水性包衣,则需要更强烈的流化方式以获得更高的干燥效率。入口空气温度必须进行充分的控制,因为这将影响包衣的质量。最佳温度应允许溶剂以适当慢的速度蒸发,以使包衣液滴在粒子表面充分分散和充分聚合成膜。但蒸发速度又要足够快,以避免粒子团聚和药物迁移到包衣液的液体层。如果温度过高,可能会产生包衣液在喷雾过程中干燥,导致包衣材料损失和粒子的包衣变薄。一般来说,有机溶剂包衣液的温度为 35~40℃,水性包衣液的温度为 60~70℃。入口空气湿度会影响包衣粒子的干燥,尤其是使用水性包衣液时。较低的进口空气湿度可增强干燥能力,但产品会产生静电荷。如果湿度过高,可能会导致水分在设备或粒子表面凝结。对含有水溶性药物粒子包衣时,不建议在工艺初始阶段使用湿度较高的入口空气,但在完成初始包衣阶段后,随着粒子被聚合物包覆,静电荷开始产生,可逐步增加湿度。

为避免粒子在包衣过程中发生凝聚,包衣液的雾化程度必须比片剂锅包衣的雾化程度高。然而,液滴如果太小,可能在与粒子表面接触时被干燥而不能适当分散,这将会导致包衣不均匀。为了获得合适的液滴大小,必须对喷嘴直径和雾化气压进行优化。喷淋速率是另一个关键工艺参数,较高的喷淋速率可用来加速包衣速率,但必须根据干燥效率、包衣液的黏性和粒子大小进行调整。当更小粒子的包衣需要更小的液滴时,增高空气雾化压力或降低喷淋速率可以避免粒子凝聚。在包衣过程开始时,应保持较低的喷淋速率,以防止粒子药芯溶解、药物或包衣聚合物渗入其他层。一旦形成初始包衣层,可提高喷淋速率到最佳水平。如果喷淋速率过低,液滴的快速干燥会阻碍聚合物成膜剂在粒子上的适当聚合,影响包衣成形。当使用水不溶性聚合物的水性分散体包衣时,在包衣机中进行固化步骤(包衣后热处理),以确保形成完整的包衣膜。

(二)工艺参数和放大生产

1. 放大生产的参数　工艺参数的优化以及各变量对包衣形成的影响大部分取决于所采用的流化床工艺类型。在放大生产时,所选择的工艺参数必须参照规模放大的流化床包衣设备的特定喷淋方式和类型来确定。换句话说,在整个产品生命周期中的实验室开发阶段、中试制造阶段和商业化生产阶段,都应该使用相同类型的流化床包衣设备。其中,底部喷淋流化床包衣机的放大生产是下面讨论的重点。

液体包衣工艺规模放大是否能成功,其关键在于能否设计出一个充分优化的实验室规模工艺,并且其变量是根据所选择的特定的喷淋模式和类型的流化床包衣设备确定的,其中一些变量在放大生产时将保持不变。产品及包衣处方、包衣液的固相含量在放大过程中保持恒定。进口空气和产品温度应保持不变,除非由于进口空气湿度的变化和加热器容量的限制而需要进行调整。规模化生产后会改变的关键因素有批量大小、进气量、喷嘴动态和喷淋速率。

流化床包衣机比锅包衣机具有更大的批量调整空间。在流化床工艺中,起始批次的重量通常以最终批次的重量(即粒子药芯及包衣物料的重量)来决定,而且起始粒子的重量还必须能保持良好的产品流动模式以产生令人满意的包衣效率。工作容量是指底部包衣机插柱外的体积。最小启动批量通常约为其工作容量的 40%,这一负荷要求是为了保证上床区域有足够的粒子药芯来承接包衣材料,以避免包衣液沉积在插柱内墙上或向上进入滤袋而造成包衣效率的下降。当目标包衣量低时(<10%,*W/W*),起始批次重量应在 60%~80% 的工作容量范围内。

入口空气有两种作用,即颗粒运动(流化)和干燥。影响进气量使产品保证正常运行的两个关键因素是包衣机内部的物料重量与包衣液的黏性。随着包衣量的增加,物料重量也随之增加。如果包衣液的黏性高或干燥效果不佳会导致粒子黏附,可能需要增加风量。在规模放大化过程中,一个主要的要求是在大型设备中应能产生相当于开发规模中所使用设备的流化模式。为了达到这一目标并尽量减少粒子间磨损的影响,对不同规模的设备应采用相似的空气气流速率。因此,放大生产所需的总风量的增加将与穿孔底座面积的增加以及紧接在内部隔板下方的隔板开口面积的增加有关。

大型设备的喷淋速率与小型设备中风量的增加程度相同,则可根据片剂锅薄膜包衣工艺放大所用的式(14-11)即 $S_2=S_1(V_2/V_1)$ (在这个系统中, S_2 和 S_1 分别是指大型设备和小型设备的喷淋速率, V_2 和 V_1 分别是指大型设备和小型设备的进风量)计算大规模生产时因风量增加的喷雾速率。如果放大生产过程的喷淋速率与用式(14-11)计算得到的喷淋速率增加幅度有偏差,则应提高或降低进气的温度。增加喷淋速率则需要相应增加雾化气压,以保持包衣液的液滴大小。但需要注意的是,在更大规模的生产中,雾化压力高可能会导致雾化风速增加,从而严重增加产品的磨损。为了达到有效的雾化,通常需要改变喷枪的型号,以适应放大生产时所需的较高喷淋速率。

2. **工艺放大时的产品特性测定**　与包衣片相似,薄膜包衣厚度是包衣小丸的一个关键质量属性,因为此属性将影响功能性包衣的性能,如药物释放速率。包衣过程中,从包衣机中抽取少量样品,利用离线显微镜技术(如激光扫描共聚焦显微镜、原子力显微镜、扫描电子显微镜等)直接或用小丸增量间接测量包衣厚度。这种离线方法耗时且费力,对过程的控制远不如近线、在线和连线 PAT 方法有效。

对于使用底部喷淋包衣机进行活性成分层和控释层的小丸包衣过程,研究人员设计了一种以近红外光谱仪作为测量控制策略,用此法来评价小丸包衣的关键质量属性。首先建立了偏最小二乘法模型,用于预测活性成分层的厚度和活性成分的含量,两种模型均能与离线参考测量方法所得的结果一致。另外还建立了另一偏最小二乘法模型,实验结果表明,该模型能够预测 80% 的活性成分释放的包衣厚度和控释时间。在流化床包衣室中安装近红外漫反射光纤探头,可用于测量小丸的包衣厚度;对近红外光谱法用偏最小二乘法分析所得的数据与激光扫描共聚焦显微镜和激光粒径分析仪的结果有很好的相关性。在同一研究中,预测包衣实验的结果表明,使用适当的校准模型,通过近红外在线监测可以准确地确定包衣过程的终点。在线近红外探头是一种有效的在线工具,用来监测包衣过程中小丸的含水量。

文献报道了拉曼光谱用于监测小丸包衣厚度的适用性。对小丸包衣厚度进行拉曼光谱在线监测,成功地预测了多层小丸的薄膜包衣厚度。此外,多曲线分辨率(multiple curve resolution)校准的性能优于最常用的偏最小二乘法。研究还表明,拉曼光谱数据与包衣喷淋量有很好的相关性,对个别情况下拉曼光谱数据也与干燥失重有很好的相关性。与近红外光谱法相比,文献中对在线拉曼光谱技术在小丸包衣过程中的适用性研究较少。利用拉曼光谱技术对小丸上包衣的固化过程及固化的相关特性(如溶出速率或衣膜的物理机械性能)进行即时监测的可行性值得进一步研究,因为该方法成功地表征了乙基纤维素包衣片的动态固化机制。

由于包衣厚度可以简单地从粒径增加的数据计算出来,因此在制备过程中测定粒子大小的技术特别适用于估计小丸等较小剂型的包衣厚度。此外,粒子大小分级的方法更能够检测出粒子团聚的产生,这是包衣过程中不希望出现的现象。应用最广泛的在线颗粒分级方法可分为两类,即弦长分布(chord length distribution,CLD)测量法和图像分析装置。因为此关键属性(即粒子大小)可以直接测量,这些方法不需要涉及复杂的化学计量学。空间滤波测速法也被用于流化床包衣过程中小丸的在线粒径测量和检测聚集体的形成。

视觉成像系统(visual imaging system)包括一个单色(黑白)照相机和一个圆形频闪光源,可对小丸在包衣过程中的包衣厚度进行无创连续在线即时监控。小丸的图像是通过底部喷淋包衣机的观察窗口获得的,每分钟可获得1 200张小丸在包衣过程中的图像。图像分析方法是为了快速、准确地测量小丸在包衣过程中的包衣厚度而建立的。采用此方法得到的即时小丸包衣厚度增长结果与通过离线参考方法所获得的结果比较,具有较好的一致性。通过对小丸大小分布结果进一步进行统计分析,更能获得小丸间包衣均匀度的信息。对此方法的准确度和性能分析表明,视觉成像是一种可行的PAT工具,可以在线实时监测小丸流化床包衣过程。

三维成像系统是利用闪光成像技术测量移动粒子的粒径分布。在测量过程中产生一个强大的短光脉冲,当脉冲产生时粒子运动非常微小,则可以捕获清晰的图像。利用此技术进行的一项研究表明,功能性包衣厚度与溶出度曲线之间存在很强的相关性。同时也证明了利用粒子的粒径数据和处方模型即时预测包衣溶出度是一种对小丸流化床包衣过程可行的控制方法。

通过对单一PAT能力限制的理解,可以考虑使用不同PAT工具的组合来进行更有效的过程监控。这将有助于对工艺过程有更彻底的理解,并将其转化为研发过程中的全面工艺设计、在规模放大过程中的有效技术转移,以及对商业批次生产的有效过程控制。此外,在商业化生产过程中产生的大量数据可以用于持续改进产品生命周期中的工艺。

第五节　液体和半固体剂型的生产

尽管在销量方面,固体剂型仍然是当前最常用的药物产品,但液体和半固体也是重要的剂型,特别是当前一些具有全球最高销售额的生物制品都是属于无菌液体剂型。与液体和半固体药物产品制造相关的关键单元操作可分为混合、降低粒径、传热、物料传递和过滤等制备过程。

首先是对几何相似性的考虑。即使设备采用相同的操作原理,具有相同的设计特征并保持几何相似性,使用这些设备从事液体或半固体生产时,其制药工艺的放大也会出现不同的结果,因为几何相似性不能确保放大系统仍可以保持机械、热量或化学相似性。制备过程的表征可能取决于长度、面积或体积。对于给定线性标度(L)的变化,其对面积(L_2)或体积(L_3)的影响是非常不同的。因此,线性比例尺的10倍变化可导致面积发生2个数量级的变化,体积的变化则为3个数量级。图14-34显示面积/体积比(A/V)和体积/面积比(V/A)对线性标度的依赖。在小规模生产中,其受面积的影响比受体积影响更为显著。在较大的生产规模中,体积比面积更重要。因此,制备过程所产生的结果通常取决于规模的大小。

在乳化过程中受界面控制的过程,如传热、颗粒分散或表面活性剂吸附等都是与面积相关的过程。随着规模的增加,与体积相对的面积增加变小,这些受面积控制过程的总体效率可能显著下降。与体积相关的过程,例如乳液系统中的液滴聚结或系统中热量的产生,在规模增大时对系统的运转影响较为显著。适合小规模制备过程使用的热交换设备(例如夹套设备)在较大规模制备过程中可能性能严重不足,需要对设备的设计进行重大改变。因此,了解规模变化对制药过程的控制机制所造成的影响是非常重要的。理想情况下,两部规模大小不同的设备应具有相同的机制,否则可能需要修改设备的设计。

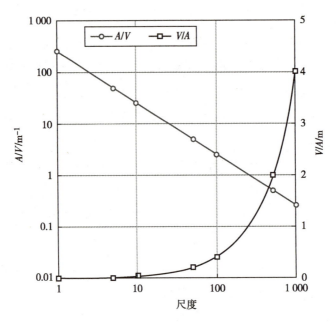

图 14-34 面积 / 体积比（A/V）和体积 / 面积比（V/A）与尺度的函数关系

一、混合

（一）设备和工艺设计的相关考虑

事实上，几乎所有液体和半固体药物产品的制备过程都涉及混合的单元操作。混合过程中所使用设备类型的选择取决于待搅拌液体的黏度和达到混合目标所需的剪切力强度（混合速度）。使用轴向或径向流动叶轮搅拌器所产生的低剪切混合足以完成混溶性液体的混合或易溶固体的溶解。良好的混合作业基于能促使容器内的液体产生足够的全批次翻转，添加挡板更能建立轴向流动模式，从而可尽量降低由混合叶轮旋转所产生的切向或旋涡分流（图 14-35）。转子 / 定子混合器可以产生高剪切力，因而适用于将固体颗粒的团聚体分散在低黏度的液体中或形成稀释 / 流体的粗乳液。

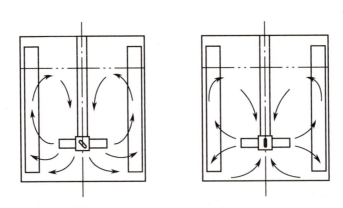

图 14-35 轴向叶轮与挡板混合（左）和径向叶轮与挡板混合（右）

图 14-36 显示了转子 / 定子高剪切混合器的三个操作阶段。在第一阶段，中心转子的高速旋转产生强大的吸力，将产品的成分吸入混合器的工作头内并开始第二阶段。在第二阶段，离心力将材料驱动到工作头的周边，在那里材料在转子和定子之间的间隙中受到强烈的高剪切，然后被迫通过定子的孔口，并被投射回大量液体中，任何团聚体都被快速分散。在第三阶段，新鲜材料同时被吸入工作头，形成一

循环模式的混合流程,使容器内的全部内容物多次通过工作头,团聚体被逐渐打散并能加速固体成分的溶解或两种不混溶液体的乳化。

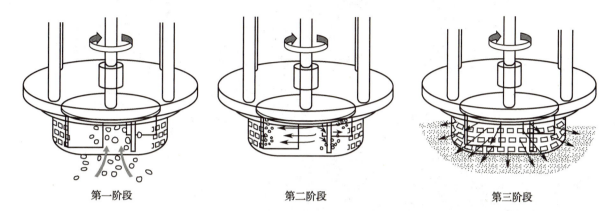

第一阶段　　　　　　　第二阶段　　　　　　　第三阶段

图 14-36　转子 / 定子高剪切混合器的三个操作阶段

　　在线高剪切混合器(图 14-37)也可用来达成与转子 / 定子高剪切混合器所获得的同样的工艺目标,这种混合器具备与转子和定子所产生的类似分散机制。在线高剪切混合器具有多种优点,例如自动泵送、气体密封性、高效率和短制备过程时间。它可以作为连续生产制备过程设备的一部分,与下游过程同步运行,并与生产环境隔离,使其成为无菌产品制造最具吸引力的选择。

　　当需要以高剪切混合对具有中等黏度的液体加工时,例如将粉末在液体中分散以制成浓稠悬浮液或黏稠乳液时,应考虑使用多轴混合器(图 14-38)。低剪切混合可用于加热或冷却高黏度的液体或半固体如凝胶、乳膏和糊剂等,这种类型的混合也适用于将液体添加到这些黏性材料中。配备不同类型混合叶片的双行星混合器(图 14-39)也适用于高黏度系统的低剪切混合。

　　将粉末掺入凝胶、乳膏和糊剂中需要使用能够在高黏度的液体和半固体中产生高剪切混合功能的设备,可以使用具有双分散器的双行星混合器(图 14-40)和三辊式轧机(图 14-41)。使用三辊式轧机时,将糊状物料放入送料斗中,产品在送料辊和中心辊之间被拉伸,粉末得以被初步分散;然后产品再被输送到第二辊隙,在此处浆料再被分散到所需的细度;刮刀系统从输送(挡板)辊上取下成品。可以将处理过的材料再加进送料斗中并重新输送到进料辊来重复该循环过程,直到产品达到所需的分散状态。

<table>
<tr>
<td align="center">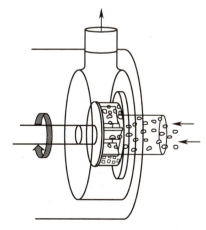</td>
<td align="center"></td>
</tr>
<tr>
<td align="center">图 14-37　运行中的在线高剪切
混合器示意图</td>
<td align="center">图 14-38　转子 / 定子高剪切混合器的多轴
混合器、高速分散器和三翼锚式搅拌器</td>
</tr>
</table>

a. 矩形叶片　　　　　　　　b. 指形叶片　　　　　　　　c. 螺旋叶片

图 14-39　可选择不同类型叶片的双行星混合器

除了两组螺旋行星叶片外,两个轴上分别配备一对高速分散器。

图 14-40　双行星 / 分散混合动力混合器

图 14-41　三辊式轧机示意图

无论工艺目标如何,混合过程的关键工艺参数包括成分添加速率和顺序、混合器容量和物料填充量、工艺温度(加热或冷却速率)、搅拌器速度和设置及混合时间(混合周期次数)。产品的关键质量属性分别为含量均匀度、油滴大小分布(乳化法制备过程导致乳液形成)和黏稠度。半固体产品,特别是那些用于皮肤的产品,其流变特性通常属于非牛顿流体,应在开发过程中进行充分表征,并在商业化生产的放大过程中加以控制。这些产品的活性成分的体外释放速率曲线也被确定为关键质量属性,因为制备过程加工条件的变化可能导致该性质的变化。

(二) 放大生产考虑的因素

在低黏度体系中,混溶性液体的混合可通过将未混合的材料经由液体流动输送到混合区内来完成。换言之,混合期间的质量传递取决于流线类型,如层流和湍流,层流包括明确定义的路径,湍流则包括无数种大小不同的旋涡或旋涡运动。大部分高度湍流混合发生在叶轮区域,其他地方的流体运动主要用来将新鲜流体带进该混合区域内。叶轮的雷诺数($N_{Re}=d^2n\rho/\eta$,其中 d 为叶轮直径、n 为叶轮转速、ρ 为流体密度、η 为动态黏度)的计算可用来确定叶轮的相关流动状态。机械搅拌中的功率输入可用牛顿数($N_p=P/\rho n^3 d^5$,其中 P 为叶轮传递的功率、ρ 为流体密度、n 为叶轮转速、d 为叶轮直径)计算。

叶轮的泵送数(N_Q)是一叶轮设计特有的无量纲数,与尺度无关,由式(14-17)计算得到。

$$N_Q=Q/nd^3 \qquad\qquad 式(14\text{-}17)$$

式(14-17)中,Q 为有效泵送能力或泵送体积流量;n 为叶轮转速;d 为叶轮直径。随后通过将泵送能力除以混合桶的横截面积(A)计算体积流体速度(V_b)。

当叶轮直径(d)与混合桶直径(T)比太大($d/T \geqslant 0.7$)时,混合效率会降低,因为叶轮和桶壁之间的空间太小,使再循环路径受阻因而不能产生强大的轴向液流。此时更有效而强力的混合则需要增加叶轮转速,但这可能受到叶轮叶片厚度和角度的限制。如果d/T值太小,叶轮将无法在混合桶中产生足够的流速。

在低黏度流体混合工艺的放大过程中,为了在较大规模的设备中重现相同的混合效率,则应采用类似的叶轮与混合桶直径比,并且可以用以下方式计算较大叶轮的转速。先计算较小规模设备中使用的叶轮所产生的体积流体速度(V_b),再求得其泵送能力($Q=V_bA$),最后计算较大叶轮的转速($n=Q/N_Qd^3$)。表14-5显示了使用此方法的制备过程放大示例。如果这些参数中的一些为未知,则实际的解决方案可以延长混合时间直到混合均匀,但必须确定混合时间的延长不会对产品的质量产生负面影响。

表14-5　牛顿流体可混溶液体混合规模放大示例(从378L到3 780L)

批量大小	计算过程参数	批量大小	计算过程参数
378L	罐尺寸:$T=74.6$cm;$A=4\ 371$cm^2 叶轮:$d=40.64$cm;$n=1.5$/s(90r/min) $d/T=0.54$ $N_Q=0.55$(由设备制造商提供) $Q=N_Qnd^3=55\ 375$cm^3/s $V_b=Q/A=12.6$cm/s	3 780L	罐尺寸:$T=167$cm;$A=21\ 904$cm^2 叶轮:$d=87$cm $d/T=0.52$ $N_Q=0.57$ $Q=V_bA=275\ 990$cm^3/s $n=Q/N_Qd^3=0.73$/s$=44$r/min

注:密度(ρ)=1.018g/cm^3,黏度(η)=0.058 8g/(cm·s)。

大多数黏性流体药物系统,特别是半固体剂型大都呈现出非牛顿流动性质,其特征在于黏度和施加的剪切应力之间呈非线性关系。假塑性产品的黏度会随着剪切应力增加而减小(剪切稀化);胀性产品的黏度则随着剪切应力的增加而增加。

宾厄姆流体(Bingham fluid)在流动发生之前需要施加最小的剪切应力,而黏弹性材料则同时表现出黏性和弹性特征。高黏度流体($\eta>104$mPa·s)的混合效率相对较低。由于黏度高,N_{Re}可能远低于100,只能发生层流而不是湍流,并几乎没有涡流形成和扩散发生。图14-42显示了当将一小滴染料溶液加入黏性液体(糖浆)时,由圆柱形搅拌棒引起的混合模式的演变。通过搅拌棒以"8"字形路径作周期性移动来搅拌黏性糖浆,目视检查对染料溶液在搅拌2个周期(b)、4个周期(c)和8个周期(d)后的混合情况。在初始搅拌期间,观察到染料长丝的拉伸图14-42b,混合区域图14-42的c~d中的流体单元受到剪切和伸长的双重作用,发生变形和拉伸,最终导致流体单元尺寸减小及其整体界面面积的增加。在初始混合期间,分子扩散对降低高黏度体系的不均匀性方面的作用很小,直到这些流体元素变小,它们的界面面积相对变大时分子扩散才能发挥其作用。

当搅拌黏性非牛顿流体时,叶轮叶片和桶壁之间的间隙必须足够狭窄以达成最佳混合效果。尽管在容器壁附近能促进混合,但是在与叶轮轴相邻的区域中经常会发生停滞。当混合剪切稀化宾厄姆流体时,叶轮搅拌可能导致在叶轮周围形成称为洞穴的搅动体积,但是叶轮周围存在滞留区域并且可延伸到容器壁,在这些滞留区域内其局部剪切应力小于流体的一般屈服应力。闸门状叶轮和锚固叶轮可适用于混合黏性非牛顿流体,但使用这些叶轮只能产生适度的从上至下的翻转,垂直浓度梯度通常仍然存在,

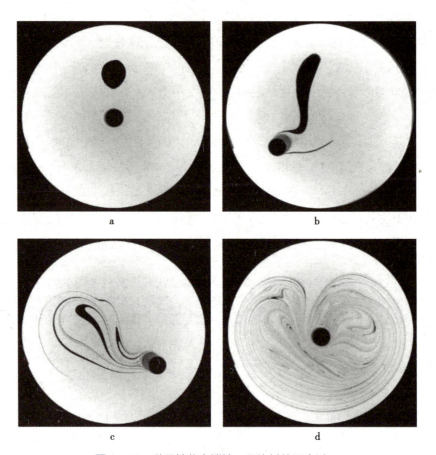

图 14-42 黏稠糖浆中搅拌一团染料的混合过程

这种情况可以用螺旋状丝带搅拌器,其螺旋方向与转动方向相反,则可将转轴附近的流体向下泵送。双叶轮由锚(用于扫过大量流体)和涡轮(用于产生高剪切区域)搅拌器组成,两者以不同的速度旋转,尽量避免于剪切稀化流体内产生停滞区域或形成洞穴的搅动体积。

在工艺放大期间,重要的是使用功能相同的混合器或混合器组合和几何相似的设备(混合器和容器),应保持混合器在容器内的位置及产品在容器填充高度上的相似性。叶轮叶尖速度与叶轮转速和直径的乘积成比例,虽然工艺放大时这些参数应保持不变,但是根据放大研究的结果可能需要对叶轮转速进行适度调节。NIR 作为 PAT 工具在固体剂型的制造中已被广泛接受,但其应用在液体和半固体剂型的制造中并未被充分记录。尽管 NIR 技术以 PAT 形式使用已被认识并为液体和半固体剂型的制造过程提供了极好的控制策略,但仍须对使用 NIR 和相关化学计量学的可行性进行进一步研究,以便对被监控的质量参数获得可靠和定量的测定数据,并且必须与实验室内操作的参考方法一起进行测定。NIR 信号采集探头需要放置在最适当的位置以降低其对探头安装的影响。NIR 已被成功用于监测皮肤用凝胶中主成分的浓度。

除了含量均匀度外,流变特性是半固体产品的关键质量属性,特别是对应用于皮肤的产品。在制备的规模放大过程中,对半固体产品的流变特性监测至关重要,这个检测有助于确保生产规模的产品能保持与中试规模产品相同的流变特性。产品的流变特性的测定主要是用离线流变测量仪来完成,因为用于测定流变特性参数的在线或连线 PAT 工具仍未被广泛接受。一套自动化系统已被研究用于流变特性的测定,其是基于测量一拓扑优化通道和一几何细管(毛细管黏度计)之间的压差。压差装置(pressure difference apparatus,PDA)可以从产品线中取样并以不同的流速将样品压过装置以产生频率扫描(存储

模量 G' 和损耗模量 G''）及流量曲线（黏度）。PDA 的测量反映了与制造相关的剪切速率和频率范围，这些即时测量数据可用来补充通过标准流变仪所获得的流变特性参数。

液体混合也可用来加速固体成分的溶解。粉末应加在液面所成的涡流中，并应注意避免夹带空气，如果固体在润湿后发黏，更应防止粉末黏附于桶壁和叶轮轴上。虽然涡流的形成是叶轮直径和叶轮上方液体水平的函数，但叶轮轴可以偏心位置安装在容器中以产生远离叶轮轴和壁的涡流。粉末加料速率应以固体的密度和润湿性来控制，重要的是加入速率不能太快以避免粉末聚集。应确定使用最低搅拌器速率以使固体颗粒完全悬浮（离底部），实现有效的溶解过程。液体与固体混合溶解规模放大的目标可为达到相同的混合时间、容器中的固体分布均匀性相同、相同的溶解时间，以及小规模和大规模系统中相等体积的功率输入或扭矩等。但是，同时实现所有这些规模放大的目标是不可能的。例如，如果混合时间必须相同，则两个规模所使用的旋转速率必须相同，从而导致功率输入的显著增加。基于单位体积功率输入相同（或扭矩）的放大规模数据将导致混合和 / 或溶解时间延长。如果溶解时间需要相同，则对于小型和大型容器，其局部传质系数（湍流谱的函数）需要相同。如果单位体积的进料速率相同，则固体在表面的润湿和溶解可能受到限制，因为液面大小与桶直径的平方一致，而添加速率标度则需要随着桶直径的立方而变。鉴于这些因素之间复杂的关系，必须调整一些放大参数以实现预定的放大生产目标。

二、降低粒径

（一）设备和工艺设计的相关考虑

降低粒径通常是制造分散体系所必需的工艺，例如两种不混溶液体乳化、脂质体制备中的囊泡形成和纳米悬浮液的产生等。尽管这些剂型的分步工艺流程不同，但是降低粒径的步骤可以使用具有相同机制的设备与相同的关键工艺参数来达成以获得一致的工艺成果。

转子 / 定子高剪切混合器通常可用于初步均质化以形成乳液，如果液滴大小和分布能满足产品规格，则乳液可以成为最终产品。一个不混溶液体在另一种液体中以液滴状态分散可以用无量纲韦伯数（Weber number，N_{We}）来表示，并以式（14-18）计算。

$$N_{We}=\rho \nu^2 d_0/\sigma \qquad 式（14-18）$$

式（14-18）中，ρ 为液滴的密度；ν 为移动液滴的相对速度；d_0 为液滴的直径；σ 为界面张力。韦伯数表示由界面张力引起的颗粒破坏的驱动力与阻力的比值，韦伯数增加与液滴变形趋势增加（随后分裂成更小的液滴）有关。叶轮对韦伯数的影响可以式（14-19）表示。

$$N_{We}=d^3 n^2 \rho_c/\sigma \qquad 式（14-19）$$

式（14-19）中，d 为叶轮直径；n 为叶轮转速；ρ_c 为连续相的密度；σ 为界面张力。对于某一指定系统，当超过特定的临界韦伯数时，液滴开始减小；在临界韦伯数之上时，平均液滴尺寸与 $n^{-1.2}d^{-0.8}$ 或大约与叶轮叶尖转速成反比。在相同的功率输入下，使用较小的叶轮以高速旋转能取得更好的分散效果。随着分散相的粒径减小，颗粒数量相应增加，颗粒间和界面的相互作用也随之增强。分散液的黏度大于分散介质（连续相）的黏度，浓稠的分散液显示非牛顿流动性质，并且由于分散相变形和 / 或颗粒之间的相互作用，该流变特性对分散相体积分数的依赖性更为明显。最大液滴粒径主要取决于分散相的黏度和叶轮转速。

虽然均质化过程中的能量输入是控制液滴粒径减小程度的主要因素，但乳化剂对液滴形成和稳定的作用不容忽视。乳化剂快速吸附到新形成的液滴上可降低界面张力，这将进一步促进液滴的破碎。在液滴周围形成保护性乳化剂层以静电排斥或空间位阻的稳定作用防止液滴聚结更是稳定乳液的关键要求。

亚微米乳液的形成总是需要二次均质化步骤以进一步减小初级乳液的粒径。通常使用两种类型的设备来实现高压均质化，即高压均质机和微流控设备。图 14-43 显示了插塞式均质阀和标准底座。需要被均质化的产品以相对低的速率（例如 3.05~6.10m/s）在高压（20.68MPa，即 3 000psi）下从泵缸进入底座，该压力由正排量泵产生，是由于阀门受到驱动力的作用而被迫关闭，从而导致流量受限制。液体再以湍流形态以高速（例如 20.68MPa 的 152.4m/s）在阀体和底座之间流动，液体冲击磨损环（冲击环）并最终以均质产品排出。液体穿过底座表面并经过均质化所需的时间 <50 微秒。因此，可以看出大量能量在非常短的时间内释放，在液体中产生很高的能量密度。高压均质化过程的关键工艺参数是流速和压力，特定阀门的设计也会影响工艺性能。

微流控设备是在 1980 年初开发的，用于减小流体系统中颗粒的粒径，并且已广泛应用于制药工业，特别用来制造纳米产品，例如超微米乳液、脂质体、纳米悬浮液和其他纳米载体等。图 14-44 显示微流控设备的操作原理。当产品进入入口储存器时，空气动力增强泵对产品流加速至 500ml/min，将其推进到相互作用室中，产物流分成两个通道并再次碰撞成单一液流。在此过程中产生强大的剪切力、冲击力和空化力，导致液滴分解成亚微米颗粒。微流控过程的关键工艺参数有微流控压力、循环时间（次数）和制备过程温度，而相互作用室的类型和尺寸也将决定该工艺的效能。在微流控期间，压力会导致产品温度升高。据估计，每施加 6.89MPa（1 000psi）的压力，温度将升高 1.0~1.7℃。微流控设备可装有一个冷却盘管或一个管壳式换热器，在样品离开系统之前将样品冷却到环境周围的温度。对此制备过程所处理物料的热稳定性有足够的了解非常重要，此制备过程的应用更可能因流程中严格的冷却要求而被限制。

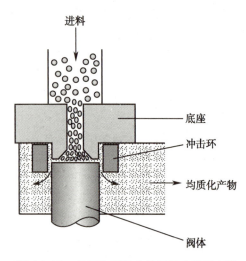

图 14-43 高压均质机中的阀门功能示意图

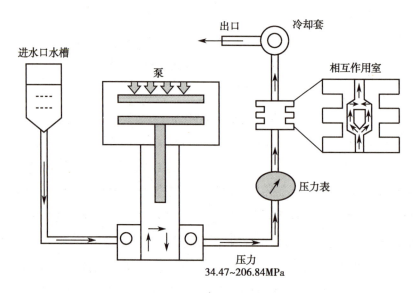

34.47~206.84MPa，合 5 000~30 000psi。

图 14-44 微流控设备降低粒径过程示意图

纳米混悬液的制备已成为生产水溶性低的药物纳米晶体以提高其溶解度的常用方法。由于对使用有机溶剂和产生不稳定晶型的关注,自下向上的纳米晶体生成方法尚未被广泛接受作为制备纳米晶体的标准工艺。而自上向下的方法是以机械冲击来对药物晶体进行破碎以实现粒径减小,此药物晶体纳米化工艺已成为优选的工业方法。尽管高压均质化和微流控工艺已被探索作为纳米混悬液的生产方法,但湿法介质研磨工艺长期以来一直被认为是一种成功的商业化生产方法。图 14-45 是湿法搅拌介质研磨过程示意图,该方法包括向研磨容器内填充研磨介质(各种硬质材料如陶瓷或氧化锆珠粒)和待研磨药物的悬浮液。旋转搅拌器的转动导致珠子以特定形式级联或移动,彼此碰撞并与容器相对的内壁碰撞。药物颗粒的粒径减小是由珠粒对药物的冲击,以及珠粒彼此的运动而产生的摩擦力所造成的。关键工艺参数包括研磨时间、研磨(搅拌器)速度、研磨介质(珠粒大小和量)和药物装载量。通常,较长的研磨时间会导致更多的单分散颗粒和更小的颗粒粒径;但是,过长的研磨时间可能会导致颗粒聚集。较高的研磨速度通常会提高研磨效率并能产生较小的颗粒粒径。通常较小的研磨介质可以得到较小的纳米晶体;虽然过高的研磨珠粒量会增加因珠粒之间的磨损所造成的污染,但是大量珠粒可以提高研磨效率。非常小的药物装载量会增加研磨介质的污染并降低研磨效率;非常高的药物量会增加研磨内容物的黏度并降低研磨效率。同样需要注意的是,这些制备过程的参数之间存在显著的相互作用效应。

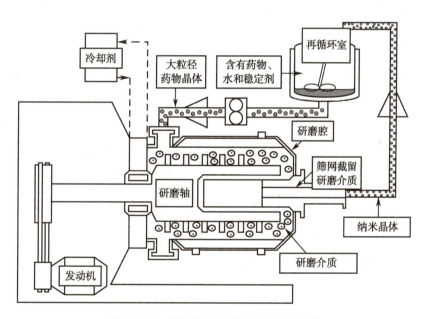

图 14-45　湿法搅拌介质研磨过程示意图

(二) 放大生产考虑的因素

使用转子/定子混合器乳化过程的放大作业基于使用几何相似的装置(混合装置和容器)。三组在线转子/定子混合装置用于研究制备过程规模和工艺条件对放大参数和液滴粒径分布的影响。最大的装置是工厂规模设备,而最小的装置是实验室规模设备。所有混合装置符合几何相似,并配有双转子和标准双乳化定子。使用式(14-20)~式(14-22)所示的 3 个放大参数,即单位质量的能量耗散率(ε)、转子尖端速度(U_T)和能量密度(E_V)以求算其与不同黏度的 1% 硅油乳液的平均液滴粒径的相关性。

$$\varepsilon = P/(\rho_c V_H) \qquad\qquad 式(14\text{-}20)$$

$$U_T = \pi n d \qquad\qquad 式(14\text{-}21)$$

$$E_V = \varepsilon t_R \qquad\qquad 式(14\text{-}22)$$

式(14-20)~式(14-22)中,P为功率(W);ρ_c为连续相的密度(kg/m³);V_H为混合头体积(m³);n为转子速度(s⁻¹);d为外转子直径(m);t_R为停留时间。根据实验室规模到工厂规模的平均液滴粒径数据的相关性得出结论,转子尖端速度是比单次和多次通过的能量耗散率更好的相关放大参数。多次实验结果表明,平均停留时间对液滴粒径分布的影响是微不足道的。

当对高压均质化工艺进行放大时,虽然不同规模的设备具有不同的产能(均质压力和体积流量),但应使用均质化模式相似而规模不同的设备。阀门的几何形状是在制备过程放大时必须考虑的设备设计关键参数。需要尽量了解施加于阀门的所有不同的机械力以及相关的工程操作参数[例如剪切应力、气蚀(空化效应)、温度、停留时间分布]对产品质量的影响,因此不同规模的设备其配置应保持不变以确保不同的工艺规模都能得到一致的制备过程结果。例如,一些均质机通常以多级配置运作,第一个阀通常在高压下运转,其主要功能是破碎液滴以产生较小的液滴;而第二个阀则在低压下运转,通常为高压的10%。第二个阀对均化效率具有正面影响,可防止液滴再聚结。由第二阶段产生的反压力可促进空化作用并改善均质化结果。如果这种特殊配置仅用于大型设备,则在规模放大时可进一步提高大规模工艺的效能。

当使用较大规模设备能获得较高的均质压力时,其他工艺参数可以向下调整,如循环时间(次数),以实现相同的产品质量,但条件是使用较高的均质压力对产品稳定性没有负面影响。微流控过程的规模放大有别于其他高压均质技术,通过将多管微通道与相互作用室并联再连接至一出口储存器内以满足放大的需要(图14-46)。这种设备配置确保了整个产品流程都能经历相同的剪切力,无论流程中产品体积如何,放大工艺都能产生一致质量的产品。

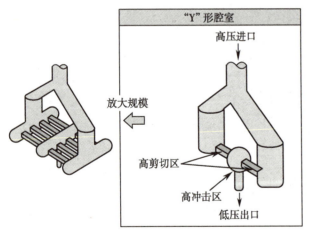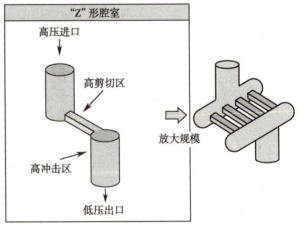

图14-46   微流控过程的放大

在早期产品开发阶段,尤其是当可用药物量有限时,纳米药物混悬液产品可以用球磨机、振动介质研磨机、行星式研磨机等来制备以供纳米混悬液制剂配方的筛选。中试规模和生产规模的制备过程通常使用湿法搅拌介质研磨机,其在几何形状、操作模式和功率密度方面与球磨机和行星式研磨机等研磨设备完全不同。因此,在规模放大时将制备过程从一种类型的设备转移到另一种类型的设备具有相当大的挑战性。例如,由于搅拌原理完全不同,与行星式磨机中的旋转罐不同,湿法搅拌介质研磨机中配置的为叶轮,因此需要进行桥接研究,对这两部不同设备的搅拌速率进行关联。一般而言,在开发的初始阶段应使用振动介质研磨机,因其在强化振动时能够产生类似于湿法搅拌介质研磨机的高功率密度;而湿法搅拌介质研磨机则可用于中试和生产规模的制备过程。

尽管振动介质研磨机和湿法搅拌介质研磨机的功率强度相似,但是在工艺的技术转移期间,所有关键工艺参数(包括其范围)都要通过实验验证。使用中试规模的湿法搅拌介质研磨机所建立的设计空间将有更好的机会可被直接应用于具有相同磨碎工艺设计的大型设备上。然而,即使在规模放大时能建立几何相似性,由于线性增加所造成的体积增长远较面积大,当研磨机的研磨室直径增加时,其内容物体积也增加,但研磨介质、药物颗粒和容器壁之间的表面接触(介质与药物比率保持不变)将不会增加到与体积增加相同的程度,因而研磨效率降低,可能需要更长的研磨时间或增加研磨速度以达到相同程度的颗粒粒径减小。

粒径和粒径分布是通过降低颗粒粒径工艺制备的流体产品的关键质量属性。使用离线分析仪器可对从制备过程中抽取的样品进行传统粒径分析,传统粒径分析技术包括激光衍射、动态光散射、电子区感测和图像分析等方法。由于采样和结果获得之间不能避免有时间延迟,使得传统粒径分析技术难以实现即时或现场测量,而在规模放大时对制备过程进行即时或现场粒径测量监控往往是必需的。即时粒径测量结果与制备过程的动态状况相关,而不是用来与预定的粒径规格进行对比。将相关工艺参数的信息与即时在线粒径测量结果相结合,可以在规模放大作业时以严谨科学的方式对工艺进行进一步的优化。

随着用于粒径分析的 PAT 方法的出现,不同的在线粒径测量技术已被开发并且广泛用于降低粒径工艺性能的监测。一些具有代表性的在线粒径测量方法有聚焦光束反射法(FBRM)、光学反射率测量法(optical reflectance measurement,ORM)、激光衍射法和粒子视觉测量法(particle vision measurement,PVM)。FBRM 和 ORM 均采用光反向散射原理来确定弦长分布,然后将其转换为粒径分布,测量的粒径范围为 50~500μm,并且可用于 FBRM 的最大颗粒浓度约为 30%(*V/V*),用 ORM 测量的最大颗粒浓度约为 50%。激光衍射测量技术是基于夫琅禾费衍射(Fraunhofer diffraction)理论对由粒子衍射光的角度分布进行分析,并且其能够测量 0.02~2 000μm 范围内的粒子,但该方法只能用于低浓度的粒子分散液(<3%)。另一种激光衍射仪器是激光粒径分析仪,可用于含高分散相(高达 30%)的两相分散液中的液滴粒径测量。PVM 采用基于探头的即时显微镜,配有高分辨率相机和内部照明光源,可在黑暗和浓稠混悬液或乳液中获得图像。来自每个影像的信息可用来计算过程分析趋势,称为相对反向散射指数(relative backscatter index,RBI)。RBI 是对粒子系统的总体反射率的一种测量,并能表明粒子大小、形状和浓度随时间的变化。在大多数颗粒和液滴系统中,显微镜只能对 2μm 及 2μm 以上的粒径具有有效的分辨能力。

三、传热

(一) 设备和工艺设计的相关考虑

在具有不同工艺目标的液体和半固体剂型的制造过程中,通常会采用加热的方法。当溶剂被加热到较高温度时,可以加速固体溶解。在制备皮肤用乳膏时,需要加热来熔化油相中的一些固体成分如蜡,并且还需要将水相加热至相同温度以促进乳化过程。半固体通常被加热以降低黏度以便填充到可折叠管或瓶罐中。在加热步骤之后可能需要冷却过程,将产品温度降低至环境温度以进行后续处理或储存。

当使用高能量输入(例如高压均质化)的制备过程时,产品中所产生的热量通常要使用有效的冷却系统来降温,其目的是在产品被再循环通过同一系统或被连接到下一步制备过程之前将产品调节到所需维持的温度。

热的传播可以3种方式进行,即传导、对流和辐射。在热传导中,具有高分子动能的区域通过分子间直接相互作用或碰撞将其热能传递给具有较低分子能量的区域。这种传热过程可用傅里叶定律(Fourier law)描述,如式(14-23)所示。

$$Q=-k\Delta T \qquad 式(14-23)$$

式(14-23)中,k 为导热系数(为材料的特性);ΔT 为温度梯度。当热量传导到静止的、未被搅拌的流体中时,流体体积膨胀而使加热的流体密度降低并使其向上浮升,由于高温和低温流体的混合,流体分子的运动将促成整个体系中的流体混合和热量传输。另外,可通过外力的施加以引起流体运动来造成强制对流,从而产生更大的对流作用以获得更高的传热速率。辐射热的传递是通过电磁波而产生的,并且不需要传输介质。

在药物生产中,传热通常通过传导和对流的组合来实现(图14-47),可用式(14-24)所示的总传热系数(U)表示。

$$Q=(T_A-T_B)/(1/h_1A+x/kA+1/h_2A)=UA\Delta T \qquad 式(14-24)$$

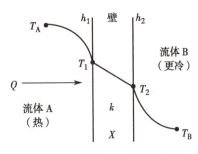

图 14-47 热传导和对流的组合

式(14-24)中,x 为壁厚度;h_1 和 h_2 分别为流体 A 和 B 的传热系数;U 为总传热系数;T_A 和 T_B 分别是流体 A 和 B 的温度,k 是容器壁的导热系数,A 是容器壁的横截面积。总传热系数由许多变量控制,包括流体的物理性质和传热过程中相关的传热壁,例如密度、黏度、热容量和导热率等。当通过容器内搅拌产生强制对流以促进液体运动和湍流时,总传热系数还取决于所用搅拌器的类型、直径和速度。

图 14-48 显示了 3 种不同类型容器的加热和冷却系统。

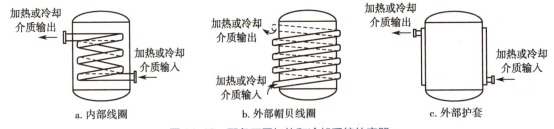

图 14-48 配备不同加热和冷却系统的容器

用于液体和半固体制剂的生产,外部护套是最常用的设计,尽管与其他设计相比,外部护套具有较低的传热性能,但因为传热液体与容器外壁接触,此设计可降低污染风险并易于清洁。热量先以传导通过容器壁传递,并对内容物加以搅拌,因此通过强制对流在整个物质中完成传热。无论是加热还是冷却,都必须对传热过程进行充分描述,其内容应列出初始和最终温度、传热流体循环时间、混合材料的比热、批量大小及传热流体的类型和来源等。必须提供容器和混合器的完整表征,包括传热流体入口/出口的尺寸和数量及混合器的类型、尺寸和配置(例如配备有刮刀的锚式搅拌器可显著增强传热效率)。

在高压均质过程中,为了降低产品的上升温度,通常需要冷却降温。当使用实验室和中试规模设备所制造的产品的温度不需要严格控制在 10℃以下时,配置外部冷却盘管并浸入冷水或冰浴中已被证明是一种有效的降温做法。但是,在需要严格对温度进行控制时,建议连接到卫生壳管式换热器冷却源进行比较严格的温度控制。

(二) 放大生产考虑的因素

容器设计在不同的规模上应维持几何尺寸相似,并且使用相同的材料和相同的壁厚构造,也应该采用同样的外壳设计。所用混合器的类型和尺寸应该能够在容器内对产品提供类似的混合/流动模式和强度。需要注意的是,随着容器尺寸的增加,每单位体积的传热表面积相对减小,容器体积的增加虽然能保持几何相似性,加热和冷却的速率都会降低。因此必须采取某些措施来抵消规模放大对传热效率的负面影响,例如增加加热/冷却流体的温差(必须避免局部容器壁过热或过冷)、延长加热/冷却时间,以及增加混合强度以加速强制对流换热。

当热交换器是设备的一部分时,根据规模放大的传热效率要求,可以改变热交换器内的传热过程,例如增加传热流体的温差和流速,以满足加热或冷却目标。如果热交换器可以改装到设备(如微流控设备)上,特别是在使用较大规模设备以获得较高的均质压力、产生更高的热量时,则可以改变热交换器的设计和容量以满足冷却需求。在规模放大作业期间,使用的热探针应设置在容器中心而不是在容器侧壁上以监测产品内温度的分布。

四、物料传递

(一) 设备和工艺设计的相关考虑

在容器中添加配方成分是液体和半固体剂型制造的第一个步骤。在实验室和中试规模,配方成分的添加通常以手动和重力转移的方式完成。然而,在较大的生产规模下,真空输送通常用于粉末固体成分的转移。真空输送是一种以密封和卫生的方式转移物料的方法,使用此物料传递方法更能做到快速清洁周转并减少操作停机时间。需要用泵来将配方步骤所产生的产品通过管道移动到其他设备,以进行后续制备过程的处理,例如均质化、过滤或存储以进行填充。

几乎所有泵都可分为两类,其中离心泵是最常见的一种,而正排量泵的种类更多,如齿轮、凸轮、蠕动、螺杆和许多其他类型的正排量泵等。离心泵能用来输送中、低黏度的液体;正排量泵则用于高黏度的液体或半固体的传递,而半固体通常会被加热以降低黏稠度以便转移。离心泵中最常见的类型是径向泵,这些离心泵使用旋转叶轮来产生真空以移动流体。泵的叶轮在壳体内旋转并能降低入口处的压力。然后,该转动将流体驱动到泵壳体的外部,并产生足够的压力将流体自出口排出。轴流式离心泵则使用弯曲的螺旋桨式叶轮,而径流式离心泵上的叶轮看起来更像风扇。轴流泵将流体吸入其轴线并使用叶轮将流体输出到泵的另一侧以完成流体的移动。正排量泵将流体吸入入口处的隔室并将其移动到出口以便排出,通常使用旋转、往复或隔膜方法来移动流体。这些类型的泵和离心泵之间的主要区别在于,不论入口端的压力如何,正排量泵都以相同的速度来移动流体,而离心泵不会以相同的方式运作。

泵运作的工作量是泵容量与总动态压高度的乘积,泵容量(Q)是通过泵的流体流量(m^3/h),总动态压高度(H)是泵对每单位重量流体所做的总工作量,以抵消泵送流体的高度压力和管道中的摩擦损耗。

泵的功率输出(P)可通过式(14-25)计算。

$$P=HQ\rho/3.67 \times 10^5$$ 式(14-25)

式(14-25)中,P 为以 kW 为单位的泵的功率输出;H 为以 Nm/kg 为单位的总动态压高度;Q 为通过泵的流体流量;ρ 为以 kg/m^3 为单位的流体密度。由于泵送效率的特征是功率输出与功率输入的比率,因此黏性流体的泵送效率较低,这是因为需要增加功率以抵消流体黏性阻力。

将液体或半固体产品(加热形成黏性液体)填充到最终容器例如瓶子、小瓶、广口瓶或可收缩管中可视为最终的材料传递步骤。根据产品的物理性质(黏度和发泡趋势),可以使用不同的填充机。溢流自动填充机可能是最常用于小瓶的灌装,因为这种填充机可以处理各种稀薄的自由流动液体和中等黏度的液体。使用两部分喷嘴将产品泵送入容器中。当容器被填充到目标填充高度时,多余的产品则通过喷嘴的返回侧被抽离容器再回到原来产品的储存槽中。虽然该机器是以容器高度而不是以产品填充体积作为填充的目标,但只要容器的容量规格变化不大,该机器也能达到很高的填充体积准确度。由于这种填充是以闭环方式运行,所以也是填充泡沫产品的理想选择。活塞自动填充机最适合用于黏性产品,其工作原理很简单,首先活塞被拉回圆筒中,使产品被吸入圆筒;然后旋转阀改变位置,将圆筒中的产品从喷嘴中推出到容器中。蠕动自动灌装机用于高精密度的小体积填充,这种类型的机器的独特优点是用一次性软管作产品的唯一流体路径,易于清理,并可避免交叉污染的问题。对小于1ml的填充体积,可达到0.5%的精密度。这种类型的填充通常用于将小体积的无菌溶液填充到安瓿和小瓶中。

用于包装半固体产品(如乳膏和软膏)的管子可用能完全折叠的铝或铝/塑料层压材料及不可折叠的塑料。在封闭之前,产品从供管子随后密封的一端填入,铝质管子在产品填充后被压平和折叠(卷边)而密封,塑料类管子则以热/脉冲方法密封。灌装机通常为旋转盘式,通过自动系统将空管子插入固定在旋转盘上的管子支架内,产品则通过活塞式计量泵从进料斗通过喷嘴填充到管子中。这些喷嘴的运作通常是这样设计的,使其先插入空管中并在产品填充后被抽出,这种操作可将空气的夹带减少到最低程度。装载填充产品的料斗通常以热水夹套加热并具有搅拌功能,以增强和保持产品于填充过程中的流动性和均匀性。空管通常预先印有产品信息并包括定位标记,该定位标记可使灌装机感测管子的定向,在其被密封之前可被旋转,使产品名称或相关信息被正确定位以方便使用者阅读。

(二)放大生产考虑的因素

由于在规模放大时通过泵送转移的液体体积显著增加,产品的传递时间延长,需要仔细查证其对产品可能产生的负面影响。在实验室规模,几乎瞬间可将一种液体倒入另一种液体中进行混合。将此过程按比例放大到生产规模时,需要较长的泵送时间来将一种液体转移到另一种液体中。如果这两种液体具有不同的 pH 或离子强度,将一种液体全部转移到另一种液体以均匀混合之前,将会有一段时间存在半混合液体状态,产生中间 pH 或离子强度,如果这种情况持续一段时间则可能产生一些对产品的不良影响如沉淀和降解。因此,需要确定生产规模的物料传递时间,以便评估和控制规模放大对产品质量的短暂影响。

如果不采取适当的预防措施,通过泵送将半固体材料从存储桶转移到混合设备或填充设备时可能会出现问题。泵送过程中剪切应力或剪切速率的变化可能导致产品流变特性的变化,对成品质量会产生负面影响,特别是在填充过程中对填充产品加热。在实验室和工业规模生产时研究填充温度对含西土马哥(cetomacrogol)1000(一种非离子表面活性剂)的软膏的屈服应力的影响,并建立用于软膏填充黏度的工艺温度窗口,从而能制得填充重量差异小、屈服应力满足预设设定标准的产品。该工艺窗口被证明也适用于许多其他使用相同自动填充设备和温控填充料斗的乳膏和软膏。

除了加热要求之外,还应在规模放大时控制填充操作的泵送速率,以避免由于剪切速率或应力的显著增加而对产品质量产生潜在的负面影响。理想情况下,可以使用具有与较小规模工艺填充操作原理相同的大规模设备,只需要增加填充头数量和/或延长填充操作时间以满足大规模化批量的填充需求。如果使用具有与较小规模工艺不同的填充机制的高产量填充设备进行放大生产,则应重新评估该新型灌装工艺参数对灌装过程及灌装后产品质量的影响。

五、过滤

(一) 设备和工艺设计的相关考虑

过滤是去除液体中未溶解的外来颗粒的制备过程,可作为早期制备过程的步骤,例如在糖溶解后对糖溶液的过滤成为口服糖浆生产过程的一部分,或在乳化之前对水相和油相的分别过滤。过滤也可以作为产品制备过程的最后步骤,例如过滤注射用乳液以消除过大的液滴或过滤以降低注射溶液中的微生物负荷量,过滤后的产品再被灌装到最终容器中并进行最终灭菌。而无菌过滤则是制备无菌产品的核心无菌制备过程。

有两种过滤方式,即表面(膜)过滤和深层过滤。在表面过滤中,大于膜孔径的颗粒在过滤器表面被收集。在深层过滤中,颗粒穿透过滤介质的结构(例如基于纤维素)并在表面形成滤饼。由固体颗粒(例如硅藻土)组成的助滤剂可添加于深层过滤,滤饼的渗透性因固体颗粒的添加可提高过滤效率。助滤剂可加入待过滤的液体产品中或者在过滤器上先形成液体必须通过的过滤层。

使用助滤剂的深层过滤最常用于口服液体产品(例如糖浆)的最终澄清过滤(抛光过滤),通常是使用平板压滤机进行过滤。相比之下,在现代药物制造中,膜过滤技术已被广泛应用,特别是用于无菌产品的生产。过滤膜由纤维素和其他合成聚合物制成,可以不同的形式使用以适合不同的过滤规模。对实验室和中试规模的过滤,通常使用胶囊式和盘式过滤器。这些过滤器是一次性的独立单元,由褶皱或编织过滤介质组成,并包裹在聚丙烯或其他塑料外壳中,可以在线连接到样品输送系统如蠕动泵,再由其产生足够的压力迫使液体通过过滤器。膜过滤器可用于生产规模的过滤作业,具有流速大、压力损失小的特点。这些过滤器通常是以一片过滤膜夹在两片多孔支撑层之间而构成,此三层结构被打褶并装入带有网孔的圆柱形筒中。这种装置再被放置在较大而不透水的紧封壳体(不锈钢)内并连接到供给泵上。这种设计的优点是可以将较大的过滤表面积放置在较小的装置体积内,以利于过滤的进行。然而,与端闭式过滤中使用的等效面积平坦滤膜(非褶皱)相比,以对一定压降所产生的过滤流量计算,褶皱滤膜的过滤性能较差。

膜过滤器的滤留能力是其孔径和表面积的函数,两者对过滤工艺性能的确定起关键作用,而这两个因素主要取决于待过滤产品污染物的性质/大小和负荷。其他关键的过滤工艺参数为过滤流速和压力,其由施加的泵送压力控制。过滤系统必须经验证合格,以确保过滤器中所有与产品接触的表面及其组成部件(过滤膜、支撑层、滤芯、内壳和端盖)、O形垫圈和外壳与产品具有兼容性。在过滤期间,产品中的任何成分不得因降解或因被接触表面吸附或吸收而损失。此外,所有与产品接触的表面不应有浸出物,否则会对产品纯度产生不良影响。

（二）放大生产考虑的因素

在规模放大时应使用经研发证明合格的过滤器类型／材料。应根据生产规模过滤的最坏情况重新评估过滤器的兼容性，包括选用最高过滤压力和最长滤膜接触时间。进行小规模的过滤实验来决定滤膜孔大小或过滤性实验（在恒定流速或恒定压力下），其结果可作为滤过系统参数外推或工艺放大的基础。在放大过程中，过滤系统的规模必须能够提供过滤流速和流量以满足灌装机或其他生产设备的要求，并保留一定的储备容量（20%~30%），以防止批次的污染物负载量变化而发生过早堵塞的情况。所用的过滤系统必须能在不中断的情况下完成整个批次的过滤处理。在上游制备过程加用预滤器以去除粗污染物可延长最终过滤器的寿命，基于预期的流速和流量应考虑使用预滤器进行生产规模的过滤作业。在放大生产期间，如果需增加过滤压力以维持流速／流量，则不应超过过滤系统可承受的压力。

根据过滤的目的，应测试过滤后产品的相关关键质量属性以监控过滤效能。应评估产品的透明度／浊度，以确定澄清或抛光过滤的成效。无菌过滤需要对制备过程的性能进行更严谨的鉴定和控制。应通过用缺陷短波单胞菌（*B. diminuta*）测试过滤器来确定过滤器的细菌滞留能力，并通过过滤器完整性测试来证明过滤器使用前后功能的完整性。消毒过滤器和过滤器外壳装置、不锈钢或一次性塑料等材料必须足够坚固，以承受正常湿热灭菌过程的压力和温度。

（李禄超）

参考文献

［1］BLOCK L H. Nonparenteral liquids and semisolids//LEVIN M. Pharmaceutical process scale-up. 3rd ed. New York：Informa Healthcare，2011.

［2］LEVIN M. How to scale-up a wet granulation end point scientifically. ［2024-11-13］.https://luilarget.firebaseapp.com/aa106/how-to-scale-up-a-wet-granulation-end-point-scientifically-by-michael-levin-phd-0128035226.pdf.

［3］MUZZIO F J. Engineering approaches for pharmaceutical process scale-up，validation，optimization，and control in the PAT era//Levin M. Pharmaceutical process scale-up. 3rd ed. New York：Informa Healthcare，2011.

［4］GUENARD R，THURAU G. Implementation of process analytical technology//BAKEEV K A. Process analytical technology：spectroscopic tools and implementation strategies for the chemical and pharmaceutical industries. 2nd ed. Chichester：John Wiley & Sons，Ltd.，2010.

［5］COGDILL R P，ANDERSON C A，DELGADO M，et al. Process analytical technology case study：part II. Development and validation of quantitative near-infrared calibration in support of a process analytical technology application for real-time release. AAPS PharmSciTech，2005，6（2）：E273-E283.

［6］MILLER C E. Chemometrics in process analytical technology（PAT）//BAKEEV K A. Process analytical technology：spectroscopic tools and implementation strategies for the chemical and pharmaceutical industries. 2nd ed. Chichester：John Wiley & Sons，Ltd.，2010.

［7］SIMPSON M B. Near-Infrared spectroscopy for process analytical technology：theory，technology，and implementation//BAKEEV K A. Process analytical technology：spectroscopic tools and implementation strategies for the chemical and pharmaceutical industries. 2nd ed. Chichester：John Wiley & Sons，Ltd.，2010.

［8］NIR spectroscopy：a guide to near-infrared spectroscopic analysis of industrial manufacturing processes. ［2024-11-13］. https://www.metrohm.com/en_us/products/8/1085/81085026.html.

［9］JESTEL N L. Raman spectroscopy//BAKEEV K A. Process analytical technology：spectroscopic tools and implementation strategies for the chemical and pharmaceutical industries. 2nd ed. Chichester:John Wiley & Sons,Ltd.,2010.

［10］HAUSMAN D S,CAMBRON R T,SAKR A. Application of Raman spectroscopy for on-line monitoring of low dose blend uniformity. International journal of pharmaceutics,2005,298(1):80-90.

［11］KUMAR V,TAYLOR M K,MEHROTRA A,et al. Real-time particle size analysis using focused beam reflectance measurement as a process analytical technology tool for a continuous granulation-drying-milling process. AAPS PharmSciTech,2013,14(2):523-530.

［12］HUANG J,GOOLCHARRAN C,UTZ J,et al. A PAT approach to enhance process understanding of fluid bed granulation using in-line particle size characterization and multivariate analysis. Journal of pharmaceutical innovation,2010,5(2):58-68.

［13］Application of laser diffraction in dry and wet granulation compaction processes,August,2013.［2024-09-23］.https://www.azom.com/article.aspx?ArticleID=9926.

［14］ALEXANDER A W,MUZZIO F J. Batch size increase in dry blending and mixing//LEVIN M. Pharmaceutical process scale-up. 3rd ed. New York:Informa Healthcare,2011.

［15］HU J,RUEGGER C E,BORDAWEKAR M,et al. Scale-up of solid dosage forms//SWARBRICK J. Encyclopedia of pharmaceutical science and technology. 4th ed. New York:Taylor and Francis,2013.

［16］NAICKER K,KILLAN G. Introducing PAT,using NIR analysis to a pharmaceutical blending process.［2024-10-10］. https://www.pharmamanufacturing.com/facilities/op-ex-lean-six-sigma/article/11363486/pharmaceutical-process-control-introducing-pat-using-nir-analysis-to-a-pharmaceutical-blending-process-pharmaceutical-manufacturing.

［17］LEVIN M. Wet granulation:end-point determination and scale-up//SWARBRICK J. Encyclopedia of pharmaceutical technology. 3rd ed. New York:Taylor & Francis,2006.

［18］NARANG A S,SHEVEREV V,FREEMAN T,et al. Process analytical technology for high shear wet granulation:wet mass consistency reported by in-line drag flow force sensor is consistent with powder rheology measured by at-line FT4 powder rheometer. Journal of pharmaceutical sciences,2016,105(1):182-187.

［19］HUANG J,KAUL G,UTZ J,et al. A PAT approach to improve process understanding of high shear wet granulation through in-line particle measurement using FBRM C35. Journal of pharmaceutical sciences,2010,99(7):3205-3212.

［20］SHIKATA F,KIMURA S,HATTORI Y,et al. Real-time monitoring of granule properties during high shear wet granulation by near-infrared spectroscopy with a chemometrics approach. RSC advances,2017(7):38307-38317.

［21］GAMBLE J F,DENNIS A B,TOBYN M. Monitoring and end-point prediction of a small scale wet granulation process using acoustic emission. Pharmaceutical development and technology,2009,14(3):299-304.

［22］FREEMAN T. PAT for high shear wet granulation monitoring and control.［2024-10-10］. https://www.pharmamanufacturing.com/quality-risk/pat/article/11308800/pat-for-high-shear-wet-granulation-monitoring-and-control.

［23］JOSHI S,KAMAT R. To study and understand the process of wet granulation by fluidized bed granulation technique. International Journal of Research in Pharmacy and Chemistry,2017,7(3):232-238.

［24］GODEK E J. Bring fluid bed granulation up to scale.［2024-11-13］.https://www.pharmamanufacturing.com/home/article/11326986/bring-fluid-bed-granulation-up-to-scale.

［25］FINDLAY W P,PECK G R,MORRIS K R. Determination of fluidized bed granulation end point using near-infrared spectroscopy and phenomenological analysis. Journal of pharmaceutical sciences,2005,94(3):604-612.

［26］ALSHIHABI F,VANDAMME T,BETZ G. Focused beam reflectance method as an innovative(PAT)tool to monitor in-line granulation process in fluidized bed. Pharmaceutical development and technology,2013,18(1):73-84.

［27］NÄRVÄNEN T,ANTIKAINEN O,YLIRUUSI J. Predicting particle size during fluid bed granulation using process measurement data. AAPS PharmSciTech,2009,10(4):1268-1275.

［28］REMON J P,HELLINGS M,DEBEER T,et al. Understanding fluidized-bed granulation. Pharmaceutical technology,2011,

35(8):63-67.

[29] PATEL K,MEHTA A D. End point detection in fluidized bed granulation and drying technology by various methods. International journal of ChemTech research,2017,10(6):175-182.

[30] RANA A,KHOKRA S L,CHANDEL A,et al. Overview on roll compaction/dry granulation process. Pharmacologyonline, 2011,3:286-298.

[31] DHUMAL S,KULKARNI P A,KASHIKAR V S,et al. A review:roller compaction for tablet dosage form development. Journal of pharmacy and pharmaceutical sciences,2013,2(4):68-73.

[32] SRIKANT P,AKASH J,MAHESH D,et al. Roller compaction design and critical parameters in drug formulation and development:review. International journal of ChemTech research,2015,7(1):90-98.

[33] ALLESØ M,HOLM R,HOLM P. Roller compaction scale-up using roll width as scale factor and laser-based determined ribbon porosity as critical material attribute. European journal of pharmaceutical sciences,2016,87(5):69-78.

[34] SHI W X,SPROCKEL O L. A practical approach for the scale-up of roller compaction process. European journal of pharmaceutics and biopharmaceutics,2016,106(9):15-19.

[35] BOERSEN N,BELAIR D,PECK G E,et al. A dimensionless variable for the scale up and transfer of a roller compaction formulation. Drug development and industrial pharmacy,2016,42(1):60-69.

[36] NESARIKAR V V,VATSARAJ N,PATEL C,et al. Instrumented roll technology for the design space development of roller compaction process. International journal of pharmaceutics,2012,426(1-2):116-131.

[37] SALONEN J,SALMI K,HAKANEN A,et al. Monitoring the acoustic activity of a pharmaceutical powder during roller compaction. International journal of pharmaceutics,1997,153(2):257-261.

[38] ACEVEDO D,MULIADI A,GIRIDHAR A. et al. Evaluation of three approaches for real-time monitoring of roller compaction with near-infrared spectroscopy. AAPS PharmSciTech,2012,13(3):1005-1012.

[39] WIEDEY R,KLEINEBUDDE P. Infrared thermography-a new approach for in-line density measurement of ribbons produced from roll compaction. Powder technology,2018,337(9):17-24.

[40] MILLER R W. Roller compaction technology//PARIKH D M. Handbook of pharmaceutical granulation technology. 3rd ed. Boca Raton:CRC Press,2010.

[41] MOHAN S. Compression physics of pharmaceutical powders:a review. International journal of ChemTech research,2012,3 (6):1580-1592.

[42] PATEL S,KAUSHAL A M,BANSAL A K. Compression physics in the formulation development of tablets. Critical reviews in therapeutic drug carrier systems,2006,23(1):1-65.

[43] MICHAUT F,BUSIGNIES V,FOUQUEREAU C,et al. Evaluation of a rotary tablet press simulator as a tool for the characterization of compaction properties of pharmaceutical products. Journal of pharmaceutical sciences,2010,99(6): 2874-2885.

[44] WAHL P R,FRUHMANN G,SACHER S,et al. PAT for tableting:inline monitoring of API and excipients via NIR spectroscopy. European journal of pharmaceutics and biopharmaceutics,2014,87(2):271-278.

[45] MANLEY L,HILDEN J,VALERO P,et al. Tablet compression force as a process analytical technology(PAT):100% inspection and control of tablet weight uniformity. Journal of pharmaceutical sciences,2019,108(1):485-493.

[46] LEVINA M,CUNNINGHAM C R. The effect of core design and formulation on the quality of film coated tablets. Pharmaceutical technology Europe,2005,4(4):29-37.

[47] PORTER S C. Preventing film coating problems by design. Pharmaceutical technology,2016,40(2):42-45.

[48] SLATER N S. Tablet coating. Tablets & capsules,2018,16(3):11-14.

[49] SUZUKI Y,YOKOHAMA C,MINAMI H,et al. Tablet velocity measurement and prediction in the pharmaceutical film coating process. Chemical and pharmaceutical bulletin,2016,64(3):222-227.

[50] PANDEY P,TURTON R,JOSHI N,et al. Scale-up of a pan-coating process. AAPS PharmSciTech,2006,7(4):125-132.

[51] PÉREZ-RAMOS J D,FINDLAY W P,PECK G,et al. Quantitative analysis of film coating in a pan coater based on in-line sensor measurements. AAPS PharmSciTech,2005,6(1):E127-E136.

[52] EL HAGRASY A S,CHANG S-Y,DESAI D,et al. Raman spectroscopy for the determination of coating uniformity of tablets:assessment of product quality and coating pan mixing efficiency during scale-up. Journal of pharmaceutical innovation,2006,1(1):37-42.

[53] KAUFFMAN J F,DELLIBOVI M,CUNNINGHAM C R. Raman spectroscopy of coated pharmaceutical tablets and physical models for multivariate calibration to tablet coating thickness. Journal of pharmaceutical and biomedical analysis,2007,43 (1):39-48.

[54] LIN H,DONG Y,MARKL D,et al. Measurement of the intertablet coating uniformity of a pharmaceutical pan coating process with combined terahertz and optical coherence tomography in-line sensing. Journal of pharmaceutical sciences, 2017,106(4):1075-1084.

[55] PODCZECK F. A novel aid for the preparation of pellets by extrusion/spheronization. Pharmaceutical technology Europe, 2008,20(12):26-31.

[56] JONES D M. Factors to consider in fluid-bed processing. Pharmaceutical technology,1985,9(4):50-62.

[57] PORTER S C. Sacle-up of film coating//LEVIN M. Pharmaceutical process scale-up. 3rd ed. New York:Informa Healthcare, 2011.

[58] RAJESH A,REETIKA D,SANGEETA A,et al. Wurster coating-process and product variables. International journal of pharmaceutical innovations,2012,2(2):61-66.

[59] YANG S T,GHEBRE-SELLASSIE I. The effect of product bed temperature on the microstructure of Aquacoat-based controlled-release coatings. International journal of pharmaceutics,1990,60(2):109-124.

[60] METHA A M. Scale-up considerations in the fluid-bed process for controlled-release products. PharmTech,1988,12(2): 46-52.

[61] SONAR G S,RAWAT S S. Wurster technology:process variables involved and scale up science. Innovations in pharmacy and pharmaceutical technology,2015,1(1):100-109.

[62] AVALLE P,POLLITT M J,BRADLEY K,et al. Development of process analytical technology(PAT)methods for controlled release pellet coating. European journal of pharmaceutics and biopharmaceutics,2014,87(2):244-251.

[63] LEE M J,SEO D Y,LEE H E,et al. In line NIR quantification of film thickness on pharmaceutical pellets during a fluid bed coating process. International journal of pharmaceutics,2011,403(1-2):66-72.

[64] HUDOVORNIK G,KORASA K,VREČER F. A study on the applicability of in-line measurements in the monitoring of the pellet coating process. European journal of pharmaceutical sciences,2015,75:160-168.

[65] HISAZUMI J,KLEINEBUDDE P. In-line monitoring of multi-layered film-coating on pellets using Raman spectroscopy by MCA and PLS analyses. European journal of pharmaceutics and biopharmaceutics,2017,114:194-201.

[66] GENDRE C,GENTY M,DA SILVA J C,et al. Comprehensive study of dynamic curing effect on tablet coating structure. European journal of pharmaceutics and biopharmaceutics,2012,81(3):657-665.

[67] WIEGEL D,ECKARDT G,PRIESE F,et al. In-line particle size measurement and agglomeration detection of pellet fluidized bed coating by spatial filter velocimetry. Powder technology,2016,301:261-267.

[68] KADUNC N O,ŠIBANC R,DREU R,et al. In-line monitoring of pellet coating thickness growth by means of visual imaging. International journal of pharmaceutics,2014,470(1-2):8-14.

[69] PATEL P,GODEK E,O'CALLAGHAN C,et al. Predicting multiparticulate dissolution in real time for modified- and extended-release formulations. Pharmaceutical technology,2017(Suppl 2):S20-S25.

[70] BOGOMOLOV A,ENGLER M,MELICHAR M,et al. In-line analysis of a fluid bed pellet coating process using a

combination of near infrared and Raman spectroscopy. Journal of chemometrics, 2010, 24 (7-8): 544-557.

［71］BLOCK L H. Scale up of liquid and semisolid manufacturing processes. Pharmaceutical technology, 2015 (Suppl 1): S26-S33.

［72］GORSKY I. Parenteral drug sale-up//LEVIN M. Pharmaceutical process scale-up. 3rd ed. New York: Informa Healthcare, 2011.

［73］GOUILLART E, DAUCHOT O, DUBRULLE B, et al. Slow decay of concentration variance due to no-slip walls in chaotic mixing. Physical review E: statistical nonlinear & soft matter physics, 2008, 78 (2 Pt 2): 026211.

［74］MERCADER M B, RUBIO J M A. Manufacturing semi-solid and liquid dosage forms: a point of view from the NIR-PAT perspective. European pharmaceutical review, 2015, 20 (1): 19-23.

［75］QWIST P K, SANDER C, OKKELS F, et al. On-line rheological characterization of semi-solid formulations. European journal of pharmaceutical sciences, 2019, 128: 36-42.

［76］HALL S, PACEK A W, KOWALSKI A J, et al. The effect of scale on liquid-liquid dispersion in in-line Silverson rotor-stator mixer. Chemical engineering research and design, 2013, 91 (11): 2156-2168.

［77］MALAMATARI M, TAYLOR K M G, MALAMATARIS S, et al. Pharmaceutical nanocrystals: production by wet milling and applications. Drug discovery today, 2018, 23 (3): 534-547.

［78］IZZUDIN M, ZAINAL I, ABDUL A, et al. Review on measurement techniques for drop size distribution in a stirred vessel. Industrial & engineering chemistry research, 2013, 52 (46): 16085-16094.

［79］REDMAN T, O'GRADY D. Improve products and processes with inline particle analysis. Chemical engineering progress, 2017, 47-55.

［80］HICKEY A J, GANDERTON D. Heat transfer//Pharmceutical process engineering. 2nd ed. Boca Raton: Taylor & Francis, 2010.

［81］HICKEY A J, GANDERTON D. Fluid flow//Pharmceutical process engineering. 2nd ed. Boca Raton: Taylor & Francis, 2010.

［82］MARKARIAN J. Pumping fluids in biopharmaceutical processing. Pharmaceutical technology, 2017, 41 (2): 72-73.

［83］VAN HEUGTEN A J P, VROMANS H. Scale up of semisolid dosage forms manufacturing based on process understanding: from lab to industrial scale. AAPS PharmSciTech, 2018, 19 (5): 2330-2334.

［84］MCBURNIE L, BARDO B. Validation of sterile filtration. Pharmaceutical technology, 2004 (Suppl 7): S13-S23.

第十五章　药品生产的质量体系

第一节　概　　述

药品质量可定义为对产品标签中所阐述的药品适应证和使用方法的合适程度或适用性,当然药品也需要符合其特定属性,如主成分的确认及其效价和纯度等。当药品无法符合质量要求时,患者使用后会产生严重后果。例如,因灭菌程度不足而造成注射剂被微生物污染,使用后将导致患者致命性感染。当患者需服用抗高血压药时,如果该药物因为溶出不佳导致在患者体内无法被充分利用,则可能危及患者的健康;如果为儿童免疫接种的疫苗由缺乏适当的过程控制而导致疫苗效价不足,那么它将无法让接种疫苗的儿童获得对某种疾病的足够的免疫力。

药品的使用者为服用药品的患者以及开处方、调配和给药的健康卫生专业人员。与其他消费品不同,这些药品使用者往往无法独立评估所用药品的质量。因此政府需以积极主动的态度,通过相关法规的建立及实施,确保从新药的批准到上市药品的制造和供应时药品的质量,因此制药业可以说是受政府监管最严的行业之一。

制药工艺复杂,最终成品的质量受多种因素的影响,包括环境、公用体系、原材料、人员、设备和过程条件等。药品质量不能仅通过半成品和成品检验结果来得到保证,因为检验始终受到抽样问题和样品代表性的限制,因此药品质量必须在生产过程中建立。对一个制药公司来说,现行《药品生产质量管理规范》(*Current Good Manufacturing Practice*,cGMP)对制药过程提出了必须遵守的基本要求。

不符合 cGMP 法规所制造出的药品称为"劣药"。不遵守 cGMP 规定,将导致严重违反法律的后果,并将对公司造成负面的商业影响。申请药品注册时,如果提交的资料没有按 cGMP 要求产生,申请注册的产品将不会被批准。在官方执行现场稽查时,如果发现严重违反 cGMP 的事件,受查的实验室或公司将不被认证。当公司对稽查时被发现违反 cGMP 的过失作回复时,如果法规当局不满意其答复,将对公司发出警告信并可能影响未来新药品的批准。如果对警告信未能提出有效改善行动的回复,则需要与法规当局达成协议(同意法令),协议中制药公司必须阐明将采取哪些措施使其作业能重新遵循法规要求。高额罚款、接受官方多年监管及外雇质量顾问参与改善工作等通常是协议的一部分。

除 cGMP 外,其他法规也适用于新药研究和新产品开发及药品运输。在临床前阶段,《药物非临床研究质量管理规范》(*Good Laboratory Practice*,GLP)阐明了如何进行动物研究以符合法规的要求。当新药进入临床研究阶段时,所有临床试验的执行都需符合《药物临床试验质量管理规范》(*Good Clinical*

Practice，GCP）规定。临床用药物、注册用产品批次和市场销售批次等其生产都需符合 cGMP 要求，而药品的运销则需要遵循《药品供应和流通规范》（Good Distribution Practice，GDP）。

质量体系（quality system，QS）是一个记录公司的组织架构、程序、工艺、资源和权责等的系统，用于对产品从开发到商业制造的整个生命周期实施质量管理，以符合 cGMP 和其他相关法规的要求。质量体系的建立可以使公司能够研发满足目标产品特征要求（TPP）的产品，过程性能被维持在受控状态并能促进持续改进。

质量保证（quality assurance，QA）部门通过审查依据标准操作规程所执行的任务的结果或内部及外部稽核来监督质量体系实施的状态，公司的执行管理层应该对质量体系的持续适用性和有效性负责。因此，QA 部门应对执行管理部门定期提供工艺过程性能和产品质量的更新报告及记录质量体系相关问题的文件材料。

第二节　质量体系文件的层级结构

一、第一层级文件——质量手册

质量手册（quality manual）是质量体系中最高级的文件，叙述公司质量体系的一般通则，公司内部员工及外部顾客与稽核员都可以手册内容作为公司执行质量管控的准则。稽核员通常会在稽核开始前要求审阅质量手册，以对公司的质量体系作初步的了解，有助于其对公司在产品质量方面所作出的努力有所认同。

质量手册应包含对公司质量体系的一般描述，包括下列章节：

1. 质量体系的建立流程及符合公司使命和愿景的整体质量目标。

2. 公司内的所有作业，受质量体系涵盖与不涵盖的范围。

3. 定义管理层级对质量体系所应负的责任。

4. 参照质量体系所依据的 cGMP 法规，对产品质量具有直接或间接影响的关键制药过程加以说明，如资源利用、制造流程与评估工作及其管控。

除了上述章节外，将公司全部现行的质量政策作为手册的附录列出则更能充实手册内容。

二、第二层级文件——公司质量政策

在文件层级结构的金字塔中，公司质量政策是质量体系的第二级文件，其内容是所有下级文件必须遵守的准则，以确保公司内的不同部门能一致执行正确的质量政策以符合 cGMP 法规要求。公司质量政策不是用来陈述特定作业的工作指令或提供用于记录数据的表单，而是对关键性的质量方案或体系说明其策略意图与目的和实行的准则，并对其设立的缘由及方案的设计加以解释。

质量政策的内容、标题及负责单位可因公司不同而异，但毋庸置疑，其间仍存在许多相同的部分。公司最高行政负责人应对与公司管理阶层的责任和组织相关的质量政策要求给出承诺，而法务部门则应认同官方稽查政策的规定。因此，质量政策的制定应由公司内负责执行该政策的相关部门共同完成。每份质量政策都应该经过签署和注明日期，并成为文件管理体系的一部分。

三、第三层级文件——标准操作规程

在质量体系文件阶层结构中,标准操作规程(standard operating procedure,SOP)为公司质量政策的下一级文件。此类文件是针对部门或其功能而制定,并为执行的任务提供精准且明确的逐步说明与指令,以满足相关质量政策的规定和要求。撰写 SOP 时,特别重要的是以 SOP 使用者的角度去编写,其内容更应具有实用性。

SOP 的目标应包含标题、文件编号以及版本。文件首页应供制定者、审核者以及核准者签名所用,内文的部分则应包含目的、应用范围、定义、人员职责、作业程序、参考依据与其他相关文件、附件与修订历史等。

四、第四层级文件

在质量体系文件阶层结构中的最后一级为第四层级文件,这些文件的内容在本质上是最具体的,因其为生产与实验室相关任务与作业提供了逐步操作的指示及用于记录过程或作业内容的表单,例如:数据记录、表单或批记录等。第四层级文件包括以下类型:

1. **批记录**　这类文件通常由制造部门使用与完成,制造批次记录是对生产制造作业或任务的操作提供逐一步骤的详细指导,此外在批次记录(空白)内更提供了每一步完成后记录的地方。

2. **检验方法**　这类文件通常由质量控制(quality control,QC)部门使用与完成,检验方法针对耗材、原辅料、半成品、成品的检验以及其他与过程相关的测试(例如:GMP 厂房的环境监控)提供逐步操作的指令。检验方法通常附有供检验结束后填写实验结果的表单。

3. **规格**　这类文件列出原辅料、半成品或成品在使用或销售放行前所必须满足的要求,质量保证部门需要比对实验结果与规格以判定其是否通过。

4. **研究计划书与报告**　研究计划书提供研究的方法(例如:分析方法的验证、设备资格的认定)及研究结果的验收标准。研究完成后,将会发出一份报告,说明实验结果与结论是否通过验收标准。

5. **日志记录簿**　用于记录日常作业及活动的表单装订本。在一般情况下,日志记录簿用来记录仪器或设备的操作、维护及校正,另外还可以用来记录其他关键性的作业内容,例如,房间的温湿度监控、溶液配制、检品接收与偏差作业等。

6. **实验记录本**　通常用来记录不受 GMP 管控工作的实验资料。当实验记录本在 QC 实验室中用于执行受 GMP 管控的实验时,则必须有适当的管控程序。

第三节　质量子体系

当产品的质量与性能必须经由一系列过程的执行与控制以满足 cGMP 法规时,建立及遵循一稳健的质量体系极为重要。为了有效地推行,质量体系可以进一步划分为不同的子体系。每一子体系都是对某一受 cGMP 控制的关键性制药作业相关的要素的详细的陈述。每一个质量子体系可作为公司质量政策及其相关下属程序文件的基础。

因为所有质量子体系彼此间相互关联,每一子体系对其他子体系会有影响,因此必须一起遵循全部子体系,才能够持续稳定地制造出高质量的产品。另外,更需要理解的是,每一子体系并不是只适用于公司或工厂内的某个单一部门,例如,原物料控制子体系并不仅适用于原物料的接收、储存及处理和成品出货,还适用于采购部门从合格供应商处购买原物料、制造部门提出原物料的申请及领用和成品转移到仓库、质量保证部门对原物料和成品进行抽样以供测试用、质量保证部门决定是否对原物料和成品批次放行等。

一、质量保证子体系

质量保证子体系被视为质量子体系的核心,并为其他子体系提供了基础;对质量保证子体系中要素的应用将有助于实现其他子体系的依从性。质量保证子体系的关键要素如下:

(一)管理阶层职责

公司的高阶层管理团队应对公司产品销售和营运利润相关的财务状况负责。然而,除了经营业绩外,制药公司的高级管理阶层更应确保公司的业务与运营符合相关法规要求并负起制造出高质量产品的最终责任。质量的建立必须从企业组织的最高阶层做起,公司高级管理阶层的行为和主张必须处处肯定质量是公司最优先事项。公司的高阶层领导者必须赋予所有员工追求质量的权利,并在实现和推动公司质量文化方面发挥作用。高级管理阶层的职责包括建立公司内正式的具有质量管理功能的质量政策,并实现质量政策的目标及承担相应的责任;制订质量计划和要求;提供合理与均衡的资源;进行有效的质量性能管理;建立持续的生产改进流程,以不断改进产品质量为最终目标。

(二)质量组织与质量管理评审

质量保证(QA)部门是公司质量组织中最关键的部门,由高级管理团队中一名对质量全权负责的成员领导并担任管理阶层代表,负责建立质量体系,监控其他部门的工作是否符合质量体系的要求。公司组织架构图中必须显示质量保证功能的独立性,对这种独立性应加以维护和提升,让 QA 能对公司的整体质量进行监控,使公司内的所有部门对未能遵守质量体系的行为负起责任。

通过由质量主管定期(至少半年)召开的质量管理评审会议,可让最高行政管理阶层和高级管理小组成员了解推行质量体系的有效性和适用性。质量管理评审对象应包括上次评审会议决定的后续执行项目以及在评审期间质量体系的实施效果。实施效果的信息可以来自内部质量稽核、官方或业务合作伙伴的外部稽核、质量趋势分析、偏差调查、客户投诉、纠正和预防措施的结果以及其他重要的质量问题报告。管理评审的成果包括与质量体系改进相关的项目,如修订质量目标和政策、资源的分配或调整,以及适时将评审结果与后续行动与不同的管理阶层人员进行沟通。

(三)质量审核(稽核)计划

QA 必须制订内部和外部质量审核的政策和程序。对供应商和委外合约服务公司进行的外部现场审计可包括不符合品质标准的突发事件的调查、尽职调查或年度 GMP 执行的合规性审核等。在签署业务或技术合约与质量协议前,应完成技术资料和质量相关信息的审核,合约内应包括在合约执行期间,偏差通知和变更控制报告的条款。内部审计一般是定期进行的,并涵盖公司内所有的职能部门。对于每一次内部或外部审计,都应出具一份审核报告,指出所有发现的不足之处,受审计的一方应提出改善行动方案和完成日期,并由质量保证单位进行持续追踪,在结案前也可能需再次进行审计以确保其改善作业能落实执行。

(四) 文件体系

完善的文件制订和管理程序是质量体系重要的一部分。明确的书面程序可避免口头传达所产生的错误,明确的书面记录更可对完成的工作进行追溯。文件的设计、准备、审核和分发必须用心。文件必须由具有特定专长并被授权的适当人员进行批阅、签署并注明日期。质量政策和作业程序等文件必须明确说明其标题、目的、范围、责任、要求或作业程序。

必须对文件进行定期审阅并作必要的更新。当文件被修改后,必须遵守适当的管理程序以防止无意中使用已被取代的旧版本(即只有最新版本的文件才可供人员使用)。对文件或记录所作的任何更改都必须签名且附注日期,更改后的原文内容仍可被阅读。在适当情况下,必须记录更改的原因。

执行一项工作后必须立即记录,对所有与临床前研究、临床试验以及产品制造和产品质量控制有关的工作须以同样的方式记录,以确保其可追溯性。关键记录的储存(例如 GMP 作业相关文件)必须要注意安全并仅对授权人员开放,储存地点必须有完善的保护措施以防止丢失、被破坏或篡改及火灾和水灾等造成的损坏。

与药品注册相关或重要公司业务的记录应对纸张、微缩胶卷或电子文件进行复制,副本应储存在与原始档案不同且安全的建筑物中,以降低意外遗失的风险和避免因遗失而必须采取的后续行动。

数据可由电磁或摄影的方法进行记录,但对这些体系的使用方法必须建立详细的作业程序,并应查验记录的准确性。如果文件被电子化处理,则只有被授权的人员才能在电脑中输入或修改资料,电脑的访问必须受到密码或其他方式的限制,关键资料的输入必须通过独立的确认。当使用电脑储存时,电脑体系需要符合相关法规要求,以确保电脑软件已被验证。

(五) 质量风险管理

质量风险管理(quality risk management,QRM)是一个系统工程,用于评定、控制、通报和审查药品在整个产品生命周期中的风险。QRM 的目标是主动地作出数据驱动的、科学合理的决策,而不是为已经采取的行动或达成的决策辩护。每当对可能影响产品质量或未必符合法规要求的行动作出决策时,都可以执行 QRM 流程。QRM 流程的第一步是风险识别并明确界定风险,然后选择评估风险的工具,如故障模式与影响分析(failure mode and effect analysis,FMEA)、危害分析与关键控制点(hazard analysis and critical control point,HACCP)等。

风险评定可分为三个步骤:风险识别、风险分析和风险评估。首先查明与风险相关的潜在危害来源再进行风险分析,对被认定构成危害的风险估计其严重程度和发生概率。在风险评估步骤中,将估计的风险与可被接受的风险程度进行比较,对不能被接受的风险应设法减少。在风险控制阶段,负责单位将在规定的时间内采取必要行动,将所有风险降低到可被接受的程度。

负责风险管理或与风险管理相关的人员应全力参与 QRM 流程。他们应充分参与收集用来作为风险评估的资料和作出控制风险的决策,以便最大限度地获得组织的支持。实行 QRM 流程的结果应传达给相关人员,并进行文件记录再由 QA 批准。风险的评审应定期进行,以确保改善方案能被有效执行。

(六) 变更控制体系

在药品的生产和供应过程中,变更是极其常见的。变更的对象包括设备、公用设施体系、处方、制造工艺或制造场所、原物料和成品的规格、原物料供应商以及所有相关文件。变更可能是对新客户规格的简单调整、文件的更新、组件的更换或因其他生产上的需求,也可能是针对已被批准的法规资料或作业程序的变更。变更可能是暂时性的,也可能是永久性的、常规或紧急的,可能不造成任何影响,也可能是事态严重足以导致生产作业暂停。因此,变更管理是质量体系中一个重要的组成部分。

变更通常由发起者或原负责人开启,他们将填写变更申请表,然后由一 QA 成员担任变更管理主席,与提议变更有关联或可能受变更影响的部门代表组成变更管理委员会并对提出的变更进行审查和批准。在变更被批准实施之前,变更管理流程应包括冲击影响分析、风险评估和对用来支持变更的资料的评审,以确认变更结果可被接受并作最后的文件记录,必要时更可能需要获得官方药政机构的批准后才可实施变更。

对变更可能涉及的产品或制造场所作明确的定义后,即可进行影响分析。对过程或其控制策略多个方面的变更必须确定是否需要向法规当局提出药证批准后才能执行,其结论应有文件记录。为确保变更施行后不会产生意想不到的后果,风险评定包括风险识别和风险分析,风险评估应由相关部门提供资料来完成。对与关键工艺参数或关键原物料属性相关的重大变更,可能需要进行额外的实验,以实验数据来证实变更后的结果可被接受。如果实验结果并不符合可被接受的标准,则重新作风险评估,可考虑不实施变更或是增加控制条件并重新进行额外的实验,以确保变更不会导致意外的后果。在执行变更后,趋势监测是一有价值的工具,可用来确认产品过程仍被控制中,并证明所作的变更对产品的总体质量无不利的影响。

(七) 偏差、调查、纠正和预防措施

在一受 cGMP 控制的工作环境中,任何偏离已经被批准的工作指令、程序、规格或标准的事件都称为偏差事件。所有人员都应接受识别偏差事件的培训,并被告知适当的记录和处理偏差的程序。处理偏差事件的第一步应详细描述导致偏差事件的、不符合规定的事项,更需要清楚地叙述偏差事件发生时事项发生的前后次序和当时立即采取的行动;然后按照 QRM 体系中的风险评估把偏差事件归类为事件、次要偏差、主要偏差或关键偏差等。

如果偏差事件不影响产品质量属性和制造工艺参数,并且不违反或省略已被批准程序中的指令或规格要求,则可将其视为事件。对事件不需要采取后续行动,但需要将其记录以便日后供调查时使用。次要偏差是因不符合既定程序而造成的,但不影响任何产品质量属性、关键工艺参数或用来控制工艺流程的重要设备或仪器。当偏差事件会影响产品质量属性、关键工艺参数、对工艺流程控制至关重要的设备或仪器,但对患者不太可能产生不良影响时,则将其归类为主要偏差。若主要偏差对患者很可能造成不良影响,包括危及生命的情况则归属为关键偏差。

对次要偏差通常是以立即纠正措施(经 QA 批准)来处理,并根据立即纠正后的结果来确认问题是否已被掌控与纠正后的成效。对立即纠正措施与其完成后的结果都应进行文件记录。主要偏差和关键偏差首先通过纠正(经 QA 批准)来处理,然后对偏差的根源展开调查,接着采取相应的纠正和预防措施,而这些纠正和预防措施(corrective action and preventive action,CAPA)则被编写为另一独立的体系。

对偏差根源展开调查应以过去的历史资料和积累的知识为基础,并用有效的因果分析方法(如鱼骨图)进行系统和深入的调查。对根源的调查可为执行的纠正措施与可能被采用的预防措施提供客观证据。纠正行动是为了消除偏差的根本原因,行动实施前必须得到 QA 的批准,纠正的效果必须按照 CAPA 体系的要求进行查证和记录。纠正措施是针对监测到的偏差而执行的,预防措施则是为了降低可能导致违反规格和产生偏差的风险因素。CAPA 体系处理偏差所产生的结果可以成为持续改进工作

的一部分,因执行纠正和预防措施所导致的永久性变更则应遵循变更控制体系予以处理。如果次要偏差重复发生多次,次要偏差可被归类为主要偏差并必须以主要偏差的作业程序来处理。应对针对次要偏差所采取的纠正行动未能成功的原因加以调查。基于相同的处理方式,当相同的事件重复发生时,事件可以被视为次要偏差。

上述偏差是在工作执行中或工作完成后被发现的,事件的发生纯属意外或未在预料中。计划性偏差是指故意或有意执行不符合规定的作业,例如校正或验证作业因为资源缺乏而无法如期完成或使用了条件放行的原料。计划性偏差如果与非计划性主要和关键偏差造成相同的影响则不应被允许。计划性偏差必须经过适当的评估、风险评定和 QA 的批准后才可实施。计划性偏差执行后,应对其成果的有效性进行审查。虽然计划性偏差是一次性事件,但仍应尽量避免。如果与计划性偏差相关的变更被判断为永久性的,则应遵循变更控制体系予以处理。

(八) 投诉处理

任何书面、电子或口头通信,声称产品放行销售后发生与产品的确认、质量、耐用性、可靠性、安全性、有效性或功能性相关的缺陷时,必须有适当的文件记录、调查并在规定的时间内结案。与投诉相关的信息必须遵循特定的体系予以搜集。每个产品投诉都应根据其可能造成的影响进行优先顺序的排列,对可能需要通报监管当局的投诉则应优先处理,因严重产品质量问题对患者安全有影响的投诉也应尽快处理。

投诉是否需要进行调查由 QA 决定,如有需要可再由 QA 决定该如何进行调查。对调查与否的决定应提出理由并进行文件记录。对是否取得退回品应予以记录,如有需要可补加附留样品的审查结果。对未出货的产品是否进行隔离应作出决定并作记录。重大投诉例如药物不良反应或产品质量问题则需要紧急通报和审阅,并遵循 CAPA 体系执行后续行动。

投诉的调查也应包括可能受到同样影响的其他批次,审查特定批次的投诉历史以及对相关的制造和实验室记录彻底查验是否有偏差的发生因而可能导致投诉。产品投诉调查应在作业程序规定的时间内完成。如果调查不能按时完成,应先完成经 QA 核准的临时性报告。调查完成后,必须采取纠正行动,其行动的选择则取决于投诉的类别。

完成的调查和改进报告应根据需要分发给内部相关部门,公司更应向客户/投诉人作适当的回复。最后的报告应说明投诉是否得到确认,并包括处理依据的记录。对每一项被确认的投诉,都应予以记录并完成适当的纠正和预防措施。

对投诉事件应进行分类,以便对其追踪和进行趋势分析。类别可能包括缺陷类型及受影响的体系、产品、剂量、设备等。应定期编写趋势报告,供管理阶层评审以查明趋势并确保管理阶层了解产品质量问题可能造成的影响。趋势分析应包括统计评价及异常值的确认,分析结果有助于确定过程是否需要作变更或改进。

(九) 人员资历及培训计划

制药公司招聘不同职能的员工时必须先制订职务说明。新聘员工如果具有相关教育背景或与职务相匹配的工作经验将有助于融入新的职位并使在职教育培训更有效。为了使每一位员工对 cGMP 法规和公司质量体系的基本要求有相同程度的了解,在新员工就业前必须接受 cGMP 法规和公司质量相关规定的在职教育培训,并每年为全部员工举办复习的培训课程。根据员工的工作职能,QA 将为员工规定其应接受何种质量子体系相关的教育培训。不同职能单位的经理和主管须为下属确定其工作职责所需要的在职教育培训。在职教育培训是为了传授给员工按照 SOP 执行任务时所需要的技能。新进员工需接受在职教育培训,当员工使用新安装的设备和仪器或执行新实施的程序时也应接受在职教育培训。在公司内工作的合同人员如果其工作会影响产品质量也应该接受适当的培训。

对法规和公司质量相关规定的在职教育培训可以通过课堂授课的方式进行,也可以在线上自学,培训结束后必须进行测试,以评估培训是否有效。针对在实验室使用仪器或作业涉及复杂设备的在职教育培训,受训者需要先阅读 SOP 然后进行笔试,通过后再观察培训者的操作示范,然后受训者在培训者的监督下进行操作,或执行实验,最终将由培训者综合实操情况和实验数据进行整体评估。一般情况下,在职教育培训结束后,受训人员必须在培训者的监督下,执行任务达到特定的次数后,才可单独操作。当有证据显示员工在完成最初的在职教育培训后仍不能正确、安全、有效地执行任务时,往往需进行重新在职教育培训。

培训者不仅是该培训项目的专家(subject matter expert,SME),而且还需具备教学技能。希望成为培训员或被要求成为培训员的专家必须证明有适当的学历教育证书和专业证书或已经通过"演示评估"(presentation assessment)。演示应以相关主题为主要内容,给同行和 / 或其他专家作报告,报告的评价标准包括报告内容、报告风格内容的表达及回答问题的能力等。

教育培训记录是为培训的执行提供证据,这些记录须受 QA 的审核。部门经理负责编制培训计划并定期与部门人员一起审查每个人的培训计划进度,以确保培训计划能按时完成,使部门员工在其特定的工作岗位上能取得令人满意的工作成绩。

(十) 年度产品审查与趋势分析

年度产品审查(annual product review,APR)是每年对产品进行评估的报告,以确定产品在质量上能保持稳定,报告中包括偏差、变更控制和市场投诉等。APR 可以确认现行的制造工艺的一致性,还有助于了解工艺的缺陷和改进的方向,同时会对过程的产率和制造参数的趋势以及产品的分析结果加以特别说明。APR 会对使用于产品的原物料和包装组件的质量趋势及这些材料供应商的质量都加以记录。产品报废也应包括在审查中。稳定性研究资料的趋势是产品稳定性的指标之一。APR 中的趋势分析信息可以用来评估以前所作的任何改良的效果,并可帮助决定是否需要对改良进行重新验证。此外,CAPA 完成后产品质量的变化也是 APR 评估与报告的对象。

在准备 APR 时,部门经理向 QA 提供相关资料和趋势分析。QA 负责审查资料并撰写 APR 草案,再提交给由高级管理成员组成的 APR 委员会进行评议。APR 的修订版将由委员会核准并可同时提供 CAPA 的建议,随后再由相关部门经理执行。可以说,APR 有助于产品质量的改良。

二、建筑物、公用设施体系与设备子体系

制造场所的建筑物为公用设施体系、设备和制造过程以及其他支持性业务如原物料处理、质量控制实验和办公室管理等提供所需的空间。公用设施是为了提供制造工艺的环境需求以及其他需求而安装的体系。设备是制造工艺重要的一部分,其运作是为了生产最终产品。这些体系的设计、操作和控制以及维护的要求应在质量体系中明确说明并有适当的记录。

(一) 验证

建筑物的设计,包括尺寸、施工材料、表面处理(墙面、天花板和地板)以及房间摆设(平面图)等必须取决于业务计划中产品类型和数量,并能满足与预计制造的产品类型相关的 cGMP 要求。此外,设计

应考虑合理的材料(原物料、半成品、成品和过程废弃物)和人员流动线。不同的设备应放置于适当的位置以避免交叉污染并便于制造步骤的简化。制造区域的压差是防止产品交叉污染所必需的要求。当然,建筑物首先必须遵守国家建筑相关和环境相关的法规(如消防安全和排放控制标准等)。

对于设备和公用设施体系对产品质量的影响,应采用基于质量风险管理原则的方法进行评估。根据影响情况,将设备和公用设施体系归类为直接严重影响质量的体系、间接严重影响质量的体系或无影响体系。无影响体系,如电力、厂房内锅炉的一般蒸汽、非过程使用的压缩空气等,这些体系可能只需要试车。对直接和间接严重影响质量的体系,如空调、水体系、纯蒸汽产生器、过程用压缩空气体系和制造设备等,必须进行设计验证(design qualification,DQ)、安装验证(installation qualification,IQ)、操作验证(operation qualification,OQ)及性能验证(performance qualification,PQ)等来完成完整的验证作业。DQ是为了验证设备或体系的设计能满足采购前所设定的使用者要求规格(user requirement specifications,URS)。如果在设备制造过程中需要修改设计,则必须采用风险管理和变更控制流程。试车包括在制造厂进行的设备启动调整或工厂验收测试(factory acceptance test,FAT)时的微调,类似于 FAT 的现场验收测试(site acceptance test,SAT)将在交付设备后在公司内进行。按照供应商和公司建立的程序,这两类测试需要撰写测试计划书和报告。

安装验证(installation qualification,IQ)的执行是要证明公用设施体系或设备符合规格(即尺寸和材料)要求,并与电力和其他支持体系(即纯水体系的给水源和冻干设备的真空泵)有适当的连接,以及确认其运行所需的所有元件都已到位,包括设备操作和维护的使用者手册等。操作验证(operation qualification,OQ)是为了证明该体系或设备在特定环境下可以按照其操作规范顺利运转(如纯水体系的温度和流速控制、翻转粉末混合机的转速和高压灭菌釜的空载热分布)。校正也应在 OQ 期间完成。设备操作、维护和清洁消毒的标准操作规程(SOP)的建立和在职教育培训可以由设备制造商执行。

性能验证(performance qualification,PQ)是验证作业的最后一项,它的执行是为了证明公用设施体系或设备按照程序运行能达到预期的效能与成果。公用设施体系所制造的产物其质量常用于 PQ 的验证作业,例如从纯水体系各采样点收集的水样品质量是否符合物理、化学和微生物的规定要求。设备性能验证可在正常的制造操作环境下执行,并使用标准产品进行测试。这也能对现有设备和新安装的设备间的性能提供比较的机会。例如,用标准粉末混合物进行翻转粉末混合机的性能验证。在进行高压灭菌釜的 PQ 时,可使用已知抗湿热的生物指示剂(biological indicator,BI)接种在选定的液体处方中,在预定装载模式的高压灭菌釜中按照标准操作规程进行灭菌,产品的热渗透可使用热电偶进行物理确定,灭菌过程的性能可由 BI 在产品内的致死率(F_0)来表示。依据公用设施体系和设备的性能稳定性,应定期进行再验证。应对重大性能故障或重大变更时都应以 CAPA 和变更控制体系进行处理。

验证作业的文件要求包括研究计划书、任务执行记录和报告。研究计划书中的关键项目有标题、目的、范围、责任、对验收标准的验证参数及其相关的检查或测试程序、供测试结果登记的空白表单(检查清单)以及其他作为参考资料的标准或文件。验证作业完成后,验证结果将在报告中加以记录并作评估和总结。报告中还应记录所有偏差和解决这些偏差所采取的措施。报告中附有结论,说明设备是否符合所有验证的验收标准,若未附结论,应建议重新验证。

(二) 维护

当公用设施体系或设备在日常操作中发生故障时,将进行纠正性维护(修复)。虽然纠正性维护不能完全避免,但应在发生故障前进行维护,这称为预防性维护。预防性维护旨在故障发生前更换磨损部件来维持和提高设备的可靠性。除了遵循 cGMP 法规外,实施预防性维护计划还有其他好处,例如减少生产停机时间、延长设备使用寿命、防止二次故障发生和提高操作安全性等。

预防性维护(preventive maintenance,PM)内容包括需更换的部件及对特定体系或设备所作维护的固定频率,通常由制造商提供,但使用者应用风险评估方法进一步评估计划并根据使用和维修历史进行必要的调整。PM 可以由公司的工程部门执行,也可以外包给原制造商或其他提供相关服务的公司。在理想情况下,更换的部件通常来自原制造商,但也可以从第二来源获得具有相同效能的部件。在维护过程中,服务技术人员无须更换所有部件,而是检查每一个组件,只更换磨损或退化的组件,从而大大节省了成本。PM 的时程表可以采用上一次 PM 的时间点,也可以基于实际使用率进行确定。应以人工或使用外购的电脑维护管理软件对内部或外包服务所进行的 PM 作调度和追踪。PM 作业的文件记录和报告必须符合既定的程序和法规要求。

预防性维护是在发现故障前进行的,利用先进的感应器技术对设备进行监测并根据设备的实际运行情况而执行。当感应器的输出(即温度、振动或功耗)数值超过极限(磨损阈值)时,设备可能随时会发生故障,因而必须采取适当的纠正措施。预防性维护已被广泛应用于公用设施体系,例如,超声波测量可用来检测蒸汽体系排水阀的运转情况,当蒸汽排水阀无法顺利开启排水时,可以通过蒸汽产生的超声波频率检测到排水阀的异常泄漏。

(三) 环境监控(environmental monitoring)

制药环境的质量由许多相互作用的变量控制,如建筑物的设计和运行、空调体系、现有的设备和操作人员、工艺流程以及清洁和消毒作业等。建立一可被接受的制造环境,需依赖于这些变量的效能及其控制。为了确保制造环境能维持在受控状态,必须建立有效的环境监控计划。无菌产品制造环境的控制比非无菌产品制造环境的控制要严格得多,但制订有效的监控计划的原则是相同的。

活性与非活性的空气微粒以及表面活菌是制造无菌产品所需监测的环境参数,而非无菌产品的制造只需监测活菌落的数量。建立例行性监测计划前须首先进行较多取样位置和较高取样频率的环境监控验证研究以获取大量可用的资料。在验证阶段,采用基于风险管理方法来决定取样位置和取样频率、取样方法(如主动和被动空气取样、表面取样技术)和微生物检测参数(如培养基的选择和培养条件)都是验证的一部分。培养得到的微生物其鉴定和鉴别也应纳入验证研究内。验证研究更应包括在“静态”和“动态”的条件下进行充分的重复实验。超出设定限度时所采取的对行动和趋势资料的分析是进行验证研究时必须执行的额外任务。最后利用验证研究所获得的资料来建立常规环境监测方案中的取样数量及位置,并设立警示和行动标准。

对常规环境监测的所有地点应制定标准操作规程,包括取样频率、取样时间(如在作业期间或结束后)、取样时间长短、抽样量(例如表面积、空气量)、特定的取样设备和技术、警报和行动标准以及当偏离警报和行动标准时所应采取的适当行动。环境监测资料的趋势分析有助于肯定防止污染工作程序的有效性(如人员更衣、清洁和消毒)并确保厂房处于受控状态。进行趋势分析的其他好处包括在设施发生超出限制事件前即能积极并主动地确定需要注意的区域、建立相关的警报标准,并提供与最主要的环境微生物和正常菌落群的数量与类别相关的资料。

三、制造子体系

产品的质量和性能应在产品设计时建立,产品制造过程必须正确且有效率,对每一过程步骤必须进行控制,以确保成品能具备所有设计特性和质量属性,包括规格。产品生命周期方法应被用来建立最终成品的质量,生命周期是从产品设计开始的,经过工艺验证再进行持续改进以满足工艺确认的要求。通过对产品和工艺的深入理解,可对制造过程的重要变异来源加以识别,并对其进行适当的管理,从而使整个产品生命周期能处于稳定的被管控状态。

(一) 产品设计

产品设计包括产品开发(处方和包材开发)和工艺开发两个方面,其目的是开发符合全部关键质量属性的最终产品。产品的设计应遵循"质量源于设计"(QbD)方法。QbD 是一种基于科学理论和风险评估的体系性方法,这种方法首先对产品所应拥有的特性加以定义,然后确定影响产品质量和工艺的关键变量,再制订最终的管控策略,以实现产品质量和工艺性能的稳定性。

目标产品质量特征需求(quality target product profile,QTPP)为产品开发提供了基本设计要求。QTPP 是药品综合目标质量特征的概要,其中包括剂型、给药体系、剂量、包装容器体系以及其他产品质量标准要求(例如无菌性、纯度、稳定性和药物释放速率等)。关键质量属性(critical quality attribute,CQA)包括物理、化学、生物和微生物性质和特征及其允许的限度、范围或分布。产品质量会受到这些属性的影响,因此这些属性应被用作产品和工艺开发的目标。产品开发中所用的材料(原料和包装组件)的性能不仅会影响产品质量如功效、纯度和稳定性,也会影响工艺性能。因此,必须对所有使用的材料确定其关键材料属性(critical material attribute,CMA),同样包括物理、化学、生物或微生物性质和特征,及其允许的限度和范围。制造工艺的操作变量如果已被证明能控制工艺性能并影响通过该制造工艺所得成品的质量,这些操作变量则被称为关键工艺参数(critical process parameter,CPP)。这些参数必须在工艺开发过程中被确定,并在产品制造过程中对其加以管控。

对某些 CMA 和 CPP 可以利用过去积累的知识来判定,但是如果某一工艺是新开发的,且没有足够的相关资料或使用经验,则应用实验设计(design of experiment,DOE)方法来筛选变量以确定其在统计上的重要性,并研究变量间的相互作用效应,最后利用反应曲面法对交互作用的变量及其组合作优化。应用 DOE 方法更可提供科学理论依据,帮助了解 CMA 和 CPP 对产品 CQA 的影响,并能确定这些变量间的数学关系,从而对设计空间加以定义。当所有输入变量都被管控在设计空间内时,产品质量应当可以获得保证。一旦设计空间在药证申请审查时获得监管单位批准,日后在空间内作任何改变则不需要向监管单位提出申请。在确定设计空间的过程中完成工作将可获得更丰富的知识,从而使研究人员能对产品和工艺有更好的了解。对使用原物料和产品规格的设定,以及对制造过程中每一步骤的控制更可以帮助制订控制策略。

(二) 技术转移与过程放大

技术转移(technical transfer)是提供技术的一方(sending unit,SU)和接受技术的一方(receiving unit,RU)两者间对产品和工艺相关知识的交换,其目的是将项目从研发单位转移到制造部门或转移到新的制造场所以继续生产,而且保证转移后的产品质量可继续被接受。在产品设计初期,研发实验室使用实验室规模的设备进行产品和工艺的开发,着重于 CMA 和 CPP 的筛选以及确定包装的要求。过程工艺开发应包括使用规模较大的设备继续设计空间的确定,这些中试设备也可用于从事提交批次的制造。产品生产获批后,生产作业将转移到从事商业生产的厂址。因此,产品开发从研发实验室转移到中试工厂,最后转移到商业生产的厂址的整个过程得以顺利进行,技术转移是一个必要条件。过程放大(scale up)是技术转移的关键作业,技术转移时所分享的信息必须与过程放大作业相关,而接受技术的一方能成功地执行过程放大更是技术转移的最终目标。

从事技术转移应先建立一个严谨的阶段性转移程序,并由提供技术的一方和接受技术的一方的成员所组成的技术转移小组执行。在开始技术转移前,SU 必须先确认已具备产品和工艺特性相关的详细资料,并且已做好充分准备随时可以进行转移作业。SU 所准备的技术转移资料应包括原物料及其规格、分析方法和程序、工艺参数、设备要求、稳定性资料以及与产品制造相关的其他体系信息等。风险评估是为了分析和处理两个单位间潜在的信息差距或差异(例如设备、工艺、厂房适合性、体系等),特别在过程放大时,必须进行设备间相似性的评估。

技术转移时应制订转移计划以确定关键点,并针对转移技术范围、资源需求、时程表和技术难易程度等提供指导。在执行转移计划期间,SU 和 RU 之间必须保持有效的沟通,定期举行会议和分享信息。在技术转移计划进入下一阶段之前,应考虑进行放大批量的尝试,将其作为工艺确认的一部分。

(三) 工艺性能验证

工艺性能验证(process performance qualification,PPQ)的执行是为了确认在产品设计阶段开发的产品和工艺适合用来制造市售产品批次。在工艺性能验证执行之前,公用体系和设备应依顺序完成设计、安装和性能等验证。PPQ 的执行应以科学原理和经验作为基础并需要进行比较频繁的取样和测试。PPQ 计划书由负责部门编写并经 QA 批准后才能开始执行。对已核准的计划书作修改时必须按照既定程序进行。

在 PPQ 执行期间所生产的产品批次称为确认批次(以前称为验证／示范批次),制造这些批次的目的是证明使用合格的原物料和设备,在正常操作条件下并把过程参数设定于规格范围内,用作商业生产的工艺必能制造出符合规格的产品。在执行合理数量的 PPQ 批次后,需要完成一份报告对获得的数据作分析和总结,评估意外事件的发生、讨论偏差和不符合规定的事项、描述纠正措施,并对工艺是否能通过验证给出结论。如果结论是不能通过验证,则应说明如何才能使工艺通过验证;如果结论是验证通过,即可开始生产商业批次。

(四) 持续性工艺确认

单靠在商业生产前执行数批的 PPQ 批次并不能保证商业生产在整个产品生命周期历程中能够永远处于良好的控制状态,因此必须执行持续性工艺确认(continued process verification,CPV)。CPV 需要通过过程资料的收集和分析,并作趋势处理(包括工艺、原物料、半成品和成品的相关数据等的趋势),才能持续监控商业生产的情况。执行 CPV 时重要的工作内容包括评估不同批次间和同一批次内的变异,并对产品投诉,不符合规格数据(out of specification,OOS)的发现、偏差、产率变化,以及其他工艺相关不一致性的信息等作及时评估。与商业生产相关的部门如产品研发部门、制造部门和质量保证部门等应定期组织讨论如何利用从商业生产中获得的经验以及应用新技术对过程工艺进行改进。在实行工艺改进时,必须符合风险管理、趋势分析、再验证和变更控制等程序的要求。

(五) 清洁验证

在生产环境中,清洁工艺是用来清洁生产后的制造设备,有效地降低与产品接触的设备表面上所有潜在污染物的含量以达到可接受的标准。污染物包括前一批次的产品残留物、清洁剂残留物及微生物污染物等。清洁验证(cleaning validation)应该用与制造工艺验证相同的方法进行,可分为三个不同的阶段进行,包括流程设计、流程验证和持续性流程确认。

用产品开发和过程放大所获得的信息对商业制造工艺加以限制时,清洁流程的设计也应该同时被考虑。清洁流程的设计是指研发产品更换时,清洁与产品接触的设备表面的方法和流程。对残留物质的物理与化学特性(即产品中的活性成分)了解后,便可选择清洁剂并确定清洁次数。允许残留量的限度或最大允许残留量的计算是根据残留物质的毒性、下一批产品批量的大小、该产品的每日最大使用剂量以及安全系数确定的。可依据取样方法(擦拭与冲洗)决定设备上产品接触表面的清洁目标位置。

为了对清洁目标位置上的残留物进行定量,需要开发一定量分析方法并完成其验证。方法验证时选用代表设备表面材料的样本,并添加不同浓度的残留物质进行回收率研究。回收率研究的结果可以用来证明取样技术和分析方法是否合适。按照类似于回收率研究的程序测定清洁后设备上药物的残留量,便可确认所选择的清洁剂和设计的清洁流程是否适当。为了简化多种产品的清洁验证,建议以最难清洁的设备和最难清洁的残留物质作为最坏情况的组合,但应提供科学理由并提供必要的文字资料加以说明。在研发清洁方法的过程中,对容易发生变异的来源必须加以识别和控制,如清洁剂浓度、水温和压力以及人工清洁操作人员培训要求等。

清洁方法验证的目的是确认受过培训的工作人员在日常商业批次生产中可以适当地执行清洁作业。在验证执行前,需制订清洁验证计划书,其内容包含设备采样位置、采样方法、分析方法和验收标准等基本程序细节,经 QA 审阅及核准后即可执行验证作业。CIP 的自动清洁体系必须经过全套设备的验证,才能进行清洁方法的验证。因微生物的增殖会受到环境的影响,所以生产使用后(含残留物质),清洁前和清洁后的放置时间也应作为清洁过程规定的一部分。

持续性清洁工艺确认的目的是保证在整个产品生命周期中的商业生产所采用的经验证的清洁工艺能持续处于被管控状态。对需要重复清洁事件的发生、偏离已验证清洁程序的做法以及其他不符合规定的信息应加以收集,经审查评估及决定如何处理后再作完整的文件记录。处理这类事件可能需要依据质量保证程序和采用其他技术,包括程序统计控制方法、CAPA 和变更控制等。

当使用相同的设备连续制造不同批次的相同产品时,在批次更换时所用的清洁方法可以不那么严格。特别是清洁时如果不使用洗涤剂,清洁方法不需要作全面验证,并且不需要使用化学检测 / 分析方法来判断清洁的效果,只要用目视法来确定是否已达到清洁要求即可。

(六) 人员更衣

现场工作人员是制造环境的一部分,也是主要污染的源头。因此,工作人员应该进行适当的更衣,以防产品受到污染。此外,当工作人员接触到有毒和高活性产品时更应穿戴个人防护装备(personal protective equipment,PPE)。应基于科学知识的风险管理流程,根据操作人员对产品污染的风险以及产品对操作人员安全的风险,确定对操作人员的更衣服装要求。

从事无菌产品制造(如无菌过程)的操作人员,其更衣要求远比从事口服产品制造的操作人员严格得多,因为无菌产品的一些特定关键质量属性(CQA)(如无外来异物和无菌性)更易受到制造环境的影响。所有进入洁净室的操作人员都必须保持良好的个人卫生,并根据洁净室等级选择服装形式。操作人员更衣的教育培训包括课堂授课、观看更衣示范和更衣实习等,以熟练掌握更衣的技巧。为了完成更衣认证,受训者需在培训员监督下完成更衣,并用一般培养基的接触小盘在更衣表面采样以测试受训者是否能正确地完成更衣且未污染无菌服装。更衣程序需要经过接受常规性的监控和根据需要执行额外教育培训后的重新认证。洁净室的无尘(菌)服必须由不会发生粒子脱落的材料制成,可重复使用的无尘(菌)服在经过多次清洁和灭菌后必须能保持其完整性。无尘(菌)服的清洁和灭菌过程都必须经过验证。

依据产品或产品组件暴露于环境的程度,可将口服产品如固体制剂的制造场所划分为一般区域、保护区域和控制区域等。在控制区域内,产品暴露于环境的风险最高;而在一般区域内,产品和环境接触的概率几乎为0,因此对更衣的要求最低,例如与仓库连接的运输和装载区域。如果产品不直接暴露于控制区域内的环境中,如作二次包装的生产线,此区域可以被视为保护区域,保护区域内的工作人员应穿厂区用鞋、戴发网和面罩。厂房内的控制区域需要有特定的环境条件和作业程序的要求、控制和监测,以防止产品被破坏或发生交叉污染。取样、投料、制造和瓶装作业都需要在控制区域内进行。除了符合保护区域的更衣要求外,控制区域的更衣需要用全覆盖性的服装、专用鞋或鞋套以及安全眼镜等。

(七) 批次记录审阅与成品放行

当完成工艺性能验证后,即将建立一份生产批次记录标准书(master batch record,MBR),对特定批量产品的生产提供详细的制造和包装信息。批次记录标准书中应列出所需原物料和包装组件的名称和代码,并包括该生产批量所需的使用数量。在适当的过程阶段应说明理论重量。对理论收率,包括其最大和最小百分比应加以说明,在 MBR 中须说明当收率超出最大和最小百分比时需要进行调查。MBR 中也应陈述其他关键信息,其中包含使用设备的名称和序号、过程的工艺参数、每一步制造和控制的指令、取样和检验方法、规格、特殊注意事项和应遵循的预防措施等。MBR 的准确性必须得到制造部门的确认和 QA 的批准。

MBR 的影印本经 QA 核准后便可签发作为控制批次记录(control batch record,CBR),每一份 CBR 提供与每批产品的制造和包装相关的完整信息。除了 MBR 中提供的信息外,实际执行批次生产的资料及信息也将记载在 CBR 内,如使用设备的清洁记录、使用的材料、投料作业和数量记录,以保证批次可被追溯。所有执行的任务,包括半成品和最终产品的取样和测试结果、批次输出数量(产量)和不符合规定事项等都必须由工作人员记录、签名和注明日期,同时需要由确认者进行复核。

在产品批次放行销售前,QA 需要对已执行的 CBR 进行全面审查,以确保制造部门在生产过程中所执行的工作项目无误。产品的 CQA、CMA 和过程相关的 CPP 必须符合预先设立的标准;若发生不符合的情况,则需进行调查。停机记录表清洁记录表等都需要经过审阅以确认是否有任何差异或错误存在。对制造过程中样品的抽样数量、检验的执行及检验结果必须进行审阅,以确认其正确无误。此外,所有环境监控数据也应被记录和审查以确认其是否符合环境监控的要求。所有使用的设备、房间或生产线都应清楚地列示其准备情况。任何设备的校正状态都需要列出并注明下次校正日期。同样重要的是,所执行的全部工作项目都要有适当的记录、签名和注明执行日期。

批次记录审查的最终目标不仅仅是查阅内容不符合规范的项目(例如错误、疏忽、字迹模糊),更需要及时更正错误,以便对该批次的制造或包装程序相关信息作出准确的文件记录。CBR 内所有需要更正的内容都应得到执行并确认符合预先设定的作业要求,在接收到合格的成品放行书(certificate of analysis,COA)后,该批次即可放行销售。如果审查 CBR 过程中所发现的异常事件被评判为主要偏差,则应遵循 CAPA 程序对在同一生产线上制造的其他产品批次进一步评估,以确定其是否会受到影响。可能受到影响的批次将被隔离并等待调查结果和最终处置决定。

批次记录审核者需负责确保该批次的制造是依据作业程序和法规要求执行的。审核人员应注重细节、能够独立作业并对被评审的制造过程有透彻的了解。审核人员更应该了解他们审核工作的重要性。通过批次记录的审查,制造和质量保证单位将有机会在批次放行供消费者使用前适时发现错误,以确保批次的制造能遵守法规要求。

除了商业生产批次外,供临床试验的产品批次、工程试制批次以及查验登记批次等都应在符合 GMP 法规要求的环境中执行,并必须先建立批次记录。依照批次记录进行生产作业以及半成品和最终产品测试的过程中,记录的任何偏差和过程信息都应由负责单位详细审查,负责单位包括产品开发、生产、质量控制和质量保证等部门。通过审查批次记录所获得的信息除了可以保证产品的制造和质量符合 GMP 法规要求外,还可用作日后工艺优化的参考。

四、标签与包装子体系

医药产品的包装可以分为三个不同的阶段进行:一级包装、二级包装和三级包装。为确保产品质量,这三个阶段的包装作业都需要受到控制。一级包装作业是将药品盛装到有瓶盖的容器中或其他形式的包装中,如条带和泡壳包装。一级包装所用的包材称为一级包材,其直接与产品接触。在产品设计阶段,一级包装开发过程中必须确认和验证其主要包装组成的设计、功能和材料特性,以确保其具备供患者使用的功能、与产品的相容性,并确保其在药品储存、销售和使用过程中能保持产品的稳定性等。除标签外,一些一级包装操作是制造流程的一部分,例如所有无菌产品和一些非无菌产品(如液体)的充填作业。二级包装材料,例如盒子和纸箱,主要用于提供产品信息、品牌和与产品展示相关的设计元素等。一些二级包装组件如无菌制剂的塑胶软袋的外袋,也可用来保持产品的稳定性(如防止水分蒸发)。三级包装主要用于在运输过程中保护一级和二级包装材料。三级包装材料通常是纸板、普通纸箱和收缩包装等。

(一)标签材料

标签材料(labeling material)包括一级包装上的标签和其他印刷材料,其功能在于提供产品信息,例如说明书(product insert)、纸盒和条带包装的塑胶或铝箔等。标签材料的错误是近年来造成产品召回最常见的原因,因此在订购标签前就应对标签材料进行有效的控制,包括从设计开始到药证批准阶段。应制订对所有标签材料设计、审查和核准的程序,并由一个跨部门的团队来执行,团队成员包括来自法规、医务、市场、制造、质量保证部门的成员以及负责编辑作业的工作人员。参与标签材料的审阅者和核准者都需接受适当的培训并建立相关记录。对标签材料的接收、辨识、储存、处理、取样和检验需建立详细的书面程序。应对每批接收的标签材料的签收、检视或检验结果等作完整的记录。

对药品贴标作业所发放的标签材料应实行严格控制,必须确认其与主生产记录或批次生产记录中所指定的标签一致。应建立书面程序及相关管理规定,说明标签材料的核对、发放、使用和退回数量平衡的计算。如果在产品制造作业后发现标签数量与发放数量不一致,且超出依历史经营数据预设的限度,应进行调查。印上批号或控制编号的剩余标签材料应被销毁并作记录。退回的标签材料应得到妥善的维护及储存,以防止混淆,并需标记适当的标识。

(二) 包装作业

包装流程是一个复杂的制造程序,包括在一级容器(非无菌产品)中充填产品、在一级容器上贴标签、将说明书放于二级包装以及最终的三级包装。应建立书面程序以确保药品包装使用了正确的标签和其他标签材料。在包装作业前,必须对所有包装材料的适用性和正确性进行检查,检查结果应记载在批次记录中。未贴上标签但装有药品的容器应作正确标示和处理,并放在临近作业处以便随后进行贴标作业,从而避免个别容器、部分或整批产品被贴上错误的标签。未贴标签的产品容器上的标识应能对产品的名称、剂量、数量和批号或控制编号等作明确的标示。

在启动包装和贴标签生产线前应进行清线作业,以确保上一批所有的药品和标签材料已被移除。另外,还应检查生产线以确保不适合用于该作业的包装和标签材料已被移除,相关的检查结果应记录在批次记录中。在每次包装和贴标签作业前,应由生产线主管人员填写一份清线点检单并由 QA 成员进行检查和验证。为协助清线作业的进行,可采取一些适当的步骤,例如在相邻生产线之间安装隔离设备、实行良好的场地内务管理、考虑设定适当的材料和人员移动路线以减少在清线后发生再次污染的风险、对上一批产品的材料进行隔离、对包装生产线上原物料的发放数量与退回数量作平衡确认等。对包装区域的工作环境应作充分控制,以保护尚未被包装的产品,如控制环境的相对湿度对于对水分敏感的固体产品而言是非常重要的。

五、原物料控制子体系

原物料控制子体系(the material control subsystem)的实行最需要跨部门的团队合作,维持此子体系的每一个要素更需要不同职能部门的共同努力才能完成。在供应商资格认证期间,采购部门负责寻找具有潜力的供应商,研发或质量保证实验室则对供应商提供的样品进行测试,质量保证部门负责产品制造现场的审核。仓库人员负责原物料和产品的接收、储存、发放以及仓库现场环境(温度、湿度和虫害)的维护和控制。质量保证实验室的成员将对原材料和产品进行抽样和测试以便后续放行作业。工厂现场操作人员根据生产需求申请并接收原物料,最后将成品送交仓库。质量保证部门人员监督整个原物料控制子体系,以确保所有要素的执行都符合既定程序要求并符合 cGMP 和 GDP 法规。

(一) 供应商认证

对供应商进行资格认证(qualification of supplier)是为了确保成品生产所需采购的原物料的制造、仓储和运送等能符合规格和质量要求。在建立供应商认证计划的初期,采购和质量保证部门便应共同参与并设计适当的机制以确保供应商的产品能满足质量要求。寻找到供应商后,将向其发送一份问卷调查表进行自我评价。调查表中的项目通常包括业务概述、厂房详细信息、官方审核历史沿革以及其他与质量体系相关的问题等。在等待供应商答复调查表时,可要求供应商提供样品,由研发实验室或质量保证实验室进行内部测试和评估。如果收到的调查问卷内容可被接受且样本的初步质量评估也符合要求,即可依据需求由质量保证部门进行现场审核。

并非所有用于制造成品的原物料都有相同的风险程度,因此应采用风险管理的方法,对不同的原物料按照风险程度的高低进行顺序。当鉴定了原物料的关键性后,便可确定所需的管控程度以确保产品质量。可以从不同的角度来评估原物料的关键性,一般是考察其对产品质量所构成的风险。评估原物料的关键性时也可以基于原物料制造的复杂程度和 / 或无法找到第二供应商(即单一来源)的可能性。

一般来说,供应商可以根据其风险等级分为四类。第一类是风险最高的供应商,他们提供的原物料对产品质量具有至关重要的影响或者没有替代供应商;第二类是其提供的原物料对产品有直接影响,但可选择第二来源的供应商;第三类是中等风险供应商,其提供的原物料对产品有间接影响;第四类是低风险供应商,其提供的原物料不会影响产品质量。

利用风险等级对供应商进行分类,有助于确保资源能配置到最需要的地方、决定审核的时间和频率,以及确定必须进行监测和测试的范围。这种基于风险的分类是一个持续的过程,需要对供应商作定期审查以确保能及时追踪和考察任何新发生的重大质量问题。除了最初的供应商审核流程和尽职调查外,还需要建立持续的资格认证和审核流程(如定期现场审核)以确保供应商能持续供应符合规格的原料药、辅料和包装组件。重要的是要明确,成品的制造商应对原物料控制体系的持续执行与维护负最终责任。

质量协定是一份正式的文件,它定义了谁应负责执行与所提供产品相关的质量体系。质量协定的内容应该包括如下所述的关键要素:何时及如何进行现场审核,何时及如何通知供应商所作的变更,何时及如何通知不合格的测试结果,如何处理制造偏差和不符合产品规格的相关事件,谁应对所提供的产品进行放行检验,如何处理产品投诉的报告与调查及供应商所遵循的质量标准等。

(二) 仓储和库存管理

仓储和库存管理部门应提供对原辅料、包装材料、半成品和成品的接收、鉴别、隔离待验、储存、处理、取样、检验、合格放行或拒用等作业的程序的细节信息。接收货物时,应根据相关的采购订单或制造单据检查每个进货包装标签上的说明、批号和数量。对每个容器或包装都应仔细检查,确认其是否可能受到污染、篡改和损坏。处理和储存这些进库货物时应注意防止污染或交叉污染并将货物储存在特定条件下以保持性质稳定。可用自备清晰的标签紧贴在外部包装上以表明货物的处理状态,如待验、已合格放行或拒用。拒用的货物应将其储存于具有适当识别标志的隔离区。需要特殊储存温度和相对湿度条件的货物,其储存区域必须符合规定,并装设适当的警报体系进行监测,当发生不同于预先设定范围的偏差时,即可发出警报。应对用于控制或监测储存区域环境条件的设备按规定的时间和间隔进行校准。

对每次进出货物应建立纸质或电子版的库存记录,记录的项目包括货物描述、质量、数量、供应商、供应商批号、收货日期、进货批号和有效期等。并应定期核对库存数量(如年度盘点),从而对实际库存量和记录库存量进行比较。原物料和成品的发放与销售应采用有效期先到先出(first expired first out,FEFO)原则,这种做法需要对所有库存物品的有效期作定期检查。对没有指定有效期的包装组件,可遵循先进先出(first in first out,FIFO)原则发放。如果科学数据或供应商信息能证明原辅料的有效期可被延长,则可进行原辅料的再检验。在执行下一过程前半成品或散装成品的储存条件(如容器、温度和湿度)和储存时间应依照对储存时间研究的结果执行。

(三) 运销管理

成品应按照 FEFO 原则进行销售运输管理(distribution control),但只有在具备正当理由并经 QA 批准的情况下才可允许偏离这一原则。必须建立和保留销售记录,并应建立程序以便日后召回有缺陷的产品。必须建立一个体系,以确保产品批次在销售运输前必须通过 QC 的测试和获得 QA 放行的核准。

了解产品在运输过程中可能受到的环境影响至关重要,因为这可以利用温度控制和监测技术为产品制订适当的环境管控方法。对于冷链运输的产品,通常采用干冰包装体系和装备有主动冷却体系的货柜等措施,确保整个运输过程中的产品质量合格。

对温度敏感的产品而言,应进行适当的温控运输体系的验证,并实施温度监测,另外更应定期对出货运输是否能符合规定作测量和报告。对出货运输评估其符合规定的程度时,不只是对已通过验证的运输体系的性能作持续监控,也对整个运输路径(原产地包装操作、运送过程和目的地接收作业等)作评估。为了评估出货运输作业是否严格遵循了规定并寻求改进措施,应采用产品生命周期方法。该方法分为四个步骤,分别是:第一步是收集温度资料(产品和环境)和体系的性能报告,对温度资料进行分析以确定温度超标的根本原因,第二步和第三步分别是建立和实施纠正和预防措施(corrective action and preventive action,CAPA),最后一步是确定和实施流程的改进。

在产品运销过程中所发生的变化如环境温度、路线、运输模式、运输时间和转运站处理等,会在很大程度上对产品产生影响。除非产品是使用了与说明书标示的长期储存温度相同的温度控制体系运输,否则应考虑运销过程可能超标的温度范围,并以此温度范围进行温度循环稳定性研究,根据所获得的数据来确定比储存温度范围更宽的运销温度范围。

政策和程序的建立连同技术的应用将可提高产品在供应链上的可见度和可追溯性。这样做是为了确保药品质量,让用药患者免于接触伪药、劣药,以及伪造、改标、掺假、被盗或走私的材料。产品序列化(serialization)是根据全球跟踪和追踪法规而建立的作业程序,旨在保护患者安全并确保产品的完整性,这是全球药品供应的最新标准要求之一。这些程序的有效执行可以确保供应链的完整性和安全性(supply chain integrity and security,SCIS)。

(四) 拒用料、退回品与废弃物管理

如果进货的原辅料或包装材料因不符合规格而被拒用,这些货物应立即转移并存放在仓库的拒用区域内(rejected materials,returned goods,and waste management)。应通知拒用原物料的供应商,与供应商达成协议后,采取退货或销毁(如印刷包装材料)等行动。被拒用的半成品或成品应按照既定的再制、重制或销毁程序进行作业。应对所作的决定提供理由并作适当的文件记录,同时提供质量保证部门的核准。

从市场退回的产品因已离开制造商的控制,应被销毁,如果对其质量确信无疑,则可按照书面程序,经 QC 检验并作严格评估后,考虑转售、重新贴标签或回收作业。在进行评估时,应考虑产品的性质、所需的任何特殊储存条件和运销历史(路线和时间)。当对产品的质量有任何疑问时,则不应考虑重新发放或再使用。所采取的任何行动都应有适当的记录并得到质量保证部门的核准。对退回产品的销毁或处置应遵循既定程序,并同时考虑到产品所含的药物对环境的影响。

制药作业过程会产生大量的废弃原物料,包括用于 QC 实验室进行化学分析和产品制造(如薄膜衣)的有机溶剂、用于清洁设施和设备的废水、QC 微生物实验室的生物废弃物、生物制药工艺产生的生物废弃物以及一些一次性组件等。废弃原物料不得堆放,必须收集在适当的容器内以便运至厂房外的收集点,对其定期作安全卫生处理以符合国家有关部门对能造成公害的废弃物的处理规定与要求。微生物废弃物在被最终处置前,应经过高压灭菌。在处置含有细胞毒性药物的废弃物前,可能需要进行去化学活性作业。可考虑雇佣提供专业服务的厂商对有机溶剂和细胞毒性废弃物进行最终处置。应编写处理不同类型废弃物的标准操作规程,并应保存与所处理废弃物的类型和数量相关的记录。

六、实验室管理子体系

QC 实验室是公司质量组织的一部分,负责样品的检验,其结果可用来协助完成与产品制造相关的作业,如原辅料的放行、半成品的检验、成品的检验、稳定性检验、环境监控样品的检验、公用体系和设备性能验证以及过程工艺验证时所产生样品的检验等。如果研发分析实验室作业不能符合 cGMP 要求,QC 实验室也可以负责分析方法的验证。实验室管理子体系的主要目标是确保样品检验所产生的数据准确可靠。由于 QC 实验室和遵循 cGMP 作业的研发实验室必须满足 cGMP 的要求,因此质量保证子体系的某些元素也应适用于实验室操作。下文对此子体系的其他元素作了详细介绍。

(一) 实验室设备仪器的验证、校正与维护保养

根据实验室中的设备和仪器的复杂性和功能,可将其分为四类,对不同类别进行验证时所需要建立的文件内容和功能测试范围要求有所不同。但在寻找供应商前,必须制定使用者要求规格(user requirement specification, URS),因为所购买的物品的性能必须满足使用者的预期需求。

1. 第一类是指不具备测量能力或不需要校正的小型标准设备,如磁力搅拌器、离心机和超音波水浴槽等。此类别设备的验证过程只限于确认其制造规格符合 URS 的要求,并通过观察该设备的操作来证明其符合功能要求,最后进行文字记录。

2. 第二类是指具有测量或控制物理参数功能的标准仪器,例如天平与温度计等。这类仪器需要校正且可能需要适当的 IQ/OQ 以确保其能符合验证要求。

3. 第三类是指装配电脑体系的复杂仪器,如高效液相色谱仪和光谱仪。对此类仪器应该进行完整的验证作业,从详细的设计验证开始,包括 URS 和功能需求规范(functional requirement specification, FRS)的细节。大多数第三类仪器都是从制造商或通过销售代理商购买的现成产品,从制造商处购买验证文件是很常见的,安装作业通常包括在仪器采购的合约中。由于每个制造商都有自己的文件格式、样式、内容和架构,因此采购的实验室必须彻底审查所购买的文件以确保其与公司内部政策和程序要求一致。对与仪器相连的电脑体系必须进行验证,并对其与实验室主机信息管理体系的界面进行确认。

4. 第四类是指用来提供实验室特定实验所需的受控环境或为某一实验室操作提供支援功能的设备,如稳定性样品存储箱或室、用于器具和微生物培养基灭菌的高压灭菌釜以及用于无菌实验的培养箱和隔离箱等。实验室内配备的纯水制造机也属于这一类。对于这类设备应采用与第三类仪器和生产用设备相同的方法和标准执行完整的验证作业。

设备/仪器使用记录是评估操作过程对规定的遵循情况的重要资料。预防性维护或预测性维护应按计划进行并记录。在仪器故障或修理、改善、移动或搬迁后应重新评估并执行再验证(OQ/PQ)。

(二) 试药、标准品、试剂与检测样品

分析的成功主要取决于用来作标准品或试剂的化学品的可靠性。所有化学品都必须是试剂级或更高质量的产品,并应符合实验方法中所确定的规格。制备试剂溶液和校正标准溶液应作为分析方法的一部分。试剂溶液和标准溶液的配制必须建立记录表单,记录项目应包括供应商、化学品等级、批号、所引用的分析方法中规定的制备过程、重量和体积、所有计算以及执行准备工作的分析员等。应对从供应商处购入的标准溶液的化验单进行归档保存。

在日常使用之前以及在有效期内的一定时间,应通过同时分析新、旧标准溶液,并比对分析结果,来

确认旧标准溶液是否符合验收规格。所有试剂溶液和标准溶液都必须有适当的标签,标签上应标明溶液名称、浓度、制备日期和有效期。有效期可能因溶液种类和溶液浓度不同而异,浓缩储备标准液在适当的储存条件下一般有效期是1年。

收货后,试剂应通过贴标签来注明名称、供应商、收货和开封日期、储存条件以及有效期或再检验日期等信息。对于参照用标准品,应建立一份登记册,其内容应注明该物质的识别编号、精准描述、供应商、收货日期、批次名称/识别代码、预期用途、储存条件、有效期或再检验日期、数量和化验单等。应指定一名人员对参照用标准品进行库存管理和储存。应按照检验方法中所提供的步骤来准备检品溶液,盛装溶液的容器应标示产品名称、批号、适当的辨识码、配制日期和负责分析员的姓名。应在方法研发过程中确定在分析过程中样品的处理、储存和分析的执行对样品溶液与内标溶液稳定性的影响。如果样品溶液在室温下不稳定,那么在制备后需要按照检验方法的指示将样品溶液进行冷藏处理,或者必须在允许的时间内完成检验过程。

对供检验用样品的接收、储存和处理应制订明确的程序。应填写标准化的实验申请表并将样品一并送到实验室,实验申请表应该列出样品名称、批号、样品数量、委托检验原因、所需的储存条件、使用检验方法的代码以及其他送检单位提供的信息。所有新送检的样品和实验请求都应编列代码并记录于实验室检品记录簿内,同时注明接收日期和说明要求检验的原因。记录簿中的信息将用来安排检验执行时间和分配分析人员。对检验完成的时间应密切监测,避免超过要求的时间限制,特别要注意稳定性检验样品的时间限制。检验前的样品及检验后剩余的任何样品都应存储于指定的储存条件下。

(三)分析方法的验证、确认与转移

分析方法的验证可由研发分析实验室(符合cGMP作业要求)或QC实验室进行。方法验证的结果可用来判断分析结果的质量、可靠性与一致性等,这是所有优良分析作业的一部分。所有经由内部研发的分析方法都必须完成分析方法的验证,以证明按照该方法提供的步骤进行操作所产生的结果能符合预定的验收标准。验证研究计划书中详细介绍了方法程序和验收标准,使用验证合格的分析仪器进行实验,对分析仪器的体系适用性作检查或以仪器质量控制用样品的分析结果来判断仪器是否能符合预定的标准。验证参数包括专一性、精确度、准确度、线性、范围、检测限、定量限、稳健性和耐用性等。

建立一个高效率的验证程序,最重要的是设立正确的验证参数和验收标准。方法性能参数和限度应基于该方法的预期用途;对某一特定的检验项目并不一定需要验证所有参数。如果分析方法是用于鉴定,那么准确度、任何类型的精确度与检测限和定量限等参数是不需要验证的。通常对主要组成或主成分作检测时因其含量属于高浓度,其分析方法的验证参数并不需要包括检测限和定量限。

虽然《中华人民共和国药典》(简称《中国药典》)中的方法经过了充分验证,但无法保证该方法仍能适合用于在某一特定的实验室内,由特定的分析人员使用特定的仪器和试剂对特定成分或产品进行分析。因此,对《中国药典》的方法仍需要确认,首次使用要证明经确认的《中国药典》的方法在特定的实验室设备、由特定人员使用特定的试剂对特定产品进行分析,可以获得能被接受的结果,确认过程中需要进行的关键操作是通过对分析技术的了解,结合该方法的用途来选择方法确认的性能参数。例如,使用高效液相色谱法测定原料药主成分含量时,准确度是唯一需要确认的参数,但如果该方法是用来测定处方中的主成分含量时,则需确认其精确度、专一性、线性和范围。与在公司内部研发方法的验证作业相似,《中国药典》的标准方法的确认也应遵循一定的文件记录流程,例如建立确认研究计划书并将

结果、结论记录于报告中。

当用于验证的方法在实验室间进行转移时,接收实验室应能证明该方法可以得到成功执行。典型方法转移实例包括从研发实验室转移到 QC 实验室;因生产线转移,由一个制造场所转移到另一个制造场所;从赞助公司到合约实验室,以及当产品被转售后公司间的转移。比较实验是最常见的分析方法转移的做法。转移和接收实验室同时分析具有代表性的样品。在方法转移前,应注意接收实验室的工作者是否彻底了解该方法的内容及其关键参数。详细转移计划书的建立、方法执行过程的文件记录以及转移和接收实验室间良好的沟通同样重要。转移计划书内应概述两个实验室要进行的测试和各自应负责的事项,并对转移作业的验收标准加以定义。如果转移实验结果符合先前所定义的验收标准,该方法即可被接收实验室使用。供分析的样本数量取决于方法的重要性、复杂性以及接收实验室是否有类似方法的经验。如果分析方法非常复杂或是属于新引进的分析技术,那么接收实验室的分析员一般可选择直接到转移实验室参与示范和实习。

(四) 数据记录与数据完整性

实验室的数据记录必须准确、完整并保持在其原本状态,必须采取保护措施以防止原始资料被意外或故意修改、伪造或删除。经由工作人员创建或收集的资料需完整,并必须具有可归因、清晰易读、即时记录、原始或真实副本,以及准确(attributable,legible,contemporaneous,original and accurate,ALCOA)等特点。

对于使用非电脑化和电脑化资料的管理体系来说,重要的是确定资料来源、资料收集的程序以及确认其准确性。同样重要的是对数据、程序和纠错过程的审核。对电脑化实验室体系进行电子资料记录时,必须解决资料收集、处理、安全和审计追踪相关的问题。

当制订电脑体系权限程序时必须对其批准、变更和移除有所规定,访问的权限应由工作职能决定。要确保在每一台电脑上记录的工作都可以追溯到执行人员,不容许共用登录身份凭证或密码。修改或删除资料记录的权限应对从事资料记录的特定工作人员开放。应维护并定期更新对某一电脑体系具有特定访问权限的人员名单。执行、监督或审查记录的人也不能更改工作执行的日期和时间,应该对这些功能在网络上加以控制。建立审计追踪作业以查获电脑访问、获取数据、分析处理数据、修改数据、删除数据、报告结果或审查数据等相关活动。对数据记录作任何处理的原因也应记录在审计追踪资料中。应采取措施以确保在执行后续操作(如重新检验样品)时,不会掩盖或删除原始数据。

实验室电脑体系可被用来获取数据,其验证的基本做法是对一特定仪器所获得的电子数据与打印机印出的结果作比较。在足够长的时间内进行定期的数据比较,才能确保电脑体系能产生一致和有效的结果。所有与电脑相关的体系都应在验证过程中定义其储存容量以及常规和紧急备份程序。采取措施确保电脑体系能进行准确的资料传输、数据检索,并能保证数据完整性。

(五) 稳定性研究计划

稳定性研究的目的是评估在储存过程中,环境因素(温度和湿度)对特定包装体系(组件与组分)内的产品的质量所产生的影响。稳定性评估的目标和要求在产品生命周期的不同阶段是不同的。在产品研发阶段,通常在加速或严苛的条件下进行稳定性测试,是产品设计作业的一部分,可用于处方、包装组件和制造工艺的筛选。这些稳定性研究是由研发实验室遵循良好科学作业规范进行的,而无须符合 GMP 要求。

供临床试验的产品其稳定性应在临床试验期间进行监测,以保护患者免受产品变化所造成的潜在危害。可将送审批次的稳定性资料(加速试验和长期试验)提交法务部门作监管备案,并可将这些资料作为评估产品有效期的依据。

在产品研发阶段,还需要对使用中的产品稳定性以及储存时间进行研究。使用中的产品稳定性测试的目的是为多次使用的产品在开瓶、溶液混合或稀释后制备、储存、使用等过程提供信息。还应考虑对散装产品进行储存时间的研究,如包衣前的散装片等,应评估和研究散装产品在预定的散装容器中的稳定性。在产品研发过程中所进行的正式稳定性研究都可以由符合 cGMP 作业要求的研发实验室或 QC 实验室进行,而大多数公司都选择符合 cGMP 的研发实验室。

在产品获批后,将在标签所标示的储存条件下持续监测选定商业批次的产品稳定性。批次的数量和检测频率应能提供足够的数据以便进行趋势分析。从正在进行的商业批次的产品稳定性研究中所获得的数据可用于支持有效期的延长和应对任何产品稳定性投诉的调查。针对可能影响产品稳定性所作的任何变更,都需要进行额外的稳定性研究。所有商业批次的产品稳定性试验都应由 QC 实验室进行。此外,应针对原料药的稳定性检测制订一套程序,程序要求应与对成品药的稳定性检测程序要求相同。

在正式的稳定性研究中,首先依据法规要求制订计划书,指定检品数量、存储方向(正放与倒置)、存储条件(温度和湿度)、测试频率、每个产品规格的测试参数以及所使用的分析方法等。研究完成后,将制订一份稳定性报告,其中包括测试结果、数据分析和结论。稳定性研究的相关工作任务量较大,因此可以考虑借助电脑管理软件来处理稳定性工作的排期和追踪。

(六) 超出规格、超出趋势及超出预期的实验室调查

对实验室分析结果的判断必须根据既定的规范,判断的结果可以用来确定工艺性能或生产该样品的过程是否可以被接受。当产生可疑结果时,实验室调查至关重要。

不符合规范中所列的及格标准的检验结果称为超出规范(out of specification,OOS)的结果,例如,产品成分含量未符合放行规范。超出预期(out of expectation,OOE)的结果虽然符合规范,但超出了分析方法的预期可变性,例如,稳定性研究的检验结果意外得到较高的含量数据。当与时间有关的检验结果超出该间隔的预测值或统计控制标准时,称为超出趋势(out of trend,OOT)。例如,当与其他稳定性研究结果或者与之前收集的同批的研究结果作比较时,所获得的新稳定性检测结果与预期趋势不符。

当产生 OOS 的结果和 OOT 的结果时必须优先对 OOS 的结果进行调查,对 OOE 的结果可能不需要作任何处理,但应注意并监视后续测试的结果,因为这些结果可能会是 OOS 或 OOT 的结果。调查的目的是确定 OOS/OOT 是实验室错误或制造失误所造成的。当某一批次因 OOS 的结果而被拒用时,调查仍必须进行以确定是否有其他批次或产品受到影响,并在明确造成 OOS 的根本原因后再执行 CAPA。调查必须全面、及时、公正、科学合理,并作完整的文件记录。

分析人员告知实验室主管 OOS 的结果并通知 QA 后,即可开始第一阶段的实验室调查。第一阶段调查的重点是明确是否为实验室作业的错误,被调查的错误包括分析人员培训不足、仪器维护不良或校正不当、分析人员不遵守分析方法程序、方法在科学或技术上不合理、标准品或试剂质量不佳、标准溶液准备不当、使用受污染的玻璃器皿以及其他实验室潜在错误的来源等。当 OOS 的结果被确定为实验室错误所造成时,可重新测试产生 OOS 的结果的原始样本,如果原始样本存量不足或其抽样过程不可信,可从同一产品批次抽取新检样品。重新测试应由新的分析人员对更大量的样本进行操作,并应避免已

被确定的实验室错误。合格的复检结果将取代实验室原始的 OOS 的结果并记录在调查报告中。所发现的实验室错误将根据需要通过适当的 CAPA 程序进行处理。如果在第一阶段的实验室调查中没有发现实验室错误,则将开始第二阶段的调查,其中应包括完整的生产过程审核和必要时进行额外的实验室测试工作。如果发现制造过程中与工艺有关的错误是造成 OOS 的根本原因,质量不合规批次的产品应被拒用并进行 CAPA 程序处理。

与 OOS 调查无关的实验室错误,例如在审计或文件审查过程中发现的错误,应根据其对产品质量的影响,作为事件或偏差处理。应以趋势分析进行适当的调查以确定根本原因,然后采取补救行动或遵循 CAPA 程序进行处理。因分析人员不遵循方法程序、分析人员采用错误的文件作业或预防性维护工作不足而出现仪器故障等情况是实验室中常见的一些不符合规定的事项。

第四节　质量保证与质量控制

质量保证(quality assurance)和质量控制(quality control)实验室是公司质量组织的两大部分,为公司的质量管理共同努力。然而这两个部门在组织结构、资源需求和工作职责方面存在差异。

一、部门组织

(一)质量保证部门

质量保证(quality assurance)部门必须独立于制造单位并有充分的授权以履行其职能。QA 部门负责人是高级管理团队的成员,直接向公司的执行管理阶层报告。部门成员可分为不同的小组以监督 QA 不同职能的重点领域。合理的 QA 部门组织可分为三个不同的功能小组,分别负责一般合规、验证和现场职能。

一般合规小组负责督指导新质量体系(QS)文件的建立并负责其随后的修订,包括审核和批准文件以确保其符合 cGMP 法规要求。该小组还应领导及执行与质量保证子体系相关的管理工作,确保各部门按照各子体系的程序要求履行职责。第二组的质量保证部门成员应具备与验证任务相关的技术知识或经验,负责审查和批准所有计划书和报告。最后可以成立另一个单独的 QA 小组以执行在线检查和半成品抽样等现场工作。然而在一些公司内,这一小组并不属于 QA 部门的一部分,这些现场作业可以授权给质量控制或制造部门,当现场发生质量问题时可立即通报合规小组并作最后决定。

(二)质量控制部门

质量控制(quality control)实验室属于质量控制部门,实验室负责检测依循 cGMP 法规操作所生产的样品。组织 QC 部门的方法是根据检品的来源不同而作合理的组别安排。QC 部门内可成立一个小组专门负责测试原辅料和包装组件,如供应商资格验证、放行检验和再测试等。另一个小组可负责半成品和成品的检测。如果稳定性测试由研发实验室进行,该小组仍须负责市售产品的稳定性测试。如果 QC 实验室负责检测药证申请批次的稳定性样品,则应成立一个单独的稳定性检测小组。环境日常监测和公用体系(即水体系)的持续性能评估所产生的样品,通常由负责成品检测的小组处理。除了进行实验外,每个 QC 小组还负责现场抽样的工作。

质量控制部门由一名经理负责,他可直接向制造部门高级管理阶层或向质量单位(quality unit,QU)最高主管报告。质量单位可由 QA 和 QC 两个独立的单位组成,该质量单位主管直接向公司的执行管理阶层报告。

二、资源需求

(一) 质量保证

质量保证(QA)部门必须由足够数量的人员组成,人员应该敬业、能符合职责要求、培训有素并具备良好的人际交往能力。良好的人际交往能力使质量保证人员在交涉过程中所表达的观点更有说服力,这些是质量保证人员所应具备的一般要求。QA 人员需要对法规和指南非常了解。验证组的 QA 成员需要对产品研发、制造和工程方面有足够的理论知识和实际工作经验。重要的是,QA 人员能够看到全局,因为有时小问题可能会产生重大影响或导致严重后果,这就要求 QA 人员能够快速评定看似不合常理的小问题是否重要。一个优秀的 QA 成员必须能够将问题与实际情况联系起来并提出务实的解决办法。如果 QA 成员既往有相关的技术经验,那就可以更容易找到一个实用的解决方案并有效地与被审核人员进行沟通。

(二) 质量控制

质量控制(QC)部门通常负责物理、化学和微生物实验室。实验室内的仪器设备与公用设施体系是公司主要的资本投资之一。所有 QC 人员都必须具备与所负责的实验相关的适当的教育背景、培训和工作经验。他们在 QC 实验室进行检验时必须遵循既定的 SOP 和方法。注重细节、有良好的逻辑思维、能有效沟通和诚信是 QC 人员应该具备的重要的个人素质。另外,QC 人员更需要有良好的时间管理技能,特别是在非常紧迫的时间内要处理大量工作的情况下,这种技能尤为重要。随着现代分析技术的快速发展,QC 人员特别是主管或高层人员应与时俱进,了解新技术并能应用新方法以支持新产品的销售。

三、工作职责

(一) 质量保证

QA 须有主动性,旨在防止生产不符合规范的产品。QA 负责编写质量手册作为公司质量体系的框架。QA 还为质量保证子体系的所有要素制定政策和标准操作规程(SOP),作为公司内其他部门操作和实践的指南。虽然每个部门都应负责建立与其作业相关的质量子体系,但仍需要 QA 的审核和批准以确保其子体系的所有元素都符合公司的质量目标并且都能遵循 cGMP 法规要求。QA 必须确保对已建立的 GMP 文件所作的任何更改都遵循变更管理程序。

为执行任务(如研究计划书)和将结果文件化(如研究报告)而编制的所有第四级 GMP 文件都必须经过 QA 的审核和批准,以确保其符合相关标准操作规程的要求。QA 还监督对不符合规定事件(如偏差及不符合规范的结果)进行适当程度的调查并采取经过验证的补救行动。QA 还负责内部和外部审核以判断其是否符合 cGMP 要求。QA 必须随时向管理阶层通报质量体系的性能(如趋势分析)、质量相关事件的最新情况(如审核的结果)以及持续改进质量的行动情况。QA 也有责任根据检验结果,对进货材料和产品的放行或拒用进行最终判定。

(二) 质量控制

QC 工作遵循一种反馈调节,目的是通过检测技术和测试技术识别出不合格的原物料或产品。QC

负责控制质量子体系的元素,并获得 QA 的最终批准以确保程序符合公司的质量目标。QC 实验室的仪器和设备必须经验证、校准、维护以符合既定标准和程序的要求。检验工作的执行,包括抽样在内,是为了确定接收的原物料(如主成分、辅料和包装组件)的质量和给出判定结果(接受或拒用)。对半成品进行检验是为了对制造过程进行控制。对成品的检验是为了判定产品能否放行,对选定产品批次的样品的监测是为了确保其长期储存稳定性。QC 对投诉样品进行测试是产品投诉管理的关键步骤。另外,为了确保产品生产是在一个受控的环境中进行的,QC 会对环境监测和设备清洁情况进行相关分析。

测试方法必须由 QC 实验室验证,或按照既定程序从研发实验室转移。对实验室测试结果进行审查和确认以确保其准确性,维护资料完整性和可追溯性。当产生可疑的、与预期不同的测试结果或测试失败时,将对过程进行调查以确定造成这些结果的根本原因是否为实验室,如果非实验室所造成,须针对其他部门展开进一步的调查。

（李禄超）

中英文对照索引

A

| 癌胚抗原 | carcinoembryonic antigen | 283 |

B

靶向给药系统	targeting drug delivery system	279
胞吐作用	exocytosis	122
胞吞作用	endocytosis	288
胞饮作用	pinocytosis	288
倍氯米松	beclometasone	338
被动靶向给药系统	passive targeting drug delivery system	280
标识符	designator	26
标准正态变量	standard normal variable, SNV	504
表面液体	surface liquid	337
玻璃化转变	glass transition	51
泊洛沙姆	poloxamer	127,446
布地奈德	budesonide	338
布朗扩散	Brownian diffusion	335

C

材料科学	material science	376
差示扫描量热法	differential scanning calorimetry, DSC	64,87
产品设计阶段	product design phase	496
长循环脂质体	long-circulating liposome	286
潮解	deliquescence	32
沉淀结晶	precipitation crystallization	35

| 迟释制剂 | delayed-release preparation | 221 |
| 持续工艺确认 | continuous process verification | 197 |

D

大型胞饮作用	macropinocytosis	117
单次递增剂量	single ascending dose, SAD	75
单核巨噬细胞系统	mononuclear phagocyte system, MPS	117, 286
低密度脂蛋白	low density lipoprotein, LDL	283
低酰基脱乙酰结冷胶	low-acyl deacetylated gellan gum	361
点群	point group	13
点阵	point lattice	9
窦状毛细血管	sinusoid vessel	286
堆叠多晶型	packing polymorph	23
对称性	symmetry	10
对称元素	symmetry element	10
多变量统计过程控制	multi-variate statistical process control, MSPC	197
多次递增剂量	multiple ascending dose, MAD	75
多晶型	polymorphism	23
多曲线分辨率	multiple curve resolution	534
多元线性回归法	multiple linear regression, MLR	502

F

反应结晶	reactive crystallization	36
方法可操作设计区间	method operable design region, MODR	193
非网格蛋白/胞膜窖介导的胞吞作用	nonclathrin-and noncaveolae-mediated endocytosis	117
分析目标概况	analysis target profile, ATP	193
弗劳德数	Froude number	510
傅里叶定律	Fourier law	546

G

干粉吸入剂	dry powder inhalant, DPI	341
干燥	drying	22
干燥失重	loss on drying, LOD	502
高分子聚合物	high molecular polymer	376

高亲和力膜叶酸结合蛋白	high-affinity membrane folate-binding protein	283
高通透性和滞留效应	enhanced permeability and retention effect, EPR	280
高酰基脱乙酰结冷胶	high-acyl deacetylated gellan gum, HGG	361
巩膜	sclera	359
构象多晶型	conformation polymorph	24
构型多晶型	configuration polymorph	23
固定剂量组合	fixed dose combination, FDC	99
固态转晶	solid state transformation	20
故障模式和效应分析	failure mode and effect analysis, FMEA	190
关键工艺参数	critical process parameter, CPP	188,194
关键物料属性	critical material attribute, CMA	187
关键质量属性	critical quality attribute, CQA	187
惯性碰撞	inertial impaction	335
光学反射率测量法	optical reflectance measurement, ORM	545
光学相干断层成像	optical coherence tomography, OCT	531
辊速	roll speed, RS	522
辊压	roll pressure, RP	522
过饱和	supersaturation	58
过程分析技术	process analysis technology, PAT	185
过冷液体	supercooled liquid	51

H

核磁共振成像法	nuclear magnetic resonance imaging, NMRI	113
红外光谱	infrared spectrum, IR	87
红外规则	infrared rule	17
红外热成像法	infrared thermography	523
化学、生产和质量控制	chemistry, manufacturing and control, CMC	73
化学计量学模型	chemometrics model	198
环糊精	cyclodextrin, CD	130
缓释制剂	sustained-release preparation	220
磺胺	sulfanilamide	31
混悬平衡法	suspension equilibration	34
活体生物荧光成像技术	in vivo bioluminescence imaging	292
活性药物成分	active pharmaceutical ingredient, API	73

J

机械均质技术	homogenization techniques	430
基因编辑	gene editing	492
基因治疗	gene therapy	480
基元和级	motif and level	27
激光扫描共聚焦显微镜	confocal laser scanning microscope, CLSM	291
激素受体	hormone receptor	283
级联撞击器	cascade impactor, CI	356
挤压	compression	22
剂量倾泻	dose dumping	240
颊黏膜	buccal mucosa	366
交叉极化魔角旋转	cross polarization magic angle spinning, CPMAS	87
胶束	micelle	132
角膜	cornea	359
结点	node	9
结构基元	structure motif	9
结膜	conjunctiva	359
截留作用	interception	335
介稳晶型	metastable crystal form	14
界定阈值	qualification threshold, QT	188
进入晶格	lattice incorporation	32
进食状态模拟肠液	fed state simulated intestinal fluid, FeSSIF	92
近红外光谱法	near-infrared spectrometry, NIRS	202
禁食状态模拟肠液	fasted state simulating intestinal fluid, FaSSIF	92
禁食状态胃液	fasted state gastric fluid, FasSGF	92
晶胞	unit cell	11
晶格	crystal lattice	9
晶体	crystal	9
精确粒子制造法	precision particle fabrication, PPF	390
静电沉降作用	electrostatic precipitation	335
纠正措施/预防措施	corrective action/preventative action, CA/PA	196
聚集导致猝灭	aggregation-caused quenching, ACQ	111
聚集诱导发光	aggregation-induced emission, AIE	111

聚焦光束反射法	focused beam reflection method, FBRM	202, 506
聚乳酸	polylactic acid, PLA	126
聚维酮	polyvinyl pyrrolidone, PVP	129
聚乙二醇	polyethylene glycol, PEG	126
聚乙烯醇	polyvinyl alcohol, PVA	129

K

卡马西平	carbamazepine	22
抗溶剂	anti-solvent	35
抗体	antibody	282
抗原异质性	antigen heterogeneity	283
可接受范围	proven acceptable range, PAR	194
可开发性分类系统	developability classification system, DCS	98
空间点阵	space lattice	9
空间滤波技术	spatial filtering technique, SFT	507
空间群	space group	13
空间稳定作用	steric stabilization	286
控释制剂	controlled-release preparation	220
口崩剂型	orodispersible dosage form, ODF	365
口崩片	orally disintegrating tablet, ODT	365
扩散结晶	vapor diffusion crystallization	34

L

拉曼光谱仪	Raman spectrometer	504
冷冻干燥	freezing drying	22
冷却结晶	cooling crystallization	33, 34
利托那韦	ritonavir	30
粒径分布	particle size distribution, PSD	507
粒子视觉测量法	particle vision measurement, PVM	545
邻近效应	proximity effect	292
邻位连接技术	proximity ligation assay, PLA	291
临界胶束浓度	critical micelle concentration, CMC	132
磷脂酸	phosphatidic acid, PA	425
磷脂酰胆碱	phosphatidylcholine, PC	425

磷脂酰甘油	phosphatidylglycerol, PG	425
磷脂酰肌醇	phosphatidylinositol, PI	425
磷脂酰丝氨酸	phosphatidylserine, PS	425
磷脂酰乙醇胺	phosphatidylethanolamine, PE	425
流式细胞术	flow cytometry, FCM	291
流通池法	flow-through cell method	236
氯磺丙脲	chlorpropamide	22

M

每揿喷量	single actuation content, SAC	356
密度规则	density rule	17
膜乳化技术	membrane emulsification	390
目标产品质量概况	quality target product profile, QTPP	186

N

纳米晶体	nanocrystal	439
纳米药物递送系统	nanoparticle drug delivery system, NDDS	109
逆转录病毒载体	retroviral vector	483
黏液层	mucous layer	337
凝胶渗透色谱法	gel permeation chromatography, GPC	460

P

沛马沙星	premafloxacin	31
配体	ligand	281
喷雾干燥	spray drying	22
偏最小二乘法	partial least square method	193, 501
平均停留时间	MRT	248
平均吸收时间	mean absorption time, MAT	248

Q

前体脂质体	proliposome	429
前药	prodrug	281
鞘磷脂	sphingomyelin, SM	426
切向流过滤	tangential flow filtration	433

亲水凝胶骨架制剂	hydrogel matrix preparation	250
氢键	hydrogen bond	23
去溶剂化	desolvation of solvate	34

R

热容规则	heat capacity rule	17
热诱导转晶	heat induced transformation	34
溶剂介导相转变	solution-mediate phase transformation,SMPT	19
溶解度规则	solubility rule	17
溶血磷脂酰胆碱	lysophosphatidylcholine,LPC	426
溶血磷脂酰乙醇胺	lysophosphatidyl ethanolamine,LPE	426
溶胀胶束	swollen micelle	361
熔点	melting point,T_m	15
熔化热规则	heat of fusion rule	16
熔化熵规则	entropy of fusion rule	16
熔融	melting	23
熔融结晶	melt crystallization	36
乳化 - 溶剂蒸发法	emulsion-solvent evaporation method	386
软雾吸入剂	soft mist inhalant,SMI	332,349

S

沙丁胺醇	salbutamol	338
舌下黏膜	sublingual mucosa	366
升华	sublimation	34,36
生物等效性	bioequivalence	245
生物利用度	bioavailability	245
生物药剂学分类系统	biopharmaceutical classification system,BCS	32
时间疗法	chronotherapy	222
实时放行检测	real time release testing,RTRT	195
实验设计	design of experiment,DoE	191
视觉成像系统	visual imaging system	534
首次人体	first-in-human,FIH	75
受体介导的胞吞	receptor-mediated endocytosis	288
疏水性骨架制剂	hydrophobic matrix preparation	251

| 水平进料速率 | horizontal feed rate, HFS | 522 |
| 速溶冻干晶圆片 | quick-dissolving lyophilized wafer | 365 |

T

太赫兹脉冲成像	terahertz pulsed imaging, TPI	531
特布他林	terbutaline	338
体外平均溶出时间	mean dissolution time in vitro, $MDT_{in\ vitro}$	248
添加晶种结晶	seeded crystallization	34
调理素	opsonin	286
透明质酸	hyaluronic acid, HA	128
图集	graph set	26
吞噬作用	phagocytosis	117, 288

W

往复夹法	reciprocating method	237
往复筒法	reciprocating cylinder method	236
危害分析与关键控制点	hazard analysis and critical control point, HACCP	190
微流控技术	microfluidic technology	390
维生素	vitamin	283
稳定晶型	stable crystal form	14
无定型溶解度	amorphous solubility	58

X

西咪替丁	cimetidine	31
西土马哥	cetomacrogol	548
吸附	adsorption	32
吸附内吞	absorptive endocytosis	288
吸收	absorption	32
细胞穿膜肽	cell-penetrating peptide, CPP	117
弦长分布	chord length distribution, CLD	507, 534
显微注射	microinjection	118
腺病毒载体	adenovirus vector	483
腺相关病毒载体	adeno-associated virus vector	483
相对反向散射指数	relative backscatter index, RBI	545

相对扫掠体积	relative swept volume, RSV	512
相变温度	transition temperature, T_t	15
硝酸钾	potassium nitrate	31
心磷脂	cardiolipin, CL	425
新化学实体	new chemical entity, NCE	7
悬浆老化	slurry ripening	34

Y

压差装置	pressure difference apparatus, PDA	540
压力定量吸入气雾剂	pressurized metered-dose inhalation aerosol, pMDI	332
牙龈黏膜	gingival mucosa	366
研磨	milling	22
药品质量体系	pharmaceutical quality system, PQS	196
药物递送系统	drug delivery system, DDS	1
药物化学	pharmaceutical chemistry	376
叶酸	folic acid	283
叶酸受体	folate receptor	283
液相内吞	fluid-phase endocytosis	288
一次多因素	multi factor at a time, MFAT	208
一次一因素	one factor at a time, OFAT	208
吲哚美辛	indomethacin	22
隐形脂质体	stealth liposome	286
荧光共振能量转移	fluorescence resonance energy transfer, FRET	111
萤光素	luciferin	292
萤光素酶	luciferase	292
硬腭黏膜	palatal mucosa	366
原位成型药物递送系统	in situ forming drug delivery system, ISFDDS	5
原位成型装置	in situ forming device	445
原位凝胶	in situ gel	444

Z

阵点	lattice point group	9
蒸发结晶	evaporative crystallization	33, 35
正常操作范围	normal operating range, NOR	194

正电子发射断层成像法	positron emission tomography，PET	112
脂质体	liposome	130，421
植入剂	implant	413
质量源于设计	quality by design，QbD	161，185
治疗窗	therapeutic window	267
中间过程容器	intermediate bulk container，IBC	511
中枢神经系统	central nervous system，CNS	351
肿瘤相关抗原	tumor associated antigen	282
重力沉降	gravity settling	335
重要工艺参数	key process parameter，KPP	194
主成分分析法	principal component analysis，PCA	501
主成分回归法	principal component regression method	502
主动靶向给药系统	active targeting drug delivery system	281
贮库	depot	444
注册起始物料	regulatory starting material，RSM	186
转变热规则	heat of transition rule	16
转铁蛋白	transferrin	283
转铁蛋白受体	transferrin receptor	283
棕榈氯霉素	chloramphenicol palmitate	32
最初反应力	initial reaction force，IRF	349
最大安全浓度	maximum safe concentration，MSC	222
最大耐受剂量	maximum tolerated dose，MTD	75
最低临界共溶温度	lower critical solution temperature，LCST	446
最低有效浓度	minimum effective concentration，MEC	222